Lexikon der Mathematik: Band 4

Guido Walz
(Hrsg.)

Lexikon der Mathematik: Band 4

Moo bis Sch

2. Auflage

Springer Spektrum

Herausgeber
Guido Walz
Mannheim, Deutschland

ISBN 978-3-662-53499-1 ISBN 978-3-662-53500-4 (eBook)
DOI 10.1007/978-3-662-53500-4

Die Deutsche Nationalbibliothek verzeichnet diese Publikation in der Deutschen Nationalbibliografie; detaillierte bibliografische Daten sind im Internet über http://dnb.d-nb.de abrufbar.

Springer Spektrum

Planung: Iris Ruhmann
Redaktion: Prof. Dr. Guido Walz

Gedruckt auf säurefreiem und chlorfrei gebleichtem Papier

Springer Spektrum ist Teil von Springer Nature
Die eingetragene Gesellschaft ist Springer-Verlag GmbH Germany
Die Anschrift der Gesellschaft ist: Heidelberger Platz 3, 14197 Berlin, Germany

Autorinnen und Autoren im 4. Band des *Lexikon der Mathematik*

Prof. Dr. Hans-Jochen Bartels, Mannheim
PD Dr. Martin Bordemann, Freiburg
Dr. Andrea Breard, Paris
Prof. Dr. Martin Brokate, München
Prof. Dr. Rainer Brück, Dortmund
Prof. Dr. H. Scott McDonald Coxeter, Toronto
Dipl.-Ing. Hans-Gert Dänel, Pesterwitz
Dr. Ulrich Dirks, Berlin
Dr. Jörg Eisfeld, Gießen
Prof. Dr. Heike Faßbender, München
Dr. Andreas Filler, Berlin
Prof. Dr. Robert Fittler, Berlin
Prof. Dr. Joachim von zur Gathen, Paderborn
PD Dr. Ernst-Günter Giessmann, Berlin
Dr. Hubert Gollek, Berlin
Prof. Dr. Barbara Grabowski, Saarbrücken
Prof. Dr. Andreas Griewank, Dresden
Dipl.-Math. Heiko Großmann, Münster
Prof. Dr. Wolfgang Hackbusch, Kiel
Prof. Dr. K. P. Hadeler, Tübingen
Prof. Dr. Adalbert Hatvany, Kuchen
Dr. Christiane Helling, Berlin
Prof. Dr. Dieter Hoffmann, Konstanz
Prof. Dr. Heinz Holling, Münster
Hans-Joachim Ilgauds, Leipzig
Dipl.-Math. Andreas Janßen, Stuttgart
Dipl.-Phys. Sabina Jeschke, Berlin
Prof. Dr. Hubertus Jongen, Aachen
Dr. Uwe Kasper, Berlin
Dipl.-Phys. Akiko Kato, Berlin
Dr. Claudia Knütel, Hamburg
Dipl.-Phys. Rüdeger Köhler, Berlin
Dipl.-Phys. Roland Kunert, Berlin
Prof. Dr. Herbert Kurke, Berlin
AOR Lutz Küsters, Mannheim
PD Dr. Franz Lemmermeyer, Heidelberg
Prof. Dr. Burkhard Lenze, Dortmund
Uwe May, Ückermünde
Prof. Dr. Günter Mayer, Rostock
Prof. Dr. Klaus Meer, Odense (Dänemark)
Prof. Dr. Günter Meinardus, Neustadt/Wstr.
Prof. Dr. Paul Molitor, Halle
Dipl.-Inf. Ines Peters, Berlin
Dr. Klaus Peters, Berlin
Prof. Dr. Gerhard Pfister, Kaiserslautern
Dipl.-Math. Peter Philip, Berlin
Dr. Dieter Rautenbach, Aachen
Dipl.-Math. Thomas Richter, Berlin
Prof. Dr. Thomas Rießinger, Frankfurt
Prof. Dr. Heinrich Rommelfanger, Frankfurt
Prof. Dr. Robert Schaback, Göttingen
PD Dr. Martin Schlichenmaier, Mannheim
Dr. Karl-Heinz Schlote, Altenburg
Dr. Christian Schmidt, Berlin
PD Dr.habil. Hans-Jürgen Schmidt, Potsdam

Dr. Karsten Schmidt, Berlin
Prof. Dr. Uwe Schöning, Ulm
Dr. Günter Schumacher, Karlsruhe
PD Dr. Rainer Schwabe, Tübingen
PD Dr. Günter Schwarz, München
Dipl.-Math. Markus Sigg, Freiburg
Dipl.-Phys. Grischa Stegemann, Berlin
Prof. Dr. Lutz Volkmann, Aachen
Dr. Johannes Wallner, Wien
Prof. Dr. Guido Walz, Mannheim
Prof. Dr. Ingo Wegener, Dortmund
Prof. Dr. Ilona Weinreich, Remagen
Prof. Dr. Dirk Werner, Berlin
PD Dr. Günther Wirsching, Eichstätt
Prof. Dr. Jürgen Wolff v. Gudenberg, Würzburg
Prof. Dr. Helmut Wolter, Berlin
Dr. Frank Zeilfelder, Mannheim
Dipl.-Phys. Erhard Zorn, Berlin

Hinweise für die Benutzer

Gemäß der Tradition aller Großlexika ist auch das vorliegende Werk streng alphabetisch sortiert. Die Art der Alphabetisierung entspricht den gewohnten Standards, auf folgende Besonderheiten sei aber noch explizit hingewiesen: Umlaute werden zu ihren Stammlauten sortiert, so steht also das „ä“ in der Reihe des „a“ (nicht aber das „ae“!); entsprechend findet man „ß“ bei „ss“. Griechische Buchstaben und Sonderzeichen werden entsprechend ihrer deutschen Transkription einsortiert. So findet man beispielsweise das α unter „alpha“. Ein Freizeichen („Blank“) wird *nicht* überlesen, sondern gilt als „Wortende“: So steht also beispielsweise „a priori“ *vor* „Abakus“. Im Gegensatz dazu werden Sonderzeichen innerhalb der Worte, insbesondere der Bindestrich, „überlesen“, also bei der Alphabetisierung behandelt, als wären sie nicht vorhanden. Schließlich ist noch zu erwähnen, daß Exponenten ebenso wie Indizes bei der Alphabetisierung ignoriert werden.

Moon, Satz von, ↗ Turnier.

Moore, Eliakim Hastings, amerikanischer Mathematiker, geb. 26.1.1862 Marietta (Ohio, USA), gest. 30.12.1932 Chicago.

Moore studierte bis 1883 an der Yale University in New Haven und promovierte dort 1885. Es folgten Studienreisen nach Göttingen und Berlin zu Klein, Weierstraß und Kronecker. Nach seiner Rückkehr arbeitete er an der Northwestern University und in Yale. 1892 wurde er Professor an der neugegründeten Universität in Chicago.

Moore führte den Begriff Moore-Smith-Folgen als verallgemeinerte Folgen ein und entwickelte daraus eine allgemeine Theorie der Konvergenz (Netzkonvergenz). Daneben befaßte er sich mit Algebra und Gruppentheorie. Von 1898 bis 1900 war er Vizepräsident der American Mathematical Society und 1901/02 deren Präsident.

Zu seinen bedeutendsten Schülern gehörten Dickson, Veblen und Birkhoff.

Moore-Automat, ↗ endlicher Automat.

Moore-Bellman-Ford, Algorithmus von, liefert in einem zusammenhängenden und bewerteten Graphen G ohne Kreise negativer Länge mit einer Komplexität $O(|E(G)||K(G)|)$ die kürzesten Wege von einer Ecke u aus zu allen übrigen Ecken des Graphen. Diesen Algorithmus gewinnt man durch eine Modifizierung des Algorithmus' von Dijkstra.

Moore-Penrose-Inverse, ein spezieller Typ von Pseudo-Inversen einer Matrix.

Es sei A eine reelle $(m \times n)$-Matrix. Die $(n \times m)$-Matrix B heißt Moore-Penrose-Inverse von A, wenn gilt:

(i) $ABA = A$ und $BAB = B$,
(ii) AB und BA sind symmetrisch.

Jede Moore-Penrose-Inverse ist eine Pseudo-Inverse, jedoch nicht umgekehrt. Es gilt der Satz:

Jede reelle $(m \times n)$-Matrix A besitzt eine eindeutig bestimmte Moore-Penrose-Inverse.

Mora-Algorithmus, Algorithmus zur Berechnung von Standardbasen eines Ideals I in der Lokalisierung eines Polynomenringes nach einem durch die Ordnung definierten multiplikativ abgeschlossenen System.

Es handelt sich um eine Verallgemeinerung des ↗ Buchberger-Algorithmus' durch T. Mora für lokale ↗ Monomenordnungen (der Buchberger-Algorithmus terminiert nur für Wohlordnungen). Dabei muß die im Buchberger-Algorithmus verwendete Normalform (↗ Normalform eines Polynoms) geeignet modifiziert werden.

Mordell, Louis Joel, amerikanisch-englischer Mathematiker, geb. 28.1.1888 Philadelphia, gest. 12.3.1972 Cambridge (England).

Mordell studierte in Philadelphia und Cambridge und wurde danach Dozent am Birkbeck College in London. 1923 bis 1945 war er Professor an der Universität Manchester, danach ab 1945 an der Universität Cambridge.

Mordell war ein bedeutender Zahlentheoretiker. Er studierte ↗ diophantische Gleichungen, insbesondere Gleichungen der Form

$$y^2 = x^3 + k .$$

Er zeigte, daß diese Gleichung höchstens endlich viele ganzzahlige Lösungen besitzt. Bekannt wurde seine Name vor allem durch die von ihm geäußerte ↗ Mordellsche Vermutung.

Mordellsche Vermutung, die von Louis Joel Mordell aufgestellte Vermutung, daß auf algebraischen Kurven mit einem Geschlecht größer als Eins höchstens endlich viele rationale Punkte liegen.

Sie konnte erst im Jahre 1983 durch Gerd Faltings bewiesen werden und stellt einen wichtigen Schritt zum Beweis der ↗ Fermatschen Vermutung dar.

Morera, Satz von, funktionentheoretische Aussage, die wie folgt lautet:

Es sei $G \subset \mathbb{C}$ ein ↗ Gebiet und $f : G \to \mathbb{C}$ eine in G stetige Funktion. Weiter gelte für jedes abgeschlossene Dreieck $\Delta \subset G$

$$\int_{\partial\Delta} f(z)\, dz = 0 .$$

Dann ist f eine in G ↗ holomorphe Funktion.

Morgan, Augustus, ↗ de Morgan, Augustus.

Mori, Shigefumi, japanischer Mathematiker, geb. 23.2.1951 Nagoya.

Mori, dessen Eltern eine Handelsgesellschaft leiteten, studierte bis 1975 an der Universität Kyoto und promovierte dort 1978 bei M. Nagata. 1980 erhielt er eine Dozentenstelle (Lecturer) an der Universität von Nagoya, 1982 eine Assistenz-Professur und 1988 eine Professur. In dieser Zeit weilte er oft als Gastprofessor in des USA, so 1977–80 an der Harvard Universität in Cambridge (Mass.),

1981/82 am Institute for Advanced Study in Princeton, 1985–87 an der Columbia Universität New York und 1987-89, 1991/92 an der Universität von Utah in Salt Lake City. Seit 1990 hat er eine Professur an der Universität Kyoto inne.

Mori erzielte bahnbrechende Resultate zur Klasifikation algebraischer Mannigfaltigkeiten und stieß in Fortsetzung des Werkes von Castelnouvo, Severi, Zariski, Kodaira u. a. in neue Bereiche vor. Angeregt durch den Erfolg beim Beweis der Hartshorneschen Vermutung (1978), daß gewisse glatte vollständige algebraische Mannigfaltigkeiten als projektive Räume beschrieben werden können, stellte er ein Programm zur vollständigen Klassifikation aller dreidimensionalen algebraischen Mannigfaltigkeiten auf. Die von Mori im Beweis entwickelten neuen Techniken zur Konstruktion rationaler Kurven auf Mannigfaltigkeiten bildeten eine wichtige Basis für die Realisierung des Programms. 1981 gelang ihm die vollständige Klassifikation der Fano-Mannigfaltigkeiten. Mit Hilfe des Begriffs der numerischen Effektivität fand er ein Mittel, um die dreidimensionalen Mannigfaltigkeiten in zwei Gruppen einzuteilen, die er dann jeweils in kleinere Klassen aufspalten konnte. Für all diese Klassen wies er bis 1988 die Existenz eines minimalen Modells nach und schloß damit nach über zehnjähriger Forschungstätigkeit die Klassifikation der dreidimensionalen Mannigfaltigkeiten ab. Mit seinen Methoden eröffnete Mori zugleich Wege, um höherdimensionale Probleme in Angriff zu nehmen, die bisher als völlig unzugänglich erschienen.

Mori wurden für seine Leistungen zahlreiche Ehrungen zuteil, 1990 wurde er mit der ↗Fields-Medaille ausgezeichnet.

Morita-Äquivalenz, Äquivalenz von Kategorien von Moduln.

Sei $\mathbb{K}$ ein Körper, seien A und B endlich-dimensionale $\mathbb{K}$–Algebren und mod–A bzw. mod–B die Kategorien der A–Moduln bzw. B–Moduln. Dann sind die Kategorien mod–A und mod–B äquivalent genau dann, wenn ein projektiver A–Modul P existiert mit $B = \text{Hom}_A(P, P)$. Dabei wird die Äquivalenz durch die Funktoren $F = \text{Hom}_A(P, \_\,)$: mod–$A \to$ mod–B und $G = \_ \otimes_B P$: mod–$B \to$ mod–A gegeben, d. h. $GF \cong \text{Id}_{\text{mod–}A}$ und $FG \cong \text{Id}_{\text{mod–}B}$.

Morland, Samuel, englischer Mathematiker und Techniker, geb. 1625 Sulhamstead Bannister (England), gest. 30.12.1695 London.

Morland studierte in Cambridge. Er widmete sich zunächst der Politik und war für Cromwell als Diplomat tätig. Später unterstützte er die Restauration der Monarchie.

Morland entwickelte zwei handgetriebene Rechenmaschinen (1662, 1672, 1673) und ein Barometer. Er arbeitete außerdem zur Hydrostatik und unternahm Experimente zur Anwendung der Dampfkraft für einfache technische Zwecke (1685).

Morphismenklasse, Menge von ↗Morphismen, die denselben Voraussetzungen genügen.

Morphismus, Abbildung zwischen Ringen, Moduln oder anderen Objekten, auf denen Operationen definiert sind, die mit den entsprechenden Operationen verträglich sind.

Ein Morphismus zwischen Moduln ist ein ↗Homomorphismus von Moduln. Ein Morphismus $\varphi : R_1 \to R_2$ von Ringen muß $\varphi(x+y) = \varphi(x)+\varphi(y)$ und $\varphi(x \cdot y) = \varphi(x) \cdot \varphi(y)$ erfüllen. Morphismen von Vektorräumen sind lineare Abbildungen. Die Abbildung $x \mapsto e^x$ von $\mathbb{C}$ nach $\mathbb{C}$ ist kein Morphismus des $\mathbb{C}$–Vektorraumes $\mathbb{C}$, sie definiert jedoch einen Morphismus der additiven Gruppe $\mathbb{C}$ in die multiplikative Gruppe $\mathbb{C} \setminus \{0\}$.

Morphismus von geringten Räumen, Verallgemeinerung der Charakterisierung der holomorphen Abbildungen $\varphi : X \to Y$ zwischen Bereichen $X \subset \mathbb{C}^n$ und $Y \subset \mathbb{C}^m$ mit Hilfe der Liftung holomorpher Funktionen $\varphi^0 : {}_X\mathcal{O} \to {}_Y\mathcal{O}, f \mapsto f \circ \varphi\,|_{\varphi^{-1}(W)}$, $W \subset Y$ offen, $f \in {}_Y\mathcal{O}\,(W)$.

Ein Morphismus $\varphi : (S, {}_S\mathcal{A}) \to (T, {}_T\mathcal{A})$ von geringten Räumen ist ein Paar $\left(|\varphi|, \varphi^0\right)$, bestehend aus einer stetigen Abbildung $|\varphi| : |S| \to |T|$ und einem $|\varphi|$- Komorphismus $\varphi^0 : {}_T\mathcal{A} \to {}_S\mathcal{A}$ von Algebren, d. h. einer Familie von Algebrahomomorphismen

$$\varphi^0 := \left(\varphi^0\,(V) : {}_T\mathcal{A}\,(V) \to {}_S\mathcal{A}(\varphi^{-1}(V))\right)_{V \subset T},$$

die mit den Einschränkungen in ${}_T\mathcal{A}$ und ${}_S\mathcal{A}$ verträglich ist. Dabei bezeichnet man zur Unterscheidung eines geringten Raumes $S = (S, {}_S\mathcal{A})$ von seinem zugrundeliegenden topologischen Raum den letzteren mit $|S|$.

Für zwei Morphismen $\varphi : S \to T$ und $\psi : T \to U$ von geringten Räumen definiert man $\psi \circ \varphi := \left(|\psi| \circ |\varphi|, \varphi^0 \circ \psi^0\right)$. Häufig schreibt man '$\varphi$' anstelle von ‚$|\varphi|$', obwohl der Komorphismus φ^0 i. a. nicht durch $|\varphi|$ bestimmt ist. Es gilt der folgende Satz:

Ist $\left(|\varphi|, \varphi^0\right) : S \to T$ ein Morphismus von geringten Räumen, und ist S reduziert, dann ist φ^0 durch $|\varphi|$ bestimmt: $\varphi^0(f) = (Red f) \circ |\varphi|$ für $f \in {}_T\mathcal{A}$.

Dies führt zu der folgenden Standard-Terminologie für reduzierte geringte Räume S und T: Eine stetige Abbildung $\tau : |S| \to |T|$ heißt Morphismus von geringten Räumen S und T, wenn das ‚Urbild' $f \circ \tau$ für jedes $f \in {}_T\mathcal{A}$ in ${}_S\mathcal{A}$ liegt.

Beispiele. 1. Ist $\varphi : S \to T$ eine stetige Abbildung von topologischen Räumen, und bezeichne φ^0 die Liftung von Funktionen, dann ist (φ, φ^0) : $(S, {}_S\mathcal{C}) \to (T, {}_T\mathcal{C})$ ein Morphismus.

2. Für einen Bereich $X \subset \mathbb{C}^n$, bezeichne $i : {}_X\mathcal{O} \to {}_X\mathcal{C}$ die kanonische Inklusion, dann ist (id_X, i) : $(X, {}_X\mathcal{C}) \to (X, {}_X\mathcal{O})$ ein Morphismus. Dabei sei ${}_X\mathcal{O}$

die Strukturgarbe von X und $_X C$ die Garbe der stetigen Funktionen auf X.

Morphogenese, die Entwicklung eines Organismus', seiner Organe und Funktionen, nach seinem genetischen Programm unter dem Einfluß der Umwelt.

Einzelne Aspekte wie Segmentierung der Arthropoden und Vertebraten, Anlage der Extremitäten, die Bildung von Oberflächenformen (Säugetiere, Reptilien, Fische, Muscheln und Schnecken) sind hier Gegenstand mathematischer Modellbildung.

Morse, Harold Calvin Marston, amerikanischer Mathematiker, geb. 24.3.1892 Waterville (Maine, USA), gest. 22.6.1977 Princeton (New Jersey, USA).

Morse studierte bis 1914 am Colby College. Nach dem Kriegsdienst promovierte er 1917 bei Birkhoff an der Harvard University in Massachusetts. Von 1920 bis 1925 arbeitet er an der Cornell University in Ithaca, von 1925 bis 1926 an der Brown University (Providence, Rhode Island) und von 1926 bis 1935 in Harvard. Ab 1935 war er am Institute for Advanced Study in Princeton tätig.

Morse entwickelte anhand des Dreikörperproblems die Variationsrechnung im Großen mit Anwendungen in der Stabilitätstheorie der mathematischen Physik. Sein Herangehen bestand in der Beschreibung einer Mannigfaltigkeit mittels ihrer kritischen Punkte. Dieses Vorgehen ist Ausgangspunkt und wichtiges Hilfsmittel für viele Untersuchungen in der Topologie.

Seine wichtigsten Arbeiten sind „Functional topology and abstract variational theory" (1938), „Topological methods in the theory of functions of a complex variable" (1947) und „Lectures on analysis in the large" (1947).

Morse-Index, ganze Zahl λ, die nach M. Morse einer Geodätischen $\gamma : [0, 1] \to M$ auf einer Riemannschen Mannigfaltigkeit M in folgender Weise zugeordnet wird:

λ ist gegeben durch die gewichtete Anzahl der Punkte $\gamma(t)$ $(0 < t < 1)$, die entlang γ zu $\gamma(0)$ konjugiert sind, wobei jeder dieser Punkte mit der Dimension des Raums derjenigen Jacobi-Felder entlang γ gewichtet wird, die bei 0 und t verschwinden.

Morse-Smale-System, ein C^k-Fluß $(M, \mathbb{R}, \Phi)$ bzw. ein von einem C^k-Diffeomorphismus $f : M \to M$ erzeugtes diskretes dynamisches System $(M, \mathbb{Z}, \Phi)$ mit einer kompakten differenzierbaren n-dimensionalen Mannigfaltigkeit M, wofür gilt:

1. Es gibt nur endlich viele Fixpunkte und geschlossene Orbits, und sie sind alle hyperbolisch.
2. Stabile und instabile Mannigfaltigkeiten schneiden sich nur transversal.
3. Die Menge der nichtwandernden Punkte von M besteht nur aus periodischen Punkten, also Fixpunkten und periodischen Orbits.

Ein C^k-Diffeomorphismus, der ein diskretes Morse-Smale-System induziert, bzw. ein C^k-Vektorfeld, das ein kontinuierliches Morse-Smale-System induziert, heißt Morse-Smale-Diffeomorphismus bzw. Morse-Smale-Vektorfeld.

Morse-Thue-Folge, zweiseitige Folge $\{a_n\}_{n\in\mathbb{Z}}$ mit Werten in $\{0, 1\}$.

Für $n \in \mathbb{N}_0$ setzt man a_n gleich der Anzahl der Einsen mod 2 in der binären Entwicklung von n; für $n \in \mathbb{Z}^- := \{\cdots, -2, -1\}$ setzt man $a_n = 0$.

Die Berechnung der Werte der Morse-Thue-Folge für positive Indizes kann auch blockweise erfolgen: Man beginnt mit dem Block $A_0 := 0$. Für jedes $n \in \mathbb{N}$ wird die Größe des bisherigen Blocks A_n verdoppelt, indem dem bisherigen A_n der Ziffernblock $\bar{A}_n$ angefügt wird, der aus A_n durch Vertauschen von 0 und 1 entsteht Für $A_2 = (0, 1, 1, 0)$ ist z. B. $\bar{A}_2 = (1, 0, 0, 1)$. Damit beginnt der positive Teil der Morse-Thue-Folge mit $(0, 1, 1, 0, 1, 0, 0, 1, 1, 0, 0, 1, 0, 1, 1, 0, \dots)$. Die Morse-Thue-Folge ist nicht periodisch, aber fastperiodisch. Sie wird zur Konstruktion spezieller Beispiele dynamischer Systeme in der symbolischen Dynamik verwendet.

[1] Kitchens, B.P.: Symbolic Dynamics. Springer Berlin, 1997.

Morse-Zerlegung, endliches System $\{\Lambda_1, \dots, \Lambda_n\}$ paarweise disjunkter, abgeschlossener, invarianter Teilmengen von G für ein ↗ dynamisches System (M, G, Φ), das folgenden Bedingungen genügt:

(1) Für jedes $x \in G$ gibt es i, j mit $i \le j$ und

$$\alpha(x) \subset \Lambda_j, \quad \omega(x) \subset \Lambda_i ,$$

wobei $\alpha(x)$ bzw. $\omega(x)$ die α- bzw. ω-Limesmenge von x bezeichnet.

(2) Wenn $\alpha(x) \subset \Lambda_i$ und $\omega(x) \subset \Lambda_i$, dann gilt $x \in \Lambda_i$.

Falls A ein ↗ Attraktor ist, dann ist $A^* := A \setminus W^s(A)$

(mit der stabilen Mannigfaltigkeit $W^s(A)$) ein Repeller, und $\{A, A^*\}$ bilden eine Morse-Zerlegung.

Mortalität, eine der im Rahmen der ↗Demographie zu untersuchenden Größen.

Moser, von Leo Moser mit Hilfe der Zahl ↗Mega in der ↗Polygonschreibweise angegebene, unvorstellbar große natürliche Zahl, nämlich die Zahl 2 in einem Mega-Eck.

Moser, Jürgen Kurt, deutsch-amerikanischer Mathematiker, geb. 4.7.1928 Königsberg (Kaliningrad), gest. 17.12.1999 Schwerzenbach (Schweiz).

Moser studierte ab 1947 in Göttingen. Ein Fulbright-Stipendium ermöglichte ihm einen einjährigen Aufenthalt am Courant-Institut der New Yorker Universität. In dieser Zeit arbeitete er viel mit Courant zusammen. Nach einem kurzen Aufenthalt in Göttingen als Assistent von Siegel kehrte er 1955 an die New Yorker Universität zurück und heiratete Courants älteste Tochter. 1957 begann er, am Massachusetts Institute of Technology zu forschen. 1960 ging er zurück an das Courant-Institut. 1980 schließlich nahm er einen Ruf nach Zürich an.

Mosers Hauptarbeitsgebiet war die mathematische Physik, insbesondere die Untersuchung der Stabilität der Bahnen von Körpern. Dabei entwickelte er 1962 zusammen mit Arnold die von Kolmogorow initiierte Störungstheorie zur Kolmogorow-Arnold-Moser-Theorie (KAM-Theorie) weiter. Diese Theorie, die die Auswirkungen von kleinen Störungen auf die Bewegung von Körpern beschreibt, hat vielfältige Anwendungen in der Dynamik von Flugzeugen und Fahrzeugen und letztendlich in der Beschreibung der Bahnen der Planeten über große Zeiträume hinweg.

Moufang, Ruth, deutsche Mathematikerin, geb. 10.1.1905 Darmstadt, gest. 26.11.1977 Frankfurt/Main.

Ruth Moufang studierte von 1925 bis 1930 an der Universität Frankfurt/Main und promovierte dort bei Max Dehn. Nach kürzeren Aufenthalten in Rom und Königsberg (Kaliningrad) kehrte sie 1934 an die Universität Frankfurt zurück, wo sie sich 1936 habilitierte. Da sie aus politischen Gründen keine feste Position an der Universität erhalten konnte, arbeitete sie danach am Krupp-Forschungsinstitut in Essen, bis sie 1946 als Privatdozentin an die Universität Frankfurt zurückkehrte. 1957 wurde sie schließlich ordentliche Professorin, ebenfalls in Frankfurt.

Moufangs bekannteste Resultate betreffen projektive Ebenen (Moufang-Ebene); diese schrieb sie alle in den Jahren bis 1936. Von 1941 bis 1948 befaßte sie sich mit Fragen der Mechanik und verfaßte dazu auch einige Publikationen, danach schrieb sie nur noch einen Artikel, eine Würdigung Max Dehns.

Moufang-Ebene, eine ↗projektive Ebene, die bzgl. jeder Geraden eine ↗Translationsebene ist.

move-to-front-Strategie, Strategie zur Verarbeitung einer linearen Liste im Hinblick auf Suchverfahren.

Sucht man ein Element in einer linearen Liste, so muß man jedes einzelne Element nacheinander mit dem gesuchten Schlüssel vergleichen. Deshalb hängt die Effizienz dieser Suchstrategie stark davon ab, wie weit vorne das gesuchte Element in der Liste steht. Man versucht daher, Elemente, nach denen häufiger gesucht wird, weiter an den Anfang der Liste zu stellen als jene, die weniger häufig benötigt werden. Solche Listen werden auch als selbstanordnende Listen bezeichnet, und es gibt verschiedene Strategien, nach denen sie gebildet werden.

Die move-to-front-Strategie sieht vor, daß ein Element, auf das durch eine vorherige Suche zugegriffen wurde, an den Anfang der Liste gestellt wird. Dadurch befinden sich die Elemente, die häufig verwendet wurden, nach einer gewissen Zeit eher am Anfang der Liste. Andererseits kann es bei dieser Strategie vorkommen, daß auf ein Element zugegriffen wird, das eigentlich selten benötigt, aber dennoch lange weit am Anfang der Liste stehen wird.

move-to-root-Strategie, andere Bezeichnung für ↗move-to-front-Strategie.

Moving-Average-Prozeß, ↗Prozeß der gleitenden Mittel.

Moving-Lemma, Aussage aus der algebraischen Geometrie.

Ist V eine glatte quasiprojektive ↗algebraische Varietät, und sind α, β algebraische Zyklen auf V, so gibt es einen zu α rational äquivalenten Zyklus α' so, daß sich α' und β eigentlich schneiden, und die rationale Äquivalenzklasse des Produktes $\alpha' \cdot \beta$ hängt nur von α und β ab.

MST-Problem, ↗ spannender Baum.

MST-Relaxation, die Relaxation des Travelling-Salesman-Problems, bei der ein minimaler Spannbaum (minimum spanning tree, MST), d. h. ein Baum, der jeden Ort berührt, berechnet wird.

Ein minimaler Spannbaum läßt sich sehr effizient berechnen. Die Kosten eines minimalen Spannbaums bilden eine untere Schranke für die Kosten einer optimalen Rundreise. Somit kann die MST-Relaxation für das Modul der Berechnung einer unteren Schranke in ↗branch-and-bound Algorithmen für das TSP benutzt werden. Diese untere Schranke kann durch die Betrachtung von 1-Bäumen verbessert werden, dies sind Spannbäume mit einer zusätzlichen den Startort berührenden Kante.

MTBF, ↗ mean time before failure.

Müller, Johannes, ↗ Regiomontanus, Johannes.

Multigraph, ↗ Pseudograph.

Multiindex-Schreibweise, Konzept zur kompakten Notation von Objekten mehrerer Variabler.

Ein n-Multiindex $i = (i_1, i_2, \dots, i_n)$ ist ein Tupel von Indizes $i_1, i_2, \dots, i_n \in \mathbb{N}_0$. Die Länge $|i|$ eines Multiindexes ist definiert als $|i| := \sum_{j=1}^n i_j$. Desweiteren setzt man

$$i! := \prod_{j=1}^{n}(i_j!)\,.$$

Sind n Variable $X_1, X_2, \dots, X_n$ gegeben, so setzt man

$$X^i := X_1^{i_1} X_2^{i_2} \cdots X_n^{i_n}\,.$$

Ein beliebiges Polynom vom Grad k mit Koeffizienten in einem Körper $\mathbb{K}$ kann dann als

$$f(X) = \sum_{l=0}^{k} \sum_{|i|=l} \alpha_i X^i = \sum_{|i|=0}^{k} \alpha_i X^i$$

mit $\alpha_i \in \mathbb{K}$ geschrieben werden. Hierbei durchläuft die zweite Summe im ersten Ausdruck alle Multiindizes der Länge l, und die Summe im zweiten Ausdruck alle Multiindizes bis zur Länge k. In analoger Weise können Potenzreihen als $\sum_{|i|=0}^{\infty} \alpha_i X^i$ geschrieben werden.

Diese Schreibweise wird auf Ableitungen ausgedehnt. Ist i ein Multiindex, so bezeichnet D^i den Differentialoperator

$$\frac{\partial^{|i|}}{\partial x_1^{i_1} \cdots \partial x_n^{i_n}}$$

der Ordnung $|i|$, der auf Funktionen in n Variablen $x_1, \dots, x_n$ operiert. Ein allgemeiner linearer Differentialoperator der Ordnung k kann durch

$$\sum_{|i|=0}^{k} \alpha_i(x) D^i$$

mit Funktionen $\alpha_i(x)$ in den Variablen $x = (x_1, \dots, x_n)$ gegeben werden.

Weitere interessante Anwendungen sind die Multinomialformel

$$(a_1 + a_2 + \cdots + a_n)^k = k! \sum_{|i|=k} \frac{a^i}{i!}$$

und die Taylor-Reihenentwicklung einer Funktion f in n Variablen am Punkt $x \in \mathbb{R}^n$

$$f(x+h) = \sum_{|i|=0}^{\infty} \frac{h^i}{i!} D^i f(x)$$

(falls diese existiert und die Funktion f darstellt).

Multiindizes können ebenso für unendliche Tupel $i = (i_1, i_2, \dots)$ mit $i_k \in \mathbb{N}$ betrachtet werden, falls für das Tupel i vorausgesetzt wird, daß nur endlich viele $i_k \neq 0$ sind.

Multikette, eine ↗(a, b)-Kette mit Wiederholungen.

Multi-Layer-Network, ↗Mehrschichtennetz.

multilineare Algebra, jenes Teilgebiet der Algebra, das sich mit multilinearen Abbildungen zwischen Moduln (spez. Vektorräumen) beschäftigt.

Am Anfang der Untersuchungen standen bilineare und quadratische Formen, woraus sich die Determinantentheorie entwickelt hat. Zentraler Begriff der multilinearen Algebra ist das Tensorprodukt.

In Geometrie und Analysis findet die multilineare Algebra hauptsächlich in der Tensorrechnung und in der Theorie der Differentialformen Anwendung.

multilineare (Sigma-Pi-Typ-)Aktivierung, bezeichnet im Kontext ↗Neuronale Netze eine spezielle Aktivierungsfunktion $A_{w,\varrho} : \mathbb{R}^n \to \mathbb{R}$ eines ↗formalen Neurons, die von einem Gewichtsvektor $w \in \mathbb{R}^{2^n}$ und einem Dilatationsparameter $\varrho \in \mathbb{R}$ abhängt und definiert ist als

$$A_{w,\varrho} : \; x \mapsto \varrho \sum_{R \subset \{1,\dots,n\}} w_R \prod_{i \in R} x_i\,.$$

multilinearer (Sigma-Pi-)Assoziierer, Bezeichnung für ein spezielles zweischichtiges ↗Neuronales Netz für bipolare Eingabewerte, das mit der verallgemeinerten ↗Hebb-Lernregel trainiert wird und im Ausführ-Modus auf den Trainingswerten exakt arbeitet.

Im folgenden wird der multilineare Assoziierer kurz skizziert: Es sei ein zweischichtiges neuronales Feed-Forward-Netz mit multilinearer Aktivierung und identischer Transferfunktion in den Ausgabe-Neuronen gegeben (vgl. Abbildung).

Wenn man diesem Netz eine Menge von t Trainingswerten mit bipolaren Eingabewerten $(x^{(s)}, y^{(s)}) \in \{-1,1\}^n \times \mathbb{R}^m$, $1 \le s \le t$, präsentiert, setzt man entsprechend der verallgemeinerten Hebb-Lernregel

$$w_{Rj} := 2^{-n} \sum_{s=1}^{t} y_j^{(s)} \prod_{i \in R} x_i^{(s)}$$

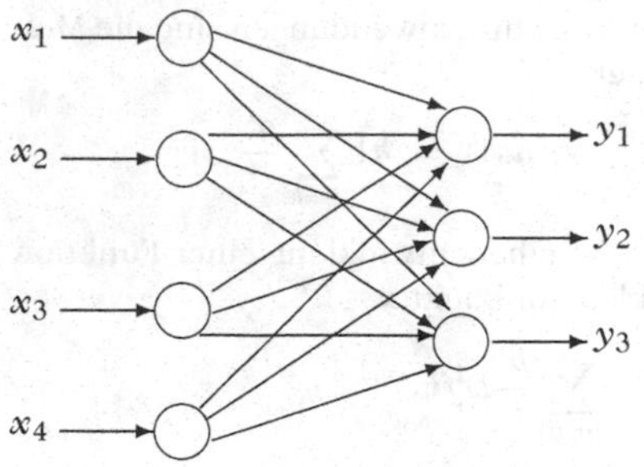

Struktur eines multilinearen Assoziierers

für $R \subset \{1, \ldots, n\}$ und $1 \le j \le m$. Sind nun die bipolaren Eingabetrainingsvektoren $x^{(s)} \in \{-1, 1\}^n$, $1 \le s \le t$, alle verschieden, dann arbeitet das so entstandene neuronale Netz im Ausführ-Modus perfekt auf den Trainingswerten, d. h.

$$\sum_{R \subset \{1,\ldots,n\}} w_{R,j} \prod_{i \in R} x_i^{(s)} = y_j^{(s)}$$

für $1 \le j \le m$ und $1 \le s \le t$, und wird in der Literatur (Hebb-trainierter) multilinearer (Sigma-Pi-)Assoziierer genannt. Im Gegensatz zum gewöhnlichen (Hebb-trainierten) ↗linearen Assoziierer, der orthonormale Eingabetrainingsvektoren zum perfekten Arbeiten benötigt, arbeitet der Sigma-Pi-Assoziierer für beliebige, lediglich als verschieden vorausgesetzte bipolare Eingabetrainingsvektoren perfekt. Dies ist natürlich ein entscheidender Gewinn, der allerdings durch eine wesentlich höhere Komplexität des Netzes erkauft wird.

Schließlich sei noch erwähnt, daß der Sigma-Pi-Assoziierer insbesondere jede bipolar codierte Boolesche Funktion $f : \{-1, 1\}^n \to \{-1, 1\}^m$ exakt implementieren kann und damit implizit gezeigt ist, daß jede Boolesche Funktion exakt durch ein derartiges neuronales Netz dargestellt werden kann.

Multilinearform, eine Abbildung $f : V_1 \times \cdots \times V_n \to \mathbb{K}$ (hierbei sind $V_1, \ldots, V_n$ Vektorräume über $\mathbb{K}$), die linear in jeder Komponente ist, d. h. für die für alle $\alpha \in \mathbb{K}$ und $v_{i_1}, v_{i_2}, v_i \in V_i$ $(1 \le i \le n)$ gilt:

$$f(v_1, \ldots, v_{i_1} + v_{i_2}, \ldots v_n) = f(v_1, \ldots, v_{i_1}, \ldots, v_n) + f(v_1, \ldots, v_{i_2}, \ldots, v_n);$$

$$f(v_1, \ldots, \alpha v_i, \ldots, v_n) = \alpha f(v_1, \ldots, v_i, \ldots, v_n).$$

Man spricht dann auch von einer n-fachen Linearform; eine 2-fache Linearform wird meist als Bilinearform bezeichnet. Ist der Bildbereich nicht notwendig der Körper $\mathbb{K}$, sondern ein beliebiger Vektorraum über $\mathbb{K}$, so spricht man allgemeiner von multilinearen Abbildungen oder n-fach linearen Abbildungen. Die Menge $L(V_1, \ldots, V_n; W)$ aller n-fach linearen Abbildungen $f : V_1 \times \cdots \times V_n \to W$ (V_i und W $\mathbb{K}$-Vektorräume) wird durch komponentenweise erklärte Vektorraumaddition und komponentenweise erklärte Skalarmultiplikation selbst zu einem Vektorraum über $\mathbb{K}$. Ist $(v_{ij(i)})_{j(i) \in J_i}$ eine Basis von V_i $(1 \le i \le n)$, so gibt es genau eine multilineare Abbildung $f : V_1 \times \cdots \times V_n \to W$ mit

$$f(v_{1j(1)}, \ldots, v_{nj(n)})$$

beliebig, aber fest vorgegeben in W für alle $(j(1), \ldots, j(n)) \in J_1 \times \cdots \times J_n$.

Sind alle V_i und W endlich-dimensional, so bilden die im folgenden definierten Abbildungen eine Basis von $L(V_1, \ldots, V_n; W)$ ($(w_j)_{j \in J}$ Basis von W):

$$f_{i(1)\ldots i(n)j}(v_{1j(1)}, \ldots, v_{nj(n)}) = \begin{cases} w_j & \text{falls } i(1) = j(1), \ldots, i(n) = j(n), \\ 0 & \text{sonst.} \end{cases}$$

(Dabei durchläuft $i(1)$ die Menge $J_1, \ldots, i(n)$ die Menge J_n, und j die Menge J.) Der Vektorraum $L(V_1, \ldots, V_n; W)$ ist für jedes $i \in \{1, \ldots, n\}$ isomorph zum Vektorraum

$$L(V_i; L(V_1, \ldots, V_{i-1}, V_{i+1}, \ldots, V_n; W))$$

aller linearen Abbildungen von V_i in $L(V_1, \ldots, V_{i-1}, V_{i+1}, \ldots, V_n; W)$. Speziell ist der Vektorraum aller Bilinearformen auf (V_1, V_2) isomorph zu den Vektorräumen $L(V_1, V_2^*)$ und $L(V_2, V_1^*)$ (↗Dualraum). Sind W und alle V_i endlich-dimensional, so gilt

$$\dim L(V_1, \ldots, V_n; W) = \dim V_1 \cdot \ldots \cdot \dim V_n \cdot \dim W.$$

Ist $(b_1, \ldots, b_m)$ eine Basis von V, so ist eine multilineare Abbildung $f : V^n \to W$ durch die m^n Bildvektoren $f(b_{i1}, \ldots, b_{in}) \in W$, wobei $(i_1, \ldots, i_n)$ die Menge $\{1, \ldots, m\}^n$ durchläuft, eindeutig festgelegt. Ist f alternierend und $m \ge n$, so genügen die $\binom{m}{n}$ Bildvektoren $f(b_{i1}, \ldots, b_{in})$ mit $1 \le i_1 < \cdots < i_n \le m$ zur Festlegung von f. Insbesondere sind für $m = n$ alle alternierenden multilinearen Abbildungen skalare Vielfache einer einzelnen (von Null verschiedenen) unter ihnen.

Beispiel: $v_1, \ldots v_n$ bezeichnen Spaltenvektoren aus $\mathbb{K}^n$. Durch die Abbildung $\det : (\mathbb{K}^n)^n \to \mathbb{K}$; $(v_1, \ldots, v_n) \mapsto \det(v_1, \ldots, v_n))$ (↗Determinante einer Matrix) ist eine n-fache alternierende Multilinearform auf dem Vektorraum $\mathbb{K}^n$ gegeben.

Multimenge, Menge, in der eine Wiederholung von Elementen möglich ist.

Am einfachsten erklärt man eine Multimenge $\hat{M}$ als Paar (S, r_M) mit S als Grundmenge und $r_M : S \to \mathbb{N}_0$, wobei $(r_M(a))$ angibt, wie oft das Element $a \in S$ in $\hat{M}$ auftritt. Ist $r_m(a) = 0$, so heißt das, daß a nicht in $\hat{M}$ erscheint.

Um Verwechslungen mit gewönlichen Mengen auszuschließen, fügt man meist das Symbol ^ hinzu und nennt $\hat{M} = (S, r_M)$ eine Multimenge aus S.

Multinomialkoeffizient, eine natürliche Verallgemeinerung der ↗Binomialkoeffizienten.

Es bezeichne $\binom{n}{k_1 k_2 \cdots k_r}$ die Anzahl der Abbildungen $f : N = \{1, 2, \ldots, n\} \longrightarrow R = \{b_1, b_2, \ldots b_r\}$ mit $f^{-1}(b_i) = k_i$ für $1 \leq i \leq n$.

Dann heißen die Zahlen

$$\binom{n}{k_1 k_2 \cdots k_r}$$

Multinomialkoeffizienten.

Es gilt ebenfalls die folgende explizite Darstellung:

$$\binom{n}{k_1 k_2 \cdots k_r} = \begin{cases} \dfrac{n!}{k_1!k_2!\ldots k_r!} & \text{falls } n = \sum_{i=1}^{r} k_i \\ 0 & \text{sonst.} \end{cases}$$

Die Multinomialkoeffizienten treten im folgenden Multinomialsatz auf, woher auch ihr Name stammt.

Sei R ein kommutativer Ring. Dann gilt für $a_1, a_2, \ldots, a_r$ aus R:

$$(a_1 + a_2 + \cdots + a_r)^n = \sum_{\substack{k_1, k_2, \ldots, k_r \geq 0 \\ \sum k_i = n}} \binom{n}{k_1 k_2 \cdots k_r} a_1^{k_1} a_2^{k_2} \ldots a_r^{k_r}.$$

Multinomialverteilung, *Polynomialverteilung*, mehrdimensionale diskrete Wahrscheinlichkeitsverteilung.

Ist n eine natürliche Zahl und sind $p_1, \ldots, p_k$, $k \geq 2$, positive reelle Zahlen mit $\sum_{i=1}^{k} p_i = 1$, so heißt das durch

$$P(\{(n_1, \ldots, n_k)\}) = \binom{n}{n_1, \ldots, n_k} p_1^{n_1} \cdot \ldots \cdot p_k^{n_k}$$

für alle $(n_1, \ldots, n_k) \in \mathbb{N}_0^k$ mit $\sum_{i=1}^{k} n_i = n$ eindeutig festgelegte und oft mit $\mathcal{M}(n, p_1, \ldots, p_k)$ bezeichnete Wahrscheinlichkeitsmaß P die Multinomialverteilung mit den Parametern n und $p_1, \ldots, p_k$. Hier bezeichnet der Ausdruck

$$\binom{n}{n_1, \ldots, n_k}$$

den ↗Multinomialkoeffizienten.

Ist $X = (X_1, \ldots, X_k)$ ein mit den Parametern n und $p_1, \ldots, p_k$ multinomialverteilter zufälliger Vektor, so sind die Erwartungswerte seiner Komponenten für $i = 1, \ldots, k$ durch $E(X_i) = np_i$ gegeben. Für die Elemente der Kovarianzmatrix $Cov(X) = (Cov(X_i, X_j))_{i,j=1,\ldots,k}$ gilt

$$Cov(X_i, X_j) = \begin{cases} np_i(1 - p_i), & i = j, \\ -np_i p_j, & i \neq j. \end{cases}$$

Der Wert $P(\{n_1, \ldots, n_k\})$ der Multinomialverteilung gibt die Wahrscheinlichkeit dafür an, daß bei n unabhängigen Wiederholungen eines Experimentes mit k möglichen Ausgängen genau n_1-mal der erste, n_2-mal der zweite Ausgang, usw. realisiert wird.

Multiplexer, ↗logischer Schaltkreis mit drei primären Eingängen s, d_0, d_1 und einem primären Ausgang. Der Eingang s, der als Steuereingang bezeichnet wird, steuert, welcher der beiden Dateneingängen d_0, d_1 auf den Ausgang geschaltet wird. Der logische Schaltkreis berechnet demnach die Boolesche Funktion $(d_0 \wedge \overline{s}) \vee (d_1 \wedge s)$.

multiplicative binary moment diagram, ↗binary moment diagram.

Multiplikand, die Größe, die bei einer ↗Multiplikation mit dem Multiplikator multipliziert wird, also die Größe y im Ausdruck $x \cdot y$.

Multiplikation, meist mit dem Malzeichen · geschriebene assoziative Abbildung $\cdot : M \times M \to M$, $(x, y) \mapsto x \cdot y$ auf einer Menge M, wie die Multiplikation von Zahlen oder Matrizen, die punktweise erklärte Multiplikation geeigneter Folgen oder Funktionen oder allgemein die Verknüpfung auf einer Halbgruppe. Man läßt das Multplikationszeichen · meist weg, schreibt also xy statt $x \cdot y$ („x mal y"). Der Ausdruck xy heißt Produkt der Faktoren x und y. x und y werden *multipliziert* oder *malgenommen*. x nennt man auch Multiplikator und y Multiplikand und sagt, y werde mit x multipliziert. Für die Multiplikation mehrerer Faktoren und für Grenzwerte von Multiplikationen wird das Produktsymbol $\prod$ benutzt. Falls es ein bzgl. der Multiplikation neutrales Element gibt, wird dieses meist als Eins 1 notiert, und ist $(M, \cdot, 1)$ sogar eine Gruppe, so schreibt man das Inverse zu x als x^{-1} und nennt es das Reziproke von x, definiert damit die Abbildung $^{-1} : M \to M$, $x \mapsto x^{-1}$ und mit $x/y := xy^{-1}$ für $x, y \in M$, auch geschrieben als $x : y$, die zur Multiplikation · gehörende Division $/ : M \times M \to M$, $(x, y) \mapsto x/y$.

Multiplikation von Folgen, die auf dem Raum ℓ der reellen oder komplexen Zahlenfolgen durch

$$(a_n) \cdot (b_n) = (a_n \cdot b_n) \qquad ((a_n), (b_n) \in \ell)$$

erklärte Abbildung $\cdot : \ell \times \ell \to \ell$. Die *Produktfolge* $(a_n)(b_n)$ ist also die Folge der Produkte $a_n b_n$. Da Zahlenfolgen auf $\mathbb{N}$ definierte $\mathbb{R}$- oder $\mathbb{C}$-wertige Funktionen sind, ist die Multiplikation von Folgen ein Spezialfall der Multiplikation von $\mathbb{R}$- bzw. $\mathbb{C}$-wertigen Funktionen. Das Produkt aus einer Nullfolge und einer beschränkten Zahlenfolge ist eine Nullfolge. Das Produkt zweier beschränkter Zahlenfolgen ist eine beschränkte Zahlenfolge. Das Produkt zweier konvergenter Zahlenfolgen (a_n), (b_n) ist konvergent mit

$$\lim_{n\to\infty} a_n b_n = \lim_{n\to\infty} a_n \cdot \lim_{n\to\infty} b_n .$$

Eine Multiplikation läßt sich ebenso allgemeiner erklären für beliebige Folgen, in deren gemeinsamem Zielbereich eine Multiplikation gegeben ist, wie z. B. in einer Halbgruppe $(H, \cdot)$. Hat man im Zielbereich noch eine Division /, wie z. B. in einer Gruppe, so kann man durch

$$(a_n)/(b_n) = (a_n/b_n)$$

auch die *Division von Folgen* (a_n), (b_n) zur *Quotientenfolge* $(a_n)/(b_n)$ erklären. Der Quotient zweier konvergenter Zahlenfolgen (a_n), (b_n) mit $b_n \neq 0$ für $n \in \mathbb{N}$ und $\lim\limits_{n\to\infty} b_n \neq 0$ ist konvergent mit

$$\lim_{n\to\infty} \frac{a_n}{b_n} = \frac{\lim\limits_{n\to\infty} a_n}{\lim\limits_{n\to\infty} b_n}.$$

Multiplikation von Funktionen, die für eine nichtleere Menge $\mathfrak{R}$ auf dem Raum $\mathfrak{F} := \mathfrak{F}(\mathfrak{R})$ der reell- oder komplexwertigen Funktionen durch

$$(f \cdot g)(x) := f(x)g(x) \quad (x \in \mathfrak{R}) \qquad (f, g \in \mathfrak{F})$$

erklärte Abbildung $\cdot : \mathfrak{F} \times \mathfrak{F} \to \mathfrak{F}$. Die Produktfunktion $f \cdot g$ ist also die Funktion, die an jeder Stelle $x \in \mathfrak{R}$ das Produkt der Werte $f(x)$ und $g(x)$ annimmt. Da Zahlenfolgen auf $\mathbb{N}$ definierte $\mathbb{R}$- oder $\mathbb{C}$-wertige Funktionen sind, ist die Multiplikation solcher Folgen Spezialfall der Multiplikation von Funktionen. Natürlich stellt sich oft die Frage, welche Eigenschaften sich von den Faktoren f und g auf die Produktfunktion übertragen. Dazu seien beispielhaft genannt: Das Produkt zweier beschränkter Funktionen ist beschränkt. Ist $\mathfrak{R}$ ein topologischer Raum, so ist das Produkt zweier stetiger Funktionen stetig. Ist $\mathfrak{R}$ ein normierter Vektorraum, so ist das Produkt zweier differenzierbarer Funktionen differenzierbar. Das Produkt zweier integrierbarer Funktionen ist integrierbar, wenn man sich auf das eigentliche Riemann-Integral bezieht. Hingegen gilt dies nicht für das uneigentliche Riemann-Integral und nicht für das Lebesgue-Integral.

Eine Multiplikation läßt sich ebenso allgemeiner erklären für beliebige Funktionen, in deren gemeinsamen Zielbereich eine Multiplikation gegeben ist, wie z. B. in einer Halbgruppe $(H, \cdot)$. Natürlich können noch allgemeinere Situationen betrachtet werden, so etwa mit drei Mengen $\mathfrak{B}_\nu$ und einer verbindenden Abbildung

$$\omega : \mathfrak{B}_1 \times \mathfrak{B}_2 \to \mathfrak{B}_3$$

für Funktionen $f : \mathfrak{R} \to \mathfrak{B}_1$ und $g : \mathfrak{R} \to \mathfrak{B}_2$ durch

$$(f \cdot g)(x) := \omega(f(x), g(x)) \quad (x \in \mathfrak{R}).$$

Speziell findet man das oft für Vektorräume $\mathfrak{B}_\nu$ und bilineares ω.

Vereinzelt spricht man auch bei anderen Verbindungen zweier Funktionen von Multiplikation, so etwa bei der Hintereinanderausführung und der Faltung.

Multiplikation von ganzen Zahlen, die durch

$$\langle k, \ell \rangle \cdot \langle m, n \rangle := \langle km + \ell n, kn + \ell m \rangle$$

für $k, \ell, m, n \in \mathbb{N}$ erklärte Abbildung $\cdot : \mathbb{Z} \times \mathbb{Z} \to \mathbb{Z}$, wenn die ganzen Zahlen $\mathbb{Z}$ als Äquivalenzklassen $\langle k, \ell \rangle$ von Paaren (k, ℓ) natürlicher Zahlen bzgl. der durch

$$(k, \ell) \sim (m, n) :\Longleftrightarrow k + n = m + \ell$$

erklärten Äquivalenzrelation eingeführt werden. Definiert man $\mathbb{N}$ als die kleinste induktive Teilmenge des axiomatisch eingeführten Körpers $\mathbb{R}$ der reellen Zahlen und $\mathbb{Z}$ als $-\mathbb{N} \cup \{0\} \cup \mathbb{N}$, so ist $\mathbb{Z}$ gegenüber der von $\mathbb{R}$ geerbten Multiplikation abgeschlossen, man erhält also die Multiplikation auf $\mathbb{Z}$ als Einschränkung der Multiplikation auf $\mathbb{R}$.

Multiplikation von Kardinalzahlen, für Kardinalzahlen κ und λ definiert als $\kappa \otimes \lambda := \#(\kappa \times \lambda)$, siehe auch ↗Kardinalzahlen und Ordinalzahlen.

Multiplikation von Matrizen, die durch (1) definierte Verknüpfung einer $(m \times n)$-Matrix $A = (a_{ij})$ über $\mathbb{K}$ mit einer $(n \times p)$-Matrix $B = (b_{ij})$ über $\mathbb{K}$:

$$C = (c_{ij}) := AB := \left(\left(\sum_{k=1}^{n} a_{ik} b_{kj} \right) \right) \qquad (1)$$

$(1 \leq i \leq m; 1 \leq j \leq p)$. Das Element c_{ij} der Ergebnismatrix C ist also das „Produkt der i-ten Zeile von A mit der j-ten Spalte von B". Das Multiplikationsergebnis C ist eine $(m \times p)$-Matrix über $\mathbb{K}$ und wird als das Produkt von A und B bezeichnet. Stimmen Zeilenzahl von A und Spaltenzahl von B nicht überein, so ist ein Produkt AB nicht definiert; im anderen Fall werden die Matrizen A und B auch als verkettet bezeichnet.

Mit der elementweise definierten Addition und der durch (1) definierten Multiplikation wird die Menge aller $(n \times n)$-Matrizen über $\mathbb{K}$ zu einem Ring, dessen Einselement die ↗Einheitsmatrix ist.

Einige Rechenregeln: Die Multiplikation von Matrizen ist assoziativ ($(AB)C = A(BC)$) und distributiv ($A(B+C) = AB + AC$; $(A+B)C = AC + BC$), und es gilt für die transponierte Matrix

$$(AB)^t = B^t A^t.$$

Im allgemeinen ist die Matrizenmultiplikation nicht kommutativ; gilt aber $AB = BA$, so heißen A und B (miteinander) vertauschbar. Miteinander vertauschbare Matrizen sind notwendigerweise quadratisch von gleicher Größe. Die Matrizenmultiplikation ist nicht nullteilerfrei (d. h., es gibt Matrizen

A und B, beide verschieden von der Nullmatrix 0, jedoch $AB = 0$).

Beschreiben die Matrizen A und B bezüglich fest gewählter Basen B_1, B_2 und B_3 in den Vektorräumen V_1, V_2 und V_3 die linearen Abbildungen $g : V_1 \to V_2$ und $f : V_2 \to V_3$, so beschreibt das Produkt AB die Kompositionsabbildung $f \circ g : V_1 \to V_3$ bzgl. B_1 und B_3.

Multiplikation von natürlichen Zahlen, die für jedes $m \in \mathbb{N}$ durch die rekursive Definition

$$m \cdot 1 := m$$
$$m \cdot N(n) := (m \cdot n) + m \quad (n \in \mathbb{N})$$

erklärte Abbildung $\cdot : \mathbb{N} \times \mathbb{N} \to \mathbb{N}$, wenn die natürlichen Zahlen $\mathbb{N}$ axiomatisch als Menge mit einem ausgezeichneten Element $1 \in \mathbb{N}$ und ↗Nachfolgerfunktion $N : \mathbb{N} \to \mathbb{N}$ eingeführt werden. Definiert man $\mathbb{N}$ als die Menge der Kardinalzahlen nichtleerer endlicher Mengen, so wird die Multiplikation von den Kardinalzahlen geerbt, und erklärt man $\mathbb{N}$ als die kleinste induktive Teilmenge des axiomatisch eingeführten Körpers $\mathbb{R}$ der reellen Zahlen, so ist $\mathbb{N}$ gegenüber der von $\mathbb{R}$ geerbten Multiplikation abgeschlossen, man erhält also die Multiplikation auf $\mathbb{N}$ als Einschränkung der Multiplikation auf $\mathbb{R}$.

Multiplikation von Ordinalzahlen, definiert durch transfinite Rekursion über die Ordinalzahl β.

Man fixiert die Ordinalzahl α und definiert $\alpha \cdot 0 := 0$, $\alpha \cdot (\beta + 1) := \alpha \cdot \beta + \alpha$ für Nachfolgeordinalzahlen $\beta + 1$ sowie $\alpha \cdot \beta := \sup\{\alpha \cdot \gamma : \gamma < \beta\}$ für Limesordinalzahlen β (↗Kardinalzahlen und Ordinalzahlen).

Multiplikation von rationalen Zahlen, die durch

$$\frac{a}{b} \cdot \frac{c}{d} := \frac{ac}{bd} \quad \left(\frac{a}{b}, \frac{c}{d} \in \mathbb{Q}\right)$$

erklärte Abbildung $\cdot : \mathbb{Q} \times \mathbb{Q} \to \mathbb{Q}$, wenn die rationalen Zahlen $\mathbb{Q}$ als Brüche $\frac{a}{b}$ ganzer Zahlen a, b mit $b \neq 0$ eingeführt werden. Definiert man $\mathbb{N}$ als die kleinste induktive Teilmenge des axiomatisch eingeführten Körpers $\mathbb{R}$ der reellen Zahlen, die ganzen Zahlen $\mathbb{Z}$ als $-\mathbb{N} \cup \{0\} \cup \mathbb{N}$ und $\mathbb{Q}$ als die Menge derjenigen reellen Zahlen, die sich als Quotient ganzer Zahlen schreiben lassen, so ist $\mathbb{Q}$ gegenüber der von $\mathbb{R}$ geerbten Multiplikation abgeschlossen, man erhält also die Multiplikation auf $\mathbb{Q}$ als Einschränkung der Multiplikation auf $\mathbb{R}$.

Multiplikation von reellen Zahlen, die durch

$$\langle p_n \rangle \cdot \langle q_n \rangle := \langle p_n \cdot q_n \rangle \quad (\langle p_n \rangle, \langle q_n \rangle \in \mathbb{R})$$

erklärte Abbildung $\cdot : \mathbb{R} \times \mathbb{R} \to \mathbb{R}$, wenn die reellen Zahlen $\mathbb{R}$ als Äquivalenzklassen $\langle p_n \rangle$ von Cauchy-Folgen (p_n) rationaler Zahlen bzgl. der durch

$$(p_n) \sim (q_n) :\iff q_n - p_n \to 0 \quad (n \to \infty)$$

gegebenen Äquivalenzrelation eingeführt werden. Definiert man $\mathbb{R}$ über Dedekind-Schnitte, Dezimalbruchentwicklungen, Äquivalenzklassen von Intervallschachtelungen oder Punkte der Zahlengeraden, so muß man für diese eine Multiplikation erklären. Wird $\mathbb{R}$ axiomatisch als vollständiger archimedischer Körper eingeführt, so ist die Multiplikation schon als Teil der Definition gegeben.

Multiplikation von Reihen, ist zunächst – über die Partialsummen – ein Spezialfall der Multiplikation von (konvergenten) Folgen:

Sind $\sum_{\nu=0}^{\infty} a_\nu$ und $\sum_{\nu=0}^{\infty} b_\nu$ konvergente Reihen reeller oder komplexer Zahlen mit Reihenwerten A bzw. B, so gilt mit den Partialsummen

$$A_n := \sum_{\nu=0}^{n} a_\nu, \quad B_n := \sum_{\nu=0}^{n} b_\nu \quad (n \in \mathbb{N}_0)$$

$$A_n B_n \to AB.$$

Dabei ist $A_n B_n = \left(\sum_{\nu=0}^{n} a_\nu\right)\left(\sum_{\nu=0}^{n} b_\nu\right) = \sum_{\nu=0}^{n} p_\nu$ mit

$$p_\nu := \sum_{\substack{\lambda,\kappa \in \mathbb{N}_0 \\ \max(\lambda,\kappa)=\nu}} a_\lambda b_\kappa,$$

also

$$AB = \sum_{\nu=0}^{\infty} p_\nu.$$

Für viele Zwecke, insbesondere bei Potenzreihen, ist die Anordnung nach „Schrägzeilen" (↗Cauchy-Produkt) besser geeignet:

$$I_n := \{(\lambda, \kappa) \in \mathbb{N}_0 \times \mathbb{N}_0 : \lambda + \kappa = n\}$$
$$= \{(\nu, n - \nu) : \mathbb{N}_0 \ni \nu \le n\} \quad (n \in \mathbb{N}_0).$$

Mit $c_n := \sum_{(\lambda,\kappa) \in I_n} a_\lambda b_\kappa = \sum_{\nu=0}^{n} a_\nu \, b_{n-\nu}$ besagt der Reihenproduktsatz von Cauchy (↗Cauchy, Reihenproduktsatz von):

Sind $\sum_{\nu=0}^{\infty} a_\nu$ und $\sum_{\nu=0}^{\infty} b_\nu$ absolut konvergent, dann ist die Cauchy-Produktreihe $\sum_{n=0}^{\infty} c_n$ konvergent, und es gilt

$$\sum_{n=0}^{\infty} c_n = AB = \left(\sum_{\nu=0}^{\infty} a_\nu\right)\left(\sum_{\nu=0}^{\infty} b_\nu\right).$$

Allgemeiner gilt: Sind die beiden Reihen $\sum_{\nu=0}^{\infty} a_\nu$ und $\sum_{\nu=0}^{\infty} b_\nu$ absolut konvergent, so konvergiert jede ihrer Produktreihen gegen $\left(\sum_{\nu=0}^{\infty} a_\nu\right)\left(\sum_{\nu=0}^{\infty} b_\nu\right)$.

Der Satz gilt *nicht,* wenn die beiden Reihen $\sum_{\nu=0}^{\infty} a_\nu$ und $\sum_{\nu=0}^{\infty} b_\nu$ nur (bedingt) konvergieren. Ein Standard-Beispiel dazu ist gegeben durch:

$$a_\nu := b_\nu := \frac{(-1)^\nu}{\sqrt{\nu + 1}}.$$

Die Konvergenz von $\sum_{n=0}^{\infty} c_n$ mit

$$\sum_{n=0}^{\infty} c_n = AB$$

ist schon gesichert, falls nur eine der Reihen absolut konvergent und die andere (nur) konvergent ist. Dies beinhaltet der Satz von Mertens (↗Mertens, Satz von, über das Cauchy-Produkt).

Als Anwendung des ↗Abelschen Grenzwertsatzes erhält man: Ist neben $\sum_{\nu=0}^{\infty} a_\nu$ und $\sum_{\nu=0}^{\infty} b_\nu$ auch $\sum_{n=0}^{\infty} c_n$ konvergent, so gilt

$$\sum_{n=0}^{\infty} c_n = AB = \left(\sum_{\nu=0}^{\infty} a_\nu\right)\left(\sum_{\nu=0}^{\infty} b_\nu\right).$$

Multiplikation von surrealen Zahlen, die durch

$$x \cdot y := \left\{ \begin{matrix} x^L y + x y^L - x^L y^L \\ x^R y + x y^R - x^R y^R \end{matrix} \middle| \begin{matrix} x^L y + x y^R - x^L y^R \\ x^R y + x y^L - x^R y^L \end{matrix} \right\}$$

für $x, y \in \mathrm{No}$ erklärte Abbildung $\cdot : \mathrm{No} \times \mathrm{No} \to \mathrm{No}$, wenn die surrealen Zahlen No axiomatisch rekursiv als Conway-Schnitte $x = \{x^L \mid x^R\}$ eingeführt werden. Wegen der besseren Darstellbarkeit ist hier $\{{a \atop b} \mid {c \atop d}\} = \{a, b \mid c, d\}$ gesetzt. Definiert man die surrealen Zahlen als spezielle Spiele, so erhält man die Multiplikation der surrealen Zahlen aus der Multiplikation von Spielen. Definiert man sie als Vorzeichenfolgen, so muß man für diese eine Multiplikation erklären.

Multiplikation von Zahlen, als ↗Multiplikation von natürlichen Zahlen rekursiv definierte Abbildung $\cdot : \mathbb{N} \times \mathbb{N} \to \mathbb{N}$, die bei der Erweiterung der Zahlenbereiche von $\mathbb{N}$ auf die ganzen, rationalen, reellen und komplexen Zahlen ($\mathbb{Z}$, $\mathbb{Q}$, $\mathbb{R}$ und $\mathbb{C}$) fortgesetzt wird. Bei einer axiomatischen Einführung von $\mathbb{R}$ als vollständiger archimedischer Körper ist die Multiplikation auf $\mathbb{R}$ und auf den diesbezüglich abgeschlossenen Mengen $\mathbb{N}$, $\mathbb{Z}$ und $\mathbb{Q}$ von vornherein gegeben. Die Multiplikation von Zahlen ist assoziativ, kommutativ und bzgl. der Addition distributiv und hat die Eins $1 \in \mathbb{N}$ als neutrales Element. $(\mathbb{N}, \cdot, 1)$ und $(\mathbb{Z} \setminus \{0\}, \cdot, 1)$ sind kommutative Monoide mit Kürzungsregel, und $(\mathbb{Q} \setminus \{0\}, \cdot, 1)$, $(\mathbb{R} \setminus \{0\}, \cdot, 1)$ und $(\mathbb{C} \setminus \{0\}, \cdot, 1)$ sind kommutative Gruppen.

Multiplikationsformel für Wahrscheinlichkeiten, gelegentlich anzutreffende Bezeichnung für die Formel

$$P(A \cap B) = P(A) \cdot P(B|A),$$

welche sich durch Umschreiben aus der Definition der bedingten Wahrscheinlichkeit $P(B|A)$ des Ereignisses B, gegeben das Ereignis A mit $P(A) > 0$, ergibt. Die Verallgemeinerung

$$P(A_1 \cap \ldots \cap A_n) = P(A_1) \cdot P(A_2|A_1) \cdot \ldots \cdot P(A_n|A_1 \cap \ldots \cap A_{n-1})$$

dieser Formel für Ereignisse $A_1, \ldots, A_n \in \mathfrak{A}$ mit $P(A_1 \cap \ldots \cap A_{n-1}) > 0$ eines Wahrscheinlichkeitsraumes $(\Omega, \mathfrak{A}, P)$ wird zuweilen als Kettenregel oder Multiplikationssatz für elementare bedingte Wahrscheinlichkeiten bezeichnet.

Multiplikationsmatrix, ↗Baummultiplizierer.

Multiplikationsoperator, ein Operator der Form $f \mapsto h \cdot f$ auf einem Funktionenraum.

Jeder selbstadjungierte Operator in einem Hilbertraum ist zu einem Multiplikationsoperator unitär äquivalent (↗Spektralsatz für selbstadjungierte Operatoren).

multiplikativ abgeschlossen, Eigenschaft einer Teilmenge S eines Rings R: $1 \in S$ und $s, s' \in S$ impliziert $ss' \in S$. Wenn $P \subset R$ ein Primideal ist, dann ist $S = R \setminus P$ multiplikativ abgeschlossen. Für ein Element $f \in R$ ist die Menge $\{1, f, f^2, f^3, \ldots\}$ multiplikativ abgeschlossen. Zur ↗Lokalisierung eines Rings benutzt man multiplikativ abgeschlossene Mengen.

multiplikative Funktion, eine zahlentheoretische Funktion $f : \mathbb{N} \to \mathbb{C}$, die nicht identisch 0 ist, mit der Eigenschaft

$$f(mn) = f(m) \cdot f(n) \qquad \text{falls } m, n \text{ teilerfremd.}$$

Gilt $f(mn) = f(m)f(n)$ für beliebige $m, n \in \mathbb{N}$, so heißt f vollständig multiplikativ.

Beispiele:

1. Für festes $r \in \mathbb{R}$ ist die durch $n \mapsto n^r$ gegebene Funktion vollständig multiplikativ.
2. Ein Dirichlet-Charakter (↗Charakter modulo m) ist eine multplikative Funktion.
3. Die ↗Möbius-Funktion μ ist multiplikativ, aber nicht vollständig multiplikativ.
4. Für ein Polynom $f(x)$ mit ganzzahligen Koeffizienten und $m \in \mathbb{N}$ bezeichne $\varrho_f(m)$ die Anzahl der (ganzzahligen) Lösungen der Kongruenz $f(x) \equiv 0$ mod m. Dann ist ϱ_f eine multiplikative Funktion.

Die multiplikativen Funktionen besitzen eine algebraische Struktur:

Sind $f, g : \mathbb{N} \to \mathbb{C}$ multiplikative Funktionen, so ist auch ihr Dirichlet-Produkt

$$f \star g : \mathbb{N} \to \mathbb{C}, \quad (f \star g)(n) = \sum_{rs=n} f(r)g(s),$$

wobei die Summe über alle $r, s \in \mathbb{N}$ mit $rs = n$ zu erstrecken ist, eine multiplikative Funktion. Mit dieser Multiplikation bildet die Menge der multiplikativen Funktionen eine ↗abelsche Gruppe.

Beim Beweis dieses Satzes macht man wesentlich Gebrauch von der Bedingung „falls m, n teilerfremd“. Die vollständig multiplikativen Funktionen besitzen keine solche Struktur; das Dirichlet-Produkt zweier vollständig multiplikativer Funktionen ist zwar eine multiplikative Funktion, aber nicht notwendigerweise vollständig multiplikativ.

Ein abstrakteres Verständnis von multiplikativen Funktionen ist das folgende: Eine Funktion $f \in \mathbb{A}(P)$, wobei P ein Verband und $\mathbb{A}(P)$ die ↗ Inzidenzalgebra von P ist, heißt multiplikativ, wenn Sie invertierbar ist, und falls ferner für alle $[x,y] \subseteq P$ mit $[x \wedge y, x \vee y] \cong [x \wedge y, x] \times [x \wedge y, y]$ gilt:

$$f(x \wedge y, x \vee y) = f(x \wedge y, x) \cdot f(x \wedge y, y) .$$

multiplikative Gruppe, Gruppe, in der die Gruppenoperation als Multiplikation geschrieben wird.

Meistens wird dies bei nichtkommutativen Gruppen angewendet. Bei solchen Gruppen heißt das neutrale Element auch Einselement, und das Gruppenoperationszeichen kann weggelassen werden.

multiplikative Gruppe eines Körpers, das, was von einem Körper „übrigbleibt", wenn man die Null und die Operation der Addition entfernt.

Beispiel: Die multiplikative Gruppe des Körpers der rationalen Zahlen ist die Gruppe aller von 0 verschiedenen rationalen Zahlen mit der üblichen Multiplikation.

multiplikative Menge, Teilmenge S eines Rings R mit Einselement 1, die 1 enthält und abgeschlossen unter Multiplikation ist, d. h. $1 \in S$ und $\forall s, t \in S : s \cdot t \in S$.

multiplikative Verknüpfung, andere Bezeichnung für die ↗ Multiplikation.

multiplikative Zahlentheorie, diejenigen Teile der Zahlentheorie, die sich mit dem multiplikativen Aufbau der natürlichen Zahlen befassen.

Hierzu gehören die Teilbarkeitslehre und die darauf aufbauenden Teile der ↗ algebraischen Zahlentheorie, etwa die Idealtheorie mit den Sätzen über die Verzweigung von Primidealen. Zur multiplikativen Zahlentheorie rechnet man auch Sätze und Probleme über die Verteilung der Primzahlen.

multiplikative Zerlegbarkeit eines Intervalls, Eigenschaft eines Intervalls.

Falls bei der Zerlegung eines Intervalls in Teilintervalle (etwa als direktes Produkt) die Werte einer Funktion in ein Produkt der Werte über diese Teilintervalle zerfallen, so ist dieses Intervall multiplikativ zerlegbar.

Multiplikator, allgemein die Größe, mit der bei einer ↗ Multiplikation der Multiplikand multipliziert wird, also die Größe x im Ausdruck $x \cdot y$.

Im Sinne der Theorie der ↗ Fourier-Reihen bezeichnet der Ausdruck Multiplikator eine Funktion $\Phi : \mathbb{Z} \twoheadrightarrow \mathbb{C}$, die der Transformation solcher Reihen dient. Seien $\mathcal{F}, \mathcal{G}$ Räume von auf $[-\pi, \pi)$ definierten Funktionen oder Distributionen (typischerweise L^p- oder Sobolew-Räume). Existiert zu jeder Fourier-Reihe

$$\mathcal{FR}f(x) = \sum_{k \in \mathbb{Z}} \lambda_k e^{ikx}$$

von $f \in \mathcal{F}$ ein $g \in \mathcal{G}$ mit

$$\mathcal{FR}g(x) = \sum_{k \in \mathbb{Z}} \Phi(k) \lambda_k e^{ikx} ,$$

so heißt Φ (Fourier-)Multiplikator vom Typ $(\mathcal{F}, \mathcal{G})$.

Multiplikatormethode, wesentlich auf der Verwendung von ↗ Lagrange-Multiplikatoren basierendes Verfahren zur Lösung von Optimierungsproblemen unter Nebenbedingungen.

Der Einfachheit halber betrachte man ein solches Problem nur mit Gleichungsnebenbedingungen, d. h. $\min f(x)$ unter den Nebenbedingungen

$$x \in M := \{x \in \mathbb{R}^n | h_i(x) = 0, i \in I\}$$

für $f, h_i \in C^2(\mathbb{R}^n, \mathbb{R})$ und $|I| < \infty$. Wir setzen $h(x) := (h_1(x), \dots, h_{|I|}(x))^T$. Ungleichungen können dann zum Beispiel durch Hinzunahme von Schlupfvariablen behandelt werden (Dimensionserhöhung). Um die Anwendbarkeit der Multiplikatormethode zu garantieren, werden folgende Vereinbarungen getroffen. Wir betrachten einen lokalen Minimalpunkt $\bar{x}$ von $f|_M$ und nehmen an, daß die lineare Unabhängigkeitsbedingung in M erfüllt ist. Der zu $\bar{x}$ existierende Vektor von Lagrange-Multiplikatoren sei $\bar{\lambda}$. Schließlich sei die Hessematrix $D^2L(\bar{x})$ der Lagrangefunktion $L(x) = f(x) - \bar{\lambda} \cdot h(x)$ in $\bar{x}$ positiv definit auf dem Tangentialraum $T_{\bar{x}}M$ von M in $\bar{x}$. Diese Voraussetzungen implizieren, daß $\bar{x}$ ein strikter lokaler Minimalpunkt von $f|_M$ ist, der zusätzlich nicht-degeneriert ist.

Die erste Idee zur Berechnung von $\bar{x}$ ist es, ein Optimierungsproblem ohne Nebenbedingungen zu lösen. Hierzu wird L mit einem Strafterm versehen, und die Funktion

$$\phi(x, \lambda, \sigma) := f(x) - \lambda \cdot h(x) + \frac{1}{2} \cdot \sigma \cdot h^T(x) \cdot h(x)$$

betrachtet. Der Strafterm ist so konstruiert, daß $\bar{x}$ nicht-degenerierter lokaler Minimalpunkt für $x \to \phi(x, \bar{\lambda}, \sigma)$ bleibt, sofern der Parameter σ größer als ein fester Wert $\bar{\sigma} > 0$ ist. Dies liegt daran, daß die Hessematrix des Strafterms in $\bar{x}$ eine positiv-semidefinite Matrix ist, deren positive Eigenwerte Eigenvektoren im Bild von $Dh(\bar{x})$ entsprechen.

Damit kann $\bar{x}$ prinzipiell als lokaler Extremalpunkt der Funktion $x \to \phi(x, \bar{\lambda}, \sigma)$ bestimmt werden ($\sigma > \bar{\sigma}$ fest). Problematisch ist die Unkenntnis der Lagrange-Multiplikatoren $\bar{\lambda}$. Hier setzt das Verfahren an, indem es versucht, diese approximativ zu ermitteln. Dazu faßt man in ϕ auch λ als Variablen auf. Obige Voraussetzungen und der Satz über implizite Funktionen liefern lokal um $\bar{\lambda}$ für jedes λ einen Minimalpunkt $x(\lambda)$ der Funktion $x \to \phi(x, \lambda, \sigma)$. Für die λ-Werte definiert man eine sogenannte marginale Funktion $\psi(\lambda) := \phi(x(\lambda), \lambda, \sigma)$ und stellt fest, daß ψ durch $\bar{\lambda}$ lokal maximiert wird. Dadurch sind sowohl $\bar{x} = x(\bar{\lambda})$ als auch $\bar{\lambda}$ durch unrestringierte Optimierungsprobleme charakterisiert. Dies benutzt man nunmehr zur Berechnung schrittweiser Näherungen. Startend von Punkten (x^0, λ^0) ermittelt man im k-ten Schritt aus den aktuellen Approximationen (x^k, λ^k) zunächst x^{k+1} als näherungsweise Minimalstelle der Abbildung $x \to \phi(x, \lambda^k, \sigma)$. Anschließend wird λ^{k+1} als näherungsweise Maximalstelle von $\lambda \to \phi(x^{k+1}, \lambda, \sigma)$ ermittelt. Die Optimierungsschritte können wie üblich verschieden realisiert werden, etwa durch ein ↗Newtonverfahren. Eine wichtige Rolle bei der praktischen Umsetzung spielt der Straffaktor σ, der behutsam zu wählen ist, damit die Hessematrix der Funktion ϕ nicht schlecht konditioniert ist. Ebenso zentral ist der Umstand, daß eine Konvergenz der x^k gegen $\bar{x}$ i.allg. nicht schneller ist als eine Konvergenz der λ^k gegen $\bar{\lambda}$. Daher ist eine schnelle Konvergenz der Multiplikatoren wesentliche Voraussetzung für effiziente Algorithmen.

Multiplizierer, ↗logischer Schaltkreis zur Multiplikation zweier Zahlen in binärer Zahlendarstellung.

Die bekanntesten Multiplizierer sind der ↗serielle Multiplizierer, der Multiplizierer nach Booth und der ↗Baummultiplizierer.

Multiplizität, Vielfachheit, meist einer Nullstelle.

Es seien $G \subseteq \mathbb{C}$ ein Gebiet und $f : G \to \mathbb{C}$ eine holomorphe Funktion. Falls für $z_0 \in G$ gilt:

$$f(z_0) = f'(z_0) = \cdots = f^{(n-1)}(z_0) = 0, \; f^{(n)}(z_0) \neq 0,$$

so heißt z_0 eine Nullstelle von f mit der Multiplizität oder Vielfachheit n.

Ist insbesondere f ein Polynom (↗mehrfache Nullstelle eines Polynoms), so hat f genau dann in z_0 eine Nullstelle der Multiplizität n, falls es ein Polynom q gibt, so daß gilt:

$$f(z) = (z - z_0)^n \cdot q(z) \text{ und } q(z_0) \neq 0.$$

Multiplizität einer analytischen Hyperfläche, Begriff aus der Theorie der komplexen Mannigfaltigkeiten.

Sei M eine komplexe Mannigfaltigkeit und $p \in V \subset M$ ein Punkt einer analytischen Hyperfläche in M. V sei unter Verwendung der lokalen Koordinaten gegeben durch die Funktion f. Dann ist die Multiplizität $mult_p\,(V)$ von V definiert als die Verschwindungs-Ordnung von f an der Stelle p, d. h. die größte ganze Zahl m so, daß für die partiellen Ableitungen der Ordnung $k \leq m - 1$ gilt

$$\frac{\partial^k f}{\partial z_{i_1} \cdots \partial z_{i_k}}(p) = 0 .$$

Multiplizität eines Divisors, Begriff aus der algebraischen Geometrie.

Ist S ein Cartierdivisor einer glatten ↗algebraischen Varietät X und $p \in S$ ein Punkt, so ist die Multiplizität von S in p definiert als die Ordnung, mit der die Gleichung f, die S in einer Umgebung von p definiert, verschwindet, also die Zahl m mit $f \in \mathfrak{m}_{X,p}^m$, $f \notin \mathfrak{m}_{X,p}^{m+1}$. Die Taylorentwicklung von f im Punkt p beginnt also mit Termen der Ordnung m.

Dieser Begriff besitzt verschiedene Verallgemeinerungen. Eine allgemeine Definition ist die etwa folgende: Sei A ein d-dimensionaler ↗lokaler Ring, M ein endlich erzeugter A-Modul, und $\mathfrak{q} \subset A$ ein Ideal mit $l(A/\mathfrak{q}) < \infty$ ($l(M)$ ist die Länge von Kompositionsreihen von M mit Faktoren isomorph zu $A/\mathfrak{m}_A$ bzw. ∞, falls es keine solche Kompositionsreihe gibt). Dann ist die Multiplizität von M bez. $\mathfrak{q}$ definiert als die Zahl

$$e(\mathfrak{q}, M) = \lim_{n\to\infty} \frac{d!\,l\,(M/\mathfrak{q}^n M)}{n^d} .$$

Multiquadriken, spezielle radiale Basisfunktionen.

Radiale Basisfunktionen werden bei der Interpolation verteilter Daten (scattered data interpolation) verwendet. Dabei wird die multivariate Interpolationsfunktion F mit Hilfe von univariaten Funktionen f definiert. Die Multiquadriken bilden eine Klasse solcher Funktionen f.

Die bekanntesten Funktionen dieses Typs sind die ↗Hardyschen Multiquadriken.

Multiresolutionsanalyse, andere Bezeichnung für ↗ Multiskalenanalyse.

Multi-Sekante, Begriff aus der algebraischen Geometrie.

Sei X eine projektive Varietät mit einer projektiven Einbettung $X \subset \mathbb{P}^N$. Eine Gerade $D \subset \mathbb{P}^n$ heißt Multi-Sekante (k-Sekante) von X, wenn der schematheoretische Durchschnitt $L \cap X \subset \mathbb{P}^N$ ein 0-dimensionales Schema der Länge k ist, d. h. $\dim H^0(L \cap X, \mathcal{O}_{L\cap X}) = k$.

Multiskalenanalyse, bietet eine Möglichkeit, Funktionen des $L^2(\mathbb{R})$ in unterschiedlich feine Skalen zu zerlegen.

Ausgehend von einer einzigen Funktion $\phi \in L^2(\mathbb{R})$, der Skalierungsfunktion (Generator), wird ein Grundraum V_0 durch $V_0 = \text{Span}\{\phi(\cdot - k) | k \in \mathbb{Z}\}$ definiert. Für feinere Skalen j wird analog der Unterraum V_j von $L^2(\mathbb{R})$ als Abschluß von $\text{Span}\{2^{\frac{j}{2}}\phi(2^j \cdot -k) | k \in \mathbb{Z}\}$ gebildet. Dementsprechend sind die Funktionen aus V_j gestauchte Varianten derjenigen in V_0. Es ist $f \in V_j$ genau dann, wenn $f(2\cdot) \in V_{j+1}$, und allgemein gilt die Beziehung

$$\ldots \subseteq V_{-1} \subseteq V_0 \subseteq V_1 \subseteq V_2 \subseteq \ldots \subseteq L^2(\mathbb{R}) . \quad (1)$$

Die Folge $\{V_j\}_{j\in\mathbb{Z}}$ von Unterräumen des $L^2(\mathbb{R})$ bildet eine Multiskalenanalyse (Multiskalenzerlegung), wenn neben (1) noch

$$\bigcap_{j=\infty}^{\infty} V_j = \{0\} \quad \text{und} \quad \overline{\bigcup_{j=-\infty}^{\infty} V_j} = L^2(\mathbb{R})$$

erfüllt sind, sowie eine Skalierungsfunktion derart existiert, daß $\{\phi(\cdot - k) | k \in \mathbb{Z}\}$ eine Riesz-Basis von V_0 bildet. Multiskalenzerlegungen bilden den Ausgangspunkt zur Konstruktion von ↗Wavelets.

Multiskalenzerlegung, ↗ Multiskalenanalyse.

Multi-Tangente, Begriff aus der algebraischen Geometrie.

Sei C eine glatte algebraische Kurve mit einer Einbettung $C \subset \mathbb{P}^N$. Eine Gerade D heißt Multi-Tangente, wenn sie in mehr als einem Punkt mit C oskuliert (↗oskulierend), oder wenn sie in einem Punkt mit C hyperoskuliert.

multivariat, in neuerer Zeit übliche Bezeichnungsweise für Funktionen oder Abbildungen, die von mehreren Variablen abhängen.

multivariate Normalverteilung, *mehrdimensionale Normalverteilung*, mehrdimensionale Verallgemeinerung der Normalverteilung.

Es sei $\mu \in \mathbb{R}^n$ ein Vektor und $\Sigma \in \mathbb{R}^{n\times n}$ eine symmetrische positiv definite, insbesondere also reguläre Matrix. Dann wird das durch die n-dimensionale Wahrscheinlichkeitsdichte

$$f : \mathbb{R}^n \ni x \to \frac{\exp\left\{-\frac{1}{2}(x-\mu)^\top \Sigma^{-1}(x-\mu)\right\}}{(2\pi)^{n/2}|\Sigma|^{1/2}} \in \mathbb{R}$$

(wobei $|\Sigma|$ die Determinante von Σ angibt) definierte Wahrscheinlichkeitsmaß als multivariate Normalverteilung mit Erwartungsvektor μ und Kovarianzmatrix Σ, oder kurz als $N(\mu, \Sigma)$-Verteilung bezeichnet. Für $n = 2$ spricht man auch von einer bivariaten und für $n = 3$ von einer trivariaten Normalverteilung. Besitzt ein auf einem Wahrscheinlichkeitsraum $(\Omega, \mathfrak{A}, P)$ definierter zufälliger Vektor $X = (X_1, \dots, X_n)$ mit Werten in $\mathbb{R}^n$ eine $N(\mu, \Sigma)$-Verteilung, so gilt für den Erwartungsvektor $E(X) = \mu$ und für die Kovarianzmatrix $Cov(X) = \Sigma$, wodurch die obige Bezeichnung gerechtfertigt wird. Ist $X = (X_1, X_2)$ speziell ein bivariat normalverteilter zufälliger Vektor, so ist der Wert von f für jedes $x = (x_1, x_2)$ durch

$$f(x) = \frac{1}{2\pi\sigma_1\sigma_2\sqrt{1-\varrho^2}} \exp\left\{-\frac{1}{2(1-\varrho^2)}\left(\frac{(x_1-\mu_1)^2}{\sigma_1^2} - 2\varrho\frac{(x_1-\mu_1)(x_2-\mu_2)}{\sigma_1\sigma_2} + \frac{(x_2-\mu_2)^2}{\sigma_2^2}\right)\right\}$$

gegeben, wobei $\varrho = \varrho(X_1, X_2)$ den Korrelationskoeffizienten von X_1 und X_2 sowie $\mu_i = E(X_i)$ den Erwartungswert und $\sigma_i = \sqrt{Var(X_i)}$ die Standardabweichung von X_i, $i = 1, 2$, bezeichnet. Die Abbildung zeigt die Dichtefunktion der bivariaten Normalverteilung, für den Fall, daß es sich bei μ um den Nullvektor und bei Σ um die Einheitsmatrix handelt.

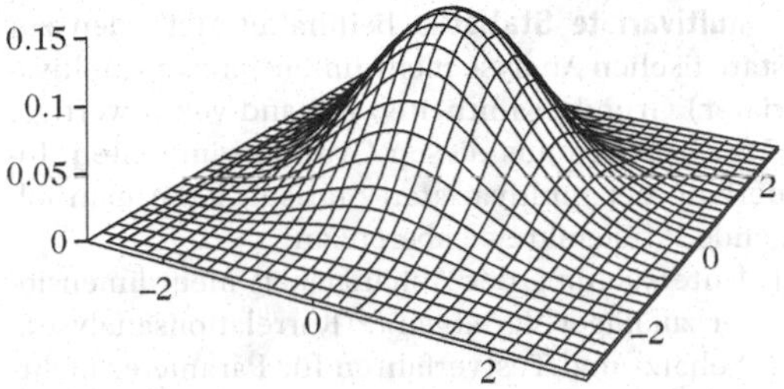

Dichte einer bivariaten Normalverteilung

Besitzt der zufällige Vektor X mit Werten in $\mathbb{R}^n$ eine $N(\mu, \Sigma)$-Verteilung, und ist $A \in \mathbb{R}^{k\times n}$ eine Matrix mit $\text{Rg}A = k$, sowie $b \in \mathbb{R}^k$ ein Vektor, so besitzt der zufällige Vektor $Y = AX + b$ eine k-dimensionale $N(A\mu + b, A\Sigma A^\top)$-Verteilung. Einige Autoren wählen diesen Sachverhalt als Ausgangspunkt für eine äquivalente alternative Definition der multivariaten Normalverteilung. Ein zufälliger Vektor X mit Werten in $\mathbb{R}^n$ wird nach dieser Definition als $N(\mu, AA^\top)$-verteilt bezeichnet, wenn ein zufälliger Vektor $Z = (Z_1, \dots, Z_m)$ mit Werten in $\mathbb{R}^m$ von m unabhängigen identisch standardnormalverteilten reellen Zufallsvariablen $Z_1, \dots, Z_m$, ein Vektor $\mu \in \mathbb{R}^n$, und eine Matrix $A \in \mathbb{R}^{n\times m}$ mit $\text{Rg}A = n$ existieren, derart daß X die gleiche Verteilung wie der Vektor $AZ + \mu$ besitzt. Man kann zeigen, daß diese Definition nicht von der speziellen Wahl von A abhängt, d. h. man kann A durch jede Matrix $B \in \mathbb{R}^{n\times m}$ mit $BB^\top = AA^\top$ ersetzen. Diese Definition eröffnet auch die Möglichkeit zur Definition sogenannter singulärer Normalverteilungen. Dazu wird lediglich die Forderung $\text{Rg}A = n$ aufgegeben.

Besitzt der zufällige Vektor X eine multivariate Normalverteilung, so ist auch jede Randverteilung ein- oder mehrdimensional normal. Man beachte jedoch, daß es Beispiele von mehrdimensionalen Verteilungen mit normalverteilten Randverteilungen gibt, die selbst nicht multivariat normal sind. Ist X multivariat normalverteilt, so gilt dies auch für die bedingten Verteilungen von X bezüglich einzelner Komponenten oder Subvektoren. Die Komponenten eines multivariat normalverteilten Vektors sind genau dann stochastisch unabhängig, wenn sie paarweise unkorreliert sind. Aus der Tatsache, daß endlich viele normalverteilte reelle Zufallsvariablen paarweise unkorreliert sind, folgt aber nicht ihre Unabhängigkeit.

multivariate Statistik, beinhaltet Methoden zur statistischen Analyse mehrdimensionaler (multivariater) Grundgesamtheiten anhand vektorwertiger ↗Stichproben aus diesen Grundgesamtheiten. Innerhalb der multivariaten Statistik kann man folgende Problemkreise abgrenzen:
1. Untersuchung der Abhängigkeit mehrdimensionaler zufälliger Variablen (↗Korrelationsanalyse).
2. Schätz- und Testverfahren für Parameter mehrdimensionaler Grundgesamtheiten (z. B. auch die mehrdimensionale ↗Varianzanalyse).
3. Koordinatentransformationen (↗Faktorenanalyse).
4. Klassifikationsprobleme (↗Clusteranalyse, ↗Diskriminanzanalyse).
5. Statistische Analyse zeitabhängiger zufälliger Variablen (↗Zeitreihenanalyse).
Bei der Durchführung der genannten Methoden der multivariaten Statistik werden häufig numerische Verfahren benötigt, die einen wesentlichen Bestandteil dieses statistischen Teilgebietes ausmachen.

multivariate Varianzanalyse, *MANOVA*, auch als mehrdimensionale Varianzanalyse bezeichnete Verallgemeinerung der gewöhnlichen eindimensionalen ↗Varianzanalyse für mehrdimensionale Beobachtungen.

Die Einteilungen in Varianzanalysen des Modelles I (mit festen Effekten), des Modells II (mit zufälligen Effekten) und des Modells III (feste und zufällige Effekte gemischt) bleibt bestehen. Die wichtigste Aufgabe der MANOVA des Modells I ist es, Vergleiche von Mittelwertsvektoren sowie entsprechende Untersuchungen komplizierter Kontraste durchzuführen. Im Falle des Modells II werden die von den einzelnen Einflußfaktoren herrührenden Varianz- und Kovarianzanteile geschätzt und geprüft.

Durch die multivariate Varianzanalyse werden mehrere Variablen (auch unterschiedlicher ↗Skalentypen) im Zusammenhang beurteilt. Die Teststatistiken der multivariaten Varianzanalyse lassen sich zur Bewertung des Informationsgehaltes von Variablenmengen nutzen und werden deshalb auch in der ↗Diskriminanzanalyse angewendet. Multivariate Varianzanalysen können ein- oder mehrfaktoriell durchgeführt werden. Dabei geht man von geeigneten linearen Modellen aus.

Im folgenden wird der Fall der einfaktoriellen MANOVA beschrieben. Es soll die Wirkung eines Faktors A mit J Stufen auf einen p-dimensionalen Zufallsvektor geprüft werden. Die Zahl der Beobachtungen für Stufe j sei $n_j, j = 1, \dots, J$. Das verwendete Modell hat die Gestalt:

$$\begin{aligned} \vec{y}_{jk} &= \vec{\mu} + \vec{\alpha}_j + \vec{e}_{jk}, \\ j &= 1, \dots, J; k = 1, \dots, n_j \end{aligned}$$

Hier sind $\vec{y}_{jk}, \vec{\mu}, \vec{\alpha}_j, \vec{e}_{jk}$ p-dimensionale Spaltenvektoren.

Die zu prüfende Nullhypothese lautet:

$$H_0 : \vec{\alpha}_1 = \vec{\alpha}_2 = \dots = \vec{\alpha}_J = \vec{0},$$

wobei sogenannte Reparametrisierungsbedingungen gefordert werden:

$$\sum_{j=1}^{J} n_j \vec{\alpha}_j = \vec{0}.$$

Bei der MANOVA sind folgende Berechnungen durchzuführen:

Mittelwertvektoren der Stufen $j = 1, \dots, J$:

$$\vec{y}_{j.} = \frac{1}{n_j} \sum_{k=1}^{n_j} \vec{y}_{jk}$$

Gesamtmittelwertvektor:

$$\vec{y}_{..} = \frac{1}{n} \sum_{j=1}^{J} n_j \vec{y}_{j.}, \quad \text{mit } n = \sum_{j=1}^{J} n_j$$

Zerlegung der Kovarianzen:

Variationsursache zwischen den Stufen des Faktors A:

$$H = \sum_{j=1}^{J} n_j (\vec{y}_{j.} - \vec{y}_{..})(\vec{y}_{j.} - \vec{y}_{..})^T$$

(Freiheitsgrad: $J - 1$).

Variationsursache innerhalb der Stufen von A (Rest):

$$G = \sum_{j=1}^{J} \sum_{k=1}^{n_j} (\vec{y}_{jk} - \vec{y}_{j.})(\vec{y}_{jk} - \vec{y}_{j.})^T$$

(Freiheitsgrad: $n - J$).

Schätzung der Restvarianz: $S = \frac{1}{n-J} G$.

Zum Prüfen von H_0 kann folgender ↗Signifikanztest in einer approximativen Version des Spurkriteriums nach J.Läuter (vgl. [1]) angewendet werden. Die Teststatistik ist

$$T := \frac{n - J - p + 1}{(J-1)p(n-J)} \times \sum_{j=1}^{J} n_j (\vec{y}_{j.} - \vec{y}_{..})^T S^{-1} (\vec{y}_{j.} - \vec{y}_{..}).$$

H_0 wird abgelehnt, falls gilt

$$F > F_{g_1, g_2}(1 - \alpha),$$

wobei $F_{g_1,g_2}(1 - \alpha)$ das $(1 - \alpha)$-Quantil der F-Verteilung mit den Freiheitsgraden g_1 und g_2 ist. Die Freiheitsgrade sind gegeben durch

$$g_1 = \begin{cases} \frac{(J-1)p(n-J-p)}{n-(J-1)p-2} & \text{für } n - (J-1)p - 2 > 0. \\ \infty & \text{sonst,} \end{cases}$$

sowie

$$g_2 = n - J - p + 1.$$

α ist das vorgegebene Signifikanzniveau des Tests. Wenn der Freiheitsgrad g_1 des Tests nicht ganzzahlig ist, wird beim Ablesen des Quantils aus entsprechenden Tabellen interpoliert.

[1] Ahrens, H.; Läuter, J.: Mehrdimensionale Varianzanalyse. Akademie-Verlag Berlin, 1981.

multivariate Wahrscheinlichkeitsverteilungen, Verteilungen für zufällige Vektoren. Spezielle multivariate Verteilungen sind die ↗Multinomialverteilung und die ↗Wishart-Verteilung.

Mumford, David Bryant, Mathematiker, geb. 11.6. 1937 Worth (Sussex, England).

Mumford wuchs in der Nähe von New York auf. Sein Vater leitete zunächst ein Schulprojekt in Tasmanien, war dann ab 1945 Mitarbeiter der Vereinten Nationen. Nach dem Schulbesuch studierte Mumford an der Harvard Universität in Cambridge (Mass.), wo er 1961 promovierte und anschließend lehrte, seit 1967 als Professor. 1977 erhielt er dort die Higgins-Professur.

Bereits während seines Studiums begann sich Mumford für algebraische Mannigfaltigkeiten zu interessieren, ein Gebiet, das ihn fast 25 Jahre beschäftigen sollte und auf dem er sich sehr erfolgreich dem Problem der Existenz und der Struktur von Modulmannigfaltigkeiten widmete. Dabei kombinierte er sehr vielfältige Hilfsmittel zur Behandlung dieser Probleme, so griff er seit Mitte der 60er Jahre auf die analytische Theorie der elliptischen Funktionen über p-adischen Körpern zurück. 1969 gelang es ihm, die Klassifikation minimaler singulärer Flächen über einem algebraisch abgeschlossenen Körper durch die zweite Chern-Klasse, die zweite Bettische Zahl etc. auf derartige Flächen über einem Körper der Charakteristik p zu übertragen. Damit trug er wesentlich zur Realisierung der Bestrebungen von Zariski, Kodaira, Shafarevic und anderen um Vertiefung und Ausdehnung der klassischen Ergebnisse der italienischen algebraischen Geometer bei. Mumford wurde für seine umfassenden Beiträge zur Theorie der algebraischen Mannigfaltigkeiten mehrfach geehrt, 1974 erhielt er dafür die ↗Fields-Medaille. Anfang der 80er Jahre, nach dem Tod seiner ersten Frau, wandte sich Mumford einem völlig neuen Forschungsgebiet zu und beschäftigte sich mit Fragen der mathematischen Erfassung und Beschreibung von Gedächtnisprozessen, zu denen u. a. Spracherkennung, Signalverarbeitung, neuronale Netze und künstliche Intelligenz gehörten. Von 1995 bis 1999 war Mumford Präsident der Internationalen Mathematischen Union.

Müntz, Identitätssatz von, lautet:

Es sei (λ_n) eine streng monoton wachsende Folge positiver reeller Zahlen mit $\sum_{n=1}^{\infty} \lambda_n^{-1} = \infty$. Weiter sei $f: [0,1] \to \mathbb{C}$ eine auf $[0,1]$ stetige Funktion und

$$\int_0^1 f(t)t^{\lambda_n}\, dt = 0$$

für alle $n \in \mathbb{N}$. Dann ist $f(t) = 0$ für alle $t \in [0,1]$.

Müntz, Satz von, lautet:

Es sei (λ_n) eine streng monoton wachsende Folge reeller Zahlen mit $\lambda_0 = 0$. Dann sind folgende beiden Aussagen äquivalent:

(a) *Es gilt $\sum_{n=1}^{\infty} \lambda_n^{-1} = \infty$.*

(b) *Zu jeder auf $[0,1]$ stetigen Funktion $f: [0,1] \to \mathbb{C}$ und zu jedem $\varepsilon > 0$ existiert eine Funktion p der Form*

$$p(t) = \sum_{k=0}^{n} a_k t^{\lambda_k}$$

mit $n \in \mathbb{N}_0$ und $a_0, a_1, \dots, a_n \in \mathbb{C}$ derart, daß $|f(t) - p(t)| < \varepsilon$ für alle $t \in [0,1]$.

Setzt man $\lambda_n = n$ für alle $n \in \mathbb{N}_0$, so liefert der Satz von Müntz, den man auch den Müntzschen Approximationssatz nennt, den Weierstraßschen Approximationssatz.

Münzproblem, folgende zahlentheoretische Problemstellung:

Offenbar läßt sich prinzipiell mit Münzen zu 1 Pf, 2 Pf und 5 Pf jeder Geldbetrag auf den Pfennig genau auszahlen. Verzichtet man auf die Münzen zu 1 Pf und 2 Pf, so lassen sich nur noch Vielfache von 5 Pf genau auszahlen. Sei nun $A = \{a_1, \dots, a_k\} \subset \mathbb{N}$ eine beliebige Menge von k verschiedenen „Münzwerten". Welche Beträge lassen sich mit Münzen dieser Werte auszahlen? Setzt man voraus, daß der größte gemeinsame Teiler der Zahlen $a_1, \dots, a_k$ gleich 1 ist, so lassen sich ab einem bestimmten Betrag alle größeren Beträge mit Münzen dieser Werte auszahlen. In diesem Fall gibt es eine größte Zahl $g(A) \in \mathbb{N}$, die sich nicht mit Münzen mit Werten aus A darstellen läßt; diese Zahl nennt man auch Frobenius-Zahl von A. Das Münzproblem besteht darin, für eine vorgelegte Menge $A = \{a_1, \dots, a_k\} \subset \mathbb{N}$ mit $\mathrm{ggT}(a_1, \dots, a_k) = 1$ die Frobenius-Zahl $g(A)$ zu bestimmen. Das Münzproblem ist in gewisser Weise komplementär zum ↗Briefmarkenproblem.

Für kleine Mengen A ist es möglich, mit geringem Aufwand $g(A)$ zu berechnen:

Seien $0 < a_1 < a_2 < \dots < a_k$ natürliche Zahlen mit $\mathrm{ggT}(a_1, \dots, a_k) = 1$, und bezeichne $A = \{a_1, \dots, a_k\}$. Für $0 < j < a_1$ sei r_j die kleinste natürliche Zahl $r_j \equiv j \bmod a_1$, die als Summe von Zahlen aus $A \setminus \{a_1\}$ darstellbar ist. Dann gilt

$$g(A) = \max_{0<j<a_1} r_j - a_1 .$$

Unter geeigneten Voraussetzungen an A gibt es explizite Formeln für $g(A)$.

MuPAD, ein Allzwecksystem für Probleme der Computeralgebra.

MuPAD steht für MultiProcessing Algebra Datatool. Es wurde an der Universität Paderborn unter Leitung von B. Fuchssteiner entwickelt. Mit MuPAD kann man symbolisch und numerisch rechnen. Es besitzt ein Graphikpaket und eine eigene Programmiersprache.

Muschelischwili, Nikolai Iwanowitsch, georgischer Mathematiker, geb. 16.12.1891 Tbilissi, gest. 15.7.1976 Tbilissi.

Muschelischwili studierte bis 1914 an der Universität Petersburg. Danach arbeitete er an der Universität Tbilissi und am Polytechnischen Institut Tbilissi.

Hauptforschungsgebiet Muschelischwilis war die Elastizitätstheorie. Hier wandte er Methoden der Funktionentheorie an. Darüberhinaus leistete er Beiträge zur Theorie der Differential- und Integralgleichungen und zur mathematischen Physik.

Muster, allgemeine Bezeichnung für die Codierung einer diskreten oder kontinuierlichen Information in einem Vektor $x \in \mathbb{R}^n$ oder einer vektorwertigen Funktion $x : \mathbb{R}^k \to \mathbb{R}^n$.

Mustererkennungsnetz, allgemein ein ↗Neuronales Netz, das im ↗Ausführ-Modus gegebenen Eingabewerten Ausgabewerte aus einer endlichen Menge von Werten zuordnet, die jeweils eine spezielle Menge von ↗Mustern repräsentieren (vgl. auch ↗autoassoziatives Netz und ↗heteroassoziatives Netz).

Beispiel: Jedem binär codierten (fehlerhaften) Bild eines Buchstabens des Alphabets wird im Idealfall eine 1 zugeordnet, falls es ein Großbuchstabe ist, und eine 0, falls es ein Kleinbuchstabe ist.

Mutation einer Algebra, Bildung einer neuen Algebrenstruktur auf einer gegebenen Algebra.

Sei $(A, \cdot)$ eine Algebra über dem Körper $\mathbb{K}$. Sei $a \in A$ ein Element in A derart, daß sowohl die Linksmultiplikation $L_a : A \to A; x \mapsto a \cdot x$ als auch die Rechtsmultiplikation $R_a : A \to A; x \mapsto x \cdot a$ bijektiv ist. Dann definiert

$$x \star y \ := \ R_a^{-1}(x) \cdot L_a^{-1}(y)$$

eine weitere Algebrenstruktur $(A, \star)$ auf A. Sie heißt die Mutation von A bezüglich a und wird mit $A(a)$ bezeichnet.

Existiert für das Element a ein Inverses, so gilt

$$x \star y \ = \ (xa^{-1})(a^{-1}y) \,.$$

Besitzt A ein Einselement e, so fällt die Mutation $A(e)$ mit A zusammen. Im Falle einer endlichdimensionalen Algebra A existiert die Mutation für jeden Nichtnullteiler a. Desweiteren hat jede Mutation $A(a)$ einer endlichdimensionalen Algebra A ein Einselement, nämlich a^2.

Mycielski-Graphen, spezielle ↗Graphen, die zeigen, daß es zu jeder natürlichen Zahl $k \geq 2$ einen k-chromatischen Graphen ohne Kreise der Länge 3 gibt.

Ist $\omega(G)$ die Cliquenzahl und $\chi(G)$ die chromatische Zahl eines Graphen G, so gilt natürlich die Ungleichung $\chi(G) \geq \omega(G)$. Eine Konstruktion von J. Mycielski aus dem Jahre 1955 liefert dagegen ein Familie von Graphen mit willkürlich hohen chromatischen Zahlen, deren Cliquenzahl dennoch nur 2 beträgt.

Für die vorgegebenen Zahlen $k = 2$ bzw. $k = 3$ haben der vollständige Graph K_2 bzw. der Kreis der Länge 5 die gewünschten Eigenschaften. Bezeichnen wir diese beiden Graphen mit M_2 bzw. M_3, so werden für $k \geq 3$ die Mycielski-Graphen M_{k+1} rekursiv wie folgt definiert.

Ist $\{v_1, v_2, \ldots, v_n\}$ die Eckenmenge von M_k, so konstruiert man den Graphen M_{k+1} aus M_k durch Hinzufügen von $n+1$ neuen Ecken $u, u_1, u_2, \ldots, u_n$. Darüber hinaus wird für $i = 1, 2, \ldots, n$ die Kante uu_i hinzugefügt, und eine Ecke u_i wird mit einer Ecke $v \in E(M_k)$ durch eine Kante verbunden, wenn v in M_k zu v_i adjazent ist.

Aus der Tatsache, daß M_k keinen Kreis der Länge 3 enthält, folgt unmittelbar, daß auch M_{k+1} keinen solchen Kreis besitzen kann. Mit etwas mehr Aufwand läßt sich dann noch $\chi(M_{k+1}) = k + 1$ nachweisen. M_4 ist gerade der bekannte ↗Grötzsch-Graph.

μ-fast überall, ↗fast überall gültige Eigenschaften.

μ-Integral, Verallgemeinerung des ↗Lebesgue-Integrals bzgl. des ↗Maßraumes durch Young und Fréchet.

Es sei $(\Omega, \mathcal{A}, \mu)$ ein ↗Maßraum und $f : \Omega \to \overline{\mathbb{R}}$ eine ↗meßbare Funktion. Unter der Annahme, daß f nicht-negativ ist, existiert eine isotone Folge $(u_n | n \in \mathbb{N})$ von Elementarfunktionen

$$u_n := \sum_{i=1}^{n2^n} a_i^n 1_{A_i^n}$$

mit $a_i^n \geq 0$ für alle i und $(A_i^n | i = 1, \ldots, n2^n) \subseteq \mathcal{A}$ als disjunkter Zerlegung von Ω so, daß $f = \sup_{n \in \mathbb{N}} u_n$. Man definiert dann das μ-Integral von f durch

$$\int f d\mu := \sup_{n \in \mathbb{N}} \int u_n d\mu := \sup_{n \in \mathbb{N}} \sum_{i=1}^{n} a_i^n \mu(A_i^n) \,,$$

und zeigt, daß $\int f d\mu$ von der speziellen Wahl der Folge $(u_n | n \in \mathbb{N})$ unabhängig ist.

Ist f allgemein meßbar, so existiert eine Zerlegung $f = f^+ - f^-$ von f in die Differenz zweier nicht-negativer meßbarer Funktionen f^+ und f^-, und man definiert das μ-Integral von f durch

$$\int f d\mu = \int f^+ d\mu - \int f^- d\mu \,,$$

falls diese Differenz existiert. Man sagt, daß f ↗μ-integrierbare Funktion ist, falls $\int f d\mu$ endlich ist, d. h., falls $\int f^+ d\mu$ und $\int f^- d\mu$ endlich sind. Das

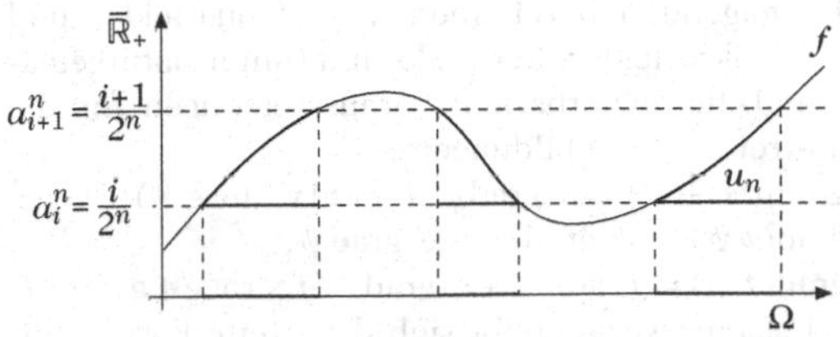

$A_i^n := f^{-1}([i/2^n, (i+1)/2^n))$ für $i \in \{0, \ldots, n2^n - 1\}$
$A_{n2^n}^n := f^{-1}([n, \infty])$

Beispiel für die Wahl von $(u_n \mid n \in \mathbb{N})$

μ-Integral ist in f monoton und in integrierbarem f linear.

μ-integrierbare Funktion, Funktion f, für die das ↗μ-Integral über $|f|$ endlich ist.

Es sei $(\Omega, \mathcal{A}, \mu)$ ein Maßraum und $f : \Omega \to \mathbb{R}$ bzw. $\overline{\mathbb{R}}$ eine ↗meßbare Funktion. Dann heißt f für $1 \le p < \infty$ p-fach μ-integrierbar, falls das μ-Integral über $|f|^p$ endlich ist, insbesondere μ-integrierbar im Falle $p = 1$.

Mit $\mathcal{L}^p(\Omega, \mathcal{A}, \mu)$ wird i.allg. die Menge der p-fach μ-integrierbaren Funktionen $f : \Omega \to \overline{\mathbb{R}}$ bezeichnet, und mit $\mathcal{L}^\infty(\Omega, \mathcal{A}, \mu)$ die Menge der meßbaren Funktionen $f : \Omega \to \overline{\mathbb{R}}$, für die es ein $M_f \in \mathbb{R}_+$ so gibt, daß μ-fast überall $|f| \le M_f$ ist.

Mit $L^p(\Omega, \mathcal{A}, \mu)$ wird dann die Menge der Äquivalenzklassen in $\mathcal{L}^p(\Omega, \mathcal{A}, \mu)$ bzgl. der Äquivalenzrelation der Gleichheit μ-fast überall bezeichnet. Für $f \in \mathcal{L}^p(\Omega, \mathcal{A}, \mu)$ ist

$$||f||_p := \left(\int |f|^p d\mu \right)^{1/p}$$

für $1 \le p < \infty$, bzw.

$$||f||_\infty := \inf \{ M \,|\, |f| \le M \mu\text{-fast überall} \}$$

für $p = \infty$ eine Halbnorm auf $\mathcal{L}^p(\Omega, \mathcal{A}, \mu)$. Für $f \in L^p(\Omega, \mathcal{A}, \mu)$ ist $||f||_\infty$, analog definiert für einen beliebigen Repräsentanten aus der Klasse f, eine Norm auf $L^p(\Omega, \mathcal{A}, \mu)$.

Der Satz von Riesz-Fischer sagt, daß $L^p(\Omega, \mathcal{A}, \mu)$ mit der von dieser Norm induzierten Metrik ein Banachraum ist und $L^2(\Omega, \mathcal{A}, P)$ ein Hilbertraum. Die Menge der zu $L^p(\Omega, \mathcal{A}, \mu)$ gehörigen Elementarfunktionen liegt dicht in $L^p(\Omega, \mathcal{A}, \mu)$ und, falls μ ein σ-endliches Maß auf $\mathcal{A}$ ist und $\mathcal{A}$ abzählbar erzeugt wird, ist $L^p(\Omega, \mathcal{A}, \mu)$ separabel. Für $1 < p < \infty$ ist der Dualraum zu $L^p(\Omega, \mathcal{A}, \mu)$ der Raum $L^q(\Omega, \mathcal{A}, \mu)$ mit $1/p + 1/q = 1$, und der Dualraum zu $L^1(\Omega, \mathcal{A}, \mu)$ ist, falls μ σ-endliches Maß ist, $L^\infty(\Omega, \mathcal{A}, \mu)$. Genau dann, wenn $(\Omega, \mathcal{A}, \mu)$ lokalisierbar ist, ist er gleich dem Raum der Äquivalenzklassen bzgl. der Gleichheit μ-fast überall im Raum der lokal meßbaren Funktion $f : \Omega \to \overline{\mathbb{R}}$, für die es ein $R_f \in \mathbb{R}_+$ so gibt, daß $\{|f| > R_f\}$ lokale Nullmenge ist (Satz von Segal-Kelley).

μ-Nullmenge, ↗Nullmenge.

Myon, gelegentlich auch Müon, eines der ↗Leptonen.

μ-Operator, ↗μ-rekursive Funktion.

μ-rekursive Funktion, eine Funktion $f : \mathbb{N}_0{}^k \to \mathbb{N}_0$, $k \ge 0$, die entweder eine der Basisfunktionen ist, oder sich durch endlich viele Anwendungen des Einsetzungsschemas, des Schemas der primitiven Rekursion oder des μ-Operators, ausgehend von den Basisfunktionen, definieren läßt. Gegenüber der Definition der ↗primitiv-rekursiven Funktionen, die eine echte Teilmenge der μ-rekursiven Funktionen darstellen, verbleibt nur noch die Definition des μ-Operators anzugeben. Sei f eine $(k+1)$-stellige Funktion. Durch Anwendung des μ-Operators entsteht die folgende k-stellige Funktion g:

$$g(\vec{x}) = \min\{n \mid f(n, \vec{x}) = 0\}.$$

Sofern das Minimum nicht existiert, so ist der betreffende Funktionswert undefiniert (↗partielle Funktion). Der Funktionswert ist auch dann undefiniert, wenn mindestens einer der Werte $f(0, \vec{x}), \ldots, f(n, \vec{x})$ undefiniert ist.

Die μ-rekursiven Funktionen stellen eine von vielen äquivalenten Definitionen für den Berechenbarkeitsbegriff dar (↗Berechnungstheorie, ↗Churchsche These).

Im Vergleich mit den primitiv-rekursiven Funktionen treten bei den μ-rekursiven Funktionen nicht nur gewisse partielle Funktionen hinzu, sondern auch totale Funktionen (↗total berechenbare Funktion) wie z. B. die ↗Ackermann-Funktion.

μ-stetiges Maß, fundamentaler Begriff der Maßtheorie.

Es seien $(\Omega, \mathcal{A})$ ein ↗Maßraum und μ und ν zwei ↗Maße auf $\mathcal{A}$. Dann heißt ν μ-stetig, falls für alle $A \in \mathcal{A}$ aus $\mu(A) = 0$ folgt, daß $\nu(A) = 0$ ist (↗Radon-Nikodym, Satz von).

μ-Vervollständigung einer σ-Algebra, Begriff aus der Maßtheorie.

Es sei $(\Omega, \mathcal{A}, \mu)$ ein ↗Maßraum und $\mathcal{N} := \{A \subseteq \Omega \mid \exists B \in \mathcal{A} \text{ mit } A \subseteq B \text{ und } \mu(B) = 0\}$ das Mengensystem aller Teilmengen von μ-Nullmengen. Dann ist $\mathcal{A}^0 := \{A \cup N \mid A \in \mathcal{A}, N \in \mathcal{N}\}$ eine σ-Algebra, und $\mu^0 : \mathcal{A}^0 \to \overline{\mathbb{R}}_+$, wohldefiniert durch $\mu^0(A \cup N) := \mu(A)$ für alle $A \in \mathcal{A}$ und $N \in \mathcal{N}$, ein Maß auf $\mathcal{A}^0$. Man nennt dann den Maßraum $(\Omega, \mathcal{A}^0, \mu^0)$ die μ-Vervollständigung des Maßraumes $(\Omega, \mathcal{A}, \mu)$, $\mathcal{A}^0$ die μ-Vervollständigung der σ-Algebra $\mathcal{A}$ und μ^0 die Vervollständigung der Maßes μ.

Die Vervollständigung ist die Einschränkung des zugehörigen ↗äußeren Maßes auf die σ-Algebra der ↗meßbaren Mengen bzgl. des äußeren Maßes. Die λ-Vervollständigung des Lebesgue-Maßraumes $(\mathbb{R}, B(\mathbb{R}), \lambda)$ ist der größte (feinste) Maßraum über $\mathbb{R}$ mit einem bewegungsinvarianten Maß λ mit der Eigenschaft $\lambda([0, 1]) = 1$.

N

ℕ, Bezeichnung für die Menge der ↗natürlichen Zahlen.

$\mathbb{N}_0$, Bezeichnung für die Menge der nicht-negativen ganzen Zahlen, also die Menge der ↗natürlichen Zahlen unter Hinzunahme der ganzen Zahl 0. Es ist somit $\mathbb{N}_0 = \mathbb{N} \cup \{0\}$.

Nabelpunkt, Punkt einer Fläche des $\mathbb{R}^3$, in dem alle durch diesen Punkt gehenden Kurven gleiche ↗Normalkrümmung haben.

Äquivalent dazu ist die Gleichheit der beiden Hauptkrümmungen der Fläche. In Nabelpunkten kann man ↗Hauptkrümmungsrichtungen nicht eindeutig definieren. Daher lassen sich Flächen, die Nabelpunkte enthalten, i. allg. nicht schlicht mit ↗Hauptkrümmungslinien überdecken.

Es gilt folgender Satz:

Eine Fläche, die nur aus Nabelpunkten besteht, ist entweder offene Teilmenge einer ↗Kugelfläche oder einer ebenen Fläche.

Nablakalkül, Methode, um viele Formeln der Vektoranalysis recht einfach zu gewinnen.

Man geht aus von dem ↗Nablaoperator

$$\nabla := \begin{pmatrix} D_1 \\ \vdots \\ D_n \end{pmatrix}$$

mit den partiellen Ableitungsoperatoren $D_\nu (\nu = 1, \dots, n)$ für ein $n \in \mathbb{N}$. Neben der Linearität von ∇ berücksichtigt der Kalkül vor allem, daß ∇ sowohl ein Vektor als auch ein Differentialoperator ist:

Einen Ausdruck der Form $\nabla(f\,g)$ schreibt man als

$$\nabla(\dot{f}\,g) + \nabla(f\,\dot{g}) .$$

(f und g seien Skalar- oder Vektorfelder derart, daß das Produkt $f\,g$ erklärt ist.) Der Punkt markiert den Faktor, der differenziert wird. Die rechts stehenden Ausdrücke formt man nach den Regeln der Vektoralgebra so um, daß alle Größen ohne Punkt links von ∇ (und alle mit Punkt rechts von ∇) stehen. Dabei behandelt man ∇ als Vektor. Anschließend läßt man die Punkte wieder weg und übersetzt bei Bedarf zu Ausdrücken mit grad (Gradient), div (Divergenz), rot (Rotation) und Δ (Laplaceoperator), z. B.

$$f(\nabla\dot{g}) = f \operatorname{grad} g ,$$

$$f \times (\nabla \times \dot{g}) = f \times \operatorname{rot} g .$$

Im folgenden bezeichnen φ, ψ Skalarfelder und f, g Vektorfelder. Beispiele sind (unter naturgemäßen Differenzierbarkeitsvorausssetzungen für die auftretenden Abbildungen):

$\operatorname{grad}(\alpha\varphi + \psi) = \alpha \operatorname{grad}\varphi + \operatorname{grad}\psi \quad (\alpha \in \mathbb{R})$,
$\operatorname{grad}(\varphi\,\psi) = \psi \operatorname{grad}\varphi + \varphi \operatorname{grad}\psi$,
$\operatorname{grad}(f \cdot g) = f \cdot \operatorname{grad} g + g \cdot \operatorname{grad} f + f \times \operatorname{rot} g + g \times \operatorname{rot} f$.

Beispielsweise ergibt sich die zweite Formel mit dem Nablakalkül wie folgt:
$\operatorname{grad}(\varphi\,\psi) = \nabla(\varphi\,\psi) = \nabla(\dot{\varphi}\,\psi) + \nabla(\varphi\,\dot{\psi}) = \psi\nabla(\dot{\varphi}) + \varphi\nabla(\dot{\psi}) = \psi \operatorname{grad}\varphi + \varphi \operatorname{grad}\psi$. Für die letzte der aufgelisteten Formeln setzt man zweckmäßig die Identität für Vektoren im $\mathbb{R}^3$

$$a \times (b \times c) = b(a \cdot c) - (a \cdot b)c$$

(Zerlegungsformel) ein.

Weitere Beispiele:

- $\operatorname{div}(\alpha f + g) = \alpha \operatorname{div} f + \operatorname{div} g \quad (\alpha \in \mathbb{R})$,
- $\operatorname{div}(\varphi f) = \varphi \operatorname{div} f + f \operatorname{grad}\varphi$,
- $\operatorname{div}(f \times g) = g \operatorname{rot} f - f \operatorname{rot} g$.
- $\operatorname{rot}(\alpha f + g) = \alpha \operatorname{rot} f + \operatorname{rot} g \quad (\alpha \in \mathbb{R})$,
- $\operatorname{rot}(\varphi f) = \varphi \operatorname{rot} f - f \times \operatorname{grad}\varphi$,
- $\operatorname{div}\operatorname{rot} f = \operatorname{rot}\operatorname{grad}\varphi = 0$,
- $\operatorname{rot}\operatorname{rot} f = \operatorname{grad}\operatorname{div} f - \Delta f$.

Nablaoperator, auch Hamilton-Operator genannt, ‚symbolischer Vektor' (Vektoroperator), der häufig zur Darstellung von räumlichen Differentialoperatoren benutzt wird, und dessen Einführung gewisse Berechnungen und Formeln in der Vektoranalysis vereinfacht oder übersichtlicher werden läßt.

In kartesischen Koordinaten gilt speziell

$$\nabla := \begin{pmatrix} D_1 \\ \vdots \\ D_n \end{pmatrix}$$

mit den partiellen Ableitungsoperatoren D_ν, $\nu = 1, \dots, n$ für $n \in \mathbb{N}$.

Der Nablaoperator wurde 1847 von W. R. Hamilton eingeführt. Eine Ausstellung syrischer Ausgrabungen im Britischen Museum veranlaßte den englischen Physiker Peter Guthrie Tait, den Operator ∇ *Nabla* zu nennen. (∇ stilisiert eine Harfe, hebräisch ‚nebel', von den Syrern mit ‚nabla' wiedergegeben.)

Mit dem Nablaoperator lassen sich viele Vektordifferentialoperationen bequem notieren: So kann der ↗Gradient $\operatorname{grad}\varphi$ für eine differenzierbare skalarwertige Abbildung φ (‚Skalarfeld') auch in der formalen Weise $\nabla\varphi$ geschrieben werden. Die Divergenz (↗Divergenz eines Vektorfeldes) für eine in a differenzierbare Abbildung $f : D \to \mathbb{R}^n$ mit $D \subset \mathbb{R}^n$, a innerer Punkt von D und den Koordinatenfunktionen $f_1, \dots, f_n$ von f kann in der Form

$$\sum_{\nu=1}^{n} (D_\nu f_\nu)(a) = (\nabla f)(a) = (\nabla \cdot f)(a) = \operatorname{tr} f'(a)$$

notiert werden. Dabei bedeutet $\nabla \cdot f$, daß dieser Ausdruck formal wie ein Skalarprodukt ausgerechnet werden soll, und tr bezeichnet die Spur.

Schreibt man im Spezialfall $n = 3$ die partiellen Ableitungen $\frac{\partial}{\partial x}, \frac{\partial}{\partial y}, \frac{\partial}{\partial z}$ statt D_1, D_2, D_3, so kann (mit den kanonischen Einheitsvektoren $\mathfrak{e}_1, \mathfrak{e}_2, \mathfrak{e}_3$ im $\mathbb{R}^3$)

$$\nabla = \frac{\partial}{\partial x}\mathfrak{e}_1 + \frac{\partial}{\partial y}\mathfrak{e}_2 + \frac{\partial}{\partial z}\mathfrak{e}_3$$

notiert werden.

Für differenzierbares

$$f = \begin{pmatrix} u \\ v \\ w \end{pmatrix}$$

ist die Rotation rot f, in kartesischen Koordinaten also

$$\left(\frac{\partial w}{\partial y} - \frac{\partial v}{\partial z}, \frac{\partial u}{\partial z} - \frac{\partial w}{\partial x}, \frac{\partial v}{\partial x} - \frac{\partial u}{\partial y}\right),$$

hier in der Form $\nabla \times f$ darstellbar.

Das Skalarprodukt $\nabla^2 = \nabla \cdot \nabla$ ergibt den ↗ Laplace-Operator

$$\Delta = \frac{\partial^2}{\partial x^2} + \frac{\partial^2}{\partial y^2} + \frac{\partial^2}{\partial z^2}.$$

Das routinemäßige Umgehen mit diesem Differentialoperator wird als ↗ Nablakalkül bezeichnet.

nach oben beschränkte Halbordnung, ↗ Halbordnung mit Einselement.

nach oben beschränkte Menge, eine Teilmenge N der mit der ↗ Ordnungsrelation „$\leq$" versehenen Menge M mit der Eigenschaft, daß N eine obere Schranke s hat. Dies ist genau dann der Fall, wenn es ein Element $s \in M$ so gibt, daß $n \leq s$ für alle $n \in N$ gilt.

nach oben beschränkter Verband, ↗ Verband mit Einselement.

nach oben gerichtete Menge, Menge M, in der eine Relation R erklärt ist, die transitiv ist, und für die gilt, daß zu je zwei Elementen $x, y \in M$ ein Element $z \in M$ mit xRz und yRz existiert.

nach unten beschränkte Halbordnung, ↗ Halbordnung mit Nullelement.

nach unten beschränkte Menge, eine Teilmenge N der mit der ↗ Ordnungsrelation „$\leq$" versehenen Menge M mit der Eigenschaft, daß N eine untere Schranke s hat. Dies ist genau dann der Fall, wenn es ein Element $s \in M$ so gibt, daß $s \leq n$ für alle $n \in N$ gilt.

nach unten beschränkter Verband, ↗ Verband mit Nullelement.

nach unten gerichtete Menge, Menge M, in der eine Relation R erklärt ist, die transitiv ist, und für die gilt, daß zu je zwei Elementen $x, y \in M$ ein Element $z \in M$ mit zRx und zRy existiert.

Nachbereich, ↗ Petrinetz.

Nachfolgekardinalzahl, Kardinalzahl λ, zu der es eine Kardinalzahl κ mit $\lambda = \kappa^+$ gibt.

λ ist also die kleinste Kardinalzahl größer als κ (↗ Kardinalzahlen und Ordinalzahlen).

Nachfolgeordinalzahl, Ordinalzahl β, zu der es eine Ordinalzahl α gibt, so daß β die kleinste Ordinalzahl größer als α ist (↗ Kardinalzahlen und Ordinalzahlen).

Nachfolger, in einer geordneten Menge auf ein Element a unmittelbar „nachfolgendes" Element b. Ist die Menge M mit einer ↗ Ordnungsrelation „$\leq$" versehen, und sind $a, b \in M$, $a \leq b$, $a \neq b$, so heißt b ein Nachfolger von a genau dann, wenn für jedes $c \in M$ aus $a \leq c \leq b$ entweder $c = a$ oder $c = b$ folgt.

Nachfolgerfunktion auf einer Menge M mit einem ausgezeichneten Element $e \in M$, Funktion $N : M \to M$ mit folgenden Eigenschaften:

- N ist injektiv.
- $e \notin N(M)$.
- $\forall A \subset M\ [e \in A \wedge N(A) \subset A \Longrightarrow A = M]$.

Gemäß dem Einzigkeitssatz für natürliche Zahlen gibt es bis auf Isomorphie genau eine solche Menge mit ausgezeichnetem Element und Nachfolgerfunktion. Daher lassen sich die natürlichen Zahlen $\mathbb{N}$ als Menge mit ausgezeichnetem Element 1 und Nachfolgerfunktion $N : \mathbb{N} \to \mathbb{N}$ definieren. Die letzte der obigen Eigenschaften beinhaltet das Induktionsprinzip und ist so Grundlage der Definition durch Rekursion, mit deren Hilfe man die Addition und die Multiplikation natürlicher Zahlen durch folgende Funktionalgleichungen erklärt: Für $m \in \mathbb{N}$ sei

$$\begin{aligned} m + 1 &:= N(m) \\ m + N(n) &:= N(m + n) \quad (n \in \mathbb{N}) \end{aligned}$$

und

$$\begin{aligned} m \cdot 1 &:= m \\ m \cdot N(n) &:= (m \cdot n) + m \quad (n \in \mathbb{N}). \end{aligned}$$

Mittels vollständiger Induktion zeigt man Assoziativität und Kommutativität von Addition und Multiplikation und das Distributivgesetz.

nackte Singularität, Singularität, die nicht durch einen ↗ Horizont vom Fernfeld getrennt ist. Siehe auch ↗ Raum-Zeit-Singularität.

Nagata-Ring, ↗ japanischer Ring.

Nagumo, Eindeutigkeitssatz von, lautet:

Seien $a, b > 0$, $(x_0, \mathrm{y}_0) \in \mathbb{R}^{n+1}$ und

$$G := \left\{(x, \mathrm{y}) \in \mathbb{R}^{n+1} \mid |x - x_0| < a, \|\mathrm{y} - \mathrm{y}_0\| < b\right\}.$$

$f \in C^0(G, \mathbb{R}^n)$ sei beschränkt und genüge für alle $(x, \mathrm{y}_1), (x, \mathrm{y}_2) \in G$ der Bedingung

$$|x - x_0| \cdot \|f(x, \mathrm{y}_1) - f(x, \mathrm{y}_2)\| \leq \|\mathrm{y}_1 - \mathrm{y}_2\|.$$

Dann besitzt das ↗Anfangswertproblem

$$y' = f(x, y), \qquad y(x_0) = y_0$$

eine eindeutig bestimmte Lösung.

Näherungsmethoden in der Quantenmechanik, Methoden zur approximativen Berechnung von Eigenwerten und -funktionen von ↗Observablen, insbesondere des Hamilton-Operators, und der Zeitabhängigkeit von Wellenfunktionen zur Bestimmung von Übergangswahrscheinlichkeiten zwischen Zuständen.

Diese Methoden werden in den verschiedenen Darstellungen der Quantenmechanik formuliert. Im wesentlichen handelt es sich um folgende Verfahren:

1. In der *Störungstheorie* geht man von einem physikalischen System aus, für dessen („ungestörten") Hamilton-Operator $\hat{H}^{(0)}$ man die Eigenwerte $E_n^{(0)}$ und -funktionen $\psi_n^{(0)}$ berechnen kann. Das eigentlich interessierende System hat aber den Hamilton-Operator $\hat{H} = \hat{H}_0 + \varepsilon\hat{V}$, wobei ε ein kleiner Parameter und $\varepsilon\hat{V}$ eine „Störung" ist. $\hat{V}$ kann wiederum eine Potenzreihe in nicht negativen Potenzen von ε sein. Hier ist u. a. die asymptotische Störungstheorie zu nennen, bei der das Plancksche h die Rolle von ε spielt. Man spricht hier auch von quasiklassischer Näherung.

Es sind nun noch zwei Fälle zu unterscheiden:

a) $\hat{H}^{(0)}$ und $\hat{V}$ sind *zeitunabhängig* (Schrödingersche Störungsrechnung): In diesem Fall wird nach dem Eigenwert E_n und der Eigenfunktion ψ_n von $\hat{H}$ gefragt. Unter der Annahme, daß die $\hat{\psi}_n^{(0)}$ ein vollständiges Funktionensystem bilden, wird ψ_n nach diesen Eigenfunktionen des ungestörten Systems entwickelt, $\psi_n = \sum_m \psi_m^{(0)} c_{mn}$, und für E_n der Reihenansatz $E_n = \sum_k E_n^{(k)}$ gemacht. Damit wird man auf ein Gleichungssystem zur iterativen Bestimmung von E_n und c_{kn} für $k = 1, \ldots$ geführt.

b) $\hat{H}^{(0)}$ ist zeitunabhängig und $\hat{V}$ ist *zeitabhängig* (Diracsche Störungsrechnung). Hierbei handelt es sich um ein Anfangswertproblem: Durch eine schwache Störung, die zum Zeitpunkt $t = 0$ zu wirken beginnt, wird ein System aus einem Anfangszustand ϕ in einen Zustand $\psi(t)$ gebracht, und man fragt nach der Wahrscheinlichkeit dafür, in welchem Zustand sich das System nach der Störung befindet, und welchen Mittelwert Observable dann haben.

Für die Wellenfunktion $\psi(t)$ wird $\hat{U}(t)\hat{S}(t)\phi$ angesetzt, wobei $\hat{U}(t) = e^{-\frac{i}{\hbar}\hat{H}^{(0)}t}$. $\hat{S}(t)$ wird Streuoperator genannt. Nach Wahl einer Basis im Hilbertraum ergibt sich daraus die (Dysonsche) S-Matrix. Mit $\psi(t)$ führt die zeitabhängige Schrödinger-Gleichung auf

$$\left[\frac{\hbar}{i}\frac{d}{dt} + \varepsilon\tilde{V}(t)\right]\hat{S}(t) = 0$$

mit $\hat{S}(0) = 1$ und $\tilde{V}(t) = \hat{U}^{-1}(t)\hat{V}(t)\hat{U}(t)$ (Wechselwirkungsbild oder Wechselwirkungsdarstellung). Mit der Anfangsbedingung wird die Gleichung für $\hat{S}$ in eine Integralgleichung umgewandelt, die durch die formale Störungsreihe

$$\hat{S}(t) = 1 + \sum_{n=1}^{\infty}\left(-\frac{i\varepsilon}{\hbar}\right)^n \int_{-\infty}^{t} dt_1 \int_{\infty}^{t_1} dt_2 \ldots \int_{\infty}^{t_{n-1}} dt_n \tilde{V}(t_1)\ldots\tilde{V}(t_n)$$

gelöst wird. Zur angenäherten Bestimmung der Wellenfunktion wird die Summation nach endlich vielen Gliedern abgebrochen.

2. Beim *Ritzschen Variationsverfahren* wird der Minimalwert der Energie näherungsweise bestimmt. Der zugehörige Zustand ϕ wird nach den Funktionen $\phi_n^{(0)}$ eines vollständigen Orthonormalsystems entwickelt, $\phi = \sum_{n=0}^{\infty} \phi_n^{(0)} c_n$. Der gesuchte Wert E für die Energie hängt dann i. allg. zunächst von allen c_n ab. Notwendige Bedingung für die Existenz eines Minimums ist

$$\frac{\partial E}{\partial c_k} = 0$$

für alle k. Die Näherung besteht nun darin, daß man für ϕ eine dem System angepaßte funktionale Struktur wählt, die nur von endlich vielen c_k abhängt.

3. Zur Bestimmung von Energie und Zustandsfunktion eines Systems von Elektronen wird das *Hartree-Fock-Verfahren* angewendet, wenn die Zahl N der Elektronen nicht zu groß ist (N bis etwa 30 bei neutralen Atomen). Der Ansatz für den Zustand ψ lautet $\psi = \frac{1}{N!}\det\left(\psi_{n_i}(k)\right)$, er wird aus den Einteilchenwellenfunktionen $\psi_{n_i}(k)$ aufgebaut, wobei k die Orts- und Spinkoordinate des k-ten Elektrons und n_i seinen Zustand bezeichnet. Mit dem Ansatz für den Zustand des Teilchensystems wird das ↗Pauli-Verbot automatisch berücksichtigt. Unter Berücksichtigung von Normierungsbedingungen wird aus der Forderung, daß die Energie des Systems minimal sein soll, ein System von Integralgleichungen abgeleitet, in dem ein effektives Potential für die Bewegung des einzelnen Elektrons auftritt. Dieses System von Gleichungen wird mit der self-consistent-field-Methode numerisch gelöst: Man startet mit einem Ansatz für die Einteilchenzustände, berechnet damit das effektive Potential und dann die Einteilchenzustände. Dieses Verfahren wird wiederholt, bis sich die effektiven Potentiale der $(n-1)$-ten und n-ten Näherung um einen Betrag unterscheiden, der kleiner als eine vorgegebene Schranke ist.

4. Das *Thomas-Fermi-Modell* liefert eine Beschreibung von Atomen mit hoher Ordnungszahl, die eine Anwendung des Hartree-Fock-Verfahrens aus rechentechnischen Gründen sehr erschwert. In diesem Fall wird das System der Elektronen näherungsweise als Fermi-Gas (↗Fermi-Dirac-Statistik) betrachtet, das im Grundzustand alle Phasenraumzellen bis zu einem Maximalimpuls besetzt. Unter Berücksichtigung der zwischen Maximalimpuls und Teilchendichte bestehenden Beziehung und der Energiebilanz der Elektronen wird aus der Poisson-Gleichung das Potential und damit aus der Schrödingergleichung die Zustandsfunktion bestimmt. In Kernnähe und in großer Entfernung vom Kern ist das Modell unbrauchbar.

Die Frage, ob physikalisch interessierende Größen wie z. B. die Eigenwerte des gestörten Systems analytische Funktionen von ε sind, wird in der analytischen Störungstheorie [2] behandelt. Wenn $\hat{V}$ unbeschränkt ist, ist die Analytizität der Eigenwerte nicht immer gegeben. Beispiele dafür sind der anharmonische Oszillator, der Stark-Effekt, der Zeeman-Effekt, und die Hyperfeinstruktur. Bei fehlender Analytizität kann eine divergierende Störungsreihe vorliegen, obwohl Eigenwerte für das gestörte System existieren. Die Reihe kann auch gegen einen falschen Wert konvergieren. Es wird auch versucht, durch Umordnung der Glieder einer divergenten Reihe zur Konvergenz zu kommen. Bei solchen Verfahren bleibt natürlich die Frage, welche Bedeutung die so gewonnenen Ergebnisse haben können.

[1] Landau, L. D.; Lifschitz, E. M.: Lehrbuch der Theoretischen Physik,Teil III, Quantenmechanik. Akademie-Verlag Berlin, 1985.

[2] Kato, T.: Perturbation Theory for Linear Operators. Springer-Verlag Berlin/Heidelberg/New York, 1966.

Näherungspolygon, ein Polygon $\mathcal{P}$, das aus den Verbindungsstrecken $\overline{P_{i-1}P_i}$ von aufeinanderfolgenden Punkten $P_0, P_1, P_2 \ldots, P_n$ einer ebenen oder einer Raumkurve $\mathcal{K}$ besteht.

Ist das Maximum m aller sukzessiven Abstände $d(P_{i-1}, P_i)$ hinreichend klein, so ist die Summe

$$l(\mathcal{P}) = \sum_{i=1}^{n} d(P_{i-1}, P_i)$$

der Längen der Strecken $\overline{P_{i-1}P_i}$ ein Näherungswert für die Länge $l(\mathcal{K})$ der zwischen P_0 und P_n gelegenen Teilkurve von $\mathcal{K}$.

Das Näherungspolygon dient auch zur graphischen Darstellung von Kurven auf Computerbildschirmen, da für sehr kleine Werte von m Abweichungen zwischen $\mathcal{P}$ und $\mathcal{K}$ optisch kaum noch wahrnehmbar sind.

Nahrungskette, mathematisches Modell eines Ökosystems, bei dem Spezies oder trophische Niveaus aneinandergereiht sind.

Die beschreibenden Systeme von gewöhnlichen Differentialgleichungen zeigen in Abhängigkeit von der Länge der Kette Tendenz zu Oszillationen. Modelle, bei denen verschiedene Organismen auf dieselbe Ressource zugreifen, heißen Nahrungsnetze. Kurze Ketten und kleine Netze sind mathematisch analysierbar, bei großen Netzen greift man auf Computer-Simulationen zurück, wobei die Gewinnung der Daten ein erhebliches Problem darstellt.

Nahrungsnetz, ↗Nahrungskette.

naive Mengenlehre, auch *Cantorsche Mengenlehre*, *anschauliche Mengenlehre* oder *intuitive Mengenlehre*, auf G. Cantor zurückgehendes Teilgebiet der Mathematik, dem die Cantorsche Definition einer Menge als „Zusammenfassung bestimmter, wohlunterschiedener Objekte unserer Anschauung oder unseres Denkens zu einem Ganzen“ zugrunde liegt.

Eine solche Zusammenfassung von Objekten zu einer Menge kann man veranschaulichen, indem man sich die Objekte in der Ebene liegend und durch eine geschlossene Kurve zusammengehalten denkt. Die Darstellung einer solchen Veranschaulichung bezeichnet man als Mengendiagramm (auch Euler- oder Venn-Diagramm).

Das folgende Beispiel zeigt ein Mengendiagramm, welches im linken Kreis die Menge $\{1, 2, 3\}$ und im rechten Kreis die Menge $\{3, 4, 5\}$ darstellt. Die Schnittmenge $\{1, 2, 3\} \cap \{3, 4, 5\}$ enthält genau die 3 als Element und wird durch den Schnitt der beiden Kreise veranschaulicht.

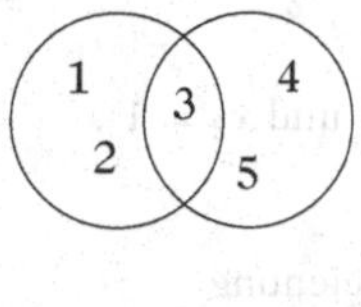

Manchmal unterscheidet man in der naiven Mengenlehre zwischen sogenannten Urelementen und Objekten höheren Typs. Man spricht dann auch von einer Typentheorie. Die Urelemente stellen die elementaren Objekte einer mathematischen Disziplin dar, z. B. die reellen Zahlen in der Analysis. Objekte höheren Typs sind kompliziertere Gebilde, die aus den Urelementen konstruiert werden, in der Analysis z. B. Mengen und Abbildungen reeller Zahlen.

So lassen sich schrittweise immer kompliziertere Objekte bilden, z. B. Mengen von Abbildungen, Abbildungen von Mengen von Abbildungen u. s. w. Man bezeichnet einen solchen sukzessiven Aufbau als Typenhierachie.

Es hat sich allerdings in der Vergangenheit gezeigt, daß sich im Prinzip alle mathematischen Objekte auf den Mengenbegriff zurückführen lassen. Eine Typentheorie ist somit vom formalen Standpunkt aus eigentlich überflüssig.

Obwohl die naive Mengenlehre für die Entwicklung in vielen mathematischen Disziplinen von entscheidender Bedeutung war, ist sie nicht geeignet, die Mathematik in befriedigender Weise zu begründen.

Das Problem der naiven Mengenlehre liegt in der Möglichkeit widersprüchlicher Mengenbildungen: Betrachtet man z. B. die Menge M aller Mengen, die sich nicht selbst enthalten, so gilt $M \in M$ genau dann, wenn $M \notin M$. Dieser Widerspruch wird als Russellsche Antinomie bezeichnet.

In ähnlicher Weise führt die Betrachtung der Menge aller Mengen, der sogenannten Allmenge, zur ↗Cantorschen Antinomie und die Betrachtung der Menge aller Ordinalzahlen (↗Kardinalzahlen und Ordinalzahlen) zur ↗Burali-Forti Antinomie.

Solche widersprüchlichen Mengen werden manchmal als inkonsistente Vielheiten, Unmengen oder absolut unendliche Mengen bezeichnet.

In der ↗axiomatischen Mengenlehre wird der Begriff der Menge axiomatisch präzisiert mit dem Ziel, die in der naiven Mengenlehre auftretenden Antinomien zu vermeiden.

Nakayama, Lemma von, eine Aussage über endlich erzeugte Moduln über lokalen Ringen.

Sei R ein (kommutativer) lokaler Ring mit Maximalideal $\mathfrak{m}$, und sei M ein endlich erzeugter R-Modul sowie $N \subset M$ ein Untermodul.

Ist dann $N + \mathfrak{m}M = M$, so folgt $M = N$.

NAND-Funktion, ↗Boolesche Funktion f, definiert durch

$$f : \{0,1\}^2 \to \{0,1\}$$
$$f(x_1, x_2) = 0 \iff (x_1 = 1 \text{ und } x_2 = 1).$$

Napier, John, ↗Neper, John.

Napier-Ungleichung, die Ungleichung

$$\frac{1}{b} < \frac{\ln b - \ln a}{b - a} < \frac{1}{a}$$

für $0 < a < b$. Man erhält sie etwa durch Anwenden des Mittelwertsatzes der Differentialrechnung auf die Logarithmusfunktion. Aus dieser Ungleichung folgt

$$\frac{1}{x+1} < \ln\left(1 + \frac{1}{x}\right) < \frac{1}{x}$$

für $x > 0$, woraus man den Wert von $\ln\left(1 + \frac{1}{x}\right)$ mit einem Fehler von höchstens $\frac{1}{x^2}$ erhält. 1614 hat John Napier (Neper) diese Ungleichungen bei der Erstellung seiner Logarithmentafeln benutzt.

Napier-Zahl, ↗e.

Nârâyama Daivajnâ, indischer Mathematiker, lebte um 1356 in Indien.

Nârâyama Daivajnâ verfaßte Arbeiten zur Arithmetik („Gaṇitakaumudī") und zur Algebra („Bījagaṇitāvataṃsa"). In diesen Arbeiten entwickelte er Formeln zur Berechnung von Reihensummen, zur Summation von Dreieckszahlen und zur Summation von arithmetischen Folgen. Weiterhin untersuchte er das Rechnen mit Restklassen.

Nash, Einbettungssatz von, Sammelname für mehrere Resultate zur Frage der isometrischen Einbettbarkeit Riemannscher Mannigfaltigkeiten in einen Euklidischen Raum genügend hoher Dimension.

Jede Untermannigfaltigkeit $\widetilde{M}^n \subset \mathbb{R}^m$ $(m \geq n)$ ist mit der induzierten Riemannschen Metrik g_i versehen.

Der allgemeine, vergleichsweise unanschauliche und abstrakte Begriff der Riemannschen Mannigfaltigkeit ist eine Verallgemeinerung dieser „eingebetteten" Riemannschen Mannigfaltigkeiten. Er führt auf die Frage, ob durch diese Verallgemeinerung wirklich neue Riemannsche Mannigfaltigkeiten entstehen, die zu keiner der eingebetteten $\widetilde{M} \subset \mathbb{R}^m$ isometrisch sind, wobei die Dimension m des Einbettungsraumes außer der Ungleichung $n \leq m$ keinerlei Einschränkungen unterliegt. Der Satz von Nash gibt eine negative Antwort auf diese Frage, d. h., für jede Riemannsche Mannigfaltigkeit M^n existieren eine natürliche Zahl m und eine isometrische Einbettung in den Raum $\mathbb{R}^m$.

Die kleinste der möglichen derartigen Dimensionszahlen m ist eine von der Metrik g und der Mannigfaltigkeitsstruktur von M^n abhängende Invariante. Nach einem Resultat von David Hilbert gibt es z. B. keine isometrische Immersion der hyperbolischen Ebene H^2 in den $\mathbb{R}^3$. Nach dem Satz von Nash existiert aber für ein gewisses $m > 3$ eine Einbettung von H^2 in den $\mathbb{R}^m$.

Für die genaue Formulierung der Sätze von Nash wird folgende Bezeichnungsweise benötigt. Eine Mannigfaltigkeit M heißt differenzierbar von der Klasse C^r, wenn die Übergangsfunktionen der Karten des die Mannigfaltigkeitsstruktur von M definierenden Atlas' Abbildungen der Klasse C^r sind. Sind M und N zwei Mannigfaltigkeiten der Klasse C^s mit $s \geq r$, so definiert man den Raum $C^r(M, N)$ als Menge aller Abbildungen $f : M \to N$, deren lokale Kartendarstellungen zur Klasse C^r gehören.

Es sei M^n eine Riemannsche Mannigfaltigkeit und g die Riemannsche Metrik von M^n. Ist $f : M^n \to \mathbb{R}^m$ eine Immersion (bzw. Einbettung), so bezeichne $f^*(g)$ die durch f auf M^n induzierte Metrik. Man nennt f kurz, wenn die Differenz $g - f^*(g)$ ein positiv definites symmetrisches Tensorfeld auf M^n ist. Dann gilt folgender Satz über C^1-Einbettungen und C^1-Immersionen:

Unter der Voraussetzung $m \geq n + 1$ folgt aus der Existenz einer kurzen Immersion (bzw. Ein-

bettung) $f : M^n \to \mathbb{R}^m$, *daß auch eine isometrische Immersion (bzw Einbettung)* $\tilde{f} : M^n \to \mathbb{R}^m$ *existiert.*

Ferner geben wir den Satz von Nash über reguläre Einbettungen an:

Ist M^n *eine kompakte Riemannsche Mannigfaltigkeit der Dimension* n *und der Klasse* C^r *mit* $3 \le r \le \infty$, *so existiert eine isometrische Einbettung der Klasse* C^r *von* M^n *in den Raum* $\mathbb{R}^m$ *für* $m = (3n^2 + 11n)/2$.

Ist M^n *nicht kompakt, so existiert eine solche Einbettung ebenfalls, es muß aber* m *durch den größeren Wert* $m_1 = (3n^2 + 11n)(n+1)/2$ *ersetzt werden.*

Die Methoden und Resultate von J. Nash wurden in der Folgezeit verbessert. M. Günther zeigte u. a., daß die oben genannte untere Grenze m_1 der möglichen Dimensionen des Einbettungraumes durch

$$m_1 = \mathrm{Max}\left\{\frac{n(n+5)}{2}, \frac{n(n+3)}{2} + 5\right\}$$

weiter nach unten versetzt werden kann.

Andere Resultate von J. Nash betreffen reelle algebraische Mannigfaltigkeiten, d. h, glatte Untermannigfaltigkeiten $\widetilde{M}^n \subset \mathbb{R}^m$, die durch polynomiale Gleichungen und Ungleichungen definiert sind.

Nash-Funktion, eine C^∞-Funktion f auf einer offenen Menge $U \subset \mathbb{R}^n$, deren Graph eine semialgebraische Teilmenge von $\mathbb{R}^{n+1}$ ist.

Ein Beispiel ist die Funktion

$$f(x) = \sqrt{1 + f_1(x)^2 + \cdots + f_k(x)^2},$$

wobei die f_j Polynome auf $\mathbb{R}^n$ sind.

Nash-Gleichgewicht, bei einem Zwei-Personen-Spiel $S \times T$ in Normalform jedes Paar (x, y) von Strategien, die konsistent sind und sich in statischem Gleichgewicht bzgl. der kanonischen Entscheidungsregeln befinden.

Nash-Verhandlungslösung, von J. Nash eingeführtes Konzept zur Behandlung von Spielsituationen, in denen mehrere Pareto-optimale Lösungen vorliegen, von denen keine gegenüber einer anderen zu bevorzugen ist.

Im wesentlichen besteht die Idee darin, gewisse dieser Pareto-optimalen Lösungen zu eliminieren, indem man die Erfüllung einer zusätzlichen Optimalitätsbedingung fordert.

Nash-Williams, Satz von, gibt für einen beliebigen ↗ Graph G der Ordnung n eine Formel für dessen Arborizität an und wurde 1964 von C.St. Nash-Williams bewiesen. Dabei ist die Arborizität von G die minimale Anzahl von ↗ Wäldern, deren Vereinigung G ergibt.

Ist m_k die maximale Anzahl von Kanten in einem ↗ Teilgraphen von G mit k Ecken für $2 \le k \le n$, dann ist

$$\max\left\{\lceil \frac{m_k}{k-1} \rceil \mid 2 \le k \le n\right\}$$

die Arborizität von G (↗ k-fach kantenzusammenhängender Graph).

natürliche Abbildung, ↗ kanonische Abbildung.

natürliche Äquivalenz, ↗ natürliche Transformation.

natürliche Basis, andere Bezeichnung für die ↗ kanonische Basis des Vektorraumes $\mathbb{K}^n$ über dem Körper $\mathbb{K}$.

Mittels des „natürlichen Basisisomorphismus" $\varphi : \mathbb{K}^n \to V$ des $\mathbb{K}^n$ auf den n-dimensionalen $\mathbb{K}$-Vektorraum V mit der Basis $(v_1, \dots, v_n)$, der definiert ist durch $e_i \mapsto v_i$, erkennt man, daß je zwei n-dimensionale $\mathbb{K}$-Vektorräume isomorph sind.

natürliche Dichte, andere Bezeichnung für die ↗ asymptotische Dichte.

natürliche Gleichung einer ebenen Kurve, die Gleichung $\kappa_{2,\alpha}(s) = k(s)$, in der $k(s)$ eine vorgegebene Funktion ist, $\alpha(s) = (x(s), y(s))$ eine durch ihre Bogenlänge s parametrisierte Kurve, und $\kappa_{2,\alpha}(s)$ ihre als Funktion von s dargestellte Krümmung.

Die natürliche Gleichung ist die durch die ↗ Frenetschen Formeln der ebenen Kurventheorie gegebene Differentialgleichung für die unbekannte Kurve α. Ihre Lösung ist z. B. für $k(s) = 1/r =$ const > 0 ein Kreis vom Radius r, und für $k(s) = as$, $a \in \mathbb{R}$, eine ↗ Klothoide. Für beliebige Funktionen $k(s)$ erhält man die Lösung durch zweimaliges Integrieren:

$$x(s) = \int_{s_0}^{s} \cos(l(\sigma))d\sigma, \quad y(s) = \int_{s_0}^{s} \sin(l(\sigma))d\sigma .$$

Dabei ist $l(\sigma) = \int_{\sigma_0}^{\sigma} k(\tau)d\tau$ eine Stammfunktion von $k(s)$.

natürliche Gleichungen, Gleichungssystem der Form $\kappa_\alpha(s) = \kappa(s)$, $\tau_\alpha(s) = \tau(s)$, worin $\kappa(s) > 0$ und $\tau(s)$ vorgegebene differenzierbare Funktionen der reellen Variablen s sind, und κ_α und τ_α Krümmung und Windung einer zu bestimmenden Kurve α.

Nach dem ↗ Fundamentalsatz der Kurventheorie existiert immer eine derartige Kurve. Ähnliches gilt für die natürlichen Gleichungen von ebenen Kurven oder von Kurven im n-dimensionalen Raum $\mathbb{R}^n$, wo man die Kurve über ihre $n-1$ Krümmungen definiert.

Die natürlichen Gleichungen im $\mathbb{R}^3$ lassen sich auf eine komplexe Riccati-Gleichung zurückführen. Dazu seien $l(s)$, $m(s)$ und $n(s)$ die ersten Komponenten der Vektoren $\mathfrak{t}(s)$, $\mathfrak{n}(s)$ bzw. $\mathfrak{b}(s)$ des ↗ begleitenden Dreibeins. Diese drei Funktionen erfüllen das Differentialgleichungssystem

$$\begin{aligned} l'(s) &= && -\kappa(s)\,m(s) \\ m'(s) &= \kappa(s)\,l(s) && \qquad -\tau(s)\,n(s) \\ n'(s) &= && \tau(s)\,m(s) \end{aligned}$$

Da $l^2(s) + m^2(s) + n^2(s) = 1$ ist, kann man diese Funktionen durch Polarkoordinaten $l = \sin\vartheta \cos\varphi$, $m = \sin\vartheta \sin\varphi$ und $n = \cos\vartheta$ ausdrücken. Darin sind $\vartheta(s)$ und $\varphi(s)$ gewisse Funtionen der Bogenlänge s, für die man aus dem obigen Differentialgleichungssystem die Gleichungen $\vartheta' = -\tau \sin\varphi$ und $\varphi' = \kappa - \tau \cot\vartheta \cos\varphi$ gewinnt. Führt man die komplexe Größe $\sigma(s) = \cot(\vartheta(s)/2)\,e^{i\varphi(s)}$ ein, so folgt aus den zuletzt gefundenen Differentialgleichungen die Riccati-Gleichung

$$\sigma' = -\frac{i}{2}\tau\sigma^2 + i\kappa\sigma + \frac{i}{2}\tau,$$

aus der man, wenn κ und τ vorgegeben sind, mit einfachen numerischen Methoden σ berechnen kann. Die Winkel φ und ϑ erhält man dann aus dem Argument und dem Betrag der komplexen Funktion σ:

$$\varphi = \operatorname{Arg}(\sigma)\ , \quad \vartheta = 2\,\operatorname{arccot}(|\sigma|)\ .$$

natürliche Kardinalzahl, ↗ endliche Kardinalzahl.

natürliche Randbedingung, eine Randbedingung bei Variationsproblemen, die sich auf natürliche Weise aus der Aufgabenstellung ergibt.

Es sei ein Variationsproblem der Form

$$I(y) = \int_{x_0}^{x_1} F(x, y', y'')\,dx = \text{Max!}$$

bzw.

$$I(y) = \int_{x_0}^{x_1} F(x, y', y'')\,dx = \text{Min!}$$

gegeben, wobei y nur am linken Rand durch $y(x_0) = y_0$ festgelegt, am rechten Rand aber frei ist. Durch partielle Integration folgt dann:

$$gF_{y'}|_{x_0}^{x_1} + \int_{x_0}^{x_1} \left(F_y - \frac{d}{dx}F_{y'}\right) g\,dx = 0,$$

wobei g eine Funktion ist, so daß $y_\varepsilon = y + \varepsilon g$ in der betrachteten Funktionenklasse liegt, das heißt $g \in C^2[x_0, x_1]$ und $g(x_0) = 0$. Neben der Euler-Gleichung $F_y - \frac{d}{dx}F_{y'} = 0$ muß dann auch $gF_{y'}|_{x_0}^{x_1} = 0$ gelten. Bei passender Wahl von g folgt daraus die natürliche Randbedingung am rechten Randpunkt x_1:

$$F_{y'}(x_1, y(x_1), y'(x_1)) = 0,$$

wobei y eine Lösung des Variationsproblems ist. Auf analoge Weise findet man bei freiem linkem Rand die natürliche Randbedingung für den linken Randpunkt:

$$F_{y'}(x_0, y(x_0), y'(x_0)) = 0.$$

Sind beide Ränder frei, dann muß jede Lösung neben der Euler-Gleichung auch die beiden natürlichen Randbedingungen erfüllen.

natürliche Topologie, Standardtopologie auf einer kleinen Klasse von häufig vorkommenden topologischen Räumen.

Die natürliche Topologie des $\mathbb{R}^n$ ist beispielsweise die von der euklidischen Metrik induzierte, für den Körper $\mathbb{Q}_p$ der p-adischen Zahlen ist es die durch die p-adische Bewertung induzierte.

Allgemein ist die natürliche Topologie auf einem metrischen Raum wie folgt definiert: Es sei X ein metrischer Raum, versehen mit der Metrik d. Dann ist die offene Kugel vom Radius $r > 0$ um den Punkt $x_0 \in X$ definiert durch $B_r(x_0) = \{x \in X | d(x, x_0) < r\}$. Mit Hilfe der offenen Kugeln kann man dann eine durch die Metrik d induzierte Topologie definieren. Dabei ist eine Menge $U \subseteq X$ genau dann offen, wenn es für jedes $x \in U$ eine offene Kugel $B_{r_x}(x)$ gibt so, daß $x \in B_{r_x}(x) \subseteq U$ gilt. Damit wird X zu einem Hausdorffschen topologischen Raum.

natürliche Transformation, ein Morphismus $\eta : S \to T$ von ↗ Funktoren.

Es seien $\mathcal{C}$ und $\mathcal{D}$ Kategorien und $S, T : \mathcal{C} \to \mathcal{D}$ zwei Funktoren. Eine natürliche Transformation η ist gegeben durch die Vorgabe von $\eta_A \in Mor_{\mathcal{D}}(S(A), T(A))$ für alle $A \in Ob(\mathcal{C})$ derart, daß das abgebildete Diagramm kommutiert.

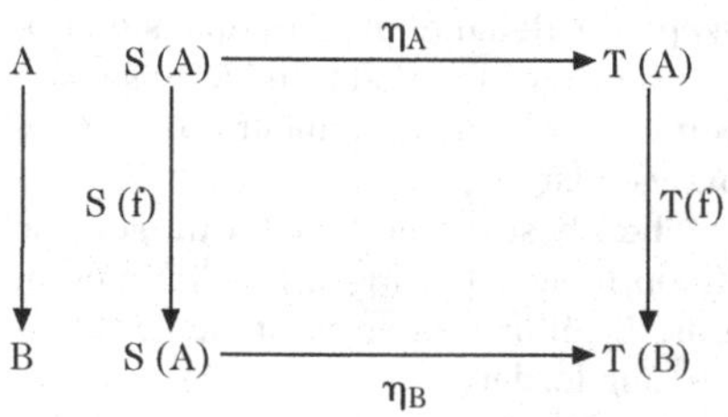

Für alle Morphismen $f : A \to B$ in der Kategorie $\mathcal{C}$ gilt also $T(f) \circ \eta_A = \eta_B \circ S(f)$.

Handelt es sich bei den Objekten um Mengen, so bedeutet dies anschaulich, daß es eine Möglichkeit gibt, für alle A den Elementen von $S(A)$ in natürlicher Weise Elemente aus $T(A)$ so zuzuordnen, daß die

Zuordnung verträglich ist mit den Morphismen zwischen den Mengen A und B (bzw. mit den Morphismen, die unter den Funktorabbildungen entstehen).

Eine natürliche Transformation $\eta : S \to T$, für welche die η_A für alle A invertierbare Morphismen sind, heißt natürliche Äquivalenz oder natürlicher Isomorphismus (zweier Funktoren). Dies wird auch $\eta : S \equiv T$ geschrieben. Zwei Kategorien $\mathcal{C}$ und $\mathcal{D}$ heißen äquivalent, falls es ein Paar von Funktoren

$$S : \mathcal{C} \to \mathcal{D}, \qquad T : \mathcal{D} \to \mathcal{C}$$

und natürliche Isomorphismen

$$1_{\mathcal{C}} \equiv T \circ S, \quad 1_{\mathcal{D}} \equiv S \circ T$$

gibt ($1_{\mathcal{C}}$ und $1_{\mathcal{D}}$ sind die Identitätsfunktoren).

Gilt sogar Gleichheit, also

$$1_{\mathcal{C}} = T \circ S, \quad 1_{\mathcal{D}} = S \circ T,$$

so nennt man die Kategorien isomorph.

Die Äquivalenz von Kategorien ist ein wichtiges Konzept. Sie erlaubt es, Fragestellungen in einer Kategorie in eine eventuell besser behandelbare Kategorie zu transportieren und dort zu beantworten.

natürliche Zahlen, die Menge $\mathbb{N}$, die axiomatisch definiert werden kann als Menge mit ausgezeichnetem Element $1 \in \mathbb{N}$ und ↗Nachfolgerfunktion, oder durch die ↗Peano-Axiome, oder auf Grundlage der Mengenlehre als die Menge der Kardinalzahlen nicht-leerer endlicher Mengen, oder nach axiomatischer Einführung des Körpers $\mathbb{R}$ der reellen Zahlen als kleinste induktive Teilmenge von $\mathbb{R}$. Bei der Rückführung auf Kardinalzahlen oder reelle Zahlen werden Addition $+ : \mathbb{N} \times \mathbb{N} \to \mathbb{N}$, Multiplikation $\cdot : \mathbb{N} \times \mathbb{N} \to \mathbb{N}$ und die Ordnung auf $\mathbb{N}$ von jenen geerbt. Bei der Definition als Menge mit ausgezeichnetem Element $1 \in \mathbb{N}$ und Nachfolgerfunktion $N : \mathbb{N} \to \mathbb{N}$ werden Addition und Multiplikation rekursiv definiert durch die Funktionalgleichungen

$$\begin{aligned} m+1 &:= N(m) \\ m+N(n) &:= N(m+n) \quad (n \in \mathbb{N}) \end{aligned}$$

und

$$\begin{aligned} m \cdot 1 &:= m \\ m \cdot N(n) &:= (m \cdot n) + m \quad (n \in \mathbb{N}) \end{aligned}$$

für $m \in \mathbb{N}$, und man muß Assoziativität und Kommutativität von Addition und Multiplikation und das Distributivgesetz beweisen. Die Ordnung auf $\mathbb{N}$ definiert man dann durch

$$m < n \;:\Longleftrightarrow\; \exists k \in \mathbb{N} \;\; m+k = n$$

für $m, n \in \mathbb{N}$ und damit auf die übliche Weise die Relationen $>, \leq, \geq$. Es gilt dann $1 \leq n$ für alle $n \in \mathbb{N}$ (Minimaleigenschaft der Eins). $(\mathbb{N}, \leq)$ ist eine Wohlordnung. $(\mathbb{N}, +, \leq)$ und $(\mathbb{N}, \cdot, \leq)$ sind kommutative geordnete Halbgruppen mit Kürzungsregel, $(\mathbb{N}, \cdot, 1)$ ist ein kommutatives Monoid mit Kürzungsregel und $(\mathbb{N}, +, \cdot)$ ein Halbring. Nimmt man die ganze Zahl 0 zu $\mathbb{N}$ hinzu, so erhält man die nichtnegativen ganzen Zahlen $\mathbb{N}_0 = \mathbb{N} \cup \{0\}$. $(\mathbb{N}_0, +, 0)$ ist ein kommutatives Monoid mit Kürzungsregel, jedoch keine Gruppe, denn es gibt z. B. kein additives Inverses zu 1, d. h. kein $x \in \mathbb{N}_0$ mit $1 + x = 0$. Die minimale Erweiterung von $(\mathbb{N}_0, +)$ zu einer Gruppe führt zu den ganzen Zahlen. Dort gibt es das gesuchte x, nämlich $x = -1$. Man beachte: Manchmal wird $\mathbb{N}$ auch so definiert, daß es 0 schon enthält. Dann ist $\mathbb{N}$ gerade die Menge der endlichen Kardinalzahlen.

Natürliche Zahlen notiert man gewöhnlich unter Benutzung der Zeichen 0, 1, 2, 3, 4, 5, 6, 7, 8, 9 im Stellenwertsystem zur Basis

$$10 := 1+1+1+1+1+1+1+1+1+1.$$

Das Zeichen 1 steht dann gerade für die Eins $1 \in \mathbb{N}$. Ferner gilt damit

$$\begin{array}{lll} 2 = 1+1 & 5 = 4+1 & 8 = 7+1 \\ 3 = 2+1 & 6 = 5+1 & 9 = 8+1 \\ 4 = 3+1 & 7 = 6+1 & 10 = 9+1 \end{array}$$

und $\mathbb{N} = \{1, 2, 3, 4, 5, 6, 7, 8, 9, 10, \ldots\}$.

natürliche Zahlen als Summe zweier Quadrate, die Frage, welche natürlichen Zahlen sich als Summe zweier Quadratzahlen darstellen lassen; sie findet sich schon bei Diophant. Die Antwort lautet:

Eine natürliche Zahl n ist genau dann als Summe von zwei Quadratzahlen darstellbar, wenn in ihrer Primfaktorenzerlegung die Primzahlen der Form $4k + 3$ nur mit geradem Exponenten vorkommen.

Die vollständige Lösung des Problems für Primzahlen liefert der Zwei-Quadrate-Satz von Euler. Beim Schluß von den Primzahlen auf zusammengesetzte Zahlen benutzt man die Formel

$$(a^2 + b^2)(c^2 + d^2) = (ac + bd)^2 + (ad - bc)^2,$$

die manchmal „Formel von Fibonacci" genannt wird, und die vermutlich schon Diophant bekannt war.

natürlicher Isomorphismus, zum einen ein ↗natürlicher Morphismus, der ein Isomorphismus ist, zum anderen aber auch verwendet als Synonym für den Begriff der natürlichen Äquivalenz von Funktoren in der Kategorientheorie, ↗natürliche Transformation.

natürlicher Logarithmus, ↗Logarithmusfunktion.

natürlicher Morphismus, ein Morphismus (lineare Abbildung, Ringhomomorphismus, Gruppenhomomorphismus, ...), der aufgrund natürlicher Eigenschaften der betrachteten Situation definiert ist. Er ist unabhängig von zu wählenden Festsetzungen.

Beispiel: Ist V ein Vektorraum und W ein Untervektorraum, dann ist die Abbildung $V \to W$ von V auf den Quotientenvektorraum V/W, bei der jedes Element auf seine Klasse abgebildet wird, $v \mapsto v + W$, ein natürlicher Morphismus. Diese Abbildung nennt man die natürliche Projektion. Eine mathematische Präzisierung des Begriffs der Natürlichkeit kann im Rahmen der Kategorientheorie erfolgen (↗natürliche Transformation).

natürlicher Spline, eine ↗Splinefunktion, welche durch Polynome von niedrigem Grad auf die ganze reelle Achse fortgesetzt werden kann.

Es seien $r \in \mathbb{N}$, $k \geq r - 1$, ein Intervall $L[a, b]$ und Knoten $a = x_0 < x_1 < \ldots < x_k < x_{k+1} = b$ gegeben. Ein Spline $s \in C^{2r}[a, b]$, welcher in jedem Teilintervall $L[x_i, x_{i+1}]$, $i = 0, \ldots, k$, ein Polynom vom Grad $2r + 1$ ist, heißt natürlicher Spline, falls gilt:

$$s^{(j)}(a) = s^{(j)}(b) = 0, \; j = r + 1, \ldots, 2r.$$

Somit ist ein solcher Spline s genau dann ein natürlicher Spline, wenn eine Fortsetzung $\tilde{s} \in C^{2r}(\mathbb{R})$ existiert mit den Eigenschaften, daß $\tilde{s}|_{(-\infty,a]}$ und $\tilde{s}|_{[b,\infty)}$ Polynome vom Grad r sind.

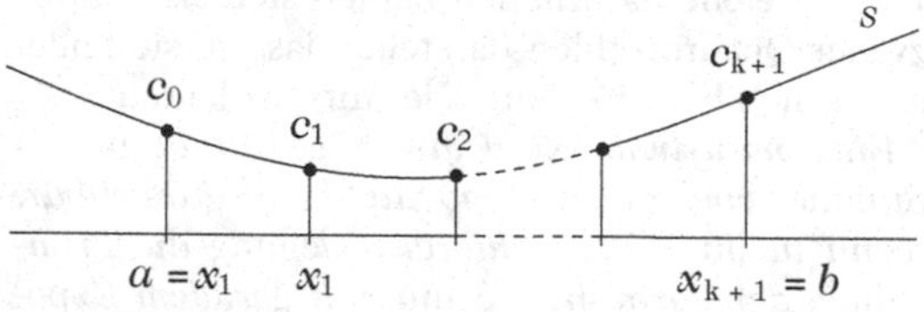

Ein natürlicher Spline

Das natürliche Spline-Interpolationsproblem

$$s(x_i) = c_i, \; i = 0, \ldots, k + 1,$$

besitzt für beliebig vorgegebene Daten c_i genau einen natürlichen Spline s als Lösung. Diese Lösung s besitzt die folgende Minimierungseigenschaft hinsichtlich der L_2-Norm $\|.\|_2$.

Es sei $f \in C^{r+1}[a, b]$, $f \neq s$, eine Funktion mit der Eigenschaft $f(x_i) = c_i$, $i = 0, \ldots, k + 1$. Dann gilt:

$$\|s^{(r+1)}\|_2 < \|f^{(r+1)}\|_2$$

natürliches Dualsystem für normierte Räume, ein ↗ Dualsystem, das auf den stetigen linearen Abbildungen beruht.

Ist V ein normierter Raum und V' der Raum der linearen stetigen Abbildungen nach $\mathbb{R}$ bzw. $\mathbb{C}$, so ist (V, V') ein Dualsystem bezüglich der natürlichen Bilinearform

$$\langle x, x^* \rangle = x^*(x) \, .$$

Man nennt dieses Dualsystem das natürliche Dualsystem des normierten Raumes V.

Navier, Claude Louis Marie Henri, französischer Mathematiker, geb. 15.2.1785 Dijon, gest. 21.8.1836 Paris.

Navier studierte ab 1804 an der École des Ponts et Chaussées, an der er später als Ingenieur und Professor für Mathematik tätig war. In dieser Zeit führte er mehrere Brückenbauten aus. 1819 ging er als Professor für Analysis und Mechanik an die École Polytechnique.

Navier gilt als Begründer der Elastizitätstheorie. Er stellte in den zwanziger Jahren die Grundgleichungen der Elastizitätstheorie auf und behandelte damit verschiedene Probleme. Ebenso geht die molekulartheoretische Begründung auf ihn zurück. Er entwickelte weiterhin die Theorie der Plattenbiegung, an die Cauchys Arbeiten anknüpften. In der Hydrodynamik fand er 1821 die Navier-Stokes-Gleichung zur Beschreibung der Bewegung inkompressibler zäher Flüssigkeiten.

Navier-Stokes-Gleichungen, Bewegungsgleichungen aus der Hydromechanik.

Will man die Bewegung einer kompressiblen Flüssigkeit mathematisch beschreiben, so untersucht man im allgemeinen nach der Eulerschen Methode den von der Flüssigkeit eingenommenen Raum und berechnet den an jedem Ort und zu jeder Zeit herrschenden Strömungszustand. Bezeichnet man beispielsweise mit $\mathfrak{v} = (u, v, w)$ den Geschwindigkeitsvektor und mit p den Druck, die beide von den Raumkoordinaten (x, y, z) sowie der Zeit t abhängen, so besteht die Aufgabe darin, die Abhängigkeit der Größen $\mathfrak{v}$ und p von x, y, z, t zu bestimmen. Ist nun $K = (X, Y, Z)$ der Vektor der auf die Masseneinheit bezogenen Massenkraft und ϱ die Dichte, so gilt die Navier-Stokes-Gleichung

$$\begin{aligned} \varrho \frac{du}{dt} &= \varrho X - \frac{\partial p}{\partial x} + 2 \frac{\partial}{\partial x} \left(\mu \frac{\partial u}{\partial x} \right) \\ &\quad + \frac{\partial}{\partial y} \left(\mu \left(\frac{\partial u}{\partial y} + \frac{\partial v}{\partial x} \right) \right) \\ &\quad + \frac{\partial}{\partial z} \left(\mu \left(\frac{\partial w}{\partial x} + \frac{\partial u}{\partial z} \right) \right) + \frac{\partial}{\partial x} (\lambda \cdot \operatorname{div} \mathfrak{v}). \end{aligned}$$

Diese Gleichung nennt man zusammen mit den beiden analogen Gleichungen für die y- und die z-Richtung die Navier-Stokes-Gleichungen mit zwei Koeffizienten μ und λ.

Hat man es dagegen mit inkompressiblen Flüssigkeiten konstanter Zähigkeit zu tun, so reduzieren sich diese Gleichungen zu

$$\frac{du}{dt} = X - \frac{1}{\varrho} \frac{\partial p}{\partial x} + \frac{\mu}{\varrho} \Delta u$$

sowie den entsprechenden Gleichungen für v und w, wobei Δ der ↗Laplace-Operator ist.

***n*-Bein-Formalismus**, koordinatenfreier Formalismus zur Beschreibung einer n-dimensionalen differenzierbaren Mannigfaltigkeit.

Im 4-dimensionalen Riemannschen Raum wird dieser auch synonym als Vierbein-Formalismus oder Tetradenformalismus bezeichnet.

Ein n-Bein ist ein n-Tupel von linear unabhängigen Vektoren. Es kann deshalb als Basis für die Projektion von Tensoren dienen. Der einfachste Fall eines n-Beins entsteht wie folgt: Sind x^i Koordinaten in der Riemannschen Mannigfaltigkeit, dann bilden die Tangentialvektoren an die Koordinatenlinien ein n-Bein. Solche n-Beine heißen auch holonome Basis. Umgekehrt gilt: Diejenigen n-Beine, die sich nicht auf diese Weise erzeugen lassen, heißen anholonome Basis.

Der n-Bein-Formalismus der Relativitätstheorie benutzt meistens nur solche n-Beine, die in jedem Punkt ein Orthonormalsystem darstellen, d. h., jeder Vektor hat das Längenquadrat 1, und die Vektoren stehen paarweise senkrecht aufeinander. Man spricht dann von einem orthonormierten n-Bein. Es gilt: Bildet ein orthonormiertes n-Bein eine holonome Basis, so ist der Raum flach.

Physikalisch ergibt sich folgende Vereinfachung in der Interpretation allgemeinrelativistischer Systeme: Bei Verwendung von Projektionen auf ein orthonormiertes 4-Bein stimmen Koordinatenzeit und Eigenzeit stets überein, und entsprechendes gilt für Abstände.

Die Gleichsetzung von Koordinatenbasis mit holonomer Basis ist zwar in der Literatur verbreitet, gilt aber, strenggenommen, nur für einfach zusammenhängende Umgebungen.

Genauer: Die in Klammern gesetzten Indizes numerieren die Vektoren des n-Beins durch, die einfachen Indizes sind Tensorindizes. Alle Indizes laufen von 1 bis n. Das n-Bein wird also durch die n Vektorfelder $e^i_{(a)}$ beschrieben, lineare Unabhängigkeit heißt, daß für die als $(n \times n)$-Matrix interpretierten Zahlen gilt: $\det e^i_{(a)} \neq 0$.

Das inverse n-Bein $e^{(a)}_j$ ist durch die Bedingung $e^i_{(a)} e^{(a)}_j = \delta^i_j$ definiert, dabei wird die Einsteinsche Summenkonvention angewandt.

Das Anholonomieobjekt $T^{(a)}_{ij}$ wird durch

$$T^{(a)}_{ij} = e^{(a)}_{i,j} - e^{(a)}_{j,i}$$

definiert. Das Komma bezeichnet die partielle Ableitung. Es wird definiert: Das n-Bein heißt holonom, wenn das Anholonomieobjekt identisch verschwindet. Innerhalb einer einfach zusammenhängende Umgebung folgt daraus, daß es sich dann um eine Koordinatenbasis handelt.

NBG-Mengenlehre, ↗ axiomatische Mengenlehre.

NBU-Verteilung, *new-better-than-used-Verteilung*, eine spezielle ↗ Lebensdauerverteilung.

NC, (Nick's Class, benannt nach Nick Pippenger), eine Sprachklasse.

Mit NC wird innerhalb der nichtuniformen ↗Komplexitätstheorie die Vereinigung der Klassen NC^k bezeichnet und damit die Klasse der von Schaltkreisen mit beschränktem Fan-in in polynomieller Größe und polylogarithmischer Tiefe darstellbaren Booleschen Funktionen.

Innerhalb der Algorithmentheorie bezeichnet NC die Klasse der Probleme, die mit einer parallelen Registermaschine mit polynomiell vielen Prozessoren in polylogarithmischer Zeit gelöst werden können und damit die Klasse der effizient parallelisierbaren Probleme.

NC¹-Reduktion, Begriff aus der Theorie Boolescher Funktionen.

Eine Folge $f = (f_n)$ Boolescher Funktionen ist auf eine Folge $g = (g_n)$ Boolescher Funktionen NC^1-reduzierbar, Notation $f \leq_1 g$, wenn $f = (f_n)$ durch Schaltkreise S_n berechnet werden kann, die neben Bausteinen vom ↗Fan-in 2 auch Bausteine für g_i, die zur Größe i und zur Tiefe $\lceil \mathrm{ld}(i) \rceil$ beitragen, enthalten dürfen. Dabei müssen die Schaltkreise S_n polynomielle Größe und logarithmische Tiefe haben.

NC^1-Reduktionen sind das angemessene Reduktionskonzept für die Sprachklasse non-uniform-NC^k.

***n*-dimensionale Kugel**, Menge aller Punkte eines n–dimensionalen Raumes, die von einem gegebenen Punkt M (dem Mittelpunkt) einen konstanten Abstand R (den Radius) haben.

Die n-dimensionale Kugel (auch als n-dimensionale Hypersphäre oder n-Sphäre bezeichnet) ist damit eine Verallgemeinerung des Kreises in der Ebene und der ↗Kugel (bzw. Sphäre) im Raum. Sie läßt sich durch eine Gleichung der Form

$$x_1^2 + x_2^2 + \cdots + x_n^2 = R^2$$

darstellen, wobei $x_1, x_2 \cdots x_n$ die Koordinaten ihrer Punkte sind.

Das *Volumen V_n einer n-dimensionalen Kugel* mit dem Radius R läßt sich ausdrücken durch

$$V_n = \int_0^R A_n r^{n-1} dr = \frac{A_n R^n}{n} \quad ,$$

wobei A_n der *Oberflächeninhalt der n-dimensionalen Kugel* mit dem Radius 1 ist. Dieser Oberflächeninhalt läßt sich mit Hilfe der ↗Eulerschen

Γ-Funktion darstellen durch

$$A_n = \frac{2\pi^{\frac{n}{2}}}{\Gamma\left(\frac{n}{2}\right)},$$

woraus sich unter Anwendung der Eigenschaft der Γ-Funktion $\Gamma(n+1) = n\Gamma(n)$ für das Volumen der n–dimensionalen Kugel

$$V_n = \frac{2\pi^{\frac{n}{2}}R^n}{n\cdot\Gamma\left(\frac{n}{2}\right)} = \frac{\pi^{\frac{n}{2}}R^n}{\frac{n}{2}\cdot\Gamma\left(\frac{n}{2}\right)} = \frac{\pi^{\frac{n}{2}}R^n}{\Gamma\left(1+\frac{n}{2}\right)}$$

ergibt.

Interessant ist dabei das Verhalten des Volumens und des Oberflächeninhalts der n-dimensionalen Kugel mit dem Radius $R = 1$ in Abhängigkeit von der Dimension n: Die Funktion $V_n(n)$ erreicht ihr Maximum bei $n \approx 5{,}257$ die Funktion $A_n(n)$ bei $n \approx 7{,}257$; für $n \to \infty$ konvergieren beide Funktionen gegen Null. Somit sind das Volumen der 5–dimensionalen Kugel mit $V_5 = \frac{8}{15}\pi^2 \approx 5{,}264$ und der Oberflächeninhalt der 7–dimensionalen Kugel mit $A_7 = \frac{16}{15}\pi^3 \approx 33{,}073$ jeweils maximal. (Zum Vergleich: Das Volumen der „gewöhnlichen" dreidimensionalen Einheitskugel beträgt $V_3 = \frac{4}{3}\pi \approx 4{,}189$, ihr Oberflächeninhalt ist $A_3 = 4\pi \approx 12{,}566$.)

***n*-dimensionale Verteilungsfunktion**, ↗Verteilungsfunktion eines Zufallsvektors.

***n*-dimensionale Wahrscheinlichkeitsdichte**, ↗Wahrscheinlichkeitsdichte.

***n*-dimensionaler Torus**, Verallgemeinerung eines gewöhnlichen ↗Torus des dreidimensionalen Raumes.

Ein n-dimensionaler Torus ist das topologische Produkt von n Kopien eines Kreises.

***n*-dimensionales Polytop**, endlicher Teil (Region) eines n–dimensionalen Raumes, der von endlich vielen Hyperebenen begrenzt wird.

Die Durchschnittsmengen dieser Hyperebenen mit dem Polytop werden als ↗Facetten des Polytops bezeichnet. Ein konvexes Polytop kann auch als beschränkte Durchschnittsmenge von endlich vielen Halbräumen des n–dimensionalen Raumes bzw. als konvexe Hülle einer endlichen Punktmenge aufgefaßt werden. In der Ebene sind Polytope Vielecke, im dreidimensionalen Raum ebenflächig begrenzte räumliche Körper (Polyeder), Polytope im vierdimensionalen Raum werden auch speziell als Polychorone bezeichnet. Die regulären n-dimensionalen Polytope bilden eine Verallgemeinerung der regulären Polyeder des dreidimensionalen Raumes und zeichnen sich dadurch aus, daß alle ihre Kanten gleich lang sind und sich in jeder Ecke gleich viele Kanten treffen.

Für $n \geq 5$ gibt es genau drei Kategorien regulärer Polytope: n-dimensionale Würfel, Orthoplexe und Simplexe. Diese sind Verallgemeinerungen der ↗Würfel, ↗Oktaeder bzw. ↗Tetraeder des dreidimensionalen Raumes.

Near-Pencil, ein ↗linearer Raum (im Sinne der endlichen Geometrie), bei dem alle Punkte bis auf einen auf einer Geraden liegen.

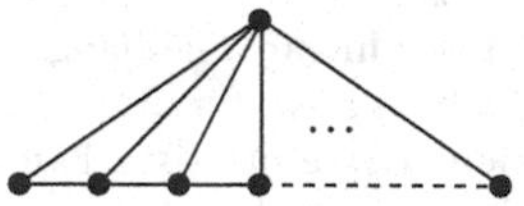

Near-Pencil

Nebenbedingungen, auch Zwangsbedingungen genannt, ganz allgemein eine Klasse von Bedingungen, denen die Lösung eines vorgelegten Problems noch zusätzlich genügen muß. Mit Problemklassen dieses Typs befaßt sich hauptsächlich die ↗Optimierung.

Daneben treten solche Probleme aber auch in anderen Teilgebieten auf; so versteht man etwa in der ↗Hamiltonschen Mechanik darunter die Auszeichnung einer Untermannigfaltigkeit C einer ↗symplektischen Mannigfaltigkeit (M, ω) so, daß die Einschränkung der symplektischen 2-Form ω auf das Tangentialbündel von C konstanten Rang hat. Diese Auszeichnung geschieht in der Regel dadurch, daß C als Niveaufläche $F^{-1}(\mu)$ einer C^∞-Abbildung $F : M \to \mathbb{R}^k$ für einen regulären Wert μ im $\mathbb{R}^k$ aufgefaßt wird. Die eigentlichen Nebenbedingungen sind dann die Komponenten von F. Die Untermannigfaltigkeit C bildet den Ausgangspunkt für die ↗Phasenraumreduktion. Falls C koisotrop ist (↗koisotrope Untermannigfaltigkeit), so werden C oder auch F „erster Klasse" genannt.

Nebendiagonale einer Matrix, die Folge $(a_{n+1-i,i})_{1\leq i\leq n}$ in einer quadratischen $(n \times n)$-Matrix (a_{ij}), also

$$(a_{n1}, a_{n-1,2}, \ldots, a_{1n}).$$

Die Nebendiagonale ist also die Diagonale von „links unten" nach „rechts oben".

Leider ist die Bezeichnungsweise in der Literatur nicht ganz einheitlich; gelegentlich wird die hier beschriebene Diagonale auch als Antidiagonale bezeichnet, während der Begriff „Nebendiagonale" die Folge der oberhalb und unterhalb der Hauptdiagonalen liegenden Elemente beschreibt.

Nebenteil einer Laurent-Reihe, ↗Laurent-Reihe.

Nebenwinkel, benachbarte Winkel an zwei sich schneidenden Geraden.

In der Abbildung sind α und β, β und γ, γ und δ sowie α und δ Nebenwinkel.

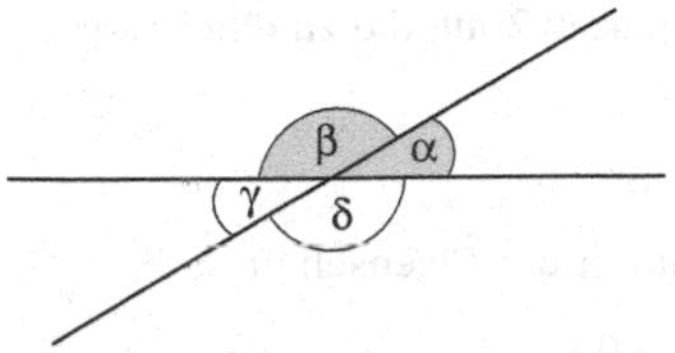

Der *Nebenwinkelsatz* besagt:
Die Summe der Winkelmaße zweier Nebenwinkel beträgt stets 180°.

***n*-Eck**, auch Polygon genannt, geschlossener Streckenzug mit n Eckpunkten $A_1, A_2 \dots A_n$.

Ein n-Eck heißt *windschief*, falls seine Eckpunkte nicht in einer Ebene liegen; ansonsten handelt es sich um ein ebenes n-Eck. Falls es außer den Eckunkten keine weiteren gemeinsamen Punkte zweier Seiten eines ebenen n-Ecks gibt, so handelt es sich um ein *einfaches n-Eck*, anderenfalls um ein *überschlagenes n-Eck*, falls sich zwei nicht aufeinanderfolgende Strecken in einem Punkt schneiden, sowie um ein *nicht überschlagenes n-Eck*, falls ein Eckpunkt auf einer ihm nicht benachbarten Strecke liegt.

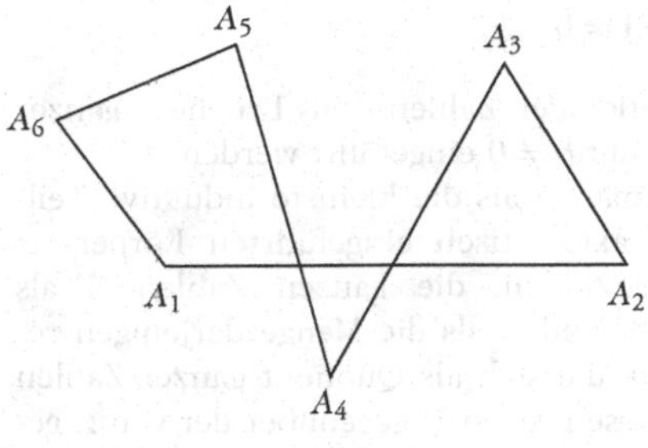

Nicht einfaches überschlagenes n-Eck

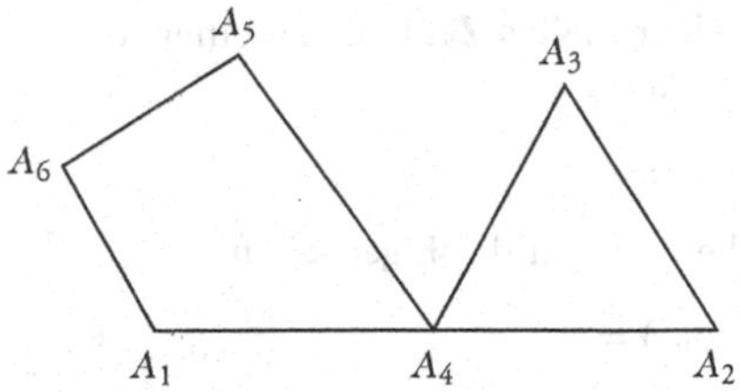

Nicht einfaches nicht überschlagenes n-Eck

Jedes einfache ebene n-Eck teilt die Ebene in zwei Teile (das Innere und das Äußere des n-Ecks), die durch die Gesamtheit der Seiten des n-Ecks voneinander getrennt sind. Ein einfaches n-Eck heißt *konvex*, falls Verbindungsstrecken beliebiger Punkte P und Q des Inneren des n-Ecks nur innere Punkte enthalten und ansonsten *konkav*.

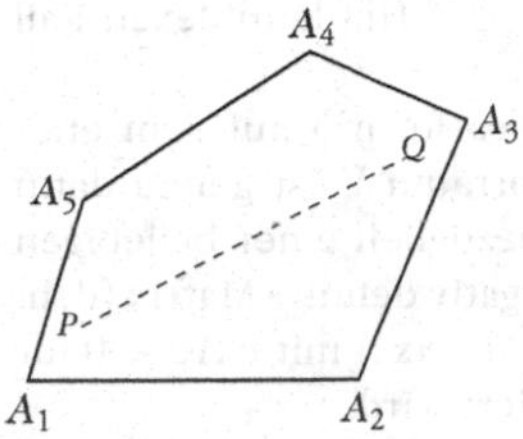

Konvexes n-Eck

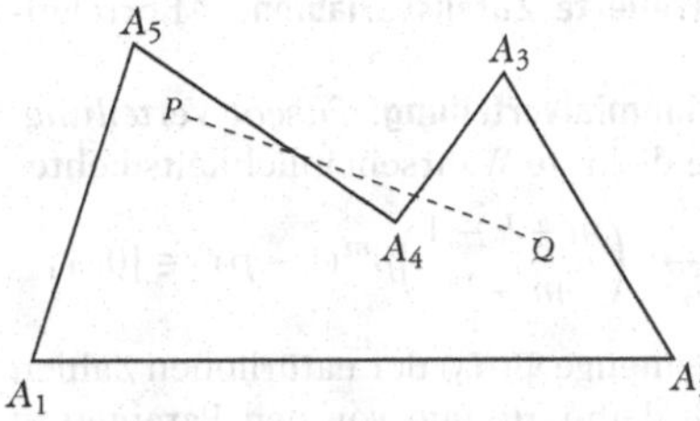

Konkaves n-Eck

Die Summe der Längen der Seiten heißt Umfang eines n-Ecks. Verbindungsstrecken zweier nicht benachbarter Eckpunkte eines n-Ecks werden auch als ↗Diagonalen bezeichnet. Von jedem Eckpunkt gehen $(n-3)$ Diagonalen aus, nämlich zu allen Eckpunkten außer der betrachteten Ecke selbst und den beiden benachbarten Ecken. Jedes n-Eck besitzt somit (da jede Diagonale von zwei Eckpunkten aus gezählt werden kann) insgesamt

$$\frac{n(n-3)}{2}$$

Diagonalen.

Die Summe der Größen der Innenwinkel eines n–Ecks hängt einzig und allein von der Zahl n der Ecken ab, siehe ↗Winkelsumme im n-Eck.

Ein konvexes n-Eck heißt *regelmäßig*, *regulär* oder *gleichseitig*, falls alle seine Seiten gleich lang sind (↗Gauß, Satz von, über n-Ecke).

Negation, einstellige extensionale Aussagenoperation, die mit „nicht" (im Zeichen $\neg$) gekennzeichnet wird (↗Aussagenlogik), und die einer gegebenen Aussage A die Aussage „nicht A" zuordnet.

In der klassischen Logik, für die das Prinzip der Zweiwertigkeit vorausgesetzt wird, ist die Negation der Negation einer Aussage logisch äquivalent (↗logisch äquivalente Formeln) zur Ausgangsaussage. Für Logiken, in der dieses Prinzip keine Gültigkeit besitzt, sind die Aussagen $\neg(\neg A)$ und A im allgemeinen nicht äquivalent.

negativ definit, Bezeichnung für eine symmetrische Bilinearform (bzw. eine Matrix) $b : V \times V \to \mathbb{K}$ auf einem reellen (komplexen) Vektorraum V mit

$b(v, v) < 0$ für alle $v \neq 0 \in V$ (im komplexen Fall ist $b(v, v)$ stets reell).

Die symmetrische Bilinearform b auf dem endlich-dimensionalen Vektorraum V ist genau dann negativ definit, falls sie bezüglich einer beliebigen Basis von V durch eine negativ definite Matrix (d. h. eine symmetrische reelle Matrix A mit $v^tAv < 0$ für alle $v \neq 0 \in V$) repräsentiert wird.

Für weitere Information vergleiche auch die Einträge zum Themenkreis „positiv definit".

negativ invariante Menge, ↗ invariante Menge.

negativ korrelierte Zufallsvariablen, ↗Korrelationskoeffizient.

negative Binomialverteilung, *Pascal-Verteilung*, das durch die diskrete Wahrscheinlichkeitsdichte

$$f : \mathbb{N}_0 \ni k \rightarrow \binom{m+k-1}{m-1} p^m (1-p)^k \in [0,1]$$

auf der Potenzmenge $\mathfrak{P}(\mathbb{N}_0)$ der natürlichen Zahlen inklusive Null definierte und von den Parametern $m \in \mathbb{N}$ und $p \in (0,1)$ abhängende diskrete Wahrscheinlichkeitsmaß P.

Der Wert $P(\{k\}) = f(k)$ der negativen Binomialverteilung mit den Parametern m und p gibt die Wahrscheinlichkeit dafür an, daß bei unabhängigen Wiederholungen eines Zufallsexperimentes mit den beiden Ausgängen Erfolg und Mißerfolg und der Erfolgswahrscheinlichkeit p vor dem m-ten Erfolg genau k Mißerfolge eintreten. Die negative Binomialverteilung stellt somit eine Verallgemeinerung der geometrischen Verteilung dar. Ihren Namen verdankt die Verteilung dem Umstand, daß die Wahrscheinlichkeiten der Elementarereignisse in der Form

$$P(\{k\}) = \binom{-m}{k} (-1)^k (1-p)^k p^m$$

dargestellt werden können, welche an die ↗Binomialverteilung erinnert.

Ist X eine mit den Parametern m und p negativ binomialverteilte Zufallsvariable, so gilt für den Erwartungswert

$$E(X) = m\frac{1-p}{p}$$

und für die Varianz

$$Var(X) = m\frac{1-p}{p^2}.$$

negative Davio-Zerlegung, ↗Davio-Zerlegung.

negative Zahl, reelle Zahl, die kleiner als Null ist.

Die Menge der negativen Zahlen ist das Intervall $(-\infty, 0)$. Für jede negative Zahl x ist $-x$ eine ↗positive Zahl.

negativer Kofaktor, ↗Kofaktor.

negativer Limespunkt, ↗α-Limespunkt.

negativer Umlaufsinn, ↗Umlaufsinn.

Negatives einer ganzen Zahl, die zu einer ganzen Zahl $\langle k, \ell \rangle$ durch

$$-\langle k, \ell \rangle := \langle \ell, k \rangle$$

erklärte ganze Zahl mit der Eigenschaft

$$\langle k, \ell \rangle + (-\langle k, \ell \rangle) = 0,$$

wenn die ganzen Zahlen $\mathbb{Z}$ als Äquivalenzklassen $\langle k, \ell \rangle$ von Paaren (k, ℓ) natürlicher Zahlen bzgl. der durch

$$(k, \ell) \sim (m, n) \;:\Longleftrightarrow\; k + n = m + \ell$$

erklärten Äquivalenzrelation eingeführt werden. Definiert man $\mathbb{N}$ als die kleinste induktive Teilmenge des axiomatisch eingeführten Körpers $\mathbb{R}$ der reellen Zahlen und $\mathbb{Z}$ als $-\mathbb{N} \cup \{0\} \cup \mathbb{N}$, so ist $\mathbb{Z}$ gegenüber der von $\mathbb{R}$ geerbten Negation abgeschlossen, man erhält also das Negative einer ganzen Zahl in $\mathbb{Z}$ als ihr Negatives in $\mathbb{R}$.

Negatives einer rationalen Zahl, die zu einer rationalen Zahl $\frac{a}{b} \in \mathbb{Q}$ durch

$$-\frac{a}{b} := \frac{-a}{b}$$

erklärte rationale Zahl mit der Eigenschaft

$$\frac{a}{b} + \left(-\frac{a}{b}\right) = 0,$$

wenn die rationalen Zahlen $\mathbb{Q}$ als Brüche $\frac{a}{b}$ ganzer Zahlen a, b mit $b \neq 0$ eingeführt werden.

Definiert man $\mathbb{N}$ als die kleinste induktive Teilmenge des axiomatisch eingeführten Körpers $\mathbb{R}$ der reellen Zahlen, die ganzen Zahlen $\mathbb{Z}$ als $-\mathbb{N} \cup \{0\} \cup \mathbb{N}$, und $\mathbb{Q}$ als die Menge derjenigen reellen Zahlen, die sich als Quotient ganzer Zahlen schreiben lassen, so ist $\mathbb{Q}$ gegenüber der von $\mathbb{R}$ geerbten Negation abgeschlossen, man erhält also das Negative einer rationalen Zahl in $\mathbb{Q}$ als ihr Negatives in $\mathbb{R}$.

Negatives einer reellen Zahl, die zu einer reellen Zahl $\langle p_n \rangle \in \mathbb{R}$ durch

$$-\langle p_n \rangle := \langle -p_n \rangle$$

erklärte reelle Zahl mit der Eigenschaft

$$\langle p_n \rangle + (-\langle p_n \rangle) = 0,$$

wenn die reellen Zahlen $\mathbb{R}$ als Äquivalenzklassen $\langle p_n \rangle$ von Cauchy-Folgen (p_n) rationaler Zahlen bzgl. der durch

$$(p_n) \sim (q_n) \;:\Longleftrightarrow\; q_n - p_n \to 0 \quad (n \to \infty)$$

gegebenen Äquivalenzrelation eingeführt werden. Definiert man $\mathbb{R}$ über Dedekind-Schnitte, Dezimalbruchentwicklungen, Äquivalenzklassen von Intervallschachtelungen oder Punkte der Zahlengeraden, so muß man für diese eine Negation erklären.

Wird $\mathbb{R}$ axiomatisch als vollständiger archimedischer Körper eingeführt, so ist die Negation schon als Teil der Definition gegeben.

Negatives einer surrealen Zahl, die zu einer surrealen Zahl $x \in \text{No}$ durch

$$-x := \{-x^R, -x^L\}$$

erklärte surreale Zahl mit der Eigenschaft

$$x + (-x) = 0,$$

wenn die surrealen Zahlen No axiomatisch rekursiv als Conway-Schnitte $x = \{x^L \mid x^R\}$ eingeführt werden.

Definiert man die surrealen Zahlen als spezielle Spiele, so erhält man die Negation der surrealen Zahlen aus der Negation von Spielen. Definiert man sie als Vorzeichenfolgen, so muß man für diese eine Negation erklären.

negatives Geradenbündel, ↗ positives Geradenbündel.

Negativteil, ↗ Vektorverband.

Neil, William, (auch Neile, William), britischer Adliger, geb. 7.12.1637 Bishopsthorpe (Yorkshire), gest. 24.8.1670 White Waltham (Berkshire).

Neil studierte in Oxford und wurde 1663 Mitglied der Royal Society. Sein Name ist bekannt durch die von ihm konstruierte und eingehend untersuchte Neilsche Parabel. Er erkannte gemeinsam mit Wallis die Rektifizierbarkeit dieser Parabel und führte sie auch exakt aus.

Neilsche Parabel, *semikubische Parabel*, ebene Kurve mit der analytische Parametergleichung

$$x = t^2, \quad y = t^3.$$

Im Punkt $t = 0$ hat sie einen Spitzpunkt, und ihr Ableitungsvektor ist dort gleich Null. Sie dient als einfaches Beispiel für eine nicht reguläre Kurve, also eine solche, die in der Umgebung eines ihrer Punkte (dem Ursprung) keine zulässige Parameterdarstellung besitzt.

Nemorarius, (de Nemore), Jordanus, Mathematiker und Naturforscher, lebte um 1220.

Über das Leben des Nemorarius ist nichts bekannt. Sicher scheint aber zu sein, daß er nicht mit Jordanus Saxo identisch war. Nemorarius gehörte zu den bedeutendsten Mathematikern des Mittelalters, in seinen Werken sind starke griechische und arabische Einflüsse nachweisbar.

In seinem Werk „Elementa Jordani super demonstrationem ponderum" griff Nemorarius Ideen des Aristoteles und des Archimedes auf, entwickelte neue Sichtweisen auf die Prinzipien der „virtuellen Verschiebung" und der „virtuellen Geschwindigkeiten" und wandte diese auf die Hebelgesetze und die Gesetze der schiefen Ebene an. Er begründete damit die mittelalterliche Statik. Besonders Leonardo da Vinci zeigte sich stark von ihm beeindruckt. Nemorarius hatte Vorstellungen von einer lageunabhängigen „Schwere", die etwa der (heutigen) potentiellen Energie im Schwerefeld entspricht.

Seine „Demonstratio de algorismo", gedruckt 1534 in Nürnberg, war eines der verbreitetsten Werke der spätmittelalterlichen Mathematik. Darin wurde das Rechnen mit ganzen Zahlen beschrieben, es wurde die Bestimmung von Quadrat- und Kubikwurzeln gezeigt und das Gesetz der Kommutativität der Multiplikation ganzer Zahlen ausgesprochen.

In der „Demonstratio de minutiis" erläuterte Nemorarius das System der Sexagesimalbrüche und gab Regeln für das als sehr schwierig angesehene Bruchrechnen an. Die „Arithmetica decem libris demonstrata" erklärte arithmetische Eigenschaften der (ganzen) Zahlen und führte systematisch allgemeine Buchstabenbezeichnungen für die Zahlen ein. Diese Symbole hatten dabei rein arithmetische Bedeutung. In der berühmten Schrift „De numeris datis" wurden lineare Gleichungen, lineare Gleichungssysteme, quadratische Gleichungen und Gleichungssysteme behandelt.

Die vorgegebenen Beispiele wurden erst allgemein gelöst und dann in konkreten Zahlen interpretiert, ein algebraischer Kalkül ist nur in Ansätzen erkennbar. In seiner Schrift über Dreiecke („De triangulis") beschrieb er die verschiedenen Arten von Dreiecken, erläuterte die Teilung von Strecken und die Zerlegung von Dreiecken, löste elementare Konstruktionsaufgaben, stellte aber auch die Würfelverdopplung und die Winkeldreiteilung (Verwendung der Kreiskonchoide) dar. In einem weiteren Werk soll Nemorarius die stereographische Projektion vorgestellt haben.

Nenner, die Größe y in einem ↗ Bruch $\frac{x}{y}$.

Neper, John, Lord von Merchiston, *Napier, John*, schottischer Mathematiker, geb. 1550 Merchiston Castle (Schottland), gest. 4.4.1617 Edinburgh.

Neper wurde ab 1563 in der St. Andrews University ausgebildet. In dieser Zeit reiste er aber auch durch Deutschland, Frankreich und Italien, um sich weiterzubilden. Ab 1572 übernahm er mit großem Engagement die Verwaltung des väterlichen Gutes.

Nepers Mathematikstudien waren nur ein Hobby. 1614 verfaßte er als erster eine siebenstellige Logarithmentafel („Mirifici Logarithmorum canonis descriptio" und „Mirifici Logarithmorum canonis constructio"). Dabei stützte er sich auf Arbeiten Stifels. Im Vergleich zu ähnlichen Arbeiten des Schweizer Mathematikers Bürgi entsprachen Nepers Logarithmen einem System zur Basis $\approx \frac{1}{e}$, während Bürgi ein System zur Basis $\approx e$ betrachtete. Nach Gesprächen mit Briggs entschloß sich Neper, seine Tafeln auf die Basis 10 umzustellen. Diese Tabellen wurden von Briggs 1617 und 1624 und Vlacq 1628 und 1633 als „Briggssche Logarithmen“ herausgegeben und weithin bekannt.

Neben den Arbeiten zum Logarithmus fand Neper Formeln für das sphärische Dreieck (↗Nepersche Formeln), entwickelte Rechentafeln und Rechenstäbe und benutzte als einer der ersten das Dezimalkomma und den Dezimalpunkt.

Als Gutsherr versuchte Neper, wissenschaftliche Methoden in die Landwirtschaft einzuführen und verbesserte landwirtschaftliche Geräte. Er nahm auch an den religiösen Auseinandersetzungen seiner Zeit teil. 1593 veröffentlichte er eine Auslegung der Offenbarung des Johannes („The Plaine Discovery of the Whole Revelation of St. John“). Diese Arbeit brachte ihm Anerkennung sowohl in Schottland als auch, nach ihrer Übersetzung ins Französiche, Deutsche und Niederländische, auf dem Kontinent ein.

Nepersche Formeln, *Nepersche Regel*, Zusammenfassung der trigonometrischen Beziehungen in rechtwinkligen ↗sphärischen Dreiecken:

Werden die Stücke a, b, c, α und β eines bei C rechtwinkligen Eulerschen Dreiecks $\overline{ABC}$ in ihrer im Dreieck auftretenden Reihenfolge auf einem Ring angeordnet und dabei die Seitenlängen a und b durch die Größen $90^\circ - a$ und $90^\circ - b$ ersetzt, so ist der Cosinus eines beliebigen Stückes dieses Ringes gleich

1. *dem Produkt der Kotangenten der benachbarten Stücke, und*
2. *dem Produkt der Sinuswerte der nicht benachbarten Stücke.*

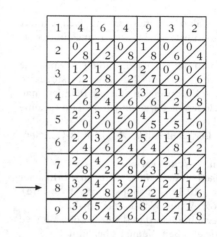

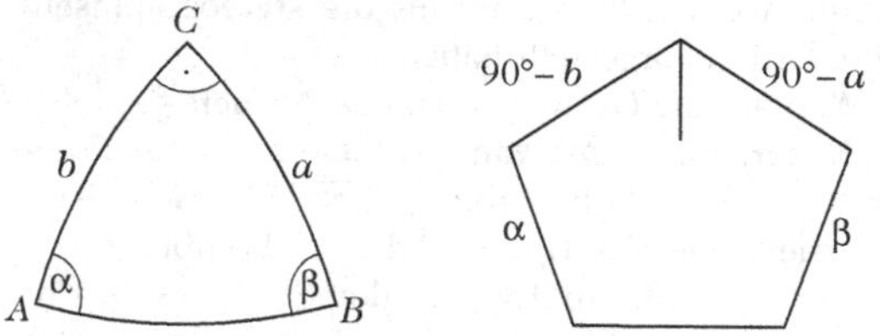

Im einzelnen beinhaltet die Nepersche Regel damit die folgenden Formeln:

$$\frac{\sin b}{\sin c} = \sin\beta\,, \qquad \frac{\sin a}{\sin c} = \sin\alpha\,,$$
$$\cos a \cdot \cos b = \cos c\,, \qquad \cos b \cdot \sin\alpha = \cos\beta\,,$$
$$\cos a \cdot \sin\beta = \cos\alpha\,, \qquad \cos c = \cot\alpha \cdot \cot\beta\,,$$
$$\sin a = \cot\beta \cdot \tan b\,, \qquad \sin b = \cot\alpha \cdot \tan a\,,$$
$$\cos\alpha = \tan b \cdot \cot c \quad \text{und} \quad \cos\beta = \tan a \cdot \cot c\,.$$

Siehe auch ↗sphärische Geometrie, ↗sphärische Trigonometrie.

Nepersche Rechenstäbe, auch „Bacilli Neperiani oder „Virgulae numeratrices“ genannt, nach John Napier oder Neper benannte vierkantige Rechenstäbe, die zur Multiplikation eines mehrstelligen Faktors mit einem einstelligen benutzt wurden.

Jede Seitenfläche eines Stabes enthält untereinander das kleine Einmaleins für die im obersten Feld stehende Zahl. Zehner- und Einerstellen werden in jedem Feld durch einen diagonalen Strich getrennt. Bei einer Multiplikation wird stets der Zehner der niederen Stelle zum Einer der nächsthöheren addiert.

1	4	6	4	9	3	2
2	0/8	1/2	0/8	1/8	0/6	0/4
3	1/2	1/8	1/2	2/7	0/9	0/6
4	1/6	2/4	1/6	3/6	1/2	0/8
5	2/0	3/0	2/0	4/5	1/5	1/0
6	2/4	3/6	2/4	5/4	1/8	1/2
7	2/8	4/2	2/8	6/3	2/1	1/4
→ 8	3/2	4/8	3/2	7/2	2/4	1/6
9	3/6	5/4	3/6	8/1	2/7	1/8

Ein Beispiel: Berechnung von $8 \cdot 464932$.

Dazu werden die Stäbe, die im obersten Feld die Zahlen 4, 6, 4, 9, 3 und 2 tragen, nebeneinander gelegt und links daneben der Stab mit der Einer-Reihe. Die Multiplikation ergibt (abgelesen und innerhalb der schrägen Felder addiert):

$$\begin{array}{rl} 343721 & \text{Zehnerstellen} \\ +\ 282246 & \text{Einerstellen} \\ \hline =3719456 & \end{array}$$

Nepersche Regel, ↗Nepersche Formeln.

Nernstscher Wärmesatz, in der Formulierung von M. Planck die Behauptung, „daß bei unbegrenzt abnehmender Temperatur T die Entropie eines jeden chemisch homogenen Körpers von endlicher Dichte sich unbegrenzt einem bestimmten, vom Druck, vom Aggregatzustand und von der speziellen chemischen Modifikation unabhängigen Wert (Nullpunktsentropie S_0) nähert“.

Nernst selbst hatte den Satz etwas schwächer so formuliert, daß die Differenz der Entropien von zwei Modifikationen eines solchen Körpers bei $T \to 0$ gegen Null geht. Diese Formulierung läßt für die Entropie selbst noch den Grenzwert $-\infty$ zu. Die Nullpunktsentropie S_0 kann und wird meist als willkürliche Konstante gleich Null gesetzt. Damit fallen aus der freien Energie und der freien Enthalpie die bei $S_0 \neq 0$ unbestimmten linearen Funktionen der Temperatur heraus.

Als Konsequenz des Nernstschen Wärmesatzes ergibt sich, daß der absolute Nullpunkt der Temperatur nur asymptotisch erreicht werden kann.

Nerode-Äquivalenz, Äquivalenzrelation „$\equiv_L$" zwischen Wörtern über einem Alphabet Σ, die durch eine Sprache $L \subseteq \Sigma^*$ induziert wird.

Für $w_1, w_2 \in \Sigma^*$ ist $w_1 \equiv_L w_2$ genau dann, wenn für jedes $u \in \Sigma^*$ gilt: $w_1 u \in L$ genau dann, wenn $w_2 u \in L$.

L ist genau dann eine ↗reguläre Sprache, wenn Σ^* durch $\equiv_L$ in endlich viele Äquivalenzklassen zerlegt wird. Die Zahl der Äquivalenzklassen ist dann genau die Zahl der Zustände, die ein L akzeptierender minimaler ↗deterministischer endlicher Automat besitzt.

Neron-Severi-Gruppe, Gruppe von Divisoren modulo (algebraischer) ↗numerischer Äquivalenz.

Zwei Divisoren D_1 und D_2 sind algebraisch äquivalent, bezeichnet durch $D_1 \equiv D_2$, wenn es einen Divisor D gibt, so daß $D+D_i$ beide effektiv sind, und gilt $D + D_1 = D + D_2$. Dies ist eine Äquivalenzrelation, die verträglich mit der Gruppenstruktur auf $Div\,(M)$ ist. Die Divisoren, die algebraisch äquivalent zu 0 sind, bilden dann eine Untergruppe „$\equiv$" auf $Div\,(M)$, und den Quotienten

$$Div\,(M)\,/\,„\equiv" = NS\,(M)$$

nennt man Neron-Severi-Gruppe.

Nervenimpuls, Begriff aus der Biologie.

Das Phänomen der Erregbarkeit der Membran, insbesondere von Nervenzellen, kann mit mathematischen Modellen beschrieben werden als das Ergebnis wechselseitiger Beeinflussung der elektrischen Spannung an der Membran, der Zustände von Membranporen, und der durch die Membran hindurchtretenden Ionenströme. Die Erregbarkeit kann an einem isolierten Stück Membran studiert und durch ein System von zwei bis vier gewöhnlichen Differentialgleichungen beschrieben werden.

Davon abgeleitet werden die Erzeugung von Nervenimpulsen und die Fortleitung des Nervenimpulses längs des Axons (laufender Puls einer zugeordneten Reaktionsdiffusionsgleichung). Die Leitungsgeschwindigkeit ist vom Durchmesser des Axons bestimmt und ist geringer als die Geschwindigkeit elektrischer Impulse im Medium (↗Fitzhugh-Nagumo-System, ↗Hodgkin-Huxley-Modell).

Nettoprämie, ↗ Prämienkalkulationsprinzipien.

Netz, im topologischen Sinne eine Abbildung $\phi : I \to X$ einer gerichteten Menge I in eine Menge X.

Anstelle von ϕ bezeichnet man ein Netz oft auch durch Angabe $(x_i)_{i \in I}$ seines Bilds. Netze sind eine Verallgemeinerung von Folgen, denn diese sind Netze mit Indexmenge $I = \mathbb{N}$.

Netze in diesem Sinne wurden bereits 1922 von E.H. Moore und H.L. Smith eingeführt und werden deshalb bisweilen als Moore-Smith-Folgen bezeichnet. Netze sind eng mit Filtern verwandt, tatsächlich sind beide Konzepte in gewissem Sinne äquivalent.

Im Kontext Endliche Geometrie ist ein Netz eine ↗Inzidenzstruktur aus Punkten und Geraden, die folgende Axiome erfüllt:

- Durch je zwei Punkte geht höchstens eine Gerade.
- Ist g eine Gerade und P ein Punkt, der nicht in g enthalten ist, dann gibt es genau eine Gerade durch P, die mit g keinen Punkt gemeinsam hat.
- Jede Gerade enthält mindestens zwei Punkte; es gibt einen Punkt, durch den mindestens zwei Geraden gehen.

Wegen des zweiten Axioms zerfällt die Menge der Geraden in mehrere Parallelenklassen (d. h. Mengen von Geraden, die sich paarweise nicht schneiden und die Punktmenge partitionieren). Schließt man den Fall aus, daß es genau zwei Parallelenklassen gibt, so kann man zeigen, daß alle Geraden die gleiche Anzahl k von Punkten haben, daß jede Parallelenklasse genau k Geraden enthält, und daß es genau k^2 Punkte gibt. Die maximale Anzahl von Parallelenklassen ist $k+1$; in diesem Fall ist das Netz eine ↗affine Ebene.

Im Kontext Maßtheorie ist ein Netz ein ↗Mengenhalbring mit spezieller Struktur: Es sei Ω eine Menge und $\mathcal{A}$ ein σ-Mengenring auf Ω, wobei eine isotone Folge $(A_n|n \in \mathbb{N}) \subseteq \mathcal{A}$ existiert mit $\bigcup_{n\in\mathbb{N}} A_n = \Omega$.

$\mathcal{N}_1 := (A_i^{(1)}|n \in \mathbb{N})$ sei eine abzählbare paarweise disjunkte Zerlegung von Ω in Mengen aus $\mathcal{A}$, $(A_{ij}^{(2)}|j \in \mathbb{N})$ eine abzählbare paarweise disjunkte Zerlegung von $A_i^{(1)}$ in Mengen aus $\mathcal{A}$, $\mathcal{N}_2 := (A_{ij}^2|(i,j) \in \mathbb{N}^2)$, usw. Dann heißt der Mengenhalbring

$$\mathcal{N} := \bigcup_{n\in\mathbb{N}} \mathcal{N}_n$$

Netz auf Ω bzgl. $\mathcal{A}$.

Netzarchitektur, ↗Netztopologie.

Netzkonvergenz, Konvergenzbegriff für ↗Netze: Ist X ein topologischer Raum, so sagt man, ein Netz $(x_i)_{i\in I}$ konvergiere gegen $x \in X$, oder x sei Grenzwert des Netzes (in Zeichen: $x_i \to x$), wenn es zu jeder Umgebung U von x ein $n \in I$ gibt mit $x_i \in U$ für alle $i \geq n$.

Genau dann hat jedes Netz höchstens einen Grenzwert, wenn X Hausdorffsch ist.

Ist $(x_i)_{i\in I}$ ein Netz in X und $f : X \to Y$ eine stetige Abbildung, dann ist $(f(x_i))_{i\in I}$ ein Netz in Y. Eine Abbildung $g : X \to Y$ ist genau dann stetig in $x \in X$, wenn für jedes gegen x konvergierende Netz $(x_i)_{i\in I}$ das Netz $(g(x_i))_{i\in I}$ gegen $g(x)$ konvergiert.

Netzplan, graphische Darstellung zur Projektplanung.

Unter einem Netzplan versteht man eine graphische Darstellung, in der sowohl die logische als auch die zeitliche Abfolge der innerhalb eines komplexen Projektes durchzuführenden Aktivitäten abgebildet werden. Man kann aus dem Netzplan nicht nur die zeitliche Abfolge und die Dauer der einzelnen Tätigkeiten ablesen, sondern auch den logischen Zusammenhang, da Aktivitäten, die einer anderen Aktivität vorangehen müssen, auch in der graphischen Darstellung voranstehen. Mit Hilfe eines Netzplanes lassen sich daher (EDV-)Projekte im Hinblick auf ihre logische Struktur planen und die Zeiten für die unterschiedlichen Projektstufen festlegen. Anschließend kann er in der Realisierungsphase benutzt werden, um zu kontrollieren, ob die einzelnen Phasen termingerecht abgeschlossen werden und der vereinbarte Endtermin eingehalten werden kann.

Die am weitesten verbreitete Methode zur Erstellung von Netzplänen ist die Critical Path Method (CPM). Dabei werden die Vorgänge als Pfeile dargestellt, die durch Knoten getrennt sind, und es ist möglich, kritische Pfade zu ermitteln, die bei der Termineinhaltung zu Problemen führen können.

Netzsprache, durch die in einem ↗Petrinetz möglichen Sequenzen von Transitionsschaltvorgängen generierte Sprache.

Eine bei der Anfangsmarkierung des Netzes beginnende Schaltsequenz generiert ein Wort, indem jeder geschalteten Transition ein Buchstabe des Alphabets zugeordnet wird. Ist diese Zuordnung injektiv, spricht man von einer freien Netzsprache. Betrachtet man nur Sequenzen, die nicht verlängerbar sind, spricht man von einer Deadlock-Sprache. Netzsprachen werden sowohl mit als auch ohne Angabe von Endmarkierungen (analog zu den Endzuständen von ↗Automaten) studiert.

Netzsprachen lassen vergleichende Betrachtungen mit anderen Systembeschreibungsformalismen, z. B. Automaten, zu.

Netztafel, Hilfsmittel zur Darstellung funktionaler Beziehungen zwischen drei Variablen.

Die Grundform der Netztafel besteht aus drei bezifferten Kurvenscharen, je einer für jeden der drei Scharparameter r, s, t. Sie verlaufen in einem ebenen kartesischen Koordinatensystem. Die einem Wertetripel (r, s, t) entsprechenden Kurven der Scharen, die der Beziehung $F(r, s, t) = 0$ genügen, schneiden sich in einem Punkt (vgl. Abbildung). Ein Ablesebeispiel: Sei $t = f(r, s) = \sqrt{r^2 + s^2}$.

Für $r = 4$, $s = 3$ liest man ab:

$$t = \sqrt{4^2 + 3^2} = 5\,.$$

Wenn zwei Kurvenscharen achsenparallel zu den Koordinatenachsen x und y verlaufen und die dritte der Bedingung $F(x, y, t) = 0$ genügt, heißt die Netztafel auch Schichtlinientafel. Sind alle drei Kurvenscharen allgemeine Geraden, heißt sie auch Geradentafel. Zu jeder Netztafel-Form gehören entsprechende Schlüsselgleichungen.

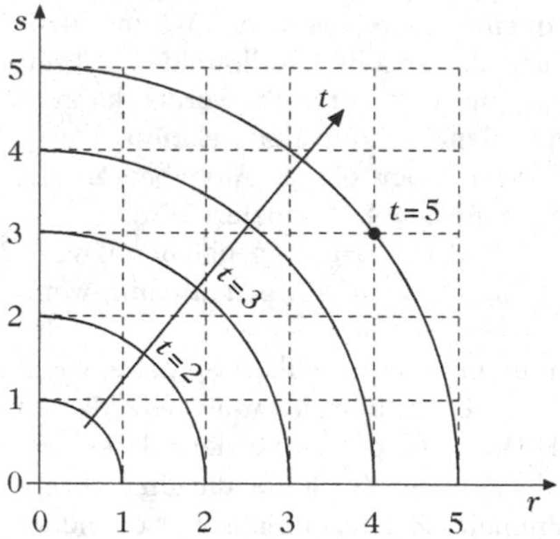

Netztafel

Netztopologie, *Netzarchitektur*, im Kontext ↗Neuronale Netze die Bezeichnung für den dem jeweiligen Netz zugrundeliegenden (minimalen) schlichten gerichteten Graphen bzw. die aus ihm abgeleitete graphentheoretische Struktur des Netzes bestehend aus Knoten und Vektoren.

Netzwerk, ein zusammenhängender ↗gerichteter Graph N mit genau einer Quelle, genau einer Senke und einer Kapazitätsfunktion.

Dabei heißt eine Ecke $u \in E(N)$ mit $d_N^-(u) = 0$ Quelle und eine Ecke $v \in E(N)$ mit $d_N^+(v) = 0$ Senke von N. Ist $B(N)$ die Bogenmenge von N, so nennt man eine Funktion $c : B(N) \to \mathbb{R}$ mit $c(k) \geq 0$ für alle $k \in B(N)$ Kapazitätsfunktion, und $c(k)$ heißt Kapazität des Bogens k.

Ein Netzwerk N mit der Quelle u, der Senke v und der Kapazitätsfunktion c kann man sich z. B. als ein Straßensystem vorstellen, wobei $c(k)$ die Transportkapazität der Straße k bedeutet. Es stellt sich nun die natürliche Frage, wieviel man unter Beachtung der Kapazitätseinschränkung c von der Quelle u zur Senke v transportieren kann. Zur Untersuchung solcher und ähnlicher Probleme hat sich der sogenannte ↗Netzwerkfluß als sehr nützliches Instrument erwiesen.

Netzwerkfluß, ein Fluß in einem ↗Netzwerk.

Es sei N ein Netzwerk mit der Eckenmenge $E(N)$, der Bogenmenge $B(N)$, der Quelle u, der Senke v und der Kapazitätsfunktion c. Ist $f : B(N) \to \mathbb{R}$ eine weitere Funktion und $A \subseteq B(N)$, so setzen wir

$$f(A) = \sum_{k \in A} f(k)\,.$$

Sind $X, Y \subseteq E(N)$, so bedeute im folgenden (X, Y) die Menge der Bogen aus $B(N)$, die ihre Anfangsecke in X und ihre Endecke in Y besitzen. Ist $X \subseteq E(N)$ und $\bar{X} = E(N) \setminus X$, so setzen wir $f^+(X) = f((X,\bar{X}))$ und $f^-(X) = f((\bar{X},X))$. Darüber hinaus sei $f^+(x) = f^+(\{x\})$ und $f^-(x) = f^-(\{x\})$ für eine Ecke $x \in E(N)$. Die Funktion f heißt nun Netzwerkfluß oder Fluß im Netzwerk N, wenn sie für alle $k \in B(N)$ und alle $x \in E(N) \setminus \{u,v\}$ die beiden folgenden Bedingungen erfüllt:

$$0 \leq f(k) \leq c(k), \quad f^+(x) = f^-(x).$$

Die erste Bedingung nennt man Kapazitätsbeschränkung und die zweite Kirchhoffsche Regel. Die Kirchhoffsche Regel $f^+(x) = f^-(x)$ besagt, daß bei einem Fluß in jeder Ecke, die von der Quelle und der Senke verschieden ist, der einlaufende und der auslaufende Gesamtfluß übereinstimmen.

Ist f ein Netzwerkfluß in N, so überlegt man sich leicht die Identität $f^+(u) = f^-(v)$ und nennt

$$w(f) = f^+(u) = f^-(v)$$

Flußstärke oder Wert von f. Man spricht von einem maximalen Fluß f in N, wenn $w(f) \geq w(f')$ für jeden Fluß f' in N gilt. Man beachte, daß a priori die Existenz eines maximalen Flusses durchaus nicht selbstverständlich ist. Man kann aber zeigen, daß es einen derartigen Fluß immer geben muß. Dazu benötigen wir noch einige Begriffe.

Ist $X \subseteq E(N)$ mit $u \in X$ und $v \in \bar{X}$, so nennt man $(X,\bar{X}) \subseteq B(N)$ einen Schnitt in N, und

$$\text{cap}\,(X,\bar{X}) = \sum_{k \in (X,\bar{X})} c(k)$$

Kapazität des Schnittes $(X,\bar{X})$. Gibt es in N keinen Schnitt $(Y,\bar{Y})$ mit $\text{cap}\,(Y,\bar{Y}) < \text{cap}\,(X,\bar{X})$, so heißt $(X,\bar{X})$ minimaler Schnitt in N. Da es nur endlich viele Schnitte in einem Netzwerk gibt, existiert natürlich stets ein minimaler Schnitt. Nun kommen wir zu einem der Hauptergebnisse der Flußtheorie, das insbesondere die Existenz eines maximalen Flusses sichert.

In jedem Netzwerk stimmt die Flußstärke eines maximalen Flusses mit der Kapazität eines minimalen Schnittes überein.

Dieser Satz ist in der Literatur unter dem Namen Max-Flow-Min-Cut-Theorem bekannt und wurde 1956 von L.R. Ford und D.R. Fulkerson, und unabhängig im gleichen Jahr von P. Elias, A. Feinstein und C.E. Shannon entdeckt. Darüber hinaus bewiesen Ford und Fulkerson 1956 noch den sogenannten Ganzheitssatz (auch Integral-Flow-Theorem genannt), der viele interessante Anwendungen besitzt.

Ein Netzwerk mit einer ganzzahligen Kapazitätsfunktion besitzt einen ganzzahligen maximalen Fluß.

Mit Hilfe des Ganzheitssatzes lassen sich z.B. die Mengerschen Sätze beweisen. Liegt ein Netzwerk N mit rationalen Kapazitäten vor, so existieren verschiedene polynomiale Algorithmen, mit deren Hilfe man einen maximalen Fluß bestimmen kann. Ein erster solcher Algorithmus der Komplexität $O(|E(N)||B(N)|^2)$ wurde 1972 von J. Edmonds und R.M. Karp gegeben.

Ist c die Kapazitätsfunktion in einem Netzwerk N, und gilt $c(k) = 0$ oder $c(k) = 1$ für alle $k \in B(N)$, so spricht man auch von einem Null-Eins-Netzwerk. Ein Fluß f in einem Netzwerk heißt Null-Eins-Fluß, wenn f nur die Werte 0 oder 1 annimmt. Für eine Reihe von kombinatorischen Anwendungen benötigt man nur Null-Eins-Flüsse in Null-Eins-Netzwerken, und für solche Netzwerke existieren spezielle Algorithmen, mit deren Hilfe man viel schneller maximale Null-Eins-Flüsse berechnen kann.

[1] Ahuja, R.K.; Magnanti, T.L., Orlin, J.B.: Network Flows: Theory, Algorithms, and Applications. Prentice Hall, Englewood Cliffs, New Yersey, 1993.

Neugebauer, Otto, österreichisch-amerikanischer Mathematiker, geb. 26.5.1899 Innsbruck, gest. 19.2.1990 Providence (Rhode Island, USA).

Nach dem Kriegsdienst und italienischer Gefangenschaft studierte Neugebauer ab 1922 in Göttingen. Hier lernte er Courant, H. Bohr und Alexandrow kennen. 1926 promovierte er mit einer mathematikhistorischen Arbeit. 1933 emigrierte er zunächst an die Universität Kopenhagen, 1939 dann an die Brown University in Providence (Rhode Island, USA).

Neugebauer war einer der führenden Mathematikhistoriker seiner Zeit. Er verfaßte vor allem Beiträge zur Geschichte der antiken mathematischen Wissenschaften. Er trug wesentlich zum Verständnis der babylonischen, ägyptischen und griechischen Mathematik bei. Daneben initiierte er 1931 die Herausgabe des „Zentralblatts für Mathematik" als eines wichtigen Referateorgane für die Mathematik. Er war Herausgeber sowohl des „Zentralblatts für Mathematik" als auch später in den USA der Zeitschrift „Mathematical Reviews".

Neumann, Carl Gottfried, deutscher Mathematiker, geb. 7.5.1832 Königsberg (Kaliningrad), gest. 23.3.1925 Leipzig.

Neumann studierte an der Universität Königsberg. Hier befreundete er sich mit Hesse und Richelot. 1855 promovierte er und habilitierte sich 1858 an der Universität Halle. Bis 1864 war er dort als Privatdozent und Professor tätig. 1864 ging er nach Basel, 1865 nach Tübingen und von 1868 bis 1911 an die Universität Leipzig.

Neumann arbeitete auf vielen Gebieten der angewandten Mathematik, wie etwa der mathematischen Physik, der Potentialtheorie und der Elektrodynamik. Er führte 1877 den Begriff des logarithmischen Potentials ein.

1868 gründete er die „Mathematischen Annalen“ und war deren langjähriger Herausgeber.

Neumann, John von, ↗von Neumann, John.

Neumann-Funktion, alternative Bezeichung für die ↗Bessel-Funktion zweiter Art.

Neumann-Randbedingung, ↗von Neumann-Randbedingung.

Neumannsche Reihe, die Reihe

$$\sum_{n=0}^{\infty} T^n$$

für einen linearen Operator $T : X \to X$ auf einem Banachraum.

Gilt Norm $\|T\| < 1$ oder auch Spektralradius $r(T) < 1$, so existiert (konvergiert) die Reihe. Es ist dann

$$\sum_{n=0}^{\infty} T^n = (\mathrm{Id} - T)^{-1} .$$

In der ↗Numerischen Mathematik wendet man die Neumannsche Reihe häufig auf Matrizen an, um damit Iterationsverfahren zur Lösung linearer Gleichungssysteme zu konstruieren.

Neunerprobe, der Test, ob eine in Dezimaldarstellung gegebene natürliche Zahl n durch 9 teilbar ist.

Dies ist genau dann der Fall, wenn die Quersumme der Dezimaldarstellung durch 9 teilbar ist. Schreibt man die Dezimaldarstellung von n als

$$\begin{aligned} n &= (a_k a_{k-1} \dots a_1 a_0)_{10} \\ &= a_k \cdot 10^k + \dots + a_1 \cdot 10 + a_0 \end{aligned}$$

mit den Ziffern $a_0, \dots, a_k \in \{0, \dots, 9\}$, so folgt aus $10 \equiv 1 \bmod 9$ durch Rechnen mit Restklassen die Kongruenz

$$n = \sum_{j=0}^{k} a_j \cdot 10^j \equiv \sum_{j=0}^{k} a_j \mod 9,$$

womit die Neunerprobe bewiesen ist.

Ähnliche Überlegungen führen auch zur ↗Dreierprobe und zur ↗Elferprobe.

Neurobiologie, ein Bereich der Biologie, in dem mathematische Modellbildung eine besondere Rolle spielt, beispielsweise bei Theorien zur Funktion des Nervensystems und der Analyse von Gehirnwellen (↗Nervenimpuls, ↗Neuronale Netze).

Neurocomputer, eine neue Generation von Computern, die ein oder mehrere ↗Neuronale Netze in möglichst präziser und effizienter Weise nachzubilden versuchen und als Fernziel in ihrer Funktionalität realen neuronalen Strukturen möglichst nahe kommen sollen.

Je nach Art der Implementierung unterscheidet man zunächst grob zwischen digitalen, analogen und hybriden Entwürfen, wobei letztere Mischformen digitaler und analoger Techniken sind. Der Signalfluß innerhalb eines Neurocomputers kann elektrisch, optisch, akustisch, mechanisch, chemisch oder sogar biologisch realisiert sein, sowie auch wieder aus Mischformen dieser einzelnen Techniken bestehen.

Neuron, ↗formales Neuron.

Neuronale Netze

B. Lenze

Im Rahmen der Theorie und Anwendung (künstlicher oder formaler) neuronaler Netze wird versucht, einige wesentliche Mechanismen realer neuronaler Strukturen so zu formalisieren, daß die entstehenden Paradigmen in verschiedenen Gebieten einsetzbar sind und zu neuen Einsichten oder Techniken führen (exemplarisch seien genannt: Biologie, Physik, Informatik, Mathematik). Aus der speziellen Sicht der Mathematik kann man den Begriff des neuronalen Netzes am besten über die ↗Graphentheorie einführen, zumindest was die primäre Topologie des Netzes betrifft:

Es sei $G := (X, H, \gamma)$ ein schlichter gerichteter Graph mit einer endlichen nichtleeren Eckenmenge X, einer endlichen Kantenmenge H mit $H \cap X = \emptyset$ und einer Inzidenzabbildung $\gamma : H \to X \times X$. Ferner möge für alle Ecken $v \in X$ mit $\delta^+(v)$ der Außen- oder Ausgangsgrad und mit $\delta^-(v)$ der Innen- oder Eingangsgrad von v bezeichnet sein. Definiert man nun die Mengen $\tilde{X} \subset X$ und $\tilde{H} \subset H$ als

$$\tilde{X} := X \setminus \{v \in X \mid \delta^+(v) \cdot \delta^-(v) = 0\},$$
$$\tilde{H} := H \setminus \{h \in H \mid \gamma(h) \in (X \setminus \tilde{X}) \times (X \setminus \tilde{X})\},$$

und ist $\tilde{X}$ nichtleer, dann nennt man N,

$$N := (X, \tilde{X}, H, \tilde{H}, \gamma),$$

(formales) neuronales Netz.

Ferner sind folgende Bezeichnungen üblich:

- *Alle Elemente $v \in \tilde{X}$ heißen Knoten von N.*
- *Alle Elemente $h \in \tilde{H}$ heißen Vektoren von N.*
- *Alle Knoten $v \in \tilde{X}$, für die ein $w \in X \setminus \tilde{X}$ und ein $h \in \tilde{H}$ existiert mit der Eigenschaft $\gamma(h) = (w, v)$, heißen Eingangsknoten von N. Der Vektor $h \in \tilde{H}$ wird dann Eingangsvektor von N genannt. Besitzt N keine Eingangsknoten und -vektoren, dann wird N eingangsloses neuronales Netz genannt.*
- *Alle Knoten $v \in \tilde{X}$, für die ein $w \in X \setminus \tilde{X}$ und ein $h \in \tilde{H}$ existiert mit der Eigenschaft $\gamma(h) = (v, w)$, heißen Ausgangsknoten von N. Der Vektor $h \in \tilde{H}$ wird dann Ausgangsvektor von N genannt. Besitzt N keine Ausgangsknoten und -vektoren, dann wird N ausgangsloses neuronales Netz genannt.*
- *Besitzt der N induzierende schlichte gerichtete Graph G keine geschlossenen gerichteten Pfade, dann nennt man N (neuronales) Feed-Forward-Netz oder vorwärtsgerichtetes oder vorwärtsgekoppeltes (neuronales) Netz. Ansonsten nennt man N (neuronales) Feed-Back-Netz oder rekursives oder rückgekoppeltes (neuronales) Netz.*

Einige erklärende Worte zur obigen Definition, wobei im folgenden keine ein- oder ausgangslosen neuronalen Netze betrachtet werden: Zunächst ist klar, daß die Knotenmenge $\tilde{X}$ und die Vektorenmenge $\tilde{H}$ durch verschiedene schlichte (d. h. schlingen- und mehrfachkantenfreie) gerichtete Graphen G erzeugbar ist. Im allgemeinen gibt es aber einen naheliegenden Graph mit einer minimalen Anzahl von Ecken und Kanten, der dann üblicherweise kanonisch als Erzeuger fixiert wird.

Die Knotenmenge $\tilde{X}$ besteht genau aus den Ecken des gerichteten Graphen G, die sowohl Anfangsecken als auch Endecken sind. Salopp gesprochen sind dies Ecken, die wegen der Schlingenfreiheit sowohl erreichbar sind, als auch wieder verlassen werden können. Alle Ecken $v \in X$, die nur Anfangsecken, nur Endecken oder sogar nur isolierte Ecken sind, werden entfernt. Schließlich werden auch noch alle Kanten entfernt, die reine Anfangsecken mit reinen Endecken verbinden und nach Entfernung dieser Ecken keinen Bezug mehr zu den verbleibenden Ecken bzw. Knoten in $\tilde{X}$ hätten. Dies führt zur Menge $\tilde{H}$. Es ist natürlich klar, daß alle Ecken aus $X \setminus \tilde{X}$ und alle Kanten aus $H \setminus \tilde{H}$ auch nicht mehr skizziert werden, wenn es darum geht, sich die Topologie eines neuronalen Netzes zu veranschaulichen. Diese spielen nämlich in Hinblick auf die noch zu definierende Dynamik neuronaler Netze auch absolut keine Rolle mehr. Lediglich die Knoten aus $\tilde{X}$ und die Vektoren aus $\tilde{H}$ sind relevant (vgl. Abbildung).

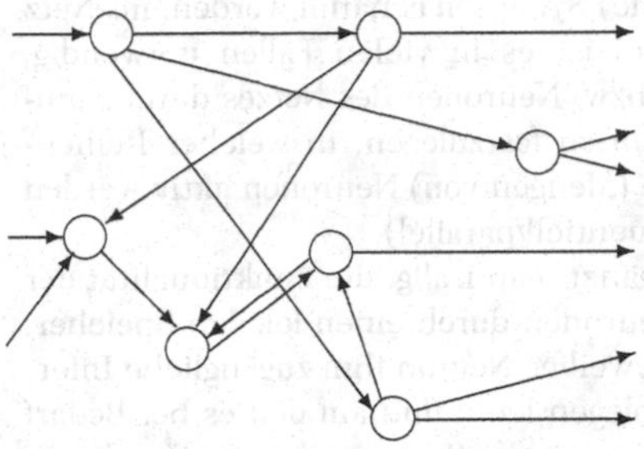

Struktur eines neuronalen Netzes

Im folgenden wird motiviert, warum man gewisse Ecken und Kanten entfernt, um zum Konzept formaler neuronaler Netze zu kommen. Dazu betrachtet man einen beliebigen Knoten v in einem neuronalen Netz N. Für ihn gilt

$$\delta^+(v) \cdot \delta^-(v) \neq 0,$$

d. h. auf ihm enden z. B. n Vektoren und beginnen m Vektoren. Denkt man sich nun über diese n eintreffenden Vektoren eine gewisse Information übergeben, so kann man sich vorstellen, daß der Knoten v diese Information in irgendeinem Sinne verarbeitet und über die m auf ihm beginnenden Vektoren die aufgearbeitete Information weitergibt. Genau dies ist aber die Wirkungsweise eines ↗formalen Neurons, so daß es also wenig überrascht, daß man nun, um von der reinen Topologie eines neuronalen Netzes zu dessen Dynamik zu kommen, alle Knoten eines gegebenen Netzes N als – für jeden Knoten verschiedene – formale Neuronen mit Abbildungsvorschrift κ interpretiert. Spätestens an dieser Stelle wird nun auch klar, warum man den N induzierenden gerichteten Graph als schlicht vorausgesetzt hat: schlingenfrei, da ein formales Neuron nur (freie) Ein- und Ausgänge besitzt (direkte Rückkopplung muß im Neuron selbst implementiert werden oder über zusätzliche ↗fanout neurons realisiert werden); mehrfachkantenfrei, da ein formales Neuron nur identische Ausgangssignale generiert und es deshalb wenig Sinn macht, ein nachgelagertes Neuron durch mehr als einen Vektor anzusteuern (sollte es dennoch einmal nötig sein, bedient man sich wieder zusätzlicher ↗fanout neurons).

Konkret läßt sich die Funktionsweise eines solchen Netzes nun wie folgt beschreiben: Über die Eingangsvektoren von N erhalten zunächst die in den Eingangsknoten von N angesiedelten Neuronen (im folgenden auch Eingangsneuronen oder Eingabe-Neuronen genannt) gewisse Eingabewerte, die diskret oder kontinuierlich sein können. Diese verarbeiten die Information im Sinne formaler Neuronen und geben sie über die auf ihnen beginnenden Vektoren, die nun auch Verbindungen, Links oder (formale) Synapsen genannt werden, ins Netz weiter. Dabei ist es in vielen Fällen notwendig, die Knoten bzw. Neuronen des Netzes durchzunumerieren, um so festzulegen, in welcher Reihenfolge welche (Mengen von) Neuronen aktiv werden (Aspekt sequentiell/parallel).

Ferner ergänzt man i. allg. die Funktionalität der formalen Neuronen durch einen lokalen Speicher, in den das jeweilige Neuron ihm zugängliche Informationen ablegen kann und auf den es bei Bedarf gemäß einer gewissen Systematik zugreifen kann, um sein Ausgabeverhalten zu modifizieren. Man spricht in diesem Kontext (sequentielle/parallele Aktualisierung und lokaler Speicher) von Scheduling oder Signalflußkontrolle. Ist eine derartige Vorschrift gegeben, kann man über die Ausgangsknoten (bzw. Ausgangsneuronen oder Ausgabe-Neuronen) des Netzes (eventuell nach Verstreichen einer gewissen Zeit) die Reaktion des Netzes auf die primären Eingabewerte abgreifen. Berücksichtigt man all diese Randbedingungen, dann ist abbildungstheoretisch ein neuronales Netz N mit formalen Neuronen in den Knoten und vorgegebenem Scheduling nichts anderes als die spezielle Realisierung einer Funktion $\mathcal{N}$,

$$\mathcal{N} : \mathbb{R}^n \to \mathbb{R}^m,$$

im diskreten Fall, bzw.

$$\mathcal{N} : Abb(\mathbb{R}^k, \mathbb{R}^n) \to Abb(\mathbb{R}^k, \mathbb{R}^m),$$

im kontinuierlichen Fall, die dann wieder kurz und prägnant „das neuronale Netz“ genannt wird. Dabei geht man davon aus, daß das Netz N genau n Eingangsvektoren und m Ausgangsvektoren besitzt und $\mathcal{N}$ in komplizierter Form von allen Parametern der einzelnen formalen Neuronen sowie dem vorgegebenen Scheduling abhängt.

Es sei mit Nachdruck darauf hingewiesen, daß in der Literatur begrifflich häufig nicht zwischen der Topologie eines neuronalen Netzes N und seiner endgültigen anwendbaren Realisierung im Sinne der Funktion $\mathcal{N}$ unterschieden wird: Beides wird neuronales Netz oder kurz Netz genannt, und aus dem jeweiligen Kontext ist i. allg. leicht zu entnehmen, in welchem Sinne der Begriff benutzt wird. Desweiteren ist es in vielen Fällen unmöglich, die Funktion $\mathcal{N}$ in lesbarer geschlossener Form darzustellen; in diesen Fällen entwickelt man die Wirkung des Netzes auf eine konkrete Eingabe Schritt für Schritt dem jeweiligen Scheduling folgend.

Ferner sei erwähnt, daß die oben skizzierte deterministische Dynamik im Kontext sogenannter probabilistischer neuronaler Netze durch stochastische Komponenten ergänzt oder vollständig ersetzt wird und dann natürlich auch in ein wahrscheinlichkeitstheoretisches Kalkül eingebettet werden muß.

Insgesamt beschreibt die bisher diskutierte Dynamik lediglich den sogenannten ↗Ausführ-Modus eines neuronalen Netzes. Dieser ist natürlich erst dann sinnvoll einsetzbar, wenn das Netz zuvor in einem sogenannten ↗Lern-Modus unter Anwendung einer ↗Lernregel so konfiguriert wird, daß es in angemessener Weise auf gegebene Eingabewerte reagieren kann. Der Lern-Modus dient also der Einstellung der Parameter eines Netzes bzw. seiner formalen Neuronen in Abhängigkeit von einer gegebenen Problemstellung, wobei im Extremfall im Rahmen eines Lernprozesses sogar gestattet sein kann, daß die Topologie des primären Netzes verändert wird.

Grundsätzlich unterscheidet man zwischen überwachtem und unüberwachtem Lernen. Überwachtes Lernen liegt vor, wenn der Lernregel diskrete oder kontinuierliche Trainingswerte

$$(x^{(s)}, y^{(s)}) \in \mathbb{R}^n \times \mathbb{R}^m$$

bzw.

$$(x^{(s)}, y^{(s)}) \in Abb(\mathbb{R}^k, \mathbb{R}^n) \times Abb(\mathbb{R}^k, \mathbb{R}^m),$$

$1 \leq s \leq t$, mit konkreten Ein- und Ausgabewerten zur Verfügung stehen, und auf diese zur Korrektur und Justierung der Netzparameter zugegriffen werden kann. Im allgemeinen geht es beim überwachten Lernen dann darum, die die Netzfunktion $\mathcal{N}$ determinierenden Parameter (ggfs. bis hin zur Netztopologie) so zu modifizieren, daß die Fehler $(y^{(s)} - \mathcal{N}(x^{(s)}))$, $1 \leq s \leq t$, im Sinne irgendeiner vorgegebenen Norm möglichst klein werden. In Hinblick auf konkrete Realisierungen für überwachtes Lernen sei verwiesen auf: ↗Backpropagation-Lernregel, ↗Delta-Lernregel, ↗Hebb-Lernregel, ↗hyperbolische Lernregel, ↗lernende Vektorquantisierung oder ↗Perceptron-Lernregel.

Im Unterschied dazu spricht man von unüberwachtem Lernen, wenn der Lernregel lediglich diskrete oder kontinuierliche Trainingswerte $x^{(s)} \in \mathbb{R}^n$ bzw. $x^{(s)} \in Abb(\mathbb{R}^k, \mathbb{R}^n)$, $1 \leq s \leq t$, für die Eingabe zur Verfügung stehen und ohne Kenntnis der zugehörigen korrekten Ausgabewerte eine Adaption der Netzparameter (ggfs. bis hin zur Netztopologie) vorgenommen werden muß. Generelles Ziel beim unüberwachten Lernen ist es im allgemeinen, dafür zu sorgen, daß die Netzparameter so justiert werden, daß in irgendeinem Sinne ähnliche Eingabewerte auch zu ähnlichen oder sogar identischen Ausgaben des Netzes führen, d. h. $x \approx \tilde{x} \Rightarrow \mathcal{N}(x) \approx \mathcal{N}(\tilde{x})$ bzw. $x \approx \tilde{x} \Rightarrow \mathcal{N}(x) = \mathcal{N}(\tilde{x})$. In Hinblick auf konkrete Realisierungen für unüberwachtes Lernen sei verwiesen auf: ↗Adaptive-Resonance-Theory, ↗Kohonen-Lernregel oder ↗Oja-Lernregel.

Erwähnt sei abschließend wieder, daß es sowohl für überwachtes als auch für unüberwachtes Lernen neben den deterministischen Varianten auch stochastische Realisierungen gibt, die dann wieder in einen wahrscheinlichkeitstheoretischen Kalkül eingebettet werden.

Schließlich gibt es auch einige Implementierungen neuronaler Netze, bei denen keine eindeutige Trennung zwischen Ausführ- und Lern-Modus möglich ist, sondern Lernen und Ausführen ineinander übergehen. In diesem Zusammenhang und in Hinblick auf weitere Details sei auf die folgende Literatur verwiesen.

Literatur

[1] Brause, R.: Neuronale Netze. B.G. Teubner Stuttgart, 1991.

[2] Hecht-Nielsen, R.: Neurocomputing. Addison-Wesley Reading Massachusetts, 1990.

[3] Hoffmann, N.: Kleines Handbuch Neuronale Netze. Vieweg Verlag Braunschweig-Wiesbaden, 1993.

[4] Kamp, Y.; Hasler, M.: Recursive Neural Networks for Associative Memory. Wiley Chichester, 1990.

[5] Kohonen, T.: Self-Organization and Associative Memory. Springer Verlag Berlin, 1984.

[6] Lenze, B.: Einführung in die Mathematik neuronaler Netze. Logos Verlag Berlin, 1997.

[7] Minsky, M.; Papert, S.: Perceptrons. MIT Press Cambridge Massachusetts, 1969.

[8] Müller, B.; Reinhardt, J.: Neural Networks. Springer Verlag Berlin, 1991.

[9] Rojas, R.: Theorie der neuronalen Netze. Springer Verlag Berlin, 1993.

[10] Rumelhart, D.E.; McClelland, J.L.: Parallel Distributed Processing: Explorations in the Microstructure of Cognition Vol. I&II. MIT Press Cambridge Massachusetts, 1986.

[11] Schalkoff, R.J.: Artificial Neural Networks. McGraw-Hill New York, 1997.

[12] Zell, A.: Simulation Neuronaler Netze. Addison-Wesley Bonn, 1994.

---

neuronaler Chip, eine neue Generation von Chips, die ein oder mehrere ↗formale Neuronen in möglichst präziser und effizienter Weise nachzubilden versuchen und als Fernziel in ihrer Funktionalität realen Neuronen möglichst nahe kommen sollen.

Je nach Art der Implementierung unterscheidet man zunächst grob zwischen digitalen, analogen und hybriden Entwürfen, wobei letztere Mischformen digitaler und analoger Techniken sind. Der Signalfluß innerhalb eines neuronalen Chips kann elektrisch, optisch, akustisch, mechanisch, chemisch oder sogar biologisch realisiert sein, sowie auch wieder aus Mischformen dieser einzelnen Techniken bestehen.

neutrales Element, *Einselement*, Element e in einem Ring oder einer (multiplikativ geschriebenen) Gruppe R mit der Eigenschaft $ea = ae = a$ für alle $a \in R$.

Im Ring der ganzen Zahlen ist 1 das neutrale Element der Multiplikation. In der Gruppe der invertierbaren (2×2)–Matrizen ist die Matrix $\begin{pmatrix} 1 & 0 \\ 0 & 1 \end{pmatrix}$ das neutrale Element der Multiplikation.

In additiv geschriebenen Gruppen nennt man das neutrale Element ↗Nullelement.

Neutralismus, die Vorstellung der Evolutionsbiologie, daß die Vielfalt der Arten vorwiegend durch genetischen Drift und weniger durch Selektion zustande kommt.

Der Neutralismus betont den stochastischen Charakter der Evolution.

Neutron, elektrisch neutrales Teilchen, das zu den ↗ Nukleonen gehört.

Nevanlinna, Rolf, finnischer Mathematiker, geb. 22.10.1895 Joensuu (Finnland), gest. 28.5.1980 Helsinki.

Nevanlinna studierte ab 1913 an der Universität Helsinki, unter anderem bei Lindelöf, der ein Cousin seines Vaters war. 1919 promovierte er. Da eine Position an der Universität zu der Zeit nicht frei war, wurde er zunächst Lehrer. 1922 bekam er eine Stelle als Dozent und 1926 als Professor an der Universität Helsinki. Er unternahm viele Reisen, so zum Beispiel nach Göttingen zu E. Landau, Hilbert, Courant und E. Noether, und nach Paris zu Hadamard, Montel und Bloch. Von 1946 bis 1961 arbeitete er in Zürich, und von 1959 bis 1962 war er Präsident der Internationalen Mathematischen Union.

Nevanlinnas bedeutendste Leistung ist die Theorie der Werteverteilung meromorpher Funktionen (↗Nevanlinna-Theorie), die er 1925 aufstellte. Darüber hinaus begründete er die Theorie der harmonischen Maße. Nach dem Krieg wandte er sich verstärkt der Variationsrechnung und der mathematischen Physik zu.

Seit 1982 wird auf dem Internationalen Mathematikerkongress der Rolf-Nevanlinna-Preis für mathematische Leistungen auf dem Gebiet der Computerwissenschaften vergeben.

Nevanlinna-Charakteristik, ↗ Nevanlinna-Theorie.

Nevanlinna-Klasse, die Menge aller in $\mathbb{E} = \{z \in \mathbb{C} : |z| < 1\}$ ↗holomorphen Funktionen f mit

$$\sup_{0<r<1} \int_0^{2\pi} \log^+ |f(re^{it})|\, dt < \infty, \qquad (1)$$

wobei $\log^+ x := \log x$ für $x \geq 1$ und $\log^+ x := 0$ für $0 < x < 1$. Sie wird mit N bezeichnet. Das Integral in (1) ist eine monoton wachsende Funktion von r. Man nennt Funktionen in N auch Funktionen von beschränkter Charakteristik. Die Klasse N wurde von Ostrowski und den Brüdern F. und R. Nevanlinna eingeführt.

Die Klasse N enthält jeden ↗Hardy-Raum H^p für $0 < p \leq \infty$. Andererseits existieren Funktionen in N, die in keinem Hardy-Raum liegen, wie z. B.

$$f(z) = \exp \frac{1+z}{1-z}.$$

Die Funktion

$$f(z) = \exp \left(\frac{1+z}{1-z}\right)^3$$

liegt nicht in N.

Der folgende Satz liefert eine Charakterisierung der Funktionen in N.

Eine in $\mathbb{E}$ holomorphe Funktion f gehört zur Klasse N genau dann, wenn beschränkte holomorphe Funktionen φ und ψ in $\mathbb{E}$ existieren mit

$$f(z) = \frac{\varphi(z)}{\psi(z)}$$

für alle $z \in \mathbb{E}$.

Eine wichtige Eigenschaft von Funktionen in N ist die Existenz radialer Randwerte.

Es sei $f \in N$. Dann existiert für fast alle $t \in [0, 2\pi)$ der radiale Grenzwert

$$f^*(e^{it}) := \lim_{r \to 1} f(re^{it}).$$

Ist $f(z) \not\equiv 0$, so ist $\log |f^*| \in L^1(\mathbb{T})$, wobei $\mathbb{T} = \partial\mathbb{E}$.

Die zu $f \in N$ gehörige Funktion f^* nennt man auch Randfunktion von f.

Als Folgerung erhält man: Ist $f \in N$, und existiert eine Menge $E \subset [0, 2\pi)$ von positivem Lebesgue-Maß derart, daß $f^*(e^{it}) = 0$ für alle $t \in E$, so ist $f(z) = 0$ für alle $z \in \mathbb{E}$.

Zur Konstruktion weiterer Beispiele von Funktionen in N sei zunächst

$$B(z) = z^m \prod_n \frac{|a_n|}{a_n} \frac{a_n - z}{1 - \bar{a}_n z}$$

ein ↗Blaschke-Produkt, wobei $m \in \mathbb{N}_0$, $0 < |a_n| < 1$ und

$$\sum_n (1 - |a_n|) < \infty.$$

Dabei kann die Menge der Zahlen a_n (die nicht notwendig paarweise verschieden sein müssen) auch endlich oder sogar leer sein. Im letzteren Fall ist $B(z) = z^m$. Dann ist $B \in H^\infty$. Genauer gilt $|B(z)| < 1$ für $z \in \mathbb{E}$ und $B^*(e^{it}) = 1$ für fast alle $t \in [0, 2\pi)$. Eine Funktion $f \in H^\infty$ mit $|f(z)| < 1$ für $z \in \mathbb{E}$ und $f^*(e^{it}) = 1$ für fast alle $t \in [0, 2\pi)$ nennt man auch innere Funktion. Blaschke-Produkte sind also spezielle innere Funktionen.

Weitere innere Funktionen erhält man durch

$$S(z) := \exp \left(- \int_0^{2\pi} \frac{e^{it} + z}{e^{it} - z}\, d\mu(t) \right), \qquad (2)$$

wobei $\mu\colon [0, 2\pi) \to \mathbb{R}$ eine beschränkte, monoton wachsende Funktion ist, die $\mu'(t) = 0$ für fast alle $t \in [0, 2\pi)$ erfüllt. Das Integral ist als Riemann-Stieltjes-Integral zu verstehen. Ist z. B. $\mu(t) = 0$ für $t = 0$ und $\mu(t) = 1$ für $0 < t < 2\pi$, so ergibt sich

$$S(z) = \exp \left(- \frac{1+z}{1-z} \right).$$

Funktionen S der Gestalt (2) besitzen keine Nullstellen in $\mathbb{E}$, und man nennt sie auch singuläre innere Funktionen.

Eine äußere Funktion $F \in N$ ist eine Funktion der Gestalt

$$F(z) := e^{i\gamma} \exp \left(\frac{1}{2\pi} \int_0^{2\pi} \frac{e^{it} + z}{e^{it} - z} \log \psi(t)\, dt \right).$$

Dabei ist $\gamma \in \mathbb{R}$, und die Funktion $\psi: [0, 2\pi) \to [0, \infty)$ erfüllt die Bedingung $\log \psi \in L^1[0, 2\pi)$. Äußere Funktionen besitzen ebenfalls keine Nullstellen in $\mathbb{E}$.

Ist B ein Blaschke-Produkt, S eine singuläre innere Funktion und F eine äußere Funktion in N, so ist $f := BSF \in N$. Genauer gilt folgender Faktorisierungssatz.

Es sei $f \in N$ und $f(z) \not\equiv 0$. Dann gilt

$$f(z) = B(z)\frac{S_1(z)}{S_2(z)}F(z) \qquad (3)$$

mit einem Blaschke-Produkt B, singulären inneren Funktionen S_1, S_2 und einer äußeren Funktion $F \in N$ mit $\psi(t) = |f^*(e^{it})|$.

Umgekehrt gehört jede Funktion der Form (3) zu N.

Dabei besitzt das Blaschke-Produkt B dieselben Nullstellen mit denselben ↗Nullstellenordnungen wie f. Sind also $a_1, a_2, \ldots$ die Nullstellen von $f \in N$ in $\mathbb{E} \setminus \{0\}$ (wobei jede Nullstelle so oft aufgeführt wird, wie ihre Ordnung angibt), so gilt die Blaschke-Bedingung

$$\sum_{n=1}^{\infty}(1 - |a_n|) < \infty .$$

Die Klasse N^+ ist definiert als die Menge derjenigen Funktionen $f \in N$ derart, daß in der Faktorisierung (3) $S_2(z) = 1$ für alle $z \in \mathbb{E}$ gilt. Es gelten die echten Inklusionen $H^p \subset N^+ \subset N$ für $0 < p \leq \infty$. In gewissem Sinne kann N^+ als „Grenzwert" der Hardy-Räume H^p für $p \to 0$ aufgefaßt werden. Eine Charakterisierung der Klasse N^+ wird durch folgenden Satz geliefert.

Eine Funktion $f \in N$ gehört zu N^+ genau dann, wenn

$$\lim_{r\to 1}\int_0^{2\pi} \log^+ |f(re^{it})|\, dt = \int_0^{2\pi} \log^+ |f^*(e^{it})|\, dt .$$

Schließlich erhält man als Folgerung aus dem Faktorisierungssatz:

Es sei $f \in N^+$ und $f^* \in L^p(\mathbb{T})$ für ein $0 < p \leq \infty$. Dann ist $f \in H^p$.

Nevanlinna-Preis, genauer Rolf-Nevanlinna-Preis, seit 1982 von der Internationalen Mathematischen Union (IMU) für herausragende Leistungen auf dem Gebiet der theoretischen Informatik vergebener Preis.

Die Einrichtung dieses Preises wurde 1981 vom Exekutivkomitee der IMU beschlossen, ein Jahr später nahm man das Angebot der Universität Helsinki an, ein Preisgeld für den Preis zu stiften. Nevanlinna war lange Zeit an der Universität Helsinki tätig gewesen.

Die Vergabe des Preises erfolgt jeweils zu den Internationalen Mathematiker-Kongressen gemeinsam mit der Verleihung der ↗Fields-Medaille zu analogen Bedingungen.

Nevanlinna-Theorie

R. Brück

Die Nevanlinna-Theorie, auch Wertverteilungstheorie genannt, untersucht die Frage, wie oft (in einem noch zu präzisierenden Sinne) eine ↗ganze oder in $\mathbb{C}$ ↗meromorphe Funktion f einen Wert $a \in \widehat{\mathbb{C}}$ annimmt. Sie wurde um 1925 von Rolf Nevanlinna begründet. Später wurde sie erfolgreich zur Untersuchung von Eigenschaften der Lösungen gewöhnlicher Differentialgleichungen im Komplexen angewandt. Die Theorie ist nach wie vor ein aktuelles Forschungsgebiet.

Ganze Funktionen. Zunächst werden einige grundlegende Eigenschaften ganzer Funktionen behandelt, was dem Leser den Einstieg in die Theorie der meromorphen Funktionen erleichtern soll. Das Wachstum einer ganzen Funktion f wird mit Hilfe des Maximalbetrages

$$M(r,f) := \max_{|z|=r} |f(z)| , \quad 0 \leq r < \infty$$

gemessen. Es ist $M(r,f)$ eine stetige Funktion von r. Ist f nicht konstant, so folgt aus dem ↗Maximumprinzip, daß $M(r,f)$ streng monoton wachsend ist, und der Satz von Liouville impliziert $M(r,f) \to \infty$ $(r \to \infty)$. Weiter liefert der Drei-Kreise-Satz von Hadamard (↗Hadamard, Drei-Kreise-Satz von), daß $\log M(r,f)$ eine konvexe Funktion von $\log r$ ist.

Für ein Polynom $P(z) = a_n z^n + a_{n-1}z^{n-1} + \cdots + a_1 z + a_0$, $n \in \mathbb{N}_0$, $a_n \neq 0$ gilt

$$\lim_{r\to\infty} r^{-n} M(r, P) = |a_n| .$$

Ist umgekehrt f eine ganze Funktion und existiert eine Zahl $s \geq 0$ mit

$$\liminf_{r\to\infty} r^{-s} M(r,f) < \infty ,$$

so ist f ein Polynom vom Grad $n \leq s$. Insbesondere ist f konstant, falls $s < 1$. Für eine ↗ganz transzendente Funktion gilt also

$$r^{-k}M(r,f) \to \infty \quad (r \to \infty)$$

für jede positive Zahl k.

Die Menge aller ganzen Funktionen wird wie folgt in Wachstumsklassen eingeteilt. Borel (1897) definiert die Wachstumsordnung einer ganzen Funktion f durch

$$\varrho = \varrho(f) := \limsup_{r\to\infty} \frac{\log^+ \log^+ M(r,f)}{\log r}.$$

Pringsheim (1904) benutzt die heute übliche Bezeichnung Ordnung. Dabei ist $\log^+ x := \log x$ für $x \geq 1$ und $\log^+ x := 0$ für $0 < x < 1$. Es gilt $0 \leq \varrho \leq \infty$. Für Polynome ist $\varrho = 0$. Einige Beispiele transzendenter Funktionen:

(a) Ist $f(z) = e^{P(z)}$ mit einem Polynom P vom Grad $n \in \mathbb{N}$, so gilt $\varrho = n$.

(b) Für $f(z) = \cos z$ oder $f(z) = \sin z$ ist $\varrho = 1$.

(c) Für $f(z) = \cos\sqrt{z}$ ist $\varrho = \frac{1}{2}$.

(d) Für $f(z) = e^{e^z}$ ist $\varrho = \infty$.

Weitere Aussagen über die Ordnung sind unter dem Stichwort ↗ganze Funktion zu finden.

Ist f eine ganze nullstellenfreie Funktion, so gilt bekanntlich $f(z) = e^{g(z)}$ mit einer ganzen Funktion g. Gilt zusätzlich $\varrho(f) < \infty$, so ist g ein Polynom vom Grad n und $n = \varrho(f)$.

Eine Zahl $a \in \mathbb{C}$ heißt Picardscher Ausnahmewert einer ganz transzendenten Funktion f, falls die Gleichung $f(z) = a$ höchstens endlich viele Lösungen $z \in \mathbb{C}$ besitzt. Die Funktion $f(z) = e^z$ hat den Picardschen Ausnahmewert 0. Dies gilt allgemeiner für Funktionen der Form $f(z) = P(z)e^{g(z)}$, wobei P ein Polynom und g eine nichtkonstante ganze Funktion ist. Die Funktionen $f(z) = \sin z$ bzw. $f(z) = \cos z$ haben keinen Picardschen Ausnahmewert. Nach dem großen Satz von Picard hat eine ganz transzendente Funktion f höchstens einen Picardschen Ausnahmewert. Ist $\varrho(f) < \infty$ und hat f einen Picardschen Ausnahmewert, so gilt notwendig $\varrho(f) \in \mathbb{N}$.

Erster Hauptsatz der Nevanlinna-Theorie. Im folgenden wird unter einer meromorphen Funktion f immer eine in $\mathbb{C}$ meromorphe Funktion verstanden, wobei ganze Funktionen eingeschlossen sind. Ist f keine ganze Funktion, so ist zur Beschreibung des Wachstums von f der Maximalbetrag ungeeignet. Man kann zwar f als Quotient $f = \frac{g}{h}$ zweier ganzer Funktionen g und h schreiben, und diese Darstellung ist auch im wesentlichen eindeutig, sofern man dem Wachstum von g und h gewisse Beschränkungen auferlegt. Dennoch führt dieser Ansatz zu keiner systematischen Theorie. Die entscheidende Idee von Nevanlinna ist, den Maximalbetrag $M(r,f)$ durch die Charakteristik $T(r,f)$, die weiter unten definiert wird, zu ersetzen. Sein Ausgangspunkt ist die Jensensche Formel für meromorphe Funktionen. Dazu sei $0 < r < \infty$ und $B_r = \{z \in \mathbb{C} : |z| < r\}$. Weiter seien $a_1, a_2, \ldots, a_n$ die Null- und $b_1, b_2, \ldots, b_m$ die Polstellen von f in B_r. Dabei werde jede Null- bzw. Polstelle so oft aufgeführt wie ihre ↗Nullstellenordnung bzw. ↗Polstellenordnung angibt. Ist $f(0) \neq 0$ und $f(0) \neq \infty$, so gilt

$$\log|f(0)| = \frac{1}{2\pi}\int_0^{2\pi} \log|f(re^{it})|\,dt + \sum_{j=1}^{m} \log\frac{r}{|b_j|} - \sum_{k=1}^{n} \log\frac{r}{|a_k|}. \qquad \text{(J)}$$

Hierbei ist zu beachten, daß das Integral ein konvergentes uneigentliches Integral ist, sofern Null- oder Polstellen von f auf ∂B_r liegen.

Nun werden die grundlegenden Begriffe der Nevanlinna-Theorie eingeführt. Für $a \in \widehat{\mathbb{C}}$ und $f(z) \not\equiv a$ bezeichne $n(r,f,a)$ die Anzahl der ↗a-Stellen von f in B_r, wobei jede a-Stelle so oft gezählt wird wie ihre Vielfachheit angibt. Dabei ist $n(r,f,\infty)$ die Anzahl der Polstellen von f in B_r. Weiter heißt

$$N(r,f,a) := \int_0^r \tfrac{1}{\varrho}[n(\varrho,f,a) - n(0,f,a)]\,d\varrho + n(0,f,a)\log r$$

die Nevanlinnasche Anzahlfunktion der a-Stellen von f. Statt $N(r,f,\infty)$ schreibt man kurz $N(r,f)$, und für $a \in \mathbb{C}$ gilt dann $N(r,f,a) = N\left(r, \frac{1}{f-a}\right)$. Weiter heißt

$$m(r,f) := \frac{1}{2\pi}\int_0^{2\pi} \log^+ |f(re^{it})|\,dt$$

Schmiegungsfunktion von f. Für $a \in \mathbb{C}$ und $f(z) \not\equiv a$ setzt man noch

$$m(r,f,a) := m\left(r, \tfrac{1}{f-a}\right) = \frac{1}{2\pi}\int_0^{2\pi} \log^+ \frac{1}{|f(re^{it}) - a|}\,dt.$$

Schließlich ist die Nevanlinna-Charakteristik von f definiert durch

$$T(r,f) := m(r,f) + N(r,f).$$

Ist f eine ganze Funktion, so ist $N(r,f) = 0$ und daher $T(r,f) = m(r,f)$.

Aus der Formel (J) ergibt sich mit diesen Bezeichnungen auf relativ einfache Weise der 1. Hauptsatz der Nevanlinna-Theorie.

1. Hauptsatz. *Es sei f eine nichtkonstante meromorphe Funktion und $a \in \mathbb{C}$. Dann gilt*

$$m(r,f,a)+N(r,f,a)=T(r,f)+O(1).$$

Dieses fundamentale Ergebnis besagt anschaulich, daß ein Gleichgewicht besteht zwischen der Anzahl der a-Stellen und der Annäherung der Funktion an den Wert a. Denn wird ein Wert a relativ selten angenommen, so wächst $N(r,f,a)$ relativ langsam und daher muß $m(r,f,a)$ schneller wachsen. Eine noch wesentlich genauere Aussage wird der 2. Hauptsatz liefern. Zunächst werden einige Beispiele und Eigenschaften der Charakteristik sowie erste Folgerungen aus dem 1. Hauptsatz behandelt.

Eigenschaften der Charakteristik. Eine unmittelbare Folgerung aus dem 1. Hauptsatz ist ein Analogon des Satzes von Liouville für ganze Funktionen. *Es sei f eine meromorphe Funktion und $T(r,f)$ beschränkt. Dann ist f konstant.*

Einige Beispiele:

(a) Für eine rationale Funktion

$$f(z)=\frac{a_nz^n+a_{n-1}z^{n-1}+\cdots+a_1z+a_0}{b_mz^m+b_{m-1}z^{m-1}+\cdots+b_1z+b_0}$$

mit $a_n, b_m \neq 0$ und $d := \max\{m,n\}$ gilt

$$T(r,f)=d\log r+O(1).$$

(b) Für $f(z)=e^z$ gilt $T(r,f)=\frac{r}{\pi}$.

(c) Für $f(z)=\cos z$ gilt $T(r,f)=\frac{2r}{\pi}+O(1)$.

(d) Es sei $P(z)=a_nz^n+a_{n-1}z^{n-1}+\cdots+a_1z+a_0$ ein Polynom mit $a_n\neq 0$ und $f(z)=e^{P(z)}$. Dann gilt

$$T(r,f)=\frac{|a_n|}{\pi}r^n+O(r^{n-1}).$$

Diese Beispiele deuten bereits darauf hin, daß bei ganzen Funktionen $T(r,f)$ und $\log M(r,f)$ von der gleichen Größenordnung sind, worauf noch genauer eingegangen wird.

Im folgenden Satz werden die grundlegenden Eigenschaften der Charakteristik zusammengestellt.

(a) *Es seien $n\in\mathbb{N}$, $f_1,\ldots,f_n$ meromorphe Funktionen und $r\geq 1$. Dann gilt*

$$T\left(r,\prod_{k=1}^{n}f_k\right)\leq\sum_{k=1}^{n}T(r,f_k)$$

und

$$T\left(r,\sum_{k=1}^{n}f_k\right)\leq\sum_{k=1}^{n}T(r,f_k)+\log n.$$

(b) *Es sei f eine meromorphe Funktion und*

$$M(z)=\frac{\alpha z+\beta}{\gamma z+\delta}$$

eine ↗Möbius-Transformation mit $f(z)\not\equiv-\frac{\delta}{\gamma}$. Dann gilt

$$T(r,M\circ f)=T(r,f)+O(1).$$

Insbesondere gilt

$$T\left(r,\tfrac{1}{f}\right)=T(r,f)+O(1).$$

(c) *Es sei f eine meromorphe Funktion und P ein Polynom vom Grad $n\in\mathbb{N}$. Dann gilt*

$$T(r,P\circ f)=nT(r,f)+O(1).$$

Die Aussage (b) liefert für das Beispiel

$$f(z)=\tan z=\frac{\sin z}{\cos z}=\frac{-ie^{2iz}+i}{e^{2iz}+1}$$

sofort $T(r,f)=\frac{2r}{\pi}+O(1)$.

Nun wird die Charakteristik ganzer Funktionen behandelt.

Es sei f eine nichtkonstante ganze Funktion. Dann gelten folgende Aussagen:

(a) *Es existiert ein $r_0>0$ derart, daß für $r_0\leq r<R<\infty$ gilt*

$$T(r,f)\leq\log M(r,f)\leq\frac{R+r}{R-r}T(R,f).$$

(b) *Für die Ordnung ϱ von f gilt*

$$\varrho=\limsup_{r\to\infty}\frac{\log^+T(r,f)}{\log r}.$$

Aufgrund der Aussage (b) wird die Ordnung einer meromorphen Funktion durch diese Gleichung definiert. Für $f(z)=\tan z$ erhält man $\varrho=1$. Weiter kann man zeigen, daß für jede nichtkonstante ↗elliptische Funktion f gilt: $\varrho=2$.

Nach obigen Beispielen gilt für eine rationale Funktion f vom Grad d

$$\lim_{r\to\infty}\frac{T(r,f)}{\log r}=d.$$

Ist umgekehrt f eine meromorphe Funktion und existiert eine Zahl $s\geq 0$ mit

$$\liminf_{r\to\infty}\frac{T(r,f)}{\log r}\leq s,$$

so ist f eine rationale Funktion vom Grad $d\leq s$. Insbesondere ist f konstant, falls $s<1$. Hieraus erhält man folgende Charakterisierung rationaler bzw. transzendenter meromorpher Funktionen f mittels der Charakteristik:

- $T(r,f)=O(\log r)\iff f$ ist rational.
- $\lim_{r\to\infty}\frac{\log r}{T(r,f)}=0\iff f$ ist transzendent.

Eine weitere interessante Eigenschaft der Charakteristik liefert folgender Satz von Cartan (1929). *Es sei f eine nichtkonstante meromorphe Funktion und $f(0) \neq \infty$. Dann gilt für $0 < r < \infty$*

$$T(r,f) = \frac{1}{2\pi} \int_0^{2\pi} N(r,f,e^{it})\,dt + \log^+ |f(0)|$$

und

$$\frac{1}{2\pi} \int_0^{2\pi} m(r,f,e^{it})\,dt \le \log 2 .$$

Als Folgerung erhält man, daß $N(r,f,a)$ und $T(r,f)$ monoton wachsende und bezüglich $\log r$ konvexe Funktionen sind. Insbesondere sind $N(r,f,a)$ und $T(r,f)$ stetig auf $[0,\infty)$.

Zweiter Hauptsatz der Nevanlinna-Theorie. Nach dem 1. Hauptsatz ist für jedes $a \in \widehat{\mathbb{C}}$ die Summe

$$m(r,f,a) + N(r,f,a)$$

von der gleichen Größenordnung. Eine genauere Analyse zeigt, daß die Anzahlfunktion in der Regel überwiegt.

2. Hauptsatz. *Es sei f eine nichtkonstante meromorphe Funktion und $a_1, a_2, \ldots, a_q \in \mathbb{C}$ paarweise verschieden mit $q \geq 2$. Dann gilt*

$$m(r,f) + \sum_{n=1}^{q} m\left(r, \tfrac{1}{f-a_n}\right) \le$$

$$2T(r,f) - N_1(r,f) + S(r,f) \qquad (1)$$

mit

$$N_1(r,f) = N\left(r, \tfrac{1}{f'}\right) + 2N(r,f) - N(r,f') \ge 0 , \quad r \ge 1$$

und

$$S(r,f) = m\left(r, \tfrac{f'}{f}\right) + \sum_{n=1}^{q} m\left(r, \tfrac{f'}{f-a_n}\right) + O(1) .$$

Weiter gilt

$$S(r,f) = O(\log r) + O(\log T(r,f)) , \quad r \notin E ,$$

wobei $E \subset [0,\infty)$ eine Menge von endlichem linearem Maß ist, d. h. es existiert eine Folge von Intervallen $[a_n, b_n]$, $0 \le a_n < b_n < \infty$ mit

$$E \subset \bigcup_{n=1}^{\infty} [a_n, b_n] \quad \text{und} \quad \sum_{n=1}^{\infty} (b_n - a_n) < \infty .$$

Falls $\varrho(f) < \infty$, so gilt $S(r,f) = O(\log r)$ für alle $r \geq 1$.

Ist f eine rationale Funktion, so zeigt man leicht, daß $m(r, \frac{f'}{f}) = o(1)$ und daher $S(r,f) = O(1)$. In allen Fällen gilt insbesondere $S(r,f) = o(T(r,f))$ für $r \notin E$.

Die Ungleichung (1) wird oft in folgender Form benutzt. Sind $a_1, a_2, \ldots, a_q \in \widehat{\mathbb{C}}$ paarweise verschieden und $q \geq 3$, so gilt

$$(q-2)T(r,f) \le \sum_{n=1}^{q} N(r,f,a_n) - N_1(r,f) + S(r,f) .$$

Die Hauptarbeit beim Beweis des 2. Hauptsatzes besteht in der Abschätzung des Fehlerterms $S(r,f)$, d. h. der Schmiegungsfunktion der logarithmischen Ableitung $\frac{f'}{f}$ von f. Ursprünglich wurde vermutet, daß die Ausnahmemenge E nur durch die benutzte Beweistechnik bedingt ist. Diese Menge kann aber tatsächlich auftreten.

Nevanlinnasche Defektrelation. Für eine meromorphe Funktion f und $a \in \widehat{\mathbb{C}}$ mit $f(z) \not\equiv a$ bezeichne $\overline{n}(r,f,a)$ die Anzahl der verschiedenen a-Stellen von f in B_r, d. h. jede mehrfache a-Stelle wird nur einfach gezählt. Die zugehörige Anzahlfunktion wird mit $\overline{N}(r,f,a)$ bezeichnet. Dann heißen

$$\delta(f,a) := 1 - \limsup_{r\to\infty} \frac{N(r,f,a)}{T(r,f)} = \liminf_{r\to\infty} \frac{m\left(r, \frac{1}{f-a}\right)}{T(r,f)}$$

der Defekt von a,

$$\vartheta(f,a) := \liminf_{r\to\infty} \frac{N(r,f,a) - \overline{N}(r,f,a)}{T(r,f)}$$

der Verzweigungsindex von a, und

$$\Theta(f,a) := 1 - \limsup_{r\to\infty} \frac{\overline{N}(r,f,a)}{T(r,f)}$$

die Verzweigtheit von a. Für den Defekt gilt

$$0 \le \delta(f,a) \le 1 .$$

Er ist ein genaues Maß für die relative Dichte der a-Stellen, d. h. je größer der Defekt ist, desto spärlicher sind die a-Stellen. Weiter gilt

$$\delta(f,a) + \vartheta(f,a) \le \Theta(f,a) .$$

Aus dem 2. Hauptsatz erhält man folgende Abschätzungen für die Verzweigtheit und den Defekt. *Es sei f eine nichtkonstante meromorphe Funktion. Dann ist die Menge derjenigen $a \in \widehat{\mathbb{C}}$ mit $\Theta(f,a) > 0$ höchstens abzählbar, und es gilt*

$$\sum_{a\in\widehat{\mathbb{C}}} \Theta(f,a) \le 2 .$$

Insbesondere ist die Menge derjenigen $a \in \widehat{\mathbb{C}}$ mit

$\delta(f, a) > 0$ *höchstens abzählbar, und es gilt*

$$\sum_{a \in \widehat{\mathbb{C}}} \delta(f, a) \le 2\,.$$

Die zweite Aussage dieses Satzes nennt man Nevanlinnasche Defektrelation.

Ein Wert $a \in \widehat{\mathbb{C}}$ mit $\delta(f, a) > 0$ heißt defekter Wert oder Nevanlinnascher Ausnahmewert von f. Ist a ein Picardscher Ausnahmewert einer transzendenten meromorphen Funktion f, d. h., die Gleichung $f(z) = a$ besitzt höchstens endlich viele Lösungen $z \in \mathbb{C}$, so ist a ein defekter Wert mit Defekt $\delta(f, a) = 1$. Für $a = \infty$ bedeutet dies, daß f nur endlich viele Polstellen hat. Dies zeigt, daß der große Satz von Picard ein Spezialfall der Defektrelation ist: Eine transzendente meromorphe Funktion f besitzt höchstens zwei Picardsche Ausnahmewerte. Es kann vorkommen, daß eine solche Funktion zwei Picardsche Ausnahmewerte besitzt, denn beispielsweise $f(z) = e^z$ hat die Picardschen Ausnahmewerte 0 und ∞. Die Funktion $f(z) = \frac{1}{e^z+1}$ hat unendlich viele Polstellen und die Picardschen Ausnahmewerte 0 und 1. Diese Beispiele zeigen, daß die Abschätzung der Defektsumme bestmöglich ist.

Es sollen noch einige interessante Folgerungen und Beispiele zur Defektrelation betrachtet werden, wobei f stets eine nichtkonstante meromorphe Funktion ist.

(1) Ist $a \in \widehat{\mathbb{C}}$ mit

$$N(r, f, a) = o(T(r, f))\,,$$

so gilt $\delta(f, a) = 1$. Nach der Defektrelation kann es höchstens zwei solche Werte a geben. Genauer gibt es höchstens zwei Werte a mit $\delta(f, a) > \frac{2}{3}$. Ist f eine ganze Funktion, so ist $\delta(f, \infty) = 1$ und daher gibt es höchstens einen Wert $a \in \mathbb{C}$ mit $\delta(f, a) > \frac{1}{2}$.

(2) Ein $a \in \widehat{\mathbb{C}}$ heißt ein vollständig verzweigter Wert von f, falls für die Vielfachheit $\nu(f, z_0)$ jeder ↗a-Stelle z_0 von f gilt $\nu(f, z_0) \ge 2$. Dann ist

$$\overline{N}(r, f, a) \le \tfrac{1}{2} N(r, f, a) \le \tfrac{1}{2} T(r, f) + O(1)\,,$$

also $\Theta(f, a) \ge \frac{1}{2}$. Daher kann es höchstens vier solche Werte a geben. Die Höchstzahl 4 kann tatsächlich auftreten, denn für die ↗Weierstraßsche $\wp$-Funktion gilt

$$(\wp'(z))^2 = (\wp(z) - a)(\wp(z) - b)(\wp(z) - c)$$

mit paarweise verschiedenen $a, b, c \in \mathbb{C}$. Die Werte a, b, c und ∞ werden stets mit Vielfachheit 2 angenommen. Ist f eine ganze Funktion, so gibt es wegen $\Theta(f, \infty) = 1$ höchstens zwei vollständig verzweigte Werte $a \in \mathbb{C}$ von f. Die Höchstzahl tritt z. B. bei $f(z) = \sin z$ auf, denn die Werte ± 1 werden immer mit Vielfachheit 2 angenommen. Es gibt jedoch keine defekten Werte.

(3) Es sei

$$\phi(w) := \int_0^w (\omega - a)^{\frac{1}{m}-1} (\omega - b)^{\frac{1}{n}-1} (\omega - c)^{\frac{1}{p}-1}\, d\omega\,,$$

wobei $a, b, c \in \mathbb{C}$ paarweise verschieden und m, n, $p \in \mathbb{N}$ mit

$$\frac{1}{m} + \frac{1}{n} + \frac{1}{p} = 1\,.$$

Liegen die Punkte a, b, c nicht auf einer Geraden, so liefert ϕ nach der ↗Schwarz-Christoffelschen Abbildungsformel eine ↗konforme Abbildung des Inneren der Kreislinie durch a, b, c auf das Innere eines Dreiecks mit den Winkeln $\frac{\pi}{m}$, $\frac{\pi}{n}$, $\frac{\pi}{p}$.

Die Umkehrabbildung $f = \phi^{-1}$ kann mit Hilfe des ↗Schwarzschen Spiegelungsprinzips in die gesamte Ebene fortgesetzt werden, und es entsteht eine elliptische Funktion f. Man kann zeigen, daß f die Werte a, b, c immer mit den Vielfachheiten m, n, p annimmt. Weiter gilt $\Theta(f, a) = 1 - \frac{1}{m}$, $\Theta(f, b) = 1 - \frac{1}{n}$, $\Theta(f, c) = 1 - \frac{1}{p}$, $\Theta(f, z) = 0$ für alle $z \in \widehat{\mathbb{C}} \setminus \{a, b, c\}$, und $\delta(f, z) = 0$ für alle $z \in \widehat{\mathbb{C}}$. Bis auf Permutationen sind für das Tripel (m, n, p) nur drei Fälle möglich, nämlich $(2, 3, 6)$, $(2, 4, 4)$ und $(3, 3, 3)$.

(4) Das letzte Beispiel ist auch von theoretischem Interesse. Dazu sei $m_n \in \mathbb{N}$ mit $m_n \ge 2$ und $a_n \in \widehat{\mathbb{C}}$ derart, daß für die Vielfachheit $\nu(f, z_0)$ jeder a_n-Stelle z_0 von f gilt $\nu(f, z_0) \ge m_n$. Hierbei sind auch Werte a_n zugelassen, die von f nie angenommen werden; es ist dann $m_n = \infty$ zu setzen. Man beachte, daß es höchstens abzählbar viele solcher Werte a_n geben kann. Dann gilt

$$\overline{N}(r, f, a_n) \le \frac{1}{m_n} N(r, f, a_n) \le \frac{1}{m_n} T(r, f) + O(1)\,,$$

also

$$\Theta(f, a_n) \ge 1 - \frac{1}{m_n} \ge \frac{1}{2}\,.$$

Weiter folgt

$$\sum_n \left(1 - \frac{1}{m_n}\right) \le 2\,,$$

und daher kann es höchstens vier solcher Werte a_n geben. Falls es genau vier gibt, so gilt $m_1 = m_2 = m_3 = m_4 = 2$. Man vergleiche hierzu Beispiel (2). Nun gebe es genau drei solcher Werte. Dann gilt

$$\frac{1}{m_1} + \frac{1}{m_2} + \frac{1}{m_3} \ge 1\,,$$

und man erhält die möglichen Tripel $(2, 2, m)$, $m \ge 2$ beliebig, $(2, 3, 3)$, $(2, 3, 4)$, $(2, 3, 5)$, $(2, 3, 6)$, $(2, 4, 4)$ und $(3, 3, 3)$. Für die Tripel $(2, 3, 6)$, $(2, 4, 4)$ und $(3, 3, 3)$ vergleiche man Beispiel (3), während die Tripel $(2, 3, 3)$, $(2, 3, 4)$ und $(2, 3, 5)$

in (2, 3, 6) enthalten sind. Der Fall $(2, 2, m)$ wird durch das Beispiel $f(z) = \sin z$ abgedeckt, wobei $a_1 = 1, a_2 = -1$ und $a_3 = \infty$.

(5) Es existieren Funktionen mit mehr als zwei defekten Werten. Dazu sei $q \in \mathbb{N}$ mit $q \geq 2$ und

$$f(z) := \int_0^z e^{-\zeta^q}\, d\zeta\,.$$

Dann ist f eine ganze Funktion mit $\varrho(f) = q$. Setzt man

$$a_0 := \int_0^\infty e^{-x^q}\, dx$$

und

$$a_k := a_0 e^{2\pi ki/q}\,, \quad k = 1, \ldots, q-1\,,$$

so kann man zeigen, daß f die defekten Werte $a_0, a_1, \ldots, a_q$ und ∞ besitzt. Für die Defekte gilt $\delta(f, a_k) = \frac{1}{q}$, $k = 0, 1, \ldots, q-1$, und $\delta(f, \infty) = 1$.

Es existieren sogar meromorphe Funktionen mit unendlich vielen defekten Werten. Das erste solche Beispiel wurde von Goldberg (1954) konstruiert. Weiter zeigte Arakeljan (1966), daß es zu jedem $\varrho > \frac{1}{2}$ eine ganze Funktion f der Ordnung ϱ mit unendlich vielen defekten Werten gibt.

Noch vollständiger und äußerst tiefliegend sind Resultate von Drasin (1977), der das sog. Umkehrproblem von Nevanlinna löste.

Es seien höchstens abzählbar viele reelle Zahlen $\delta_n, \vartheta_n \geq 0$ mit

$$0 < \delta_n + \vartheta_n \leq 1$$

und

$$\sum_n (\delta_n + \vartheta_n) \leq 2\,,$$

sowie paarweise verschiedene $a_n \in \widehat{\mathbb{C}}$ gegeben.

Dann existiert eine meromorphe Funktion f mit genau den Defekten $\delta(f, a_n) = \delta_n$ und genau den Verzweigungsindizes $\vartheta(f, a_n) = \vartheta_n$.

Das Umkehrproblem von Nevanlinna ist im allgemeinen nicht mehr lösbar, falls man $\varrho(f) < \infty$ fordert, denn es gilt folgender Satz.

Es sei f eine meromorphe Funktion mit $\varrho(f) < \infty$ und $\alpha \geq \frac{1}{3}$. Dann gilt

$$\sum_{a \in \widehat{\mathbb{C}}} (\delta(f, a))^\alpha < \infty\,.$$

Dieses Ergebnis wurde bewiesen von Fuchs (1958) für $\alpha = \frac{1}{2}$, von Hayman (1964) für $\alpha > \frac{1}{3}$ und von Weitsman (1972) für $\alpha = \frac{1}{3}$. Hayman (1964) konstruierte ein Beispiel dafür, daß die Aussage für $\alpha < \frac{1}{3}$ im allgemeinen falsch ist. Ist z. B. $\delta_n = \frac{1}{n^2}$ und $\vartheta_n = 0$, so ist

$$\sum_{n=1}^\infty \delta_n = \frac{\pi^2}{6} < 2$$

und

$$\sum_{n=1}^\infty \delta_n^{1/3} = \sum_{n=1}^\infty k^{-2/3} = \infty\,.$$

Sind $a_n \in \widehat{\mathbb{C}}$ paarweise verschieden, so existiert nach dem Satz von Drasin eine meromorphe Funktion f mit genau den Defekten $\delta(f, a_n) = \frac{1}{n^2}$, und es gilt $\varrho(f) = \infty$.

Fordert man neben $\varrho(f) < \infty$ für die Defektsumme noch

$$\Delta(f) := \sum_{a \in \widehat{\mathbb{C}}} \delta(f, a) = 2\,,$$

so kann f höchstens endlich viele defekte Werte haben, denn es gilt folgender Satz von Drasin (1987), der eine Vermutung von F. Nevanlinna (ein Bruder von R. Nevanlinna) aus dem Jahre 1930 beweist.

Es sei f eine meromorphe Funktion, $\varrho(f) < \infty$, $\Delta(f) = 2$, und $v(f)$ die Anzahl der defekten Werte von f.

Dann gilt $v(f) \leq 2\varrho(f)$.

Weiter existieren Zahlen $n, k \in \mathbb{N}$, $n \geq 2$ mit

$$\varrho(f) = \frac{n}{2} \quad \text{und} \quad \delta(f, a) = \frac{k}{\varrho(f)}$$

für jeden defekten Wert a von f.

Verallgemeinerung des 2. Hauptsatzes. Eine wesentliche Verallgemeinerung des 2. Hauptsatzes gelang Steinmetz (1986). Dazu ist ein weiterer Begriff notwendig. Ist f eine meromorphe transzendente Funktion, so heißt eine meromorphe Funktion a eine kleine Funktion bezüglich f, falls $T(r, a) = o(T(r, f))$. Die Menge K_f aller kleinen Funktionen bezüglich f ist ein Körper, der die rationalen Funktionen enthält. Für eine rationale Funktion f ist der Begriff der kleinen Funktion uninteressant, da dann K_f nur aus konstanten Funktionen besteht. Eine kleine Funktion a bezüglich f heißt defekte Funktion von f, falls

$$\delta(f, a) := \liminf_{r \to \infty} \frac{m(r, \frac{1}{f-a})}{T(r, f)} > 0\,.$$

Mit diesen Bezeichnungen lautet das Ergebnis von Steinmetz wie folgt.

Es sei f eine transzendente meromorphe Funktion und $a_1, a_2, \ldots, a_q \in K_f$ paarweise verschieden mit $q \geq 2$. Dann gilt für jedes $\varepsilon > 0$

$$m(r, f) + \sum_{n=1}^q m\left(r, \frac{1}{f - a_n}\right) \leq (2 + \varepsilon) T(r, f)\,, \qquad (2)$$

$r \notin E_\varepsilon$, wobei $E_\varepsilon \subset [0, \infty)$ eine von ε abhängige Menge von endlichem linearem Maß ist.

Hieraus erhält man folgende verallgemeinerte Defektrelation.

Es sei f eine transzendente meromorphe Funktion. Dann ist die Menge der defekten Funktionen $a \in K_f$ höchstens abzählbar, und es gilt

$$\delta(f,\infty) + \sum_{a \in K_f} \delta(f,a) \le 2\,.$$

Für rationale Funktionen a_n wurde der Satz von Steinmetz von Frank und Weißenborn (1986) bewiesen, während der Fall einer ganz transzendenten Funktion f bereits 1964 von Chuang behandelt wurde. Ein vollkommen anderer Beweis mittels zahlentheoretischer Methoden wurde von Osgood (1985) geliefert.

Eindeutigkeitssätze. Ein Hauptanwendungsgebiet der Nevanlinna-Theorie sind sog. Eindeutigkeitssätze. Untersuchungen hierzu wurden bereits von Nevanlinna (1926) begonnen. Zur Formulierung der Ergebnisse wird folgende Sprechweise eingeführt. Zwei meromorphe Funktionen f und g teilen einen Wert $a \in \widehat{\mathbb{C}}$, falls

$$\{z \in \mathbb{C} : f(z) = a\} = \{z \in \mathbb{C} : g(z) = a\} = A\,.$$

Sie teilen ihn mit Vielfachheit, falls für jedes $z_0 \in A$ gilt $\nu(f, z_0) = \nu(g, z_0)$. Insbesondere teilen f und g einen Wert a mit Vielfachheit, falls beide ihn nie annehmen. Zwei ganze Funktionen teilen also stets den Wert ∞. Mit diesen Bezeichnungen gilt der sog. Fünf-Punkte-Satz von Nevanlinna (1926).

Es seien f und g meromorphe Funktionen, die fünf verschiedene Werte $a_k \in \widehat{\mathbb{C}}$, $k = 1, \ldots, 5$, teilen. Dann gilt $f = g$, oder beide Funktionen sind konstant.

Die Voraussetzungen dieses Satzes können nicht abgeschwächt werden, denn die Funktionen $f(z) = e^z$ und $g(z) = e^{-z}$ teilen die vier Werte 0, 1, -1 und ∞ (sogar mit Vielfachheit).

Falls vier Werte mit Vielfachheit geteilt werden, so liefert der sog. Vier-Punkte-Satz von Nevanlinna folgende Aussage.

Es seien f und g meromorphe Funktionen, die vier verschiedene Werte $a_k \in \widehat{\mathbb{C}}$, $k = 1, \ldots, 4$, mit Vielfachheit teilen.

Dann existiert eine Möbius-Transformation M mit $f = M \circ g$, oder beide Funktionen sind konstant. Ist $f \not\equiv g$, so sind z. B. a_1, a_2 Picardsche Ausnahmewerte von f und g, und es gilt für $z \in \mathbb{C}$

$$\mathrm{DV}(f(z), g(z), a_3, a_4) = \mathrm{DV}(a_1, a_2, a_3, a_4) = -1\,.$$

Dabei bezeichnet DV das Doppelverhältnis von vier Punkten in $\widehat{\mathbb{C}}$ (↗Möbius-Transformation). Das Beispiel $f(z) = e^z$, $g(z) = e^{-z}$ zeigt, daß der Fall $f \not\equiv g$ vorkommen kann.

Die Aussage des Vier-Punkte-Satzes gilt im allgemeinen nicht mehr, falls f und g nur drei verschiedene Werte mit Vielfachheit teilen. Dies zeigt das Beispiel

$$f(z) = \frac{1 - e^{-\beta(z)}}{e^{-\alpha(z)} - e^{-\beta(z)}}\,, \quad g(z) = \frac{1 - e^{\beta(z)}}{e^{\alpha(z)} - e^{\beta(z)}}\,,$$

wobei α und β nichtkonstante ganze Funktionen mit $e^{\alpha(z)} \not\equiv e^{\beta(z)}$ sind. Es gilt nämlich

$$\frac{f(z)}{g(z)} = e^{\alpha(z)}\,, \quad \frac{f(z) - 1}{g(z) - 1} = e^{\beta(z)}$$

und daher teilen f und g die Werte 0, 1, ∞ mit Vielfachheit.

Gundersen (1983) konnte jedoch zeigen, daß die Aussage des Vier-Punkte-Satzes gültig bleibt, falls von den vier geteilten Werten nur zwei mit Vielfachheit geteilt werden. Ob sogar ein solcher Wert genügt, ist unbekannt. Falls keiner der vier Werte mit Vielfachheit geteilt wird, so ist die Aussage im allgemeinen nicht mehr richtig. Dies zeigt folgendes Beispiel von Gundersen (1979)

$$f(z) = \frac{e^{\gamma(z)} + c}{(e^{\gamma(z)} - c)^2}\,, \quad g(z) = \frac{(e^{\gamma(z)} + c)^2}{8c^2(e^{\gamma(z)} - c)}\,,$$

wobei $c \in \mathbb{C} \setminus \{0\}$ und γ eine nichtkonstante ganze Funktion ist. Diese Funktionen teilen die vier Werte $0, \infty, \frac{1}{c}, -\frac{1}{8c}$ ohne Vielfachheit.

Diese Eindeutigkeitssätze gelten insbesondere für den Spezialfall $g = f'$. Hier lassen sich jedoch genauere Aussagen machen. Zunächst gilt folgender Satz, der unabhängig von Mues und Steinmetz (1979) und von Gundersen (1980) gefunden wurde.

Es sei f eine nichtkonstante meromorphe Funktion derart, daß f und f' drei verschiedene Werte $a_1, a_2, a_3 \in \mathbb{C}$ teilen. Dann gilt $f' = f$.

Man beachte, daß f und f' stets den Wert ∞ teilen. Die Gleichung $f' = f$ impliziert sofort, daß $f(z) = ce^z$ mit einer Konstanten $c \in \mathbb{C}$. Die Voraussetzungen dieses Satzes können nicht abgeschwächt werden. Dies zeigt das Beipiel

$$f(z) = \frac{2ae^{2z}}{e^{2z} - b}\,, \quad f'(z) = -\frac{4abe^{2z}}{(e^{2z} - b)^2}\,,$$

wobei $a, b \in \mathbb{C} \setminus \{0\}$, denn f und f' teilen die Werte 0 und a.

Für ganze Funktionen genügen sogar zwei geteilte Werte, wie folgender Satz von Mues und Steinmetz (1979) zeigt.

Es sei f eine nichtkonstante ganze Funktion derart, daß f und f' zwei verschiedene Werte $a, b \in \mathbb{C}$ teilen. Dann gilt $f' = f$.

Auch die Voraussetzungen dieses Satzes können nicht abgeschwächt werden. Dies zeigt das Beipiel

$$f(z) = e^{e^z} \int_0^z e^{-e^\zeta}(1 - e^\zeta)\,d\zeta\,,$$

denn es gilt

$$\frac{f'(z)-1}{f(z)-1} = e^z,$$

und daher teilen f und f' den Wert 1 (sogar mit Vielfachheit).

Berücksichtigt man wieder die Vielfachheit, so gilt folgender Satz, der 1983 unabhängig von Gundersen und von Mues und Steinmetz gefunden wurde.

Es sei f eine nichtkonstante meromorphe Funktion derart, daß f und f' zwei verschiedene Werte $a,\ b \in \mathbb{C} \setminus \{0\}$ mit Vielfachheit teilen. Dann gilt $f' = f$.

Für höhere Ableitungen gilt noch folgender Satz von Frank, Ohlenroth und Weißenborn (1986).

Es sei f eine nichtkonstante meromorphe Funktion derart, daß f und $f^{(k)}$, $k \geq 2$, zwei verschiedene Werte $a,\ b \in \mathbb{C}$ mit Vielfachheit teilen. Dann gilt $f^{(k)} = f$.

Einige weitere Anwendungen. Mit Hilfe der Nevanlinna-Theorie kann ein einfacher Beweis eines Eindeutigkeitssatzes von Pólya und Saxer (1923) geführt werden.

Es sei f eine ganze Funktion derart, daß f, f' und f'' keine Nullstellen besitzen.

Dann gilt

$$f(z) = e^{az+b}$$

mit Konstanten $a,\ b \in \mathbb{C}$.

Die Aussage ist im allgemeinen nicht mehr gültig, falls man nur fordert, daß f und f' keine Nullstellen besitzen. Dies zeigt schon das einfache Beispiel $f(z) = e^{e^z}$. Ein wesentlich allgemeineres Resultat lautet:

Es sei f eine meromorphe Funktion derart, daß f und $f^{(k)}$ für ein $k \geq 2$ keine Nullstellen besitzen. Dann gilt $f(z) = e^{az+b}$ oder $f(z) = (Az+B)^{-m}$, wobei $m \in \mathbb{N}$ und $a,\ b,\ A,\ B \in \mathbb{C}$ Konstanten sind.

Dieser Satz wurde für $k > 2$ von Frank (1976) und für $k = 2$ von Langley (1993) bewiesen.

Als weitere Anwendung werden Fixpunkte ganzer Funktionen betrachtet. An dem elementaren Beispiel $f(z) = z + e^z$ erkennt man, daß eine ganze Funktion keine Fixpunkte haben muß. Zur Formulierung eines positiven Ergebnisses sei f eine ganze Funktion, und für $n \in \mathbb{N}$ sei f^n die n-te ↗iterierte Abbildung von f. Ein $\zeta \in \mathbb{C}$ heißt Fixpunkt der Ordnung n von f, falls $f^n(\zeta) = \zeta$. Man nennt ζ einen Fixpunkt der genauen Ordnung n, falls ζ ein Fixpunkt der Ordnung n, aber kein Fixpunkt der Ordnung k für jedes $k < n$ ist. Mit diesen Bezeichnungen gilt folgender Satz von Baker (1960).

Es sei f eine ganz transzendente Funktion. Dann besitzt f unendlich viele Fixpunkte der genauen Ordnung n für alle $n \in \mathbb{N}$ mit höchstens einer Ausnahme.

Genauer gilt: Bezeichnet $N_n^*(r,f)$ die Anzahlfunktion der verschiedenen Fixpunkte der genauen Ordnung n von f, so existiert eine Menge $E \subset [0,\infty)$ von endlichem linearem Maß derart, daß für $r \notin E$ gilt

$$\lim_{r\to\infty} \frac{N_n^*(r,f)}{T(r,f^n)} = 1$$

für alle $n > k$, falls ein $k \in \mathbb{N}$ existiert derart, daß f nur endlich viele Fixpunkte der genauen Ordnung k besitzt. Insbesondere gilt

$$\Theta(f^n - z, 0) = \delta(f^n - z, 0) = 0.$$

Schließlich sei noch folgender Satz von Pólya (1926) über das Wachstum zusammengesetzter ganzer Funktionen erwähnt.

Es seien f und g ganze Funktionen, $\phi := g \circ f$ und $\varrho(\phi) < \infty$. Dann ist f ein Polynom oder $\varrho(g) = 0$.

Eine ausführliche Diskussion zum Wachstum zusammengesetzter Funktionen ist in [2] zu finden.

Differentialgleichungen im Komplexen. Die Nevanlinna-Theorie hat weitreichende Anwendungen in der Theorie der gewöhnlichen Differentialgleichungen im Komplexen. Aus Platzgründen können hier nur einige dem Autor besonders interessant erscheinende Ergebnisse behandelt werden. Eine ausführliche Diskussion dieses Themenkreises ist in [3] zu finden.

Zunächst werden homogene lineare Differentialgleichungen betrachtet, d. h.

$$w^{(n)} + a_{n-1}(z)w^{(n-1)} + \cdots + a_0(z)w = 0, \qquad \text{(L)}$$

wobei $n \in \mathbb{N}$ und die Koeffizienten $a_0, a_1, \ldots, a_{n-1}$ ganze Funktionen sind mit $a_0(z) \not\equiv 0$. Dann ist jede Lösung w von (L) eine ganze Funktion. Sind $a_0, a_1, \ldots, a_{n-1}$ Polynome, so zeigte Wittich (1952), daß jede Lösung w von (L) endliche Ordnung hat. Weiter gilt in diesem Fall für jede transzendente Lösung w von (L), daß $\varrho(w) \in \mathbb{Q}$ und $\varrho(w) \geq \frac{1}{n}$. Außerdem existiert stets eine Lösung mit $\varrho(w) \geq 1$. Es ist möglich, aufgrund der Grade von $a_0, a_1, \ldots, a_{n-1}$ genauere Aussagen über die möglichen Ordnungen der Lösungen zu treffen, worauf hier nicht näher eingegangen wird. Insbesondere gilt $\varrho(w) = 1$ für jede Lösung w von (L) genau dann, wenn $a_0, a_1, \ldots, a_{n-1}$ Konstanten sind. Ist einer der Koeffizienten von (L) eine transzendente Funktion, so zeigte Frei (1961), daß eine Lösung w mit $\varrho(w) = \infty$ existiert. Genauer gilt: Ist a_j transzendent und sind $a_{j+1}, \ldots, a_n$ Polynome, so existieren höchstens j linear unabhängige Lösungen w mit $\varrho(w) < \infty$.

Nun sollen noch einige Ergebnisse über die Wertverteilung der Lösungen von (L) behandelt werden. Ist w eine Lösung von (L) derart, daß $a_0, a_1, \ldots, a_{n-1}$ kleine Funktionen bezüglich w

sind, so gilt $\delta(w, c) = 0$ für alle $c \in \mathbb{C} \setminus \{0\}$. Diese Aussage gilt insbesondere, falls $a_0, a_1, \ldots, a_{n-1}$ Polynome sind, und w eine transzendente Lösung ist. Weiter gilt in diesem Fall

$$\lim_{r\to\infty} \frac{N(r, w, b)}{N(r, w, c)} = 1$$

für alle $b, c \in \mathbb{C} \setminus \{0\}$ und $\delta(w, 0) = \delta(w', 0)$. Aussagen über die Nullstellen der Lösungen w von (L) zu erhalten, ist wesentlich schwieriger.

Als nächstes werden binomische Differentialgleichungen behandelt, d. h.

$$(w')^n = R(z, w), \tag{B}$$

wobei $n \in \mathbb{N}$ und $R(z, w) \not\equiv 0$ eine rationale Funktion in z und w ist. Differentialgleichungen dieser Art besitzen im allgemeinen keine meromorphen Lösungen. Eine genauere Aussage liefert der Satz von Malmquist-Yosida (1932).

Falls (B) *eine transzendente meromorphe Lösung w besitzt, so ist $R(z, w)$ von der Form*

$$R(z, w) = \sum_{j=0}^{2n} a_j(z) w^j ,$$

wobei $a_0, a_1, \ldots, a_{2n}$ rationale Funktionen sind.

Im Spezialfall $n = 1$ ergibt sich, daß (B) eine Riccatische Differentialgleichung

$$w' = a(z) + b(z)w + c(z)w^2 \tag{R}$$

mit rationalen Koeffizienten a, b, c ist. Diese Aussage wurde 1913 von Malmquist ohne Benutzung von Nevanlinna-Theorie bewiesen. Eine wesentliche Verschärfung des Satzes von Malmquist-Yosida erzielte Steinmetz (1978).

Falls (B) *eine transzendente meromorphe Lösung w besitzt, so läßt sich* (B) *mit Hilfe einer Möbius-Transformation*

$$w = \frac{\alpha v + \beta}{\gamma v + \delta}$$

in genau eine der folgenden Normalformen oder eine Potenz davon überführen:

$$v' = a(z) + b(z)v + c(z)v^2 , \tag{R}$$
$$(v')^2 = d(z)(v - e(z))^2(v - \tau_1)(v - \tau_2) , \tag{H}$$
$$(v')^2 = d(z)(v - \tau_1)(v - \tau_2)(v - \tau_3)(v - \tau_4) , \tag{E1}$$
$$(v')^3 = d(z)(v - \tau_1)^2(v - \tau_2)^2(v - \tau_3)^2 , \tag{E2}$$
$$(v')^4 = d(z)(v - \tau_1)^2(v - \tau_2)^3(v - \tau_3)^3, \tag{E3}$$
$$(v')^6 = d(z)(v - \tau_1)^3(v - \tau_2)^4(v - \tau_3)^5 . \tag{E4}$$

Dabei sind $\tau_1, \tau_2, \tau_3, \tau_4 \in \mathbb{C}$ paarweise verschieden und a, b, c, d, e rationale Funktionen mit $d(z) \not\equiv 0$, $e(z) \not\equiv \tau_1$ und $e(z) \not\equiv \tau_2$.

Alle diese Differentialgleichungen können transzendente meromorphe Lösungen besitzen, sodaß die Aussage des Satzes nicht mehr verbessert werden kann.

Im folgenden werden noch einige Ergebnisse über das Wachstum und die Wertverteilung der Lösungen dieser Differentialgleichungen angegeben.

Sind die Koeffizienten a, b, c von (R) ganze Funktionen, so ist jede Lösung w eine meromorphe Funktion. Man kann sich leicht überlegen, daß z. B. $w' = 1 + zw^2$ nur transzendente Lösungen besitzt. Über das Wachstum der Lösungen gilt folgender Satz von Wittich (1954).

Es seien a, b, c rationale Funktionen mit $c(z) \not\equiv 0$ und w eine transzendente meromorphe Lösung von (R).

Dann existiert ein $k \in \mathbb{N}$ mit $\varrho(w) = \frac{k}{2}$. Insbesondere ist

$$\frac{1}{2} \le \varrho(w) < \infty .$$

Ebenfalls können Aussagen über die Wertverteilung von Lösungen getroffen werden.

Es seien a, b, c rationale Funktionen mit $c(z) \not\equiv 0$ und w eine transzendente meromorphe Lösung von (R).

Dann gilt $\delta(w, \infty) = 0$ und $\delta(w, \alpha) = 0$ für alle $\alpha \in \mathbb{C}$ mit $a(z) + \alpha b(z) + \alpha^2 c(z) \not\equiv 0$.

Ist $a(z) + \alpha b(z) + \alpha^2 c(z) \equiv 0$, so gilt $\Theta(w, \alpha) = 1$.

Ähnliche Ergebnisse gelten für Differentialgleichungen vom Typ (H), wobei hier auf eine genaue Formulierung verzichtet wird.

Differentialgleichungen vom Typ (E1)–(E4) treten in der Theorie der konformen Abbildungen auf. Sucht man z. B. alle konformen Abbildungen w des Inneren eines n-Ecks auf die untere Halbebene $\{z \in \mathbb{C} : \operatorname{Im} z < 0\}$, die zu einer in $\mathbb{C}$ meromorphen Funktion fortgesetzt werden können, so findet man leicht, daß dies nur für Rechtecke und gewisse Dreiecke möglich ist. In allen Fällen ist w eine elliptische Funktion und daher transzendent. Für Rechtecke erfüllt w die Differentialgleichung (E1). Schreibt man im Fall eines Dreiecks die Innenwinkel in der Form $\frac{\pi}{m}, \frac{\pi}{n}, \frac{\pi}{p}$, so ergeben sich für (m, n, p) nur die Tripel $(3, 3, 3)$, $(2, 4, 4)$ und $(2, 3, 6)$, und diese entsprechen den Differentialgleichungen (E2), (E3) und (E4).

Der folgende Satz gibt Auskunft über das Wachstum der meromorphen Lösungen von (E1)–(E4). Dabei wird die Kurzschreibweise $(w')^n = d(z)P(w)$ mit $n \in \{2, 3, 4, 6\}$ verwendet.

Die Funktion d sei rational und habe für $|z| > r_0 > 0$ eine ↗Laurent-Entwicklung der Form

$$d(z) = A_0 z^k + A_1 z^{k-1} + \cdots$$

mit $k \in \mathbb{Z}$ und $A_0 \neq 0$. Dann gilt für jede mero-

morphe Lösung w einer der Differentialgleichungen (E1)–(E4):

(a) *Für $k > -n$ ist $\varrho(w) = 2 + \frac{2k}{n}$.*

(b) *Für $k = -n$ ist w transzendent und $\varrho(w) = 0$.*

(c) *Für $k < -n$ ist w rational.*

Schließlich ist noch folgendes Ergebnis über die Wertverteilung der meromorphen Lösungen von (E1)–(E4) von Interesse.

Es sei d eine rationale Funktion und w eine meromorphe Lösung einer der Differentialgleichungen (E1)–(E4). *Dann gilt $\delta(w, \alpha) = 0$ für alle $\alpha \in \widehat{\mathbb{C}}$ und $\delta(w', 0) = 0$. Weiter steht in der Ungleichung* (1) *des 2. Hauptsatzes das Gleichheitszeichen.*

Literatur

[1] Hayman, W.K.: Meromorphic Functions. Clarendon Press Oxford, 1975.

[2] Jank, G.; Volkmann, L.: Einführung in die Theorie der ganzen und meromorphen Funktionen mit Anwendungen auf Differentialgleichungen. Birkhäuser Verlag Basel, 1985.

[3] Laine, I.: Nevanlinna Theory and Complex Differential Equations. Walter de Gruyter Berlin, 1992.

[4] Nevanlinna, R.: Eindeutige analytische Funktionen. Springer-Verlag Berlin, 1953.

[5] Wittich, H.: Neuere Untersuchungen über eindeutige analytische Funktionen. Springer-Verlag Berlin, 1955.

Neville-Aitken, Algorithmus von, ↗Aitken-Neville, Algorithmus von.

new-better-than-used-Verteilung, ↗NBU-Verteilung.

Newton, Satz von, ↗ Ivory, Satz von.

Newton, Sir Isaac, englischer Mathematiker und Physiker, geb. 4.1.1643 Woolsthorpe (Mittelengland), gest. 20./21.3.1727 Kensington (heute zu London).

Der Sohn eines Landpächters erhielt seine Schulbildung in Grantham und wurde 1661 am Trinity College in Cambridge immatrikuliert. An der Universität förderte besonders der berühmte Mathematiker und Physiker I. Barrow (1630–1677) den Hochbegabten. Newton durchlief erfolgreich bis 1668 die übliche akademische Laufbahn und erhielt 1669 die Lucasianische Professur in Cambridge. Barrow hatte darauf zugunsten seines Schülers verzichtet. Bis 1701 behielt Newton diesen Lehrstuhl.

Bereits 1666/67 konzipierte er die Grundideen seines wissenschaftlichen Gesamtwerkes und führte diese Ideen in den nächsten Jahrzehnten „nur noch aus" – ein in der Geschichte der Mathematik und Naturwissenschaften unvergleichlicher Vorgang. Newtons Interesse wandte sich zuerst genauer der Optik zu. Er zeigte in Versuchen, daß das weiße Licht aus Licht verschiedener Farben zusammengesetzt ist, und daß Farbe und Brechbarkeit direkt zusammenhängen. 1672 legte er seine „New Theory about Light and Colors" vor. Statt die verdiente Anerkennung zu finden, sah er sich heftigen Angriffen ausgesetzt. Gleiches wiederfuhr ihm mit anderen optischen Schriften, in denen die „Newtonschen Ringe" beschrieben wurden, und das Licht als Bewegung von Korpuskeln gedeutet wurde.

Mehr Erfolg hatte Newton beim Bau von Fernrohren. Er entwickelte das Spiegelteleskop zu einem äußerst leistungsfähigen Instrument (1668), wobei er selbst die notwendigen handwerklichen Arbeiten ausführte. Für sein großes Spiegelteleskop von 1671 wurde Newton 1672 Mitglied der Royal Society. Die Beschäftigung mit der Natur des Lichtes führte Newton fast zwangsläufig zu Fragen der Kosmologie: Was ist der Träger des fernen Sternenlichtes (nach Newton der „Äther"), und was ist die „Ursache" der Keplerschen Gesetze? 1665/66 fand Newton, von den Keplerschen Gesetzen ausgehend, das Gravitationsgesetz. Niedergelegt hatte er einige seiner Überlegungen darüber erst 1685 („De motu") bei der Royal Society. Erst danach entschloß sich Newton, seine physikalischen Untersuchungen genauer auszuarbeiten. In einer gewaltigen Anstrengung entstanden die „Philosophiae naturalis principia mathematica" (Manuskript: April 1686, Druck:1687). Die klassische Mechanik wurde damit begründet. Newton führte in dem Werk grundlegende physikalische Begriffe wie „Masse", „Kraft", „Bewegungsgröße" ein, stellte die Axiome der Bewegung auf und konnte „den freien Fall", die Bewegung des Mondes und der Planeten rechnerisch bewältigen, das Gravitationsgesetz herleiten und eine Berechnung von Ebbe und Flut vornehmen.

Ohne eine „neue Mathematik" wäre diese gewaltige Leistung kaum zu erbringen gewesen. Auch hier hatte Barrow Newton in die zeitgenössische Infinitesimalmathematik eingeführt und grundlegende Anregungen gegeben (kinematische Betrachtungsweise). Durch das Studium von Arbeiten von J.Gregory u. a. wurde Newton zu eigenen mathematischen Untersuchungen angeregt und entwickelte seine Theorie der unendlichen Reihen („De analysi per aequationes numero terminorum infinitas", 1669), ursprünglich als Methode zur Berechnung von „Integralen" gedacht. Kernstück der Newtonschen Reihenlehre war die von ihm gefundene Binomialreihe. In diesem Werk fanden sich die Reihen trigonometrischer Funktionen und der Exponentialfunktion, die Methode der unbestimmten Koeffizienten, Reihenumkehrungen, aber keine Konvergenztheorie.

Seit 1671 lag Newtons Werk „Methodus fluxionum et serieum infinitarum" vor. Gedruckt wurde es erst 1736 unter dem Titel „Method of Fluxions". Zum Zeitpunkt seines Entstehens war sein Inhalt fundamental, denn es erläuterte die Vorstellungen, die Newton zu seiner Infinitesimalrechnung geführt hatten. Es behandelte die Differentation und die Integration und wandte beide auf die Theorie der Kurven an (↗Fluxionsrechnung).

Auch als Algebraiker war Newton erfolgreich: Bestimmung der Potenzsummen der Wurzeln einer Gleichung: „Arithmetica universalis" (1673/74, gedruckt 1707).

Kurzzeitig hatte sich Newton auch politischen Fragen gewidmet. Er gehörte zu den Gelehrten, die die Rekatholisierung der Universität Cambridge verhinderten und war Parlamentsabgeordneter. Der Raubbau an seine Kräften rächte sich: 1690-93 litt Newton an Depressionen und Verwirrungszuständen. Im Jahre 1696 wurde er Aufseher der Münze, 1699 Direktor der Münze, siedelte 1701 nach London über und gab seinen Lehrstuhl in Cambridge auf. Ab 1703 war er Präsident der „Royal Society".

Newton-Abel, Formel von, lautet

$$(1+z)^\sigma = \sum_{n=0}^{\infty} \binom{\sigma}{n} z^n$$

für alle $\sigma \in \mathbb{C}$ und $z \in \mathbb{E} = \{z \in \mathbb{C} : |z| < 1\}$. Dabei ist die linke Seite definiert durch

$$(1+z)^\sigma = e^{\sigma \operatorname{Log}(1+z)},$$

wobei Log den Hauptzweig des Logarithmus bezeichnet. Weiter sind $\binom{\sigma}{n}$ die (verallgemeinerten) Binomialkoeffizienten, d. h.

$$\binom{\sigma}{0} := 1,$$

$$\binom{\sigma}{n} := \frac{\sigma(\sigma-1)\cdots(\sigma-n+1)}{n!}, \quad n \in \mathbb{N}.$$

Newton-Cotes-Quadratur, Integrationsformel, welche durch polynomiale Interpolation an äquidistanten Punkten festgelegt ist.

In der Newton-Cotes-Quadratur wird das bestimmte Integral

$$\int_a^b f(t)dt$$

näherungsweise durch die Formel

$$Q_n(f) = h \sum_{i=0}^{n} \omega_i f(a+ih)$$

berechnet. Hierbei ist $n \in \mathbb{N}$, und man setzt

$$h = \frac{(b-a)}{n}.$$

Die Gewichte

$$\omega_i = \int_0^n \prod_{\substack{k=0 \\ k \neq i}}^{n} \frac{t-k}{i-k} dt$$

sind unabhängig von f und den Intervallgrenzen a, b. Diese erhält man somit durch Integration der Lagrange-Polynome, welche bei der ↗Lagrange-Interpolation auftreten.

Beispielsweise ergibt sich durch die Verwendung quadratischer Polynome der Näherungswert

$$Q_2(f) = \frac{h}{3}(f(a) + 4f(\tfrac{a+b}{2}) + f(b)).$$

Diese Formel wird Simpson-Regel genannt. Verwendet man kubische Polynome, so gelangt man zur Näherungsformel

$$\begin{aligned} Q_3(f) &= \frac{3h}{8}(f(a) + 3f(a+\tfrac{h}{3}) \\ &\quad + 3f(a+\tfrac{2h}{3}) + f(b)). \end{aligned}$$

Diese Formel wird Newtonsche $\frac{3}{8}$-Regel genannt. Newton-Cotes-Quadraturformeln, welche auf polynomialer Interpolation höheren Grades beruhen, werden Milne-Regel ($n = 4$) bzw. Weddle-Regel ($n = 6$) genannt. Für $n \geq 8$ treten negative Gewichte in den Newton-Cotes-Quadraturformeln auf. Durch wiederholte Newton-Cotes-Quadratur erhält man Formeln, die in der ↗numerischen Integration verwendet werden.

Ist f eine q-mal differenzierbare Funktion, so gilt für den Fehler der Newton-Cotes-Quadratur

$$\int_a^b f(t)dt - Q_n(f) = h^{q+1} K_n f^{(q)}(\xi).$$

Hierbei ist K_n eine Konstante und $\xi \in (a,b)$. Ist f beispielsweise eine 4-mal differenzierbare Funktionen, so gelten $K_2 = \frac{1}{90}$ und $K_3 = \frac{3}{80}$.

[1] Stoer J.: Einführung in die Numerische Mathematik I. Springer-Verlag Heidelberg/Berlin, 1972.

Newton-Gregory-I-Interpolationsformel, spezielle ↗Newtonsche Interpolationsformel, welche für äquidistante Punkte gültig ist.

Die Newton-Gregory-I-Interpolationsformel des Lagrange-Polynoms p, welches an den Punkten $x_i = i$, $i = 0, \dots, N$, die reellen Werte c_i, $i = 0, \dots, N$, interpoliert, ist gegeben durch die Darstellung

$$p(x) = \sum_{j=0}^{N} \Delta^j c_0 \binom{x}{j}, \; x \in [0, N].$$

Hierbei ist $\Delta^j c_0$ die j-te Vorwärtsdifferenz, und $\binom{x}{j}$ bezeichnet den Ausdruck

$$\frac{x!}{j!(x-j)!} = \frac{1}{j!} x(x-1)\cdots(x-j+1).$$

Die Newton-Gregory-I-Interpolationsformel kann durch Wahl einer geeigneten linearen Transformation auf beliebige äquidistante Punkte angewandt werden.

Newton-Gregory-II-Interpolationsformel, spezielle ↗Newtonsche Interpolationsformel, welche für äquidistante Punkte gültig ist.

Die Newton-Gregory-II-Interpolationsformel des Lagrange-Polynoms p, welches an den Punkten $x_i = i$, $i = 0, \dots, N$, die reellen Werte c_i, $i = 0, \dots, N$, interpoliert, ist gegeben durch die Darstellung

$$p(x) = \sum_{j=0}^{N} \nabla^j c_N \binom{x+j-1}{j}, \; x \in [0, N].$$

Hierbei ist $\nabla^j c_N$ die j-te Rückwärtsdifferenz, welche wie folgt rekursiv definiert wird:

$$\nabla^0 c_{N-i} = c_{N-i}, \; i = 0, \dots, N,$$

und

$$\nabla^j c_{N-i} = \nabla^{j-1} c_{N-i} - \nabla^{j-1} c_{N-i-1}, \; j \geq 1.$$

Weiterhin bezeichnet $\binom{x+j-1}{j}$ den Ausdruck

$$\frac{x+j-1!}{j!(x-1)!} = \frac{1}{j!}(x+j-1)(x+j-2)\cdots x.$$

Die Newton-Gregory-II-Interpolationsformel kann durch Wahl einer geeigneten linearen Transformation auf beliebige äquidistante Punkte angewandt werden.

Newton-Kantorowitsch, Methode von, vereinzelt anzutreffende Bezeichnung für das ↗Newtonverfahren zur Lösung nichtlinearer Nullstellengleichungen oder Gleichungssysteme.

Newton-Polyeder, Begriff aus der algebraischen Geometrie.

Sei $f(x_1, \dots, x_n)$ eine (formale) Potenzreihe über einem Körper,

$$f = \sum_{i=(i_1,\dots,i_n)} a_i x_1^{i_1} \cdots x_n^{i_n}.$$

Die Menge der $i = (i_1, \dots, i_n) \in \mathbb{Z}_+^n$ mit $a_i \neq 0$ heißt Träger von f, bezeichnet mit $\mathrm{supp}(f)$.

Sei $\Gamma_+(f)$ die konvexe Hülle von $\mathrm{supp}(f) + \mathbb{R}_+^n \subset \mathbb{R}^n$ und $\Gamma(f) = \partial\Gamma_+(f)$ ihr Rand. Dann heißt $\Gamma(f)$ Newton-Polyeder von f.

Newton-Raphson, Methode von, ältere Bezeichnung für das ↗ Newtonverfahren.

Newton-Reihe für π, die 1665 von Isaac Newton gefundene Reihendarstellung von π.

Newton betrachtete den Halbkreis mit Radius $r = \frac{1}{2}$ und Mittelpunkt $(\frac{1}{2}, 0)$, also $y = \sqrt{x - x^2}$ (vgl. Abb.).

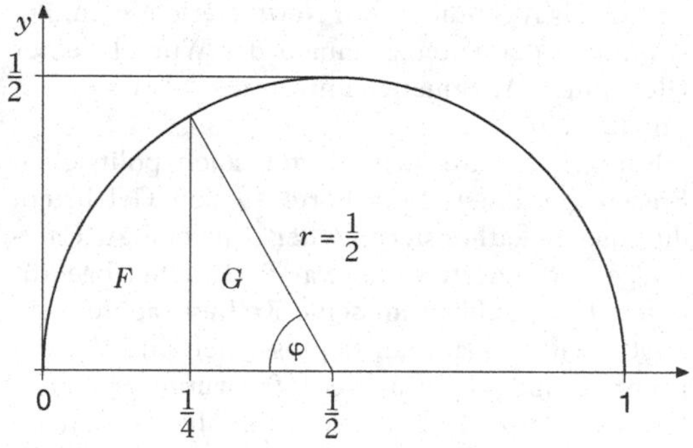

Durch binomisches Entwickeln von $\sqrt{1-x}$ erhielt er die Segmentfläche F:

$$\begin{aligned} F &= \int_0^{\frac14} \sqrt{x - x^2}\, dx = \int_0^{\frac14} \sqrt{x}\sqrt{1-x}\, dx \\ &= \int_0^{\frac14} x^{\frac12} \sum_{n=0}^{\infty} \binom{\frac12}{n} (-x)^n \, dx \\ &= \sum_{n=0}^{\infty} (-1)^n \binom{\frac12}{n} \frac{1}{(2n+3)2^{2n+2}}. \end{aligned}$$

Der Satz des Pythagoras liefert $h = \sqrt{3}/4$, also

$$G = \frac{1}{2} \cdot \frac{1}{4} h = \sqrt{3}/32 .$$

Weiter gilt $\varphi = \arccos \frac{1}{2} = \frac{\pi}{3}$ und daher

$$F + G = \frac{\varphi}{2\pi} \cdot \pi r^2 = \frac{\pi}{24} .$$

Mit der sich ergebenden Formel

$$\begin{aligned} \pi &= 24(F+G) \\ &= \frac{3}{4}\sqrt{3} + 6 \sum_{n=0}^{\infty} (-1)^n \binom{\frac{1}{2}}{n} \frac{1}{(2n+3)4^n} \\ &= \frac{3}{4}\sqrt{3} + 6\left(\frac{1}{3} - \frac{1}{2} \cdot \frac{1}{5 \cdot 4} - \frac{1}{8} \cdot \frac{1}{7 \cdot 4^2} - \ldots\right) \end{aligned}$$

berechnete Newton 15 Dezimalstellen von π.

Newtonsche 3/8-Regel, ↗Newton-Cotes-Quadratur, ↗numerische Integration.

Newtonsche Feldstärke, ↗ elektrische Feldstärke.

Newtonsche Interpolationsformel, Formel, die bei der Durchführung der polynomialen ↗Lagrange-Interpolation bzw. ↗Hermite-Interpolation nützlich ist.

Es seien $x_0 < \ldots < x_N$ Punkte aus einem Intervall $[a, b]$ und c_i, $i = 0, \ldots, N$, reelle Werte. Weiter sei

$$p(x) = \sum_{j=0}^{N} a_j x^j , \quad x \in [a, b]$$

das zugehörige ↗Interpolationspolynom vom Grad N, d. h.

$$p(x_i) = c_i , \; i = 0, \ldots, N .$$

Die Newtonsche Interpolationsformel des Lagrange-Polynoms p ist gegeben durch die Darstellung

$$p(x) = \sum_{j=0}^{N} b_j \prod_{k=0}^{j-1} (x - x_k) , \quad x \in [a, b].$$

Die Koeffizienten b_j sind hierbei ↗dividierte Differenzen $\Delta_{0,\ldots,j}$, zu berechnen durch

$$\Delta_i = c_i , \; i = 0, \ldots, N ,$$

und

$$\Delta_{i,\ldots,i+j} = \frac{\Delta_{i,\ldots,i+j-1} - \Delta_{i+1,\ldots,i+j}}{x_i - x_{i+j}} , \quad j \geq 1 .$$

Besonders übersichtlich wird die Newtonsche Interpolationsformel, wenn die Punkte äquidistant gewählt sind, d. h. $x_i = a + ih$, $i = 0, \ldots, N$, wobei $h = \frac{b-a}{N}$. In diesem Fall definiert man die j-te Vorwärtsdifferenz Δ^j,

$$\Delta^0 c_i = c_i , \; i = 0, \ldots, N ,$$

und

$$\Delta^j c_i = \Delta^{j-1} c_{i+1} - \Delta^{j-1} c_i , \; j \geq 1 ,$$

und erhält

$$b_j = \Delta_{0,\ldots,j} = \frac{\Delta^j c_0}{j! h^j} , \; j = 0, \ldots, N .$$

Darstellungen des Interpolationspolynoms p hinsichtlich äquidistanter Punkte nennt man ↗Newton-Gregory-I-Interpolationsformel bzw. ↗Newton-Gregory-II-Interpolationsformel.

Interpoliert man eine $(N+1)$-fach differenzierbare Funktion f, so ergibt sich aus der Newtonschen Interpolationsformel die folgende Darstellung des Fehlers,

$$(f - p)(x) = \frac{f^{(N+1)}(\xi_x)}{(N+1)!} (x - x_0) \ldots (x - x_N) ,$$

wobei, für vorgegebenes $x \in [a, b]$, ξ_x eine von x abhängige geeignete Zahl ist.

Eine analoge Newtonsche Interpolationsformel gilt für polynomiale Hermite-Interpolation. Hierbei geht man von $x_0 \leq \ldots \leq x_N$ aus.

Newtonsche Reihe, eine Reihe der Form

$$f(x) = \sum_{j=0}^{\infty} b_j \prod_{k=0}^{j-1} (x - x_k)$$

mit reellen oder komplexen Koeffizienten $\{b_j\}$ und vorgegebenen Punkten $\{x_k\}$.

Newtonsches Potential, ↗ elektrisches Potential.

Newtonverfahren, eine der wichtigsten Methoden zur numerischen Approximation von Nullstellen einer Funktion und – damit verbunden – zur Approximation lokaler Extremalpunkte von Optimierungsproblemen.

Die Einsatzbereiche des Newtonverfahrens sind so vielfältig, daß hier nur ein kleiner Eindruck vermittelt werden kann. Die Methode ist sowohl theoretisch als auch praktisch von unschätzbarer Bedeutung.

Die elementarste Form der Newtonmethode ist ihre Anwendung auf die Bestimmung einer Nullstelle einer stetig differenzierbaren Funktion $f : [a, b] \to \mathbb{R}$. Das Verfahren versucht, iterativ von einem Startpunkt $x_0 \in (a, b)$ aus eine Folge $\{x_k, k \in \mathbb{N}\}$ zu konstruieren, die gegen eine Nullstelle von f in (a, b) konvergiert. Dabei berechnet sich die neue Iterierte x_{k+1} aus der alten x_k gemäß

$$x_{k+1} := x_k - \frac{f(x_k)}{f'(x_k)} .$$

Hierbei ist vorausgesetzt, daß die Ableitung $f'(x_k)$ nicht verschwindet. Die geometrische Idee hinter dieser Iteration ist es, in x_k die Tangente an den

Graphen von f zu legen und diese mit der x-Achse zu schneiden. Der Schnittpunkt ist dann gerade x_{k+1}. Damit führt das Newtonverfahren eine Linearisierung des Problems aus: In jedem Schritt wird anstelle einer (möglicherweise) nichtlinearen Gleichung $f(x) = 0$ das entsprechende lineare System

$$f(x_k) + f'(x_k) \cdot (x - x_k) = 0$$

zu x_k gelöst.

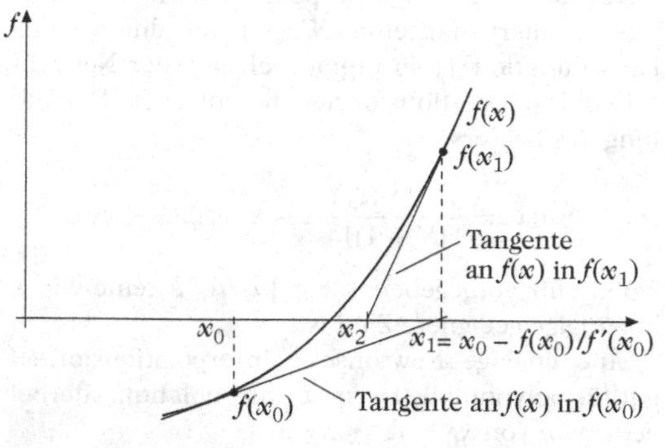

Newtonverfahren: Die Tangentengleichung an $f(x)$ in $f(x_k)$ ist $f'(x_k) \cdot x + f(x_k) - f'(x_k) \cdot x_k$; Schnittpunkt mit der x-Achse ist $x_{k+1} = x_k - f'(x_k)^{-1} \cdot f(x_k)$. Die Abbildung zeigt zwei Newtonschritte von x_0 aus.

Wie man unschwer sieht, läßt sich das Newtonverfahren ebenfalls als ↗Eulersches Polygonzugverfahren zur näherungsweisen Lösung der Differentialgleichung

$$\frac{dx(t)}{dt} = -\frac{1}{2} \cdot \frac{d}{dx} f^2(x(t))$$

mit Schrittweite $h = 1$ auffassen. Andere Schrittweiten liefern die Iterationsvorschrift

$$x_{k+1} = x_k + h_k \cdot f(x_k)^{-1} \cdot f(x_k)$$

und werden ebenso verwendet.

Schon im obigen eindimensionalen Fall zeigen sich zentrale Fragestellungen in Zusammenhang mit dem Newtonverfahren, wie etwa: Für welche Startwerte x_0 konvergiert die Methode gegen eine Nullstelle von f; gegen welche Nullstelle konvergiert das Verfahren (falls überhaupt), wenn mehrere Nullstellen vorhanden sind; wie schnell konvergiert das Newtonverfahren? Die nächste Abbildung zeigt ein einfaches Beispiel, in dem keine Konvergenz vorliegt.

Am Beispiel sieht man, daß die Tangente an f dort, wo die Ableitung fast verschwindet, eine weit von der Nullstelle entfernte nächste Newtoniterierte liefert. Die geometrische Idee hinter diesem

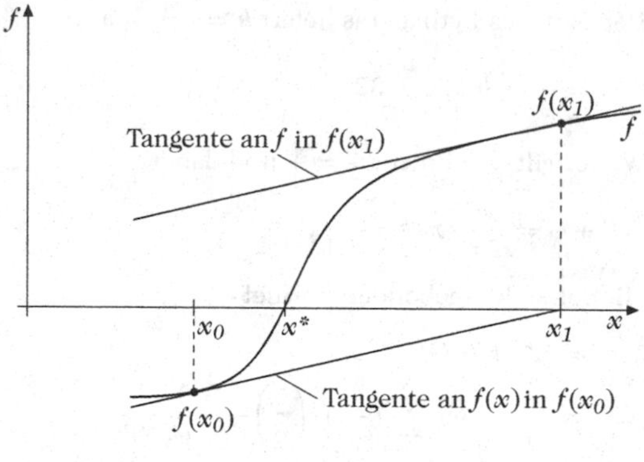

Divergenz des Newtonverfahrens

Beispiel führt zu folgendem recht einfach beweisbaren Konvergenzkriterium.

Sei $f : [a, b] \to \mathbb{R}$ eine dreimal stetig differenzierbare Funktion, die in $\bar{x} \in (a, b)$ eine Nullstelle habe. Gelte ferner $f'(x) \neq 0$ in einer Umgebung U von $\bar{x}$ (d. h. insbesondere, daß $\bar{x}$ eine einfache Nullstelle ist). Dann konvergiert das Newtonverfahren für f für jeden Startpunkt $x_0 \in U$ gegen die Nullstelle $\bar{x}$. Die Konvergenzgeschwindigkeit ist quadratisch, d. h., es gibt eine Konstante $C > 0$, so daß

$$|\bar{x} - x_{k+1}| \leq C|\bar{x} - x_k|^2, \; k \in \mathbb{N},$$

gilt.

Letzteres bedeutet, daß sich die Anzahl der korrekten Stellen mit jedem Iterationsschritt nahezu verdoppelt (in Abwesenheit von Rundungsfehlern). Genauer kann man sogar zeigen, daß

$$\lim_{k\to\infty} \frac{|x_{k+1} - \bar{x}|}{(x_k - \bar{x})^2} = \frac{1}{2}\left|\frac{f''(\bar{x})}{f'(\bar{x})}\right|.$$

Während obiges Kriterium Ableitungen bis zur dritten Ordnung verwendet und diese über einer offenen Menge U Einschränkungen unterwirft, gibt es andere Kriterien, die höhere Differenzierbarkeitsordnungen von f verlangen, dafür aber nur Bedingungen an die Ableitungen in der aktuellen Newtoniterierten stellen. Ein solches Kriterium stellt etwa die α-Theorie von Smale bereit.

I. allg. ist die Frage nach Konvergenzbereichen von immenser Schwierigkeit und Gegenstand intensiver Forschung. Die Frage nach den sogenannten Einzugsbereichen verschiedener Nullstellen (d. h. den Mengen von Startwerten, für die das Newtonverfahren gegen die entsprechende Nullstelle konvergiert) beispielsweise führt in die Theorie der dynamischen Systeme.

Ein noch recht einfaches Kriterium für einen Spezialfall liefert folgender Satz:

Es sei f ein Polynom r-ten Grades, $r \geq 1$, d. h.

$$f(x) = \sum_{k=0}^{r} a_k x^k, \ x \in \mathbb{R},$$

welches nur reelle Nullstellen ξ_i mit

$$\xi_1 \geq \xi_2 \geq \ldots \geq \xi_r$$

besitzt.

Dann liefert das Newtonverfahren für jeden Startwert $x_0 > \xi_1$ eine gegen ξ_1 konvergente monoton fallende Folge. Diese Konvergenz ist im Fall $r \geq 2$ streng monoton.

Durch Abdivision lassen sich in dem durch den Satz beschriebenen Fall sukzessive sämtliche Nullstellen von f iterativ bestimmen.

Ersetzt man den in obiger Formel auftretenden Differentialquotienten $f'(x_k)$ durch den Differenzenquotienten

$$\frac{f(x_k) - f(x_{k-1})}{x_k - x_{k-1}}, \ k \in \mathbb{N},$$

so erhält man das sogenannte Sekantenverfahren. Dieses ist durch die Iterationsvorschrift der Regula falsi,

$$x_{k+1} = \frac{x_{k-1} f(x_k) - x_k f(x_{k-1})}{f(x_k) - f(x_{k-1})}, \ k \in \mathbb{N},$$

festgelegt. Der wesentliche Vorteil des Sekantenverfahrens ist es, daß man für dieses f' nicht explizit kennen muß. Andererseits konvergiert es i. allg. nicht quadratisch, sondern es gilt lediglich

$$|\bar{x} - x_{k+1}| \leq C|\bar{x} - x_k|^{1.618}, \ k \in \mathbb{N}.$$

Eine geradlinige Verallgemeinerung des bisher gesagten ist für mehrdimensionale Abbildungen möglich. Ist $f : \mathbb{R}^n \to \mathbb{R}^n$ differenzierbar, so definiert man die Newtonabbildung $N_f : \mathbb{R}^n \to \mathbb{R}^n$ zu f durch

$$N_f(x) := x - \big(Df(x)\big)^{-1} \cdot f(x),$$

sofern die Jacobi-Matrix $Df(x)$ invertierbar ist. Eine Folge von Newtoniterierten wird analog zur eindimensionalen Situation erzeugt, und dieselben Fragen sind von fundamentaler Bedeutung. Entsprechend läßt sich das Newtonverfahren auf allgemeineren Räumen definieren.

Es ist unmittelbar einsichtig, daß das Newtonverfahren auch eine wesentliche Rolle bei der Suche nach Extremalpunkten spielt; die Mehrzahl der bekannten notwendigen und hinreichenden Optimalitätskriterien differenzierbarer Probleme lassen sich in Form von Gleichungssystemen und damit letztlich als Nullstellenprobleme beschreiben. Zahlreiche Verfahren benutzen dabei Varianten der Methode von Newton, so z. B. das DFP-Verfahren, das BFGS-Verfahren, viele innere-Punkte-Methoden, das Lagrange-Newton-Verfahren, Homotopieverfahren etc.

Eine Verallgemeinerung für die Situation, wenn die Matrix $Df(x)$ nicht invertierbar ist, liefern Verfahren, die dem obigen Zugang ähneln, aber statt Inversen Pseudo-Inverse verwenden.

[1] Hämmerlin, G.; Hoffmann K.-H.: Numerische Mathematik. Springer-Verlag Heidelberg/Berlin, 1991.

[2] Meinardus, G.; Merz G.: Praktische Mathematik I, II. BI-Wissenschaftsverlag Mannheim, 1979/1982.

[3] Stoer, J.: Einführung in die Numerische Mathematik I. Springer-Verlag Heidelberg/Berlin, 1972.

Neyman, Jerzy, polnisch-amerikanischer Mathematiker und Statistiker, geb. 16.4.1894 Bendery (heute Rußland), gest. 5.8.1981 Berkeley.

Neyman studierte ab 1912 Mathematik an der Universität Charkow bei S.N. Bernstein und war danach bis 1921 als Dozent tätig. Von 1921 bis 1923 arbeitete er als Statistiker am Landwirtschaftlichen Forschungsinstitut Bromberg (Polen). Von 1923 bis 1934 hielt er Vorlesungen in Warschau, wo er auch 1924 promovierte. Zwischenzeitlich war er als Rockefeller-Stipendiat in London und Paris, wo eine enge Zusammenarbeit mit E.S. Pearson begann.

Von 1934 bis 1938 war Neyman Dozent für Statistik am University College in London, wo auch Pearson tätig war, ab 1938 dann Direktor des Statistischen Instituts in Berkeley.

Neyman gilt als Mitbegründer der modernen Mathematischen Statistik, insbesondere auch durch seine gemeinsam mit Pearson gewonnenen Resultate zur Testtheorie (Hypothesentests). Er beschäftigte sich aber auch mit Fragen der allgemeinen Maß- und Wahrscheinlichkeitstheorie, sowie Anwendungen in Landwirtschaft, Astronomie und Bakteriologie.

1968 erhielt er die US-Medaille der Wissenschaften.

Neyman-Pearson, Lemma von, auch Fundamentallemma genannt, besagt, daß unter bestimmten Bedingungen stets im gewissen Sinne optimale statistische Signifikanztests existieren. Siehe hierzu ↗Testtheorie.

NFA, ↗ nichtdeterministischer endlicher Automat.

***n*-fach zusammenhängende Menge**, vor allem in der Funktionentheorie ein Gebiet M eines euklidischen Raumes, dessen Rand ∂M aus n disjunkten zusammenhängenden Teilmengen besteht. Die Zahl n wird die Zusammenhangszahl von M genannt, und man spricht auch von einem n-fach zusammenhängenden Gebiet.

In der algebraischen Topologie nennt man einen topologischen Raum X n-fach zusammenhängend, wenn jede stetige Abbildung einer Sphäre $S^m \to X$ für $m \leq n$ nullhomotop ist.

n-fach zusammenhängendes Gebiet, ↗ n-fach zusammenhängende Menge.

nicht unterscheidbare Prozesse, zwei auf einem Wahrscheinlichkeitsraum $(\Omega, \mathfrak{A}, P)$ definierte stochastische Prozesse $(X_t)_{t \in T}$ und $(Y_t)_{t \in T}$, für die

$$P(X_t = Y_t \text{ für alle } t \in T) = 1$$

gilt, d. h., die fast sicher gleich sind.

Zwei nicht unterscheidbare stochastische Prozesse sind stets auch Versionen oder Modifikationen voneinander. Die Umkehrung gilt im allgemeinen nicht. Sind jedoch $(X_t)_{t \in T}$ und $(Y_t)_{t \in T}$ Versionen oder Modifikationen voneinander, und ist T abzählbar, oder besitzen die Prozesse fast sicher rechtsstetige Pfade, so sind sie auch nicht unterscheidbar.

nicht vergleichbare Elemente, zwei Elemente a und b einer ↗ Halbordnung $(V, \leq)$, für die weder $a \leq b$ noch $b \leq a$ gilt.

nichtabelsche Eichgruppen, ↗ abelsche Eichgruppen, ↗ Eichfeldtheorie.

nichtantagonistisches Spiel, ein zwei-Personen-Spiel, das kein Nullsummenspiel ist.

nichtarchimedische Bewertung, ↗ Bewertung eines Körpers.

nichtarchimedische Gruppe, eine geordnete Gruppe, deren Ordnung nicht archimedisch ist.

Ein einfaches Beispiel ist die Gruppe $\mathbb{Z} \times \mathbb{Z}$ mit der lexikographischen Ordnung, d. h. der für $a, b, c, d \in \mathbb{Z}$ durch

$$(a, b) < (c, d) \ :\Longleftrightarrow \ a < c \ \vee \ (a = c \ \wedge \ b < d)$$

gegebenen Ordnung. In dieser geordneten Gruppe gilt $(0, 0) < (0, 1)$ und $(0, 0) < (1, 0)$, doch es gibt kein $n \in \mathbb{N}$ mit $n(0, 1) > (1, 0)$.

nichtarchimedischer Körper, ein geordneter Körper, dessen Ordnung nicht archimedisch ist, in dem es also unendlich kleine und unendlich große Elemente gibt, wie z. B. im Körper der Nichtstandard-Zahlen.

Ein anderes Beispiel ist der Körper der rationalen Funktionen $\mathbb{Q}(t)$ in einer Variablen, versehen mit der folgenden Ordnung: Für $f = \frac{p}{q} \in \mathbb{Q}(t)$ mit

$$p = \sum_{i=0}^{m} p_i t^i \quad , \quad q = \sum_{j=0}^{n} q_j t^j \, ,$$

wobei $p_m, q_n \neq 0$ seien, definiert man

$$f > 0 \ :\Longleftrightarrow \ p_m q_n > 0$$

und für $f, g \in \mathbb{Q}(t)$ damit

$$f < g \ :\Longleftrightarrow \ g - f > 0 \, .$$

Dann ist $t \in \mathbb{Q}(t)$ unendlich groß, und $\frac{1}{t} \in \mathbb{Q}(t)$ ist unendlich klein, denn es gibt kein $n \in \mathbb{N}$ mit $n1_{\mathbb{Q}(t)} > t$ und kein $n \in \mathbb{N}$ mit $\frac{1}{n} 1_{\mathbb{Q}(t)} < \frac{1}{t}$.

nichtassoziativer Ring, Struktur, die alle Axiome eines ↗ Rings erfüllt, bis auf die Assoziativität der Multiplikation.

nichtatomarer Maßraum, ein ↗ Maßraum $(\Omega, \mathcal{A}, \mu)$ mit der Eigenschaft, daß es in $\mathcal{A}$ bzgl. μ keine ↗ atomare Mengen gibt.

nichtautonome Differentialgleichung, eine Differentialgleichung der Form $y' = f(x, y)$, bei der die Funktion f explizit von der unabhängigen Variablen x abhängt. Ist $y' = f(x, y)$ eine gewöhnliche Differentialgleichung, so heißt die Gleichung autonom, falls die Funktion f nur von y abhängt. Ansonsten heißt sie nichtautonom.

nichtdegenerierter Fixpunkt, ↗ nichtentarteter Fixpunkt.

nicht-Desarguessche affine Ebene, affine Ebene, in welcher der Satz von Desargues (↗ Konfigurationstheorem) nicht gilt.

Die Gültigkeit dieses Satzes kann nicht aus den Hilbertschen ↗ Axiomen der Geometrie der Ebene ohne das Axiom der Dreieckskongruenz (K 6) hergeleitet werden, sie folgt jedoch für jede Ebene eines Euklidischen Raumes aus den Axiomen der Geometrie des Raumes, auch wenn Axiom (K 6) weggelassen wird.

Somit kann eine nicht-Desarguessche affine Ebene nicht als Teil einer dreidimensionalen Geometrie eingebettet werden, in der alle Hilbertschen Axiome außer dem Dreieckskongruenzaxiom gelten.

nicht-Desarguessche projektive Ebene, projektive Ebene, in welcher die Desarguessche Annahme (↗ Konfigurationstheorem) nicht gilt.

Eine nicht-Desarguessche projektive Ebene kann nicht in einen höherdimensionalen projektiven Raum eingebettet werden. Die Tatsache, daß nicht-Desarguessche projektive Ebenen existieren, zeigt, daß die Desarguessche Annahme ein unabhängiges Axiom der ebenen projektiven Geometrie ist. (Für den räumlichen Fall folgt die Gültigkeit der Desarguesschen Annahme aus den Inzidenzaxiomen der räumlichen projektiven Geometrie.)

Nichtdeterminismus, mathematisches Konzept, das besagt, daß ein Berechnungsvorgang in einem ↗ Automaten oder einer ↗ Turing-Maschine sich in jedem Schritt so aufspalten kann, daß mehrere Rechnungen simultan nebeneinander existieren. Für den „Erfolg" einer solchen Rechnung wird lediglich verlangt, daß mindestens eine dieser nichtdeterministischen Rechnungen auf die gewünschte Lösung führt.

Beispiele für Automaten, in die das Konzept des Nichtdeterminismus eingeht, sind NFAs, nichtdeterministische Kellerautomaten, nichtdeterministische linear beschränkte Akzeptoren, und nichtdeterministische polynomial zeitbeschränkte Turing-Maschinen. Grundsätzlich nichtdeterministische

Konzepte sind darüber hinaus allgemeine Grammatiken und Semi-Thue-Systeme.

Nichtdeterminismus stellt ein idealisierendes, aber mathematisch und beweistechnisch sehr nützliches Konzept dar. In der Praxis kann ein nichtdeterministisches Verfahren letztlich nicht realisiert werden, sondern muß auf irgendeine Weise in ein ↗deterministisches Verfahren überführt werden.

nichtdeterministische Berechnung, Abarbeitung eines Verfahrens unter Berücksichtigung des ↗Nichtdeterminismus.

nichtdeterministischer endlicher Automat, *(nondeterministic finite automaton, NFA)*, Automat mit endlich vielen Zuständen und einer Zustandsüberführungsfunktion, die einer Eingabe in einem Zustand mehrere Folgezustände zuordnen kann.

Der Automat ist damit bestimmt durch ein Tupel $A = [Q, \Sigma, \delta, Q_0, F]$, wobei Q die endliche Zustandsmenge und Σ das endliche Eingabealphabet sind, δ als Zustandsüberführungsfunktion jedem $q \in Q$ und $a \in \Sigma$ eine Teilmenge von Q als mögliche Nachfolgezustände zuordnet, Q_0 als Teilmenge von Q die Menge möglicher Anfangszustände beschreibt, und F eine Menge von Akzeptierungszuständen ist.

Ein nichtdeterministischer endlicher Automat akzeptiert ein Wort $a_1 \dots a_k$ über dem Alphabet Σ , falls es eine Folge $q_0 \dots q_k$ von Zuständen gibt, für die $q_0 \in Q_0$, $q_k \in F$ und für alle $i \in \{0, \dots, k-1\}$ jeweils $q_{i+1} \in \delta(q_i, a)$ ist. Die Menge der von einem nichtdeterministischen endlichen Automaten akzeptierten Wörter ist immer eine ↗reguläre Sprache. Zu jedem nichtdeterministischen endlichen Automaten kann ein dieselbe Sprache akzeptierender deterministischer endlicher Automat konstruiert werden, der möglicherweise wesentlich mehr Zustände hat. Für einen endlichen Automaten mit Ausgabe kann diese analog zur Zustandsüberführungsfunktion nichtdeterministisch gestaltet werden. Siehe auch ↗endlicher Automat.

nichtdeterministischer Kellerautomat, *(nondeterministic pushdown automaton, NPDA)*, ↗Kellerautomat mit nichtdeterministischer Überführungsrelation.

Zu einem Zustand und einem Eingabezeichen können mehrere Folgekonfigurationen, bestehend aus neuem Zustand und verändertem Kellerinhalt zur Verfügung stehen. Eine Eingabe wird durch einen nichtdeterministischen Kellerautomaten akzeptiert, falls es in jedem Zustand möglich ist, eine der zur Verfügung stehenden Folgekonfigurationen so auszuwählen, daß der Automat sich nach beendeter Eingabe in einer Akzeptierungskonfiguration befindet (üblicherweise also in einem Akzeptierungszustand, evtl. mit einem leeren Kellerspeicher).

Zu einer Sprache gibt es genau dann einen akzeptierenden nichtdeterministischen Kellerautomat, wenn sie eine kontextfreie ↗Grammatik besitzt.

nichtdeterministischer linear beschränkter Akzeptor, *NLBA*, in ihrer Funktion eingeschränkte nichtdeterministische Turing-Maschine mit einem Band und einem Schreib/Lese-Kopf.

Die Einschränkung besteht darin, daß als Kopfposition nur diejenigen Bandfelder zulässig sind, die eingangs mit der Eingabe der Maschine beschriftet waren. Die Einschränkung läßt sich realisieren, indem die Eingabe durch zwei den linken bzw. rechten Rand kennzeichnende Sonderzeichen begrenzt wird, die als Reaktion eine Kopfbewegung nach rechts (linker Rand) bzw. links (rechter Rand) ohne Überschreiben der Sonderzeichen erzwingen.

Zu einer Sprache gibt es genau dann einen nichtdeterministischen linear beschränkten Akzeptor, wenn sie eine kontextsensitive ↗Grammatik besitzt.

Nicht-Differenzierbarkeit, liegt bei einer Funktion $f : D \to \mathbb{R}$ an einer inneren Stelle $a \in D \subset \mathbb{R}$ vor, wenn der Differenzenquotient $Q_f(a, x)$ für $D \ni x \to a$ in $\mathbb{R}$ nicht konvergiert.

Da die Differenzierbarkeit einer Funktion an einer Stelle ihre Stetigkeit an dieser Stelle nach sich zieht, ist ↗Unstetigkeit der grundlegendste Fall von Nicht-Differenzierbarkeit.

Selbst bei stetigem und außer an der Stelle a differenzierbarem f ist es möglich, daß $Q_f(a, x)$ weder für $x \to a-$ noch für $x \to a+$ konvergiert und auch nicht bestimmt divergiert. So ist etwa die Funktion $f : \mathbb{R} \to \mathbb{R}$ mit

$$f(x) = \begin{cases} x \sin \frac{1}{x} & , \ x \neq 0 \\ 0 & , \ x = 0 \end{cases}$$

stetig und gemäß der ↗Kettenregel in $\mathbb{R} \setminus \{0\}$ differenzierbar mit

$$f'(x) = \sin \frac{1}{x} - \frac{1}{x} \cos \frac{1}{x} .$$

Da

$$Q_f(0, x) = \frac{f(x) - f(0)}{x} = \sin \frac{1}{x}$$

für $x \to 0$ nicht konvergiert, ist f nicht differenzierbar an der Stelle 0 (Abbildung 1).

Weiter kann es sein, daß $Q_f(a, x)$ für $x \to a-$ oder $x \to a+$ zwar nicht konvergiert, aber bestimmt gegen $-\infty$ oder ∞ divergiert. Dann spricht man auch von ↗uneigentlicher Differenzierbarkeit.

Selbst wenn beide Grenzwerte

$$f'_-(a) = Q_f(a, a-) = \lim_{x \uparrow a} Q_f(a, x)$$
$$f'_+(a) = Q_f(a, a+) = \lim_{x \downarrow a} Q_f(a, x)$$

in $\mathbb{R}$ existieren, können sie noch verschieden voneinander sein, d. h. f ist nur linksseitig- und rechts-

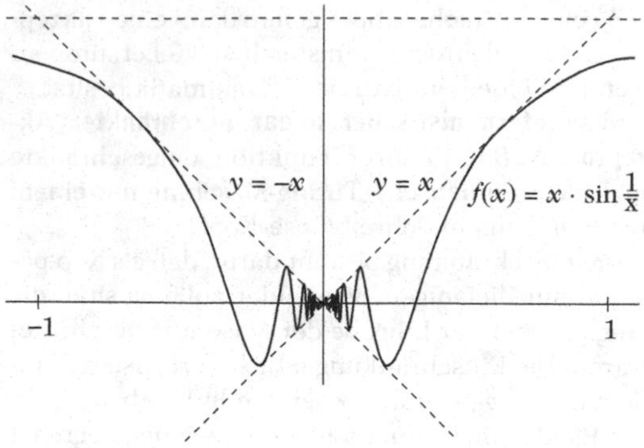

Nicht-Differenzierbarkeit: Abbildung 1

seitig differenzierbar an der Stelle a. Ist dabei f außer an der Stelle a differenzierbar, so hat f an der Stelle a einen ‚Knick'. Das einfachste Beispiel hierfür ist die Betragsfunktion $|\ | : \mathbb{R} \to [0, \infty)$, die außer an der Stelle 0 differenzierbar ist mit der Ableitung -1 in $(-\infty, 0)$ und der Ableitung 1 in $(0, \infty)$. Es gilt $|0|'_- = -1$ und $|0|'_+ = 1$ (Abbildung 2).

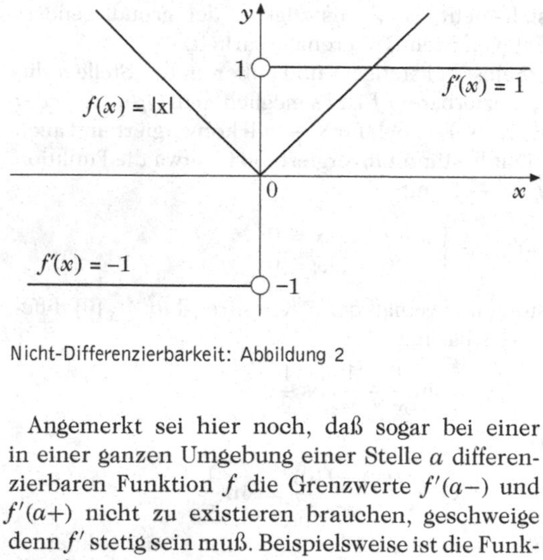

Nicht-Differenzierbarkeit: Abbildung 2

Angemerkt sei hier noch, daß sogar bei einer in einer ganzen Umgebung einer Stelle a differenzierbaren Funktion f die Grenzwerte $f'(a-)$ und $f'(a+)$ nicht zu existieren brauchen, geschweige denn f' stetig sein muß. Beispielsweise ist die Funktion $f : \mathbb{R} \to \mathbb{R}$ mit

$$f(x) = \begin{cases} x^2 \sin \frac{1}{x} & , \ x \neq 0 \\ 0 & , \ x = 0 \end{cases}$$

differenzierbar mit

$$f'(x) = \begin{cases} 2x \sin \frac{1}{x} - \cos \frac{1}{x} & , \ x \neq 0 \\ 0 & , \ x = 0 \end{cases} .$$

Zwar ist f' stetig in $\mathbb{R} \setminus \{0\}$ und in der Umgebung von 0 beschränkt, doch $f'(0-)$ und $f'(0+)$ existieren nicht, weil f' in jeder Umgebung von 0 zwischen -1 und 1 ‚pendelt' (Abbildung 3).

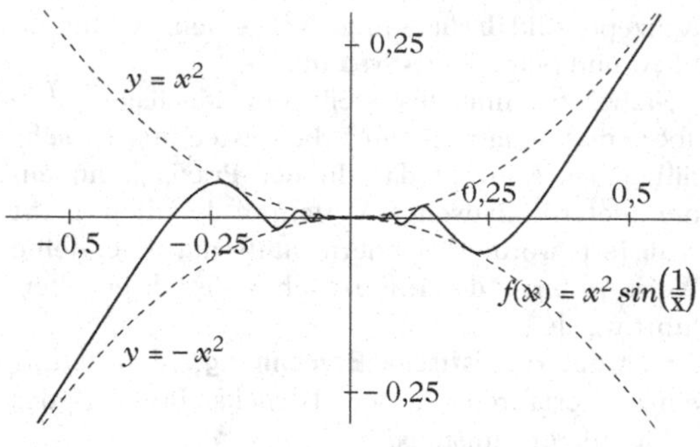

Nicht-Differenzierbarkeit: Abbildung 3

Die Funktionen der obigen Beispiele waren differenzierbar mit Ausnahme einzelner Stellen. Umgekehrt gibt es Funktionen, die nur an isolierten einzelnen Stellen differenzierbar sind. Zum Beispiel ist die Funktion $f : \mathbb{R} \to \mathbb{R}$ mit

$$f(x) = \begin{cases} x & , \ x \in \mathbb{Q} \\ x + x^2 & , \ x \in \mathbb{R} \setminus \mathbb{Q} \end{cases}$$

differenzierbar an der Stelle 0 mit $f'(0) = 1$, aber in $\mathbb{R} \setminus \{0\}$ nicht einmal stetig (Abbildung 4).

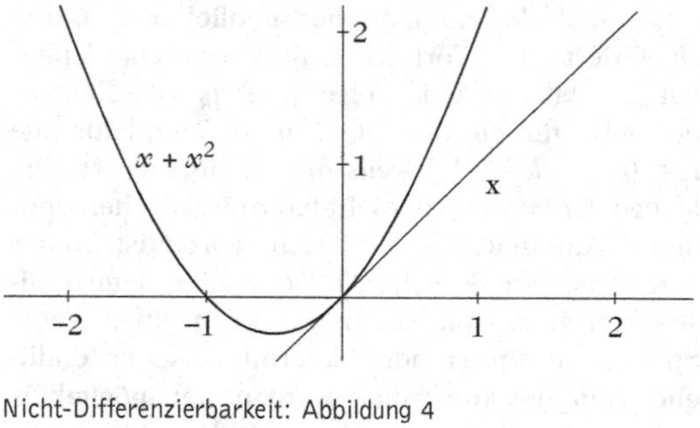

Nicht-Differenzierbarkeit: Abbildung 4

Stellen der Nicht-Differenzierbarkeit müssen selbst bei stetigen Funktionen nicht ‚selten' oder isoliert sein, wie man insbesondere an ↗nirgends differenzierbaren stetigen Funktionen sieht. Unter zusätzlichen Voraussetzungen, wie etwa im Ableitungssatz von Lebesgue, läßt sich über die Menge der Stellen, an denen eine Funktion nicht differenzierbar ist, genaueres aussagen.

Bei Funktionen $f : D \to \mathbb{R}^m$ mit $D \subset \mathbb{R}^n$ hat man sorgfältig zwischen partieller Differenzierbarkeit und (totaler) Differenzierbarkeit zu unterscheiden. Aus der partiellen Differenzierbarkeit einer Funktion an einer Stelle folgt dort *nicht* ihre Differenzierbarkeit. Beispielsweise ist die Funktion $f : \mathbb{R}^2 \to \mathbb{R}$ mit

$$f(x, y) = \begin{cases} \dfrac{xy}{x^2 + y^2} & , \ (x, y) \neq (0, 0) \\ 0 & , \ (x, y) = (0, 0) \end{cases}$$

differenzierbar in $\mathbb{R}^2 \setminus \{(0,0)\}$ und partiell nach beiden Variablen differenzierbar an der Stelle $(0,0)$, aber dort nicht einmal stetig, geschweige denn differenzierbar (Abbildung 5).

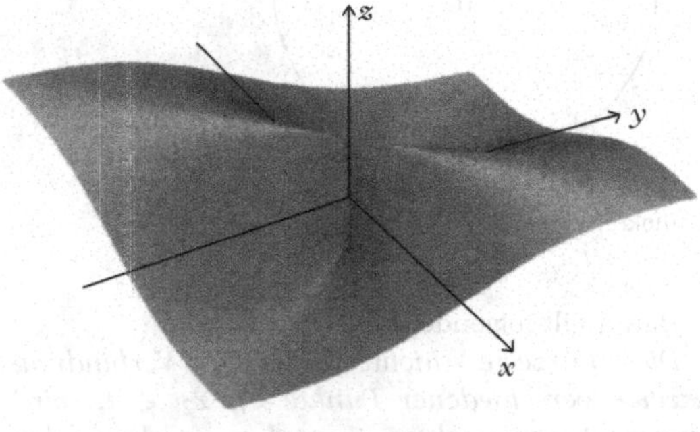

Nicht-Differenzierbarkeit: Abbildung 5

Auch die Funktion $f : \mathbb{R}^2 \to \mathbb{R}$ mit

$$f(x,y) = \begin{cases} \dfrac{xy^2}{x^2+y^4}, & (x,y) \neq (0,0) \\ 0, & (x,y) = (0,0) \end{cases}$$

ist in $\mathbb{R}^2 \setminus \{(0,0)\}$ differenzierbar und besitzt sogar alle Richtungsableitungen an der Stelle $(0,0)$, ohne dort stetig zu sein (Abbildung 6).

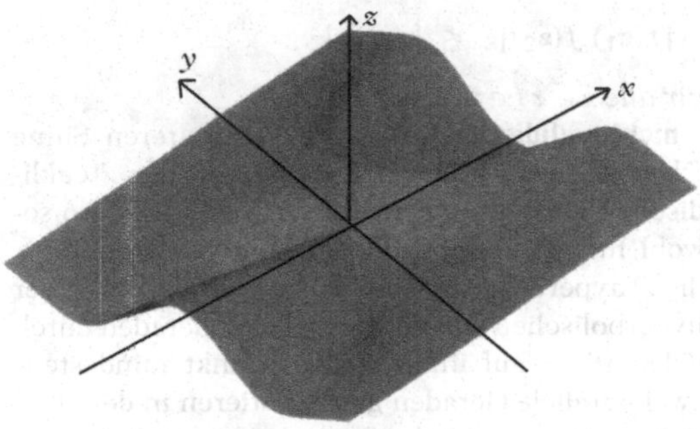

Nicht-Differenzierbarkeit: Abbildung 6

Besonders gut wird dieses Phänomen deutlich anhand der Funktion $f : \mathbb{R}^2 \to \mathbb{R}$ mit $f(x,y) = 1$ für $y = x^2 \neq 0$ und $f(x,y) = 0$ sonst, die ebenfalls an der Stelle $(0,0)$ unstetig ist, obwohl sie dort alle Richtungsableitungen besitzt.

Selbst wenn man zusätzlich zur Existenz aller Richtungsableitungen an einer Stelle dort noch Stetigkeit hat, kann man nicht auf Differenzierbarkeit schließen, wie die Funktion $f : \mathbb{R}^2 \to \mathbb{R}$ mit

$$f(x,y) = \begin{cases} \dfrac{xy^3}{x^2+y^4}, & (x,y) \neq (0,0) \\ 0, & (x,y) = (0,0) \end{cases}$$

zeigt. Diese ist stetig an der Stelle $(0,0)$ und besitzt dort alle Richtungsableitungen (mit $\frac{\partial}{\partial v}f(0,0) = 0$ für alle Richtungsvektoren v), sie ist aber an der Stelle $(0,0)$ nicht differenzierbar.

Dies wird wiederum an der Funktion $f : \mathbb{R}^2 \to \mathbb{R}$ mit $f(x,y) = x$ für $y = x^2$ und $f(x,y) = 0$ sonst noch deutlicher, die ebenfalls an der Stelle $(0,0)$ stetig ist und verschwindende Richtungsableitungen in alle Richtungen besitzt, aber dort nicht differenzierbar ist.

Nichteinheiten, Elemente eines Rings R, die keine Einheiten sind.

Im Ring $\mathbb{Z}$ der ganzen Zahlen sind die Nichteinheiten die von 1 und -1 verschiedenen Elemente. Im Polynomring $\mathbb{K}[x_1, \dots, x_n]$ über einen Körper $\mathbb{K}$ sind die Nichteinheiten die Null und alle Polynome, die nicht konstant sind. Im formalen Potenzreihenring $\mathbb{K}[[x_1, \dots, x_n]]$ über einen Körper sind die Nichteinheiten die Null und alle Potenzreihen ohne konstanten Term.

Nicht-Einsteinsche Gravitationstheorien, Sammelbezeichnung für alle Gravitationstheorien, die von der ↗ Allgemeinen Relativitätstheorie abweichen.

Teilweise wird die Bezeichnung aber auch auf solche Theorien angewendet, die lediglich eine Uminterpretation der Allgemeinen Relativitätstheorie darstellen oder ein zusätzliches Feld enthalten.

nichtentartete Bilinearform, eine Bilinearform, bei der es nur triviale vernullende Elemente gibt.

Es seien zwei reelle oder komplexe Vektorräume V und V^+ gegeben, so daß jedem Paar $(x, x^+) \in V \times V^+$ ein Skalar $\langle x, x^+ \rangle$ aus $\mathbb{K} = \mathbb{R}$ bzw. $\mathbb{K} = \mathbb{C}$ zugeordnet wird. Die Abbildung $(x, x^+) \to \langle x, x^+ \rangle$ sei eine Bilinearform, das heißt

$$\langle x+y, x^+ \rangle = \langle x, x^+ \rangle + \langle y, x^+ \rangle, \quad \langle \lambda x, x^+ \rangle = \lambda \langle x, x^+ \rangle,$$

und

$$\langle x, x^+ + y^+ \rangle = \langle x, x^+ \rangle + \langle x, y^+ \rangle, \quad \langle x, \lambda x^+ \rangle = \lambda \langle x, x^+ \rangle.$$

Die Bilinearform heißt nichtentartet, falls gelten:

$$\{x^+ \in V^+ \mid \langle x, x^+ \rangle = 0 \text{ für alle } x \in V\} = \{0\}$$

und

$$\{x \in V \mid \langle x, x^+ \rangle = 0 \text{ für alle } x^+ \in V^+\} = \{0\}.$$

Die symmetrische Bilinearform

$$A : \mathbb{K}^n \times \mathbb{K}^n \to \mathbb{K}, \quad (k_1, k_2) \mapsto k_1^t A k_2,$$

wobei A eine beliebige $(n \times n)$-Matrix über $\mathbb{K}$ ist, ist genau dann nichtentartet, wenn A regulär ist.

nichtentarteter Fixpunkt, *nichtdegenerierter Fixpunkt*, ein Fixpunkt $x_0 \in W$ eines C^1-↗Vektorfeld $f : W \to \mathbb{R}^n$ auf einer offenen Teilmenge $W \subset \mathbb{R}^n$, für den die Linearisierung (↗Linearisierung eines Vektorfeldes) $Df(x_0)$ von f bei x_0 nicht 0 als Eigenwert hat.

nichtentartetes integrables Hamiltonsches System, ein ↗integrables Hamiltonsches System (M, ω, H), das in einer offenen Teilmenge U seines $2n$-dimensionalen Phasenraumes M Wirkungsvariablen $I_1, \dots, I_n$ derart zuläßt, daß die Determinante der Hesse-Matrix $(\partial^2 h/\partial I_i \partial I_j)$ auf U nicht verschwindet, wobei die Hamilton-Funktion H des Systems in der Form $H = h(I_1, \dots, I_n)$ geschrieben wird.

Diese Systeme bilden den Ausgangspunkt für den Satz über den invarianten Torus von Kolmogorow, Arnold und Moser (↗invarianter Torus, Satz über).

nichteuklidische Ebene, die offene Einheitskreisscheibe $\mathbb{E} = \{z \in \mathbb{C} : |z| < 1\}$ zusammen mit der ↗hyperbolischen Metrik $[\cdot,\cdot]_{\mathbb{E}}$. Der nichteuklidische Abstand zweier Punkte $z_1, z_2 \in \mathbb{E}$ ist dann $[z_1, z_2]_{\mathbb{E}}$. Weiter ist die nichteuklidische Länge oder hyperbolische Länge eines rektifizierbaren Weges $\gamma : [0, 1] \to \mathbb{E}$ definiert durch

$$L_h(\gamma) := \int_\gamma \frac{|dz|}{1 - |z|^2}.$$

Diese Begriffe lassen sich wie folgt motivieren. Ist $f \in \operatorname{Aut}\mathbb{E}$ (↗Automorphismengruppe von $\mathbb{E}$), so gilt

$$\frac{|f'(z)|}{1 - |f(z)|^2} = \frac{1}{1 - |z|^2}.$$

Hieraus ergibt sich sofort folgender Satz.

Sind $z_1, z_2, w_1, w_2 \in \mathbb{E}$ mit $z_1 \neq z_2$ und $w_1 \neq w_2$, so existiert ein $f \in \operatorname{Aut}\mathbb{E}$ mit $f(z_1) = w_1$ und $f(z_2) = w_2$ genau dann, wenn

$$[z_1, z_2]_{\mathbb{E}} = [w_1, w_2]_{\mathbb{E}}.$$

Weiter gilt:

Es sei $\gamma : [0, 1] \to \mathbb{E}$ ein rektifizierbarer Weg und $f \in \operatorname{Aut}\mathbb{E}$. Dann gilt $L_h(f \circ \gamma) = L_h(\gamma)$.

Für den nichteuklidischen Abstand gilt die explizite Formel

$$\begin{aligned}[z_1, z_2]_{\mathbb{E}} &= \frac{1}{2} \log \frac{|1 - \bar{z}_1 z_2| + |z_1 - z_2|}{|1 - \bar{z}_1 z_2| - |z_1 - z_2|} \\ &= \operatorname{artanh} \left| \frac{z_1 - z_2}{1 - \bar{z}_1 z_2} \right|, \quad z_1, z_2 \in \mathbb{E}.\end{aligned}$$

Unter einem Orthokreis in $\mathbb{E}$ versteht man einen Durchmesser von $\mathbb{E}$ oder einen Kreisbogen in $\mathbb{E}$, der zwei Randpunkte $a, b \in \partial\mathbb{E}$ miteinander verbindet und die Einheitskreislinie senkrecht schneidet.

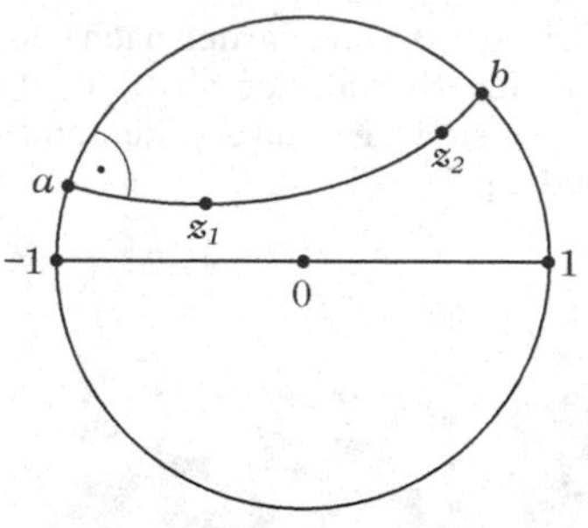

Orthokreis

Damit gilt folgender Satz.

Die kürzeste nichteuklidische Verbindung zweier verschiedener Punkte $z_1, z_2 \in \mathbb{E}$ wird durch den zwischen z_1 und z_2 verlaufenden Bogen des durch z_1 und z_2 gehenden Orthokreises gegeben. Die geodätischen Linien der hyperbolischen Metrik sind also die Orthokreise.

Aufgrund dieses Ergebnisses nennt man Orthokreise auch nichteuklidische Geraden und Orthokreisbögen nichteuklidische Strecken in $\mathbb{E}$. Ein Automorphismus von $\mathbb{E}$ heißt auch nichteuklidische Bewegung. Für weitere Ausführungen zu dieser Thematik vgl. ↗nichteuklidische Geometrie.

Abschließend sei noch folgender Satz erwähnt.

Es sei f eine ↗holomorphe Funktion in $\mathbb{E}$ mit $f(\mathbb{E}) \subset \mathbb{E}$. Dann gilt

$$[f(z_1), f(z_2)]_{\mathbb{E}} \leq [z_1, z_2]_{\mathbb{E}}$$

für alle $z_1, z_2 \in \mathbb{E}$.

nichteuklidische Geometrie, im weiteren Sinne Oberbegriff für Geometrien, die von der ↗euklidischen Geometrie verschieden sind, d. h. also sowohl für die ↗elliptische Geometrie als auch für die ↗hyperbolische Geometrie. Während es in der hyperbolischen Geometrie zu jeder Geraden durch jeden nicht auf ihr liegenden Punkt mindestens zwei parallele Geraden gibt, existieren in der elliptischen Geometrie überhaupt keine parallelen Geraden.

Häufig wird der Begriff „nichteuklidische Geometrie" jedoch (in engerem Sinne) für die auch als *Lobatschewski-Geometrie* oder *hyperbolische Geometrie* bezeichnete Theorie verwendet, die auf den Axiomen der ↗absoluten Geometrie und der Verneinung des Parallelenaxioms des Euklid aufbaut. Diese ging aus den jahrhundertelangen Bemühungen vieler Mathematiker hervor, das Parallelenaxiom auf Grundlage der anderen Axiome der Geometrie zu beweisen (↗Parallelenproblem). In den zwanziger Jahren des 19. Jahrhunderts gelangten die drei Mathematiker Janos Bolyai, Carl Friedrich Gauß und Nikolai Iwanowitsch Lobatschewski weitgehend unabhängig voneinander zu der Erkenntnis, daß eine Geometrie existiert, in der die Axiome der absoluten Geometrie und die Verneinung des euklidischen Parallelenaxioms gelten, in der also durch gegebene Punkte zu gegebenen Geraden nicht in allen Fällen eindeutig bestimmte Parallelen existieren, es somit Punkte gibt, durch die zu bestimmten gegebenen Geraden zwei oder mehr verschiedene Parallelen verlaufen. Diese – der Anschauung nur schwer zugängliche – Erkenntnis zog gewaltige philosophische Konsequenzen nach sich, die Gauß davon abhielten, seine diesbezüglichen Erkenntnisse zu Lebzeiten zu veröffentlichen. Er schrieb 1830 in einem Brief an Bessel:

Wir müssen in Demuth zugeben, dass, wenn die Zahl bloss unseres Geistes Product ist, der Raum auch ausser unserem Geiste eine Realität hat, der wir a priori ihre Gesetze nicht vollständig vorschreiben können. ... Inzwischen werde ich wohl noch lange nicht dazu kommen, meine sehr ausgedehnten Untersuchungen darüber zur öffentlichen Bekanntmachung auszuarbeiten und vielleicht wird diess auch bei meinen Lebzeiten nie geschehen, da ich das Geschrei der Böotier scheue, wenn ich meine Ansicht ganz aussprechen wollte.

Als erster veröffentlichte 1829 Lobatschewski seine Arbeiten zur nichteuklidischen Geometrie, woraus sich der bereits erwähnte Name „Lobatschewski-Geometrie" erklärt. Allerdings war das Echo auf seine Arbeiten zunächst gering. Der erste führende Mathematiker, der die Bedeutung der neuen Geometrie erkannte, war Bernhard Riemann. Dieser beschäftigte sich auch mit der ↗sphärischen Geometrie unter völlig neuem Aspekt und entwickelte diese zu einer eigenständigen nichteuklidischen Geometrie (↗elliptische Geometrie bzw. Riemann-Geometrie). Vor allem aber schuf er mit seiner allgemeinen Theorie der Mannigfaltigkeiten (1854) ein theoretisches Gebäude, das zu einer Systematisierung der bereits bestehenden Geometrien führte und weitere geometrische Systeme hervorbrachte.

Ausgangspunkt dafür ist der bereits von Gauß eingeführte Begriff der inneren Geometrie einer Fläche. Riemann untersuchte die Geometrien auf Flächen konstanter Krümmung, die sich in drei Kategorien einordnen lassen:

1. *Riemannsche bzw. elliptische Geometrie* als Geometrie auf einer Fläche konstanter positiver Krümmung,
2. *Euklidische Geometrie* als Geometrie auf einer Fläche der Krümmung Null,
3. *Lobatschewskische bzw. hyperbolische Geometrie* als Geometrie auf einer Fläche konstanter negativer Krümmung.

Siehe auch ↗elliptische Geometrie, ↗euklidische Geometrie, ↗hyperbolische Geometrie.

nichteuklidischer Abstand, ↗nichteuklidische Ebene.

Nichtflachpunkt, ein Flächenpunkt, der kein ↗Flachpunkt ist.

nichtklassische Logik, Überbegriff für alle logischen Systeme, die sich von der ↗klassischen Logik unterscheiden, in der das Prinzip der Zweiwertigkeit (jede Aussage ist entweder wahr oder falsch) Gültigkeit besitzt.

Die klassiche Logik benutzt die klassischen Funktoren „nicht, und, oder, wenn–so, genau dann–wenn" und die Quantoren „es gibt ein, für jedes" (↗Aussagenlogik, ↗Prädikatenlogik), und bei der Bildung von Ausdrücken (↗elementare Sprache) sind nur endlich lange Zeichenreihen zugelassen. Damit erweisen sich z. B. die folgenden Logiken sofort als nichtklassisch: ↗deontische Logiken, ↗Fuzzy-Logiken, ↗infinitäre Logiken, ↗intermediate Logiken, ↗kombinatorische Logiken, ↗mehrwertige Logiken, ↗Modallogiken, sowie Logiken mit nichtklassischen Quantoren, wie „es gibt unendlich viele, es gibt überabzählbar viele, ... ".

nichtkommutativer Körper, ↗Divisionsring.

Nichtkompaktheitsmaß, Konzept zur Bestimmung des Ausmaßes, in welchem eine Teilmenge eines metrischen Raums relativ kompakt ist.

Sei (M, d) ein ↗metrischer Raum. Das Kuratowskische Nichtkompaktheitsmaß $\chi(B)$ einer beschränkten Teilmenge $B \subset M$ ist das Infimum aller ε so, daß B durch endlich viele Mengen vom Durchmesser $\leq \varepsilon$ überdeckt werden kann. Das Hausdorffsche Nichtkompaktheitsmaß $\alpha(B)$ einer beschränkten Teilmenge $B \subset M$ ist das Infimum aller ε, so daß B durch endlich viele Kugeln vom Radius $\leq \varepsilon$ überdeckt werden kann.

Es gilt stets

$$\alpha(B) \leq \chi(B) \leq 2\alpha(B),$$

und ist M vollständig, so ist B genau dann relativ kompakt, wenn $\alpha(B) = 0$ bzw. $\chi(B) = 0$ ist.

nichtkooperatives Spiel, ↗kooperatives Spiel.

nicht-Lebesgue-meßbare Menge, ↗Banach-Hausdorff-Tarski-Paradoxon.

nichtlineare Approximation, Approximation, bei der die Approximationsmenge keine Vektorraumstruktur besitzt.

Es seien B ein kompakter Raum und $C(B)$ die Menge aller reell- oder komplexwertigen stetigen Funktionen auf B. Die Theorie der nichtlinearen Approximation behandelt Approximation hinsichtlich der ↗Maximumnorm $\|.\|_\infty$, bei der eine parameterabhängige Menge

$$G = \{F(a, .) : a \in \mathcal{A}\} \subseteq C(B)$$

als Approximationsmenge zugrundeliegt. Die Menge $\mathcal{A} \subseteq K^k$, wobei $K = \mathbb{R}$ oder $K = \mathbb{C}$, heißt hierbei die Parametermenge von G. Aufgabe der nichtlinearen Approximation ist es, für beliebig vorgegebenes $f \in C(B)$ einen Parameter $a \in \mathcal{A}$ so zu bestimmen, daß der Ausdruck

$$\|f - F(a,.)\|_\infty$$

minimal wird. In diesem Fall heißt $F(a,.) \in G$ beste Approximation von f hinsichtlich $\|.\|_\infty$.

Die nichtlineare Approximation untersucht (ebenso wie die Approximationstheorie im allgemeinen) die Existenz, Eindeutigkeit und Charakterisierung bester Approximationen. Darüberhinaus spielen Kriterien für die Qualität einer besten Approximation und konstruktive Methoden zur Bestimmung einer solchen eine wichtige Rolle.

Beispiele nichtlinearer Approximationsmengen G bilden die rationalen Funktionen, d. h.

$$G = \left\{\frac{p}{q} : p(x) = \sum_{j=0}^{m} b_j x^j,\ q(x) = 1 + \sum_{j=1}^{n} c_j x^j,\right.$$
$$\left. q(x) > 0,\ x \in [\alpha, \beta]\right\} \subseteq C[\alpha, \beta],$$

die Exponentialsummen, d. h.

$$G = \left\{g : g = \sum_{j=1}^{m} b_j \exp(\lambda_j .),\ b_j,\ \lambda_j \in \mathbb{R}\right\},$$

und die Menge der Splines vom Grad m mit r freien Knoten.

Bei der rationalen Approximation existiert für jedes vorgegebene $f \in C[\alpha, \beta]$ stets eine beste Approximation hinsichtlich G. Diese Aussage war lange Zeit ein offene Frage in der Approximationstheorie, bis sie schließlich in den 60er Jahren des zwanzigsten Jahrhunderts von J.R. Rice geklärt werden konnte. Dementgegen existiert für exponentielle Approximation im allgemeinen keine beste Approximation.

Der folgende Satz, welcher 1961 von G. Meinardus und D. Schwedt bewiesen wurde, gibt ein allgemeines hinreichendes Kriterium für die Existenz einer besten Approximation aus G an. Dieses kann als ↗Kolmogorow-Kriterium der nichtlinearen Theorie aufgefaßt werden.

Es seien $f \in C(B)$ und $a \in \mathcal{A}$, und es bezeichne

$$E_{f-F(a,.)} = \{x \in B : \|f - F(a,.)\|_\infty = |f(x) - F(a,x)|\}$$

die Menge der Extremalpunkte von $f - F(a,.)$ in B. Falls für alle $b \in \mathcal{A}$ die Ungleichung

$$\min\{Re((\overline{f(x) - F(a,x))(F(b,x) - F(a,x)})) : x \in E_{f-F(a,.)}\} \le 0,$$

erfüllt ist, so ist $F(a,.) \in G$ beste Approximation von f hinsichtlich $\|.\|_\infty$. (Hierbei bezeichnet $\overline{z}$ die konjungiert komplexe Zahl zu z.)

Allgemeine Charakterisierungskriterien für beste Approximationen aus G wurden ebenfalls von G. Meinardus und D. Schwedt bestimmt. Hierbei spielen strukturelle Eigenschaften von G wie die sogenannte asymptotische Konvexität eine wichtige Rolle. Spezielle Charakterisierungskriterien für beste Approximationen aus G erhält man, indem man das Problem linearisiert. Hierbei geht man davon aus, daß die formalen Ableitungen

$$\frac{\partial F(a,.)}{\partial a_j},\ j = 1, \dots, k,$$

existieren und stetig sind, und betrachtet für ein festes $a \in \mathcal{A}$ den Tangentialraum

$$\mathcal{T}(a) = \text{span}\left\{\frac{\partial F(a,.)}{\partial a_j} : j = 1, \dots, k\right\}.$$

Die Menge G heißt parametrisierbarer Raum, falls für alle $a \in \mathcal{A}$ der (Vektor)raum $\mathcal{T}(a)$ existiert. In diesem Fall bezeichne $d(a)$ die Dimension des Tangentialraums $\mathcal{T}(a)$. Beispielsweise gilt für rationale Approximation

$$\mathcal{T}(b_0, \dots, b_m; c_1, \dots, c_n) = \text{span}\left\{\frac{1}{q}, \frac{x}{q}, \dots, \frac{x^m}{q}, \frac{-px}{q^2}, \dots, \frac{-px^n}{q^2}\right\},$$

sowie für die exponentielle Approximation

$$\mathcal{T}(b_1, \dots, b_m; \lambda_1, \dots, \lambda_m) = \text{span}\{\exp(\lambda_j .),\ b_j . \exp(\lambda_j .) : j = 1, \dots, m\}.$$

Für Splines vom Grad m mit r freien Knoten ist der Tangentialraum ein Splineraum mit festen Knoten von gewissen Vielfachheiten.

Ein parametrisierbarer Raum $G \subseteq C[\alpha, \beta]$ heißt lokal-Tschebyschew (auch: lokal Haarsch), falls für alle $a \in \mathcal{A}$ der Tangentialraum $\mathcal{T}(a)$ ein ↗Tschebyschew-System bildet. Darüberhinaus heißt ein parametrisierbarer Raum G global-Tschebyschew (auch: global Haarsch), falls für alle $a, b \in \mathcal{A}$ gilt, daß $F(a,.) - F(b,.) \not\equiv 0$ maximal $d(a) - 1$ Nullstellen in $[\alpha, \beta]$ besitzt. Falls ein parametrisierbarer Raum G sowohl lokal-Tschebyschew als auch global-Tschebyschew ist, so existiert für vorgegebenes $f \in C[\alpha, \beta]$ stets maximal eine beste Approximation $F(a,.) \in G$, d. h. es gilt die Eindeutigkeit. Beispiele für Probleme mit solchen parametrisierbaren Räumen bilden die rationale Approximation und die exponentielle Approximation.

Aufbauend auf diese strukturellen Eigenschaften konnten G. Meinardus und D. Schwedt 1961 den folgenden Satz über die Charakterisierung bester Approximationen aus parametrisierbaren Räumen von $C[\alpha, \beta]$ beweisen.

Es seien $f \in C[\alpha, \beta]$, $a \in A$ und G ein parametrisierbarer Raum, der sowohl lokal-Tschebyschew als auch global-Tschebyschew ist.

Dann ist $F(a, .) \in G$ genau dann beste Approximation von f hinsichtlich $\|.\|_\infty$, wenn $d(a) + 1$ Punkte

$$\alpha \leq \xi_1 < \ldots < \xi_{d(a)+1} \leq b$$

und ein $\sigma \in \{-1, 1\}$ existieren, so daß

$$(-1)^\nu \sigma(f(\xi_\nu) - F(a, \xi_\nu)) = \|f - F(a, .)\|_\infty,$$
$$\nu = 1, \ldots, d(a) + 1,$$

gilt. Die Menge $\{\xi_\nu : \nu = 1, \ldots, d(a) + 1\}$ heißt Alternante von $f - F(a, .)$ der Länge $d(a) + 1$.

Einfache Charakterisierungen dieser Art sind im allgemeinen nicht bekannt. So findet man in der Literatur beispielsweise für Splines mit freien Knoten nur hinreichende und (sich unterscheidende) notwendige Bedingungen, jedoch keine vollständige Charakterisierung bester Approximationen.

Ein effizienter, auf dem Lawson-Prinzip beruhender Algorithmus zur Berechnung von besten Approximationen hinsichtlich Splines mit freien Knoten wurde 1986 von G. Nürnberger, M. Sommer und H. Strauß entwickelt. Diese Vorgehensweise wird auch ↗ Segment-Approximation genannt und wurde in den 90er Jahren des zwanzigsten Jahrhunderts von G. Meinardus, G. Nürnberger und G. Walz auf bivariate Approximation erweitert.

[1] Braess, D.: Non-linear Approximation Theory. Springer-Verlag Berlin/Heidelberg, 1986.

[2] Meinardus, G.: Approximation of Functions, Theory and Numerical Methods. Springer-Verlag Berlin/Heidelberg, 1967.

[3] Nürnberger, G.: Approximation by Spline Functions. Springer-Verlag Berlin/Heidelberg, 1989.

nichtlineare Differentialgleichung, ↗ lineare Differentialgleichung.

nichtlineare Dynamik, Sammelbegriff für die Theorie nichtlinearer Differentialgleichungen und die sich daran anschließende allgemeinere Theorie entsprechender ↗ dynamischer Systeme.

nichtlineare Gleichung, Gleichung der Form $f(x_1, \ldots, x_n) = 0$ mit einer Funktion f der Variablen $x_1, \ldots, x_n$, bei der mindestens eine der Größen x_i in einer Potenz > 1 auftritt, oder bei der Produkte von Variablen vorkommen.

Auch das Auftreten von elementaren Funktionen wie dem Sinus oder der Exponentialfunktion mit Variablen im Argument erzeugt nichtlineare Gleichungen. Beispielsweise sind mit den Variablen x_1 und x_2 die Gleichungen $x_1^2 + 3x_2 = 0$ und $x_1 + \sin x_2 = 0$ nichtlinear, die Gleichung $2x_1 - 7x_2 = 0$ dagegen ist linear.

Nichtlineare Gleichungen in einer reellen oder komplexen Unbekannten lassen sich bis zum Auftreten von Potenzen vierter Ordnung explizit auflösen (↗ Abel, Satz von).

nichtlineare Integralgleichung, eine mit Hilfe von Integraloperationen gebildete Funktionalgleichung, die die gesuchte Funktion in nichtlinearer Weise enthält.

nichtlineare Optimierung, *nichtlineare Programmierung*, Teilgebiet der ↗ Optimierung.

Behandelt werden hier Optimierungsprobleme, in denen nichtlineare Daten in der Problemstellung auftreten. Dies kann sowohl die Zielfunktion als auch die Nebenbedingungen betreffen (oder beide).

Eine wichtige Teilklasse nichtlinearer Probleme sind die quadratischen Optimierungsprobleme, da diese z. B. unter komplexitätstheoretischem Gesichtspunkt bereits von charakteristischer Schwierigkeit sind. Probleme, bei denen die beteiligten nichtlinearen Funktionen immerhin konvex sind, lassen sich dagegen i. allg. noch mit Methoden der linearen Optimierung behandeln (vgl. ↗ innere-Punkte Methoden).

nichtlineare Programmierung, ↗ nichtlineare Optimierung.

nichtlineare Regression, ↗ Regression, ↗ Regressionsanalyse.

nichtlinearer Effekt, Bezeichnung für einen Typus von Phänomenen, die in Systemen auftreten, welche durch Differentialgleichungen mit nichtlinearem Anteil (↗ lineare Differentialgleichung) beschrieben werden.

nichtlineares Differentialgleichungssystem, ↗ lineares Differentialgleichungssystem.

nichtlineares Eigenwertproblem, Problem der Bestimmung von Eigenwerten nichtlinearer Operatoren.

Es seien V ein Vektorraum und $A : V \to V$ ein nichtlinearer Operator. Dann besteht das nichtlineare Eigenwertproblem darin, Elemente λ zu finden, für die die Gleichung $Ax = \lambda x$ eine nichttriviale Lösung $x \in V$ hat. In diesem Fall heißt λ ein Eigenwert von A.

nichtlineares Gleichungssystem, ein aus mehreren ↗ nichtlinearen Gleichungen zusammengesetztes System von Gleichungen, bei der nach gemeinsamen Lösungen aller Gleichungen gesucht wird.

Für nichtlineare Gleichungssysteme existiert kein allgemein anwendbares Lösungsverfahren wie dies im linearen Fall etwa der Gaußsche Algorithmus darstellt. Üblicherweise kommen zur Lösung Näherungsverfahren wie z. B. das Newtonverfahren zur Anwendung. Für polynomiale Systeme existieren aber auch verschiedene Ansätze der Variablenelimination, etwa das Verfahren von Buchberger oder das Verfahren von Kronecker.

nichtlokale Eichtheorien, ↗ Eichfeldtheorie.

nicht-magere Menge, eine Teilmenge eines metrischen Raumes, die nicht von erster Kategorie ist (↗ Bairesches Kategorienprinzip).

nicht-negative Zahl, *nichtnegative Zahl*, reelle Zahl, die nicht negativ, also gleich Null oder positiv ist. Die Menge der nicht-negativen Zahlen ist das Intervall $[0, \infty)$.

Nichtnullteiler, Element x eines Rings R mit der Eigenschaft: $x \cdot y = 0$ impliziert $y = 0$.

Im Ring $\mathbb{Z}$ oder im Polynomring $\mathbb{K}[x_1, \ldots, x_n]$ über einen Körper sind alle vom Null verschiedenen Elemente Nichtnullteiler. Im ↗Faktorring $\mathbb{Z}/(4) = \{0, 1, 2, 3\}$ sind die Elemente 1 und 3 Nichtnullteiler.

nichtorientierbares Geschlecht eines Graphen, das minimale Geschlecht k einer nichtorientierbaren Fläche N_k so, daß der Graph G eine kreuzungsfreie Einbettung in N_k besitzt.

Die Bestimmung des nichtorientierbaren Geschlechts eines Graphen ist ein NP-schweres Problem. Das nichtorientierbare Geschlecht des vollständigen Graphen K_n beträgt $\lceil (n-3)(n-4)/6 \rceil$ für $n \geq 3$, und das nichtorientierbare Geschlecht des vollständigen bipartiten Graphen $K_{n,m}$ beträgt $\lceil (n-2)(m-2)/2 \rceil$ für $n, m \geq 2$.

nichtparametrische Inferenz, ↗nichtparametrische Statistik.

nichtparametrische Statistik, *nichtparametrische Inferenz*, Verfahren und Methoden der mathematischen Statistik, bei denen für die Wahrscheinlichkeitsverteilung P_X der zufälligen Variablen X kein parametrisches Modell angenommen werden kann.

Das bedeutet, daß die Menge Q der Verteilungen, denen P_X angehört, nicht in natürlicher Weise durch einen endlich-dimensionalen Parameter $\gamma \in \mathbb{R}^k$ parametrisierbar ist. Die Familie Q besteht vielmehr aus einer umfangreichen, der konkreten Anwendungssituation angepaßten Klasse von Wahrscheinlichkeitsverteilungen mit stetiger oder auch absolutstetiger Verteilungsfunktion. Im Gegensatz zu einem parametrischen Modell, bei dem der Typ der Wahrscheinlichkeitsverteilung bis auf unbekannte Parameter bekannt ist (wie zum Beispiel bei der Normal- oder Exponentialverteilung), ist bei einem nichtparametrischen Modell der Typ der Verteilung nicht spezifiziert. Dementsprechend werden die Verfahren der nichtparametrischen Statistik auch als verteilungsfrei bezeichnet.

Nichtparametrische Verfahren sind besonders für solche Anwendungsgebiete wie Ökonomie, Soziologie, Psychologie, Pädagogik, Medizin und Biologie von Bedeutung, in denen vorwiegend qualitative Merkmale analysiert werden. Die Auswertung qualitativer Beobachtungsergebnisse, wie sie beispielsweise beim Vergleich zweier Behandlungsarten auftreten, führt häufig auf nichtparametrische Schätz- und Testverfahren, die wesentlich von den Eigenschaften einer ↗geordneten Stichprobe Gebrauch machen. Dabei spielen insbesondere die sogenannten zufälligen Rangzahlen, die die größenmäßige Anordnung der Beobachtungswerte beschreiben, eine zentrale Rolle. Wichtige Beispiele nichtparametrischer Tests sind die ↗Rangtests und die ↗Anpassungstests, siehe auch ↗k-Stichprobenproblem.

nicht-positive Zahl, *nichtpositive Zahl*, reelle Zahl, die nicht positiv, also gleich Null oder negativ ist. Die Menge der nicht-positiven Zahlen ist das Intervall $(-\infty, 0]$.

nichtresonanter Torus, für ein ↗nichtentartetes integrables Hamiltonsches System (M, ω, H) ein unter dem Fluß von H invarianter Torus, auf dem die Kreisfrequenzen $\omega_1, \ldots, \omega_n$ (bezüglich gewählter Wirkungsvariablen) folgender verschärfter rationaler Unabhängigkeit genügen:

Es existieren $\tau, r > 0$ so, daß für alle $k_1, \ldots, k_n \in \mathbb{Z}$ mit $|k_1| + \cdots + |k_n| \geq 1$ gilt:

$$|k_1\omega_1 + \cdots + k_n\omega_n| \geq r(|k_1| + \cdots + |k_n|)^{-\tau}.$$

Nach dem Satz von Kolmogorow-Arnold-Moser bleiben nichtresonante invariante Tori bei kleinen Hamiltonschen Störungen erhalten.

nichtseparable Erweiterung, ↗separable Erweiterung.

nichtsinguläre Intervallmatrix, ↗reguläre Intervallmatrix.

nichtsinguläre Matrix, ↗reguläre Matrix.

nichtsinguläres Vektorfeld, ein Vektorfeld, das keine Fixpunkte (↗Fixpunkt eines Vektorfeldes) bzw. singulären Punkte (↗singulärer Punkt eines Vektorfeldes) besitzt, also ein auf einer Mannigfaltigkeit M definiertes Vektorfeld f ohne Nullstellen.

Auf einer kompakten Mannigfaltigkeiten mit Rand gibt es genau dann ein nichtsinguläres Vektorfeld, wenn die Eulersche Charakteristik von M gleich Null ist (Satz von Poincaré-Hopf). Für eine zweidimensionale kompakte Mannigfaltigkeit ohne Rand gibt es nur dann nichtsinguläre Vektorfelder, wenn sie ein Torus oder eine Kleinsche Flasche ist.

Nichtstandard-Analysis

R. Fittler

Die Nichtstandard-Analysis ist eine Verfeinerung der (klassischen) Analysis, eingeführt von Robinson im Hinblick auf eine widerspruchsfreie Realisierung von infinitesimalen und unendlichen Zahlen im Sinne von Leibniz.

Diese Möglichkeit eröffnet sich z. B. auf Grund des Kompaktheitssatzes der Modelltheorie von Sprachen erster Stufe wie folgt. Man faßt die Struktur $\mathbb{R}$ der reellen Zahlen so auf, daß sie mindestens die Formel $x < y$, also alle Formeln der Form $\underline{0} < K, \underline{1} < K, \ldots, \underline{n} < K, \ldots$ interpretiert, wobei $\underline{0}, \underline{1}, \ldots, \underline{n}, \ldots$ Konstanten für die entsprechenden natürlichen Zahlen sind, und K eine darunter nicht vorkommende Konstante sei.

In solch einer Struktur gelten (höchstens) endlich viele der oben angegebenen Formeln. Zusätzlich kann man noch alle weiteren in $\mathbb{R}$ gültigen Sätze der Analysis in Betracht ziehen, die sich in der vorliegenden Sprache erster Stufe mit Parametern in $\mathbb{R}$ ohne die Konstante K formulieren lassen.

Man kann nun erreichen, daß jede beliebig fest vorgegebene endliche Menge von solchen Sätzen und Formeln aus $\underline{0} < K, \underline{1} < K, \ldots, \underline{n} < K, \ldots$ erfüllt wird in $\underline{\mathbb{R}}$, indem man die Interpretation von K in $\mathbb{R}$ genügend groß wählt bzgl. „<". (Die natürlichen Interpretationen der Konstanten $\underline{0}, \underline{1}, \ldots, \underline{n}, \ldots$ werden festgehalten.) Mit dem Kompaktheitssatz folgt dann, daß überhaupt alle die Sätze ohne K und alle Formeln $\underline{0} < K, \underline{1} < K, \ldots, \underline{n} < K, \ldots$ gleichzeitig erfüllbar sind in geeigneten Strukturen. Die Interpretation von K in einer solchen Struktur $\mathbb{R}^*$ ist ein Beispiel für eine unendlich große Nichtstandard-Zahl. Die Strukturen $\mathbb{R}^*$ heißen Nichtstandard-Erweiterungen von $\mathbb{R}$. Es sind sogar elementare Erweiterungen $\mathbb{R} \preceq \mathbb{R}^*$ in dem Sinne, daß in $\mathbb{R}$ und $\mathbb{R}^*$ dieselben Formeln mit Parametern aus $\mathbb{R}$ gelten. Dieser Sachverhalt heißt auch Transferprinzip. Die Elemente aus $r \in \mathbb{R}$, aufgefaßt als Elemente von $\mathbb{R}^*$, heißen standard und werden mit r^* bezeichnet.

Eine Zahl $s \in \mathbb{R}^*$ heißt infinitesimal, kurz $s \sim 0$, falls sie für alle standard r, r' mit $r < 0$ und $0 < r'$ die Bedingung $r < s < r'$ erfüllt.

Jede endlichstellige Relation R oder endlichstellige (partielle) Funktion f über $\mathbb{R}$ hat über $\mathbb{R}^*$ ihre eindeutig festgelegte Interpretation R^* bzw. f^*. Ist z. B. $f : \mathbb{R} \setminus \{0\} \to \mathbb{R}$ die Funktion $f(x) = 1/x$, so ist $f^*(K) \neq 0$ aufgrund des Transferprinzips infinitesimal für eine unendliche Nichtstandard-Zahl K.

Der Teilmenge der natürlichen Zahlen $\mathbb{N} \subset \mathbb{R}$ entspricht die Teilmenge $\mathbb{N}^* \subset \mathbb{R}^*$ der hypernatürlichen Zahlen in $\mathbb{R}^*$. Damit gilt $\mathbb{N} \subset \mathbb{N}^*$, und $\mathbb{N}^*$ enthält unendliche natürliche Zahlen, d. h. Elemente die größer sind (bzgl. <) als alle natürlichen Standard-Zahlen: Da in $\mathbb{R}$ jede reelle Zahl durch passende natürliche Zahlen der Größe nach geschlagen werden kann, gilt dies nach dem Transferprinzip auch für unendlich große positive reelle Nichtstandard-Zahlen K. Die unendlichen natürlichen Zahlen heißen auch $*$-endlich.

In Anlehnung an die ursprüngliche Intention definiert man den Begriff der Monade eines Elementes x von $\mathbb{R}^*$ als

$$\{y \in \mathbb{R}^* | y - x \sim 0\}$$

(↗Nichtstandard-Topologie). Die Monade von 0 ist damit die Menge der infinitesimalen Elemente.

Eine reelle Nichtstandard-Zahl s heißt endlich, falls sie $-r < s < r$ erfüllt für eine Standard-Zahl $r \in \mathbb{R}$, d. h., s liegt in einem durch Standard-Zahlen begrenzten Intervall.

Es gilt der Satz:

Zu jedem endlichen $x \in \mathbb{R}^*$ existiert eine eindeutig bestimmte Standard-Zahl $^\circ x$ in der Monade von x. $^\circ x$ heißt der Standardteil von x.

Bezeichnet man die Menge der endlichen Zahlen aus $\mathbb{R}^*$ mit **E** *so ist* **E** *ein Ring bzgl. der Operationen $+^*$ und $\cdot^*$, eingeschränkt auf* **E**, *und die Abbildung $^\circ$:* **E** *$\to \mathbb{R}$ ist ein surjektiver Ringhomorphismus mit der Monade von 0 als Kern.*

Mit den soweit bereitgestellten Mitteln lassen sich nun klassische Grundbegriffe der Analysis durch intuitive Nichtstandard-Beschreibungen charakterisieren. Wir behandeln zunächst die Konvergenz von reellen Zahlenfolgen, die Stetigkeit von Funktionen und die Differenzierbarkeit.

Es sei $a : \mathbb{N} \to \mathbb{R}$ mit $\mathbb{N} \ni n \mapsto a_n \in \mathbb{R}$ eine reelle Zahlenfolge. Ihre Interpretation über $\mathbb{R}^*$ sei durch $\mathbb{N}^* \ni \nu \mapsto (a^*)_\nu \in \mathbb{R}^*$ gegeben. Dann gilt der Satz:

Die Folge $\{a_n\}_{n \in \mathbb{N}}$ konvergiert gegen $b \in \mathbb{R}$ genau dann, wenn für alle unendlichen $\omega \in \mathbb{N}^*$ die $(a^*)_\omega$ endlich sind und $^\circ((a^*)_\omega) = b$ erfüllen.

Im Zusammenhang mit dem Stetigkeitsbegriff gilt der Satz:

Ist $f : I \to \mathbb{R}$ eine reelle Funktion über $\mathbb{R}$ und I ein beliebiges Intervall, dann gilt:

- *F ist stetig in $a \in I$ genau dann, wenn alle $x \in I^*$ mit $x \sim a$ erfüllen: $f^*(x) \sim f^{(*)}(a)$.*
- *F ist gleichmäßig stetig auf I genau dann, wenn alle $x, y \in I^*$ mit $x \sim y$ erfüllen: $f^*(x) \sim f^*(y)$.*

Für die Differenzierbarkeit gilt:

Die reelle Funktion $f : I \to \mathbb{R}$ ist im Punkte a des offenen Intervalls I differenzierbar mit Differentialquotient $\frac{df}{dx}(a) = b \in \mathbb{R}$ genau dann, wenn für alle infinitesimalen $\Delta x \neq 0$ gilt

$$\frac{f^*(a + \Delta x) - f(a)}{\Delta x} \sim b\,.$$

Zur Behandlung von komplexeren Sachverhalten muß man die bisher benützte Struktur $\mathbb{R}$ und die dazu passenden formalen Sprachen erster Stufe so ergänzen, daß man die Quantoren nicht nur auf die reellen Zahlen selbst, sondern auch auf (Teil-) Mengen, Relationen und (partielle) Funktionen usw. beziehen kann. Dazu ersetzt man $\mathbb{R}$ durch eine Obermenge $\mathbb{M}$, welche $\mathbb{R}$ und ihre Potenzmenge $\mathfrak{P}(\mathbb{R})$ enthält, sowie die entsprechenden Mengen von Relationen und Funktionen umfaßt. Die zugehörige Sprache erster Stufe soll u. a. auch das 2-

stellige Grundprädikat ε enthalten, welches dann in $\mathbb{M}$ durch die die Elementbeziehung $x \in y$ interpretiert wird. Um die Obermenge $\mathbb{M}$ nicht immer ad hoc wählen zu müssen, genügt es für viele Zwecke, die Superstruktur $V(\mathbb{R})$ zu benutzen, die für eine unendliche Menge S allgemein wie folgt definiert wird:

$$V_1(S) = S, \cdots, V_{n+1}(S) = \mathfrak{P}(V_n(S)), \cdots$$
$$V(S) := \bigcup_{n \in \mathbb{N}} V_n(S).$$

Die zusammengesetzte Erweiterung

$$V(S) = \bigcup_{n \in \mathbb{N}} V_n(S) \subset \bigcup_{n \in \mathbb{N}} V_n(S^*) = V(S^*)$$
$$\subset \overset{*}{\bigcup_{n \in \mathbb{N}^*}} V_n(S^*) = (V(S))^*$$

der Struktur links außen in diejenige rechts außen, d. h. $V(S) \subset (V(S))^*$, ist wie im ursprünglichen Falle von $\mathbb{R} \subset \mathbb{R}^*$ eine elementare Erweiterung (Parameter aus $V(S)$), die linksseitige und die rechtsseitige Erweiterung für sich genommen erhalten jeweils nur die Gültigkeit von Formeln mit beschränkten Quantoren und Parametern aus $V(S)$. Die Bilder von Elementen A von $V(S)$ in $V(S^*)$ heißen wieder standard und werden mit A^* bezeichnet. Ist A eine unendliche Menge oder Struktur, so heißt A^* andererseits auch Nichtstandard-Modell von A, im Hinblick auf seine innere Struktur.

Für viele Zwecke genügen Formeln mit beschränkten Quantoren und damit die linksseitige Erweiterung $V(S) \subset V(S^*)$, für die gerade das Transferprinzip für Formeln mit beschränkten Quantoren gilt. Auch dafür hat sich der Begriff Nichtstandard-Erweiterung eingebürgert.

In diesem Rahmen ergeben sich nun neue Charakterisierungen von klassischen Eigenschaften aus der Analysis. Die Riemannsche Integrierbarkeit einer reellen Funktion $f : [a, b] \to \mathbb{R}$ kann z. B. ausgedrückt werden durch die äquivalente Aussage:

Für alle $*$-endlichen Unterteilungen

$$a = a_0 \leq a_1 \leq \cdots \leq a_{n-1} \leq a_n$$
$$\leq \cdots \leq a_{\omega-1} \leq a_\omega = b, \; \omega \in \mathbb{N}^* \setminus \mathbb{N},$$

deren Teilintervalle $[a_{n-1}, a_n]$ für $n = 1, \ldots, \omega$ infinitesimale Länge haben, und für jede beliebige Auswahl

$$\{x_n \in [a_{n-1}, a_n]\}_{n=1 \cdots \omega}$$

von Zwischenwerten x_n sind die Riemannschen Summen

$$\sum_{n=1}^{n=\omega} f(x_n)(a_n - a_{n-1})$$

endlich und liegen in derselben Monade.

Ist diese Bedingung erfüllt, dann folgt erwartungsgemäß

$$\circ\left(\sum_{n=1}^{n=\omega} f(x_n)(a_n - a_{n-1})\right) = \int_a^b f(x)dx.$$

Die erwähnten Mengen von Unterteilungen bzw. Auswahlen sind in $V(\mathbb{R}^*)$ durch Formeln (mit beschränkten Quantoren und Parametern aus $V(\mathbb{R}^*)$) definierbare Teilmengen. Sie heißen auch intern definierbare Teilmengen. Für diese gilt nun das interne Definitionsprinzip:

Eine Teilmenge von $V(\mathbb{R}^*)$ ist genau dann intern definierbar, wenn sie sogar ein Element von $V(\mathbb{R}^*)$ ist.

Die letzteren heißen auch interne Teilmengen, während die übrigen externe Teilmengen genannt werden. Es gilt:

Standard-Elemente, d. h. Elemente A^* mit $A \in V(\mathbb{R})$, sind intern.

Zum Beispiel sind alle reellen Standard-Zahlen r^* mit $r \in \mathbb{R}$ intern. Doch ist ihre Gesamtheit $\mathbb{R}$ als Teilmenge von $\mathbb{R}^* \subset V(\mathbb{R}^*)$ eine externe Teilmenge.

Weitere Beispiele für interne Mengen sind $\{0, 1, \cdots, \omega - 1, \omega\}$ für $\omega \in \mathbb{N}^*$ beliebig. $\mathbb{N}^* \setminus \mathbb{N}$ ist dagegen eine externe Menge. Letzteres sieht man folgendermaßen: Wäre sie intern, dann hätte sie ein kleinstes Element $k \in \mathbb{N}^* \setminus \mathbb{N}$, weil das in $V(\mathbb{R})$ für alle Elemente, die Teilmengen von $\mathbb{N}$ sind, gilt, und somit auch in $V(\mathbb{R}^*)$ (wegen des Transferprinzips). Nun gilt aber im Gegenteil für jedes Element $L \in \mathbb{N}^* \setminus \mathbb{N}$ auch $L - 1 \in \mathbb{N}^* \setminus \mathbb{N}$.

Da die Formeln, welche dem Transferprinzip unterliegen, ihre Aussagen nur über Elemente von $V(\mathbb{R}^*)$ machen, d. h. über interne Teilmengen, übertragen sich die Sätze der Analysis gerade auf die internen Teilmengen von $V(\mathbb{R}^*)$, aber nicht auf externe Mengen. So hat etwa jede nach unten beschränkte interne Teilmenge von $\mathbb{R}^*$ ein Infimum in $\mathbb{R}^*$, doch gilt das nicht mehr für die externe Teilmenge $(\mathbb{N}^* \setminus \mathbb{N}) \subset \mathbb{R}^*$.

Die weiter oben formulierten Charakterisierungen von klassischen Begriffen sind Beispiele von Aussagen über $V(\mathbb{R}^*)$, die sich auf externe Teilmengen beziehen, wie $\circ : \mathbf{E} \to \mathbb{R}$ oder die Monade von 0. Damit können Beweise von klassischen Sätzen der Analysis vereinfacht werden. Doch kann wiederum jeder mit Hilfe von Nichtstandard-Methoden aus der Definition von $V(\mathbb{R})$ in der Zermelo-Fraenkelschen Mengenlehre mit Auswahlaxiom bewiesene Satz auch ohne Nichtstandard-Methoden bewiesen werden. Ein Beispiel jedoch für einen Satz der Analysis, der zuerst mit Nichtstandard-Analysis bewiesen wurde, ergab sich im Zusammenhang mit dem Invarianten-Unterraum-Problem für polynomial kompakte beschränkte Operatoren über einem Hilbertraum (↗Nichtstandard-Funktionalanalysis).

In vielen Fällen werden in Nichtstandard-Beweisen Saturiertheitseigenschaften von Nichtstandard-Erweiterungen verwendet. Besonders wichtig sind die ↗Vergrößerungen (engl. enlargement) und die ↗polysaturierten Nichtstandard-Erweiterungen. Sie finden auch Verwendung in der ↗Nichtstandard-Funktionalanalysis, der ↗Nichtstandard-Topologie, der ↗Nichtstandard-Maßtheorie, sowie der ↗Nichtstandard-Stochastik.

Die Zusammenhänge zwischen standard, intern und extern lassen sich auch axiomatisch beschreiben. Zu diesem Zweck wurde 1977 die ↗interne Mengenlehre von E.Nelson entwickelt. Dabei handelt es sich um eine konservative Erweiterung der Zermelo-Fraenkelschen Mengenlehre mit Auswahlaxiom.

Literatur

[1] Albeverio, S.; Fenstad, J.E.; Hoøegh-Krohn, R.; Lindstrøm, T.: Nonstandard Methods in Stochastic Analysis and Mathematical Physics. Academic Press Orlando, 1986.

[2] Cutland, N.(Hrsg.): Nonstandard Analysis and its Applications. Cambridge University Press Cambridge UK, 1988.

[3] Keisler, H.J.: Elementary Calculus. Prindle, Weber & Schmidt Boston, 1976.

[4] Keisler, H.J.: Foundation of Infinitesimal Calculus. Prindle, Weber & Schmidt Boston, 1976.

[5] Nelson, E.: Radically Elementary Probability Theory. Princeton University Press Princeton, 1987.

[6] Richter, M.M.: Ideale Punkte, Monaden und Nichtstandard-Methoden. Friedr. Vieweg & Sohn Braunschweig, 1982.

[7] Robinson, A.: Introduction to Model Theory and to the Metamathematics of Algebra. North-Holland Publishing Company Amsterdam, 1963.

[8] Robinson, A.: Non-Standard Analysis. North-Holland Publishing Company Amsterdam, 1966.

[9] Stroyan, K.D.; Luxemburg, W.A.J.: Introduction to the Theory of Infinitesimals. Academic Press New York, 1976.

Nichtstandard-Approximationen der Diracschen δ-Distribution, interne Funktionen (↗Nichtstandard-Analysis) $\Lambda : \mathbb{R} \to \mathbb{R}$, welche die Diracsche δ-Distribution δ bis auf infinitesimale Abweichungen approximieren.

Sei $\delta : C(\mathbb{R}) \to \mathbb{R}$, mit $C(\mathbb{R}) \ni f \overset{\delta}{\mapsto} f(0) \in \mathbb{R}$, wobei $C(\mathbb{R})$ die Menge der stetigen Funktionen $f : \mathbb{R} \to \mathbb{R}$ bezeichnet. Eine naheliegende interne Funktion $\Lambda : \mathbb{R}^* \to \mathbb{R}^*$, welche das leistet, ist durch

$$\Lambda(x) = \begin{cases} 0 & , \text{ für } \quad \varepsilon \leq |x| \\ \frac{|\varepsilon - |x||}{\varepsilon^2} & , \text{ für } \quad |x| < \varepsilon \end{cases}$$

für ein vorgegebenes festes infinitesimales $\varepsilon > 0$ gegeben. Damit gilt nämlich

$$\int_{-\infty}^{\infty} f(x)\Lambda(x)dx \sim f(0) = \delta(f)$$

für alle $f \in C(\mathbb{R})$.

Nichtstandard-Erweiterung, ↗Nichtstandard-Analysis.

Nichtstandard-Funktionalanalysis, Formulierung der ↗Funktionalanalysis mit Methoden der ↗Nichtstandard-Analysis.

Man setzt hierbei von vorneherein eine Vergrößerung $V(\mathbb{R}^*) \supset V(\mathbb{R})$ voraus. Es folgt dann, daß jeder unendlichdimensionale Vektorraum U aus $V(\mathbb{R})$ externer Unterraum eines internen $*$-endlichdimensionalen Vektorraumes F ist mit $U \subset F \subset U^*$. Die $*$-endliche Dimension von F wirkt wie eine endliche Dimension und vereinfacht die Argumentationen bzgl. U.

So wurde der folgende, zuerst von Smith und Halmos vermutete Satz, von Bernstein und Robinson 1966 mit diesen Methoden bewiesen, bevor ein Beweis ohne Nichtstandard-Methoden bekannt war:

Jeder beschränkte Operator $T : H \to H$ über einem Hilbertraum H so, daß $p(T)$ kompakt ist für ein geeignetes Polynom $p(z) \neq 0$ mit komplexen Koeffizienten, läßt einen abgeschlossenen linearen Teilraum $E \subset H$ mit $\{0\} \neq E \neq H$ invariant.

[1] Albeverio, S.; Fenstad, J.E.; Høegh-Krohn, R.; Lindstrøm, T.: Nonstandard Methods in Stochastic Analysis and Mathematical Physics. Academic Press, Orlando, 1986.

[2] Robinson, A.: Non-Standard Analysis. North-Holland Publishing Company Amsterdam, 1966.

Nichtstandard-Maßtheorie, Formulierung der ↗Maßtheorie mit Hilfe der ↗Nichtstandard-Analysis.

Ein wichtiger Punkt ist hierbei die Konstruktion des Loeb-Maßes über einer $*$-endlichen Menge $\Omega \in V(\mathbb{R}^*)$: Jeder internen Teilmenge $A \subseteq \Omega$ ist ihr internes Zählmaß $P(A) = |A|/|\Omega|$ zugeordnet, wobei $|A|$ die hyperendliche natürliche Zahl ist, welche in $V(\mathbb{R}^*)$ $*$-gleichmächtig ist mit A. Das interne Zählmaß $P : \mathcal{P}(\Omega) \to [0,1]^*$ zusammengesetzt mit $st : [0,1]^* \to [0,1]$ läßt sich mit Hilfe von Carathéodorys Erweiterungssatz zu einem σ-additiven Maß $\mu : \mathcal{B} \to [0,1]$ erweitern, dabei ist $\mathcal{B}$ die (externe) σ-Algebra, erzeugt durch die interne Potenzmenge $\mathcal{P}(\Omega)$. Dazu wird vorausgesetzt, daß $V(\mathbb{R}^*) \supset V(\mathbb{R})$ polysaturiert ist. Die Vervollständigung von μ heißt Loeb-Maß. Der Zusammenhang mit dem Lebesgue-Maß ergibt sich durch den Satz:

Ist

$$\Omega = \left\{0, \frac{1}{|\Omega|}, \frac{2}{|\Omega|}, \dots, \frac{|\Omega|-1}{|\Omega|}, \frac{|\Omega|}{|\Omega|} = 1\right\},$$

dann ist eine Teilmenge $X \subseteq [0,1]$ *aus* $V(\mathbb{R})$ *Lebesgue-meßbar genau dann, wenn die (externe) Teilmenge*

$$\{x \in \Omega | st(x) \in X\}$$

Loeb-meßbar ist. In diesem Fall stimmen die beiden Maße überein.

[1] Cutland, N.(Hrsg.): Nonstandard Analysis and its Applications. Cambridge University Press Cambridge UK, 1988.

[2] Landers, D.; Rogge, L.: Nichtstandard Analysis. Springer Verlag Berlin, 1994.

Nichtstandard-Stochastik, Formulierung der Stochastik mit Hilfe der ↗Nichtstandard-Analysis.

Hier spielt das Loeb-Maß (↗Nichtstandard-Maßtheorie) eine Rolle. Ein wichtiges Anwendungsgebiet ist die Theorie der ↗Brownschen Bewegung.

[1] Landers, D.; Rogge, L.: Nichtstandard Analysis. Springer-Verlag Berlin, 1994.

[2] Nelson, E.: Radically Elementary Probability Theory. Princeton University Press Princeton, 1987.

Nichtstandard-Topologie, Formulierung der ↗Topologie mit Hilfe der ↗Nichtstandard-Analysis.

Dazu werden die zu untersuchenden topologischen Räume (X, τ) (wobei τ die Familie der offenen Teilmengen von X ist) in eine geeignete Superstruktur $V(S)$ als interne Teilmengen eingebettet

In einer Nichtstandard-Erweiterung $V(S^*) \supset V(S)$ werden nun die Nichtstandardmodelle $(X, \tau)^* \supset (X, \tau)$ untersucht. Dabei ergibt sich in Analogie zu $X = \mathbb{R}$ der Begriff der Monade $\mathcal{M}$ von $x \in X$, per Definition als

$$\mathcal{M}(x) := \bigcap\nolimits_{x \in \mathcal{O} \in \tau} \mathcal{O}^* .$$

Wie im Falle der Funktionen über $\mathbb{R}$ läßt sich nun die Stetigkeit folgendermaßen charakterisieren:

Eine Funktion $f : X \to Y$ *aus* $V(S)$ *ist genau dann stetig in* $a \in X$*, wenn das* f^**-Bild der Monade* $\mathcal{M}(a)$ *von* a *in der Monade* $\mathcal{M}(f(a))$ *von* $f(a) \in Y$ *liegt, d. h. es gilt* $f^*[\mathcal{M}(a)] \subseteq \mathcal{M}(f(a))$.

Wenn $(X, \tau) \in V(S) \subset V(S^*)$ und $V(S^*)$ polysaturiert ist, dann können die offenen, abgeschlossenen und kompakten Mengen folgendermaßen charakterisiert werden:

- $A \subseteq X$ *ist offen genau dann, wenn für alle* $a \in A$ *gilt:* $\mathcal{M}(a) \subset A^*$.
- $A \subseteq X$ *ist abgeschlossen genau dann, wenn für alle* $x \in A^*$*, welche in der Monade* $\mathcal{M}(a)$ *eines Standard-Punktes* $a \in X$ *liegen, gilt:* $a \in A$.
- $A \subseteq X$ *ist kompakt genau dann, wenn alle* $x \in A^*$ *in der Monade* $\mathcal{M}(a)$ *eines passenden Standard-Punktes* $a \in A$ *liegen.*

Im selben Rahmen läßt sich auch die Vervollständigung von metrischen Räumen $(X, \varrho : X \times X \to \mathbb{R})$ in $V(S)$ beschreiben. Dazu sei

$$\mathcal{W} := \{w \in X^* | (\forall \text{ standard } \varepsilon > 0)$$
$$(\exists \text{ standard } x \in X)(\varrho^*(w, x) < \varepsilon)\}$$

die externe Menge der Elemente w in X^*, die innerhalb jedes positiven Standard-ε-Abstands Standard-Elemente x^* mit $x \in X \subset X^*$ vorfinden. Die Äquivalenzrelation $x \approx y$, die durch $\varrho^*(x,y) \sim 0$ definiert ist, induziert die Quotientenmenge $\mathcal{W}/\approx$, welche die Metrik

$$(\mathcal{W}/\approx) \times (\mathcal{W}/\approx) \overset{\varrho^*/\approx}{\to} E \overset{st}{\to} \mathbb{R}$$

zuläßt. Dabei ist E die Teilmenge der endlichen reellen Nichtstandard-Zahlen und $\varrho^*/\approx$ die Abbildung, welche die $\mathcal{W}$-Einschränkung von ϱ^* auf den Äquivalenzklassen bzgl. $\approx$ induziert. Es gilt nun der Satz:

$(\mathcal{W}/\approx, st \circ (\varrho^*/\approx)) \supseteq (X, \varrho)$ *ist die bis auf Isometrie eindeutig bestimmte Vervollständigung von* (X, ϱ).

[1] Cutland, N.(Hrsg.): Nonstandard Analysis and its Applications. Cambridge University Press Cambridge UK, 1988.

[2] Landers, D.; Rogge, L.: Nichtstandard Analysis. Springer Verlag Berlin, 1994.

Nichtterminalzeichen, Bestandteil einer ↗Grammatik, das eine syntaktische Einheit repräsentiert und damit die innere Struktur von Sätzen der Sprache widerspiegelt.

In natürlichen Sprachen sind solche syntaktischen Einheiten z. B. Subjekt, Prädikatverband, oder Attributnebensatz. In typischen Programmiersprachen sind syntaktische Einheiten z. B. Anweisung, Prozedurkopf, Variablendeklaration, oder Ausdruck.

Durch den Ableitungsprozeß einer kontextsensitiven oder kontextfreien Grammatik werden die Nichterminalzeichen durch Zeichenfolgen des Alphabets ersetzt, wobei diese Ersetzung je nach Typ der Grammatik abhängig oder unabhängig von den Zeichen in unmittelbarer Umgebung des Nichtterminalzeichens erfolgt.

nichttriviale Lösung, Lösung einer Gleichung oder eines allgemeineren Problems, die nicht konstant gleich Null ist.

nichttriviale Zerlegung einer Booleschen Funktion, ↗funktionale Dekomposition einer Booleschen Funktion,

nichtwiederherstellende Division, (engl. *nonrestoring division*), Methode zur Division einer natürlichen Zahl N durch eine natürliche Zahl D, beide in der Regel in binärer Festkommadarstellung gegeben.

In einem ersten Schritt wird der Divisor D so weit von rechts mit Nullen aufgefüllt, bis die Stelligkeit der höchstwertigen Stelle von D der Stelligkeit der höchstwertigen Stelle von N entspricht. Die so entstandene Zahl wird mit D' bezeichnet. Der anfängliche Partialrest $N^{(k)}$ ist durch N gegeben, wobei k die Anzahl der rechts neu eingefügten Nullen ist. Die Methode geht nun iterativ vor. Sei $N^{(k-i+1)}$ der Partialrest vor dem i-ten Iterationsschritt. Ist $N^{(k-i+1)} \geq 0$, so wird im i-ten Iterationsschritt der Wert D' vom Partialrest $N^{(k-i+1)}$ abgezogen und die Quotientenstelle Q_{k-i+1} auf 1 gesetzt. Ist $N^{(k-i+1)} < 0$, so wird D' auf den Partialrest $N^{(k-i+1)}$ aufaddiert und die Quotientenstelle Q_{k-i+1} auf -1 gesetzt.

Bevor zur nächsten Iteration übergegangen wird, wird der so abgeänderte Partialrest $R^{(k-i+1)}$ um eine Stelle nach links geshiftet und mit $N^{(k-i)}$ bezeichnet, d. h.

$$N^{(k-i)} := 2 \cdot R^{(k-i+1)}$$

gesetzt. Nach $k+1$ Iterationen ist das Verfahren abgeschlossen. $R^{(0)}$, geshiftet um k Stellen nach rechts, gibt den Rest der Division von N und D an. Der Quotient der Division ergibt sich aus

$$\sum_{i=0}^{k} Q_i \cdot 2^i \,.$$

Eine Erläuterung der Methode am Beispiel von $N = 00100101$ und $D = 00101$ in ↗Zweier-Komplement-Darstellung (k ist in diesem Fall gleich 3, $D' = 00101000$, $-D' = 11011000$ und $N^{(3)} = 00100101$):

$N^{(3)}$	00100101	positiv, $\Rightarrow Q_3 = 1$
$-D'$	11011000	
$R^{(3)}$	11111101	
$N^{(2)}$	11111010	negativ, $\Rightarrow Q_2 = -1$
$+D'$	00101000	
$R^{(2)}$	00100010	
$N_{(1)}$	01000100	positiv, $\Rightarrow Q_1 = 1$
$-D'$	11011000	
$R^{(1)}$	00011100	
$N^{(0)}$	00111000	positiv, $\Rightarrow Q_0 = 1$
$-D'$	11011000	
$R^{(0)}$	00010000	

Der Quotient von 00100101 (=37) und 00101 (=5) ist somit

$$\sum_{i=0}^{3} Q_i \cdot 2^i = 2^3 - 2^2 + 2^1 + 2^0 = 7\,,$$

der Rest der Division ist gegeben durch $R^{(0)}$, geshiftet um $k = 3$ Stellen nach rechts, also 0010 (=2).

Niederblasen, ↗monoidale Transformation.

Nikodym, Otton Martin, ukrainisch-amerikanischer Mathematiker, geb. 13.8.1887 Sblotow, gest. 4.5.1974 Utica (New York).

Nikodym promovierte 1924 und habilitierte sich 1927 an der Universität Warschau. Er war danach Dozent in Warschau und Kraków. 1947 ging er zunächst nach Paris und dann in die USA an das Kenyon College in Gambier (Ohio).

Nikodym beschäftigte sich mit der Theorie der reellen Funktionen, mit der mengentheoretischen Topologie, mit der Maßtheorie (Satz von Radon-Nikodym), sowie mit der Lösung von Differentialgleichungen.

Nikomachos von Gerasa, Philosoph und Mathematiker, geb. um 60 n.Chr. Gerasa (heute Jarasch, Jordanien), gest. um 120 n.Chr. .

Über das Leben des Nikomachos ist nichts bekannt. Er verfaßte verschiedene Lehrbücher, u. a. über Musik, Zahlentheorie, und eine Pythagoras-Biographie.

Nikomachos war Pythgoräer. Er hat große mathematikhistorische Bedeutung dadurch erlangt, daß seine Abhandlung über Zahlentheorie vollständig erhalten blieb und damit die älteste noch vollständig vorliegende speziell der Zahlentheorie gewidmete griechische Schrift ist.

Nîlakanta Somasutvân, indischer Astronom und Mathematiker, geb. um 1443 Tṛkkaṇṭiyur (Südmalabar, Indien, gest. nach 1501 Indien.

Nîlakanta Somasutvân wurde in Mathematik und Astronomie ausgebildet, schrieb Kommentare zu Schriften von Āryabhaṭa I, und verfaßte eigene Arbeiten zu Problemen der Algebra und der Geometrie. Hier berechnete er verschiedene unendliche Reihen und leitete unter anderem Reihendarstellungen für π her, die sich als äquivalent zur heutigen Arcustangensreihe erwiesen.

Nilideal, ein Ideal, dessen sämtliche Elemente ↗nilpotente Elemente sind.

nilpotente Gruppe, Gruppe, die nur aus nilpotenten Elementen besteht.

Ein Element g einer Gruppe $(G, +)$ mit neutralem Element 0 heißt nilpotent, wenn es eine natürliche Zahl n gibt, so daß $n \cdot g = 0$ ist. Dabei ist $n \cdot g$ induktiv definiert durch $1 \cdot g = g$ und

$$(n+1) \cdot g = g + n \cdot g\,.$$

Beispiel: Jede endliche Gruppe ist nilpotent, die additive Gruppe der ganzen Zahlen dagegen nicht.

nilpotente Lie-Algebra, eine ↗Lie-Algebra $(\mathfrak{g}, [.,.])$, für die die untere zentrale Reihe $(C^k\mathfrak{g})_{k\in\mathbb{N}_0}$ von $\mathfrak{g}$ nach endlich vielen Indizes mit $\{0\}$ endet. Hierbei ist die untere zentrale Reihe definiert durch

$$C^0\mathfrak{g} = \mathfrak{g}, \quad C^{k+1}\mathfrak{g} = [\mathfrak{g}, C^k\mathfrak{g}],\ k = 0, 1, \ldots$$

Jede kommutative Lie-Algebra ist nilpotent. Ein nichttriviales Beispiel einer nilpotenten Lie-Algebra ist gegeben durch die Lie-Algebra $\mathfrak{n}(n, \mathbb{K})$ der strikten oberen $(n \times n)$-Dreiecksmatrizen mit dem Kommutator $[A, B] = A \cdot B - B \cdot A$ als Lie-Produkt.

nilpotente Matrix, quadratische ↗Matrix A über einem Körper $\mathbb{K}$, für die ein natürliches $k \geq 1$ existiert mit

$$A^k = 0 .$$

(0 bezeichnet die Nullmatrix.)

Nilpotente Matrizen sind stets singulär; mit A ist auch jede zu A ähnliche Matrix nilpotent.

Entsprechend heißt ein ↗Endomorphismus φ auf einem endlichdimensionalen Vektorraum nilpotent, falls ein $k \geq 1$ mit $\varphi^k = 0$ existiert (0 bezeichnet die Nullabbildung). Die kleinste natürliche Zahl k mit $A^k = 0$ bzw. $\varphi^k = 0$ heißt der Nilpotenzindex von A bzw. φ. Das Minimalpolynom einer nilpotenten Matrix (eines nilpotenten Endomorphismus) vom Index k ist gegeben durch $m(t) = t^k$, und 0 ist folglich der einzige Eigenwert.

Ist der Endomorphismus φ auf dem n-dimensionalen Vektorraum V nilpotent mit Index k, so ist die Folge

$$(v, \varphi(v), \dots, \varphi^{k-1}(v))$$

linear unabhängig, der Nilpotenzindex ist also stets kleiner als n. Zu jedem nilpotenten Endomorphismus $\varphi : V \to V$ auf dem n-dimensionalen Vektorraum V vom Index n existiert ein $v \in V$ so, daß

$$(v, \varphi(v), \dots, \varphi^{n-1}(v))$$

eine Basis von V bildet.

Beispiel: Sei $N = (n_{ij})$ die $(n \times n)$-Matrix mit $n_{ij} = 1$ für $j = i+1$ $(1 \leq i \leq n-1)$ und $n_{ij} = 0$ sonst. Dann ist N nilpotent vom Index n (↗Jordansche Normalform). Jede nilpotente Matrix A vom Nilpotenzindex n ist ähnlich (↗Matrizenähnlichkeit) zu einer Blockdiagonalmatrix, deren Blöcke obige Gestalt haben; mindestens einer der Blöcke ist dabei von der Ordnung n. Die Anzahlen der Blöcke jeder Ordnung sind durch A eindeutig bestimmt.

nilpotenter Endomorphismus, ↗nilpotente Matrix.

nilpotenter Operator, ein linearer Operator $T : X \to X$ auf einem Banachraum, für den für ein geeignetes $n \in \mathbb{N}$ die Potenz $T^n = 0$ ist.

Hingegen heißt T quasi-nilpotent, wenn

$$\lim_{n\to\infty} \|T^n\|^{1/n} = 0$$

ist, was dazu äquivalent ist, daß das Spektrum von T nur aus der 0 besteht.

nilpotentes Element, ein Element b (eines Rings o. ä.), zu dem es eine Zahl n gibt so, daß $b^n = 0$ gilt.

Nilradikal, Erweiterung des Begriffes Radikal von Ringen auf Garben von Ringen.

Ist $\mathfrak{a}$ ein Ideal im Ring R, dann heißt

$$\sqrt{\mathfrak{a}} := \{r \in R; \exists j \in \mathbb{N} \text{ mit } r^j \in \mathfrak{a}\}$$

das Radikal von $\mathfrak{a}$ in R; es ist ein Ideal. Das Radikal $\mathfrak{n}_R := \sqrt{0}$ heißt Nilradikal von R, da es aus den nilpotenten Elementen besteht. Ist $\mathfrak{n}_R = (0)$, dann heißt R algebraisch reduziert; dies gilt immer für $R/\mathfrak{n}_R$.

Dieses Konzept kann erweitert werden auf Garben von Idealen $\mathcal{I}$ in Garben von Ringen $\mathcal{R}$. Es gilt dann $\sqrt{\mathcal{I}_t} = \left(\sqrt{\mathcal{I}}\right)_t$.

Sei $(T, \mathcal{A})$ ein geringter Raum; da die Garbe $_T\mathcal{C}$ der stetigen Funktionen keine nilpotenten Elemente besitzt, liegt das $\mathcal{A}$-Ideal $_T\mathcal{N}$ der nilpotenten Elemente in $\mathcal{A}$ immer im Kern von Red_T. $(T, \mathcal{A}/_T\mathcal{N})$ ist auch ein geringter Raum, genannt die algebraische Reduktion von $(T, \mathcal{A})$. Für komplexe Räume stimmt die algebraische Reduktion mit der Reduktion überein.

Nirenberg, Louis, kanadischer Mathematiker, geb. 28.2.1925 Hamilton (Ontario).

Nirenberg studierte bis 1945 an der McGill University in Montreal und ging dann nach New York zu Courant und Friedrichs. 1949 promovierte er dort und ist seitdem am Courant-Institut tätig.

Nirenbergs Hauptarbeitsgebiet ist die Differentialgeometrie im Großen. Er untersuchte fastkomplexe Strukturen auf differenzierbaren Mannigfaltigkeiten, befaßte sich mit Funktionenräumen und leistete wichtige Beiträge zur Deformationstheorie, zur Lösbarkeit von Randwertproblemen für elliptische Differentialgleichungen und zur Theorie der pseudokonvexen Gebiete.

nirgends dichte Menge, Teilmenge eines topologischen Raumes, deren Abschluß keine offene Menge ungleich der leeren enthält.

So ist $\mathbb{Z}$ nirgends dicht in $\mathbb{R}$ bezüglich der ↗natürlichen Topologie, und $\mathbb{R}$ nirgends dicht in $\mathbb{R}^2$. Vereinigungen abzählbar vieler nirgends dichter Mengen nennt man mager.

Siehe auch ↗Bairesches Kategorieprinzip.

nirgends differenzierbare stetige Funktionen, stetige Funktionen, die an keiner Stelle ihres Definitionsbereichs differenzierbar sind, wie die ↗Bolzano-Kurve, die ↗Knopp-Funktion, die ↗Takagi-Funktion und die ↗Weierstraß-Cosinusreihe.

Diesen Funktionen ist gemeinsam, daß sie, unter Zuhilfenahme des Satzes von Weierstraß über gleichmäßige Konvergenz von Folgen stetiger Funktionen, als Grenzwert einer Reihe stetiger Funktionen von zwar immer kleinerer Amplitude, aber mit in der Summe wachsender Steilheit, entstehen. Die Grenzfunktionen sind überall ,unendlich rauh' und besitzen an keiner Stelle eine Tangente. Mit Hilfe des Satzes von Baire kann man zeigen, daß in einem gewissen Sinn fast alle stetigen Funktionen nirgends differenzierbar sind, daß diese Funktionen also keineswegs ,seltene Ausnahmen' darstellen.

Da es anschaulich so scheint, als ob die Stellen, an denen eine stetige Funktion nicht differenzierbar ist, in gewisser Weise ,Ausnahmestellen' seien, war die Entdeckung nirgends differenzierbarer stetiger Funktionen im 19. Jahrhundert eine große Überraschung, gemäß Paul du Bois-Reymond „eines der ergreifendsten Ergebnisse der neueren Mathematik". Nach Karl Strubecker zeigen diese Funktionen, „daß es uns nicht gelingt, den ursprünglich der Anschauung entwachsenen, später mathematisch präzisierten Begriff der stetigen Funktion wirklich anschaulich voll zu erfassen".

Niveaufläche, auch Niveaumenge oder Äquipotentialfläche, Gesamtheit aller Punkte

$$\{x \in \mathfrak{D} \mid \varphi(x) = c\}$$

für $\mathfrak{D} \subset \mathbb{R}^n$, $\varphi\colon \mathfrak{D} \to \mathbb{R}$, $\mathbb{R} \ni c$ und $n \in \mathbb{N}$; den Wert c bezeichnet man als das Niveau.

Für $n = 3$ ist dies gerade die Gesamtheit der Punkte (Fläche) im Raum, auf der ein gegebenes Skalarfeld $\varphi : \mathfrak{D} \to \mathbb{R}$ einen konstanten Wert annimmt.

Im $\mathbb{R}^2$ entsprechen diesen die Niveaulinien oder Höhenlinien, wie sie von geographischen Karten her vertraut sind. Auch die *Isobare* auf der Wetterkarte sind ein oft gesehenes Beispiel. In Anwendungen haben die Höhenlinien oft spezielle Namen, so etwa in den Wirtschaftswissenschaften *„Isoquanten"* bei Produktionsfunktionen, *„Isokostenlinie"* bei Kostenfunktionen und *„Indifferenzkurve"* bei Nutzenfunktionen.

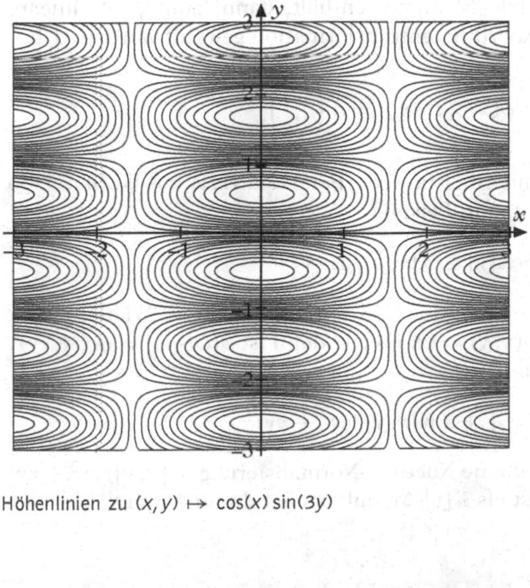

Höhenlinien zu $(x, y) \mapsto \cos(x)\sin(3y)$

Niveaufläche des Schwerepotentials, andere Bezeichnung für ↗Geoid.

Niveaulinie, ↗Niveaufläche.

Niveaumenge, ↗Niveaufläche.

Niveauzahl, Koeffizient des charakteristischen Polynoms einer endlichen Ordnung mit 0 und 1.

Sei $P_<$ eine endliche Ordnung mit 0 und 1 und Rangfunktion r. Sei $\mu := \zeta^{-1}$ die Möbiusfunktion (ζ ist die Zetafunktion) der ↗Inzidenzalgebra $\mathbb{A}(P)$. Das Polynom

$$\chi(P; x) = \sum_{a \in P} \mu(0, a) x^{r(1)-r(a)}$$

heißt das charakteristische Polynom von $P_<$. Der Koeffizient

$$w_k = \sum_{\substack{a \\ r(a)=k}} \mu(0, a)$$

von $x^{r(1)-k}$ heißt die k-te Niveauzahl erster Art. Die k-te Niveauzahl zweiter Art ist

$$w_k = \sum_{\substack{a \\ r(a)=k}} 1 \,.$$

NL, Komplexitätsklasse aller Probleme, die sich von nichtdeterministischen Turing-Maschinen mit $\lceil \mathrm{ld}(n) \rceil$ Zellen auf dem Arbeitsband (↗Raumkomplexität), wobei sich n auf die Eingabelänge bezieht, lösen lassen.

NLBA, ↗nichtdeterministischer linear beschränkter Akzeptor.

No, Klasse der ↗surrealen Zahlen.

Noether, (Amalie) Emmy, deutsche Mathematikerin, geb. 23.3.1882 Erlangen, gest. 14.4.1935 Bryn Mawr (Pennsylvania).

Emmy Noether, Tochter des Mathematikers Max Noether, wurde nach der Schulzeit Lehrerin für Englisch und Französisch. Lange bemühte sie sich um ein Hochschulstudium und konnte in Erlangen (1900–1902) und Göttingen (1903/1904) zunächst nur als Hospitantin an den Vorlesungen in Sprachwissenschaften und Mathematik teilnehmen. Erst 1904 wurde die Immatrikulation von Frauen in Erlangen zugelassen. 1908 promovierte sie bei Gordan. Hilbert und Klein holten sie 1915 nach Göttingen. Erst 1919 waren die gesetzlichen Voraussetzungen dafür vorhanden, daß Noether sich habilitieren konnte. 1922 folgte die Ernennung zur außerordentlichen Professorin und 1923 die Lehrbeauftragung, womit Noether erstmals ein festes Einkommen hatte. 1933 emigrierte sie nach Bryn Mawr in die USA.

In der Anfangszeit befaßte sie sich hauptsächlich mit der Invariantentheorie. Das Noether-Theorem der Variationsrechnung besagt, daß Symmetrieeigenschaften der Lagrange-Funktion stets zu Erhaltungssätzen führen. Ab 1920 wandte sie sich dann der Idealtheorie (↗Noetherscher Ring) zu. Hier war es besonders ihr Verdienst, daß der Übergang zum abstrakten Denken und zur axiomatischen Methode vollzogen wurde. Sie trug zur Herausarbeitung der abstrakten algebraischen Strukturen wie Ring, Ideal, Modul und Verband bei.

1921 erschien ihre wichtige Arbeit „Idealtheorie in Ringbereichen". 1926 gelang ihr die axiomatische Charakterisierung der ZPE-Ringe. Ab 1927 beschäftigte sie sich mit der nichtkommutativen Algebra.

Noether, Max, deutscher Mathematiker, geb. 24.9.1844 Mannheim, gest. 13.12.1921 Erlangen.

Max Noether, Vater von Emmy Noether, promovierte 1868 in Heidelberg. 1870 habilitierte er sich dort und wurde 1875 Professor in Erlangen.

Noether beschäftigte sich, als Schüler von Clebsch, mit der Algebra und Geometrie. Dabei lag sein Hauptaugenmerk auf dem Studium der algebraischen Funktionen aus algebraisch-geometrischer Sicht.

Noether studierte algebraische Raumkurven und algebraischen Flächen. Hier definierte er die ersten Flächeninvarianten, das geometrische Geschlecht und die kanonische Klasse. Weiterhin leistete er wichtige Beiträge zur Theorie der abelschen Integrale und der Theta-Funktionen.

Noether, Satz von, Aussage über Differentialidentitäten in der Relativitätstheorie.

Ist das n-dimensionale Wirkungsintegral

$$J = \int L\, d^n x$$

eines Variationsproblems bis auf eine Divergenz invariant gegenüber den infinitesimalen Transformationen einer endlichen m-parametrigen kontinuierlichen Gruppe G_m, so sind m linear unabhängige Verbindungen der Lagrangeschen Ableitungen identisch gleich Divergenzen.

Der Satz von Noether spielt eine große Rolle beim Beweis physikalischer Erhaltungssätze.

Noether-Normalisierung, eine spezielle Darstellung eines ↗Faktorrings eines Polynomrings bzw. einer ↗analytischen Algebra.

Sei $\mathbb{K}$ ein Körper und $I \subseteq \mathbb{K}[x_1, \dots, x_n]$ ein Ideal. Dann gibt es einen Automorphismus

$$\varphi : \mathbb{K}[x_1, \dots, x_n] \to \mathbb{K}[x_1, \dots, x_n]$$

und ein $k \geq 0$ so, daß die kanonische Abbildung

$$\mathbb{K}[x_1, \dots, x_k] \to k[x_1, \dots, x_n]/\varphi(I)$$

injektiv und $\mathbb{K}[x_1, \dots, x_n]/\varphi(I)$ ein endlich erzeugter $\mathbb{K}[x_1, \dots, x_k]$–Modul ist. Man sagt,

$$\mathbb{K}[x_1, \dots, x_k] \to \mathbb{K}[x_1, \dots, x_n]/\varphi(I)$$

sei eine Noether–Normalisierung.

Fast alle Automorphismen liefern eine Noether–Normalisierung. Wenn der Körper $\mathbb{K}$ unendlich viele Elemente enthält, dann kann φ als lineare Koordinatentransformation gewählt werden, d. h.

$$\varphi(x_1, \dots, x_n) = A \begin{pmatrix} x_1 \\ \vdots \\ x_n \end{pmatrix}$$

mit einer invertierbaren Matrix A aus $\mathrm{GL}(n, \mathbb{K})$. So ist zum Beispiel

$$\mathbb{K}[y] \subset \mathbb{K}[x, y]/(x \cdot y)$$

keine Noether–Normalisierung. Wählen wir $\varphi(x, y) = (x, y + x)$, dann ist $\varphi\big((x \cdot y)\big) = (x^2 + xy)$, und

$$\mathbb{K}[y] \subset \mathbb{K}[x, y]/(x^2 + xy)$$

ist eine Noether–Normalisierung. $\mathbb{K}[x, y]/(x^2 + xy)$ ist als $\mathbb{K}[y]$–Modul erzeugt durch 1 und x.

Für analytische Algebren ist die Noether–Normalisierung analog definiert, und es gelten analoge Aussagen.

Noetherscher Modul, Modul, bei dem jede aufsteigende Kette von Untermoduln stationär wird.

Sei $N_1 \subset N_2 \subset N_3 \subset \dots$ eine Kette von Untermoduln des Moduls M, dann existiert also ein k so, daß $N_k = N_{k+1} = \dots$ gilt.

Ist R ein ↗Noetherscher Ring und M ein endlich erzeugter R–Modul, dann ist M ein Noetherscher Modul. Insbesondere sind endlich-dimensionale Vektorräume und endlich erzeugte abelsche Gruppen Noethersche Moduln.

Noetherscher Normalisierungssatz, lautet:

Ist $X \subset \mathbb{P}^n_K$ ein projektives Schema über einem Körper K, so gibt es eine Zahl d und einen endlichen surjektiven Morphismus $\pi : X \to \mathbb{P}^d$.

Wenn K algebraisch abgeschlossen ist und X eine irreduzible ↗algebraische Varietät, so kann man weiterhin fordern, daß π auf einer nicht-leeren offenen Menge etal ist. Beispielsweise kann man π als Zentralprojektion mit einem Zentrum $D \subset \mathbb{P}^n_K$ so wählen, daß D disjunkt zu X und zum Tangentialraum an X in einem Punkt des glatten Ortes ist.

Ein Analogon des Satzes gilt auch für affine algebraische K-Schemata.

Noetherscher Raum, ein topologischer Raum, in dem jede offene Teilmenge U quasikompakt ist, d. h. jede offene Überdeckung von U enthält eine endliche offene Überdeckung.

Noetherscher Ring, Ring, bei dem jede aufsteigende Kette von Idealen stationär wird.

Sei $I_1 \subset I_2 \subset I_3 \subset \dots$ eine Kette von Idealen im Ring R, dann existiert also ein k so, daß $I_k = I_{k+1} = \dots$ gilt. Der Ring R ist Noethersch, wenn er als R–Modul über sich selbst betrachtet Noethersch ist. Körper und der Ring $\mathbb{Z}$ der ganzen Zahlen sind Noethersch. Daraus ergibt sich durch den Hilbertschen Basissatz (↗Hilbert, Basissatz von), daß Polynomringe über Körpern oder über $\mathbb{Z}$ Noethersch sind. ↗Faktorringe von Noetherschen Ringen sind Noethersch, ↗analytische Algebren sind Noethersch. Ein Polynomring in unendlich vielen Variablen ist nicht Noethersch.

Noethersches Schema, ein Schema X, das eine endliche offene affine Überdeckung $\{U_\alpha\}$ besitzt so, daß die affinen Koordinatenringe

$$H^0(U_\alpha, \mathcal{O}_X) = \mathcal{O}_X(U_\alpha)$$

↗Noethersche Ringe sind.

no-hair-Theorem, ↗Horizont.

Nominalskala, ↗Skalentypen.

Nomogramm, graphische Darstellung funktionaler Beziehungen zwischen n Variablen. Aus $n-k$ gegebenen Größen werden nach einer bestimmten Ablesevorschrift die restlichen k (meist $k = 1$) ermittelt.

Für weitere Informationen vgl. ↗Nomographie.

Nomographie, Teilgebiet der Mathematik, das sich mit der graphischen Darstellung funktionaler Zusammenhänge zwischen mehreren Veränderlichen befaßt.

Dazu gehören die theoretischen Grundlagen und die praktische Herstellung und Gestaltung von ↗Nomogrammen. In einem Nomogramm können zusammengehörige Werte der beteiligten Veränderlichen, die z. B. einer Gleichung $F(u, v, w) = 0$ genügen, nach einer festgelegten Ablesevorschrift mit einer bestimmten Genauigkeit abgelesen werden. Nomogramme sind vor allem in den Ingenieurwissenschaften und im Produktionsprozeß für häufig wiederkehrende Berechnungen angewandt worden. Für Zusammenhänge zwischen zwei Veränderlichen werden Funktionsleitern oder Doppelleitern oder graphische Darstellungen auf Funktionspapier (z. B. auf Millimeterpapier oder logarithmischem Papier) benutzt. Netztafeln und Fluchtlinientafeln dienen als Nomogramme für funktionale Zusammenhänge zwischen drei Veränderlichen. Bei der Netztafel müssen sich die Kurven für die zusammengehörigen Werte der Veränderlichen in einem Punkt schneiden, bei der Fluchtlinientafel liegen die Werte auf der sie verbindenden Fluchtgeraden. Für Zusammenhänge zwischen mehr als drei Variablen werden aus Teilnomogrammen für je zwei Veränderliche und eine Hilfsvariable zusammengesetzte Nomogramme benutzt.

Rechenstäbe, Rechenscheiben und Rechenwalzen sind orientierte Funktionsleitern und gehören damit ebenfalls zu den nomographischen Elementen. Die Genauigkeit eines Nomogrammes hängt von der Wahl der Größe der Zeicheneinheit ab.

nonrestoring division, ↗nichtwiederherstellende Division.

NOR-Funktion, ↗Boolesche Funktion f, definiert durch

$$f : \{0, 1\}^2 \to \{0, 1\}$$
$$f(x_1, x_2) = 0 \iff (x_1 = 1 \text{ oder } x_2 = 1).$$

Norm, eine Abbildung $x \mapsto \|x\| \in [0, \infty)$ auf einem reellen oder komplexen Vektorraum X mit folgenden Eigenschaften:

(1) $\|x\| = 0$ genau dann, wenn $x = 0$.

(2) Für alle $x \in X$ und alle Skalare λ gilt

$$\|\lambda x\| = |\lambda| \, \|x\|.$$

(3) Es gilt die Dreiecksungleichung

$$\|x + y\| \le \|x\| + \|y\| \qquad \forall x, y \in X.$$

Ein mit einer Norm $\| \,.\, \|$ versehener reeller oder komplexer Vektorraum X heißt normierter Raum. Ein normierter Raum wird mittels der Metrik

$$d(x, y) = \|x - y\|$$

auf kanonische Weise zu einem ↗metrischen Raum; ist dieser vollständig, heißt X ein ↗Banachraum.

Norm auf einem Körper, algebraisch-zahlentheoretischer Begriff.

Es sei K ein endlichdimensionaler Erweiterungskörper eines Körpers k, und es sei n die Dimension von K als Vektorraum über k.

Dann gibt es zu jedem $\alpha \in K$ eine lineare Abbildung

$$\varrho(\alpha) : K \to K, \qquad \varrho(\alpha)x := x\alpha;$$

deren Determinante heißt Norm von α.

Bezeichnet man mit $K^\times$ und $k^\times$ jeweils die multiplikativen Gruppen der Körper, so ist die Norm ein Gruppenhomomorphismus $N : K^\times \to k^\times$, dessen Restriktion auf $k^\times$ gerade die Potenzabbildung $a \mapsto a^n$ ist.

Ein wichtiger Spezialfall ist der eines algebraischen Zahlkörpers K, der als Erweiterungskörper über $k = \mathbb{Q}$ betrachtet wird. In diesem Fall ist jedes $\alpha \in K$ eine algebraische Zahl, und man nennt die rationale Zahl $N(\alpha)$ auch Norm der algebraischen Zahl α.

Norm einer algebraischen Zahl, ↗Norm auf einem Körper.

Norm in einem euklidischen oder unitären Vektorraum, die Abbildung $V \to \mathbb{R}$ (V der Vektorraum), gegeben durch

$$x \mapsto +\sqrt{\langle x, x\rangle}\,.$$

Hierbei bezeichne $\langle .,. \rangle$ das Skalarprodukt auf dem reellen bzw. komplexen Vektorraum V.

normal konvergent, ↗normale Konvergenz.

Normalbereiche, Teilmengen M des $\mathbb{R}^n$, die wie folgt rekursiv definiert sind:

$n = 1$: $M = [\alpha, \beta]$ mit $-\infty < \alpha < \beta < \infty$.

$n > 1$: Es existieren ein Normalbereich N im $\mathbb{R}^{n-1}$ und stetige Funktionen $\varphi, \psi : N \to \mathbb{R}$ mit $\varphi \le \psi$ so, daß

$$M = \{(x_1, \dots, x_n) \in \mathbb{R}^n \,|\, y := (x_1, \dots, x_{n-1}) \in N \wedge \varphi(y) \le x_n \le \psi(y)\}\,.$$

Präziser müßte man also „$(x_1, \dots, x_n)$-Normalbereich" sagen.

Zur Erläuterung ein einfaches Beispiel: Es sei $n = 3$ und $\mathbb{R} \ni r > 0$, sowie

$$K := \{(x, y, z) \in \mathbb{R}^3 \,|\, x^2 + y^2 + z^2 \le r^2\}$$

eine Kugel. Wir setzen $K_1 := [-r, r]$,

$$K_2 := \{(x, y) \in \mathbb{R}^2 \,|\, x \in K_1 \wedge \varphi_1(x) \le y \le \psi_1(x)\}$$

mit $\varphi_1(x) := -\sqrt{r^2 - x^2}$, $\psi_1(x) := \sqrt{r^2 - x^2}$, und

$$K_3 = \{(x, y, z) \in \mathbb{R}^3 \,|\, (x, y) \in K_2 \wedge \varphi_2(x, y) \le z \le \psi_2(x, y)\}$$

mit

$$\varphi_2(x, y) := -\sqrt{r^2 - x^2 - y^2}$$

und

$$\psi_2(x, y) := \sqrt{r^2 - x^2 - y^2}\,.$$

Die Kugel ist also hier als (x, y, z)-Normalbereich beschrieben.

Ein Normalbereich im $\mathbb{R}^n$ ist kompakt und Jordan-meßbar. Über Normalbereiche gelingt in vielen Fällen die Berechnung mehrdimensionaler Integrale durch eindimensionale Integrationen, z. B.:

Es seien M ein Normalbereich im $\mathbb{R}^2$, $f : \mathbb{R}^2 \to \mathbb{R}$ mit

$$\mathrm{Tr} f \left(:= \{(x, y) \in \mathbb{R}^2 \,|\, f(x, y) \ne 0\}\right) \subset M$$

und $f_{/M}$ stetig. Dann gilt

$$\iint\limits_M f(x, y)\, d(x, y) = \int_\alpha^\beta \left(\int_{\varphi(x)}^{\psi(x)} f(x, y)\, dy \right) dx\,.$$

(Dabei seien $\alpha, \beta, \varphi, \psi$ gemäß obiger Definition eines Normalbereiches gewählt.)

Vor der Notierung des allgemeinen Falls auch dazu ein einfaches Beispiel:

Sei

$$M := \{(x, y) \in \mathbb{R}^2 \,|\, 0 \le x \le 2 \wedge 0 \le y \le x^2\}$$

und $f(x, y) := x^2 + y^2$ für $((x, y) \in M)$. Dann ist

$$\int\limits_M f(x, y)\, d(x, y) = \int_0^2 \left(\int_0^{x^2} (x^2 + y^2)\, dy \right) dx$$

$$= \int_0^2 \left(x^2 y + \tfrac{1}{3} y^3\right) \Big|_0^{x^2} dx = \int_0^2 \left(x^4 + \tfrac{1}{3} x^6\right) dx$$

$$= \frac{x^5}{5} + \frac{x^7}{21} \Big|_0^2 = x^5 \left(\frac{1}{5} + \frac{x^2}{21}\right) \Big|_0^2 = \frac{1312}{105}\,.$$

M ist auch als (y, x)-Normalbereich beschreibbar; dies führt zur alternativen Berechnung

$$\int\limits_M f(x, y)\, d(x, y) = \int_0^4 \left(\int_{\sqrt{y}}^2 f(x, y)\, dx \right) dy = \cdots\,.$$

Es gilt folgender Satz über Integration stetiger Funktionen auf Normalbereichen:

Für $n \ge 2$ seien M Normalbereich im $\mathbb{R}^n$, und dazu N, φ, ψ gemäß obiger Definition eines Normalbereiches, sowie $f : \mathbb{R}^n \to \mathbb{R}$ mit $\mathrm{Tr} f \subset M$ und $f_{/M}$ stetig.

Für

$$\mathbb{R}^n \ni x = (x_1, \dots, x_n)$$

sei $y := (x_1, \dots, x_{n-1})$, also $x = (y, x_n)$, bezeichnet.

Dann ist $$\int\limits_M f(x)\, dx = \int\limits_N \left(\int_{\varphi(y)}^{\psi(y)} f(y, x_n)\, dx_n \right) dy.$$

Oft tritt die Situation auf, daß die gegebene Menge zwar selbst nicht Normalbereich ist, aber in endlich viele Normalbereiche zerlegt werden, und so ein entsprechendes Integral dennoch über diesen Satz berechnet werden kann.

Normalbeschleunigung, ↗ Beschleunigung.

Normaldarstellung, Darstellung eines Morphismus $f : N \to R$ in der Form

$$\begin{pmatrix} \cdots & a & \cdots \\ \cdots & f(a) & \cdots \end{pmatrix},$$

wobei a die Menge N durchläuft.

Normale, eine Gerade, die eine Kurve oder Fläche in einem Punkt senkrecht schneidet.

Reguläre ebene Kurven und Flächen des $\mathbb{R}^3$ besitzen in jedem Punkt eine eindeutig bestimmte Normale. Bei Raumkurven gibt es unter den unendlich vielen Geraden der ↗ Normalebene zwei ausgezeichnete Normalen, die ↗ Hauptnormale und die ↗ Binormale.

normale algebraische Varietät, eine ↗ algebraische Varietät mit der Eigenschaft, daß alle lokalen Ringe ↗ normale Ringe sind.

normale Familie, *normale Funktionenfamilie*, eine Menge $\mathcal{F}$ von ↗ holomorphen Funktionen in einer offenen Menge $D \subset \mathbb{C}$ mit folgender Eigenschaft: Jede Folge (f_n) in $\mathcal{F}$ besitzt eine Teilfolge (f_{n_k}), die in D kompakt konvergent ist.

Die Grenzfunktion f von (f_{n_k}) ist dann holomorph in D, sie muß im allgemeinen aber nicht zu $\mathcal{F}$ gehören.

Die Normalität einer Funktionenfamilie $\mathcal{F}$ ist eine lokale Eigenschaft. Dazu nennt man $\mathcal{F}$ normal an $z_0 \in D$, falls $\mathcal{F}$ in einer offenen Umgebung von z_0 normal ist. Damit gilt folgender Satz.

Eine Familie $\mathcal{F}$ holomorpher Funktionen in D ist normal in D genau dann, wenn $\mathcal{F}$ an jedem Punkt $z_0 \in D$ normal ist.

Ein wichtes Kriterium für Normalität liefert der Satz von Montel (↗ Montel, Satz von).

Eine Familie $\mathcal{F}$ holomorpher Funktionen in D heißt normal in D im erweiterten Sinne, falls jede Folge (f_n) in $\mathcal{F}$ eine Teilfolge (f_{n_k}) besitzt, die in D kompakt gegen eine in D holomorphe Funktion f konvergiert oder in D kompakt gegen ∞ konvergiert, d. h., zu jeder kompakten Menge $K \subset D$ und jedem $M > 0$ gibt es ein $N = N(K, M) \in \mathbb{N}$ mit $|f_{n_k}(z)| \geq M$ für alle $k \geq N$ und alle $z \in K$.

Einige Beispiele:

(a) Es sei $\mathcal{F} := \{f_n : n \in \mathbb{N}\}$ mit $f_n(z) := z^n$. Dann ist $\mathcal{F}$ ist normal in $\mathbb{E} = \{z \in \mathbb{C} : |z| < 1\}$ und normal im erweiterten Sinne in $\mathbb{C} \setminus \overline{\mathbb{E}}$.

(b) Es sei $\mathcal{F} := \{f_n : n \in \mathbb{N}\}$ mit $f_n(z) := n$. Dann ist $\mathcal{F}$ normal im erweiterten Sinne in $\mathbb{C}$.

(c) Es sei $\mathcal{F} := \{f_n : n \in \mathbb{N}\}$ mit $f_n(z) := nz$. Dann ist $\mathcal{F}$ normal im erweiterten Sinne in $\mathbb{C} \setminus \{0\}$.

(d) Es sei $\mathcal{F} := \{f_n : n \in \mathbb{N}\}$ mit $f_n(z) := \frac{z}{n}$. Dann ist $\mathcal{F}$ normal in $\mathbb{C}$.

(e) Es sei $D \subset \mathbb{C}$ eine offene Menge, $M > 0$, und $\mathcal{F}$ die Menge aller in D holomorphen Funktionen mit $|f(z)| \leq M$ für alle $z \in D$. Dann ist $\mathcal{F}$ normal D.

(f) Es sei $\mathcal{F}$ eine Menge holomorpher Funktionen in $\mathbb{E}$, und für $f \in \mathcal{F}$ sei

$$f(z) = \sum_{n=0}^{\infty} a_n(f) z^n$$

die Taylor-Reihe von f um 0. Dann gilt: $\mathcal{F}$ ist normal in $\mathbb{E}$ genau dann, wenn es eine Folge (M_n) positiver Zahlen gibt mit

$$\limsup_{n\to\infty} M_n^{1/n} \leq 1$$

und $|a_n(f)| \leq M_n$ für alle $n \in \mathbb{N}_0$ und alle $f \in \mathcal{F}$.

(g) Es sei $G \subset \mathbb{C}$ ein Gebiet, $M > 0$, und $\mathcal{F}$ die Familie aller holomorphen Funktionen in G derart, daß

$$\iint_G |f(z)|^2 \, dx \, dy \leq M .$$

Dann ist $\mathcal{F}$ normal in G.

Eine Familie $\mathcal{F}$ meromorpher Funktionen in D heißt normal in D, falls jede Folge (f_n) in $\mathcal{F}$ eine Teilfolge (f_{n_k}) besitzt, die in D kompakt konvergent ist. Hierbei ist f_n als stetige Funktion $f_n : D \to \widehat{\mathbb{C}}$ aufzufassen, und die Konvergenz von (f_{n_k}) ist bezüglich der chordalen Metrik auf $\widehat{\mathbb{C}}$ zu verstehen.

Die Grenzfunktion f von (f_{n_k}) ist dann meromorph in D oder $f(z) \equiv \infty$; sie muß im allgemeinen aber nicht zu $\mathcal{F}$ gehören. Ein wichtiges Kriterium für Normalität einer Familie meromorpher Funktionen liefert der Satz von Marty (↗ Marty, Satz von).

normale Funktionenfamilie, ↗ normale Familie.

normale Grammatik, ↗ Grammatik.

normale Kette, Kette abelscher Faktorgruppen einer auflösbaren Gruppe.

Für eine multiplikative Gruppe G ist die Kommutatorgruppe K eine Untergruppe von G, die aus allen Elementen der Form

$$a^{-1}b^{-1}ab$$

besteht. Die Faktorgruppe G/K ist dann abelsch.

Im nächsten Schritt startet man mit dieser Gruppe K als Ausgangsgruppe, usw. So erhält man eine Kette von ineinandergeschachtelten Untergruppen, bei denen jeweils die Faktorgruppen abelsch sind. Wenn dieser Prozeß bei der einelementigen Gruppe endet, heißt die Ausgangsgruppe G auflösbar, und die Faktorgruppen bilden eine normale Kette.

normale Konvergenz, Eigenschaft einer Funktionenreihe.

Es sei (f_n) eine Folge von Funktionen $f_n : D \to \mathbb{C}$ in einer offenen Menge $D \subset \mathbb{C}$. Dann heißt die Reihe $\sum_{n=1}^{\infty} f_n$ normal konvergent in D, falls die Reihe $\sum_{n=1}^{\infty} |f_n|$ kompakt konvergent in D ist. Jede in D normal konvergente Funktionenreihe ist also insbesondere kompakt konvergent in D.

Ist jede der Funktionen f_n stetig in D, so ist auch die Grenzfunktion f der Reihe $\sum_{n=1}^{\infty} f_n$ stetig in D. Ebenso ist f eine in D ↗holomorphe Funktion, sofern jedes f_n holomorph in D ist.

Für normal konvergente Reihen gilt folgender Umordnungssatz.

Es sei $\sum_{n=1}^{\infty} f_n$ eine Reihe, die in D normal konvergent gegen f ist, und $\tau : \mathbb{N} \to \mathbb{N}$ eine bijektive Abbildung. Dann ist auch die umgeordnete Reihe $\sum_{n=1}^{\infty} f_{\tau(n)}$ normal konvergent in D gegen f.

Sind $\sum_{n=1}^{\infty} f_n$ und $\sum_{n=1}^{\infty} g_n$ normal konvergente Reihen in D mit Grenzfunktionen f und g, so ist offensichtlich die Summenreihe $\sum_{n=1}^{\infty} (f_n + g_n)$ normal konvergent in D gegen $f + g$. Weiter gilt folgender Reihenproduktsatz.

Es seien $\sum_{m=1}^{\infty} f_m$ und $\sum_{n=1}^{\infty} g_n$ normal konvergente Reihen in D mit Grenzfunktionen f und g. Dann ist jede Produktreihe $\sum_{k=1}^{\infty} h_k$, wobei die Folge (h_k) alle Produkte $f_m g_n$ genau einmal in beliebiger Reihenfolge durchläuft, normal konvergent in D gegen fg.

Die normale Konvergenz spielt auch für Reihen ↗meromorpher Funktionen eine wichtige Rolle. Dazu sei (f_n) eine Folge meromorpher Funktionen in D. Die Reihe $\sum_{n=1}^{\infty} f_n$ heißt normal konvergent in D, falls zu jeder kompakten Menge $K \subset D$ ein Index $m = m(K) \in \mathbb{N}$ existiert derart, daß die Polstellenmengen $P(f_n)$ für $n \geq m$ disjunkt zu K sind und die Reihe $\sum_{n=m}^{\infty} |f_n|$ auf K gleichmäßig konvergent ist. Nun gilt folgender Konvergenzsatz.

Es sei $\sum_{n=1}^{\infty} f_n$ eine normal konvergente Reihe meromorpher Funktionen in D. Dann existiert genau eine in D meromorphe Funktion f mit folgender Eigenschaft: Ist $U \subset D$ eine offene Menge und $m \in \mathbb{N}$ ein Index derart, daß keine Funktion f_n für $n \geq m$ eine Polstelle in U hat, so konvergiert die Reihe $\sum_{n=m}^{\infty} f_n|U$ von in U holomorphen Funktionen normal in U gegen eine in U holomorphe Funktion F, und es gilt

$$f(z) = f_1(z) + \cdots + f_{m-1}(z) + F(z)$$

für alle $z \in U$. Für die Polstellenmenge von f gilt

$$P(f) \subset \bigcup_{n=1}^{\infty} P(f_n)\,.$$

Die obigen Ergebnisse über Umordnung und Summe von Reihen gelten entsprechend auch für normal konvergente Reihen meromorpher Funktionen.

Die Reihen

$$\sum_{n=1}^{\infty} \left(\frac{1}{z+n} - \frac{1}{n} \right), \quad \sum_{n=1}^{\infty} \left(\frac{1}{z-n} + \frac{1}{n} \right),$$

$$\sum_{n=0}^{\infty} \frac{1}{(z+n)^k}, \quad \sum_{n=0}^{\infty} \frac{1}{(z-n)^k}, \quad k \geq 2$$

sind beispielsweise normal konvergent in $\mathbb{C}$.

normale Körpererweiterung, eine endliche Körpererweiterung $\mathbb{L}$ über $\mathbb{K}$, in der jedes Polynom aus $\mathbb{K}[X]$, das eine Nullstelle in $\mathbb{L}$ besitzt, in $\mathbb{L}[X]$ vollständig in Linearfaktoren zerfällt.

Für einen Körper mit Charakteristik Null (↗Charakteristik eines Körpers) ist der Begriff synonym zum Ausdruck ↗Galois-Erweiterung.

normale Kreuzung, Begriff aus der algebraischen Geometrie.

Ein effektiver Cartierdivisor D auf einem regulären Schema oder einer komplexen Mannigfaltigkeit X heißt Divisor mit normalen Kreuzungen, wenn in jedem Punkt $x \in X$ die lokale Gleichung von D die Form $f = x_1 \cdots x_r$ in einem geeigneten regulären Parametersystem $(x_1, \cdots, x_n)$ von $\mathcal{O}_{X,x}$ hat.

Das heißt also, daß im Falle von Schemata jede irreduzible Komponente von D glatt ist, daß ein Punkt von X zu höchstens n Komponenten gehört, und daß die Komponenten sich transversal schneiden.

Für ↗algebraische Varietäten über $\mathbb{C}$ läßt sich jeder Divisor durch eine Folge von ↗Aufblasungen in einen Divisor mit normalen Kreuzungen transformieren.

normale *L*-Struktur, eine ↗algebraische Struktur $\mathcal{A}$, die die gleiche Signatur wie die ↗elementare Sprache L besitzt, in der das Gleichheitszeichen der Sprache L durch die Identität in $\mathcal{A}$ interpretiert ist.

Die logischen Axiome für die Gleichheit in L bestimmen in der Struktur $\mathcal{A}$ eine zweistellige Relation $\sim$, die im allgemeinen noch nicht die Identität (im philosophischen Sinn) beschreibt. Die Gleichheitsaxiome beziehen sich nur auf solche Eigenschaften, die in der Sprache L ausdrückbar sind. Die Identität hingegen ist ein Spezialfall der Gleichheit. Die durch die Gleichheitsaxiome gegebene Relation $\sim$ ist eine Kongruenzrelation in $\mathcal{A}$. Geht man zur Faktorstruktur von $\mathcal{A}$ bezüglich $\sim$ über, dann entsteht eine Struktur $\mathcal{A}/\sim$, in der die Gleichheit als Identität interpretiert ist, sodaß sich ohne Beschränkung der Allgemeinheit die Gleichheit in einer Struktur stets als Identität auffassen läßt.

normale Matrix, eine quadratische ↗Matrix A über $\mathbb{C}$, für die gilt:

$$AA^* = A^*A\,,$$

wobei A^* die zu A adjungierte Matrix bezeichnet.

Orthogonale, symmetrische, schiefsymmetrische, unitäre und Hermitesche Matrizen sind normal; mit A sind auch αA und $\alpha I + A$ normal. Eine komplexe Matrix ist genau dann normal, wenn sie durch eine unitäre Matrix diagonalisierbar ist.

Beispiel: Eine reelle (2×2)-Matrix ist genau dann normal, wenn sie von der Form

$$\begin{pmatrix} a & b \\ b & d \end{pmatrix}$$

oder

$$\begin{pmatrix} a & b \\ -b & a \end{pmatrix}$$

ist.

Entsprechend heißt ein ↗Endomorphismus $\varphi : V \to V$ auf einem euklidischen oder unitären Vektorraum V normal, wenn gilt:

$$\varphi\varphi^* = \varphi^*\varphi\,.$$

Ein Endomorphismus $\varphi : V \to V$ auf einem endlich-dimensionalen Vektorraum V ist genau dann normal, wenn er bezüglich einer ↗Orthonormalbasis von V durch eine normale Matrix repräsentiert wird.

normale Topologie, Topologie eines normalen topologischen Raumes.

Eine Topologie τ auf einer Menge T heißt normal, wenn sie Hausdorffsch ist und wenn es für je zwei disjunkte abgeschlossene Mengen $A, B \subseteq T$ disjunkte offene Mengen U, V gibt, so daß $A \subseteq U$ und $B \subseteq V$ gilt.

normale Untergruppe, seltener gebrauchtes Synonym für den ↗Normalteiler einer Gruppe.

normale Zahl, eine Zahl $x \in [0, 1)$ mit der Eigenschaft, daß in ihrer b-adischen Entwicklung $x = 0, x_1x_2\ldots$ zur Basis $b \geq 2$ mit $x_i \in \{0, 1, \ldots, b-1\}$ für alle $i \in \mathbb{N}$ jede der Ziffern $0, 1, \ldots, b-1$ mit der asymptotischen relativen Häufigkeit $\frac{1}{b}$ vorkommt.

Eine Zahl $x = 0, x_1x_2\ldots$ ist also normal zur Basis b oder kürzer ausgedrückt b-normal, wenn für alle $a \in \{0, 1, \ldots, b-1\}$ gilt

$$\lim_{n\to\infty} \frac{1}{n} \sum_{i=1}^{n} \mathbf{1}_{\{a\}}(x_i) = \frac{1}{b}\,,$$

wobei $\mathbf{1}_{\{a\}}$ die Indikatorfunktion von $\{a\}$ bezeichnet.

Die Zahl $x \in [0, 1)$ heißt absolut normal, wenn sie für jede natürliche Zahl $b \geq 2$ normal zur Basis b ist. Nach einem Satz von É. Borel sind bezüglich des Lebesgue-Maßes auf $[0, 1)$ fast alle Zahlen normal zur Basis 2.

Man kann weiterhin zeigen, daß für eine beliebige Basis $b \geq 2$ fast alle Zahlen aus $[0, 1)$ normal zur Basis b und folglich auch fast alle Zahlen im Intervall $[0, 1)$ absolut normal sind.

Normalebene, die zum Tangentenvektor $\alpha'(t)$ einer Raumkurve senkrechte Ebene durch den Kurvenpunkt $\alpha(t)$.

Die Normalebene ist die lineare Hülle des ↗Haupt- und des ↗Binormalenvektors.

Normalenabbildung, Abbildung, die jedem Punkt einer gegebenen orientierten ↗Hyperfläche F im $\mathbb{R}^n$ $(n \geq 1)$ den Endpunkt des Normaleneinheitsvektors am betreffenden Punkt zuordnet.

Indem man die Hyperfläche zusammen mit ihrem Normalenbündel als ↗Lagrangesche Untermannigfaltigkeit von

$$\left(\mathbb{R}^{2n}, \sum_{i=1}^{n} dq_i \wedge dp_i\right)$$

auffaßt, und als Projektion die Abbildung

$$\mathbb{R}^{2n} \to \mathbb{R}^n : (q, p) \mapsto q + p$$

verwendet, läßt sich die Normalenabbildung als ↗Lagrange-Abbildung verstehen. Ihre ↗Kaustiken sind die ↗Brennflächen von F.

Normalenableitung, gelegentlich auch Normalableitung genannt, die Richtungsableitung in Richtung der äußeren Normalen, also der Ausdruck

$$\frac{\partial v}{\partial \mathfrak{n}} := \mathfrak{n} \cdot \nabla v$$

für eine auf einer offenen Teilmenge $\mathfrak{G}$ des $\mathbb{R}^n$ definierte differenzierbare (reellwertige) Funktion v und eine kompakte berandete Untermannigfaltigkeit $M \subset \mathfrak{G}$.

$\mathfrak{n}$ bezeichnet dabei das nach außen gerichtete Einheitsnormalenfeld von $\partial\mathfrak{G}$.

Normalenbündel, Begriff in der Theorie der komplexen Mannigfaltigkeiten.

Sei M eine komplexe Mannigfaltigkeit und $T'(M)$ das holomorphe Tangentialbündel von M. Ist $V \subset M$ eine komplexe Untermannigfaltigkeit, dann ist das Normalenbündel $N_{V/M}$ von V in M der Quotient des Tangentialbündels von M, eingeschränkt auf V, nach dem Unterbündel

$$T'(V) \hookrightarrow T'(M)\,|_V\,.$$

Das Konormalenbündel $N^*_{V/M}$ von V in M ist das Duale des Normalenbündels.

Normalenkegel, Begriff aus der algebraischen Geometrie.

Sei $Y \subset X$ abgeschlossenes Unterschema eines ↗Schemas X, $I \subset \mathcal{O}_X$ die zugehörige Idealgarbe, und

$$gr_I(\mathcal{O}_X) = \mathcal{O}_Y \oplus I/I^2 \oplus I^2/I^3 \oplus \cdots$$

die zugehörige Garbe von graduierten $\mathcal{O}_Y$-Algebren.

Das zugehörige relative Spektrum

$$C_{Y/X} = Spec(gr_I(\mathcal{O}_X)) \to Y$$

heißt dann der Normalenkegel von Y in X. Der natürlichen Surjektion der symmetrischen Algebra von I/I^2 über $\mathcal{O}_Y$ auf $gr_I(\mathcal{O}_X)$ entspricht eine abgeschlossene Einbettung $C_{Y/X} \subseteq \mathcal{N}_{Y/X}$ in das ↗Normalenbündel.

Man hat eine natürliche Faserung

$$C^0_{Y/X} = C_{Y/X} \setminus V\left(gr_I^+(Y)\right) \to E = \operatorname{Proj}(gr_I(\mathcal{O}_X))$$

(mit Faser $\mathbb{G}_m = Gl_1$), E ist der exzeptionelle Divisor in der ↗Aufblasung $\tilde{X} \to X$ von X längs Y. Letzteres folgt aus der Konstruktion der Aufblasung und dem natürlichen Isomorphismus

$$\mathcal{S} \otimes_{\mathcal{O}_X} \mathcal{O}_Y \simeq gr_I(\mathcal{O}_X)$$

für die Algebra

$$\mathcal{S} = \mathcal{O}_X \oplus I \oplus I^2 \oplus \cdots .$$

Normalenvektor, *Normalvektor*, ein Vektor, der auf einer Fläche oder Kurve des $\mathbb{R}^3$, allgemeiner auf einer Untermannigfaltigkeit $N^n \subset M^m$ $(m \geq n)$ einer Riemannschen Mannigfaltigkeit senkrecht steht.

Ist $x \in N^n$ ein Punkt der Untermannigfaltigkeit und $\mathfrak{v} \in T_x(M^m)$ ein Tangentialvektor, so ist $\mathfrak{v}$ genau dann ein Normalenvektor von N^n, wenn $g(\mathfrak{v}, \mathfrak{w}) = 0$ für alle Tangentialvektoren $\mathfrak{w} \in T_x(N^n)$ der Untermannigfaltigkeit gilt.

Vgl. insbesondere ↗Normalenvektor einer ebenen Kurve und ↗Normalenvektor einer Fläche.

Normalenvektor einer ebenen Kurve, Einheitsvektor, der auf dem Tangentenvektor der Kurve senkrecht steht und mit diesem ein Rechtssystem bildet.

Ist $\alpha(t) = (\xi(t), \eta(t))$ eine Parametergleichung einer Kurve, so hat deren Normalenvektor die Komponenten

$$x = \frac{-\eta'(\tau)}{\sqrt{\xi'^2(\tau) + \eta'^2(\tau)}}, \quad y = \frac{\xi'(\tau)}{\sqrt{\xi'^2(\tau) + \eta'^2(\tau)}}.$$

Für eine ↗Raumkurve werden in jedem Punkt zwei linear unabhängige Normalenvektoren definiert, der ↗Hauptnormalen- und der ↗Binormalenvektor.

Normalenvektor einer Fläche, Einheitsvektor, der auf der Tangentialebene der Fläche senkrecht steht.

Für die Richtung des Normalenvektors gibt es zwei Möglichkeiten, durch deren Wahl eine Orientierung der Fläche festgelegt ist. Eine Fläche, die ein stetiges Feld von Normalenvektoren besitzt, heißt orientierbar.

Die bekannteste nichtorientierbare Fläche ist das ↗Möbius-Band.

normaler komplexer Raum, Begriff in der Theorie der komplexen Räume.

Ein reduzierter komplexer Raum $X = (X, \mathcal{O})$ heißt normal in einem Punkt $a \in X$ (und der Keim X_a heißt normaler Keim), wenn gilt $\tilde{\mathcal{O}}_a = \mathcal{O}_a$, d. h., wenn jede schwach holomorphe Funktion in einer Umgebung von a holomorph ist. Der Raum X heißt normal, wenn er in jedem Punkt normal ist.

Die komplexe Struktur eines normalen komplexen Raumes X wird also vollständig durch die zugrundeliegende topologische Struktur $|X|$ und die komplexe Struktur auf dem regulären Teil $X \backslash S(X)$ bestimmt.

Der Begriff 'normal' wird dadurch motiviert, daß ein Keim X_a genau dann normal ist, wenn $\mathcal{O}_a$ ein ↗normaler Ring ist.

normaler Ort, die Menge der Punkte eines ↗Schemas (oder eines ↗komplexen Raumes) X, in denen der lokale Ring $\mathcal{O}_{X,x}$ ein ↗normaler Ring ist.

Wenn X ein algebraisches Schema über einem Ring A ist, so ist unter bestimmten Voraussetzungen an A (z. B. wenn A ein Körper oder $A = \mathbb{Z}$ ist) der normale Ort offen in der Zariski-Topologie.

normaler Ring, ein ↗reduzierter Ring, der in seinem Quotientenkörper ganz abgeschlossen ist, anders gesagt, ein kommutativer nullteilerfreier Ring R mit Eins mit der Eigenschaft, daß jedes R-ganze Element (↗Normalisierung eines Rings) aus seinem Quotientenkörper zu R gehört.

Diese Eigenschaft bleibt bei der Lokalisierung $R \to R_S$ erhalten. Der Ring R ist genau dann normal, wenn er nullteilerfrei ist und für jedes Maximalideal $\mathfrak{m}$ der lokale Ring $A_{\mathfrak{m}}$ normal ist.

Ist R ein reduzierter (kommutativer) Ring und $Q(R)$ sein Quotientenring, und ist beispielsweise

$$P(x) = x^n + a_{n-1}x^{n-1} + \cdots + a_0$$

ein Polynom mit $a_0, \ldots, a_{n-1} \in R$, und $b \in Q(R)$ mit $P(b) = 0$, dann ist $b \in R$, wenn R normaler Ring ist.

Polynomringe über Körpern oder dem Ring der ganzen Zahlen sind normal. Der Ring $\mathbb{C}[t^2, t^3]$ ist nicht normal.

normales Element, mit seiner Involution vertauschbares Element einer B^*-Algebra.

Ist S eine komplexe Banachalgebra, so heißt eine Selbstabbildung $x \to x^*$ von S eine Involution, falls gelten:

(1) $(x + y)^* = x^* + y^*$;

(2) $(\alpha x)^* = \overline{\alpha} x^*$ für $\alpha \in \mathbb{C}$;

(3) $(xy)^* = y^*x^*$;
(4) $x^{**} = x$.
Gilt noch zusätzlich $||x^*x|| = ||x||^2$, so heißt S eine B^*-Algebra. Ein Element x einer B^*-Algebra S heißt dann normal, wenn $xx^* = x^*x$ gilt.

Normalform einer Matrix, ↗Matrix, ↗Jordansche Normalform.

Normalform eines Polynoms, für ein Polynom f bezüglich einer geordneten Menge $S = \{f_1, \dots, f_m\}$ von Polynomen aus $\mathbb{K}[x_1, \dots, x_n]$ (dem Polynomenring in $x_1, \dots, x_n$ über dem Körper $\mathbb{K}$) der Rest r bezüglich der im folgenden beschriebenen Division von f durch die Elemente von S:

Sei $<$ eine Monomenordnung für Polynome f, g, sei $L(f)$ das Leitmonom von f und $C(f)$ der Leitkoeffizient von f, sowie

$$\mathrm{Tail}(f) = f - C(f)L(f)\,.$$

Mit spoly(f, g) bezeichnen wir das ↗spolynom von f und g.

$r = \mathrm{NF}(f|S)$
Input: f ein Polynom, S eine Menge von Polynomen.
Output: r ein Polynom, die Normalform von f bezüglich S

```
  r = f
  while there exist g ∈ S such that L(g)|L(r)
      choose such g
      r = spoly(r, g)
  r = C(r)L(r) + NF(Tail(r)|S)
return(r)
```

Weil die Monomenordnung eine Wohlordnung ist, terminiert die Normalform, und man hat eine Darstellung

$$f = \sum_{i=1}^{m} \xi_i f_i + r,$$

wobei kein Monom, das in r verkommt, durch ein $L(f_i)$ teilbar ist.

Ist I ein Ideal und sind S, T zwei ↗Gröbner-Basen von I, dann gilt für jedes f

$$\mathrm{NF}(f|S) = \mathrm{NF}(f|T)\,,$$

und man definiert $\mathrm{NF}(f|I)$, die Normalform von f bezüglich I, durch $\mathrm{NF}(f|S)$, die Normalform von f bezüglich einer Gröbner-Basis S von I. Es gilt $\mathrm{NF}(f|I) = 0$ genau dann, wenn $f \in I$.

Eine modifizierte Normalform gibt es auch für lokale ↗Monomenordnungen. Sie liefert eine Darstellung

$$uf = \sum_{i=1}^{m} \xi_i f_i + r$$

mit Polynomen u, ξ_i, $i = 1, \dots, m$, so daß gilt: $L(u) = 1$, und $L(r)$ ist nicht durch die $L(f_i)$ teilbar für $i = 1, \dots, m$.

Normalform Hamiltonscher Systeme, nach G. Birkhoff eine einfache Darstellung einer ↗Hamilton-Funktion im $\mathbb{R}^{2n}$, deren Ableitung am Ursprung verschwindet, und deren quadratisches Glied der Taylor-Reihe die Form

$$H_{(2)}(q,p) := \frac{\omega_1}{2}({p_1}^2 + {q_1}^2) + \dots + \frac{\omega_n}{2}({p_n}^2 + {q_n}^2)$$

annimmt mit reellen Kreisfrequenzen $\omega_1, \dots, \omega_n$.

Falls die Kreisfrequenzen keine ↗Resonanzbeziehung bis zur Ordnung $s \in \mathbb{N}$ haben, so läßt sich eine (i. allg. nur als formale Potenzreihe interpretierbare) ↗kanonische Transformation $(Q(q,p), P(q,p))$ des $\mathbb{R}^{2n}$ und ein homogenes Polynom f vom Grade $[s/2]$ in den Variablen

$$\tau_1 := {P_1}^2 + {Q_1}^2, \dots, \tau_n := {P_n}^2 + {Q_n}^2$$

finden, so daß H nach der Transformation die einfache sogenannte Normalform

$$\tilde{H}(Q,P) = f(\tau_1, \dots, \tau_n) + O(|P| + |Q|)^{s+1}$$

annimmt. Für rational unabhängige Kreisfrequenzen hängt somit die Normalform nur von den $\tau_1, \dots, \tau_n$ ab.

Normalformen (für gewöhnliche Differentialgleichungssysteme), Konzept, um für eine ↗gewöhnliche Differentialgleichung (DGL) $\dot{x} = f(x)$ die „rechte Seite f" durch Variablentransformation Φ in eine „möglichst einfache" Form zu bringen.

Genauer sei ein Vektorfeld $f \in C^k(W)$ mit offenem $W \subset \mathbb{R}^n$ gegeben. Wir untersuchen diese DGL in der Nähe eines Fixpunktes $x_0 \in W$. O. B. d. A. nehmen wir $x_0 = 0$ an und zerlegen f in seinen linearen Teil bei 0 und einen nichtlinearen:

$$f(x) = Df(0)x + \underbrace{f(x) - Df(0)x}_{:=h(x)}$$

mit der sog. Nichtlinearität $h \in C^k$, die $h(0) = 0$ und $Dh(0) = 0$ erfüllt.

Für das folgende wichtige Normalform-Theorem benötigen wir einige Bezeichnungen. Es bezeichne $T_m h : \mathbb{R}^n \to \mathbb{R}^n$ das m-te Glied der Taylorentwicklung von h. $H_m(\mathbb{R}^n)$ ist der Vektorraum der Abbildungen $\mathbb{R}^n \to \mathbb{R}^n$, deren Komponentenfunktionen homogen vom Grad m sind. Mit Hilfe der ↗Lie-Klammer $[\cdot,\cdot]$ (bzw. der ↗Lie-Ableitung $\mathcal{L}$) ist für eine lineare Abbildung $A \in L(\mathbb{R}^n)$ die Abbildung $\mathrm{ad}A : C^\infty(\mathbb{R}^n) \to C^\infty(\mathbb{R}^n)$ definiert:

$$\begin{aligned}
(\mathrm{ad}A\,\Phi)(x) &:= [A, \Phi](x) \\
&= (\mathcal{L}_\Phi A)(x) - (\mathcal{L}_A \Phi)(x) \\
&= DA(x)\Phi(x) - D\Phi(x)Ax \\
&= A\Phi(x) - D\Phi(x)Ax.
\end{aligned}$$

Die Einschränkung von ad$A$ auf $H_m(\mathbb{R}^n)$ ist ein linearer Operator auf $H_m(\mathbb{R}^n)$, den wir mit ad$_m A$ bezeichnen. Für einen Diffeomorphismus Φ bezeichnet $\Phi^* h$ den Pullback von h. Dann gilt der Satz:

Sei eine lineare Abbildung $A \in L(\mathbb{R}^n)$ und für jedes $m \geq 2$ ein algebraischer Komplementärbildraum W_m von $H_m(\mathbb{R}^n)$ gegeben, d. h., es gelte

$$H_m(\mathbb{R}^n) = R(ad_m A) \oplus W_m \,.$$

Dann gibt es für jedes $h \in C^k(\mathbb{R}^n, \mathbb{R}^n)$, das $h(0) = 0$, $Dh(0) = 0$ erfüllt, einen C^∞-Diffeomorphismus Φ so, daß

$$T_1\Phi = \mathbf{1} \text{ und } T_m\Phi^*(A + h) \in W_m$$

für alle $2 \leq m \leq k$.

$T_1\Phi = \mathbf{1}$ bedeutet, daß die Koordinatentransformation „nahe bei der Identität" ist. Zu beachten ist, daß die einzelnen Anteile

$$T_m\Phi^*(A + h) \in W_m$$

der „Normalform" allein durch den vorgegebenen linearen Anteil A und die (nicht eindeutige) Wahl der Komplemente W_m bestimmt sind.

[1] Guckenheimer, J.; Holmes, Ph.: Nonlinear Oscillations, Dynamical Systems, and Bifurcations of Vector Fields. Springer-Verlag New York, 1983.

Normalgleichung, die Gleichung $A^T Ax = A^T b$, deren Lösung x gerade die Lösung des in der ↗Ausgleichsrechnung häufig anzutreffenden linearen Ausgleichsproblems

$$\min_x ||Ax - b||_2 \,, \quad A \in \mathbb{R}^{m\times n}$$

ist.

Da $A^T A$ eine symmetrische Matrix ist kann die Normalgleichung mittels des ↗Cholesky-Verfahrens gelöst werden. Bei der Lösung der Normalgleichung können numerische Probleme auftreten, wenn die Konditionszahl der Matrix $A^T A$ sehr groß ist. Die Lösung x hat dann relativ große Fehler. Zudem sind Rundungsfehler bereits bei der Berechnung von $A^T A$ und $A^T b$ unvermeidlich. Man sollte das lineare Ausgleichsproblem daher mittels der ↗QR-Zerlegung lösen. Dieses Verfahren wird unter ↗Methode der kleinsten Quadrate beschrieben.

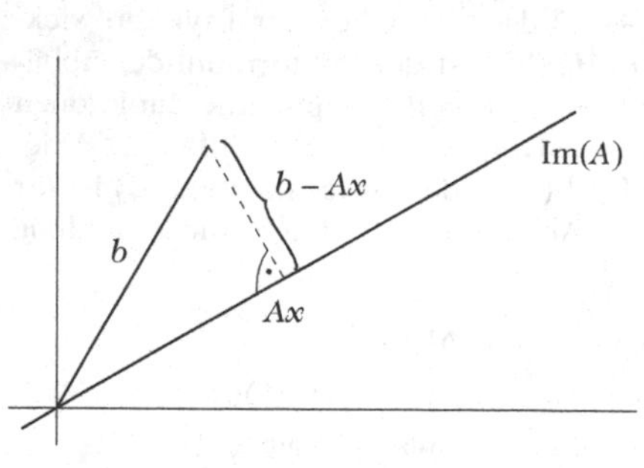

$b - Ax$ ist Normale auf Im(A)

Geometrisch besagt die Normalgleichung, daß $b - Ax$ eine Normale auf $\text{Im}(A) \cup \mathbb{R}^m$ ist. Dies gibt ihr den Namen.

Bei der Lösung eines nichtlinearen Ausgleichsproblems

$$\min_{a_1,\dots,a_m} \sum_{k=1}^{N} (y_k - f(x_k; a_1, \dots, a_m))^2$$

liefern die Normalgleichungen

$$\frac{\partial}{\partial a_i} \sum_{k=1}^{N} (y_k - f(x_k; a_1, \dots, a_m))^2 = 0 \,,$$

die notwendige Bedingung für ein Minimum des obigen Ausdrucks.

Normalisator, Menge aller Elemente einer Gruppe, die mit einer gegebenen Menge X (als Menge) vertauschen.

Es gilt also: Der Normalisator $N_G(X)$ der Menge X in der Gruppe G ist

$$N_G(X) := \{g \in G \mid \forall x \in X : g^{-1}xg \in X\} \,.$$

Der Normalisator ist immer eine Untergruppe. In kommutativen Gruppen ist der Normalisator die ganze Gruppe. Ist X selbst eine Untergruppe, so ist der Normalisator die größte Untergruppe von G, die X als normale Untergruppe (Normalteiler) enthält. Insbesondere trägt in diesem Fall der Quotient $N_G(X)/X$ immer eine kanonische Gruppenstruktur.

Normalisator einer Lie-Algebra, zu einer Lie-Algebra g und einer Unteralgebra h von g die größte Teilalgebra von g, die h als Ideal anthält.

Die explizite Definition ist: Der Normalisator von h in g ist die durch

$$N_g(h) = \{x | [x, h] \subset h\}$$

definierte Teilalgebra von g.

normalisierte Fuzzy-Menge, eine ↗Fuzzy-Menge, deren Höhe (↗Höhe einer Fuzzy-Menge) gleich 1 ist.

Offensichtlich kann eine nichtleere Fuzzy-Menge $\widetilde{A}$ immer dadurch normalisiert werden, daß man ihre ↗Zugehörigkeitsfunktion $\mu_A(x)$ durch $\sup_{x\in X} \mu_A(x)$ dividiert.

Normalisierung, Begriff in der Theorie der komplexen Räume, der dadurch motiviert wird, daß ein reduzierter komplexer Raum X außerhalb einer dünnen analytischen Teilmenge $S(X)$ normal ist. Sei $X = (X, \mathcal{O})$ ein reduzierter komplexer Raum. Eine endliche holomorphe Abbildung $f : \widehat{X} \to X$ heißt Normalisierung von X, wenn sie die folgenden Bedingungen erfüllt:

i) $\widehat{X}$ ist normal.

ii) Es existiert eine dünne analytische Teilmenge A von X so, daß $\pi^{-1}(A)$ dünn in $\widehat{X}$ ist, und

$$\pi : \widehat{X} \backslash \pi^{-1}(A) \to X \backslash A$$

biholomorph ist. (Eine abgeschlossene Menge $A \subset X$ heißt (analytisch) dünn, wenn für jede offene Menge $U \subset X$ die Einschränkungsabbildung $\mathcal{O}(U) \to \mathcal{O}(U \backslash A)$ injektiv ist.)

Insbesondere ist die Normalisierungs-Abbildung π geschlossen und daher surjektiv.

Normalisierung eines Rings, Begriff aus der Algebra.

Es sei B kommutativer Ring mit Eins und $A \subset B$ ein Unterring mit demselben Einselement. Ein Element $b \in B$ heißt ganz über A oder A-ganz, wenn der von A und b erzeugte Unterring von B endlich erzeugt (als A-Modul) ist. Gleichbedeutend damit ist, daß b Nullstelle eines normierten Polynoms mit Koeffizienten aus A ist.

Die Menge aller A-ganzen Elemente aus B bildet einen Unterring $A' \subset B$ und heißt ganze Abschließung von A in B.

Die Normalisierung A' eines nullteilerfreien Ringes A ist die ganze Abschließung von A in seinem Quotientenkörper. Sie ist ein normaler Ring.

Siehe auch ↗Normalisator.

Normalisierungssatz, lautet:

Zu jedem reduzierten komplexen Raum $X = (X, \mathcal{O})$ existiert (bis auf Isomorphie) genau eine Normalisierung. Die $\mathcal{O}$-Algebra $\widetilde{\mathcal{O}}$ (die Garbe der schwach holomorphen Funktionen auf X) ist ein kohärenter $\mathcal{O}$-Modul, und Specan $\widetilde{\mathcal{O}} \to X$ *ist die Normalisierung.*

Dabei bezeichne Specan $\widetilde{\mathcal{O}}$ das analytische Spektrum von $\widetilde{\mathcal{O}}$.

Normalkomponente, die zu einer Fläche oder Kurve senkrechte Komponente eines Vektors im $\mathbb{R}^3$.

Ist x ein Punkt einer Fläche $\mathcal{F}$ oder einer Kurve $\mathcal{K}$ des $\mathbb{R}^3$ und $T_x(\mathcal{K})$ die Tangente von $\mathcal{K}$, $T_x(\mathcal{F})$ die Tangentialebene von $\mathcal{F}$, $N_x(\mathcal{K})$ die Normalebene von $\mathcal{K}$ und $N_x(\mathcal{F})$ die Normale von $\mathcal{F}$, so besitzt ein beliebiger Vektor $\vec{v} \in \mathbb{R}^2$ eine eindeutige Darstellung der Gestalt

$$\vec{v} = \vec{v}_{T,\mathcal{K}} + \vec{v}_{N\mathcal{K}}$$

bzw.

$$\vec{v} = \vec{v}_{T,\mathcal{F}} + \vec{v}_{N\mathcal{F}},$$

wobei für die Summanden $\vec{v}_{T,\mathcal{K}}$, $\vec{v}_{N,\mathcal{K}}$, $\vec{v}_{T,\mathcal{F}}$, $\vec{v}_{N,\mathcal{F}}$ dieser Darstellungen $\vec{v}_{T,\mathcal{K}} \in T_x(\mathcal{K})$, $\vec{v}_{N,\mathcal{K}} \in N_x(\mathcal{K})$, $\vec{v}_{T,\mathcal{F}} \in T_x(\mathcal{F})$ und $\vec{v}_{N,\mathcal{F}} \in N_x(\mathcal{F})$ gilt.

Die Vektoren $\vec{v}_{N,\mathcal{K}}$ und $\vec{v}_{N,\mathcal{F}}$ heißen Normalkomponenten und $\vec{v}_{T,\mathcal{K}}$ und $\vec{v}_{T,\mathcal{F}}$ Parallelkomponenten oder Tangentialkomponenten des Vektors $\vec{v}$ in bezug auf die Kurve bzw. Fläche.

In ähnlicher Weise zerfallen die Vektoren des Tangentialraums $T_x(M^m)$ einer Untermannigfaltigkeit $N^n \subset M^m$ einer ↗Riemannschen Mannigfaltigkeit in eine eindeutig bestimmte Normal- und Parallelkomponente.

Normalkoordinaten, auch Riemannsche Normalkoordinaten genannt, Koordinaten, deren Koordinatenbasis eng mit dem Riemannschen Krümmungstensor gekoppelt ist. In einer hinreichend kleinen Umgebung eines Punktes gibt es stets Normalkoordinaten, diese Umgebung heißt dann auch Normalumgebung.

Normalkrümmung, die signierte Krümmung (↗Krümmung von Kurven) $\kappa_n(\mathfrak{v})$ des durch einen Vektor $\mathfrak{v} \in T_p(F)$ der Tangentialebene einer Fläche $\mathcal{F}$ bestimmten Normalschnitts.

Der Normalschnitt von $\mathfrak{v}$ im Punkt $p \in F$ ist die Schnittkurve der durch $\mathfrak{v}$ und den Normalenvektor bestimmten Ebene mit der Fläche $\mathcal{F}$. Sie hängt nur von der Richtung von $\mathfrak{v}$, nicht von dessen Länge ab, und kann als Quotient

$$\kappa_n(\mathfrak{v}) = \frac{II(\mathfrak{v}, \mathfrak{v})}{I(\mathfrak{v}, \mathfrak{v})}$$

der ersten und zweiten Gaußschen Fundamentalform berechnet werden. Es gilt der folgende Satz von Euler:

Sind $\mathfrak{e}_1, \mathfrak{e}_2 \in T_p(F)$ zwei orthonormierte Vektoren mit ↗Hauptkrümmungsrichtung, κ_1, κ_2 die zugehörigen ↗Hauptkrümmungen, und ist

$$\mathfrak{v} = \cos(\varphi)\, \mathfrak{e}_1 + \sin(\varphi)\, \mathfrak{e}_2$$

ein durch den Drehwinkel φ gegebener Einheitsvektor von $T_p(F)$, so gilt

$$\kappa_n(\mathfrak{v}) = \cos^2(\varphi)\, \kappa_1 + \sin(\varphi)\, \kappa_2 \,.$$

Normalparabel, ↗Parabel.

normal-power-Verfahren, Methode zur Bestimmung einer Näherung für die Verteilungsfunktion des ↗Gesamtschadens im ↗Kollektiven Modell der Risikotheorie.

Der Risikoprozeß zerfällt dabei in zwei Teile, einen Schadenanzahlprozeß N mit diskreter Wahrscheinlichkeitsverteilung und eine Folge $\{Y_k\}_{k=1,\dots,\infty}$ von Zufallsgrößen, welche die Schadenhöhe pro Schadenfall beschreiben. Die exakte Bestimmung der Verteilungsfunktion für den Gesamtschaden

$$S = \sum_{k=1}^{\infty} Y_k$$

ist in der Regel nicht möglich.

Eine gebräuchliche Approximationen stellt das normal-power-Verfahren dar. Durch eine Transformation des Parameters $x \mapsto z$ gelingt es, die (unbekannte) Verteilungsfunktion $P(x)$ näherungsweise durch eine Standardnormalverteilung $\Phi(z)$ darzustellen. Aus dem (als bekannt vorausgesetzten) Erwartungswert μ, der Varianz σ und der Schiefe γ für den Gesamtschadenprozeß S berechnet sich der transformierte Parameter zu

$$z = \sqrt{9/\gamma^2 + 1 + 6(x-\mu)/(\gamma\sigma)} - 3/\gamma\,.$$

Mathematische Grundlage für die Ableitung der normal-power-Approximation ist die Edgeworth-Entwicklung (↗Edgeworth-Approximation).

Normalteiler, *normale Untergruppe*, Untergruppe $N \subset G$ einer Gruppe G mit der Eigenschaft, daß für jedes $g \in G$ gilt:

$$Ng = gN\,.$$

Es existiert noch eine ganze Reihe anderer äquivalenter Definitionen des Begriffs Normalteiler:

Ein Normalteiler N einer Gruppe G mit neutralem Element e ist eine solche Untergruppe, für die die Menge der Rechtsnebenklassen G/N zusammen mit der induzierten Gruppenoperation eine Gruppe bilden. Diese wird dann Faktorgruppe genannt, und es gilt $G/N = \{Ng | g \in G\}$. Die Linksnebenklassen sind $\{gN | g \in G\}$, und in obiger Definition kann man Rechts- durch Links- ersetzen.

Eine äquivalente Definition eines Normalteilers ist: Die Rechtsnebenklassen und die Linksnebenklassen stimmen überein.

Ferner gilt: Eine Untergruppe H von G ist genau dann ein Normalteiler, wenn sie eine invariante Untergruppe ist. Dabei heißt H invariant, wenn zu jedem $g \in G$ gilt: $g^{-1}Hg = H$.

Die Untergruppen G und $\{e\}$ von G sind stets Normalteiler, sie werden triviale Normalteiler genannt. Ein Gruppe, die außer den trivialen keine weiteren Normalteiler enthält, heißt einfach.

Normalvektor, ↗Normalenvektor.

Normalverteilung, *Gaußsche Normalverteilung*, *Gauß-Verteilung*, das zu den reellen Parametern μ und σ^2, $\sigma > 0$, durch die Wahrscheinlichkeitsdichte

$$f_{\mu,\sigma^2} : \mathbb{R} \ni x \to \frac{1}{\sigma\sqrt{2\pi}} e^{-\frac{1}{2}\left(\frac{x-\mu}{\sigma}\right)^2} \in \mathbb{R}^+$$

definierte Wahrscheinlichkeitsmaß.

Die Normalverteilung mit Parametern μ und σ^2 wird in der Regel kurz als $N(\mu, \sigma^2)$-Verteilung bezeichnet. Die $N(0,1)$-Verteilung heißt Standardnormalverteilung. Die Werte ihrer Verteilungsfunktion Φ berechnet man approximativ mit dem Computer oder entnimmt sie Tabellenwerken. Diese Tabellenwerke enthalten in der Regel nur die Werte $\Phi(x)$ für Argumente $x \geq 0$. Für negative Argumente berechnet man den Wert der Verteilungsfunktion unter Ausnutzung der Symmetriebeziehung $\Phi(x) = 1 - \Phi(-x)$, welche für alle $x \in \mathbb{R}$ gilt.

Die Dichte f_{μ,σ^2} ist achsensymmetrisch zur Achse $x = \mu$, besitzt an der Stelle μ einen eindeutig bestimmten Modalwert, und Wendepunkte an den Stellen $\mu \pm \sigma$. Ihr Graph wird als „Gaußsche Glockenkurve" bezeichnet.

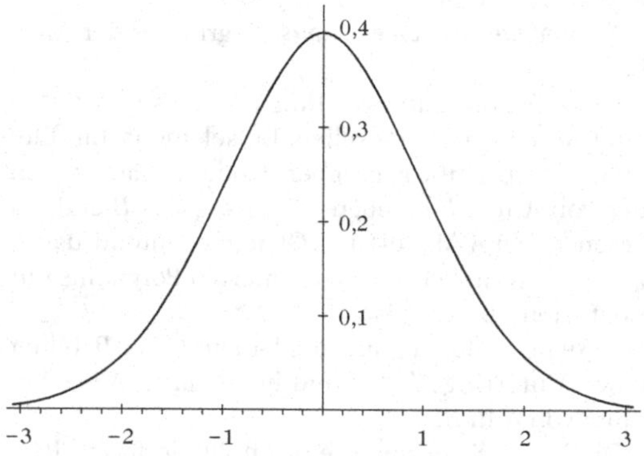

Dichte der Standardnormalverteilung

Die Normalverteilung ist eine stabile und folglich auch unbegrenzt teilbare Verteilung. Besitzt die auf dem Wahrscheinlichkeitsraum $(\Omega, \mathfrak{A}, P)$ definierte Zufallsvariable X eine $N(\mu, \sigma^2)$-Verteilung, so gilt für den Erwartungswert $E(X) = \mu$ und für die Varianz $Var(X) = \sigma^2$. Die Zufallsvariable $(X - \mu)/\sigma$ besitzt dann eine Standardnormalverteilung, sodaß insbesondere für die Verteilungsfunktion Φ_{μ,σ^2} von X die Beziehung

$$\Phi_{\mu,\sigma^2}(x) = \Phi\left(\frac{x-\mu}{\sigma}\right)$$

für alle $x \in \mathbb{R}$ gilt. Innerhalb der Intervalle mit den Endpunkten $\mu \pm \sigma$, $\mu \pm 2\sigma$ und $\mu \pm 3\sigma$ nimmt X Werte mit den Wahrscheinlichkeiten $P(|X - \mu| \leq \sigma) \approx 0{,}6827$, $P(|X - \mu| \leq 2\sigma) \approx 0{,}9545$ und $P(|X - \mu| \leq 3\sigma) \approx 0{,}9973$ an.

Sind X_1 und X_2 unabhängige, nicht notwendig mit den gleichen Parametern normalverteilte Zufallsvariablen, so ist auch die Summe $X_1 + X_2$ normalverteilt.

Ihre besondere Bedeutung für die Wahrscheinlichkeitstheorie und die Statistik verdankt die Normalverteilung u. a. dem zentralen Grenzwertsatz. Die mehrdimensionale Verallgemeinerung der Normalverteilung bezeichnet man als ↗multivariate Normalverteilung.

Normenrestsymbol, auch Hilbertsymbol oder Hilbertsches Normenrestsymbol genannt, Begriff aus der Zahlentheorie.

Für eine beliebige sogenannte Stelle v von $\mathbb{Q}$, also $v = \infty$ oder $v = p$ Primzahl, setzt man für $a, b \in \mathbb{Q}_v \setminus \{0\}$ $(a, b)_v := +1$, falls b als Wert der Norm der Körpererweiterung $\mathbb{Q}_v(\sqrt{a})$ über $\mathbb{Q}_v$ auftritt, und $(a, b)_v := -1$ sonst.

Sind $a, b \neq 0$ rationale Zahlen, so gilt die Produktformel

$$\prod_v (a, b)_v = 1,$$

wobei sich das Produkt über alle Stellen v von $\mathbb{Q}$ erstreckt. Die Produktformel hängt mit einem tiefliegenden Gesetz aus der Klassenkörpertheorie zusammen, welches das ↗quadratische Reziprozitätsgesetz als Spezialfall enthält.

normierbarer Operator, ein Operator, dem man eine Norm zuordnen kann.

Es seien V und W normierte Vektorräume und $T : V \to W$ ein Operator. Dann heißt T normierbar, wenn es ein $C > 0$ so gibt, daß für alle $x \in V$ gilt:

$$||T(x)|| \leq C \cdot ||x|| \,.$$

In diesem Fall kann man den Operator T mit der Norm

$$||T|| = \sup_{||x||=1} ||T(x)||$$

versehen.

normierbarer Raum, topologischer Vektorraum, dessen Topologie von einer Norm induziert wird.

Es sei V ein topologischer Vektorraum. Dann heißt V normierbar, wenn es eine Norm auf V gibt, so daß die von der Norm erzeugte Topologie mit der gegebenen Vektorraumtopologie übereinstimmt.

Genau dann ist V normierbar, wenn V lokalkonvex und separiert ist und eine beschränkte Nullumgebung besitzt.

normierte Algebra, eine Algebra A über dem Grundkörper $\mathbb{R}$ oder $\mathbb{C}$, die ein normierter Vektorraum mit Norm $|| \cdot ||$ ist und die zusätzliche Bedingung

$$\forall a, b \in A : \ \ ||a \cdot b|| \ \leq \ ||a|| \cdot ||b||$$

erfüllt.

Besitzt A ein Einselement e, so wird manchmal noch $||e|| = 1$ gefordert. Ist A als normierter Vektorraum vollständig, so wird die vollständige normiert Algebra auch als Banach-Algebra bezeichnet.

normierte B-Splinefunktion, ↗B-Splinefunktion.

normierte Folge, eine ↗Polynomfolge $\{p_n(x)\}$, falls

1. $p_o(x) = 1$,
2. $p_n(0) = 0$, für alle $n \geq 1$.

Die Fundamentalfolgen (↗Polynomfolge) sind normiert. Es gilt:

Eine ↗Binomialfolge ist stets normiert. Die Umkehrung gilt jedoch nicht allgemein.

normierte Gleitkommazahl, ↗Gleitkommadarstellung.

normierte Zufallsgröße, eine Zufallsgröße mit der Varianz 1.

Ist X eine beliebige Zufallsgröße mit $Var(X) > 0$, so ist

$$Y := \frac{X}{\sqrt{Var(X)}}$$

eine normierte Zufallsgröße.

Siehe auch ↗Standardisierung einer Zufallsgröße.

normierter Körper, auch bewerteter Körper genannt, ein Körper, auf dem eine Bewertung ausgezeichnet ist (↗Bewertung eines Körpers).

normierter Raum, ein reeller oder komplexer Vektorraum, der mit einer Norm versehen ist, vgl. ↗normierter Vektorraum.

normierter Vektor, ein Element $v \in V$ eines normierten Vektorraumes $(V, \| \cdot \|)$ der Länge 1: $\|v\| = 1$.

Zu jedem Vektor $v \neq 0 \in V$ ist durch

$$v_0 \ := \ \frac{v}{\|v\|} \ \in \ V$$

ein normierter Vektor gleicher „Richtung" wie v gegeben.

normierter Vektorraum, *normierter Raum*, ein reeller oder komplexer Vektorraum V zusammen mit einer Abbildung $|..| : V \to \mathbb{R}$, der Norm, die die folgenden Bedingungen erfüllt:

1. $|x| > 0$ für alle $x \in V$ mit $x \neq 0$, und $|0| = 0$,
2. $|\alpha x| = |\alpha||x|$, für $x \in V$ und $\alpha \in \mathbb{R}$ oder $\alpha \in \mathbb{C}$ (Homogenität),
3. $|x + y| \leq |x| + |y|$ für $x, y \in V$ (Dreiecksungleichung).

Hierbei ist für $|\alpha|$ je nach Situation der reelle oder der komplexe Betrag zu nehmen.

Beispiele von Normen können erhalten werden, wenn der Vektorraum ein Skalarprodukt besitzt (↗Norm in einem euklidischen oder unitären Vektorraum). Es gibt jedoch auch allgemeinere, nicht von Skalarprodukten herkommende Normen, die von großer Bedeutung sind.

normiertes Polynom, ist ein Polynom in einer Variablen über einem Ring R mit Einslement 1 derart, daß der Koeffizient zum größten auftretenden Grad den Wert 1 besitzt.

Ist $f(X)$ ein Polynom über einem Körper $\mathbb{K}$ vom Grad n mit höchstem Koeffizienten $a_n \neq 0$, so ist $a_n^{-1} f$ ein normiertes Polynom, das die gleichen Primfaktoren bzw. Nullstellen wie das Polynom f besitzt.

Normisomorphie, Äquivalenzrelation $\simeq$ auf der Menge der reellen (komplexen) normierten Vektorräume mit $(X_1, \| \cdot \|_1) \simeq (X_2, \| \cdot \|_2)$ genau dann, wenn eine bijektive stetige lineare Abbildung $\varphi : X_1 \to X_2$ mit stetiger Umkehrabbildung $\varphi^{-1} : X_2 \to X_1$ existiert; die Abbildung φ heißt dann (Norm-)Isomorphismus.

Zwei normierte Räume, die in derselben Äquivalenzklasse bzgl. $\simeq$ liegen, werden dann als (norm)isomorph zueinander bezeichnet.

Ist der Isomorphismus φ zusätzlich noch isometrisch, d. h. erhält er die Norm ($\|x_1\|_1 = \|\varphi(x_1)\|_2$ für alle $x_1 \in X_1$), so wird er als isometrischer Isomorphismus bezeichnet.

Normkonvergenz, ↗ Operatorkonvergenz.

Noshiro-Warschawski, Satz von, lautet:

Es sei $G \subset \mathbb{C}$ ein konvexes Gebiet und f eine in G ↗ holomorphe Funktion. Weiter gelte

$$\operatorname{Re} f'(z) > 0$$

für alle $z \in G$.

Dann ist f eine in G ↗ schlichte Funktion.

Beispiel: Die Funktion

$$f(z) = z + e^{-z}$$

ist schlicht in $H := \{z \in \mathbb{C} : \operatorname{Re} z > 0\}$, denn $f'(z) = 1 - e^{-z}$, und für $z \in H$ ist

$$\operatorname{Re} e^{-z} \le |e^{-z}| = e^{-\operatorname{Re} z} < 1,$$

also $\operatorname{Re} f'(z) > 0$.

NOT-Funktion, ↗ Boolesche Funktion f, definiert durch

$$f : \{0,1\} \to \{0,1\}$$
$$f(x_1) = 1 \iff x_1 = 0.$$

notwendige Bedingung, die Bedingung B in der logischen Implikation $A \Rightarrow B$.

notwendige Optimalitätsbedingung, eine Optimalitätsbedingung, die in jedem Extremalpunkt eines Optimierungsproblems erfüllt sein muß.

Eine der elementarsten notwendigen Optimalitätsbedingungen für die lokale Extremalstellensuche einer differenzierbaren Funktion $f : \mathbb{R}^n \to \mathbb{R}$ ist die Forderung nach Verschwinden des Gradienten der Zielfunktion in einer lokalen Extremalstelle $\bar{x}$: $\operatorname{grad} f(\bar{x}) = 0$ (Bedingung erster Ordnung).

Ist f sogar zweimal stetig differenzierbar, so muß zusätzlich die Hessematrix $D^2 f(\bar{x})$ positiv semidefinit (negativ semidefinit) sein, falls $\bar{x}$ ein lokaler Minimalpunkt (Maximalpunkt) ist (Bedingung zweiter Ordnung).

Beide Bedingungen sind nicht hinreichend, wie das Beispiel $f(x) := x^3$ in $\mathbb{R}$ zeigt. Hier sind für $\bar{x} := 0$ die Ableitungen $f'(\bar{x}) = 0$ sowie $f''(\bar{x}) = 0$, aber $\bar{x}$ ist kein lokaler Extremalpunkt.

Für Extremwertaufgaben unter Nebenbedingungen spielt bei der Formulierung von notwendigen Optimalitätsbedingungen die ↗ Lagrangefunktion eine wichtige Rolle.

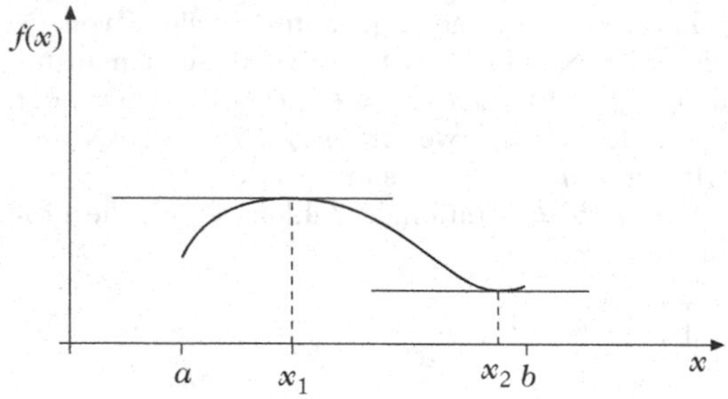

Notwendige Optimalitätsbedingung, I: In jeder lokalen Extremalstelle im Inneren des Definitionsbereichs einer differenzierbaren Funktion $f : [a,b] \to \mathbb{R}$ verschwindet die Ableitung von f.

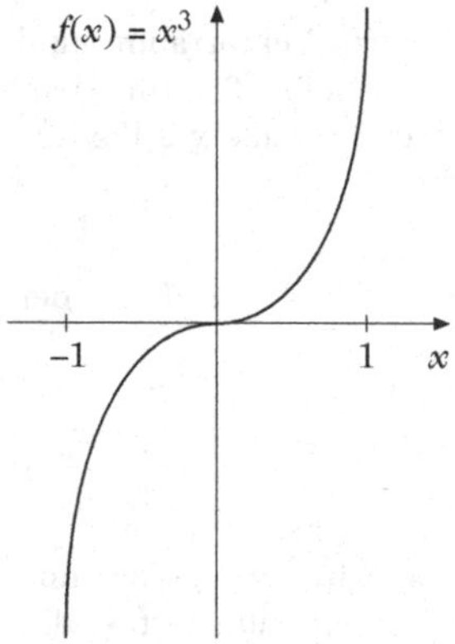

Notwendige Optimalitätsbedingung II: Die notwendige Bedingung erster Ordnung ist nicht hinreichend.

notwendige Statistik, ↗ suffiziente Statistik.

Nowikow, Sergej Petrowitsch, russischer Mathematiker, geb. 20.3.1938 Gorki (Nischny Nowgorod).

Nowikows Eltern waren die bekannten Mathematiker P.S. Nowikow (1901–1975) und L.V. Keldisch (1904–1976). 1955 begann Nowikow sein Studium an der Fakultät für Mathematik und Mechanik der Moskauer Universität, das er 1960 abschloß. Danach forschte er als Aspirant am Steklow-Institut für Mathematik der sowjetischen Akademie der Wissenschaften in Moskau und promovierte dort 1964.

1963 erhielt er eine Anstellung am Steklow-Institut, die er ab 1964 gleichzeitig mit seiner Lehrposition an der Moskauer Universität ausübte. Ab 1971 leitete er zunächst die mathematische Abteilung des Landau-Instituts für theoretische Physik der Akademie, und ab 1984 die Abteilung für Geometrie und Topologie des Steklow-Instituts. 1983 wurde er auf den Lehrstuhl für höhere Geometrie und Topologie an der Moskauer Universität berufen. Seit 1996 lehrt Nowikow an der Universität von Maryland in Baltimore.

Seine Interessen galten zunächst der Differentialgeometrie und Topologie. Tiefliegende Resultate erzielte er zur Homologietheorie Steenrodscher Algebren, bei der Berechnung stabiler Homotopiegruppen, dem Aufbau einer komplexen Bordismustheorie und der Klassifikation von glatten einfach zusammenhängenden Mannigfaltigkeiten der Dimension $n > 4$. 1965 bewies er die topologische Invarianz der Pontrjagin-Klassen einer differenzierbaren bzw. stückweise linearen Mannigfaltigkeit. Dieses Resultat initiierte rasche Fortschritte in der Aufklärung der Struktur topologischer Mannigfaltigkeiten und war ein erster wichtiger Hinweis darauf, daß sich topologische Mannigfaltigkeiten im wesentlichen wie stückweise lineare verhalten. Ein zentrales Teilresultat des Beweises war die Erkenntnis, daß eine topologische Faktorisierung einer differenzierbaren Mannigfaltigkeit eine differenzierbare Faktorisierung impliziert.

Ab 1971 wandte sich Nowikow dann der mathematischen Physik zu. Er bewies wichtige Resultate über dynamische Systeme, entwickelte Methoden zu deren qualitativer Theorie und gab ein Fülle von Anwendungen der dynamischen Systeme an, etwa in der Theorie der homogenen kosmologischen Modelle, der Theorie der Solitonen, der Stringtheorie und der Quantenfeldtheorie. Weitere Ergebnisse betrafen die Spektraltheorie linearer Operatoren, die Anwendung mehrwertiger Funktionale in Mechanik und Feldtheorie, die Anwendung der Morse-Theorie, sowie den Hamiltonschen Formalismus vollständig integrierbarer Systeme.

Für seine erfolgreiche mathematische Forschungstätigkeit wurden Nowikow zahlreiche Auszeichnungen zuteil, u. a. erhielt er 1970 die ↗Fields-Medaille.

NP, Komplexitätsklasse aller ↗Entscheidungsprobleme oder Sprachen, die von einer nichtdeterministischen Turing-Maschine in polynomieller Zeit gelöst werden können.

Die Sprache L ist genau dann in NP enthalten, wenn es eine Sprache L' in ↗P gibt, so daß x genau dann in L enthalten ist, wenn es ein y mit einer bzgl. x festen polynomiellen Länge gibt, mit der Eigenschaft, daß (x, y) in L' enthalten ist. Sprachen in NP lassen sich also durch einen Existenzquantor und ein polynomielles Prädikat ausdrücken.

Die Bedeutung der Klasse NP liegt darin, daß die Entscheidungsvarianten vieler wichtiger Optimierungsprobleme, z. B. Cliquenproblem, Rucksackproblem und TSP (Travelling-Salesman-Problem), in NP enthalten sind. Da sie sogar ↗NP-vollständig sind, läßt sich vermuten, daß diese Probleme nicht in polynomialer Zeit lösbar sind.

NPDA, ↗nichtdeterministischer Kellerautomat.

***n*-Personen-Spiel**, Spiel mit n Spielern $S_1, \ldots, S_n$.

Jeder Spieler wählt eine Strategie x_i aus einer Menge S_i. Ein $x \in S := S_1 \times \ldots \times S_n$ heißt auch Multistrategie. In einem (nichtkooperativen) n-Personen-Spiel betrachtet S_i die Menge

$$S_i^* := \prod_{j \neq i} S_j$$

als die Strategien, auf die er keinen Einfluß hat. Jedem Spieler S_i ist eine mengenwertige Entscheidungsabbildung $C_i : S_i^* \to \mathfrak{P}(S_i)$ zugeordnet, die ihm mögliche Strategien $x_i \in C_i(x_i^*)$ liefert, wenn die anderen Spieler $x_i^* \in S_i^*$ wählen.

Wie bei Zwei-Personen-Spielen liegt ein n-Personen-Spiel in strategischer Normalform vor, wenn es für jeden Spieler S_i eine Gewinnfunktion $g_i : S \to \mathbb{R}$ gibt.

NP-leichtes Problem, ein Problem P_1 mit der Eigenschaft, daß es ein nichtdeterministisch in polynomieller Zeit lösbares Problem P_2 gibt, so daß es eine ↗Turing-Reduktion von P_1 auf P_2 gibt.

Falls NP=P (↗NP-Vollständigkeit), gibt es für NP-leichte Probleme polynomiale Algorithmen (↗polynomialer Algorithmus). Allerdings ist die Hypothese NP≠P gut begründet.

NP-schweres Problem, auch NP-hartes Problem, ein Problem mit der Eigenschaft, daß es für die Komplexitätsklasse $C = NP$ (↗NP) und ↗Turing-Reduktionen ein ↗C-hartes Problem ist.

Für ein NP-schweres Problem kann es nur dann einen polynomialen Algorithmus (↗polynomialer Algorithmus) geben, wenn NP=P (↗NP-Vollständigkeit) ist. Da die NP≠P-Hypothese gut begründet ist, gelten NP-harte Probleme als nicht effizient lösbar.

NP-vollständiges Problem, ein Problem mit der Eigenschaft, daß es für die Problemklasse $C = NP$

und polynomielle Zeitreduktionen (↗polynomielle Zeitreduktion) ↗C-vollständig ist.

Die zu sehr vielen wichtigen ↗Optimierungsproblemen gehörigen ↗Entscheidungsprobleme, z. B. Cliquenproblem, Rucksackproblem und TSP (Travelling-Salesman-Problem), sind NP-vollständig. Aus der Theorie der ↗NP-Vollständigkeit folgt, daß sie und die dazugehörigen Optimierungsprobleme genau dann von polynomialen Algorithmen (↗polynomialer Algorithmus) gelöst werden können, wenn NP=P ist. Da die NP≠P-Hypothese gut begründet ist, gelten NP-vollständige Probleme als nicht effizient lösbar.

NP-Vollständigkeit, Theorie, die sich mit Problemen, die ↗NP-vollständig sind, befaßt.

Es ist noch eine offene Frage, ob die Komplexitätsklassen ↗NP und ↗P verschieden sind.

Allgemein wird von der NP≠P-Hypothese ausgegangen, da aus der Annahme NP=P sehr unwahrscheinliche Folgerungen abgeleitet werden können. Falls NP≠P, kann es für NP-vollständige und NP-schwere Probleme (↗NP-schweres Problem) keine polynomialen Algorithmen (↗polynomialer Algorithmus) geben. Für Probleme in NP ist der Nachweis der NP-Vollständigkeit aus heutiger Sicht das stärkste Indiz, daß das Problem nicht in P enthalten ist. Erstmals wurde im Satz von Cook (↗Cook, Satz von) ein Problem als NP-vollständig nachgewiesen. Zum Nachweis der NP-Vollständigkeit eines Problems in NP genügt es, eine ↗polynomielle Zeitreduktion von einem NP-vollständigen Problem auf das untersuchte Problem anzugeben. Die Liste wichtiger bekannter NP-vollständiger Probleme enthält einige tausend Einträge.

Die NP-Vollständigkeitstheorie ist das, auch für Anwendungen, wichtigste Teilgebiet der ↗Komplexitätstheorie.

***n*-Simplex**, Teilmenge S des $\mathbb{R}^p$, die sich als konvexe Hülle $\mathcal{C}(a_0, \dots, a_n)$, $a_i \in \mathbb{R}^p$, schreiben läßt, wobei die a_i affin unabhängig sind.

NSPACE, Komplexitätsklassen für die ↗Raumkomplexität von nichtdeterministischen Turing-Maschinen.

Ein Problem gehört zur Komplexitätsklasse NSPACE$(s(n))$, wenn es von einer nichtdeterministischen Turing-Maschine mit $s(n)$ Zellen auf dem Arbeitsband, wobei sich n auf die Eingabelänge bezieht, gelöst werden kann.

***n*-stellige Abbildung**, ↗Abbildung von n Variablen.

***n*-stellige Relation**, $(n+1)$-Tupel $(M_1, \dots, M_n, R)$ mit $n \in \mathbb{N}$, wobei R eine Teilmenge des ↗kartesischen Produktes der n Mengen $M_1, \dots, M_n$ ist.

Sieh auch ↗Relation.

***n*-te Einheitswurzel**, eine ↗komplexe Zahl ζ mit $\zeta^n = 1$ für ein $n \in \mathbb{N}$.

Es existieren genau n verschiedene n-te Einheitswurzeln, nämlich

$$\zeta_k = e^{2k\pi i/n} = \cos\frac{2k\pi}{n} + i\sin\frac{2k\pi}{n}, \qquad (1)$$

$k = 0, 1, \dots, n-1$.

Geometrisch liegen sie auf der Einheitskreislinie in den Ecken eines regelmäßigen n-Ecks. Die Zahl $\zeta_1 = e^{2\pi i/n}$ heißt primitive n-te Einheitswurzel. Für $n \ge 2$ gilt

$$\sum_{k=0}^{n-1} \zeta_k = 0\,.$$

Die Menge aller n-ten Einheitswurzeln ist eine zyklische Untergruppe der Ordnung n der multiplikativen Gruppe $S^1 = \{z \in \mathbb{C} : |z| = 1\}$.

***n*-ter Potenzrest**, Begriff aus der Zahlentheorie.

Sind $m, n \in \mathbb{N}$ und $c \in \mathbb{Z}$ mit ggT$(c, m) = 1$, und gibt es eine ganze Zahl x , die die Kongruenz

$$x^n \equiv c \mod m \qquad (1)$$

erfüllt, so nennt man c einen n-ten Potenzrest modulo m.

Der folgende Satz ist grundlegend für die Entscheidung, ob ein gegebenes $c \in \mathbb{Z}$ mit ggT$(c, m) = 1$ ein n-ter Potenzrest modulo m ist.

Seien $m, n \in \mathbb{N}$ und $c \in \mathbb{Z}$ mit ggT$(c, m) = 1$ *derart, daß es eine ↗Primitivwurzel modulo m gibt, und bezeichne $d :=$* ggT$(n, \phi(m))$ *($\phi(m)$ ist die Anzahl der zu m teilerfremden Restklassen modulo m, ↗Eulersche ϕ-Funktion). Dann sind äquivalent:*

1. *c ist ein n-ter Potenzrest modulo m.*
2. *Es gilt $c^{\phi(m)/d} \equiv 1 \bmod m$.*
3. *Für jede Primitivwurzel a modulo m teilt d den Index der Zahl c bezgl. a, also die kleinste ganze Zahl $j \ge 0$ mit der Eigenschaft*
   $a^j \equiv c \bmod m$.

Besonderes Interesse verdienen die n-ten Potenzreste für $n = 2$, die sogenannten quadratischen Reste.

NTIME, Komplexitätsklassen für die Zeitkomplexität von nichtdeterministischen Turing-Maschinen.

Ein Problem gehört zur Komplexitätsklasse NTIME$(t(n))$, wenn es von einer nichtdeterministischen Turing-Maschine in $O(t(n))$ Rechenschritten, wobei sich n auf die Eingabelänge bezieht, gelöst werden kann.

***n*-Tupel**, ↗geordnetes n-Tupel, ↗Verknüpfungsoperationen für Mengen.

nukleare Norm, ↗nuklearer Operator.

nuklearer Operator, ein linearer Operator T zwischen Banachräumen X und Y mit einer Darstellung

$$Tx = \sum_{n=1}^{\infty} x_n'(x) y_n\,, \qquad (1)$$

wobei $x'_n \in X'$, $y_n \in Y$, und

$$\sum_n \|x'_n\| \, \|y_n\| < \infty .$$

Jeder nukleare Operator ist kompakt. Das Infimum der Zahlen $\sum_n \|x'_n\| \, \|y_n\|$ über alle Darstellungen (1) ist die nukleare Norm von T. Der Raum $N(X, Y)$ aller nuklearen Operatoren wird, versehen mit der nuklearen Norm, zu einem Banachraum.

Die nuklearen Operatoren bilden im folgenden Sinn ein Operatorideal: Ist $T : X \to Y$ nuklear, und sind $R : W \to X$ sowie $S : Y \to Z$ stetig, so ist auch $STR : W \to Z$ nuklear, und für die nukleare Norm gilt

$$\|STR\|_{\text{nuk}} \le \|S\| \, \|T\|_{\text{nuk}} \, \|R\| .$$

Ist $T : X \to X$ ein nuklearer Operator, so ist die Eigenwertfolge (↗ Eigenwert eines Operators) nicht nur eine Nullfolge, sondern sie liegt in ℓ^2; ist X ein Hilbertraum, so liegt sie sogar in ℓ^1.

Hat X' oder Y die Approximationseigenschaft (↗ Approximationseigenschaft eines Banachraums), so gilt $N(X, Y) = X' \widehat{\otimes}_\pi Y$ (↗ Tensorprodukte von Banachräumen). Hat einer der Räume X'' oder Y' die Approximationseigenschaft und einer die ↗ Radon-Nikodym-Eigenschaft, so ist $N(X', Y')$ zum Dualraum des Raums der kompakten Operatoren $K(X, Y)$ isometrisch isomorph. Der Raum aller stetigen linearen Operatoren $L(X'', Y'')$ ist dann zum Dualraum von $N(X', Y')$ und zum Bidualraum von $K(X, Y)$ isometrisch isomorph. Die Voraussetzungen an X und Y sind insbesondere für Hilberträume erfüllt.

[1] Defant, A.; Floret, K.: Tensor Norms and Operator Ideals. North-Holland Amsterdam, 1993.

[2] Werner, D.: Funktionalanalysis. Springer-Verlag Berlin/Heidelberg, 1995.

nuklearer Raum, spezieller lokalkonvexer topologischer Vektorraum.

Es sei V ein lokalkonvexer topologischer Vektorraum. Dann heißt V nuklear, falls es für jede konvexe ausgeglichene Umgebung U_1 von 0 eine weitere konvexe ausgeglichene Umgebung U_2 von 0 gibt, so daß die kanonische Abbildung $T : X_{U_1} \to \hat{X}_{U_2}$ nuklear ist. Dabei ist $\hat{X}_{U_2}$ die Vervollständigung des normierten Raumes X_{U_2}.

Nukleonen, Bestandteile des Atomkerns.

Es handelt sich also um eine gemeinsame Bezeichnung für Neutron und Proton. Nukleonen sind stets Baryonen mit Spin 1/2, gehören also zur Klasse der Fermionen.

Da das Neutron instabil ist, kommt es zu Kernanregung und Kernzerfall.

Im Quark-Modell sind die Nukleonen wie folgt zusammengesetzt: Als Baryonen besteht jedes dieser Teilchen aus drei Quarks. Genauer: Das Neutron besteht aus zwei down-Quarks und einem up-Quark, und das Proton besteht aus einem down-Quark und zwei up-Quarks.

Null, Bezeichnung für das neutrale Element bei einer ↗ Addition, wie z. B. die Zahl 0 bei der Addition von Zahlen, der Nullvektor eines Vektorraums, die Nullmatrix bei der Addition von Matrizen oder eine Funktion mit dem konstanten Wert Null.

Der Begriff der Zahl Null und die Ziffer 0 sind wesentlich für die Darstellung von Zahlen in Stellenwertsystemen. Die heute gebräuchliche Dezimaldarstellung entstand von 300 v.Chr. bis 600 n.Chr. in Indien, wobei das Symbol 0 sich aus einem „dicken Punkt" über einen kleinen Kreis bis zu seiner jetzigen Gestalt entwickelte.

Die Zahl Null ist das kleinste Element der Menge $\mathbb{N}_0$ und die Kardinalität der leeren Menge, formal mit der leeren Menge identisch ($0 = \emptyset$).

Nullabbildung, Abbildung $f : V \to W$ zwischen zwei ↗ Vektorräumen V und W mit der Eigenschaft $f(v) = 0$ für alle $v \in V$. Die Nullabbildung ist linear; sie ist das ↗ Nullelement des Vektorraumes aller ↗ linearen Abbildungen von V nach W.

Nullbordismus, ↗ Bordismustheorie.

Null-Eins-Fluß, ↗ Netzwerkfluß.

Null-Eins-Gesetze, Aussagen der Wahrscheinlichkeitstheorie, welche besagen, daß gewisse Ereignisse entweder unmöglich sind oder fast sicher realisiert werden, d. h. entweder mit Wahrscheinlichkeit Null oder Wahrscheinlichkeit Eins eintreten.

Beispiele sind die Null-Eins-Gesetze von Blumenthal, Borel, Hewitt-Savage, Kolmogorow sowie die Lemmata von Borel-Cantelli (s.d.).

Null-Eins-Netzwerk, ↗ Netzwerkfluß.

Null-Eins-Programmierung, bezeichnet spezielle kombinatorische Optimierungsaufgaben.

Dabei werden für einen Teil der Variablen (oder alle Variablen) nur Belegungen aus der Menge $\{0, 1\}$ erlaubt. Diese Einschränkung kann enormen Einfluß auf die Schwierigkeit einer algorithmischen Lösung haben. So ist beispielsweise die lineare Programmierung im Turingmodell in polynomialer Zeit lösbar, wogegen die gleiche Fragestellung für Lösungen in der Menge $\{0, 1\}$ NP-vollständig (und damit vermutlich schwieriger) ist.

Nullelement, das neutrale Element bezüglich der Addition, gelegentlich auch nur als ↗ Null bezeichnet.

Das Nullelement ist also ein spezielles ↗ Einselement, wenn die Gruppenverknüpfung additiv geschrieben wird. Bei multiplikativer Gruppenoperation heißt das neutrale Element Einselement.

Nullelement einer Halbordnung, ↗ Halbordnung mit Nullelement.

Nullelement eines Verbandes, ↗ Verband mit Nullelement.

Nullfolge, eine gegen 0 konvergierende Zahlenfolge.

Eine Zahlenfolge (a_n) ist also genau dann eine Nullfolge, wenn

$$\forall \varepsilon > 0 \; \exists N \in \mathbb{N} \; \forall n \geq N \; |a_n| < \varepsilon$$

gilt, anders gesagt, wenn in jeder Umgebung von 0 ein Endstück der Folge (↗Endstück einer Folge) liegt. Die Menge c_0 der Nullfolgen bildet einen Unterraum des Raums c der konvergenten Zahlenfolgen. c_0 ist gerade der Kern des ↗Limesoperators.

Nullgeodäte, Geodäte in der Raum-Zeit, deren Tangente ein ↗lichtartiger Vektor ist.

Nullgeodäten repräsentieren die Bahnkurve von ruhmasselosen Teilchen.

nullhomologe Kette, eine k-Kette mit der Eigenschaft, Rand zu sein.

Ist (C_q, ∂) ein Kettenkomplex und $c \in C_k$ eine k-Kette, so nennt man c nullhomolog, wenn es eine $(k+1)$-Kette $d \in C_{k+1}$ gibt mit $c = \partial d$.

nullhomologer Weg, ein ↗geschlossener Weg $\gamma: [0, 1] \to G$ in einem ↗Gebiet $G \subset \mathbb{C}$ derart, daß $\operatorname{Int}\gamma \subset G$, wobei $\operatorname{Int}\gamma$ das Innere von γ (↗Inneres eines geschlossenen Weges) bezeichnet.

nullhomologer Zyklus, ein ↗Zyklus γ in einem ↗Gebiet $G \subset \mathbb{C}$ derart, daß $\operatorname{Int}\gamma \subset G$.

nullhomotope Abbildung, stetige Abbildung $X \to Y$ zwischen topologischen Räumen, welche für ein $y \in Y$ zur konstanten Abbildung $X \to \{y\}$ homotop ist.

Nullhomotope Abbildungen nennt man auch unwesentlich.

nullhomotoper Weg, ein ↗geschlossener Weg $\gamma: [0, 1] \to G$ in einem ↗Gebiet $G \subset \mathbb{C}$, der frei homotop (↗homotope Wege) zu einem konstanten Weg (Punktweg) ist.

Äquivalent hierzu ist, daß γ FEP-homotop zum Punktweg $t \mapsto \gamma(0)$ ist.

Jeder nullhomotope Weg in G ist auch ein ↗nullhomologer Weg in G, die umgekehrte Aussage ist im allgemeinen nicht gültig.

Nullhypothese, in der Statistik zunächst allgemein die Bezeichnung für eine Annahme (Hypothese), die gegen eine Alternative getestet wird.

Insbesondere bezeichnet man damit meist die Annahme, daß die einer Stichprobe zugrunde liegende Verteilungsfunktion einer bestimmten Klasse von Verteilungsfunktionen entstammt.

Nullmatrix, ↗Matrix (a_{ij}) über einer Menge mit additiver Struktur mit $a_{ij} = 0$ für alle i, j. Die $(n \times m)$-Nullmatrix ist das Nullelement im ↗Vektorraum aller $(n \times m)$-Matrizen über $\mathbb{K}$.

Nullmenge, Begriff aus der Maßtheorie.

In einem ↗Maßraum $(\Omega, \mathcal{A}, \mu)$ heißt ein Element $A \in \mathcal{A}$ Nullmenge oder μ-Nullmenge, falls $\mu(A) = 0$ ist. Eine Verallgemeinerung dieses Begriffes ist die ↗Menge vom Maß Null, siehe auch ↗μ-Vervollständigung einer σ-Algebra.

Eine Untermenge $N \subseteq \Omega$ heißt lokale Nullmenge, wenn

$$A \cap N \in \mathcal{A} \text{ und } \mu(A \cap N) = 0$$

ist für alle $A \in \mathcal{A}$ mit $\mu(A) < \infty$.

Nullmengenaxiom, Axiom der ↗axiomatischen Mengenlehre, das die Existenz der leeren Menge fordert.

Nullmorphismus ↗Nullobjekt.

Null-Nutzen-Prinzip, ↗Prämienkalkulationsprinzipien.

Nullobjekt, Begriff aus der Kategorientheorie.

Ein Objekt T in einer Kategorie heißt terminal, falls zu jedem Objekt X die Menge $Mor(X, T)$ einelementig ist. Ein Objekt S in einer Kategorie heißt initial, falls zu jedem Objekt X die Menge $Mor(S, X)$ einelementig ist. Ein Objekt Z, das sowohl terminal als auch inital ist, heißt Nullobjekt.

Besitzt eine Kategorie ein Nullobjekt Z, so ist es bis auf Isomorphie eindeutig bestimmt. Es gibt dann auch zu je zwei Objekten X und Y genau einen Morphismus $0 : X \to Y$, den Nullmorphismus, der als Komposition $X \to Z \to Y$ geschrieben werden kann.

In der Kategorie der Mengen ist die leere Menge ein Initialobjekt und jede einelementige Menge terminal. In der Kategorie der Gruppen ist die Gruppe, bestehend nur aus einem einzigen Element, das Nullobjekt.

Nullpunktsentropie, Wert der Entropie am absoluten Nullpunkt der Temperatur T.

Die Nullpunktsentropie verschwindet als Folge des ↗Nernstschen Wärmesatzes.

Nullraum einer Matrix, Raum aller Vektoren x, die Lösung des linearen Gleichungssystems

$$Ax = 0$$

mit einer vorgegebenen Matrix A sind.

Die Dimension dieses Raumes bezeichnet man auch als den Defekt der Matrix A.

Nullstelle, Element a der Definitionsmenge einer gegebenen Funktion bzw. Abbildung f so, daß $f(a) = 0$ ist.

Nullstelle eines Polynoms, Körperelement, das, als Argument in das Polynom eingesetzt, den Wert Null ergibt.

Zum gegebenen Polynom $f(X) \in \mathbb{K}[X]$ ist die Nullstelle also ein Element $\alpha \in \mathbb{L}$ eines Erweiterungskörpers $\mathbb{L}$ von $\mathbb{K}$ derart, daß $f(\alpha) = 0$. Das Element α heißt auch Wurzel der Gleichung $f(x) = 0$.

Die Existenz von Nullstellen hängt wesentlich davon ab, welcher Erweiterungskörper $\mathbb{L}$ gewählt wird (↗Fundamentalsatz der Algebra). Die Definition kann in offensichtlicher Weise auf Polynome mehrerer Variabler ausgedehnt werden.

Nullstellenmenge, weitestgehend synonym zum Begriff ↗ algebraische Menge.

Nullstellenordnung, Vielfachheit der ↗ Nullstelle einer Funktion.

Es seien $G \subset \mathbb{C}$ ein ↗ Gebiet, f eine in G ↗ holomorphe Funktion, die nicht identisch gleich Null ist, $z_0 \in G$ und $f(z_0) = 0$. Dann existiert eine kleinste Zahl $m \in \mathbb{N}$ derart, daß

$$f(z_0) = f'(z_0) = \cdots = f^{(m-1)}(z_0) = 0$$

und

$$f^{(m)}(z_0) \neq 0\,.$$

Diese Zahl m heißt die Nullstellenordnung von f in z_0 und wird mit $o(f, z_0)$ bezeichnet. Ist $f(z_0) \neq 0$, so setzt man $o(f, z_0) := 0$. Für die Nullfunktion setzt man $o(f, z_0) := \infty$. Analoge Definitionen für reelle und andere Funktionen liegen auf der Hand.

Es gilt $m = o(f, z_0)$ genau dann, wenn eine in G holomorphe Funktion $\hat{f}$ existiert derart, daß $\hat{f}(z_0) \neq 0$ und

$$f(z) = (z - z_0)^m \hat{f}(z)$$

für alle $z \in G$. Weiter gelten folgende Rechenregeln für in G holomorphe Funktionen f und g:

- $o(fg, z_0) = o(f, z_0) + o(g, z_0)$ (Produktregel),
- $o(f + g, z_0) \geq \min\{o(f, z_0), o(g, z_0)\}$, wobei Gleichheit sicher dann gilt, wenn $o(f, z_0) \neq o(g, z_0)$.

Nullstellensatz, ↗ Bolzano, Nullstellensatz von.

Nullstellenschema, Begriff aus der algebraischen Geometrie.

Sei X ein Schema, $\mathcal{E}$ eine lokal freie Garbe von $\mathcal{O}_X$-Moduln vom Rang r, und s ein globaler Schnitt von $\mathcal{E}$. Eine Nullstelle von s ist ein Punkt $x \in X$ so, daß s bei der Abbildung $\mathcal{E} \to \mathcal{E}|x$ (Restriktion) auf Null abgebildet wird.

Die Menge aller Nullstellen ist abgeschlossen und lokal durch r Gleichungen $f_1 = \cdots = f_r = 0$ definiert, wenn $\mathcal{E}$ auf der offenen Menge U durch Schnitte $e_1, \dots, e_r$ erzeugt wird und

$$s|U = f_1 e_1 + \cdots + f_r e_r$$

mit $f_j \in \mathcal{O}_X(U)$ gilt.

Diese Menge läßt sich auf natürliche Weise mit der Struktur eines abgeschlossenen Unterschemas $Z(s) \subset X$, des Nullstellenschemas, versehen: s induziert eine $\mathcal{O}_X$-lineare Abbildung $\mathcal{O}_X \to \mathcal{E}$, $f \mapsto fs$, und das Bild der dualen Abbildung $\check{\mathcal{E}} = \mathrm{Hom}_{\mathcal{O}_X}(\mathcal{E}, \mathcal{O}) \to \mathcal{O}_X$ definiert die Idealgarbe $I_{Z(s)}$. Insbesondere erhält man einen natürlichen Epimorphismus auf die Konormalengarbe von $Z = Z(s)$, nämlich $\check{\mathcal{E}} \otimes_{\mathcal{O}_X} \mathcal{O}_Z \to \mathcal{N}^*_{Z/X}$, und wenn Z lokal vollständiger Durchschnitt der Kodimension r in X ist, ist dies ein Isomorphismus.

In diesem Fall ergibt sich aus der ↗ Adjunktionsformel: Wenn X eine dualisierende Garbe ω_x besitzt, so ist $(\wedge^r \mathcal{E} \otimes \omega_X)\,|Z$ dualisierende Garbe für Z, die dualisierende Garbe von Z ist also Einschränkung eines Geradenbündels über X auf Z; diese Eigenschaft von Z nennt man auch subkanonisch.

Speziell erhält man im Falle $r = 2$ eine exakte Folge (wenn $Z(s)$ von der Kodimension 2 ist)

$$0 \to \mathcal{O}_X \xrightarrow{s} \mathcal{E} \xrightarrow{\wedge s} I_Z \otimes \wedge^2 \mathcal{E} \to 0$$

($\mathcal{E} \to I_Z \otimes \wedge^2 \mathcal{E}$ ist die Abbildung $t \mapsto t \wedge s$).

Nullstellensystem eines Polynoms, die Gesamtheit aller ↗ Nullstellen eines Polynoms.

Nullstellenverteilung, andere Bezeichnung für einen positiven Divisor (siehe ↗ Divisorengruppe).

Null-stetige Mengenfunktion, ↗ Mengenfunktion.

Nullsummenspiel, Spiel, bei dem die Summe aller Gewinne aller Spieler null ist. Für Zwei-Personen-Spiele $S \times T$ heißt dies beispielsweise:

$$\forall x \in S\ \forall y \in T : g_S(x, y) + g_T(x, y) = 0\,.$$

Nullteiler, ein Element x eines gegebenen Rings R, für das es ein $y \in R$ mit $y \neq 0$ und

$$x \cdot y = 0 \quad \text{oder} \quad y \cdot x = 0$$

gibt.

So ist zum Beispiel im ↗ Faktorring des Rings der ganzen Zahlen $\mathbb{Z}$ nach dem durch 4 erzeugten Ideal $\mathbb{Z}/(4)$ das Element 2 ein Nullteiler, denn $2 \cdot 2 = 0$ mod (4).

Ein Ring (oder auch eine Algebra) heißt nullteilerfrei, falls er außer $x = 0$ keine Nullteiler besitzt.

nullteilerfrei, eine Struktur (Ring, Algebra,..), die keine nichttrivialen ↗ Nullteiler enthält.

nullter Hauptsatz der Thermodynamik, die Behauptung, daß die Temperatur eine Zustandsgröße und im thermischen Gleichgewicht die Temperatur überall gleich ist (↗ Hauptsätze der Thermodynamik).

Ursprünglich wurde die Temperatur als gegebene Größe betrachtet und der Energiesatz als erster Hauptsatz der Thermodynamik gezählt. In einem axiomatischen Aufbau der Thermodynamik ist jedoch auch die Temperatur begrifflich einzuführen. Da die Temperatur „früher" kommt als die Energie, blieb so nur die Bezeichnung *nullter* Hauptsatz.

Nullvektor, das neutrale Element $0 \in V$ eines ↗ Vektorraumes V bezüglich der Vektorraumaddition $+ : V \times V \to V$.

Null-Wissen-Beweis, Methode des Nachweisens des Vorhandenseins von bestimmtem Wissen, ohne das Wissen selbst preiszugeben.

Solche Beweise werden meist in Form eines Frage-Antwort-Protokolls bei Authentifikationen von Personen benutzt, um zu verhindern, daß danach die dabei verwendeten persönlichen Informationen, wie etwa ein Paßwort, von anderen mißbraucht werden können.

So läßt sich, beispielsweise wie im Fiat-Shamir-Protokoll, leicht (mit beliebig kleiner Fehlerrate) feststellen, ob jemand die Lösung einer quadratischen Kongruenz $x^2 \equiv a \not\equiv 0 \mod n$ kennt, wobei $n = pq$ das Produkt zweier großer unbekannter Primzahlen ist. (Die Komplexität der Bestimmung aller vier Lösungen ist äquivalent zur Zerlegung von n in die beiden Faktoren: Weil $x_1^2 \equiv x_2^2 \mod n$ für zwei Lösungen $x_1 \not\equiv \pm x_2 \mod n$ gilt, ist

$$pq|(x_1 - x_2)(x_1 + x_2)\,.$$

Durch Bestimmung des größten gemeinsamen Teilers $\text{ggT}(pq, x_1 - x_2)$ findet man schnell einen Faktor von n.)

Alice wählt zufällig eine Zahl $1 < r < n$ und sendet

$$c_1 = r^2 \mod n$$

an Bob, der prüfen will, ob Alice eine Lösung x_0 der quadratischen Kongruenz $x^2 \equiv a \mod n$ kennt. Bob entscheidet sich zufällig für eine der beiden folgenden Möglichkeiten und fordert Alice auf, entweder die Zahl r oder die Zahl $rx_0 \mod n$ zu senden. Bob prüft dann entsprechend, ob die ihm gesandte Zahl c_2 die Bedingung $c_2^2 \equiv c_1 \mod n$ oder $c_2^2 \equiv c_1 a \mod n$ erfüllt. Ohne Wissen über die Lösung x_0 zu erhalten, kann Bob diese Prüfung vornehmen.

Alice ist mit Kenntnis einer Lösung in der Lage, auf beide Anforderungen von Bob mit dem passenden Wert zu antworten. Kennt sie jedoch die Lösung nicht, sinkt nach k Runden die Wahrscheinlichkeit eines Betruges durch Alice auf $1/2^k$.

Bob erhält aus diesem Protokoll keine zusätzlichen Informationen, er kann sich solche Protokolle auch allein, ohne Mithilfe von Alice, beliebig erstellen. Diese wären nicht einmal von echten Protokollen zu unterscheiden.

Jedes ↗NP-vollständige Problem kann als Grundlage eines Null-Wissen-Beweises dienen. Alice kann dann mit beliebiger Wahrscheinlichkeit beweisen, daß sie eine Lösung des Problems kennt, ohne diese zu verraten.

numeri idonei, „taugliche Zahlen", ein von Euler benutzter Begriff, der sich auf einen Primzahltest bezieht.

Die Grundlage bildet folgendes Resultat:

Seien $a, b \in \mathbb{N}$ gegeben, und sei p eine Primzahl. Dann gibt es höchstens eine Darstellung der Form

$$p = ax^2 + by^2$$

mit natürlichen Zahlen x, y.

Euler interessierte sich nun für die Darstellung von Zahlen $q \in \mathbb{N}$ in der Form

$$q = x^2 + dy^2 \qquad (1)$$

mit $d \in \mathbb{N}$ und $\text{ggT}(x, dy) = 1$. Falls q eine Primzahl ist, so besitzt sie nach obigem Satz höchstens eine solche Darstellung. Diejenigen Zahlen $d \in \mathbb{N}$, für die auch die Umkehrung gilt, also für die jede Zahl q mit einer eindeutigen Darstellung (1) bereits eine Primzahl ist, nannte Euler *numeri idonei*.

Diese sind geeignet, um zu testen, ob eine vorgelegte Zahl q eine Primzahl ist: Man versuche zu zeigen, daß q eine eindeutig bestimmte Darstellung der Form (1) besitzt; gelingt dies, so folgt, daß q eine Primzahl ist – insofern sind die numeri idonei taugliche Zahlen für Primzahltests.

Euler fand genau 65 numeri idonei:

1, 2, 3, 4, 5, 6, 7, 8, 9, 10, 12, 13, 15, 16, 18, 21, 22, 24, 25, 28, 30, 33, 37, 40, 42, 45, 48, 57, 58, 60, 70, 72, 78, 85, 88, 93, 102, 105, 112, 120, 130, 133, 165, 168, 177, 190, 210, 232, 240, 253, 273, 280, 312, 330, 345, 357, 385, 408, 462, 520, 760, 840, 1320, 1365, 1848.

Beispielsweise zeigte er mit Hilfe der tauglichen Zahl $d = 1848$, daß 18 518 809 eine Primzahl ist. Bis heute sind keine weiteren numeri idonei gefunden worden.

numerierter Komplex, ↗simplizialer Komplex.

Numerik, abkürzende Bezeichnung für die ↗Numerische Mathematik.

Numerik gewöhnlicher Differentialgleichungen, Techniken zur Gewinnung approximativer Lösungen von Anfangs- oder Randwertaufgaben gewöhnlicher Differentialgleichungen.

Dabei wird in allen Fällen ein Problem mit unendlich vielen Freiheitsgraden durch ein Problem mit nur endlich vielen Freiheitsgraden angenähert und letzteres gelöst. Die bekanntesten Methoden für Anfangswertaufgaben approximieren entweder die gesuchte Funktion durch einen Ansatz mit endlich vielen Parametern (z. B. das Taylor-Polynom der Funktion) und leiten durch Einsetzen in die Problemstellung Bedingungsgleichungen für die Parameter her, oder wählen in dem zu betrachtenden Definitionsgebiet einzelne Punkte aus ersetzen und dort die Differentialgleichung durch Differenzenquotienten (↗Differenzenverfahren). Letztere Vorgehensweise ist am weitesten verbreitet und schließt bei entsprechender Darstellung die erste mit ein.

Ist das Problem beispielsweise gegeben in der Standardform

$$y' = f(x, y),\; y(a) = y_0,$$

wobei die auftretenden Funktionen auch vektorwertig sein können, so unterteilt man im einfachsten Fall das zu betrachtende Intervall $[a, b]$ durch diskrete, äquidistante Punkte $x_i := a + ih$, $i = 0, \ldots, n$, $h := (b - a)/n$, $n > 0$ vorgegeben. h nennt man die Schrittweite.

Es wird nun versucht, Näherungen y_i der Werte $y(x_i)$ durch ein entsprechendes Kalkül zu ermitteln. Zumeist unterscheiden sich die einzelnen Methoden durch die Art, wie mit den Werten x_i und y_i der Differentialausdruck $y'(x_i)$ approximiert wird. Werden nur aktuelle oder zurückliegende Werte y_j verwendet ($j \leq i$), so spricht man von expliziten ↗Einschrittverfahren oder ↗Mehrschrittverfahren. Dadurch läßt sich der Integrationsbereich in einfacher Weise bei $x_0 = a$ beginnend durchlaufen, um die jeweiligen y_i zu ermitteln. Werden in den Approximationsformeln auch Indizes $j > i$ verwendet, spricht man von impliziten Verfahren.

Man bezeichnet $e_i := y_i - y(x_i)$ als den globalen Diskretisierungsfehler, im Gegensatz zum ↗lokalen Diskretisierungsfehler, der durch die Anwendung einer bestimmten Approximationsformel entsteht. Hinzu kommt bei Verwendung einer Rechenanlage mit gerundetem Rechnen noch die Betrachtung des Rundungsfehlers $r_i := \tilde{y}_i - y_i$, wobei dann $\tilde{y}_i$ der tatsächlich errechnete Wert ist. Mittels Intervallrechnung lassen sich diese Fehler auch unmittelbar in die Rechnung integrieren und somit die exakte Lösung in Schranken einschließen (↗Intervallmethode für Anfangswertprobleme).

Von jeder numerischen Methode verlangt man üblicherweise die Konvergenz der Näherung gegen die exakte Lösung, wenn $h \to 0$ strebt, d. h.

$$\forall x_i \in [a, b] : \lim_{h \to 0} e_i = 0 .$$

Wie weit sich Konvergenz unmittelbar aus der gewählten Approximationsformel ableiten läßt, hängt von der grundsätzlichen Art der Formel ab. Bei Einschrittverfahren folgt die Konvergenz direkt aus der Konsistenz und Stabilität der Approximationsformel, bei Mehrschrittverfahren müssen weitere Eigenschaften hinzukommen.

Abschließend noch einige Bemerkungen zur Numerik von Randwertproblemen. Die numerische Behandlung dieser Problemstellungen baut zumeist auf Verfahren für Anfangswertprobleme gewöhnlicher Differentialgleichungen auf. In einem iterativen Prozeß werden dabei mit verschiedenen Anfangsbedingungen Lösungen der Differentialgleichungen bestimmt, die dann in irgendeiner Form korrigiert werden, um die Randbedingung zu erfüllen. Klassische Beispiele hierfür sind das ↗Schießverfahren und die ↗Mehrzielmethode.

Eine alternative Vorgehensweise ist die Ersetzung der Differentialausdrücke durch Differenzenquotienten in diskret gewählten Punkten. Daraus resultiert dann ein i. allg. nichtlineares Gleichungssystem für die unbekannten Funktionswerte in diesen Punkten.

Man vergleiche auch den Artikel über ↗Numerische Mathematik.

Numerik partieller Differentialgleichungen, Techniken zur Gewinnung approximativer Lösungen partieller Differentialgleichungen.

Im Gegensatz zur ↗Numerik gewöhnlicher Differentialgleichungen zeigen sich die Methoden für partielle Differentialgleichungen wesentlich uneinheitlicher, was in der sehr unterschiedlichen Klassifizierung dieser Probleme begründet ist. Dennoch wird auch hier zunächst versucht, ein Problem mit unendlich vielen Freiheitsgraden auf ein Problem mit endlich vielen Freiheitsgraden abzubilden, gegebenfalls über den Zwischenschritt der Abbildung auf gewöhnliche Differentialgleichungen oder Integralgleichungen.

Die Hauptklassen von Lösungsverfahren lassen sich wie folgt einteilen:

1. *Differenzenverfahren:* Ähnlich den Differenzenverfahren für gewöhnliche Differentialgleichungen werden im Definitionsgebiet nach einem festen Schema endlich viele Punkte ausgewählt, in denen dann die Differentialgleichung durch eine Differenzengleichung ersetzt wird. Man unterscheidet explizite Differenzenverfahren und implizite Differenzenverfahren.

2. *Variationsmethoden:* Die Differentialgleichung wird durch ein äquivalentes Variationsproblem ersetzt, welches dann in einem geeignet gewählten Funktionenraum gelöst wird. Die Lösung wird dabei dargestellt durch eine Linearkombination der Basiselemente dieses Raumes, wobei auch hier eine endliche Approximation angestrebt wird. Beispiele für diese Vorgehensweise sind die Ritz-Galerkin-Methode, die daraus abgeleitete Methode der Finiten Elemente, oder die Randelementemethode.

Für elliptische und parabolische Differentialgleichungen eignen sich sowohl Variationsmethoden (wie z. B. die Methode der Finiten Elemente) als auch das Differenzenverfahren. Bei hyperbolischen Differentialgleichungen verwendet man ausschließlich Differenzenverfahren, gegebenenfalls auch im Rahmen eines ↗Charakteristikenverfahrens.

Man vergleiche auch den Artikel über ↗Numerische Mathematik.

numerische Äquivalenz, Begriff aus der algebraischen Geometrie.

Für ein Schema X, das eigentlich über einem Körper k ist, sei $C_1(X)$ die freie abelsche Gruppe, die von allen Kurven (also eindimensionalen abgeschlossenen irreduziblen reduzierten Unterschemata) erzeugt wird. Man erhält eine Bilinearform

$$\begin{aligned} C_1(X) \otimes \operatorname{Pic}(X) &\to \mathbb{Z} \\ c \otimes \mathcal{L} &\mapsto \deg(\mathcal{L}|C) = (C \cdot \mathcal{L}) . \end{aligned}$$

Dann heißen 1-Zyklen $z, z' \in C_1(X)$ numerisch äquivalent, wenn $(z \cdot \mathcal{L}) = (z' \cdot \mathcal{L})$ für alle $\mathcal{L} \in \mathrm{Pic}(X)$ (↗Picardgruppe). Geradenbündel $\mathcal{L}, \mathcal{L}' \in \mathrm{Pic}(X)$ heißen numerisch äquivalent, wenn $(z \cdot \mathcal{L}) = (z \cdot \mathcal{L}')$ für alle $z \in C_1(X)$.

$N_1(X)$ bzw. $N^1(X)$ bezeichnet die Gruppe der numerischen Äquivalenzklassen von 1-Zyklen bzw. von Geradenbündeln.

Für algebraische Zyklen z der Kodimension k wird numerische Äquivalenz definiert durch die Forderung, daß für alle Vektorbündel auf X und alle Polynome in den Chernklassen von $\mathcal{E}$ gilt:

$$\int_X P \cap z = 0 .$$

Wenn X glatt von der Dimension n ist, so ist dies gleichbedeutend mit

$$\int_X z' \cdot z = 0$$

für alle algebraischen Zyklen z der Kodimension $n - k$.

Für glatte projektive Varietäten X über $\mathbb{C}$ ist die Gruppe der numerischen Äquivalenzklassen von algebraischen Zyklen eine endlich erzeugte freie abelsche Gruppe.

Dies ergibt sich daraus, daß aus homologischer Äquivalenz numerische Äquivalenz folgt, also die Gruppe $N^*(X)$ der numerischen Äquivalenzklassen Subquotient der singulären Kohomologie $H^*(X, \mathbb{Z})$ ist.

Offen ist die Vermutung, daß numerische Äquivalenz und homologische Äquivalenz mod Torsion übereinstimmen. Für Kodimension 1-Zyklen ist dies bekannt.

numerische Differentiation, Methoden der näherungsweisen Berechnungen von Ableitungen.

Die numerische Differentiation basiert auf der Grundüberlegung, Differentialquotienten (also Ableitungen einer Funktion) anzunähern, indem man diese durch Differenzenformeln ersetzt. Die einfachste Formel dieser Art,

$$f'(x_0) \approx \frac{f(x_0 + h) - f(x_0)}{h}$$

nähert die Ableitung einer Funktion f an der Stelle $x_0 \in \mathbb{R}$.

Um höhere Ableitungen näherungsweise durch Differenzenformeln zu erhalten, kombiniert man Auswertungen der Taylorschen Formel an verschiedenen Stellen in geeigneter Art. Beispielsweise gilt für die Näherung der zweiten Ableitung an einer Stelle $x_0 \in \mathbb{R}$

$$f''(x_0) \approx \frac{f(x_0 + h) - 2f(x_0) + f(x_0 - h)}{h^2} .$$

Die in diesem Fall verwendete Taylorsche Formel ist

$$f(x) = f(x_0) + f'(x_0)(x - x_0) + \frac{f''(x_0)}{2!}(x - x_0)^2 + \frac{f'''(x_0)}{3!}(x - x_0)^3 + \frac{f''''(\xi_x)}{4!}(x - x_0)^4 .$$

Hierbei liegt ξ_x zwischen x und x_0 und f ist eine in einer Umgebung von $x_0 \in \mathbb{R}$ viermal differenzierbare Funktion. Auf die obige Formel gelangt man nun, indem man die Taylorsche Formel an den beiden Stellen $x_0 + h$ und $x_0 - h$ auswertet, und die beiden Seiten der entstehenden Gleichungen jeweils addiert. In diesem Fall ist der Fehler abschätzbar durch

$$\frac{1}{12} \sup_{x \in [x_0 - h, x_0 + h]} |f''''(x)| \, h^2 . \qquad (1)$$

numerische Integration, auch numerische Quadratur bzw. Kubatur, Methoden der näherungsweise Berechnung von Integralen.

In der numerischen Integration wird – im eindimensionalen Fall – das bestimmte Integral

$$\int_a^b f(t)dt$$

näherungsweise durch eine Integrationsformel (auch: Quadraturformel)

$$Q_n(f) = \sum_{i=0}^{n-1} a_i f(x_i)$$

berechnet. Dies wird notwendig, wenn sich eine Stammfunktion von f nicht durch elementare Funktionen ausdrücken läßt, die numerische Auswertung der Stammfunktion zu komplex ist oder der Integrand nur diskret, etwa als Ergebnis von Messungen, vorliegt.

Eine Möglichkeit, solche Näherungsformeln zu bestimmen, ergibt sich aus fortgesetzter ↗Newton-Cotes Quadratur. Hierbei geht man von einer äquidistanten Intervallunterteilung $x_i = a + ih$, $i = 0, \dots, n-1$, $h = \frac{b-a}{n-1}$, aus, und nähert den Integranden stückweise durch interpolierende Polynome eines festen Grades m.

Eine einfache Möglichkeit hierfür ist es, die Funktion f in jedem der Intervalle (x_{i-1}, x_i), $i = 1, \dots, n-1$, durch eine Konstante $y_{i-1} = f(\xi_{i-1})$ mit $\xi_{i-1} \in [x_{i-1}, x_i]$ zu nähern, d. h. $m = 0$. In diesem Fall erhält man die Rechtecks-Regel

$$Q_n^{(0)}(f) = h \sum_{i=0}^{n-2} y_i .$$

Im Spezialfall $\xi_{i-1} = \frac{x_{i-1} + x_i}{2}$ heißt die Rechtecks-Regel auch Mittelpunkts-Regel.

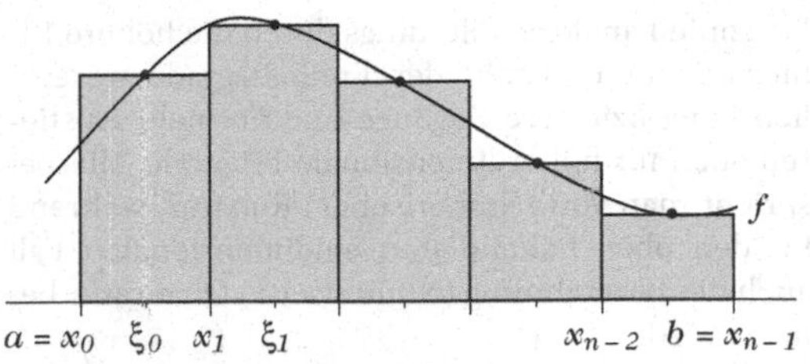

Mittelpunkts-Regel

Fehlerabschätzungen (in der numerischen Integration) hängen im allgemeinen von der Gutartigkeit von f ab. Ist f eine stetige Funktion auf $[a, b]$, so ergibt sich die Fehlerabschätzung

$$\left| \int_a^b f(t)dt - Q_n^{(0)}(f) \right| \leq \omega(f, h)(b-a),$$

wobei

$$\omega(f, h) = \max\{|f(x) - f(y)| : |x - y| < h\}$$

der Stetigkeitmodul von f ist. Für die Mittelpunkts-Regel gilt

$$\left| \int_a^b f(t)dt - Q_n^{(0)}(f) \right| \leq \omega(f, \frac{h}{2})(b-a)$$

und, falls f eine zweimal differenzierbare Funktion auf $[a, b]$ ist:

$$\left| \int_a^b f(t)dt - Q_n^{(0)}(f) \right| \leq \frac{h^2}{24} \max_{x\in[a,b]} |f''(x)|(b-a).$$

Interpoliert man die Funktion f an den Stellen $y_{i-1} = f(x_{i-1})$, $i = 1, \ldots, n$, über den Intervallen $[x_{i-1}, x_i]$ jeweils linear, so ergibt sich die Trapezregel (auch: Sehnentrapezregel)

$$Q_n^{(1)}(f) = h\left(\frac{y_0}{2} + \sum_{i=1}^{n-2} y_i + \frac{y_{n-1}}{2}\right).$$

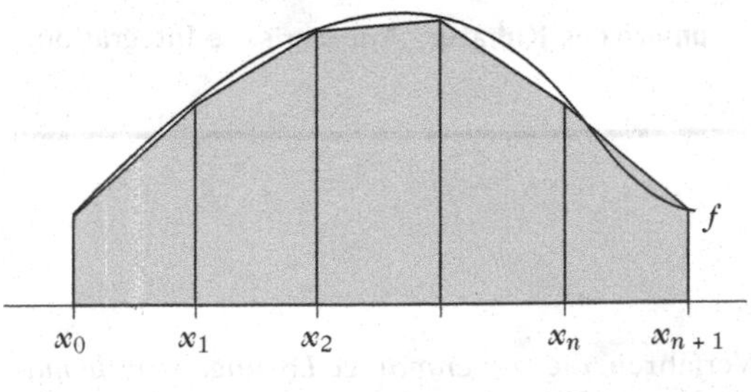

Trapezregel

Ist f eine differenzierbare Funktion auf $[a, b]$, so gilt

$$\left| \int_a^b f(t)dt - Q_n^{(1)}(f) \right| \leq \frac{h}{4} \max_{x\in[a,b]} |f'(x)|(b-a).$$

Falls f eine zweimal differenzierbare Funktion auf $[a, b]$ ist, so gilt

$$\left| \int_a^b f(t)dt - Q_n^{(1)}(f) \right| \leq \frac{h^2}{12} \max_{x\in[a,b]} |f''(x)|(b-a).$$

Verwendet man Polynome vom Grad 2, so interpoliert man die Funktionswerte $y_{2i} = f(x_{2i})$, $y_{2i+1} = f(x_{2i+1})$ und $y_{2i+2} = f(x_{2i+2})$ in den Intervallen $[x_{2i}, x_{2i+2}]$, $i = 0, \ldots, k-1$, und setzt $n - 1 = 2k$ voraus. In diesem Fall erhält man die Simpson-Regel

$$Q_{2k}^{(2)}(f) = \frac{h}{3}(y_0 + 4y_1 + 2y_2 + \ldots + 4y_{2k-1} + y_{2k}).$$

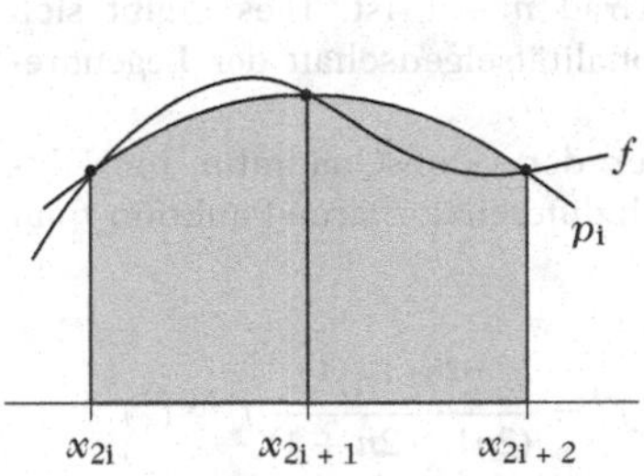

Simpson-Regel

Der Quadraturfehler der Simpson-Regel für eine vierfach differenzierbare Funktion f auf $[a, b]$ läßt sich abschätzen durch

$$\left| \int_a^b f(t)dt - Q_{2k}^{(2)}(f) \right| \leq \frac{h^4}{180} \max_{x\in[a,b]} |f^{(4)}(x)|(b-a).$$

Für Polynome vom Grad 3 ergibt sich analog mit $n - 1 = 3k$ die Newtonsche-$\frac{3}{8}$-Regel

$$Q_{3k}^{(3)}(f) = \frac{3h}{8}(y_0 + 3y_1 + 3y_2 + 2y_3 + \ldots + 3y_{3k-1} + y_{3k}).$$

Der Quadraturfehler der Newtonschen-$\frac{3}{8}$-Regel für eine vierfach differenzierbare Funktion f auf $[a, b]$ läßt sich abschätzen durch

$$\left| \int_a^b f(t)dt - Q_{3k}^{(2)}(f) \right| \leq \frac{h^4}{80} \max_{x\in[a,b]} |f^{(4)}(x)|(b-a).$$

Durch Schrittweitenextrapolation wird die Konvergenz solcher Quadraturformeln verbessert. Diese Vorgehensweise nennt man ↗Romberg-Verfahren.

Eine weitere Methode der numerischen Integration stammt von Gauß. Nach dieser Vorgehensweise werden nicht nur die Gewichte a_i, sondern auch die Stützstellen x_i als Parameter von $Q_n(f)$ aufgefaßt. Die Gaußsche Quadraturformel erhält man durch die Forderung, daß für alle Polynome bis zum maximalen Grad $2n-1$

$$\int_a^b p(t)dt = Q_n(p)$$

gilt. Ist $[a,b] = [-1,1]$, so bilden die Nullstellen $x_0,\ldots,x_{n-1} \in (-1,1)$ des n-ten ↗ Legendre-Polynoms L_n eine geeignete Wahl von Stützstellen. Die zugehörigen Gewichte berechnen sich als

$$a_i = \int_{-1}^{1} l_i(t)dt,$$

wobei l_i, $i = 0,\ldots,n-1$, das i-te Lagrange-Polynom vom Grad $n-1$ ist. Dies ergibt sich aus der Orthogonalitätseigenschaft der Legendre-Polynome.

Für den Fehler der Gauß-Quadratur hinsichtlich einer $2n$-fach differenzierbaren Funktion f auf $[-1,1]$ gilt

$$\int_a^b f(t)dt - Q_n(f) = \frac{2^{2n+1}n!^4}{(2n!)^3(2n+1)} f^{(2n)}(\xi)$$

wobei $\xi \in (-1,1)$.

Allgemeiner werden Quadraturformeln vom Gaußschen Typ verwendet, um (uneigentliche) Integrale der Form

$$\int \omega(t)f(t)dt$$

zu nähern. Hierbei ist ω eine Gewichtsfunktion mit der Eigenschaft $\omega(t) > 0$. Beispielsweise sind die Nullstellen der ↗ Tschebyschew-Polynome die Stützstellen bzgl. der Gewichtsfunktion $\omega(t) = (1-t^2)^{-\frac{1}{2}}$ im Intervall $(-1,1)$. Im Intervall $[0,\infty)$ bilden die Nullstellen der ↗ Laguerre-Polynome die Stützstellen bzgl. der Gewichtsfunktion $\omega(t) = \exp(-t)$.

Prinzipiell analoge, allerdings durch die höhere Dimension und Anzahl der Freiheitsgrade wesentlich kompliziertere Zugänge und Formeln existieren auch für höherdimensionale Integrale. Hierbei spricht man von (Numerischer) Kubatur, während für den oben behandelten eindimensionalen Fall auch die Bezeichnung (Numerische) Quadratur benutzt wird.

Eine schöne Darstellung der hier aus Platzgründen nicht weiter behandelten Kubaturformeln findet man in [1] und [2].

[1] Davis, P.J.; Rabinowitz, P.: Methods of numerical integration. Academic Press Orlando, 1980.

[2] Engels, H.: Numerical quadrature and cubature. Academic Press Orlando, 1984.

[3] Hämmerlin, G; Hoffmann, K.-H.: Numerische Mathematik. Springer-Verlag Berlin/Heidelberg, 1991.

[4] Meinardus, G.; Merz, G.: Praktische Mathematik I. BI-Wissenschaftsverlag Mannheim, 1979.

[5] Stoer, J.: Einführung in die Numerische Mathematik I. Springer-Verlag Berlin/Heidelberg, 1972.

numerische Konvergenz, abgeschwächter Konvergenzbegriff zur approximativen numerischen Berechnung.

Ist a eine Zahl, die man mit Hilfe einer Reihe numerisch berechnen will, so ist eine Reihendarstellung dann numerisch verwertbar, wenn der Abbruchfehler nach möglichst wenigen Schritten so klein ist, daß das Ergebnis im Hinblick auf die Maschinengenauigkeit exakt ist.

Bezeichnet man mit ε_0 die kleinste Maschinenzahl eines gegebenen Rechners, so liegt numerische Konvergenz einer Reihe

$$\sum_{k=1}^{\infty} a_k$$

gegen eine Zahl a dann vor, wenn es für jedes $\varepsilon > \varepsilon_0 > 0$ eine natürliche Zahl n_ε gibt, so daß

$$\left| \sum_{k=1}^{n(\varepsilon)} a_k - a \right| < \varepsilon$$

gilt.

Dabei kann es vorkommen, daß eine im Sinne der Analysis divergente Reihe numerisch konvergent ist.

numerische Kubatur, ↗ numerische Integration.

Numerische Mathematik

R. Schaback

Die Numerische Mathematik befaßt sich mit der Entwicklung und der mathematischen Analyse von Verfahren, die *zahlenmäßige Lösungen mathematischer Probleme* berechnen.

Letztere stammen aus Anwendungsbereichen der Mathematik, z. B. in den Ingenieurwissenschaften, der Physik, der Ökonomie, usw.. Das *Wissenschaftliche Rechnen* ist mit der Numerischen Mathematik sehr eng verwandt, und die Grenzen sind nicht klar zu ziehen. Etwas pointiert ausgedrückt, ist man im Wissenschaftlichen Rechnen eher an der konkreten technischen Produktion der Lösung als an der mathematischen Analyse des Lösungsverfahrens interessiert, und deshalb kann man das Wissenschaftliche Rechnen auch als ein Anwendungsgebiet der Informatik sehen, in dem spezielle Rechnerstrukturen, z. B. massiv parallele Systeme, oft eine starke Rolle spielen.

Wegen der Vielfalt der technischen und wissenschaftlichen Aufgabenstellungen ist die Numerische Mathematik ein sehr breites Gebiet, das unter anderem die numerische Lösung von

- gewöhnlichen und partiellen Differentialgleichungen,
- Integralgleichungen,
- Optimierungsaufgaben,
- Approximationsproblemen für Funktionen, Kurven und Flächen,
- Eigenwert- und Verzweigungsproblemen

sowie alle numerischen *Simulationen* im weitesten Sinne umfaßt.

Weil sich die genannten Problemkreise in bezug auf ihren mathematischen Hintergrund und damit auch in bezug auf die sachgerechten Lösungsmethoden stark unterscheiden, erfordert die Lehre und Forschung in Numerischer Mathematik ein breites mathematisches Grundwissen. Es ist deshalb nicht möglich, im Rahmen eines kurzen Artikels alle Richtungen der Numerischen Mathematik darzustellen. Es können nur einige allgemeine, für alle numerischen Verfahren gültige Gesichtspunkte herausgearbeitet und typische Beispiele angegeben werden.

Die Verfahren der Numerischen Mathematik verwenden auf digitalen Rechenanlagen *Gleitkommazahlen* mit fester relativer Genauigkeit. Weil diese Zahlenmengen endlich sind, müssen numerische Verfahren zwangsläufig *Fehler* produzieren, und es gehört zu den zentralen Problemen der Numerischen Mathematik, diese Fehler abzuschätzen und mit dem Rechenaufwand zu vergleichen. Oft kann man durch erhöhten Rechenaufwand die Fehler reduzieren oder abschätzen, und das gilt besonders für spezielle Formen der Rechnerarithmetik, die es erlauben, gesicherte Fehlerabschätzungen numerisch zu berechnen.

Ferner sind numerische Rechnungen nicht immer stabil, d. h. kleine Fehler in den Eingabedaten eines Problems können eventuell große Fehler in der näherungsweisen Lösung bewirken. Deshalb ist die *Stabilitätsanalyse* ein weiteres wichtiges Aufgabenfeld der Numerischen Mathematik. Bei der Lösung linearer Gleichungssysteme

$$Ax = b\,, \quad x, b \in \mathbb{R}^n \setminus \{0\},\ A \in \mathbb{R}^{n\times n} \qquad (1)$$

ist beispielsweise der relative Fehler der Lösung x im wesentlichen beschränkt durch den relativen Fehler der Eingabedaten A und b multipliziert mit der *Kondition*

$$\kappa(A) := \|A\| \cdot \|A^{-1}\| \geq 1 \qquad (2)$$

der Matrix, gemessen in einer Matrixnorm. Vom Gesichtspunkt der Stabilität her erweist es sich dann als sinnvoll, die Lösung des Systems (1) statt mit dem wohlbekannten Gaußschen Eliminationsverfahren durch eine *QR–Zerlegung* $A = Q \cdot R$ mit einer Orthogonalmatrix Q und einer oberen Dreiecksmatrix R über $Rx = Q^T b$ zu berechnen. Dieses Verfahren wird uns weiter unten noch einmal in ganz anderem Zusammenhang begegnen.

Die Stabilität eines numerischen Verfahrens zur Lösung eines Anwendungsproblems kann natürlich nicht besser sein als die des Problems selbst. Leider sind aber manche wichtigen Probleme *schlecht gestellt*, d. h. auch die exakte Lösung hängt nicht stetig von den Daten ab, von einer numerischen ganz zu schweigen. Dies gilt insbesondere für *inverse Probleme*, bei denen man typischerweise aus bestimmten Beobachtungen eines Systems auf dessen Eigenschaften schließen möchte (z. B. bei der Computertomographie oder der Bestimmung der Form von Körpern aus der Streuung von Schall- oder elektromagnetischen Wellen). In solchen Fällen wird durch *Regularisierung* eine künstliche Verbesserung der Stabilität vorgenommen, die dann auch eine stabile numerische Behandlung möglich macht, was aber auf Kosten eines zusätzlichen Fehlers oder einer Veränderung des Problems geschieht.

Viele Probleme aus den Anwendungen lassen sich nicht durch endlich viele Zahlen beschreiben, etwa dann, wenn die Eingangsdaten oder die Ausgangsdaten aus reellen Funktionen einer oder mehrerer reeller Variablen bestehen. In solchen Fällen wird durch *Diskretisierung* zu einem neuen Problem übergegangen, das nur auf endlich vielen Daten arbeitet. Statt einer Funktion f benutzt man endlich viele Funktionswerte $f(x_1), \ldots, f(x_n)$, oder man ersetzt f näherungsweise durch eine Linearkombination

$$f \approx \sum_{j=1}^{n} \alpha_j \varphi_j \qquad (3)$$

von Basisfunktionen φ_j, die beispielsweise als algebraische oder trigonometrische Polynome gewählt werden können. In beiden Fällen kann man mit Vektoren der Länge n weiterarbeiten, aber man hat natürlich zu untersuchen, wie sich der durch diese Vereinfachung bedingte *Diskretisierungsfehler* auswirkt. Eine typischer Fall ist die näherungsweise Berechnung eines bestimmten Integrals durch eine gewichtete Linearkombination der Funktionswerte, etwa durch die Simpson-Regel

$$\int_a^b f(x)dx \approx \frac{b-a}{6}\left(f(a)+4f\left(\frac{a+b}{2}\right)+f(b)\right),$$

wobei die Eingabefunktion durch drei Funktionswerte diskretisiert wurde.

Die näherungsweise Darstellung von Funktionen durch Linearkombinationen (3) ist aus der Theorie der Potenz- oder Fourierreihen wohlbekannt. Mit der schnellen Fouriertransformation lassen sich letztere sehr effizient und stabil auswerten, und Varianten dieser Technik (mit diskreter schneller Cosinustransformation) bilden die Grundlage von Kompressionsverfahren wie JPEG und MPEG für Bild- und Tonsignale.

Glatte Ansatzfunktionen wie algebraische oder trigonometrische Polynome führen aber nur bei sehr glatten Funktionen f zu brauchbaren Abschätzungen des Diskretisierungsfehlers, wie man beispielsweise am Restglied der Taylorformel ablesen kann. Deshalb studiert man in der Numerischen Mathematik bevorzugt Ansatzfunktionen mit begrenzter Glätte. Deren wichtigste Vertreter sind *Splines* bzw. *finite Elemente* als uni- bzw. multivariate stückweise polynomiale Funktionen. Das einfachste Beispiel sind stetige Splines ersten Grades, also univariate Polygonzüge. Wie alle anderen Funktionen dieser Art erfordern sie eine Diskretisierung oder Triangulation ihres Definitionsbereichs, was bei großen Raumdimensionen problematisch werden kann. Abhilfe schaffen dann Ansätze

$$f(x) \approx \sum_{j=1}^{n} \alpha_j \phi(\|x-x_j\|_2), \quad x, x_j \in \mathbb{R}^d$$

mit *radialen Basisfunktionen* $\phi : [0,\infty) \to \mathbb{R}$, deren Theorie zwar vielversprechend, aber noch nicht weit genug entwickelt ist. Dabei tritt in gewissen Fällen das erstaunliche Phänomen auf, daß die Ergebnisse mit steigender Raumdimension d immer besser werden.

Bei einer Diskretisierung (3) ist es numerisch sinnvoll, nach der besten Darstellung zu fragen, die nur k von Null verschiedene Koeffizienten hat, damit man die Funktion mit kleinstmöglichem Aufwand speichern oder weiterverarbeiten kann. Ist f als zeitabhängiges Signal aufzufassen, so bekommt man dadurch eine optimale Datenkompression für Speicher- oder Wiedergabezwecke. Bilden die Ansatzfunktionen φ_j ein vollständiges Orthonormalsystem bezüglich eines Skalarprodukts $(.,.)$ in einem Hilbertraum H, so ist für jedes $f \in H$ wegen

$$\|f-\sum_j \alpha_j\varphi_j\|^2 = \sum_j ((f,\varphi_j)-\alpha_j)^2$$

die Wahl $\alpha_j = (f,\varphi_j)$ für die k betragsgrößten Werte (f,φ_j) optimal. Diese nichtlineare Strategie wird erfolgreich im Zusammenhang mit *wavelets* verwendet, die eine hochinteressante moderne Erweiterung der Fourieranalyse in Richtung auf verbesserte Signaldarstellungen (3) bilden.

In vielen Anwendungen hat man *Operatorgleichungen* mit Integraloperatoren oder mit gewöhnlichen oder partiellen Differentialoperatoren zu lösen. Nach Diskretisierung bleibt dann normalerweise ein System von endlich vielen Gleichungen mit endlich vielen Unbekannten übrig, aber bei physikalisch-technischen Problemen kann die Anzahl der Unbekannten gigantisch sein. Davon weiter unten mehr.

Ist das resultierende System nicht linear, so wird ein weiterer Standardtrick der Numerischen Mathematik angewendet: die *Linearisierung*. Dabei ersetzt man ein nichtlineares Problem durch eine Folge von linearen Problemen, die sich durch lokale Annäherung des ursprünglichen Problems durch lineare Ersatzprobleme ergeben. Die Lösungen der linearen Teilprobleme sind dann oft als *Iteration* einer festen Abbildung zu schreiben, und man hat die *Konvergenzgeschwindigkeit* einer solchen Iteration zu untersuchen.

Der typische Fall einer Linearisierung und Iteration tritt schon bei einer einzigen nichtlinearen Gleichung der Form $f(x) = 0$ mit einer differenzierbaren reellen Funktion f auf. Das *Newtonverfahren* linearisiert die Funktion f an einer Stelle x_0 durch die Tangente

$$T_{x_0}(x) := f(x_0) + f'(x_0)(x-x_0)$$

und löst dann das lineare Ersatzproblem $T_{x_0}(x) = 0$. Iterativ angewandt, ergibt sich damit das Verfahren

$$x_{j+1} := x_j - f(x_j)/f'(x_j), \; j = 0,1,2,\ldots,$$

und man hat die Konvergenz sowie die Konvergenzgeschwindigkeit der Folge $\{x_j\}_j$ zu untersuchen. Verallgemeinert man die Situation auf ein nichtlineares System $f(x) = 0$ mit $f : \mathbb{R}^n \to \mathbb{R}^n$, so bekommt man eine Iteration, bei der man in jedem Schritt ein lineares Gleichungssystem

$$f(x_j) = (\mathrm{grad} f(x_j))\,(x_j - x_{j+1}),\; j = 0,1,2,\ldots$$

zu lösen hat.

Die Lösung von *linearen Gleichungssystemen* der allgemeinen Form (1), die entweder auf direktem Wege oder nach einer Linearisierung auftreten, bildet eine der zentralen Aufgaben der Numerischen Mathematik. Weil solche Probleme auch innerhalb von Iterationen und mit großen Raumdimensionen n auftreten können, sind Effizienzgesichtspunkte besonders wichtig. Der Rechenaufwand des klassischen *Gaußschen Eliminationsverfahrens* steigt mit n wie n^3, und es ist ein offenes Problem, das aufwandsoptimale Rechenverfahren zu finden. Nach einer bahnbrechenden Arbeit von Volker Strassen (Numer. Math. 13, 1969) gibt es ein Verfahren mit Aufwand $n^{\log_2 7} \approx n^{2{,}807}$, aber das Rennen nach immer kleineren Exponenten ist noch im Gange; siehe hierzu auch ↗Algebra und Algorithmik. Weil das Problem ja insgesamt $n^2 + n$ Eingabedaten hat, kann man erwarten, daß der Aufwand eines Optimalverfahrens mindestens proportional zu n^2 sein muß.

Die obige Situation betrifft nur die *direkten* Verfahren, die beim Rechnen mit reellen Zahlen die Lösung fehlerlos nach endlich vielen arithmetischen Einzeloperationen berechnen würden. Wenn man aber nur eine vorgegebene relative Genauigkeit ε einer durch *Iteration* einer linearen Abbildung berechneten Näherungslösung anstrebt, kann man wieder auf einen Aufwand der Größenordnung n^2 hoffen. Weil jede Matrix-Vektor-Multiplikation den Aufwand n^2 hat, darf man in solchen Verfahren nur eine begrenzte Anzahl von Matrix-Vektor-Multiplikationen einsetzen, und diese Anzahl darf nicht von n, sondern nur von ε abhängen. Der Einfluß der Genauigkeit auf die Iterationszahl hat die Konsequenz, daß die Stabilität der Lösung eines solchen Systems eine wesentliche Rolle spielt, und deshalb darf die Kondition der Matrix nicht allzu groß sein. Man hat hier ein typisches Beispiel für die Rückwirkung der Stabilität eines Verfahrens auf dessen Effizienz.

Ein Verfahren, das für symmetrische und positiv definite Koeffizientenmatrizen mit fester Kondition den obigen Bedingungen genügt, ist das *Verfahren der konjugierten Gradienten*. Es reduziert bei jedem Schritt den relativen Fehler etwa um den Faktor

$$\frac{\sqrt{\kappa(A)} - 1}{\sqrt{\kappa(A)} + 1}$$

in Abhängigkeit von der Kondition (2) der Koeffizientenmatrix. Ferner benötigt es bei jedem Schritt nur eine Matrix-Vektor-Multiplikation und ein paar Skalarprodukte. Die Analyse dieses Verfahrens ist übrigens ein schönes Beispiel für das Zusammenwirken von Argumenten aus der Optimierung, der Approximationstheorie und der linearen Algebra, aber die Details würden hier zu weit führen.

Die großen Systeme, die durch Diskretisierung partieller Differentialoperatoren entstehen, haben nur *dünn besetzte* Koeffizientenmatrizen, d. h. von den n^2 möglichen Matrixelementen sind nur höchstens kn mit einem von n unabhängigen $k \ll n$ von Null verschieden, wobei allerdings n in die Millionen gehen kann. Die Matrix-Vektor-Multiplikation hat dann nur einen Aufwand kn, und bei fester Kondition und vorgegebener Genauigkeit würde das Verfahren konjugierter Gradienten einen nur zu n proportionalen Aufwand haben, was alle denkbaren Effizienzwünsche erfüllen würde.

Die bei der Diskretisierung von Differentialoperatoren auftretenden Matrizen haben aber leider im Normalfall eine mit einer positiven Potenz von n anwachsende Kondition, was die obige Argumentation zunichte macht. Deshalb verwendet man raffinierte Zusatzstrategien (*Mehrgittermethoden* und *Präkonditionierung*), die unter gewissen Voraussetzungen zu einer von n unabhängig beschränkten Kondition führen. Der neue Ansatz *algebraischer Mehrgitterverfahren* versucht, die erzielten Effizienzgewinne auch auf allgemeinere Situationen zu erweitern.

Eine weitere interessante Problemstellung tritt z. B. nach Diskretisierung von technischen Schwingungsproblemen auf: die Berechnung der Eigenwerte symmetrischer Matrizen $A \in \mathbb{R}^{n \times n}$. Führt man, beginnend mit $A_0 := A$, eine Iteration

$$A_j = Q_j \cdot R_j, \; A_{j+1} = R_j \cdot Q_j$$

aus, die eine QR–Zerlegung berechnet und dann einfach die Faktoren „verkehrt“ wieder zusammenmultipliziert, so konvergieren unter gewissen Zusatzvoraussetzungen die Matrizen A_j gegen eine obere Dreiecksmatrix, die alle n Eigenwerte von A der Größe nach geordnet (!) in der Diagonale enthält. Dieses erstaunliche Verhalten eines so simplen Algorithmus ist intensiv weiter studiert worden. Mit diversen Zusatzstrategien (Reduktion auf Tridiagonalform, Spektralverschiebung, Abdividieren) kann man sowohl die Effizienz als auch die Konvergenzgeschwindigkeit ganz erheblich steigern. Unter praktisch durchaus realistischen Voraussetzungen ist der Aufwand, alle n Eigenwerte mit einer fest vorgegebenen relativen Genauigkeit auszurechnen, proportional zu n^3, also vergleichbar mit dem Aufwand des Gaußschen Eliminationsverfahrens zur Lösung eines linearen Gleichungssystems. Erstaunlich ist, daß man für die Lösung eines schwierigen nichtlinearen Problems größenordnungsmäßig denselben Aufwand benötigt wie für ein direkt lösbares lineares Problem mit vergleichbaren Eingabedaten.

Weiteres kann man den vielen Lehrbüchern zur Numerischen Mathematik entnehmen, die jeweils unterschiedliche Schwerpunkte innerhalb des oben umrissenen Spektrums setzen, sowie den diversen Stichworteinträgen zu den angesprochenen Themenbereichen im vorliegenden Lexikon.

Das Fernziel der Weiterentwicklung der Numerischen Mathematik ist natürlich, zu allen Problemen ein stabiles Lösungsverfahren zu finden, dessen Rechenaufwand nach Möglichkeit nur proportional zur Anzahl der Eingabedaten ist, wenn eine feste relative Genauigkeit des Ergebnisses verlangt wird.

---

numerische Quadratur, ↗numerische Integration.

numerische Stabilität, ↗Stabilität numerischer Methoden.

numerische Verfahren zur Lösung eines Eigenwertproblems, ↗Verfahren zur Lösung eines Eigenwertproblems.

numerische Zufallsvariable, *erweiterte Zufallsvariable*, auf einem Wahrscheinlichkeitsraum $(\Omega, \mathfrak{A}, P)$ definierte Zufallsvariable mit Werten in der Grundmenge $\overline{\mathbb{R}}$ des meßbaren Raumes $(\overline{\mathbb{R}}, \mathfrak{B}(\overline{\mathbb{R}}))$.

Dabei bezeichnet $\overline{\mathbb{R}} = \mathbb{R} \cup \{-\infty, +\infty\}$ die Menge der erweiterten reellen Zahlen und

$$\mathfrak{B}(\overline{\mathbb{R}}) = \{B \subseteq \overline{\mathbb{R}} : B \cap \mathbb{R} \in \mathfrak{B}(\mathbb{R})\}$$

die σ-Algebra der Borelschen Mengen von $\overline{\mathbb{R}}$, sowie $\mathfrak{B}(\mathbb{R})$ die σ-Algebra der Borelschen Mengen von $\mathbb{R}$.

Die Abbildung $X : \Omega \to \overline{\mathbb{R}}$ ist also genau dann eine numerische Zufallsvariable, wenn $X^{-1}(B) \in \mathfrak{A}$ für alle $B \in \mathfrak{B}(\overline{\mathbb{R}})$ gilt.

numerischer Fluß, Begriff im Zusammenhang mit Diskretisierungsverfahren für ↗nichtlineare hyperbolische Differentialgleichungen, welche sich in ↗Erhaltungsform als

$$u_t(t, x) + f(u(t, x))_x = 0$$

formulieren lassen. Die Funktion f bezeichnet man dabei als Flußfunktion.

Ein zugehöriges ↗Differenzenverfahren zur näherungsweisen Lösung dieser Gleichung läßt sich schreiben in der Form

$$u_i^{m+1} := u_i^m + \lambda\Big(F(u_i^m, u_{i+1}^m) - F(u_{i-1}^m, u_i^m))\Big)$$

mit $\lambda = \Delta t/\Delta x$, wobei Δt die Schrittweite in t-Richtung und Δx die Schrittweite in x-Richtung bezeichnet. F ist dann der numerische Fluß, der je nach Differenzenschema auch noch von weiteren u_j^m abhängen kann.

Für das ↗Friedrichs-Schema läßt sich beispielsweise der numerische Fluß schreiben als

$$F(u, v) := \frac{1}{2\lambda}(u - v) + \frac{1}{2}(f(u) + f(v)).$$

Numerologie, ↗Zahlenmystik.

Nushin-Methode, Näherungsmethode zur Bestimmung der konformen Abbildung des Äußeren eines beliebigen zweidimensionalen Profils auf das Äußere eines Kreises.

Die Abbildung $z = f(\zeta)$ bilde das Gebiet der komplexen z-Ebene außerhalb des Profils C konform auf das Gebiet der komplexen ζ-Ebene außerhalb des Kreises $C^\star$ mit dem Radius a ab. Sie wird als Laurent-Reihe

$$z = m_\infty \zeta + m_0 + \sum_{n=1}^{\infty} \frac{m_n}{\zeta^n}$$

angesetzt, somit ist $z = \infty$ für $\zeta = \infty$. Aus der Bedingung, daß Richtungen im Unendlichen erhalten bleiben sollen, folgt, daß m_∞ reell ist. Ohne Beschränkung der Allgemeinheit kann $m_\infty = 1$ angenommen werden, m_n kann in der Form

$$a^n(\mu_n + i\nu_n)$$

angesetzt werden. Die Punkte auf dem Kreis $C^\star$ werden durch $\zeta = a(\cos\vartheta + i\sin\vartheta)$ gegeben. Dies liefert eine Parameterdarstellung des Profils C, deren Größen μ_n und ν_n näherungsweise bestimmt werden. Die Konvergenz des Verfahrens wurde von Nushin bewiesen.

Mit der Abbildung f ist gleichzeitig die Abbildung einer Potentialströmung um ein beliebiges Profil einer idealen inkompressiblen Flüssigkeit auf eine solche Strömung um einen Kreis gegeben und damit die Berechnung des komplizierteren Falls auf den einfacheren zurückgeführt.

Nutzenfunktion, meist im Zusammenhang mit der Spieltheorie und bei mathematischen Methoden der Ökonomie verwendete Funktionen.

Dabei heißt $u : D \to \mathbb{R}$ für $D \subseteq \mathbb{R}$ offen und zusammenhängend Nutzenfunktion, falls u monoton steigend und konkav ist.

nützliche Aktion, eine mögliche Aktion i eines Spielers, sofern für diesen Spieler eine optimale Strategie existiert, bei der die Aktion i mit positiver Wahrscheinlichkeit auftritt.

Nyström-Methode, Methode zur näherungsweisen Berechnung von Fredholmschen Integralgleichungen.

Zur Lösung einer Fredholmschen Integralgleichung zweiter Art

$$\lambda \cdot \int_a^b K(x, y) \cdot \varphi(y)dy + f(x) = \varphi(x)$$

mit bekannten Funktionen $K : [a, b] \times [a, b] \to \mathbb{R}$ und $f : [a, b] \to \mathbb{R}$ und einer unbekannten Funktion φ mit Hilfe der Nyström-Methode verwendet man eine Gaußsche Quadraturformel. Sind $t_1, ..., t_n$ die n Nullstellen des Legendrepolynoms

$$P_n(x) = \frac{1}{2^n n!} \cdot \frac{d^n[(x^2-1)^n]}{dx^n},$$

so transformiert man diese Nullstellen durch

$$x_\nu = \frac{1}{2}(a+b) + \frac{1}{2}(b-a)t_\nu$$

auf das Intervall $[a, b]$. Das Integral läßt sich dann mit Hilfe der Knoten $x_1, ..., x_n$ annähern, wobei aus der Integralgleichung ein lineares Gleichungssystem mit den Unbekannten $\varphi(x_1), ..., \varphi(x_n)$ entsteht. Die Lösungen dieses Gleichungssystems sind dann Näherungen für die Funktionswerte $\varphi(x_1), ..., \varphi(x_n)$ der gesuchten Funktion φ.

Es existieren auch Varianten dieser Methode zur Lösung gewöhnlicher Differentialgleichungen.

O

o, ↗Landau-Symbole.

O, ↗Landau-Symbole.

$\mathbb{O}$, Bezeichnung für die ↗Oktonienalgebra.

o.B.d.A, Abkürzung für „ohne Beschränkung der Allgemeinheit“, in Beweisen verwendete Formulierung, die benutzt wird, wenn man formal nur einen speziellen Fall behandelt, der jedoch in offensichtlicher Weise alle zu betrachtenden Fälle abdeckt.

OBDD, ↗geordneter binärer Entscheidungsgraph.

Obelisk, Körper mit zwei parallelen Begrenzungsflächen (Grund- und Deckfläche), welche gleiche Anzahlen von Ecken haben.

Obeliske sind spezielle ↗Prismoide, deren sämtliche Seitenflächen Trapeze sind.

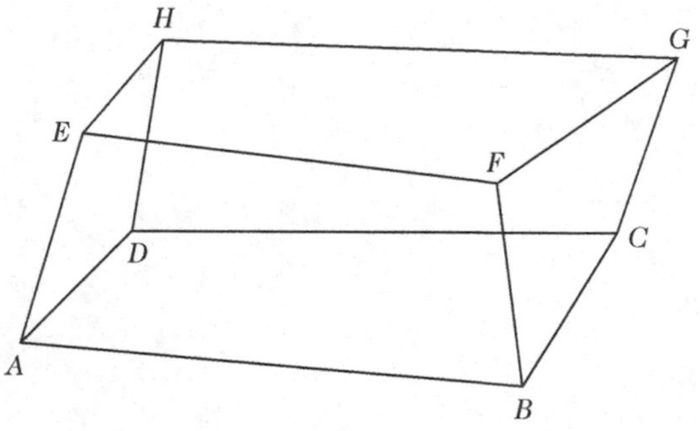

Obelisk mit viereckiger Grund- und Deckfläche

Einen Spezialfall des Obelisken stellt das Ponton dar, welches rechteckige Grund- und Seitenflächen besitzt.

obere Dreiecksmatrix, ↗Dreiecksmatrix.

obere Grenze einer Menge, Element s einer mit der Partialordnung „$\leq$“ versehenen Menge M und einer Menge $N \subseteq M$ so, daß s das kleinste Element der Menge der ↗oberen Schranken der Menge N ist.

s heißt dann obere Grenze der Menge N.

Siehe auch ↗Ordnungsrelation.

obere linksseitige Ableitung einer Funktion, ↗Dini-Ableitungen einer Funktion.

obere rechtsseitige Ableitung einer Funktion, ↗Dini-Ableitungen einer Funktion.

obere Schranke, zu einer Teilmenge A einer Halbordnung $(M, \leq)$ ein $m \in M$, für das $a \leq m$ für alle $a \in A$ gilt.

Ein $m \in M$ ist genau dann eine obere Schranke zu $A \subset M$, wenn m das Maximum von $A \cup \{m\}$ ist. Auch in totalen Ordnungen kann es Mengen ohne obere Schranke geben, z. B. das Intervall $[0, \infty)$ in $\mathbb{R}$.

Ist m obere Schranke zu A und $m \leq k \in M$, so ist auch k obere Schranke zu A. Insbesondere ist eine obere Schranke zu einer Menge i. allg. nicht eindeutig. Hingegen ist die kleinste obere Schranke einer Menge eindeutig, falls sie existiert, und heißt obere Grenze oder ↗Supremum der Menge (↗Ordnungsrelation).

obere Variation einer Mengenfunktion, ↗Mengenfunktion.

oberer Differenzenoperator, der zum ↗oberen Summenoperator $S_{\geq}$ inverse Operator $D_{\geq}$.

oberer Limes einer Mengenfolge, *limes superior einer Mengenfolge*, Verallgemeinerung des Begriffs „Limes superior “ auf Mengenfolgen.

Es sei $(A_n | n \in \mathbb{N})$ eine Folge von Teilmengen einer Menge Ω. Dann heißt

$$\begin{aligned}&\limsup_{n\to\infty} A_n \\ &:= \{\omega \in \Omega | \omega \in A_n \ \text{ für unendlich viele } \ n \in \mathbb{N}\} \\ &= \bigcap_{n\in\mathbb{N}} \bigcup_{m\geq n} A_m\end{aligned}$$

der obere Limes oder limes superior dieser Mengenfolge.

oberer Schnitt, Untermenge M eines endlichen Verbandes L, für die $1 \notin M$ und $M > u$ für alle $1 \neq u \notin M$ gilt.

oberer Summenoperator, Operator auf der ↗Inzidenzalgebra $\mathbb{A}(P)$ eines Verbandes P, definiert durch

$$(S_{\geq}f)(x) := \sum_{\substack{y \\ y\geq x}} f(y)$$

für alle $f \in \mathbb{A}(P)$ und $x \in P$.

oberes Intervall, Intervall eines Verbandes der Form $[z, 1]$.

oberes Raster, ↗Raster.

Oberfläche eines Ellipsoids, Kenngröße eines ↗Ellipsoids.

Ein Ellipsoid mit der Gleichung

$$\frac{x^2}{a^2} + \frac{y^2}{b^2} + \frac{z^2}{c^2} = 1$$

hat den Oberflächeninhalt

$$O = 2\pi c^2 + \frac{2\pi b}{\sqrt{a^2 - c^2}} \left[\left(a^2 - c^2\right) E(\Theta) + c^2 \Theta \right] .$$

Dabei ist $E(\Theta)$ ein vollständiges elliptisches Integral zweiter Art,

$$E(\Theta) = \int_0^{\frac{\pi}{2}} \sqrt{1 - k^2 \sin^2 \Theta} \, d\Theta ,$$

mit $k = \frac{e_2}{e_1}$, wobei e_1 und e_2 die numerischen Exzentrizitäten des Ellipsoids sind:

$$e_1^2 = \frac{a^2 - c^2}{a^2} \quad ; \quad e_2^2 = \frac{b^2 - c^2}{b^2} \, .$$

Θ läßt sich durch Invertieren der Gleichung $e_1 = \text{sn}(\Theta, k)$ bestimmen.

Oberfläche eines Körpers, Gesamtheit aller Begrenzungsflächen eines Körpers.

Der Oberflächeninhalt eines ebenflächig begrenzten Körpers errechnet sich als Summe der Flächeninhalte aller Begrenzungsflächen, bei denen es sich um ↗n-Ecke handelt, deren Flächeninhalte auf die ↗rechtwinkliger Dreiecke zurückgeführt werden können. Für Körper, die ganz oder teilweise von unebenen (gekrümmten) Flächen begrenzt sind, müssen die Oberflächeninhalte dieser gekrümmten Flächen als Integral berechnet werden. Der Flächeninhalt eines durch eine Parameterdarstellung der Form $x = x(u, v)$, $y = y(u, v)$, $z = z(u, v)$ gegebenen Flächenstücks F beträgt

$$A = \int_F |T_u \times T_v| \, du \, dv \, ,$$

wobei T_u und T_v die Tangentenvektoren in u- bzw. v-Richtung sind.

Ein Anwendungsbeispiel ist die Berechnung der ↗Oberfläche eines Ellipsoids.

Oberflächenintegral, das für eine auf dem Träger $\langle\mathfrak{F}\rangle$ eines regulären Flächenstücks $\mathfrak{F}$ definierte reellwertige Funktion f durch

$$\iint_{\mathfrak{F}} f \, d\omega := \iint_K f \circ \Phi(u, v) \, d\omega \qquad (1)$$

mit

$$d\omega = \|D_1\Phi(\;) \times D_2\Phi(\;)\| \, d(u, v)$$

definierte Integral. Hierbei seien K eine geeignete kompakte Teilmenge des $\mathbb{R}^2$ und $\Phi : K \to \mathbb{R}^3$ eine Parameterdarstellung von $\mathfrak{F}$, also

$$\langle\mathfrak{F}\rangle := \Phi(K) \, .$$

Dazu ist zunächst – analog zur Kurventheorie – der Inhalt geeigneter Flächen im $\mathbb{R}^3$ zu definieren. Dies sei hier nur skizziert. Genauer und wesentlich allgemeiner wird der Sachverhalt in mathematischen Darstellungen der ↗Vektoranalysis ausgeführt. Es sei stets $\| \; \| := \| \; \|_2$, also die euklidische Norm, betrachtet.

Ein „reguläres Flächenstück" wird über eine ‚Parameterdarstellung' wie folgt definiert: Es seien $\mathbb{R}^2 \supset K$ kompakt; der Rand ∂K von K sei $\langle\mathfrak{C}\rangle$ mit einer stetigen, stückweise glatten, geschlossenen, doppelpunktfreien Kurve $\mathfrak{C}$. (K ist dann eine zweidimensionale Jordan-Menge.)

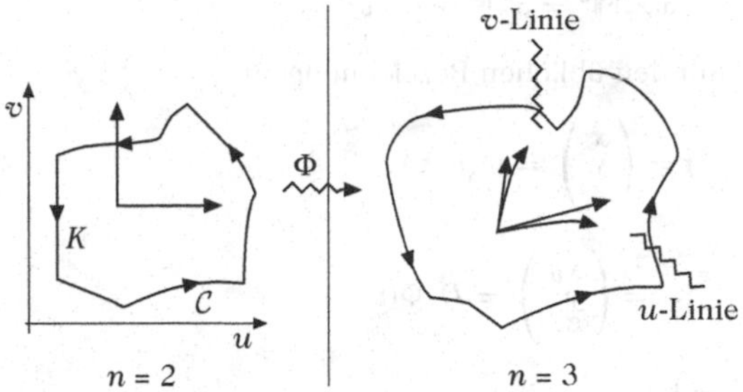

Reguläres Flächenstück

Für eine stetig differenzierbare Funktion $\Phi : K \to \mathbb{R}^3$ mit

$$D_1\Phi(u, v) \times D_2\Phi(u, v) \neq 0$$

für alle $(u, v) \in K$ bezeichne

$$\mathfrak{n} := \mathfrak{n}(u, v) := \frac{D_1\Phi(u, v) \times D_2\Phi(u, v)}{\|D_1\Phi(u, v) \times D_2\Phi(u, v)\|}$$

den zugehörigen orientierten Normaleneinheitsvektor.

Man erklärt für solche Parameterdarstellungen Äquivalenz und definiert ein „reguläres Flächenstück" als Klasse äquivalenter Parameterdarstellungen.

Zum Oberflächeninhalt eines solchen regulären Flächenstücks $\mathfrak{F}$ führt die aus der folgenden Skizze ersichtliche Idee:

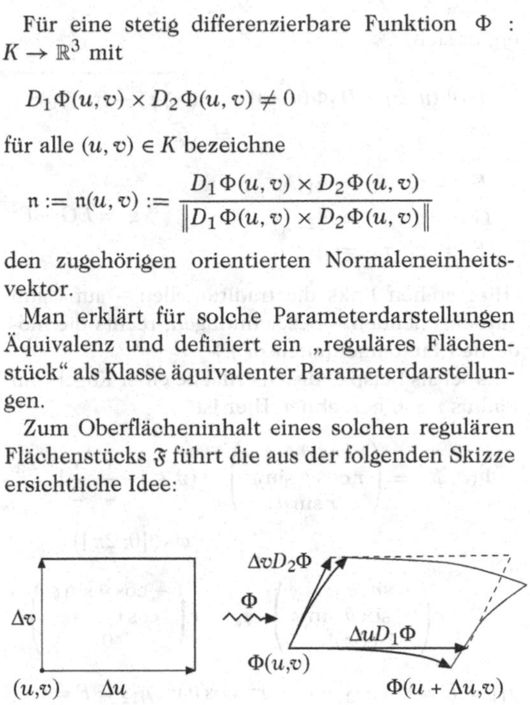

Zum Oberflächeninhalt

Der Flächeninhalt einer solchen „Schuppe" ist ungefähr

$$\|D_1\Phi(u, v) \times D_2\Phi(u, v)\| \, \Delta u \, \Delta v \, ,$$

und dies führt zum Oberflächeninhalt ω:

$$\omega(\mathfrak{F}) := \int_K \|D_1\Phi(u, v) \times D_2\Phi(u, v)\| \, d(u, v)$$

(für $\Phi \in \mathfrak{F}$).

Aus der Lagrange-Identität (hier sei das Skalarprodukt mit einem Punkt bezeichnet)

$$(\mathfrak{a} \times \mathfrak{b}) \cdot (\mathfrak{c} \times \mathfrak{d}) = (\mathfrak{a} \cdot \mathfrak{c})(\mathfrak{b} \cdot \mathfrak{d}) - (\mathfrak{b} \cdot \mathfrak{c})(\mathfrak{a} \cdot \mathfrak{d}),$$

speziell also

$$\|\mathfrak{a}\times\mathfrak{b}\|^2 = \mathfrak{a}^2\,\mathfrak{b}^2 - (\mathfrak{a}\cdot\mathfrak{b})^2$$

mit den üblichen Bezeichnungen

$$\mathfrak{x} = \begin{pmatrix} x \\ y \\ z \end{pmatrix} := \Phi(u,v)\,,$$

$$\mathfrak{x}_u := \begin{pmatrix} x_u \\ y_u \\ z_u \end{pmatrix} := D_1\Phi(u,v)\,,$$

und

$$\mathfrak{x}_v := \begin{pmatrix} x_v \\ y_v \\ z_v \end{pmatrix} := D_2\Phi(u,v)$$

ergibt sich:

$$\begin{aligned} \|D_1\Phi(u,v)\times D_2\Phi(u,v)\| &= \sqrt{\mathfrak{x}_u^2\,\mathfrak{x}_v^2 - (\mathfrak{x}_u\cdot\mathfrak{x}_v)^2} \\ &= \sqrt{g} \end{aligned}$$

$$\begin{aligned} E &:= \mathfrak{x}_u^2 &&=: g_{11} \\ G &:= \mathfrak{x}_v^2 &&=: g_{22} \qquad\qquad g := EG - F^2 \\ F &:= \mathfrak{x}_u\cdot\mathfrak{x}_v &&=: g_{12} \end{aligned}$$

(Hier stehen links die traditionellen – auf Gauß zurückgehenden – Bezeichnungen, rechts die moderne (‚Fundamentaltensor').)

Es sei als Beispiel die Oberfläche einer Kugel vom Radius $r > 0$ berechnet. Hier ist

$$\Phi(\vartheta,\varphi) := \begin{pmatrix} r\cos\vartheta\cos\varphi \\ r\cos\vartheta\sin\varphi \\ r\sin\vartheta \end{pmatrix} \quad \Big(\vartheta\in[-\frac{\pi}{2},\frac{\pi}{2}],$$
$$\varphi\in[0,2\pi]\Big)$$

$$\mathfrak{x}_\vartheta = r\begin{pmatrix} -\sin\vartheta\cos\varphi \\ -\sin\vartheta\sin\varphi \\ \cos\vartheta \end{pmatrix},\ \mathfrak{x}_\varphi = r\begin{pmatrix} -\cos\vartheta\sin\varphi \\ \cos\vartheta\cos\varphi \\ 0 \end{pmatrix}$$

$g_{11} = E = r^2$, $g_{22} = G = r^2(\cos\vartheta)^2$, $g_{12} = F = 0$
$\|\mathfrak{x}_\vartheta\times\mathfrak{x}_\varphi\| = r^2\cos\vartheta$.

(Die obigen Voraussetzungen sind, da $\cos\vartheta = 0$ für $\vartheta = \pm\frac{\pi}{2}$, *nicht* auf dem ganzen Bereich gegeben! Man betrachtet geeignete Teilmengen und macht dann einen Grenzübergang.) Es folgt

$$\omega(\mathfrak{F}) = \int_{-\frac{\pi}{2}}^{\frac{\pi}{2}}\int_0^{2\pi} r^2\cos\vartheta\,d\varphi\,d\vartheta = 4\pi r^2\,.$$

Die Überlegungen zum Oberflächeninhalt motivieren nun, über Näherungssummen der Art

$$\sum_{\text{endlich}} f(P_\nu)\,\omega(\mathfrak{F}_\nu)\,,$$

die schon zu Beginn angegebene Definition (1).

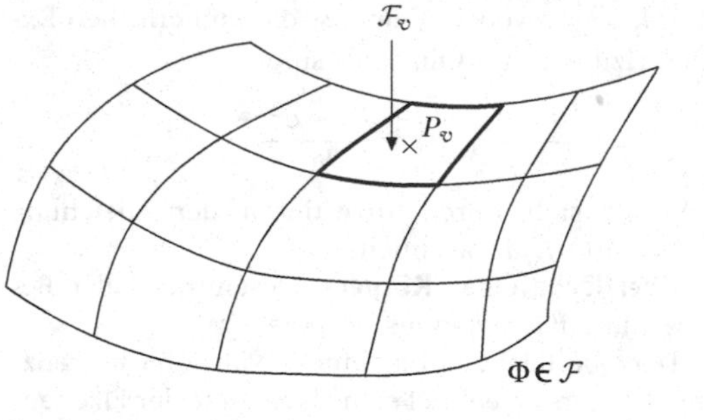

Oberflächenintegral

Obergraph, ↗ Teilgraph.

oberhalb halbstetig, ↗ Halbstetigkeit.

Obermenge, zu einer Menge M eine Menge N so, daß $M \subseteq N$, d. h., alle Elemente der Menge M sind auch Elemente der Menge N (↗ Verknüpfungsoperationen für Mengen).

Obersumme, Integral einer majorisierenden Treppenfunktion (Oberfunktion) zu einer vorgegebenen (beschränkten) Funktion

$$f : [a,b] \longrightarrow \mathbb{R}\,,$$

wobei $a, b \in \mathbb{R}$ mit $a < b$. Mit einer Zerlegung

$$a = x_0 < x_1 < \cdots < x_n = b$$

und Werten α_ν $(\nu = 0,\ldots,n-1)$ mit

$$f(x) \le \alpha_\nu \quad \text{für} \quad x_\nu \le x \le x_{\nu+1}$$

ist eine Obersumme also eine Summe der Art

$$\sum_{\nu=0}^{n-1} \alpha_\nu(x_{\nu+1} - x_\nu)$$

(Summe von Rechtecksinhalten).

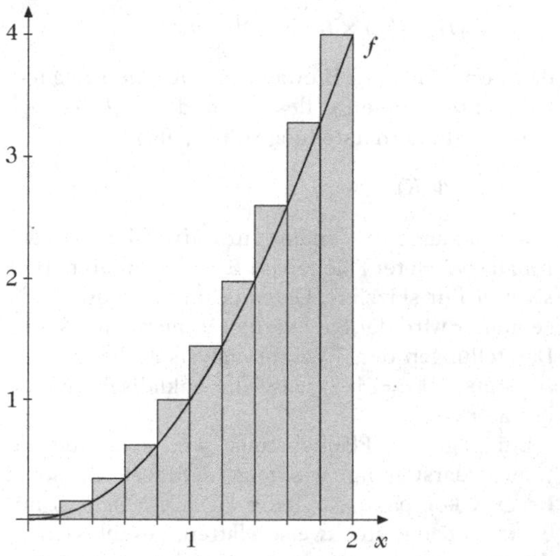

Obersumme

Bei fester Zerlegung der o.a. Art ist die optimale (kleinste) Obersumme offenbar gegeben durch

$$\alpha_\nu := \sup\{f(x) \mid x_\nu \le x \le x_{\nu+1}\}\,.$$

Gelegentlich wird auch nur dieser spezielle Wert als Obersumme bezeichnet.

Das Infimum über alle Obersummen (zu f) bezeichnet man auch als oberes Darboux-Integral und notiert dafür auch

$$\overline{\int_a^b} f(x)\,dx\,.$$

Objekte höheren Typs, ↗ naive Mengenlehre.

Objektmengenlehre, ↗ axiomatische Mengenlehre.

Observablen, beobachtbare (physikalische) Größen, wie etwa Energie, Impuls, oder Spin, sowie die von diesen Größen abhängigen Funktionen.

OC-Funktion, auch als Operationscharakteristik bezeichnete Funktion zur Beschreibung der Güte von statistischen Hypothesentests, siehe ↗ Testtheorie.

ODER-Funktion, ↗ OR-Funktion.

Oettli-Prager-Kriterium, Kriterium zur Charakterisierung der Lösungsmenge eines ↗ Intervall-Gleichungssystems.

Sind A, Δ reelle $(m \times n)$-Matrizen mit $\Delta \ge 0$, und sind b, δ reelle m-komponentige Vektoren mit $\delta \ge 0$, so ist x genau dann Lösung eines linearen Gleichungssystems

$$(A+E)x = b+e$$

mit

$$|E| \le \Delta\,,\ |e| \le \delta\,,$$

wenn

$$|b - Ax| \le \Delta x + \delta \quad \textit{(Oettli-Prager-Kriterium)}$$

gilt. Dabei sind '$\ge$' und '$|\cdot|$' komponentenweise zu verstehen.

Unter Verwendung der Intervallarithmetik und der Lösungsmenge S des zugrundeliegenden Intervallgleichungssystems

$$[A-\Delta, A+\Delta]x = [b-\delta, b+\delta]$$

läßt sich das Oettli-Prager-Kriterium auch folgendermaßen formulieren:

$$x \in S \;\Leftrightarrow\; [A-\Delta, A+\Delta]x \cap [b-\delta, b+\delta] \ne \emptyset.$$

Das Kriterium kann in den nachstehenden Situationen verwendet werden, die auch als Mischform auftreten können, und in denen im Idealfall $Ax = b$ gelten soll.

1) A und b unterliegen gewissen Schwankungen (Meßungenauigkeit, Einstellungsungenauigkeit bei einem Gerät, Konversionsfehler bei der Datenübertragung), von denen bekannt ist, daß sie gewisse Schranken Δ bzw. δ nicht überschreiten. Einen Vektor $\tilde{x}$ (z. B. aus einer Messung) kann man als akzeptabel für die gegebene Situation bezeichnen, wenn $\tilde{x}$ dem Oettli-Prager-Kriterium genügt.

2) A und b sind nicht toleranzbehaftet, anstelle von x ist aber nur eine Näherung $\tilde{x}$ bekannt (z. B. aus einer Messung oder einer Rechnung mit Rundung, etwa in Maschinenarithmetik). Diese Näherung kann man als akzeptabel bezeichnen, wenn sie das Oettli-Prager-Kriterium bei vorgegebenen Toleranzen Δ, δ erfüllt.

offen, Grundbegriff der Topologie.

Ist T eine Menge, so kann man auf T eine Topologie $\tau \subseteq \mathfrak{P}(T)$ definieren, wobei man die in τ liegenden Mengen als offene Mengen bezeichnet. Dabei müssen die folgenden Axiome erfüllt sein:

(1) Die beliebige Vereinigung und der endliche Durchschnitt offener Mengen sind wieder offen.
(2) Sowohl T selbst als auch die leere Menge sind offen.

In diesem Fall spricht man auch von einem topologischen Raum T.

Siehe auch ↗ offene Abbildung, ↗ offene Menge, ↗ offenes Intervall.

offene Abbildung, Abbildung $f: X \to Y$ zwischen topologischen Räumen X und Y, welche offene Teilmengen von X auf offene Teilmengen von Y abbildet. Entsprechend heißt f abgeschlossen, wenn das Bild abgeschlossener Mengen wieder abgeschlossen ist.

Eine stetige Bijektion ist per definitionem genau dann ein Homöomorphismus, wenn sie offen ist.

offene gerichtete Kantenfolge, ↗ gerichteter Graph.

offene Kantenfolge, ↗ Graph.

offene Menge, Teilmenge O eines topologischen Raumes X, in welcher jeder Punkt ein innerer Punkt ist, also eine Umgebung U enthält, die ganz in O liegt.

Ist der topologische Raum in der Form $(X, \mathcal{O})$ gegeben, so ist per definitionem O genau dann offen, wenn $O \in \mathcal{O}$ gilt. Eine Teilmenge $A \subseteq X$ heißt abgeschlossen, wenn $X \setminus A$ offen ist.

In jedem topologischen Raum $(X, \mathcal{O})$ sind die Mengen $\emptyset$ und X offen und abgeschlossen.

In einem mit der diskreten Topologie versehenen Raum X sind alle Teilmengen von X offen und abgeschlossen. In der natürlichen Topologie von $\mathbb{R}$ sind halboffene Intervalle weder offen noch abgeschlossen.

offene Überdeckung, eine Überdeckung durch offene Mengen.

offene Umgebung, Umgebung eines Punktes oder einer Menge, welche selbst offen ist.

offenes Hashverfahren, Methode zur Beseitigung von Kollisionen bei einem ↗Hashverfahren.

Tritt bei der Suche nach einem Datensatz mit Hilfe eines Hashverfahrens eine Kollision auf, so gibt es verschiedene Methoden, diese Kollision zu beseitigen.

Eine einfache Methode ist das offene Hashverfahren. Dabei sieht man davon ab, die Eintragungen mit identischem Index $H(k)$ zu einer Liste zu verknüpfen, sondern sucht einfach unter anderen Einträgen in der gleichen Tabelle, bis das gesuchte Element oder ein freier Platz gefunden ist, wobei man im letzten Fall davon ausgeht, daß das gesuchte Element nicht in der Tabelle vorhanden ist.

Dieses Verfahren läßt insofern noch einige Entscheidungsfreiheit zu, als die Methode, um aus einer potentiellen Adresse die nächste zu ermitteln, nicht von vornherein festgelegt ist. Es ist daher möglich, verschiedene Funktionen zur Berechnung der Adressen zu verwenden.

offenes Intervall, eine Teilmenge von $\mathbb{R}$ der Form

$$\{x \in \mathbb{R} : a < x < b\}$$

für reelle Zahlen $a < b$, also ein ↗Intervall, das keinen seiner beiden Randpunkte enthält.

Dieses wird in der Regel mit (a, b), seltener mit $]a, b[$, bezeichnet.

Gelegentlich werden auch die uneigentlichen Intervalle $(-\infty, b) = \{x \in \mathbb{R} : x < b\}$ und $(a, \infty) = \{x \in \mathbb{R} : x > a\}$ zu den offenen Intervallen gezählt.

Die offenen Intervalle sind genau die beschränkten offenen zusammenhängenden Teilmengen von $\mathbb{R}$ (↗Intervall).

Offenheit des glatten Ortes, eine wichtige Eigenschaft des glatten Ortes.

Wenn X ein ↗algebraisches Schema über einem Körper oder ein komplexer Raum ist, so ist die Menge der Punkte, in denen X glatt ist, der sogenannte glatte Ort, Komplement eines abgeschlossenen Unterraumes und damit offen.

Wenn X geometrisch reduziert ist, so ist der glatte Ort darüber hinaus überall dicht, sein Komplement X^{sing} heißt der singuläre Ort von X.

Offenheitssatz, funktionentheoretische Aussage, die wie folgt lautet:

Es sei $D \subset \mathbb{C}$ eine offene Menge und f eine in D ↗holomorphe Funktion derart, daß f in keiner Zusammenhangskomponente von D konstant ist. Dann ist die Bildmenge $f(D)$ eine offene Menge.

Eine quantitative Form dieses Satzes lautet:

Es sei $D \subset \mathbb{C}$ eine offene Menge und f eine in D holomorphe Funktion. Weiter sei $z_0 \in D$, B eine offene Kreisscheibe mit Mittelpunkt z_0, $\overline{B} \subset D$, und es gelte

$$2r := \min_{z \in \partial B} |f(z) - f(z_0)| > 0 .$$

Dann liegt die offene Kreisscheibe mit Mittelpunkt $f(z_0)$ und Radius r in der Bildmenge $f(D)$.

OFF-Menge einer Booleschen Funktion, zu einer ↗Booleschen Funktion $f : D \to \{0, 1\}$ mit $D \subseteq \{0, 1\}^n$ die Menge der Eingabevektoren $\alpha \in D$ mit $f(\alpha) = 0$.

Ogdens, Lemma von, notwendige, aber nicht hinreichende Bedingung für die Kontextfreiheit einer formalen Sprache, stärker als das ↗Pumping-Lemma für kontextfreie Sprachen.

Zu einer kontextfreien Sprache L gibt es eine Zahl n derart, daß sich jedes Wort z aus L mit einer Länge von mindestens n und mindestens n beliebigen markierten Buchstaben in z zerlegen läßt in Teilwörter

$$z = uvwxy$$

derart, daß vx mindestens einen markierten Buchstaben enthält, vwx maximal n markierte Buchstaben enthält, und für beliebige i ($i \geq 0$) das Wort

$$uv^iwx^iy$$

in L ist.

Oja-Lernregel, eine spezielle ↗Lernregel im Bereich ↗Neuronale Netze, die von Erkki Oja zu Beginn der achtziger Jahre publik gemacht wurde.

Die Oja-Lernregel läßt sich grob als ein Spezialfall der ↗Kohonen-Lernregel deuten, wobei lediglich ein Klassifizierungsvektor, nämlich der sogenannte erste Hauptkomponentenvektor, zu bestimmen ist, und zusätzlich eine auf dem ↗Gradientenverfahren beruhende Strategie zum Einsatz kommt.

Im folgenden wird das Prinzip der Oja-Lernregel an einem einfachen Beispiel (diskrete Variante) erläutert: Für eine endliche Menge von t Vektoren $x^{(s)} \in \mathbb{R}^n \setminus \{0\}$, $1 \leq s \leq t$, soll ein Vektor $w \in \mathbb{R}^n \setminus \{0\}$ gefunden werden, der von allen gegebenen Vektoren im Mittel den geringsten Abstand hat, wobei hier der Abstand über die nichtorientierten Winkel zwischen den durch w und den Vektoren $x^{(s)}$ gegebenen Geraden durch den Ursprung bestimmt werden soll.

Diese Forderung bedeutet, daß der Vektor $w \in \mathbb{R}^n \setminus \{0\}$ so gewählt werden sollte, daß für alle $s \in \{1, \ldots, t\}$ die Quotienten

$$\frac{(w \cdot x^{(s)})^2}{(w \cdot w)(x^{(s)} \cdot x^{(s)})} = \frac{\left(\sum\limits_{i=1}^{n} w_i x_i^{(s)}\right)^2}{\left(\sum\limits_{i=1}^{n} (w_i)^2\right)\left(\sum\limits_{i=1}^{n} (x_i^{(s)})^2\right)}$$

möglichst groß werden. Setzt man nun t partiell differenzierbare Quotientenfunktionen

$$Q^{(s)} : \mathbb{R}^n \setminus \{0\} \longrightarrow \mathbb{R}\,, \quad 1 \leq s \leq t\,,$$

an als

$$Q^{(s)}(w) := \frac{(w \cdot x^{(s)})^2}{(w \cdot w)(x^{(s)} \cdot x^{(s)})}\,,$$

dann erhält man für die Suche nach dem Maximum einer Funktion $Q^{(s)}$ mit dem Gradientenverfahren folgende Vorschrift für einen Gradienten-Schritt, wobei $\lambda > 0$ ein noch frei zu wählender sogenannter Lernparameter ist:

$$w^{(neu)} := w + \lambda \ \mathrm{grad}\, Q^{(s)}(w)\,,$$

wobei $\mathrm{grad}\, Q^{(s)}(w)$ zu berechnen ist als

$$\frac{2(w \cdot x^{(s)})}{(w \cdot w)(x^{(s)} \cdot x^{(s)})}\left(x^{(s)} - (w \cdot x^{(s)})(w \cdot w)^{-1} w\right).$$

Die sukzessive Anwendung des obigen Verfahrens auf alle vorhandenen Quotientenfunktionen $Q^{(s)}$, $1 \leq s \leq t$, und anschließende Iteration bezeichnet man nun als Oja-Lernregel. Normiert man ferner den Vektor w nach jedem Iterationsschritt auf Länge 1 (Konsequenz: $(w \cdot w) = 1$), und denkt sich den Faktor

$$2(x^{(s)} \cdot x^{(s)})^{-1}$$

in den variablen Lernparameter λ gezogen, so erhält man eine Form der Oja-Lernregel, wie man sie ebenfalls in vielen Büchern findet.

Würde man schließlich bei der Herleitung der Oja-Lernregel anstelle der sukzessiven Betrachtung der t Quotientenfunktionen $Q^{(s)}$, $1 \leq s \leq t$, direkt die Summe über alle t zu maximierenden Quotienten heranziehen,

$$Q := \sum_{s=1}^{t} Q^{(s)}\,,$$

und auf diese Funktion das Gradienten-Verfahren anwenden, so käme man zu einer anderen Oja-Lernregel. Diese wird in der einschlägigen Literatur häufig als Off-Line-Oja-Lernregel oder Batch-Mode-Oja-Lernregel bezeichnet, während die zuvor eingeführte Variante in vielen Büchern unter dem Namen On-Line-Oja-Lernregel zu finden ist oder schlicht Oja-Lernregel genannt wird.

Die On-Line-Variante hat den Vorteil, daß keine w-Vektor-Korrekturen zwischengespeichert werden müssen sowie eine zufällige, nichtdeterministische Reihenfolge der zu klassifizierenden Trainingswerte erlaubt ist (stochastisches Lernen). Sie hat jedoch den Nachteil, daß nach einem Lernzyklus, d. h. nach Präsentation aller t zu klassifizierenden Trainingswerte, die Funktion Q auch für beliebig kleines $\lambda > 0$ nicht unbedingt zugenommen haben muß; bei jedem Teilschritt wird zwar $Q^{(s)}$ im allgemeinen größer, die übrigen Quotientenfunktionen $Q^{(r)}$, $r \neq s$, können jedoch abnehmen.

Trotz dieser Problematik hat sich die On-Line-Variante in der Praxis bewährt und wird i. allg. der rechen- und speicherintensiveren Off-Line-Variante vorgezogen.

Oka, Kiyoshi, japanischer Mathematiker, geb. 19.4.1901 Osaka, gest. 1.3.1978 Nara (Japan).

Oka studierte ab 1922 Physik und ab 1923 Mathematik an der Universität von Kyoto. Ab 1925 lehrte er dort Mathematik. Von 1929 bis 1932 ging er nach Paris und arbeitete zusammen mit Julia. 1932 erhielt er eine Stelle an der Universität von Hiroshima. Oka promovierte 1938 und war danach Forschungsassistent an der Hokkaido Universität. 1942 bis 1949 war er in Kimitoge in Wakayama und von 1949 bis 1964 an der Nara Universität für Frauen tätig; 1969 wurde er schließlich Professor für Mathematik in Kyoto.

Oka arbeitete auf dem Gebiet der mehrdimensionalen komplexen Analysis. Die Arbeit von Behnke und Thullen aus dem Jahr 1934 „Theorie der Funktionen mehrerer komplexer Veränderlicher" listete eine Reihe von Problemen in der Theorie der Funktionen mehrerer komplexer Variabler auf, die für Oka zum Wegweiser seiner Arbeit wurden. Er führte unabhängig von Lelong die plurisubharmonischen Funktionen als wichtiges Hilfsmittel bei der Untersuchung der Existenzgebiete holomorpher Funktionen ein. Darüber hinaus formulierte er das Okasche Prinzip, nach dem auf Steinschen Gebieten ein Problem in der Klasse der holomorphen Funktionen genau dann lösbar ist, wenn es in der Klasse der stetigen Funktionen lösbar ist.

Okas Arbeiten trugen wesentlich zur Entwicklung der mehrdimensionalen Analysis und zur Untersuchung der Funktionen in mehreren komplexen Variablen als Lösungen von Integralgleichungen bei.

Oka, Theorem von, wichtiges Theorem in der Theorie der Steinschen Räume, ein Beispiel für die Anwendung des ↗Okaschen Prinzips.

Sei X ein reduzierter Steinscher Raum. Eine multiplikative Cousin-Verteilung $\{U_i, h_i\}$ *in X hat eine holomorphe Lösung, wenn sie eine stetige Lösung hat.*

Oka, Theorem von, über die Kohärenz der Strukturgarbe, wichtiges nichttriviales Beispiel einer kohärenten Garbe von Ringen.

Für jede komplexe Mannigfaltigkeit $(M, {}_M\mathcal{O})$ *ist die Strukturgarbe kohärent.*

Da die Kohärenz eine lokale Eigenschaft ist, genügt es, die Kohärenz der Garbe ${}_n\mathcal{O}$ der Keime von holomorphen Funktionen in einer Umgebung U von 0 im $\mathbb{C}^n$ zu zeigen.

Siehe auch ↗kohärente Garbe.

Okasches Prinzip, wichtiges Prinzip in der Theorie der Steinschen Räume.

In reduzierten komplexen Räumen X ist die Strukturgarbe $\mathcal{O}$ eine Untergarbe der Garbe $\mathcal{C}$ der Keime der stetigen Funktionen. Man definiert in Analogie zu $\mathcal{O}^*$ (hier ist

$$\mathcal{O}^* = \bigcup_{x\in X} \mathcal{O}_x^*,$$

wobei $\mathcal{O}_x^*$ die Gruppe der Einheiten im Ring $\mathcal{O}_x$ sei) die Garbe $\mathcal{C}^*$ der Keime der nirgends verschwindenden stetigen Funktionen; es gilt $\mathcal{O}^* \subset \mathcal{C}^*$. Dann erhält man wieder eine exakte Exponentialsequenz und ein kommutatives Diagramm

$$\begin{array}{ccccccccc} 0 & \to & \mathbb{Z} & \to & \mathcal{O} & \to & \mathcal{O}^* & \to & 1 \\ & & \| & & \downarrow & & \downarrow & & \\ 0 & \to & \mathbb{Z} & \to & \mathcal{C} & \to & \mathcal{C}^* & \to & 1. \end{array}$$

Hierzu gehört ein kommutatives Diagramm der exakten Kohomologiesequenzen

$$\begin{array}{ccccc} \cdots \to & H^q(X,\mathcal{O}) & \to & H^q(X,\mathcal{O}^*) & \to \\ & \downarrow & & \downarrow & \\ \cdots \to & H^q(X,\mathcal{C}) & \to & H^q(X,\mathcal{C}^*) & \to \end{array}$$

$$\begin{array}{ccccc} \to & H^{q+1}(X,\mathbb{Z}) & \to & H^{q+1}(X,\mathcal{O}) & \to \cdots \\ & \| & & \downarrow & \\ \to & H^{q+1}(X,\mathbb{Z}) & \to & H^{q+1}(X,\mathcal{C}) & \to \cdots. \end{array}$$

Da die Garbe $\mathcal{C}$ weich ist, gilt $H^i(X,\mathcal{C}) = 0$ für alle $i \geq 1$, daher folgt:

Es sei X ein reduzierter komplexer Raum, es sei $q \geq 1$, *und es gelte*

$$H^q(X,\mathcal{O}) = H^{q+1}(X,\mathcal{O}) = 0,$$

beispielsweise sei X Steinsch.

Dann induziert die Injektion $\mathcal{O}^* \to \mathcal{C}^*$ *einen Isomorphismus*

$$H^q(X,\mathcal{O}^*) \xrightarrow{\sim} H^q(X,\mathcal{C}^*).$$

Dies ist eine rudimentäre Form des wichtigen Okaschen Prinzips, das so beschrieben werden kann:

In einem reduzierten Steinschen Raum X haben holomorphe Probleme, die kohomologisch formulierbar sind, nur topologische Hindernisse; solche Probleme sind stets dann holomorph lösbar, wenn sie stetig lösbar sind.

[1] Grauert, H.; Remmert, R.: Theorie der Steinschen Räume. Springer-Verlag Berlin Heidelberg New York, 1977.

[2] Kaup, B.; Kaup, L.: Holomorphic Functions of Several Variables. Walter de Gruyter Berlin New York, 1983.

Ökologie, Teilgebiet der Biologie, zu dessen mathematischer Behandlung seit den Arbeiten von Lotka, Volterra, Kolmogorow u. a. Modelle in Form nichtlinearer Differentialgleichungen zur Verfügung stehen.

Oktaeder, in älterer Bezeichnungsweise auch Achtflächner oder Achtflach genannt, von 8 kongruenten gleichseitigen Dreiecken begrenztes ↗reguläres Polyeder. Das Oktaeder besitzt 6 Ecken und 12 Kanten, in jeder seiner Ecken begegnen sich 4 Seitenflächen. Das Oktaeder kann als quadratische Doppelpyramide aufgefaßt werden; ein ebener Schnitt, der durch die Spitzen dieser beiden Pyramiden und eine Diagonale der Grundfläche verläuft, ist wiederum ein Quadrat.

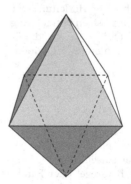

Oktaeder

Ist a die Kantenlänge eines Oktaeders, so beträgt sein Volumen

$$V = \frac{a^3}{3}\sqrt{2}$$

und sein Oberflächeninhalt $O = 2a^2\sqrt{3}$ (↗Oberfläche eines Körpers).

oktale Zahlendarstellung, ↗Zahlendarstellung zur Basis 8, also im ↗Oktalsystem.

Oktalsystem, Positionssystem zur Notation von Zahlen auf der Basis von 8 Ziffern.

Der Zahlenwert einer Ziffernfolge $a_n a_{n-1} \dots a_0$ ergibt sich als $\sum_{i=0}^{n} a_i \cdot 8^i$. Das Oktalsystem findet Anwendungen im Computerbereich, wo drei ↗Bit eine Oktalzahl redundanzfrei beschreiben.

Oktalzahl, Zahl, die im ↗Oktalsystem, also auf der Basis von 8 Ziffern $0, \dots 7$ notiert ist.

Oktalziffer, eine der Ziffern $0, \dots, 7$ zur Notation von Zahlen im ↗Oktalsystem.

Um, z. B. bei Verwendung in Computerprogrammen, Oktalziffern von ↗Dezimalziffern unterscheiden zu können, werden Oktalzahlen oft gesondert gekennzeichnet. In der Programmiersprache C signalisiert z. B. eine führende 0, daß die nachfolgende Ziffernfolge aus Oktalziffern besteht.

Oktant, ↗Orthant.

Oktave, Element der ↗Oktonienalgebra.

Oktonienalgebra, die 8-dimensionale reelle Algebra $\mathbb{O}$ der Paare $\mathbb{H} \times \mathbb{H}$ ↗Hamiltonscher Quaternionen, für welche die Multiplikation zweier Elemente $x = (x_1, x_2)$ und $y = (y_1, y_2)$ definiert ist durch

$$x \cdot y := (x_1 y_1 - \overline{y_2} x_2, x_2 \overline{y_1} + y_2 x_1).$$

Hierbei bezeichnet $\bar{\ }$ die Konjugation auf den Hamiltonschen Quaternionen.

Die Elemente der Oktonienalgebra heißen Oktonien, Oktaven oder auch Cayley-Zahlen. Ist $e \in \mathbb{H}$ das Einselement in $\mathbb{H}$, so ist $(e, 0)$ das Einselement in $\mathbb{O}$. Die Oktonienalgebra ist eine quadratische reelle ↗Alternativalgebra, die nullteilerfrei und nicht assoziativ ist.

Jede endlichdimensionale nullteilerfreie alternative quadratische reelle Algebra ist entweder assoziativ oder isomorph zu $\mathbb{O}$.

Oktonion, ↗Oktonienalgebra.

ω-Einbettung, die Einbettung einer Pfaffschen Kontaktmannigfaltigkeit (M, ω) (wobei ω das globale ↗Kontaktformenfeld bezeichnet) in ihre ↗Symplektifizierung

$$\tilde{M} = \{r\omega(m) \in T^*M \mid r \in \mathbb{R} \setminus \{0\},\ m \in M\}$$

durch die Vorschrift $m \mapsto \omega(m)$.

ω-Limesmenge, Menge der ↗ω-Limespunkte eines ↗dynamischen Systems.

ω-Limespunkt, *positiver Limespunkt*, Punkt $x_0 \in M$ für ein ↗dynamisches System (M, G, Φ) und ein $x \in M$, für den gilt:

1. Es gibt eine Folge $\{t_n\}_{n \in \mathbb{N}}$ in G mit $\lim_{n \to \infty} t_n = \infty$, und
2. $\lim_{n \to \infty} \Phi_{t_n}(x) = x_0$.

Für ein $x \in M$ heißt die Menge aller seiner ω-Limespunkte seine ω-Limesmenge, bezeichnet mit $\omega(x)$.

Für jedes $x \in M$ ist $\omega(x)$ eine in M abgeschlossene ↗invariante Menge, für die gilt:

$$\omega(x) = \bigcap_{T=0}^{-\infty} \overline{\bigcup_{t \le T} \Phi(x, t)}.$$

Jeder Fixpunkt eines dynamischen Systems ist seine eigene ω-Limesmenge, aber auch seine eigene α-Limesmenge (↗α-Limespunkt). Jeder ↗geschlossene Orbit $\gamma \subset M$ ist ω-Limesmenge jedes Punktes $x \in \gamma$, aber auch seine α-Limesmenge. Jeder asymptotisch stabile Fixpunkt (↗Ljapunow-Stabilität) eines dynamischen Systems ist ω-Limesmenge jedes Punktes in seinem ↗Bassin. Für dynamische Systeme in $\mathbb{R}^2$ können außer Fixpunkten und geschlossenen Orbits nur α-Limesmengen auftreten, die aus Fixpunkten und diese verbindenden Orbits bestehen. Für kompakte Limesmengen beachte man das Poincaré-Bendixson-Theorem. Ist ein Orbit in einer kompakten Teilmenge von $A \subset \mathbb{R}^n$ enthalten, so ist seine ω- bzw. α-Limesmenge eine nicht leere zusammenhängende kompakte Teilmenge von A.

[1] Hirsch, M.W.; Smale, S.: Differential Equations, Dynamical Systems, and Linear Algebra. Academic Press, Inc. Orlando, 1974.

***O*(*n*)**, Bezeichnung für die Gruppe der orthogonalen $(n \times n)$-Matrizen:

$$O(n) := \{A \in GL_n(\mathbb{R}) \,|\, A^t A = I\}.$$

A^t bezeichnet hierbei die transponierte Matrix zu A, I die ↗Einheitsmatrix.

one-one-Reduzierbarkeit, ↗many-one-Reduzierbarkeit.

ON-Menge einer Booleschen Funktion, zu einer ↗Booleschen Funktion $f : D \to \{0, 1\}$ mit $D \subseteq \{0, 1\}^n$ die Menge der Eingabevektoren $\alpha \in D$ mit $f(\alpha) = 1$.

operationale Zeit, Begriff aus der Risikotheorie.

Ist φ eine stetige monoton wachsende Funktion, und $X(t)$ ein stochastischer Prozeß mit stochastisch unabhängigen Inkrementen (z. B. ein Schadenanzahlprozeß), so ist

$$Y(t) := X(\varphi(t))$$

wieder ein stochastischer Prozeß mit stochastisch unabhängigen Inkrementen. Bei passender Wahl der Zeittransformation φ kann häufig erreicht werden, daß $Y(t)$ stationär, d. h. zeithomogen ist. Dann nennt man φ operationale Zeit.

Dieser Begriff wurde im Zusammenhang mit der kollektiven Risikotheorie von H. Cramér eingeführt.

Operationscharakteristik, auch als OC-Kurve bezeichnete Funktion zur Beschreibung der Güte von statistischen Hypothesentests, siehe dazu ↗Testtheorie.

Operationsforschung, ↗ Optimierung.

Operator, eine Abbildung zwischen Vektorräumen. Meist, so auch im folgenden, wird implizit darunter eine lineare Abbildung verstanden.

Das Bild oder der Wertebereich eines Operators $T : X \to Y$ ist die Menge

$$\mathrm{im}(T) = \{Tx : x \in X\} \subset Y,$$

und sein Kern die Menge

$$\ker(T) = \{x \in X : Tx = 0\} \subset X$$

(auch mit $\mathrm{Im}(T)$ bzw. $\mathrm{Ker}(T)$ bezeichnet). Kern und Bild eines linearen Operators sind Unterräume; sind X und Y normierte (oder Hausdorffsche topologische) Vektorräume und T stetig, so ist der Kern abgeschlossen, das Bild hingegen i. allg. nicht.

Ein unbeschränkter Operator T ist in der Regel nicht auf einem ganzen Banachraum X definiert, sondern nur auf einem dichten Teilraum $\mathrm{D}(T)$, seinem Definitionsbereich. Die Wahl des Definitionsbereichs ist, insbesondere in der Theorie der selbstadjungierten Operatoren, von entscheidender Bedeutung. Der Graph eines solchen Operators ist die Menge

$$\mathrm{gr}(T) = \{(x, Tx) : x \in \mathrm{D}(T)\} \subset X \times Y.$$

Sind X und Y Banachräume, und ist $\mathrm{gr}(T)$ ein abgeschlossener Unterraum des Produkt-Banachraums $X \oplus Y$, so heißt T abgeschlossener Operator.

Operatoralgebra, andere Bezeichnung für eine von Neumannsche Algebra.

Es seien H ein Hilbertraum und B die Algebra aller beschränkten linearen Operatoren in H. Dann heißt eine selbstadjungierte Teilalgebra R von B, die bezüglich der schwachen Konvergenz abgeschlossen ist, eine Operatoralgebra oder auch von Neumannsche Algebra.

Operatorhalbgruppe, eine Familie $T_t : X \to X$, $t \geq 0$, von stetigen linearen Operatoren auf einem Banachraum X mit folgenden Eigenschaften:

(1) $T_0 = \mathrm{Id}$,

(2) $T_{s+t} = T_s T_t$ für alle $s, t \geq 0$.

Gilt

(3) $\lim\limits_{t \to 0} T_t x = x$ für alle $x \in X$,

so heißt die Halbgruppe stark stetig oder C_0-Halbgruppe; gilt anstelle von (3) die stärkere Forderung

(3′) $\lim\limits_{t \to 0} \|T_t - \mathrm{Id}\| = 0$,

so spricht man von einer normstetigen Halbgruppe.

Eine stark stetige Operatorhalbgruppe kann als Ersatz für die operatorwertige Exponentialfunktion $\exp(tA)$ verstanden werden; die Rolle des Operators A übernimmt dabei der Erzeuger der Halbgruppe (↗ Erzeuger einer Operatorhalbgruppe).

Operatorkonvergenz, Konvergenz einer Folge von Operatoren bzgl. einer lokalkonvexen Operatortopologie.

Man unterscheidet verschiedene Konvergenzbegriffe für Operatorfolgen. Seien $T_n : X \to Y$ stetige lineare Operatoren zwischen Banachräumen X und Y. Man spricht von Normkonvergenz oder Konvergenz bzgl. der Operatornorm von (T_n) gegen T, falls

$$\lim_{n\to\infty} \|T_n - T\| = 0,$$

wobei $\|.\|$ die ↗ Operatornorm bezeichnet, von starker Operatorkonvergenz, falls

$$\lim_{n\to\infty} \|T_n x - Tx\| = 0 \qquad \forall x \in X,$$

und von schwacher Operatorkonvergenz, falls

$$\lim_{n\to\infty} y'(T_n x - Tx) = 0 \qquad \forall x \in X,\ y' \in Y'.$$

Sind X und Y Hilberträume, kann man anstelle des letzteren nach dem Darstellungssatz von Fréchet-Riesz (↗ Fréchet-Riesz, Satz von) auch

$$\lim_{n\to\infty} \langle T_n x - Tx, y\rangle = 0 \quad \forall x \in X,\ y \in Y$$

schreiben.

Die starke (bzw. schwache) Operatorkonvergenz ist genau die Konvergenz bzgl. der starken (bzw. schwachen) Operatortopologie.

Die Normkonvergenz impliziert die starke Operatorkonvergenz, welche ihrerseits die schwache Operatorkonvergenz impliziert. Die drei Konvergenzbegriffe fallen auseinander, wie die folgenden Beispiele zeigen: Auf ℓ^2 betrachte den Linksshift

$$L : (t_1, t_2, \dots) \mapsto (t_2, t_3, \dots)$$

und den Rechtsshift

$$R : (t_1, t_2, \dots) \mapsto (0, t_1, t_2, \dots).$$

Dann ist $L^n \to 0$ stark operatorkonvergent, aber nicht normkonvergent; und es ist $R^n \to 0$ schwach operatorkonvergent, aber nicht stark operatorkonvergent.

[1] Reed, M.; Simon, B.: Methods of Mathematical Physics I: Functional Analysis. Academic Press, 2. Auflage 1980.

Operatornorm, die Norm eines stetigen linearen Operators T zwischen normierten Räumen X und Y. Sie ist durch

$$\|T\| = \sup_x \{\|Tx\|_Y : \|x\|_X \leq 1\}$$

erklärt. Dadurch wird der Raum $L(X, Y)$ aller stetigen linearen Operatoren von X nach Y seinerseits zu einem normierten Raum, der vollständig ist, wenn Y es ist.

Optik, Elektrodynamik des sichtbaren Lichts.

Teilgebiete der Optik sind die klassische Optik und die Quantenoptik. Die klassische Optik anzuwenden ist immer dann sinnvoll, wenn das Licht als kontinuierlich anzusehen ist. Die mathematisch kompliziertere Quantenoptik muß man dann anwenden, wenn die Tatsache, daß das Licht aus einzelnen Photonen besteht, wesentlich ist.

Die klassische Optik wird oft auch als geometrische Optik bezeichnet, da der Verlauf der Lichtstrahlen und Effekte wie Reflexion und Brechung mittels elementargeometrischer Konstruktionen ermittelt werden können. Das Fermatsche Prinzip bestimmt den Verlauf des Lichts: Das Licht verläuft so, daß es möglichst wenig Zeit vom Emissions- zum Absorptionspunkt benötigt.

In der hier angegebenen Definition fallen aber auch Interferenzerscheinungen unter die klassische Optik; diese Erscheinungen sind zwar nicht mehr mit der geometrischen Vorstellung, Licht einfach als einen geometrischen Strahl anzusehen, erklärbar, fallen jedoch noch nicht unter Quantenoptik, da sie nur die Wellennatur des Lichts, nicht aber dessen Quantelung, zur Erklärung benötigen.

optimal recovery, Methode in der ↗Approximationstheorie, bei der (alle) Funktionen aus einer festen Klasse hinsichtlich eines intrinsischen Fehlers approximiert werden.

Wir beschreiben als Beispiel den Fall des optimal recovery der k-ten Ableitung einer Klasse genügend oft differenzierbarer Funktionen f an einer festen Stelle ξ. Hierzu seien $(Y, \|.\|)$ ein normierter Raum, W eine Klasse genügend oft differenzierbarer reellwertiger Funktionen und X ein linearer Raum mit $W \subset X$. Weiterhin seien $I : X \mapsto Y$ ein linearer Operator und $\delta > 0$. Dann heißt

$$\begin{aligned} e_k(\xi, W, I, \delta) = \inf\{\sup\{|f^{(k)}(\xi) - F(y)| : \\ f \in W,\ \|y - I(f)\| \le \delta\} : F : Y \mapsto \mathbb{R}\} \end{aligned}$$

der instrinsische Fehler des optimal recovery. Jede Funktion $F : Y \mapsto \mathbb{R}$, für die dieses Infimum angenommen wird, heißt optimale Methode des recovery.

optimale Politik, die sich aus Anwendung der ↗Bellmannschen Funktionalgleichung ergebenden optimalen Wahlen für die Zustände p_i, $i = 1, \dots, N$.

optimale Schätzung, Verfahren zur Erzielung einer maximalen Stichprobenwahrscheinlichkeit, beispielsweise die ↗Maximum-Likelihood-Methode.

optimale Strategie, eine gemischte Strategie x_0 für einen Spieler, z. B. $\mathcal{S}$, eines Matrixspiels $\mathcal{S} \times \mathcal{T}$, die eine optimale mittlere Auszahlung für $\mathcal{S}$ garantiert.

Für jede Wahl x einer gemischten Strategie kann $\mathcal{S}$ die mittlere Auszahlung

$$\min_y x^T \cdot A \cdot y$$

garantieren, woraus sich die optimale Strategie x_0 durch

$$\min_y x_0^T \cdot A \cdot y = \max_x \min_y x^T \cdot A \cdot y$$

ergibt. Für $\mathcal{T}$ realisiert eine optimale Strategie y_0 analog den Auszahlungswert

$$\min_y \max_x x^T \cdot A \cdot y\,.$$

Nach dem Satz über Minimax-Probleme sind beide Werte bei Matrixspielen gleich. Dies findet seinen Ausdruck im Hauptsatz der Spieltheorie. Optimale Strategien eines Spielers müssen nicht eindeutig sein.

optimaler Suchbaum, ein Suchbaum mit einer Optimalitätseigenschaft.

Um in einer gegebenen Menge von Objekten ein bestimmtes Objekt zu finden, verwendet man oft einen Suchbaum, also einen Baum, in dem die Menge der zu durchsuchenden Objekte entsprechend einer inhaltlich bedingten Gliederung auf die einzelnen Zweige des Baums aufgeteilt ist, sodaß man von der Wurzel her nach logischen Kriterien den Baum durchsuchen kann, bis das gewünschte Objekt gefunden ist.

In Fällen, in denen die Wahrscheinlichkeit des Zugriffs zu verschiedenen Objektschlüsseln bekannt ist, kann man angeben, welche Baumstruktur im Hinblick auf die Suche optimal ist. Hat der Suchbaum n Knoten mit den Nummern 1 bis n, so bezeichne $p(i)$ die Wahrscheinlichkeit des Zugriffs auf den Knoten mit der Nummer i. Dann ist $p(1) + p(2) + \cdots + p(n) = 1$. Ziel der Organisation des Suchbaums ist es, die Gesamtzahl der Suchschritte, gezählt über hinreichend viele Versuche, zu minimieren. Ist nun $h(i)$ die um 1 erhöhte Distanz des Knotens mit der Nummer i von der Wurzel des Baums, so definiert man eine gewichtete Weglänge durch

$$L = p(1) \cdot h(1) + p(2) \cdot h(2) + \cdots + p(n) \cdot h(n)\,.$$

Ein Suchbaum, der die gegebenen Objekte als Knoten enthält, heißt dann optimal, wenn seine gewichtete Weglänge unter allen möglichen Suchbäumen mit den gleichen Knoten minimal ist.

Optimalitätsbedingungen, Kriterien verschiedenster Art, die verwendet werden, um Optimierungsprobleme zu lösen.

Man unterscheidet beispielsweise zwischen lokalen und globalen sowie zwischen notwendigen und hinreichenden Kriterien. Unter den Optimalitätsbedingungen für differenzierbare Probleme unterteilt man zusätzlich noch nach dem in den Bedingungen auftretenden höchsten Ableitungsgrad der beteiligten Funktionen. So erhält man ↗Optimalitätsbedingungen erster Ordnung, ↗Optimalitätsbedingungen zweiter Ordnung, u.s.w.

Zu den zentralen Problemen im Zusammenhang mit Optimalitätsbedingungen gehören die beiden folgenden Fragestellungen:

- Welche Art von Bedingungen sind gleichzeitig notwendig und hinreichend, charakterisieren also Optimalität?
- Welche Art von Bedingungen garantieren, daß lokale Extremalpunkte auch schon globale Extremalpunkte sind?

Beide Fragen sind bereits bei quadratischen Optimierungsproblemen vermeintlich schwer zu lösen, zugehörige Entscheidungsprobleme sind nämlich NP-vollständig. Dagegen lassen sich diese Fragen z. Bsp. bei konvexen Problemen leichter behandeln. Für eine Erläuterung der gebräuchlichsten Optimalitätskriterien sei auf die entsprechenden Stichwörter verwiesen.

Optimalitätsbedingungen erster Ordnung, notwendige oder hinreichende ↗Optimalitätsbedingungen für differenzierbare Optimierungsprobleme, die unter Zuhilfenahme erster Ableitungen der in der Problemformulierung auftretenden Funktionen ausgedrückt sind.

Optimalitätsbedingungen zweiter Ordnung, notwendige oder hinreichende ↗Optimalitätsbedingungen für zweifach differenzierbare Optimierungsprobleme, die unter Zuhilfenahme erster und zweiter Ableitungen der in der Problemformulierung auftretenden Funktionen ausgedrückt sind.

Optimierung, bezeichnet allgemein die Theorie zur Lösung von Problemen, bei denen man für eine sogenannte Zielfunktion f einen (globalen) Extremalpunkt sucht, sowie die Entwicklung und praktische Umsetzung von Lösungsverfahren.

Optimierungsprobleme und die damit zusammenhängende Lösungstheorie unterscheiden sich vielfach hinsichtlich der Struktur des Problems. Gemeinsam ist allen Aufgabenstellungen die Suche nach Extremalpunkten der Zielfunkion f, wobei auch lokale Extremalpunkte von Interesse sein können. Um den Begriff eines Extremalpunkts bzw. -wertes sinnvoll fassen zu können, muß der Wertebereich von f angeordnet sein. In vielen Fällen sind dies die reellen Zahlen oder Teilmengen davon (es gibt auch hier Ausnahmen, etwa bei der Optimierung vektorwertiger Funktionen).

Ein erstes wichtiges Strukturmerkmal ist die Frage nach dem Vorhandensein von Nebenbedingungen. Reine bzw. unrestringierte Optimierungsaufgaben fragen nach Extremalpunkten von f auf dem maximalen Definitionsbereich. Bei Optimierungsproblemen mit Nebenbedingungen wird die Menge der zum Vergleich der Zielfunktionswerte zugelassenen Argumente durch weitere Forderungen eingeschränkt. Beide Typen unterscheiden sich i. allg. wesentlich im Hinblick auf die verwendeten Lösungstechniken.

Ein weiteres Charakteristikum von Optimierungsproblemen ist die Frage nach der topologischen Beschaffenheit der Grundmenge, über der optimiert wird. Sucht man einen Extremalpunkt in einer endlichen bzw. abzählbaren Menge, so erhält man ein diskretes Optimierungsproblem. Lösungsstrategien sind dann häufig von kombinatorischer Struktur (kombinatorische Optimierung). Bei kontinuierlichen Grundmengen (wie etwa $\mathbb{R}^n$) erhält man i. allg. Probleme, die eher mittels analytischer Methoden behandelt werden. Dann kann beispielsweise die Differentialrechnung eine wichtige Rolle spielen. Lösungsverfahren für kontinuierliche Probleme (mit oder ohne Nebenbedingungen) sind üblicherweise stark von der Differenzierbarkeitsstruktur der Zielfunktion und der Nebenbedingungen abhängig. Ebenso hat die spezielle Art dieser Funktionen einen erheblichen Einfluß auf das Problem. Typische Beispiele sind hier etwa konvexe Optimierungsaufgaben. Liegt gar keine Differenzierbarkeit vor, so gehört das Problem in den Bereich der nicht-differenzierbaren Optimierung. Häufig treten Optimierungsaufgaben in Familien auf, bei denen eine Teilmenge der Variablen die Rolle von Parametern spielt. Dies führt zur parametrischen Optimierung.

Alle obigen Unterscheidungsmerkmale (und andere mehr) liefern nur ein grobes Bild der Vielfalt von Optimierungsproblemen. Sie können ebenfalls gemischt in einem derartigen Problem auftreten. Als Synonym für den Terminus Optimierung hat sich vielfach auch der Begriff der Programmierung (lineare Programmierung, mathematische Programmierung) eingebürgert.

Ein Lexikon der Optimierung ist [1], ein regelmäßig aktualisiertes Glossar zur mathematischen Optimierung im World Wide Web ist [2].

[1] Bittner, L.; Elster, K.H.; Göpfert, A.; Nožička, F.; Piehler, J.; Tichatschke, R. (Hrg.): Optimierung und optimale Steuerung: Lexikon der Optimierung. Akademie Verlag Berlin, 1986.

[2] Greenberg, H.: Mathematical Programming Glossary. World Wide Web, http://www.cudenver.edu/hgreenbe/glossary/glossary.html, 1996-99.

Optimierungsproblem, ein Suchproblem, bei dem es eine Funktion f gibt, die Objekte aus dem Suchraum bewertet, und ein Objekt mit maximalem bzw. minimalem Wert berechnet werden muß.

Bei Optimierungsproblemen werden Maximierungsprobleme, z. B. ↗Cliquenproblem und ↗Rucksackproblem, und Minimierungsprobleme, z. B. das Travelling-Salesman-Problem, unterschieden (↗Optimierung).

Optimum, Extremstelle einer Funktion.

Es seien M eine Menge und $f : M \to \mathbb{R}$ eine Funktion. Man sagt, die Funktion f hat in einem Punkt $x_0 \in M$ ein Optimum, wenn sie dort ein

Maximum oder ein Minimum hat, das heißt, wenn $f(x) \leq f(x_0)$ für alle $x \in M$ oder $f(x) \geq f(x_0)$ für alle $x \in M$ gilt.

Ist M ein topologischer Raum, so kann man den Begriff des Optimums verallgemeinern zu dem des lokalen Optimums. Die Funktion f hat dann in einem Punkt $x_0 \in M$ ein lokales Optimum, wenn es eine Umgebung U von x_0 gibt, so daß $f(x) \leq f(x_0)$ für alle $x \in U$ oder $f(x) \geq f(x_0)$ für alle $x \in U$ gilt.

Optional Sampling, Satz vom, folgender wichtiger von J.L. Doob gefundener Satz über die Erhaltung der Martingaleigenschaft, welcher dahingend interpretiert werden kann, daß sich der zu erwartende Gewinn bei einem gerechten Spiel durch die Wahl des Zeitpunkts, zu dem das Spiel beendet wird, nicht verändern läßt.

Es sei $(\Omega, \mathfrak{A}, P)$ *ein Wahrscheinlichkeitsraum und* $(X_t)_{t\in[0,\infty)}$ *ein rechtsstetiges Martingal bezüglich der Filtration* $(\mathfrak{A}_t)_{t\in[0,\infty)}$ *in* $\mathfrak{A}$*. Weiterhin sei* $(T_j)_{j\in J}$, $J \subseteq \mathbb{R}_0^+$, *eine Familie von monoton wachsenden beschränkten Stoppzeiten bezüglich* $(\mathfrak{A}_t)_{t\in[0,\infty)}$ *mit Werten in* $\mathbb{R}_0^+$.

Dann ist $(X_{T_j})_{j\in J}$ *ein Martingal bezüglich der Filtration* $(\mathfrak{A}_{T_j})_{j\in J}$.

Dabei wird eine Familie $(T_j)_{j\in J}$ von Stoppzeiten mit Werten in $\mathbb{R}_0^+$ als monoton wachsend bezeichnet, wenn für alle $\omega \in \Omega$ und $s, t \in J$ aus $s \leq t$ stets

$$T_s(\omega) \leq T_t(\omega)$$

folgt. Die Familie heißt beschränkt, falls eine Konstante α mit $T_s(\omega) \leq \alpha$ für alle $\omega \in \Omega$ und alle $s \in J$ existiert. Die im Satz auftretenden Zufallsvariablen X_{T_j} sind für alle $j \in J$ durch

$$X_{T_j} : \Omega \ni \omega \to X_{T_j(\omega)}(\omega) \in \mathbb{R}\,,$$

und die σ-Algebren $\mathfrak{A}_{T_j}$, welche als σ-Algebren der T_j-Vergangenheit bzw. als σ-Algebren der Ereignisse bis zum Zeitpunkt T_j bezeichnet werden, durch

$$\mathfrak{A}_{T_j} = \bigcap_{t\in\mathbb{R}_0^+} \{A \in \mathfrak{A}_\infty : A \cap \{T_j \leq t\} \in \mathfrak{A}_t\}$$

definiert, wobei

$$\mathfrak{A}_\infty = \sigma\left(\bigcup_{t\in\mathbb{R}_0^+} \mathfrak{A}_t\right)$$

die von den $\mathfrak{A}_t$, $t \in \mathbb{R}_0^+$, erzeugte σ-Algebra bezeichnet.

Der Satz vom Optional Sampling bleibt auch für Sub- bzw. Supermartingale gültig. Der Spezialfall des Satzes, bei dem die Stoppzeiten T_j ausgehend von einer beschränkten Stoppzeit T für alle $j \in J$ durch $T_j := \min(T, j)$ definiert sind, wird als Optional Stopping bezeichnet. Abschwächungen der Voraussetzungen an die Stoppzeiten führen u. a. auf die Waldsche Identität.

Optionszeit, ↗Stoppzeit.

Orakel, Sammelbegriff für Hilfsmittel, die ein Algorithmus neben der Eingabe kostenlos zur Verfügung gestellt bekommt.

Dies können Informationen sein, die nur von der Eingabelänge, aber nicht von der konkreten Eingabe abhängen. Andererseits können es Unterprogramme sein, die mit konstantem Aufwand aufgerufen werden.

Beispielsweise ist eine Turing-Maschine mit Orakel eine ↗Orakel-Turing-Maschine.

Orakel-Turing-Maschine, eine ↗Turing-Maschine, die mit einem zusätzlichen Band, dem Orakelband, ausgestattet ist.

Zu jedem Zeitpunkt im Laufe ihrer Rechnung kann die Orakel-Turing-Maschine in einen speziellen Zustand, den Orakel-Befragungszustand übergehen. Der direkt darauf folgende Zustandsübergang hängt nicht von der Zustandsübergangsfunktion der Turing-Maschine ab, sondern von einer vorgegebenen Menge A, dem „Orakel". Je nachdem, ob die Inschrift des Orakelbandes zu diesem Zeitpunkt ein Element von A ist oder nicht, geht die Maschine in einen speziellen Zustand q_+ oder q_- über. Die von einer Orakel-Turing-Maschine akzeptierte Sprache oder berechnete Funktion hängt damit von dem vorgegebenen Orakel A ab.

Mit Hilfe von Orakel-Turing-Maschinen läßt sich das Konzept der relativen Berechenbarkeit einführen: Die von der Orakel-Turing-Maschine berechnete Funktion f ist berechenbar *relativ zur Orakelmenge* A. Formal schreibt man $f \leq_T A$ (sprich: f ist Turing-reduzierbar nach A). Für eine Menge B schreibt man $B \leq_T A$, sofern die charakteristische Funktion von B auf A Turing-reduzierbar ist.

Es gilt: Wenn $B \leq_T A$ und A entscheidbar oder rekursiv aufzählbar ist, so ist auch B entscheidbar bzw. rekursiv aufzählbar (↗Entscheidbarkeit).

Orbit, auch Trajektorie, Phasenkurve, oder Bahnkurve genannt, die Menge

$$\mathcal{O}(x_0) := \{z \mid z \in M, \exists t \in G\, z = \Phi(x_0, t)\}$$

für ein ↗dynamisches System (M, G, Φ) und ein $x_0 \in M$. Wird statt G nur G^+ bzw. G^- verwendet, spricht man vom Vorwärts- bzw. Rückwärtsorbit $\mathcal{O}^+(x_0)$ bzw. $\mathcal{O}^-(x_0)$.

Im Sinne der algebraischen Geometrie bezeichnet der Begriff Orbit zu einem Punkt x einer algebraischen Varietät X die Menge $\pi(G \times \{x\})$, wobei π die Operation der Gruppe G auf X ist, definiert durch

$$\pi : G \times X \to X\,.$$

Orbit-Äquivalenz, ↗Äquivalenz von Flüssen.

Orbit-Stabilität, Eigenschaft von Punkten eines topologischen dynamischen Systems.

Sei (M, d) ein metrischer Raum. Für ein topologisches dynamisches System $(M, \mathbb{R}, \Phi)$ heißt ein Punkt $x \in M$ Orbit-stabil, falls gilt:

$$\bigwedge_{\varepsilon>0} \bigvee_{\delta>0} \bigwedge_{y \in M} (d(y, x) < \delta \Rightarrow \mathcal{O}^+(y) \subset \mathcal{O}^+(x)),$$

wobei $\mathcal{O}^+(z)$ den Vorwärtsorbit (↗ Orbit) von $z \in M$ bezeichnet.

Orbit-Stabilität ist ein sehr grobes Stabilitätskriterium; dabei wird nur gefordert, daß Vorwärts-Orbits *als Mengen* nahe beieinander bleiben, falls ihre Anfangspunkte genügend nahe beieinander liegen (↗ Ljapunow-Stabilität).

ordered binary decision diagram, ↗ geordneter binärer Entscheidungsgraph.

Ordinalskala, ↗ Skalentypen.

ordinalskalierte Variable, ↗ Skalentypen.

Ordinalzahl, *Ordnungszahl*, Menge M, welche transitiv ist und durch die Elementrelation wohlgeordnet wird, d. h., in der jedes Element auch Teilmenge ist und jede Teilmenge ein $\in$-kleinstes Element hat.

Siehe hierzu auch ↗ Kardinalzahlen und Ordinalzahlen.

Ordinalzahlreihe, ↗ Kardinalzahlen und Ordinalzahlen.

Ordinate, ↗ Abszisse.

Ordnung, in dieser Form meist benutzt als Synonym zum Begriff der ↗ Ordnungsrelation.

Ordnung einer Differentialgleichung, höchste nichttrivial auftretende Ableitung der gesuchten Funktion y in der gewöhnlichen Differentialgleichung $F(x, y', ..., y^{(n)}) = 0$.

Handelt es sich um ein System von Differentialgleichungen, so spricht man entsprechend von der Ordnung eines Differentialgleichungssystems.

Ordnung einer elliptischen Funktion, ↗ elliptische Funktion.

Ordnung einer Gruppe, bei einer endlichen Gruppen die Anzahl ihrer Elemente. Ansonsten sagt man, die Gruppe habe unendliche Ordnung.

Bei endlichen Gruppen gilt: Die ↗ Ordnung eines Elements ist stets ein ganzzahliger Teiler der Ordnung der Gruppe.

Ordnung einer partiellen Differentialgleichung, ↗ partielle Differentialgleichung.

Ordnung eines Differentialgleichungssystems, ↗ Ordnung einer Differentialgleichung.

Ordnung eines Elementes, in einer Gruppe G mit Gruppenoperation $\times$ und neutralem Element e die kleinste natürliche Zahl k so, daß $g^k = e$ ist; k heißt dann Ordnung des Elements g.

Dabei ist für $g \in G$ g^k induktiv definiert: $g^1 = g$ und $g^{k+1} = g \times g^k$. Gibt es kein solches k, so heißt g von unendlicher Ordnung.

Beispiel: Bei geometrischen Bewegungsgruppen ist die Ordnung einer Spiegelung gleich 2, die Ordnung einer Drehung um 120^0 gleich 3.

Ordnung eines Graphen, ↗ Graph.

Ordnung eines Wavelets, die kleinste positive natürliche Zahl N, für die das N-te Moment von Null verschieden ist.

Das k-te Moment eines Wavelets ψ ist hierbei definiert durch

$$\langle (\cdot)^k, \psi \rangle = \int_{\mathbb{R}} x^k \psi(x) dx .$$

Nach Definition ist der Mittelwert von ψ gleich Null, also verschwinden alle k-ten Momente von ψ für $k = 0, \ldots, N-1$. Die Fouriertransformierte eines Wavelets ψ der Ordnung N ist N-mal stetig differenzierbar, und es gilt $\hat{\psi}^{(k)}(0) = 0$ für $k = 0, \ldots, N-1$, sowie $\hat{\psi}^{(N)}(0) \neq 0$.

Das Abklingverhalten der Wavelettransformierten $Wf(a, b)$ einer Funktion f ist in Abhängigkeit von der Ordnung des Wavelets ψ beschränkt.

Ordnung, geometrische, eine topologische Verallgemeinerung des Begriffes der Ordnung einer algebraischen Kurve.

Im $\mathbb{R}^n$ betrachten wir ein System von Ordnungscharakteristiken (z. B. Geraden, Ebenen, Kreise) und zählen für eine Teilmenge $M \subset \mathbb{R}^n$ (z. B. eine glatte oder algebraische Kurve oder Fläche) die Anzahl der Schnittpunkte mit den Charakteristiken. Im wesentlichen heißt das Maximum dieser Anzahl die geometrische Ordnung von M.

Eine Eilinie in der Ebene hat die geometrische Ordnung 2 bezüglich des Systems der Geraden, weil sie höchstens zwei Schnittpunkte mit Geraden hat.

Ordnungssinguläre Punkte einer Kurve sind solche, wo Ordnungscharakteristiken beliebig nahe 'öfter als notwendig' schneiden. Bezüglich des Systems der Geraden sind dies Wendepunkte, und bezüglich des Systems der Kreise sind dies Scheitel; der Vierscheitelsatz von Mukhophadyaya sagt aus, daß es für krümmungsstetige geschlossene überschneidungsfreie Kurven in der Ebene mindestens vier solche Punkte gibt.

[1] Haupt, O., Künneth, H.: Geometrische Ordnungen. Springer-Verlag Berlin, 1967.

Ordnung in einem algebraischen Zahlkörper, Kenngröße eines (verallgemeinerten) Gitters.

Sind K ein algebraischer Zahlkörper und $M \subset K$ ein Gitter in K, so bezeichnet man nach Dedekind die Menge

$$\mathfrak{o}(M) := \{\omega \in K : \omega M \subset M\}$$

als Ordnung des Gitters M in K. Ein Gitter in K ist dabei eine endlich erzeugte Untergruppe der additiven Gruppe $(K, +)$, die eine $\mathbb{Q}$-Basis des endlichdimensionalen $\mathbb{Q}$-Vektorraums K enthält.

Die wichtigsten Grundtatsachen sind:

1. *Die Ordnung* $\mathfrak{o}(M)$ *eines Gitters* M *im algebraischen Zahlkörper* K *ist selbst ein Gitter und ein Unterring von* K.
2. *Jedes Element* $\omega \in \mathfrak{o}(M)$ *ist eine ganz-algebraische Zahl (ganz über* $\mathbb{Z}$*).*
3. *Die Menge* $\mathfrak{o}_K$ *aller über* $\mathbb{Z}$ *ganzen Zahlen von* K *ist die bezüglich Inklusion größte Ordnung von* K.

Wegen der letzten Aussage nennt man den ↗Ganzheitsring eines algebraischen Zahlkörpers K auch Hauptordnung oder Maximalordnung von K.

Ordnung modulo *m*, zahlentheoretischer Begriff.

Sind a, m teilerfremde natürliche Zahlen, so gibt es eine Zahl $k \in \mathbb{N}$ mit

$$a^k \equiv 1 \mod m.$$

Die kleinste (positive) Zahl k mit dieser Eigenschaft heißt Ordnung von a modulo m.

Ordnungsdiagramm, ↗Hasse-Diagramm, ↗ Ordnungsrelation.

Ordnungseinheit, ein Element e eines Vektorverbands X so, daß zu jedem $x \in X$ ein $\lambda > 0$ mit $|x| \le \lambda e$ existiert; beispielsweise ist die konstante Funktion 1 eine Ordnungseinheit in $C[0,1]$ oder $L^\infty[0,1]$.

Erfüllt ein $e \ge 0$ nur $e \wedge x = 0 \Rightarrow x = 0$, nennt man e schwache Ordnungseinheit. In $L^p[0,1]$, $1 \le p < \infty$, ist jede Funktion mit $e(t) > 0$ fast überall eine schwache Ordnungseinheit.

Ordnungskonvergenz, Konvergenzbegriff in einem Vektorverband.

Ein Netz (x_α) ist genau dann ordnungskonvergent gegen x, wenn es ein monoton fallendes Netz (y_α) mit Infimum 0 und

$$|x_\alpha - x| \le y_\alpha$$

für alle α gibt.

Ordnungspolynom, das Polynom

$$\omega(N, x) = |M(N, \mathbb{N}_x)|,$$

wobei $N_<$ eine endliche Ordnung und $M(N, \mathbb{N}_x)$ die Klasse der Morphismen $f : N \longrightarrow \mathbb{N}_x$ ist.

$\omega(N, x)$ an der Stelle $x = r$ ist dann gerade die Anzahl der monotonen Abbildungen von N nach $\mathbb{N}_r = \{1 \lessdot 2 \lessdot \dots \lessdot r\}$ für alle $r \in \mathbb{N}$.

Ordnungsrelation, *Ordnung*, geordnetes Paar (M, R), so daß (M, M, R), $R \subseteq M \times M$, eine ↗Relation darstellt, die den folgenden drei Bedingungen genügt (wie üblich wird im folgenden für zwei in Relation stehende Elemente x, y die Bezeichnung $x \sim y$ anstatt $(x, y) \in R$ verwendet):

1. Reflexivität:

$$\bigwedge_{x \in M} x \sim x,$$

d. h., jedes Element steht zu sich selbst in Relation.

2. Antisymmetrie:

$$\bigwedge_{x,y \in M} (x \sim y \wedge y \sim x) \Rightarrow x = y,$$

d. h., stehen sowohl x und y als auch y und x in Relation, so sind x und y gleich.

3. Transitivität:

$$\bigwedge_{x,y,z \in M} (x \sim y \wedge y \sim z \Rightarrow x \sim z),$$

d. h., stehen sowohl x und y als auch y und z in Relation, so auch x und z.

Eine Abschwächung des Begriffes der Ordnungsrelation ist der Begriff der Partialordnung, Halbordnung oder partiell geordneten Menge. Hier wird lediglich verlangt, daß die Relation R reflexiv und transitiv ist. Man beachte, daß es in der Literatur auch vorkommt, daß der hier als Ordungsrelation definierte Begriff als Partialordnung oder als Halbordnung bezeichnet wird.

R heißt strenge Ordnungsrelation genau dann, wenn R transitiv und asymmetrisch ist. Dabei heißt R genau dann asymmetrisch, wenn

$$\bigwedge_{x,y \in M} x \sim y \Rightarrow \neg(y \sim x),$$

d. h., wenn x nur dann zu y in Relation steht, wenn y nicht zu x in Relation steht.

Eine Ordnungsrelation und eine strenge Ordnungsrelation unterscheiden sich genau durch die Diagonale

$$\Delta(M) = \{(x, x) : x \in M\},$$

d. h., ist R eine Ordungsrelation, so ist $R \setminus \Delta(M)$ eine strenge Ordnungsrelation, und ist R eine strenge Ordungsrelation, so ist $R \cup \Delta(M)$ eine Ordnungsrelation.

Für Ordnungsrelationen und Partialordnungen ist es üblich, das Symbol „$\le$" (lies: „kleiner oder gleich") anstatt des Symbols „$\sim$" zu verwenden. Im Fall strenger Ordnungsrelationen wird das Symbol „$<$" (lies: „kleiner" oder „echt kleiner") benutzt.

Beispiel: Es sei $\mathcal{M} := \mathcal{P}(\mathbb{N}_0)$ die Potenzmenge der natürlichen Zahlen. Durch

$$M \le N :\Leftrightarrow \#M \le \#N$$

wird auf $\mathcal{M}$ eine Partialordnung definiert. $M \le N$ bedeutet dann, daß M höchstens so viele Elemente hat wie N. „$\le$" ist keine Ordnungsrelation, da z. B. $\{0\} \le \{1\}$ und $\{1\} \le \{0\}$ gelten, obwohl die Mengen $\{0\}$ und $\{1\}$ verschieden sind. Definiert man hingegen $M \le_o N$ genau dann, wenn $M = N$ oder $\#M < \#N$ gilt, so handelt es sich bei „$\le_o$" um eine Ordnungsrelation. Für die zugehörige strenge Ordnungsrelation „$<_o$" gilt dann $M <_o N$ genau dann, wenn M weniger Elemente hat als N.

Eine Partialordnung $(M, \leq)$ läßt sich häufig in einem Ordnungsdiagramm (gelegentlich auch Hasse-Diagramm genannt) veranschaulichen. Dabei werden die Elemente der partiell geordneten Menge M als Punkte der Zeichenebene dargestellt, für $a \leq b$ wird a unterhalb oder auf gleicher Höhe von b gezeichnet, und a wird mit b verbunden. Der Übersichtlichkeit halber ist es üblich, Punkte nicht zu verbinden, wenn sie schon über andere Punkte verbunden sind.

Stellt ein Ordnungsdiagramm eine Partialordnung dar, so werden i. allg. waagrechte Linien auftreten. In Veranschaulichungen von Ordnungsrelationen lassen sich waagrechte Linien hingegen vermeiden, wenn man für verschiedene Elemente a, b mit $a \leq b$ den Punkt a immer unterhalb des Punktes b zeichnet.

Beispiele:

1. In Abbildung 1 ist ein Ordnungsdiagramm der durch Inklusion geordneten Menge $\{\mathbb{N}, \mathbb{Z}^-, \mathbb{Z}, \mathbb{Q}^-, \mathbb{Q}, \mathbb{R}, \mathbb{A}, \mathbb{C}\}$ dargestellt.

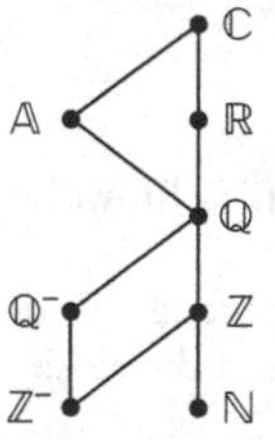

Abbildung 1

2. Man betrachte die Menge

$$\mathcal{M} := \{\emptyset, \{0\}, \{1\}, \{0, 1\}, \{0, 2\}, \{0, 1, 2\}\}.$$

Dann wird genau wie oben durch $M \leq N :\Leftrightarrow \#M \leq \#N$ eine Partialordnung auf $\mathcal{M}$ definiert. Abbildung 2 liefert die Veranschaulichung in einem Ordnungsdiagramm.

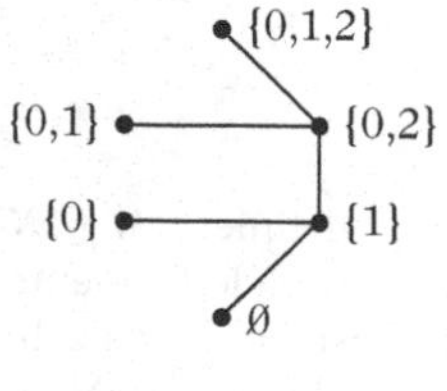

Abbildung 2

3. Analog zu oben kann man auf $\mathcal{M}$ eine Ordnungsrelation „$\leq_o$" definieren durch $M \leq_o N$ genau dann, wenn $M = N$ oder $\#M < \#N$. Das zugehörige Ordnungsdiagramm zeigt Abbildung 3.

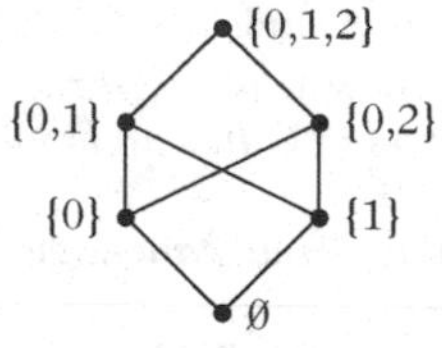

Abbildung 3

Sind M_1, M_2 mit den Partialordnungen „$\leq_1$" bzw. „$\leq_2$" versehene Mengen, so heißt eine ↗Abbildung $f : M_1 \to M_2$ isoton genau dann, wenn für alle $x, y \in M_1$ aus $x \leq_1 y$ folgt, daß $f(x) \leq_2 f(y)$.

Eine Abbildung $f : M_1 \to M_2$ heißt antiton genau dann, wenn für alle $x, y \in M_1$ aus $x \leq_1 y$ folgt, daß $f(y) \leq_2 f(x)$.

Für die Definition streng isotoner bzw. streng antitoner Abbildungen sind in der Definition isotoner bzw. antitoner Abbildungen die Partialordnungen „$\leq_1$" und „$\leq_2$" durch strenge Ordnungsrelationen „$<_1$" und „$<_2$" zu ersetzen.

Die Abbildung f heißt genau dann ähnlich oder ordnungstreu, wenn f bijektiv ist und sowohl f als auch f^{-1} isoton sind. In diesem Fall werden auch die Partialordnungen $(M_1, \leq_1)$ und $(M_2, \leq_2)$ bzw. die partiell geordneten Mengen M_1 und M_2 ähnlich genannt.

Beispiele:

4. Betrachtet man die in den Abbildungen 3 bzw. 2 dargestellten Partialordnungen $(\mathcal{M}, \leq_o)$ und $(\mathcal{M}, \leq)$, so ist die Identität auf $\mathcal{M}$ isoton, jedoch nicht ähnlich, da die Umkehrabbildung nicht isoton ist (da z. B. $\{1\} \leq \{0\}$, jedoch nicht $\{1\} \leq_o \{0\}$).

5. Die Abbildung $f : \mathbb{R} \to \mathbb{R}$, $x \mapsto mx + n$, ist isoton genau dann, wenn $m \geq 0$, antiton genau dann, wenn $m \leq 0$, streng isoton sowie ähnlich genau dann, wenn $m > 0$, und streng antiton genau dann, wenn $m < 0$.

$(M, \leq)$ wird nun als Partialordnung vorausgesetzt. Man spricht von Vergleichbarkeit der Elemente $x, y \in M$ genau dann, wenn $x \leq y$ oder $y \leq x$ gilt, und von Kompatibilität der Elemente $x, y \in M$ genau dann, wenn es ein Element $z \in M$ mit $z \leq x$ und $z \leq y$ gibt.

Der Begriff der Kompatibilität ist stärker als der der Vergleichbarkeit: Sind zwei Elemente vergleichbar, so sind sie auch kompatibel; die Umkehrung gilt jedoch i. allg. nicht. So sind $\mathbb{Q}^-$ und $\mathbb{Z}$ in Abbildung 1 kompatibel, jedoch nicht vergleichbar.

Eine Menge $K \subseteq M$ heißt Kette genau dann, wenn alle Elemente aus K paarweise im oben definierten Sinne vergleichbar sind.

Eine Menge $A \subseteq M$ heißt Antikette genau dann, wenn je zwei verschiedene Elemente aus A nicht kompatibel sind.

In Abbildung 1 ist z. B. die Menge $\{\mathbb{Z}^-, \mathbb{Z}, \mathbb{Q}, \mathbb{A}\}$ eine Kette und die Menge $\{\mathbb{Z}^-, \mathbb{N}\}$ eine Antikette.

Ein weiteres Beispiel für eine Kette ist die zur Abbildung 2 gehörige Menge $\mathcal{M}$.

Die abzählbare Kettenbedingung für die Partialordnung $(M, \leq)$ ist die Aussage, daß jede Antikette $A \subseteq M$ abzählbar ist.

Beispiel: Ist X eine Menge und M die Potenzmenge von X, aus der die leere Menge entfernt wurde, d. h., $M = \mathcal{P}(M) \setminus \{\emptyset\}$, und ist M durch die Inklusion von Mengen geordnet, so sind zwei Elemente aus M genau dann kompatibel, wenn sie nicht disjunkt sind. Somit erfüllt $(M, \subseteq)$ genau dann die abzählbare Kettenbedingung, wenn die Menge X abzählbar ist.

Eine Menge $D \subseteq M$ heißt dicht in M genau dann, wenn es zu jedem $x \in M$ ein Element $d \in D$ mit $d \leq x$ gibt.

Beispiele: In Abbildung 1 ist eine Menge genau dann dicht, wenn sie die Elemente $\mathbb{Z}^-$ und $\mathbb{N}$ enthält. In den Abbildungen 2 und 3 ist eine Menge genau dann dicht, wenn sie das Element $\emptyset$ enthält. $\mathbb{Z}$ ist eine dichte Teilmenge der reellen Zahlen mit der üblichen Ordnung.

Eine Menge $F \subseteq M$ heißt Filter auf M genau dann, wenn die folgenden Bedingungen (i) und (ii) erfüllt sind:

(i) $\bigwedge_{f,g \in F} \bigvee_{h \in F} h \leq f \wedge h \leq g.$

(ii) $\bigwedge_{f \in F} \bigwedge_{x \in M} f \leq x \Rightarrow x \in F.$

Beispiele:

6. In Abbildung 1 ist die Menge $\{\mathbb{C}, \mathbb{R}, \mathbb{A}\}$ kein Filter. Einen Filter erhält man, indem man der Menge das Element $\mathbb{Q}$ hinzufügt.

7. In Abbildung 2 ist die Menge $\{\{1\}, \{0, 2\}, \{0, 1, 2\}\}$ kein Filter. Einen Filter erhält man, indem man der Menge die Elemente $\{0\}$ und $\{0, 1\}$ hinzufügt.

8. $\mathbb{N}$ ist ein Filter auf $\mathbb{Z}$ mit der üblichen Ordnung.

9. Ist M eine Menge und $F \subseteq \mathcal{P}(M)$ ein Filter über M, so ist F ein Filter auf der Ordnungsrelation $(\mathcal{P}(M), \subseteq)$.

Ein Element $m \in M$ heißt größtes Element genau dann, wenn für alle $x \in M$ gilt $x \leq m$. m heißt maximales Element genau dann, wenn für jedes $x \in M$ aus $m \leq x$ folgt, daß $x = m$ ist. m heißt kleinstes Element genau dann, wenn für alle $x \in M$ gilt $m \leq x$ ist. m heißt minimales Element genau dann, wenn für jedes $x \in M$ aus $x \leq m$ folgt, daß $x = m$.

Ist $N \subseteq M$, so heißt $s \in M$ obere Schranke von N genau dann, wenn $n \leq s$ für alle $n \in N$ gilt. N heißt dann nach oben beschränkt. Analog heißt $s \in M$ untere Schranke von N genau dann, wenn $s \leq n$ für alle $n \in N$ gilt. N heißt dann nach unten beschränkt. Ein kleinstes Element der Menge der oberen Schranken der Menge N heißt Supremum oder obere Grenze der Menge N und wird mit $\sup(N)$ bezeichnet. Entsprechend heißt ein größtes Element der Menge der unteren Schranken der Menge N Infimum oder untere Grenze der Menge N und wird mit $\inf(N)$ bezeichnet. Sofern das Supremum bzw. das Infimum existiert, ist es eindeutig bestimmt.

Beispiele:

10. Die in Abbildung 1 dargestellte Ordnungsrelation hat $\mathbb{C}$ als größtes Element. Sie hat kein kleinstes Element, jedoch zwei minimale Elemente, nämlich $\mathbb{Z}^-$ und $\mathbb{N}$. Ist $T := \{\mathbb{Z}, \mathbb{Q}, \mathbb{R}, \mathbb{A}, \mathbb{C}\}$, so sind $\mathbb{Z}^-$, $\mathbb{N}$ und $\mathbb{Z}$ untere Schranken von T, d. h., T ist nach unten beschränkt. Es gilt $\inf(T) = \mathbb{Z}$. T ist auch nach oben beschränkt, und es gilt $\sup(T) = \mathbb{C}$. Die Menge $\{\mathbb{Z}^-, \mathbb{N}\}$ ist nicht nach unten beschränkt.

11. Die Menge $\mathbb{Q}_0^+$ hat 0 als kleinstes Element, sie hat kein größtes Element und ist nicht nach oben beschränkt. Die Menge $(1, \sqrt{2}] \cap \mathbb{Q}$ ist in $\mathbb{Q}_0^+$ sowohl nach oben als auch nach unten beschränkt, sie hat 1 als Infimum, jedoch kein Supremum.

12. Betrachtet man die Menge

$$X := \mathbb{R}^+ \cup (\mathbb{R}_0^- \times \{0\}) \cup (\mathbb{R}_0^- \times \{1\})$$

und definiert für $x, y \in X$, daß $x \precsim y$ genau dann, wenn $x, y \in \mathbb{R}^+$ mit $x \leq y$ oder

$$x \in (\mathbb{R}_0^- \times \{0\}) \cup (\mathbb{R}_0^- \times \{1\}),$$

$y \in \mathbb{R}^+$ oder $x = (a, k)$, $y = (b, l)$ mit $a \leq b$ und $k = l$, so hat die Menge $\mathbb{R}^+$ bezüglich „$\precsim$" zwei Infima, nämlich $(0, 0)$ und $(0, 1)$.

Nun wird $(M, \leq)$ als Ordnungsrelation vorausgesetzt.

Die zu „$\leq$" inverse Ordnungsrelation wird mit „$\geq$" bezeichnet, d. h., es gilt $a \geq b$ genau dann, wenn $b \leq a$.

Ist $N \subseteq M$ und gilt $x \leq_N y$ für $x, y \in N$ genau dann, wenn $x \leq y$, so bezeichnet man $(N, \leq_N)$ als Teilordnung von $(M, \leq)$.

Sind $a, b \in M$, $a \leq b$, $a \neq b$, so heißt b ein Nachfolger von a genau dann, wenn für jedes $c \in M$ aus $a \leq c \leq b$ entweder $c = a$ oder $c = b$ folgt.

Beispiele: In Abbildung 1 hat jedes Element außer $\mathbb{C}$ mindestens einen Nachfolger. $\mathbb{Z}^-$ und $\mathbb{Q}$ besitzen zwei Nachfolger. Bezüglich der üblichen Ordnungen hat jedes Element von $\mathbb{Z}$ genau einen Nachfolger, jedoch hat kein Element von $\mathbb{Q}$ oder $\mathbb{R}$ einen Nachfolger.

Man spricht bei $(M, \leq)$ genau dann von einer linearen, konnexen, totalen oder vollständigen Ordnungsrelation und bezeichnet M als linear, konnex, total oder vollständig geordnet, wenn für alle $a, b \in M$ gilt, daß $a \leq b$ oder $b \leq a$.

Beispiele für lineare Ordnungsrelationen sind $\mathbb{N}$, $\mathbb{Z}$, $\mathbb{Q}$ und $\mathbb{R}$ mit den üblichen Ordnungen.

M heißt induktiv geordnet genau dann, wenn jede durch „$\leq$" linear geordnete Teilmenge von M ein Supremum besitzt.

Keine der Mengen $\mathbb{N}$, $\mathbb{Z}$, $\mathbb{Q}$ und $\mathbb{R}$ mit den üblichen Ordnungen ist induktiv geordnet. Hingegen ist $\mathbb{Z}^-$ induktiv geordnet. Ebenso sind alle abgeschlossenen reellen Intervalle sowie halboffene reelle Intervalle der Form $(a, b]$ mit $b \in \mathbb{R}$, $a \in \mathbb{R} \cup \{\infty\}$, $a < b$, induktiv geordnet. Das obige Beispiel 11 zeigt, daß die Menge $[0, 2] \cap \mathbb{Q}$ nicht induktiv geordnet ist. Die Menge aller linear unabhängigen Teilmengen eines Vektorraumes mit der Inklusion als Ordnung ist indukiv geordnet.

Ist M linear geordnet, so heißt $A \subseteq M$ Abschnitt genau dann, wenn A genau alle Elemente enthält, die echt kleiner einem gegebenen Element $x \in M$ sind.

Beispiele: Die Abschnitte der reellen Zahlen sind genau die offenen Intervalle (∞, a) mit $a \in \mathbb{R}$. Jede Ordinalzahl ist die Menge ihrer Abschnitte (↗Kardinalzahlen und Ordinalzahlen).

Ist die Menge M_1 durch „$\leq_1$" und die Menge M_2 durch „$\leq_2$" geordnet, so läßt sich wie folgt eine Ordnung „$\leq$" auf $M_1 \times M_2$ definieren: Für $a_1, b_1 \in M_1$ und $a_2, b_2 \in M_2$ sei $(a_1, a_2) \leq (b_1, b_2)$ genau dann, wenn entweder $a_1 \leq b_1$, $a_1 \neq b_1$ oder $a_1 = b_1$, $a_2 \leq b_2$. $(M_1 \times M_2, \leq)$ wird dann als lexikographisches Produkt von $(M_1, \leq_1)$ und $(M_2, \leq_2)$ bezeichnet.

Ordnungsstatistik, ↗geordnete Stichprobe.

Ordnungstopologie, ↗ Souslinsche Hypothese.

ordnungstreue Abbildung, ↗ ähnliche Abbildung.

Ordnungstyp, Kennzahl einer ↗Wohlordnung.

Jede Wohlordnung ist zu genau einer Ordinalzahl isomorph, und man nennt diese Ordinalzahl den Ordnungstyp der Wohlordnung (↗Kardinalzahlen und Ordinalzahlen).

Ordnungszahl, ↗ Ordinalzahl.

Ore, Lemma von, ↗ Bondy-Chvátal, Satz von.

Ore, Öystein, norwegischer Mathematiker und Mathematikhistoriker, geb. 7.10.1899 Oslo, gest. 13.8.1968 Oslo.

Nach dem Studium in Oslo, Göttingen und Paris lehrte Ore in Oslo und von 1936 bis 1945 an der Yale University in New Haven.

Nach Arbeiten zur Gruppentheorie und zu algebraischen Zahlkörpern wandte er sich der Graphentheorie zu und lieferte Beiträge zur Lösung des Vier-Farben-Problems. Als Historiker beschäftigte er sich mit dem Werk Abels, mit der Geschichte der Algebra, und der Geschichte der Wahrscheinlichkeitsrechnung.

Ore, Satz von, ↗ Hamiltonscher Graph.

Ore, Satz von, über Unabhängigkeit in Verbänden, lautet:

Es sei V ein endlichdimensionaler modularer Verband. Gilt

$$x_1 \cup x_2 \cup \ldots \cup x_n \;=\; y_1 \cup y_2 \cup \ldots \cup y_m$$

und sind sowohl $x_1, \ldots, x_n$ als auch $y_1, \ldots, y_m$ unabhängig, dann ist $n = m$, und die x_i und y_j sind bei geeigneter Zuordnung paarweise projektiv.

Oresme, Nicole, französischer Mathematiker, Naturphilosoph und Theologe, geb. um 1323 Caen (Frankreich), gest. 11.6.1382 Lisieux (Frankreich).

Oresme studierte in Paris und lehrte dort von 1348 bis 1361. Er bekleidete in dieser Zeit viele kirchliche Ämter und war zeitweise im Dienst Karls V.

Oresme führte die Koordinatenmethode vor Descartes in die Geometrie ein, bevorzugte Graphen zur Veranschaulichung von Funktionen und arbeitete in seinem Werk „Algorismus proportionum" (vor 1350) mit gebrochenen Exponenten. Er untersuchte auch unendliche Reihen und bewies die Divergenz der harmonischen Reihe.

Zu Oresmes wichtigsten Werken zählt die philosophisch-mathematische Theorie der sogenannten „Formlatituden" („Tractatus de latitudinibus formarum", vor 1371). Diese Arbeit setzte sich mit dem Wesen von Quantität und Qualität auseinander und versuchte die „quantitas virtutis" (die Quantität der Stärke oder der Kraft, die Intensität einer Eigenschaft) graphisch darzustellen. Das geschah, indem man für die Punkte einer Strecke, die Intensität einer Eigenschaft (Temperatur, Geschwindigkeit) abtrug.

Oresme beschäftigte sich auch mit Fragen der Astronomie und der Physik. Er vertrat die Ansicht der sich bewegenden Erde schon 200 Jahre vor Kopernikus. In „Questiones super libros Aristotelis de anima" befaßte er sich mit der Natur des Lichtes.

OR-Funktion, *ODER-Funktion, logisches ODER, inklusive ODER-Funktion*, ↗Boolesche Funktion f, definiert durch

$$f : \{0, 1\}^2 \to \{0, 1\}$$
$$f(x_1, x_2) = 1 \iff (x_1 = 1 \text{ oder } x_2 = 1).$$

Organisation von Computersystemen, funktionale Gliederung eines Computersystems in Komponenten und logische, d. h. von der konkreten technischen Umsetzung unabhängige Beschreibung des Zusammenspiels dieser Komponenten.

orientierendes Dreibein, ein Tripel $B = (\mathfrak{e}_1, \mathfrak{e}_2, \mathfrak{e}_3)$ von drei normierten und zueinander orthogonalen Vektoren des $\mathbb{R}^3$, dessen Orientierung mit der des $\mathbb{R}^3$ übereinstimmt.

Man stelle sich eine Rechtsschraube vor, mit der das Dreibein B fest verbunden ist, und deren Drehachse in die Richtung des Vektors $\mathfrak{e}_3$ zeigt. Dann ist B genau dann ein orientierendes Dreibein, wenn sich die Schraube bei einer Drehung um 90°, die $\mathfrak{e}_1$ in $\mathfrak{e}_2$ überführt, in die Richtung von $\mathfrak{e}_3$ bewegt.

orientierte Mannigfaltigkeit, eine mit einer Orientierung versehene Mannigfaltigkeit; Mannigfaltigkeiten, welche sich orientieren lassen, werden auch als orientierbare Mannigfaltigkeiten bezeichnet.

Standardbeispiele für nicht orientierbare (2-dimensionale) Mannigfaltigkeiten sind das ↗Möbius-Band und die ↗Kleinsche Flasche.

Die orientierbaren kompakten zusammenhängenden 2-dimensionalen Mannigfaltigkeiten sind genau die Sphären mit n Hanteln. Das Tangentialbündel einer differenzierbaren Mannigfaltigkeit ist stets orientierbar.

orientiertes Kontaktelement, ↗Kontaktelement einer differenzierbaren Mannigfaltigkeit M, bei dem noch zusätzlich eine Orientierung notiert wird, etwa durch Auszeichnung eines Einheitsvektors (bzgl. einer beliebig gegebenen Riemannschen Metrik), der auf dem Kontaktelement senkrecht steht.

Die Mannigfaltigkeit aller orientierten Kontaktelemente $\hat{P}T^*M$ ist diffeomorph zum Einheitstangentenbündel einer gegebenen Riemannschen Metrik und bildet eine zweiblättrige Überlagerung der ↗Mannigfaltigkeit aller Kontaktelemente PT^*M. Auch $\hat{P}T^*M$ ist eine ↗Kontaktmannigfaltigkeit.

Orientierung, Auswahl einer Äquivalenzklasse von Basen eines endlichdimensionalen Vektorraums V. Dabei nennt man Basen $(v_1, \dots, v_n)$ und $(w_1, \dots, w_n)$ von V äquivalent (gleichgeordnet), wenn die durch $v_1 \to w_1, \dots, v_n \to w_n$ definierte lineare Abbildung $V \longrightarrow V$ positive Determinante hat. Im $\mathbb{R}^3$ definiert z. B. die rechte Hand anschaulich eine Orientierung.

Eine Orientierung auf einer zusammenhängenden Mannigfaltigkeit verallgemeinert den Begriff der Richtung, mit der eine Kurve durchlaufen wird: Man nennt einen Atlas orientiert (und spricht dann von einer ↗orientierten Mannigfaltigkeit), wenn alle Kartenwechsel positive Determinante haben. Ist M eine zusammenhängende orientierbare Mannigfaltigkeit, so wird eine Orientierung auf M festgelegt, indem man eine Karte orientiert; ist M sogar differenzierbar, so genügt es, einen Tangentialraum zu orientieren.

Orientierung eines Graphen, ↗ gerichteter Graph.

Orientierung eines Simplexes, Angabe einer Reihenfolge $(a_0 \dots a_m)$ der den Simplex σ erzeugenden Punkte.

Eine Orientierung ist eine Äquivalenzklasse solcher $(m+1)$-Tupel, wobei zwei solche Tupel äquivalent heißen, wenn sie durch eine gerade Permutation auseinander hervorgehen.

Orlicz, Wladyslaw, polnischer Mathematiker, geb. 24.5.1903 Okocim, gest. 9.8.1990 Posen.

Ab 1919 studierte Orlicz in Lwow. Von 1922 bis 1937 arbeitete er dort als Assistent zusammen mit Kac, Mazur, Schauder und Ulam. 1928 promovierte er, und 1933 habilitierte er sich. 1937 wurde er Professor in Poznan, wohin er nach dem Krieg auch wieder zurückkehrte.

Orlicz schuf eine allgemeine Theorie der unbedingten Konvergenz von Reihen. Zusammen mit Mazur begründete er die Theorie der metrischen lokalkonvexen Räume. Zur Untersuchung von Integraloperatoren führte er 1932 die Orlicz-Räume ein.

Orlicz-Prinzip, ↗ Prämienkalkulationsprinzipien.

Orlicz-Räume, Verallgemeinerungen der L^p-Räume (↗Funktionenräume).

Sei $M : [0, \infty) \to \mathbb{R}$ eine konvexe stetige streng monoton wachsende Funktion mit $M(0) = 0$. Der Orlicz-Raum $L_M(\mu)$ besteht aus allen Äquivalenzklassen meßbarer Funktionen f auf einem Maßraum (Ω, Σ, μ), für die eine Zahl $c > 0$ existiert mit

$$\int\limits_\Omega M\left(\frac{|f(\omega)|}{c}\right) d\mu(\omega) < \infty . \qquad (1)$$

$L_M(\mu)$ ist ein Vektorraum, und der Ausdruck

$$\|f\|_M = \inf\left\{c > 0 : \int_\Omega M\left(\frac{|f(\omega)|}{c}\right) d\mu(\omega) \le 1\right\}$$

definiert eine Norm auf $L_M(\mu)$, so daß $L_M(\mu)$ zu einem Banachraum wird. Für $M(t) = t^p$ erhält man die L^p-Räume als Beispiele für Orlicz-Räume.

Von Bedeutung ist ferner der Unterraum $H_M(\mu)$ von $L_M(\mu)$, der aus allen $f \in L_M(\mu)$ besteht, für die (1) für alle $c > 0$ gilt. Wählt man $\mathbb{N}$ mit dem zählenden Maß als Maßraum, so werden die zugehörigen Orlicz-Folgenräume mit ℓ_M und h_M bezeichnet.

Ornstein-Uhlenbeck-Prozeß, spezieller stochastischer Prozeß.

Ist $(B_t)_{t\ge 0}$ eine auf dem Wahrscheinlichkeitsraum $(\Omega, \mathfrak{A}, P)$ definierte (eindimensionale) normale ↗Brownsche Bewegung und ξ eine auf dem gleichen Wahrscheinlichkeitsraum definierte, von $(B_t)_{t\ge 0}$ unabhängige reelle Zufallsvariable, so wird der für jedes $\alpha > 0$ und $\sigma > 0$ durch

$$X_t := e^{-\alpha t}\xi + \sigma \int\limits_0^t e^{-\alpha(t-s)} dB_s$$

für alle $t \ge 0$ definierte stochastische Prozeß $(X_t)_{t\ge 0}$ als Ornstein-Uhlenbeck-Prozeß mit den Parametern α, σ und Anfangsbedingung ξ bezeichnet. Ist ξ mit Erwartungswert Null und Varianz $\sigma^2/2\alpha$ normalverteilt, so ist $(X_t)_{t\ge 0}$ ein stationärer zentrierter Gauß-Prozeß mit Kovarianzfunktion

$$\Gamma(s, t) = (\sigma^2/2\alpha)e^{-\alpha|t-s|} .$$

Der Ornstein-Uhlenbeck-Prozeß $(X_t)_{t\geq 0}$ mit den Parametern $\alpha > 0$, $\sigma > 0$ und Anfangsbedingung ξ löst die Langevin-Gleichung

$$dX_t \;=\; -\alpha X_t\,dt + \sigma\,dB_t,$$

eine stochastische Differentialgleichung, welche ein einfaches idealisiertes Modell für die Geschwindigkeit eines sich mit Reibung in einer Flüssigkeit bewegenden Teilchens darstellt.

Orthant, Verallgemeinerung des Begriffs „Quadrant" auf den $\mathbb{R}^n$.

Bezeichnet $z = (z_i) \in \mathbb{R}^n$ einen beliebigen Vektor mit $|z_i| = 1,\ i = 1,\ldots,n$, so heißt die Menge

$$O_z \;=\; \{x = (x_i) \in \mathbb{R}^n \mid x_i = 0 \text{ oder } \operatorname{sign} x_i = \operatorname{sign} z_i,\ i = 1,\ldots,n\}$$

(abgeschlossener) Orthant.

In $\mathbb{R}^n$ gibt es 2^n verschiedene Orthanten. Für $n = 3$ spricht man auch von einem Oktanten.

Orthodrome, kürzeste Verbindung zwischen zwei Punkten auf einer Kugeloberfläche (Sphäre), speziell auf der Erdoberfläche.

Die Orthodrome zwischen zwei Punkten A und B einer Sphäre (auch sphärische Strecke genannt) ist der kleinere Teil des ↗ Großkreises durch A und B. Falls A und B diametrale (gegenüberliegende) Punkte sind, so sind alle Halbgroßkreise zwischen A und B Orthodromen, die kürzeste Verbindung dieser beiden Punkte ist in diesem Falle nicht eindeutig bestimmt. Die Länge der Orthodrome zwischen zwei Punkten A und B wird als ihre orthodrome Entfernung bezeichnet.

Orthogonalbasis, Basis $(v_i)_{i\in I}$ eines euklidischen oder unitären Vektorraumes $(V, \langle\cdot,\cdot\rangle)$ aus paarweise orthogonalen Vektoren v_i, d. h., aus Vektoren für die gilt:

$$\langle v_i, v_j\rangle = 0 \quad \text{für alle } i,j \text{ mit } i \neq j\,.$$

Ist $(v_1,\ldots,v_n)$ eine Orthogonalbasis von V, so gilt für jedes $v \in V$:

$$v = \sum_{i=1}^{n} \frac{\langle v, v_i\rangle}{\langle v_i, v_i\rangle} v_i\,.$$

orthogonale Abbildung, ↗ orthogonale lineare Abbildung.

orthogonale Funktionen, Funktionen eines Funktionenraums, die bezüglich eines Skalarprodukts orthogonal sind.

Beispiele sind etwa $x \to \sin(nx)$ und $x \to \cos(mx)$ $(n, m \in \mathbb{N})$ in $C[0, 2\pi]$ bzgl. des Skalarprodukts

$$\int_0^{2\pi} \sin(nx)\cdot\cos(mx)dx\,.$$

orthogonale Gruppe, die Gruppe $O(n)$ der n-reihigen ↗ orthogonalen Matrizen reeller Zahlen.

Fordert man darüber hinaus noch, daß die Determinante dieser Matrizen positiv sein soll, so ergibt sich die spezielle orthogonale Gruppe.

orthogonale Gruppe eines euklidischen Vektorraumes, die Gruppe der längentreuen linearen bijektiven Selbstabbildungen des Vektorraums V (auch orthogonale Selbstabbildungen genannt).

Orthogonale Abbildungen sind immer injektiv. Ist der Raum V endlichdimensional, so sind sie automatisch auch surjektiv. Damit ist die Forderung der Bijektivität immer erfüllt. Die Gruppe wird mit $O(V)$ bezeichnet. Ist speziell $V = \mathbb{R}^n$ mit dem Standardskalarprodukt, so verwendet man oft $O(n)$ (↗ orthogonale Gruppe).

Die Gruppe $O(n)$ kann mit der Matrizengruppe

$$\{A \in GL(n,\mathbb{R}) \mid A^tA = I\}$$

identifiziert werden.

orthogonale lineare Abbildung, eine ↗ lineare Abbildung $f: V \to W$ zwischen zwei euklidischen Vektorräumen $(V, \langle\cdot,\cdot\rangle_1)$ und $(W, \langle\cdot,\cdot\rangle_2)$, die das Skalarprodukt invariant läßt, d. h. für die für alle $v_1, v_2 \in V$ gilt:

$$\langle v_1, v_2\rangle_1 = \langle f(v_1), f(v_2)\rangle_2\,.$$

Eine lineare Abbildung $f: V \to W$ zwischen zwei euklidischen Räumen V und W ist genau dann orthogonal, wenn das Bild eines Vektors der Länge Eins wieder Länge Eins hat, und ebenso genau dann, wenn sie ein beliebiges ↗ Orthonormalsystem in V auf ein Orthonormalsystem in W abbildet.

Die Menge aller orthogonalen ↗ Endomorphismen $f: V \to V$ auf einem euklidischen Vektorraum V bildet bezüglich Komposition eine Gruppe, die meist mit $O(V)$ bezeichnete orthogonale Gruppe von V; ist V n-dimensional, so ist $O(V)$ isomorph zur Gruppe $O(n)$ der orthogonalen $(n\times n)$-Matrizen (↗ orthogonale Gruppe).

Der Begriff orthogonale lineare Abbildung ist weitestgehend synonym mit dem der ↗ längentreuen linearen Abbildung.

orthogonale Maße, ↗ singuläres Maß.

orthogonale Matrix, eine reelle ↗ Matrix A, für die gilt:

$$A^tA = AA^t = I\,, \tag{1}$$

wobei A^t die zu A transponierte Matrix und I die ↗ Einheitsmatrix bezeichnet. Eine orthogonale Matrix ist also notwendigerweise quadratisch und invertierbar mit $A^{-1} = A^t$.

Jede orthogonale (2×2)-Matrix ist von der Form

$$\begin{pmatrix} \cos\varphi & -\sin\varphi \\ \sin\varphi & \cos\varphi \end{pmatrix} \text{ oder } \begin{pmatrix} \cos\varphi & \sin\varphi \\ \sin\varphi & -\cos\varphi \end{pmatrix}$$

für ein geeignetes reelles φ. Eine Matrix der linken Form wird als Drehung bezeichnet, da sie eine Drehung des $\mathbb{R}^2$ um den Winkel φ bewirkt; eine Matrix der rechten Form wird als Spiegelung bezeichnet, da sie eine Spiegelung des $\mathbb{R}^2$ an einer Geraden g bewirkt (dabei ist g die Gerade durch den Ursprung, die mit der x-Achse den Winkel $\frac{\varphi}{2}$ einschließt).

Eine reelle $(n \times n)$-Matrix A ist genau dann orthogonal, wenn ihre Spaltenvektoren (Zeilenvektoren) eine ↗Orthonormalbasis des $\mathbb{R}^n$ bilden (bzgl. des kanonischen Skalarprodukts), und ebenso genau dann, wenn die durch A vermittelte lineare Abbildung $A : \mathbb{R}^n \to \mathbb{R}^n;\ x \mapsto Ax$ orthogonal ist.

Orthogonale Matrizen erhalten Skalarprodukt und Norm, d. h. ist A orthogonal, und sind v, v_1 und $v_2 \in \mathbb{R}^n$, so gilt

$$\langle Av_1, Av_2 \rangle = \langle v_1, v_2 \rangle \quad \text{und} \quad \|Av\| = \|v\| .$$

Eine lineare Abbildung zwischen zwei n-dimensionalen euklidischen Vektorräumen V und W ist genau dann orthogonal, wenn sie bezüglich zweier Orthonormalbasen von V und W durch eine orthogonale Matrix repräsentiert wird.

Orthogonale Matrizen haben stets Determinante $+1$ oder -1.

Mit A und B sind auch A^t, A^{-1} und AB orthogonal, die Menge aller orthogonalen $(n \times n)$-Matrizen bildet also eine Untergruppe der Gruppe $GL(n, \mathbb{R})$ aller regulären reellen $(n \times n)$-Matrizen, die mit $O(n)$ bezeichnete ↗orthogonale Gruppe. Die Matrizen $A \in O(n)$ mit $\det A = 1$ bilden eine Untergruppe von $O(n)$, die mit $SO(n)$ bezeichnete spezielle orthogonale Gruppe; Matrizen aus $SO(n, \mathbb{R})$ werden auch als eigentlich orthogonal bezeichnet.

Das komplexe Analogon zu den orthogonalen Matrizen sind die unitären Matrizen.

orthogonale Polynome, ein System von polynomialen, u. U. noch nicht normierten Elementen eines vollständigen Orthonormalsystems eines Funktionen-Hilbertraumes.

Genauer gilt: Eine Familie von Polynomen $\{p_n\}_{n\in\mathbb{N}}$ vom Grade $\operatorname{grad} p_n = n$ heißt eine Familie von orthogonalen Polynomen auf dem Intervall $[a, b] \subset \mathbb{R}$ bezüglich des Gewichtes w, $w(x) \geq 0$, wenn

$$\int_a^b \overline{p_n(x)} p_m(x)\, w(x) dx = 0 \quad \text{für } n \neq m .$$

Das Gewicht sowie das Intervall bestimmen die Polynome bereits eindeutig bis auf einen konstanten Faktor.

Derartige Polynome bilden im Hilbertraum $L^2([a, b], w(x)\, dx)$, definiert durch das ↗Skalarprodukt

$$\langle f, g \rangle := \int_a^b \overline{f(x)} g(x)\, w(x) dx ,$$

ein vollständiges Orthogonalsystem, d. h., ein Element f dieses Raumes läßt sich durch diese Polynome beliebig gut in der Norm $\|f\|^2 := \langle f, f \rangle$ approximieren.

Führt man die Bezeichnungen

$$h_n := \|p_n\|^2 = \int_a^b \overline{p_n(x)} p_n(x) w(x) dx$$

$$p_n(x) = k_n x^n + k'_n x^{n-1} + \cdots$$

ein, so gelten für diese Polynome eine Reihe elementarer Relationen. Die Polynome erfüllen eine Differentialgleichung der Art

$$g_2(x) p''_n(x) + g_1(x) p'_n(x) + a_n p_n(x) = 0 ,$$

wobei g_2 und g_1 von n unabhängige Funktionen und a_n eine von n abhängige Konstante ist. Es gelten ferner Rekursionsformeln der Art

$$p_{n+1}(x) = (a_n + x b_n) p_n(x) - c_n p_{n-1}(x) ,$$

wobei die Konstanten a_n, b_n und c_n durch

$$b_n = \frac{k_{n+1}}{k_n}, \quad a_n = b_n \left(\frac{k'_{n+1}}{k_{n+1}} - \frac{k'_n}{k_n} \right),$$

$$c_n = \frac{k_{n+1} k_{n-1} h_n}{k_n^2 h_{n-1}}$$

gegeben sind.

Die Polynome lassen sich auch vermöge der Rodrigues-Formel

$$p_n(x) = \frac{1}{e_n \cdot w(x)} \frac{d^n}{dx^n} \left(w(x) g(x)^n \right)$$

durch eine geeignete erzeugende Funktion g berechnen, wobei dann der Normierungsfaktor e_n geeignet gewählt werden muß.

Betrachtet man z. B. den Hilbertraum $L^2([-1, +1], dx)$ mit dem ↗Skalarprodukt

$$\langle f, g \rangle := \int_{-1}^{+1} \overline{f(x)} g(x) dx ,$$

so sind die ↗Legendre-Polynome P_n bezüglich dieses Skalarproduktes orthogonale Polynome; es gilt

$$\langle P_n, P_m \rangle = \frac{2}{2m+1} \delta_{n,m} .$$

Auf dem Hilbertraum $L^2(\mathbb{R}, e^{-x^2} dx)$ bilden die ↗Hermite-Polynome orthogonale Polynome, sie

Tabelle 1: Orthogonale Polynome

Name	Intervall	Gewicht	Normierung	h_n	Bemerkungen
Jacobi	$[-1,1]$	$(1-x)^{\alpha}(1+x)^{\beta}$	$p_n^{(\alpha,\beta)}(1) = \binom{n+\alpha}{n}$	$\frac{2^{\alpha+\beta+1}}{2n+\alpha+\beta+1} \cdot \frac{\Gamma(n+\alpha+1)\Gamma(n+\beta+1)}{n!\Gamma(n+\alpha+\beta+1)}$	$\alpha > -1, \beta > -1$
Jacobi	$[0,1]$	$(1-x)^{p-q}x^{q-1}$	$k_n = 1$	$\frac{n!\Gamma(n+q)\Gamma(n+q)}{2n+p} \cdot \frac{\Gamma(n+p-q+1)}{\Gamma^2(2n+p)}$	$p-q > -1, q > 0$
Gegenbauer (Ultrasphärisch)	$[-1,1]$	$(1-x^2)^{\alpha-1/2}$	$p_n^{(\alpha)}(1) = \binom{n+2\alpha-1}{n}$	$\frac{\pi 2^{1-2\alpha}\Gamma(n+2\alpha)}{n!(n+\alpha)\Gamma^2(\alpha)}$	$\alpha > -\frac{1}{2}$
Tschebyschew I	$[-1,1]$	$(1-x^2)^{-1/2}$	$p_n(1) = 1$	$\begin{cases} \pi/2 & n \neq 0 \\ \pi & n = 0 \end{cases}$	
Tschebyschew II	$[-1,1]$	$(1-x^2)^{1/2}$	$p_n(1) = n+1$	$\frac{\pi}{2}$	
Legendre	$[-1,1]$	1	$p_n(1) = 1$	$\frac{2}{2n+1}$	
Laguerre	$[0,\infty)$	e^{-x}	$k_n = \frac{(-1)^n}{n!}$	1	
zug. Laguerre	$[0,\infty)$	$x^{\alpha}e^{-x}$	$k_n = \frac{(-1)^n}{n!}$	$\frac{\Gamma(\alpha+n+1)}{n!}$	$\alpha > 1$
Hermite	$(-\infty,\infty)$	e^{-x^2}	$e_n = (-1)^n$	$\sqrt{\pi}2^n n!$	
Hermite	$(-\infty,\infty)$	$e^{-x^2/2}$	$e_n = (-1)^n$	$\sqrt{\pi}n!$	

Tabelle 2: Explizite Darstellungen orthogonaler Polynome

Name	N	d_n	c_m	$g_m(x)$	k_n	Bemerkungen
Jacobi	n	$\frac{1}{2^n}$	$\binom{n+\alpha}{m}\binom{n+\beta}{n-m}$	$(x-1)^{n-m}(x+1)^m$	$\frac{1}{2^n}\binom{2n+\alpha+\beta}{n}$	$\alpha > -1, \beta > -1$
Jacobi	n	$\frac{\Gamma(q+n)}{\Gamma(p+2n)}$	$(-1)^m\binom{n}{m} \cdot \frac{\Gamma(p+2n-m)}{\Gamma(q+n-m)}$	x^{n-m}	1	$p-q > -1, q > 0$
Gegenbauer	$\left[\frac{n}{2}\right]$	$\frac{1}{\Gamma(\alpha)}$	$(-1)^m \frac{\Gamma(\alpha+n-m)}{m!(n-2m)!}$	$(2x)^{n-2m}$	$\frac{2^n}{n!}\frac{\Gamma(\alpha+n)}{\Gamma(\alpha)}$	$\alpha > -\frac{1}{2}, \alpha \neq 0$
Gegenbauer	$\left[\frac{n}{2}\right]$	1	$\frac{(n-m-1)!}{m!(n-2m)!}$	$(2x)^{n-2m}$	$\frac{2^n}{n}$	$\alpha = 0, n \neq 0, C_0^{(0)}(1) = 1$
Tschebyschew I	$\left[\frac{n}{2}\right]$	$\frac{n}{2}$	$(-1)^m \frac{(n-m-1)!}{m!(n-2m)!}$	$(2x)^{n-2m}$	2^{n-1}	
Tschebyschew II	$\left[\frac{n}{2}\right]$	1	$(-1)^m \frac{(n-m)!}{m!(n-2m)!}$	$(2x)^{n-2m}$	2^n	
Legendre	$\left[\frac{n}{2}\right]$	$\frac{1}{2^n}$	$(-1)^m\binom{n}{m}\binom{2n-2m}{n}$	x^{n-2m}	$\frac{(2n)!}{2^n(n!)^2}$	
Laguerre	n	1	$\frac{(-1)^m}{m!}\binom{n}{n-m}$	x^m	$\frac{(-1)^n}{n!}$	
zug. Laguerre	n	1	$\frac{(-1)^m}{m!}\binom{n+\alpha}{n-m}$	x^m	$\frac{(-1)^n}{n!}$	$\alpha > -1$
Hermite	$\left[\frac{n}{2}\right]$	$n!$	$\frac{(-1)^m}{m!(n-2m)!}$	$(2x)^{n-2m}$	2^n	
Hermite	$\left[\frac{n}{2}\right]$	$n!$	$\frac{(-1)^m}{m!2^m(n-2m)!}$	x^{n-2m}	1	

werden u. a. in der Quantenmechanik zur Lösung des harmonischen Oszillators benutzt und sind Spezialfälle der parabolischen Zylinderfunktionen. Andere Anwendungen finden sich in der Statistik.

Die Tschebyschew-Polynome

$$T_n(x) = \cos(n \arccos(x))$$

sind definiert auf dem Intervall $[-1, 1]$ durch die Gewichtsfunktion $w(x) = (1 - x^2)^{-1/2}$; sie spielen unter anderem bei bester punktweiser Approximation einer Funktion durch Polynome eine entscheidende Rolle.

Die Laguerre-Polynome auf $[0, \infty)$ mit den Gewichten $w(x) = e^{-x}$ bzw. $w(x) = x^\alpha e^{-x}$ finden sich z. B. wieder in der Quantenmechanik zur Konstruktion von Lösungen des Wasserstoff-Atoms, ferner zur Beschreibung der Geschwindigkeitsverteilung in der kinetischen Gastheorie.

Für weitere Information über diese orthogonalen Polynome vergleiche man auch die jeweiligen Stichworteinträge. Weitere orthogonale Polynome findet man in Tabelle 1, explizite Entwicklungen in der Form

$$p_n(x) = d_n \sum_{m=0}^{N} c_m g_m(x)$$

in Tabelle 2.

[1] Abramowitz, M.; Stegun, I.A.: Handbook of Mathematical Functions. Dover Publications, 1972.

[2] Olver, F.W.J.: Asymptotics and Special Functions. Academic Press, 1974.

orthogonale Projektion, die eindeutig bestimmte ↗lineare Abbildung $P_U : V \to U$ eines euklidischen Vektorraumes V in den endlich-dimensionalen Unterraum $U \subseteq V$ mit

$$P_U|_U = \mathrm{Id}_U \quad \text{und} \quad \mathrm{Ker}\, P_U = U^\perp$$

(↗Orthogonalprojektor).

orthogonale Regression, ↗Regression, ↗Regressionsanalyse.

orthogonale Skalierungsfunktion, eine verfeinerbare Funktion $\phi \in L^2(\mathbb{R})$.

ϕ erfüllt also die Skalierungsgleichung

$$\phi(x) = \sum_{k \in \mathbb{Z}} h_k \phi(2x - k)$$

mit geeigneten Koeffizienten $\{h_k\}_{k \in \mathbb{Z}}$, und hat orthogonale Translate, d. h. es gilt $\langle \phi, \phi(\cdot - k) \rangle = \delta_{0k}$ für alle $k \in \mathbb{Z}$.

Beispiele für solche Funktionen sind B-Splines erster Ordnung oder Daubechies-Skalierungsfunktionen.

orthogonale Summe, Summe $V = U + W$ aus zwei zueinander orthogonalen Unterräumen $U, W \subset V$ des euklidischen Vektorraumes $(V, \langle \cdot, \cdot \rangle)$.

Es gilt dann also

$$\langle u, w \rangle = 0 \quad \forall\, u \in U,\ w \in W.$$

Ist der Raum V in dieser Weise in eine orthogonale Summe zerlegt, so besitzt jedes $v \in V$ eine eindeutige Darstellung der Form $v = u + w$ mit $u \in U$ und $w \in W$.

Ist V Summe mehrerer Unterräume, so heißt diese Summe genau dann orthogonal, falls die Unterräume paarweise orthogonal zueinander sind.

orthogonale Summe von Hilberträumen, der folgendermaßen aus einer Familie H_i, $i \in I$, von Hilberträumen konstruierte Summenraum $\bigoplus^2 H_i$: Er besteht aus allen Funktionen

$$x : I \to \bigcup_{i \in I} H_i$$

mit $x(i) \in H_i$ für alle i und

$$\sum_{i \in I} \|x(i)\|^2 < \infty .$$

Das Skalarprodukt in $\bigoplus^2 H_i$ ist durch

$$\langle x, y \rangle = \sum_{i \in I} \langle x(i), y(i) \rangle_{H_i}$$

definiert.

Dann ist $\bigoplus^2 H_i$ in der abgeleiteten Norm vollständig, also ein Hilbertraum. Ist $I = \mathbb{N}$ und jedes $H_i = \mathbb{C}$, so ergibt sich $\bigoplus^2 H_i = \ell^2$.

orthogonale Wahrscheinlichkeitsmaße, ↗Orthogonalität von Wahrscheinlichkeitsmaßen.

orthogonale Zerlegung, Technik in der Wavelettheorie.

Hierbei geht man zunächst von einer Multiskalenanalyse $\{V_j\}_{j \in \mathbb{Z}}$ des $L^2(\mathbb{R})$ aus. Dabei werden der Raum

$$V_0 = \overline{\mathrm{Span}\{\phi(\cdot - k) | k \in \mathbb{Z}\}}$$

von den ganzzahligen Translaten einer orthogonalen Skalierungsfunktion, und die Räume V_j durch die Translate der skalierten Funktionen $\phi(2^j \cdot)$ aufgespannt. Die Schachtelung der Räume V_j, d. h. $V_j \subset V_{j+1}$, gestattet die Betrachtung orthogonaler Komplemente W_j mit

$$W_j \perp V_j \quad \text{und} \quad W_j \oplus V_j = V_{j+1} .$$

Zur Erzeugung des Komplementraums

$$W_0 = \overline{\mathrm{Span}\{\psi(\cdot - k) | k \in \mathbb{Z}\}}$$

wird ein orthogonales Wavelet (z. B. Haar-Wavelet, Daubechies-Wavelet) benötigt, d. h., für ψ muß gelten $\langle \psi, \psi(\cdot - k) \rangle = \delta_{0k}$ für $k \in \mathbb{Z}$.

W_j wird durch W_0 gewonnen, indem die Argumente der Funktion ψ mit 2^j skaliert werden. Insgesamt ergibt sich so eine orthogonale Zerlegung

$$\overline{\oplus W_j} = L^2(\mathbb{R}) .$$

orthogonale Zufallsvariablen, ↗Orthogonalität von Zufallsvariablen.

orthogonales Basispolynom, seltener gebrauchte Bezeichnung für die Elemente einer Menge ↗orthogonaler Polynome.

orthogonales Funktionensystem, System von Funktionen in einem L^2- Funktionenraum.

Für einen Maßraum $W = (\Omega, \mathcal{A}, \mu)$ mit einer σ-Algebra $\mathcal{A}$ und einem Maß μ sei $L^2(\Omega)$ der Raum aller quadratisch integrierbaren Funktionen mit innerem Produkt

$$\langle f, g\rangle = \int_\Omega f\overline{g}\, d\mu \quad \text{für } f, g \in L^2(\Omega).$$

Eine Menge $\{\Phi_i\}_{i\in I}$ in $L^2(\Omega)$ mit einer höchstens abzählbaren Indexmenge I heißt orthogonales Funktionensystem, falls

$$\|\Phi_i\| = \langle\Phi_i, \Phi_i\rangle^{1/2} > 0 \quad \text{für } i \in I$$

und $\langle\Phi_i, \Phi_j\rangle = 0$ für $i \neq j$ ist. Gilt außerdem $\|\Phi_i\| = 1$ für $i \in I$, so nennt man das System orthonormal.

Ein orthogonales Funktionensystem heißt vollständig, wenn sich jede Funktion $f \in L^2(\Omega)$ auf eindeutige Weise als Summe

$$f = \sum_{i\in I} c_i \Phi_i$$

mit den (Fourier-)Koeffizienten

$$c_i = \int_\Omega f\overline{\Phi_i} d\mu$$

darstellen läßt.

orthogonales Funktionensystem bezüglich einer Gewichtsfunktion, ein spezielles ↗orthogonales Funktionensystem.

Auf einer (Lebesgue-)meßbaren Menge $\Omega \in \mathbb{R}^n$ heißt die (Lebesgue-)meßbare und reellwertige Funktion r Gewichtsfunktion, falls $r(x) \geq 0$ für fast alle $x \in \Omega$, und

$$\int_\Omega r(x)dx > 0 .$$

Es bezeichnet $L_r^2(\Omega)$ den Raum der meßbaren Funktionen f mit

$$\int_\Omega |f|^2 r(x)dx < \infty$$

und innerem Produkt

$$\langle f, g\rangle_r = \int_\Omega f(x)\overline{g}(x)r(x)dx \text{ für } f, g \in L_r^2(\Omega).$$

Ein endliches oder abzählbar unendliches Funktionensystem $\{\Phi_i\}_{i\in I}$ heißt orthogonal bezüglich der Gewichtsfunktion r, falls

$$\|\Phi_i\|_r = \langle\Phi_i, \Phi_i\rangle_r^{1/2} > 0$$

für $i \in I$ und $\langle\Phi_i, \Phi_j\rangle_r = 0$ für $i \neq j$.

orthogonales Komplement, die meist mit mit $U^\perp$ (sprich: „U senkrecht") bezeichnete Menge aller zu einem Unterraum $U \subseteq V$ eines euklidischen oder unitären Vektorraumes $(V, \langle\cdot,\cdot\rangle)$ orthogonalen Elemente. Es gilt also

$$U^\perp := \{v \in V | \langle v, u\rangle = 0 \, \forall u \in U\}.$$

$U^\perp$ ist dann selbst wieder ein Unterraum von V, der Orthogonalraum zu U.

Ist V endlich-dimensional, und sind U, U_1 und U_2 Unterräume von V, so ist V ist die ↗direkte Summe von U und $U^\perp$: $V = U \oplus U^\perp$.

Weiterhin gelten folgende Regeln:

- $(U^\perp)^\perp = U$;
- $(U_1 + U_2)^\perp = U_1^\perp \cap U_2^\perp$;
- $(U_1 \cap U_2)^\perp = U_1^\perp + U_2^\perp$.

Entsprechend definiert man auch für eine beliebige Teilmenge A von V das orthogonale Komplement $A^\perp$; es stimmt stets mit dem orthogonalen Komplement des von A aufgespannten Unterraumes überein.

Beispiel: Die Lösungsmenge L des homogenen linearen Gleichungssystems $Ax = 0$ ist gegeben durch das orthogonale Komplement des Zeilenraumes von A.

orthogonales Netz, eine Parameterdarstellung $\Phi(u, v)$ einer Fläche $\mathcal{F} \subset \mathbb{R}^3$, bei der sich beide Scharen von Parameterlinien senkrecht schneiden.

orthogonales Polynomsystem, ein aus reellwertigen ↗orthogonalen Polynomen bestehendes ↗orthogonales Funktionensystem bezüglich einer Gewichtsfunktion.

orthogonales System von Zufallsvariablen, ↗Orthogonalität von Zufallsvariablen.

orthogonales Wavelet, ein Wavelet ψ mit der Eigenschaft

$$\langle\psi, \psi(\cdot - k)\rangle = \delta_{0k}$$

für $k \in \mathbb{Z}$.

Beispiele für orthogonale Wavelets sind Haar-Wavelets oder Daubechies-Wavelets.

Orthogonalisierung, Berechnung von orthogonalen Vektoren $\{q_1, \dots, q_n\}$, welche denselben Raum wie n gegebene linear unabhängige Vektoren $\{x_1, \dots, x_n\}$, $x_j \in \mathbb{R}^m$, $m \geq n$, aufspannen.

Man unterscheidet drei Orthogonalisierungsverfahren: Gram-Schmidt-Orthogonalisierung (↗Schmidtsches Orthogonalisierungsverfahren), die ↗QR-Zerlegung nach Householder, sowie diejenige nach Givens. Jedes dieser Verfahren berechnet eine QR-Zerlegung der Matrix $X = (x_1, x_2, \dots, x_n) \in \mathbb{R}^{m\times n}$, d. h.

$$X = QR,$$

wobei $Q \in \mathbb{R}^{m\times m}$ eine orthogonale Matrix,

$$R = \begin{pmatrix} \widehat{R} \\ 0 \end{pmatrix} \begin{matrix} \}n \\ \}m-n \end{matrix}$$

und $\widehat{R} \in \mathbb{R}^{n\times n}$ eine obere Dreiecksmatrix ist.

Ist ein Gleichungssystem $Ax = b$ mit $A \in \mathbb{R}^{n\times n}$ zu lösen, so kann man die QR-Zerlegung von A berechnen und anschließend $Rx = Q^T b$ per ↗Rückwärtseinsetzen lösen, d. h. durch Auflösen der Gleichungen $Rx = c$, $c = Q^T b$, von hinten.

Häufig werden Orthogonalisierungsverfahren in der ↗Ausgleichsrechnung und bei der Lösung von Eigenwertproblemen verwendet.

Orthogonalisierung von Skalierungsfunktionen, Begriff aus der Wavelettheorie.

Erzeugt der Generator einer Multiskalenanalyse keine Orthonormalbasis des Grundraums V_0, so kann die Basis $\{\phi(\cdot - k) | k \in \mathbb{Z}\}$ wie folgt orthogonalisiert werden. Vorausgesetzt werden $\phi \in L^2(\mathbb{R})$ und die Existenz zweier Konstanten $C_1, C_2 > 0$ mit

$$C_1 \le \sum_{k\in\mathbb{Z}} |\hat{\phi}(\omega + 2\pi k)|^2 \le C_2$$

(Riesz-Basis-Eigenschaft). Dann ist die Menge $\{\Phi(x-k) | k \in \mathbb{Z}\}$ mit

$$\hat{\Phi}(\omega) = \frac{1}{\sqrt{2\pi}} \frac{\hat{\phi}(\omega)}{\sqrt{\sum\limits_{k\in\mathbb{Z}} |\hat{\phi}(\omega + 2\pi k)|^2}}$$

eine Orthonormalbasis von V_0.

Ein Nachteil dieser Vorgehensweise ist, daß der neu definierte Generator Φ keinen kompakten Träger haben muß, auch wenn ϕ diese Eigenschaft hatte.

Orthogonalität von Wahrscheinlichkeitsmaßen, *Singularität von Wahrscheinlichkeitsmaßen*, die Eigenschaft zweier auf der σ-Algebra $\mathfrak{A}$ eines meßbaren Raumes $(\Omega, \mathfrak{A})$ definierter Wahrscheinlichkeitsmaße P und Q, daß eine Menge $A \in \mathfrak{A}$ existiert, für die $P(A) = 1$ und $Q(\complement A) = 1$ gilt. Sind P und Q orthogonal bzw. singulär, so schreibt man $P \perp Q$.

Die Orthogonalität der Wahrscheinlichkeitsmaße P und Q bedeutet anschaulich, daß die gesamte Masse von P auf der Menge A und die gesamte Masse von Q auf dem Komplement $\complement A$ konzentriert ist.

In der Maßtheorie wird der Begriff der Orthogonalität bzw. Singularität allgemeiner für signierte Maße eingeführt.

Orthogonalität von Zufallsvariablen, die Eigenschaft

$$E(XY) = 0$$

von auf einem Wahrscheinlichkeitsraum $(\Omega, \mathfrak{A}, P)$ definierten zweifach integrierbaren reellen Zufallsvariablen X und Y.

Sind X und Y orthogonal, so schreibt man $X \perp Y$. Auf der Menge $\mathcal{L}^2(\Omega, \mathfrak{A}, P)$ der auf $(\Omega, \mathfrak{A}, P)$ definierten zweifach integrierbaren reellen Zufallsvariablen ist

$$X \sim Y :\Leftrightarrow X = Y \ P\text{-fast sicher}$$

eine Äquivalenzrelation. Die Menge

$$L^2(\Omega, \mathfrak{A}, P) = \{[X] : X \in \mathcal{L}^2(\Omega, \mathfrak{A}, P)\}$$

der zugehörigen Äquivalenzklassen $[X]$ bezeichnet man als L^2-Raum. Mit dem durch

$$\langle [X], [Y] \rangle := \int_\Omega XY dP = E(XY)$$

definierten Skalarprodukt ist $L^2(\Omega, \mathfrak{A}, P)$ ein Hilbertraum. Man erkennt nun, daß $X, Y \in \mathcal{L}^2(\Omega, \mathfrak{A}, P)$ genau dann orthogonal sind, wenn die Äquivalenzklassen $[X]$ und $[Y]$ im Raum $L^2(\Omega, \mathfrak{A}, P)$ orthogonal im Sinne der linearen Algebra sind. Eine Teilmenge $M \subseteq \mathcal{L}^2(\Omega, \mathfrak{A}, P)$ heißt ein orthogonales System von Zufallsvariablen, falls für alle $X, Y \in M$ die Beziehung $X \perp Y$ gilt. Gilt für alle $X \in M$ zusätzlich $\|[X]\|_2 = 1$, so nennt man M ein orthonormiertes System von Zufallsvariablen. Dabei bezeichnet $\|\cdot\|_2$ die vom Skalarprodukt $\langle\cdot,\cdot\rangle$ auf $L^2(\Omega, \mathfrak{A}, P)$ induzierte Norm.

Orthogonalitätsbedingung, in der Wavelettheorie die Eigenschaft

$$\sum_{k\in\mathbb{Z}} h_k \cdot h_{k+2n} = \delta_{0n}$$

der Koeffizienten h_k in der Skalierungsgleichung einer orthogonalen Skalierungsfunktion einer Multiskalenanalyse.

Eine andere Formulierung führt über den assoziierten Fourierfilter

$$H(\omega) = \frac{1}{\sqrt{2}} \sum_{k\in\mathbb{Z}} h_k e^{ik\omega}.$$

Dieser erfüllt bei Vorliegen einer orthogonalen Skalierungsfunktion die Orthogonalitätsbedingung

$$|H(\omega)|^2 + |H(\omega + \pi)|^2 = 1.$$

Orthogonalprojektor, ein spezieller Projektor in einem Raum E, welcher ein Skalarprodukt besitzt.

Ist F ein vollständiger Unterraum von E, so besitzt jedes $x \in E$ eine eindeutige Zerlegung $x = y + z$ mit $y \in F$ sowie $z \in F^\perp$. Der spezielle Projektor P von E auf F entlang dem Orthogonalraum $F^\perp$ ist dann ein Orthogonalprojektor, die hierdurch vermittelte Abbildung heißt auch ↗orthogonale Projektion.

Orthogonalraum, Teilraum, der zu einer gegebenen Teilmenge eines Vektorraums orthogonal ist.

Es seien (V, V^+) ein ↗Bilinearsystem und $M \subseteq V$. Dann heißt

$$M^\perp = \{x^+ \in V^+ \mid \langle x, x^+ \rangle = 0 \text{ für alle } x \in M\}$$

der Orthogonalraum von M in V^+. Entsprechend wird für $M \subseteq V^+$ der Orthogonalraum

$$M^\perp = \{x \in V \mid \langle x, x^+ \rangle = 0 \text{ für alle } x^+ \in M\}$$

in V erklärt. $M^\perp$ ist stets ein Untervektorraum von V^+ bzw. von V.

Siehe auch ↗orthogonales Komplement.

Orthogonalsystem, nicht-leere Teilmenge $X \subset V$ eines euklidischen oder unitären Vektorraumes $(V, \langle\cdot,\cdot\rangle)$, deren Elemente paarweise orthogonal sind, d. h. für die gilt: $\langle x_i, x_j \rangle = 0$ für alle $x_i, x_j \in X$ mit $x_i \neq x_j$. Um triviale Fälle auszuschließen, fordert man noch, daß X nicht die 0 enthält: $X \cap \{0\} = \emptyset$. Orthogonalsysteme sind dann stets linear unabhängig.

Für jedes Orthogonalsystem $\{x_1, \dots, x_n\}$ gilt der (verallgemeinerte) Satz des Pythagoras:

$$\|x_1 + \cdots + x_n\|^2 = \|x_1\|^2 + \cdots + \|x_n\|^2 .$$

Beispiel: Im euklidischen Vektorraum aller reellen stetigen Funktionen auf dem Intervall $[-\pi, \pi]$ mit dem Skalarprodukt

$$\langle f, g \rangle := \int_{-\pi}^{\pi} f(t) g(t)\, dt$$

bildet die Menge

$$\{1, \cos t, \cos 2t, \dots, \sin t, \sin 2t, \dots\}$$

ein Orthogonalsystem.

Orthogonaltrajektorie, eine Kurve in der Ebene, die jede Kurve einer gegebenen einparametrigen Schar anderer Kurven rechtwinklig schneidet.

Ist diese einparametrige Kurvenschar als Menge der Niveaulinien $f(x, y) = \text{const}$ einer differenzierbaren Funktion $f(x, y)$ gegeben, so sind die Orthogonaltrajektorien dieser Schar die sog. Fallinien, d. h., die Linien des stärksten Auf- oder Abstiegs auf dem Graphen von $f(x, y)$, wenn man ihn sich als Profilfläche eines Geländes vorstellt.

Gilt $\partial f(x_0, y_0)/\partial x \neq 0$ in einem Punkt $(x_0, y_0) \in \mathbb{R}^2$, so läßt sich die orthogonale Trajektorie durch (x_0, y_0) als Funktion $y = y(x)$ angeben, die die eindeutige bestimmte Lösung der Differentialgleichung

$$\frac{dy}{dx} = \frac{q}{p}$$

mit $p = \partial f/\partial x$ und $q = \partial f/\partial y$ zum Anfangswert $y(x_0) = y_0$ ist.

Jede ↗Evolvente einer ebenen Kurve α ist Orthogonaltrajektorie der Schar der Normalen von α.

Analog dazu werden im $\mathbb{R}^n$ die Orthogonaltrajektorien von einparametrigen Scharen $(n-1)$-dimensionaler Untermannigfaligkeiten betrachtet.

Orthogonaltransformation, die Transformation einer Matrix $A \in \mathbb{R}^{m\times n}$ mit einer orthogonalen Matrix $Q \in \mathbb{R}^{m\times m}$ oder einer orthogonalen Matrix $U \in \mathbb{R}^{n\times n}$

$$\widehat{A} = QA \quad \text{oder} \quad \widetilde{A} = AU.$$

Bei einer Orthogonaltransformation ändert sich die Spektral- oder die Frobenius-Norm der Matrix A nicht, es gilt

$$||\widehat{A}|| = ||A|| = ||\widetilde{A}||,$$

wobei $||\cdot|| = ||\cdot||_2$ oder $||\cdot|| = ||\cdot||_F$. Orthogonaltransformationen sind numerisch günstige Transformationen und finden in zahlreichen numerischen Algorithmen zur Lösung von Eigenwertproblemen und Ausgleichsproblemen Anwendung. Die am häufigsten verwendeten Orthogonaltransformationen sind Transformationen mit ↗Householder-Matrizen und Givens-Matrizen.

orthographische Projektion, *orthographischer Entwurf*, ein durch die senkrechte Parallelprojektion eines verkleinerten Modells der Erdoberfläche $\mathcal{O}$ auf die Tangentialebene $T_P(\mathcal{O})$ eines Punktes $P \in \mathcal{O}$ gegebener ↗Kartennetzentwurf.

Sie ist weder flächen- noch winkeltreu. Großkreise, die nicht durch P gehen, werden auf Ellipsen abgebildet. Somit ist die orthographische Projektion auch nicht geodätisch.

orthographischer Entwurf, ↗orthographische Projektion.

Orthokreis, ↗ nichteuklidische Ebene.

Orthonormalbasis, in der Sprache der Linearen Algebra eine Basis $B = (b_i)_{i\in I}$ eines euklidischen oder unitären Vektorraumes $(V, \langle\cdot,\cdot\rangle)$ mit $\|b_i\| = 1$ für alle $i \in I$ und

$$\langle b_i, b_j \rangle = 0$$

für alle $i, j \in I$ mit $i \neq j$. Ist $b = (b_1, \dots, b_n)$ eine Orthonormalbasis von $(V, \langle\cdot,\cdot\rangle)$, so gilt für alle $v \in V$ die Darstellung

$$v = \sum_{i=1}^{n} \langle v, b_i \rangle b_i ;$$

für $v_b = (\alpha_1, \dots, \alpha_n)$ und $v'_b = (\alpha'_1, \dots, \alpha'_n)$ (Koordinatenvektoren der Vektoren v und v' bzgl b) gilt außerdem:

$$\langle v, v' \rangle = \sum_{i=1}^{n} \alpha_i \alpha'_i .$$

Der Endomorphismus $\varphi : V \to V$ wird bezüglich

der Orthonormalbasis b durch die $(n \times n)$-Matrix

$$A = (a_{ij}) := (\langle \varphi(b_j), b_i \rangle)$$

beschrieben.

Ist $(b_1, \dots, b_n)$ eine Orthonormalbasis und U eine unitäre $(n \times n)$-Matrix, so bildet

$$(b'_1, \dots, b'_n) := U(b_1, \dots, b_n)$$

wieder eine Orthonormalbasis.

In der ↗Funktionalanalysis versteht man unter einer Orthonormalbasis ein maximales Orthonormalsystem in einem Hilbertraum; ein Synonym hierzu ist *vollständiges Orthonormalsystem*.

Sei $S = \{e_i : i \in I\}$ ein ↗Orthonormalsystem in einem Hilbertraum H. Dann sind folgende Bedingungen äquivalent:

(1) S ist maximal, d. h., ist $S' \supset S$ ein Orthonormalsystem, so gilt $S' = S$.

(2) S ist total, d. h. $S^\perp = \{0\}$.

(3) Es gilt die Parsevalsche Gleichung

$$\|x\|^2 = \sum_{i \in I} |\langle x, e_i \rangle|^2 \quad \forall x \in H .$$

(4) Es gilt der Entwicklungssatz

$$x = \sum_{i \in I} \langle x, e_i \rangle e_i \quad \forall x \in H .$$

Ist eine (und damit alle) dieser Bedingungen erfüllt, heißt S eine Orthonormalbasis, und die Skalarprodukte $\langle x, e_i \rangle$ nennt man die Fourier-Koffizienten bzgl. dieser Basis. Jeder Hilbertraum besitzt eine Orthonormalbasis, und je zwei Orthonormalbasen haben dieselbe Kardinalität, die Hilbertraum-Dimension genannt wird. In einem separablen unendlichdimensionalen Hilbertraum ist jede Orthonormalbasis abzählbar.

Im Raum $\ell^2(I)$ ist die Menge der Einheitsvektoren $e_i : k \mapsto \delta_{ik}$ eine Orthonormalbasis, und im Hilbertraum $L^2[0, 1]$ ist das trigonometrische System $\{e_n : n \in \mathbb{Z}\}$ mit $e_n(t) = e^{2\pi int}$ eine Orthonormalbasis; die $\langle f, e_n \rangle$ sind hier die klassischen Fourier-Koeffizienten der Funktion f. Eine weitere Orthonormalbasis in diesem Hilbertraum ist die ↗Haar-Basis. Viele klassische Systeme orthogonaler Polynome bilden Orthonormalbasen, z. B. die Legendre-Polynome in $L^2[-1, 1]$.

Ist T ein selbstadjungierter ↗kompakter Operator auf einem Hilbertraum H (oder allgemeiner ein selbstadjungierter Operator mit kompakter Resolvente), so besitzt H eine Orthonormalbasis aus Eigenvektoren von T.

[1] Jänich, K.: Lineare Algebra. Springer Berlin Heidelberg New York, 1998.

[2] Werner, D.: Funktionalanalysis. Springer Berlin Heidelberg New York, 1995.

orthonormales Funktionensystem, ↗orthogonales Funktionensystem.

Orthonormalität, ↗Orthonormalbasis, ↗Orthonormalsystem.

Orthonormalsystem, ein ↗Orthogonalsystem O, das aus lauter normierten Vektoren besteht:

$$\|o\| = 1 \ \forall o \in O .$$

orthonormiertes System von Zufallsvariablen, ↗Orthogonalität von Zufallsvariablen.

Ortsdarstellung, Darstellung des quantenmechanischen Zustandes über dem Spektrum der gemeinsamen Eigenwerte eines vollständigen Systems von kommutierenden Observablen, das die Komponenten des Ortsoperators enthält (↗Impulsdarstellung).

Für ein Teilchen ohne Spin im $\mathbb{R}^3$ werden die Komponenten $\hat{q}^i$ des Ortsoperators durch $(\hat{q}^i f)(q) = q^i f(q)$ definiert. Dabei sind die q^i ($i = 1, 2, 3$) die kartesischen Koordinaten des Punktes $q \in \mathbb{R}^3$, und $f \in L^2(\mathbb{R}^3)$. Die Funktionen f liefern die Zustände des Teilchens in der Ortsdarstellung.

In der Ortsdarstellung werden die Komponenten p_k des Impulsoperators durch

$$\frac{h}{i} \frac{\partial}{\partial q^k}$$

dargestellt. Wenn der Konfigurationsraum nicht der ganze $\mathbb{R}^3$ ist, brauchen diese Operatoren nicht selbstadjungiert zu sein, es können selbstadjungierte Erweiterungen existieren.

Ortsfunktion, in der Differentialgeometrie eine Bezeichnung für differenzierbare Abbildungen einer Kurve oder Fläche in die reellen Zahlen.

Der Zusatz „Orts" soll den Unterschied zu Vektor- und Tensorfeldern hervorheben.

Ortskurve, Darstellung einer komplexwertigen Größe als Funktion eines Parameters in der ↗Gaußschen Zahlenebene.

Ortsoperator, der ↗Multiplikationsoperator

$$(M\varphi)(x) = x\varphi(x)$$

auf einem geeigneten Teilraum von $L^2(\mathbb{R})$.

Dieser Operator repräsentiert den Ort eines Teilchens der klassischen Mechanik in der Quantenmechanik; er ist wesentlich selbstadjungiert auf dem ↗Schwartz-Raum $\mathcal{S}(\mathbb{R})$.

Allgemeiner betrachtet man beispielsweise auch

$$(M_j\varphi)(x) = x_j\varphi(x)$$

auf $\mathcal{S}(\mathbb{R}^d)$.

Ortsvektor, elementarmathematischer Begriff.

Im ↗euklidischen Raum bezeichnet man den Vektor, der vom ↗Koordinatenursprung auf einen festen Punkt P „zeigt", als Ortsvektor von P.

Osgood, Eindeutigkeitssatz von, lautet:

Sei $a > 0$, $I := [x_0, x_0 + a]$ ein Intervall, und $q \in C^0([0, \infty), \mathbb{R})$ derart, daß

$$q(0) = 0\,, \quad q(z) > 0$$

für $z > 0$, und

$$\int_0^1 \frac{dz}{q(z)} = \infty\,.$$

Sei weiterhin $G \subset I \times \mathbb{R}^n$ eine offene Menge und $(x_0, \mathbf{y}_0) \in G$, $f : G \to \mathbb{R}^n$. Schließlich gelte für alle $(x, \mathbf{y}_1), (x, \mathbf{y}_2) \in G$:

$$\|f(x, \mathbf{y}_1) - f(x, \mathbf{y}_2)\| \le q\left(\|\mathbf{y}_1 - \mathbf{y}_2\|\right).$$

Dann hat das ↗Anfangswertproblem

$$\mathbf{y}' = f(x, \mathbf{y}), \qquad \mathbf{y}(x_0) = \mathbf{y}_0$$

höchstens eine Lösung, und diese ist stetig abhängig vom Anfangswert $(x_0, \mathbf{y}_0)$ und von der rechten Seite f der Differentialgleichung.

Dieser Satz ist ein Spezialfall des Satzes von Bompiani (↗Bompiani, Eindeutigkeitssatz von). Andererseits folgt aus dem Satz von Osgood mit $L > 0$ und $q(z) := Lz$ als Spezialfall der Satz von Picard-Lindelöf.

[1] Timmann, S.: Repetitorium der gewöhnlichen Differentialgleichungen. Binomi Hannover, 1995.

Osgood, Satz von, Aussage aus der univariaten Funktionentheorie, die wie folgt lautet:

Es sei $D \subset \mathbb{C}$ eine offene Menge und (f_n) eine Folge von in D ↗holomorphen Funktionen, die in D punktweise gegen eine Grenzfunktion f konvergiert.

Dann existiert eine offene Teilmenge U von D derart, daß U dicht in D liegt und die Folge (f_n) in U kompakt konvergent ist. Insbesondere ist f holomorph in U.

Osgood, Theorem von, eine zentrale Aussage in der Theorie der holomorphen Funktionen in mehreren Veränderlichen, welches eine Umkehrung der Aussage liefert, daß eine komplexwertige Funktion in dem Bereich, in dem sie analytisch ist, dort in jeder einzelnen Variablen holomorph ist.

Ist eine komplexwertige Funktion f stetig auf einer offenen Teilmenge $D \subset \mathbb{C}^n$ und in jeder einzelnen Variablen holomorph ("partiell holomorph"), dann ist sie holomorph in D.

Ein nichttriviales Theorem von Hartogs besagt, daß eine partiell holomorphe Funktion notwendig stetig ist.

Osgood, William Fogg, amerikanischer Mathematiker, geb. 10.3.1864 Boston, gest. 22.7.1943 Belmont (Massachusetts, USA).

Von 1882 bis 1886 studierte Osgood am Harvard College bei Peirce. Auf Veranlassung von Cole ging er 1887 zu Klein nach Göttingen, später dann nach Erlangen. 1890 promovierte er hier, danach kehrte er nach Harvard zurück. Von 1934 bis 1936 war er Professor in Peking.

Osgood lieferte grundlegende Beiträge zur Variationsrechnung und Funktionentheorie. Er untersuchte die Konvergenz von Folgen stetiger Funktionen und arbeitete zu abelschen Integralen. Sein „Lehrbuch der Funktionentheorie" von 1907 wurde zu einem Standardwerk.

oskulierend, Eigenschaft eines linearen Unterraums eines projektiven Raums.

Sei $C \subset \mathbb{P}(E)$ eine glatte algebraische Kurve in einem n-dimensionalen projektiven Raum $\mathbb{P}(E)$ und E ein $(n+1)$-dimensionaler Vektorraum über dem algebraisch abgeschlossenen Körper k. Die Einbettung sei nicht ausgeartet, d. h. C sei in keinem echten linearen Unterraum enthalten.

Ein r-dimensionaler linearer Unterraum $\mathbb{P}(E/W) \subseteq \mathbb{P}(E)$ heißt oskulierend im Punkte $p \in C$, wenn das r-Jet für alle $w \subset W$ im Punkte p verschwindet. Hierbei sind die Elemente $w \in E$ als Schnitte der Garbe

$$\mathcal{O}_C(1) = \mathcal{O}_{\mathbb{P}(E)}(1)|C$$

zu verstehen, nach Voraussetzung ist $E \subseteq H^0(C, \mathcal{O}_C(1))$.

In fast allen Punkten gibt es genau einen oskulierenden Unterraum gegebener Dimension.

Oskulierende Geraden sind die Tangentialgeraden, oskulierende Hyperebenen sind die Hyperebenen H mit $(H \cdot C)_p \ge n$.

Die Abbildung

$$\mathcal{O}_C \otimes E \xrightarrow{J_n} J_n(\mathcal{O}_C(1))\,,$$

die jedem Schnitt sein n-Jet zuordnet, ist fast überall ein Isomorphismus. Aufgrund der exakten Folgen

$$\begin{aligned} 0 &\to Sym^{r+1}(\Omega^1_C) \otimes \mathcal{O}(1) \\ &\to J_{r+1}(\mathcal{O}(1)) \to J_r(\mathcal{O}(1)) \to 0 \end{aligned}$$

ist

$$\deg(J_n(\mathcal{O}_C(1)) = (n+1)\,[d + n(g-1)]\,,$$

wobei $d = \deg(C)$, und g das Geschlecht der Kurve C bezeichnet.

Die Determinante von J_n definiert daher einen effektiven Divisor D vom Grad

$$(n+1)\,(d + n(g-1))\,,$$

außerhalb von $\operatorname{supp} D$ sind alle oskulierenden Unterräume eindeutig bestimmt.

Oskulierende Unterräume der Dimension r in $p \in C$ heißen hyperoskulierend, wenn die $(r+1)$-Jets im Punkt p auf W verschwinden (für Unterräume $\mathbb{P}(E(W))$).

Ostrogradski, Michail Wassiljewitsch, ukrainischer Mathematiker, geb. 24.9.1801 Paschennaja (Ukraine), gest. 1.1.1862 Poltawa (Ukraine).

1816 nahm Ostrogradski das Studium der Mathematik und Physik in Charkow auf, das er aber nach Repressalien 1820 ohne Abschluß abbrach. 1822 ging er nach Paris, wo er Vorlesungen von Laplace, Fourier, Legendre, Poisson, Binet und Cauchy hörte. 1828 kam er zurück nach St. Petersburg und lehrte an verschiedenen Hochschulen.

Ostrogradski schieb zu Problemen der Integralrechnung, partieller Differentialgleichungen und der Algebra. Seine Arbeiten führten Abels Untersuchungen zu algebraischen Funktionen und ihren Integralen fort. Er veröffentlichte Artikel über Hydrodynamik, Elastizitätstheorie und Elektrizität. Ostrogradski entwickelte in seiner Zeit in St. Petersburg auch eine rege wissenschaftsorganisatorische Tätigkeit. So half er unter anderem bei der Einführung des gregorianischen Kalenders.

Ostrowski, Alexander Markowitsch, Mathematiker, geb. 25.9.1893 Kiew, gest. 20.11.1986 Certenago-Montagnola (b. Lugano).

Schon vor seinem Studium beschäftigte sich Ostrowski unter Anleitung von D.A. Grave (1863–1939) intensiv mit Mathematik. Von 1912 bis 1914 studierte er in Marburg und nach seiner Internierung ab 1918 in Göttingen, wo er 1920 promovierte. 1922 habilitierte er sich an der Universität Hamburg, 1923 an der Universität Göttingen und nahm 1927 einen Ruf an die Universität Basel an. Dort lehrte er bis zu seiner Emeritierung 1958.

Ostrowski hatte ein sehr breites Forschungsspektrum. Er arbeitete sich rasch in neue Gebiete ein und besaß ein gutes Gespür für interessante Problemstellungen. In seinen Forschungen zur Algebra und zur Bewertungstheorie konnte er 1918 zeigen, daß auf dem Körper der rationalen Zahlen jeder Absolutbetrag entweder dem gewöhnlichen Absolutbetrag oder einem der p-adischen Absolutbeträge äquivalent ist, d. h. die gleiche Topologie definiert. 1935 konnte er dieses Resultat dann auf algebraische Zahlkörper ausdehnen.

Im Rahmen von Studien zur Funktionentheorie erzielte er Anfang der 20er Jahre interessante Ergebnisse zur gleichmäßigen Konvergenz von Funktionenfolgen sowie zur Fortsetzbarkeit von Potenzreihen, und verschärfte 1926 die Aussage des großen Picardschen Satzes zur Wertverteilung holomorpher Funktionen.

Ende der 30er und in den 50er Jahren wandte sich Ostrowski verstärkt numerischen Problemen zu. Dies führte ihn u. a. zur Berechnung von konformen Abbildungen sowie zu Fragen der Matrizentheorie und zur Berechnung von Matrizen.

Ostrowski war als Hochschullehrer sehr aktiv und schrieb mehrere Lehrbücher. Sein dreibändigen „Vorlesungen über Differential- und Integralrechnung" (1945 bis 1954) und sein Buch über nichtlineare Gleichungen und Gleichungssysteme (1960) wurden Standardwerke.

Ostrowski, Konvergenzsatz von, lautet:

Es sei

$$f(z) = \sum_{k=0}^{\infty} a_k z^{m_k}$$

eine ↗Lückenreihe mit beschränkter Koeffizientenfolge (a_k) und Konvergenzkreis B. Weiter sei $L \subset \partial B$ ein Holomorphiebogen von f, d. h., L ist ein abgeschlossener Kreisbogen und f besitzt in jedem Punkt von L eine ↗holomorphe Fortsetzung. Dann ist die Folge (s_{m_n}) der Partialsummen

$$s_{m_n}(z) = \sum_{k=0}^{n} a_k z^{m_k}$$

von f gleichmäßig konvergent auf L.

Dieser Satz ist, wenngleich völlig korrekt, allerdings insofern überflüssig, da man aus dem ↗Fabryschen Lückensatz schließen kann, daß seine Voraussetzungen niemals erfüllt sind.

Ostrowski, Satz von, über die Einzigartigkeit von $\mathbb{R}$ und $\mathbb{C}$, die Aussage, daß bis auf Isomorphie $\mathbb{R}$ und $\mathbb{C}$ die einzigen archimedisch bewerteten vollständigen Körper sind.

In einer 1918 publizierten Arbeit von Ostrowski findet man am Schluß die Folgerung:

Jeder archimedisch bewertete Körper läßt sich auf einen Unterkörper des Körpers aller komplexen Zahlen so abbilden, daß dabei sowohl alle algebraischen als auch alle Limesrelationen bestehen bleiben.

Daraus gewinnt Ostrowski noch die folgende „merkwürdige Charakterisierung des Körpers aller komplexen Zahlen":

Jeder archimedisch bewertete perfekte und algebraisch abgeschlossene Körper läßt sich auf den Körper aller komplexen Zahlen so abbilden, daß dabei sowohl alle algebraischen als auch alle Limesrelationen bestehen bleiben.

Ostrowski bezeichnet hierbei einen bewerteten Körper als „perfekt", wenn er (in heutiger Ausdrucksweise) bzgl. der durch die Bewertung gegebenen Metrik vollständig ist.

Heute faßt man diese beiden Folgerungen Ostrowskis meist in folgender Weise als Satz von Ostrowski zusammen:

Bis auf Isomorphie existieren genau zwei archimedisch bewertete vollständige Körper, nämlich $\mathbb{R}$ *und* $\mathbb{C}$.

Ostrowski, Überkonvergenzsatz von, lautet:

Es sei

$$f(z) = \sum_{k=0}^{\infty} a_k z^k$$

eine ↗Ostrowski-Reihe mit ↗Konvergenzkreis B. Weiter sei $A \subset \partial B$ *die Menge aller* ζ *derart, daß* f *eine ↗holomorphe Fortsetzung in den Punkt* ζ *besitzt.*

Dann existiert eine offene Menge $U \subset \mathbb{C}$ *derart, daß* $B \cup A \subset U$ *und die Folge* (s_{m_n}) *der Partialsummen*

$$s_{m_n}(z) = \sum_{k=0}^{m_n} a_k z^k$$

in U ↗kompakt konvergent ist.

Ostrowski-Matrix, auch Vergleichsmatrix genannt, reelle $(n \times n)$-Matrix $\langle \mathbf{A} \rangle = (c_{ij})$ zu einer reellen $(n \times n)$-Intervallmatrix $\mathbf{A} = (\mathbf{a}_{ij})$, die durch

$$c_{ij} = \begin{cases} -\langle \mathbf{a}_{ij} \rangle, & \text{falls } i = j, \\ |\mathbf{a}_{ij}|, & \text{falls } i \neq j \end{cases}$$

definiert ist. Dabei bezeichnet $\langle \mathbf{a} \rangle$ das ↗Betragsminimum eines Intervalls $\mathbf{a}$ und $|\mathbf{a}|$ seinen Betrag. Für reelle $(n \times n)$-Matrizen A setzt man $\langle A \rangle = \langle [A, A] \rangle$ und erhält

$$c_{ij} = \begin{cases} -|a_{ii}|, & \text{falls } i = j, \\ |a_{ij}|, & \text{falls } i \neq j. \end{cases}$$

Die Ostrowski-Matrix besitzt die Vorzeichenstruktur einer ↗M-Matrix.

Ostrowski-Reihe, eine Potenzreihe $\sum_{k=0}^{\infty} a_k z^k$ mit folgender Eigenschaft: Es existieren ein $\delta > 0$ und zwei Folgen (m_j), (n_j) natürlicher Zahlen derart, daß

(a) $0 \leq m_0 < n_0 \leq m_1 < n_1 \leq \cdots \leq m_j < n_j \leq m_{j+1} < \cdots$,

(b) $n_j - m_j > \delta m_j$ für alle $j \in \mathbb{N}_0$,

(c) $a_k = 0$, falls $m_j < k < n_j, j \in \mathbb{N}_0$.

Zum Beispiel liefern die Folgen $m_j = 2^j$ und $n_j = 2^{j+1}$ Ostrowski-Reihen mit $\delta = \frac{1}{2}$ (↗Ostrowski, Überkonvergenzsatz von).

Oszillation, *Schwankung*, der Ausdruck

$$\sigma(f) := \sup\{|f(x) - f(y)| : x, y \in \mathfrak{D}\}$$

(in $[0, \infty]$) für eine auf einer nicht-leeren Menge $\mathfrak{D}$ definierte reellwertige Funktion f. Für eine solche Funktion ist $\sigma(f)$ gerade gleich

$$\sup\{f(x) : x \in \mathfrak{D}\} - \inf\{f(x) : x \in \mathfrak{D}\}.$$

Die erste Beschreibung hat den Vorteil, daß sie entsprechend für wesentlich allgemeinere Zielbereiche gilt: Ist der Zielbereich etwa ein metrischer Raum $(\mathfrak{S}, \delta)$, so definert man entsprechend

$$\sigma(f) := \sup\{\delta\big(f(x), f(y)\big) : x, y \in \mathfrak{D}\}.$$

Ist A nicht-leere Teilmenge von $\mathfrak{D}$, so bezeichnet

$$\sigma(f; A) := \sup\{\delta\big(f(x), f(y)\big) : x, y \in A\}$$

die Oszillation oder Schwankung von f auf A.

Ist auf $\mathfrak{D}$ eine Topologie erklärt, dann bezeichnet für $x \in \mathfrak{R}$

$$s(x) := s_f(x) := \inf\{\sigma(f; A) \,|\, x \in A \text{ offen}\}$$

die Punktschwankung von f in x. Kennt man den Begriff des Durchmessers (Δ) in einem metrischen Raum, so kann die Punktschwankung konziser durch

$$s(x) := \inf\{\Delta(f(A)) \,|\, A \text{ Umgebung von } x\}$$

beschrieben werden. Dies ist eine „Maß" für die mögliche Unstetigkeit von f in x, denn offenbar ist die Punktschwankung von f in x genau dann 0, wenn f in x stetig ist.

Die Funktion s_f ist oberhalb halbstetig (↗Halbstetigkeit).

Die Menge $U(f)$ der Unstetigkeitspunkte von f kann mit $U_\varepsilon(f) := \{x \in \mathfrak{D} \,|\, s_f(x) \geq \varepsilon\}$ (für $\varepsilon > 0$) in der Form

$$U(f) = \bigcup_{n=1}^{\infty} U_{\frac{1}{n}}(f)$$

geschrieben werden. Da jedes $U_\varepsilon(f)$ abgeschlossen ist, wird $U(f)$ so als abzählbare Vereinigung abgeschlossener Mengen, also bei kompaktem Definitionsbereich als abzählbare Vereinigung kompakter Mengen, dargestellt.

Mit der Funktion s kann die Riemann-Integrierbarkeit einer auf einem kompakten Intervall gegebenen beschränkten reellwertigen Funktion f zum Beispiel wie folgt – rein innerhalb der Theorie des

Riemann-Integrals (mit dem Jordan-Inhalt) – beschrieben werden:

f ist genau dann Riemann-integrierbar, wenn s_f eine Jordan-Nullfunktion ist, bzw. genau dann, wenn $U(f)$ abzählbare Vereinigung von Jordan-Nullmengen ist.

Diese Charakterisierung gilt entsprechend für mehrdimensionale Integration für eine beschränkte Funktion mit beschränktem Träger.

Man vergleiche auch ↗ Stetigkeitsmodul.

Oszillationssatz, Aussage über die Nullstellen von Lösungen der Differentialgleichung

$$(p(x)y')' + q(x)y = 0\,. \qquad (1)$$

Sei $a \in \mathbb{R}$, seien $p \in C^1([a,\infty))$ und $q \in C^0([a,\infty))$ mit

$$q(x) > 0 \quad \textit{für alle} \quad x \geq a, \textit{ und}$$

$$\int_a^\infty \frac{dx}{p(x)} = \int_a^\infty q(x)dx = \infty.$$

Dann ist die Differentialgleichung (1) *auf $[a,\infty)$ oszillatorisch, d. h. jede ihrer Lösungen besitzt in $[a,\infty)$ unendlich viele Nullstellen.*

Dieser Satz garantiert, daß Lösungen der Differentialgleichung (1) (unendlich viele) Nullstellen besitzen. Erst damit werden dann beispielsweise der Sturmsche Trennungssatz und der Sturmsche Vergleichssatz über diese Nullstellen sinnvoll anwendbar.

[1] Heuser, H.: Gewöhnliche Differentialgleichungen. B. G. Teubner Stuttgart, 1989.

Oszillatoralgebra, ↗ Heisenberg-Algebra.

Ottaviani, Ungleichung von, ↗ Ottaviani-Skorochod, Ungleichung von.

Ottaviani-Skorochod, Ungleichung von, die im folgenden Satz auftretende Ungleichung .

Es seien $X_1, \ldots, X_n$ auf dem Wahrscheinlichkeitsraum $(\Omega, \mathfrak{A}, P)$ definierte reelle Zufallsvariablen. Dann gilt für alle $\varepsilon, \eta > 0$ und jedes $m = 1, \ldots, n$ die Beziehung

$$P\left(\max_{m\leq j\leq n} |S_j| > \varepsilon + \eta\right) \leq \frac{P(|S_n| > \eta)}{\min\limits_{m\leq j\leq n} P(|S_n - S_j| \leq \varepsilon)},$$

wobei

$$S_j := X_1 + \ldots + X_j$$

für $j = 1, \ldots, n$ gesetzt wurde.

Der Spezialfall dieser Ungleichung mit $m = 1$ und $\varepsilon = \eta$ ist die Ungleichung von Ottaviani.

Oughtred, William, englischer Mathematiker, geb. 5.3.1574 Eton (England), gest. 30.6.1660 Albury (England).

Oughtred studierte am King's College in Cambridge von 1592 bis 1600. 1604 wurde er Vikar von Shalford und 1610 Rektor in Albury. In dieser Zeit unterrichtete er privat Schüler, darunter auch Wallis und Wren.

Oughtreds wichtigstes Werk „Clavis Mathematicae" von 1631 verwendete die indisch-arabische Zahlennotation und benutzte Symbole für unbekannte Größen. Mit dieser Arbeit gelang es Oughtred, das zehnte Buch der ↗ „Elemente" des Euklid klarer darzustellen.

1620 hatte Gunter den Rechenstab mit einer logarithmischen Skala erfunden. Oughtred verbesserte diesen Rechenstab, indem er hierfür 1632 die Doppelstabform erfand. Weiterhin befaßte er sich mit Trigonometrie und Astronomie.

output, Ausgabe von Daten.

Bei der automatischen Verarbeitung von Daten müssen die Ergebnisse der Verarbeitung dem Benutzer zur Verfügung gestellt werden. Die Ausgabedaten bzw. den Vorgang dieser Ausgabe nennt man output.

output layer, ↗ Ausgabeschicht.

output neuron, ↗ Ausgabe-Neuron.

Oval, im Sinne der Endlichen Geometrie eine Menge von $q+1$ Punkten einer ↗ projektiven Ebene der Ordnung q, von denen keine drei kollinear sind.

Beispiele von Ovalen sind die Kegelschnitte (bzw. parabolischen Quadriken). In Desarguesschen Ebenen ungerader Ordnung sind dies die einzigen Beispiele. Ist q gerade, so läßt sich jedes Oval zu einem ↗ Hyperoval erweitern.

overfitting, *overtraining*, im Kontext ↗ Neuronale Netze die Bezeichnung für ein unerwünschtes Verhalten eines Netzes im Ausführ-Modus aufgrund einer nicht sinnvoll eingesetzten Lernregel im Lern-Modus.

Konkret zeigt ein derartiges Netz nahezu optimales Verhalten auf den im Lern-Modus präsentierten Trainingswerten, besitzt jedoch absolut ungenügendes Ausführ-Verhalten auf geringfügig veränderten Eingabewerten, d. h., es ist nicht in der Lage zu generalisieren.

Derartige Probleme können z. B. dadurch vermieden werden, daß man die im Lern-Modus abzuarbeitende i. allg. iterative Lernregel hinreichend frühzeitig abbricht und ein moderates Fehlverhalten des Netzes auf den Trainingswerten toleriert. Im Sinne der Angewandten Mathematik läßt sich dieses Vorgehen so deuten, daß man von der exakten (zur Oszillation neigenden) Interpolation der gegebenen Trainingswerte zugunsten einer lediglich hinreichend genauen (i. allg. nicht zur Oszillation neigenden) Approximation des Datensatzes Abstand nimmt.

overtraining, ↗overfitting.

Ovoid, Menge von $q^2 + 1$ Punkten im dreidimensionalen projektiven Raum der Ordnung q, von denen keine drei kollinear sind.

Beispiele von Ovoiden sind die ↗elliptischen Quadriken. Für ungerade Werte von q sind dies auch die einzigen Beispiele.

Ozanam, Jacques, französischer Mathematiker und Mathematiklehrer, geb. 1640 Bouligneux (Frankreich), gest. 3.4.1717 Paris.

Ozanam war Mathematiklehrer in Lyon und Paris, ab 1710 auch Mitglied der Pariser Akademie.

Er befaßte sich hauptsächlich mit Fragen der Zahlentheorie (Bachets Wägeproblem) und der Trigonometrie.

Ozanam gab die geometrische Quadratrix

$$xy^2 = \frac{a^2}{4}(a - x)$$

an, aus der Leibniz seine Reihe für $\pi/4$ ableitete.

P

P, die Komplexitätsklasse aller durch polynomiale Algorithmen (↗polynomialer Algorithmus) lösbaren Probleme.

Ein Problem ist bzgl. der ↗worst case Rechenzeit nur dann effizient lösbar, wenn es in P enthalten ist. Im Rahmen der Theorie der ↗NP-Vollständigkeit wird P auf Entscheidungsprobleme (↗Entscheidungsproblem) eingeschränkt, ohne dies in der Notation kenntlich zu machen.

Paar, gelegentlich verwendet als abkürzende Bezeichnung für ↗geordnetes Paar.

Paarbildung, Begriff aus der Biologie.

Die Bildung von Paaren (und deren Trennung) in zweigeschlechtigen Populationen erfordert selbst in einfachsten Fällen bereits nichtlineare mathematische Modelle.

paarer Graph, ↗ bipartiter Graph.

Paargruppe, Symmetriegruppe für Graphen.

Sei $G(E, K)$ ein einfacher Graph mit der Eckenmenge $E = \{1, \dots, n\}$ und der Kantenmenge K, und $E^{(2)}$ die Menge aller ungeordneten Paare aus E.

Ist $S_n^{(2)}$ die von der symmetrischen Gruppe vom Rang n auf $E^{(2)}$ induzierte Permutationsgruppe, so nennt man $S_n^{(2)}$ auch die Paargruppe des Graphen $G(E, K)$.

Paarmenge, auch ungeordnetes Paar, die Menge $\{x, y\}$ für zwei gegebene Mengen x und y (↗Verknüpfungsoperationen für Mengen).

Paarmengenaxiom, Axiom der ↗axiomatischen Mengenlehre, das zu je zwei Mengen x und y die Existenz einer Menge fordert, welche x und y als Elemente enthält.

paarweise Disjunktheit einer Familie von Mengen, ↗ Verknüpfungsoperationen für Mengen.

paarweise teilerfremde Zahlen, Elemente einer Menge $A \subset \mathbb{Z}$ ganzer Zahlen mit der Eigenschaft, daß je zwei Zahlen $n, m \in A$, $n \neq m$, den größten gemeinsamen Teiler 1 haben.

paarweise Unabhängigkeit, schwacher Unabhängigkeitsbegriff für Familien von Ereignissen bzw. Zufallsvariablen.

Eine Familie $(A_i)_{i \in I}$ von Ereignissen aus der σ-Algebra $\mathfrak{A}$ eines Wahrscheinlichkeitsraumes $(\Omega, \mathfrak{A}, P)$ heißt paarweise unabhängig, wenn für beliebige $i, j \in I$ mit $i \neq j$ stets

$$P(A_i \cap A_j) = P(A_i) \cdot P(A_j)$$

gilt, also die Ereignisse A_i und A_j stochastisch unabhängig sind.

Aus der paarweisen Unabhängigkeit von $(A_i)_{i \in I}$ folgt jedoch nicht die stochastische Unabhängigkeit der Familie insgesamt, wie das Beispiel der Familie mit den Ereignissen $A_1 = \{1, 2\}$, $A_2 = \{1, 3\}$ und $A_3 = \{1, 4\}$ im zur Menge $\Omega = \{1, 2, 3, 4\}$ gehörenden Laplace-Raum zeigt: A_1, A_2 und A_3 sind paarweise unabhängig, wegen

$$P(A_1 \cap A_2 \cap A_3) = \frac{1}{4} \neq \frac{1}{8} = P(A_1) \cdot P(A_2) \cdot P(A_3)$$

aber nicht unabhängig.

Entsprechend heißt eine Familie $(X_i)_{i \in I}$ von Zufallsvariablen auf $(\Omega, \mathfrak{A}, P)$ paarweise unabhängig, wenn für je zwei verschiedene $i, j \in I$ stets X_i und X_j unabhängig sind. Die zu den Mengen im obigen Beispiel gehörenden Indikatorvariablen $\mathbf{1}_{A_1}$, $\mathbf{1}_{A_2}$ und $\mathbf{1}_{A_3}$ zeigen, daß auch bei Zufallsvariablen aus der paarweisen Unabhängigkeit nicht die Unabhängigkeit der Familie folgt.

***p*-Abstand**, ↗p-adische Zahl.

Pacioli, Luca, italienischer Mathematiker, geb. um 1445 Sansepolcro (Italien), gest. 1517 Sansepolcro.

Nach der Schulausbildung verließ Pacioli Sansepolcro, ging nach Venedig und trat in den Dienst eines Kaufmanns. Hier vervollständigte er seine Mathematikausbildung und begann auch, Mathematik zu lehren. 1470 verfaßte Pacioli seine erste mathematische Arbeit, in der er sich mit Arithmetik beschäftigte. In der Folgezeit vertiefte er auch seine Theologiestudien, begann aber, an verschiedenen Universitäten Mathematik zu lehren.

Für seine Klassen schrieb Pacioli Arithmetiklehrbücher. 1494 veröffentlichte er „Summa de arithmetica, geometria, proportioni et proportionalita", ein enzyklopädisches Werk, das theoretische und praktische Arithmetik, Elemente der Algebra, Geldeinheiten, Maße und Gewichte, die doppelte Buchführung und eine Zusammenfassung der „Elemente" des Euklid enthält.

1509 erschien „Devina proportione", eine Arbeit, die sich geometrischen Fragen und der Architektur widmete, und bei deren Erarbeitung Leonardo da Vinci half. Dieser steuerte auch die Illustrationen für das Buch bei. In diesem Werk studierte Pacioli den Goldenen Schnitt und reguläre Polygone.

Packung, eine Familie von paarweise disjunkten Teilmengen $M_1, M_2, \dots$ einer gegebenen Menge A.

Konstruktionsziel einer Packung ist es, den nicht überdeckten Rest

$$A \setminus \bigcup_{i=1} M_i$$

minimal zu machen.

Häufig betrachtet man den Fall, daß $A \subseteq \mathbb{R}^n$ ist, und die Mengen M_i alle identische Kopien (Verschiebungen) einer festen Menge M sind. Ist hierbei M eine Kugel, so spricht man von einer Kugelpackung, und sind die M_i alle gemäß einem vorgegebenen Gitter angeordnet, von einer Gitterpackung.

Hat eine Packung die zusätzliche Eigenschaft, daß sie die ganze Menge A lückenlos überdeckt, daß also

$$\bigcup_{i=1} M_i = A$$

gilt, so nennt man die Packung eine Pflasterung oder Parkettierung von A, wobei man hier meist stillschweigend noch $A \subseteq \mathbb{R}^2$ voraussetzt.

[1] Conway, J.H.; Sloane, N.J.A.: Sphere packing, lattices and groups. Springer-Verlag New York, 1988.

[2] Rogers, C.A.: Packing and Covering. Cambridge University Press, 1964.

Padding, künstliche Verlängerung der Eingaben eines Problems P.

Gültige Eingaben für das durch Padding bzgl. der Funktion g (an die schwache Voraussetzungen gestellt werden) erzeugte neue Problem P_g sind Eingaben w der Länge n für das Problem P gefolgt von $g(n)$ Buchstaben #. Dabei ist # ein im bisherigen Eingabealphabet nicht enthaltener Buchstabe. Da die Rechenzeit in Abhängigkeit von der Eingabelänge gemessen wird, hat ein aus einem Algorithmus A für P abgeleiteter Algorithmus A_g für P_g eine geringere Komplexität (↗ Komplexität von Algorithmen) als P.

Mit der Padding-Technik läßt sich der ↗ Translationssatz beweisen.

Padé, Henri Eugène, französischer Mathematiker, geb. 17.12.1863 Abbeville, gest. 9.7.1953 Aix-en-Provence.

Padé wuchs in Paris auf und arbeitete zunächst als Lehrer. Von 1889 bis 1890 studierte er in Göttingen und Leipzig bei Klein und Schwarz, danach kehrte er nach Frankreich zurück und promovierte dort bei Hermite. Anschließend lehrte er in Lille, Poitiers und Bordeaux, und war schließlich von 1923 bis 1934 Rektor in Aix-en-Provence.

Padé schrieb insgesamt 42 mathematische Arbeiten, die meisten davon über Kettenbrüche und die nach ihm benannte Methode der ↗ Padé-Approximation, sowie ein Mathematik-Lehrbuch für Höhere Schulen. Er übersetzte außerdem das ↗ Erlanger Programm von Felix Klein ins Französische.

Padé-Approximation, klassische Methode der Approximation von Funktionen(reihen) durch rationale Funktionen.

Bei der Padé-Approximation werden formale oder konvergente Funktionenreihen der Form

$$f(x) = \sum_{k=0}^{\infty} a_k x^k$$

durch rationale Funktionen $r = \frac{p}{q}$ approximiert. Hierbei ist p ein Polynom vom Grad n und $q \neq 0$ ein Polynom vom Grad m. Besonders geeignet ist dieser Ansatz, wenn f Pole besitzt.

Ein Padé-Approximant $r_{m,n}$ vom Typ (m, n) an f ist festgelegt durch die Forderung, daß in der Reihenentwicklung von $r_{m,n}$ um 0 für eine möglichst große natürliche Zahl M die Gleichung

$$\sum_{k=0}^{M} a_k x^k = r_{m,n}(x)$$

erfüllt ist. Es ist bekannt, daß für festes m und n stets ein eindeutiger Padé-Approximant $r_{m,n}$ vom Typ (m, n) an eine Reihe f der obigen Form existiert.

Eine Tabelle, welche für vorgegebenes f die Padé-Approximanten $r_{m,n}$, m, $n \in \mathbb{N}_0$, enthält, wird Padé-Tabelle oder Padé-Tafel von f genannt. Für fixiertes m spricht man von einer Padé-Zeile dieser Tabelle – im Spezialfall $m = 0$ enthält die Padé-Zeile somit die Taylor-Reihenentwicklung von f. Für fixiertes n spricht man von einer Padé-Spalte dieser Tabelle. Die Einträge $r_{n+k,n}$, $n \in \mathbb{N}_0$, werden Diagonalen der Padé-Tabelle von f genannt, und der Fall $k = 0$ bezeichnet die Hauptdiagonale.

Die Berechnung des Padé-Approximanten $r_{m,n}$ geschieht durch Lösen eines linearen Gleichungssystems, dessen Koeffizienten durch die Kenntnis der Werte a_k, $k = 0, \dots, n+m$, bestimmt werden können. Falls die Determinante der Hankelmatrix

$$H_{n,m} = \begin{pmatrix} a_{n-m+1} & a_{n-m+2} & \cdots & a_n \\ \vdots & & & \vdots \\ \vdots & & & \vdots \\ a_n & a_{n+1} & \cdots & a_{n+m-1} \end{pmatrix}$$

nicht verschwindet, berechnet man den (durch

$q(0) = 1$ normierten) Nenner von $r_{m,n}$ durch

$$\frac{1}{\det H_{n,m}} \begin{pmatrix} a_{n-m+1} & \cdots & a_n & a_{n+1} \\ \vdots & & \vdots & \vdots \\ a_n & & a_{n+m-1} & a_{n+m} \\ z^m & \cdots & z & 1 \end{pmatrix}.$$

Ähnliche Formeln gelten in diesem Fall für den Zähler von $r_{m,n}$.

Als Beispiel einige Padé-Approximanten an die Exponentialreihe

$$\exp(x) = \sum_{k=0}^{\infty} \frac{x^k}{k!}.$$

Man berechnet:

$$r_{0,0}(x) = 1,\ r_{1,0}(x) = \frac{1}{1-x},\ r_{2,0}(x) = \frac{2}{2-2x+x^2},$$

$$r_{3,0}(x) = \frac{6}{6-6x+3x^2-x^3},\ r_{0,1}(x) = 1+x,$$

$$r_{0,2}(x) = \frac{2+2x+x^2}{2},\ r_{0,3}(x) = \frac{6+6x+3x^2+x^3}{6},$$

$$r_{1,1}(x) = \frac{2+x}{2-x},\ r_{2,1}(x) = \frac{6+2x}{6-4x+x^2},$$

$$r_{3,1}(x) = \frac{24+6x}{24-18x+6x^2-x^3},\ r_{1,2}(x) = \frac{6+4x+x^2}{6-2x},$$

$$r_{1,3}(x) = \frac{24+18x+16x^2+x^3}{24-6x},\ r_{2,2}(x) = \frac{12+6x+x^2}{12-6x+x^2},$$

$$r_{3,2}(x) = \frac{60+24x+3x^2}{60-36x+9x^2-x^3},$$

$$r_{2,3}(x) = \frac{60+36x+9x^2+x^3}{60-24x+3x^2},$$

$$r_{3,3}(x) = \frac{120+60x+12x^2+x^3}{120-60x+12x^2-x^3}.$$

[1] Baker G. A. Jr. und Graves-Morris P.: Padé Approximants. Cambridge University Press, 1996.

Padé-Tafel, ↗ Padé-Approximation.

***p*-adische Entwicklung,** ↗ *p*-adische Zahl.

***p*-adische Zahl,** zu einer Primzahl p ein Element der vom p-adischen Absolutbetrag induzierten Vervollständigung des Körpers der rationalen Zahlen.

Der Begriff stammt von Kurt Hensel, der ihn 1913 in seinem Buch „Zahlentheorie" ausführlich untersuchte.

Ist $g \geq 2$ eine ganze Zahl, die Grundzahl, so gibt es zu jeder natürlichen Zahl n eine eindeutig bestimmte g-adische Darstellung

$$n = a_0 + a_1 g + \ldots a_k g^k \qquad (1)$$

mit Ziffern $a_0, \ldots, a_k$ aus der Ziffernmenge $\{0, 1, \ldots, g-1\}$ (siehe hierzu auch ↗ g-adische Entwicklung). Hensel beginnt sein Zahlentheoriebuch mit den Worten:

„Als die Aufgabe der elementaren Zahlentheorie kann die Aufsuchung der Beziehungen bezeichnet werden, welche zwischen allen rationalen ganzen oder gebrochenen Zahlen m einerseits und einer beliebig angenommenen festen Grundzahl g andererseits bestehen. Man kann dieser Aufgabe in ihrem weitesten Umfange dadurch genügen, daß man alle diese Zahlen m in unendliche Reihen

$$m = a_0 + a_1 g + a_2 g^2 + \ldots$$

entwickelt, welche nach ganzen Potenzen dieser Grundzahl fortschreiten. Nur durch die Betrachtung dieser vollständigen Reihen erhält man eine vollkommene Lösung unserer Aufgabe; ..."

Mathematisch enthält der Henselsche Ansatz schon einige Schwierigkeiten:

1. Was bedeuten diese unendlichen Reihen? Im gewöhnlichen Sinn konvergiert eine Reihe $a_0 + a_1 g + a_2 g^2 + \ldots$ mit „Ziffern" $a_j \in \{0, 1, \ldots, g-1\}$ offenbar genau dann, wenn nur endlich viele der a_j von 0 verschieden sind; man benötigt also einen anderen Konvergenzbegriff.
2. Inwiefern kann man mit diesen Reihen rechnen?

Die Theorie der p-adischen Zahlen, von der Hensel wesentliche Aspekte entwickelte, beinhaltet eine präzise und höchst interessante Beantwortung dieser Fragen.

Zunächst zur zweiten Frage. Faßt man eine Reihe

$$\sum_{j=0}^{\infty} a_j = a_0 + a_1 g + a_2 g^2 + \ldots \qquad (2)$$

als formalen Ausdruck (oder als Folge $(a_j)_{j\geq 0}$) auf, so kann man damit wie folgt rechnen: Für festes n rechnet man mit dem Anfangsstück

$$a_0 + a_1 g + a_2 g^2 + \ldots + a_{n-1} g^{n-1}$$

wie im Restklassenring modulo g^n; macht man das für jedes $n \in \mathbb{N}$, so folgt aus den Gesetzen der Restklassenarithmetik, daß Addition, Subtraktion, Multiplikation und mit Einschränkung auch Division von formalen Ausdrücken (1) wohldefiniert sind. Beispielsweise ist

$$-1 \equiv \sum_{j=0}^{n-1} (g-1) g^j \mod g^n$$

für jeden Exponenten n (und für jede Grundzahl $g \geq 2$). Damit findet man die Zahl -1 auch bei den formalen Ausdrücken der Form (1), nämlich

$$-1 = \sum_{j=0}^{\infty} (g-1) g^j \qquad (3)$$

Die Restklassenarithmetik modulo g^n führt also zu einer Ringstruktur auf der Menge $\mathbb{Z}_g$ aller Reihen (1) mit Ziffern $a_j \in \{0, 1, \ldots, g-1\}$.

Den Ring $\mathbb{Z}_g$ bezeichnet man (nach Hensel) als *Ring der ganzen g-adischen Zahlen*; er enthält alle ganzen Zahlen sowie diejenigen Brüche, deren Nenner zu g teilerfremd ist. Der Ring $\mathbb{Z}_g$ ist genau dann nullteilerfrei, wenn g eine Primzahl ist. Ist $g = pq$

zusammengesetzt, so kann man die Struktur des Rings $\mathbb{Z}_g$ durch die Ringe $\mathbb{Z}_p$ und $\mathbb{Z}_q$ beschreiben. Man gewinnt also strukturelle Klarheit, ohne Allgemeinheit zu verlieren, indem man sich auf den Fall der p-adischen Zahlen, p Primzahl, konzentriert. Den Quotientenkörper von $\mathbb{Z}_p$ bezeichnet man als den Körper $\mathbb{Q}_p$ aller p-adischen Zahlen. Ein Element $x \in \mathbb{Q}_p$ kann man sich als unendliche Reihe

$$x = \frac{a_{-k}}{p^k} + \ldots + \frac{a_{-1}}{p} + a_0 + a_1 p + a_2 p^2 + \ldots$$

vorstellen, wobei sich die Arithmetik durch das Rechnen modulo p^n mit endlichen Teilstücken ergibt.

Zur ersten Frage. Es stellt sich heraus, daß $\mathbb{Q}_p$ auf natürliche Weise ein metrischer Raum ist, und daß der Ring $\mathbb{Z}_p \subset \mathbb{Q}_p$ darin kompakt ist. Zur Konstruktion der Metrik sei zunächst $r = a/b$ eine beliebige rationale Zahl $\neq 0$. Sind

$$a = \pm \prod_p p^{\alpha_p}, \qquad b = \prod_p p^{\beta_p}$$

die kanonischen Primfaktorenzerlegungen des Zählers a und des Nenners b (also $\alpha_p, \beta_p \geq 0$ und jeweils nur für endliche viele p von 0 verschieden), so definiert man den p-Exponent von r durch

$$\nu_p(r) \ := \ \nu_p\left(\frac{a}{b}\right) = \alpha_p - \beta_p\,.$$

Für ganze Zahlen $r = a$ ist $\nu_p(a)$ die größte ganze Zahl derart, daß $p^{\nu_p(a)}$ ein Teiler von a ist. Der p-adische Absolutbetrag oder p-Betrag einer rationalen Zahl r ist gegeben durch

$$|r|_p \ := \ \begin{cases} p^{-\nu_p(r)} & \text{für } r \neq 0, \\ 0 & \text{für } r = 0. \end{cases}$$

Der p-adische Absolutbetrag erfüllt die Bedingungen $|r|_p = 0 \Leftrightarrow r = 0$ und $|rs|_p = |r|_p \cdot |s|_p$, sowie die sog. ultrametrische Ungleichung

$$|r + s|_p \ \leq \ \max\{|r|_p, |s|_p\}.$$

Insbesondere definiert der p-adische Absolutbetrag eine Metrik, den p-Abstand auf $\mathbb{Q}$. Der p-Abstand läßt sich auf $\mathbb{Z}$ durch die Zugehörigkeit zu Restklassen modulo p^n veranschaulichen, denn es gilt:

$$|a - b|_p \leq p^{-n} \quad \Longleftrightarrow \quad a \equiv b \mod p^n.$$

Mittels des p-Abstands sind auch die Begriffe p-Konvergenz und p-Grenzwert erklärt. In diesem Sinne konvergiert die Reihe (1) für $g = p$ und jede beliebige Ziffernfolge (a_j). Ebenso ist, für $g = p$, Gleichung (2) so zu verstehen, daß -1 der p-Grenzwert der rechts stehenden Reihe ist.

Eine Ziffernfolge $(a_j)_{j=-k}^{\infty}$ nennt man p-adische Entwicklung einer p-adischen Zahl $x \in \mathbb{Q}_p$, wenn x der p-Grenzwert der Reihe

$$\sum_{j=-k}^{\infty} a_j p^j = \frac{a_{-k}}{p^k} + \ldots + \frac{a_1}{p} + a_0 + a_1 p + \ldots$$

ist. Damit besitzt wegen $\mathbb{Q} \subset \mathbb{Q}_p$ insbesondere jede rationale Zahl eine p-adische Entwicklung. Den Ring $\mathbb{Z}_p$ bzw. den Körper $\mathbb{Q}_p$ erhält man als Vervollständigung von $\mathbb{Z}$ bzw. $\mathbb{Q}$ bezüglich des p-Abstands.

Mit Hilfe des Begriffs der p-Konvergenz ist es möglich, auf den p-adischen Zahlen konvergente Potenzreihen zu betrachten und so ein gutes Stück der klassischen Analysis zu übertragen. Hinzu kommt noch eine p-adische Maß- und Integrationstheorie (Grundlage ist etwa ein Haarsches Maß auf der additiven Gruppe $(\mathbb{Q}_p, +)$).

Insgesamt stellen die p-adischen Zahlen eine Möglichkeit dar, die Analysis mit dem Rechnen in Restklassen modulo Primzahlpotenzen in enge Verbindung zu bringen, was z. B. bei der Analyse diophantischer Gleichungen wichtig ist.

***p*-adischer Absolutbetrag**, ↗p-adische Zahl.

Painlevé, Paul, französischer Mathematiker, Physiker und Politiker, geb. 5.12.1863 Paris, gest. 29.10.1933 Paris.

Painlevé studierte von 1883 bis 1887 an der Pariser Ecole Normale. Nach einem kürzeren Aufenthalt in Lille hatte er dann ab 1892 Lehraufträge an verschiedenen Pariser Hochschulen inne. 1900 wurde er wegen seiner bedeutenden mathematischen Leistungen in die Akademie der Wissenschaften gewählt, wandte sich aber bald darauf zunehmend der Politik zu. 1917 wurde er Kriegsminister, war kurzzeitig Premierminister, und bekleidete zwischen 1925 und 1930 noch verschiedene andere Kabinettsposten.

Nach einigen ersten mathematischen Arbeiten über rationale Transformationen algebraischer Kurven und Flächen widmete sich Painlevé sehr erfolgreich der Erforschung der Singularitäten von Lösungen gewisser gewöhnlicher Differentialgleichungen.

Innerhalb der Funktionentheorie arbeitete er über die Fortsetzbarkeit analytischer Funktionen; er entdeckte eine neue Klasse ganzer Funktionen als Lösung gewöhnlicher Differentialgleichungen zweiter Ordnung, die heute seinen Namen tragen. Später wandte er sich verstärkt der Mathematischen Physik, speziell dem n-Körper-Problem, zu.

Painlevé-Differentialgleichung, nichtlineare Differentialgleichung zweiter Ordnung der Form

$$\frac{d^2w}{dz^2} = R\left(\frac{dw}{dz}, w, z\right),$$

wobei R eine in w und w' rationale und in z analytische Funktion ist, deren Lösungen frei von beweglichen wesentlichen Singularitäten ist.

Diese Eigenschaft ist für lineare Differentialgleichungen trivialerweise immer erfüllt, schränkt aber die nichtlinearen Differentialgleichungen zweiter Ordnung vom oben genannten Typ, die sich nicht auf lineare Differentialgleichungen reduzieren lassen, derart ein, daß nur die folgenden sechs Painlevé-Differentialgleichungen verbleiben:

$$\frac{d^2w}{dz^2} = 6w^2 + z$$

$$\frac{d^2w}{dz^2} = 2w^3 + zw + a$$

$$\frac{d^2w}{dz^2} = \frac{1}{w}\left(\frac{dw}{dz}\right)^2 + e^z(aw^2 + b) + e^{2z}(cw^3 + \frac{d}{w}) \quad (bd \neq 0)$$

$$\frac{d^2w}{dz^2} = \frac{1}{2w}\left(\frac{dw}{dz}\right)^2 + \frac{3}{2}w^3 + 4zw^2 + 2(z^2 - a)w + \frac{b}{w}$$

$$\frac{d^2w}{dz^2} = \left(\frac{dw}{dz}\right)^2\left(\frac{1}{2w} + \frac{1}{w-1}\right) - \frac{w}{z} + \frac{(w-1)^2}{z^2}\left(aw + \frac{b}{w}\right) + c\frac{w}{z} + d\frac{w(w+1)}{w-1}$$

$$\frac{d^2w}{dz^2} = \left(\frac{dw}{dz}\right)^2\left(\frac{1}{w} + \frac{1}{w-1} + \frac{1}{w-z}\right) - \frac{dw}{dz}\left(\frac{1}{z} + \frac{1}{z-1} + \frac{1}{w-z}\right) + \frac{w(w-1)(w-2)}{z^2(z-1)^2} \cdot \left(a + b\frac{z}{w^2} + c\frac{z-1}{(w-1)^2} + d\frac{z(z-1)}{(w-z)^2}\right)$$

Hierbei sind a, b, c, d bis auf die notierten Ausnahmen beliebige komplexe Konstanten.

Die Lösungen dieser Differentialgleichungen sind die transzendenten Painlevé-Funktionen. Sie lassen sich nicht auf andere spezielle Funktionen zurückführen.

Formuliert man die analoge Frage für Differentialgleichungen erster Ordnung, so entstehen hierbei immer Funktionen, die rationale Ausdrücke in der Weierstraßschen $\wp$-Funktion sind.

Painlevé-Funktion, ↗Painlevé-Differentialgleichung.

Paley, Raymond Edward Alan Christopher, britischer Mathematiker, geb. 8.1.1907 Weymouth, gest. 7.4.1933 Banff (Alberta, Kanada).

Nach seiner Schulzeit in Eton studierte Paley von 1925 bis 1928 am Trinity College in Cambridge, wo er auch nach Beendigung seines Studiums eine Anstellung erhielt.

Paley war Schüler von Hardy und Littlewood. Er arbeitete sehr erfolgreich über Funktionenreihen, insbesondere Fourier-Reihen, und damit zusammenhängend auch über die Fourier-Transformation. Bekannt wurde sein Name vor allem durch die gemeinsam mit N. Wiener verfaßte sehr erfolgreiche Monographie „Fourier transforms in the complex domain", die 1934 erschien, speziell den nach beiden Autoren benannten Satz über die Fourier-Transformierte einer Funktion.

Paley-Wiener, Satz von, gibt Bedingungen an die Fourier-Transformierte $\hat{f}$ einer Funktion oder Distribution f, unter denen f kompakten Träger besitzt.

Ist $\hat{f}$ als Fourier-Transformierte von f eine analytische Funktion auf $\mathbb{C}^n$, so ist f dann und nur dann eine Distribution mit Träger in einer kompakten konvexen Menge K, wenn es Konstanten C und N und für alle $\varepsilon > 0$ Konstanten C_ε so gibt, daß

$$|\hat{f}(\xi)| \leq C_\varepsilon \exp\left(H_k(\mathrm{im}\,\xi) + \varepsilon|\xi|\right) \quad (\xi \in \mathbb{C}^n)$$

und

$$|\hat{f}(\xi)| \leq C(1 + |\xi|)^N \quad (\xi \in \mathbb{R}^n),$$

wobei $H_K(\eta) := \sup_{x\in K} x\eta$.

f ist sogar eine glatte Funktion, wenn es für alle N Konstanten C gibt, so daß

$$|\hat{f}(\xi)| \leq C(1 + |\xi|)^{-N} \quad (\xi \in \mathbb{R}^n)$$

gilt. Es ist hingegen leicht einzusehen, daß die Fouriertransformierte einer Distribution mit kompaktem Träger stets analytisch ist.

Pantograph, Gerät zum Vergrößern und Verkleinern von Zeichnungen und Figuren.

Der Pantograph besteht aus einem Gelenkparallelogramm $ABZD$, das um den Pol P bewegt werden kann; Fahrstift F, Zeichenstift Z und Pol P liegen auf einer Geraden.

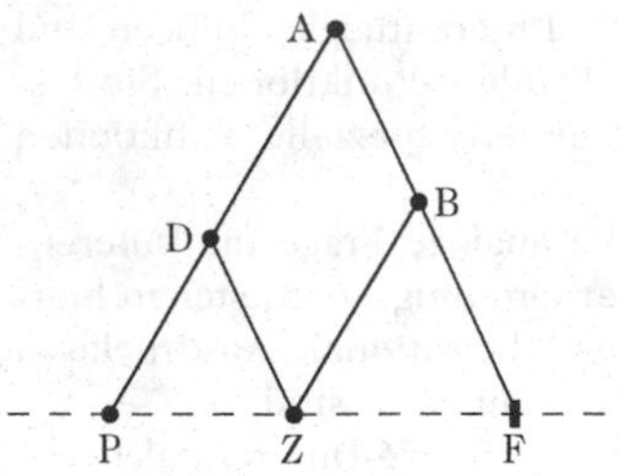

Pantograph

Das Umzeichnungsverhältnis ist $AB : AF$, für Vergrößerungen werden Z und F vertauscht.

panzyklischer Graph, ein ↗Graph G der Ordnung n, der Kreise aller Längen p mit $3 \le p \le n$ besitzt.

Als Verallgemeinerung des klassischen Satzes von Ore bewies A. Bondy 1971 hierzu das folgende Resultat.

Ist G ein Graph der Ordnung $n \ge 3$, und gilt für je zwei nicht adjazente Ecken x und y die Ungleichung

$$d_G(x) + d_G(y) \ge n ,$$

so ist G entweder panzyklisch, oder n ist gerade und G ist isomorph zum vollständigen bipartiten Graphen $K_{n/2,n/2}$.

Pape-Conradt, Algorithmus von, liefert mit der Komplexität $O(|E(G)|^3)$ ein maximales Matching in einem Graphen G.

Dieser Algorithmus von U. Pape und D. Conradt aus dem Jahre 1980 stellt eine Modifizierung des Edmonds-Algorithmus' (↗Edmonds, Algorithmus von) dar. Der wesentliche Unterschied besteht darin, daß Pape und Conradt die beim Algorithmus von Edmonds beschriebenen Kreise C ungerader Länge nicht zu einer Ecke zusammenziehen, sondern in zwei ↗alternierende Wege aufspalten.

Papperitz, Johannes Erwin, deutscher Mathematiker, geb. 17.5.1857 Dresden, gest. 5.8.1938 Bad Kissingen.

Papperitz studierte von 1875 bis 1878 in Leipzig, München, und wieder Leipzig, wo er auch bei Klein promovierte. Nach der Habilitation in Göttingen (1886) wurde Papperitz 1889 Professor an der TH Dresden. 1892 wurde er an die Bergakademie Freiberg berufen, wo er bis zu seiner Emeritierung 1927 blieb.

Papperitz befaßte sich von allem mit Beiträgen zur darstellenden Geometrie, wo er u. a. Modelle und Apparate zur Veranschaulichung geometrischer Gebilde entwickelte. Bekannt wurde sein Name allerdings eher durch seine Beiträge zu hypergeometrischen Funktionen und Differentialgleichungen.

Papperitz-Gleichung, eine ↗Fuchssche Differentialgleichung der Form

$$w'' + \left(\frac{1-\alpha-\alpha'}{z-a} + \frac{1-\beta-\beta'}{z-b} + \frac{1-\gamma-\gamma'}{z-c}\right)w' + \\ + \left[\frac{\alpha\alpha'(a-b)(a-c)}{z-a} + \frac{\beta\beta'(b-c)(b-a)}{z-b} + \right. \\ \left. + \frac{\gamma\gamma'(c-a)(c-b)}{z-c}\right]\frac{w}{(z-a)}(z-b)(z-c) = 0,$$

wobei a, b und c paarweise verschiedene komplexe Zahlen sind, und $\alpha + \alpha' + \beta + \beta' + \gamma + \gamma' = 1$ gilt.

Pappos, Satz von, ↗Papposche Geometrie.

Pappos (Pappus) von Alexandria, griechischer Mathematiker und Astronom, lebte um 300 n.Chr. in Alexandria (Ägypten).

Pappos war der letzte bedeutende griechische Mathematiker. Sein wichtigstes Werk war die Sammlung „Collectio", die 8 mathematische Arbeiten zur Geometrie beinhaltete. Er behandelte die Konstruktion von Strecken, die bestimmte Proportionen erfüllen (gesucht sind Längen x und y so, daß

$$a : x = x : y = y : b$$

für gegebene a und b), die Einbeschreibung der fünf regelmäßigen Polyeder in eine Kugel, die Diskussion verschiedener rationaler Kurven, und die Untersuchung von Berührungsaufgaben (z. B. das Auffinden eines Kreises, der drei andere gegebene Kreise berührt) sowie Extremwertaufgaben.

Pappos stützte sich in seinen Arbeiten auf viele Werke bedeutender Mathematiker, so z. B. Euklid, Archimedes, Konon, Eratosthenes, Apollonius, Nikomedes und Heron. Die von ihm gestellten Aufgaben regten unter anderem Descartes, Newton und Fermat zu ihren Forschungen an.

Papposche Geometrie, in ihren Grundlagen bereits im 3. Jahrhundert von Pappos (Pappus) von Alexandria entwickelte Geometrie der Ebene.

Pappos' geometrische Arbeiten beruhen auf den aus der Antike überlieferten Untersuchungen zur Geometrie der Ebene und reflektieren intensiv deren axiomatischen Aufbau. Gleichzeitig finden sich in den überlieferten, mehrere systematisch aufgebaute Bände umfassenden Werken von Pappos grundlegende eigene Arbeiten zur analytischen Geometrie der Ebene. Mit seinen Erkenntnissen zu Lagebeziehungen von Geraden der Ebene hat er intensiv zur Begründung analytischer Sichtweisen der Elementargeometrie beigetragen. So sagt ein auch heute noch nach ihm benannter Satz:

Wenn A_1, A_2, A_3 und B_1, B_2, B_3 je drei Punkte zweier sich schneidender Geraden darstellen, die von dem Schnittpunkt der Geraden verschieden sind, so liegen die Schnittpunkte der Verbindungsgeraden A_1B_2, A_2B_1 sowie A_1B_3, A_3B_1 und A_2B_3, A_3B_2 auf einer Geraden.

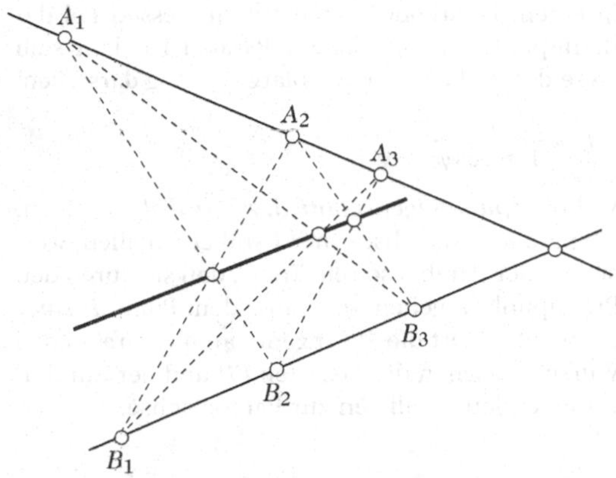

Zum Satz von Pappos

Darüber hinaus führt Pappos in seinen Arbeiten das Doppelverhältnis von vier Punkten sowie das Doppelverhältnis von vier Geraden ein. Er untersucht die Beziehungen zwischen diesen beiden Größen für den Fall eines von einer Geraden geschnittenen Geradenbüschels. Die erhaltene Identität führt unter anderem zu der Konsequenz, daß das Doppelverhältnis von vier Punkten eine Invariante unter projektiven Abbildungen ist.

Die von ihm im Kontext dieses Begriffes vorgenommenen Untersuchungen stellen eine entscheidende Grundlage der projektiven Geometrie dar, die erst viele Jahrhunderte später systematisch entwickelt worden ist. Die Gruppe der projektiven Transformationen kann dabei als Invarianzgruppe des Doppelverhältnisses definiert werden.

Im Rahmen des axiomatischen Aufbaus der projektiven Geometrie werden heute Pappossche Räume untersucht. Diese Räume sind durch das Bestehen eines Axioms gekennzeichnet, dessen Inhalt mit dem oben eingeführten Satz von Pappos identisch ist. Der Begriff Pappossche Geometrie wird zur Beschreibung der projektiven Geometrie Papposscher Räume verwendet.

Pappossche Regeln, gelegentlich verwendete Bezeichnung für die ↗Guldin-Regeln.

Papst Sylvester II., ↗Gerbert von Aurillac.

Papyrus Rhind, eine der Hauptquellen unserer Kenntnis der Mathematik im alten Ägypten.

Der Papyrus wurde angeblich um 1850 in den Ruinen von Theben entdeckt. Der britische Rechtsanwalt und Ausgräber Alexander Henry Rhind (1833–1863), der sich 1855/56 und 1856/57 in Ägypten aufhielt, kaufte ihn in Luxor, Rhinds Testamentvollstrecker wiederum verkaufte zwei Teile des „Papyrus Rhind" 1865 an das Britische Museum in London. Einige Fragmente aus dem Text zwischen den beiden Teilen wurden 1922 in New York aufgefunden, sie waren 1862/63 von dem amerikanischen Händler Edwin Smith in Luxor erworben worden. Die erste Veröffentlichung des Textes erfolgte 1877, die erste vollständige Textausgabe mit Kommentar gab es 1923.

Der Schreiber des „Papyrus Rhind" soll der Kopist Ahmes (16. Jh. v.Chr.) gewesen sein, der den Text von einer älteren Vorlage aus dem 17. Jh. v.Chr. abgeschrieben hat. Im Papyrus Rhind finden wir das ägyptische Zahlensystem und die Durchführung der elementaren Rechenoperationen für positive ganze Zahlen, wobei die Multiplikation auf die Addition, die Division auf die Approximation des Dividenden durch Vielfache bzw. Teile des Divisors zurückgeführt wurden. Charakteristisch für die Rechentechnik war das fortgesetzte Verdoppeln und Halbieren, Quadrieren und Radizieren sind durch einfache Zahlenbeispiele belegt. Für das Rechnen mit positiven rationalen Zahlen war ein kompliziertes Verfahren über das ausschließliche Verwenden von Stammbrüchen in Gebrauch.

Im „Papyrus Rhind" findet man die Lösung linearer Gleichungen, die Berechnung einfachster Flächen (Rechteck, Dreieck, Trapez), einfachster Körper (Würfel, Kreiszylinder), und die Behandlung arithmetischer und geometrischer Reihen.

Die Berechnungen sind niemals „allgemein", sondern immer an konkrete Zahlenwerte gebunden und behandeln die praktischen Probleme, die im Verwaltungswesen (Feldmessung, Steuern und Abgaben, Bauwesen) auftraten.

Parabel, unendlich ausgedehnte ↗Kurve zweiter Ordnung.

I. *Funktionsgraphen von quadratischen Funktionen* f mit $f(x) = ax^2 + bx + c$ (mit $a \neq 0$) sind Parabeln, für den speziellen Fall $f(x) = x^2$ spricht man auch von der Normalparabel, wobei die an-

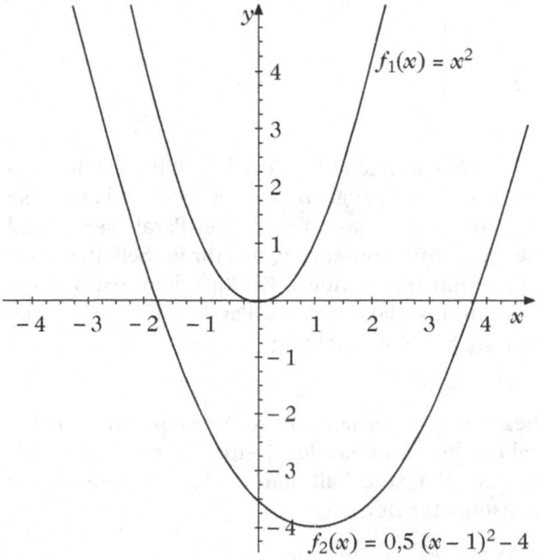

deren Parabeln durch Ähnlichkeitsabbildungen aus der Normalparabel hervorgehen.

II. *Parabel als Kegelschnitt*. Eine Parabel ist Schnittfigur einer Ebene ε und eines Doppelkegels K, wobei ε nicht durch die Spitze von K verlaufen darf, und der Winkel β zwischen ε und der Kegelachse gleich dem halben Öffnungswinkel α des Kegels sein muß (↗Kegelschnitt).

III. *Ortsdefinition der Parabel*. Eine Parabel ist die Menge aller Punkte P einer Ebene, für die der Abstand von einem festen Punkt F gleich dem Abstand von einer festen Geraden l ist:

$$|PF| = d(P, l)\,.$$

Der Punkt F wird als Brennpunkt, die Gerade l als Leitlinie der Parabel bezeichnet. Der Abstand p des Brennpunktes von der Leitlinie heißt Halbparameter der Parabel. Die zur Leitlinie l senkrechte Gerade durch den Brennpunkt wird Achse, und der Schnittpunkt einer Parabel mit ihrer Achse Scheitelpunkt der Parabel genannt.

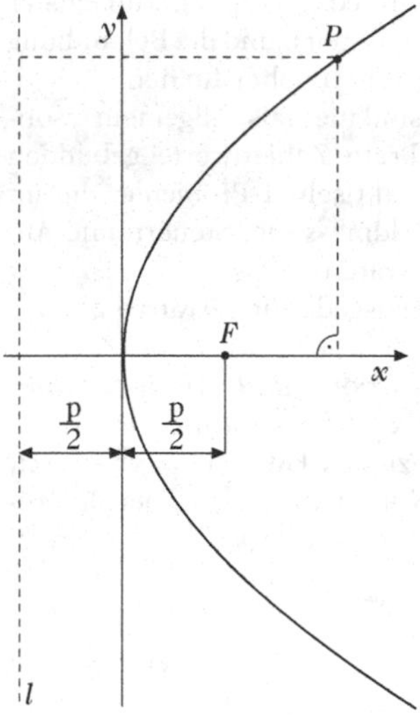

IV. *Gleichungen der Parabel*. Wird ein Koordinatensystem bezüglich einer gegebenen Parabel so gewählt, daß die x–Achse mit der Parabelachse und der Koordinatenursprung mit ihrem Scheitel übereinstimmt (die y–Achse verläuft dann parallel zur Leitlinie), so läßt sich die Parabel durch die sogenannte Scheitelgleichung

$$y^2 = 2p\,x$$

beschreiben. Verläuft die x–Achse parallel zur Parabelachse, und hat der Brennpunkt die Koordinaten (x_0, y_0), so erhält man als Parabelgleichung in achsenparalleler Lage

$$(y - y_0)^2 = 2p\,(x - x_0)\,.$$

In einem Polarkoordinatensystem, dessen Pol der Brennpunkt der gegebenen Parabel ist, läßt sich diese durch die folgende Polargleichung darstellen:

$$r = \frac{p}{1 + \cos\varphi}\,.$$

V. *Brennpunkteigenschaft der Parabel*. Strahlen, die parallel zur Achse einer Parabel einfallen, werden an der Parabel so reflektiert, daß sie durch den Brennpunkt F gehen, d. h., in jedem Punkt P einer Parabel halbiert die ↗Tangente an die Parabel den Winkel zwischen der Geraden FP und der durch P verlaufenden Parallelen zur Parabelachse.

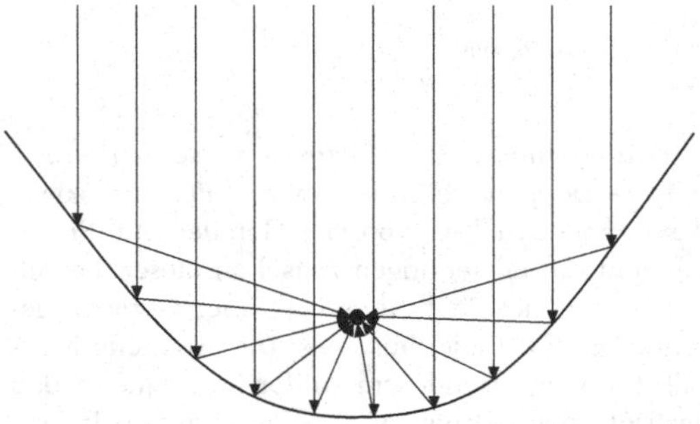

Umgekehrt werden Brennpunktstrahlen bei der Reflexion an einer Parabel zu Parallelstrahlen – eine Tatsache, die etwa bei Scheinwerfern Anwendung findet.

Parabelsektor, durch den Parabelbogen zwischen zwei Punkten P_1 und P_2 einer ↗Parabel und die beiden Verbindungsstrecken des Brennpunktes F der Parabel mit P_1 bzw. P_2 begrenzte Fläche.

Parabelzeichner, ein ↗Kurvenzeichner zum Zeichnen der Parabel $y^2 = 2px$.

Er benutzt unterschiedliche geometrische Eigenschaften der Parabel, z. B., daß die Länge der Subtangente $S_t = 2x$ und die der Subnormalen $S_n = p$ ist.

parabolische Differentialgleichung, ↗Klassifikation partieller Differentialgleichungen.

parabolische Quadrik, die ↗Quadrik vom Index $\frac{d}{2}$ im projektiven Raum der geraden Dimension d.

Die Punkte einer parabolischen Quadrik lassen sich in homogenen Koordinaten beschreiben durch die Gleichung

$$x_0^2 + x_1x_2 + x_3x_4 + \cdots + x_{d-1}x_d = 0.$$

parabolische Zylinderfunktion, Lösung der Differentialgleichung in z

$$\frac{d^2w}{dz^2} + (Az^2 + Bz + C)w = 0$$

mit beliebigen komplexen Parametern A, B und C.

Durch elementare Substitution kann man diese Differentialgleichung immer in eine der folgenden Normalformen bringen:

$$\frac{d^2w}{dz^2} - \left(\frac{1}{4}z^2 + a\right)w = 0 \qquad (1)$$

$$\frac{d^2w}{dz^2} + \left(\frac{1}{4}z^2 - a\right)w = 0 \qquad (2)$$

Eine Lösung $w(a,z)$ der obigen Differentialgleichung wird zusätzlich durch die Substitution

$$z \to ze^{i\pi/4}\,, \quad a \to -ia$$

in eine Lösung der zweiten Differentialgleichung überführt, d. h. $w(-ia, ze^{i\pi/4})$ ist damit schon eine Lösung der zweiten Gleichung. Man würde also auch mit einer Normalform auskommen, sucht jedoch in der Praxis häufig reelle Lösungen einer reellen Variablen und vermeidet es, die Lösungen in der ganzen komplexen Ebene zu betrachten.

Die Symmetrie der Parabel drückt sich auch in den Eigenschaften der Lösungen von (1) und (2) aus. Ist nämlich $w(a,z)$ Lösung einer dieser Differentialgleichung, so sind auch

$$w(a,-z)\,, \quad w(-a, iz) \quad w(-a,-iz)$$

Lösungen derselben Differentialgleichung. Man erhält auf diese Weise für fast alle Werte von a zwei linear unabhängige Lösungen durch Punktspiegelung am Ursprung.

Die parabolische Differentialgleichung ist auch in der theoretischen Physik von Interesse. Sie stellt gerade die stationäre Schrödingergleichung eines Quantenteilchens in einem parabolischen Potential dar, ist also die quantenmechanische Version des harmonischen Oszillators. Fordert man von den Lösungen – aus physikalischen Gründen – $L^2(\mathbb{R})$-Integrierbarkeit, so schränkt dies die Wahl des Parameters a auf die Werte

$$a = -n - \frac{1}{2}\,, \quad n \in \mathbb{N}_0\,,$$

ein, und die parabolischen Zylinderfunktionen degenerieren bis auf einen Vorfaktor $e^{-z^2/4}$ zu Polynomen in z, den ↗Hermite-Polynomen. Nur in diesem Falle kann man die zweite linear unabhängige Lösung nicht einfach durch Spiegelung gewinnen, da die Hermite-Polynome entweder gerade oder ungerade Funktionen von z sind.

Für den Fall eines beliebigen Parameters a stellen sich die parabolischen Zylinderfunktionen in der ↗konfluenten hypergeometrischen Funktion $M = {}_1F_1$ dar. Zwei linear unabhängige Lösungen der Normalform (1) sind gegeben durch

$$\begin{aligned} w_1(a,z) &= e^{-z^2/4}M\left(\frac{a}{2}+\frac{1}{4}, \frac{1}{2}, \frac{z^2}{2}\right) \\ &= e^{z^2/4}M\left(-\frac{a}{2}+\frac{1}{4}, \frac{1}{2}, -\frac{z^2}{2}\right) \\ w_2(a,z) &= ze^{-z^2/4}M\left(\frac{a}{2}+\frac{3}{4}, \frac{3}{2}, \frac{z^2}{2}\right) \\ &= ze^{z^2/4}M\left(-\frac{a}{2}+\frac{3}{4}, \frac{3}{2}, -\frac{z^2}{2}\right) \end{aligned}$$

Lösungen der Normalform (2) erhält man dann durch die Substitution $a \to -ia$ und $z \to ze^{i\pi/4}$.

Unter Verwendung der Differentialgleichung kann man nun die folgenden Rekursionsformeln beweisen:

$$\begin{aligned} w_1'(a,z) + \frac{z}{2}w_1(a,z) &= \left(a+\frac{1}{2}\right)w_2(a+1,z) \\ w_1'(a,z) - \frac{z}{2}w_1(a,z) &= \left(a-\frac{1}{2}\right)w_2(a-1,z) \\ w_2'(a,z) + \frac{z}{2}w_2(a,z) &= w_1(a+1,z) \\ w_2'(a,z) - \frac{z}{2}w_2(a,z) &= w_1(a-1,z) \end{aligned}$$

Mitunter wählt man statt w_1 und w_2 auch einen anderen Satz linear unabhängiger Lösungen, nämlich die Funktionen U und V, gegeben durch

$$\begin{pmatrix} U(a,z) \\ \Gamma(\frac{1}{2}-a)V(a,z) \end{pmatrix} = \frac{1}{\sqrt{\pi}}\begin{pmatrix} \cos\vartheta & -\sin\vartheta \\ \sin\vartheta & \cos\vartheta \end{pmatrix} \begin{pmatrix} \frac{\Gamma(\frac{1}{4}-\frac{a}{2})}{2^{\frac{a}{2}+\frac{1}{4}}}w_1(a,z) \\ \frac{\Gamma(\frac{3}{4}-\frac{a}{2})}{2^{\frac{a}{2}-\frac{1}{4}}}w_2(a,z) \end{pmatrix},$$

$$\text{wobei } \vartheta = \pi\left(\frac{1}{4}+\frac{a}{2}\right).$$

Die Funktion U ist auch unter dem Namen Whittaker-Funktion geläufig. Man verwendet für sie unter diesem Namen noch die Notation

$$D_{-a-1/2}(z) := U(a,z)\,.$$

Für den Fall $a+\frac{1}{2} \notin -\mathbb{N}_0$ erhält man V sogar einfach durch eine Linearkombination der Funktion U und der gespiegelten Funktion:

$$V(a,z) = \frac{\Gamma\left(\frac{1}{2}+a\right)}{\pi}\left(U(a,z)\sin(\pi a) + U(a,-z)\right).$$

Im Falle $a+\frac{1}{2} = -n \in -\mathbb{N}_0$ ist U gerade eine Hermitefunktion

$$\begin{aligned} U(-n-\frac{1}{2}, z) &= 2^{-n/2}e^{-x^2/4}H_n(x/\sqrt{2})\,, \\ V(n+\frac{1}{2}, z) &= 2^{-n/2}e^{x^2/4}(-i)^nH_n(ix/\sqrt{2})\,, \end{aligned}$$

die entweder gerade oder ungerade ist, sodaß sich auf diese Weise keine linear unabhängige Funktion gewinnen läßt. Die Gamma-Funktion im Vorfaktor divergiert gerade an diesen Stellen.

Die Werte von U, V und deren Ableitung am Ursprung sind:

$$\begin{aligned} U(a,0) &= \frac{\sqrt{\pi}}{2^{\frac{a}{2}+\frac{1}{4}}\Gamma(\frac{3}{4}+\frac{a}{2})} \\ U'(a,0) &= -\frac{\sqrt{\pi}}{2^{\frac{a}{2}-\frac{1}{2}}\Gamma(\frac{1}{4}+\frac{a}{2})} \\ V(a,0) &= \frac{2^{\frac{a}{2}+\frac{1}{4}}\sin\pi\left(\frac{3}{4}-\frac{a}{2}\right)}{\Gamma(\frac{3}{4}-\frac{a}{2})} \\ V'(a,0) &= \frac{2^{\frac{a}{2}+\frac{3}{4}}\sin\pi\left(\frac{1}{4}-\frac{a}{2}\right)}{\Gamma(\frac{1}{4}-\frac{a}{2})} \end{aligned}$$

Die Wronski-Determinante der Lösungen U und V ist gegeben durch

$$\mathcal{W}(U(a,\cdot),V(a,\cdot)) = \sqrt{\frac{2}{\pi}}\ .$$

Die Lösungen U und V sind so definiert, daß für $z = x \in \mathbb{R}$, $z >> |a|$ die folgenden asymptotischen Reihen gelten:

$$U(a,x) \sim e^{-x^2/4}x^{-a-1/2}\left(1 - \frac{\left(a+\frac{1}{2}\right)\left(a+\frac{3}{2}\right)}{2x^2} + \right.$$
$$\left. + \frac{\left(a+\frac{1}{2}\right)\left(a+\frac{3}{2}\right)\left(a+\frac{5}{2}\right)\left(a+\frac{7}{2}\right)}{2\cdot 4x^2} + \cdots\right)$$
$$V(a,x) \sim \sqrt{\frac{2}{\pi}}e^{-x^2/4}x^{-a-1/2}\left(1 + \frac{\left(a-\frac{1}{2}\right)\left(a-\frac{3}{2}\right)}{2x^2} + \right.$$
$$\left. + \frac{\left(a-\frac{1}{2}\right)\left(a-\frac{3}{2}\right)\left(a-\frac{5}{2}\right)\left(a-\frac{7}{2}\right)}{2\cdot 4x^2} + \cdots\right)$$

Insbesondere ist also immer $U \in L^2(\mathbb{R}^+)$.

Es gilt ferner die folgende Integraldarstellung für U als ein Hankelsches Schleifenintegral, vorausgesetzt, daß $a + \frac{1}{2}$ nicht in $\mathbb{N}$ ist:

$$U(a,z) = \frac{\Gamma(\frac{1}{2}-a)}{2\pi i}e^{-z^2/4}\int_{-\infty}^{(0+)} e^{zs-s^2/2}s^{a-1/2}\,ds$$

Der Integrationspfad startet dabei bei $-\infty$ auf der negativen reellen Achse, umrundet den Ursprung im mathematisch positiven Sinne und kehrt auf gleichem Wege nach $-\infty$ zurück.

Für die zweite Normalform ist ein anderer Satz von linear unabhängiger Lösungen gebräuchlich, nämlich die Funktionen

$$W(a,\pm z) := \frac{(\cosh\pi a)^{1/4}}{2\sqrt{\pi}}$$
$$|\Gamma\left(\frac{1}{4}+\frac{i}{2}a\right)|w_1(a,z) \mp |\Gamma\left(\frac{3}{4}+\frac{i}{2}a\right)|w_2(a,z),$$

wobei schon $W(a,z)$ und $W(a,-z)$ linear unabhängig sind, es ist nämlich durch die Wahl der Vorfaktoren $\mathcal{W}(W(a,z),W(a,-z)) = 1$, sowie die (selbst für reelle z komplexen) Lösungen E und E^*, definiert durch

$$\begin{aligned} E(a,z) &:= k^{-1/2}W(a,z) + ik^{1/2}W(a,-z) \\ E^*(a,z) &:= k^{-1/2}W(a,z) - ik^{1/2}W(a,-z) \\ \text{mit}\quad & k := \sqrt{1+e^{2\pi a}} - e^{\pi a}\,, \end{aligned}$$

womit dann $\mathcal{W}(E(a,\cdot),E^*(a,\cdot)) = -2i$.

[1] Abramowitz, M.; Stegun, I.A.: Handbook of Mathematical Functions. Dover Publications, 1972.

[2] Buchholz, H.: Die konfluente hypergeometrische Funktion. Springer-Verlag, 1953.

parabolischer Punkt, ein Punkt einer regulären Fläche $\mathcal{F} \subset \mathbb{R}^3$, in dem eine der beiden ↗Hauptkrümmungen gleich Null ist.

Ein Zylinder und ein Kegel bestehen nur aus parabolischen Punkten.

In einem parabolischen Punkt verschwindet die ↗Gaußsche Krümmung von $\mathcal{F}$.

parabolischer Zylinder, eine Fläche zweiten Grades im dreidimensionalen Raum.

In der Normaldarstellung wird sie durch die implizite Gleichung

$$\frac{x^2}{a^2} + 2by = 0$$

beschrieben.

Paraboloid, unendliche Fläche zweiter Ordnung ohne Mittelpunkt.

Man unterscheidet zwei Arten von Paraboloiden, elliptische und hyperbolische Paraboloide. Hyperbolische Paraboloide werden auch als Sattelflächen bezeichnet.

Elliptisches Paraboloid

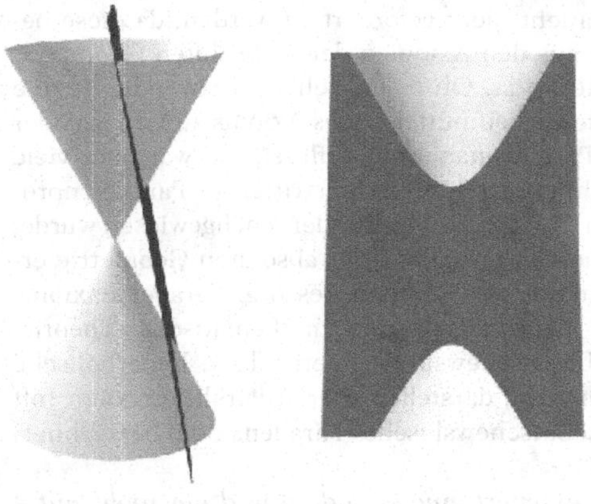

Hyperbolisches Paraboloid

In einem geeigneten (z. B. durch ↗Hauptachsentransformation zu bestimmenden) Koordinatensystem wird ein elliptisches Paraboloid durch eine Gleichung der Form

$$\frac{x^2}{p} + \frac{y^2}{q} = 2z \quad (\text{mit } p > 0\,,\ q > 0) \tag{1}$$

und ein hyperbolisches Paraboloid durch eine Gleichung der Form

$$\frac{x^2}{p} - \frac{y^2}{q} = 2z \quad (\text{mit } p > 0\,,\ q > 0) \tag{2}$$

beschrieben.

Die Schnittkurven eines durch (1) oder (2) dargestellten Paraboloids mit Ebenen, welche die z-Achse enthalten, sind ↗Parabeln. Die Schnittkurven eines durch (1) beschriebenen elliptischen Paraboloids mit auf der z-Achse senkrecht stehenden Ebenen, die oberhalb der (x, y)-Ebene liegen, sind ↗Ellipsen und für den Spezialfall $p = q$ Kreise. In letzterem Fall handelt es sich um ein ↗Rotationsparaboloid.

Betrachtet man die Schnitte von auf der z-Achse senkrecht stehenden Ebenen, die nicht durch den Koordinatenursprung verlaufen, mit einem hyperbolischen Paraboloid entsprechend (2), so erhält man als Schnittkurven ↗Hyperbeln. Hingegen schneidet die (x, y)-Ebene aus dem hyperbolischen Paraboloid ein Paar von Geraden mit den Gleichungen

$$\frac{x}{a} + \frac{y}{b} = 0 \quad \text{und} \quad \frac{x}{a} - \frac{y}{b} = 0$$

aus, die als Scheitelgeraden bezeichnet werden.

Das hyperbolische Paraboloid ist die einzige nicht entartete Fläche zweiten Grades, die in keinem Falle eine Rotationsfläche darstellt und auch nicht durch eine Verzerrung in eine solche überführt werden kann (was z. B. bei den elliptischen Paraboloiden möglich ist).

Paradoxon, scheinbar widersprüchlicher Sachverhalt.

Im Gegensatz zum Paradoxon steht die ↗Antinomie, die einen tatsächlich widerspüchlichen Sachverhalt bezeichnet.

Als Beispiel für ein Paradoxon sei das Banach-Tarskische Kugelparadoxon genannt (↗Auswahlaxiom), als Beispiel für eine Antinomie die ↗Russellsche Antinomie.

parakompakter Raum, ein topologischer Hausdorffraum X mit der Eigenschaft, daß jede offene Überdeckung von X eine offene lokalendliche Verfeinerung besitzt. Dabei nennt man eine Familie $(A_i)_{i\in I}$ lokalendlich, wenn jedes $x \in X$ eine Umgebung besitzt, welche höchstens endlich viele A_i schneidet.

Jeder kompakte oder metrisierbare Raum ist parakompakt. Parakompakte Räume sind normal (↗Trennungsaxiome).

Parallaxe, der Winkel zwischen zwei Geraden, die einen festen Punkt mit zwei Beobachtungspunkten verbinden, wobei deren Abstand, die sog. Basis, als bekannt vorausgesetzt wird.

parallel, ↗Parallelität.

parallel distributed processing, ↗parallel verteilte Verarbeitung.

parallel verschobener Vektor, ein längs einer auf einer Fläche $\mathcal{F} \subset \mathbb{R}^3$ verlaufenden Kurve $\alpha(t)$ definiertes, zu $\mathcal{F}$ tangentielles Vektorfeld konstanter Länge, das mit dem Tangentialvektor $\dot\alpha(t)$ einen konstanten Winkel einschließt.

Genauer müßte der Begriff also parallel verschobenes Vektorfeld lauten. Mit ihm verallgemeinert man die anschauliche elementargeometrische Vorstellung von einem Vektor, der entlang einer Geraden der Ebene $\mathbb{R}^2$ oder des Raumes $\mathbb{R}^3$ so bewegt wird, daß er dabei seine Länge bewahrt und mit dem ↗Richtungsvektor der Geraden einen konstanten Winkel bildet.

Die obige Definition läßt sich mit analogem Wortlaut auf Felder $\mathfrak{s}(t)$ von Tangentialvektoren verallgemeinern, die entlang von Kurven $\alpha(t)$ einer n-dimensionalen ↗Riemannschen Mannigfaltigkeit M definiert sind.

Wählt man lokale Koordinaten $x_1, \dots, x_n$ auf M, so erhält man parametrische Darstellungen $\alpha(t) = (x_1(t), \dots, x_n(t))$ und $\mathfrak{s}(t) = (s_1(t), \dots, s_n(t))$ von α bzw. $\mathfrak{s}$.

Die Eigenschaft, parallel verschobener Vektor zu sein, wird in äquivalenter analytischer Form durch das folgende System linearer Differentialgleichungen für die Komponenten $s_i(t)$ von $\mathfrak{s}(t)$ beschrieben:

$$\frac{ds_k}{dt} = \sum_{i=1}^{n}\sum_{j=1}^{n} \Gamma_{ij}^k(x_1(t), \dots, x_n(t))\, s_i\, \frac{dx_j(t)}{dt}, \tag{1}$$

in dem die Γ_{ij}^k die ↗Christoffelsymbole des ↗Levi-Civita-Zusammenhangs von M sind. Folglich sind parallel verschobene Vektorfelder allein durch den Zusammenhang charakterisiert, sodaß man diesen Begriff mit Hilfe der Gleichung (1) auch auf anderen Mannigfaltigkeiten definieren kann, die mit einem linearen oder affinen Zusammenhang versehen sind.

Siehe auch ↗geodätisch parallele Vektoren.

parallel verteilte Verarbeitung, *parallel distributed processing*, vor allem in der angelsächsischen Literatur benutzter Sammelbegriff für die konkrete Implementierung ↗Neuronaler Netze.

Die Bezeichnung ist insbesondere durch die in den achtziger Jahren erfolgten Publikationen der um David Rumelhart und James McClelland an der University of California in San Diego arbeitenden Wissenschaftlergruppe (PDP Research Group) bekannt gemacht geworden.

parallele Berechnung, Ausführung eines ↗parallelen Algorithmus, bei Nutzung mehrerer Ressourcen (Prozessoren) zur gleichzeitigen oder simultanen Abarbeitung mehrerer Teilberechnungen.

parallele Elemente, Elemente p, q der ↗kombinatorischen Prägeometrie S mit dem Abschlußoperator $\bar{\cdot}$, falls $p \neq q$ und $\bar{p} = \bar{q}$.

parallele Geraden, zwei oder mehrere Geraden in der Ebene, die sich (im Sinne der Euklidischen Geometrie) im Endlichen nicht schneiden, also konstanten Abstand voneinander haben.

Im Raum hingegen muß der erste Teil dieser Definition gestrichen werden, da es dort durchaus Geraden gibt, die sich weder schneiden noch parallel sind. Solche Geraden nennt man ↗windschief.

Siehe auch ↗Parallelgeradenpaar und ↗Parallelität.

parallele Kanten, ↗ Pseudograph.

Parallelebenenpaar, entartete Fläche zweiten Grades im dreidimensionalen Raum.

In der Normaldarstellung wird sie durch die implizite Gleichung $x^2/a^2 = 1$ beschrieben.

Parallelen eines Hyperboloids, geschlossene Krümmungslinien eines einschaligen Hyperboloids im $\mathbb{R}^3$.

Die Parallellen entstehen durch Schnitte des Hyperboloids mit einer Schar dazu konfokaler Ellipsoide.

Parallelenaxiom, Axiom, welches für die ↗euklidische Geometrie die Eindeutigkeit paralleler Geraden festlegt (↗Axiome der Geometrie):

Zu jeder Geraden g und zu jedem nicht auf g liegenden Punkt P existiert höchstens eine Gerade h, die zu g parallel ist und durch P verläuft.

Dies ist zu unterscheiden vom ↗Parallelenaxiom des Euklid.

Die Existenz von parallelen Geraden zu einer Geraden g durch jeden nicht auf g liegenden Punkt P braucht nicht gefordert zu werden, da diese bereits aus den Axiomen der ↗absoluten Geometrie ableitbar ist. Ob es tatsächlich notwendig ist, die Eindeutigkeit mittels eines Axioms zu fordern oder das Parallelenaxiom überflüssig ist, war über viele Jahrhunderte hinweg umstritten (↗Parallelenproblem), bis im 19. Jahrhundert nachgewiesen wurde, daß auch die Axiome der absoluten Geometrie ergänzt um die Negation des o. g. Parallelenaxioms eine widerspruchsfreie mathematische Theorie, die Lobatschewski-Geometrie bzw. hyperbolische Geometrie, darstellen. Deren Parallelenaxiom (oft als Lobatschewskisches Parallenaxiom bezeichnet) lautet:

Es existiert eine Gerade g und ein nicht auf g liegender Punkt P, durch den mindestens zwei Geraden verlaufen, die zu g parallel sind.

Parallelenaxiom des Euklid, als Axiom bezeichnetes Postulat, welches die Eindeutigkeit paralleler Geraden festlegt.

Euklid formulierte in seinen „Elementen" anstelle des heute so bezeichneten ↗Parallelenaxioms zunächst die folgende, als *V. Euklidisches Postulat* oder Parallenpostulat bekannte Aussage:

„Endlich, wenn eine gerade Linie zwei gerade Linien trifft und mit ihnen auf derselben Seite innere Winkel bildet, die zusammen kleiner sind als zwei Rechte, so sollen die beiden geraden Linien, ins Unendliche verlängert, schließlich auf der Seite zusammentreffen, auf der die Winkel liegen, die zusammen kleiner sind als zwei Rechte."

Erst gegen Ende des 18. Jahrhunderts wurde dieses Parallelpostulat von dem englischen Pädagogen John Playfair durch das wesentlich einfacher formulierte Parallelenaxiom ersetzt. Tatsächlich sind das V. Postulat und das Parallelenaxiom auf der Grundlage der übrigen ↗Axiome der Geometrie zueinander äquivalent.

Parallelenproblem, Problem der Beweisbarkeit des ↗Parallelenaxioms.

Von der Veröffentlichung der „Elemente" des Euklid (ca. 325 v. Chr.) an bis in das 19. Jahrhundert hinein versuchten viele Mathematiker, das ↗Parallelenaxiom des Euklid aus den anderen Axiomen und Postulaten der ↗euklidischen Geometrie abzuleiten und damit als Axiom (bzw. Postulat) überflüssig zu machen. In ihren unzähligen Beweisversuchen setzten sie aber immer wieder Aussagen als selbstverständlich voraus, die letztendlich zum Parallelenaxiom äquivalent sind, wie z. B. den Innenwinkelsatz für Dreiecke, die Existenz ähnlicher (aber dabei nicht kongruenter) Figuren oder die Tatsache, daß Abstandslinien Geraden sind.

Begünstigt wurde die lange und erfolglose Suche nach einem Beweis für das Parallelenpostulat unter anderem durch die nicht ganz exakte Formulierung der Axiome und Postulate in den Elementen, zudem sich das Verständnis von mathematischer Strenge und konsequent axiomatisch-deduktivem Aufbau erst im 18. und zu Beginn des 19. Jahrhunderts rapide entwickelte (u. a. mit der Entwicklung des ersten völlig exakten Axiomensystems der Geometrie durch David Hilbert, ↗Axiome der Geometrie). Die Bedeutung, die dem Parallenproblem beigemessen wurde, verdeutlicht der folgende Ausschnitt aus einem Brief des ungarischen Mathematikers Farkas (Wolfgang) Bolyai an seinen Sohn Janos (1820):

Du darfst die Parallelen nicht auf jenem Wege versuchen; ich kenne diesen Weg bis an sein Ende – auch ich habe diese bodenlose Nacht durchmessen, jedes Licht, jede Freude meines Lebens sind in ihr ausgelöscht worden – ich beschwöre Dich bei Gott – laß die Lehre von den Parallelen in Frieden ... sie kann Dich um all Deine Ruhe, Deine Gesundheit und um Dein ganzes Lebensglück bringen. ... Wenn ich die Parallelen hätte entdecken können, so wäre ich ein Engel geworden ... . Es ist unbegreiflich, daß diese unabwendbare Dunkelheit, diese ewige Sonnenfinsternis, dieser Makel der Geometrie zugelassen wurde, diese ewige Wolke an der jungfräulichen Wahrheit.

Letztendlich gehörte Janos Bolyai neben Carl Friedrich Gauß und Nikolai Iwanowitsch Lobatschewski zu den drei Mathematikern, die (weitestgehend unabhängig voneinander) das Parallenproblem auf eine völlig unerwartete Weise lösten, indem sie zeigten, daß der Beweis des Parallelenaxioms aus den Axiomen der ↗absoluten Geometrie *nicht möglich* ist. Dazu entwickelten sie die ↗nichteuklidische Geometrie, eine Geometrie, in der alle Axiome der absoluten Geometrie und die Negation des euklidischen Parallenaxioms gelten.

Parallelepiped, ↗Prisma, ↗Spat.

paralleler Algorithmus, endliche und durchführbare Beschreibung eines Verfahrens, in der einzelne Bestandteile als simultan ausführbar ausgewiesen sind.

Zur parallelen Abarbeitung solch simultan ausführbarer Teile (Prozesse) sind jeweils eigene Ressourcen (Prozessoren) erforderlich. Sind nicht genügend Ressourcen für die simultane Abarbeitung aller ausgewiesenen Prozesse vorhanden, gestatten die meisten parallelen Algorithmen auch die Nacheinander- bzw. ineinander verschränkte Ausführung von mehreren Prozessen auf ein und demselben Prozessor.

Parallele Berechnungen können synchron (alle Prozessoren werden gemeinsam gesteuert und arbeiten je einen Berechnungsschritt gleichzeitig ab) oder asynchron (die Prozessoren arbeiten unabhängig voneinander, evtl. auch unterschiedlich schnell) stattfinden. Prozesse können untereinander Daten austauschen, wozu die Konzepte des gemeinsamen Speichers (Speicherzellen, die von mehreren Prozessoren gelesen und geschrieben werden können) und des Nachrichtenaustauschs (Prozessoren sind durch ein Netzwerk von Datenkanälen verbunden, durch die Nachrichten ausgetauscht werden können) existieren.

Parallele Algorithmen gestatten für viele Probleme eine schnellere Bearbeitung als sequentielle Algorithmen. Die Beschleunigung hängt davon ab, wie viele verschiedene Teilprobleme simultan abarbeitbar sind, und wie viele Prozessoren zur tatsächlich simultanen Abarbeitung zur Verfügung stehen (↗Beschleunigungsfaktor bei Parallelisierung). Der Beschleunigung entgegen wirken Probleme der Koordination der parallelen Abarbeitung (z. B. Nachrichtenaustausch, Prozessorzuordnung zu Prozessen, Zugriff auf gemeinsam genutzten Speicher). Außerdem sind parallele Systeme normalerweise wesentlich komplexer als serielle Systeme und erfordern daher oft zusätzliche Maßnahmen zur Tolerierung von Ausfällen oder Fehlern in einzelnen Komponenten.

Parallelgeradenpaar, entartete Kurve zweiten Grades in der Ebene.

In der Normaldarstellung wird sie durch die implizite Gleichung $x^2/a^2 = 1$ beschrieben.

Parallelisierbarkeit der Sphäre S^n, ist nur für $n = 0, 1, 3$ und 7 möglich.

Parallelisierbarkeit des reell-projektiven Raums $\mathbb{P}^n$, ist nur für $n = 0, 1, 3$ und 7 möglich.

Parallelisierbarkeit einer n-dimensionalen Mannigfaltigkeit, ist gegeben, wenn es n globale Vektorfelder (d. h. globale Schnitte in das Tangentialbündel) gibt, die an jedem Punkt der Mannigfaltigkeit linear unabhängig sind.

Eine Mannigfaltigkeit ist genau dann parallelisierbar, wenn alle Stiefel-Klassen (↗Stiefel-Whitney-Klassen) verschwinden. Ist eine Mannigfaltigkeit parallelisierbar, kann jedes Vektorfeld als Funktion $M \rightarrow \mathbb{R}^n$ aufgefaßt werden. Das Tangentialbündel parallelisierbarer Mannigfaltigkeiten ist trivial, d. h., es gilt $TM \cong M \times \mathbb{R}^n$.

Parallelkomponente, die zur Tangentialebene einer Fläche oder zur Tangente einer Kurve in einem vorgegebenen Punkt parallele Komponente eines Vektors im $\mathbb{R}^3$.

Jeder Vektor ist gleich der Summe seiner Parallel- und seiner ↗Normalkomponente.

Parallelkurve, ebene Kurve, die in festem Abstand r zu einer gegebenen Kurve verläuft, wobei r eine beliebige reelle Zahl ist.

Die Parallelkurve entsteht durch Addition des r-fachen des ↗Normalenvektors zum Kurvenpunkt.

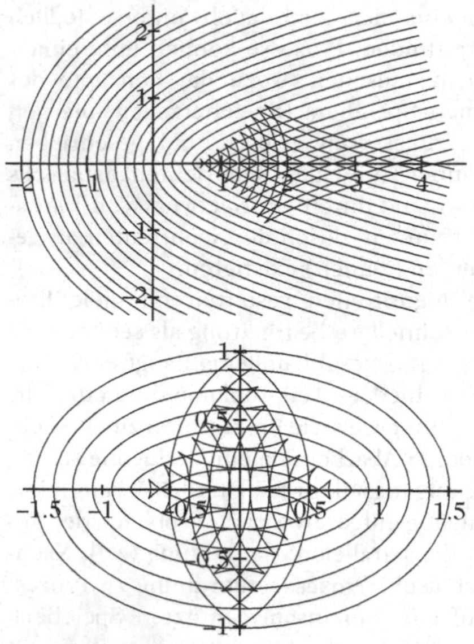

Parallelkurven einer Parabel (oben) und einer Ellipse (unten).

Parallellineal, Gerät zum Zeichnen paralleler Linien.

Hierfür werden zwei oder mehrere Lineale durch Gelenke parallelogrammförmig miteinander verbunden (siehe Abb.).

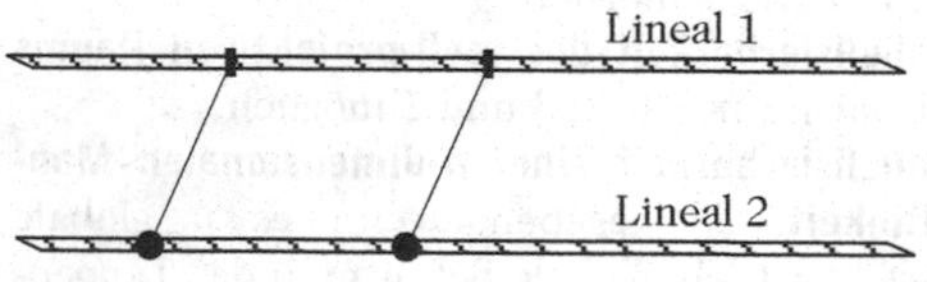

Das Rollparallellineal besteht aus einem Lineal, das an seinen Enden zwei breite Rädchen besitzt. Parallellineale wurden bis in die erste Hälfte des 20. Jahrhunderts hinein gefertigt.

Parallelogramm, Viereck, bei dem jeweils zwei einander gegenüberliegende Seiten auf parallelen Geraden liegen.

Gleichbedeutend damit kann ein Parallelogramm auch als Viereck, in dem jeweils zwei gegenüberliegende Seiten gleich lang sind, oder als Viereck in dem jeweils zwei gegenüberliegende Innenwinkel gleich groß sind, definiert werden.

Die Summe der an einer Seite eines Parallelogramms anliegenden Innenwinkel beträgt 180°.

Die Diagonalen eines Parallelogramms $ABCD$ halbieren einander; jede dieser Diagonalen zerlegt das Parallelogramm in zwei kongruente Dreiecke $\triangle ABD$ und $\triangle CDB$ bzw. $\triangle ABC$ und $\triangle CDA$. Der Flächeninhalt eines Parallelogramms ergibt sich aus dem Produkt einer Seite und der zugehörigen Höhe und

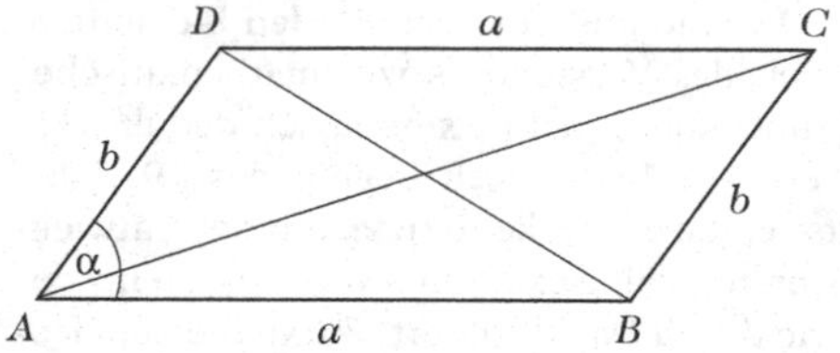

Parallelogramm

kann auch als Produkt der Längen zweier benachbarter Seiten und dem Sinus des von diesen beiden Seiten eingeschlossenen Innenwinkels angegeben werden:

$$F = a \cdot b \cdot \sin\alpha\,.$$

Parallelogramm-Gesetz, Bezeichnung für das Vorliegen der ↗Parallelogrammgleichung.

Das Parallelogramm-Gesetz ist beispielsweise in einem ↗Hilbertraum $\mathcal{H}$ immer erfüllt. Dies ist u. a. wesentlich bei der ↗L_2-Approximation.

Parallelogrammgleichung, Bezeichnung für Gleichung (1), in der $\|\cdot\|$ eine ↗Norm auf dem Vektorraum X bezeichnet:

$$\|x+y\|^2 + \|x-y\|^2 = 2\,(\|x\|^2 + \|y\|^2). \qquad (1)$$

Der normierte Raum $(X, \|\cdot\|)$ ist genau dann ein ↗Prä-Hilbertraum, wenn Gleichung (1) für alle $x, y \in X$ erfüllt ist.

Parallelotop, verallgemeinertes Parallelogramm im $\mathbb{R}^n$.

Parallelprojektion, Abbildung von Punkten eines affinen Raumes, welche durch die Schattenbildung bei Parallelbeleuchtung motiviert ist.

Sonnenstrahlen kann man nährungsweise als eine Familie paralleler Geraden ansehen, deren gemeinsame Richtung durch einen Vektor $\vec{v}$ gegeben ist, der vom Sonnenmittelpunkt zum Erdmittelpunkt zeigt. Fällt Sonnenlicht durch ein Fenster in einen dunklen Raum, so ist der auf der Ebene π des Fußbodens sichtbare Schatten des Fensterkreuzes das Bild desselben bei der Parallelprojektion $\Pi_{\vec{v},\pi}$.

Eine Parallelprojektion ist immer durch die Projektionsrichtung $\vec{v}$ und die Bildebene π festgelegt. Ein Punkt X wird auf den Schnittpunkt X^p der Geraden $X + t \cdot \vec{v}$, $t \in \mathbb{R}$, mit π abgebildet. Die durch Parallelprojektion erzeugten Bilder kommen dem menschlichen Betrachter dadurch entgegen, daß parallele Geraden auf parallele Geraden abgebildet werden und Teilverhältnisse erhalten bleiben.

Allgemeiner wird eine Parallelprojektion des $\mathbb{R}^n$ auf einen k-dimensionalen affinen Unterraum $E^k \subset \mathbb{R}^n$ über eine Zerlegung

$$\mathbb{R}^n = U^k \oplus V^{n-k}$$

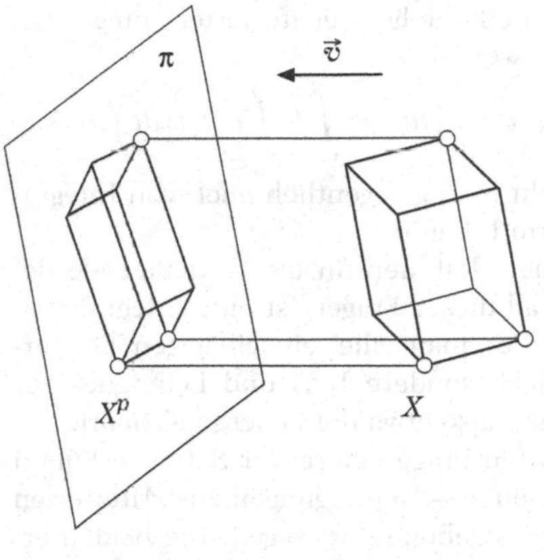

Parallelprojektion

in eine direkte Summe zueinander komplementärer linearer Unterräume definiert. Dabei ist $U^k \subset \mathbb{R}^n$ der Raum der Translationen von E^k, d. h., der Raum aller zu E^k parallelen Vektoren. Jeder Vektor $\mathfrak{x} \in \mathbb{R}^n$ besitzt dann eine eindeutig bestimmte Darstellung $\mathfrak{x} = \mathfrak{x}_U + \mathfrak{x}_V$ als Summe zweier Komponenten $\mathfrak{x}_U \in U^k$ und $\mathfrak{x}_V \in V^{n-k}$.

Ist $Q \in E^k$ ein fest gewählter Punkt, so ist E^k die Menge $Q + U^k$ aller Punkte $Q + \mathfrak{a}$ mit $\mathfrak{a} \in U^k$. Die Parallelprojektion $\Pi_{V,E} : \mathbb{R}^n \to E^k$ auf E^k längs V^{n-k} ist dann für $X \in \mathbb{R}^n$ durch

$$\Pi_{V,E}(X) = X - \overrightarrow{QX}_V$$

definiert, wenn $\overrightarrow{QX} = \overrightarrow{QX}_U + \overrightarrow{QX}_V$ die Zerlegung des Verbindungsvektors $\overrightarrow{QX}$ in seine Komponenten gemäß $\mathbb{R}^n = U^k \oplus V^{n-k}$ ist.

Parallelschlitzbereich, ein ↗Bereich in der komplexen Ebene, dessen Rand aus höchstens abzählbar vielen parallelen Strecken besteht.

Parallelstruktur, Struktur von Systemen, die in der Zuverlässigkeitstheorie betrachtet werden, siehe hierzu ↗Zuverlässigkeitsschaltbilder.

Parallelübertragung, die Verschiebung von Vektoren und Tensoren längs glatter oder stückweise glatter Kurven in Mannigfaltigkeiten M, die mit einem linearen Zusammenhang ∇ versehen sind.

Ist $\gamma(t)$ eine auf dem Intervall $[0,1] \subset \mathbb{R}$ definierte glatte Kurve und $\mathfrak{t}(t)$ ein glattes Feld von Vektoren längs γ, d. h., für jedes $t \in [0,1]$ ist $\mathfrak{t}(t)$ ein Element des Tangentialraumes $T_{\gamma(t)}(M)$, so wird $\mathfrak{t}$ längs γ parallel übertragen, wenn für die kovariante Ableitung von $\mathfrak{t}$ in bezug auf den Tangentialvektor $\gamma'(t)$ der Kurve die Gleichung $\nabla_{\gamma'(t)}\mathfrak{t}(t) = 0$ erfüllt ist.

Sind $(x_1(t), \dots, x_1(t))$ und $(t_1(t), \dots, t_1(t))$ die Darstellungen von $\gamma(t)$ bzw $\mathfrak{t}(t)$ in einem lokalen Koordinatensystem, so ist diese Bedingung äquivalent zu

$$\frac{dt_k}{dt} = \sum_{i=1}^{n}\sum_{j=1}^{n} \Gamma_{ij}^k(x_1(t), \dots, x_n(t))\, t_i \frac{dx_j(t)}{dt}. \quad (1)$$

Diese gewöhnliche lineare Differentialgleichung hat zu gegebenen Anfangswerten $(t_1(0), \dots, t_1(0)) = \mathfrak{t}_0$ genau eine Lösung $(t_1(t), \dots, t_1(t))$, deren Wert $\mathfrak{t}_1 = (t_1(1), \dots, t_1(1))$ ein Tangentialvektor der Mannigfaltigkeit M im Endpunkt $\gamma(1)$ ist. Auf diese Weise erhält man eine bijektive lineare Abbildung

$$\pi_\gamma : \mathfrak{t}_0 \in T_{\gamma(0)}(M) \to \mathfrak{t}_1 \in T_{\gamma(1)}(M),$$

die *Parallelübertragung* längs γ.

Die inverse Abbildung von π_γ ist die *Parallelübertragung* $\pi_{\tilde{\gamma}}$ längs der in entgegengesetzter Richtung durchlaufenen Kurve $\tilde{\gamma}(t) = \gamma(1-t)$, $t \in [0,1]$.

Parallelübertragung ist als Zuordnung der Gestalt *Kurve → lineare Abbildung* mit dem Zusammensetzen von Kurven verträglich. Ist $\gamma_1(t)$ eine zweite, auf $[0,1]$ definierte Kurve mit $\gamma_1(0) = \gamma(1)$ und $\gamma_1'(0) = \gamma'(1)$, so ist durch

$$\gamma_1 \circ \gamma(t) = \begin{cases} \gamma(2t) & \text{für } 0 \le t \le 1/2 \\ \gamma_1(2t-1) & \text{für } 1/2 \le t \le 1 \end{cases}$$

eine neue Kurve definiert. Unter der Voraussetzung, daß $\gamma_1 \circ \gamma$ wieder differenzierbar ist, stimmt die Verknüpfung der Parallelübertragungen längs γ und γ_1 mit der Parallelübertragung längs $\gamma_1 \circ \gamma$ überein, d. h., es gilt $\pi_{\gamma_1 \circ \gamma} = \pi_{\gamma_1} \circ \pi_\gamma$.

Die Operation der Parallelübertragung wird auf Tensorfelder beliebiger Stufe ausgedehnt, die längs einer Kurve definiert sind. Sie wird auch für Hauptzusammenhänge in beliebigen ↗Hauptfaserbündeln definiert. Hauptfaserbündel über einer n-dimensionalen Mannigfaltigkeit M sind Faserbündel $\Pi : P \to M$, deren Fasern $\Pi^{-1}(x) \subset P$ die Orbits einer freien Wirkung einer Gruppe G, der Strukturgruppe von P, sind. Hauptzusammenhänge auf P sind G-invariante Felder von n-dimensionalen horizontalen Unterräumen

$$z \in P \to T_{h,z}(P) \subset T_z(P).$$

Die Eigenschaft 'horizontal' bedeutet, daß das Differential

$$d_z\Pi : T_z(P) \to T_{\Pi(z)}(M)$$

den horizontalen Raum $T_{h,z}(P)$ bijektiv auf den Tangentialraum $T_{\Pi(z)}(M)$ abbildet.

Ist $\gamma(t)$ eine auf $[0,1]$ definierte Kurve in M und $z_0 \in \Pi^{-1}(\gamma(0))$ ein festes Element der Faser über dem Anfangspunkt $x_0 = \gamma(0)$, so gibt es genau eine differenzierbare Kurve $\tilde{\gamma} : [0,1] \to P$ mit $\tilde{\gamma}(x_0) = z_0$ derart, daß

$$\Pi\tilde{\gamma}(t)\frac{d\tilde{\gamma}(t)}{dt} \in T_{h,z}(P)$$

für alle $t \in [0, 1]$ gilt. Die Kurve $\tilde{\gamma}(t)$ heißt *Lift* oder *Hebung* von $\gamma(t)$. Der Endpunkt $z_1 = \tilde{\gamma}(1)$ ist als Element der Faser $\Pi^{-1}(\gamma(1))$ durch den Zusammenhang, den Anfangspunkt z_0 und die Kurve $\gamma(t)$ eindeutig definiert.

Die Zuordnung $\pi_\gamma : z_0 \to z_1$ ist eine bijektive Abbildung der Faser $\Pi^{-1}(\gamma(0))$ auf die Faser $\Pi^{-1}(\gamma(1))$. Sie heißt ebenfalls Parallelübertragung und besitzt ähnliche Eigenschaften wie die anfangs geschilderte Parallelübertragung von Vektoren.

Parallelverschiebung, ↗Translation.

Parameter, andere Bezeichung für eine Variable, von der eine Funktion (oder ein System o. ä.) abhängt, und die systematisch variiert wird, um die Abhängigkeit der Funktion von ihr zu erkennen.

Rein formal sind eine Variable und ein Parameter zunächst nicht zu unterscheiden, die Unterscheidung geschieht lediglich problembezogen.

Beispielsweise betrachte man die Menge der Funktionen

$$\sigma(n, z) = \left(1 + \frac{z}{n}\right)^n$$

für $n \in \mathbb{N}$ und $z \in \mathbb{C}$. Wenngleich diese formal Funktionen von zwei Variablen sind, so wird man doch „intuitiv" n als Parameter ansehen, der variiert wird, um das Verhalten der (von z abhängigen) Funktion σ zu studieren.

Man erkennt, daß, für $n = 1, 2, \ldots$, die Funktion σ ein Polynom n-ten Grades ist, und für $n \to \infty$ schließlich den Grenzübergang

$$\lim_{n\to\infty} \sigma(n, z) = \exp(z)$$

vollzieht.

parameterabhängiges Integral, ein Ausdruck der Form

$$\int f(x, t)\, dx$$

also eine Funktion der ‚freien' Variablen t, die in diesem Zusammenhang meist ↗Parameter genannt wird. Das auftretende Integral kann dabei ein – einoder mehrdimensionales – eigentliches oder uneigentliches Riemann-Integral, ein Lebesgue-Integral oder auch ein ganz beliebiges Integral sein.

Dabei stellen sich die folgenden Fragen:

- Ist die resultierende Funktion

  $$t \longmapsto \int f(x, t)\, dx$$

  stetig?
- Ist Differentiation unterm Integral

  $$\frac{d}{dt}\int f(x, t)\, dx = \int \frac{\partial}{\partial t} f(x, t)\, dx\,,$$

  auch Differentiation nach einem Parameter genannt, erlaubt?
- Kann die Reihenfolge bei iterierter Integration vertauscht werden:

  $$\int \left(\int f(x, t)\, dx \right) dt = \int \left(\int f(x, t)\, dt \right) dx\ ?$$

Hier spricht man gelegentlich auch von Integration unterm Integral.

Der geeignete Rahmen für die befriedigende Beantwortung all dieser Fragen ist eine Integrationstheorie, bei der man ‚alle' einschlägigen Konvergenzsätze (insbesondere Levi und Lebesgue) zur Verfügung hat, also etwa die Lebesgue-Theorie.

Zu der dritten Frage liefern der Satz von Fubini und – allgemeiner – Überlegungen zur ↗iterierten Integration weitgehende Aussagen. Die beiden ersten Fragen können – noch unter speziellen Voraussetzungen – wie folgt beantwortet werden:

Es seien $n \in \mathbb{N}$, $\mathfrak{M} \subset \mathbb{R}^n$ Lebesgue-meßbar, D offene Teilmenge von $\mathbb{R}$, und

$$f : \mathfrak{M} \times D \to \mathbb{R}$$

bei festem $t \in D$ jeweils Lebesgue-integrierbar und für fast alle $\mathfrak{x} \in \mathfrak{M}$ stetig bezüglich t. f habe eine Lebesgue-integrierbare Majorante φ: $\mathfrak{M} \to \mathbb{R}$, d. h. $|f(\mathfrak{x}, t)| \le \varphi(\mathfrak{x})$ für $(\mathfrak{x}, t) \in \mathfrak{M} \times D$.

Dann ist die durch

$$F(t) := \int_{\mathfrak{M}} f(\mathfrak{x}, t)\, d\mathfrak{x}$$

definierte Funktion in D stetig.

Weiterhin gilt:

Unter den obigen Voraussetzungen sei noch für fast alle $\mathfrak{x} \in \mathfrak{M}$ die Funktion $D \ni t \to f(\mathfrak{x}, t)$ differenzierbar, und ihre Ableitung $\frac{\partial f}{\partial t}$ besitze eine Lebesgue-integrierbare Majorante $\varphi : \mathfrak{M} \to \mathbb{R}$, d. h. es gelte

$$\left|\frac{\partial f}{\partial t}(\mathfrak{x}, t)\right| \le \varphi(\mathfrak{x})$$

für alle $t \in D$ und fast alle $\mathfrak{x} \in \mathfrak{M}$.

Dann ist die Funktion F für $t \in D$ differenzierbar mit

$$F'(t) = \int_{\mathfrak{M}} \frac{\partial f}{\partial t}(\mathfrak{x}, t)\, d\mathfrak{x}\,.$$

[1] Hoffmann, D.; Schäfke, F.-W.: Integrale. B.I.-Wissenschaftsverlag Mannheim Berlin, 1992.

[2] Kaballo, W.: Einführung in die Analysis III. Spektrum Akademischer Verlag Heidelberg, 1999.

Parameterbereich eines stochastischen Prozesses, ↗stochastischer Prozeß.

Parameterdarstellung einer Fläche, eine Abbildung $\Phi : U \to \mathbb{R}^3$ von einer offenen Teilmenge $U \subset \mathbb{R}^2$ in $\mathbb{R}^3$, d. h., ein Tripel

$$\Phi(t) = (\xi(u, v), \eta(u, v), \zeta(u, v))$$

differenzierbarer Funktionen, die von hinreichend hoher Ordnung differenzierbar sind.

Man fordert außerdem noch Regularität. Diese besteht darin, daß die durch

$$J_\Phi(u,v) = \begin{pmatrix} \dfrac{\partial\xi(u,v)}{\partial u} & \dfrac{\partial\xi(u,v)}{\partial v} \\ \dfrac{\partial\eta(u,v)}{\partial u} & \dfrac{\partial\eta(u,v)}{\partial v} \\ \dfrac{\partial\zeta(u,v)}{\partial u} & \dfrac{\partial\zeta(u,v)}{\partial v} \end{pmatrix}$$

gegebene ↗Jacobi-Matrix den Rang zwei hat. Gleichwertig damit ist, daß die Tangentialvektoren

$$\Phi_u = \frac{\partial\Phi(u,v)}{\partial u} \text{ und } \Phi_u = \frac{\partial\Phi(u,v)}{\partial v}$$

linear unabhängig sind. Die Bildmenge von Φ ist dann eine zweidimensionale, nach den üblichen Vorstellungen glatte Fläche, d. h., sie besitzt keine singulären Punkte, weder Ecken oder Kanten noch sonstige schroffe Formen.

Sie kann jedoch noch Selbstdurchdringungen haben. Das ist dann der Fall, wenn Φ nicht injektiv ist oder keine eigentliche Abbildung ist. Eine Abbildung wird eigentlich genannt, wenn das Urbild jeder kompakten Menge wieder kompakt ist. Bei der Parameterdarstellung Φ wird mit dieser Forderung die Möglichkeit ausgeschlossen, daß es im Parameterbereich $U \subset \mathbb{R}^2$ eine Punktfolge $Q_1, Q_2, Q_3, \ldots \in U$ gibt, die keinen Häufungspunkt besitzt, für die aber die Folge der Bildpunkte $P_i = \Phi(Q_i)$ in der Fläche $\Phi(U)$ einen Häufungspunkt $\Phi(Q)$, $(Q \in U)$, hat.

Die Regularität hat zur Folge, daß Φ lokal injektiv ist. Darüber hinaus ist das Normalenvektorfeld

$$\vec{N}(u,v) = \Phi_u(u,v) \times \Phi_v(u,v)$$

nirgendwo gleich Null, sodaß die Fläche ein eindeutiges Einheitsnormalenfeld

$$\mathfrak{n}(u,v) = \frac{\vec{N}(u,v)}{\left|\vec{N}(u,v)\right|}$$

besitzt und somit orientierbar ist.

Parametergleichung, ganz allgemein eine Gleichung, die noch von mindestens einem ↗Parameter abhängt.

Meist gebraucht man den Begriff „Parametergleichung" aber im Zusammenhang mit der Darstellung einer Fläche oder einer Raumkurve durch ein Tripel $\Phi(t) = (\xi(u,v), \eta(u,v), \zeta(u,v))$ bzw. $\alpha(t) = (\xi(t), \eta(t), \zeta(t))$ differenzierbarer Funktionen von zwei bzw. einer Veränderlichen (siehe hierzu auch ↗Parameterdarstellung einer Fläche).

Bei ebenen Kurven ist die Parametergleichung ein Paar $\alpha(t) = (\xi(t), \eta(t))$ differenzierbarer Funktionen. Ähnlich werden für $k < n$ Parametergleichungen von k-dimensionalen Flächen im $\mathbb{R}^n$ als Abbildungen $\vec{f} : \mathbb{R}^k \to \mathbb{R}^n$, also als n-dimensionale Vektoren $\vec{f}(u_1, \ldots, u_k) = f_1(u_1, \ldots, u_k), \ldots, f_n(u_1, \ldots, u_k)$ definiert, deren Komponenten differenzierbare Funktionen von k Veränderlichen sind. Um zu gewährleisten, daß die Parametergleichung eine glatte Fläche beschreibt, stellt man die Forderung, daß $\vec{f}$ regulär ist, d. h., daß die Funktionalmatrix (↗Jacobi-Matrix)

$$\begin{pmatrix} \dfrac{\partial f_1}{\partial u_1} & \dfrac{\partial f_1}{\partial u_2} & \ldots & \dfrac{\partial f_1}{\partial u_k} \\ \dfrac{\partial f_2}{\partial u_1} & \dfrac{\partial f_2}{\partial u_2} & \ldots & \dfrac{\partial f_2}{\partial u_k} \\ \vdots & \vdots & \ddots & \vdots \\ \dfrac{\partial f_n}{\partial u_1} & \dfrac{\partial f_n}{\partial u_2} & \ldots & \dfrac{\partial f_n}{\partial u_k} \end{pmatrix}$$

den Rang k hat.

Eine Parametergleichung einer ebenen Kurve erhält man aus einer ↗impliziten Kurvengleichung $F(x,y) = 0$ durch Auflösen nach x oder y in der Form $x = \xi(t) = t$, $y = \eta(t) = f(t)$. Umgekehrt ergibt sich aus einer Parametergleichung eine implizite Gleichung durch Eliminieren von t aus dem Gleichungssystem $x = \xi(t)$, $y = \eta(t)$.

Parameterkorrektur, Optimierung durch Veränderung der ↗Parameter bei parameterabhängigen Problemen.

Ein Beispiel: Sucht man aus einer Klasse von Kurven – etwa der Klasse der kubischen ↗B-Spline-kurven mit festem Knotenvektor – eine, die an bestimmten Punkten $p_1, \ldots, p_r$ des Raumes nahe vorbeigeht, so wählt man Parameter $t_1 < \cdots < t_r$ und bestimmt $c(t)$ so, daß

$$\sum_{i=1}^{r} \|c(t_i) - p_i\|^2$$

minimal ist. Durch Variation der Parameter t_i kann man die Lösung verbessern.

Parameterlinie, eine Kurve in einer Fläche $\mathcal{F} \subset \mathbb{R}^3$ oder, allgemeiner, in einer n-dimensionalen Mannigfaltigkeit M, die durch ein Koordinatensystem definiert wird, indem man mit einer Ausnahme alle Variablen festhält.

Ein Koordinatensystem oder eine Karte auf M ist eine bijektive differenzierbare Abbildung $\varphi : \mathcal{U} \to \mathcal{V}$ einer offenen Menge $\mathcal{U} \subset M$ auf eine offene Menge $\mathcal{V} \subset \mathbb{R}^n$.

Sind $(x^1, \ldots, x^n)$ die kartesischen Koordinaten auf $\mathbb{R}^n$, so kann man die Umkehrabbildung $\varphi^{-1} : \mathcal{V} \to \mathcal{U}$ als Funktion $\varphi^{-1}(x^1, \ldots, x^n)$ ansehen. Wählt man einen Index $i_0 \in \{1, 2, \ldots, n\}$ und für alle $j \neq i_0$ feste Werte $x_0^j \in \mathbb{R}$, so ist die Abbildung

$$t \to \varphi^{-1}\left(x_0^1, \ldots, x_0^{i_0-1}, t, x_0^{i_0+1}, \ldots, x_0^n\right) \quad (t \in \mathbb{R})$$

eine Parameterlinie auf $\mathcal{U}$, wobei man voraussetzen muß, daß die Gerade

$$t \to \left(x_0^1, \ldots, x_0^{i_0-1}, t, x_0^{i_0+1}, \ldots, x_0^n\right)$$

mit $\mathcal{V}$ einen nichtleeren Durchschnitt hat.

Parameterschätzung, ↗Bereichsschätzung oder ↗Punktschätzung für unbekannte Parameter in Modellen der Statistik, insbesondere für den unbekannten Parametervektor $\gamma \in \mathbb{R}^k$ einer Verteilungsfunktion F_γ einer Zufallsgröße oder eines Zufallsvektors X.

Schätzungen werden auf der Basis einer Stichprobe $(X_1, ..., X_n)$ von X durchgeführt. Es gibt verschiedene Punkt- und Bereichsschätzfunktionen zur Schätzung von γ, die sich hinsichtlich ihrer Eigenschaften voneinander unterscheiden. Ziel ist es, solche Schätzfunktionen zu entwickeln, die γ mit möglichst hoher Sicherheit möglichst genau treffen. In diesem Zusammenhang sind Methoden zur Wahl des kleinsten Stichprobenumfangs, der nötig ist, um eine vorgegebene Sicherheit und Genauigkeit zu erreichen, von Bedeutung.

Man vergleiche hierzu auch die Einträge zu ↗Maximum-Likelihood-Methode, ↗Minimaxverfahren, ↗Momentenmethode.

Parametersystem, Folge von Elementen $f_1, \ldots, f_k$ eines ↗lokalen Rings R der Dimension k, die ein zum Maximalideal gehöriges ↗Primärideal erzeugen.

So ist zum Beispiel im formalen Potenzreihenring $K[[x_1, \ldots, x_n]]$ über einem Körper K die Folge $x_1, \ldots, x_n$ ein Parametersystem.

Im lokalen Ring $K[[t^2, t^3]]$ kann das Maximalideal (t^2, t^3) nicht von einem Element erzeugt werden. Das Ideal $I = (t^2)$ ist ein zum Maximalideal gehöriges Primärideal. Damit ist t^2 ein Parametersystem.

Parametertest, ein statistischer Test (↗Testtheorie) zur Prüfung einer Hypothese über den unbekannten Parameter $\gamma \in \mathbb{R}^s$ einer vorliegenden, dem Typ nach bekannten Wahrscheinlichkeitsverteilung $F_\gamma(x)$, der diese Kenntnis über den Verteilungstyp wesentlich benutzt.

Im Unterschied dazu spricht man von einem parameterfreien, nichtparametrischen oder verteilungsfreien Test, wenn die Kenntnis über den Typ der vorliegenden Wahrscheinlichkeitsverteilung nicht verwendet wird (↗nichtparametrische Statistik). Beispielsweise ist der ↗Signifikanztest zur Prüfung einer Hypothese über den unbekannten Erwartungswert einer Normalverteilung ein Parametertest. Dagegen ist der Signifikanztest zur Prüfung der Hypothese, daß eine vorliegende Verteilung zur Familie der Normalverteilungen gehört, ein nichtparametrischer Test (↗χ^2-Anpassungstest für Verteilungsfunktionen).

Parametertheorem, *Iterationstheorem*, *S-m-n-Theorem*, Satz in der ↗Berechnungstheorie:

Seien $m, n \geq 1$. Dann gibt es eine $(m+1)$-stellige total berechenbare Funktion s so, daß

$$\varphi_e^{(m+n)}(x_1, \ldots, x_m, y_1, \ldots, y_n) = \varphi_{s(e,x_1,\ldots,x_m)}^{(n)}(y_1, \ldots, y_n)\,.$$

Hierbei ist $\varphi_1^{(k)}$, $\varphi_2^{(k)}$, ... eine Aufzählung aller k-stelligen ↗partiell-rekursiven Funktionen.

Anwendung findet das Parametertheorem vor allem in Kombination mit dem ↗Kleeneschen Fixpunktsatz.

parametrische Inferenz, *parametrische Statistik*, Verfahren und Methoden der mathematischen Statistik, bei denen für die Wahrscheinlichkeitsverteilung einer zufälligen Variablen X ein parametrisches Modell angenommen wird.

Es wird vorausgesetzt, daß die Verteilungsfunktion $F_\gamma(x)$ von X bis auf einen unbekannten Parametervektor $\gamma \in \Gamma \subseteq \mathbb{R}^s$ (vom Typ her) bekannt ist. Die Aufgabe der parametrischen Statistik besteht nun darin, ↗Parameterschätzungen, d. h., Punkt- oder Bereichsschätzungen für γ, sowie statistische Hypothesentests zur Prüfung von Hypothesen über den Wert von γ zu konstruieren. Die statistischen Tests der parametrischen Statistik werden als ↗Parametertests bezeichnet. Diese verwenden wesentlich die Kenntnis des Typs der Verteilungsfunktion von X zur Konstruktion geeigneter Teststatistiken. Im Unterschied zur parametrischen Statistik geht die ↗nichtparametrische Statistik von der vollständigen Unkenntnis der Verteilungsfunktion von X aus, bzw. davon, daß für sie kein parametrisches Modell angesetzt werden kann.

parametrische Optimierung, behandelt Optimierungsprobleme, bei denen die Zielfunktion $f(., t)$ und die zulässige Menge $M(t)$ von einem zusätzlichen ↗Parameter t abhängen.

Durch den Parameter t können z. B. Ungenauigkeiten in einem Problem modelliert werden; hier treten Fragen nach Stabilität und Robustheit in den Vordergrund.

Ein weiterer Anwendungsbereich ist die Einbettung eines vorgegebenen Optimierungsproblems in eine parameterabhängige Familie. Für eindimensionale Parameter t führt letzteres zu sogenannten Kurvenverfolgungsmethoden. Vgl. hierzu auch ↗Innere-Punkte Methoden und [1].

Die generisch auftretenden Singularitäten wurden erstmals 1986 von H.Th. Jongen et al. vollständig klassifiziert.

[1] Guddat, J.; Guerra Vasquez, F.; Jongen, H.Th.: Parametric Optimization: Singularities, Pathfollowing and Jumps. Wiley, 1990.

[2] Jongen, H.Th.; Jonker, P.; Twilt, F.: Critical Sets in Parametric Optimization. Mathematical Programming 34, 1986.

parametrische Statistik, ↗parametrische Inferenz.

parametrisierbarer Raum, Approximationsmenge in der ↗nichtlinearen Approximation, für die das Approximationsproblem linearisierbar ist.

Parametrisierung der eigentlich orthogonalen Matrizen, ist gegeben für Zeilenzahl $n = 2$ durch die Darstellung

$$A = \frac{1}{a^2+b^2}\begin{pmatrix} a^2-b^2 & -2ab \\ 2ab & a^2-b^2 \end{pmatrix}$$

mit $(a,b) \in \mathbb{R}^2 \setminus \{(0,0)\}$. Jede solche Matrix ist eigentlich orthogonal, d. h. Element der Gruppe $SO(2,\mathbb{R})$.

Analog ist für $A \in SO(3,\mathbb{R})$ die Darstellung

$$A = \frac{1}{a^2+b^2+c^2+d^2} \cdot \begin{pmatrix} a^2+b^2-c^2-d^2 & -2ad+2bd & 2ac+2bd \\ 2ad+2bc & a^2-b^2+c^2-d^2 & -2ab+2cd \\ -2bc+2bd & 2ab+2cd & a^2-b^2-c^2+d^2 \end{pmatrix}$$

mit $(a,b,c,d) \in \mathbb{R}^4 \setminus \{(0,0,0,0)\}$ gegeben. Bei dieser Darstellung handelt es sich um die Eulersche Parameterdarstellung der Drehungen im Raum.

Parametrix, funktionalanalytischer Begriff.

Ist T ein Operator eines ↗Banachraums in sich, so heißt S Linksparametrix von T, wenn $ST - 1$ kompakt ist, und Rechtsparametrix, wenn $TS - 1$ kompakt ist. S heißt Parametrix, wenn S sowohl Links- als auch Rechtsparametrix ist.

Daneben definiert man speziell für Differential- und Pseudodifferentialoperatoren eine Parametrix auch durch die Forderung, daß $TS - 1$ und $TS - 1$ Glättungsoperatoren sind, also aus der Symbolklasse $S^{-\infty}$ stammen. Es läßt sich zeigen, daß hierdurch keine zusätzliche Forderung gestellt wird und eine Parametrix in diesem strengen Sinne mittels einer expliziten Iteration aus einer Parametrix im ersteren Sinne gewonnen werden kann.

Eine Parametrix eines elliptischen Pseudodifferentialoperators T auf einem kompakten Gebiet G

$$Tf(x) = (2\pi)^{-(n+N)/2} \int\limits_{\mathbb{R}^N}\int\limits_{\mathbb{R}^n} e^{i\langle\vartheta, x-y\rangle} a(x,\vartheta) f(y)\, d^n y\, d^N\vartheta\,,$$

mit Symbol a läßt sich konstruieren, indem man S als einen Pseudodifferentialoperator definiert, dessen Symbol für ϑ außerhalb einer Umgebung um Null durch die Matrixinverse von a gegeben ist und glatt zu Null bei $\vartheta = 0$ fortgesetzt wird. Durch diese Konstruktion werden $ST - 1$ und $TS - 1$ Pseudodifferentialoperatoren der Ordnung -1, die aufgrund des Satzes von Rellich kompakt sind. Mit Hilfe der Parametrix lassen sich dann Regularitätseigenschaften der Eigenfunktionen elliptischer Pseudodifferentialoperatoren zeigen.

Ein Operator T ist dann und nur dann ein ↗Fredholm-Operator, wenn er eine Parametrix besitzt.

Pareto, Vilfredo, französischer Ingenieur und Ökonom, geb. 15.7.1848 Paris, gest. 19.8.1923 Coligny.

Über die ersten Lebensjahre Paretos ist wenig bekannt. Im Jahr 1893 übernahm er den Lehrstuhl für politische Ökonomie an der Universität Lausanne. Zusammen mit seinem Vorgänger auf diesem Lehrstuhl, M.E.L. Walras, beschäftigte er sich mit der Mathematisierung des Wirtschaftslebens.

Walras hatte erstmals eine logisch konsistente Theorie ökonomischer Gleichgewichte entwickelt. Hierauf aufbauend und verstärkt empirische Daten benutzend versuchte Pareto, eine Nutzenfunktion herzuleiten. Die hiermit verbundenen Untersuchungen führten ihn zur Definition des optimalen Zustandes eines Wirtschaftssystems, den man auch als Pareto-Optimum (im engeren Sinne) bezeichnet.

Pareto-Optimalität, Konzept aus der Mathematik der ↗ Rückversicherung, welches darauf zielt, die optimale ↗ Risikoteilung zu charakterisieren.

Unter der Prämisse, daß für jede Aufteilung des Risikos $S = S_E + S_R$ zwischen Erst- und Rückversicherer auch die Aufteilung der (deterministischen) Versicherungsprämien $P = P_E + P_R$ bekannt ist, läßt sich die Frage nach der besten Form der Risikoteilung auf ein Optimierungsproblem zurückführen.

Zur Messung des „Nutzens" einer Risikoteilung sind unterschiedliche Modelle gebräuchlich, z. B. versucht der Erstversicherer bei einem „Varianzmodell", den Erwartungswert $E[P_E - S_E]$ unter der Nebenbedingung einer nach oben beschränkten

Varianz $Var[S_E] < \sigma_0$ zu maximieren. Alternativ arbeitet man gerne auch mit einer konvexen Nutzenfunktion $U(.)$ und maximiert den Erwartungswert $E[U(P_E - S_E)]$.

Grundsätzlich wird eine aus Sicht eines Vertragspartners optimale Risikoteilung aus der Sicht der Gegenseite suboptimal sein. Eine Pareto-optimale Risikoteilung ist dadurch definiert, daß es keine für beide Seiten bessere Risikoteilung gibt. Ein entsprechender Satz besagt, daß genau diejenigen Risikoteilungen Pareto-optimal sind, bei denen sowohl S_E als auch S_R nichtfallende Funktionen von S sind.

Pareto-Optimum, ↗effizienter Punkt, ↗Pareto-Optimalität.

Pareto-Verteilung, das für $k > 0$ und $a > 0$ durch die Wahrscheinlichkeitsdichte

$$f_{k,a} : [k, \infty) \ni x \to ak^a x^{-(a+1)} \in \mathbb{R}_0^+$$

definierte Wahrscheinlichkeitsmaß. Exakter spricht man von einer Pareto-Verteilung (der ersten Art) mit den Parametern k und a.

Die zugehörige Verteilungsfunktion ist durch

$$F_{k,a} : [k, \infty) \ni x \to 1 - \left(\frac{k}{x}\right)^a \in [0, 1]$$

gegeben. Die Verteilung wurde vom Ökonomen V. Pareto zur Modellierung von Einkommensverteilungen vorgeschlagen, wobei der Parameter k das minimale Einkommen in einer Population repräsentiert.

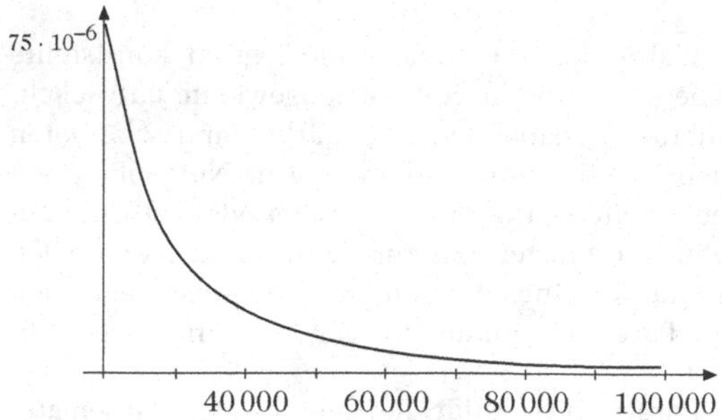

Dichte einer Pareto-Verteilung mit Parametern $k = 20000$ und $a = 1.5$

Für eine mit den Parametern k und a Pareto-verteilte Zufallsvariable X existieren die Momente der Ordnung r, falls $r < a$ ist. Insbesondere ist für $a > 1$ der Erwartungswert von X durch

$$E(X) = ak(a-1)^{-1},$$

und für $a > 2$ die Varianz durch

$$Var(X) = ak^2(a-1)^{-2}(a-2)^{-1}$$

gegeben. Der Median der Verteilung ist $m = 2^{1/a}k$.

Als Konzentrationsmaße werden häufig der Gini-Koeffizient G und die Lorenz-Kurve L verwendet. Bei einer Pareto-Verteilung mit Parametern $k > 0$ und $a > 1$ gilt $G = (2a-1)^{-1}$ und $L(x) = 1 - (1-x)^{(a-1)/a}$. Die für $x \geq 0$ bzw. $x > 0$ durch die Verteilungsfunktionen $F_{a,C}$ bzw. $F_{a,b,C}$ mit

$$F_{a,C}(x) = 1 - \frac{C^a}{(x+C)^a}$$

und

$$F_{a,b,C}(x) = 1 - \frac{Ce^{-bx}}{(x+C)^a}$$

festgelegten Wahrscheinlichkeitsmaße heißen Pareto-Verteilung mit Parametern a und C der zweiten bzw. Pareto-Verteilung mit Parametern a, b und C der dritten Art.

Paritätsproblem, allgemein das Problem, festzustellen, ob ein gegebener binärer Vektor $x \in \{0, 1\}^n$ eine gerade oder eine ungerade Anzahl von Komponenten mit Wert 1 besitzt.

Im Kontext ↗Neuronale Netze stellt das Paritätsproblem eines der Probleme dar, die als Testprobleme gelten und zum Beispiel aus prinzipiellen Gründen mit einem klassischen ↗Perceptron im Fall $n \geq 2$ nicht gelöst werden können.

Paritätsverletzung, Effekt der schwachen Wechselwirkung.

Die Parität beschreibt, wie sich ein System bei Anwendung einer räumlichen Spiegelung ändert. Bei gerader Parität bleibt das System bei eine Spiegelung ungeändert, Größen ungerader Parität ändern dagegen ihr Vorzeichen.

In der Physik galt es lange Zeit als offensichtlich, daß alle physikalisch meßbaren Größen von gerader Parität sein müßten, also, bildlich gesprochen: Eine Welt, die exakt spiegelbildlich zu unserer Welt ist, wäre durch kein Experiment von unserer Welt zu unterscheiden. Dies ist aber inzwischen experimentell widerlegt, denn die schwache Wechselwirkung verletzt die Parität bei der Interferenz mit der elektromagnetischen Wechselwirkung. Der Weinbergwinkel (↗Glashow-Salam-Weinberg-Theorie) beschreibt die Größe dieses Effekts.

Parity Bit, ausgezeichnetes Bit einer Bitfolge F, das so gesetzt sein muß, daß es in F eine gerade Anzahl von gesetzten Bits gibt.

Parity Bits setzt man ein, um nach einer Übertragung einer Bitfolge F durch einen Kanal zu erkennen, ob eine Bitstelle von F während der Übertragung verändert (gestört) wurde (↗fehlererkennender Code).

PARITY-Funktion, eine ↗Boolesche Funktion f, definiert durch

$$f : \{0, 1\}^n \to \{0, 1\}$$

$$f(\alpha_1, \ldots, \alpha_n) = 1 \iff \sum_{i=1}^{n} \alpha_i \text{ ist ungerade.}$$

Parkettierung, ↗ Packung.

Parser, Programm oder Programmteil zur Erkennung der syntaktischen Struktur eines Satzes einer formalen Sprache.

Die Sprache ist in der Regel durch eine ↗ Grammatik gegeben, die syntaktische Struktur entspricht dann einem Ableitungsbaum des gegebenen Satzes in dieser Grammatik. Das Parsing gliedert sich in drei Phasen, die aber ineinander verschränkt ablaufen können.

In der ersten Phase wird der Eingabetext in kleinste sinntragende Einheiten (Morpheme) zerlegt (in Programmiersprachen z. B. Buchstabenfolgen zu Schlüsselwörtern oder Bezeichnern, Ziffernfolgen zu Zahlen, usw.).

Danach setzt die eigentliche Syntaxanalyse an, die eine Grammatikableitung für den Satz generiert. Es gibt hierzu Verfahren zur ↗ Bottom-up-Analyse oder zur ↗ Top-down-Analyse.

Die letzte Phase betrifft die Erzeugung des Ableitungsbaumes oder einer anderen Datenstruktur. Diese Datenstruktur bildet den Ausgangspunkt für verschiedene Verarbeitungsroutinen, z. B. die Erzeugung eines passenden Satzes in einer anderen (z. B. maschinenlesbaren) Sprache oder die Auslösung eines Berechnungsvorganges (bei Kommandosprachen).

Parseval des Chénes, Marc-Antoine, französischer Mathematiker, geb. 27.4.1755 Rosiéres-aux-Salines, gest. 16.8.1836 Paris.

Über das Leben Parsevals ist nur wenig bekannt, er war wohl ein Landedelmann und wurde 1792 als Royalist inhaftiert.

Seine Publikationen befassen sich mit Differentialgleichungen und Reihendarstellungen. 1799 erschien die nach ihm benannte Parsevalsche Gleichung für das Integral des Produktes zweier Fourier-Reihen.

Parsevalsche Gleichung, *Parsevalsche Identität*, Beziehung zwischen der Norm eines Elements x in einem Hilbertraum H und den Koeffizienten $\langle x, e_i\rangle$ in der Entwicklung bzgl. einer ↗ Orthonormalbasis $\{e_i : i \in I\}$:

$$\|x\|^2 = \sum_{i\in I} |\langle x, e_i\rangle|^2 .$$

Gelegentlich wird auch folgende Verallgemeinerung als Parsevalsche Gleichung bezeichnet: Für $x, y \in H$ gilt

$$\langle x, y\rangle = \sum_{i\in I} \langle x, e_n\rangle\langle e_n, y\rangle .$$

Im Fall des komplexen Hilbertraums $L^2[0,1]$ und des trigonometrischen Systems $\{e_n : n \in \mathbb{Z}\}$, wobei $e_n(t) = e^{2\pi i n t}$, ergibt sich die Beziehung

$$\int_0^1 |f(t)|^2\,dt = \sum_{n\in\mathbb{Z}} |\gamma_n|^2$$

mit den Fourier-Koeffizienten

$$\gamma_n = \int_0^1 f(t)e^{-2\pi i n t}\,dt$$

der Funktion f; dieses ist die klassische Parsevalsche Gleichung der Fourier-Analysis.

Parsevalsche Identität, ↗ Parsevalsche Gleichung.

Parsing, ↗ Parser.

Partialbruchdarstellung der Γ-Funktion, ↗ Eulersche Γ-Funktion.

Partialbruchzerlegung, die Darstellung

$$\begin{aligned}&\left[\frac{a_{1,1}}{x-\alpha_1} + \cdots + \frac{a_{1,k_1}}{(x-\alpha_1)^{k_1}}\right]\\ &+ \cdots +\\ &+ \left[\frac{a_{r,1}}{x-\alpha_r} + \cdots + \frac{a_{r,k_r}}{(x-\alpha_r)^{k_r}}\right]\\ &+ \left[\frac{2b_{1,1}(x-\beta_1)+c_{1,1}}{(x-\beta_1)^2+\gamma_1^2} + \cdots + \frac{2b_{1,m_1}(x-\beta_1)+c_{1,m_1}}{\left((x-\beta_1)^2+\gamma_1^2\right)^{m_1}}\right]\\ &+ \cdots +\\ &+ \left[\frac{2b_{s,1}(x-\beta_s)+c_{s,1}}{(x-\beta_s)^2+\gamma_s^2} + \cdots + \frac{2b_{s,m_s}(x-\beta_s)+c_{s,m_s}}{\left((x-\beta_s)^2+\gamma_s^2\right)^{m_s}}\right]\end{aligned}$$

mit geeigneten reellen Zahlen $a_{\varrho,\kappa}$, $b_{\sigma,\mu}$ und $c_{\sigma,\mu}$ einer reduzierten rationalen Funktion $R = R(x)$, d. h. einer rationalen Funktion der Form

$$R(x) := \frac{P(x)}{Q(x)} \quad \left(x \in D_R := \{x \in \mathbb{R} \,|\, Q(x) \neq 0\}\right)$$

mit Polynomen P und Q mit $\operatorname{ord} P < \operatorname{ord} Q$ („echter (Polynom-)Bruch"), deren Nennerpolynom Q in der Form

$$(x-\alpha_1)^{k_1} \cdots (x-\alpha_r)^{k_r} \cdot \\ \cdot \left[(x-\beta_1)^2 + \gamma_1^2\right]^{m_1} \cdots \left[(x-\beta_s)^2 + \gamma_s^2\right]^{m_s}$$

mit

$r,\ s \in \mathbb{N}_0,\ k_\varrho,\ m_\sigma \in \mathbb{N},\ \alpha_\varrho,\ \beta_\sigma,\ \gamma_\sigma \in \mathbb{R},\ \gamma_\sigma > 0,$
α_ϱ und $(\beta_\sigma, \gamma_\sigma)$ jeweils paarweise verschieden
und $k_1 + \cdots + k_r + 2(m_1 + \cdots + m_s) = n$

zerlegt sei (was in $\mathbb{C}$ gerade der Zerlegung in Linearfaktoren entspricht).

Grundlage für die Möglichkeit dieser Zerlegung ist der ↗ Fundamentalsatz der Algebra. Sie hat Bedeutung für die ↗ Integration rationaler Funktionen, da die Berechnung einer ↗ Stammfunktion von R damit reduziert ist auf die Berechnung von Stammfunktionen zu Funktionen des Typs

$$\frac{1}{(x-\alpha)^k} \quad (\alpha \in \mathbb{R}, k \in \mathbb{N})$$

oder

$$\frac{2b(x-\beta)+c}{\left((x-\beta)^2+\gamma^2\right)^m} \qquad (m \in \mathbb{N}; b, c, \beta \in \mathbb{R}, \gamma > 0)$$

(↗Integration von Partialbrüchen).

Partialordnung, auch *Halbordnung*, Abschwächung des Begriffes der ↗Ordnungsrelation: Eine Partialordnung ist ein geordnetes Paar (M, R), so daß die Relation (M, M, R) reflexiv und transitiv ist. M wird dann auch als partiell geordnete Menge bezeichnet.

Man beachte, daß es in der Literatur auch vorkommt, daß der Begriff Partialordnung synonym zum Begriff der Ordungsrelation verwendet wird, d. h., daß außer der Reflexivität und der Transitivität auch noch die Antisymmetrie der Relation verlangt wird.

Partialsumme, *Teilsumme*, der Ausdruck

$$s_n := \sum_{\nu=1}^{n} a_\nu$$

für $n \in \mathbb{N}$ zu einer Folge (a_ν) reeller oder komplexer Zahlen – oder allgemeiner aus einem Bereich, in dem eine Addition und damit das Summenzeichen $\sum$ erklärt ist.

Dabei wird davon ausgegangen, daß die Folge beim Index 1 beginnt, natürlich können beliebige andere ‚Startindizes' betrachtet werden. Die Folge (s_n) der Partialsummen heißt ↗Reihe (oder Summenfolge) der a_ν.

Genauer heißt s_n auch n-te Partialsumme.

partiell differenzierbare Funktion, $\mathbb{R}^m$-wertige Funktion von mehreren reellen Variablen, die an jeder Stelle ihres Definitionsbereichs partiell differenzierbar ist.

Eine Funktion $f : D \to \mathbb{R}^m$ mit $D \subset \mathbb{R}^n$ heißt dabei genau dann partiell differenzierbar an einer Stelle $a \in D$, wenn sie für alle $j \in \{1, \dots, n\}$ partiell differenzierbar nach x_j an der Stelle a ist, also die ↗partielle Ableitung $\partial f/\partial x_j$ an der Stelle a existiert.

Ist $f : D \to \mathbb{R}^m$ differenzierbar an der inneren Stelle $a \in D$, so ist f insbesondere partiell differenzierbar an der Stelle a, und es gilt $f'(a) = J_f(a)$ mit der ↗Jacobi-Matrix $J_f(a)$.

Wie Beispiele zur ↗Nicht-Differenzierbarkeit zeigen, folgt aus der partiellen Differenzierbarkeit einer Funktion an einer Stelle nicht ihre (totale) Differenzierbarkeit an dieser Stelle, ja nicht einmal ihre Stetigkeit, selbst wenn die Funktion sonst überall differenzierbar ist. Ferner kann man auch bei einer partiell differenzierbaren Funktion mit beschränkten partiellen Ableitungen nicht auf Differenzierbarkeit schließen. Es gilt aber:

Ist f auf der Menge $X \subset D$ partiell differenzierbar, und sind die partiellen Ableitungen von f auf X beschränkt, so ist f auf X stetig. Ist f auf einer Umgebung von a partiell differenzierbar, und sind die partiellen Ableitungen von f an der Stelle a stetig, so ist f an der Stelle a differenzierbar (und damit auch stetig).

Insbesondere sind für offenes $G \subset \mathbb{R}^n$ die Funktionen aus ↗$C^1(G)$ differenzierbar.

partiell geordnete Menge, ↗ Partialordnung.

partiell holomorphe Funktion, Begriff in der Funktionentheorie mehrer Variabler.

Sei $X \subset \mathbb{C}^n$ ein Bereich. Dann heißt eine Funktion $f : X \to \mathbb{C}^n$ partiell holomorph, wenn für jedes feste $(z_1^0, \dots, z_n^0) \in X$ und jedes $j \in \{1, \dots, n\}$ die Funktion in einer Variablen, die bestimmt ist durch

$$z_j \mapsto f\left(z_1^0, \dots, z_{j-1}^0, z_j, z_{j+1}^0, \dots, z_n^0\right),$$

holomorph ist.

partiell symmetrische Boolesche Funktion, eine ↗Boolesche Funktion $f : \{0,1\}^n \to \{0,1\}$, für die es wenigstens zwei Variablen x_i und x_j mit $1 \le i < j \le n$ so gibt, daß für alle $(\alpha_1, \dots, \alpha_n) \in \{0,1\}^n$

$$\begin{aligned} &f(\alpha_1, \dots, \alpha_i, \dots, \alpha_j, \dots, \alpha_n) \\ &= f(\alpha_1, \dots, \alpha_j, \dots, \alpha_i, \dots, \alpha_n) \end{aligned}$$

gilt. f heißt in diesem Fall partiell symmetrisch in den Variablen x_i und x_j.

Die Boolesche Funktion $f : \{0,1\}^n \to \{0,1\}$ heißt partiell symmetrisch in einer Teilmenge $\lambda \subseteq \{x_1, \dots, x_n\}$ der Variablen von f, wenn f partiell symmetrisch in je zwei Variablen $x_i, x_j \in \lambda$ ist. Sie heißt partiell symmetrisch in einer Partition P der Variablenmenge $\{x_1, \dots, x_n\}$, wenn f partiell symmetrisch in jeder Klasse $\lambda \in P$ ist.

Ist f eine unvollständig spezifizierte Boolesche Funktion, so heißt f partiell symmetrisch in einer Partition P ihrer Variablenmenge, wenn es eine vollständige Erweiterung (↗Erweiterung einer Booleschen Funktion) von f gibt, die partiell symmetrisch in der Partition P ist.

partielle Ableitung, Ableitung einer $\mathbb{R}^m$-wertigen Funktion von mehreren reellen Variablen, nämlich die Ableitung der durch ‚Festhalten' aller bis auf einer Variablen erhaltenen $\mathbb{R}^m$-wertigen Funktion einer reellen Variablen, im Fall $m = 1$ also die Steigung der Funktion in Richtung einer Koordinatenachse, anschaulich gesehen die Steigung der durch „Schneiden" des Graphen von f parallel zur Koordinatenachse gebildeten reellwertigen Funktion einer reellen Variablen.

Es seien $D \subset \mathbb{R}^n$, $f : D \to \mathbb{R}^m$ und $a \in D$. Für $j \in \{1, \dots, n\}$ sei

$$I_j := \{t \in \mathbb{R} \mid a + te_j \in D\},$$

wobei e_j den j-ten Einheitsvektor bezeichnet, und hiermit $f_j : I_j \to \mathbb{R}^m$ definiert durch

$$f_j(t) := f(a + te_j)$$

für $t \in I_j$. Damit heißt f genau dann partiell differenzierbar nach x_j an der Stelle a oder partiell differenzierbar nach der j-ten Variablen an der Stelle a, wenn 0 innerer Punkt von I_j und f_j an der Stelle 0 differenzierbar ist, also der Grenzwert

$$\frac{\partial f}{\partial x_j}(a) \; := \; f_j'(0) = \lim_{t \to 0} \frac{f(a+te_j) - f(a)}{t}$$

existiert, und

$$\frac{\partial f}{\partial x_j}(a)$$

heißt dann partielle Ableitung von f nach x_j an der Stelle a oder partielle Ableitung von f nach der j-ten Variablen an der Stelle a.

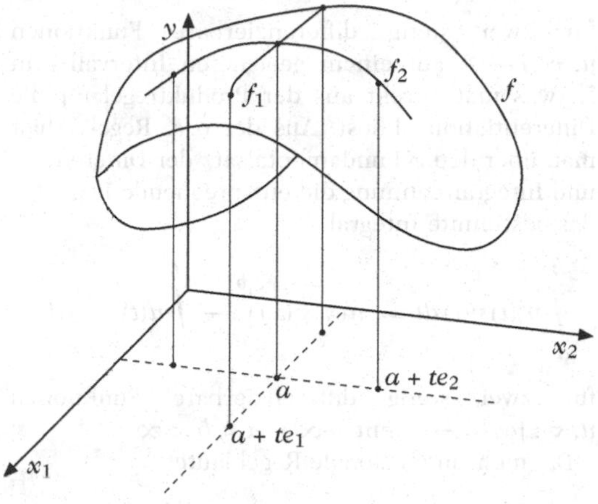

Üblich sind auch die Schreibweisen

$$D_j f(a) = \frac{\partial f(a)}{\partial x_j} = \frac{\partial f}{\partial x_j}(a).$$

Die partielle Ableitung von f nach x_j an der Stelle a ist gerade die ↗Richtungsableitung von f in Richtung von e_j an der Stelle a, d. h., f ist genau dann partiell differenzierbar nach x_j an der Stelle a, wenn f in Richtung e_j differenzierbar an der Stelle a ist, und es gilt dann

$$\frac{\partial f}{\partial x_j}(a) = \frac{\partial f}{\partial e_j}(a).$$

Ist f differenzierbar an der Stelle a, so ist f partiell differenzierbar nach e_j an der Stelle a, und es gilt

$$\frac{\partial f}{\partial x_j}(a) = f'(a)\, e_j .$$

Es sei D_j die Menge der Stellen $x \in D$, an denen f partiell differenzierbar nach x_j ist. Dann heißt die Funktion

$$D_j f = \frac{\partial f}{\partial x_j} : D_j \to \mathbb{R}^m \quad , \quad x \longmapsto \frac{\partial f}{\partial x_j}(x)$$

partielle Ableitung von f nach x_j oder partielle Ableitung von f nach der j-ten Variablen. Gilt $D_j = D$, so heißt f partiell nach x_j differenzierbar oder partiell nach der j-ten Variablen differenzierbar.

Da man die partielle Ableitung erhält, indem man alle bis auf eine Variable konstant hält und die ‚gewöhnliche' Ableitung bzgl. dieser einen Variablen bildet, übertragen sich die ↗Differentiationsregeln leicht auf partielle Ableitungen.

Die durch

$$f(x,y) = x^2 y + 2xy^3$$

für $x, y \in \mathbb{R}$ definierte Funktion $f : \mathbb{R}^2 \to \mathbb{R}$ beispielsweise ist partiell differenzierbar nach beiden Variablen mit

$$\frac{\partial f}{\partial x}(x,y) = 2xy + 2y^3 \text{ und } \frac{\partial f}{\partial y}(x,y) = x^2 + 6xy^2 .$$

Durch wiederholtes partielles Ableiten (auch nach wechselnden Variablen) gelangt man zu ↗höheren Ableitungen (partielle Ableitungen höherer Ordnung). Im allgemeinen ist dabei die Reihenfolge wesentlich, d. h. $D_i D_j f$ verschieden von $D_j D_i f$ für $i \neq j$. So ist etwa die Funktion $f : \mathbb{R}^2 \to \mathbb{R}$ mit

$$f(x,y) = \begin{cases} xy \dfrac{x^2 - y^2}{x^2 + y^2} & , \ (x,y) \neq (0,0) \\ 0 & , \ (x,y) = (0,0) \end{cases}$$

zweimal partiell differenzierbar mit

$$\frac{\partial}{\partial y}\frac{\partial}{\partial x} f(0,0) = -1 \quad , \quad \frac{\partial}{\partial x}\frac{\partial}{\partial y} f(0,0) = 1 .$$

Jedoch sind gemischte höhere partielle Ableitungen unabhängig von der Differentiationsreihenfolge, wenn sie stetig sind (↗Schwarz, Satz von).

partielle Differentialgleichung, eine Gleichung der Form

$$F(x_1, x_2, \ldots, x_n, u, u_{x_1}, \ldots, u_{x_1 x_1}, u_{x_1 x_1}, \ldots) = 0,$$

die die Werte der unabhängigen Variablen $x_1, \ldots, x_n$, einer Funktion u dieser Variablen und gewisser ihrer Ableitungen miteinander verknüpft.

Die höchste dabei auftretenden Ableitung definiert die *Ordnung* der Differentialgleichung. Als eine *Lösung* der partiellen Differentialgleichung bezeichnet man eine Funktion $u(x_1, \ldots, x_n)$, die in einem Gebiet G des Koordinatenraums alle in der Gleichung vorkommenden Ableitungen besitzt und die Gleichung für alle Punkte in G identisch erfüllt.

Eine partielle Differentialgleichung heißt *linear*, wenn die gesuchte Funktion und ihre Ableitungen nur linear auftreten. Eine lineare partielle Differentialgleichung heißt *homogen*, wenn kein Summand auftritt, der nicht mit u oder einer ihrer Ableitungen multipliziert ist.

Eine partielle Differentialgleichung k-ter Ordnung heißt *quasilinear*, wenn die partiellen Ableitungen k-ter Ordnung nur linear vorkommen.

Für partielle Differentialgleichungen erster Ordnung existiert noch eine geschlossene Lösungstheorie, für solche zweiter und höherer Ordnung nicht mehr. Dort versucht man, nach einer Klassifikation (↗Klassifikation partieller Differentialgleichungen) spezielle, meist nur für die entsprechende Klasse gültige Lösungsverfahren zu entwickeln.

Da die Lösung einer partiellen Differentialgleichung i. allg. nicht eindeutig bestimmt ist, werden zumeist Anfangs- oder Randwertprobleme betrachtet, für die Eindeutigkeitsaussagen existieren. Man vergleiche daher auch die Einträge zu Anfangs- und Randwertaufgaben der entsprechenden Klassen von partiellen Differentialgleichungen.

[1] Hellwig, G.: Partial Differential Equations. Teubner-Verlag Stuttgart, 1977.

[2] John, F.: Partial Differential Equations. Springer-Verlag Heidelberg/Berlin, 1978.

[3] Meinhold, P.; Wagner, E.: Partielle Differentialgleichungen. Teubner-Verlag Leipzig, 1990.

partielle Differentialgleichungen gemischten Typs, ↗Klassifikation partieller Differentialgleichungen.

partielle Funktion, Bezeichnung für eine Funktion, die evtl. für manche Werte aus ihrem Definitionsbereich den speziellen Funktionswert „undefiniert" hat.

Partielle Funktionen spielen in der ↗Berechnungstheorie eine wichtige Rolle, wobei sich ein „undefiniert"-Wert dadurch ergibt, daß der die betreffende Funktion berechnende ↗Algorithmus nicht stoppt.

partielle Integration, die Regel

$$\int^x u'(t)v(t)\,dt = u(x)v(x) - \int^x u(t)v'(t)\,dt$$

für zwei stetig differenzierbare Funktionen $u, v : j \to \mathbb{R}$ auf einem Intervall j in $\mathbb{R}$. Dies liest man direkt aus der Produktregel für die Differentiation ab.

Beispiel: Gesucht ist eine Stammfunktion zur Logarithmusfunktion ln; man erhält:

$$\begin{aligned}\int^x \ln(t)\,dt = \int^x 1\cdot\ln(t)\,dt &= x\ln x - \int^x t\,\frac{1}{t}\,dt \\ &= x\ln x - x \quad (x > 0).\end{aligned}$$

Hier wurden $u(t) := t$ und $v(t) := \ln(t)$ herangezogen.

Aus der o. a. Regel erhält man über den ↗Fundamentalsatz der Differential- und Integralrechnung die entsprechende Regel für das bestimmte Integral

$$\int_a^b u'(t)v(t)\,dt = u(x)v(x)\Big|_a^b - \int_a^b u(t)v'(t)\,dt$$

für zwei stetig differenzierbare Funktionen $u, v : [a, b] \to \mathbb{R}$ mit $-\infty < a < b < \infty$.

Man vergleiche hierzu auch ↗partielle Integration, Formeln der, und ↗partielle Integration für mehrdimensionale Integrale.

partielle Integration, Formeln der, lauten wie folgt:

Eindimensional:

$$\int^x u'(t)v(t)\,dt = u(x)v(x) - \int^x u(t)v'(t)\,dt$$

für zwei stetig differenzierbare Funktionen $u, v : j \to \mathbb{R}$ auf einem geeigneten Intervall j in $\mathbb{R}$, was man direkt aus der Produktregel für die Differentiation abliest. Aus der o. a. Regel erhält man über den ↗Fundamentalsatz der Differential- und Integralrechnung die entsprechende Regel für das bestimmte Integral

$$\int_a^b u'(t)v(t)\,dt = u(x)v(x)\Big|_a^b - \int_a^b u(t)v'(t)\,dt$$

für zwei stetig differenzierbare Funktionen $u, v : [a, b] \to \mathbb{R}$ mit $-\infty < a < b < \infty$.

Die mehrdimensionale Regel lautet

$$\int_{\mathfrak{G}} \frac{\partial f}{\partial x_\nu}\, g\, d\mathfrak{x} = \int_{\partial\mathfrak{G}} f g\, \mathfrak{n}_\nu\, d\sigma_{n-1} - \int_{\mathfrak{G}} f\, \frac{\partial g}{\partial x_\nu}\, d\mathfrak{x},$$

sie wird im Stichworteintrag ↗partielle Integration für mehrdimensionale Integrale präzisiert.

partielle Integration für mehrdimensionale Integrale, eine Folgerung (für $v := f g\, \mathfrak{n}_\nu$) aus dem Integralsatz von Gauß (↗Gauß, Integralsatz von):

$$\int_{\mathfrak{G}} \frac{\partial f}{\partial x_\nu}\, g\, d\mathfrak{x} = \int_{\partial\mathfrak{G}} f g\, \mathfrak{n}_\nu\, d\sigma_{n-1} - \int_{\mathfrak{G}} f\, \frac{\partial g}{\partial x_\nu}\, d\mathfrak{x}.$$

Hierbei seien $n \in \mathbb{N}$, $\mathfrak{G}$ eine beschränkte offene Teilmenge des $\mathbb{R}^n$ mit ‚fast überall glattem Rand' $\partial\mathfrak{G}$, $\mathfrak{n}$ das äußere Normalenfeld und f, g auf $\mathfrak{G}$ stetig differenzierbare reellwertige Funktionen, deren Ableitungen erster Ordnung stetig auf $\overline{\mathfrak{G}}$ fortgesetzt werden können, und $\nu \in \{1, \ldots, n\}$.

Ist insbesondere $fg = 0$ auf $\partial\mathfrak{G}$, so hat man

$$\int_{\mathfrak{G}} \frac{\partial f}{\partial x_\nu}\, g\, d\mathfrak{x} = -\int_{\mathfrak{G}} f\, \frac{\partial g}{\partial x_\nu}\, d\mathfrak{x}.$$

partielle Integro-Differentialgleichung, ↗Integro-Differentialgleichung.

partielle Summation, Bezeichnung für die Formeln (1) bzw. (2) im folgenden Satz.

Es seien $n \in \mathbb{N}$, $a_1, \dots, a_n \in \mathbb{C}$ und $b_0, b_1, \dots, b_n \in \mathbb{C}$. Dann gilt

$$\sum_{k=1}^{n} a_k(b_k - b_{k-1}) = a_n b_n - a_1 b_0 - \sum_{k=1}^{n-1} b_k(a_{k+1} - a_k) . \qquad (1)$$

Oft schreibt man diese Formel auch in der folgenden Form. Sind $a_1, \dots, a_n \in \mathbb{C}$ und $b_1, \dots, b_n, b_{n+1} \in \mathbb{C}$, so gilt

$$\sum_{k=1}^{n} a_k b_k = A_n b_{n+1} + \sum_{k=1}^{n} A_k(b_k - b_{k+1}) , \qquad (2)$$

wobei $A_k := \sum_{j=1}^{k} a_j$, $k = 1, \dots, n$.

Hieraus läßt sich leicht das folgende Konvergenzkriterium für Funktionenreihen ableiten.

Es seien (f_n), (g_n) Folgen von Funktionen $f_n, g_n : X \to \mathbb{C}$ auf einer Menge $X \subset \mathbb{C}$, und

$$F_N := \sum_{n=0}^{N} f_n$$

für $N \in \mathbb{N}$. Weiter sei die Folge $(F_N g_{n+1})$ und die Reihe

$$\sum_{n=0}^{\infty} F_n(g_n - g_{n+1})$$

gleichmäßig konvergent auf X.

Dann ist auch die Reihe

$$\sum_{n=0}^{\infty} f_n g_n$$

gleichmäßig konvergent auf X.

Als Beispiel sei die Reihe

$$\sum_{n=0}^{\infty} a_n e^{inx} , \quad x \in (0, 2\pi)$$

betrachtet, wobei (a_n) eine monoton fallende Nullfolge reeller Zahlen ist. Setzt man $f_n(x) = e^{inx}$ und $g_n(x) = a_n$, so folgt

$$F_N(x) = \sum_{n=0}^{N} e^{inx} = \frac{1 - e^{i(N+1)x}}{1 - e^{ix}}$$

und daher die gleichmäßige Konvergenz der Reihe auf jedem abgeschlossenen Intervall $[a, b] \subset (0, 2\pi)$. Zerlegt man die Reihe in Real- und Imaginärteil, so folgt speziell die Konvergenz der Reihen

$$\sum_{n=1}^{\infty} \frac{\cos nx}{n} \quad \text{und} \quad \sum_{n=1}^{\infty} \frac{\sin nx}{n}$$

auf $(0, 2\pi)$.

Interpretiert man Summation als Integration, also $\sum a_k b_k$ als „Integral" des Produkts, und A_k als „Integralfunktion" von a_j, so gleicht Formel (2) der Gleichung zur partiellen Integration. Daher erklärt sich der Name partielle Summation.

Das wird noch deutlicher in folgendem Resultat:

Sei $(a_n)_{n \ge 0}$ eine Folge komplexer Zahlen, und bezeichne

$$A(t) := \sum_{n \le t} a_n .$$

Weiter sei b eine stetig differenzierbare komplexe Funktion auf dem (reellen) Intervall $[1, x]$. Dann gilt

$$\sum_{1 \le n \le x} a_n b(n) = A(x)b(x) - \int_1^x A(t)b'(t)\,dt.$$

partieller *k*-Baum, ↗ Baumweite.

partieller linearer Raum, eine ↗ Inzidenzstruktur, bei der jedes Punktepaar in höchstens einem Block enthalten ist.

Die Blöcke eines partiellen linearen Raumes werden auch Geraden genannt.

partieller Verband, Teilmenge M eines ↗ Verbandes $(V, \le)$.

Die Bezeichnung rührt daher, daß für je zwei Elemente $a, b \in M$ das Supremum $\sup(a, b)$ und das Infimum $\inf(a, b)$ in der Menge M nicht definiert zu sein brauchen, d. h. daß $\sup(a, b) \in V \setminus M$ bzw. $\inf(a, b) \in V \setminus M$ gelten kann.

partielles Differentialgleichungssystem *n*-ter Ordnung, ein System mehrerer ↗ partieller Differentialgleichungen n-ter Ordnung für i. allg. ebenso viele unbekannte Funktionen.

partiell-rekursive Funktion, andere Bezeichnung für eine ↗ berechenbare Funktion.

Durch die Bezeichnung wird hervorgehoben, daß die betreffende Funktion partiell sein kann und nicht notwendig total berechenbar ist.

Partikelhorizont, auch Teilchenhorizont genannt, Spezialfall eines ↗ Horizonts.

partikuläre Lösung, spezielle Lösung einer linearen inhomogenen Differentialgleichung, vgl. ↗ lineare Differentialgleichung

Partikularisator, andere Bezeichnung für den ↗ Existenzquantor.

Partition der Eins, ↗ Zerlegung der Eins.

Partition einer Menge, Zerlegung einer Menge mittels einer ↗ Äquivalenzrelation.

Ist R eine Äquivalenzrelation auf der Menge M, so induziert R eine eindeutige Zerlegung von M in paarweise disjunkte Untermengen M_i, die Äquivalenzklassen, so, daß $\cup_i M_i = M$ und $M_i \cap M_j = \emptyset$ für alle $i \ne j$.

Jede solche Zerlegung von M heißt eine Partition von M, und die Äquivalenzklassen M_i nennt man

Blöcke der Partition. Partitionen und Äquivalenzrelationen von M entsprechen einander bijektiv.

Partition einer natürlichen Zahl, jede Darstellung einer natürlichen Zahl n als Summe von natürlichen Zahlen.

Mit $p(n)$ bezeichnet man die Anzahl aller Partitionen von n, wobei zwei Partitionen als gleich gelten, falls sie sich höchstens in der Reihenfolge der Summanden unterscheiden. Zum Beispiel gilt $p(4) = 5$, denn $4 = 4$, $4 = 3 + 1$, $4 = 2 + 2$, $4 = 2 + 1 + 1$ und $4 = 1 + 1 + 1 + 1$. Die Werte von $p(n)$ wachsen sehr schnell: $p(7) = 15$, $p(10) = 42$, $p(30) = 5\,604$, $p(50) = 204\,226$, $p(100) = 190\,569\,292$, $p(200) = 3\,972\,999\,029\,388$.

Für $q \in \mathbb{E} = \{ z \in \mathbb{C} : |z| < 1 \}$ gilt folgende Formel von Euler:

$$\prod_{n=1}^{\infty}(1 - q^n)^{-1} = 1 + \sum_{n=1}^{\infty} p(n)q^n .$$

Bezeichnet $u(n)$ bzw. $v(n)$ die Anzahl aller Partitionen von n in ungerade bzw. verschiedene Summanden, so gilt für $q \in \mathbb{E}$

$$\prod_{n=1}^{\infty}(1 - q^{2n-1})^{-1} = 1 + \sum_{n=1}^{\infty} u(n)q^n ,$$

$$\prod_{n=1}^{\infty}(1 + q^n) = 1 + \sum_{n=1}^{\infty} v(n)q^n .$$

Hieraus erhält man leicht $u(n) = v(n)$.

Es gibt auch eine Rekursionsformel für $p(n)$, siehe hierzu ↗Pentagonal-Zahlen-Satz.

Partitionenmuster, ein ↗G-H-Schema, wobei G beliebig und H die Symmetriegruppe S_r ist.

partitionierender Klassifikationsalgorithmus, ein Klassifikationsverfahren der Statistik, bei dem die Objekte nacheinander in vorab festzulegende Klassen eingeteilt werden.

Wichtigstes Verfahren ist das k-means-Verfahren, auch Klassenzentrenverfahren genannt.

Partitionsverband, der (vollständige) Verband aller Partitionen einer Menge.

Pascal, Blaise, Mathematiker, Physiker, und Philosoph, geb. 19.6.1623 Clermont (Clermont-Ferrand), gest. 19.8.1662 Paris.

Der Sohn eines hochgebildeten und einflußreichen Verwaltungsbeamten wurde von seinem Vater unterrichtet. Ab 1631 in Paris lebend, wurde er auch hier privat ausgebildet und konnte seinen frühen wissenschaftlichen Neigungen freien Lauf lassen. Erst sich mit Akustik beschäftigend („Traité des sons", 1635), dann aber sich der Mathematik widmend, erschien 1640 sein „Essay pour les coniques", das den Pascalschen Kegelschnittsatz enthielt. Aus dem „Essay" entwickelte Pascal ab 1648 eine ausgedehnte Theorie der Kegelschnitte („Traite des coniques"). Das Werk ist verlorengegangen.

Ab 1640 war der Vater in Rouen tätig. Um ihm bei seinen Steuerberechnungen zu helfen, konstruierte Pascal ab 1642 eine Rechenmaschine, die ab 1645 voll funktionstüchtig war und auch kommerziell vertrieben wurde. Ab 1646 wandte sich Pascal erstmals verstärkt der Theologie (Jansenismus) zu, bearbeitete aber auch gleichzeitig physikalische Fragen (1647 Abhandlung über das Vakuum, 1648 Messung des Luftdrucks in Abhängigkeit von der Höhe über dem Erdboden). Ab 1648 lebten die Pascals meist wieder in Paris. Der Schriftsteller und Lebemann A.G. de Méré (1607–1684), ein Bekannter Pascals, lenkte diesen auf die Theorie der Glücksspiele und damit auf die Entwicklung von Grundlagen der Wahrscheinlichkeitsrechnung (1654, Briefwechsel mit P. Fermat und C. Huygens). Eng mit diesen Studien zusammenhängend entstand eine Arbeit über das „Pascalsche Dreieck" (gedruckt erst 1665). Ende 1654 wandte sich Pascal, teilweise aus mystischen Erwägungen heraus, erneut dem Jansenismus zu und griff 1656 vehement die Jesuiten an („Lettres un Provincil"). Die fast sofort verbotenen „Briefe" gelten als ein Höhepunkt der französischen Literatur. Auch in dieser Zeit verfaßte Pascal mathematische Schriften (Lehrbuch der Elementargeometrie, über Wert und Grenzen der axiomatischen Methode). Ab 1657/58 beschäftigte er sich genauer mit Problemen der „Infinitesimalmathematik". Er führte das „charakteristische Dreieck" ein, behandelte statische Momente und schwierige Quadraturen. Er veröffentlichte unter einem Pseudonym ein Preisausschreiben, das eine Behandlung von sechs unerledigten Problemen der Zykloide verlangte. Pascal selbst beteiligte sich am Preisausschreiben („Theorie général de la Roulette", 1659). Nach 1659 konnte er aus gesundheitlichen Gründen nicht mehr wissenschaftlich arbeiten.

Pascal, Satz von, wichiger Satz der Geometrie.

Es sei K ein nicht entarteter Kegelschnitt, dem ein Sechseck S einbeschrieben ist.

Verlängert man die Seiten von S, so liegen die Schnittpunkte der Paare von gegenüberliegenden Seiten auf einer gemeinsamen Geraden, der sog. Pascalschen Geraden.

Pascalsche Gerade, ↗Pascal, Satz von.

Pascalsche Rechenmaschine, von Blaise Pascal 1641 konstruierte Additions- und Subtraktionsmaschine mit Rädergetriebe (Zapfenräder) und Zehnerübertrag.

Die Einstellung einer Zahl erfolgte mittels Speichenrädern. Ein Griffel wurde in den bezifferten Zwischenraum zwischen zwei Speichen gesteckt und das Rad damit bis zu einem Anschlag gedreht. Subtrahiert wurde durch Addition des Komplements des Subtrahenden. Der Zehnerübertrag erfolgte nicht über einen Zahn, wie bei der ↗Schickardschen Rechenmaschine, sondern über einen Hebelmechanismus, der schwerkraftgebunden war (Fallhebel) und nur in einer Richtung funktionierte, daher bei Schrägstellung der Maschine störanfällig war.

Die meisten dieser Maschinen sind für Steuerberechnungen eingerichtet. Die beiden rechten Speichenräder haben deshalb entsprechend der damaligen französischen Währung 12 bzw. 20 Speichen (12 deniers = 1 sol, 20 sols = 1 Livre). Pascal erhielt 1649 ein königliches Privileg für die Herstellung seiner Maschine und galt bis in die Mitte des 20. Jahrhunderts als Erfinder der mechanischen Rechenmaschine. Eine der frühesten Maschinen (10-stellig) befindet sich im mathematisch-physikalischen Salon in Dresden.

Pascalsche Schnecke, Fußpunktkurve des Kreises.

Ist K ein beliebiger Kreis, so heißen seine Fußpunktkurven Pascalsche Schnecken, benannt nach Étienne Pascal, dem Vater von Blaise Pascal. Liegt der Pol P der Pascalschen Schnecke auf dem Kreis selbst, so erhält man die ↗Kardioide.

Zur Erläuterung: Ist P ein beliebiger Punkt auf der Ebene, g eine nicht durch P gehende Gerade, und h die durch P gehende und auf g senkrecht stehende Gerade, die g im Punkt Q schneidet, dann heißt die Strecke PQ das Lot von P auf g, und Q heißt der Fußpunkt dieses Lotes. Eine Fußpunktkurve einer gegebenen Kurve C in Bezug auf einen Punkt P ist dann der geometrische Ort aller Fußpunkte der Lote von P auf die Tangenten von C.

Pascalsches Dreieck, graphische Darstellung der Binomialkoeffizienten $\binom{n}{k}$, die beispielsweise in der binomischen Formel

$$(a+b)^n = \sum_{k=0}^{n} \binom{n}{k} a^k b^{n-k}$$

vorkommen:

$$\begin{array}{ccccccccc} & & & & 1 & & & & \\ & & & 1 & & 1 & & & \\ & & 1 & & 2 & & 1 & & \\ & 1 & & 3 & & 3 & & 1 & \\ 1 & & 4 & & 6 & & 4 & & 1 \\ / & & \vdots & & & & \vdots & & \backslash \end{array}$$

Man errechnet dieses Dreieck zeilenweise, indem man links und rechts außen jeweils eine 1 hinschreibt und die übrigen Zahlen jeweils als die Summe der beiden schräg darüberliegenden berechnet. In Binomialkoeffizienten ausgedrückt ist das gerade die Formel

$$\binom{n+1}{k} = \binom{n}{k-1} + \binom{n}{k}. \qquad (1)$$

Das Bildungsgesetz des Pascalschen Dreiecks findet sich bereits bei dem indischen Gelehrten Pingala (2. Jahrhundert v.Chr.), der damit die Anzahl der möglichen Zusammenstellungen von langen und kurzen Silben zu einem n-stelligen Versfuß bestimmte: hat man k kurze (⌣) und $n-k$ lange (−) Silben, so ergeben sich $\binom{n}{k}$ mögliche Versfüße, z. B. für $n = 4$ und $k = 2$ die $\binom{4}{2} = 6$ Varianten

⌣⌣−−, ⌣−⌣−, ⌣−−⌣,
−⌣⌣−, −⌣−⌣, −−⌣⌣.

In China läßt sich das Pascalsche Dreieck bis zur 6. Potenz in einer Handschrift aus dem Jahr 1407 nachweisen. Darin wird außerdem mitgeteilt, daß es von Yang Hui 1261 aus einem früheren Buch übernommen wurde; daher heißt das Pascalsche Dreieck in China auch *Yang Huis Dreieck*.

In Europa erschien das Pascalsche Dreieck erstmals 1527 gedruckt in der Form

$$\begin{array}{ccccccccc} & & & 3 & & 3 & & & \\ & & 4 & & 6 & & 4 & & \\ & 5 & & 10 & & 10 & & 5 & \\ 6 & & 15 & & 20 & & 15 & & 6 \\ \cdots & \cdots & \cdots & \cdots & \cdots & \cdots & \cdots & \cdots & \cdots \end{array}$$

auf der Titelseite zu Apians Arithmetik. Um 1556 benutzte Tartaglia das Pascalsche Dreieck zum Wurzelziehen bis zur 11. Wurzel und gab es als seine eigene Erfindung aus; daher spricht man in Italien auch von *Tartaglias Dreieck*.

Blaise Pascal beschrieb in einer 1665 posthum publizierten Arbeit *Traité du triangle arithmétique* zahlreiche Eigenschaften dieses Dreiecks. Den Ausdruck *triangle arithmétique de Pascal* benutzte Lucas 1876, wonach sich dann die Bezeichnung *Pascalsches Dreieck* immer mehr etablierte.

Pascal-Verteilung, ↗negative Binomialverteilung.

Pasch, Moritz, deutscher Mathematiker, geb. 8.11.1843 Breslau, gest. 20.9.1930 Bad Homburg.

Pasch studierte in Breslau und Berlin. 1865 promovierte er in Breslau und habilitierte sich 1870 in Gießen. Danach arbeitete er dort, ab 1873 als außerordentlicher, und zwei Jahre später als ordentlicher Professor.

Paschs Hauptwerk „Vorlesungen über neuere Geometrie“ befaßt sich mit den Grundlagen der Geometrie. Er baute die euklidische Geometrie axiomatisch auf, wobei er statt der Geraden die Strecke als Grundbegriff nahm. 1882 argumentierte er, daß Geometer sich bisher zu sehr von physikalischen Vorstellungen leiten ließen, und sich vielmehr von abstrakten, rein formalen Überlegungen leiten lassen sollten. Seine Arbeiten gehen damit erstmals wesentlich über Euklids „Elemente“ hinaus und stellen eine wichtige Vorstufe zu Hilberts „Grundlagen der Geometrie“ dar. Paschs Vorstellungen von der Dualität von Punkt und Gerade lösten eine nachhaltige Entwicklungsrichtung in der Geometrie aus.

Pasch-Axiom, eines der Anordnungsaxiome der Geometrie:

Falls eine Gerade durch keinen der Eckpunkte eines Dreiecks verläuft sowie eine offene Seite dieses Dreiecks schneidet, so schneidet diese Gerade noch mindestens eine weitere offene Seite des Dreiecks.

Auf der Grundlage der anderen ↗Axiome der Geometrie folgt aus dem Pasch-Axiom der folgende Satz, der mitunter statt des Pasch-Axioms als Axiom angegeben wird:

Eine beliebige Gerade g teilt die Menge der ihr nicht angehörenden Punkte der Ebene in zwei nichtleere, disjunkte Mengen derart, daß

a) *die Verbindungsstrecke zweier beliebiger Punkte, die verschiedenen Mengen angehören, die Gerade g schneidet, und*

b) *die Verbindungsstrecke zweier beliebiger Punkte, die derselben Menge angehören, die Gerade g nicht schneidet.*

Pauli, Wolfgang Ernst, österreichischer Physiker, geb. 25.4.1900 Wien, gest. 15.12.1958 Zürich.

Pauli begann schon in der Schulzeit mit Mathematik- und Physikstudien. 1818 nahm er sein Studium an der Münchner Universität auf, wo er unter anderem bei Sommerfeld Vorlesungen hörte. 1920 promovierte er und ging als Assistent von N. Bohr nach Göttingen. Später arbeitet er in Kopenhagen und Hamburg. Ab 1928 war er Professor für Theoretische Physik an der ETH Zürich und von 1939 bis 1946 Gastprofessor in Princeton.

Pauli schrieb eine erste zusammenfassende Darstellung der Relativitätstheorie und befaßte sich mit der Theorie der Elementarteilchen. 1928 stellte er das Ausschließungsprinzip (Pauli-Verbot) auf, wofür er 1945 den Nobelpreis bekam. 1930 sagte er aufgrund mathematischer Überlegungen die Existenz des Neutrino voraus. Er arbeitete zur Quantenmechanik, führte die Spinmatrizen ein, und war an der Entwicklung der Quantenelektrodynamik beteiligt.

Paulimatrizen, ↗Spinoranalysis.

Pauli-Theorie, benannt nach dem Physiknobelpreisträger Wolfgang Pauli, beschreibt eine Feldgleichung für das Elektron, welche den Spin in nichtrelativistischer Näherung berücksichtigt.

Wird der Spinanteil μB der Pauli-Gleichung

$$i\hbar\frac{\partial\psi}{\partial t} = \left[\frac{1}{2m}(\hat{p} - e\mathrm{A})^2 + e\phi - \mu\mathrm{B}\right]\psi$$

vernachlässigt, erhält man die Schrödinger-Gleichung. Hier ist $\hat{p}$ der Impulsoperator, ψ die zweikomponentige Wellenfunktion und (ϕ, A) das elektromagnetische Potential.

Werden relativistische Effekte mitberücksichtigt, erhält man die ↗Dirac-Gleichung.

Pauli-Verbot, die Behauptung, daß zwei Fermionen (↗Bosonen) nicht gleichzeitig in demselben Zustand sein können.

Eine antisymmetrische Wellenfunktion für ein Teilchensystem (Fermionen) trägt dem Pauli-Verbot Rechnung: Nach der Quantenmechanik sind identische Teilchen nicht unterscheidbar. Wären nun zwei solche Teilchen in demselben Zustand, würde ihre Vertauschung den Zustand nicht ändern. Andererseits wechselt aber nach Voraussetzung die Wellenfunktion bei diesem Tausch das Vorzeichen. Das ist nur bei verschwindender Wellenfunktion möglich, was wiederum bedeutet, daß zwei Fermionen nicht gleichzeitg in demselben Zustand sein können.

***p*-Betrag**, ↗*p*-adische Zahl.

PCP, ↗Postsches Korrespondenzproblem.

PCP-Theorie, die Theorie der probabilistically checkable proofs (PCP).

Das PCP-Theorem enthält eine neue Charakterisierung von ↗NP.

Ein Verifizierer V ist eine Turing-Maschine. Er kann probabilistisch Beweise für die Sprache L überprüfen, wenn es für jedes $x \in L$ einen Beweis, d. h. eine Bitfolge, gibt, den V für jede Folge von Zufallsbits akzeptiert und V für jedes $x \notin L$ und jeden Beweis nur mit Wahrscheinlichkeit von höchstens 1/2 (bezogen auf die Zufallsbits) akzeptiert. Der Verifizierer ist

$(r(n), q(n))$-beschränkt,

wenn für Eingaben der Länge n nur $O(r(n))$ Zufallsbits benutzt und $O(q(n))$ Beweisbits gelesen werden. Dann ist NP gleich der Klasse aller Sprachen mit $(\log n, 1)$-beschränkten Verifizierern.

Mit dieser Charakterisierung von NP kann für Probleme wie das ↗Cliquenproblem gezeigt werden, daß ein ↗approximativer Algorithmus mit polynomieller Rechenzeit und konstanter Güte (↗Güte eines Algorithmus) nur existieren kann, wenn NP=P (↗NP-Vollständigkeit) ist.

Das PCP-Theorem gilt als wichtigstes Theorem der ↗Komplexitätstheorie in der Zeit von 1985 bis 1995.

Peacock, George, englischer Mathematiker, geb. 9.4.1791 Denton (England), gest. 8.11.1858 Ely (England).

Peacock studierte von 1809 bis 1813 am Trinity College in Cambridge. Hier traf er unter anderem Herschel und Babbage. Ab 1814 unterrichtete er am Trinity College. 1836 wurde er Lowndean-Professor für Astronomie und Geometrie.

Peackock setzte sich unermüdlich für Reformen im Mathematikunterricht ein. Schon 1816 gründete er mit Herschel und Babbage die „Analytical Society", die zum Ziel hatte, die fortschrittlichen analytischen Methoden des europäischen Kontinents, insbesondere die Leibnizsche Bezeichnungsweise, nach England zu bringen. Den englischen Mathematikern warfen sie vor, in der Newtonschen Tradition erstarrt zu sein. So tat Peacock viel für die Verbreitung der neuen Methoden.

1830 veröffentlichte er die Arbeit „Treatise on Algebra", in der er versuchte, der Algebra eine logische Grundlage zu geben. Er unterschied dabei zwischen arithmetischer und symbolischer Algebra, welche sich mit der Kombination von Symbolen mittels beliebiger Gesetze befaßt. Er verwendete hier auch konsequent negative und komplexe Zahlen.

Peano, Axiomensystem von, für eine Menge $\mathcal{N}$ und eine ↗Abbildung $\mathcal{S} : \mathcal{N} \to \mathcal{N}$ (man nennt $\mathcal{S}(n)$ auch den Nachfolger von n) definiert durch:

(1) $\emptyset \in \mathcal{N}$.

(2) $\emptyset \notin \mathcal{S}(\mathcal{N})$, d. h., $\emptyset$ ist nicht Nachfolger einer Zahl aus $\mathcal{N}$.

(3) $\displaystyle\bigwedge_{m,n\in\mathcal{N}} m \neq n \Rightarrow \mathcal{S}(m) \neq \mathcal{S}(n)$,

d. h., verschiedene Zahlen haben verschiedene Nachfolger.

(4) $\displaystyle\bigwedge_{N\subseteq\mathcal{N}} \left(\emptyset \in N \wedge \bigwedge_{n\in N} \mathcal{S}(n) \in N\right) \Rightarrow N = \mathcal{N}$,

d. h., enthält eine Teilmenge von $\mathcal{N}$ die leere Menge und mit jeder Zahl ihren Nachfolger, so handelt es sich bei N bereits um die ganze Menge $\mathcal{N}$.

Siehe auch ↗Kardinalzahlen und Ordinalzahlen, sowie, für eine andere Formulierung, ↗Peano-Axiome.

Peano, Existenzsatz von, lautet:

Ist $f : G \to \mathbb{R}^n$ in einem ↗Gebiet $G \subset \mathbb{R}^{n+1}$ stetig, so geht durch jeden Punkt $(x_0, y_0) \in G$ mindestens eine Lösung der ↗gewöhnlichen Differentialgleichung

$$y' = f(x, y).$$

Für alle $(x_0, y_0) \in G$ hat also das ↗Anfangswertproblem

$$y' = f(x, y), \quad y(x_0) = y_0$$

mindestens eine Lösung.

[1] Timmann, S.: Repetitorium der gewöhnlichen Differentialgleichungen. Binomi Hannover, 1995.

[2] Walter, W.: Gewöhnliche Differentialgleichungen. Springer-Verlag Heidelberg/Berlin, 1972.

Peano, Guiseppe, italienischer Mathematiker, Logiker, geb. 27.8.1858 Spinetta, bei Cuneo (Italien), gest. 20.4.1932 Turin.

Peano stammte aus einer Bauernfamilie und wuchs auf einem Hof bei Spinetta auf. Nach dem Schulbesuch in Cuneo wurde er von einem Verwandten der Familie, einem Theologen und Juristen, ab etwa 1870 in Turin privat unterrichtet. 1876–80 studierte er an der Universität Turin. Er war anschließend Assistent und Vertreter seines Lehrers Angelo Genocchi (1817–1889). Von 1886–1901 war er Professor an der Militärakademie in Turin, ab 1890 hatte Peano eine außerordentliche Professur für Analysis an der Universität Turin inne, ab 1895 war er ordentlicher Professor.

Seine wissenschaftliche Tätigkeit begann Peano mit der Herausgabe der Analysisvorlesungen von Genocchi im Jahre 1884. In seinen Anmerkungen dazu beleuchtete er kritisch „selbstverständliche" Aussagen der Analysis und widerlegte viele dieser Behauptungen durch die Angabe von Gegenbeispielen. Er zeigte so, daß eine Funktion nichtkommutative zweite partielle Ableitungen besitzen kann, und daß die Dirichletsche Funktion durchaus einer analytischen Darstellung zugänglich ist.

Ab 1886 arbeitete Peano erfolgreich über Differentialgleichungen: 1886 Existenzsatz für Lösungen der Differentialgleichung $y' = f(x, y)$, 1890 Präzisierungen dazu mit Hilfe des von Peano sehr kritisch betrachteten Auswahlaxioms. Im Jahre 1887 präzisierte er den Inhaltsbegriff für Punktmengen (innerer und äußerer Inhalt, Quadrierbarkeit), und untersuchte vektorwertige Mengenfunktionen. Im „Calcolo geometrico, secondo l' Ausdehnungslehre di H. Grassmann" (1888) setzte er sich erfolgreich für die Graßmannsche Vektoralgebra und Vektoranalysis ein und wurde zu einem Wegbereiter ihres späteren weltweiten Erfolges.

Im Jahre 1889 charakterisierte er die natürlichen Zahlen durch das „Peanosche Axiomensystem" („Arithmetices principia, nova methodo exposita"), 1890 gab er die „Peano-Kurve" an.

Von 1891 bis 1908 leitete Peano die von ihm gegründete Zeitschrift „Rivista di Matematica" („Revue de Mathématiques" ab Band 6). In ihr veröffentlichte er ab 1895 Darstellungen mathematischer Teilgebiete in formalisierter Sprache. 1897 fand er damit im Zusammenhang stehend die grundsätzliche Bedeutung des „geordneten Paares" für den mengentheoretischen Aufbau der Mathematik. 1911 gab er eine neue Definition des Funktionsbegriffs auf der Basis der Mengenlehre.

Auch auf pädagogischem und organisatorischem Gebiet hat Peano Bleibendes für die Mathematik geleistet. Er war führend an der Reform des Mathematikunterrichts in Italien beteiligt, war Mitbegründer des „Vereins italienischer Mittelschullehrer" (1895) und einer der Initiatoren der internationalen Mathematikerkongresse (ab 1897). Etwa 1900 begann sich Peano für die damals populäre Vorstellung von der Schaffung künstlicher internationaler Sprachen zu begeistern (Interlingua u. a.).

Peano-Axiome, die im Jahr 1889 von Guiseppe Peano angegebenen Axiome zur Charakterisierung der natürlichen Zahlen:

- 1 ist eine natürliche Zahl.
- Zu jeder natürlichen Zahl n gibt es eine natürliche Zahl n', den Nachfolger von n.
- Zwei verschiedene natürliche Zahlen haben verschiedene Nachfolger.
- 1 ist nicht Nachfolger einer natürlichen Zahl.
- Enthält eine Menge natürlicher Zahlen die 1 und mit jeder natürlichen Zahl auch deren Nachfolger, so enthält sie alle natürlichen Zahlen.

Das letzte dieser Axiome ist die Grundlage des ↗Induktionsprinzips. Die Peano-Axiome sind eine andere Formulierung der Definition der natürlichen Zahlen als Menge mit einem ausgezeichneten Element $1 \in \mathbb{N}$ und ↗Nachfolgerfunktion $N : \mathbb{N} \to \mathbb{N}$. Diese ist durch $N(n) = n'$ gegeben. Für eine andere Formulierung siehe auch ↗Peano, Axiomensystem von.

Peano-Axiomensystem, ↗Peano, Axiomensystem von, ↗Peano-Axiome.

Peano-Kern, ein Integral-Kern (↗Integralgleichung), der insbesondere bei der Darstellung von linearen Funktionalen und Splinefunktionen eine Rolle spielt.

Es seien $[a, b]$ ein reelles Intervall, $L : [a, b] \to \mathbb{R}$ ein lineares Funktional, Punkte $a = x_0 < x_1 < \cdots < x_k < x_{k+1} = b$ und beliebige reelle Zahlen $a_0, \ldots, a_{k+1}$ gegeben. Weiter bezeichne $(\cdot)_+$ die übliche truncated-power-Funktion, also

$$(z)_+^r = \begin{cases} z^r & z \geq 0, \\ 0 & z < 0, \end{cases}$$

für $r \in \mathbb{N}$. Dann ist der Peano-Kern $K : [a, b] \to \mathbb{R}$ definiert durch

$$K(u) = \frac{1}{r!}\left\{L\left((\cdot - u)_+^r\right) - \sum_{i=0}^{k+1} a_i (x_i - u)_+^r\right\}$$

für $u \in [a, b]$.

Es gilt folgender Darstellungssatz:

Gilt für alle ↗Polynome p höchstens r-ten Grades, daß

$$L(p) - \sum_{i=0}^{k+1} a_i\, p(x_i) = 0,$$

so gilt für alle Funktionen $f \in C^{r+1}[a, b]$:

$$L(f) - \sum_{i=0}^{k+1} a_i f(x_i) = \int_a^b K(u) f^{(r+1)}(u)\, du.$$

[1] Nürnberger, G.: Approximation by Spline Functions. Springer-Verlag Heidelberg/Berlin, 1989.

Peano-Kurve, ebenenfüllende Kurve, die durch die in der Abbildung angedeutete Konstruktion entsteht.

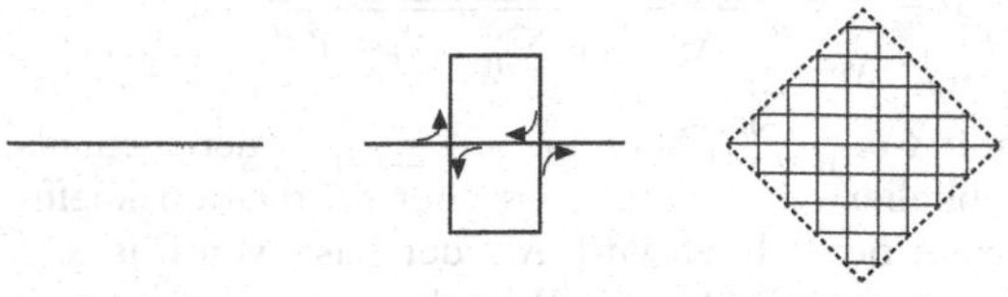

Konstruktion der Peano-Kurve: In jedem Schritt wird ein Geradenstück ersetzt durch 9 andere, deren Länge jeweils ein Drittel der des Ausgangsstücks beträgt.

Die Peano-Kurve P ist eine selbstähnliche Menge mit der Eigenschaft

$$\dim_H P = \dim_{Kap} P = 2$$

(↗Kapazitätsdimension, ↗Hausdorff-Dimension). Man sagt, daß die Peano-Kurve eine ebenenfüllende Kurve ist. Weitere Beispiele für derartige Kurven mit der fraktalen Dimension 2 sind die Hilbert-Kurve und die Peano-Gosper-Kurve. Der Hilbert-Würfel ist das mehrdimensionale Analogon der Hilbert-Kurve.

Pearson, Egon Sharpe, englischer Mathematiker und Statistiker, geb. 11.8.1895 London, gest. 12.6.1980 Midhurst.

E.S. Pearson war der Sohn von Karl Pearson. Nach dem Schulbesuch in Oxford ging er 1914 nach Cambridge und trat ins Trinity College ein. Bereits ein Jahr später nahm er eine Tätigkeit im Ministerium für Schiffahrt an, wo er bis 1920 blieb und auch eine militärische Prüfung ablegte.

1921 ging er ans University College nach London und arbeitete in der von seinem Vater geleiteten Abteilung. Als dieser 1933 seinen Lehrstuhl aufgab, wurde die Abteilung nochmals geteilt, R.A. Fisher übernahm die Galton-Professur, und E.S. Pearson wurde Leiter der statistischen Abteilung.

Pearsons Hauptarbeitsgebiete waren die Mathematische Statistik und die Biometrie; ab 1924 war er Assistant Editor, ab 1936 Managing Editor der Zeitschrift „Biometrika". Vor allem in Zusammenarbeit mit Neyman erzielte Pearson fundamentale Resultate zur Testtheorie (Hypothesentests).

Pearson, Karl, englischer Mathematiker, geb. 27.3.1857 London, gest. 27.4.1936 London.

1879 promovierte Pearson an der Universität Cambridge. 1884 wurde er Professor für Mathematik und Mechanik am University College in London, und von 1911 bis 1933 war er Galton-Professor für Eugenik.

Pearson gilt als Mitbegründer der modernen Statistik. Er führte den χ^2-Test ein, leistete Beiträge zur Regressionsanalyse und zum Korrelationskoeffizienten. Er interessierte sich auch für die Anwendungen der Statistik bei der Beschreibung der Vererbung und der Evolution.

Darüberhinaus schrieb Pearson Bücher zur Geschichte der Elastizitätstheorie, über das Leben von Galton, über die Geschichte der Statistik, und veröffentlichte Tabellen zur Eulerschen Γ-Funktion und zur Beta-Funktion. Er interessierte sich aber auch für Kulturgeschichte und die Freidenker. Er war Mitbegründer und Herausgeber der Zeitschrift „Biometrika". Sein Lebenswerk wurde teilweise fortgeführt von seinem Sohn E.S. Pearson.

Pearson-Potential, Beispiel für ein Potential V, das auf kompakten Untermengen von $\mathbb{R}^3 \setminus 0$ beschränkt ist und folgende Eigenschaften hat:

1. *V hat einen kompakten Träger in $\mathbb{R}^3$.*
2. *$H = H_0 + V$ mit $H_0 = -\Delta$ ist wesentlich selbstadjungiert auf dem Durchschnitt der Definitionsbereiche von H_0 und V.*
3. *$H_0 + V$ ist ein positiver Operator.*

4. *Es existieren die Wellenoperatoren*

$$\Omega^{\pm} := s\text{-}lim_{t\to\pm\infty} e^{itH} e^{-itH_0} .$$

5. *Für die Wertebereiche Ran $\Omega^{\pm}$ der Wellenoperatoren $\Omega^{\pm}$ gilt jedoch Ran $\Omega^{+} \neq$ Ran Ω^{-}.*

[1] Reed, M.; Simon, B.: Methods of Modern Mathematical Physics, Bd. III: Scattering Theory. Academic Press New York, 1979.

Pearsonsche Verteilung, eine Verteilung, deren Dichte f der Differentialgleichung

$$\frac{df}{dx} = -\frac{a+x}{c_0 + c_1 x + c_2 x^2} f$$

mit reellen Parametern c_0, c_1, c_2 und a genügt.

In Abhängigkeit von der Wahl der Parameter werden insgesamt sieben Klassen von Verteilungen, die Typen I-VII, unterschieden. Diese von K. Pearson am Ende des 19. Jahrhunderts entwickelte Systematik charakterisiert eine Familie von Verteilungen, mit der sich eine große Zahl empirisch beobachtbarer Formen von Verteilungen sparsam, d. h. mit wenigen Parametern, approximieren läßt. Beispiele Pearsonscher Verteilungen sind die Normalverteilung, die Beta- und Gamma-Verteilung sowie die t-Verteilung.

[1] Johnson, N. L.; Kotz, S.; Balakrishnan N.: Continuous Univariate Distributions 1. Wiley New York, 1994.

Pearsonscher Korrelationskoeffizient, ein Maß für die Stärke des linearen Zusammenhangs zwischen zwei proportionalitätsskalierten zufälligen Merkmalen X und Y.

Der Pearsonsche Korrelationskoeffizient basiert auf der Kovarianz cov(X, Y) und ist wie folgt definiert:

$$\varrho_{xy} = \frac{cov(X,Y)}{\sqrt{V(X)}\sqrt{V(Y)}} .$$

ϱ_{xy} wird auch als einfacher oder totaler Korrelationskoeffizient zwischen X und Y bezeichnet. Es gilt $-1 \leq \varrho_{xy} \leq 1$. Das Vorzeichen deutet auf einen positiven (gleichläufigen) oder negativen (gegenläufigen) Zusammenhang hin. Ist $\varrho_{xy} = 1$, so liegen alle Beobachtungen von (X, Y) auf einer Geraden mit positivem Anstieg, ist $\varrho_{xy} = -1$, so liegen alle Beobachtungen von (X, Y) auf einer Geraden mit negativem Anstieg. ϱ_{xy} sagt nichts über die Art des Zusammenhangs zwischen X und Y aus, falls er nicht linear ist.

Ist $\varrho_{xy} = 0$, so bezeichnet man X und Y als unkorreliert. Für stochastisch unabhängige Merkmale gilt wegen cov$(X, Y) = 0$ auch $\varrho_{xy} = 0$. Dagegen folgt aus $\varrho_{xy} = 0$ nicht die stochastische Unabhängigkeit von X und Y.

Es sei $((X_1, Y_1), ..., (X_n, Y_n))$ eine mathematische Stichprobe von (X, Y). Eine Punktschätzung für die Korrelation ϱ_{xy} zwischen X und Y liefert der sogenannte ↗empirische Korrelationskoeffizient bzw. Stichprobenkorrelationskoeffizient

$$\widehat{\varrho} = \frac{\sum_{i=1}^{n}(X_i - \overline{X})(Y_i - \overline{Y})}{\sqrt{\sum_{i=1}^{n}(X_i - \overline{X})^2 \sum_{i=1}^{n}(Y_i - \overline{Y})^2}}$$

mit $\overline{X} = \frac{1}{n}\sum_{i=1}^{n} X_i$ und $\overline{Y} = \frac{1}{n}\sum_{i=1}^{n} Y_i$, der ebenfalls üblicherweise als Pearsonscher Korrelationskoeffizient bezeichnet wird. Auf der Basis von $\widehat{\varrho}$ ist ein t-Test zum Prüfen der Hypothese

$$H_0 : \varrho_{xy} = 0 \quad (X \text{ und } Y \text{ sind unkorreliert})$$

gegen $H_1 : \varrho_{xy} \neq 0$

entwickelt worden. Ist mindestens eine der beiden Zufallsgrößen X und Y nicht proportionalitäts-, sondern nur ordinalskaliert (↗Skalentypen), so verwendet man als Schätzung für den einfachen Korrelationskoeffizienten ϱ_{xy} anstelle des Pearsonschen Korrelationskoeffizienten einen ↗Rangkorrelationskoeffizienten, zum Beispiel den ↗Spearmanschen Korrelationskoeffizienten.

(Siehe hierzu auch ↗Korrelationsanalyse, ↗Korrelationskoeffizient, ↗Rangkorrelationsanalyse).

Pearson-Theorem, Satz aus der Streutheorie, der zum Beweis des ↗Kato-Rosenblum-Theorems über die Existenz von verallgemeinerten Wellenoperatoren herangezogen werden kann.

Peirce, Benjamin, amerikanischer Mathematiker und Astronom, geb. 4.4.1809 Salem (Massachusetts), gest. 6.10.1880 Cambridge (Massachusetts).

Nach der Beendigung seines Studiums an der Harvard-Universität erhielt Peirce dort 1829 eine Stelle als Tutor und 1833 eine Professur.

Peirce arbeitete auf vielen Gebieten der Mathematik. Er zeigte in der Zahlentheorie, daß es keine ungeraden vollkommenen Zahlen mit weniger als vier verschiedenen Primfaktoren gibt.

1870 klassifizierte Peirce in seinem Hauptwerk „Linear Associative Algebra" alle komplexen assoziativen Algebren mit maximal sieben Erzeugenden. Dies war der Beginn einer Richtung in der Mathematik, die sich damit befaßt, verschiedene Algebren als abstrakte algebraische Strukturen zu verstehen.

Peirce schrieb mehrere Lehrbücher zu verschiedenen mathematischen Themen. Er wurde aber auch bekannt für seine Arbeiten auf dem Gebiet der Astronomie. So half er bei der Bestimmung der Bahn des Neptun, der wiederum 1846 entdeckt wurde. Er erwarb sich große Verdienste bei der Landvermessung, und regte die Gründung verschiedener wissenschaftlicher Institutionen der USA an.

Peirce, Charles Sanders, amerikanischer Mathematiker, geb. 10.9.1839 Cambridge (Massachusetts), gest. 19.4.1914 Milford (Pennsylvania).

Charles Peirce, Sohn von Benjamin Peirce, studierte in Harvard und lehrte dort von 1863 bis 1865. 1866/67 arbeitete er am Lowell-Institut in Boston, und von 1879 bis 1884 an der Johns Hopkins-Universität in Baltimore.

Zwischen 1859 und 1891 war Peirce Mitglied des US-Küsten- und Vermessungsdienstes. In diesem Zusammenhang befaßte er sich mit Triangulations-, Azimut-, Magnet- und Finsternisberechnungen. Er interessierte sich für Kartenprojektionen mittels konformer Abbildungen und elliptischer Funktionen, für das Vier-Farben-Problem und für die Knotentheorie.

Peirce leistete wichtige Beiträge zur mathematischen Logik. Er bemühte sich insbesondere darum, die Grundlagen der Logik klar herauszuarbeiten und exakte Methoden zu entwickeln. Er publizierte über die Begriffe der Inklusion und Implikation und über die formale Behandlung des Wahrheitswertes. 1880 fand er heraus, daß alle ↗Booleschen Funktionen durch die ↗XOR-Funktion ausgedrückt werden können. Er bemühte sich um eine Axiomatisierung der mathematischen Logik und ist Begründer der modernen Semiotik.

Peixotos Theorem, lautet:

Ein C^k-Vektorfeld auf einer kompakten zweidimensionalen Mannigfaltigkeit ist genau dann strukturstabil (↗Strukturstabilität), falls für das zugehörige dynamische System gilt:

1. *Es hat hat nur endlich viele Fixpunkte und geschlossene Orbits, und diese sind hyperbolisch.*
2. *Es gibt keine Orbits, die Sattelpunkte verbinden.*
3. *Die Menge der nicht-wandernden Punkte von M besteht nur aus periodischen Punkten, also Fixpunkten und periodischen Orbits.*

Ist M zusätzlich orientierbar, so ist die Menge der strukturstabilen Vektorfelder in $\mathcal{N}(M)$ offen und dicht (in der C^1-Topologie).

Peletier, Jaques, französischer Mathematiker und Mediziner, geb. 25.7.1517 Le Mans, gest. Juli 1582 Paris.

Peletier studierte am Collège de Navarre Philosophie. Später, als Sekretär des Bischofs von Le Mans, bildete er sich autodidaktisch in Griechisch, Mathematik und Medizin aus. Er promovierte in Medizin und wirkte in Bordeaux, Lyon, Portiers und Paris als Arzt und Lehrer für Mathematik.

Peletier schrieb Bücher zur Arithmetik, die theoretische Abhandlungen mit praktischen Anwendungen für Kaufleute verbanden. Weiterhin veröffentlichte er Arbeiten zur Algebra, zur Lösung von Gleichungen, zur Geometrie, zum Problem der Würfelverdopplung und zur Kongruenz. 1557 übersetzte er Euklids „Elemente“.

Pell, John, englischer Mathematiker, geb. 1.3.1611 Southwick (England), gest. 12.12.1685 London.

1624 nahm Pell sein Studium am Trinity College in Cambridge auf. Nach Abschluß des Studiums 1630 wurde er Lehrer in verschiedenen Städten, unter anderem in London. 1643 nahm er eine Stelle als Professor für Mathematik in Amsterdam an und wechselte 1646 nach Breda. 1652 kam er nach England zurück, um für Cromwell zu arbeiten. Dieser schickte ihn von 1654 bis 1658 als Regierungsvertreter nach Zürich. Danach wurde er Vikar in London.

Pell interessierte sich für Algebra und Zahlentheorie. Er gab 1668 eine Tabelle der Primfaktoren der Zahlen bis 100 000 an. Pell veröffentlichte 1638 das Buch „Idea of Mathematics“, worin er die Wichtigkeit der Mathematik und die Notwendigkeit der Einrichtung öffentlicher mathematischer Bibliotheken betonte.

Pellsche Gleichung, für eine fest vorgegebene ganze Zahl $A \neq 0$ eine Gleichung in zwei Unbestimmten x, y der Form

$$x^2 - Ay^2 = 1\,, \tag{1}$$

wenn man nur an ganzzahligen Lösungen interessiert ist (d. h., wenn man (1) als ↗diophantische Gleichung betrachtet).

Die beiden Lösungen $(x, y) = (\pm 1, 0)$ bezeichnet man als triviale Lösungen. Ist $A \leq -2$ oder eine Quadratzahl, so besitzt Gleichung (1) keine (ganzzahlige) Lösung außer den beiden trivialen. Für $A = -1$ kommen noch die beiden Lösungen $(x, y) = (0, \pm 1)$ hinzu. Interessant ist eine Pellsche Gleichung also nur, wenn A eine natürliche Zahl, aber keine Quadratzahl, ist.

Die mathematische Untersuchung derartiger Gleichungen reicht bis etwa ins 5. Jahrhundert v.Chr. zurück. Die erste Anwendung war die näherungsweise Berechnung von $\sqrt{2}$: Ist (x, y) eine Lösung der Pellschen Gleichung

$$x^2 - 2y^2 = 1, \tag{2}$$

so kann man $\frac{x}{y}$ als Näherungsbruch für $\sqrt{2}$ betrachten; dies sieht man wie folgt: Die Pellsche Gleichung (2) ist offenbar äquivalent zu

$$\left(\frac{x}{y}\right)^2 - 2 = \frac{1}{y^2}$$

und zu

$$\left(\frac{x}{y}\right) = \sqrt{\left(2 + \frac{1}{y^2}\right)}.$$

Hieran kann man ablesen, daß der Bruch $\frac{x}{y}$ den wahren Wert von $\sqrt{2}$ immer ein wenig überschätzt, daß er aber eine immer bessere Approximation an diesen liefert, je größer der Nenner y ist.

Bei Euklid findet sich ein geometrischer Algorithmus zur Konstruktion sämtlicher Lösungen von (2). Fermat behauptete 1657 in einem Brief an Frénicle, daß Gleichung (1) für eine natürliche Zahl D, die keine Quadratzahl ist, unendlich viele Lösungen besitzt. Fermat fragte Frénicle nach einer Regel zum Auffinden von Lösungen. Brouncker und Wallis nahmen die Herausforderung an, hatten aber Fermat mißverstanden und bestimmten die *rationalen* Lösungen (was nicht so schwierig ist). Nachdem Fermat das Mißverständnis aufgeklärt hatte, gelang es Brouncker, das Problem zu lösen. Wallis beschrieb 1657 und 1658 in zwei Briefen die Methode. Euler nannte Gleichung (1) eine Pellsche Gleichung und erklärte in seiner „Algebra" ebenfalls eine Methode zum Auffinden von Lösungen. Der Grund für Eulers Namensgebung ist vermutlich eine Verwechslung bei der Rezeption der Wallisschen Werke. Wallis beschrieb sowohl das Lösen einer diophantischen Gleichung (1) als auch Ergebnisse von Pell zur Analysis, und man vermutet, daß dabei etwas durcheinander geraten ist.

Die vollständige Aufklärung der Lösungsstruktur einer Pellschen Gleichung gelang Lagrange 1766. Zum Lösen einer gegebenen Gleichung (1) verschaffe man sich zunächst eine sog. Minimallösung (x_1, y_1), bestehend aus zwei positiven ganzen Zahlen und mit der Eigenschaft, daß jede aus natürlichen Zahlen bestehende Lösung (x, y) die Ungleichungen $x \geq x_1$ und $y \geq y_1$ erfüllt. Zu einem solchen Paar kommt man z. B. durch Probieren: Man berechnet den Term $1+Ay^2$ der Reihe nach für $y = 1, 2, 3, \ldots$ solange, bis $1+Ay^2$ selbst eine Quadratzahl ist; das kann recht lang dauern, z. B. für $A = 4\,729\,494$. Ein mitunter kürzerer Weg über die Kettenbruchentwicklung von $\sqrt{A}$ war schon Euler bekannt.

Hat man eine Minimallösung gefunden, so benutzt man folgenden Satz:

Gegeben sei die Minimallösung (x_1, y_1) der Pellschen Gleichung (1), wobei $A > 0$ und $A \neq n^2$ für alle $n \in \mathbb{N}$ vorausgesetzt sei. Bezeichnen (für jedes $n \in \mathbb{N}$) x_n, y_n die eindeutig bestimmten natürlichen Zahlen mit

$$x_n + y_n\sqrt{A} = \left(x_1 + y_1\sqrt{A}\right)^n,$$

so sind sämtliche Lösungen (x, y) von (1) in den natürlichen Zahlen durch die Formeln

$$x = \frac{1}{2}\left((x_1 + y_1\sqrt{A})^n + (x_1 - y_1\sqrt{A})^n\right),$$

$$y = \frac{1}{2\sqrt{A}}\left((x_1 + y_1\sqrt{A})^n - (x_1 - y_1\sqrt{A})^n\right),$$

wobei n die natürlichen Zahlen durchläuft, gegeben.

Penalty-Methoden, Familie von Verfahren zur Lösung von Optimierungsproblemen.

Es sei eine Funktion $f(x)$ unter den Gleichungsnebenbedingungen

$$x \in M := \{z \in \mathbb{R}^n | h_i(z) = 0, i \in I\}$$

mit $f, h_i \in C^1(\mathbb{R}^n, \mathbb{R})$, $|I| < \infty$ zu minimieren.

Durch Hinzunahme eines Strafterms zur Zielfunktion (daher der Name „Penalty") wird das Problem in einem ersten Schritt in eine unrestringierte Aufgabenstellung überführt. Dabei wird mit dem Strafterm das Nicht-Erfülltsein einer der Nebenbedingungen in einem Punkt x mit einem positiven Wert „geahndet". Beispiel eines sogenannten äußeren Strafterms ist die Funktion

$$\frac{1}{2} \cdot \sigma \cdot h(x)^T \cdot h(x)$$

(mit $h(x) := (h_1(x), \ldots, h_{|I|}(x))^T$). Man minimiert dann iterativ unrestringierte Probleme

$$f(x) + \frac{1}{2} \cdot \sigma_k \cdot h^T(x) \cdot h(x),$$

wobei σ_k mit zunehmender Schrittzahl k gegen ∞ gehe (dies stellt unter geeigneten Voraussetzungen sicher, daß Konvergenz gegen einen zulässigen Punkt $\bar{x} \in M$ vorliegt).

Eine Schwierigkeit dieses Ansatzes ist der Umstand, daß die Lösungen x_k der Teilprobleme nicht zulässig sein müssen (weshalb man von einem äußeren Strafterm spricht).

Bei beiden Vorgehensweisen muß mit numerischen Instabilitäten gerechnet werden, wenn der Straffaktor σ_k wächst. Konvergieren oben die x_k gegen eine Lösung $\bar{x}$ des Ausgangsproblems, so konvergieren unter geeigneten Voraussetzungen die Produkte $\sigma_k \cdot h_i(x_k)$ für $k \to \infty$ gegen die zugehörigen Lagrangeparameter $-\bar{\lambda}_i$ von $\bar{x}$. Ist einer davon betragsmäßig groß, so wird $\sigma_k \cdot h_i(x_k)$ instabil (man beachte, daß $h_i(x_k)$ gegen 0 konvergiert). Zur Lösung dieses Problems verwendet man erfolgreich ↗Multiplikatormethoden.

Für Ungleichungsnebenbedingungen können ebenfalls spezielle Strafterme benutzt werden. Besitzt M (beschrieben durch Ungleichungen) etwa ein nichtleeres Inneres, so verwendet man häufig innere Strafterme, die umso größer werden, je näher ein zulässiger Punkt am Rand von M liegt.

Man vergleiche dazu auch das Stichwort ↗Barrierefunktion.

Penrose, Sir Roger, englischer Physiker und Mathematiker, geb. 8.8.1931 Essex (England).

Penrose studierte am University College in London und promovierte 1957 am St. John's College in Cambridge. Von 1964 bis 1973 arbeitete er am Birkbeck College in London. Ab 1973 hatte er den Rouse-Ball-Lehrstuhl für Mathematik an der Oxford-Universität inne. 1994 wurde er für seine wissenschaftlichen Leistungen geadelt.

Penrose hat bedeutende Ergebnisse auf vielen wissenschaftlichen Gebieten geliefert. In den 60er Jahren entwickelte er zusammen mit Hawking kosmologische Modelle, insbesondere stellten sie eine Theorie der Schwarzen Löcher auf. 1988 wurden er und Hawking dafür mit dem Wolf-Preis ausgezeichnet. Er leistete außerdem Beiträge zur Gravitationstheorie, zur Relativitätstheorie und zur Theorie der Spinoren.

Um 1975 entdeckte er eine nichtperiodische Parkettierung der Ebene mit nur zwei Arten von Figuren, die ↗Penrose-Parkettierung.

Penrose-Parkettierung, *Penrose-Pflasterung*, ein in den 70er Jahren des zwanzigsten Jahrhunderts von Roger Penrose entdeckter Typus von Pflasterungen der Ebene, die aus nur zwei verschiedenen elementaren Figuren (F_1, F_2) bestehen.

Die genauen Eigenschaften einer Penrose-Parkettierung sind:

- Die Ebene kann auf unendlich viele verschiedene Arten durch unendlich viele Kopien von (F_1, F_2) parkettiert werden. Eine Parkettierung ist hierbei eine Überdeckung ohne Überlappungen und Lücken.
- Die Parkettierungen sind nicht periodisch.
- Jeder (endliche) Teil einer Penrose-Parkettierung kommt innnerhalb der Gesamtparkettierung unendlich oft vor.

Die vermutlich einfachste Penrose-Parkettierung wird erzeugt durch die beiden in der Abbildung gezeigten Rhomben; man beachte, daß alle Seitenlängen gleich sind.

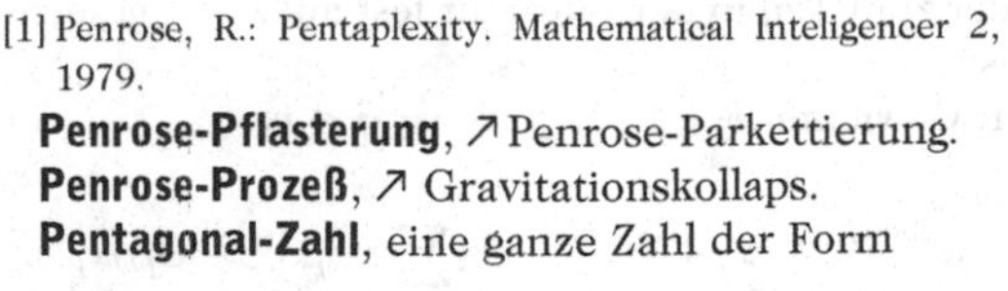

Elementare Figur einer Penrose-Parkettierung.

[1] Penrose, R.: Pentaplexity. Mathematical Inteligencer 2, 1979.

Penrose-Pflasterung, ↗Penrose-Parkettierung.

Penrose-Prozeß, ↗ Gravitationskollaps.

Pentagonal-Zahl, eine ganze Zahl der Form

$$\omega(n) = \frac{1}{2}(3n^2 - n)\,, \quad n \in \mathbb{Z}\,.$$

Es gilt $\omega(0) = 0$ und $\omega(n) \in \mathbb{N}$ für $n \neq 0$. Einige Beispiele: $\omega(1) = 1$, $\omega(2) = 5$, $\omega(3) = 12$, $\omega(4) = 22$, $\omega(5) = 35$, $\omega(-1) = 2$, $\omega(-2) = 7$, $\omega(-3) = 15$, $\omega(-4) = 26$, $\omega(-5) = 40$.

Die Bezeichnung Pentagonal-Zahl hat folgenden geometrischen Hintergrund. Legt man regelmäßige Fünfecke der Kantenlängen 1, 2, 3, ... ineinander

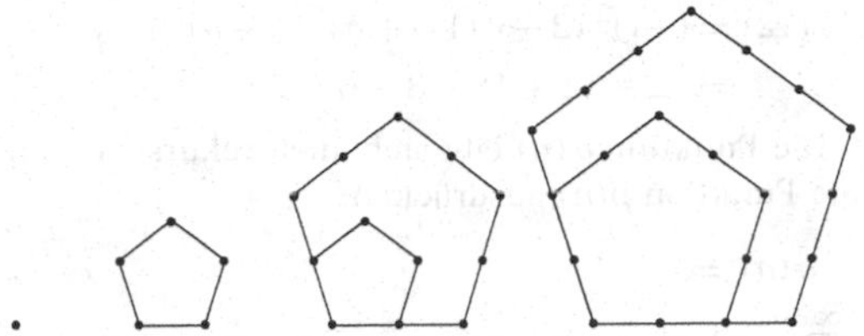

Pentagonal-Zahlen

und zählt die Anzahl der „Eckpunkte", so erhält man die Folge $(\omega(n))_{n\in\mathbb{N}}$.

Pentagonal-Zahlen sind spezielle ↗Polygonal-Zahlen.

Pentagonal-Zahlen-Satz, lautet:

Es sei $q \in \mathbb{C}$ und $|q| < 1$. Dann gilt

$$\prod_{n=1}^{\infty}(1 - q^n) = 1 + \sum_{n=1}^{\infty}(-1)^n[q^{\omega(n)} + q^{\omega(-n)}]$$

$$= \sum_{n=-\infty}^{\infty}(-1)^n q^{\omega(n)}\,,$$

wobei $(\omega(n))_{n\in\mathbb{Z}}$ die Folge der ↗Pentagonal-Zahlen bezeichnet.

Aus dem Pentagonal-Zahlen-Satz ergeben sich einige interessante Folgerungen. Es sei $p(n)$ die Anzahl der ↗Partitionen einer natürlichen Zahl n. Setzt man noch $p(0) := 1$ und $p(n) := 0$ für $n \in \mathbb{Z}$, $n < 0$, so gilt für $n \in \mathbb{N}$ die Rekursionsformel

$$p(n) = \sum_{k=1}^{\infty}(-1)^{k-1}[p(n - \omega(k)) + p(n - \omega(-k))]\,.$$

Man beachte, daß die Summe tatsächlich nur endlich viele Summanden besitzt.

Für $n \in \mathbb{N}$ sei

$$\sigma(n) := \sum_{d|n} d$$

die Summe aller positiven Teiler von n. Setzt man noch $\sigma(n) := 0$ für $n \in \mathbb{Z}$, $n \leq 0$, so gilt die Rekursionsformel

$$\sigma(n) = \sum_{k=1}^{\infty}(-1)^{k-1}[\sigma(n - \omega(k)) + \sigma(n - \omega(-k))]\,,$$

sofern $n \in \mathbb{N}$ keine Pentagonal-Zahl ist. Für $n = \omega(\pm\nu)$, $\nu \in \mathbb{N}$ gilt hingegen

$$\sigma(n) = (-1)^{\nu-1}n + \sum_{k=1}^{\infty}(-1)^{k-1}[\sigma(n - \omega(k)) + \sigma(n - \omega(-k))]\,.$$

Auch in diesem Fall enthält die Summe nur endlich viele Summanden. Zum Beispiel gilt für $n = 12 = \omega(3)$:

$$\sigma(12) = (-1)^2 12 + \sigma(11) + \sigma(10) - \sigma(7) - \sigma(5)$$
$$= 12 + 12 + 18 - 8 - 6 = 28 .$$

Die Funktion $\sigma(n)$ läßt sich auch rekursiv durch die Funktion $p(n)$ ausdrücken:

$$\sigma(n) =$$
$$\sum_{k=1}^{\infty}(-1)^{k-1}[\omega(k)p(n-\omega(k))+\omega(-k)p(n-\omega(-k))] .$$

Weiterhin gilt für $n \in \mathbb{N}$ noch die Formel

$$p(n) = \frac{1}{n}\sum_{k=1}^{n}\sigma(k)p(n-k) .$$

Pentagondodekaeder, *Zwölfflächner*, von 12 kongruenten gleichseitigen Fünfecken begrenztes ↗reguläres Polyeder.

Das Pentagondodekaeder besitzt 20 Ecken und 30 Kanten, in jeder seiner Ecken begegnen sich 3 Seitenflächen.

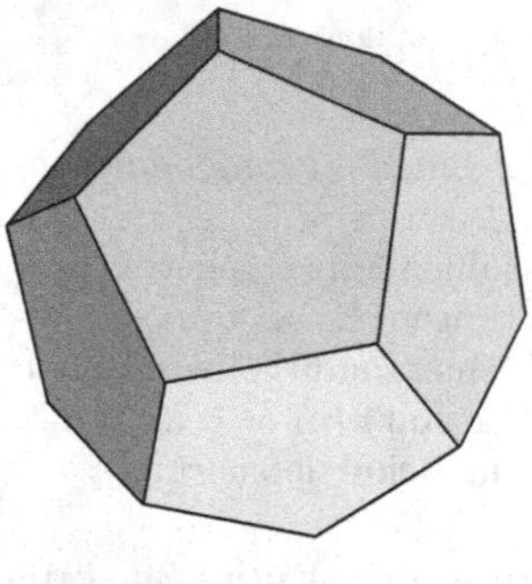

Pentagondodekaeder

Ist a die Kantenlänge eines Pentagondodekaeders, so beträgt sein Volumen

$$V = \frac{a^3}{4}\left(15 + 7\sqrt{5}\right)$$

und sein Oberflächeninhalt

$$O = 3a^2\sqrt{5\left(5 + 2\sqrt{5}\right)} \quad .$$

Perceptron, ein ↗Neuronales Netz, welches mit der ↗Perceptron-Lernregel oder einer ihrer zahlreichen Varianten konfiguriert wird; bisweilen auch im engeren Sinne die Bezeichnung für den von Frank Rosenblatt gegen Ende der fünfziger Jahre eingeführten Prototyp dieses Netzes.

Perceptron-Lernregel, eine spezielle ↗Lernregel für ↗Neuronale Netze, die bereits gegen Ende der fünfziger Jahre von Frank Rosenblatt vorgeschlagen wurde und gewisse Defizite der ↗Hebb-Lernregel kompensieren sollte; die Perceptron-Lernregel kann, etwas vereinfacht gesagt, als ↗Delta-Lernregel für nicht differenzierbare Transferfunktionen angesehen werden.

Im folgenden wird die prinzipielle Idee der Perceptron-Lernregel kurz im Kontext diskreter zweischichtiger neuronaler Feed-Forward-Netze mit Ridge-Typ-Aktivierung und nicht differenzierbarer sigmoidaler Transferfunktion in den Ausgabe-Neuronen erläutert (vgl. Abbildung):

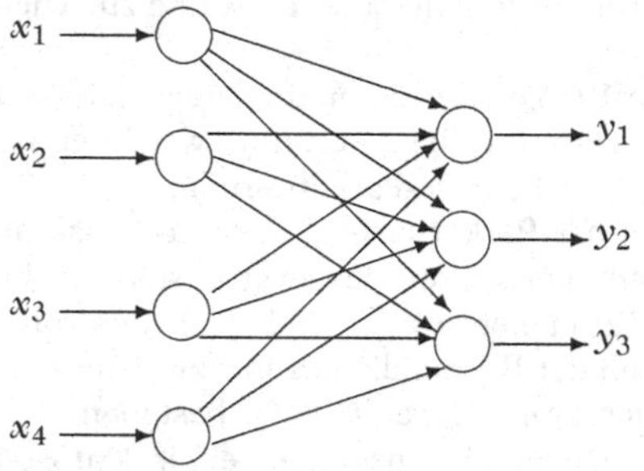

Struktur eines Perceptrons

Es sei $T : \mathbb{R} \to \{0, 1\}$ mit $T(\xi) := 0$ für $\xi < 0$ und $T(\xi) := 1$ für $\xi \geq 0$ die für die Ausgabe-Neuronen des Netzes gegebene sigmoidale Transferfunktion. Wenn man diesem zweischichtigen Feed-Forward-Netz eine Menge von t Trainingswerten

$$(x^{(s)}, y^{(s)}) \in \mathbb{R}^n \times \{0, 1\}^m \ , \quad 1 \leq s \leq t ,$$

präsentiert, dann sollten die Gewichte $w_{ij} \in \mathbb{R}$, $1 \leq i \leq n, 1 \leq j \leq m$, sowie die Schwellwerte $\Theta_j \in \mathbb{R}$, $1 \leq j \leq m$, so gewählt werden, daß für alle $j \in \{1, \ldots, m\}$ und für alle $s \in \{1, \ldots, t\}$ die quadrierten Fehler

$$\left(y_j^{(s)} - T\left(\sum_{i=1}^{n} w_{ij}x_i^{(s)} - \Theta_j\right)\right)^2$$

möglichst klein werden.

Um dies zu erreichen, geht man bei der Perceptron-Lernregel wie folgt vor, wobei $\lambda > 0$ ein noch frei zu wählender sogenannter Lernparameter ist, der zum Teil in der Literatur fest auf $\lambda = 1$ gesetzt ist:

1. Gewichte w_{ij}, $1 \leq i \leq n$, $1 \leq j \leq m$:

$$w_{ij}^{(neu)} := w_{ij} + \lambda(y_j^{(s)} - T(\sum_{k=1}^{n} w_{kj}x_k^{(s)} - \Theta_j))x_i^{(s)} .$$

2. Schwellwerte Θ_j, $1 \leq j \leq m$:

$$\Theta_j^{(neu)} := \Theta_j - \lambda(y_j^{(s)} - T(\sum_{k=1}^{n} w_{kj}x_k^{(s)} - \Theta_j)) .$$

Die sukzessive Anwendung des obigen Verfahrens für alle $s \in \{1, \ldots, t\}$ und anschließende Iteration bezeichnet man nun als Perceptron-Lernregel.

Es läßt sich zeigen, daß man nach endlich vielen Schritten des obigen Vorgehens ein perfekt auf den Trainingswerten arbeitendes Netz erhält (d. h. alle quadrierten Fehler sind Null), falls für alle $j \in \{1, \ldots, m\}$ die beiden Teilmengen

$$A_j := \{x^{(s)} \mid 1 \leq s \leq t \wedge y_j^{(s)} = 0\}$$

und

$$B_j := \{x^{(s)} \mid 1 \leq s \leq t \wedge y_j^{(s)} = 1\}$$

des $\mathbb{R}^n$ jeweils streng linear separierbar sind (Konvergenzsatz für die Perceptron-Lernregel).

Aufgrund dieses Resultats muß man also für eine gegebene Menge von Trainingswerten lediglich a priori sicherstellen, daß sie streng linear separierbar ist, um gewährleisten zu können, daß das Netz nach endlich vielen Lernschritten im Ausführ-Modus perfekt auf den Trainingswerten arbeitet. Eines der Probleme des Perceptron-Lernens besteht jedoch genau darin, daß es im allgemeinen ausgesprochen schwierig ist, einer gegebenen Menge von Trainingswerten anzusehen, ob sie streng linear separierbar ist oder nicht. Man müßte zum Beispiel Trennungsalgorithmen für konvexe Mengen einsetzen, wie sie in der Optimierung gebräuchlich sind, allerdings für den Preis eines erheblichen zusätzlichen Rechenaufwands.

Es drängt sich natürlich die Frage auf, was geschieht, wenn man ganz naiv die Perceptron-Lernregel ohne vorherigen Test auf strenge lineare Separierbarkeit anwendet. Im günstigsten Fall bricht das Perceptron-Lernen irgendwann ab, da das Netz perfekt auf den Trainingswerten arbeitet; die gegebene Menge von Trainingswerten ist streng linear separierbar. Im ungünstigsten Fall bricht das Perceptron-Lernen auch nach einer sehr großen Zahl von Iterationsschritten nicht ab, da immer noch einige Trainingswerte nicht beherrscht werden; die Menge der Trainingswerte ist vielleicht nicht streng linear separierbar, oder man hat nur zu früh mit dem Lernen aufgehört. Letztere Situation ist natürlich für die praktische Anwendung des Perceptron-Lernens ein ausgesprochenes Dilemma und Gegenstand verschiedenster Modifikationen und Verbesserungen.

perfekte Korrespondenz, ↗ Eckenüberdeckungszahl.

perfekte Menge, eine abgeschlossene und in sich dichte Teilmenge eines topologischen Raumes.

Dabei heißt M in sich dicht, wenn M in der Menge aller seiner Häufungspunkte enthalten ist.

Jeder topologische Raum, der dem zweiten Abzählbarkeitsaxiom genügt, ist Vereinigung einer perfekten und einer abzählbaren Menge (Satz von Cantor-Bendixson).

perfekte Partition, Zahlpartition

$$n = n_1 + \cdots + n_k\,,$$

falls jede Zahl $k \leq n$ genau einmal als Summe von gewissen n_i's dargestellt werden kann.

Beispiel: $7 = 4 + 2 + 1$ ist perfekt, da $1, 2, 3 = 2+1, 4, 5 = 4+1, 6 = 4+2$ und $7 = 4+2+1$; dagegen ist $9 = 4+2+2+1$ nicht perfekt, da $5 = 4+1 = 2+2+1$.

perfekte-Graphen-Satz, ↗ perfekter Graph.

perfekte-Graphen-Vermutung, ↗ perfekter Graph.

perfekter Graph, ein Graph G mit der Eigenschaft $\chi(H) = \omega(H)$ für jeden induzierten ↗ Teilgraphen H von G, wobei $\chi(H)$ die chromatische Zahl und $\omega(H)$ die Cliquenzahl von H bedeuten.

Damit ist also ein Graph G perfekt, wenn für jeden induzierten Teilgraphen H von G die chromatische Zahl $\chi(H)$ die triviale untere Schranke $\omega(H)$ annimmt. Aus der Identität $\beta(B) = \alpha_0(B)$ von König für ↗ bipartite Graphen B, wobei $\beta(B)$ die Eckenüberdeckungszahl und $\alpha_0(B)$ die Matchingzahl von B bedeuten, folgt, daß die bipartiten Graphen perfekt sind. Schwieriger ist der Nachweis der Tatsache, daß auch die ↗ chordalen Graphen perfekt sind, welche auf A. Hajnál und J. Surányi (1958) zurückgeht.

Das Konzept der perfekten Graphen wurde 1960 von C. Berge entwickelt, der gleichzeitig die Vermutung aussprach, daß ein Graph G genau dann perfekt ist, wenn auch sein Komplementärgraph $\bar{G}$ diese Eigenschaft besitzt. Berges Vermutung wurde dann 1972 durch L. Lovász tatsächlich bestätigt.

Ein Graph G ist genau dann perfekt, wenn $\bar{G}$ perfekt ist.

Dieses Resultat von Lovász zählt zu den Hauptergebnissen der Theorie der perfekten Graphen und wird heute *perfekte-Graphen-Satz* oder *perfect graph theorem* genannt. Ist $\alpha(G)$ die Unabhängigkeitszahl und $\Theta(G)$ die Cliquenüberdeckungszahl von G, so erhält man sofort die beiden Identitäten

$$\alpha(G) = \omega(\bar{G}) \quad \text{und} \quad \Theta(G) = \chi(\bar{G})\,.$$

Daher ergibt sich unmittelbar aus dem perfekte-Graphen-Satz, daß ein Graph G genau dann perfekt ist, wenn $\Theta(H) = \alpha(H)$ für jeden induzierten Teilgraphen H von G gilt.

Ein älteres Ergebnis von R.P. Dilworth aus dem Jahre 1950 besagt, daß auch die transitiv orientierbaren Graphen perfekt sind. Dabei heißt ein Graph G transitiv orientierbar, falls G eine Orientierung D besitzt, die die folgende Bedingung erfüllt: Gehören die beiden Bogen (u, v) und (v, w) zu dem ↗ gerichteten Graphen D, so auch der Bogen (u, w).

Ein Kreis ungerader Länge ≥ 5 ist sicher nicht perfekt, womit alle Graphen, die einen Kreis ungerader Länge ≥ 5 als induzierten Teilgraphen enthalten, ebenfalls nicht perfekt sind. Nach dem perfekte-Graphen-Satz von Lovász ist aber ein Graph G auch dann nicht perfekt, wenn $\bar{G}$ einen

Kreis ungerader Länge ≥ 5 als induzierten Teilgraphen besitzt. Bis heute ungelöst ist die Umkehrung dieser Aussage, die 1960 von C. Berge vermutet wurde und in der Literatur als *perfekte-Graphen-Vermutung* oder *strong perfect graph conjecture* bekannt ist:

Ein Graph G ist genau dann perfekt, wenn weder G noch $\bar{G}$ einen Kreis ungerader Länge ≥ 5 als induzierten Teilgraphen enthält.

Nur für einige Spezialklassen, wie z. B. den ↗planaren Graphen (A. Tucker 1973), ist diese Vermutung bewiesen worden.

Die Bestimmung der Parameter $\chi(G)$, $\omega(G)$, $\Theta(G)$ sowie $\alpha(G)$ führt bei beliebigen Graphen zu *NP*-schweren Problemen. Dagegen haben 1981 M. Grötschel, L. Lovász und A. Schrijver gezeigt, daß man alle diese Größen für perfekte Graphen in polynomialer Zeit berechnen kann. Somit sind die perfekten Graphen auch vom algorithmischen Standpunkt interessant.

[1] Brandstädt, A.; Le, V.B.; Spinrad, J.P.: Graph Classes: A Survey. Monographs on Discrete Mathematics and Applications 3, SIAM, 1999.

[2] Golumbic, M.C.: Algorithmic Graph Theory and Perfect Graphs. Academic Press, London, New York, San Francisco, 1980.

[3] Simon, K: Effiziente Algorithmen für perfekte Graphen. Teubner, Stuttgart, 1992.

perfekter Spline, eine ↗Splinefunktion, die bei der Lösung eines speziellen Minimierungsproblems auftritt.

Es sei $a = x_0 < x_1 < \ldots < x_k < x_{k+1} = b$ eine Menge von Knoten und m eine natürliche Zahl. Der zu den Knoten gehörige Raum der Splines $S_m(x_1, \ldots, x_k)$ vom Grad m ist gegeben durch

$$S_m(x_1, \ldots, x_k) = \{s \in C^{m-1}[a, b] : \\ s|_{[x_i, x_{i+1}]} \in \Pi_m,\ i = 0, \ldots, k\},$$

wobei Π_m den Raum der Polynome vom Grad m bezeichnet. Ein Spline $s \in S_m(x_1, \ldots, x_k)$ heißt perfekter Spline, falls gilt:

$$|s^{(m)}(t)| = \sup\{|s^{(m)}(\tau)| : \tau \in [a, b]\},\ t \in [a, b]\,.$$

Hierbei ist die m-te Ableitung $s^{(m)}$ jeweils stückweise bzgl. der Intervalle $[x_i, x_{i+1})$ zu verstehen.

Bei der Untersuchung perfekter Splines spielen sogenannte aktive Knoten eine wichtige Rolle. Ein Knoten x_i wird aktiv genannt, falls die stückweise konstante Funktion $s^{(m)}$ einen Vorzeichenwechsel in x_i hat.

Wir betrachten die folgende spezielle Minimierungsaufgabe: Für vorgegebenes $f \in C[a, b]$, vorgegebene Knoten $a = x_0 < x_1 < \ldots < x_k < x_{k+1} = b$, und eine feste natürliche Zahl r bestimme man eine Funktion $g : [a, b] \mapsto \mathbb{R}$ mit der Interpolationseigenschaft

$$g(x_i) = f(x_i),\ i = 0, \ldots, k+1$$

so, daß

$$\|g^{(r+1)}\|_\infty = \sup\{|g^{(r+1)}(t)| : t \in [a, b]\}$$

minimal ist. Der folgende Satz, der unabhängig von C. de Boor und S. Karlin Mitte der 70er Jahre gefunden wurde, zeigt den Zusammenhang zwischen der Lösung dieses Minimierungsproblems und perfekten Splines.

Die Funktion g löst genau dann das Minimierungsproblem, wenn ein Intervall $[x_p, x_{p+r+j}]$ mit $j \geq 1$ existiert, so, daß g ein perfekter Spline vom Grad $r+1$ auf $[x_p, x_{p+r+j}]$ ist, welcher die folgenden Eigenschaften besitzt:

(i) $|g^{(r+1)}(t)| = \sup\{|g^{(r+1)}(\tau)| : \tau \in [a, b]\}$, $t \in (x_p, x_{p+r+j})$,

(ii) g hat maximal $j-1$ aktive Knoten in (x_p, x_{p+r+j}).

perfektes Eckeneliminationsschema, ↗chordaler Graph.

perfektes Matching, ↗Eckenüberdeckungszahl.

perfekt-normaler Raum, topologischer Raum, der den ↗Trennungsaxiomen T_1 und T_4 genügt, und in welchem jede abgeschlossene Menge eine Nullstellenmenge ist, also eine Teilmenge A eines topologischen Raums $(X, \mathcal{O})$, für welche eine stetige Funktion $f : X \to \mathbb{R}$ existiert mit

$$A = \{x \in X : f(x) = 0\}\,.$$

Jeder metrisierbare Raum ist perfekt-normal.

Performancebewertung, Ermittlung, Einschätzung und Vergleich von Kenngrößen darüber, wie schnell, wie zuverlässig oder mit welchem Ressourcenverbrauch ein Computer-System in der Lage ist, einen relevanten Dienst zu erbringen.

Typische Kenngrößen sind Antwortzeit (die Zeit zwischen der Anforderung eines Dienstes bis zu seiner Erbringung), Durchsatz (die Zahl der in einer Zeiteinheit bearbeitbaren Aufträge), Verlustrate (der Anteil an nicht erbrachten Diensten im Verhältnis zu angeforderten Diensten) oder die Auslastung (Zahl der erbrachten Dienste im Verhältnis zur Zahl der maximal erbringbaren Dienste). Viele Kennzahlen sind stochastische Größen, die entweder analytisch oder durch systematische Experimente ermittelt werden können.

Kennzahlen hängen normalerweise von der Systemkonfiguration, der dem System abverlangten Last und der Umgebung ab, in die das System eingebettet ist. Für typische Anwendungsszenarien gibt es standardisierte Experimentalszenarien (benchmarks) zur Ermittlung vergleichbarer Kenngrößen.

Perihel, der sonnennächste Punkt der Bahnkurve eines die Sonne umlaufenden Körpers.

Den am weitesten von der Sonne entfernten Punkt nennt man Aphel.

Periheldrehung, Drehung des ↗Perihels von Umlauf zu Umlauf.

Die Periheldrehung ist ein Effekt in der Gravitationstheorie, der dazu führt, daß im Zweikörperproblem keine exakten Ellipsen als Bahnkurven auftreten.

In der Newtonschen Gravitationstheorie ist das Zweikörperproblem für zwei Punktteilchen exakt gelöst; sofern diese ein gebundenes System bilden, ist die Bahnkurve stets eine Ellipse, die im Ausnahmefall zu einer Kreisbahn entarten kann. Anstelle eines Punktteilchens kann man auch kugelsymmetrische Körper verwenden.

Ist jedoch der Zentralkörper nicht mehr kugelsymmetrisch, z. B. ein leicht abgeplattetes Rotationsellipsoid wie unsere Sonne, so ist die Bahnkurve eines kleinen umlaufenden Objekts keine exakt geschlossene Ellipse mehr. Die einfachste Beschreibung dieser Bahnkurve ist eine gestörte Ellipsenbahn mit Periheldrehung. Die Abweichung von der exakten Ellipsenbahn ist umso größer, je dichter der Körper um den Zentralkörper kreist und je mehr andere Körper die Bahnkurve beeinflussen.

Diese beiden schon aus der Newtonschen Gravitationstheorie folgenden Typen von Periheldrehung waren schon im 19. Jahrhundert bekannt und beim innersten Planeten Merkur auch genau gemessen worden. Es stellte sich jedoch heraus, daß die beim Planeten Merkur beobachtete Periheldrehung um wenige Prozent von dem nach der Newtonschen Gravitationstheorie berechneten Wert abwich. Diese Differenz läßt sich nur mittels der ↗ Allgemeinen Relativitätstheorie erklären. So wurde Anfang des 20. Jahrhunderts die Periheldrehung zu einer wichtigen experimentellen Stütze der Allgemeinen Relativitätstheorie.

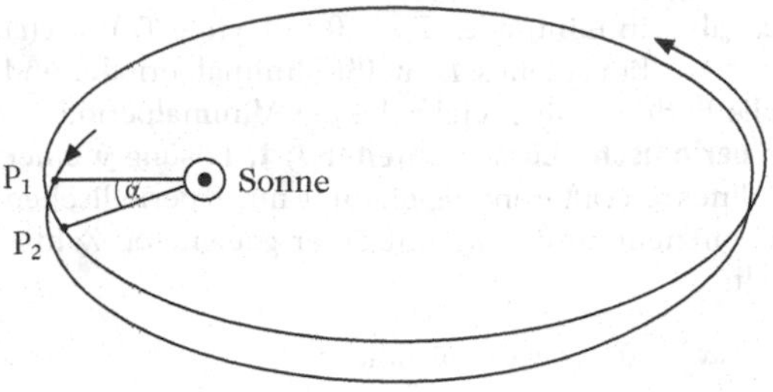

Planetenbahn mit Periheldrehung, P_1 Perihel vorher, P_2 Perihel nachher, α Periheldrehung pro Umlauf

Periode, ↗periodische Funktion.

Periode eines dynamischen Systems, ↗ periodischer Orbit.

Periodenabbildung, Abbildung des ↗Modulraumes in den Raum der Perioden.

Die Periodenabbildung ist für den Modulraum $\mathfrak{M}_g$ der algebraischen Kurven über $\mathbb{C}$ vom Geschlecht g wie folgt definiert: Seien $w_1, \dots, w_g$ linear unabhängige holomorphe 1–Formen auf X und $\gamma_1, \dots, \gamma_{2g}$ eine Basis von $H_1(X, \mathbb{Z})$. Die Periodenmatrix (Ω_{ij}) ist definiert durch

$$\Omega_{ij} = \int_{\gamma_i} w_j .$$

Sie hängt von der Wahl der Basen ab. Zunächst kann man in $H_1(X, \mathbb{Z})$ die Basis so wählen, daß die Matrix der Schnittform (γ_i, γ_j) die Gestalt

$$Q = \begin{pmatrix} 0 & -I_g \\ I_g & 0 \end{pmatrix}$$

hat, wobei I_g die $(g \times g)$-Einheitsmatrix ist. Dann kann man die Basis der 1–Formen so wählen, daß die Periodenmatrix die Gestalt (Z, I_g) hat, $Z \in H_g$. Dabei ist H_g der obere Siegelsche Halbraum, die Menge aller symmetrischen $(g \times g)$-Matrizen mit Einträgen in $\mathbb{C}$ und positiv definitem Imaginärteil. Die Periodenmatrix ist damit modulo der Operation der symplektischen Gruppe $Sp(2g, \mathbb{Z})$, die zur Schnittmatrix Q gehört, eindeutig bestimmt. Die symplektische Gruppe

$$Sp(2g, \mathbb{Z}) = \left\{ \begin{pmatrix} A & B \\ C & D \end{pmatrix} \in Gl(2g, \mathbb{Z}) \mid TQT^t = Q \right\}$$

operiert für $Z \in H_g$, $T \in Sp(2_g, \mathbb{Z})$ durch

$$T \cdot Z = (AZ + B)(CZ + D)^{-1}$$

auf H_g.

Die Abbildung $\mathfrak{M}_g \to H_g/Sp(2g, \mathbb{Z})$, die jeder Kurve $X \in \mathfrak{M}_g$ die Klasse der Periodenmatrix Z mod $Sp(2g, \mathbb{Z})$ zuordnet, heißt Periodenabbildung. Ein klassischer Satz von Torelli besagt, daß die Periodenabbildung injektiv ist.

Mit Hilfe der Hodge–Struktur kann man allgemeiner für Klassen von glatten projektiven Mannigfaltigkeiten die Periodenabbildung definieren und Torelli-Sätze beweisen.

Periodengitter, ↗ elliptische Funktion.

Periodenlänge, ↗periodische Folge.

Periodenparallelogramm, ↗ elliptische Funktion.

Periodensterbetafel, ↗ Sterbetafel.

Periodenverband, der Verband aller Perioden einer Permutationsgruppe.

Sei N eine endliche Menge mit $|N| = n$, $\mathcal{P}(N)$ die Permutationsgruppe von N, R eine höchstens abzählbare Menge mit $|R| = r$, $A(N, R)$ die Menge der Abbildungen von N nach R, G eine Permutationsgruppe auf N und $\mathcal{U}(G)$ der Untergruppenverband von G. Wir definieren die Abbildungen $\phi : \mathcal{U}(G) \to \mathcal{P}(N)$ und $\psi : \mathcal{P}(N) \to \mathcal{U}(G)$ durch

ϕH := Partition von N, deren Blöcke die H-Bahnen sind.

bzw.

$\psi\pi$:= Untergruppe aller jener Partitionen von G, welche die Blöcke von π invariant lassen.

Die bezüglich (ϕ, ψ) abgeschlossenen Untermengen von G heißen periodische Untergruppen, die koabgeschlossenen Partitionen von $\mathcal{P}(N)$ heißen G-Perioden. Der Verband $\mathcal{P}(G, N)$ aller G-Perioden ist der Periodenverband der Permutationsgruppe G.

Periodenverdopplung, *subharmonische Bifurkation*, der im folgenden beschriebene Prozeß im Kontext Bifurkation.

Es sei $(\mu, x) \to \Phi_\mu(x)$ eine C^r-Abbildung $J\times W \to E$ $(r \geq 3)$, wobei W eine offene Teilmege des Banachraumes E ist, $\mu \in J$, und $J \in \mathbb{R}$. Es sei weiterhin $(0, 0) \in (J \times W)$ ein Fixpunkt, und für alle μ gelte $\alpha_\mu^1 = 0$. Das Spektrum der Jacobi-Matrix $D_0\Phi_\mu$ sei in $\{z : |z| < 1\}$ enthalten, mit Ausnahme eines einfachen reellen Eigenwerts α_μ, für den

$$\alpha_0^2 = -1 \text{ und } \frac{d}{d\mu}\alpha_\mu < 0$$

gelte.

Die Menge $\{(\mu, x) : \Phi_\mu^2 = x\}$ besteht dann in der Nähe von $(0, 0)$ aus $J \times \{0\}$ und einer eindimensionalen C^{r-1}-Mannigfaltigkeit tangential zu $(0, u)$ in $(0, 0)$, wobei u der zum Eigenwert $\alpha_0^3 = -1$ von $D_0\Phi_0$ korrespondierende Eigenvektor ist. Somit kann $J \times W$ auf eine geeignete Umgebung von $(0, 0)$ begrenzt werden.

periodische Folge, eine Folge $(x_n)_{n\geq 1}$ mit der Eigenschaft, daß es eine natürliche Zahl p derart gibt, daß für ein $k \geq 0$ gilt:

$$x_j = x_{j+p} \qquad \text{für alle } j > k. \tag{1}$$

Das minimale p mit dieser Eigenschaft heißt Periodenlänge der Folge (x_n).

Ist $(x_n)_{n\geq 1}$ eine periodische Folge mit Periodenlänge p, so gibt es ein minimale ganze Zahl $k \geq 0$ mit der Eigenschaft (1). Im Fall $k = 0$ nennt man (x_n) eine reinperiodische Folge; im Fall $k \geq 1$ bezeichnet das endliche Teilstück $(x_1, x_2, \dots, x_k)$ als Vorperiode. In beiden Fällen nennt man das sich wiederholende Teilstück $(x_{k+1}, \dots, x_{k+p})$ die Periode der Folge (x_n).

periodische Funktion, eine Funktion $f : D \to \mathbb{R}$, wobei $D \subset \mathbb{R}$ sei, zu der es eine Zahl $p \in \mathbb{R} \setminus \{0\}$, genannt Periode von f, gibt mit

$$x+p \in D \quad , \quad f(x+p) = f(x) \tag{1}$$

für alle $x \in D$. Man sagt dann auch, f sei p-periodisch. Kennt man die Werte von f auf einem beliebigen Intervall der Länge $|p|$, so kennt man die Werte von f auf ganz D. Ist p die kleinstmögliche Zahl so, daß (1) gilt, nennt man p auch Minimalperiode von f. Sind $p_1, \dots, p_n$ Perioden von f, so ist auch jede von 0 verschiedene Kombination

$$k_1p_1 + \cdots + k_np_n$$

mit $k_1, \dots, k_n \in \mathbb{Z}$ eine Periode von f.

Statt für reelle Funktionen läßt sich der Begriff der Periodizität allgemeiner definieren für Funktionen auf einer Menge, auf der eine ‚Addition' erklärt ist, etwa für Funktionen auf einer (additiv geschriebenen) Halbgruppe. Insbesondere ist damit auch der Begriff ↗periodische Folge definiert.

Beispielsweise ist jede konstante Funktion trivialerweise periodisch (mit beliebigem $p \neq 0$). Sinus- und Cosinusfunktion sind 2π-periodisch. Die komplexe Exponentialfunktion ist $2\pi i$-periodisch.

Die reell- oder komplexwertigen periodischen Funktionen auf $\mathbb{R}$ bilden keinen Vektorraum (man betrachte etwa die Summe zweier nichtkonstanter periodischer Funktionen mit irrationalem Periodenverhältnis), im Gegensatz zu den ↗fastperiodischen Funktionen, die die stetigen periodischen Funktionen umfassen.

In der Funktionentheorie sind doppelt-periodische oder elliptische Funktionen, d. h. Funktionen mit zwei reell linear unabhängigen Perioden, von besonderem Interesse.

periodische Lösung einer Differentialgleichung, Lösung einer ↗gewöhnlichen Differentialgleichung bzw. eines ↗Differentialgleichungssystems, die eine ↗periodische Funktion ist.

Für eine Differentialgleichung bzw. ein System $\dot{x} = f(x, t)$ heißt eine auf $\mathbb{R}$ definierte Lösung $x(\cdot)$ periodisch, falls ein $T > 0$ so existiert, daß für alle $t \in \mathbb{R}$ $x(t + T) = x(t)$ gilt. Jedes solche T heißt Periode der periodischen Lösung. Eine periodische Lösung ist entweder eine konstante Funktion, oder es gibt ein minimales $T_0 > 0$ mit $x(t + T_0) = x(t)$ $(t \in \mathbb{R})$. Ein solches T_0 heißt Minimalperiode, und alle Perioden sind Vielfache der Minimalperiode.

periodische Lösung zweiter Art, Lösung y einer ↗linearen Differentialgleichung mit ↗periodischen Koeffizienten, für die mit einer geeigneten Zahl λ gilt:

$$y(x + \omega) = \lambda y(x) \quad \text{für alle } x.$$

Dabei ist ω die Periode der Koeffizientenfunktionen.

periodische Mallat-Transformation, ↗Mallat-Algorithmus, periodisierter.

periodische Verschlüsselung, ↗symmetrisches Verschlüsselungsverfahren, bei dem auf einzelne

Buchstaben oder Blöcke eines Klartextes verschiedene einfachere Verschlüsselungen periodisch angewendet werden.

Wendet man auf den i-ten Buchstaben n_i einer Nachricht die Cäsar-Chiffren $n_i \to n_i + k_{i \bmod 4}$ mit $(k_i) = (3, 1, 4, 2)$ an, so erhält man aus dem Klartext `LexikonDerMathematik` den Chiffretext `OfbknprFhsQcwiiodumm`. Der geheime Schlüssel ist hier der Vektor (k_i). Wie man sieht, werden gleiche Buchstaben zu verschiedenen Buchstaben (`e` zu `f`, `h` und `i`) und verschiedene Buchstaben zu gleichen Buchstaben (`h` und `e` zu `i`) verschlüsselt. Ein solche periodische Substitution von Buchstaben wird auch als Vigenère-Chiffre bezeichnet.

Bei großer Periode und Verwendung eines zufällig ausgewähltem Schlüsselvektors (k_i) erhält man sehr sichere Verfahren (One-Time-Pad). Durch die große Schlüssellänge sind sie aber praktisch nicht verwendbar.

periodische Zeitreihe, ↗Zeitreihe.

periodischer Kettenbruch, ↗Kettenbruch.

periodischer Koeffizient, Koeffizientenfunktion einer ↗linearen Differentialgleichung, die eine ↗periodische Funktion ist.

periodischer Orbit, *Zykel*, ein ↗Orbit $\gamma \subset M$ für ein ↗dynamisches System (M, G, Φ), für den ein $T \in G^+$ existiert so, daß für alle $x \in \gamma$ und alle $t \in G$ gilt: $\Phi_{t+T}(x) = \Phi_t(x)$. Jedes solche T heißt Periode des periodischen Orbits. Falls ein kleinstes solches $T > 0$ existiert, heißt es Minimalperiode des periodischen Orbits, und alle anderen Perioden sind Vielfache der Minimalperiode.

Insbesondere ist jeder ↗Fixpunkt eines dynamischen Systems ein periodischer Orbit, ein sog. trivialer periodischer Orbit. Ist T eine Periode eines periodischen Orbits $\gamma \subset M$, so gilt für alle $x \in \gamma$, alle $n \in \mathbb{N}$ ($\mathbb{Z}$) und alle $t \in G$:

$$\Phi_{t+nT}(x) = \Phi_t(x).$$

Periodische Orbits sind entweder Fixpunkte oder geschlossene periodische Orbits.

periodischer Punkt, Punkt $x_0 \in M$ eines ↗dynamischen Systems (M, G, Φ), dessen Orbit $\mathcal{O}(x_0)$ ein ↗periodischer Orbit ist.

Der Orbit jedes Punktes $x \in \gamma$ eines periodischen Orbits $\gamma \subset M$ ist γ. Periodische Punkte sind also alle Fixpunkte und alle Punkte auf periodischen Orbits.

periodischer Spline, eine ↗Splinefunktion, welche Periodizitätsbedingungen genügt.

Es seien $a = x_0 < x_1 < \ldots < x_k < x_{k+1} = b$ vorgebene Knoten und m eine natürliche Zahl. Der Raum der periodischen Splines $P_m(x_1, \ldots, x_k)$ vom Grad m hinsichtlich diesen Knoten ist definiert durch

$$P_m(x_1, \ldots, x_k) = \{s \in S_m(x_1, \ldots, x_k) : \\ s^{(j)}(a) = s^{(j)}(b),\ j = 0, \ldots, m-1\}.$$

Hierbei ist $S_m(x_1, \ldots, x_k)$ der Raum der ↗Splinefunktionen, also die Menge aller $(m-1)$-fach differenzierbaren Funktionen, die stückweise Polynome vom Grad m hinsichtlich der vorgegebenen Knotenmenge sind.

Die Dimension von $P_m(x_1, \ldots, x_k)$ stimmt mit der Anzahl der Knotenintervalle überein und ist somit gleich $k+1$. Im Gegensatz zum (Standard-) Splineraum $S_m(x_1, \ldots, x_k)$ besitzt der periodische Splineraum $P_m(x_1, \ldots, x_k)$ nur genau dann die schwach-Tschebyschewsche (schwach Haarsche) Eigenschaft (d. h., die Anzahl der Vorzeichenwechsel jeder Funktion ist beschränkt durch die Zahl $d-1$, wobei d die Dimension ist), wenn seine Dimension ungerade ist. Im verbleibenden Fall gerader Dimension existieren periodische Splines mit $k+1$ Vorzeichenwechseln. Dieser strukturelle Unterschied hat weitreichende Konsequenzen für die Theorie der Interpolation und Approximation mit periodischen Splines gerader Dimension.

Für vorgegebene $a < t_0 < \ldots < t_k \leq b$ besteht das Problem der ↗Spline-Interpolation mit periodischen Splines aus der Aufgabe, für eine beliebig vorgegebene stetige Funktion f mit der Periodizitätseigenschaft $f(a) = f(b)$ einen (eindeutigen) periodischen Spline $p_f \in P_m(x_1, \ldots, x_k)$ so zu bestimmen, daß gilt:

$$p_f(t_j) = f(t_j),\ j = 0, \ldots, k.$$

Ist die Dimension von $P_m(x_1, \ldots, x_k)$ ungerade, so lassen sich Interpolationsmengen $T = \{t_0, \ldots, t_k\}$ analog der Situation für $S_m(x_1, \ldots, x_k)$ durch (periodische) Schoenberg-Whitney-Bedingungen charakterisieren: In jedem Intervall der Form (x_i, x_{i+m+j}) sollten mindestens j Punkte von T liegen.

Im Fall gerader Dimension von $P_m(x_1, \ldots, x_k)$ sind diese Bedingungen jedoch nur notwendig und nicht hinreichend. Die in diesem Fall auftretenden algebraischen Bedingungen sind i. allg. schwierig zu analysieren. Der nächste Satz beschreibt den einzigen zur Zeit (2001) bekannten Fall ($m = 1$), der für beliebige Knotenmengen Interpolationsmengen T vollständig charakterisiert.

Es seien k ungerade und $m = 1$. Die folgenden Aussagen sind äquivalent:

(i) Das Interpolationsproblem hinsichtlich T besitzt stets eine eindeutige Lösung aus $P_1(x_1, \ldots, x_k)$.

(ii) Eine der folgenden beiden Aussagen gilt:

(a) T erfüllt die Schoenberg-Whitney-Bedingungen, und es existiert ein Intervall $[x_i, x_{i+1}]$, welches genau 2 Punkte aus T enthält.

(b) T erfüllt $t_j = x_j + \lambda_j(x_{j+1} - x_j)$, für geeignete $\lambda_j \in (0,1)$, $j = 0, \dots, k$, und es gilt

$$\prod_{j=0}^{k} \frac{(1-\lambda_j)}{\lambda_j} \neq 1 .$$

Für äquidistante Knotenmengen, d. h. $x_{j+1} - x_j = c$, $j = 0, \dots, k$, und die spezielle Wahl $t_j = x_j + \lambda c$, $j = 0, \dots, k$, mit $\lambda \in (0, 1]$ gilt die folgende Aussage:

Es sei k ungerade. Das Interpolationsproblem besitzt genau dann stets eine eindeutige Lösung aus $P_m(x_1, \dots, x_k)$, wenn eine der folgenden Bedingungen erfüllt ist:

(i) m ist ungerade und $\lambda \neq \frac{1}{2}$,

(ii) m ist gerade und $\lambda \neq 1$.

Bei den verschiedenen Herleitungen diese Aussage treten die verallgemeinerten Euler-Frobenius-Polynome

$$H_m(\lambda, z) = (1-z)^{m+1} \sum_{\nu=0}^{\infty} (\lambda + \nu)^m z^\nu , \quad z \in \mathbb{C} ,$$

auf. Insbesondere ist hierbei die Differenzengleichung dieser Klasse von Polynomen von zentraler Bedeutung:

$$H_m(\lambda, z) - z H_m(\lambda + 1, z) = (1-z)^{m+1} \lambda^m .$$

Neuere Untersuchungen zeigen, daß die Aussage des letztgenannten Satzes genau dann auf nichtäquidistante Knotenmengen verallgemeinert werden kann, wenn m gerade ist.

Wählt man speziell die Knoten als Interpolationstellen, d. h. $t_j = x_{j+1}$, $j = 0, \dots, k$, so besitzt der zugehörige periodische Interpolationspline ungeraden Grades die folgende Minimierungseigenschaft.

Es seien k beliebig, $m = 2r + 1$, und $p_f \in P_m(x_1, \dots, x_k)$ die eindeutige Lösung des Interpolationsproblems. Dann gilt

$$\int_a^b (p_f^{(r+1)}(t))^2 dt < \int_a^b (g^{(r+1)}(t))^2 dt$$

für jede Funktion $g \in C^{r+1}[a, b]$ mit den folgenden Eigenschaften:

(i) $g \neq p_f$,

(ii) $g(x_{j+1}) = f(x_{j+1})$, $j = 0, \dots, k$,

(iii) $g^{(j)}(a) = g^{(j)}(b)$, $j = 0, \dots, r$.

Die aktuelle Forschung beschäftigt sich mit Fragen der Konstruktion von periodischen Splinewavelets und behandelt die ↗beste Approximation sowie ↗starke Eindeutigkeit der besten ↗Spline-Approximation für periodische Splines.

[1] Zeilfelder, F.: Interpolation und beste Approximation mit periodischen Splinefunktionen. Dissertation, Universität Mannheim, 1996.

periodischer Zustand, Zustand i einer zeitlich homogenen ↗Markow-Kette, für den die $n \in \mathbb{N}$ mit $p_{ii}^{(n)} > 0$, d. h. die natürlichen Zahlen n mit einer positiven Wahrscheinlichkeit, ausgehend vom Zustand i nach n Schritten wieder zu i zurückzukehren, als größten gemeinsamen Teiler eine Zahl $d_i \geq 2$ besitzen. Die Zahl d_i heißt dann die Periode des Zustands i.

periodisiertes Wavelet, wird, ausgehend von einem Wavelet ψ mit kompaktem Träger, durch die Operation

$$\sum_{m \in \mathbb{Z}} \psi(x - m)$$

erzeugt.

Mit Hilfe der periodischen Wavelets gelangt man zu einer Multiskalenzerlegung (↗ Multiskalenanalyse) des $L^2([0, 1])$.

Für gewisse Anwendungen benötigt man statt Wavelets mit beliebigem Träger solche, deren Träger in einem beschränkten Intervall liegt. Beispielsweise können bei der numerischen Lösung von Randwertproblemen mittels Galerkin-Verfahren solche Wavelets auf dem Intervall als Ansatzfunktionen verwendet werden.

Periodogramm, die im folgenden definierte Funktion, welche zur Schätzung der Dichte des Spektralmaßes verwendet werden kann.

Ist $(X_t)_{t \in \mathbb{Z}}$ eine im weiteren Sinne stationäre Folge von Zufallsvariablen mit Werten in $\mathbb{R}$ oder $\mathbb{C}$, so wird bei gegebenen Beobachtungen

$$x = (x_0, \dots, x_{N-1})$$

die Abbildung $\hat{f}_N : [-\pi, \pi) \to \mathbb{R}_0^+$ mit

$$\hat{f}_N(z; x) = \frac{1}{2\pi N} \left| \sum_{n=0}^{N-1} x_n e^{-izn} \right|^2$$

für alle $z \in [-\pi, \pi)$ als Periodogramm bezeichnet.

Besitzt das Spektralmaß von $(X_t)_{t \in \mathbb{Z}}$ eine Dichte f, so ist $\hat{f}_N(z; x)$ eine asymptotisch erwartungstreue, jedoch nicht konsistente Schätzung von $f(z)$.

Siehe auch ↗Spektraldichteschätzung.

Peripheriewinkel, Winkel, dessen Scheitel ein Punkt auf der Peripherie eines gegebenen Kreises k ist, und dessen Schenkel den Kreis in den Endpunkten einer gegebenen Sehne s dieses Kreises schneiden (somit also Sekanten des Kreises sind).

In der Abbildung sind α, α' zwei Peripheriewinkel (von denen es zu jeder Sehne s eines Kreises unendlich viele gibt), und β der zugehörige ↗Zentriwinkel.

Peripheriewinkelsatz, Satz über den Zusammenhang zwischen ↗Zentriwinkeln und ↗Peripheriewinkeln:

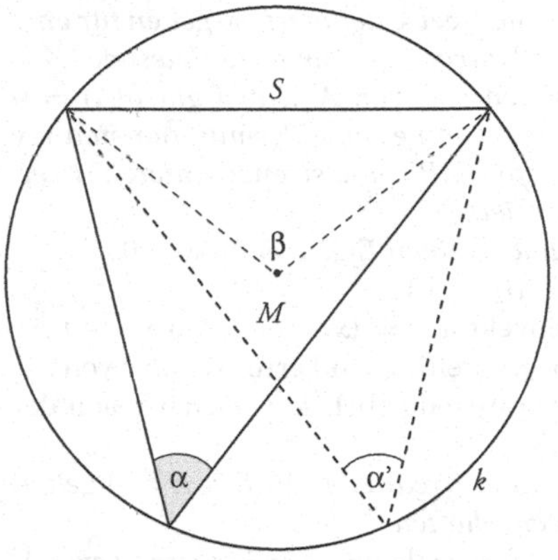

Peripheriewinkel

Jeder Peripheriewinkel eines Kreises ist halb so groß wie der zur gleichen Sehne des Kreises gehörende Zentriwinkel.

Ein spezieller Fall des Peripheriewinkelsatz ist der Satz des Thales.

Permanenz, im Sinne der ↗Mathematischen Biologie weitestgehend synonym zum Begriff ↗Persistenz.

Permanenzprinzip, besagt, daß bei der Erweiterung der Zahlenbereiche von den natürlichen über die ganzen und rationalen zu den reellen ↗Zahlen in den Ausgangsbereichen gültige Rechengesetze jeweils auch in den erweiterten Bereichen gelten.

Permutation, bijektive Abbildung einer Menge auf sich.

Auf einer n-elementigen Menge gibt es $n!$ Permutationen; diese bilden bezüglich Hintereinanderausführung eine Gruppe, die meist mit S_n bezeichnete symmetrische Gruppe oder ↗Permutationsgruppe.

Für $n \geq 3$ ist S_n nicht kommutativ. Ein Element π aus S_n wird oft in der Form

$$\pi = \begin{pmatrix} 1 & 2 & \cdots & n \\ \pi(1) & \pi(2) & \cdots & \pi(n) \end{pmatrix}$$

angegeben.

Ein Fixpunkt der Permutation π ist ein i mit $\pi(i) = i$. π heißt zyklisch oder ein Zykel, wenn eine Teilmenge $\{x_1, \dots, x_r\} \subset \{1, \dots, n\}$ existiert mit $\pi(x_i) = x_{i+1}$ für $1 \leq i < r$, $\pi(x_r) = x_1$ und $\pi(x_l) = x_l$ sonst. In der sogenannten Zykelschreibweise schreibt man ein solches π als $(x_1, \dots, x_r)$, r wird als Länge der Permutation bezeichnet. Die einzige zyklische Permutation der Länge 1 ist die Identität; zyklische Permutationen der Länge 2 heißen Transpositionen.

Jede Permutation ist Produkt von Transpositionen; diese Darstellung ist nicht eindeutig, jedoch ist jede Permutation entweder stets das Produkt von geradzahlig vielen Permutationen oder von ungeradzahlig vielen Permutationen; entsprechend wird die Permutation als gerade oder ungerade bezeichnet. Jede Permutation läßt sich als Produkt elementfremder Zykel schreiben.

Permutationsgruppe, Gruppe der Bijektionen einer endlichen Menge, weitestgehend synonym zum Begriff ↗symmetrische Gruppe.

Typischerweise wird diese endliche Menge M_n der Mächtigkeit n mit $\{1, 2, \dots, n\}$ bezeichnet, und eine Bijektion von M_n ist eine eineindeutige Abbildung $\pi : M_n \to M_n$, also eine ↗Permutation. Bezüglich der Nacheinanderausführung von Abbildungen bilden diese Permutationen eine Gruppe, die Permutationsgruppe S_n. Die Ordnung von S_n ist $n!$, nur für $n \leq 2$ ist S_n eine zyklische Gruppe.

Jede endliche Gruppe ist als Untergruppe einer Permutationsgruppe darstellbar.

Die Menge derjenigen Permutationen, die das Produkt aus einer geraden Anzahl von ↗Transpositionen darstellt, ist eine Untergruppe von S_n. Sie wird ↗alternierende Gruppe genannt und mit A_n bezeichnet. Die Ordnung von A_n ist halb so groß wie die Ordnung von S_n, nämlich $n!/2$.

Permutationsmatrix, quadratische ↗Matrix, bei der in jeder Zeile und in jeder Spalte genau eine 1 steht und deren restliche Elemente alle gleich 0 sind.

Zu jeder n-reihigen Permutationsmatrix $A = (a_{ij})$ gibt es genau eine ↗Permutation $\sigma \in S_n$ mit $a_{ij} = \delta_{i\sigma(j)}$ (↗Kronecker-Symbol). Bezeichnet man die zu den Permutationen σ_1 und $\sigma_2 \in S_n$ gehörenden Matrizen mit A_{σ_1} und A_{σ_2}, so gilt $A_{\sigma_1}A_{\sigma_2} = A_{\sigma_1\sigma_2}$. Die Gruppe der n-reihigen Permutationsmatrizen ist isomorph zu S_n.

Für die Determinante einer Permutationsmatrix gilt: $\det A_\sigma = \text{sgn}(\sigma)$

Permutationsverband, der Verband aller ↗Permutationen einer Menge.

Perron, Oskar, deutscher Mathematiker, geb. 7.5.1880 Frankenthal, gest. 22.2.1975 München.

Ab 1898 studierte Perron an den Universitäten von München, Berlin, Tübingen und Göttingen Mathematik. 1902 promovierte er bei Lindemann und habilitierte sich 1906 in München. 1914 wurde er Professor in Heidelberg und 1922 Nachfolger von Pringsheim in München.

Auf Angegung von Pringsheim veröffentlichte Perron 1913 eine Arbeit über Kettenbrüche und schrieb auch ein Buch zu diesem Thema. Anschließend wandte er sich mehr der Geometrie und der Analysis zu. So erschien 1914 eine Arbeit über das Perron-Integral, das eine Verallgemeinerung des Lebesgue-Integrals darstellt. Er befaßte sich ausgiebig mit der diophantischen Approximation und der Approximation von irrationalen Zahlen durch rationale. Er arbeitete zu Differentialgleichungen,

Summation von Reihen und Grundlagen der Geometrie. Darüber hinaus veröffentlichte Perron viele Biographien und Nachrufe.

Perron, Satz von, gelegentlich anzutreffende Bezeichnung für die folgende Formulierung der zentralen Aussage des Satzes von Perron-Frobenius:

Der Spektralradius $\varrho(A)$ einer positiven Matrix A ist ein einfacher Eigenwert von A.

Der Betrag aller anderen Eigenwerte von A ist kleiner als $\varrho(A)$.

Perron-Frobenius, Satz von, lautet:

Sei A eine reelle $(n \times n)$-Matrix mit nichtnegativen Einträgen, die keine invarianten Unterräume besitzt. Weiter seien $\lambda_1, \dots, \lambda_n$ die mit Vielfachheiten gezählten Eigenwerte von A, so angeordnet, daß

$$|\lambda_1| = |\lambda_2| = \ldots = |\lambda_k| > |\lambda_{k+1}| \geq \ldots |\lambda_n|$$

mit geeignetem $1 \leq k \leq n$.
Dann gilt:

1. *$\lambda := |\lambda_1|$ ist einfacher Eigenwert von A.*
2. *Es gibt einen Eigenvektor von A zum Eigenwert λ mit rein positiven Koordinaten (im $\mathbb{R}^n$).*
3. *Ist o.B.d.A. $\lambda_1 = e^{0 \cdot 2\pi i/k} \cdot \lambda$, so ist $\lambda_k = e^{(k-1) \cdot 2\pi i/k} \cdot \lambda$.*
4. *Für jeden Eigenvektor v von A ist $e^{2\pi i/k} \cdot v$ ebenfalls Eigenvektor von A.*
5. *Falls $k > 1$, so kann A durch Permutation seiner Zeilen bzw. Spalten auf die Form*

$$\begin{pmatrix} 0 & A_1 & 0 & \ldots & & & 0 \\ 0 & 0 & A_2 & 0 & 0 & \ldots & 0 \\ \vdots & \vdots & \vdots & \vdots & \vdots & \vdots & \vdots \\ 0 & 0 & \ldots & & & 0 & A_{k-1} \\ A_k & 0 & \ldots & & & 0 & 0 \end{pmatrix}$$

mit geeigneten $(n/k \times n/k)$-Matrizen $A_1, \dots, A_k$ gebracht werden.

Eine andere Formulierung des Satzes lautet:

Bezeichnet $\varrho(\cdot)$ den Spektralradius einer $(n \times n)$-Matrix, und ist '$\geq$' bei reellen Matrizen bzw. Vektoren komponentenweise definiert, so gelten für eine reelle $(n \times n)$-Matrix $A \geq 0$ folgende Aussagen:

1. *$\varrho(A)$ ist Eigenwert von A. Dabei gilt $\varrho(A) = 0$ genau dann, wenn es eine Permutationsmatrix P so gibt, daß PAP^T eine strenge untere ↗Dreiecksmatrix ist.*
2. *Zu $\varrho(A)$ gibt es einen Eigenvektor $x \geq 0$.*
3. *$B \geq A \Rightarrow \varrho(B) \geq \varrho(A)$.*

Jeder Eigenvektor $x = (x_i) > 0$ (also $x_i > 0$ für alle i) von $A \geq 0$ heißt auch Perron-Vektor von A.

Ist A überdies irreduzibel, so verschärft sich der Satz wie folgt:

Für eine reelle, irreduzible Matrix $A \geq 0$ gelten folgende Eigenschaften:

1. *$\varrho(A)$ ist positiv und einfacher Eigenwert von A.*
2. *Zu $\varrho(A)$ gibt es einen Eigenvektor $x > 0$.*
3. *$B \geq A \Rightarrow \varrho(B) > \varrho(A)$, falls $A \neq B$.*

Perron-Integral, eine Verallgemeinerung des ↗Lebesgue-Integrals, weitestgehend analog zum Denjoy-Integral (↗Denjoy-integrierbare Funktion).

Zur Definition braucht man den Begriff der Ober- und Unterfunktion. Es sei f eine auf dem Intervall $[a, b]$ definierte (nicht notwendigerweise endliche) reellwertige Funktion.

Mit Hilfe der vier ↗Dini-Ableitungen der Funktion f, also D_-f, D^-f D_+f, D^+f, setzt man $D_u = \min\{D_-f, D_+f\}$ und $D_o = \max\{D^-f, D^+f\}$. Man nennt dann eine Funktion O Oberfunktion von f, wenn gilt: $O(a) = 0$, und

$$f(x) \leq D_u O(x)\,, \quad -\infty < D_u O(x)$$

für alle $x \in [a, b]$. Entsprechend nennt man eine Funktion U Unterfunktion von f, wenn gilt: $U(a) = 0$, und

$$f(x) \geq D_o U(x)\,, \quad +\infty > D_o U(x)$$

für alle $x \in [a, b]$.

Stimmt nun die untere Schranke über die Werte $O(b)$ aller Oberfunktionen mit der oberen Schranke über die Werte $U(b)$ aller Unterfunktionen überein, so nennt man diesen gemeinsamen Wert das Perron-Integral von f, meist bezeichnet mit

$$(P) \int_a^b f(x)\, dx\,.$$

In diesem Fall nennt man f eine Perron-integrierbare Funktion.

Beispielsweise sind meßbare Funktionen, die eine Unter- und Oberfunktion besitzen, Perron-integrierbar.

Die Funktion f ist genau dann Perron-integrierbar, wenn sie Denjoy-integrierbar ist; in diesem Fall stimmen Perron-Integral und Denjoy-Integral überein.

Perron-integrierbare Funktion, ↗Perron-Integral.

Perronsche Familie, funktionentheoretischer Begriff.

Es sei $G \subset \mathbb{C}$ ein beschränktes ↗Gebiet und $f: \partial G \to \mathbb{R}$ eine beschränkte Funktion, d. h. es existiert eine Konstante $M \geq 0$ mit $|f(\zeta)| \leq M$ für alle $\zeta \in \partial G$. Weiter sei $\mathcal{P}(f, G)$ die Menge aller ↗subharmonischen Funktionen v in G derart, daß

$$\limsup_{z \to \zeta} v(z) \leq f(\zeta)$$

für alle $\zeta \in \partial G$ gilt, d. h., zu jedem $\zeta \in \partial G$ und jedem $\varepsilon > 0$ existiert eine offene Umgebung U von ζ mit

$$v(z) < f(\zeta) + \varepsilon$$

für alle $z \in U \cap G$. Dann heißt $\mathcal{P}(f, G)$ eine Perronsche Familie bezüglich f und G.

Da f beschränkt ist, folgt $\mathcal{P}(f, G) \neq \emptyset$, denn die konstante Funktion $v(z) = -M$ liegt in $\mathcal{P}(f, G)$. Falls G oder f unbeschränkt sind, so sind zur Definition der zugehörigen Perronschen Familie geringfügige Modifikationen notwendig.

Perronsche Familien spielen eine wichtige Rolle bei der Lösung des ↗Dirichlet-Problems in der Ebene. Siehe auch ↗Perronsches Prinzip.

Perronsches Prinzip, lautet:

Es sei $G \subset \mathbb{C}$ ein beschränktes ↗Gebiet, $f: \partial G \to \mathbb{R}$ eine beschränkte Funktion und $\mathcal{P}(f, G)$ die ↗Perronsche Familie bezüglich f und G. Weiter sei $u: G \to \mathbb{R}$ definiert durch

$$u(z) := \sup\{v(z) : v \in \mathcal{P}(f, G)\}. \qquad (1)$$

Dann ist u eine in G ↗harmonische Funktion.

Das Perronsche Prinzip kann dazu benutzt werden, das ↗Dirichlet-Problem in der Ebene zu lösen. Dazu seien G und f wie oben. Weiter existiere ein $\zeta_0 \in \partial G$ und eine Funktion $w: \overline{G} \to \mathbb{R}$, die in $\overline{G}$ stetig und in G harmonisch ist derart, daß $w(\zeta_0) = 0$ und $w(\zeta) > 0$ für alle $\zeta \in \partial G \setminus \{\zeta_0\}$. Eine solche Funktion w nennt man eine Barriere von G an ζ_0. Ist nun f stetig an ζ_0, so gilt für die in (1) definierte Funktion u

$$\lim_{z \to \zeta_0} u(z) = f(\zeta_0).$$

Falls $\mathbb{C} \setminus G$ keine Zusammenhangskomponente besitzt, die nur aus einem Punkt besteht, so kann man zeigen, daß G an jedem Punkt $\zeta \in \partial G$ eine Barriere besitzt. Ist schließlich f stetig auf ∂G, so liefert die Funktion u in (1) die Lösung des zugehörigen Dirichlet-Problems, d. h. u ist stetig fortsetzbar auf $\overline{G}$, und es gilt $u(\zeta) = f(\zeta)$ für alle $\zeta \in \partial G$.

Perron-Stieltjes-Integral, eine Verallgemeinerung des ↗Perron-Integrals, die durch eine weitere Verallgemeinerung des Begriffs der Oberfunktion (↗Perron-Integral) entsteht.

Perron-Vektor, ↗Perron-Frobenius, Satz von.

Persistenz, die Eigenschaft eines ökologischen Modells, daß die Dichte jeder Spezies asymptotisch eine positive untere Schranke hat.

Persistenz ist eine Forderung an das Vektorfeld am Rande des Zustandsraums (i. allg. der nichtnegative Kegel im n-dimensionalen Raum).

Perspektive, ↗Zentralprojektion.

perspektive Elemente, zwei Elemente x, y eines ↗geometrischen Verbandes L, falls $x = y$ ist, oder x und y ein gemeinsames Komplement c in L besitzen.

Man sagt dann, daß die Elemente x und y perspektiv durch c sind.

perspektive Intervalle, zwei Intervalle I, J eines ↗Verbandes L, wenn Elemente $a, b \in L$ existieren mit $I = [a \wedge b, a]$ und $J = [b, a \vee b]$.

Man sagt dann, daß die Intervalle I und J perspektiv zueinander sind.

Perzentil-Prinzip, ↗ Prämienkalkulationsprinzipien.

Perzeptron-Lernregel, eingedeutschte Schreibweise der ↗Perceptron-Lernregel.

Petersen, Julius Peter Christian, dänischer Mathematiker, geb. 16.6.1839 Sorø, Dänemark, gest. 5.8.1910 Kopenhagen.

Petersen studierte bis 1866 am Polytechnikum und an der Universität Kopenhagen. 1871 promovierte er und wurde Dozent am Polytechnikum. 1886 erhielt er eine Stelle als Professor an der Universität Kopenhagen.

Petersen schrieb viele Lehrbücher. Er behandelte Lösungen von Gleichungen und deren Konstruierbarkeit mittels Zirkel und Lineal. Er arbeitete zur Algebra, Zahlentheorie, Analysis und Mechanik.

Seine wichtigsten Werke entstanden zur Geometrie und zur Graphentheorie (↗Petersen-Graph).

Petersen, Satz von, ↗ Faktortheorie.

Petersen-Graph, der skizzierte kubische ↗Graph P.

Dieser berühmte, hochgradig symmetrische Graph von J. Petersen (1898) spielt in der Graphentheorie eine äußerst wichtige Rolle.

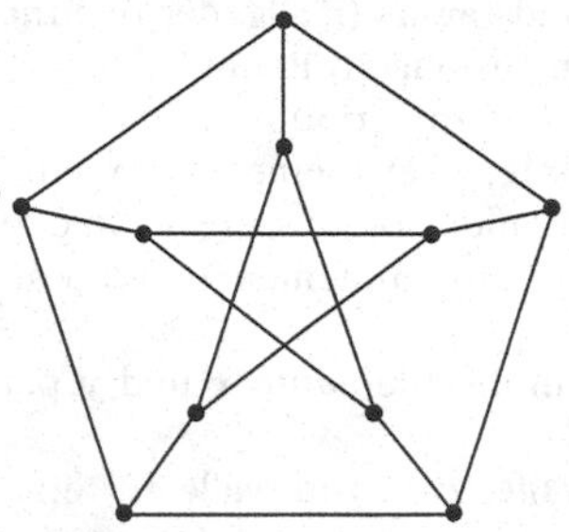

Beispielsweise besitzt der Petersen-Graph **P** keine 3-Kantenfärbung, womit für den chromatischen Index (↗Kantenfärbung) notwendig $\chi'(\mathbf{P}) = 4$ gilt, daher ist **P** ein Klasse 2-Graph. Dies sieht man am einfachsten wie folgt ein: Man versuche eine 3-Kantenfärbung zu konstruieren, indem man zunächst den äußeren Kreis der Länge 5 färbt (dazu sind schon 3 Farben notwendig) und sich dann nach innen „vorarbeitet". Zwangsläufig benötigt man dann eine weitere Farbe und erkennt auch, daß man mit vier Farben auskommt.

Peter-Weyl-Theorem, Aussage über die Approximierbarkeit von stetigen Funktionen auf einer topologischen Gruppe G durch eine Linearkombination von Darstellungen über G.

Es sei G eine kompakte topologische Gruppe, und die Darstellungen R_Λ von G seien endlichdimensional.

Dann läßt sich jede stetige Funktion auf G gleichmäßig durch Linearkombinationen der Matrixelemente R_Λ^{mn} approximieren.

Da die stetigen Funktionen im Raum der quadratisch integrierbaren Funktionen dicht liegen, folgt daraus auch, daß sich jede quadratisch integrierbare Funktion über G entsprechend approximieren läßt. Dabei wird bezüglich des ↗Haar-Maßes der Gruppe integriert.

[1] J. Fuchs und C. Schweigert: Symmetries, Lie algebras and Representations. Cambridge University Press, 1997.

Petrinetz, Formalismus zur Modellierung nebenläufiger und verteilter Systeme.

Petrinetze setzen konsequent das sog. Lokalitätsprinzip verteilter Systeme um, wonach jedes im System stattfindende Ereignis nur von Bedingungen in seiner unmittelbaren Umgebung abhängt und auch nur auf solche wirkt. Die verteilte Struktur eines Systems spiegelt sich in den *Stellen* eines Petrinetzes wider, die in graphischen Darstellungen als Kreise dargestellt sind. Eine Stelle kann *Marken* (*Token*) beherbergen. Eine Verteilung von Marken auf die Stellen (Markierung) stellt einen Systemzustand dar. Zustandsänderungen manifestieren sich durch das Entfernen von Marken auf einigen und das Erzeugen von Marken auf anderen Stellen. Möglichkeiten zur Zustandsänderung werden durch als Rechteck gezeichnete *Transitionen* repräsentiert. Die Menge der Stellen, von denen eine Transition t Marken entfernt, heißt *Vorbereich* von t (${}^\bullet t$) und wird durch Pfeile von diesen Stellen zur Transition dargestellt. Die Menge der Stellen, auf denen t Marken erzeugt, heißt *Nachbereich* von t ($t^\bullet$) und wird durch Pfeile von t zu diesen Stellen dargestellt. Die Menge der Stellen und Transitionen verbindenden Pfeile heißt *Flußrelation*. Eine Transition ist *aktiviert* bei einer Markierung, falls die durch sie zu entfernenden Marken im Vorbereich der Transition vorliegen. Ein *Schalten* einer Transition bewirkt eine Zustandsänderung, also das Entfernen und Erzeugen von Marken gemäß der Flußrelation. Eine Markierung m' ist von einer Markierung m *erreichbar*, wenn es eine Sequenz von Schaltvorgängen gibt, die m in m' überführt.

Die Menge aller von einer gegebenen Anfangsmarkierung erreichbaren Markierungen bildet einen nicht notwendigerweise endlichen ↗Automaten, genannt *Zustandsgraph*, dessen Zustandsübergangsrelation durch das Schalten aktivierter Transitionen gegeben ist. Die zum Zustandsübergang verwendete Transition wird als Eingabezeichen aufgefaßt. Diese Beziehung zwischen Petrinetzen und Automaten gestattet das Studium das Verhaltens verteilter Systeme anhand formaler Sprachen, den ↗Netzsprachen. Zum Studium von speziellen Phänomenen der Natur verteilter Systeme eignen sich allerdings halbgeordnete Strukturen besser als formale Sprachen.

Für Petrinetze existiert ein reiches Angebot an Analysetechniken, darunter auch strukturelle Methoden wie z. B. mittels Invarianten. S-Invarianten ordnen jeder Stelle ein Gewicht derart zu, daß die gewichtete Markensumme im Gesamtsystem sich durch das Schalten von Transitionen nicht ändert. S-Invarianten lassen u. a. Schlüsse auf (Nicht-)Erreichbarkeit von Markierungen und die Endlichkeit des Zustandsgraphen zu. T-Invarianten gewichten Transitionen derart, daß jede der Gewichtung entsprechende Schaltfolge zur Ausgangsmarkierung zurückkehrt. Damit sind sie Indizien für zyklisches Verhalten.

Beide Arten von Invarianten lassen sich als Lösungen von homogenen Gleichungssystemen über der durch die Flußrelation bestimmten Inzidenzmatrix des Netzes charakterisieren.

Es gibt viele Varianten von Petrinetzen, die sich darin unterscheiden, welche Verteilungen von Marken auf die Stellen zulässige Markierungen sind. So können z. B. Kapazitätsbeschränkungen auferlegt werden, Marken können unstrukturiert (↗Stellen-Transitionsnetz) oder Träger von Daten sein.

Varianten können ebenfalls das Schalten betreffen, z. B. durch die Vorgabe von Zeitrestriktionen (↗Zeitnetz) bzw. stochastischen Verteilungen für das Schaltverhalten.

Pettis-Integral, ↗ Bochner-Integral.

***p*-Exponent**, ↗*p*-adische Zahl.

Pfad, Streckenzug in einem graphischen Schema zur Analyse von Zufallsvariablen.

Es seien X_1 und X_n Zufallsvariablen, die über die untereinander auf beliebige Weise korrelierten Zufallsvariablen $X_2, ..., X_{n-1}$ zusammenhängen. Weiterhin sei ein graphisches Schema gegeben, das mit Ausnahme von X_1 und X_n jedes X_i mit jedem X_k verbindet. Dann heißt jeder sich selbst nicht überschneidende Streckenzug in diesem Schema, der von X_1 nach X_n führt, ein Pfad.

Man kann jede in dem Pfad vorkommende Strecke als den Korrelationskoeffizienten $r(X_i, X_k)$ interpretieren, und einen Pfad als Produkt über alle Strecken des Zuges. Unter bestimmten Voraussetzungen an die Variablen X_1 und X_n kann man dann die Korrelation $r(X_1, X_n)$ als Summe aller Pfade berechnen.

pfadweise Eindeutigkeit, die Eigenschaft einer stochastischen Differentialgleichung

$$dX_t = b(t, X_t)dt + \sigma(t, X_t)dB_t,$$

daß bei je zwei schwachen Lösungen

$$(((X_t)_{t\geq 0}, (B_t)_{t\geq 0}), (\Omega, \mathfrak{A}, P), (\mathfrak{A}_t)_{t\geq 0})$$

und

$$(((\widetilde{X}_t)_{t\geq 0}, (B_t)_{t\geq 0}), (\Omega, \mathfrak{A}, P), (\mathfrak{A}_t)_{t\geq 0})$$

mit $P(X_0 = \widetilde{X}_0) = 1$, d. h. der gleichen Anfangsverteilung, die Prozesse $(X_t)_{t\geq 0}$ und $(\widetilde{X}_t)_{t\geq 0}$ nicht unterscheidbar sind.

Die Prozesse $(X_t)_{t\geq 0}$ und $(\widetilde{X}_t)_{t\geq 0}$ müssen also nicht unterscheidbar sein, wenn immer die beiden schwachen Lösungen eine gemeinsame ↗Brownsche Bewegung $(B_t)_{t\geq 0}$ besitzen, die an die gleiche Filtration $(\mathfrak{A}_t)_{t\geq 0}$ in der σ-Algebra $\mathfrak{A}$ des gleichen Wahrscheinlichkeitsraumes $(\Omega, \mathfrak{A}, P)$ adaptiert ist, und die Anfangsverteilungen von $(X_t)_{t\geq 0}$ und $(\widetilde{X}_t)_{t\geq 0}$ übereinstimmen. Man sagt dann, daß für die stochastische Differentialgleichung pfadweise Eindeutigkeit gilt.

Einige Autoren fassen den Begriff der pfadweisen Eindeutigkeit allgemeiner, indem sie zulassen, daß die beiden Lösungen unterschiedliche Filtrationen $(\mathfrak{A}_t)_{t\geq 0}$ und $(\widetilde{\mathfrak{A}}_t)_{t\geq 0}$ besitzen, während andere Autoren in dieser allgemeineren Situation den Begriff der strengen pfadweisen Eindeutigkeit verwenden.

Pfaff, Johann Friedrich, deutscher Mathematiker, geb. 22.12.1765 Stuttgart, gest. 21.4.1825 Halle (Saale).

Pfaff studierte in Göttingen bei Kästner und Lichtenberg Mathematik und Physik. Von 1788 bis 1810 hatte er eine Stelle an der Universität in Helmstedt inne, danach ging er nach Halle.

Pfaff fand neuartige Herleitungen für die Differentiationsregel und entwickelte Formeln für die Reihenentwicklung von Integralen. 1815 veröffentlichte er die Arbeit „Methodus generalis aequationes differentiarum particularum“, in der er das Problem der Integration von partiellen Differentialgleichungen der Form

$$\sum_{i=1}^{n} f_i(x_1, \ldots, x_n)dx_i = 0$$

(↗Pfaffsche Form) untersuchte.

Pfaff förderte Gauß und unterstützte 1799 dessen Promotionsantrag in Helmstedt.

Pfaff, Satz von, ↗Pfaffsche Gleichung.

Pfaffsche Form, eine ↗Differentialform ersten Grades, siehe auch ↗Pfaffsche Gleichung.

Pfaffsche Gleichung, *totale Differentialgleichung*, Gleichung der Form

$$\omega = \sum_{i=1}^{n} a_i(x)dx^i = 0,$$

wobei ω eine Differentialform erster Ordnung (Pfaffsche Form) auf der Mannigfaltigkeit X ist.

Die Untermannigfaltigkeit M von X heißt ↗Integralmannigfaltigkeit, wenn für alle $\xi \in T_xM$ (an jedem Punkt $x \in M$) $\omega(\xi) = 0$ gilt.

Bezeichnet $m(\omega)$ die maximale Dimension der Integralmannigfaltigkeit, so gilt für alle ω

$$m(\omega) \geq \frac{n-1}{2}$$

(Satz von Pfaff).

Pfaffsche Kontaktmannigfaltigkeit, eine ↗Kontaktmannigfaltigkeit M zusammen mit einem gegebenen globalen ↗Kontaktformenfeld ϑ, dessen Kern identisch mit dem ↗Hyperebenenfeld von M ist.

Ein einfaches Beispiel ist $\mathbb{R}^{2n+1}$ $(n \geq 1)$ mit dem Kontaktformenfeld

$$dt - \sum_{i=1}^{n} p_i dq_i .$$

Pfeilschreibweise, im Jahr 1976 von Donald Ervin Knuth in Anlehnung an die Definitionen von

$m \cdot n$ und m^n eingeführte Schreibweise zur einfachen Konstruktion sehr großer natürlicher Zahlen wie z. B. der ↗Graham-Zahl. Für $m, n \in \mathbb{N}$ gilt:

$$\begin{aligned} m \cdot n &= \overbrace{m + m + \cdots + m}^{n \text{ Exemplare von } m} \\ m \uparrow n &= m \cdot m \cdot \cdots \cdot m \\ m \uparrow\uparrow n &= m \uparrow m \uparrow \cdots \uparrow m \\ m \uparrow\uparrow\uparrow n &= m \uparrow\uparrow m \uparrow\uparrow \cdots \uparrow\uparrow m \\ &\vdots \end{aligned}$$

Die Verknüpfungen sind dabei rechtsassoziativ zu lesen, d. h. $k \uparrow m \uparrow n = k \uparrow (m \uparrow n)$ usw..

Die Pfeilschreibweise erlaubt eine übersichtliche Darstellung der ↗Ackermann-Funktion a:

$$\begin{aligned} a(1,y) &= 2 + (y+3) - 3 \\ a(2,y) &= 2 \cdot (y+3) - 3 \\ a(3,y) &= 2 \uparrow (y+3) - 3 \\ a(4,y) &= 2 \uparrow\uparrow (y+3) - 3 \\ a(5,y) &= 2 \uparrow\uparrow\uparrow (y+3) - 3 \\ &\vdots \end{aligned}$$

Zurückgehend auf John Horton Conway und Richard Kenneth Guy nennt man daher die Zahlen $1 \uparrow 1 = 1$, $2 \uparrow\uparrow 2 = 4$, $3 \uparrow\uparrow\uparrow 3, \ldots$ auch *Ackermann-Zahlen*, wobei schon

$$\begin{aligned} 3 \uparrow\uparrow\uparrow 3 &= 3 \uparrow\uparrow (3 \uparrow\uparrow 3) = 3 \uparrow\uparrow 3^{3^3} \\ &= 3 \uparrow\uparrow 7625597484987 = 3^{3^{\cdot^{\cdot^{3}}}} \end{aligned}$$

ein ↗Potenzturm der Höhe 7625597484987 ist.

Noch wesentlich leistungsfähiger ist die von Conway und Guy erfundene Notation mit verketteten Pfeilen. Für $a, b, c, n, y, z \in \mathbb{N}$ sowie $k \in \mathbb{N}$ und $a_1, \ldots, a_k \in \mathbb{N}$ gilt:

$$\begin{aligned} a \to b \to c &= a \overbrace{\uparrow \cdots \uparrow}^{c \text{ Pfeile}} b \\ \vec{a} \to y \to 1 &= \vec{a} \to y \\ \vec{a} \to 1 \to z' &= \vec{a} \\ \vec{a} \to n' \to z' &= \vec{a} \to (\vec{a} \to n \to z') \to z \end{aligned}$$

Hier ist $\vec{a} = a_1 \to a_2 \to \cdots \to a_k$ abgekürzt, sowie $n' = n + 1, z' = z + 1$. Die n-te Ackermann-Zahl ist damit gerade $n \to n \to n$, und für $x > 2$ hat man

$$a(x,y) = (2 \to (y+3) \to (x-2)) - 3\,.$$

Eine andere Möglichkeit zur Konstruktion großer Zahlen ist mit der ↗Polygonschreibweise gegeben.

[1] Conway, J. H.; Guy, R. K.: Zahlenzauber. Von natürlichen, imaginären und andere Zahlen. Birkäuser Basel, 1997.

[2] Kracke, H.: Mathe-musische Knobelisken. Dümmler Bonn, 1992.

Pflasterung, ↗Packung.

℘-Funktion, abkürzende Bezeichnung für die ↗Weierstraßsche ℘-Funktion, siehe auch ↗elliptische Funktion.

PG(*n*,*q*), Bezeichnung für den ↗projektiven Raum über dem endlichen Körper ↗$GF(q)$.

PH, die Vereinigung aller in der polynomiellen Hierarchie (↗polynomielle Hierarchie) enthaltenen Komplexitätsklassen.

Phasenfluß, ↗Fluß.

Phasenfunktion, ↗ Fourier-Integraloperator.

Phasengeschwindigkeit, ↗ Dispersion, physikalische.

Phasenkurve, ↗Orbit.

Phasenportrait, Gesamtheit aller ↗Orbits eines ↗dynamischen Systems, zusammen mit Pfeilen, die die zeitliche Entwicklung entlang der Orbits angeben.

Da die Gesamtheit aller Orbits der gesamte Phasenraum (↗dynamisches System) ist, zeichnet man nur einige charakteristische Orbits. Aus dem Phasenportrait eines dynamischen Systems läßt sich ein erster Eindruck über sein globales Verhalten wie die Existenz und Stabilität von Fixpunkten, sowie seine ↗periodischen Orbits gewinnen. Aus Gründen der Übersichtlichkeit ist i. allg. nur das Zeichnen von Phasenportraits in $\mathbb{R}$ bzw. $\mathbb{R}^2$ sinnvoll.

[1] Arnold, V.I.: Gewöhnliche Differentialgleichungen. Deutscher Verlag der Wissenschaften Berlin, 1991.

[2] Heuser, H.: Gewöhnliche Differentialgleichungen. B.G. Teubner-Verlag Stuttgart, 1989.

Phasenraum, das Kotangentialbündel T^*M des Konfigurationsraums M mit seiner kanonischen symplektischen 2-Form ω.

Der Konfigurationsraum wird i. allg. als Riemannscher Raum vorausgesetzt, seine Dimension ist durch die Anzahl der Freiheitsgrade f des Systems gegeben. T^*M hat dann die Dimension $2f$. Es gibt lokale Koordinaten q^i, p_j mit $(i,j = 1, \ldots, f)$ so, daß $\omega = dp_i \wedge dq^i$ gilt. Dabei sind q^i die verallgemeinerten Lage- und p_j die verallgemeinerten Impulskoordinaten.

Für ein freies Punktteilchen ist nach der Newtonschen Mechanik der dreidimensionale Euklidische Raum E^3 der Konfigurationsraum. Wenn v^i $(i = 1, 2, 3)$ seine Geschwindigkeitskomponenten bezüglich einer Standardbasis in E^3 und m seine Masse sind, dann gilt für seine Impulskoordinaten

$$p_j = m\delta_{jk}v^k\,.$$

Die Bewegung eines Systems mit f Freiheitsgraden ist im Phasenraum durch eine Kurve gegeben. Das setzt aber voraus, daß die Bewegungsgleichungen des Systems $2f$ gewöhnliche Differentialgleichungen erster Ordnung zur Berechnung der Koordinaten und des Impulses sind, wie es in der Hamiltonschen Mechanik der Fall ist.

Siehe auch ↗symplektische Mannigfaltigkeit.

Für die Verwendung des Begriffs „Phasenraum" in der Stochastik siehe auch ↗stochastischer Prozeß.

Phasenraumdarstellung, Darstellung eines Signals, die man verwendet, um Information über seine Frequenzverteilung während eines Zeitintervalls zu erhalten.

Dem Signal f wird eine Transformation Tf zugeordnet; diese gibt an, wieviel eine Frequenz ω zum Zeitpunkt t zum Signal f beiträgt. Die Menge aller Paare $\{(t, \omega)|t, \omega \in \mathbb{R}\}$ heißt Phasenraum, Tf ist eine Phasenraumdarstellung von f. Darstellungen einer Funktion im Phasenraum erhält man beispielsweise mit Hilfe der Fouriertransformation.

Phasenraummethode, Methode, um quantenmechanische Observable zu erhalten, die klassischen Observablen (Funktionen über dem Phasenraum) entsprechen.

Phasenraumreduktion, Konstruktion einer ↗symplektischen Mannigfaltigkeit (M_{red}, ω_{red}) aus einer vorgegebenen symplektischen Mannigfaltigkeit (M, ω) und einer Untermannigfaltigkeit $i : C \to M$, auf der ω konstanten Rang hat.

Das Unterbündel F von TC, das durch den Schnitt von TC mit dem Unterbündel TC^{ω} aller ↗Schieforthogonalräume zu den Tangentialräumen an C entsteht, genügt wegen der Geschlossenheit von ω der ↗Frobeniusschen Integrabilitätsbedingung und erlaubt nach dem Satz von Frobenius eine lokale Blätterung $\mathcal{F}$ von C, die F berührt. Falls die Menge aller Blätter M_{red} die Struktur einer differenzierbaren Mannigfaltigkeit hat, so daß die kanonische Projektion $\pi : C \to M_{red}$ eine glatte Submersion ist und ein lokal-triviales Faserbündel über M_{red} definiert, wird durch die Festlegung

$$\pi^* \omega_{red} := i^* \omega$$

eine ↗symplektische 2-Form auf M_{red}, dem sog. reduzierten Phasenraum, definiert. Im Falle eines ↗Hamiltonschen G-Raums spricht man auch von der Marsden-Weinstein-Reduktion: Hierbei wird C durch eine Impulsfläche $J^{-1}(\mu)$ der ↗Impulsabbildung J zu einem regulären Wert μ gegeben, und es gilt $M_{red} \cong C/G_\mu$, wobei G_μ die Standgruppe von μ bezgl. der ↗koadjungierten Darstellung bezeichnet.

Die Phasenraumreduktion ist eine der wichtigsten Konstruktionsmöglichkeiten für symplektische Mannigfaltigkeiten. Der komplex-projektive Raum $\mathbb{C}P^n$ zum Beispiel entsteht durch die Phasenraumreduktion von $M = \mathbb{C}^n \setminus \{0\}$ bzgl. der $(2n+1)$-dimensionalen Einheitskugeloberfläche C.

Phasenschwingung, ↗Resonanz dritter Ordnung.

Phasenvolumen, Volumenform auf einer $2n$-dimensionalen ↗symplektischen Mannigfaltigkeit, die durch die n-te äußere Potenz ihrer ↗symplektischen 2-Form gebildet wird.

Aus der Invarianz der symplektischen 2-Form unter allen Flüssen von ↗Hamilton-Feldern folgt die Invarianz des Phasenvolumens unter all diesen Flüssen (Satz von Liouville).

Philosophie der Mathematik

U. Dirks

Die Reflexion auf Voraussetzungen, Gegenstand, Methoden und Status der Mathematik bildet seit der Antike ein wichtiges Teilgebiet der Philosophie. Philosophisch ebenso erklärungs- wie prüfungsbedürftig sind dabei folgende Charakterisierungen: Im Unterschied zu empirischen Urteilen sind wahre mathematische Sätze sicher, apodiktisch gewiß, zeitlos, exakt und klar; ihre durch Beweise zu liefernde Rechtfertigung ist ebensowenig erfahrungsabhängig, wie mathematische Sachverhalte sinnlich wahrnehmbare, raum-zeitliche und kausal wirkende Gegenstände sind; Mathematik läßt sich dennoch anwenden im Bereich der empirischen Wirklichkeit; sie besitzt einen hohen Grad an strenger Systematisierung. Zum klassischen Problembestand der Philosophie der Mathematik (PdM) gehören daher:

(i) ontologische Fragen nach der Existenzweise mathematischer Objekte;
(ii) epistemologische Fragen nach Möglichkeit und Form mathematischer Erkenntnis sowie nach der Begründung mathematischen Wissens;
(iii) Erklärung der Möglichkeit, daß Mathematik „auf die Gegenstände der Wirklichkeit so vortrefflich paßt" (A. Einstein 1921);
(iv) grundbegriffliche Probleme im Ausgang von mathematischen, in ihrer Bedeutung über den innerfachlichen Bereich hinausgreifenden Konzepten wie ‚Zahl', ‚Punkt' und ‚Unendliches'.

Die Entwicklung des Reflexionsstandes der Philosophie im 20. Jahrhundert mit den neuen Zugangsweisen metaphysikkritischer Sprach- und Zeichenphilosophie einerseits sowie die Mathematisiertheit der von Wissenschaft, Technik und Computer geprägten Lebenswelt andererseits messen der PdM besondere Aktualität zu.

Systematisch wichtige Bezugspunkte bilden typisiert zunächst antike Grundpositionen. Ausgehend von der Platon-Interpretation des Aristoteles ordneten die Platonisten dem ewigen, unbeweglichen, aber im Unterschied zu den primär seienden Ideen vielheitlichen Mathematischen einen eigenen, von den Sinnendingen unabhängigen mittleren Seinsbereich zu. An den mathematischen Gegenständen orientiert verlieh der mythische Weltschöpfer dem All seine mathematische Grundordnung (Platon: Timaios). Demgegenüber versteht Aristoteles Mathematik als Produkt von Abstraktion aus der empirischen Wirklichkeit, auf die sie darum auch wieder anwendbar ist (Aristoteles: Metaphysik). Die bedeutendste Weiterentwicklung der PdM wird dann durch I. Kant geleistet. In seiner kritischen Philosophie werden die Annahme einer vorfabriziert fertigen Welt als sinnwidrig erwiesen und der produktiv konstruktionale Charakter des Erkennens formuliert (Kant: Kritik der reinen Vernunft). In engem Zusammenhang mit dem Erfahrungsgegebenen ist mathematische Erkenntnis zusammenzubringen mit den apriorischen (d.h. jeder Erfahrung logisch vorausgehenden) Anschauungsformen Raum und Zeit. In den seinerzeit als fundamental erachteten mathematischen Disziplinen Geometrie und Arithmetik reicht nach Kant (gegen G.W. Leibniz) Widerspruchsfreiheit nicht zum Existenznachweis aus. Vielmehr sind die Objekte und Sachverhalte nach den formalen Regeln des Verstandes in der Anschauung zu konstruieren, auf deren apriorische Formen die als Realisationsverfahren dienenden Schemata (etwa beim zeitlichen Zählen) zurückgreifen. Zusammengenommen sind mathematische Sätze daher a priori gültig sowie synthetisch, also nicht schon durch ihre Bedeutung (analytisch) wahr. Mathematik ist mithin Konstruktion des menschlichen Geistes, wobei die mathematische Synthesis in diesem transzendentalen Entwurf auf die Möglichkeit von Erfahrung hin begründet ist. Für die Explikation der Anwendbarkeit solchermaßen konstruktiver Mathematik auf eine im Erkenntnisakt strukturierte Natur ergibt sich somit die für die aktuellen Positionen gleichermaßen richtungsweisende wie herausfordernde These, daß die mathematischen Konstruktionen auf Formen der Anschauung und des Denkens beruhen, die zugleich Bedingungen der Möglichkeit der Erfahrungsgegenstände und deren Erkenntnis sind.

Im Zuge der Bemühungen um eine Grundlegung der Mathematik im Sinne einer Begründung ihrer Sicherheit und Notwendigkeit kommt es im 20. Jahrhundert zu stark diskutierten Positionen in der PdM:

1. Logizismus. Grundlegend ist der schon bei Leibniz anzutreffende Gedanke, daß Mathematik sich vollständig auf Logik zurückführen lasse (G. Frege). Nach Art des platonistischen intelligiblen Seinsbereiches wird angenommen, daß mathematische Objekte unabhängig vom erkennenden Denken und historischen Wissensstand an sich existieren. Der Mathematiker entdeckt bestehende Wahrheiten, die a priori und analytisch sind, insofern die Aussagen und Axiome der Mathematik rückführend als Theoreme der (zweiwertigen) Logik zu begründen sind, welche ihrerseits wahre Aussagen über einen platonistischen Dingbereich darstellen. Die Sicherheit der Mathematik kann so als Folge des Gegenstandsbereichs begründet werden. Dies nimmt die verbreitete Auffassung von der klassischen Mathematik im 19. Jahrhundert auf, welche von Entwicklung strenger Begriffsbildungen in der Analysis und Arithmetisierung gekennzeichnet ist: Der Mathematik eigentümliche Gegenstände seien die natürlichen Zahlen und die aus ihnen mithilfe mengentheoretischer Prinzipien erzeugbaren Objekte. Zur logizistischen Begründung der Arithmetik mit rein logischer Definition des Zahlbegriffes wird auf den Cantorschen Begriff der Menge zurückgegriffen. Zum Scheitern des Begründungsanspruches des Logizismus jedoch und damit zu einer Grundlagenkrise der Mathematik kommt es durch B. Russels Aufdeckungen von Schwierigkeiten mit dem Mengenbegriff (1902). Selbst das durch seine Typentheorie gegebene Auflösen dieser Antinomien macht das logizistische Programm nicht durchführbar: Die notwendige Postulierung von Auswahl- und Unendlichkeitsaxiom führt zu Anteilen, deren rein logischer Charakter zweifelhaft erscheint und die hinsichtlich möglicher weiterer Antinomien Ad-hoc-Umgehungen darstellen. Verzweigte Typentheorien (Russel, Whitehead) geraten in Schwierigkeiten mit dem Reduzibilitätsaxiom. Hinzu treten die philosophische Skepsis hinsichtlich des metaphysisch vorausgesetzten Bereiches der Logik sowie die erkenntnistheoretische Problematik einer nicht befriedigend zu konzipierenden Zugangsweise zu ihm; so wird durch die Behauptung (Gödel) eines der Perzeption im Bereich der empirischen Gegenstände völlig analogen Vermögens zur ‚Wahrnehmung' der Objekte der Mengentheorie und der Wahrheit der Axiome die Problemlage nur verschoben.

2. Intuitionismus. Gemäß der Position des Intuitionismus (L.E.J. Brouwer, A. Heyting, H. Weyl, M. Dummett) werden – in Anknüpfung an Kant – mathematische Gegenstände durch die geistige Aktivität des Mathematikers erst geschaffen. Die Realität des Mathematischen besteht in mentalen mathematischen Konstruktionsakten, deren Beschreibung durch andere Personen verstehbar und nachvollziehbar ist. Die Gültigkeit einer mathematischen Aussage ist begründet, wenn sie das Ergebnis einer intuitiv klaren gedanklichen Konstruktion beschreibt, der Existenzbeweis ausschließlich durch Erfüllung der Konstruktionsforderung zu leisten. Als Quelle mathematischer Einsicht wird eine Schlüsse und Begriffe unmittelbar einsichtig werden lassende ‚Intuition' benannt – nach Brouwer letztlich die mit der Anschauungsform Zeit verbundene Zählintuition, worauf etwa in Konstruktionsverfahren verwendete Wahlfolgen zurückgreifen. Mathematische Erkenntnis ist möglich, da sie es nur mit dem zu tun hat, was durch das Denken selbst bestimmt wurde. Abgelehnt werden daher: imprädikative Begriffsbildungen; Konzepte des Aktual-Unendlichen; die Auffassung von Axiomen als Grundaussagen, statt sie auf die Urintuition des Zählens zu gründen, womit z. B. das Auswahlaxiom nicht verwendet werden kann; die uneingeschränkte Gültigkeit des ‚tertium non datur' in der Logik: neben den durch Konstruktionsbeweis als wahr und den durch Herleitung eines Widerspruchs aus ihnen als falsch erwiesenen Sätze ist als dritter Fall der Bereich der nicht entschiedenen Sätze zuzulassen, da mit Wegfall der Annahme eines mathematischen transzendenten Wirklichkeitsbereiches ebenso die Vorstellung entfällt, die Sachverhalte seien schon für sich vorab entschieden. Als Kritik am Intuitionismus wurde von seiten der Mathematiker auf eine Verkomplizierung und ‚Verarmung' der bestehenden Mathematik hingewiesen, in der der Bereich des Transfiniten ebenso entfällt wie nur auf indirekte ‚Beweise' gestützte Sätze. Philosophisch konnten die von Brouwer gelieferten Begründungen, insb. der Begriff der Intuition, bislang keiner ausreichenden Klärung zugeführt werden, die etwa eine klare Abgrenzung zum Psychologismus zu ziehen vermag, der daran scheiterte, die logische Notwendigkeit mathematischer Sätze in den empirischen Gesetzlichkeiten des Denkens zu verankern.

3. Formalismus. Den formalsprachlichen Zeichencharakter von Mathematik und Logik betonend sieht die Position des Formalismus (D. Hilbert) von inhaltlich gegenständlichen Fragen ebenso ab wie von Begründungsinstanzen außerhalb der Mathematik. Ohne hinsichtlich ihres Ursprunges oder eines ‚Geltungsbereiches' thematisiert zu werden, rücken hierbei die Axiomensysteme der Logik und Mathematik in den Blick, die die Grundlage für das Ableitungsprogramm aller Sätze der Mathematik darstellen sollen. Axiomensysteme müssen dabei den Forderungen sowohl nach Widerspruchsfreiheit als auch nach Vollständigkeit genügen. Axiome stellen mithin implizite Definitionen dar, die die strukturellen Eigenschaften vollständig festlegen und mathematische Existenz und Wahrheit aufgrund ihrer Widerspruchsfreiheit konstituieren. Nachdem im Zuge der Entwicklungen der nichteuklidischen und Riemannschen Geometrien im 19. Jahrhundert der Rekurs auf anschauliche Evidenz für die Wahrheitsbegründung von Axiomen bereits an Überzeugungskraft verlor, werden nunmehr etwa in der Geometrie ‚Punkt', ‚Gerade', ‚Ebene' zu lediglich formal festgelegten Eigenschaftsvariablen innerhalb eines Axiomensystems, die beliebigen zulässigen Interpretationen, Modellbildungen, offen sind. Aus diesem Zugang speist sich die heute häufig vertretene Auffassung von Mathematik als Wissenschaft formaler Systeme (H.B. Curry).

Die Widerspruchsfreiheit eines Axiomensystems ist in Hilberts Programm in einer Metamathematik nachzuweisen, die den formalisierten Zeichenkalkül zum Gegenstand hat und, dem menschlichen Erkenntnisvermögen Rechnung tragend, nur rein finite konstruktive Mittel verwendet. Abgesehen von der Frage, ob es sich beim metamathematischen Ansatz lediglich um eine Problemiterierung handelt, ist das Scheitern des Formalismus als Begründung der Sicherheit der Mathematik im Rekurs auf ihre formalsprachlichen Bedingungen gegeben durch Gödels Resultate hinsichtlich der Grenzen der Axiomatisierbarkeit:

(a) für axiomatische Systeme, die mindestens die Arithmetik enthalten, ist ein Widerspruchsfreiheitsbeweis allein mit Mitteln, die in diesem System formalisierbar sind, nicht möglich; es kann nur relative Widerspruchsfreiheit und damit keinen abgeschlossenen Begriff vom ‚mathematischen Beweis' geben;

(b) jedes widerspruchsfreie Axiomensystem (von höhere Stufe als die Prädikatenlogik 1. Ordnung) ist unvollständig, da sich stets wahre Aussagen formulieren lassen, die sich mit den Mitteln des Systems nicht aus den Axiomen ableiten lassen.

4. Konstruktivismus. Durch eine Ersetzung der Finitheitsforderung in der Metamathematik zugunsten einer Konstruktivität der Beweismittel gelangen Widerspruchsfreiheitsbeweise der Arithmetik und verzweigten Typentheorie (ohne Reduzibilitätsaxiom) sowie ein konstruktivistischer Aufbau von Logik, Arithmetik und klassischer Analysis (P. Lorenzen, G. Gentzen). Dabei wird der ‚tertium non datur'-Grundsatz verwendet, da sich dessen Hinzunahme zur konstruktiven Logik als widerspruchsfrei erweisen läßt. Der durch Lorenzen und die Erlanger Schule vertretene Standpunkt des Konstruktivismus in der PdM teilt operationalistische Positionen H. Dinglers. Das Aufbauprogramm geht von formalen Operationen als dem Gestalten von Zeichenreihen aus, bei der Logik als sog. Dialogspiele, womit als Basis von konstruktionaler Dingkonstitution und Ableitung im Kalkül anschaulich schematisches Operieren unter gewählten zulässigen Regeln auftritt. Im Unterschied zum Formalismus wird in der konstruktivistischen Mathematik Inhaltlichkeit durch Verstehbarkeit verteidigt. Dingler betonte, daß Axiome nicht beliebig und willkürlich seien, sondern auf einer ursprünglichen Ebene des menschlichen Willens aufruhten, einfache Ideen in die Wirklichkeit als Mathematisierung hineinzufertigen, was sich als Normierungshandlung der Frage einer Begründung nicht mehr ausgesetzt sieht. Für Lorenzen sind als Fundament der Mathematik ebenfalls nicht formale Postulate oder unmittelbare Einsichten anzunehmen, sondern Regeln des schematischen Operierens im Sinne von Handlungsanweisungen, auf denen dann Einsichtigkeit und allgemeine Zustimmung beruhen. So kann Geometrie ausgehend von vorwissenschaftlich lebensweltlichen Herstellungspraktiken auch als apriorische 'Protophysik' der Längenmessung figurieren, die zur Begründung der mathematisierten Physik beiträgt.

Als Kritikpunkte sind eingewandt worden: Die Anwendung des konstruktivistischen Begründungsbegriffes selbst beruht auf Entscheidung; sodann führt das angeführte normative Argument im Sinne eines Werturteils zur Ablehnung nicht konstruktivistisch begründbarer Teile der Mathematik; ferner fehlt ein von dem Ziel, die klassische Mathematik so, wie sie vorliegt, aufzubauen, unabhängiges Kriterium dafür, was als zulässiges konstruktives Verfahren anzusehen ist.

Auf dem Hintergrund der nicht erfolgten Einlösung des Grundlegungsanspruches setzte sich einerseits unter dem Einfluß der strukturtheoretisch orientierten Gruppe N. Bourbaki in der expandierenden mathematischen Praxis eine Art ‚pragmatischer Formalismus‘ durch. Andererseits ist philosophisch deutlich geworden, daß Grundlagen des Mathematischen sich nicht innerhalb der Mathematik selbst behandeln lassen. Begründungen beruhen auf Voraussetzungen, die ihrerseits jedoch nicht als absolut gerechtfertigt werden können. Die damit wesentliche Geschichtlichkeit des Mathematikbegriffes sowie mathematischer Erkenntnis ist daher selbst zum Gegenstand gegenwärtiger PdM geworden (I. Lakatos, P. Kitcher, M. Steiner).

Neuere Entwicklungen. Die gegenwärtige Forschungsentwicklung der PdM ist in ihrer Vielfalt gekennzeichnet von der philosophischen Aufweitung mathematisch disziplinärer Engführungen während des Grundlegungsstreites in der 1. Hälfte des 20. Jahrhunderts. Eine Reihe von Arbeiten beschäftigt sich mit Weiterentwicklungen des Begriffes der Intuition auch unter Rückgriff auf Kant und die Phänomenologie E. Husserls sowie mit Transformationen des Platonismus, insbesondere im Weggang von einem am Leitbild raum-zeitlicher Gegenstände orientieren Objekt-Platonismus hin zu einem ‚concept platonism‘ (D. Isaacson).

Auch der Strukturalismus in der PdM geht von platonistischer Invarianz mathematischer Wahrheiten unter Isomorphismen aus und charakterisiert Mathematik als ‚science of patterns‘ (M. Resnik), da die von den mathematischen Konstanten und Quantoren bezeichneten ‚Objekte‘ im Kern aufzufassen seien als Positionen in Strukturen, ohne Identität und Merkmale außerhalb dieser.

Der Fiktionalismus (H. Field) versucht antiplatonistisch, mathematische Sätze hinsichtlich Referenz, Wahrheit und Bedeutung analog dem fiktionalen Charakter beispielsweise von Romanen zu konzipieren, die einen ähnlichen Bezugsrahmen für die semantischen Merkmale der in ihnen auftretenden Sätze darstellen, wie die Standardmathematik für die Aussage „2 plus 2 ist 4“. Damit geht die These einher, daß aus den Naturwissenschaften prinzipiell mathematische Entitäten wie Zahlen eliminiert werden könnten.

Von großer Wirkung ist die Position von W.V.O. Quine in der PdM: Seine Kritik an der analytisch/synthetisch-Trennung löst auch die strenge Dichotomie a priori/a posteriori auf. Dies führe in Situationen, in denen Beobachtungsdaten wissenschaftlichen Hypothesen widerstreiten, dazu, in dem holistischen Gefüge von Logik, Mathematik, Theoriennetzwerk und Hypothesen die mathematisch-logischen Bereiche trotz tiefer Verankerung prinzipiell nicht immun gegen Revision halten zu können. Letztlich gebe es daher keine grundsätzlichen Unterschiede zwischen Sätzen der Mathematik und der theoretischen Physik.

In vielen Varianten des Naturalismus wird hieran anschließend versucht, Mathematik als Grenzfall von Erfahrungswissenschaft zu konzipieren. Darüberhinaus vertritt Quine (zusammen mit frühen Arbeiten H. Putnams) hinsichtlich der Ontologie der Mathematik die These, daß ähnlich wie bei der Abhängigkeit von Existenzbehauptungen im theoretisch-wissenschaftlichen und natürlichsprachlichen Zusammenhang vom grundbegrifflichen Schema auch die Existenz mathematischer Entitäten wie Zahlen durch ein ‚indespensibility argument‘ anzunehmen ist. Sie treten auf als Referenten der in gut bestätigten Theorien unverzichtbar enthaltenen mathematischen Ausdrücke und bilden relativ zu diesem Hintergrund von Überzeugungen ein ‚ontological commitment‘.

Zunehmend werden in ihrer Bedeutung auch die Beiträge zur PdM von L. Wittgenstein erkannt. Insbesondere stellt er in seiner Kritik sowohl an platonistischen wie mentalistischen Positionen das Anliegen einer Begründung von Mathematik und Logik selbst in Frage. So betont er in seiner philosophischen Analyse der Regelverwendungspraxis, daß bei formel- bzw. regelgeleiteten mathematischen Übergängen nicht noch eine dahinterstehende Garantieinstanz für die Richtigkeit der Regelverwendung neben der Formel selbst notwendig oder konzipierbar ist. In diesem Sinne brauchen die mathematischen Sätze keine Grundlegung, sondern eine ‚Klarlegung ihrer Grammatik'. Ferner gehe die Auffassung fehl, daß mathematische Schlüsse in formale logische Operationen überführt werden müßten. Philosophisch relevant ist vielmehr, daß in Beweisen geeignete Zeichenprozesse vollzogen werden, die den bislang in seiner Geltung nicht einsehbaren Satz in einen Zeichenkomplex überführen, von dem man sieht, daß er stimmt. Mithin spielen in Aufnahme von Kant auch Komponenten der Anschauung bzw. Ästhetik eine zentrale Rolle. In Hinblick auf die naturwissenschaftliche Erfahrung betont Wittgenstein die Rolle des zugrundliegenden mathematischen ‚Bildes', das die Form der Tatsachen bestimmt und in einen überschaubaren Zusammenhang bringt (Wittgenstein: Bemerkungen über die Grundlagen der Mathematik).

Insbesondere Putnam betont in Aufnahme von Wittgenstein, daß die Gewißheit logischer Wahrheiten nicht selbst noch einmal ausgeprochen und fundamental begründet werden kann. Bezogen auf den tiefliegenden und mit unserer Lebensform verbundenen Hintergrund, aus dem heraus wir sinnvoll die Unterscheidung zwischen ‚empirisch' und ‚notwendig' machen, können wir entgegen dem Naturalismus nicht beliebig von Revidierbarkeit der Logik durch Erfahrung sprechen, insofern wir dann die Begriffe ‚Rechtfertigung' und ‚Bestätigung' selbst zu verlieren drohen, wenn Erfahrung alles in Frage stellen könnte, was wir als sicher annehmen.

Literatur

[1] Benacerraf, P.; Putnam, H. (Hgg.): Philosophy of mathematics, 2. Aufl.. Cambridge, 1983.

[2] Hart, W.D. (Hg.): The Philosophy of Mathematics. Oxford, 1996.

[3] Körner, S.: Philosophie der Mathematik. München, 1968.

[4] Meschkowski, H.: Wandlungen des mathematischen Denkens, 5. Aufl.. München, 1985.

[5] Schirn, M. (Hg.): The Philosophy of Mathematics Today. Oxford, 1998.

[6] Thiel, C. (Hg.): Erkenntnistheoretische Grundlagen der Mathematik. Hildesheim, 1982.

[7] Thiel, C.: Philosophie und Mathematik. Darmstadt, 1995.

[8] Tymoczko, T. (Hg.): New Directions in the Philosophy of Mathematics. Princeton, 1998.

Phong-Shading, Methode zur Berechnung der scheinbaren Helligkeit von Flächen in der ↗Computergraphik.

Für Beleuchtung aus einer punktförmigen Lichtquelle ergibt sich die scheinbare Helligkeit I in einem Flächenpunkt aus

$$I = (R_p \cos\lambda + W(\lambda)\cos^n\omega)\frac{I_p}{k+r} + R_d I_d\,.$$

Dabei sind I_p und I_d die Intensitäten des Lichtes aus der Quelle und des diffusen Lichtes, r der Abstand des Flächenpunktes zum Auge, k eine konstante Länge, λ der Winkel zwischen einfallendem Licht und der Flächennormalen, R_p und R_d die Reflexionskoeffizienten für punktförmige und diffuse Beleuchtung (zwischen 0 und 1), ω der Winkel zwischen Sehstrahl und reflektiertem Lichtstrahl, n ein Maß für Glanz (zwischen 1 und 10), und $W(\lambda)$ der Spiegelreflexionskoeffizient, der eine materialabhängige Funktion von λ ist ($0 \le W(\lambda) \le 1$, $W(90°) = 1$).

Photoeffekt, Wechselwirkung zwischen elektromagnetischer Strahlung und in Atomen gebundenen Elektronen, wobei sich die Strahlung wie ein Schwarm von Teilchen verhält.

Dieser im Rahmen der klassischen Physik nicht zu verstehende Effekt konnte von Einstein mit der Hypothese erklärt werden, daß sich elektromagnetische Strahlung unter bestimmten experimentellen Bedingungen wie ein System von Teilchen (↗Photonen) verhalten kann.

Man unterscheidet zwischen dem äußeren und inneren Photoeffekt. Beim äußeren Photoeffekt werden durch „Licht" der Frequenz ν Elektronen aus der Substanz herausgeschlagen. Die Energie $h\nu$ der Photonen wird aufgewendet, um ein Elektron aus dem Atom zu lösen (Überwindung der Bindungsenergie) und ihm eine gewisse kinetische Energie zu erteilen. Beim inneren Photoeffekt werden die Elektronen zu freien Teilchen in der Substanz, wodurch deren Leitfähigkeit verändert wird.

Photon, masseloses Elementarteilchen mit Spin 1. Es handelt sich also um ein Boson. Das Photon vermittelt die elektromagnetische Wechselwirkung und wird auch als Lichtteilchen bezeichnet.

Neben sichtbarem, ultraviolettem und infrarotem Licht ist das Photon, je nach Wellenlänge, auch noch die Grundlage für Röntgenstrahlen, Radiostrahlen und γ-Strahlen. Die Wellenlänge λ und die Frequenz ω eines Photons stehen in der Beziehung $\lambda \cdot \omega = c$, wobei c die Vakuumlichtgeschwindigkeit ist, mit der sich die Photonen definitionsgemäß im Vakuum ausbreiten.

Die Energie eines Photons beträgt $2\pi\hbar \cdot \omega$, dabei ist $\hbar$ das Plancksche Wirkungsquantum. Die Verteilung der verschiedenen Frequenzen der Photonen hängt über die Plancksche Strahlungsformel direkt mit der Temperatur zusammen.

Die Polarisation des Lichts ist, vereinfacht gesagt, die Schwingungsrichtung der Photonen senkrecht zur Ausbreitungsrichtung. Erfolgt die Schwingung in genau eine Richtung, so spricht man von linearer Polarisation, ist sie in jede Richtung gleichwahrscheinlich, von zirkularer Polarisation. Die dazwischen liegenden Zustände werden durch elliptische Polarisation mit einer bestimmten Polarisationsellipse beschrieben.

Phragmén-Lindelöf, Satz von, lautet:

Es sei $G \subset \mathbb{C}$ ein einfach zusammenhängendes, unbeschränktes ↗Gebiet und f eine in G ↗holomorphe Funktion. Weiter sei φ eine in G beschränkte, holomorphe Funktion mit $\varphi(z) \neq 0$ für alle $z \in G$. Schließlich existiere eine Konstante $M \geq 0$ derart, daß $\limsup_{z\to\zeta} |f(z)| \leq M$ für alle $\zeta \in \partial G$ und $\limsup_{z\to\infty} |f(z)||\varphi(z)|^\eta \leq M$ für jedes $\eta > 0$.

Dann gilt $|f(z)| \leq M$ für alle $z \in G$.

Der Satz von Phragmén-Lindelöf ist eine Art Maximumprinzip für unbeschränkte Gebiete.

Es seien noch zwei wichtige spezielle Versionen für Winkelräume erwähnt.

Es sei $\alpha \geq \frac{1}{2}$,

$$G = \left\{ z \in \mathbb{C} : |\arg z| < \frac{\pi}{2\alpha} \right\},$$

f eine in G holomorphe Funktion und $M \geq 0$ eine Konstante derart, daß $\limsup_{z\to\zeta} |f(z)| \leq M$ für alle $\zeta \in \partial G$. Weiter seien R, C und β positive Konstanten derart, daß $\beta < \alpha$ und $|f(z)| \leq C\exp(|z|^\beta)$ für alle $z \in G$ mit $|z| > R$.

Dann gilt

$$|f(z)| \leq M$$

für alle $z \in G$.

Eine andere Version ist:

Es sei $\alpha \geq \frac{1}{2}$,

$$G = \left\{ z \in \mathbb{C} : |\arg z| < \frac{\pi}{2\alpha} \right\},$$

f eine in G holomorphe Funktion und $M \geq 0$ eine Konstante derart, daß $\limsup_{z\to\zeta} |f(z)| \leq M$ für alle $\zeta \in \partial G$. Für jedes $\delta > 0$ seien $R = R(\delta)$ und $C = C(\delta)$ positive Konstanten derart, daß $|f(z)| \leq C\exp(\delta|z|^\alpha)$ für alle $z \in G$ mit $|z| > R$.

Dann gilt

$$|f(z)| \leq M$$

für alle $z \in G$.

Ist $f(z) = \exp(z^\alpha)$, so ist f stetig auf $\overline{G}$, holomorph in G und $|f(z)| = 1$ für alle $z \in \partial G$. Offensichtlich ist f aber unbeschränkt in G. Dieses Beispiel zeigt, daß die Wachstumsvoraussetzung an f in G nicht abgeschwächt werden kann.

Phylogenie, Theorie der Abstammung.

Die Phylogenie bietet im Rahmen der ↗Mathematischen Biologie interessante Problemstellungen, da z. B. die Rekonstruktion von Stammbäumen aus morphologischen oder aus molekulargenetischen Daten mit kombinatorischen und stochastischen Methoden erfolgt.

Physik

U. Kasper

Der Name „Physik" kommt vom griechischen Begriff „physis", der das Wachsen bezeichnet. Mit „physis" wird alles bezeichnet, was wächst und wird. Dieser Begriff umfaßt also das Weltall in seiner Gesamtheit. Eine äquivalente Bedeutung hat das lateinische Wort „natura". Physik bedeutete also ursprünglich die Wissenschaft von der Natur überhaupt. Die erste Einschränkung des Begriffs „physis" kam von der Sophistik und der sokratischen Philosophie. Hier wird dem „Natürlichen" das vom Menschen „Vereinbarte", Ethik, Moral, gegenübergestellt. Die Wissenschaft von der Natur, die Physik, enthält nicht mehr die Wissenschaft vom Menschen.

Diese Zersplitterung der Physik setzte sich in der Folgezeit fort. Ihr liegt vermutlich die Erkenntnis zugrunde, daß die Natur nicht als Ganzes unmittelbar erkannt werden kann. Diese Ansicht ist jedenfalls der Ausgangspunkt der modernen Naturwissenschaft, die sich im Zeitalter des Humanismus und der Renaissance im 15. und 16. Jahrhundert zu entwickeln begann. Von entscheidender Bedeutung ist von nun an das Experiment. Mit ihm befragt man die Natur im Hinblick auf eine im voraus entworfene Theorie. Dabei ist es klar, daß nur noch die Erkenntnis beschränkter Bereiche der Natur angestrebt wird, die dann Steinchen für ein erhofftes Verständnis der ganzen Natur ist.

Spricht man heute davon, daß die Naturwissenschaft Physik sei, setzt man sich dem Vorwurf des Physikalismus aus. Es wird argumentiert, daß in den verschiedenen Bereichen der Natur qualitativ unterschiedliche Gesetzmäßigkeiten vorherrschen und die Reduktion der gesamten Naturwissenschaft auf Physik bedeuten würde, daß man diesen qualitativen Unterschied in den Gesetzmäßigkeiten verkennen würde. Anders gesagt: Es gibt Bewegungsformen der Materie, die sich qualitativ von der physikalischen Bewegungsform der Materie unterscheiden. Diese Argumentation wäre zweifellos richtig, wenn man wüßte, was physikalische Gesetzmäßigkeiten, was physikalische Bewegungsform der Materie sind. Hierfür müßte man eine klare Definition dessen haben, was Physik sein soll. Würde man zum Beispiel eine Realdefinition versuchen, so würde man sagen: Die Physik ist ein Teil der Naturwissenschaft. In dieser Definition wäre Naturwissenschaft der Gattungsbegriff. Was aber wäre der artbildende Unterschied? Ihn genau anzugeben, dürfte äußerst schwerfallen, denn die Grenze zu den anderen, von der Physik qualitativ verschiedenen Wissenschaften (deren Existenz man von diesem Standpunkt aus annehmen muß) ist fließend, wie die Bezeichnungen gewisser Grenzgebiete (Biophysik) zeigen.

Geht man allerdings vom heutigen Zustand der Naturwissenschaft aus, so grenzt sich das, was gemeinhin Physik genannt wird, recht deutlich von anderen Gebieten der Naturwissenschaft dadurch ab, daß in diese sogenannte Physik die Mathematik in weit stärkerem Maße eingedrungen ist als in andere Gebiete. Man könnte hier eine Chance für die Definition der Physik sehen, da die Möglichkeit der Mathematisierung eine Widerspiegelung einer eine bestimmte Bewegungsform der Materie charakterisierenden Eigenschaft sein könnte. Es wäre aber wohl eine metaphysische Betrachtungsweise – „metaphysisch" in dem philosophischen Sinne verstanden, daß etwas verabsolutiert, aus dem eigentlichen Sachzusammenhang gerissen wird –, wenn man den heutigen Stand der Mathematisierung der Naturwissenschaft als Grenze nehmen und damit versuchen würde, den Gegenstand der Physik zu umreißen. Vor allem muß betont werden, daß man wohl kaum daran denkt, die Natur mit den heute bekannten physikalischen Gesetzmäßigkeiten erfassen zu können. Der entgegengesetzte Standpunkt wäre Physikalismus. Vielmehr scheint man zu glauben, daß die physikalische Methode, die Methode der Physik, hinreicht, die wesentlichen Seiten der Natur zu erkennen. (Auf diese Methode kommen wir unten ausführlich zurück.)

Statt einer Definition geben wir hier einige Zitate an, die eine Vorstellung davon vermitteln sollen, was Physik vielleicht ist.

J.C. Maxwell schreibt: *„According to the original meaning of the word, physical science would be that knowledge which is conservant with the order of nature – that is with the regular succession of events whether mechanical or vital – in so far as it has been reduced to a scientific form. The Greek word „physical" would thus be the exact equivalent of the Latin word „natural". In the actual development, however, of modern science and its terminology these two words have come to be restricted each to one of the two great branches into which the knowledge of nature is divided according to its subject-matter. Natural science is now understood to refer to the study of organised bodies and their development, while physical science investigates those phenomena primarily which are observed in things without life, though it does not give up its claim to persue this investigation when the same phenomena take place in the body of a living being."*

Bemerkenswert ist an diesem Zitat vor allem, daß die Möglichkeit einer Integration der Naturwissenschaft im oben verstandenen Sinne durch die Physik nicht ausgeschlossen wird.

Bei R. Carnap findet man: *„Die Physik hat die Aufgabe, die sinnlich wahrnehmbaren Gegenstände begrifflich zu behandeln, d. h. die Wahrnehmungen systematisch zu ordnen und aus vorliegenden Wahrnehmungen Schlüsse auf zu erwartende Wahrnehmungen zu ziehen. Auch die anderen Realwissenschaften (ob alle, bleibe dahingestellt) beziehen sich letztlich auf die Wahrnehmungen. Die Physik ist dadurch ausgezeichnet, daß sie die allgemeinsten Eigenschaften des Wahrnehmbaren untersucht, während die anderen Wissenschaften eine Sonderauswahl treffen, indem sie sich etwa nur auf die Vorgänge in Organismen oder nur auf die Zusammenhänge des Menschenlebens beziehen."*

A. Einstein sagt: *„Auf der Bühne unseres seelischen Erlebens erscheinen in bunter Folge Sinneserlebnisse, Erinnerungsbilder an solche, Vorstellungen, Gefühle. Im Gegensatz zur Psychologie beschäftigt sich die Physik (unmittelbar) mit den Sinneserlebnissen und dem „Begreifen" des Zusammenhangs zwischen ihnen."* Und an anderer Stelle heißt es: *„Wenn hier von „Begreiflichkeit" die Rede ist, so ist dieser Ausdruck hier zunächst in seiner bescheidensten Bedeutung gemeint. Er bedeutet: Durch Schaffung allgemeiner Begriffe und Beziehungen zwischen diesen Begriffen, sowie durch irgendwie festgelegte Beziehungen zwischen Begriffen und Sinneserlebnissen zwischen letzteren irgendeine Ordnung herstellen."*

Schließlich zitieren wir E. Wigner: *„What our science is after is, rather, an exploration of regularities which occur between phenomena, and* *an incorporation of these regularities – the laws of nature – into increasingly general principles and more encompassing points of view. ... our science is rather a constant striving for more encompassing points of view than the provider of an explanation for one or another phenomena.“*

Damit ist schon einiges zur Methode der Physik gesagt. Sie soll Gegenstand des folgenden Abschnittes sein.

Methode der Physik: (Der folgende Text lehnt sich stark an A. Einstein und die Darstellung von W. Heisenberg an.)

Das wissenschaftliche Denken ist nur eine Verfeinerung des Denkens des Alltages. Der Wissenschaftler braucht die Sprache, die sich mit der Entwicklung des Menschen herausgebildet hat. Er muß sich aber immer bewußt sein, daß, wie v. Weizäcker betont hat, „die Natur früher ist als der Mensch, aber der Mensch früher als die Naturwissenschaft.“ Insbesondere muß er sich also über die Bildung der Begriffe der Umgangssprache im klaren sein. Sie entstehen unter anderen Bedingungen als er sie unter Umständen später anwendet. Dann ergibt sich sofort die Frage, ob unter anderen Umständen bestimmte Begriffe noch sinnvoll sind. Daß eine solche Situation überhaupt entstehen kann, liegt daran, daß wir den Dingen und Erscheinungen, die wir mit den Begriffen meinen, eine Existenz zuschreiben, die unabhängig von den durch sie ausgelösten Empfindungen ist: Gewissen, sich unter bestimmten Bedingungen wiederholenden Komplexen von Sinnesempfindungen wird ein Begriff zugeordnet. Mit der Zeit beginnt der Mensch, mit diesem Begriff zu operieren, ohne daß dieser Komplex von Sinnesempfindungen vorhanden ist. Der Mensch glaubt, daß sich hinter diesem Komplex von Empfindungen eine Erscheinung, ein Ding, verbirgt, das auch existiert, wenn er selbst nicht diesen Empfindungskomplex „spürt“. Durch das Arbeiten mit Begriffen konstruiert er dann in seiner Vorstellung neue Empfindungskomplexe, und es entsteht die Frage, ob es sie wirklich unabhängig von seiner Vorstellung gibt.

Manchmal ist der Physiker auf diesem Weg zu weit gegangen, und die großen physikalischen Entdeckungen sind dadurch gemacht worden, daß man sich darüber klar wurde, daß die gedanklich konstruierten Empfindungskomplexe in der Realität überhaupt nicht auftreten. Anders ausgedrückt: Man sieht den Begriffen nicht ihren „Definitionsbereich“ an. Begriffe sind im allgemeinen nicht scharf definiert. Sie haben einen beschränkten Anwendungsbereich. Daß man ihn überschreitet, merkt man nur bei der Konfrontation des Denkens mit der Realität. Der Prozeß der Begriffsbildung macht uns klar, warum wir den Anwendungsbereich eines Begriffs gar nicht genau kennen können. Es handelt sich hier um einen – im Sinne der Dialektik – revolutionären Prozeß, also um einen Prozeß mit einem qualitativem Sprung.

Einstein schreibt: „*Gewisse sich wiederholende Komplexe von Sinnesempfindungen (zum Teil zusammen mit Sinnesempfindungen, die als Zeichen für Sinneserlebnisse der Mitmenschen gedeutet werden) werden gedanklich aus der Fülle des Sinneserlebens willkürlich herausgehoben, und es wird ihnen ein Begriff zugeordnet .... Logisch betrachtet ist dieser Begriff nicht identisch mit der Gesamtheit jener Sinnesempfindungen, sondern er ist eine freie Schöpfung des menschlichen (oder tierischen) Geistes. Dieser Begriff verdankt aber andererseits seine Bedeutung und Berechtigung ausschließlich der Gesamtheit jener Sinnesempfindungen, denen er zugeordnet ist.*“

Die Wendung „freie Schöpfung des menschlichen ... Geistes“ könnte vielleicht befremden. Sie ist aber nur ein anderer Ausdruck dafür, daß an dieser Stelle ein qualitativer Sprung vorliegt. In den Begriff geht mehr ein als eine Menge von Quantitäten von Sinnesempfindungen. Er ist eine *„gedankliche Widerspiegelung einer Klasse von Individuen oder von Klassen auf der Grundlage ihrer invarianten Merkmale, d. h. Eigenschaften und Beziehungen“* . Und sie sind rein quantitativ, durch Emperie nicht zu erfassen. Da wir immer nur relative Wahrheiten erkennen, ist es uns auch nicht möglich, die oben erwähnten invarianten Merkmale sofort vollständig zu erfassen. Wir müssen erst durch den praktischen Gebrauch den Begriff begreifen, d. h. in diesem Fall u. a. seinen Anwendungsbereich abstecken.

Ist durch irgendwelche Erfahrungen, z. B. physikalische Experimente, die Bildung eines Systems von Begriffen induziert worden, dann setzt die eigentliche physikalische Methode ein. Sie besteht darin, den Begriffen bestimmte mathematische Objekte zuzuordnen. Den Verknüpfungen der Begriffe entspricht dann eine Verknüpfung der entsprechenden mathematischen Symbole, z. B. ein System gewisser mathematischer Gleichungen. Auf diese Weise werden mathematische Theorien zu Aussagen über die objektive Realität, und erst jetzt hat es einen Sinn, davon zu sprechen, ob sie richtig oder falsch sind. Steht eine Konsequenz einer Theorie im Widerspruch zur Realität, ist es klar, daß den einzelnen Begriffen falsche mathematische Objekte zugeordnet wurden oder eine falsche mathematische Verknüpfung gewählt wurde. Beispielsweise wird in der Newtonschen Gravitationstheorie dem Begriff „Gravitationspotential“ eine skalare Größe zugeordnet. Bekanntlich war es im Rahmen der Newtonschen Gravitationstheorie nicht möglich, die Periheldrehung des Merkurs zu erklären. Außerdem erschien die Äquivalenz von passiver schwerer Masse und träger Masse als reiner

Zufall. Dies alles führte Einstein dazu, dem Gravitationspotential einen kovarianten Tensor zweiter Stufe zuzuordnen, der der metrische Fundamentaltensor eines (Pseudo-)Riemannschen Raumes ist.

In neuerer Zeit ist diskutiert worden, ob vielleicht das Gravitationsfeld der Sonne einen Einfluß auf das Gravitationsfeld der Erde hat. Würde dieser Effekt existieren, wäre vermutlich erwiesen, daß das Gravitationspotential nicht allein durch den metrischen Fundamentaltensor eines Riemannschen Raumes beschrieben werden kann. Eine Möglichkeit, diesen Effekt aus einer Theorie zu folgern, besteht darin, dem Gravitationspotential vier orthogonale Vektorfelder zuzuordnen, die dann durch ein System von Gleichungen festgelegt werden.

Als Beispiel dafür, daß auch die Verknüpfung mathematischer Objekte falsch sein kann, erinnern wir daran, daß viele physikalische Theorien, d. h., ihre Grundgleichungen, aus einem Variationsprinzip ableitbar sind. Die zu diesem Variationsprinzip gehörende Lagrange-Funktion ist aber im allgemeinen nicht eindeutig festgelegt; dann hat man die Möglichkeit, eine andere Lagrange-Funktion zu wählen, die zu anderen Grundgleichungen führt, wenn die sich aus der ersten Lagrange-Funktion ergebenden Konsequenzen nicht mit der Realität übereinstimmen.

Dadurch, daß den Begriffen mathematische Objekte und den Beziehungen zwischen den Begriffen Beziehungen zwischen den mathematischen Objekten zugeordnet werden, wird vermieden, daß innerhalb der Theorie Widersprüche auftreten.

Es scheint, daß es mathematische Objekte ganz verschiedener Qualität gibt, die wir den Begriffen zuordnen können (wenngleich es schwer ist, den qualitativen Unterschied zu fassen). Beispielsweise stehen uns Skalare, Vektoren oder allgemein Tensoren bestimmter Stufen, Spinoren, Operatoren im Hilbert-Raum, Erzeugende von Gruppen u. a. zur Verfügung.

Für die einzelnen Bewegungsformen der Materie sind nun bestimmte Gesetzmäßigkeiten spezifisch. Sie werden mit den Begriffen, die für die einzelnen Bewegungsformen von ganz unterschiedlicher Qualität sind, formuliert. Da uns aber eine Fülle von mathematischen Objekten für die Zuordnung zu den Begriffen zur Verfügung steht, ist es auch klar, daß die physikalische Methode in der oben beschriebenen Weise in die Erforschung von Bewegungsformen der Materie eindringen wird, die von unterschiedlichster Qualität sein werden (unterschiedlich in dem Sinne wie mathematische Objekte qualitativ unterschiedlich sind). Sieht man in der Anwendbarkeit einer Methode eine Widerspiegelung bestimmter Eigenschaften der Materie, dann könnte man folgende Definition der Physik versuchen:

Die Physik ist die Wissenschaft von Erscheinungen und ihren Zusammenhängen, die man mit der physikalischen Methode begreifen kann.

Nach Heisenberg spiegelt sich unsere wachsende Kenntnis von der Natur in der Entwicklung bestimmter „geschlossener" Begriffssysteme wider. Im Anfangsstadium eines sich entwickelnden Gebietes der Physik wird mit einer großen Zahl von Begriffen operiert, die mit Komplexen von Empfindungen mehr oder weniger unmittelbar gekoppelt sind. Einstein nennt sie primäre Begriffe. Wird der betreffende Bereich überschaubarer, bildet sich ein sekundäres Begriffssystem heraus. Diese sekundären Begriffe hängen nicht mehr unmittelbar mit Komplexen von Empfindungen zusammen – nur noch mittelbar über die primären Begriffe. Die sekundären Begriffe werden durch die primären definiert und ähnlich wie diese durch Sätze gekoppelt. Wegen ihrer mittelbaren Verbindung zu den Empfindungskomplexen sind diese Sätze Aussagen über die Realität, und sie können zutreffen oder falsch sein. Entsprechend entwickeln sich tertiäre und weitere Begriffssysteme, die die Eigenschaften haben, daß ihre Verbindung zu den Sinneskomplexen immer mittelbarer wird, nichtsdestoweniger aber trotzdem besteht. Formuliert man auf einer hohen Schicht der Begriffssysteme einen Satz, der einzelne Begriffe dieser Schicht verbindet, dann ist das mittelbar eine Aussage über die Realität. Oft aber ist es schwer, den Weg von diesem Satz zu den Sinneskomplexen zurückzulegen, um zu sehen, was er wirklich über die Realität aussagt. Man ist nun bestrebt, aus einer bestimmten Zahl von Begriffen einer bestimmten Schicht und mit diesen Begriffen formulierten Sätzen (Axiomen) die Sätze der tieferen Schichten (insbesondere der primären Schicht) zu deduzieren, sowohl die bekannten, wie auch die noch möglicherweise unbekannten.

Das erste Begriffssystem, das sich in der Physik entwickelte, ist das der Newtonschen Mechanik im weitesten Sinn. Darunter wollen wir auch die Kopplung der eigentlichen Newtonschen Mechanik mit der Wahrscheinlichkeitstheorie, die eine Behandlung der Wärmephänomene möglich machte, und auch ihre Anwendung auf elektrische und magnetische Erscheinungen verstehen, wo das möglich ist. Die durch die Newtonsche Mechanik gegebene Verknüpfung von Begriffen ist so eng, daß man nirgends eine kleine Änderung in dieser Verknüpfung vornehmen kann, ohne das gesamte Begriffsgebäude zu zerstören. Diese Eigenschaft des Newtonschen Begriffssystems ist nach Heisenberg dafür verantwortlich zu machen, daß das Newtonsche System lange Zeit als endgültig betrachtet worden ist und man glaubte, diese Newtonsche Mechanik nur auf immer weitere Erfahrungsbereiche anwenden zu brauchen.

In der Herausbildung solcher geschlossener Begriffssysteme können wir eine Widerspiegelung des Gesetzes der Dialektik vom Umschlag der Quantität in Qualität, jetzt als Strukturgesetz betrachtet, sehen. Für die einzelnen Bewegungsformen der Materie sind bestimmte Gesetzmäßigkeiten charakteristisch. Für verschiedene Bewegungsformen besteht zwischen den entsprechenden Gesetzmäßigkeiten ein qualitativer Unterschied. Man kann diesen qualitativen Unterschied nicht dadurch erfassen, daß man bestimmte Begriffsverknüpfungen, die für den einen Bereich von Gesetzmäßigkeiten charakteristisch sind, „ein wenig" abändert. Für die andere Bewegungsform der Materie, d. h. für die Widerspiegelung ihrer Gesetzmäßigkeiten, braucht man ein anderes, vom ersten qualitativ verschiedenes, geschlossenes Begriffssystem.

Die einzelnen geschlossenen Systeme können in ein anderes geschlossenes System übergehen, wenn man mit bestimmten Parametern des einen geschlossenen Systems gegen den Wert Null geht. Genauer muß man hier sagen, daß sich bei diesem Grenzübergang die beobachtbaren Konsequenzen des einen Systems auf die des anderen reduzieren. Dennoch bleibt der „qualitative" Unterschied zwischen beiden Systemen bestehen. Beispielsweise wird das Gravitationspotential der Einsteinschen Theorie auch dann noch durch ein kovariantes Tensorfeld zweiter Stufe beschrieben, wenn der Kehrwert der Vakuumlichtgeschwindigkeit gegen Null geht und Geschwindigkeiten der Teilchen, die eine von Null verschiedene Ruhmasse haben, gegen die Lichtgeschwindigkeit vernachlässigbar sind, auch wenn die beobachtbaren Aussagen dann mit denen der Newtonschen Theorie zusammenfallen. Diese Beziehung zwischen einzelnen geschlossenen Systemen zeigt an, in welchen Grenzen die Begriffe des einen geschlossenen Systems eine richtige Widerspiegelung der Realität liefern.

Heisenberg gibt vier geschlossene Systeme an, die bis heute ihre endgültige Form angenommen haben. Nach der Newtonschen Mechanik sind das die Thermodynamik, die Elektrodynamik und die Quantentheorie.

Die Zentralbegriffe der Thermodynamik sind Entropie und Energie. Da aber auch jedes andere der angegebenen geschlossenen Systeme den Energiebegriff enthält, kann man die Thermodynamik mit jedem anderen geschlossenen System verbinden. Für die aufgeführten geschlossenen Systeme ist es charakteristisch, daß Begriffe wie Energie, Impuls, Drehimpuls sinnvoll sind, und daß diese Größen für abgeschlossene physikalische Systeme erhalten bleiben. Das liegt daran, daß diese geschlossenen Systeme eine ebene Raum-Zeit zugrunde legen, die die entsprechenden Symmetrieeigenschaften hat.

Unter dem dritten geschlossenen System, das wir kurz Elektrodynamik genannt haben, fassen wir außer der eigentlichen Elektrodynamik die spezielle Relativitätstheorie, Optik, Magnetismus und die de Broglische Theorie der Materiewellen nach Heisenberg zusammen.

Für das vierte geschlossene System, die Quantentheorie, ist die Wahrscheinlichkeitsfunktion der zentrale Begriff. Dieses System umfaßt Quanten- und Wellenmechanik, die Theorie der Atomspektren, die Chemie und die Theorie anderer Eigenschaften der Materie, wie z. B. Leitfähigkeit, Ferromagnetismus usw.

Zwischen diesen vier geschlossenen Systemen bestehen folgende Beziehungen: Das erste ist im dritten als Grenzfall enthalten, wenn die Lichtgeschwindigkeit als unendlich groß betrachtet werden kann. Es ist im vierten geschlossenen System als der Grenzfall enthalten, in dem das Plancksche Wirkungsquantum als unendlich klein gelten kann. Das Enthaltensein ist im Sinne obigen Einschubs zu verstehen.

Das erste und dritte gehören zum vierten geschlossenen System als Grundlage für die Beschreibung der Experimente. Diese Betrachtungsweise legt natürlich die ↗Kopenhagener Interpretation der Quantenmechanik zugrunde. Das zweite kann mit jedem geschlossenen System verbunden werden. Die unabhängige Existenz des dritten und vierten legt die Existenz eines fünften geschlossenen Systems nahe, in dem das erste, dritte und vierte als Grenzfälle enthalten sind. Dieses fünfte System sollte sich nach Heisenberg im Zusammenhang mit der Theorie der Elementarteilchen entwickeln.

1958 wird von Heisenberg die allgemeine Relativitätstheorie noch nicht als geschlossenes System aufgeführt, da sie nach seiner Meinung noch nicht ihre endgültige Form gefunden hat. Heute ist die Situation kaum anders. Ein wichtiger Grund dafür scheint zu sein, daß eigentlich nicht geklärt ist, welche Phänomene durch die Einsteinschen Gleichungen beschrieben werden sollen. Das hängt damit zusammen, daß diese Gleichungen wesentlich nichtlinear sind, und nicht zu erwarten ist, daß sie in der Struktur unverändert bleiben, wenn man über Materieverteilungen gemittelte Gravitationsfelder im Auge hat. Von einem geschlossenen System von Begriffen erwartet man jedoch, daß die Begriffe nur zusammen mit den Gleichungen, die sie verknüpfen, Sinn machen.

Sicher ist, daß sich das mit der allgemeinen Relativitätstheorie verbundene geschlossene System grundlegend von den anderen unterscheiden wird. Das liegt schon allein daran, daß die Raum-Zeit für dieses System nicht mehr eben ist. Damit fehlen dann im allgemeinen die Symmetrieeigenschaften, die zu den Erhaltungssätzen von Energie, Impuls, Schwerpunkt und Drehimpuls führen.

Literatur

[1] Carnap, R.: Physikalische Begriffsbildung. G. Braun Karsruhe, 1926.

[2] Einstein, A.: in: Journal of the Franklin Institute. 221, 1936.

[3] Heisenberg, W.: Physik und Philosopie. Verlag Ullstein Frankfurt/M.–Berlin, 1959.

[4] Maxwell, J. C.: in: Encyclopedia Britanica, 9. Ausgabe. Black Edingurgh, 1885.

[5] Wigner, E.: in: Foundations of Physics. Bd. 1, S. 35, 1979.

π

M. Sigg

Die Zahl π, auch als *Kreiszahl*, *Kreisteilungszahl*, *Archimedes-Konstante* oder *Ludolphsche Zahl* bekannt, ist das, wie schon Archimedes von Syrakus bewies, für alle Kreise der euklidischen Ebene gleiche Verhältnis von Kreisumfang U zu Kreisdurchmesser d:

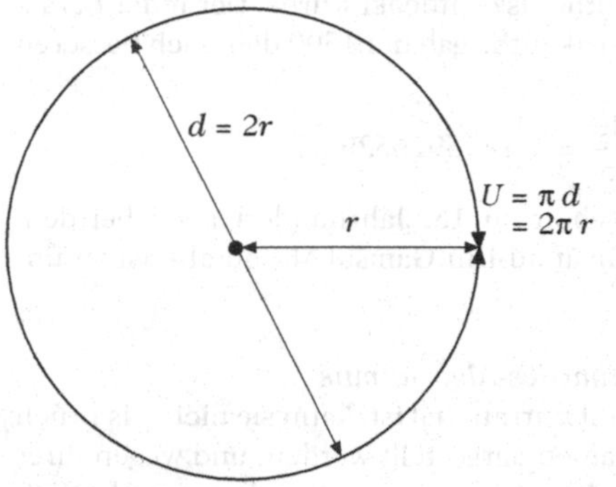

Der Umfang eines Kreises mit Radius r beträgt also $U = 2\pi r$, der Flächeninhalt eines Kreises mit Radius r ist $F = \pi r^2$.

Auch in den Formeln für die Oberfläche und das Volumen der n-dimensionalen Kugel tritt π auf. Die Zahl π ist die bekannteste mathematische Konstante und hat eine Geschichte von vielen tausend Jahren. Schon die frühesten mathematischen Überlieferungen geben Zeugnis von der Beschäftigung mit π, welche immer von dem Wunsch geprägt war, die Natur dieser Zahl zu verstehen und ihren Wert möglichst genau zu bestimmen. Derzeit sind ca. 206 Milliarden Dezimalstellen von π bekannt (Yasumasa Kanada, September 1999), wobei die Darstellung

$$\pi = 3.141\,592\,653\,589\,793\,238\,462\,643\ldots$$

wegen der im Jahr 1761 von Johann Heinrich Lambert bewiesenen ↗Irrationalität von π weder abbricht noch periodisch wird. Die 1882 von Carl Louis Ferdinand von Lindemann bewiesene ↗Transzendenz von π zeigt insbesondere, daß die ↗Quadratur des Kreises mit Zirkel und Lineal nicht möglich ist. Kurt Mahler konnte 1953 beweisen, daß π keine Liouville-Zahl ist, und 1984 zeigten David Volvovich Chudnovsky und Gregory Volvovich Chudnovsky

$$|\pi - \frac{p}{q}| > q^{-14.65}$$

für alle hinreichend großen natürlichen Zahlen p und q (man vermutet, daß 14.65 durch $2 + \varepsilon$ mit beliebig kleinem $\varepsilon > 0$ ersetzt werden kann). Es ist nicht bekannt, ob π normal ist, d. h. in seiner Dezimaldarstellung alle endlichen Ziffernkombinationen mit gleicher Häufigkeit vorkommen, doch die bisherigen empirischen Untersuchungen deuten darauf hin. Die Bezeichnung π im heutigen Sinn wurde 1706 von William Jones in Anlehnung an das Wort „Peripherie“ eingeführt, setze sich aber erst durch, nachdem Leonhard Euler sie ab 1748 benutzte.

Zusammenhang mit den Winkelfunktionen
Cosinus- und Sinusfunktion sind 2π-periodisch, erfüllen die Gleichungen

$$\begin{aligned} \cos(x+\pi) &= -\cos x\,, & \cos(\pi - x) &= -\cos x \\ \sin(x+\pi) &= -\sin x\,, & \sin(\pi - x) &= \sin x \\ \cos(x+\tfrac{\pi}{2}) &= -\sin x\,, & \cos(\tfrac{\pi}{2} - x) &= \sin x \\ \sin(x+\tfrac{\pi}{2}) &= \cos x\,, & \sin(\tfrac{\pi}{2} - x) &= \cos x \end{aligned}$$

und nehmen z. B. an den Stellen $\frac{\pi}{6}$, $\frac{\pi}{4}$, $\frac{\pi}{3}$, $\frac{\pi}{2}$ einfache algebraische Werte an:

x	0	$\frac{\pi}{6}$	$\frac{\pi}{4}$	$\frac{\pi}{3}$	$\frac{\pi}{2}$
$\cos x$	1	$\frac{\sqrt{3}}{2}$	$\frac{\sqrt{2}}{2}$	$\frac{1}{2}$	0
$\sin x$	0	$\frac{1}{2}$	$\frac{\sqrt{2}}{2}$	$\frac{\sqrt{3}}{2}$	1

Ferner gilt $\cos\frac{\pi}{5} = \frac{\tau}{2}$ mit der Zahl $\tau = (\sqrt{5}+1)/2$ des ↗Goldenen Schnitts. Durchläuft φ das Intervall $[0, 2\pi]$, so durchlaufen die Punkte $(\cos\varphi, \sin\varphi)$ den Einheitskreis. Zurückgehend auf Richard Baltzer 1875 und Edmund Landau 1934 wird in der Analysis heute oft $\frac{\pi}{2}$ als die kleinste positive Nullstelle der Cosinusfunktion definiert, nachdem man die komplexe Exponentialfunktion über ihre Potenzreihe und mit ihr oder ebenfalls direkt über Potenzreihen die Winkelfunktionen eingeführt hat. Es gilt die Euler-Formel $\exp(ix) = \cos(x) + i\sin(x)$ für $x \in \mathbb{C}$, woraus durch Einsetzen von $x = \pi$ die Identität

$$e^{i\pi} = -1$$

folgt, die die Konstanten e und π auf eine überraschende Weise verbindet und ebenfalls Euler-Formel genannt wird.

Frühe Näherungen

Auf im Jahr 1936 gefundenen babylonischen Keilschrifttafeln aus der Zeit zwischen 1900 und 1600 v. Chr. wird für π der Näherungswert $3\frac{1}{8} = 3.125$ benutzt. Das im Jahr 1855 entdeckte, etwa von 1650 v. Chr. stammende ägyptische Ahmes-Rhind Papyrus gibt den Wert $(16/9)^2 = 3.16049\ldots$ an, der möglicherweise von der Annäherung der Fläche eines Kreises vom Durchmesser 9 durch sieben Quadrate der Seitenlänge 3 stammt:

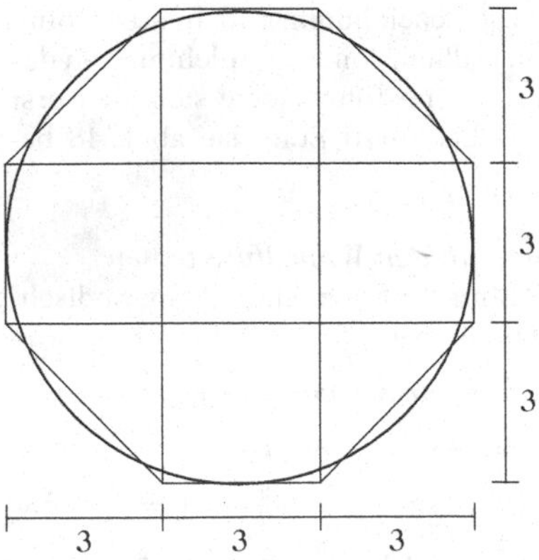

Es ist $\pi\left(\frac{9}{2}\right)^2 \approx 7\cdot 3^2$, also

$$\pi \approx 4\cdot\frac{63}{81} \approx 4\cdot\frac{64}{81} = \frac{256}{81}.$$

In vielen Texten über π ist zu lesen, daß sich aus Angaben in der Bibel (1 Könige 7,23 und 2 Chronik 4,2; aus dem sechsten bzw. dritten Jhdt. v. Chr.) der Näherungswert 3 für π ableiten ließe. Solche Deutungen sind unseriös und lagen sicher nicht in der Absicht der Bibelautoren. Auch die Behauptung, der sich aus diesen Bibelstellen ergebende Wert 3 sei mit der jüdischen Zahlenmystik zu erklären, ist nicht stichhaltig. Die angegebenen Größen sind eher durch die menschliche Vorliebe für ‚runde' Zahlen (zehn Ellen Durchmesser, dreißig Ellen Umfang) bedingt sowie durch die ganz und gar nicht mystische Tatsache, daß π wesentlich näher bei 3 als bei 4 liegt.

Um 500 v. Chr. war in Indien vermutlich der Näherungswert $\sqrt{10} = 3.162\ldots$ bekannt. Um 150 n. Chr. benutzte der griechische Astronom Klaudios Ptolemaios den Wert $3\frac{17}{120} = 3.141\overline{6}$, und um 500 n. Chr. findet man bei dem Inder Āryabhaṭa die Näherung $3\frac{177}{1250} = 3.1416$. Die Chinesen kannten u. a. 130 n. Chr. den Näherungswert $\sqrt{10}$ und im dritten Jhdt. den Wert $\frac{142}{45}$, und im fünften Jhdt. fand Tsu Ch'ung Chih die Näherung

$$\frac{355}{113} = 3.14159292\ldots,$$

die in Indien im 15. Jahrhundert und im Abendland erst 1573 von Valentinus Otho und 1585 von Adrian Anthonisz entdeckt wurde. Der Inder Kerala Gargya Nīlakaṇṭha gab um 1500 den noch besseren Wert

$$\frac{104\,348}{33\,215} = 3.1415926539\ldots$$

an, der schon im 15. Jahrhundert auch bei dem Araber Ġiyāṯ ad-Dīn Ǧamšid Mašūd al-Kāšī zu finden ist.

Der Archimedes-Algorithmus

Da die Zahl π irrational ist, kann sie nicht als Bruch ganzer Zahlen dargestellt werden, und wegen ihrer Transzendenz kann man sie auch nicht als Nullstelle eines ganzzahligen Polynoms, insbesondere nicht als Wurzelausdruck, schreiben. Mit den elementaren arithmetischen Operationen und Wurzelfunktionen läßt sich π daher nur als Grenzwert einer Folge darstellen, günstigstenfalls als unendliche Reihe oder als unendliches Produkt. Wegen der geometrischen Bedeutung von π erwachsen die meisten dieser Darstellungen aus geometrischen Zusammenhängen oder aus Eigenschaften der Winkelfunktionen oder ihrer Umkehrfunktionen.

Als erster fand im dritten Jahrhundert v. Chr. Archimedes ein Iterationsverfahren, mit dem π im Prinzip beliebig genau berechnet werden kann, indem er einem Kreis regelmäßige Vielecke ein- und umschrieb (↗ Archimedes-Algorithmus zur Berechnung von π). Mit dem regelmäßigen 96-Eck kam er zur Abschätzung

$$3.1408\cdots = 3\frac{10}{71} < \pi < 3\frac{10}{70} = 3.1428\ldots,$$

wobei er Quadratwurzeln durch rationale Zahlen annäherte. Durch den Archimedes-Algorithmus ermittelte 1424 al-Kāšī mit dem $3\cdot 2^{28}$-Eck die ersten

14 Dezimalstellen von π, und 1596 berechnete der Holländer Ludolph van Ceulen mit einem $60 \cdot 2^{33}$-Eck 20 und später mit einem 2^{62}-Eck sogar 35 Stellen, weshalb π oft als *Ludolphsche Zahl* bezeichnet wurde. Im Jahr 1621 kam Willebrordus Snellius mit einem verbesserten Verfahren mittels eines 2^{30}-Ecks auf 34 Stellen, und 1630 Christoph Grienberger auf 39 Stellen. Mit Christiaan Huygens, der 1654 mit einer weiteren Verbesserung des Archimedes-Algorithmus mit nur 60 Ecken neun Stellen errechnete, waren die Möglichkeiten dieses klassischen Verfahrens ausgeschöpft.

Unendliche Produkte
Aus dem Archimedes-Algorithmus (beginnend mit einem Quadrat) leitete 1593 François Viète mit trigonometrischen Überlegungen die Darstellung (↗Vieta, Produktformel von)

$$\frac{2}{\pi} = \frac{\sqrt{2}}{2} \cdot \frac{\sqrt{2+\sqrt{2}}}{2} \cdot \frac{\sqrt{2+\sqrt{2+\sqrt{2}}}}{2} \cdot \ldots$$

her, 1650 fand John Wallis das ↗Wallis-Produkt

$$\frac{\pi}{2} = \prod_{n=1}^{\infty} \frac{2n \cdot 2n}{(2n-1)(2n+1)} = \prod_{n=1}^{\infty} \frac{4n^2}{4n^2-1},$$

und 1748 gab Euler Produktdarstellungen für Potenzen von π an, wie z. B.

$$\frac{\pi^2}{6} = \prod_{p \text{ prim}} \frac{p^2}{p^2-1}.$$

Wegen der langsamen Konvergenz sind diese unendlichen Produkte für praktische Rechnungen schlecht geeignet

Kettenbrüche
Aus dem Wallis-Produkt leitete um 1656 William Lord Viscount Brouncker den unregelmäßigen Kettenbruch

$$\frac{4}{\pi} = 1 + \cfrac{1^2}{2 + \cfrac{3^2}{2 + \cfrac{5^2}{2 + \cfrac{7^2}{2 + \cdots}}}}$$

ab, 1737 gab Euler den unregelmäßigen Kettenbruch

$$\frac{\pi}{2} = 1 + \cfrac{2}{3 + \cfrac{1 \cdot 3}{4 + \cfrac{3 \cdot 5}{4 + \cfrac{5 \cdot 7}{4 + \cdots}}}}$$

an, und Leo J. Lange fand 1999 die Darstellung

$$\pi = 3 + \cfrac{1^2}{6 + \cfrac{3^2}{6 + \cfrac{5^2}{6 + \cfrac{7^2}{6 + \cdots}}}}$$

Es sind viele weitere unregelmäßige Kettenbrüche im Zusammenhang mit π bekannt, aber kein Bildungsgesetz für die regelmäßige Kettenbruchentwicklung von π. Man kann nur mit Hilfe hinreichend genauer Näherungswerte für π abbrechende regelmäßige Kettenbrüche ausrechnen.

Im Jahr 1685 hat Wallis die ersten 34 Elemente der regelmäßigen Kettenbruchentwicklung bestimmt, die mit

$$\pi = [\,3\,;\,7, 15, 1, 292, 1, 1, 1, 2, 1, 3, 1, 14, 2, \ldots\,]$$

beginnt und die ersten rationalen Näherungswerte

$$\frac{3}{1}, \frac{22}{7}, \frac{333}{106}, \frac{355}{113}, \frac{103\,993}{33\,102}$$

hat, wobei $\frac{355}{113}$ der schon oben erwähnte, in China 500 n. Chr. bekannte Bruch ist. William Gosper hat 1985 über 17 Millionen Elemente der regelmäßigen Kettenbruchentwicklung von π berechnet.

Unendliche Reihen
Im Jahr 1665 gab Isaac Newton mit der Formel

$$\pi = \frac{3}{4}\sqrt{3} + 6\sum_{n=0}^{\infty}(-1)^n \binom{\frac{1}{2}}{n} \frac{1}{(2n+3)4^n}$$

die ↗Newton-Reihe für π an. Ausgehend von der 1674 von Gottfried Wilhelm Leibniz gefundenen, schlecht konvergierenden ↗Leibniz-Reihe

$$\frac{\pi}{4} = \sum_{n=0}^{\infty} \frac{(-1)^n}{2n+1}$$

kommt man durch konvergenzbeschleunigende Umformungen zu den Darstellungen

$$\frac{\pi}{2} = 1 + 2\sum_{n=1}^{\infty} \frac{(-1)^{n+1}}{4n^2-1} = \cdots = \sum_{n=1}^{\infty} \frac{2^n}{n\binom{2n}{n}}.$$

Euler entdeckte 1734 bei seiner Untersuchung der (später so benannten) Riemannschen ζ-Funktion und damit verwandter Reihen zahlreiche Darstellungen wie

$$\frac{\pi^2}{6} = \sum_{n=1}^{\infty} \frac{1}{n^2}, \quad \frac{\pi^4}{90} = \sum_{n=1}^{\infty} \frac{1}{n^4}$$

$$\frac{\pi^6}{945} = \sum_{n=1}^{\infty} \frac{1}{n^6}, \quad \frac{\pi^8}{9450} = \sum_{n=1}^{\infty} \frac{1}{n^8}$$

$$\frac{\pi^2}{12} = \sum_{n=1}^{\infty} \frac{(-1)^{n-1}}{n^2}, \quad \frac{\pi^2}{8} = \sum_{n=1}^{\infty} \frac{1}{(2n-1)^2}$$

$$\frac{\pi^3}{32} = \sum_{n=1}^{\infty} \frac{(-1)^{n-1}}{(2n-1)^3}, \quad \frac{\pi^4}{96} = \sum_{n=1}^{\infty} \frac{1}{(2n-1)^4}.$$

Gut geeignet für eine schnelle Berechnung vieler Dezimalstellen sind ↗Arcustangensreihen für π. Im Jahr 1699 berechnete Abraham Sharp mit der ↗Sharp-Reihe 72 Dezimalstellen von π und 1719 Thomas Fantet de Lagny 127 Stellen (mit einem Fehler in der 113. Stelle), und 1706 ermittelte John Machin 100 Dezimalstellen (↗Machin, Formel von).

Weiter erreichten 1794 Georg Vega 136 Stellen (mit

$$\frac{\pi}{4} = 2 \arctan \frac{1}{3} + \arctan \frac{1}{7}),$$

1841 William Rutherford (↗Rutherford, Formel von) 208 Stellen (davon die ersten 152 richtig), 1844 Johann Martin Zacharias Dase (↗Strassnitzky, Formel von) 200 Stellen, 1847 Thomas Clausen 248 und 1853 Rutherford 440 Stellen. Im Jahr 1874 kam William Shanks auf 707 Stellen, von denen aber nur die ersten 526 richtig waren, wie erst 1946 Donald Fraser Ferguson feststellte, der von Hand (↗Loney, Formel von) 530 und 1947 mit einem Tischrechner (↗Størmer, Formel von) 808 Stellen ermittelte. Spätere Rekorde kamen mit Hilfe von Computern zustande.

Unabhängig von der europäischen Entwicklung fanden im 18. und 19. Jahrhundert auch japanische Mathematiker Reihen- und Kettenbruchdarstellungen und berechneten Näherungen zu π. Takebe Kenko kam 1722 auf 41, und Matsunaga Ryohitsu berechnete 1739 aus der ↗Arcussinusreihe für π die ersten 50 Dezimalstellen.

Integrale

Es gibt eine Reihe von Möglichkeiten, π als Integral zu schreiben. Aus dem geometrischen Zusammenhang ergibt sich π als Fläche des Einheitskreises oder als Bogenlänge des halben Einheitskreises:

$$\pi = 2 \int_{-1}^{1} \sqrt{1-x^2}\, dx, \quad \pi = \int_{-1}^{1} \frac{dt}{\sqrt{1-t^2}}$$

Aus $\tan \frac{\pi}{6} = \frac{1}{\sqrt{3}}$, $\tan \frac{\pi}{4} = 1$, $\tan \frac{\pi}{3} = \sqrt{3}$ sowie $\tan \frac{\pi}{2} = \infty$ und der Integraldarstellung der Arcustangensfunktion erhält man die Formeln

$$\frac{\pi}{6} = \int_0^{\frac{1}{\sqrt{3}}} \frac{dt}{1+t^2}, \quad \frac{\pi}{4} = \int_0^1 \frac{dt}{1+t^2}$$

$$\frac{\pi}{3} = \int_0^{\sqrt{3}} \frac{dt}{1+t^2}, \quad \frac{\pi}{2} = \int_0^{\infty} \frac{dt}{1+t^2}.$$

Im Jahr 1841 benutzte Karl Theodor Wilhelm Weierstraß solch eine Integralformel zur Definition von π. Einige der zahlreichen weiteren Darstellungen sind:

$$\frac{\pi}{2} = \int_0^{\infty} \frac{\sin x}{x}\, dx = \int_0^{\infty} \frac{\sin^2 x}{x^2}\, dx$$

$$\sqrt{\frac{\pi}{2}} = \int_{-\infty}^{\infty} \sin x^2\, dx = \int_{-\infty}^{\infty} \cos x^2\, dx$$

$$= \int_0^{\infty} \frac{\sin x}{\sqrt{x}}\, dx = \int_0^{\infty} \frac{\cos x}{\sqrt{x}}\, dx$$

$$\sqrt{\pi} = \int_{-\infty}^{\infty} e^{-x^2}\, dx, \quad \frac{\pi^2}{6} = \int_0^1 \frac{\ln x}{x-1}\, dx$$

Monte-Carlo-Methoden

Wegen seiner geometrischen Bedeutung ist π ein Musterbeispiel für Größen, die sich zur Annäherung durch ↗Monte-Carlo-Methoden eignen. Zum Beispiel fallen in ein Quadrat $\frac{4}{\pi}$-mal so viele zufällige Regentropfen, wie in den einbeschriebenen Kreis, d. h. für Zufallszahlen $x_1, y_1, x_2, y_2, \dots \in [0,1]$ und $N \in \mathbb{N}$ gilt:

$$\frac{1}{N} \#\{n \le N \mid x_n^2 + y_n^2 \le 1\} \rightarrow \frac{\pi}{4} \quad (N \rightarrow \infty)$$

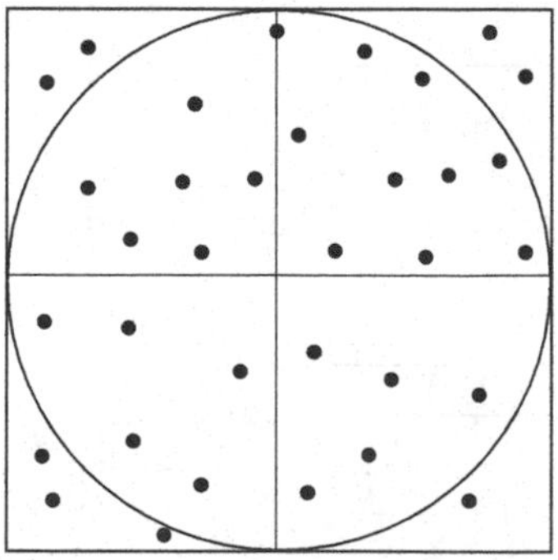

Eine weiterer probabilistischer Zugang ist mit dem ↗ Buffonschen Nadelproblem gegeben. Solche Verfahren sind allerdings wegen der langsamen Konvergenz völlig ungeeignet, um viele Stellen von π zu berechnen.

Moderne Algorithmen

Im Jahr 1914 fand Srinivasa Ramanujan die schnell konvergierende Reihe

$$\frac{1}{\pi} = \frac{\sqrt{8}}{9801} \sum_{n=0}^{\infty} \frac{(4n)!}{(n!)^4} \cdot \frac{1103 + 26390n}{396^{4n}},$$

die man über eine Modulargleichung gewinnen kann. Jedes Reihenglied erhöht die Anzahl der richtigen Stellen etwa um 8. Mit Hilfe von Modulfunktionen fanden 1987 Jonathan Michael Borwein und Peter Benjanim Borwein die Reihe

$$\frac{1}{\pi} = 12 \sum_{n=0}^{\infty} \frac{(-1)^n\,(6n)!}{(n!)^3\,(3n)!} \cdot \frac{A + nB}{C^{n+\frac{1}{2}}}$$

mit

$$A = \quad 212\,175\,710\,912\sqrt{61} + \quad 1\,657\,145\,277\,365$$

$$B = 13\,773\,980\,892\,672\sqrt{61} + 107\,578\,229\,802\,750$$

$$C = \left(5280(236\,674 + 30\,303\sqrt{61})\right)^3,$$

bei der jedes Glied die Anzahl der richtigen Stellen um etwa 25 erhöht. Richard Peirce Brent und Eugene Salamin entdeckten 1976 den quadratisch konvergierenden ↗ Brent-Salamin-Algorithmus, den man auch als „Gauß-Legendre-Algorithmus" bezeichnet, weil die zugrundeliegende Formel schon um 1800 von Carl Friedrich Gauß bei seinen Untersuchungen zu dem auf Joseph Louis Lagrange zurückgehenden ↗ arithmetisch-geometrischen Mittel gefunden wurde. Die ↗ Borwein-Iterationsverfahren von 1984 sind ebenfalls von quadratischer und von höherer Ordnung.

Im Jahr 1991 entwickelte Stanley Rabinowitz einen auf der Formel

$$\pi = 2 \sum_{n=0}^{\infty} \frac{1 \cdot 2 \cdot \cdots \cdot n}{3 \cdot 5 \cdot \cdots \cdot (2n+1)}$$

beruhenden ↗ Tröpfelalgorithmus für π, also einen Algorithmus, der anfängliche Dezimalstellen schon ‚herauströpfelt', während die späteren Stellen noch gar nicht berechnet sind, und 1995 fanden David Bailey, Peter Borwein und Simon Plouffe die BBP-Formel

$$\pi = \sum_{n=0}^{\infty} \left(\frac{4}{8n+1} - \frac{2}{8n+4} - \frac{1}{8n+5} - \frac{1}{8n+6} \right) \frac{1}{16^n}$$

zur ↗ Ziffernextraktion im Hexadezimalsystem, also zum Ermitteln von Ziffern ohne Berechnung der vorangehenden Ziffern.

Erstaunliche Näherungen

Auf Alexander Craig Aitken geht die überraschende Erkenntnis zurück, daß die Zahl

$$\sqrt[3]{e^{\pi\sqrt{163}} - 744} = 640320 - \alpha$$

‚fast' ganz ist – es gilt $0 < \alpha < 10^{-24}$, d. h. man hat mit recht hoher Genauigkeit

$$\pi \approx \frac{\ln\left(640320^3 + 744\right)}{\sqrt{163}}.$$

Auch diese Tatsache findet eine Erklärung erst in der Theorie der Modulargleichungen.

Weitere verblüffende Näherungen leiteten 1992 die Gebrüder Borwein aus modularen Identitäten her. Beispielsweise stimmt die Zahl

$$\frac{1}{10^{10}} \left(\sum_{n=-\infty}^{\infty} e^{-(n^2/10^{10})} \right)^2$$

in mehr als den ersten 42 Milliarden Dezimalstellen mit π überein, ist aber doch verschieden von π.

Mit Computern erzielte Stellenrekorde

Ab der Mitte des 20. Jahrhunderts wurden programmierbare Rechner für die Ermittlung von immer mehr Dezimalstellen von π benutzt, wobei zunächst Arcustangensreihen die besten Verfahren lieferten. Die erste bekannt gewordene solche Rechnung wurde auf Anregung von John von Neumann im Jahr 1949 durch George Walter Reitwiesner auf dem ENIAC (Electronic Numerical Integrator and Calculator, ein 30-Tonnen-Ungetüm mit etwa 18000 Röhren) in den Ballistic Research Laboratories (Aberdeen, Maryland) durchgeführt und lieferte innerhalb von 70 Stunden mittels der Formel von Machin 2037 Dezimalstellen von π. In den folgenden Jahren konnte u. a. mit den Formeln von Machin, von Klingenstierna und von Størmer die Stellenanzahl immer weiter gesteigert werden. Im Jahr 1973 erreichten Jean Guilloud und Martine Bouyer auf einem CDC 7600 (Franlab, Rueil-Malmaison) mit der Formel von Gauß in etwa 23 Stunden ca. eine Million Dezimalstellen.

Arcustangenreihen bieten leider nur eine lineare Konvergenz. Vor allem durch die neuen, quadratisch und schneller konvergierenden Iterationsmethoden von Brent und Salamin und den Gebrüdern Borwein, durch die Entdeckung schneller Verfahren zur Multiplikation großer Zahlen (Schönhage-Strassen-Algorithmus, 1971), aber auch durch die Fortschritte in der Geschwindigkeit und Speicherkapazität von Computern konnte die Anzahl der errechneten Stellen in den letzten Jahren jedoch noch deutlich erhöht werden. Im September 1999 erreichte Yasumasa Kanada (Universität Tokio) auf einem Hitachi SR8000 Parallelrechner mit dem Brent-Salamin-Algorithmus und (für die Kontrollrechnung) einem Borwein-Algorithmus vierter Ordnung innerhalb von etwa 37 Stunden 206 158 430 000 Dezimalstellen. In den davorliegenden Jahren hatten mit Formeln vom Ramanujan-Typ und teilweise mit selbstgebauten Parallelrechnern mehrfach auch die Gebrüder Chudnovsky den Stellenrekord erobert.

Neben diesen Rechnungen ist auch die Jagd nach einzelnen Ziffern mit Hilfe der oben erwähnten BBP-Formel erwähnenswert. Bailey, Borwein und Plouffe ermittelten damit 1995 die zehnmilliardste Hexadezimalstelle von π. Fabrice Bellard berechnete 1996 mit einer ähnlichen Formel die 100-milliardste und 1997 die 250-milliardste Stelle, und Colin Percival konnte mittels einer über das Internet auf viele Computer verteilten Rechnung im August 1998 die 1.25-billionste und im Februar 1999 die zehnbillionste Hexadezimalstelle sowie im September 2000 die billiardste Binärstelle von π berechnen.

Langlaufende Rechnungen mit Ergebniskontrolle sind ein guter Zuverlässigkeitstest für Computer, aber der Beweggrund für die Jagd nach immer mehr Stellen von π ist wohl eher menschliches Rekordfieber. Für praktische Zwecke hat die Kenntnis so vieler Stellen von π keine Bedeutung (für tatsächliche Anwendungen reichen wenige Dezimalstellen aus), und die Suche nach Regelmäßigkeiten oder statistischen Auffälligkeiten in der Ziffernfolge von π war bisher erfolglos. Von Archimedes bis in die jüngste Gegenwart hat jedoch die Beschäftigung mit π den Fortschritt in der Mathematik vorangetrieben und immer neue Zusammenhänge und Algorithmen zutage gebracht.

Literatur

[1] Arndt, J.; Haenel, Ch.: Pi. Algorithmen, Computer, Arithmetik. Springer Berlin, 2000.

[2] Beckmann, P.: A History of π. The Golem Press Boulder Colorado, 1977.

[3] Berggren, L; Borwein, J.M.; Borwein, P.B.: Pi: A Source Book. Springer Berlin, 1999.

[4] Blatner, D.: Pi. Magie einer Zahl. Rowohlt Reinbek, 2000.

[5] Delahaye, J.-P.: Pi - Die Story. Birkhäuser Basel, 1999.

[6] Ebbinghaus, H.-D.; et al: Zahlen. Springer Berlin, 1992.

Picard, Charles Émile, französischer Mathematiker, geb. 24.7.1856 Paris, gest. 11.12.1941 Paris.

Picard besuchte von 1874 bis 1877 die Ecole Normale und erhielt 1886 den Lehrstuhl für Differential- und Integralrechnung an der Sorbonne.

Auf dem Gebiet der Funktionentheorie fand Picard 1879 und 1880 Sätze über die Werteverteilung von holomorphen Funktionen in der Nähe von wesentlichen Singularitäten. Er konnte damit Aussagen des Satzes von Casorati-Weierstraß verallgemeinern. Von großer Bedeutung ist auch sein Existenz- und Eindeutigkeitsbeweis für die Lösung des Anfangswertproblems einer gewöhnlichen Differentialgleichung. Auf Arbeiten von Abel und Riemann aufbauend studierte Picard algebraische Flächen und hiermit verbundene topologische Fragen. Er führte die Picard-Gruppe ein.

Nach dem ersten Weltkrieg war er führender Repräsentant des von den Siegermächten gegründeten Internationalen Forschungsrates und setzte sich entschieden für einen gegen Deutschland gerichteten Wissenschaftsboykott ein.

Picard, großer Satz von, wichtiger Satz in der ↗Funktionentheorie, der wie folgt lautet:

Es seien $G \subset \mathbb{C}$ ein ↗Gebiet, $z_0 \in G$, und f eine in $G \setminus \{z_0\}$ ↗holomorphe Funktion. Weiter sei z_0 eine ↗wesentliche Singularität von f.

Dann nimmt f in jeder Umgebung von z_0 jeden Wert $a \in \mathbb{C}$ mit höchstens einer Ausnahme unendlich oft an.

Die Funktion $f(z) = e^{1/z}$ ist holomorph in $G = \mathbb{C} \setminus \{0\}$ und hat an $z_0 = 0$ eine wesentliche Singularität. Sie nimmt den Wert 0 nie an. Dieses Beispiel zeigt, daß ein Ausnahmewert vorkommen kann.

Der große Satz von Picard läßt sich leicht auf ↗meromorphe Funktionen erweitern.

Es seien $G \subset \mathbb{C}$ ein Gebiet, $z_0 \in G$, und f eine in $G \setminus \{z_0\}$ meromorphe Funktion. Weiter sei z_0 eine wesentliche Singularität oder ein Häufungspunkt von ↗Polstellen von f.

Dann nimmt f in jeder Umgebung von z_0 jeden Wert $a \in \widehat{\mathbb{C}}$ mit höchstens zwei Ausnahmen unendlich oft an.

Die Funktion

$$f(z) = \frac{1}{1+e^{1/z}}$$

ist meromorph in $G = \mathbb{C} \setminus \{0\}$, und $z_0 = 0$ ist ein Häufungspunkt von Polstellen von f. Sie nimmt die Werte 0 und 1 nie an. Dieses Beispiel zeigt, daß zwei Ausnahmewerte vorkommen können.

Eine weitere Version des großen Satzes von Picard behandelt den Fall $G = \mathbb{C}$ und $z_0 = \infty$.

Es sei f eine ↗ganz transzendente Funktion. Dann nimmt f jeden Wert $a \in \mathbb{C}$ mit höchstens einer Ausnahme unendlich oft an.

Die Funktion

$$f(z) = e^z$$

ist ganz transzendent und nimmt den Wert 0 nie an.

Es sei f eine in $\mathbb{C}$ transzendente meromorphe Funktion. Dann nimmt f jeden Wert $a \in \widehat{\mathbb{C}}$ mit höchstens zwei Ausnahmen unendlich oft an.

Die Funktion

$$f(z) = \frac{1}{1+e^z}$$

ist meromorph transzendent in $\mathbb{C}$ und nimmt die Werte 0 und 1 nie an.

Picard, kleiner Satz von, wichtiger Satz in der ↗Funktionentheorie, der wie folgt lautet:

Es sei f eine ↗ganze Funktion. Dann nimmt f jeden Wert $a \in \mathbb{C}$ mit höchstens einer Ausnahme an.

Ein Beispiel ist die ganze Funktion $f(z) = e^z$, die den Wert 0 nie annimmt.

Eine wesentliche Verallgemeinerung des kleinen Satzes von Picard liefert der große Satz von Picard (↗Picard, großer Satz von).

Aus dem kleinen Satz von Picard kann man leicht einige interessante Folgerungen gewinnen, von denen hier zwei erwähnt werden. Die erste betrifft Fixpunkte ganzer Funktionen. Das Beispiel

$$f(z) = z + e^z$$

zeigt, daß eine ganze Funktion keine Fixpunkte besitzen muß. Jedoch gilt folgender Satz.

Es sei f eine ganze Funktion derart, daß $f \circ f$ keinen Fixpunkt besitzt.

Dann ist f von der Form $f(z) = z + c$ mit einer Konstanten $c \in \mathbb{C} \setminus \{0\}$.

Eine weitere Anwendung betrifft die Fermatsche Gleichung

$$f^n + g^n = 1$$

für $n \in \mathbb{N}$, $n \geq 2$. Für $n = 2$ sind $f(z) = \cos z$ und $g(z) = \sin z$ Lösungen dieser Gleichung. Allgemeiner gilt folgender Satz.

Es seien $n \in \mathbb{N}$, $n \geq 2$ und f, g ganze Funktionen mit

$$(f(z))^n + (g(z))^n = 1$$

für alle $z \in \mathbb{C}$. Ist $n = 2$, so existiert eine ganze Funktion h derart, daß $f(z) = \cos h(z)$ und $g(z) = \sin h(z)$ für alle $z \in \mathbb{C}$. Ist $n > 2$, so sind f und g konstante Funktionen.

Picard-Fuchs-Gleichungen, lineare Differentialgleichungen für die Perioden von holomorphen n-Formen einer eindimensionalen Familie glatter projektiver ↗algebraischer Varietäten der Dimension n.

Zum Beispiel erfüllen die Perioden p der Familie elliptischer Kurven

$$E_\lambda : y^2 = x(x-1)(x-\lambda)$$

die Differentialgleichung zweiter Ordnung

$$4\lambda(\lambda-1)\frac{d^2p}{d\lambda^2} + 4(\lambda_1)\frac{dp}{d\lambda} + p = 0$$

(↗Gauß-Manin-Zusammenhang), und für die Familie von Quintiken im $\mathbb{P}^4$

$$V_\mu : z_0^5 + z_1^5 + z_2^5 + z_3^5 + z_4^5 - 5\mu z_0 z_1 z_2 z_3 z_4 = 0$$

erfüllen die Perioden die Differentialgleichung vierter Ordnung

$$\left(1-\mu^5\right)\mu^4\frac{d^4p}{(d\mu)^4} - \left(4+6\mu^3\right)\mu^3\frac{d^3p}{d\mu^3}$$
$$+\left(12-7\mu^5\right)\mu^2\frac{d^2p}{d\mu^2} - \left(24+\mu^5\right)\mu\frac{dp}{d\mu} + 24p = 0\,.$$

Die allgemeine Situation ist wie folgt: $\pi : X \to S$ sei ein glatter projektiver Morphismus einer algebraischen Varietät X auf eine glatte algebraische Kurve S über $\mathbb{C}$ mit n-dimensionalen zusammenhängenden Fasern. Dann ist $\pi_*\Omega^n_{X|S}$ Unterbündel der ↗de Rham-Kohomologie $\mathcal{H}^n_{DR}(X/S)$, und auf $\mathcal{H}^n_{DR}(X/S) = \mathcal{H}$ ist der Gauß-Manin-Zusammenhang $\nabla : \mathcal{H} \to \Omega^1_S \otimes \mathcal{H}$ definiert.

Es sei $\mathcal{D}_S$ die Garbe der linearen Differentialoperatoren mit holomorphen Koeffizienten auf S. Daß der Zusammenhang ∇ integrabel ist, ist äquivalent dazu, daß $\mathcal{H}$ die Struktur eines $\mathcal{D}_S$-Moduls besitzt. Wenn ω Schnitt oder Keim eines Schnittes von $\pi_*\Omega^n_{X/S}$ ist, so heißen die Schnitte P bzw. Keime von Schnitten von $\mathcal{D}_S$ mit $P\omega = 0$ Picard-Fuchs-Gleichungen von ω.

Dies hängt auf folgende Weise mit den Perioden von ω zusammen: Die Homologie-Gruppen $H_n\left(X_s^{an}, \mathbb{C}\right)$ (wobei X_s^{an} der zugrundeliegende analytische Raum der Faser $\pi^{-1}(s)$, $s \in S(\mathbb{C})$, ist) bilden ein lokales System $\underline{V}$ auf S^{an}. Ist γ ein Schnitt dieses lokalen Systems, so ist

$$\int_\gamma \omega = p$$

eine holomorphe Funktion auf S^{an} (die Periode von ω bzgl. γ), die die Differentialgleichung $P(p) = 0$ erfüllt.

Die Picard-Fuchs-Gleichungen von ω bilden ein Linksideal $L \subset \mathcal{D}_S$, so daß $\mathfrak{M} = \mathcal{D}_S/L \cong \mathcal{D}_S\omega$ als $\mathcal{D}_S$-Modul, und die Perioden liefern auf die oben beschriebene Weise eine Surjektion auf die Garbe der Lösungen des entsprechenden Differentialsystems $\mathfrak{M}$

$$\underline{V} \to \mathrm{Sol}(\mathfrak{M}) = \mathrm{Hom}\,(\mathfrak{M}, \mathcal{O}_{S^{an}})\,.$$

Picard-Gruppe, die Gruppe der Isomorphieklassen von Geradenbündeln aus einem Schema X, wobei die Gruppenoperation durch das Tensorprodukt von Geradenbündeln definiert wird. Sie wird mit $\mathrm{Pic}(X)$ bezeichnet.

Da jedes Bündel lokal trivial ist und Trivialisierungen sich um Faktoren aus $\mathcal{O}_X^*$ unterscheiden, ist $\mathrm{Pic}(X)$ auf kanonische Weise zu $H^1(X, \mathcal{O}_X^*)$ isomorph (↗Garben-Kohomologie).

Ist $X = \mathrm{Spec}(A)$, A ein nullteilerfreier kommutativer Ring, so wird $\mathrm{Pic}(X)$ auch als Idealklassengruppe von A bezeichnet, da jedes Element durch ein umkehrbares Ideal repräsentiert wird (und im Falle von Dedekindschen Ringen jedes von Null verschiedene Ideal umkehrbar ist). Wenn insbesondere X endlich über $\mathrm{Spec}(\mathbb{Z})$ ist, so ist $\mathrm{Pic}(X)$ eine endliche Gruppe (Endlichkeit der Klassenzahl).

Die Gruppe $H^1(X, \mathcal{O}_X^*)$ wird im Sinne der Zariski-Topologie verstanden. Eine wichtige Tatsache ist, daß auch bzgl. einiger wichtiger feinerer ↗Grothendieck-Topologien der Vergleichshomomorphismus ein Isomorphismus ist. Das gilt z. B. für die Etaltopologie, d. h., daß

$$H^1(X, \mathcal{O}_X^*) \to H^1(X_{\mathrm{et}}, \mathcal{O}_X^*)$$

(induziert durch die stetige Abbildung

$$X_{\mathrm{Zar}} \to X_{\mathrm{et}})$$

ein Isomorphismus ist. Dies hat als Anwendung der exakten Kohomologiefolge die Konsequenz, daß man eine natürlich exakte Folge (Kummer-Folge)

$$\begin{aligned}&\mathcal{O}_X(X)^* \xrightarrow{n} \mathcal{O}_X(X)^* \to H^1(X_{\mathrm{et}}, \mu_n)\\ &\to \mathrm{Pic}(X) \xrightarrow{n} \mathrm{Pic}(X) \to H^2(X_{\mathrm{et}}, \mu_n)\\ &\to H^2(X_{\mathrm{et}}, \mathcal{O}_X^*) \xrightarrow{n} H^2(X_{\mathrm{et}}, \mathcal{O}_X^*)\end{aligned}$$

hat, wobei μ_n die Garbe der n-ten Einheitswurzeln bezeichnet ($\mu(U) = \{s \in \mathcal{O}_U(U), s^n = 1\}$), und n teilerfremd zur Charakteristik aller Restklassenkörper ist.

(Die Notation $A \xrightarrow{n} A$ für eine Gruppe bedeutet hier, ein Element n mal mit sich selbst zu komponieren, die Abbildung $\mathcal{O}_X^* \xrightarrow{n} \mathcal{O}_X^*$ ist in der Etaltopologie surjektiv und hat den Kern μ_n, wenn $\mathcal{O}_X \xrightarrow{n} \mathcal{O}_X$ bijektiv ist.)

Wenn X ein ↗algebraisches Schema über dem Körper der komplexen Zahlen ist, hat man einen Vergleichsmorphismus $X_{\mathrm{an}} \to X$ und daher eine natürliche Abbildung

$$\begin{aligned}&H^1(X, \mathcal{O}_X^*) = \mathrm{Pic}(X) \to\\ &H^1(X_{\mathrm{an}}, \mathcal{O}_{X_{\mathrm{an}}}^*) = \mathrm{Pic}(X_{\mathrm{an}}),\end{aligned}$$

wobei $\mathrm{Pic}(X_{\mathrm{an}})$ die Gruppe der analytischen Isomorphieklassen von holomorphen Geradenbündeln auf einem komplexen Raum ist. Nach dem GAGA-Prinzip ist das ein Isomorphismus, wenn X ein projektives Schema über $\mathbb{C}$ ist, und allgemeiner, wenn X_{an} kompakt ist.

Im analytischen Fall hat man die zur Exponentialfunktion gehörige exakte Folge

$$0 \to 2\pi i\mathbb{Z} \to \mathcal{O}_{X_{\mathrm{an}}} \xrightarrow{\exp} \mathcal{O}_{X_{\mathrm{an}}}^* \to 0$$

zur Verfügung, woraus man ein exakte Folge (im Falle $H^0(X_{\mathrm{an}}, \mathcal{O}_{X_{\mathrm{an}}}) = \mathbb{C}$)

$$\begin{aligned}0 &\to H^1(X_{\mathrm{an}}, 2\pi i\mathbb{Z}) \to H^1(X_{\mathrm{an}}, \mathcal{O}_{X_{\mathrm{an}}})\\ &\to \mathrm{Pic}(X_{\mathrm{an}}) \xrightarrow{\delta} H^2(X_{\mathrm{an}}, 2\pi i\mathbb{Z})\end{aligned}$$

erhält, und

$$\frac{1}{2\pi i}\delta(\mathcal{L}) = c_1(\mathcal{L})$$

ist die erste ↗Chern-Klasse von $\mathcal{L}$.

Ist X kompakte Kählermannigfaltigkeit, so ist $H^1(X, 2\pi i\mathbb{Z})$ ein Gitter in $H^1(X, \mathcal{O}_X)$ und

$$H^1(X, \mathcal{O}_X)/H^1(X, 2\pi i\mathbb{Z}) = \mathrm{Pic}^0(X) \subset \mathrm{Pic}(X)$$

ein komplexer Torus (in der Tat eine ↗abelsche Varietät), und

$$\mathrm{Pic}(X)/\mathrm{Pic}^0(X) \subseteq H^2(X, \mathbb{Z})\,.$$

Siehe auch ↗Picard-Schema.

Picard-Iteration, Iterationsverfahren zur Bestimmung der Lösung des ↗Anfangswertproblems

$$\mathbf{y}' = f(x, \mathbf{y}), \qquad \mathbf{y}(x_0) = \mathbf{y}_0.$$

Zur Lösung wird für stetige, auf einem Intervall definierte Abbildungen rekursiv eine Funkionen-Folge $\{\mathbf{y}_n\}$ definiert:

$$\mathbf{y}_{n+1}(x) = \mathbf{y}_0 + \int_{x_0}^{x} f(t, \mathbf{y}_n(t))\,dt\,.$$

Unter geeigneten Voraussetzungen an die rechte Seite der Differentialgleichung, d. h. f, und bei Wahl einer geeigneten Startfunktion $\mathbf{y}_1$ konvergiert diese Folge gegen die (eindeutige) Lösung des Anfangswertproblems.

Siehe auch ↗ Picard-Lindelöf, Existenz- und Eindeutigkeitssatz von.

Picard-Lefschetz-Theorie, beschreibt die ↗Monodromie einer meromorphen Funktion $f : X \to \mathbb{P}^1(\mathbb{C})$ auf der ganzzahligen (singulären) Homologie $H_*(X_0)$ (oder Kohomologie $H^*(X_0)$) für $X_0 = f^{-1}(t_o)$ unter folgenden Voraussetzungen: X ist eine kompakte komplexe Mannigfaltigkeit der Dimension $n+1$, f hat nur endlich viele kritische Werte $t_1, \dots, t_r \in \mathbb{P}^1(\mathbb{C})$, und in jeder Faser $f^{-1}(t_j)$ gibt es nur einen singulären Punkt x_j, dieser ist ein ↗gewöhnlicher Doppelpunkt. Der Basispunkt t_0 ist aus

$$\mathbb{P}^1(\mathbb{C})_* = \mathbb{P}(\mathbb{C}) \setminus \{t_1, \dots, t_r\} .$$

Ein wichtiges Beispiel für diese Situation erhält man aus einer glatten projektiven algebraischen Varietät Y und einem ↗Lefschetz-Büschel von Hyperebenenschnitten. Hier ist $X \xrightarrow{\sigma} Y$ die Aufblasung von Y längs des Basisortes des Büschels und f die durch das Büschel induzierte Abbildung. Hierbei werden die Fasern von f unter σ isomorph auf die Hyperebenenschnitte des Büschels abgebildet. Die Monodromie-Wirkung der Gruppe $\pi = \pi_1\left(\mathbb{P}^1(\mathbb{C})_*, t_0\right)$ ist trivial auf allen Gruppen $H_q(X_0)$, außer für $q = n$. Zur Beschreibung der Monodromie auf $H_n(X_0)$ wird ein spezielles Erzeugendensystem von π sowie der Gruppe

$$V = \operatorname{Ker}\left(H_n(X_0) \xrightarrow{i} H_n(X)\right)$$

der sog. verschwindenden Zyklen benutzt.

Zu diesem Zweck wird für jeden kritischen Punkt x_j eine hinreichend kleine abgeschlossene kontrahierbare Umgebung $\overline{B}_j$ von x_j in X und eine hinreichend kleine abgeschlossene Kreisscheibe $\overline{D}_j$ in $\mathbb{P}^1(\mathbb{C})$ mit Zentrum t_j so gewählt, daß $f^{-1}(\overline{D}_j) \cap \overline{B}_j$ kontrahierbar ist. Ferner werde für jedes j ein glatter Weg ℓ_j von t_0 nach einem Randpunkt ω_j von $\overline{D}_j$ so gewählt, daß ℓ_j mit $\cup_{i=1}^r \overline{D}_i$ nur diesen Randpunkt ω_j gemeinsam hat, und so daß $\ell = \cup \ell_j$ in sich auf t_0 kontrahierbar ist.

Die Komposition der Wege ℓ_j, $\partial\overline{D}_j$ (im mathematisch positivem Sinne) und ℓ_j^{-1} ergibt geschlossene Wege γ_j in $\mathbb{P}^1(\mathbb{C})_*$, deren Homotopie-Klassen $[\gamma]$, $j = 1, \dots, \gamma$, die Gruppe π erzeugen. Die Faser $S_j = \overline{!B}_j \cap f^{-1}(\omega_j)$ von $f \mid \overline{B}_j$ ist homotop zu einer n-dimensionalen Sphäre, also erhält man Homomorphismen

$$\mathbb{Z} \simeq H_{n+1}\left(\overline{B}_j \cap f^{-1}(\overline{D}_j), S_j\right) \to$$
$$\to H_{n+1}\left(X, f^{-1}(\ell)\right) \xrightarrow{\sim} H_{n+1}(X, X_0)$$

und somit bis auf Vorzeichen bestimmte Elemente $\triangle_j \in H_{n+1}(X, X_0)$ (als Bild von $1 \in \mathbb{Z}$), sowie

$$\delta_j = \partial_*(\triangle_j) \in H_n(X_0) .$$

Die Elemente $\delta_1, \dots, \delta_r$ erzeugen die Gruppe V der verschwindenden Zyklen. Für das durch Poincaré-Dualität definierte Schnittprodukt auf $H_n\left(X_0\right)$ gilt:

$$\langle \delta_j, \delta_j \rangle = \begin{cases} 0 & n \text{ ungerade,} \\ (-1)^m 2 & n = 2m. \end{cases}$$

Die Monodromie $T([\gamma_j])$ ist durch die Formel

$$T\left([\gamma_j]\right)(x) = x + (-1)^{\frac{(n+1)(n+2)}{2}} \langle x, \delta_j \rangle \delta_j$$

gegeben (Picard-Lefschetz-Formel).

Wenn $X \xrightarrow{f} \mathbb{P}^1(\mathbb{C})$ durch ein Lefschetz-Büschel auf einer glatten projektiven algebraischen Varietät Y entsteht, und Homologie mit reellen Koeffizienten betrachtet wird, so sind folgende Aussagen äquivalent zum ↗harten Lefschetz-Satz für Y:

1. $H_n(X_0) = V \oplus I$, wobei $I = H_n(X_0)^\pi$ den Raum der invarianten Zyklen bezeichnet.
2. V ist ein nicht-trivialer einfacher π-Modul oder $V = 0$.
3. $H_n(X_0)$ ist ein halbeinfacher π-Modul.
4. $(V, \langle , \rangle)$ ist nicht ausgeartet.
5. $(I, \langle , \rangle)$ ist nicht ausgeartet.

Picard-Lindelöf, Existenz- und Eindeutigkeitssatz von, Aussage über die Existenz von eindeutig bestimmten Lösungen des allgemeinen ↗Anfangswertproblems

$$\mathbf{y}' = f(x, \mathbf{y}), \qquad \mathbf{y}(x_0) = \mathbf{y}_0 . \tag{1}$$

Die Existenz einer eindeutigen Lösung in einer Umgebung vom Anfangswert x_0 liefert der lokale Eindeutigkeitssatz:

Seien $a, b > 0$, $x_0 \in \mathbb{R}$, $\mathbf{y}_0 \in \mathbb{R}^n$,

$$G := \{(x, \mathbf{y}) \in \mathbb{R}^{n+1} \mid |x - x_0| \le a, \|\mathbf{y} - \mathbf{y}_0\| \le b\},$$

$f \in C^0(G, \mathbb{R}^n)$, und genüge f in G bezüglich $\mathbf{y}$ *einer Lipschitz-Bedingung mit einer geeigneten Lipschitz-Konstanten. Sei weiterhin $M > 0$, mit $\|f(x_\mathbf{y})\| \le M$ für alle $(x, \mathbf{y}) \in G$, und sei schließlich*

$$\varepsilon := \min\left\{a, \frac{b}{M}\right\} .$$

Dann besitzt das Anfangswertproblem (1) *eine eindeutig bestimmte Lösung*

$$\mathbf{y} : [x_0 - \varepsilon, x_0 + \varepsilon] \to \mathbb{R}^n .$$

Hierbei ist zu beachten, daß man zur Definition von G und der Lipschitz-Konstanten dieselbe ↗Norm $\|\cdot\|$ benutzt. Die Existenz und Eindeutigkeit einer maximal fortgesetzten Lösung in einem größeren Bereich G liefert der globale Eindeutigkeitssatz:

Sei $G \subset \mathbb{R}^{n+1}$ ↗offene Menge, $(x_0, \mathbf{y}_0) \in G$, $f \in C^0(G, \mathbb{R}^n)$, und genüge f lokal einer Lipschitz-Bedingung bezüglich $\mathbf{y}$. *Dann besitzt das Anfangswertproblem* (1) *eine eindeutig bestimmte, maximal fortgesetzte Lösung.*

Siehe auch ↗Existenz- und Eindeutigkeitssätze.

[1] Timmann, S.: Repetitorium der gewöhnlichen Differentialgleichungen. Binomi Hannover, 1995.
[2] Walter, W.: Gewöhnliche Differentialgleichungen. Springer-Verlag Berlin, 1972.

Picard-Lindelöf, Iterationsverfahren von, Methode zur näherungsweisen Lösung des Anfangswertproblems

$$y' = f(x, y), \qquad y(x_0) = y_0 ,$$

beschrieben unter dem Stichwort ↗Picard-Iteration.

Picard-Schema, genauer Picard-Schema eines Schemas X, der Modulraum (↗Modulprobleme) der Geradenbündel auf X, vorausgesetzt, ein solcher Modulraum existiert.

Dazu muß man einige einschränkende Voraussetzungen an X machen, z. B., daß X ein flaches ↗projektives Schema über einem „genügend guten" Basisschema S (z. B. Spektrum eines Körpers, Spektrum eines Ringes von endlichem Typ über $\mathbb{Z}$, oder eine ↗algebraische Kurve) ist, mit der Eigenschaft $H^0\left(X_\xi, \mathcal{O}_{X_\xi}\right) = k(\xi)$ für jede geometrische Faser von X über S.

Man kann noch ein relativ ↗amples Geradenbündel $\mathcal{O}_X(1)$ von X über S fixieren und nach dem Modulraum der Geradenbündel vom Grad d (auf den Fasern, bzgl. $\mathcal{O}_X(1)$) fragen. Dieser existiert und ist ein flaches quasiprojektives Schema $\mathrm{Pic}^{d,\tau}_{X/S}$ über S, und $\sqcup_{d\in\mathbb{Z}}\mathrm{Pic}^{d,\tau}_{X/S}$ ist der Modulraum aller Geradenbündel.

$\mathrm{Pic}^{0,\tau}_{X/S}$ ist ein ↗Gruppenschema über S, und für ein $d \in \mathbb{Z}$ ist $\mathrm{Pic}^{d,\tau}_{X/S}$ lokal isomorph zu $\mathrm{Pic}^{0,\tau}_{X/S}$ (in der Etaltopologie) oder leer. $\mathrm{Pic}^{0}_{X/S}$ bezeichne die Zusammenhangskomponente der Null in $\mathrm{Pic}^{0,\tau}_{X/S}$.

Am einfachsten ist die Beschreibung von $\mathrm{Pic}^{d,\tau}_{X/S}$ im Falle, daß $X \overset{\pi}{\to} S$ einen Schnitt besitzt. Man wähle einen solchen Schnitt $s : S \to X$ und definiere für jedes S-Schema U

$$X_U = X \times_S U .$$

Ist $s_U : U \to X_U$ der von s induzierte Schnitt

$$P^{d,\tau}_{X/S}(U) = \left\{\mathcal{L} \in \mathrm{Pic}(X_U) \mid s_U^*\mathcal{L}_U \simeq \mathcal{O}_U\right\} ,$$

und hat $\mathcal{L}$ auf den Fasern von $X_U \to U$ den Grad d, dann ist $U \mapsto P^{d,\tau}_{X/S}(U)$ ein kontravarianter Funktor, und es gibt eine natürliche Transformation

$$\mathrm{Hom}(U, \mathrm{Pic}^{d,\tau}_{X/S}) \simeq P^{d,\tau}_{X/S}(U) .$$

Anders formuliert: Es gibt ein universelles Bündel (Poincaré-Bündel)

$$P \in \mathrm{Pic}\left(X \times_S \mathrm{Pic}^{d,\tau}_{X/S}\right)$$

mit $s^*_{\mathrm{Pic}^{d,\tau}_{X/S}}(P) \simeq \mathcal{O}$, und so, daß zu jedem S-Schema $U \to S$ und zu jedem Bündel $\mathcal{L} \in P^{d,\tau}_{X/S}(U)$ genau ein S-Morphismus $f : U \to \mathrm{Pic}^{d,\tau}_{X/S}$ existiert mit

$$(id_X \times_S f)^* (P) \cong \mathcal{L} .$$

Aus der funktoriellen Beschreibung von $\mathrm{Pic}^{d,\tau}_{X/S}$ lassen sich eventuell weitere Eigenschaften des Picard-Schemas ableiten, z. B.:

(i) Basiswechsel für $U \to S$:

$$\mathrm{Pic}^{d,\tau}_{X_U/U} = \mathrm{Pic}^{d,\tau}_{X/S} \times_S U ;$$

insbesondere sind die geometrischen Fasern von $\mathrm{Pic}^{d,\tau}_{X/S}$ über S die Picard-Schemata $\mathrm{Pic}^{d,\tau}_{X_\xi/k(\xi)}$.

(ii) $\mathrm{Pic}^{d,\tau}_{X/S} \to S$ ist eigentlich, wenn X glatt über S ist.

(iii) Wenn $S = \mathrm{Spec}(k)$, k ein Körper, so ist der Tangentialraum an den Nullpunkt

$$T_0(\mathrm{Pic}^0_{X/S}) = H^1(X, \mathcal{O}_X) .$$

(iv) Im Falle von Körpern k der Charakteristik 0 und $S = \mathrm{Spec}(k)$ ist $\mathrm{Pic}^0_{X/k}$ (und damit jedes $\mathrm{Pic}^d_{X/k}$) glatt (da jedes Gruppenschema dann glatt ist).

Letzteres muß im Falle positiver Charakteristik nicht immer stimmen, $H^2(X, \mathcal{O}_X) = 0$ ist eine hinreichende Bedingung, um Glattheit zu garantieren. Auf jeden Fall ist für glatte X

$$\left(\mathrm{Pic}^0_{X/k}\right)_{\mathrm{red}} = \hat{A}$$

ein abelsches Schema, und $\mathrm{Pic}^0(\hat{A}) = \mathrm{Alb}(X)$ liefert eine algebraische Beschreibung der Albanese-Varietät (↗Albanese-Abbildung). Die Albanese-Abbildung $\alpha : X \to \mathrm{Alb}(X)$ (mit $\alpha(s) = 0$ für den gewählten Schnitt von X über $\mathrm{Spec}(k)$) ist der dem Poincaré-Bündel entsprechende Morphismus

$$X \to \mathrm{Pic}^0(\hat{A}) = \mathrm{Alb}(X) .$$

Hier wird also P als Familie von Bündeln über $\hat{A}$, parametrisiert durch X, betrachtet.

Wenn $k = \mathbb{C}$, so ist der zugrundeliegende analytische Raum

$$\left(\mathrm{Pic}_{X/\mathbb{C}}\right)_{\mathrm{an}} = H^1\left(X_{\mathrm{an}}, \mathcal{O}_{X_{\mathrm{an}}}\right) / H^1\left(X_{\mathrm{an}}, 2\pi i\mathbb{Z}\right)$$

(↗Picard-Gruppe).

Für singuläre projektive Varietäten ist Pic^0_X Erweiterung einer abelschen Varietät durch ein affines Gruppenschema. Im einfachsten Fall einer Kurve X, die nur gewöhnliche Doppelpunkte oder gewöhnliche Spitzen besitzt, hat man beispielsweise eine exakte Folge

$$0 \to \mathbb{G}_m^d \times \mathbb{G}_a^c \to \mathrm{Pic}^0(X) \to \mathrm{Pic}^0(\tilde{X}) \to 0 ,$$

wobei $\tilde{X} \to X$ die Normalisierung von X, $\mathbb{G}_m = Gl_1$ die multiplikative Gruppe, und $\mathbb{G}_a = \mathbb{A}^1$ die additive Gruppe ist.

Picardscher Ausnahmewert, zu einer transzendenten ↗ meromorphen Funktion f in $\mathbb{C}$ ein Wert $a \in \widehat{\mathbb{C}}$ derart, daß die Gleichung $f(z) = a$ höchstens endlich viele Lösungen $z \in \mathbb{C}$ besitzt.

Im Fall $a = \infty$ bedeutet dies, daß f höchstens endlich viele ↗ Polstellen besitzt. Eine ↗ ganz transzendente Funktion besitzt also immer den Picardschen Ausnahmewert ∞.

Ist P ein Polynom und g eine nicht-konstante ↗ ganze Funktion, so besitzt

$$f(z) = P(z)e^{g(z)}$$

den Picardschen Ausnahmewert 0. Die meromorphe Funktion

$$f(z) = \frac{1}{1+e^z}$$

besitzt unendlich viele Polstellen, aber die Picardschen Ausnahmewerte 0 und 1.

Siehe auch ↗ Picard, großer Satz von.

Pick, Georg, österreichischer Mathematiker, geb. 10.8.1859 Wien, gest. 26.7.1942 Theresienstadt.

Nach dem Studium der Mathematik an der Universität Wien promovierte Pick 1880 ebendort und habilitierte sich zwei Jahre später in Prag. 1888 wurde er außerordentlicher Professor an der Deutschen Universität Prag, wo er auch 1892 einen Lehrstuhl übernahm, den er bis 1929 innehatte. 1939, im Alter von 80 Jahren, wurde er nach Theresienstadt deportiert, wo er wenige Jahre später starb.

Picks wissenschaftliches Werk befaßte sich hauptsächlich mit elliptischen Funktionen, konformen Abbildungen, nichteuklidischer Geometrie und Funktionalanalysis.

Pick, Lemma von, ↗ Schwarz-Pick, Lemma von.

Pick, Satz von, lautet:

Sind $z_1, \dots, z_n \in \mathbb{E} = \{z \in \mathbb{C} : |z| < 1\}$ *paarweise verschieden und* $w_1, \dots, w_n \in \mathbb{E}$ *beliebig, so existiert eine in* $\mathbb{E}$ *↗ holomorphe Funktion* f *mit* $f(\mathbb{E}) \subset \mathbb{E}$ *und* $f(z_j) = w_j$ *für* $j = 1, \dots, n$ *genau dann, wenn die quadratische Form*

$$Q_n(t_1, \dots, t_n) := \sum_{j,k=1}^{n} \frac{1 - w_j \bar{w}_k}{1 - z_j \bar{z}_k} t_j \bar{t}_k$$

positiv semidefinit ist. In diesem Fall existiert sogar ein endliches ↗ Blaschke-Produkt B *mit* $B(z_j) = w_j$ *für* $j = 1, \dots, n$.

Der Satz von Pick liefert eine Lösung des sog. Nevanlinna-Pick-Interpolationsproblems.

Picone, Formel von, Aussage über die Lösungen u, v der auf einem Intervall I gegebenen Differentialgleichungen

$$(p_1 u)'(x) + (q_1 u)(x) = 0,$$
$$(p_2 v)'(x) + (q_2 v)(x) = 0 :$$

Ist zusätzlich $u(x) \neq 0$ für alle $x \in I$, dann gilt:

$$\left[\frac{v}{u}(p_2 v' u - p_1 u' v)\right]' =$$
$$= (q_1 - q_2)v^2 + (p_2 - p_1)(v')^2 + p_1 \frac{(v'u - u'v)^2}{u^2}.$$

Diese Formel findet u. a. Anwendung beim Beweis des ↗ Sturmschen Vergleichsatzes.

Pillaische Vermutung, zahlentheoretische Behauptung, die in spezieller Form wie folgt lautet:

(PS) Ist k eine gegebene ganze Zahl $\neq 0$, so besitzt die Gleichung

$$x^n - y^m = k$$

nur endlich viele Lösungen (m, n, x, y) aus ganzen Zahlen ≥ 2.

Pillai vermutete 1945 noch etwas allgemeiner:

(PA) Sind a, b, k gegebene ganze Zahlen $\neq 0$, so besitzt die Gleichung

$$ax^n - by^m = k$$

nur endlich viele Lösungen (m, n, x, y) aus ganzen Zahlen ≥ 2 mit der Eigenschaft $mn > 4$.

Für den Fall $k = 1$ wurde die Pillaische Vermutung (PS) 1976 von Tijdeman bewiesen; in diesem Fall handelt es sich um eine abgeschwächte Form der ↗ Catalanschen Vermutung.

Die volle Behauptung (PS) ist noch nicht bewiesen. Im allgemeinen Fall (PA) ist die Bedingung $mn > 4$ notwendig, ansonsten hätte man z. B. im Falle $a = k = 1$ und $b = 2$ die Gleichung

$$x^n - 2y^m = 1$$

zu untersuchen, die für $m = n = 2$ eine ↗ Pellsche Gleichung mit unendlich vielen Lösungen ist.

Pitchfork-Bifurkation, ↗ Stimmgabel-Bifurkation.

Pivotelement, von Null verschiedenes, innerhalb einer gewissen Gruppe betragsgrößtes Matrixelement, welches eine wesentliche Rolle in verschiedenen numerischen Verfahren, beispielsweise beim Gauß-Verfahren, spielt.

Im k-ten Schritt des Gauß-Verfahrens muß ein Element $a_{p,j} \neq 0, p, j \geq k+1$ gewählt werden, welches die numerische Stabilität der folgenden Operationen sichert. Dieses Element wird als Pivotelement bezeichnet. Bei der Spaltenpivotsuche trifft man beispielsweise die Wahl

$$|a_{p,k+1}| = \max_{i \geq k+1} |a_{i,k+1}|.$$

***P*-Kontraktion**, eine Funktion $f : D \subseteq \mathbb{R}^n \to \mathbb{R}^n$ mit der Eigenschaft, daß es eine $(n \times n)$-Matrix $P \geq 0$ gibt, deren Spektralradius $\varrho(P) < 1$ ist, und die erfüllt:

$$|f(x) - f(y)| \leq P \cdot |x - y| \text{ für alle } x, y \in D. \quad (1)$$

Dabei ist $|x| = (|x_i|) \in \mathbb{R}^n$, und ‚$\geq$' bzw. ‚$\leq$' zwischen Matrizen bzw. Vektoren ist komponentenweise zu verstehen.

Bezeichnet $\mathbb{IR}^n$ die Menge aller ↗ Intervallvektoren und q den ↗ Hausdorff-Abstand zwischen zwei Elementen von $\mathbb{IR}^n$, so gilt für $\mathbf{f} : D \subseteq \mathbb{IR}^n \to \mathbb{IR}^n$ eine analoge Definition, wenn man (1) durch

$$q(\mathbf{f}(\mathbf{x}), \mathbf{f}(\mathbf{y})) \leq P \cdot q(\mathbf{x}, \mathbf{y}) \text{ für alle } \mathbf{x}, \mathbf{y} \in D.$$

ersetzt.

Zu jeder *P*-Kontraktion gibt es eine monotone Norm, bzgl. der f eine Kontraktion ist. Die Umkehrung ist im allgemeinen falsch.

***p*-Konvergenz**, ↗ *p*-adische Zahl.

PLA, ↗ logischer Schaltkreis.

planarer Graph, *plättbarer Graph*, ein ↗ Graph G, der eine kreuzungsfreie Einbettung G' (↗ Einbettung eines Graphen) in die Ebene $\mathbb{R}^2$ besitzt. Die Einbettung G' heißt ↗ ebener Graph.

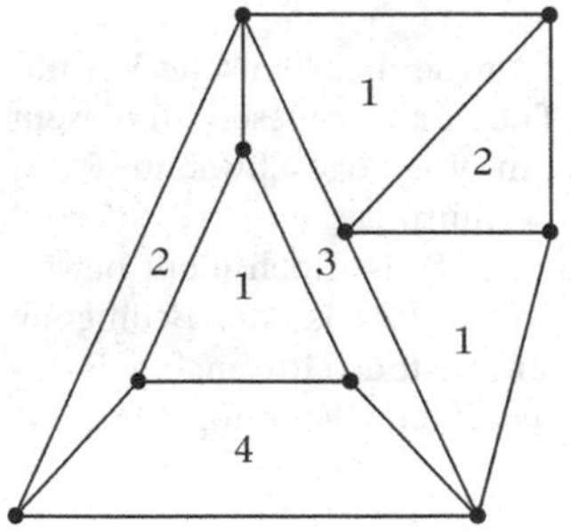

Ein planarer Graph G und ein zu G isomorpher ebener Graph G'.

Da die Ebene homöomorph zu der um einen Punkt verminderten Kugel, d. h. der orientierbaren Fläche S_0 vom Geschlecht 0 ist, kann man planare Graphen ebenfalls äquivalent als Graphen definieren, die eine kreuzungsfreie Einbettung in die S_0 besitzen.

Planaritätskriterium, Kriterium, das für einen ↗ Graphen G entscheidet, ob G ein ↗ planarer Graph ist.

Bekannte Planaritätskriterien liefern z. B. der Satz von Kuratowski und der Satz von MacLane.

Planaritätstest, ↗ Einbettungsalgorithmus.

Plancherel, Michel, Mathematiker, geb. 16.1.1885 Bussy (Schweiz), gest. 4.3.1967 Zürich.

Von 1903 bis 1907 studierte Plancherel in Freiburg. Hier promovierte er 1907 und ging danach nach Göttingen und Paris, um seine Studien zu vertiefen. 1910 wurde er Privatdozent in Genf, 1911 Professor an der Universität Freiburg und ab 1920 Professor für Mathematik an der ETH Zürich.

Plancherel befaßte sich in einer Reihe von Arbeiten mit der Übertragung der Ergebnisse der klassischen Fourier-Analyse auf allgemeinere Hilberträume. Dafür untersuchte er verschiedene Orthogonalsysteme von Polynomen.

Daneben beschäftigte er sich mit Differential- und Integralgleichungen, mit Variationsproblemen sowie mit der Ergodentheorie.

Plancherel, Satz von, Aussage über die Fortsetzbarkeit der ↗ Fourier-Transformation vom ↗ Schwartz-Raum auf den Raum L^2. Siehe [1] für Details.

[1] Taylor, M.E.: Pseudodifferential operators. Princeton Univ. Press, 1981.

Plancherel-Formel, auch Plancherel-Godement-Formel genannt, Formel zur Berechnung einer Doppelspur g auf einer involutiven kommutativen Algebra A.

Die Formel ist anwendbar bei kommutativen Hilbertalgebren, die aber nicht notwendig vollständig sein müssen. Die Charaktere der Gruppe, bezeichnet mit χ, werden dabei integriert, um die Plancherel-Formel zu erhalten:

$$g(x, y) = \int \chi(xy^\star) dm_g(\chi).$$

Planck, Max Karl Ernst Ludwig, deutscher Physiker, geb. 23.4.1858 Kiel, gest. 4.10.1947 Göttingen.

1874 trat Planck in die Universität München ein, studierte später aber auch in Berlin bei Helmholtz und Kirchhoff. 1879 promovierte er in München zum zweiten Hauptsatz der Thermodynamik. Im Anschluß erhielt er eine Stelle an der Münchner Universität, wo er bis 1885 blieb. Er ging danach nach Kiel und 1887 als Nachfolger Kirchhoffs nach Berlin an den Lehrstuhl für Theoretische Physik.

Planck studierte Thermodynamik und die Abhängigkeit der Energie von der Wellenlänge. 1900 entwickelte er, auf Arbeiten von Wien und Rayleigh aufbauend, das Plancksche Strahlungsgesetz. Mit dieser Arbeit löste er eine Revolution in der Physik aus: Die Quantelung der Energie. Das war die Geburtsstunde der Quantenphysik. Aber erst 1913 mit Arbeiten von N.Bohr zu Spektrallinien wurde Plancks Theorie anerkannt. 1918 erhielt er dafür den Nobelpreis.

In der Folgezeit befaßte er sich mehr mit administrativen Aufgaben. So war er von 1912 bis 1943 Sekretär der mathematisch-naturwissenschaftlichen Sektion der Preußischen Akademie der Wissenschaften. Von 1930 bis 1937 und von 1945 bis 1946 war er Präsident der Kaiser-Wilhelm-Gesellschaft.

Plancksches Strahlungsgesetz, Ausdruck für die Energiedichte $u_\nu d\nu$ der Strahlung in einem Hohlraum bei der Temperatur T und Frequenz ν im Intervall $d\nu$. Es gilt

$$u_\nu = \frac{8\pi\nu^2}{c^3}\frac{h\nu}{e^{h\nu/kT} - 1}\,.$$

(c ist die Vakuumlichtgeschwindigkeit, h das ↗Plancksche Wirkungsquantum, und k die Boltzmann-Konstante.)

Planck bezeichnete diese Formel in seinem Nobel-Vortrag 1920 „als eine glücklich erratene Interpolationsformel". Er ging von folgendem Modell aus: Ein elektrischer Dipol mit der Eigenfrequenz ν befinde sich in einem mit Strahlung gefüllten Hohlraum. Seine Schwingungen werden schwach gedämpft, und seine Ausdehnung sei klein gegenüber der Wellenlänge der Strahlung. Dann ergibt sich für seine mittlere Energie U die Beziehung

$$U = \frac{c^3}{8\pi\nu^2}u_\nu\,.$$

Dem Dipol wird über $dS = \frac{dU}{T}$ eine Entropie zugeordnet.

Auf der Basis der klassischen Physik kann man das Plancksche Strahlungsgesetz nicht verstehen.

Aus der Zustandssumme für ein kanonisches Ensemble (↗Gibbsscher Formalismus) mit einem Freiheitsgrad,

$$Z = \iint e^{-H(q,p)/kT}dqdp\,,$$

ergibt sich als mittlere Energie U eines Oszillators durch Differentiation nach kT der Ausdruck

$$-\frac{1}{Z}\iint He^{-H/kT}dqdp\,.$$

Man erhält die oben angegebene Formel für U, wenn man den Phasenraum in Zellen der Größe h zerlegt, und diesen Zellen eine diskontinuierliche Folge $nh\nu$ von Energiewerten zuordnet (Plancksche Quantenhypothese).

Die „neuere" Quantentheorie ergänzt den Ausdruck für die mittlere Energie U des Oszillators durch die Energie seines Grundzustandes, indem n durch $n + \frac{1}{2}$ ersetzt wird.

Plancksches Wirkungsquantum, auch Plancksche Konstante genannt , die Naturkonstante h mit dem aufgerundeten Wert von $6,63 \times 10^{-27}\frac{gcm^2}{s}$. Bei Rechnungen im Rahmen der Quantenphysik tritt häufig die Kombination $\hbar := h/2\pi$ auf, die man gelegentlich auch als normiertes Plancksches Wirkungsquantum bezeichnet.

Das Plancksche Wirkungsquantum wurde von Planck 1900 eingeführt, um für die Verteilung der Strahlungsenergie über die Frequenzen eine mit den experimentellen Befunden übereinstimmende Formel zu erhalten. Das gelang durch die Annahme, daß Resonatoren nur diskrete Energiewerte der Form $h\nu$ annehmen können, wobei ν die Grundfrequenz eines Resonators ist. Später (1906) erkannte Planck, daß die diskreten Energiewerte eine Folge der Quantisierung der Wirkung in Form $\oint pdx = nh$ mit $n \in \mathbb{N}$ (↗Bohr-Sommerfeld-Quantisierungsbedingungen) sind. Für $n = 1$ erhält man h als den kleinsten Wert der Wirkung. Hieraus erklärt sich auch die Bezeichnung elementares Wirkungsquantum für h.

Planigraph, Auswertegerät in der Photogrammetrie zur Ermittlung von Objektabmessungen. Zur Auswertung von Stereobildern dient der Stereoplanigraph.

Planimeter, Gerät zur Bestimmung des Flächeninhaltes oder von Momenten eines ebenen Flächenstücks durch Umfahren der Umrandung desselben.

Wesentlicher Bestandteil ist ein Fahrarm von meist konstanter Länge l. An einem Ende befindet sich der Fahrstift F oder eine Lupe, am anderen Ende der Leitpunkt L, der sich auf einer Leitkurve bewegt. Außerdem ist am Fahrarm eine Meßvorrichtung (Meßwerk) M, z. B. eine Integrierrolle, angebracht, deren Anzeigedifferenz zwischen Beginn und Ende der Umfahrung ein Maß für den Flächeninhalt der umfahrenen Fläche ist. Die allgemeine Planimetergleichung ist aus der Sektorformel abgeleitet und gibt diesen Zusammenhang wieder.

Die Form der Leitkurve bestimmt die Art des Planimeters. Beim Polarplanimeter ist sie ein Kreis, beim Linearplanimeter eine Gerade. Beim Radialplanimeter gleitet der Fahrarm durch einen festen Punkt. Beim Schneiden- oder Beilplanimeter bewegt sich der Leitpunkt nur in der augenblicklichen Fahrarmrichtung. Als Meßvorrichtung werden Meßrollen, scharfkantige Rollen oder Reibradgetriebe benutzt.

Das erste Umfahrungsplanimeter wurde 1814 von Hermann erfunden. Industriemäßig wurden Planimeter bis etwa 1960 hergestellt. Ältere Vorrichtungen zum Auszählen von Quadraten oder zum Ausmessen von Parallelstreifen wurden ebenfalls als Planimeter bezeichnet.

Neben den bisher beschriebenen Geräten sind noch Planimeter gebräuchlich, bei denen das Meßwerk durch zusätzliche Elemente so gesteuert wird, daß eine Umrechnung mit anderen Funktionen erfolgt. So liefert das Funktionsplanimeter das Integral $\int_a^b u(f(x))dx$ mit einer durch die Konstruktion des Gerätes festgelegten Funktion u, wenn das Flächenstück umfahren wird, das vom Graphen der Funktion f, der x-Achse und den Parallelen zur y-Achse durch a bzw. b begrenzt wird. Insbesondere erhält man ein Potenzplanimeter, wenn $u(y) = y^n$ ist.

Produktplanimeter dienen der Bestimmung von Integralen der Form $\int_a^b f(x)g(x)dx$. Dabei kann wie beim harmonischen Analysator die Funktion g durch die Konstruktion des Gerätes vorgegeben sein. Andere Geräte haben zwei Fahrstifte, mit denen die Graphen von f und g gleichzeitig befahren werden. Radialplanimeter dienen der Auswertung von Kurven in Polarkoordinaten.

Planimetrie, ältere Bezeichnung für die Geometrie der Ebene.

Planisphäre von Hammer, ↗Hammerscher Entwurf.

Plateau, Joseph Antoine Ferdinand, Mathematiker und Physiker, geb. 14.10.1801 Brüssel, gest. 15.9.1883 Gent.

Plateau erwarb zunächst ein Diplom als Jurist, bevor er 1824 ein Studium der Mathematik und Physik an der Universität Lüttich aufnahm. Nach der Promotion 1829 wechselte er nach Brüssel auf eine Professur für Physik. 1835 wurde er außerordentlicher Professor an der Universität Gent, und von 1844 bis 1872 war er Ordinarius ebendort. Bereits 1843 war er an den Spätfolgen eines im Jahre 1829 durchgeführten optischen Experiments erblindet.

Plateau befaßte sich vor allem mit Optik (Farbenlehre), Molekularphysik und Magnetismus. Daneben leistete er aber auch wichtige Beiträge zur Zahlentheorie und zur Geometrie. Letzterem Gebiet ist auch das nach ihm benannte Problem über Minimalflächen zuzuordnen, das allerdings in mathematisch exakter Form wohl noch nicht von Plateau selbst formuliert wurde.

Plateausches Problem, in anschaulicher Darstellung das Problem der mathematischen Beschreibung aller Flächen, die sich als Seifenlamellen in einer geschlossenen Drahtschlaufe nach dem Eintauchen in eine Seifenlösung herausbilden können.

In mathematischer Formulierung ist das die Frage nach allen Flächen minimalen Inhalts, die eine gegebene geschlossene Kurve $C \subset \mathbb{R}^3$ als Randkurve haben. Auch in dieser Form bedarf es noch weiterer Präzisierungen. Es ist festzulegen, welche Kurven und Flächen zugelassen sind und die anschauliche Vorstellung von einer Kurve, die als Rand einer Fläche auftritt, ist genauer zu fassen. ↗Minimalflächen sind Lösungen des Plateauschen Problems im Kleinen. Eine erste zufriedenstellende Lösung gab der Satz von Douglas-Radó.

Plato(n), Philosoph, geb. 427 v.Chr. Athen, gest. 347 v.Chr. Athen.

Der Schüler des Sokrates (469?–399 v.Chr.) war kein Fachmathematiker. Die ihm zugeschriebene Konstruktionsvorschrift für die Bildung ganzzahliger rechtwinkliger Dreiecke ist historisch nicht gesichert. Dagegen folgt die Beschränkung der Konstruktionsmittel auf Zirkel und Lineal logisch aus seiner Philosophie. Platon hat aber darüberhinaus in mehrfacher Hinsicht grundlegend auf die Entwicklung der Mathematik Einfluß genommen.

Im Sinne seines Lehrers vertrat er die Auffassung, daß Denken der einzige Weg zur Erkenntnis sei. Aber im Gegensatz zu Sokrates spielten in seiner Erkenntnistheorie Mathematik und Logik eine zentrale Rolle. Daher sollten die Führer eines Staates besondere Kenntnisse in diesen Fächern besitzen. Man müsse „jene, die in dem Staate an dem Größten teilhaben sollen, dazu überreden, daß sie zur Rechenkunst sich wenden". In Platos Werken gibt es Ausführungen über mathematische Definitionen, Axiomatisierung, und Ideenketten. Im „Theaitetos" findet sich die Irrationalitätentheorie des Theodoros (um 390 v.Chr.).

Seine eigenen mathematischen Kenntnisse erwarb Platon auf einer Reise nach Sizilien und Italien (388/87). Er weilte bei dem Herrscher von Tarent, Archytas, einem Mathematiker der pythagoräischen Schule. Unter Platons maßgeblichem Einfluß entstand um 380 v.Chr. die Akademie in Athen – eine Ausbildungsstätte künftiger Staatslenker. Leon (um 370 v.Chr.) und Theudios von Magnesia (um 340 v.Chr.) stellten „Elemente" für die Lehre an der Akademie zusammen, die den platonischen Idealen entsprachen. Von der Akademie Platons rührt die Vorstellung her, Mathematik sei die Vorstufe der Philosophie. Ebenso geht das Quadrivium (Arithmetik, Geometrie, Musik, Astronomie) mittelalterlicher Universitäten auf die platonische Akademie zurück. Bedeutendster Schüler des Platon war Aristoteles (384–322 v.Chr.).

Platonischer Körper, ↗reguläres Polyeder.

plättbarer Graph, ↗ planarer Graph.

Plausibilitätsmaß, ein von Shafer 1976 zusammen mit dem ↗Glaubensmaß eingeführtes ↗Fuzzy-Maß, das auf ↗Basiswahrscheinlichkeiten basiert.

Eine Funktion pl : $\mathfrak{P} \to [0, 1]$ heißt Plausibilitätsfunktion (Plausibilitätsmaß), wenn gilt

$$\text{pl}(A) = \sum_{F_j \cap A \neq \emptyset} m(F_j).$$

Plessner, Satz von, lautet:

Es sei f eine ↗meromorphe Funktion in $\mathbb{E} = \{z \in \mathbb{C} : |z| < 1\}$. Dann existieren drei disjunkte Borel-Mengen N_f, P_f, $G_f \subset \mathbb{T} = \partial\mathbb{E}$ mit $\mathbb{T} = N_f \cup P_f \cup G_f$ und folgenden Eigenschaften:

(i) *Es ist N_f eine Nullmenge bezüglich des Lebesgue-Maßes auf $\mathbb{T}$.*

(ii) *Für jedes $\zeta \in P_f$ und jedes offene Dreieck $\Delta \subset \mathbb{E}$ mit einer Ecke an ζ ist $f(\Delta)$ dicht in $\widehat{\mathbb{C}}$, d. h. zu jedem $a \in \widehat{\mathbb{C}}$ existiert eine Folge (z_n) in Δ mit $f(z_n) \to a$ $(n \to \infty)$.*

(iii) *Für jedes $\zeta \in G_f$ besitzt f einen endlichen Winkelgrenzwert an ζ.*

Die Punkte mit der Eigenschaft (ii) heißen Plessner-Punkte von f, während man die Punkte mit der Eigenschaft (iii) Fatou-Punkte von f nennt. Ist f eine beschränkte ↗holomorphe Funktion in $\mathbb{E}$, so ist offensichtlich $P_f = \emptyset$. Daher impliziert der Satz von Plessner sofort den Satz von Fatou.

Ein Beispiel: Die Funktion

$$f(z) := \exp\left(\exp \frac{1}{1-z}\right)$$

ist holomorph in $\mathbb{E}$ und besitzt an $z = 1$ einen Plessner-Punkt. Alle anderen Punkte von $\mathbb{T}$ sind Fatou-Punkte von f.

Die Menge P_f der Plessner-Punkte einer meromorphen Funktion f in $\mathbb{E}$ kann wie folgt charakterisiert werden. Es ist P_f stets eine G_δ-Menge, d. h. es existieren abzählbar viele offene Mengen $U_n \subset \mathbb{T}$ mit $P_f = \bigcap_{n=1}^{\infty} U_n$. Ist umgekehrt $E \subset \mathbb{T}$ eine G_δ-Menge, so existiert eine holomorphe Funktion f in $\mathbb{E}$ mit $P_f = E$. Insbesondere gibt es holomorphe Funktionen f in $\mathbb{E}$ mit $P_f = \mathbb{T}$.

Plessner-Punkt, ↗Plessner, Satz von.

Plimpton 322, Bezeichnung für eine Tontafel aus dem alten Babylon, auf der sich eine der ältesten bekannten Auflistungen pythagoräischer Zahlentripel befindet.

Der Name erklärt sich dadurch, daß die Tafel unter der Katalognummer 322 in der Sammlung der Columbia University aufbewahrt wird. Sie wurde zwischen 1800 und 1650 vor Christus in Babylon angefertigt und zählt heute zu den bekanntesten schriftlichen Aufzeichnungen aus dieser Zeit.

Bereits 1945 fand der Historiker C. Neugebauer heraus, daß es sich bei den keilschriftlichen Zahlen auf der Tafel um eine Auflistung pythagoräischer Zahlentripel handelt. Möglicherweise diente die Tafel ursprünglich zu Unterrichtszwecken.

Plotkin-Schranke, obere Schranke für den miminalen Abstand eines linearen Codes (↗Codierungstheorie) und damit ein Maß für die fehlerkorrigierenden Eigenschaften.

Betrachtet man die Summe S aller ↗Hamming-Abstände der Codewörter eines linearen (n, k)-Codes über einem Alphabet $\mathbb{Z}_q$, dann gilt für den minimalen Abstand d:

$$S \geq q^k(q^k - 1)d\,.$$

Schreibt man alle Codewörter wie eine (n, q^k)-Matrix auf, sieht man, daß sich die Summe S auch nach oben mit

$$S \leq n \cdot q^k \cdot q^{k-1}(q-1)$$

abschätzen läßt. Daraus ergibt sich die Plotkin-Schranke

$$d \leq \frac{n(q-1)q^{k-1}}{q^k - 1}$$

Plücker, Julius, deutscher Mathematiker, geb. 16.6.1801 Elberfeld (Wuppertal), gest. 22.5.1868 Bonn.

Plücker wurde in Heidelberg, Berlin und Paris ausgebildet. 1823 promovierte er in Marburg. 1829 erhielt er eine Stelle in Bonn, wurde 1834 Professor in Halle und 1836 in Bonn.

Plücker leistete wichtige Beiträge auf dem Gebiet der analytischen Geometrie. Er studierte 1834 algebraische Kurven und fand Formeln, die die Ordnung einer Kurve mit der Zahl der Doppelpunkte in Verbindung brachten.

Er beschäftigte sich mit Räumen von Ebenen und entwickelte hierfür die Plücker-Koordinaten. Er führte auch den Begriff der abwickelbaren Fläche ein. Ab 1847 wandte er sich der Physik zu und arbeitete auf den Gebieten des Magnetismus, der Elektrizität und der Atomphysik.

Plücker-Einbettung, Einbettung der Graßmann-Mannigfaltigkeiten $G_k(n)$ in den Raum $\mathbb{P}_{N-1}$ mit $N = \binom{n}{k}$.

Sei

$$M_k(n) := \left\{A \in \mathbb{C}^{k\times n};\ \mathrm{rang} A = k\right\} \subset \mathbb{C}^{k\times n}$$

und

$$G_k(n) := GL(n,\mathbb{C}) \setminus \left\{A \in GL(n,\mathbb{C}) \mid A(\mathbb{C}^k) = \mathbb{C}^k\right\}$$

die Graßmann-Mannigfaltigkeit. A_j bezeichne die j-te Spalte von A, und für einen Vektor $(\nu_1, ..., \nu_k) \in \mathbb{N}^k$ mit $1 \le \nu_1 < ... < \nu_k \le n$ sei $A_\nu := (A_{\nu_1}, ..., A_{\nu_k})$. Dann existiert ein kommutatives Diagramm

$$\begin{array}{ccc} M_k(n) & \stackrel{\varphi}{\to} & \Lambda^k\mathbb{C}^n\backslash 0 \\ {\scriptstyle\psi}\downarrow & & \downarrow{\scriptstyle\pi} \\ G_k(n) & \stackrel{\phi}{\to} & \mathbb{P}_{N-1} \end{array}$$

holomorpher Abbildungen, so daß $\varphi(A) := A_1^t \wedge \ldots \wedge A_k^t$, $N = \binom{n}{k}$, und π die kanonische Projektion ist.

Die Abbildung ϕ ist injektiv, denn wenn gilt $\phi A = \phi\widetilde{A}$, dann existiert ein $\mu \in \mathbb{C}$, so daß $\varphi A = \mu^k \varphi\widetilde{A}$, und daher auch ein $g \in GL(k,\mathbb{C})$, so daß $A = (\mu g)\widetilde{A}$. Außerdem ist ϕ eine Immersion: Sei $\{e_1, ..., e_n\}$ die kanonische Basis von $\mathbb{C}^n$, dann gilt

$$\varphi(A) = (\det A_\nu)\, e_{\nu_1} \wedge ... \wedge e_{\nu_k};$$

für die Karte $U \cong \mathbb{C}^{N-1}$ im $\mathbb{P}_{N-1}$, gekennzeichnet durch den Koeffizienten 1 für $e_1 \wedge ... \wedge e_k$, hat die Abbildung

$$\phi : W \cong \mathbb{C}^{k\times(n-k)} \to U \cong \mathbb{C}^{N-1}$$

die Komponenten ϕ_ν mit $\phi_\nu(A) = \det A_\nu$. Für $j > k$ gilt

$$\phi_{(1,\ldots,\widehat{i},\ldots,k,j)}(A) =$$

$$\det\begin{pmatrix} 1 & & 0 & & & b_{1j} \\ 0 & \ddots & & & & \cdot \\ & \ddots & 1 & & & \cdot \\ & & 0 & 0 & & \cdot \\ & & & 1 & \ddots & \cdot \\ & 0 & & {}_i\ \ddots & 0 & \cdot \\ & & & & 1 & b_{kj} \end{pmatrix} = (-1)^{k-i-1}\, b_{ij},$$

und es folgt $\mathrm{rang}\, T\phi = k(n-k)$.

Siehe auch ↗Graßmann-Varietät.

Plücker-Formeln, eine Relation zwischen Invarianten eingebetteter ebener Kurven und der dualen Kurve.

Es sei $f : C \to \mathbb{P}^2$ ein Morphismus vom Grad d (= Grad von $f^*\mathcal{O}_{\mathbb{P}^2}(1)$) einer glatten projektiven ↗algebraischen Kurve C in die projektive Ebene, $d \ge 2$, und birational auf das Bild $f(C)$. Die duale Kurve ist der Morphismus $\hat{f} : C \to \hat{\mathbb{P}}^2$ in die duale projektive Ebene, so daß $\hat{f}(p)$ mit $p \in C$ der Geraden in $\mathbb{P}^2$ entspricht, die im Punkte $f(p)$ mit der Kurve $f(C)$ oskuliert (↗oskulierend). Bis auf endlich viele Punkte ist damit $\hat{f}$ definiert, und da C glatt ist, ist $\hat{f}$ eindeutig auf ganz C fortsetzbar. Es gilt $\hat{(\hat{f})} = f$.

Der Grad von $\hat{f} : C \to \hat{\mathbb{P}}^2$ ist die Anzahl der Geraden durch einen allgemeinen Punkt von $\mathbb{P}^2$, die mit C oskulieren. Eine Gerade, die mit einer ebenen Kurve in zwei verschiedenen Punkten oskuliert, heißt Doppeltangente, und ein nicht-singulärer Punkt einer ebenen Kurve, in dem die oskulierende Gerade die Kurve mindestens von der Ordnung drei berührt, heißt Wendepunkt.

Wenn sowohl $f(C)$ als auch $\hat{f}(C)$ höchstens ↗gewöhnliche Doppelpunkte oder gewöhnliche Spitzen als Singularitäten haben, und δ resp. b resp. κ resp. f die Anzahl der gewöhnlichen Doppelpunkte von $f(C)$ resp. $\hat{f}(C)$ resp. die Anzahl der Spitzen von $f(C)$ resp. $\hat{f}(C)$ bezeichnet, so gelten folgende Aussagen:

$$\begin{aligned} b &= \text{Anzahl der Doppeltangenten von} f(C),\\ f &= \text{Anzahl der Wendepunkte von} f(C),\\ \hat{d} &= d(d-1)-2\delta-3\kappa,\\ d &= \hat{d}(\hat{d}-1)-2b-3f\\ g &= \frac{(d-1)(d-2)}{2}-\delta-\kappa\\ &= \frac{(\hat{d}-1)(\hat{d}-2)}{2}-b-f\,. \end{aligned}$$

Hier ist g das Geschlecht der Kurve C (↗algebraische Kurve).

Plücker-Koordinaten, ↗Graßmann-Varietät, ↗Klein-Korrespondenz.

Plurigeschlecht, ↗Kodaira-Dimension.

plurisubharmonische Funktion, Begriff in der Funktionentheorie mehrerer Variabler, der fundamental für die Definition der Pseudokonvexität von Bereichen im $\mathbb{C}^n$ ist.

Für einen Bereich $X \subset \mathbb{C}^n$ heißt eine Funktion $f \in C(X)$ plurisubharmonisch, wenn jede Einschränkung von f auf eine komplexe Scheibe D in X eine ↗subharmonische Funktion ist. Entsprechend heißt f streng plurisubharmonisch, wenn jede solche Einschränkung streng subharmonisch ist.

[1] Gunning, R.; Rossi, H.: Analytic Functions of Several Complex Variables. Prentice Hall Inc. Englewood Cliffs, N.J., 1965.

***p*-Methode**, Variante der ↗Finite-Elemente-Methode, bei der die Ordnung der stückweise definierten Polynome variiert wird, um die Zielgenauigkeit zu erreichen.

PNN, ↗probabilistisches neuronales Netz.

***p*-Norm**, ↗ Quasi-Banachraum.

Pochhammer, Leo August, deutscher Mathematiker, geb. 25.8.1841 Stendal, gest. 24.3.1920 Kiel.

Nach dem Studium in Berlin promovierte Pochhammer dort 1863, habilitierte sich 1872 und wurde anschließend Privatdozent. 1874 ging er als Professor für Mathematik an die Universität Kiel.

Auf dem Gebiet der Differentialgleichungen untersuchte er die nach ihm benannte Differentialgleichung. Daneben befaßte er sich mit der Elastizität eines Stabes, der Ausbreitung von Schwingungen in Kreiszylindern und Differentialgleichungen für elastische isotrope Medien.

Pochhammersche Differentialgleichung, homogene ↗lineare Differentialgleichung der Form

$$\begin{aligned} &\sum_{\nu=0}^{n}(-1)^{\nu}\binom{k+n-\nu-1}{n-\nu}P^{(n-\nu)}(x)y^{(\nu)}\\ &+\sum_{\nu=0}^{n-1}(-1)^{\nu}\binom{k+n-\nu-1}{n-\nu-1}Q^{(n-\nu-1)}(x)y^{(\nu)}=0\,. \end{aligned} \tag{1}$$

Dabei sind $n, k \in \mathbb{N}$, P ein Polynom vom Grad $\le n$, und Q ein Polynom vom Grad $\le n-1$.

Setzt man

$$\phi(t)=\frac{1}{P(t)}\exp\left(\int\frac{Q(t)}{P(t)}dt\right),$$

und ist die Bedingung

$$\int_{\mathfrak{K}}\frac{d}{dt}\left[(t-x)^{k}P(t)\phi(t)\right]dt=0, \tag{2}$$

erfüllt, so ist

$$y(x)=\int_{\mathfrak{K}}(t-x)^{k+n-1}\phi(t)dt$$

eine Lösung der Gleichung (1). Um die Bedingung (2) zu erfüllen, muß der Integrationsweg $\mathfrak{K}$ entsprechend gewählt werden. Falls P vom Grad n ist und n verschiedene Nullstellen hat, so schließt man jede Nullstelle durch eine geschlossene Kurve $\mathfrak{K}$ ein und erhält so n linear unabhängige Lösungen, also ein ↗Fundamentalsystem. Hat P nicht diese Eigenschaft, so zieht man zusätzlich offene Kurven derart hinzu, daß $(t-x)^kP(t)\phi(t)$ in den Endpunkten verschwindet.

Ein Spezialfall der Pochhammerschen Differentialgleichung ist die Tissotsche Differentialgleichung. Hier ist

$$P(x)=\prod_{\nu=1}^{n-1}(x-a_\nu)$$

und

$$Q(x)=P(x)+\sum_{\nu=1}^{n-1}\frac{b_\nu P(x)}{x-a_\nu}\,.$$

Eine Differentialgleichung, die sich in eine Pochhammersche überführen läßt, ist die Riemannsche Differentialgleichung:

$$\begin{aligned} &y''+y'\sum_{\nu=1}^{3}\frac{1-\alpha_\nu-\beta_\nu}{x-c_\nu}+\left[\frac{y}{(x-c_1)(x-c_2)(x-c_3)}\right.\\ &\left.\cdot\sum_{\nu=1}^{3}\frac{\alpha_\nu\beta_\nu(c_\nu-c_{\nu-1}(c_\nu-c_{\nu+1})}{x-c_\nu}\right]=0, \end{aligned} \tag{3}$$

wobei $\sum(\alpha_\nu+\beta_\nu)=1$ und $c_{\nu+3}:=c_\nu$ ist.

Mit

$$\begin{aligned} y &= u(x)\prod_{\nu=1}^{3}(x-c_\nu)^{\alpha_\nu},\quad k=-1-\sum\alpha_\nu,\\ P(x) &= (x-c_1)(x-c_2)(x-c_3),\\ Q(x) &= \sum_{\nu=1}^{3}(\beta_\nu+\alpha_{\nu-1}+\alpha_{\nu+1})\\ &\qquad\cdot(x-c_{\nu-1})(x-c_{\nu+1}) \end{aligned}$$

wird aus (3) die Pochhammersche Differentialgleichung

$$P(x)u'' - \big(kP'(x) + Q(x)\big)u' + \left[\binom{k+1}{2}P''(x) + (k+1)Q'(x)\right]u = 0\,,$$

und man erhält

$$y(x) = P(x)\int_{\mathfrak{K}} \Big[(t-x)^{-\alpha_1-\alpha_2-\alpha_3} \cdot \prod_{\nu=1}^{3}(t-c_\nu)^{\beta_\nu+\alpha_{\nu-1}+\alpha_{\nu+1}-1}\Big]dt$$

als Lösung der Riemannschen Differentialgleichung (3). Dabei ist $\mathfrak{K}$ wieder geeignet zu wählen ($\alpha_{\nu+3} := \alpha_\nu$, $\beta_{\nu+3} := \beta_\nu$).

[1] Kamke, E.: Differentialgleichungen, Lösungsmethoden und Lösungen I. B. G. Teubner-Verlag Stuttgart, 1977.

Pochhammer-Symbol, Kurznotation für den algebraischen Ausdruck

$$(a)_n := a \cdot (a+1)(a+2)\cdots(a+n-1)\,,$$
$$(a)_0 := 1\,,$$

wobei $a \in \mathbb{C}$ und $n \in \mathbb{N}_0$.

Poincaré, geometrischer Satz von, lautet:

Jeder flächenerhaltende Homöomorphismus eines Kreisrings in der Ebene, der die Grenzkreise entgegengesetzt abbildet, hat mindestens zwei Fixpunkte.

Dieser Satz wurde 1912 von H.Poincaré vermutet und von G.D.Birkhoff 1913 bewiesen. Eine Verallgemeinerung dieses Satzes besteht in der Vermutung von V.I.Arnold.

Poincaré, Jules Henri, Mathematiker, Physiker, und Philosoph, geb. 29. 4. 1854 Nancy, gest. 17. 7. 1912 Paris.

Der Sohn eines Medizinprofessors besuchte Schulen in Nancy. Bereits 1872 und 1873 gewann er mathematische Preise, die für die Schüler Frankreichs ausgeschrieben worden waren. Ab 1873 studierte Poincaré an der Ecole polytechnique in Paris. Besonders Ch. Hermite, J.C. Bouquet und C.A.A. Briot förderten das ungewöhnliche Talent. Sie lenkten den Studenten auf das Gebiet der Differentialgleichungen, das die Dominante seines gesamten mathematischen Schaffens werden sollte.

Von 1875–79 studierte Poincaré dann noch an der Ecole des Mines. Die Absolventen dieser Pariser Hochschule waren für die höchsten Staatsämter Frankreichs vorgesehen. Während seines Studiums an der Bergbauschule reichte Poincaré seine Dissertation über die „Integration von partiellen Differentialgleichungen mehrerer Variabler“ ein. Noch während des Studiums war er kurzzeitig als Bergbauingenieur in Vesoul tätig, 1879 entschied sich Poincaré jedoch, eine Hochschullaufbahn einzuschlagen. Er siedelte nach Caën über und wurde Lehrbeauftragter für Analysis an der Universität. In Caën wurde das Studium der Arbeiten von L. Fuchs über Differentialgleichungen zur entscheidenden Anregung. Auf dessen Ideen aufbauend und diese großartig erweiternd, schuf Poincaré im Wettstreit mit F.Klein die Theorie der automorphen Funktionen. Er gab ein Bildungsgesetz für diese Funktionen an und stellte sie durch Theta-Reihen dar (Poincaré-Reihen). Die etwa dreißig Arbeiten über diesen Gegenstand ab 1880 brachten ihm Weltruf ein. Wie Klein erkannte er in diesen Forschungen auch die Lösbarkeit des Uniformisierungsproblems mittels automorpher Funktionen und formulierte 1883 einen allgemeinen Uniformisierungssatz, der Beweis war jedoch noch unvollständig. Erst P. Koebe gelang unabhängig davon 1907 ein Beweis des Uniformisierungstheorems.

1881 kehrte Poincaré nach Paris zurück und lehrte zunächst als ordentlicher Professor an der Sorbonne Analysis. An der Sorbonne war er dann ab 1886 Inhaber des Lehrstuhls für mathematische Physik und Wahrscheinlichkeitsrechnung, ab 1896 des Lehrstuhls für Himmelsmechanik und Astronomie. In seinen Vorlesungen beschränkte sich Poincaré durchaus nicht auf die vom Lehrstuhl vorgeschriebenen Vorlesungsthemen, sondern bemühte sich, weitgehend alle wichtigen Gebiete der Mathematik abzudecken. Ab 1881 begründete er die qualitative Theorie der Differentialgleichungen und begann, seine Interessen für die mathematische Physik insgesamt besonders zu pflegen. Er entwickelte das „Poincarésche Modell“ der nichteuklidischen Geometrie (1881) und bearbeitete (1884/85) erfolgreich das Problem aller möglichen Gleichgewichtsfiguren rotierender Flüssigkeiten. In seiner qualitativen Theorie der Differentialgleichungen gab er u. a. eine genaue Analyse der singulären Punkte, klärte das Lösungsverhalten in den vier verschiedenen Typen von singulären Punkten auf und erzielte wichtige Aussagen über das Auftreten periodischer und fast periodischer Lösungen.

Diese Forschungen regten Poincaré auch zur Einbeziehung topologischer Betrachtungen an. Mit seinen Arbeiten ab 1885 begründete er die klassische kombinatorische Topologie. Er führte die Grundbegriffe der simplizialen Homologietheorie ein, baute die zugehörige Theorie auf, gab 1895 das Dualitätstheorem an, definierte die Euler-Poincaré-Charakteristik und die Fundamentalgruppe eines Komplexes, bewies den Verschlingungssatz, und stellte 1904 die nach ihm benannte Hauptvermutung auf. Im Kontext topologischer Studien formulierte er auch 1912 einen teilweise nach ihm benannten Fixpunktsatz, der ein Jahr später von G.D. Birkhoff bewiesen wurde.

Im Jahre 1889 gewann Poincaré einen Preis des schwedischen Königs, den dieser für die erfolgreiche Behandlung des Mehrkörperproblems ausgesetzt hatte. Poincaré hatte dazu die Resultate von drei Arbeiten von H. Bruns aus dem Jahre 1887 aufgegriffen. Bruns hatte gezeigt, daß über die bekannten Integrale hinaus keine weiteren exakten Integrale der Bewegungsgleichungen existieren. Poincaré ergänzte die Brunsschen Resultate derart weitreichend, daß Weierstraß von einer „neuen Ära der Himmelsmechanik" sprach. In zwei Werken Poincarés über Himmelsmechanik, „Les méthodes nouvelles de mécanique céleste" (1893) und „Leçons de la mécanique céleste" (1905), behandelte er nicht nur seine neuen Methoden (asymptotische Entwicklungen, divergente Reihen, Ergodentheorie), sondern setzte diese auch zur Beschreibung der Mondbewegung, zur Untersuchung der Stabilität der Planetenbahnen und für die Störungsrechnung ein. Im Jahre 1881 hatte A. Michelson gezeigt, daß ein „Ätherwind" nicht existiert, und damit grundlegend neue kosmologische Fragen aufgeworfen. Poincaré und Lorentz behandelten diese, und als Konsequenz daraus forderte Poincaré 1895 das Relativitätsprinzip für optische und elektromagnetische Vorgänge, kritisierte 1898 die klassischen Begriffe „absolute Zeit" und „Gleichzeitigkeit", stellte 1900 die Ätherhypothese in Frage und deutete 1904 die Möglichkeit einer „neuen Mechanik" unter Festsetzung der Konstanz der Lichtgeschwindigkeit an. Im Jahre 1905 zeigte er den Gruppencharakter der „Lorentz-Transformation". Poincaré wurde so zu einem der wichtigsten Vorläufer Albert Einsteins.

Auf algebraischen Gebiet führte Poincaré 1903 die Rechts- und Linksideale einer Algebra ein und unternahm erste Schritte zur Axiomatisierung der Wahrscheinlichkeitsrechnung. Seine frühen Untersuchungen über „Fuchssche Funktionen" enthielten implizit Keime der Mengenlehre.

Poincaré unterstützte massiv die oft heftig angegriffenen Ideen Cantors, konnte sich aber im Laufe seiner Beschäftigung mit den Grundlagen der Cantorschen Auffassungen immer weniger mit dem „Aktualunendlichen" anfreunden. Noch weniger genehm waren ihm Überlegungen, das Auswahlaxiom auf unendliche Mengen anzuwenden, ebenso wie die Finitheitsforderungen Kroneckers. Dieses Konglomerat von Meinungen Poincarés war begründet in seiner Auffassung von Mathematik, mit der er sich den formalistischen Auffassungen Hilberts näherte: Mathematik studiere nicht die Objekte selbst, sondern die Beziehungen zwischen den Objekten. In der Geometrie speziell sei es daher unwichtig, welche Objekte real existieren, geometrische Sätze seien nur zweckmäßige Übereinkünfte (Konventionen) zwischen freien Schöpfungen des Geistes. In drei außerordentlich einflußreichen Büchern (1902, 1905, 1908) erläuterte er diese von I. Kant (1724–1804) und E. Mach (1838–1916) beeinflußte Philosophie der Mathematik und der Naturwissenschaften. Letztere waren nach Poincaré „nur" eine Sammlung von Entdeckungen. Die seit 1897 laufenden, direkten Untersuchungen von E. Toulouse (1865–1945) am aktiven mathematischen „Erkenntnisprozeß" Poincarés bilden den Beginn der „Wissenschaftspsychologie".

Poincaré gilt als einer der letzten Universalgelehrten, der zu vielen Gebieten der Mathematik und deren Anwendungen wichtige, teilweise grundlegende Beiträge lieferte. Seine Arbeiten umfaßten u. a. Topologie, Differentialgleichungen, Differenzengleichungen, Potentialtheorie, komplexe Funktionen, Variationsrechnung, Wahrscheinlichkeitsrechnung, Himmelsmechanik, Thermodynamik, Elektromagnetismus, Optik, Hydromechanik, Elastizitätstheorie, Kapillaritätstheorie und Kosmologie.

Poincaré, Regel von, gelegentlich zu findende Bezeichnung für die auf Jules Henri Poincaré zurückgehende Regel

$$d^2 = 0$$

des ↗ Cartanschen Differentialkalküls.

Hierbei bezeichnet d die ↗ Cartan-Ableitung. Etwas genauer lautet die Regel:

$$d(d(\omega)) = 0$$

für eine zweimal stetig differenzierbare Differentialform ω.

Poincaré, Satz von, ↗ Poincaré-Hopf, Satz von, ↗ Poincaré-Problem.

Poincaré-Abbildung, *Monodromie-Abbildung*, *Wiederkehr-Abbildung*, Abbildung zur Untersuchung ↗ geschlossener Orbits eines Flusses.

Es sei ein Fluß $(M, \mathbb{R}, \Phi)$ mit einer ↗Mannigfaltigkeit M gegeben. Weiter sei $\gamma \subset M$ ein geschlossener Orbit und $x_0 \in \gamma$ (d. h., x_0 ist ein periodischer Punkt). Eine Hyperfläche $S \subset M$, d. h. eine Untermannigfaltigkeit der Kodimension 1, heißt Poincaré-Schnitt für x_0, falls $S \cap \gamma = \{x_0\}$ und S nicht tangential an das vom Fluß erzeugte Vektorfeld F ist, d. h., für jedes $x \in S$ gilt

$$T_xM = \mathrm{Span}(F(x)) \oplus T_xS\,.$$

Für einen Poincaré-Schnitt S existiert eine Umgebung $U \subset S$ von x_0 so, daß für jedes $x \in U$ ein $T(x) > 0$ existiert so, daß $\Phi(x, T(x)) \in U$, aber $\Phi(x, t) \notin U$ für alle $t \in (0, T(x))$. Für jedes $x \in U$ heißt dieses $T(x)$ die Wiederkehrzeit von x. Damit wird eine Abbildung $P : U \to U$ definiert durch

$$P(x) := \Phi(x, T(x)) \ (x \in U)\,.$$

Diese Abbildung P heißt Poincaré-Abbildung (des periodischen Punktes x_0).

Durch Iteration der Poincaré-Abbildung lassen sich Stabilitätsuntersuchungen des dynamischen Systems vornehmen. Bei ↗Hamiltonschen Systemen wird M durch eine ↗Energiehyperfläche des Systems ersetzt, so daß der transversale Schnitt S zu einer symplektischen Untermannigfaltigkeit der Kodimension 2 des Phasenraums und die Poincaré-Abbildung automatisch ein lokaler Symplektomorphismus werden. Das Studium von Poincaré-Abbildungen hat allgemein die Betrachtung von Abbildungsiterationen nach sich gezogen, wie zum Beispiel beim geometrischen Satz von Poincaré.

Poincaré-Andronow, Satz von, Aussage im Kontext Bifurkation.

Betrachtet wird eine einparametrige Familie von Vektorfeldern $\mathrm{F}(x)$. Ist der Bifurkationswert $\mu_0 = 0$, so habe $\mathrm{F}(x)$ einen singulären Punkt O derart, daß die Lösung der charakteristischen Gleichung rein imaginär ist. Die Phasenraumdimension sei 2. Dann gilt:

Jede lokale Familie allgemeiner Lage mit obigen Eigenschaften ist topologisch äquivalent zu der folgenden einparametrigen Familie von Vektorfeldern auf einer Ebene:

$$\dot{z} = z(i\omega + \mu + cz\bar{z})\,.$$

Hier sind ω und $c \in \mathbb{R} \setminus \{0\}$.

Poincaré-Bendixson-Theorem, lautet:

Es sei ein auf einer offenen Teilmenge $W \subset \mathbb{R}^2$ definiertes C^1-Vektorfeld $f : W \to \mathbb{R}^2$ gegeben. Dann ist jede nichtleere, kompakte Limesmenge $A \subset W$, die keinen Fixpunkt von f enthält, ein ↗periodischer Orbit.

Eine andere Fassung lautet:

Sei f ein glattes Vektorfeld auf der Sphäre $S^2 := \{x \mid x \in \mathbb{R}^3,\ \|x\| = 1\}$ mit endlich vielen Fixpunkten. Sei weiter $x_0 \in S^2$. Es bezeichne $\omega(x_0)$ seine ω-Limesmenge (↗ω-Limespunkt).

Dann liegt genau einer der folgenden Fälle vor:

1. *$\omega(x_0)$ ist Fixpunkt.*
2. *$\omega(x_0)$ ist ein ↗geschlossener Orbit.*
3. *$\omega(x_0)$ besteht aus endlich vielen Fixpunkten und regulären Orbits, die die Fixpunkte verbinden, d. h. für einen solchen regulären Orbit $\gamma \subset \omega(x_0)$ gibt es zwei Fixpunkte p und q so, daß gilt: $\alpha(\gamma) = p$ und $\omega(\gamma) = q$.*

Poincaré-Birkhoff, Satz von, auch Poincarés letztes Theorem oder geometrischer Satz von Poincaré genannt, lautet:

Seien $a, b \in \mathbb{R}^+$ mit $a < b$, und sei R der Kreisring

$$R := \{(x, y) \mid (x, y) \in \mathbb{R}^2, a \le \sqrt{x^2 + y^2} \le b\}.$$

Weiter sei in ↗Polarkoordinaten eine Abbildung $\Phi : R \to R,\ (r, \vartheta) \mapsto (\phi(r, \vartheta), \psi(r, \vartheta))$ gegeben, für die gilt:

1. *Φ ist flächentreu,*
2. *$\phi(a, \vartheta) = a,\ \phi(b, \vartheta) = b$ für alle $\vartheta \in [0, 2\pi)$,*
3. *$\psi(a, \vartheta) < \vartheta,\ \psi(b, \vartheta) > \vartheta$ für alle $\vartheta \in [0, 2\pi)$.*

Dann hat Φ zwei ↗Fixpunkte.

Poincaré war bei seinen Untersuchungen des Dreikörperproblems auf diesen Satz gestoßen, konnte ihn jedoch nur in einigen Spezialfällen beweisen und sandte ihn kurz vor seinem Tod (daher der im Englischen übliche Name „Poincaré's last theorem") zur Veröffentlichung, mit einer Bemerkung, daß er von der allgemeinen Gültigkeit überzeugt sei. Vollständig bewiesen wurde der Satz erst von Birkhoff.

Poincaré-Birkhoff-Witt, Satz von, beschreibt explizit eine Konstruktion der universellen Überlagerungsalgebra einer gegebenen Algebra.

Die Überlagerungsalgebra B einer Lie-Algebra A ist wie folgt definiert: Beide Algebren haben dieselbe unterliegende Punktmenge. B ist eine assoziative Algebra mit Produkt $\cdot$ derart, daß das Lieprodukt in A als Kommutator bzgl. $\cdot$ in B entsteht.

Der Satz von Poincaré-Birkhoff-Witt gibt eine Darstellung der universellen Überlagerungsalgebra mittels Linearkombinationen endlicher Produkte der Basis an.

Poincaré-Brouwer, Satz von, andere Bezeichnung für den ↗Satz vom Igel, denn für $n = 2$ stammt dieses Ergebnis von Poincaré, für $n > 2$ von Brouwer.

Als Verallgemeinerung gilt:

Auf einer ↗Mannigfaltigkeit existiert genau dann ein stetiges Vektorfeld ohne Fixpunkte, falls ihre ↗Eulersche Charakteristik Null ist.

Für eine kompakte Menge in der Ebene, die berandet ist, ist diese Aussage als Satz von der Indexsumme bekannt.

Poincaré-Bündel, Begriff aus der algebraischen Geometrie.

Es sei X eine projektive ↗algebraische Varietät, und $\mathfrak{M}$ ein grober ↗Modulraum (↗Modulprobleme) einer Klasse stabiler Vektorbündel auf X. Ein Bündel $\mathcal{E}$ auf $X \times \mathfrak{M}$ (Faserprodukt über dem Grundkörper) heißt Poincaré-Bündel, wenn alle Bündel $\mathcal{E}/X \times \{m\}$, $m \in \mathfrak{M}$, aus der betrachteten Klasse sind, und die induzierte Abbildung $j : \mathfrak{M} \to \mathfrak{M}$ die identische Abbildung ist.

Das Bündel $\mathcal{E}$ ist bis auf einen Faktor $\mathcal{E} \otimes p^*\mathcal{L}$ ($p : X \times \mathfrak{M} \to \mathfrak{M}$ Projektion, $\mathcal{L} \in \mathrm{Pic}(\mathfrak{M})$) eindeutig bestimmt. Zu jeder Familie $\mathcal{F}$ von Bündeln aus der betrachteten Klasse, parametrisiert durch ein Schema S, mit der induzierten Abbildung $S \xrightarrow{j} \mathfrak{M}$, gibt es ein Geradenbündel $M \in \mathrm{Pic}(S)$ und einen Isomorphismus

$$\mathcal{F} \simeq (\mathrm{id}_X \times j)^* (\mathcal{E}) \otimes p_s^*(M)$$

($p_s : X \times S \to S$ ist die Projektion auf S). Die Existenz eines Poincaré-Bündels ist z. B. unter folgender Voraussetzung gewährleistet: Es gibt Vektorbündel B_0, B_1 auf X, so daß für ein Bündel $\mathcal{F}$ der betrachteten Klasse gilt:

$$\chi\left(\mathcal{F} \otimes B_0\right) - \chi\left(\mathcal{F} \otimes B_1\right) = 1$$

(Riemann-Roch-Hirzebruch-Formel).

Beispiele: 1) Auf ↗algebraischen Kurven X ist hinreichend, daß Grad und Rang der betrachteten Bündel teilerfremd sind.

2) Auf dem Picard-Schema projektiver Varietäten gibt es ein Poincaré-Bündel.

3) Für Flächen X ist hinreichend, daß Grad, Rang und $\chi(X, \mathcal{F}) = \chi$ für die betrachtete Klasse von Bündeln den größten gemeinsamen Teiler 1 haben.

Poincaré-Dualität, Beziehung zwischen den Homologie- und Kohomologiegruppen einer Mannigfaltigkeit:

Ist M eine n-dimensionale kompakte zusammenhängende orientierte Mannigfaltigkeit, so induziert das cap-Produkt mit der Fundamentalklasse $\{M\}$ einen Isomorphismus $H^q(M; G) \simeq H_{n-q}(M; G)$.

Poincaré-Friedrichs-Ungleichung, ↗Sobolew-Räume.

Poincaré-Halbebene, Modell der zweidimensionalen ↗hyperbolischen Geometrie.

Die nichteuklidische (hyperbolische) Ebene wird dabei durch eine offene euklidische Halbebene H (mit einer Randgeraden u) modelliert. Nichteuklidische Punkte sind alle euklidischen Punkte von H. Die Punkte von u werden nicht als Punkte (im nichteuklidischen Sinne des Poincaré-Modells) angesehen; sie heißen uneigentliche („unendlich weit entfernte") Punkte. Nichteuklidische Geraden sind alle vollständig in H liegenden offenen Halbkreise, deren Mittelpunkte der (euklidischen) Geraden u angehören, und alle in H liegenden, zu u senkrechten, offenen Halbgeraden, deren Anfangspunkte auf u liegen.

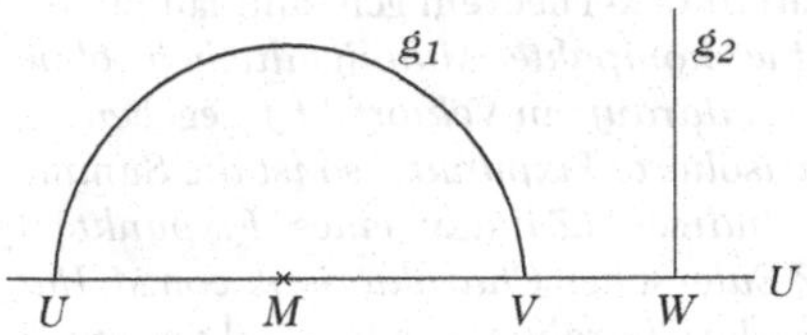

Abbildung 1: Hyperbolische Geraden in der Poincaré-Halbebene

Als Bewegungen der hyperbolischen Ebene werden in der Poincaré-Halbebene alle Hintereinanderausführungen von Verschiebungen entlang der Randgeraden u, Spiegelungen an zu u senkrechten Geraden, zentrischen Streckungen mit einem positiven Streckungsfaktor und einem Streckungszentrum auf u sowie Inversionen an Kreisen, deren Inversionspol auf u liegt, definiert. Zwei geometrische Figuren heißen (in nichteuklidischem Sinne) kongruent, wenn sie durch eine derartige Bewegung aufeinander abgebildet werden können.

Es läßt sich zeigen, daß im Poincaré-Modell alle Axiome der ↗absoluten Geometrie sowie das ↗Parallelenaxiom von Lobatschewski erfüllt sind, es sich also tatsächlich um ein Modell der ↗hyperbolischen Geometrie handelt.

Der Abstand zweier Punkte A und B wird im Poincaré-Modell mit Hilfe des Doppelverhältnisses bestimmt. Falls A und B auf einem Halbkreis mit den uneigentlichen Punkten U und V liegen (Abb. 2), so ist ihr Abstand

$$|AB| := \frac{1}{2}\left|\ln(A', B', U, V)\right| = \frac{1}{2}\left|\ln \frac{|AU|\,|BV|}{|BU|\,|AV|}\right|,$$

liegen A und B auf einer Senkrechten zu u (mit dem uneigentlichen Punkt W), so gilt

$$|CD| := \left|\ln \frac{|DW|}{|CW|}\right|.$$

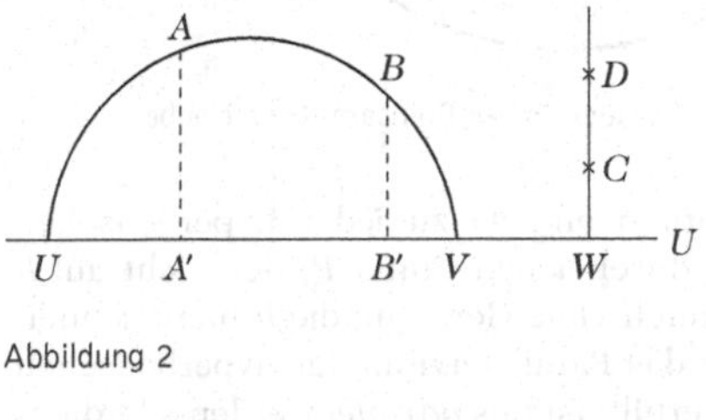

Abbildung 2

Da alle Bewegungen der Poincaré-Halbebene in euklidischem Sinne winkeltreu sind, überträgt sich die euklidische Winkelkongruenz auf die Kongruenz „nichteuklidischer Winkel" im Poincaré-Modell, das deshalb ein konformes Modell der hyperbolischen Ebene ist.

Poincaré-Hopf, Satz von, auch Satz von Poincaré oder Poincaré-Index-Theorem genannt, lautet:

Sei M eine kompakte Mannigfaltigkeit ohne Rand, und sei darauf ein Vektorfeld f gegeben.

Hat f nur isolierte Fixpunkte, so ist die Summe aller ihrer Indizes (↗Index eines Fixpunktes) gleich der ↗Eulerschen Charakteristik von M. Hat M die Eulersche Charakteristik 0, so gibt es auf M ein stetiges Vektorfeld ohne Fixpunkte.

Die Summe der Indizes eines Vektorfeldes auf M mit nur isolierten Fixpunkten ist also allein durch die Mannigfaltigkeit M gegeben. Mittels dieses Satzes läßt sich auf die Existenz stetiger Vektorfelder auf M ohne Fixpunkte allein aus Eigenschaften der Mannigfaltigkeit M schließen.

Poincaré-Kreisscheibe, Modell der zweidimensionalen nichteuklidischen ↗hyperbolischen Geometrie innerhalb einer offenen Kreisscheibe der euklidischen Ebene.

Diese Kreisscheibe wird als hyperbolische Ebene H bzw. (aus der Sicht der einbettenden euklidischen Ebene) als Fundamentalkreis bezeichnet. Die Punkte der Kreislinie selbst gehören nicht zu H, sondern werden als uneigentliche Punkte der hyperbolischen Ebene bezeichnet. Nichteuklidische (hyperbolische) Geraden sind in diesem Modell offene Kreisbögen, die (in euklidischem Sinne) senkrecht zu H sind, sowie die Durchmesser von H.

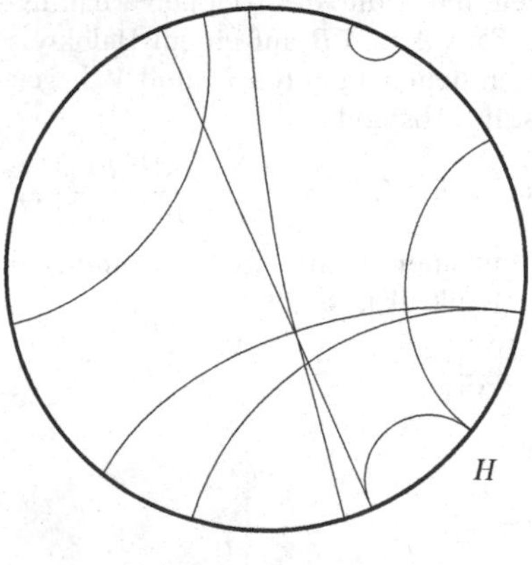

Hyperbolische Geraden in der Poincaré-Kreisscheibe

Offensichtlich gibt es zu jeder hyperbolischen Geraden h durch jeden Punkt P, der nicht auf h liegt, unendlich viele Geraden, die h nicht schneiden, womit das Parallenaxiom der hyperbolischen Geometrie erfüllt ist (als *parallel* werden allerdings nur solche Geraden definiert, die sich „im Unendlichen schneiden", d. h. einen uneigentlichen Punkt gemeinsam haben). Weiterhin läßt sich zeigen, daß (bei einer geeigneten Definition der Kongruenz) alle Axiome der ↗absoluten Geometrie erfüllt sind.

Wie die ↗Poincaré-Halbebene (aber im Gegensatz zum ↗Kleinschen Modell) ist die Poincaré-Kreisscheibe ein konformes Modell der hyperbolischen Geometrie, d. h. die hyperbolischen Winkelmaße zwischen zwei Geraden entsprechen den euklidischen Winkelmaßen.

Poincaré-Modell, die ↗nichteuklidische Geometrie der ↗nichteuklidischen Ebene.

Poincaré-Problem, Problem, das die Entwicklung der Funktionentheorie mehrer komplexer Variabler bahnbrechend beeinflußt hat.

Bereits 1883 zeigte H. Poincarè, daß jede im $\mathbb{C}^2$ meromorphe Funktion der Quotient zweier im $\mathbb{C}^2$ holomorpher Funktionen ist. Der Körper $\mathcal{M}(\mathbb{C}^2)$ ist also der Quotientenkörper des Ringes $\mathcal{O}(\mathbb{C}^2)$. Man sagt allgemein, daß für einen komplexen Raum X der *Satz von Poincarè* gilt, wenn $\mathcal{M}(X)$ der Quotientenring von $\mathcal{O}(X)$ bzgl. der Menge der Nichtnullteiler von $\mathcal{O}(X)$ ist.

Sei X eine komplexe Mannigfaltigkeit, in der das Cousin-II-Problem universell lösbar ist. Dann gilt für X der Satz von Poincarè in folgender scharfen Form:

Jede meromorphe Funktion $h \in \mathcal{M}(X)$, $h \neq 0$, ist der Quotient $\frac{f}{g}$ zweier holomorpher Funktionen $f, g \in \mathcal{O}(X)$, deren Keime $f_x, g_x \in \mathcal{O}_x$ im (faktoriellen) Ring $\mathcal{O}_x$ stets teilerfremd sind, $x \in X$.

Beispielsweise ist für jede Steinsche Mannigfaltigkeit X mit $H^2(X, \mathbb{Z}) = 0$ das zweite Cousin-Problem universell lösbar, und daher gilt für X der Satz von Poincarè in der scharfen Form. Man kann zeigen, daß der Satz von Poincarè für jede Steinsche Mannigfaltigkeit gilt.

Poincaré-Residuum, ↗Log-Komplex.

Poincarés letztes Theorem, ↗Poincaré-Birkhoff, Satz von.

Poincarésche Metrik, ↗ hyperbolische Metrik.

Poincaréscher Dualitätssatz, besagt, daß es für orientierbare n-dimensionale Mannigfaltigkeiten M natürliche Isomorphismen

$$P : \mathrm{H}^q_c(M; G) \cong \mathrm{H}_{n-q}(M; G), \quad q = 0, \ldots, n,$$

zwischen den q-ten Kohomologiegruppen von M mit kompakten Trägern und mit Werten in einer beliebigen abelschen Koeffizientengruppe G und den $(n-q)$-ten Homologiegruppen gibt.

Für kompakte Mannigfaltigkeiten ist H_c die übliche Kohomologie.

Ist speziell $G = \mathbb{K}$ ein Körper, so sind die (Ko-)Homologiegruppen Vektorräume über $\mathbb{K}$. Sind diese Vektorräume endlichdimensional, so ist die

q-te ↗Betti-Zahl hier definiert als

$$b_q := \dim \mathrm{H}_q(M, \mathbb{K}) = \dim \mathrm{H}_c^q(M, \mathbb{K}) .$$

Aus dem Poincaréschen Dualitätssatz folgt die Symmetrie $b_q = b_{n-q}$ der Betti-Zahlen.

PO-Inhalt, ein Inhalt mit Werten in der Menge der positiven Operatoren auf einem komplexen Hilbertraum, also eine Abbildung $\mu : R \to L(H)_+$ mit

$$\mu\left(\biguplus_{i=1}^{n} A_i\right) = \sum_{i=1}^{n} \mu(A_i)$$

für alle $n \in \mathbb{N}$ und disjunkten $A_1, \dots, A_n \in R$ mit Vereinigung in R, wobei R ein ↗Mengenhalbring und H ein komplexer Hilbertraum sei. Auch die Fortsetzung von μ zu einem Inhalt auf dem von R erzeugten Ring ist dann ein PO-Inhalt. PO-Inhalte sind die Grundlage verallgemeinerter ↗Quadratintegrierbarkeit.

Man nennt μ ein schwaches PO-Maß, wenn μ punktweise σ-additiv ist, also

$$\mu\left(\biguplus_{i=1}^{\infty} A_i\right) x = \sum_{i=1}^{\infty} \mu(A_i)\, x$$

gilt für alle Folgen (A_i) disjunkter $A_i \in R$ mit Vereinigung in R und für alle $x \in H$. Beispielsweise ist jedes Spektralmaß ein schwaches PO-Maß. Schwache PO-Maße werden etwa in der Quantenmechanik zur Beschreibung verallgemeinerter ↗Observabler benutzt. Jedes schwache PO-Maß ist ein PO-Inhalt, jedoch wird etwa durch

$$R := \{A \subset \mathbb{N} \mid \#A < \infty \text{ oder } \#(\mathbb{N} \setminus A) < \infty\}$$

und $\mu(A) := 0$ für $\#A < \infty$, andernfalls $\mu(A) := id_H$, im Fall $H \neq \{0\}$ ein PO-Inhalt auf einer Algebra definiert, der kein schwaches PO-Maß ist.

Gilt sogar σ-Additivität bzgl. der Operatornorm,

$$\mu\left(\biguplus_{i=1}^{\infty} A_i\right) = \sum_{i=1}^{\infty} \mu(A_i)$$

für alle Folgen (A_i) disjunkter $A_i \in R$ mit Vereinigung in R, so heißt μ PO-Maß. Jedes PO-Maß ist auch ein schwaches PO-Maß, jedoch wird etwa durch $R := \mathfrak{P}(\mathbb{N})$, $H := \ell_2$ und $\mu(A)x := \chi_A x$ für $A \in R$, $x \in H$ ein beschränktes schwaches PO-Maß auf einer σ-Algebra definiert, das kein Maß ist.

Man beachte: Teilweise wird in der Literatur unter einem PO-Maß das verstanden, was hier als schwaches PO-Maß bezeichnet ist, also nur die punktweise σ-Additivität gefordert.

Poinsot, Louis, französischer Physiker, geb. 3.1.1777 Paris, gest. 9.12.1859 Paris.

Poinsot studierte von 1794 bis 1797 an der Ecole Polytechnique. 1809 ging er an die Université de France. Dort war er Professor für Analysis und Mechanik. Er war außerdem Mitglied des französischen Hohen Rates für den öffentlichen Unterricht und ab 1813 Mitglied der französischen Akademie.

Auf Poinsot geht der Begriff des Drehmomentes zurück. Er erklärte die Rotation eines Körpers durch das Angreifen zweier entgegengesetzt gerichteter, in einem gewissen Abstand angreifender Kräfte. Er führte weiterhin den sog. Trägheitsellipsoiden ein, der gegeben ist durch den Drehvektor, den Impulsmomentvektor und das Hauptträgheitsmoment. Mit dieser Arbeit etablierte Poinsot die geometrische Statik.

Daneben befaßte er sich mit Geometrie und veröffentlichte 1809 eine Arbeit zu regulären Polyedern, in der er die zu den Archimedischen Körpern dualen Körper (wieder)entdeckte.

Poisson, Grenzwertsatz von, Satz über die Approximation der Binomialverteilung durch die Poisson-Verteilung.

Es sei $\lambda \geq 0$ eine reelle Zahl und $(p_n)_{n\in\mathbb{N}}$ eine Folge im Intervall $[0, 1]$ mit der Eigenschaft

$$\lim_{n\to\infty} np_n = \lambda .$$

Dann gilt

$$\lim_{n\to\infty} \binom{n}{k} p_n^k (1-p_n)^{n-k} = \frac{\lambda^k}{k!} e^{-\lambda}$$

für alle $k \in \mathbb{N}_0$.

Für großes n und kleine Erfolgswahrscheinlichkeit p kann die ↗Binomialverteilung mit den Parametern n und p also durch die ↗Poisson-Verteilung mit dem Parameter $\mu = np$ approximiert werden. Eine Abschätzung der Approximationsgüte ist dabei z. B. durch die Ungleichung

$$\frac{1}{2}\sum_{k=0}^{\infty} \left| \binom{n}{k} p^k (1-p)^{n-k} - \frac{\mu^k}{k!} e^{-\mu} \right| \leq \frac{\mu}{n} \min(2, \mu)$$

gegeben.

Poisson, Siméon, Mathematiker und Physiker, geb. 21.6.1781 Pithiviers (Loiret), gest. 25.4.1840 Paris.

Poisson war der Sohn eines ehemaligen Soldaten, dieser hatte nach dem Ausscheiden aus der Armee einen niedrigen Beamtenposten erhalten. Der Vater unterrichtete seinen Sohn selbst. Nach der Revolution wurde der Vater Distriktspräsident von Pithiviers. Diese Stellung benutzte er, um seinem Sohn den höheren Bildungsweg zu erschließen. 1796 wurde Poissson in die Ecole Centrale von Fontainebleau aufgenommen. Dort fiel er durch Fleiß und enorme mathematische Begabung auf. 1798 wurde er Schüler der Ecole Polytechnique in Paris, wo ihn besonders Lagrange und Laplace förderten.

Neben starken Interessen für das kulturelle Leben von Paris galt seine Aufmerksamkeit besonders der Analysis (1799/1800 erste Arbeit). 1800 wurde Poisson Repetiteur an der Ecole Polytechnique, 1802 stellvertretender Professor, 1806 Titularprofessor. Ab 1808 war er als Astronom am Längenbüro tätig, ab 1809 als Professor für Mechanik an der neugegründeten Faculté des Sciences. 1815 wurde er dazu Examinator an der Ecole Militaire, 1816 an der Ecole Polytechnique. Nach dem Tode von Laplace und der Emigration Cauchys 1830 war Poisson der einflußreichste Mathematiker Frankreichs. Im Jahre 1837 wurde er Baron.

Von Poisson sind annähernd 300 Arbeiten bekannt. In einer ersten Periode (bis 1807) interessierte er sich vorwiegend für die Theorie der gewöhnlichen und partiellen Differentialgleichungen. Er versuchte, diese Studien auf die Bewegung des Pendels in einem zähen Medium und auf die Theorie des Klanges anzuwenden.

In den Jahren ab 1808 förderte er Fouriers Wärmetheorie und arbeitete vorwiegend über theoretische Astronomie (mittlere Bewegung der Planeten, Erdrotation, Störungen) und Mechanik.

Poissons Beiträge dazu waren mehr formaler Art. Er vereinfachte und verbesserte den mathematischen Apparat und die Berechnungsverfahren auf überaus geschickte Art, dabei vorwiegend auf die Originalarbeiten von Lagrange und Laplace zurückgreifend. C.G.J. Jacobi und auch W.R. Hamilton sind in ihrer „mathematischen Technik" noch stark von Poisson beeinflußt worden.

In einer dritten Phase seiner wissenschaftlichen Tätigkeit wandte sich Poisson vornehmlich der Anwendung der Mathematik auf physikalische Fragen zu, so der Potentialtheorie (Potential im Inneren von anziehenden Massen, 1813), der Beschreibung elektrischer und magnetischer Erscheinungen, und arbeitete über elastische Flächen.

Die vierte Periode von Poissons Schaffen (1814–1827) war geprägt durch eine enge Zusammenarbeit mit Laplace. Er forschte über die Schallgeschwindigkeit in Gasen, die Wärmelehre (Auseinandersetzung mit Fourier) und die Elastizitätstheorie (1828). Seine Ideen zur Wärmelehre (u. a. Konzept der „Wärmeflüssigkeit" 1823) haben stark auf S. Carnot (1796–1832) gewirkt.

In seiner letzten Schaffensphase baute Poisson einerseits gewonnene Resultate noch aus („Theorie mathématique de chaleur", 1835, 1837), wandte sich aber auch zwei völlig neuen Gebieten zu: Der Anwendung der Wahrscheinlichkeitsrechnung auf „zivile und kriminelle Fragen" („Poisson-Verteilung" 1837) und der Ballistik (1839, Berücksichtigung von Form und Rotation der Projektile, Berücksichtigung der Erdbewegung).

Poisson-Abbildung, C^∞-Abbildung Φ einer ↗Poissonschen Mannigfaltigkeit (M, P) in eine andere Poissonsche Mannigfaltigkeit (N, P'), die die ↗Poisson-Strukturen in folgender Weise abbildet:

$$(T\Phi \otimes T\Phi) \circ P = P' \circ \Phi\,.$$

Die Abbildung $\Phi^* : C^\infty(N) \to C^\infty(M) : f \mapsto f \circ \Phi$ ist ein Homomorphismus von ↗Poisson-Algebren. Wichtige Beispiele von Poisson-Abbildungen sind ↗Symplektomorphismen zwischen ↗symplektischen Mannigfaltigkeiten, sowie jede ↗Impulsabbildung.

Poisson-Algebra, kommutative ↗assoziative Algebra A, auf der eine ↗Poisson-Klammer gegeben ist.

Poisson-Geometrie, differentialgeometrische Untersuchung der ↗Poissonschen Mannigfaltigkeiten.

Eine Poissonsche Mannigfaltigkeit (M, P) kann man als Verallgemeinerung einer ↗symplektischen Mannigfaltigkeit insofern auffassen, als es auch hier möglich ist, jeder reellwertigen C^∞-Funktion H auf M ein Vektorfeld, ihr ↗Hamilton-Feld $X_H := P(\cdot, dH)$, zuzuordnen. Damit erhält man ein dynamisches System, für das H wegen der Antisymmetrie von P immer ein Erhaltungssatz ist. Außerdem wird auf $C^\infty(M)$, dem Raum aller reellwertigen C^∞-Funktionen, eine Lie-Klammer durch die Vorschrift $\{f, g\} := P(df, dg)$ für alle $f, g \in C^\infty(M)$ erklärt. Falls M gerade Dimension $2k$ besitzt, und der Rang der Poisson-Struktur mit $2k$ identisch ist, so läßt sich P invertieren, und das Inverse ω wird zu einer ↗symplektischen 2-Form auf M.

Auf jeder differenzierbaren Mannigfaltigkeit, deren Dimension mindestens zwei ist, existiert immer eine nichtverschwindende Poisson-Struktur, was für symplektische Strukturen im allgemeinen nicht der Fall ist.

Eine Poissonsche Mannigfaltigkeit besitzt stets eine Blätterung in ihre sogenannten symplektischen Blätter, die symplektische Mannigfaltigkeiten sind. Lokal läßt sich nach A.Weinstein jede Poissonsche Mannigfaltigkeit in das Produkt eines symplektischen Blattes und einer minimalen transversalen Poissonschen Mannigfaltigkeit, die die sog. transversale Poisson-Struktur trägt, zerlegen.

Ferner lassen sich sowohl eine Kohomologietheorie (↗Poisson-Kohomologie, die sich im symplektischen Fall auf die de Rham-Kohomologie reduziert,) als auch eine Homologietheorie (↗Poisson-Homologie) auf jeder Poissonschen Mannigfaltigkeit definieren. Die Berechnung dieser (Ko)Homologien ist jedoch selbst im $\mathbb{R}^2$ sehr schwierig.

Neben den symplektischen Mannigfaltigkeiten liefern in neuerer Zeit die ↗Poisson-Lie-Gruppen und ihre ↗Poissonschen homogenen Räume die wichtigsten Beispiele für Poissonsche Mannigfaltigkeiten.

Schließlich ist das Problem der formalen assoziativen Deformation der ↗Poisson-Algebra $C^\infty(M)$ gerade für quantenmechanische Anwendungen interessant und wird in der Theorie der ↗Deformationsquantisierung behandelt.

[1] Vaisman, Izu: Lectures on the Geometry of Poisson Manifolds. Birkhäuser-Verlag Basel, 1994.

Poisson-Gleichung, stationäre ↗Wärmeleitungsgleichung der Form

$$-\kappa \Delta u = f$$

mit gesuchter Funktion $u(x)$ in einem beschränktem Gebiet Ω des $\mathbb{R}^3$ mit glattem Rand $\partial\Omega$.

κ bezeichnet die Wärmeleitfähigkeitszahl und $f(x)$ eine Wärmequelle. Als Randbedingung kann man die folgenden drei Fragestellungen betrachten.

1. Erste Randwertaufgabe:

$$u = u_0 \quad \text{auf} \quad \partial\Omega.$$

2. Zweite Randwertaufgabe:

$$Jn = g \quad \text{auf} \quad \partial\Omega,$$

wobei $J = -\kappa \nabla u$ der sogenannte Wärmestromdichtevektor ist, und n der äußere Normaleneinheitsvektor auf $\partial\Omega$.

3. Dritte Randwertaufgabe:

$$Jn = hu + g \quad \text{auf} \quad \partial\Omega$$

mit einer Funktion $h > 0$ auf $\partial\Omega$.

Poisson-Homologie, Homologietheorie, die auf dem Raum aller Differentialformen $\Gamma(\Lambda T^*M)$ einer ↗Poissonschen Mannigfaltigkeit (M, P) durch den Randoperator

$$\delta := i(P)d - di(P)$$

definiert wird, wobei d die äußere Ableitung und $i(P)$ das innere Produkt mit der Poisson-Struktur P bedeutet. Der Randoperator δ antikommutiert mit d:

$$d\delta + \delta d = 0\,.$$

Poisson-Integral, im Einheitskreis $\mathbb{E} = \{z \in \mathbb{C} : |z| < 1\}$ definiert durch

$$F(z) := \int_{-\pi}^{\pi} \mathcal{P}(r, \vartheta - t) f(e^{i\vartheta})\, d\vartheta\,, \quad z \in \mathbb{E}\,.$$

Dabei ist $z = re^{it}$, $\mathcal{P}$ der ↗Poisson-Kern, $f \in L^1(\mathbb{T})$ (d. h. $f : \mathbb{T} \to \mathbb{C}$ ist Lebesgue-integrierbar) und $\mathbb{T} = \partial\mathbb{E}$. Statt F schreibt man auch $P[f]$. Es ist $P[f]$ eine komplexwertige harmonische Funktion in $\mathbb{E}$, d. h. $P[f] = u + iv$, wobei u, v (reellwertige) ↗harmonische Funktionen in $\mathbb{E}$ sind. Im allgemeinen ist $P[f]$ aber keine ↗holomorphe Funktion.

Zur Erläuterung weiterer Eigenschaften von $P[f]$ wird für $1 \le p < \infty$ und für eine komplexwertige harmonische Funktion u in $\mathbb{E}$ gesetzt

$$\|u\|_p := \sup_{0 \le r < 1} \left(\frac{1}{2\pi} \int_{-\pi}^{\pi} |u(re^{it})|^p\, dt \right)^{1/p}\,,$$

und für $p = \infty$

$$\|u\|_\infty := \sup_{0 \le r < 1} \max_{t \in (-\pi, \pi]} |f(re^{it})|\,.$$

Dann sei h^p die Menge aller in $\mathbb{E}$ harmonischen Funktionen u derart, daß $\|u\|_p < \infty$. Mit der punktweisen Skalarmultiplikation und Addition von Funktionen ist h^p ein komplexer Vektorraum. Weiter ist $\|\cdot\|_p$ eine Norm auf h^p, und h^p damit ein Banachraum. Man nennt h^p ↗Hardy-Raum harmonischer Funktionen. Es gilt $h^\infty \subset h^q \subset h^p \subset h^1$ für $1 \le p \le q \le \infty$. Dabei sind alle diese Inklusionen echt, d. h. für $p \ne q$ gilt $h^p \ne h^q$. Der Raum h^1 enthält alle positiven harmonischen Funktionen in $\mathbb{E}$.

Mit diesen Bezeichnungen gilt $P[f] \in h^1$ für alle $f \in L^1(\mathbb{T})$. Genauer ist die Abbildung $P : L^1(\mathbb{T}) \to h^1$ mit $f \mapsto P[f]$ linear und injektiv, aber nicht surjektiv. Weiter bildet P den Unterraum $L^p(\mathbb{T})$, $1 < p \le \infty$ bijektiv auf h^p ab.

Ist $f \in L^1(\mathbb{T})$ und $e^{it_0} \in \mathbb{T}$ ein Lebesgue-Punkt von f, d. h.

$$\lim_{t \to t_0} \frac{1}{t - t_0} \int_{t_0}^{t} |f(e^{i\vartheta}) - f(e^{it_0})|\, d\vartheta = 0\,,$$

so gilt für den radialen Grenzwert

$$\lim_{r \to 1} P[f](re^{it_0}) = f(e^{it_0})\,.$$

Insbesondere existiert dieser Grenzwert für fast alle $e^{it_0} \in \mathbb{T}$. Falls f stetig auf $\mathbb{T}$ ist, so gilt dies für alle

$e^{it_0} \in \mathbb{T}$. Setzt man in diesem Fall

$$H[f](re^{it}) := \begin{cases} f(e^{it}) & \text{für } r = 1\,, \\ P[f](re^{it}) & \text{für } 0 \le r < 1\,, \end{cases}$$

so ist $H[f]$ stetig auf $\overline{\mathbb{E}}$ und harmonisch in $\mathbb{E}$.

Allgemeiner kann man das Poisson-Integral eines komplexen Borel-Maßes μ auf $\mathbb{T}$ betrachten. Dieses ist definiert durch

$$F(z) := \int_{-\pi}^{\pi} \mathcal{P}(r, \vartheta - t)\, d\mu(e^{i\vartheta})\,, \quad z \in \mathbb{E}\,.$$

Statt F schreibt man $P[d\mu]$. Ist $f \in L^1(\mathbb{T})$ und definiert man für eine Borel-Menge $E \subset \mathbb{T}$

$$\mu(E) := \int_E f(e^{i\vartheta})\, d\vartheta\,,$$

so ist μ ein komplexes Borel-Maß auf $\mathbb{T}$ und $P[d\mu] = P[f]$. Es gilt $P[d\mu] \in h^1$. Genauer liefert $\mu \mapsto P[d\mu]$ eine lineare, bijektive Abbildung zwischen dem Raum aller komplexen Borel-Maße auf $\mathbb{T}$ und h^1. Dabei wird die Menge aller positiven endlichen Borel-Maße auf $\mathbb{T}$ bijektiv auf die Menge aller positiven harmonischen Funktionen in $\mathbb{E}$ abgebildet.

Poisson-Integralformel, Darstellungsformel für eine im Einheitskreis $\mathbb{E} = \{z \in \mathbb{C} : |z| < 1\}$ ↗harmonische Funktion.

Es sei u eine auf $\overline{\mathbb{E}}$ stetige und in $\mathbb{E}$ harmonische Funktion. Dann gilt

$$u(z) = \int_{-\pi}^{\pi} \mathcal{P}(r, \vartheta - t) u(e^{i\vartheta})\, d\vartheta\,, \quad z \in \mathbb{E}\,,$$

wobei $z = re^{it}$ und $\mathcal{P}$ der ↗Poisson-Kern ist.

Dies bedeutet, daß u in $\mathbb{E}$ das ↗Poisson-Integral der Einschränkung $u|\partial\mathbb{E}$ von u auf $\partial\mathbb{E}$ ist. Setzt man

$$f(z) := \frac{1}{2\pi} \int_{-\pi}^{\pi} \frac{e^{i\vartheta} + z}{e^{i\vartheta} - z} u(e^{i\vartheta})\, d\vartheta\,, \quad z \in \mathbb{E}\,,$$

so ist f eine ↗holomorphe Funktion in $\mathbb{E}$, und es gilt $u(z) = \operatorname{Re} f(z)$ für $z \in \mathbb{E}$.

Poisson-Kern, für $\zeta, z \in \mathbb{C}$ mit $|\zeta| = R > 0$ und $|z| < R$ definiert durch

$$P_R(\zeta, z) := \frac{1}{2\pi} \frac{R^2 - |z|^2}{|\zeta - z|^2} = \frac{1}{2\pi} \operatorname{Re} \frac{\zeta + z}{\zeta - z}\,.$$

Schreibt man $\zeta = Re^{i\vartheta}$ und $z = re^{it}$ mit $\vartheta, t \in \mathbb{R}$ und $0 \le r < R$, so hat der Kern die Gestalt

$$P_R(\zeta, z) = \frac{1}{2\pi} \frac{R^2 - r^2}{R^2 - 2Rr\cos(\vartheta - t) + r^2}\,.$$

Im folgenden wird nur der Spezialfall $R = 1$ betrachtet. Man schreibt dann kurz $P(\zeta, z)$ und definiert auf $[0, 1) \times \mathbb{R}$ die Funktion

$$\mathcal{P}(r, \varphi) := \frac{1}{2\pi} \frac{1 - r^2}{1 - 2r\cos\varphi + r^2}\,.$$

Offensichtlich gilt $P(\zeta, z) = \mathcal{P}(r, \vartheta - t)$. Im folgenden werden die wesentlichen Eigenschaften von $P(\zeta, z)$ zusammengestellt. Dazu sei $\mathbb{E} = \{z \in \mathbb{C} : |z| < 1\}$ und $\mathbb{T} = \{z \in \mathbb{C} : |z| = 1\}$.

(a) Für festes $\zeta \in \mathbb{T}$ ist $P(\zeta, \cdot)$ eine ↗harmonische Funktion in $\mathbb{E}$.

(b) $\mathcal{P}(r, \varphi + 2\pi) = \mathcal{P}(r, \varphi)$ für $(r, \varphi) \in [0, 1) \times \mathbb{R}$.

(c) $\mathcal{P}(r, \varphi) = \mathcal{P}(r, -\varphi)$ für $(r, \varphi) \in [0, 1) \times \mathbb{R}$.

(d) $\mathcal{P}(r, \varphi) = \frac{1}{2\pi} \sum_{n=-\infty}^{\infty} r^{|n|} e^{in\varphi}$ für $(r, \varphi) \in [0, 1) \times \mathbb{R}$.

(e) $\mathcal{P}(r, \varphi) > 0$ für $(r, \varphi) \in [0, 1) \times \mathbb{R}$.

(f) $\int_{-\pi}^{\pi} \mathcal{P}(r, \varphi)\, d\varphi = 1$ für $r \in [0, 1)$.

(g) Für $0 < |\varphi| \le \pi$ gilt $\lim_{r\to 1} \mathcal{P}(r, \varphi) = 0$, und zwar gleichmäßig in φ auf der Menge

$$\{\varphi \in \mathbb{R} : \delta \le |\varphi| \le \pi\}$$

für jedes $\delta > 0$.

Der Poisson-Kern spielt eine wichtige Rolle beim ↗Poisson-Integral und bei der ↗Poisson-Integralformel.

Poisson-Klammer, in der Algebra eine auf einer kommutativen assoziativen Algebra definierte ↗Lie-Klammer, üblicherweise geschrieben $\{\ ,\ \}$, die außerdem noch in jedem Argument derivativ ist, d. h., es gilt

$$\{ab, c\} = \{a, c\}b + a\{b, c\}$$

für je drei Algebraelemente a, b, c.

Auf einer symplektischen oder allgemeiner ↗Poissonschen Mannigfaltigkeit wird durch die ↗Poisson-Struktur P eine Poisson-Klammer auf dem Raum aller reellwertigen C^∞-Funktionen in folgender Weise erklärt:

$$\{f, g\} := P(df, dg)\,.$$

Im Spezialfall des $\mathbb{R}^{2n}$ mit Koordinaten $(q_1, \dots, q_n, p_1, \dots, p_n)$ lautet die Standard-Poisson-Klammer

$$\{f, g\} = \sum_{i=1}^{n} \left(\frac{\partial f}{\partial q_i} \frac{\partial g}{\partial p_i} - \frac{\partial f}{\partial p_i} \frac{\partial g}{\partial q_i} \right).$$

In Sinne der klassischen Mechanik ist die Poisson-Klammer diejenige Größe, die das Analogon der quantenmechanischen Vertauschungsrelationen darstellt.

Ein Anwendungsbeispiel: Als g werde der Hamiltonian H des Systems eingesetzt, und weder f noch H hängen explizit von der Zeit t ab. Dann gilt: f ist eine Erhaltungsgröße des Systems genau dann, wenn $\{f, H\} = 0$ ist.

[1] Landau, L.; Lifschiz, E.: Mechanik. Akademie-Verlag Berlin, 1962.

Poisson-Kohomologie, Kohomologietheorie, die auf dem Raum aller Multivektorfelder $\Gamma(\Lambda TM)$ einer ↗ Poissonschen Mannigfaltigkeit (M, P) durch den Korandoperator $\sigma(Q) := -[P, Q]$ definiert wird, wobei Q in $\Gamma(\Lambda TM)$ liegt, und $[\cdot, \cdot]$ die ↗ Schouten-Klammer bezeichnet.

Poisson-Lie-Gruppe, eine mit einer ↗ Poisson-Struktur P_G ausgestattete ↗ Lie-Gruppe G, für die die Gruppenmultiplikation $G \times G \to G$ eine ↗ Poisson-Abbildung ist, wobei $G \times G$ die kanonische Poisson-Struktur $P_G \oplus P_G$ trägt.

Die Lie-Algebra $\mathfrak{g}$ einer Poisson-Lie-Gruppe trägt die Struktur einer Lie-Bialgebra $(\mathfrak{g}, [\cdot, \cdot], \delta)$: Die Ableitung von P_G am neutralen Element e liefert einen $\mathfrak{g}$-2-Kozyklus $\delta : \mathfrak{g} \to \mathfrak{g} \wedge \mathfrak{g}$, der außerdem der Bedingung $\alpha \wedge \beta \wedge \gamma \circ (\delta \otimes 1) \circ \delta = 0$ genügt für alle α, β, γ im Dualraum von $\mathfrak{g}$. Andererseits ist P_G in einer Umgebung e durch δ vollständig bestimmt. Poisson-Lie-Gruppen spielen vor allem in der Theorie der integrablen Systeme eine wichtige Rolle.

Poisson-Prozeß, auf einem Wahrscheinlichkeitsraum $(\Omega, \mathfrak{A}, P)$ definierter stochastischer Prozeß $(N_t)_{t \geq 0}$ mit Werten in $\mathbb{Z}$ und den folgenden Eigenschaften:

(i) Für P-fast alle $\omega \in \Omega$ ist der Pfad $t \to N_t(\omega)$ eine unbeschränkte, monoton wachsende und rechtsseitig stetige Funktion mit Sprüngen der Größe Eins, d. h., für jede Unstetigkeitsstelle $t > 0$ gilt

$$N_t(\omega) - \sup_{s<t} N_s(\omega) = 1 .$$

(ii) Der Prozeß besitzt unabhängige Zuwächse.

(iii) Für alle $0 \leq s < t$ ist die Verteilung des Zuwachses $N_t - N_s$ eine ↗ Poisson-Verteilung mit dem Parameter $\lambda(t-s)$, $\lambda > 0$.

Man nennt $(N_t)_{t \geq 0}$ dann einen Poisson-Prozeß zum Parameter λ oder mit Intensität λ. Gilt zusätzlich P-fast sicher $X_0 = 0$, so heißt der Prozeß normal.

Zu jedem auf $\mathfrak{P}(\mathbb{Z})$ definierten Wahrscheinlichkeitsmaß μ und jeder reellen Zahl $\lambda > 0$ existiert ein Poisson-Prozeß mit Parameter λ und Anfangsverteilung μ. Das Verhalten der Pfade eines Poisson-Prozesses kann durch die beiden folgenden Aussagen charakterisiert werden: An einer vorgegebenen Stelle $t_0 > 0$ ist der Pfad $t \to N_t(\omega)$ für P-fast alle $\omega \in \Omega$ stetig, und für P-fast alle $\omega \in \Omega$ besitzt der Pfad $t \to N_t(\omega)$ unendlich viele Unstetigkeitsstellen. Ist $(X_n)_{n \in \mathbb{N}}$ eine auf $(\Omega, \mathfrak{A}, P)$ definierte Folge unabhängiger identisch mit Parameter λ exponentialverteilter Zufallsvariablen, und setzt man $S_n = \sum_{i=1}^n X_i$ für $n \in \mathbb{N}$ sowie $S_0 = 0$, so liefert die Definition

$$N_t = \max\{n \in \mathbb{N} : S_n \leq t\}$$

für alle $t \geq 0$ einen normalen Poisson-Prozeß $(N_t)_{t \geq 0}$ mit Intensität λ. Umgekehrt erhält man aus einem normalen Poisson-Prozeß $(N_t)_{t \geq 0}$ mit Parameter λ durch die Definitionen

$$S_n = \inf\{t \geq 0 : N_t \geq n\}$$

für alle $n \in \mathbb{N}_0$ und $X_n = S_n - S_{n-1}$ für alle $n \in \mathbb{N}$ eine derartige Folge $(X_n)_{n \in \mathbb{N}}$. In beiden Fällen können die Realisierungen der X_n als Zeitpunkte interpretiert werden, zu denen das n-te aus einer Folge von Ereignissen, etwa Emissionen radioaktiver Teilchen, eintritt, und die Realisierungen der S_n als die Zeit zwischen dem Eintreten zweier aufeinanderfolgender Ereignisse.

Bemerkenswert ist noch, daß $(N_t)_{t \geq 0}$ schon dann ein Poisson-Prozeß ist, wenn er die Bedingungen (i) und (ii) erfüllt, und (iii) durch die Forderung ersetzt wird, daß der Prozeß stationäre Zuwächse besitzt. Der Poisson-Prozeß ist darüber hinaus ein Beispiel für eine zeitlich homogene ↗ Markow-Kette mit stetiger Zeit.

Gelegentlich werden Poisson-Prozesse auch als einer Filtration $(\mathfrak{A}_t)_{t \geq 0}$ in $\mathfrak{A}$ adaptierte Prozesse definiert, die die Bedingungen (i) und (iii) erfüllen und statt (ii) $(\mathfrak{A}_t)$-unabhängige Zuwächse besitzen.

Poissonsche Mannigfaltigkeit, eine differenzierbare Mannigfaltigkeit M zusammen mit einer ↗ Poisson-Struktur P, Hauptgegenstand der ↗ Poisson-Geometrie.

Jede ↗ symplektische Mannigfaltigkeit ist eine Poissonsche Mannigfaltigkeit, ferner besitzt der Dualraum $\mathfrak{g}^*$ jeder endlichdimensionalen reellen Lie-algebra $(\mathfrak{g}, [\ ,\ ])$ eine lineare Poisson-Struktur, gegeben durch $P_\alpha := \alpha \circ [\ ,\ ]$. Das kartesische Produkt $M := M_1 \times M_2$ zweier Poisson-Mannigfaltigkeiten (M_1, P_1) und (M_2, P_2) trägt wiederum eine kanonische Poisson-Struktur $P_1 \oplus P_2$, die am Punkte $(m_1, m_2) \in M$ gegeben ist durch

$$(P_1 \oplus P_2)(m_1, m_2)$$
$$:= (T_{m_1} i_1 \otimes T_{m_1} i_1) P_1(m_1) + (T_{m_2} i_2 \otimes T_{m_2} i_2) P_2(m_2),$$

wobei $i_1 : M_1 \to M$ und $i_2 : M_2 \to M$ die kanonischen Injektionen bezeichnen.

Poissonsche Summenformel, setzt unendliche Summen einer Funktion und ihrer Fourier-Transformierten in Beziehung. Es gilt:

Ist $f \in L^1(\mathbb{R})$ von beschränkter Variation, so ist

$$\sqrt{a} \sum_{k=-\infty}^{\infty} f(ak) = \sqrt{b} \sum_{k=-\infty}^{\infty} \hat{f}(bk) ,$$

wobei $ab = 2\pi$, $(a > 0)$.

Es gilt eine Verallgemeinerung dieser Summenformel für lokal kompakte topologische ↗ abelsche Gruppen G: Ist H eine diskrete Untergruppe von G und G/H kompakt, so gilt für alle stetigen f in der Gruppen-Algebra $L^1(G)$

$$\sum_{y \in H} f(y) = c \sum_{x \in G, xH=0} \hat{f}(x) ,$$

vorausgesetzt, die linke und rechte Summe konvergieren absolut. c ist hierbei eine Konstante, die von den Haar-Maßen von G und seiner Charakter-Gruppe abhängt, und $\hat{f}$ ist die Fourier-Transformierte von f auf der Charakter-Gruppe.

[1] Zymund, A.: Trigonometric Series. Cambridge Univ. Press, 1959.

Poissonscher homogener Raum, eine ↗Poissonsche Mannigfaltigkeit (M, P), auf der eine ↗Poisson-Lie-Gruppe (G, P_G) transitiv so operiert, daß die Gruppenwirkung $G \times M \to M$ eine ↗Poisson-Abbildung ist, wobei $G \times M$ die kanonische Poisson-Struktur $P_G \oplus P_M$ trägt.

Poissonscher Vektor, ↗ starrer Körper.

Poisson-stabil, Eigenschaft von Punkten im Kontext dynamischer Systeme.

Für einen Fluß $(M, \mathbb{R}, \Phi)$ auf einem topologischen Raum M heißt ein Punkt $x \in M$ positiv bzw. negativ Poisson-stabil, falls er in seiner eigenen ω-Limesmenge bzw. α-Limesmenge enthalten ist:

$$x \in \omega(x) \text{ bzw. } x \in \alpha(x)\,.$$

Ist x positiv und negativ Poisson-stabil, so heißt er Poisson-stabil.

Positiv und negativ Poisson-stabile Punkte sind nicht-wandernde Punkte, jedoch gilt nicht die Umkehrung. Für $x \in M$ sind äquivalent:

1. x ist positiv Poisson-stabil.
2. Für den Vorwärts-Orbit (↗Orbit) $\mathcal{O}^+(x)$ gilt $\overline{\mathcal{O}^+(x)} = \omega(x)$.
3. Für den Orbit $\mathcal{O}(x)$ gilt $\mathcal{O}(x) \subset \omega(x)$.
4. Für alle $T > 0$ und alle Umgebungen $U(x)$ von x existiert ein $t > T$ mit $\Phi(x, t) \in U(x)$.

Analoge Äquivalenzen gelten für (negativ) Poisson-stabile Punkte.

↗Rekurrente Punkte, also z. B. ↗Fixpunkte und ↗periodische Punkte, sind Poisson-stabil. Für ein C^1-Vektorfeld auf S^2 vergleiche auch das ↗Poincaré-Bendixson-Theorem.

In einem vollständigen metrischen Raum M liegt für ein positiv Poisson-stabiles $x \in M$ die Menge $\omega(x) \setminus \mathcal{O}(x)$ dicht in $\omega(x)$. Insbesondere ist dann x genau dann periodisch, wenn $\mathcal{O}(x) = \omega(x)$ gilt.

Poissonstrom, ↗Poisson-Prozeß.

Poisson-Struktur, antisymmetrisches kontravariantes Tensorfeld P zweiter Stufe auf einer differenzierbaren Mannigfaltigkeit M (d. h. $P \in \Gamma(\Lambda^2 TM)$), für das die ↗Schouten-Klammer $[P, P]$ verschwindet.

Zur Definition äquivalent ist die Bedingung, daß für je zwei reellwertige C^∞-Funktionen f und g auf M die Vorschrift $(f, g) \mapsto \{f, g\} := P(df, dg)$ eine ↗Poisson-Klammer auf $C^\infty(M)$ definiert. Da man im $\mathbb{R}^n$ immer $2k \leq n$ am Ursprung linear unabhängige Vektorfelder $X_1, \dots, X_k, Y_1, \dots, Y_k$ mit kompaktem Träger findet, die paarweise bzgl. der Lie-Klammer kommutieren, so läßt sich auf jeder n-dimensionalen differenzierbaren Mannigfaltigkeit mit Hilfe einer Karte eine nichtverschwindende Poisson-Struktur durch die Vorschrift

$$X_1 \wedge Y_1 + \cdots X_k \wedge Y_k$$

definieren, falls $2 \leq 2k \leq n$ ist.

Nach dem Zerlegungssatz von A. Weinstein (1983) läßt sich um jeden Punkt m einer Poissonschen Mannigfaltigkeit (M, P) eine offene Umgebung finden, die isomorph ist zum kartesischen Produkt $S \times N$, wobei S eine offene Umgebung von M des durch m gehenden symplektischen Blattes von M und (N, P_t) eine Poissonsche Mannigfaltigkeit ist, deren ↗Poisson-Struktur bei m verschwindet.

P_t wird dann die transversale Poisson-Struktur (bezüglich m und S) genannt.

Poisson-Transformation, ↗Integral-Transformation, definiert durch

$$(Pf)(x) := \frac{1}{\pi} \int_{-\infty}^{\infty} \frac{1}{1 + (x - t)^2}\, d\alpha(t),$$

wobei $\alpha(\cdot)$ auf jedem endlichen Intervall eine Funktion endlicher Variation ist. Pf heißt die Poisson-Transformierte von f.

Poisson-Verteilung, für $\lambda \geq 0$ das durch die diskrete Dichte

$$f : \mathbb{N}_0 \ni k \to \frac{\lambda^k}{k!} e^{-\lambda} \in [0, 1]$$

eindeutig bestimmte Wahrscheinlichkeitsmaß auf der Potenzmenge $\mathfrak{P}(\mathbb{N}_0)$.

Dieses meist als $P(\lambda)$-Verteilung bezeichnete Wahrscheinlichkeitsmaß heißt die Poisson-Verteilung mit oder zum Parameter λ. Besitzt die Zufallsvariable X eine $P(\lambda)$-Verteilung, so gilt $E(X) = Var(X) = \lambda$. Der Parameter λ ist also zugleich Erwartungswert und Varianz von X. Eine Zufallsvariable X mit Werten in $\mathbb{N}_0$ besitzt genau dann eine $P(\lambda)$-Verteilung, wenn

$$\lambda E(g(X + 1)) - E(Xg(X)) = 0$$

für jede beschränkte Funktion $g : \mathbb{N}_0 \to \mathbb{R}$ gilt. Die Summe zweier unabhängiger Poisson-verteilter Zufallsvariablen ist wieder Poisson-verteilt.

Für kleine Erfolgswahrscheinlichkeiten kann die Binomialverteilung durch die Poisson-Verteilung approximiert werden (↗Poisson, Grenzwertsatz von).

Pol, Kurzbezeichnung für ↗ Polstelle.

Polabstand, ↗geographische Breite.

Polare, Begriff aus der algebraischen Geometrie.

Die klassische Definition für die Polare $X(y)$ einer glatten Hyperfläche $X \subset \mathbb{P}^N$ (über einem Körper k) bzgl. eines Punktes $y \in \mathbb{P}^n$ ist: $X(y) = \{x \in X |$ die an X im Punkte x tangentiale Hyperebene enthält $y\}$. („tangential" heißt hier ↗oskulierend). Wenn $T_0, \dots, T_N$ homogene Koordinaten auf $\mathbb{P}^n$ sind, und $F = 0$ das Gleichungssystem von X ist, so ist

$$F = \sum_{\nu=0}^{n} y_\nu \frac{\partial F}{\partial T_\nu} = 0$$

die Gleichung der Polaren.

Ein Spezialfall ist beschrieben unter ↗Polare eines Kegelschnitts.

Siehe zum Thema „Polare" auch das Stichwort ↗ Polarentheorie.

Polare eines Kegelschnitts, Begriff aus der Geometrie.

Ist der Kegelschnitt K in projektiven Koordinaten durch die Gleichung $\sum_{i,j=1}^{3} a_{ij}\, x_i x_j = 0$ gegeben, und bezeichnet $P = (p_1, p_2, p_3)$ einen Punkt, der in der gleichen Ebene wie K liegt, so heißt die durch

$$\sum_{i,j=1}^{3} a_{ij}\, x_i p_j = 0$$

definierte Gerade die Polare von P bzgl. K.

Polarentheorie, Theorie der Polaren in Vektorräumen.

Sind V und V^+ Vektorräume und ist (V, V^+) ein ↗Bilinearsystem, so kann man jeder Teilmenge M von V ihre Polare

$$M^\circ = \{x^+ \in V^+ \mid \sup_{x \in M} |\langle x, x^+\rangle| \le 1\} \subseteq V^+$$

zuordnen. Auf analoge Weise definiert man für eine Teilmenge $N \subset V^+$ die Polare

$$N^\circ = \{x \in V \mid \sup_{x^+ \in N} |\langle x, x^+\rangle| \le 1\} \subseteq V.$$

Ist beispielsweise M ein Teilraum, so gilt $M^\circ = M^\perp$. Ist dagegen V ein normierter Raum und $V^+ = V'$, so ist die Polare der abgeschlossenen Einheitskugel von V genau die abgeschlossene Einheitskugel von V'.

Um nun einige Eigenschaften der Polaren zu formulieren, bezeichnet man eine Menge $M \subseteq V$ als $\sigma(V, V^+)$-beschränkt oder auch als schwach beschränkt, falls jede Linearform $x \to < x, x^+ >$ auf M beschränkt bleibt. Weiterhin setzt man $M^{\circ\circ} = (M^\circ)^\circ$ und bezeichnet diese Menge als die Bipolare von M. Dann gilt der folgende Satz.

Es seien (V, V^+) ein Bilinearsystem und M sowie M_i, $i \in I$, Teilmengen von V, wobei I eine beliebige Indexmenge ist. Dann gelten:

(1) Aus $M_1 \subseteq M_2$ folgt $M_2^\circ \subseteq M_1^\circ$.

(2) $(\lambda M)^\circ = \frac{1}{\lambda} M^\circ$ für $\lambda \neq 0$.

(3) $M \subseteq M^{\circ\circ}$.

(4) $\left(\bigcup_{i \in I} M_i\right)^\circ = \bigcap_{i \in I} M_i^\circ$.

(5) M° ist absolut konvex.

(6) M° ist $\sigma(V^+, V)$-abgeschlossen.

(7) M° ist genau dann absorbierend, wenn M $\sigma(V, V^+)$-beschränkt ist.

Ein zentraler Satz der Polarentheorie ist der Bipolarensatz, der die Bipolare einer Menge M in einem topologischen Vektorraum beschreibt. Ist also $M \subseteq V$, so ist der Durchschnitt aller absolut konvexen Mengen, die M umfassen, selbst wieder eine absolut konvexe Menge, die man als die absolut konvexe Hülle von M bezeichnet. Ist nun V ein topologischer Vektorraum, so bezeichnet man den Durchschnitt aller absolut konvexen und abgeschlossenen Mengen, die M umfassen, als die absolut konvexe abgeschlossene Hülle von M, die dann selbst wieder absolut konvex und abgeschlossen ist. Der folgende Bipolarensatz zeigt den Zusammenhang zwischen der Bipolaren und der abolut konvexen abgeschlossenen Hülle einer Menge.

Es seien V und V^+ Vektorräume und (V, V^+) ein Bilinearsystem.

Dann ist die Bipolare $M^{\circ\circ}$ einer nichtleeren Teilmenge M von V genau die absolut konvexe, $\sigma(V, V^+)$-abgeschlossene Hülle von M.

Polarform, Darstellung eines Polynoms (bzw. homogenen Polynoms) $p(U)$ vom Grad $\le m$ (bzw. vom Grad m), eine symmetrische multi-affine (bzw. multi-lineare) Funktion P von m Argumenten mit $P(U, \dots, U) = p(U)$.

Die Polarform von p ändert sich nicht bei einer Permutation der m Argumente, hängt linear von p ab und ist durch diese Forderungen eindeutig bestimmt.

Die Konstruktion der Polarform läßt sich am besten anhand eines Beispieles erläutern. Wir wählen ein homogenes Polynom in zwei Unbestimmten u_0, u_1, nämlich $p(U) = u_0^3 + u_0 u_1^2$. Dieses schreiben wir in der Form

$$p(U) = u_0 u_0 u_0 + u_0 u_1 u_1$$

und betrachten alle Permutationen der vorkommenden Multiindizes (↗Multiindex-Schreibweise). (0, 0, 0) besitzt nur eine Permutation, aber (0, 1, 1) hat drei, nämlich (0, 1, 1), (1, 0, 1), und (1, 1, 0). Die multilineare Polarform P von p ist dann gegeben durch

$$P(U_1, U_2, U_3) = u_{1,0} u_{2,0} u_{3,0} + \\ + \frac{1}{3}(u_{1,0} u_{2,1} u_{3,1} + u_{1,1} u_{2,0} u_{3,1} + u_{1,1} u_{2,1} u_{3,0}).$$

Die multiaffine Polarform Q des inhomogenen Polynoms $q(u_1) = 1 + u_1^2$ für $m = 3$ finden wir dadurch, daß wir zuerst ein homogenes Polynom $p(u_0, u_1)$ vom Grad 3 suchen mit $q(u_1) = p(u_0, u_1)$ wenn

$u_0 = 1$. Offenbar erfüllt $p(U)$ von oben diese Bedingung. Dann entsteht Q aus P durch das Setzen von $u_{1,0} = u_{2,0} = u_{3,0} = 1$. Wir erhalten

$$Q(u_{1,1}, u_{2,1}, u_{3,1}) = 1 + \\ + \frac{1}{3}(u_{2,1}u_{3,1} + u_{1,1}u_{3,1} + u_{1,1}u_{2,1}).$$

Eine formale Definition ist die folgende: Ist p ein Monom in den Unbestimmten $u_1, \dots, u_n$, so schreiben wir es als Produkt $p(U) = u_{i_1} \cdots u_{i_m}$ mit der Abkürzung $U = (u_1, \dots, u_n)$. Für die multilineare Polarform von p gilt die Gleichung

$$P(U_1, \dots, U_m) = \frac{1}{N} \sum_{\sigma} u_{1,\sigma(i_1)} \cdots u_{m,\sigma(i_m)},$$

wobei σ alle Permutationen des Multiindexes $(i_1, \dots, i_m)$ durchläuft, und N die Anzahl dieser Permutationen ist.

Ist q ein nicht notwendigerweise homogenes Polynom vom Grad $\leq m$ in den Unbestimmten $U' = (u_1, \dots, u_n)$, so schreiben wir $U = (u_0, u_1, \dots, u_n)$ und betrachten das homogene Polynom $p(U)$ vom Grad m mit $p(U) = q(U')$ wenn $u_0 = 1$. Ist P die multilineare Polarform von p, so ist die multiaffine Polarform Q von q gegeben durch

$$Q(U'_1, \dots, U'_m) = P(U_1, \dots, U_m), \text{ wenn } u_{j,0} = 1.$$

Polarform einer komplexen Zahl, ↗Polarkoordinaten-Darstellung.

Polargeometrie, Geometrie des polaren Raumes.

Eine Punktmenge P mit einer nichtleeren Menge G disjunkter Teilmengen von P (die Geraden genannt werden) ist ein polarer Raum, falls für jede Gerade $g \in$ G und jeden Punkt $A \in$ P$\backslash g$ der Punkt A entweder mit genau einem oder mit allen Punkten von g kollinear ist. P ist ein nichtentarteter polarer Raum, falls P keine Punkte enthält, die mit anderen Punkten kollinear sind (P also kein „Kegel" ist). Ein Beispiel für eine Polargeometrie bilden die polaren (bzw. isotropen) Unterräume eines ↗symplektischen Raumes.

Polarisationsgleichung, Bezeichnung für Gleichung (1) im folgenden Satz:

Ein linearer Operator $L : H_1 \to H_2$ zwischen zwei Hilberträumen $(H_1, \langle\cdot,\cdot\rangle_1)$ und $(H_2, \langle\cdot,\cdot\rangle_2)$ ist genau dann isometrisch (d. h. bijektiv, stetig mit stetiger Umkehrabbildung und normerhaltend), falls gilt:

$$\langle Lx, Ly\rangle_2 = \langle x, y\rangle_1 \textit{ für alle } x, y \in H_1. \qquad (1)$$

Polarisationsvektor, Vektor, der den Polarisationszustand von elliptisch polarisiertem Licht definiert.

Die Polarisationsellipse (↗Photon) ist durch die Angabe der beiden senkrecht aufeinanderstehenden Vektoren, die ihre Halbachsen beschreibt, eindeutig bestimmt.

Polarisierung, Begriff aus der algebraischen Geometrie.

Eine Polarisierung auf einer projektiven ↗algebraischen Varietät X (oder einem projektiven Schema über einem Körper k) ist eine Klasse λ aus $N^1(X)$ (↗numerische Äquivalenz, ↗Neron-Severi-Gruppe), die durch ein ↗amples Geradenbündel repräsentiert wird.

Für komplexe Tori ist dies mit der Vorgabe einer Riemannschen Form äquivalent.

Polarkoordinaten, Koordinaten (r, φ) eines Punktes $(x, y) \in \mathbb{R}^2 \neq (0,0)$, definiert durch den Abstand $r := \sqrt{x^2 + y^2} > 0$ von (x, y) zum Nullpunkt $(0, 0)$ und den Winkel $\varphi \in [0, 2\pi)$ zwischen der positiven x-Achse und dem Strahl von $(0, 0)$ durch (x, y). Es gilt also

$$(x, y) = (r\cos\varphi, r\sin\varphi).$$

Faßt man (x, y) als ↗komplexe Zahl $z = x + iy$ auf, so gilt

$$z = r(\cos\varphi + i\sin\varphi),$$

wobei $r = |z|$ der Betrag von z und φ der Hauptwert des Arguments von z ist. Ist $z = x + iy$ gegeben, so erhält man für den Winkel φ

$$\varphi = \begin{cases} \arctan\frac{y}{x}, x > 0, y \geq 0, \\ \pi + \arctan\frac{y}{x}, x < 0, \\ 2\pi + \arctan\frac{y}{x}, x > 0, y < 0, \\ \frac{\pi}{2}, x = 0, y > 0, \\ \frac{3\pi}{2}, x = 0, y < 0. \end{cases}$$

Siehe auch ↗Gaußsche Zahlenebene.

Polarkoordinaten-Darstellung, Darstellung einer ↗komplexen Zahl z mittels ↗Polarkoordinaten.

Mit Hilfe der ↗Exponentialfunktion ergibt sich die Kurzschreibweise $z = re^{i\varphi}$. Eine andere Darstellung ist die auch als Polarform einer komplexen Zahl bezeichnete Form

$$z = r \cdot (\cos\varphi + i\sin\varphi).$$

In beiden Fällen ist $r = |z|$.

Polarpapier, Funktionspapier (↗Nomographie) für die Polarkoordinaten r und φ mit konzentrischen Kreisen für die r-Werte und radial verlaufenden φ-Linien.

Polarplanimeter, spezielles ↗Planimeter.

Es besteht aus einem Fahrarm verstellbarer Länge und einem Polarm, der um einen festen Pol geschwenkt werden kann. Er trägt am anderen Ende ein Scharniergelenk, meist eine Kugel, die in einer Pfanne am Leitpunkt L am Fahrarm gelagert ist. Der Polarm sorgt dafür, daß der Leitpunkt sich auf einem Kreis als Leitkurve bewegt, die Achse der Meßrolle M verläuft parallel zum Fahrarm.

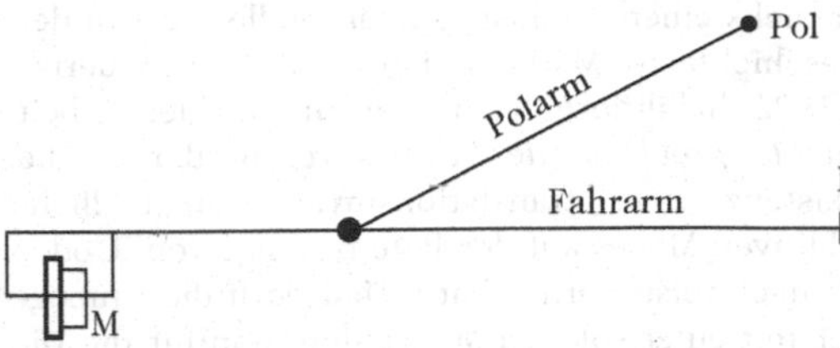

Polarraum, eine ↗Inzidenzstruktur aus Punkten und Geraden, die folgende Axiome erfüllt:

- Ist P ein Punkt und L eine Gerade, die P nicht enthält, so ist P entweder mit genau einem oder mit allen Punkten von L verbunden.
- Jede Gerade enthält mindestens drei Punkte.
- Es gibt keinen Punkt, der mit allen anderen Punkten verbunden ist.

Hierbei heißen zwei Punkte verbunden, wenn es eine Gerade durch diese beiden Punkte gibt.

Ein Unterraum eines Polarraumes ist eine Menge von Punkten, die paarweise verbunden sind. Die Unterräume eines Polarraumes sind projektive Räume. Ist die maximale Dimension eines Unterraumes gleich $n-1$, so kann man den Polarraum auch als Geometrie vom Rang n aus Punkten, Geraden, Ebenen etc. auffassen. Diese Geometrie ist ein ↗Gebäude vom Typ C_n.

Polarräume vom Rang 2 sind ↗verallgemeinerte Vierecke. Die Polarräume vom Rang ≥ 3 sind vollständig bekannt: Bis auf Isomorphismus besteht ein solcher Polarraum aus den Punkten, Geraden und Unterräumen einer ↗Quadrik, einer ↗Hermiteschen Varietät oder einer ↗symplektischen Varietät.

Polbahn, ↗Rollkurve.

Polignacsche Vermutung, eine von Polignac 1849 aufgestellte Verallgemeinerung der Primzahlzwillingsvermutung (↗Primzahlzwillinge):

Zu jeder geraden natürlichen Zahlen k gibt es unendlich viele Primzahlen p derart, daß $p+k$ die nächstgrößere Primzahl nach p ist.

Ebenso wie die Primzahlwzillingsvermutung ist die Polignacsche Vermutung noch nicht bewiesen. Sie dient im wesentlichen dazu, Methoden zur Theorie der Primzahlzwillinge zu testen.

politische Landkarte, ↗Kartennetzentwurf, der bis auf einen konstanten Proportionalitätsfaktor eine inhaltstreue Abbildung von Teilen der Erdoberfläche ist.

Polkurve, ↗Rollkurve.

Polnische Notation, ↗ Łukasiewicz-Notation.

Die Polnische Schule der Funktionalanalysis

D. Werner

Zahlreiche mathematische Begriffe sind mit den Namen polnischer Mathematiker wie Stefan Banach (1892–1945), Hugo Steinhaus (1887–1972), Juliusz Schauder (1899–1943) und anderen verknüpft, die zwischen den Weltkriegen in der galizischen Stadt Lemberg (poln. Lwów, ukrain. Lwiw) wirkten; man denke nur an ↗Banachraum, ↗Banachscher Fixpunktsatz, Satz von ↗Banach-Steinhaus, ↗Schauder-Basis, ↗Schauderscher Fixpunktsatz etc. Dieser Kreis von Mathematikern schuf die Grundlagen der Funktionalanalysis und ist heute als deren Polnische Schule bekannt.

Der Grundstein zu dieser Schule wurde im Jahre 1916 gelegt, als Steinhaus zufällig während eines Spaziergangs in Krakau zwei junge Männer auf einer Parkbank über das Lebesgue-Integral diskutieren hörte; es handelte sich um Otto Nikodym und Stefan Banach, damals 24 Jahre alt. Steinhaus selbst war nur 5 Jahre älter, aber bereits ein gestandener Mathematiker, denn er hatte 1911 bei Hilbert in Göttingen mit einer Arbeit über *Neue Anwendungen des Dirichletschen Prinzips* promoviert und war nun Dozent an der Universität Lemberg. Banach hingegen besaß keine formale Ausbildung als Mathematiker, sondern war weitgehend Autodidakt; er hatte lediglich ein abgebrochenes Ingenieurstudium an der Technischen Hochschule Lemberg vorzuweisen und hoffte auf eine mathematische Karriere.

Steinhaus erwähnte seinen neuen Bekannten gegenüber ein Problem über trigonometrische Reihen, das Banach schon kurze Zeit darauf durch ein Gegenbeispiel lösen konnte. Daraus entstand die erste, gemeinsam mit Steinhaus verfaßte Publikation Banachs, der bis zu dessen Promotion fünf weitere über reelle Funktionen und orthogonale Reihen folgten.

Im Juni 1920 reichte Banach in Lemberg seine bahnbrechende Dissertation *Sur les opérations dans les ensembles abstraits et leur application aux équations intégrales* ein; im selben Jahr wurde er dort Assistent von Łomnicki, und Steinhaus erhielt eine Professur in Lemberg.

In seiner Doktorarbeit definiert Banach zum ersten Mal den Begriff, den heute fast alle Studenten bereits im ersten Studienjahr kennenlernen:

den Banachraum. (Diese Bezeichnung wurde 1928 zum ersten Mal von Fréchet verwandt; in seinen späteren Werken spricht Banach selbst statt dessen von „Räumen vom Typ (B)".) Eine kurze Zeit später wurde diese Struktur auch von Wiener und Hahn definiert, aber nur Banach hat lineare Operatoren auf Banachräumen systematisch studiert. Ein wesentlicher Grund, weswegen bereits Erstsemester heute lernen können, was ein Banachraum ist, ist die Tatsache, daß der algebraische Begriff des Vektorraums inzwischen eine absolute Selbstverständlichkeit geworden ist; 1920 gab es die Idee des abstrakten Vektorraums jedoch noch nicht, und der erste Teil des Banachschen Axiomensystems definiert den Begriff des $\mathbb{R}$-Vektorraums. So überrascht es nicht, daß im ersten Drittel der Dissertation einige für uns Heutige als Trivialitäten anmutende Aussagen wie „Die Summe zweier linearer Operatoren ist ein linearer Operator" bewiesen werden, bevor es zu den wirklich interessanten Resultaten kommt; darunter finden sich die in vielen Büchern „Satz von Banach-Steinhaus" genannte Aussage über Grenzwerte stetiger linearer Operatoren sowie der Banachsche Fixpunktsatz, der anschließend auf Integralgleichungen angewandt wird.

Mit dem Begriff des Banachraums wurde für viele Probleme der Analysis der richtige Rahmen gefunden. Einerseits ist er flexibel und allgemein genug, um wichtige Beispiele als Spezialfälle zu enthalten, andererseits aber nicht so allgemein, daß man keine nichttrivialen Aussagen mehr darüber zeigen könnte. Deswegen ist das Grundvokabular der Funktionalanalysis so wichtig für viele andere Gebiete geworden, und deswegen hat die Dissertation Banachs einen herausragenden Stellenwert in der Geschichte der Mathematik des 20. Jahrhunderts.

1922 habilitierte sich Banach mit der Arbeit *Sur le problème de la mesure*, in der er die Existenz eines translationsinvarianten endlich-additiven Maßes auf der Potenzmenge von $\mathbb{R}$ oder $\mathbb{R}^2$ nachweist; vorher hatte Hausdorff die Unmöglichkeit einer solchen Mengenfunktion für die Dimensionen $d \geq 3$ gezeigt. Vom Standpunkt der Funktionalanalysis erkennt man in dieser Arbeit einen ersten Fingerzeig in Richtung auf den Satz von Hahn-Banach. Es folgten weitere Arbeiten über Maßtheorie und reelle Funktionen, bevor Banach am Ende des Jahrzehnts, er war inzwischen (1927) ordentlicher Professor in Lemberg geworden, in mehreren Artikeln die Hauptsätze der Funktionalanalysis bewies, die heute in keiner Vorlesung über dieses Gebiet fehlen: zunächst in einer gemeinsamen Arbeit mit Steinhaus das Prinzip der Verdichtung der Singularitäten, eine Verschärfung des Satzes von Banach-Steinhaus, dann 1929 in zwei Arbeiten in der neuen Zeitschrift „Studia Mathematica" den Fortsetzungssatz von Hahn-Banach (↗Hahn-Banach-Sätze) und den ↗Satz von der offenen Abbildung. Der Satz von Hahn-Banach wurde allerdings bereits 1927 von Hahn gefunden, und in einer kurzen Note Ende 1930 hat Banach dessen Priorität anerkannt.

Dies ist der Zeitpunkt, in dem die Arbeit der Lemberger Schule richtig in Fahrt kommt, denn es finden sich die ersten Schüler ein: J. Schauder entwickelt das Konzept der Schauder-Basis und verfeinert die Rieszsche Eigenwerttheorie kompakter Operatoren; S. Mazur zeigt die Existenz der Banach-Limiten; zusammen mit M. Eidelheit beweist er die Hahn-Banach-Trennungssätze; W. Orlicz definiert die ↗Orlicz-Räume als neue Klassen von Banachräumen und legt die Basis für die Begriffe ↗Typ und Kotyp eines Banachraums; Banach selbst findet den ↗Satz vom abgeschlossenen Graphen sowie seine Version der Sätze von Banach-Alaoglu und Banach-Dieudonné; weitere beteiligte Mathematiker waren u. a. H. Auerbach, S. Kaczmarz, J. Schreier, S. Ulam und S. Saks, letzterer an der Universität Warschau.

1932 erschien als erster Band der neuen Reihe „Monografie Matematyczne" Banachs Buch *Théorie des opérations linéaires*, ein Jahr zuvor war eine polnische Ausgabe herausgekommen. In diesem Buch faßte Banach seine Forschungsergebnisse sowie die seiner Schüler und Mitarbeiter zusammen, zum ausführlichen Kommentarteil hat Mazur erheblich beigetragen. Das Buch machte die Banachsche Schule weltberühmt; es dokumentierte einen Triumph der Mathematik in Polen.

Damit dokumentierte es auch einen Triumph der polnischen Wissenschaftspolitik. Im Jahre 1918 hatte Z. Janiszewski, ein junger Topologe, eine Denkschrift vorgelegt, in der er ein Programm für eine eigenständige Entwicklung mathematischer Forschung im wieder unabhängigen Polen vorschlug. Es sah vor, Forschung in vergleichsweise eng umrissenen Gebieten zu konzentrieren, an denen polnische Mathematiker gemeinsame Interessen hatten und bereits international anerkannte Resultate geliefert hatten; ein solches Gebiet war die Mengenlehre inklusive der Topologie. Janiszewski schlug außerdem vor, eine Zeitschrift zu gründen, die sich hauptsächlich der Mengenlehre und Topologie sowie der mathematischen Logik widmen sollte. Schon 1920 gelang es, diesen Vorschlag mit der Gründung der „Fundamenta Mathematicae" umzusetzen; tragischerweise starb Janiszewski kurz vor Erscheinen des ersten Heftes. Fundamenta Mathematicae wurde die erste spezialisierte mathematische Zeitschrift und zu einem Forum der polnischen topologischen Schule um Sierpiński, Mazurkiewicz, Kuratowski, Knaster, Borsuk etc., der ↗Bourbaki übrigens mit dem Begriff des ↗Polnischen Raums ein Denkmal gesetzt hat. Auch viele Arbeiten von Banach – z. B. seine Dissertation und seine Habilitationsschrift – und Steinhaus erschienen dort. 1929 folgte die Gründung einer Zeitschrift mit funktionalanalytischem Schwerpunkt, der von Banach und Steinhaus herausgegebenen „Studia Mathematica", als Sprachrohr der Lemberger Schule. Beide Zeitschriften sind bis heute ihrem Profil verpflichtet und haben ein sehr hohes Ansehen. Die Buchreihe „Monografie Matematyczne" wurde ebenfalls zu einem Erfolg. Bis 1935 erschienen sechs Bände, die allesamt zu Klassikern geworden sind, u. a. außer Banachs Buch Kuratowskis *Topologie* und Zygmunds *Trigonometrical Series*.

In den dreißiger Jahren war in Lemberg ein mathematisches Zentrum von Weltrang entstanden. Gäste wie Fréchet, Lebesgue und von Neumann hielten dort Kolloquiumsvorträge, Schauder wurde für seine Arbeit mit Leray (↗Leray-Schauderscher Abbildungsgrad) der Metaxas-Preis verliehen, und Banach hielt auf dem Internationalen Mathematikerkongreß 1936 in Oslo einen Hauptvortrag – damals wie heute eine ganz besondere Auszeichnung.

Als Charakteristikum der Arbeitsweise der Lemberger Schule muß erwähnt werden, daß überdurchschnittlich viele Publikationen als gemeinsam verfaßte Arbeiten entstanden sind und daß man sich zur Diskussion mathematischer Fragen lieber im Kaffeehaus als in der Universität traf, und zwar zuerst im Café Roma („[Banach] used to spend hours, even days there, especially towards the end of the month before the university salary was paid", so Ulam) und dann, als die Kreditsituation im Roma prekär wurde, im Schottischen Café direkt gegenüber. Dort haben endlose mathematische Diskussionen stattgefunden, hauptsächlich zwischen Banach, Mazur und Ulam („It was hard to outlast or outdrink Banach during these sessions", schreibt letzterer), deren wesentliche Punkte in einer vom Kellner des Schottischen Cafés verwahrten Kladde festgehalten wurden; bevor sie angeschafft wurde, schrieb man – sehr zum Ärger des Personals – direkt auf die Marmortische. Diese Kladde ist heute allgemein als „das Schottische Buch" bekannt; es ist, mit einleitenden Artikeln und Kommentaren versehen, von Mauldin als Buch herausgegeben worden. Im Schottischen Buch werden Probleme der Funktionalanalysis, der Theorie der reellen Funktionen und der Maßtheorie diskutiert; manche sind bis heute ungelöst geblieben. Für einige Probleme wurden Preise ausgesetzt, die von einem kleinen Glas Bier über eine Flasche Wein bis zu einem kompletten Abendessen und einer lebenden Gans reichten.

Das Schottische Café

Das Problem, für das (von Mazur) eine Gans ausgelobt wurde, ist besonders interessant. Es fragt danach, ob eine stetige Funktion f auf dem Einheitsquadrat bei gegebenem ε durch eine Funktion g der Bauart

$$g(x,y) = \sum_{k=1}^{n} c_k f(x, b_k) f(a_k, y)$$

so approximiert werden kann, daß stets

$$|f(x,y) - g(x,y)| \leq \varepsilon$$

ausfällt. Das sieht auf den ersten Blick wie eine harmlose Analysisaufgabe aus, und es wird kein Hinweis gegeben, wofür eine Lösung gut wäre. Es stellt sich aber heraus, daß das Problem eng mit einer fundamentalen Frage der Funktionalanalysis verwandt ist. Knapp 20 Jahre später zeigte Grothendieck nämlich in seiner Thèse *Produits tensoriels topologiques et espaces nucléaires*, daß eine positive Antwort äquivalent dazu ist, daß jeder Banachraum die Approximationseigenschaft (↗Approximationseigenschaft eines Banachraums) besitzt. Also darf man annehmen, daß in den dreißiger Jahren in Lemberg bekannt war, daß ein Gegenbeispiel zu einem Banachraum ohne Schauder-Basis führt. Diese Episode ist ein Hinweis darauf, daß bei weitem nicht alle Erkenntnisse der Lemberger Schule publiziert wurden. Beispielsweise konnten Banach und Mazur schon ca. 1936 zeigen, daß jeder Banachraum einen abgeschlossenen Unterraum mit einer Schauder-Basis besitzt; der erste Beweis erschien jedoch erst 1958. Ferner besaß Banach offenbar verschiedene Resultate über polynomiale Operatoren, die verlorengegangen sind, da er sich bei vielen seiner Ergebnisse nicht der Mühe unterzog, sie aufzuschreiben und zu redigieren. Übrigens löste P. Enflo das Approximationsproblem 1972 durch ein Gegenbeispiel; sein Preis wurde ihm ein Jahr später in Warschau überreicht.

Auch nach der Annexion Ostpolens durch die Sowjetunion 1939 blieben den Lemberger Mathematikern zunächst ihre Arbeitsmöglichkeiten erhalten; Banach wurde korrespondierendes Mitglied der Akademie der Wissenschaften in Kiew, die *Opérations linéaires* wurden ins Ukrainische übersetzt, und sowjetische Mathematiker wie Ljusternik oder Sobolew reisten nach Lemberg. Das Ende der Lemberger Schule kam im Juni 1941 mit dem Einmarsch der deutschen Truppen. Auerbach, Eidelheit, Łomnicki, Saks, Schauder, Schreier und viele andere Wissenschaftler wurden von SS oder Gestapo ermordet; eine Liste getöteter polnischer Mathematiker findet man im ersten Nachkriegsheft der Fundamenta Mathematicae (Band 33 (1945)). Ulam war schon 1935 in die USA gegangen, und Kaczmarz war 1939 gefallen.

Steinhaus gelang es, sich bis zum Ende des Kriegs auf dem Land versteckt zu halten; als nach dem Krieg die Bevölkerung Lembergs und mit ihr die Lemberger Universität gezwungen wurde, nach Breslau umzusiedeln, nahm er seine Professur dort wieder auf. Orlicz wurde Professor in Posen und Mazur in Lodz und später in Warschau. Banach starb am 31.8.1945 an Lungenkrebs, nachdem er den Krieg als Hilfskraft in einem bakteriologischen Institut überlebt hatte, wo es seine Aufgabe war, Läuse zu füttern. Kurz vor seinem Tod erhielt er einen Ruf an die Universität Krakau.

Laut seinem Biographen Kałuża gilt Stefan Banach heute in Polen als Nationalheld. Über die rein mathematischen Erfolge hinaus beruht Banachs Bedeutung, wie Steinhaus schrieb, darauf, daß er „ein für alle Mal mit dem Mythos aufgeräumt hat, die in Polen betriebenen exakten Wissenschaften seien denen anderer Nationen unterlegen". Zu Banachs 100. Geburtstag erschien in Polen eine Sonderbriefmarke, und auch die inzwischen unabhängige Ukraine feierte dieses Ereignis mit einer Tagung an der Lemberger Universität. Noch heute nimmt die Theorie der Banachräume in Polen einen besonderen Platz ein, insbesondere durch die von A. Pełczyński begründete Schule.

Literatur

[1] Banach, S.: Œuvres. 2 Bände. PWN Warschau, 1967, 1979.

[2] Dieudonné, J.: History of Functional Analysis. North-Holland Amsterdam, 1981.

[3] Kałuża, R.: The Life of Stefan Banach. Birkhäuser Basel, 1996.

[4] Kuratowski, K.: A Half Century of Polish Mathematics. PWN Warschau, 1980.

[5] Mauldin, R.D. (Hg.): The Scottish Book. Birkhäuser Basel, 1981.

Polnischer Meßraum, Begriff aus der Maßtheorie.

Es sei Ω ein ↗Polnischer Raum. Dann heißt $(\Omega, \mathcal{B}(\Omega))$, wobei $\mathcal{B}(\Omega)$ die von der Topologie auf Ω erzeugt σ-Algebra in Ω ist, Polnischer Meßraum. Polnische Meßräume spielen eine große Rolle in der topologischen Maßtheorie und in der Wahrscheinlichkeitstheorie (↗Radon-Maß).

Polnischer Raum, topologischer Raum, dessen Topologie von einer vollständigen Metrik definiert werden kann, und dessen Topologie eine abzählbare Basis besitzt.

$\mathbb{R}$ und $\mathbb{N}$, versehen mit der gewöhnlichen Topologie, sind Polnische Räume. Da das abzählbare Produkt Polnischer Räume wiederum ein Polnischer Raum ist, sind es auch $[0,1]^{\mathbb{N}}$, $\mathbb{R}^{\mathbb{N}}$, $\mathbb{N}^{\mathbb{N}}$ und $\{0,1\}^{\mathbb{N}}$. Jeder nicht leere Polnische Raum ist das Bild des Polnischen Raumes $\mathbb{N}^{\mathbb{N}}$ unter einer stetigen Abbildung und ist homöomorph zu einer ↗G_σ-Menge von $[0,1]^{\mathbb{N}}$.

Jedes endliche ↗Borel-Maß auf einem Polnischen Raum ist ein ↗Borel-reguläres Maß.

Polstelle, *Pol*, eine ↗isolierte Singularität $z_0 \in \mathbb{C}$ einer in einer punktierten Kreisscheibe

$$\dot{B}_r(z_0) = \{ z \in \mathbb{C} : 0 < |z - z_0| < r \}, \quad r > 0$$

↗holomorphen Funktion f derart, daß $|f(z)| \to \infty$ für $z \to z_0$.

Es gibt verschiedene äquivalente Definitionen einer Polstelle, die im folgenden dargestellt werden.

Ist z_0 eine Polstelle von f, so existiert eine kleinste natürliche Zahl m und ein $s \in (0, r]$ derart, daß die Funktion $g(z) := (z - z_0)^m f(z)$ in $\dot{B}_s(z_0)$ beschränkt ist. Diese Zahl m heißt die Ordnung der Polstelle z_0 von f.

Ist $G \subset \mathbb{C}$ ein ↗Gebiet, $z_0 \in G$ und f eine in $G\backslash\{z_0\}$ holomorphe Funktion, so sind folgende Aussagen äquivalent.

(a) Es ist z_0 eine Polstelle der Ordnung m von f.

(b) Es existiert eine in G holomorphe Funktion g mit $g(z_0) \neq 0$ und

$$f(z) = \frac{g(z)}{(z - z_0)^m}, \quad z \in G \setminus \{z_0\}.$$

(c) Es existiert eine offene Umgebung $U \subset G$ von z_0 und eine in U holomorphe und in $U \setminus \{z_0\}$ nullstellenfreie Funktion h derart, daß z_0 eine Nullstelle der ↗Nullstellenordnung m von h ist und

$$f(z) = \frac{1}{h(z)}, \quad z \in U \setminus \{z_0\}.$$

(d) Es existiert eine offene Umgebung $U \subset G$ von z_0 und positive Konstanten M_1, M_2 derart, daß für $z \in U \setminus \{z_0\}$ gilt:

$$\frac{M_1}{|z - z_0|^m} \le |f(z)| \le \frac{M_2}{|z - z_0|^m}.$$

(e) Für die ↗Laurent-Entwicklung von f mit Entwicklungspunkt z_0 gilt

$$f(z) = \sum_{n=-m}^{\infty} a_n (z - z_0)^n, \quad z \in \dot{B}_r(z_0),$$

wobei $a_{-m} \neq 0$ und $B_r(z_0) \subset G$.

Hat f an z_0 eine Polstelle der Ordnung m, so folgt aus (e), daß f' an z_0 eine Polstelle der Ordnung $m+1$ hat. Außerdem kommt in der Laurent-Entwicklung von f' kein Term der Form $\frac{a}{z-z_0}$ vor.

Umgekehrt gilt: Ist f holomorph in $G \setminus \{z_0\}$, und hat f' an z_0 eine Polstelle der Ordnung k, so ist $k \ge 2$, und f hat an z_0 eine Polstelle der Ordnung $k - 1$.

Es seien f und g holomorphe Funktionen in $G \setminus \{z_0\}$. Weiter sei z_0 eine Polstelle von f der Ordnung m und z_0 eine Polstelle von g der Ordnung k. Dann ist z_0 eine Polstelle von $f \cdot g$ der Ordnung $m+k$. Ist $m \neq k$, so ist z_0 eine Polstelle von $f+g$ der Ordnung $\max\{m, k\}$. Im Fall $m = k$ kann es vorkommen, daß z_0 eine ↗hebbare Singularität von $f + g$ ist. Dies ist genau dann der Fall, wenn die Hauptteile der Laurent-Entwicklungen von f und $-g$ übereinstimmen. Hat jedoch $f+g$ eine Polstelle an z_0, so ist die Ordnung höchstens $\max\{m, k\}$. Die genaue Ordnung erhält man aus den Laurent-Entwicklungen von f und g.

Im Sinne der algebraischen Geometrie kann man noch folgende Definition einer Polstelle geben:

Es sei X ein normales Noethersches Schema oder ein normaler komplexer Raum. Eine rationale bzw. meromorphe Funktion f ist dann eine Funktion auf einer offenen dichten Teilmenge $X_0 \subset X$ (d.h. ein Schnitt von $\mathcal{O}_X(X_0)$), so daß für alle $x \in X$ eine Umgebung U von x existiert, und es Funktionen $g, h \in \mathcal{O}_X(U)$ gibt mit $h \neq 0$ auf $U \cap X_0$, so daß $f = \frac{g}{h}$.

Dann ist $\mathcal{J} = \{h \in \mathcal{O} \mid fh \in \mathcal{O}\}$ eine kohärente Garbe von Idealen, und die Nullstellenmenge von J ist ein Divisor D, genannt der Poldivisor der Funktion f; ihre Elemente sind die Polstellen.

Wenn X glatt ist, so ist D ein Cartierdivisor, und f ist ein Schnitt des Geradenbündels $\mathcal{O}_X(D)$.

Polstellenmenge, ↗ meromorphe Funktion, ↗Polstelle.

Polstellenordnung, Kurzbezeichnung für die Ordnung m einer ↗Polstelle z_0 einer in $G \setminus \{z_0\}$ ↗holomorphen Funktion f.

Manche Autoren nennen m auch die Vielfachheit der Polstelle z_0 von f.

Polstellenverschiebungssatz, lautet:

Es sei $K \subset \mathbb{C}$ eine kompakte Menge, U eine Zusammenhangskomponente von $\widehat{\mathbb{C}} \setminus K$ und $a, b \in U$ mit $a \neq \infty$ und $a \neq b$. Weiter sei r eine rationale Funktion, die nur an a eine ↗Polstelle hat.

Dann existiert zu jedem $\varepsilon > 0$ eine rationale Funktion h derart, daß h nur an b eine Polstelle hat, und für alle $z \in K$ gilt

$$|r(z) - h(z)| < \varepsilon.$$

Im Fall $b = \infty$ ist h ein Polynom.

Der Polstellenverschiebungssatz spielt eine wichtige Rolle in der ↗Runge-Theorie für Kompakta.

Pólya, George, ungarisch-amerikanischer Mathematiker, geb. 13.12.1887 Budapest, gest. 7.9.1985 Palo Alto (Kalifonien).

Nach Jura, Sprachen und Literatur studierte Pólya an der Universität Budapest auch Mathematik, Physik und Philosophie. 1912 promovierte er in Mathematik. 1913 ging er nach Göttingen, wo er unter anderem Hilbert und Weyl traf. Ab 1914 lehrte er an der ETH Zürich. 1940 ging er in die USA und war zunächst bis 1942 an der Brown-University, dann an der Stanford-University tätig.

Pólyas wichtigstes Werk war das 1934 erschienene Buch „Inequalities", das er gemeinsam mit Hardy und Littlewood schrieb, und das zu einem Klassiker der Analysis wurde. Er veröffentlichte aber auch zur Konvergenz von Reihen, zur Zahlentheorie, zur Kombinatorik, zur Astronomie, und zur Wahrscheinlichkeitsrechnung.

Pólya, Satz von, Kriterium für charakteristische Funktionen:

Jede stetige und gerade Funktion $\phi : \mathbb{R} \to \mathbb{R}_0^+$ *mit* $\phi(0) = 1$, *die auf dem Intervall* $[0, \infty)$ *konvex und monoton fallend ist, ist die charakteristische Funktion einer Verteilung auf* $(\mathbb{R}, \mathfrak{B}(\mathbb{R}))$.

Als Folgerung existieren zu jedem Intervall $[-a, a]$, $a > 0$, verschiedene Verteilungen auf $(\mathbb{R}, \mathfrak{B}(\mathbb{R}))$, deren charakteristische Funktionen auf dem Intervall übereinstimmen.

Ein Beispiel, bei dem man mit Hilfe des Satzes leicht zeigen kann, daß es sich um eine charakteristische Funktion handelt, ist die durch

$$\phi(t) = (1 - |t|)\mathbf{1}_{[-1,1]}(t)$$

auf $\mathbb{R}$ definierte Abbildung.

Pólya-Bedingung, ↗Birkhoff-Interpolation.

polyalphabetische Verschlüsselung, ↗symmetrisches Verschlüsselungsverfahren, bei dem der Klartext in Elemente verschiedener Alphabete zerlegt wird, auf die dann auch verschiedene Verschlüsselungsverfahren angewendet werden.

Diese Methode der Konstruktion komplexer Chiffrierverfahren ist heute bedeutungslos, da es ausreichend sichere monoalphabetische Blockchiffren gibt.

Pólyasches Urnenmodell, ↗Pólya-Verteilung.

Pólya-Schoenberg-Vermutung, lautet:

Es sei S die Menge aller in $\mathbb{E} = \{z \in \mathbb{C} : |z| < 1\}$ *↗schlichten Funktionen f mit* $f(0) = 0$ *und* $f'(0) = 1$. *Weiter sei C die Menge aller konvexen Funktionen* $f \in S$, *d. h., das Bildgebiet* $f(\mathbb{E})$ *ist eine konvexe Menge.*

Sind $f, g \in C$, *so gilt* $f * g \in C$, *wobei* $f * g$ *das ↗Hadamard-Produkt von f und g bezeichnet.*

Diese Vermutung stammt aus dem Jahre 1958 und wurde 1973 von Ruscheweyh und Sheil-Small bewiesen. Bezeichnet S^* die Menge aller sternförmigen Funktionen $f \in S$, d. h. das Bildgebiet $f(\mathbb{E})$ ist ein ↗Sterngebiet mit Zentrum 0, so lautet eine äquivalente Formulierung: Ist $f \in C$ und $g \in S^*$, so ist $f * g \in S^*$. Man beachte, daß $C \subset S^*$.

Zur Formulierung eines weiteren Resultats dieser Art sei K die Menge aller fast-konvexen Funktionen f, d. h., f ist holomorph in $\mathbb{E}$, $f(0) = 0$, $f'(0) = 1$, und es existiert eine in $\mathbb{E}$ schlichte Funktion h derart, daß $h(\mathbb{E})$ eine konvexe Menge ist und für $z \in \mathbb{E}$ gilt

$$\operatorname{Re} \frac{f'(z)}{h'(z)} > 0\,.$$

Man beachte, daß h nicht notwendig in S liegen muß und die Schlichtheit von f nicht vorausgesetzt wird. Es gilt dann $C \subset S^* \subset K \subset S$. Mit dieser Bezeichnung gilt folgender Satz von Ruscheweyh und Sheil-Small.

Ist $f \in C$ *und* $g \in K$, *so ist* $f * g \in K$.

Pólya-Verteilung, *Markow-Verteilung*, bei gegebenen Parametern $S, W, n \in \mathbb{N}$ und $c \in \mathbb{Z}$ das durch die diskrete Dichte f mit

$$f(k) = \binom{n}{k} \frac{\prod_{i=1}^{k} (W + (i-1)c) \prod_{i=1}^{n-k} (S + (i-1)c)}{\prod_{i=1}^{n} (S + W + (i-1)c)}$$

eindeutig bestimmte Wahrscheinlichkeitsmaß.

Im Falle $c \geq 0$ und im Falle $c < 0$, $S, W \geq n|c|$ ist der Definitionsbereich D_f von f durch $D_f = \{0, \ldots, n\}$ gegeben, im Falle $c < 0$, $S \geq n|c|$ und $\frac{W}{|c|} \in \mathbb{N}$ gilt $D_f = \{0, \ldots, \frac{W}{|c|}\}$.

Als Spezialfälle der Verteilung ergeben sich für $c = 0$ die Binomialverteilung mit den Parametern n und $p = \frac{W}{S+W}$ und für $c = -1$ die hypergeometrische Verteilung mit den Parametern $N = S + W$, $M = W$ und n. Ist X eine mit den Parametern S, W, n und c Pólya-verteilte Zufallsvariable, so existieren unter den genannten Forderungen an die Parameter der Erwartungswert und die Varianz, und es gilt

$$E(X) = n \frac{W}{S + W}$$

und

$$Var(X) = n \frac{WS}{(S + W)^2} \frac{S + W + nc}{S + W + c}\,.$$

Die Polya-Verteilung ergibt sich aus dem beispielsweise zur Modellierung der Ausbreitung von ansteckenden Krankheiten vorgeschlagenen Pólyaschen Urnenmodell, das wie folgt beschrieben werden kann: In einer Urne befinden sich S schwarze und W weiße Kugeln, und es sei c eine ganze Zahl. Es werden nun sukzessive zufällig n Kugeln gezogen. Im Falle, daß c eine nichtnegative Zahl ist, werden die gezogene Kugel und c weitere Kugeln der gezogenen Farbe in die Urne zurückgelegt. Im Falle, daß c negativ ist, wird die gezogene Kugel in die Urne zurückgelegt, und es werden $|c|$ Kugeln der gezogenen Farbe entnommen. Die Urne wird dann erneut gemischt. Die Anzahl X der gezogenen weißen Kugeln nach n Ziehungen besitzt dann eine Pólya-Verteilung mit den entsprechenden Parametern.

Polydisk, kartesisches Produkt von n Kreisscheiben der komplexen Ebene, ↗ Polyzylinder.

Polyeder, auch Vielflächner genannt, ebenflächig begrenzter Körper.

Ein Polyeder ist eine beschränkte dreidimensionale Punktmenge des Raumes, die von endlich vielen ebenen Flächenstücken (↗ n-Ecken) begrenzt wird. Gemeinsame Strecken verschiedener Begrenzungsflächen (Facetten) eines Polyeders werden Kanten, gemeinsame Eckpunkte von Begrenzungsflächen Ecken des Polyeders genannt. Zwischen der Anzahl der Ecken, Kanten und Begrenzungsflächen besteht ein Zusammenhang, der durch die ↗ Eulersche Polyederformel gegeben ist. Die Vereinigung aller Punkte der begrenzenden n-Ecke ist die Oberfläche des Polyeders, die gewöhnlich als Teilmenge des Polyeders aufgefaßt wird. Ein Polyeder heißt konvex, falls es zu jeweils zwei beliebigen seiner Punkte auch alle Punkte ihrer Verbindungsstrecke enthält. Sind alle Kanten eines konvexen Polyeders gleich lang, und treffen sich an jeder Polyederecke gleich viele Seitenflächen, so handelt es sich um ein ↗ reguläres Polyeder.

In algebraischer Formulierung ist ein Polyeder eine Teilmenge des $\mathbb{R}^n$, die sich in der Form

$$\{x | Ax \le b\}$$

für $A \in \mathbb{R}^{m \times n}$ und $b \in \mathbb{R}^m$ schreiben läßt.

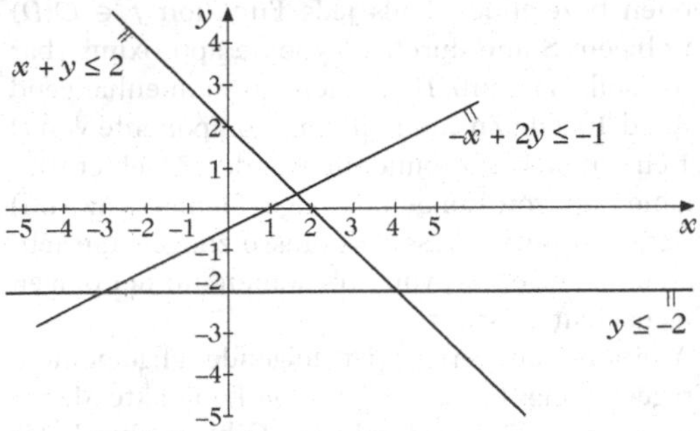

Polyeder

Die Abbildung zeigt das Polyeder

$$\left\{ (x, y) \in \mathbb{R}^2 \mid A \cdot \begin{pmatrix} x \\ y \end{pmatrix} \le b \right\}$$

im $\mathbb{R}^2$ mit $m = 3$,

$$A = \begin{pmatrix} 1 & 1 \\ -1 & 2 \\ 0 & 1 \end{pmatrix}, \quad b = \begin{pmatrix} 2 \\ -1 \\ -2 \end{pmatrix}.$$

Ein konvexes Polyeder kann auch als beschränkte Durchschnittsmenge endlich vieler abgeschlossener Halbräume definiert werden.

Eine Verallgemeinerung des Polyeders ist das ↗ n-dimensionale Polytop.

Polyedergruppe, Gruppe, deren Elemente alle möglichen Drehungen eines gegebenen ↗ Polyeders sind.

Polyederkombinatorik, Teilbereich der Theorie zur Lösung ganzzahliger Optimierungsprobleme.

Ein Hauptanliegen dabei ist es, ein kombinatorisches Optimierungsproblem dadurch zu behandeln, daß man eine möglichst vollständige Charakterisierung (der Facetten) der konvexen Hülle $conv(X)$ aller ganzzahligen zulässigen Punkte X erhält. Die dahinterstehende Hoffnung ist die Möglichkeit einer Reduktion des Ausgangsproblems auf eine lineare Programmierungsaufgabe – was natürlich nicht immer durchführbar ist. Ein wesentliches Problem dieses Zugangs ist das folgende: Finde zu einem Punkt $x \notin conv(X)$ eine Facette von $conv(X)$, die x von letzterer Menge trennt.

Nach einem Resultat von Grötschel, Lovász und Schrijver ist das Ausgangsproblem genau dann in polynomialer Zeit lösbar, wenn es die obige Trennungsaufgabe ist.

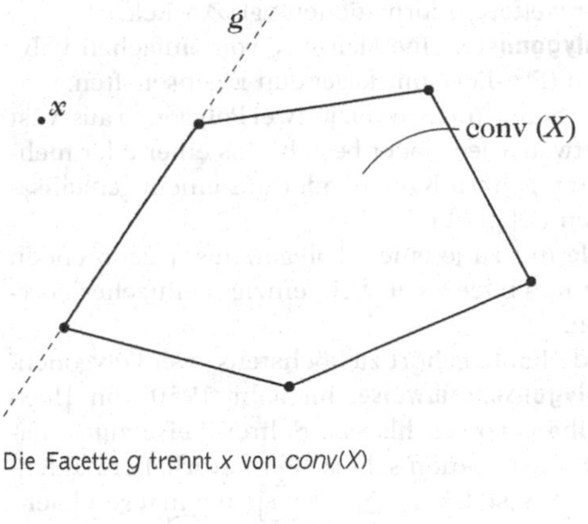

Die Facette g trennt x von $conv(X)$

Auch wenn für viele kombinatorische Probleme die Charakterisierung der oben erwähnten konvexen Hülle vermutlich nicht effizient möglich ist, so haben die Untersuchungen gemäß dieser Ideen doch die schnelle Behandlung gewisser Teilfamilien von Facetten, und damit auch verbesserte Algorithmen für eine Reihe schwieriger Probleme ermöglicht.

[1] Bachem, A.; Grötschel, M.: New aspects of polyhedral theory. In: Modern Applied Mathematics. Optimization and Operations Research, North-Holland, 1982.

[2] Pulleyblank, W.R.: Polyhedral combinatorics. In: Mathematical Programming, the State of the Art, Springer, 1983.

Polygamma-Funktion, ↗ Eulersche Γ-Funktion.

Polygon, ↗ n-Eck.

Polygonal-Zahlen, durch ein spezielles Bildungsgesetz definierte natürliche Zahlen.

Stellt man Zahlen durch ausgelegte Steinchen dar, so kann man aus ihnen Figuren legen (insbesondere Polygone), und aus solchen Figuren auch Sätze ablesen. Zu einer gegebenen Zahl $p \geq 3$ konstruiert man die p-Eckszahlen wie folgt: Die erste p-Eckszahl ist 1, die zweite ist die Anzahl der Ecken eines p-Ecks, also p. Um die dritte zu erhalten, vergrößert man dieses p-Eck durch eine weitere Linie mit aus $1+2(p-2)$ weiteren Punkten. Ein instruktives Beispiel geben die ↗ Pentagonal-Zahlen.

Nach Diophant kannte bereits Hypsikles (2. Jahrhundert v.Chr.) das Bildungsgesetz für beliebige Polygonalzahlen, nach dem die n-te p-Eckszahl durch

$$\sum_{k=0}^{n-1}(1+k(p-2)) = \frac{n}{2}(2+(p-2)(n-1)),$$

gegeben ist. Für $p = 3$ erhält man die ↗ Dreieckszahlen, für $p = 5$ die Pentagonal-Zahlen.

Polygongebiet, ein von einem einfachen Polygon (↗ n-Eck) begrenztes Gebiet in der Ebene.

Gelegentlich bezeichnet man auch ein solches Gebiet selbst als Polygon.

Für weitere Informationen vgl. ↗ n-Eck.

Polygonnetz, eine Menge N von einfachen Polygonen (↗ n-Eck) mit folgenden Eigenschaften.

- Die Schnittmenge von je zwei Polygonen aus N ist entweder leer, oder besteht aus einer oder mehreren ganzen Kanten, oder aus einem gemeinsamen Eckpunkt.
- Alle nur zu je einem Polygon aus N gehörenden Kanten bilden selbst ein einziges einfaches Polygon.
- Jede Kante gehört zu höchstens zwei Polygonen.

Polygonschreibweise, im Jahr 1950 von Hugo Steinhaus vorgeschlagene Schreibweise zur einfachen Konstruktion sehr großer natürlicher Zahlen. Für $n \in \mathbb{N}$ ist dabei $\triangle\!\!\!\!\!\; n = n^n$, $\boxed{n}$ ein n in n geschachtelten Dreiecken und schließlich $\textcircled{n}$ ein n in n geschachtelten Vierecken. Damit definierte Steinhaus die Zahlen ↗ Mega und ↗ Megiston.

Leo Moser erweiterte diese Schreibweise, indem er ein n in einem Fünfeck definierte als n in n geschachtelten Vierecken usw., und erklärte damit die Zahl ↗ Moser.

Eine andere Möglichkeit zur Definition großer Zahlen ist mit der ↗ Pfeilschreibweise gegeben.

Polygonzug-Verfahren, ↗ Eulersches Polygonzug-Verfahren.

polygraphische Verschlüsselung, ↗ symmetrisches Verschlüsselungsverfahren, bei dem der Klartext nicht in einzelne zu verschlüsselnde Buchstaben (monographisch), sondern in Blöcke von zwei und mehr Buchstaben zerlegt wird.

Wegen der vorhandenen Redundanzen in natürlichen Sprachen, die eine ↗ Kryptoanalyse erleichtern, sind nur periodische monographische Verschlüsselungen (↗ periodische Verschlüsselung) ausreichend sicher. Für eine sichere polygraphische Verschlüsselung sollte man eine Blockgröße von mindestens 64 Bit oder 8 Buchstaben wählen.

Polynom, ↗ ganzrationale Funktion, ↗ Polynome.

Polynom, trigonometrisches, eine endliche Summe der Form

$$\frac{a_0}{2} + \sum_{k=1}^{n}(a_k \cos kx + b_k \sin kx), \quad x \in \mathbb{R},$$

mit reellen Koeffizienten $a_k, b_k, k = 0, \dots, n$ bzw.

$$\sum_{|k| \leq n} c_k e^{ikx}$$

mit den komplexen Koeffizienten $c_k \in \mathbb{C}, k = -n, -n+1, \dots, n$.

Polynomapproximation, im Sinne der ↗ Approximationstheorie als Synonym zum Begriff der ↗ polynomialen Approximation benutzte Kurzbezeichung für die ↗ beste Approximation mit Polynomen.

Polynomapproximation im Sinne der ↗ Funktionentheorie behandelt folgende Fragestellung: Es sei $D \subset \mathbb{C}$ eine offene Menge und $f: D \to \mathbb{C}$ eine Funktion. Gibt es eine Folge (p_n) von Polynomen, die in D kompakt konvergent (↗ kompakt konvergente Folge) gegen f ist? Eine notwendige Bedingung hierfür ist offensichtlich, daß $f \in \mathcal{O}(D)$, wobei $\mathcal{O}(D)$ die Menge aller in D ↗ holomorphen Funktionen bezeichnet. Falls jede Funktion $f \in \mathcal{O}(D)$ in obigem Sinne durch Polynome approximierbar sein soll, so muß D einfach zusammenhängend sein, d. h. jede Zusammenhangskomponente von D ist ein einfach zusammenhängendes ↗ Gebiet. Der kleine Satz von Runge (↗ Runge, kleiner Satz von) zeigt, daß unter diesen Voraussetzungen tatsächlich eine Folge (p_n) von Polynomen mit der obigen Eigenschaft existiert.

Weitaus schwieriger ist folgende allgemeinere Fragestellung: Es sei $K \subset \mathbb{C}$ eine kompakte Menge und $f: K \to \mathbb{C}$ eine Funktion. Gibt es eine Folge (p_n) von Polynomen, die auf K gleichmäßig gegen f konvergiert? Eine notwendige Bedingung hierfür ist offensichtlich, daß $f \in A(K)$, wobei $A(K)$ die Menge aller auf K stetigen und in K° holomorphen Funktionen bezeichnet. Dabei ist K° die Menge der inneren Punkte von K. Im Fall $K^\circ = \emptyset$ entfällt natürlich die Forderung an die Holomorphie von f. Falls jede Funktion $f \in A(K)$ gleichmäßig durch Polynome approximierbar sein soll, so muß $\mathbb{C} \setminus K$ zusammenhängend sein. Der Satz von Mergelyan (↗ Mergelyan, Satz von) zeigt, daß unter diesen Voraussetzungen tatsächlich jedes $f \in A(K)$ gleichmäßig auf K durch Polynome approximierbar ist.

Polynome

M. Schlichenmaier

Polynome in einer Variablen X über einem kommutativen Ring R (mit Eins) sind formale Summen f (auch mit $f(X)$ bezeichnet) der Form

$$f = f(X) = a_n X^n + a_{n-1} X^{n-1} + \cdots + a_0 X^0 = \sum_{i=0}^{n} a_i X^i \,. \qquad (1)$$

Hierbei ist $n \in \mathbb{N}_0$ beliebig, und die $a_n, a_{n-1}, \ldots, a_0$ (genannt die *Koeffizienten* des Polynoms) sind aus R. Je nach dem Kontext bezeichnet man das Polynom mit f, $f(X)$ oder auch $f(x)$. Das Symbol X bzw. x heißt Variable oder manchmal auch Veränderliche. „Formale Summe" oder „formaler Ausdruck" soll in diesem Zusammenhang bedeuten, daß man die Summanden mit verschiedenen „Potenzen" von X unverändert nebeneinander aufführt. Erst wenn man statt X ein Ringelement α „einsetzt" und die Potenzen in X als Potenzen von α interpretiert, wird die formale Summe zu einer echten Summe im Ring und kann ausgeführt werden (siehe weiter unten).

Der Begriff formale Summe kann in der folgenden Weise präzisiert werden. Ein Polynom f wird als finite Abbildung

$$f : \mathbb{N}_0 \to R, \quad i \mapsto f_i \qquad (2)$$

definiert. Finit bedeutet, daß bis auf höchstens endlich viele Ausnahme $f_i = 0$ gilt. Ein Polynom f, definiert als „formale Summe" gemäß (1), legt durch $i \mapsto a_i$ eine finite Abbildung (2) fest. Umgekehrt ist durch die finite Abbildung (2) eine formale Summe (1) mit $a_i = f_i$ fixiert. Es gibt spezielle Abbildungen e_n für $n \in \mathbb{N}_0$, definiert durch

$$e_n : \mathbb{N}_0 \to R; \quad j \mapsto \begin{cases} 1, & j = n, \\ 0, & j \neq n. \end{cases}$$

Unter obiger Identifikation entspricht dem Element e_n das Polynom X^n.

Alle folgenden Konstruktionen in den formalen Summen können mit Hilfe der entsprechenden Konstruktionen für die finiten Abbildungen präzisiert werden (was hier nicht ausgeführt werden soll). Im Lichte dieser Präzisierung wird vereinbart, daß die nicht geschriebenen Terme in der formalen Summe (1) bei Bedarf durch $0 \cdot X^i$ ersetzt werden können, und daß weiterhin Terme dieser Art weggelassen werden können. Desweiteren kommt es nicht auf die Reihenfolge an, in der die Potenzen X^i geschrieben werden. Statt $a_0 X^0$ in (1) schreibt man meist nur a_0.

Die Menge der Polynome mit Koeffizienten aus R wird mit $R[X]$ bezeichnet. Von spezieller Bedeutung sind die Fälle, in denen die Koeffizienten ganze Zahlen ($R = \mathbb{Z}$) bzw. Elemente von Körpern (z. B. $\mathbb{Q}$, $\mathbb{R}$ oder $\mathbb{C}$) sind. In diesem Fall spricht man auch von ganzzahligen, rationalen, reellen, bzw. komplexen Polynomen.

Die Menge der Polynome $R[X]$ ist eine ↗Algebra über R, d. h. sie besitzt eine Addition, eine Multiplikation mit dem Skalarenbereich R und eine Multiplikation, die gewisse Kompatibilitätsbedingungen untereinander erfüllen. Die Verknüpfungen sind wie folgt definiert. Seien $f(X) = \sum_{i=0}^{n} a_i X^i$ und $g(X) = \sum_{i=0}^{m} b_i X^i$ zwei Polynome und $r \in R$ ein Ringelement, dann gilt

$$(f+g)(X) := \sum_{i=0}^{\max(n,m)} (a_i + b_i) X^i$$

$$(rf)(X) := \sum_{i=0}^{n} (ra_i) X^i$$

$$(f \cdot g)(X) := \sum_{i=0}^{n \cdot m} \left(\sum_{j=0}^{i} a_j b_{i-j} \right) X^i \,.$$

Insbesondere ist $R[X]$ ein Modul über dem Ring R, bzw. $\mathbb{K}[X]$ ein Vektorraum über dem Körper $\mathbb{K}$. Eine Basis ist gegeben durch

$$B := \{X^i \mid i \in \mathbb{N}_0\}\,.$$

Die Basiselemente heißen Monome. Die Multiplikation kann auch als bilineare Fortsetzung von

$$X^i \cdot X^j := X^{i+j}$$

definiert werden. Durch $r \mapsto r \cdot X^0$ wird R in $R[X]$ als Untervektorraum, bzw. Untermodul eingebettet. Die Elemente dieses Unterraums heißen konstante Polynome.

Sei f ein Polynom wie in (1) gegeben mit $a_n \neq 0$, dann ist der *Grad* des Polynoms f, $\deg f$, als n definiert. Das Element $a_n \neq 0$ heißt *höchster Koeffizient* oder *Leitkoeffizient* des Polynoms. Dem Nullpolynom ordnet man den Grad $-\infty$ zu. Die weiteren konstanten Polynome sind genau die Polynome vom Grad Null. Es gilt

$$\deg(f+g) \le \max(\deg f, \deg g),$$
$$\deg(f \cdot g) \le \deg f + \deg g \,.$$

Ist der Ring nullteilerfrei (z. B. $\mathbb{Z}$ oder ein Körper), dann gilt

$$\deg(f \cdot g) = \deg f + \deg g \,.$$

Ein Polynom $f(X)$, gegeben durch (1), definiert in natürlicher Weise die *Polynomfunktion*

$$\hat{f} : R \to R, \quad \alpha \mapsto f(\alpha) := \sum_{i=0}^{n} a_i \alpha^i ,$$

indem man die formale Variable X durch das Ringelement α ersetzt. Polynome über Körpern von Charakteristik Null sind eindeutig durch ihre Polynomfunktionen festgelegt. Manchmal identifiziert man in diesem Fall Polynome mit der dadurch bestimmten Polynomfunktion. Es ist jedoch zu beachten, daß für beliebige Ringe und sogar Körper das Polynom f durch die Kenntnis der Polynomabbildung $\hat{f}$ nicht eindeutig fixiert ist. So definieren die beiden Polynome $X^p - X$ und $0 \cdot X$ (das Nullpolynom) für den Körper mit p Elementen $\mathbb{F}_p$ (p eine Primzahl) als Polynomfunktionen jeweils die Nullfunktion $\alpha \mapsto 0$.

Im folgenden sei R immer als nullteilerfreier Ring oder sogar als Körper vorausgesetzt. Ist f ein Polynom vom Grad $\deg f \geq 1$, und ist $\alpha \in R$ gegeben mit $\hat{f}(\alpha) = 0$, so heißt α eine *Nullstelle* des Polynoms f. Ist α eine Nullstelle des Polynoms f, so kann f als Produkt

$$f(X) = g(X) \cdot (X - \alpha)$$

geschrieben werden. Hierbei ist $g(X)$ ein Polynom vom Grad $\deg g = \deg f - 1$. Dieses Verfahren heißt *Abspaltung einer Nullstelle*. Durch sukzessive Abspaltung von weiteren Nullstellen erhält man das Ergebnis, daß ein Polynom vom Grad n höchstens n Nullstellen hat. Das Polynom g kann durch Division mit Rest im Polynomring konstruiert werden. Die *Division mit Rest* ist allgemein für Polynome $f, g \in R[X]$ mit $\deg f > \deg g$ unter der Bedingung, daß der höchste Koeffizient von g eine Einheit in R (d. h. invertierbar) ist, definiert. Sie liefert Polynome $q, r \in R[X]$ mit

$$f(X) = q(X) \cdot g(X) + r(X) ,$$

derart, daß

$$\deg q = \deg f - \deg g ,$$

und entweder
(i) $r \equiv 0$ (d. h., r ist das Nullpolynom), oder
(ii) $\deg r < \deg g$
gilt.

Das Polynom $q(X)$ heißt Quotient, $r(X)$ heißt Rest. Ein Polynom $f(X) = \sum_{i=0}^{n} a_i X^i$ heißt durch $g(X) = \sum_{i=0}^{m} b_i X^i$ teilbar, wenn der Rest verschwindet. Der Quotient heißt in diesem Fall ein Teiler des Polynoms. Die Koeffizienten des Quotienten $q(X) = \sum_{j=0}^{k} c_j X^j$ können rekursiv durch Koeffizientenvergleich gewonnen werden. Sei

$$n = \deg f, \quad m = \deg g, \quad k = \deg q = n - m ,$$

dann berechnet sich

$$\begin{aligned} c_k &= b_m^{-1} a_n, \\ c_{k-1} &= b_m^{-1}(a_{n-1} - c_k b_{m-1}), \\ &\vdots \\ c_0 &= b_m^{-1}(a_m - c_1 b_{m-1} \cdots - c_k b_{m-k}). \end{aligned}$$

Das Restpolynom ergibt sich als

$$r(X) = f(X) - q(X) \cdot g(X) .$$

Sind f und g zwei Polynome über einem Körper $\mathbb{K}$, so existiert der größte gemeinsame Teiler $\mathrm{ggT}(f, g)$ bezüglich des Grads. Er ist ein Polynom und kann mit Hilfe des *Euklidischen Algorithmus'* bestimmt werden. Hierzu wird sukzessive Division mit Rest durchgeführt. Es ist

$$\begin{aligned} f(X) &= q_1(X) g(X) + r_1(X), & \deg r_1 &< \deg g, \\ g(X) &= q_2(X) r_1(X) + r_2(X), & \deg r_2 &< \deg r_1, \\ r_1(X) &= q_3(X) r_2(X) + r_3(X), & \deg r_3 &< \deg r_2, \\ &\vdots \end{aligned}$$

Das Verfahren terminiert, wenn das erste Mal als Rest r_k Null auftritt. Der letzte nichtverschwindende Rest r_{k-1} (bzw. der Quotient im letzten Schritt) ist der größte gemeinsame Teiler $\mathrm{ggT}(f, g)$ der Polynome f und g. Durch Rückwärtseinsetzen liefert der Algorithmus eine Darstellung

$$\mathrm{ggT}(f, g)(X) = h(X) f(X) + l(X) g(X)$$

mit geeigneten Polynomen h und l. Zwei Polynome heißen teilerfremd, falls der größte gemeinsame Teiler eine Konstante ist.

Ein Polynom, das man nicht als Produkt von Polynomen vom Grad ≥ 1 schreiben kann, heißt *irreduzibles Polynom* oder auch *Primpolynom*. Im Polynomring über einem Körper kann man jedes Polynom als Produkt von irreduziblen Polynomen schreiben. Die Faktoren sind bis auf die Reihenfolge und die Multiplikation mit Skalaren eindeutig bestimmt. Sie heißen die Primfaktoren der Polynome. Über algebraisch abgeschlossenen Körpern (z. B. $\mathbb{C}$) sind die einzigen Primpolynome die linearen Polynome $(X - \alpha)$, $\alpha \in \mathbb{K}$, bzw. deren skalare Vielfache.

Ein „einfacher" Algorithmus zur Bestimmung der Nullstellen eines Polynoms über einem Körper ausgehend von den (beliebigen) Koeffizienten des Polynoms existiert nur für Polynome des Grads 1, 2, 3 oder 4; siehe hierzu ↗quadratische Gleichung, ↗Cardanische Lösungsformeln, ↗casus irreducibilis, und ↗kubische Resolvente. Der Satz von Abel (↗Abel, Satz von) besagt nämlich, daß für Polynome vom Grad ≥ 5 kein Algorithmus zur Nullstellenbestimmung existiert, der durch Addition,

Multiplikation und sukzessives Wurzelziehen ausgehend von den Koeffizienten ausgeführt werden kann. Der Beweis verwendet die ↗Galois-Theorie.

Polynome in mehreren Variablen werden in analoger Weise definiert. Polynome in n Variablen $X_1, X_2, \dots, X_n$ über einem Ring R sind formale Summen der Form

$$f(X_1, X_2, \dots, X_n) = \sum_{0 \le i_1, i_2, \dots, i_n} a_{(i_1, \dots, i_n)} X_1^{i_1} X_2^{i_2} \cdots X_n^{i_n} . \qquad (3)$$

Hierbei ist die Summe als endlich vorausgesetzt. Mit Hilfe der ↗Multiindex-Schreibweise $X = (X_1, X_2, \dots, X_n)$, $i = (i_1, i_2, \dots, i_n)$, kann (3) auch kompakter als

$$f(X) = \sum_i a_i X^i \qquad (4)$$

geschrieben werden. Das Element $X_1^{i_1} X_2^{i_2} \cdots X_n^{i_n}$ heißt Monom vom Grad $|i| := i_1 + i_2 + \cdots + i_n$. Wiederum kann „formale Summe" präzisiert werden als finite Abbildung $\mathbb{N}_0^n \to R$. Die Addition, Multiplikation, usw. übertragen sich in offensichtlicher Weise auf Polynome in mehreren Variablen, wobei für die Multiplikation vereinbart wird, daß $X_j \cdot X_i = X_i \cdot X_j$ gilt. In dieser Weise erhält man den (kommutativen) Polynomring $R[X_1, X_2, \dots, X_n]$ in n Variablen. Er kann auch rekursiv als Polynomring in der Variablen X_n über dem Polynomring in den Variablen $X_1, \dots, X_{n-1}$ konstruiert werden. Der Grad des Polynoms (3) bzw. (4) ist definiert als das maximale k, für welches nichtverschwindende Koeffizienten $a_i \neq 0$ existieren mit $k = |i|$. Polynome in mehreren Variablen über einem Körper können als Produkte irreduzibler Polynome geschrieben werden. Die Faktoren sind, bis auf Vertauschung der Reihenfolge und Multiplikation mit nichtverschwindenden Konstanten, eindeutig.

Der *homogene Anteil* $f_l(X)$ vom Grad l eines Polynoms (4) ist definiert als

$$f_l(X) = \sum_{|i|=l} a_i X^i .$$

Jedes Polynom besitzt eine eindeutige Zerlegung in die Summe seiner homogenen Anteile

$$f(X) = \sum_{l=0}^{k} f_l(X) .$$

Ein Polynom vom Grad n heißt *homogenes Polynom* vom Grad n, falls f mit seinem homogenen Anteil vom Grad n übereinstimmt. Die Zerlegung in homogene Anteile liefert eine Zerlegung des unendlichdimensionalen Vektorraums der Polynome (bzw. des freien Moduls) in endlichdimensionale direkte Summanden P_l

$$R[X_1, X_2, \dots, X_n] = \bigoplus_{l=0}^{\infty} P_l .$$

Der Summand P_l ist definiert als

$$P_l := \{f \text{ ist homogen vom Grad } l \text{ oder } f \equiv 0\} .$$

Er wird erzeugt von den Monomen vom Grad l und heißt homogener Unterraum vom Grad l. Es gilt

$$\dim P_l = \binom{n+l-1}{l} .$$

Für eine einzige Variable sind die homogenen Unterräume P_l eindimensional und werden durch die X^l erzeugt. Unter der Zerlegung wird $R[X_1, X_2, \dots, X_n]$ ein ↗graduierter Ring (falls R nullteilerfrei ist), d. h., es gilt $P_l \cdot P_{l'} \subseteq P_{l+l'}$.

Polynomringe haben wichtige algebraische Eigenschaften. So sind etwa Polynomringe in n Variablen über einem Körper Noethersche Ringe. Allgemeiner gilt: Polynomringe über einem Noetherschen Ring sind selbst wieder Noethersch (Hilbertscher Basissatz). Polynomringe über $\mathbb{Z}$ sind also auch Noethersch.

Gegeben sei ein Polynom (4) über einem Körper $\mathbb{K}$. Ist $\alpha = (\alpha_1, \dots, \alpha_n) \in \mathbb{K}^n$ ein Punkt des n-dimensionalen affinen Raums, dann ist

$$f(\alpha) := \sum_i a_i \alpha^i = \sum_{0 \le i_1, \dots, i_n} a_{i_1, \dots, i_n} \alpha_1^{i_1} \alpha_2^{i_2} \cdots \alpha_n^{i_n}$$

ein Element aus dem Körper $\mathbb{K}$. Der Punkt $\alpha \in \mathbb{K}^n$ heißt *Nullstelle* des Polynoms, falls $f(\alpha) = 0$.

Das Studium von Nullstellen von einen oder mehreren Polynomen in mehreren Variablen taucht typischerweise bei geometrischen Fragestellungen auf. Die Menge gemeinsamer Nullstellen einer Menge von Polynomen ist eine (nicht notwendig irreduzible) Varietät. Varietäten werden in der algebraischen Geometrie untersucht (↗algebraische Menge). Wichtige geometrische Objekte können als Nullstellengebilde von Polynomen gegeben werden. So ist die Sphäre S^2 im $\mathbb{R}^3$ die Nullstellenmenge des Polynoms

$$f(X, Y, Z) = X^2 + Y^2 + Z^2 - 1 .$$

Weitere Verallgemeinerungen sind möglich:

(a) Polynome in unendlich vielen Variablen werden als direkter Limes durch sukzessives „Hinzufügen" von Variablen X_i, $i = 1, 2, \dots$ zum Polynomring in $i-1$ Variablen erhalten. Ein Polynom in unendlich vielen Variablen kann als endliche Summe von Monomen gegeben werden, wobei in jedem Monom nur endlich viele der Variablen vorkommen. Insbesondere hängt jedes Polynom nur von endlich vielen Variablen ab.

(b) Läßt man die Endlichkeitsbedingung in den Polynomen für eine Variable fallen, so erhält man alle Abbildungen $\mathbb{N}_0 \to R$. Dies kann in formaler Weise auch als

$$f(X) = \sum_{i \in \mathbb{N}_0} a_i X^i$$

geschrieben werden. Manchmal benutzt man die Schreibweise $\sum_{i=0}^{\infty} a_i X^i$, meint damit aber nicht, daß eine Grenzwertbildung beteiligt ist. Die Addition, Multiplikation mit Elementen aus R und die Multiplikation ist in derselben Weise wie beim Polynomring definiert. In dieser Weise erhält man den formalen Potenzreihenring $R[[X]]$ in einer Variablen. Die formalen Ausdrücke heißen formale Potenzreihen. Es ist zu beachten, daß im Gegensatz zum Einsetzen in Polynomen, das Einsetzen von $\alpha \in R$ in eine Potenzreihe $f(X)$ nicht notwendigerweise ein sinnvolles Ergebnis liefert, falls die Potenzreihe nicht abbricht. Das erste Problem ist die Frage nach der Bedeutung von

$$f(\alpha) = \sum_{i \in \mathbb{N}_0} a_i \alpha^i$$

in beliebigen Ringen. Aber selbst wenn diesem Ausdruck eine Bedeutung als Grenzwert

$$\lim_{k \to \infty} \sum_{i=0}^{k} a_i \alpha^i$$

gegeben werden kann, wie dies etwa für $\mathbb{R}$ oder $\mathbb{C}$ möglich ist, so ist nicht gewährleistet, daß dieser Grenzwert für irgendein $\alpha \neq 0$ überhaupt existiert. Man nennt eine Potenzreihe $f(X)$ konvergent, falls der Grenzwert $f(\alpha)$ für ein $\alpha \neq 0$ existiert. Insbesondere existiert er dann für alle β mit $|\beta| < |\alpha|$. Die konvergenten Potenzreihen bilden einen Teilring der formalen Potenzreihen. Die entsprechenden Definitionen für den formalen Potenzreihenring in n Variablen sind vollkommen analog.

(c) Beim Polynomring in n Variablen kommt es laut Definition nicht auf die Reihenfolge der Variablen an. So bestimmen sowohl X_1X_2 als auch X_2X_1 dasselbe Monom. Im nichtkommutativen Polynomring sind beide Monome verschieden. Nichtkommutative Monome in n Variablen erzeugt man durch sukzessives Hinzumultiplizieren von Variablen X_i, $i = 1, \ldots, n$, an ein neutrales Startelement e. Vertauschungen sind nicht erlaubt. Der Vektorraum über den derart erzeugten nichtkommutativen Monomen ist die nichtkommutative Polynomalgebra. Die Ringmultiplikation ist auf der Ebene der Monome einfach das Verketten der Monome. Durch die Faktorisierung nach zweiseitigen Idealen erhält man Algebren, in denen noch zusätzliche Vertauschungseigenschaften gelten. Solche Algebren sind von Bedeutung in der nichtkommutativen Geometrie. Die komplexe Quantenebene $\mathbb{A}_q(2)$ zum Parameter $q \in \mathbb{C}$ erhält man ausgehend vom nichtkommutativen Polynomring über $\mathbb{C}$ in den Variablen X und Y durch Faktorisierung nach dem zweiseitigen Ideal

$$(XY - qYX)\ .$$

Für $q = 1$ erhält man die kommutative Polynomalgebra in zwei Variablen zurück. Sie entspricht der üblichen affinen Ebene.

Im analytischen Kontext nennt man Polynome auch ↗ganzrationale Funktionen; man vergleiche dort für weitere Informationen.

Polynome über endlichen Körpern, ↗Polynome mit Koeffizienten aus dem Körper mit p^r Elementen, wobei p eine Primzahl und r eine natürliche Zahl ist.

Sie spielen eine wichtige Rolle bei der Konstruktion von effektiven ↗fehlerkorrigierenden Codes.

Polynomfaktorisierung, ↗Faktorisierung von Polynomen.

Polynomfolge, zunächst ganz allgemein eine Folge von Polynomen, meist jedoch, so etwa in der ↗Kombinatorik, eine solche Folge, bei der noch der Grad der Polynome mit ansteigendem Folgenindex anwächst.

Bezeichnet man mit $\mathbb{R}[x]$ die Menge aller reellen Polynome in der Variablen x, und faßt man $\mathbb{R}[x]$ als unendlichdimensionalen Vektorraum über $\mathbb{R}$ mit der gewöhnlichen Addition von Polynomen und Skalarmultiplikation als Operationen auf, so ist eine Folge $\{p_n \in \mathbb{R}[x],\ n \in \mathbb{N}_0\}$ eine Polynomfolge, falls $\operatorname{grad} p_n = n$ für alle $n \in \mathbb{N}_0$. Zusätzlich wird hierbei vereinbart, daß der Grad des Nullpolynoms -1 ist. Die wichtigsten Polynomfolgen sind die drei fundamentalen Polynomfolgen von Zählfunktionen: Die ↗Monome (Standardpolynome), die ↗fallenden Faktoriellen und die ↗steigenden Faktoriellen, sowie deren Verallgemeinerung, die ↗Binomialfolgen.

Da die Grade in einer Polynomfolge strikt ansteigen, ergibt sich unmittelbar der Hauptsatz über Polynomfolgen:

Jede Polynomfolge $\{p_n \in \mathbb{R}[x],\ n \in \mathbb{N}_0\}$ *bildet eine Basis von* $\mathbb{R}[x]$.

Hieraus folgt, daß für zwei Polynomfolgen $\{p_n \in \mathbb{R}[x],\ n \in \mathbb{N}_0\}$ und $\{q_n \in \mathbb{R}[x],\ n \in \mathbb{N}_0\}$ jedes q_n als

Linearkombination der p_i mit $i \leq n$, und jedes p_n als Linearkombination der q_i mit $i \leq n$ dargestellt werden kann. Es gibt also eindeutige Koeffizienten $c_{n,i}$ und $d_{n,i}$ so, daß

$$q_n = \sum_{i=0}^{n} c_{n,i} p_i$$

und

$$p_n = \sum_{i=0}^{n} d_{n,i} q_i \,.$$

Die Zahlen $c_{n,i}$ und $d_{n,i}$ heißen Verbindungskoeffizienten von $\{p_n\}$ nach $\{q_n\}$ bzw. umgekehrt. Für beliebige Polynomfolgen ist die Bestimmung der Verbindungskoeffizienten eines der schwierigsten Probleme der Kombinatorik. Für Binomialfolgen gibt es jedoch genaue Ergebnisse.

Polynomgrad-Erhöhung, wichtigster Spezialfall der ↗ Graderhöhung.

polynomiale Approximation, Theorie der ↗ besten Approximation durch Polynome.

Es sei $C[a, b]$ die Menge der stetigen Funktionen auf dem Intervall $[a, b]$, $\|.\|_\infty$ die ↗ Maximumnorm, und es bezeichne Π_n den Raum der Polynome vom maximalen Grad $n \in \mathbb{N}_0$. Das Problem der Approximation bzgl. Π_n besteht darin, für vorgegebenes $f \in C[a, b]$ ein Polynom $p_f \in \Pi_n$ zu bestimmen, für welches

$$\|f - p_f\|_\infty \;\leq\; \|f - p\|_\infty$$

für alle $p \in \Pi_n$ gilt. In diesem Fall heißt p_f auch gleichmäßig beste Approximation an f hinsichtlich Π_n.

Aus einem von A. Haar 1918 bewiesenen Resultat hinsichtlich der gleichmäßigen Approximation in ↗ Haarschen Räumen kann man die folgende Eindeutigkeitsaussage für die polynomiale Approximation direkt ableiten. Modernere Beweise dieser allgemeineren Aussage verwenden das ↗ Kolmogorow-Kriterium.

Für jede Funktion $f \in C[a, b]$ gibt es genau eine gleichmäßig beste Approximation p_f an f hinsichtlich Π_n.

Der ↗ Alternantensatz charakterisiert gleichmäßig beste Approximationen hinsichtlich Π_n.

Beispiel: Die gleichmäßig beste Approximation $p_f \in \Pi_n$ an die Funktion $f : [-1, 1] \mapsto \mathbb{R}$, definiert durch

$$f(x) = 2^n x^{n+1}, \; x \in [-1, 1],$$

ist gegeben durch

$$p_f(x) = 2^n x^{n+1} - T_{n+1}(x), \; x \in [-1, 1],$$

wobei $T_{n+1} \in \Pi_{n+1}$ das $(n+1)$-te ↗ Tschebyschew-Polynom ist. Dies kann man mit Hilfe des Alternantensatzes direkt erkennen, denn es gelten

$$T_{n+1}(x) = 2^n x^{n+1} + \ldots$$

und, für $i \in \{0, \ldots, n+1\}$,

$$(-1)^{n+1+i} T_{n+1}(\cos(\tfrac{(n+1-i)\pi}{n+1})) = \|T_{n+1}\|_\infty \,.$$

Als weiteres Beispiel der direkten Bestimmung der gleichmäßig besten Approximation für Funktionen aus einer bestimmten Klasse sei das ↗ Solotarew-Problem genannt. Die gleichmäßig beste Approximation an eine vorgegebenes $f \in C[a, b]$ kann jedoch im allgemeinen nicht direkt bestimmt werden. Für den polynomialen Fall wurde hierzu 1934 ein iteratives Verfahren entwickelt, der sogenannte ↗ Remez-Algorithmus.

polynomialer Algorithmus, ein Algorithmus, dessen ↗ worst case Rechenzeit durch ein Polynom in der Eingabelänge beschränkt ist.

In der ↗ Komplexitätstheorie gelten polynomiale Algorithmen als effizient. Dies läßt sich aus Sicht der Anwendungen nur rechtfertigen, wenn der Grad des Polynoms für die Rechenzeit klein genug ist.

polynomiales Problem, ein durch einen ↗ polynomialen Algorithmus lösbares Problem, und damit ein Problem, das zur Komplexitätsklasse ↗ P gehört.

Polynomialverteilung, ↗ Multinomialverteilung.

Polynomideal, ein ↗ Ideal in einem ↗ Polynomring.

polynomielle Hierarchie, Klasse der Komplexitätsklassen Σ_k^p und Π_k^p.

Eine Sprache L ist in Σ_k^p enthalten, wenn es eine Sprache L' in der Komplexitätsklasse ↗ P gibt, so daß x genau dann in L enthalten ist, wenn für eine alternierende und mit einem existentiellen Quantor beginnende Folge $Q_1, \ldots, Q_k$ von Quantoren und Wörter $y_1, \ldots, y_k$ mit einer bzgl. x festen polynomiellen Länge

$$Q_1 y_1 : \ldots Q_k y_k : (x, y_1, \ldots, y_k) \in L'$$

gilt. Π_k^p ist analog definiert, nur muß Q_1 ein universeller Quantor sein.

Es ist $\Sigma_0^p = \Pi_0^p = P$, $\Sigma_1^p = NP$ und $\Pi_1^p = \text{co-NP}$. Es wird vermutet, daß ein ↗ Hierarchiesatz sowohl für die Klassen Σ_k^p als auch für die Klassen Π_k^p gilt, und daß Σ_k^p und Π_k^p unvergleichbar sind.

polynomielle Konvergenzbeschleunigung, Technik der Numerischen Mathematik, aus einer Fixpunktiteration

$$x^{(k+1)} = Tx^{(k)} + f$$

zur Lösung eines linearen Gleichungssystems $Ax = b$ durch Bildung geeigneter Linearkombinationen der Iterierten ein schneller konvergierendes Verfahren zu erhalten.

Mit gegebenem Startvektor $x^{(0)}$ bildet man mittels der Fixpunktiteration $x^{(k+1)} = Tx^{(k)} + f$ eine Folge von Näherungslösungen $x^{(j)}$ und eine modifizierte Folge

$$z^{(j)} = \sum_{i=0}^{j} \alpha_{j,i} x^{(i)}$$

für $j \in \mathbb{N}$. Hierbei sind die $\alpha_{j,i}$ reelle Zahlen, für welche $\sum_{i=0}^{j} \alpha_{j,i} = 1$ gilt. Sei x die eindeutige Lösung des Gleichungssystems $Ax = b$, bzw. der zugehörigen Fixpunktgleichung $x = Tx + f$. Dann gilt für den Fehler $d^{(j)} = z^{(j)} - x$ der modifizierten Folge

$$d^{(j)} = \sum_{i=0}^{j} \alpha_{j,i} T^i d^{(0)} = P_k(T) d^{(0)}$$

mit dem Polynom $P_k(T) = \sum_{i=0}^{j} \alpha_{j,i} T^i$. Man ist nun an einem möglichst kleinem Fehler $d^{(j)}$ interessiert, d. h. man versucht, die $\alpha_{j,i}$ so zu wählen, daß $d^{(j)}$ möglichst minimal ist.

In einigen (für die Anwendungen wichtigen) Spezialfällen ist bekannt, wie die Wahl der $\alpha_{j,i}$ erfolgen sollte. Ist etwa die Fixpunktiteration $x^{(k+1)} = Tx^{(k)} + f$ symmetrisierbar (d. h. existiert eine nichtsinguläre Matrix W so, daß $W(I - T)W^{-1}$ symmetrisch und positiv definit ist), dann sollten die Koeffizienten $\alpha_{j,i}$ als Koeffizienten des Polynoms

$$Q_k(t) = \frac{T_k(\frac{2t-b-a}{b-a})}{T_k(\frac{2-b-a}{b-a})}$$

gewählt werden; hierbei bezeichnet T_k das k-te Tschebyschew-Polynom (erster Art). Man erhält so das optimale Tschebyschew-Beschleunigungsverfahren für die jeweilige Grunditeration.

polynomielle Zeithierarchie, ↗ polynomielle Hierarchie.

polynomielle Zeitreduktion, Begriff aus der Komplexitätstheorie.

Eine Sprache L_1 bzw. ein ↗Entscheidungsproblem ist auf eine Sprache L_2 in polynomieller Zeit reduzierbar, Notation $L_1 \leq_p L_2$, wenn es eine in polynomieller Zeit berechenbare Transformation f gibt, die Wörter über dem Alphabet von L_1 in Wörter über dem Alphabet von L_2 so überführt, daß gilt: $w \in L_1 \Leftrightarrow f(w) \in L_2$. Aus $L_2 \in$ P (↗P (Komplexitätsklasse)) und $L_1 \leq_p L_2$ folgt, daß $L_1 \in$ P ist.

Polynomielle Zeitreduktionen bilden die Grundlage der Theorie der ↗NP-Vollständigkeit.

polynomischer Lehrsatz, Verallgemeinerung des binomischen Lehrsatzes auf Ausdrücke der Form $(a_1 + a_2 + \ldots + a_k)^n$. Der Satz lautet:

Für alle $k, n \in \mathbb{R}$ gilt

$$(a_1 + a_2 + \ldots + a_k)^n = \sum_{\substack{0 \leq \nu_1, \ldots, \nu_k \leq n \\ \nu_1 + \ldots + \nu_k = n}} \frac{n!}{\nu_1! \nu_2! \cdots \nu_k!} a_1^{\nu_1} \cdots a_k^{\nu_k} .$$

polynom-konvexe Hülle, ↗ polynom-konvexer Bereich.

polynom-konvexer Bereich, Begriff in der Funktionentheorie mehrer Variabler.

Ein Bereich $X \subset \mathbb{C}^n$ heißt polynom-konvex, wenn für jede kompakte Menge $K \subset X$ die polynom-konvexe Hülle

$$\widehat{K}_{\mathbb{C}[z]} = \{z \in X;\ P(z) \leq \|P\|_K\ \forall P \in \mathbb{C}[z_1, ..., z_n]\}$$

von K in X kompakt ist.

Polynomring, Menge aller ↗Polynome in gewissen Veränderlichen $X_1, \ldots, X_n$ über einen (kommutativen) Ring R. Diese Menge wird mit $R[x_1, \ldots, x_n]$ bezeichnet.

Mit den kanonisch definierten Operationen $+$ und $\cdot$ bildet $R[X_1, \ldots, X_n]$ einen kommutativen Ring.

Polyomino, ebene geometrische Figur, die sich aus endlich vielen (n) gleich großen Quadraten so zusammensetzen läßt, daß benachbarte Quadrate immer mit der vollen Kante aneinandergrenzen; noch genauer spricht man in diesem Fall von einem n-omino. Abbildung 1 zeigt die (bis auf Drehung und Spiegelung) einzig möglichen Polyominos für $n \leq 4$.

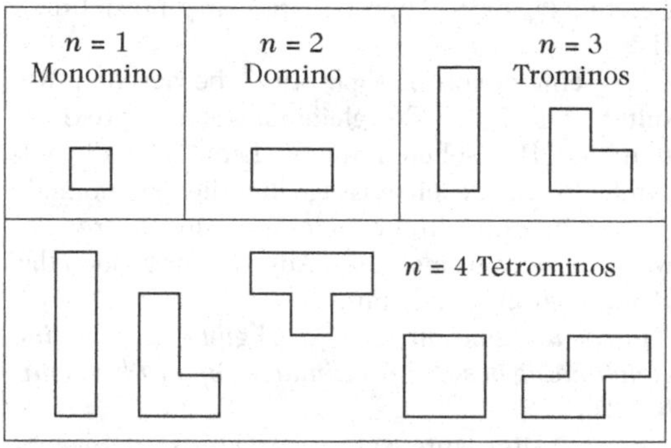

Abbildung 1

Polyominos spielen eine Rolle in der Theorie der Parkettierung (Pflasterung) einer Ebene. Als Ordnung eines (festen) Polyominos bezeichnet man die kleinste Anzahl, die man von Polyominos dieses Typs braucht, um ein Rechteck vollständig auszufüllen; ist dies nicht möglich, so ist die Ordnung nicht definiert.

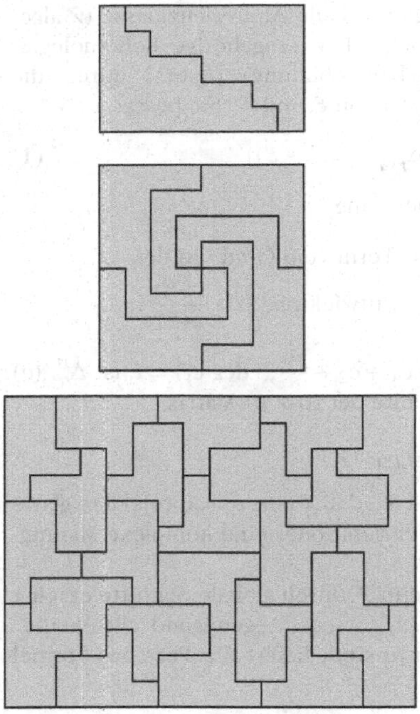

Abbildung 2: Polyominos der Ordnungen 2,4, und 24

Es wird vermutet, daß kein Polyomino der Ordnung 3 existiert.

[1] Stewart, I.: Die Reise nach Pentagonien. Spektrum Akademischer Verlag Heidelberg, 1995.

Polyradius, ↗ Polyzylinder.

polysaturierte Nichtstandard-Erweiterung, Nichtstandard-Erweiterung $V(S^*) \supset V(S)$ (↗Nichtstandard-Analysis), welche κ-saturiert ist, wobei κ die Mächtigkeit von $V(S)$ bezeichnet. Insbesondere handelt es sich immer um eine ↗Vergrößerung.

Polytop, Menge, die sich als konvexe Hülle endlich vieler Vektoren eines $\mathbb{R}^d$ darstellen läßt.

Sind die Vektoren linear unabhängig, spricht man von einem Simplex.

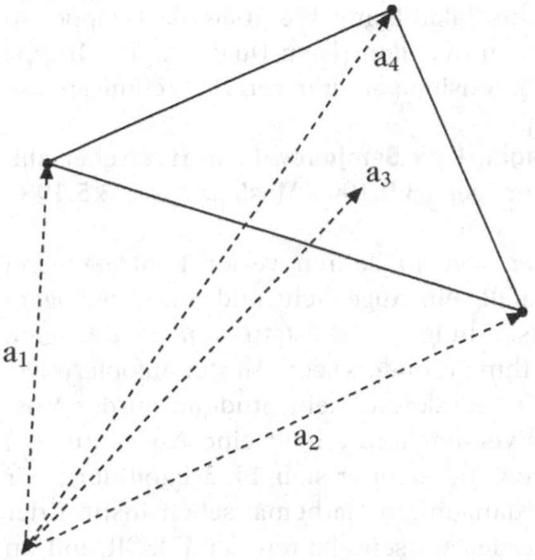

Polytop: Das Dreieck mit den Endpunkten der Vektoren a_1, a_2 und a_4 als Ecken bildet das von a_1, a_2, a_3 und a_4 erzeugte Polytop.

Polyzylinder, *Polydisk*, Verallgemeinerung des anschaulichen Zylinderbegriffs.

Ein Polyzylinder um $a \in \mathbb{C}^n$, mit Polyradius $\varrho = (\varrho_1, ..., \varrho_n) \in (\mathbb{R}^*_+)^n$ ist definiert als

$$P(a;\varrho) := \{z \in \mathbb{C}^n;\ |z_j - a_j| < \varrho_j,\ 1 \le j \le n\} .$$

Übliche Bezeichnungen sind $P(\varrho) := P(0;\varrho)$, $P(a;z) := P(a;|z_1|, ..., |z_n|)$ für $z \in (\mathbb{C}^*)^n$ und $P(a;r) := P(a;r,...,r)$ für $r \in \mathbb{R}^*_+$.

$$\begin{aligned} T &= T(P(a;\varrho)) \\ &:= \{z \in \mathbb{C}^n;\ |z_j - a_j| = \varrho_j, 1 \le j \le n\} \end{aligned}$$

heißt Bestimmungsfläche von $P = P(a;\varrho)$. P ist ein konvexes Gebiet im $\mathbb{C}^n$. Die Bestimmungsfläche T ist eine Teilmenge des topologischen Randes ∂P von P. T ist ein n-dimensionaler Torus, d. h. ein kartesisches Produkt von n Kreisen.

Eine wichtige Anwendung des Polyzylinders und seiner zugehörigen Bestimmungsfläche findet sich in der Cauchyschen Integralformel in n Variablen. Diese Formel zeigt, daß die Werte einer beliebigen holomorphen Funktion auf einem Polyzylinder $P = P(a;\varrho)$ bereits durch ihre Werte auf $T(P)$ bestimmt sind.

PO-Maß, ↗PO-Inhalt.

Poncelet, Jean Victor, französischer Mathematiker, geb. 1.7.1788 Metz, gest. 22.12.1867 Paris.

Poncelet studierte bis 1810 als Schüler von Monge an der Ecole Polytechnique. Danach nahm er am Rußlandfeldzug Napoleons teil und kehrte 1814 aus der Gefangenschaft zurück. Von 1815 bis 1825 arbeitete er als Militäringenieur in Metz, von 1825 bis 1835 war er ebendort Professor für Mechanik. Danach ging er als Professor für Mechanik an der Sorbonne nach Paris und wurde Mitglied einer Kommission zur Befestigung von Paris. Von 1848 bis 1850 war er Direktor der Ecole Polytechnique.

1822 veröffentlichte er des Werk „Traité des propriétés projectives des figures“, mit dem er die projektive Geometrie als eigenständige Disziplin begründete. Er zeigte hier unter anderem, daß jede mit Zirkel und Lineal lösbare Konstruktionsaufgabe auch allein mit dem Lineal lösbar ist, falls ein Kreis mit seinem Mittelpunkt fest gegeben ist. Darüber hinaus befaßte er sich auch mit der Verbesserung von Turbinen und Wasserrädern.

Ponton, ↗Obelisk.

Pontrjagin, Dualitätssatz von, besagt, daß das zweifach Pontrjagin-Duale einer lokal kompakten topologischen ↗abelschen Gruppe G isomorph zu G selbst ist.

Ist G eine lokal-kompakte abelsche Gruppe, so definiert man das Pontrjagin-Duale als die Gruppe aller eindimensionalen unitären Darstellungen dieser Gruppe.

Pontrjagin, Lew Semjonowitsch, russischer Mathematiker, geb. 3.9.1908 Moskau, gest. 3.5.1988 Moskau.

Im Alter von 14 Jahren verlor Pontrjagin bei einem Unfall sein Augenlicht und war gezwungen, seine Ausbildung im Selbststudium zu erlangen. Hier half ihm besonders seine Mutter aufopferungsvoll. 1929 beendete er sein Studium an der Moskauer Universität und erhielt eine Aspirantur bei Alexandrow, bei dem er sich 1935 habilitierte. Er arbeitete danach am Mathematischen Institut der Akademie der Wissenschaften der UdSSR und an der Moskauer Universität.

Pontrjagin befaßte sich mit der Topologie. Auf diesem Gebiet schuf er eine allgemeine Theorie der Charaktere kommutativer topologischer Gruppen. 1958 faßte er seine Ergebnisse in der Monographie „Topologische Gruppen" zusammen. Pontrjagin wandte sich außerdem der Theorie der gewöhnlichen Differentialgleichungen und der Theorie der optimalen Prozesse zu.

Pontrjagin-Raum, ↗ Krein-Raum.

Porteous-Formel, Formel (1) in folgender algebraischer Aussage.

Sei $\sigma : \mathcal{E} \to \mathcal{F}$ ein Morphismus lokal freier kohärenter Garben vom Rang e,f auf einem ↗ Noetherschen Schema (oder einem komplexen Raum). Der r-te Degenerationsort $D_r(\sigma)$ ($r \leq \min(e,f)$) ist der Ort, wo $rg(\sigma|x) \leq r$ ist. Die Kodimension von $D_r(\sigma)$ ist höchstens $c = (e-r)(f-r)$, und im generischen Fall (z. B. X = Raum der $(f \times e)$-Matrizen, $D_r \subset X$ Raum der $(f \times e)$-Matrizen vom Rang $\leq r$) gilt Gleichheit.

Die Porteous-Formel beschreibt unter geeigneten Voraussetzungen über X im Falle kodim $(D_r(\sigma)) = c$ die zugehörige rationale Äquivalenzklasse (↗ algebraische Zyklen) (bzw. zugehörige Kohomologie-Klassen, ↗ Zyklenabbildung) $[D_r(\sigma)]$ durch die ↗ Chern-Klassen von $\mathcal{E}$ und $\mathcal{F}$. Sie besagt, daß

$$[D_r(\sigma)] = \Delta_{f-r}^{(e-r)}(c(\mathcal{F}-\mathcal{E})) \qquad (1)$$

mit der Bezeichnung

$$c_i(\mathcal{F}-\mathcal{E}) = \text{Term vom Grad } i \text{ in der Entwicklung von } \frac{c(\mathcal{F})}{c(\mathcal{E})}.$$

Für $c = 1 + c_1 + c_2 + \cdots$, $\deg(c_i) = i$, ist $\Delta_q^{(p)}(c)$ die Determinante der $(p \times p)$-Matrix

$$\left((c_{q+j-i})\right)_{1 \leq i,j \leq p}.$$

Hinreichend ist, daß X eine quasiprojektive glatte algebraische Varietät oder eine komplexe Mannigfaltigkeit ist.

Beispiel: Wenn $\mathcal{F}$ durch globale Schnitte erzeugt wird, und $s_0, s_1, \ldots, s_{f-p}$ „genügend allgemeine" globale Schnitte sind, liefert die Porteous-Formel für

$$\mathcal{O}_X^{f-p+1} \xrightarrow{(s_0,\ldots,s_{f-p})} \mathcal{F}$$

und $r = f-p$ die Aussage $c_p(\mathcal{F}) = [Z]$, wobei Z Nullstellenschema von $s_0 \wedge \cdots \wedge s_{f-p}$ ist.

Portfolio-Theorie, Konzept aus der Finanzmathematik, das sich mit der quantitativen Modellierung von Kapitalanlagen unter Risiko-Rendite-Gesichtspunkten beschäftigt.

Es seien N Anlagen gegeben, deren Renditen durch Zufallsgrößen $(R_i)_{i=1..N}$ beschrieben werden. Ziel ist es, eine Konvexkombination $(x_i)_{i=1..N}$ zu bestimmen, für die der resultierende Ertrag

$$R_x = \sum_{i=1}^{N}(x_i R_i)$$

bezüglich des Erwartungswerts

$$\mu = \sum_{i=1}^{N}(x_i E[R_i])$$

und des Risikos optimiert wird. Dabei wird das Risiko charakterisiert durch die Varianz

$$\sigma = \sum_{i,j=1}^{N} x_i \Sigma_{ij} x_j$$

mit Σ_{ij} als Varianz-Kovarianz-Matrix.

Auf H.H. Markowitz geht das Konzept der Effizienzlinie zurück, auf der genau die Portfolios liegen, für die gilt: „Es gibt keine andere Konvexkombination $(x_i)_{i=1..N}$ der R_i mit gleicher Varianz und größerem Erwartungswert." Im μ-σ-Plot stellt sich die Effizienzlinie als konvexe Funktion dar.

Die Frage nach dem „optimalen" Portfolio wird mit Hilfe einer Nutzenfunktion beantwortet, die die individuelle ↗ Risikoaversion des Investors mathematisch beschreibt.

Portmanteau-Theorem, Satz der Wahrscheinlichkeits- bzw. Maßtheorie, welcher äquivalente Charakterisierungen der schwachen Konvergenz liefert.

Es sei (S, d) ein mit der von der Metrik d induzierten Topologie versehener metrischer Raum. Für auf der Borelschen σ-Algebra $\mathfrak{B}(S)$ definierte Wahrscheinlichkeitsmaße $(P_n)_{n\in\mathbb{N}}$ und P sind die folgenden Bedingungen äquivalent:

(i) *$(P_n)_{n\in\mathbb{N}}$ konvergiert schwach gegen P.*

(ii) *$\lim_{n\to\infty} \int f dP_n = \int f dP$ für jede beschränkte, gleichmäßig stetige Funktion $f : S \to \mathbb{R}$.*

(iii) *$\lim\sup_{n\to\infty} P_n(F) \leq P(F)$ für alle abgeschlossenen Mengen $F \subseteq S$.*

(iv) *$\lim\inf_{n\to\infty} P_n(G) \geq P(G)$ für alle offenen Mengen $G \subseteq S$.*

(v) *$\lim_{n\to\infty} P_n(A) = P(A)$ alle Mengen $A \subseteq S$ mit $P(\partial A) = 0$.*

Der Name des Satzes geht auf die englische Bezeichnung für einen Handkoffer zurück und soll zum Ausdruck bringen, daß man das Theorem bei Besuchen im „Land der schwachen Konvergenz" immer mit sich führen sollte.

Positionsoperator, ordnet einer Funktion g den Wert $tg(t)$ zu, Gegenstück zum Impulsoperator $-ig'(t)$.

Wegen der ↗ Heisenbergschen Unschärferelation können Ort und Impuls eines Teilchens nicht gleichzeitig mit beliebiger Genauigkeit gemessen werden.

Positionsspiel, ein Spiel, das durch die Festlegung folgender Bedingungen bestimmt wird:

i) die Menge der Spieler,

ii) die Zeitpunkte, zu denen jeder Spieler eine Aktion ausführen muß, und die Angabe, welche Aktionen dann ausführbar sind,

iii) die Informationen, die jeder Spieler über den bisherigen Spielverlauf hat, und

iv) die Angabe der Auszahlungen für jede Kombination möglicher Aktionen.

Ein Positionsspiel kann als diskreter Prozeß charakterisiert werden, der auf einem Baum ausgeführt wird. Das Spiel beginnt dann an der Wurzel des Baumes, und jede Abfolge möglicher Aktionen legt einen Pfad bis zu einem Blatt des Baumes fest.

Positionssystem, ↗ Stellenwertsystem.

positiv definit, Bezeichnung für Abbildungen, Matrizen, o. ä., die die Eigenschaft der Definitheit haben.

Man vergleiche hierzu auch ↗ positiv definite Bilinearform, ↗ positiv definite Funktion, ↗ positiv definite Matrix, ↗ positiv definite quadratische Form, ↗ positiv definiter Kern.

positiv definite Bilinearform, symmetrische Bilinearform $b : V \times V \to \mathbb{R}$ auf einem reellen Vektorraum V mit der Eigenschaft

$$b(v, v) > 0 \quad \text{für alle } v \neq 0 \in V. \qquad (1)$$

Eine symmetrische Bilinearform b auf einem endlich-dimensionalen reellen Vektorraum ist genau dann positiv definit, wenn sie bezüglich einer beliebigen Basis von V durch eine ↗ positiv definite Matrix repräsentiert wird.

Für eine ↗ Hermitesche Form $s : V \times V \to \mathbb{C}$ auf einem komplexen Vektorraum V ist $s(v, v)$ stets reell; s heißt positiv definit, falls $s(v, v) > 0$ für alle $v \neq 0 \in V$ gilt.

positiv definite Funktion, eine reelle Funktion f, für die gilt:

$$\sum_{j,k=1}^{n} f(x_j - x_k)\xi_j\bar{\xi}_k \;\geq\; 0$$

für alle endlichen n und $x_j \in \mathbb{R}$, $\xi_j \in \mathbb{C}$ beliebig.

Siehe auch ↗ Bochner, Satz von.

positiv definite Matrix, symmetrische reelle $(n \times n)$-Matrix A mit der Eigenschaft

$$v^t A v > 0 \qquad (1)$$

für alle $v \neq 0 \in \mathbb{R}^n$.

Die durch A vermittelte Bilinearform auf dem $\mathbb{R}^n$ ist also positiv definit ist. Mit A, A_1 und A_2 und positivem α sind auch αA und $A_1 + A_2$ positiv definit. Positiv definite Matrizen sind stets regulär.

Ist B eine reelle reguläre $(n \times n)$-Matrix, so ist $A := B^t B$ positiv definit (B^t bezeichnet die zu B transponierte Matrix); jede positiv definite Matrix ist von dieser Form. Jede positiv definite Matrix A läßt sich auch schreiben als $A = LL^t$, wobei L eine untere Dreiecksmatrix mit positiven Diagonaleinträgen ist. Eine solche Zerlegung wird als ↗ Cholesky-Zerlegung bezeichnet.

Eine symmetrische reelle $(n \times n)$-Matrix A ist genau dann positiv definit, wenn alle Eigenwerte von A positiv sind; dies ist äquivalent dazu, daß alle n Hauptminoren von A positiv sind. (Der r-te Hauptminor $(1 \leq r \leq n)$ einer $(n \times n)$-Matrix A ist die Determinante der Matrix, die man durch Streichen der letzten r Zeilen und r Spalten von A erhält.)

Gilt in (1) anstelle von $>$ nur $\geq$, so spricht man von einer positiv semidefiniten Matrix.

positiv definite quadratische Form, eine quadratische Form mit ausschließlich positiven Werten.

Eine quadratische Form

$$Q(x) = \sum_{i,k=1}^{n} a_{i,k} \cdot x_i \cdot x_k$$

für $x = (x_1, ..., x_n) \in \mathbb{R}^n$ heißt positiv definit, falls für alle $x = (x_1, ..., x_n) \in \mathbb{R}^n$ gilt: $Q(x) > 0$. In diesem Fall sind die Eigenwerte der zugehörigen Matrix alle positiv.

Standardbeispiel für eine positiv definite quadratische Form ist die Form

$$Q(x) = \sum_{i=1}^{n} x_i^2$$

für $x = (x_1, ..., x_n) \in \mathbb{R}^n$.

positiv definiter Kern, spezieller Hermitescher Kern einer Integralgleichung.

Ein komplexwertiger Kern $K(s,t)$ einer Integralgleichung heißt ein Hermitescher Kern, falls immer

$$K(s,t) = \overline{K}(t,s)$$

gilt. Hat man nun einen Hermiteschen Kern $K(s,t)$, für den das mit einer willkürlichen Funktion f, die nicht identisch verschwindet, gebildete Integral

$$I(f) = \int_a^b \int_a^b K(s,t) \cdot \overline{f}(t) \cdot f(s) \, ds \, dt$$

ein einheitliches Vorzeichen hat, so spricht man von einem definiten Kern. Gilt stets $I(f) > 0$, so heißt der Kern positiv definit.

positiv invariante Menge, ↗ invariante Menge.

positiv semidefinite Matrix, ↗ positiv definite Matrix.

positive Davio-Zerlegung, ↗ Davio-Zerlegung.

positive Matrix, reelle Matrix mit lauter positiven Einträgen.

Jede quadratische positive Matrix besitzt einen positiven Eigenvektor, d. h. einen Eigenvektor mit lauter positiven Einträgen.

positive Zahl, reelle Zahl, die größer als Null ist.

Die Menge der positiven Zahlen ist gerade das Intervall $(0, \infty)$. Für jede positive Zahl x ist $-x$ eine negative Zahl, also kleiner als Null, und für jede negative Zahl x ist $-x$ positiv. Jede reelle Zahl ist entweder negativ oder gleich Null oder positiv (*Trichotomie*). Mit der Menge $P := \{x \in \mathbb{R} \mid x > 0\}$ der positiven Zahlen gilt also

$$\mathbb{R} = -P \uplus \{0\} \uplus P .$$

Entsprechendes hat man für die ganzen und für die rationalen Zahlen.

positiver Divisor, ↗ Divisorengruppe.

positiver Kofaktor, ↗ Kofaktor.

positiver Limespunkt, ↗ ω-Limespunkt.

positiver Operator, eigentlich genauer nichtnegativer Operator, ein selbstadjungierter stetiger Operator T auf einem Hilbertraum H mit der Eigenschaft

$$\langle Tx, x \rangle \geq 0 \qquad \text{für alle } x \in H. \qquad (1)$$

Für komplexe Hilberträume folgt die Selbstadjungiertheit von T schon aus (1).

Die Menge der positiven Operatoren auf H wird mit $L(H)_+$ bezeichnet. Für $T \in L(H)_+$ schreibt man auch $T \geq 0$ und definiert durch

$$S \leq T \;:\Longleftrightarrow\; T - S \geq 0$$

eine Halbordnung $\leq$ auf $L(H)_+$. Jede bzgl. $\leq$ isotone und bzgl. der Operatornorm beschränkte Folge in $L(H)_+$ konvergiert punktweise gegen ein Element von $L(H)_+$.

Jedes $T \in L(H)_+$ erfüllt für alle $x, y \in H$ die Cauchy-Ungleichung

$$|\langle Tx, y \rangle|^2 \;\leq\; \langle Tx, x \rangle \, \langle Ty, y \rangle .$$

Beispielsweise sind orthogonale Projektoren positiv, und für jedes $T \in L(H)$ sind die Operatoren T^*T und TT^* positiv. Jede Linearkombination positiver Operatoren mit nicht-negativen Koeffizienten ist positiv. Ferner ist jede Potenz T^n eines positiven Operators T positiv. Somit ist auch jedes Operatorpolynom (Linearkombination von Potenzen) eines positiven Operators mit nicht-negativen Koeffizienten positiv. Das Inverse eines bijektiven positiven Operators ist positiv.

In komplexen Hilberträumen sind beschränkte Operatoren genau dann positiv, wenn sie selbstadjungiert sind und ihr Spektrum in $[0, \infty)$ liegt. Aus der Spektraltheorie ergibt sich, daß man die ↗ Wurzel eines positiven Operators bilden kann.

positiver Umlaufsinn, ↗ Umlaufsinn.

positives Boolesches Literal, ↗ Boolesches Literal.

positives Geradenbündel, Begriff in der Theorie der komplexen Mannigfaltigkeiten.

Ein Geradenbündel $L \to M$ heißt positiv, wenn ein Metrik auf L mit Krümmungsform Θ existiert, so daß

$$\left(\frac{\sqrt{-1}}{2\pi}\right) \Theta$$

eine positive $(1,1)$- Form ist. L heißt negativ, wenn L^* positiv ist.

Die Positivität eines Geradenbündels ist eine topologische Eigenschaft, wie man an der folgenden Aussage sieht:

Ist ω eine reelle geschlossene $(1,1)$- Form mit

$$[\omega] = c_1(L) \in H^2_{DR}(M),$$

dann existiert ein metrischer Zusammenhang auf L mit Krümmungsform

$$\Theta = \left(\frac{\sqrt{-1}}{2\pi}\right) \omega .$$

Also ist L genau dann positiv, wenn seine Chern-Klasse durch eine positive Form in $H^2_{DR}(M)$ repräsentiert werden kann.

Im Falle eine kompakten Mannigfaltigkeit X gilt, daß X eine Hodge-Mannigfaltigkeit ist, also projektiv algebraisch, und daß L ampel ist. Umgekehrt sind ample Geradenbündel positiv.

positives lineares Funktional, lineares Funktional f auf dem Vektorraum $C[a, b]$ aller stetigen reellwertigen Funktionen auf dem Intervall $[a, b]$, das nichtnegative Funktionen auf nichtnegative Werte abbildet.

Jedes solche f ist dann selbst stetig mit der Norm $\|f\| = f(1)$ (1 bezeichnet die konstante Funktion mit dem Wert 1). Es gilt der folgende Satz:

Zu jedem positiven linearen Funktional auf $C[a, b]$ gibt es eine monoton wachsende Funktion $h : [a, b] \to \mathbb{R}$ mit $\|f\| = V(h)$ und

$$f(g) = \int_a^b g(t)dh(t) \text{ für alle } g \in C[a, b].$$

($V(g)$ bezeichnet die totale Variation von g:

$$V(g) = \sup_Z \sum_{i=1}^{n} |g(t_i) - g(t_{i-1})| ,$$

wobei Z alle Zerlegungen $a = t_0 < t_1 < \cdots < t_n = b$ des Intervalls $[a, b]$ durchläuft.)

positiv-rekurrenter Zustand, ↗rekurrenter Zustand.

Positivteil, ↗ Vektorverband.

Positron, Anti-Teilchen zum Elektron.

Es ist positiv geladen im Gegensatz zum negativ geladenen Elektron. Der Spin ist 1/2, es handelt sich also um ein Fermion.

Analog ist das Anti-Myon das Antiteilchen zum Myon.

Alle vier genannten Teilchen sind Leptonen, unterliegen also nicht der starken Wechselwirkung. Positron und Elektron annihilieren unter Aussendung von Strahlung, im heißen frühen Universum ist aber auch der umgekehrte Prozeß der Paarerzeugung aus Strahlung möglich.

Possibility-Maß, ↗Möglichkeitsmaß.

Post, Emil Leon, polnisch-amerikanischer Mathematiker, geb. 11.2.1897 Augustów (Polen), gest. 21.4.1954 New York.

Post besucht zunächst das City-College in New York und studierte dann an der Columbia University, wo er 1920 promovierte. Er arbeitete danach, immer wieder von Krankheiten unterbrochen, an verschiedenen Universitäten, wie der Princeton University, der Columbia University in New York und der Cornell University. Ab 1935 war er am City-College von New York tätig.

Post begann seine Arbeiten auf dem Gebiet der Beweistheorie mit dem Beweis der Vollständigkeit und Konsistenz des Aussagenkalküls von Russel und Whitehead. Die Ergebnisse veröffentlichte er in „Principia Mathematica" (1910–1913). Darauf aufbauend untersuchte er allgemeine Vollständigkeitsbegriffe für logische Systeme und führte abstrakte Systeme mehrwertiger Logik ein. Das führte zum Begriff der Postschen Algebra, einer Verallgemeinerung der Superposition von Funktionen, und zum ↗Postschen Korrespondenzproblem. Dieses Problem stellt neben dem Halteproblem und dem zehnten Hilbertschen Problem eines der drei Grundprobleme der Entscheidungstheorie dar.

1947 zeigte Post zusammen mit Markow, daß das 1914 von Thue formulierte Wortproblem nicht rekursiv lösbar ist, 1954 führte er zusammen mit Kleene die Kompliziertheitsgrade der Komplexitätstheorie ein. Posts Formulierung der Definition einer Turing-Maschine wurde die allgemein anerkannte.

Postsches Korrespondenzproblem, *PCP*, ein auf E. Post zurückgehendes algorithmisches ↗Entscheidungsproblem.

Gegeben ist hierbei eine endliche Folge von Wortpaaren $(x_1, y_1), \ldots, (x_k, y_k)$, wobei $x_i, y_i \in \Sigma^+$ und Σ ein endliches Alphabet ist. Gefragt ist, ob es eine Folge von Indizes $i_1, i_2, \ldots, i_n \in \{1, \ldots, k\}$, $n \geq 1$, gibt mit

$$x_{i_1} x_{i_2} \ldots x_{i_n} = y_{i_1} y_{i_2} \ldots y_{i_n} .$$

Das Postsche Korrespondenzproblem ist nicht entscheidbar (↗Entscheidbarkeit).

Es dient oft als Ausgangspunkt, um mit der Methode der Reduktion (↗many-one-Reduzierbarkeit) weitere Probleme, insbesondere im Bereich der ↗formalen Sprachen und Grammatiken, als nicht entscheidbar nachzuweisen.

Postsches Problem, ein von E. Post 1944 aufgestelltes Problem der ↗Berechnungstheorie: Gibt es ↗rekursiv aufzählbare Mengen, die weder entscheidbar (↗Entscheidbarkeit) sind, noch denselben ↗Turing-Grad wie das ↗Halteproblem haben?

Um das Problem zu lösen, wurden von Post die ↗einfachen Mengen und die ↗immunen Mengen eingeführt (was aber nicht zum Erfolg führte). Das Problem wurde dann 1952 unabhängig von Friedberg und Muchnik im positiven Sinne gelöst. Der Beweis gelang mit einer neuen Beweistechnik, der ↗Prioritätsmethode.

Postulat, in den ↗„Elementen des Euklid" verwendete Bezeichnung für grundlegende Aussagen über die Konstruierbarkeit von geometrischen Objekten.

Siehe auch ↗Parallelenaxiom des Euklid und ↗Euklidische Geometrie.

Postulat der Entropie, bei einem entsprechenden axiomatischen Aufbau der Thermodynamik die Behauptung, daß die Entropie als Zustandsfunktion existiert.

Postulat der Temperatur, im wesentlichen der erste Teil des ↗ nullten Hauptsatzes der Thermodynamik.

Postulat der Wärme als Energieform, in der phänomenologischen Thermodynamik die Behauptung, daß sich die innere Energie eines Systems um einen Betrag, genannt „Wärme", „Wärmemenge" oder „Wärmeenergie", ändern kann, ohne daß sich die äußeren Parameter des Systems ändern.

In der statischen Thermodynamik begreift man die Wärme als kinetische Energie der Teilchen in ungeordneter Bewegung.

Potential eines Dipols, ↗ Dipol.

Potentialformel, die Aussage

$$\int_{\mathfrak{C}} \langle f | d\mathfrak{x} \rangle = F(e(\mathfrak{C})) - F(a(\mathfrak{C})).$$

Hierbei seien $n \in \mathbb{N}$, $\mathfrak{G}$ ein Gebiet im $\mathbb{R}^n$, und $\mathfrak{C}$ eine innerhalb von $\mathfrak{G}$ verlaufende Kurve mit einer stetig differenzierbaren Parameterdarstellung. Die Funktion $f : \mathfrak{G} \to \mathbb{R}^n$ sei stetig und besitze eine Stammfunktion $F : \mathfrak{G} \to \mathbb{R}$ (Potential zu gegebenem Vektorfeld), also $\operatorname{grad} F = f$. Es bezeichne $a(\mathfrak{C})$ den Anfangs-, $e(\mathfrak{C})$ den Endpunkt von $\mathfrak{C}$.

Das Kurvenintegral $\int_{\mathfrak{C}} \langle f | d\mathfrak{x} \rangle$ hängt also – unter den obigen Voraussetzungen – nicht von der Kurve, sondern nur von ihrem Anfangs- und Endpunkt ab.

Ist $\mathfrak{C}$ geschlossen, so ist unter diesen Voraussetzungen somit $\int_{\mathfrak{C}} \langle f | d\mathfrak{x} \rangle = 0$.

Potentialfunktion, andere Bezeichnung für eine ↗ harmonische Funktion. Siehe hierzu auch ↗ Potentialtheorie.

In der ↗ symplektischen Geometrie ist eine Potentialfunktion eine reellwertige C^∞-Funktion auf einem ↗ Kotangentialbündel, die auf jeder Faser einen konstanten Wert annimmt.

Potentialgleichung, die partielle Differentialgleichung

$$\Delta u := \frac{\partial^2 u}{\partial x^2} + \frac{\partial^2 u}{\partial y^2} = 0.$$

Jede Lösung ist eine ↗ harmonische Funktion.

Siehe hierzu ↗ Potentialtheorie.

Potentialtheorie, Analyse der Potentialfunktionen, welche Lösungen sind der Potentialgleichung $\Delta u = 0$, der einfachsten Form einer elliptischen ↗ partiellen Differentialgleichung. Physikalisch beschreiben solche Gleichungen statische Zustände, die auch Potentiale genannt werden.

Eine zweimal stetig differenzierbare Funktion $u(x)$ in einem Gebiet Ω des $\mathbb{R}^3$ ist genau dann eine Potentialfunktion, wenn

$$\iint_{\Gamma} \frac{\partial u}{\partial n} d\sigma = 0$$

für jede geschlossene Fläche Γ innerhalb von Ω ist. Dabei bezeichnet n den äußeren ↗ Normalenvektor auf Γ und

$$\frac{\partial u}{\partial n} = \nabla u \cdot n$$

die Normalenableitung von u. Für jeden Punkt x_0 innerhalb der Fläche Γ gilt ferner die Greensche Darstellungsformel

$$u(x_0) = \frac{1}{4\pi} \iint_{\Gamma} \left(\frac{1}{r} \frac{\partial u}{\partial n} - u \frac{\partial (1/r)}{\partial n} \right) d\sigma,$$

wobei r den euklidischen Abstand eines Punktes $x \in \Gamma$ von x_0 bezeichnet. Eine Potentialfunktion ist daher im Innern einer geschlossenen Fläche eindeutig durch ihre Werte und Normalenableitung auf der Fläche bestimmt. Speziell für eine Kugeloberfläche Γ mit Mittelpunkt x_0 und Radius R gilt daher die Gaußsche Mittelwerteigenschaft

$$u(x_0) = \frac{1}{4\pi R^2} \iint_{\Gamma} u d\sigma .$$

Jede Potentialfunktion in einem Gebiet Ω mit Rand $\partial\Omega$, die in $\Omega \cup \partial\Omega$ stetig, aber nicht konstant ist, nimmt ihr Maximum und Minimum auf $\partial\Omega$ an. Man bezeichnet diese Eigenschaft als Maximum-Minimum-Prinzip harmonischer Funktionen.

Die zweidimensionale Potentialgleichung und deren Lösung stehen in engem Zusammenhang mit der Funktionentheorie. Realteil $u(x, y)$ und Imaginärteil $v(x, y)$ einer analytischen Funktion $f(z) = u(x, y) + iv(v, y)$ der Variablen $z = x + iy$ sind Potentialfunktionen. Solche Potentialfunktion heißen zueinander konjugiert.

Man vergleiche hierzu den Eintrag ↗ harmonische Funktion.

potentielle Energie einer Ladung, ein Maß für die Arbeit, die verrichtet werden müßte, um die Ladung (im elektrischen Feld) nach „räumlich unendlich" zu transportieren. Dabei ist „räumlich unendlich" derjenige Abstand, in dem die Kraftwirkung nicht mehr feststellbar ist, es braucht sich also praktisch nur um wenige Meter zu handeln.

Die potentielle Energie einer Ladung Q im elektrischen Feld ist proportional zu Q/r, wobei r den Abstand zur Quelle darstellt. Die Energie einer Ladungsverteilung ist die Summe der potentiellen Energien der Einzelladungen plus der gesamten kinetischen Energie.

Potenz, durch wiederholte Multiplikation eines Elements mit sich selbst gebildeter Wert.

Hat man eine Menge X mit einer assoziativen ‚Multiplikation' $\cdot : X \times X \to X$, so definiert man für $x \in X$ und $p \in \mathbb{N}$

$$x^p := \prod_{k=1}^{p} x := \overbrace{x \cdot \dots \cdot x}^{p \text{ Exemplare von } x}$$

oder rekursiv

$$x^1 := x,$$
$$x^{p+1} := x \cdot x^p.$$

Für $x \in X$ und $p, q \in \mathbb{N}$ gilt

$$x^{p+q} = x^p \cdot x^q.$$

Ist die Multiplikation zudem kommutativ, so hat man

$$(xy)^p = x^p \cdot y^p$$

für $x, y \in X$ und $p \in \mathbb{N}$. Falls es ein bzgl. der Multiplikation neutrales Element $e \in X$ gibt, definiert man ferner $x^0 := e$. Gibt es darüber hinaus ein inverses Element zu x bzgl. der Multiplikation, also ein $y \in X$ mit $x \cdot y = y \cdot x = e$, so setzt man $x^{-p} := y^p$. Insbesondere ist dann x^{-1} das inverse Element zu x.

Beispiele sind etwa Potenzen von Zahlen oder Matrizen (↗Potenz einer Matrix) oder durch Iteration von Funktionen gebildete Potenzen. Die Potenzbildung positiver Zahlen läßt sich erweitern zur ↗Potenzfunktion.

Potenz der Volumenform, nach V.I.Arnold ein Dichtefeld vom Gewicht $\alpha \in \mathbb{C}$ auf einer n-dimensionalen differenzierbaren Mannigfaltigkeit.

In lokalen Koordinaten läßt sich eine Potenz der Volumenform in der Form

$$(x_1, \dots, x_n) \mapsto f(x_1, \cdots, x_n)|dx_1 \wedge \cdots \wedge dx_n|^\alpha$$

schreiben, wobei f eine komplexwertige C^∞-Funktion ist. Eine ↗Poisson-Struktur im $\mathbb{R}^2$ läßt sich somit als -1te Potenz der Volumenform auffassen.

Potenz einer Matrix, durch $A^n := A^{n-1} \cdot A$ und $A^0 := I$ (↗Einheitsmatrix) definiertes n-faches Produkt einer quadratischen Matrix A über dem Körper $\mathbb{K}$ mit sich selbst, wobei $n \in \mathbb{N}$.

Für reguläres A sind auch Potenzen mit negativem Exponenten erklärt:

$$A^{-n} := (A^{-1})^n,$$

wobei A^{-1} die zu A inverse Matrix bezeichnet.

Es gilt:

$$A^n A^m = A^m A^n = A^{n+m}$$

für nichtnegative n und m, und, falls A regulär ist, für beliebige ganze n und m.

Ist $f(x) := \sum_{i=0}^n a_i x^i$ ein Polynom in der Unbestimmten x über dem Körper $\mathbb{K}$, so ist der Ausdruck $f(A)$ definiert als

$$a_0 I + a_1 A + \ldots + a_n A^n.$$

Ergibt $f(A)$ die Nullmatrix, so wird A auch als Wurzel oder Nullstelle von f bezeichnet.

Potenz eines Graphen, bezeichnet mit G^p, besteht aus der Eckenmenge $E(G)$ eines ↗Graphen G, mit der Vorschrift, daß zwei Ecken u und v genau dann adjazent in G^p sind, wenn für den Abstand $d_G(u, v) \leq p$ gilt, wobei p eine natürliche Zahl bedeutet. Man spricht dann genauer auch von der p-ten Potenz des Graphen G.

Im Jahre 1974 bemerkte D.P. Sumner, daß G^2 ein perfektes Matching hat, falls G ein gerader ↗zusammenhängender Graph ist. Entsteht der ↗Baum T aus dem vollständigen bipartiten Graphen $K_{1,3}$ durch zweifaches unterteilen jeder Kante, so überzeugt man sich leicht davon, daß in T^2 kein Hamiltonscher Kreis existiert. Im Jahre 1960 zeigte M. Sekanina, daß sich die Situation ändert, wenn man anstelle von T^2 die dritte Potenz eines Graphen betrachtet:

Ist G ein zusammenhängender Graph mit mindestens 3 Ecken, so ist G^3 Hamilton-zusammenhängend.

Mittels eines schwierigen Beweises konnte H. Fleischner 1974 dann folgende Vermutung von C.St.J.A. Nash-Williams und M.D. Plummer bestätigen.

Ist G ein Graph ohne Artikulation mit mindestens drei Ecken, so ist G^2 Hamiltonsch.

Als Anwendung dieses Satzes von Fleischner haben verschiedene Autoren im gleichen Jahr nachweisen können, daß G^2 sogar Hamilton-zusammenhängend ist, falls G keine Artikulation besitzt. Darüber hinaus hat L. Nebeský 1980 bemerkt, daß man aus Fleischners Satz leicht das nächste Resultat folgern kann.

Ist G ein beliebiger Graph mit mindestens drei Ecken, so ist G^2 oder $(\bar{G})^2$ Hamiltonsch, wobei $\bar{G}$ der Komplementärgraph von G ist.

Potenz eines Ideals, Ideal, das erzeugt wird von den Potenzen eines gegebenen Ideals:

$$I^n = (\{f_1 \cdot \cdots \cdot f_n\}_{f_1,\dots,f_n \in I}).$$

Wenn $I = (g_1, g_2)$ ist, dann ist

$$I^n = (g_1^n, g_1^{n-1} g_2, \dots, g_2^n).$$

Potenz in einem Ring, in einem Ring R mit Einselement 1_R induktiv für ein Element $a \in R$ durch $a^m := a \cdot a^{m-1}$ für $m \in \mathbb{N}$ und $a^0 := 1_R$ definierter Ausdruck.

Es ist zu beachten, daß in nichtassoziativen Ringen nicht notwendigerweise $a^m = a^{m-1} \cdot a$ gilt.

Ringe, für welche dies gilt, heißen auch ↗potenz-assoziative Ringe.

potenz-assoziativer Ring, ein Ring R, in dem für alle $a \in R$ und alle natürlichen Zahlen $n, m \in \mathbb{N}$ gilt:

$$a^m a^n = a^{m+n} .$$

Assoziative Ringe und Alternativalgebren sind immer potenz-assoziativ. Die ↗Oktonienalgebra ist potenz-assoziativ, aber nicht assoziativ.

Potenzfunktion, die zu einer Zahl $p \in \mathbb{R}$, dem Exponenten, durch

$$x^p = \mathrm{pot}_p(x) = \exp(p \ln x) \quad (x \in (0, \infty))$$

definierte Funktion $\mathrm{pot}_p : (0, \infty) \to (0, \infty)$.

Diese Definition ist konsistent mit der Definition der ↗Potenzen x^k für $k \in \mathbb{Z}$ durch iterierte Multiplikation. Aus der Differenzierbarkeit von exp und ln und der Kettenregel folgt die Differenzierbarkeit von pot_p, und mit $\exp' = \exp$ und $\ln' x = \frac{1}{x}$ erhält man $(x^p)' = p\,x^{p-1}$, d. h. $\mathrm{pot}_p' = p\,\mathrm{pot}_{p-1}$. Daher ist die Potenzfunktion zum Exponenten p streng antiton für $p < 0$, konstant 1 für $p = 0$ und streng isoton für $p > 0$. Für $p < 0$ gilt $x^p \to \infty$ für $x \downarrow 0$ und $x^p \to 0$ für $x \to \infty$, für $p > 0$ hat man $x^p \to 0$ für $x \downarrow 0$ und $x^p \to \infty$ für $x \to \infty$. Insbesondere ist pot_p für $p \neq 0$ bijektiv.

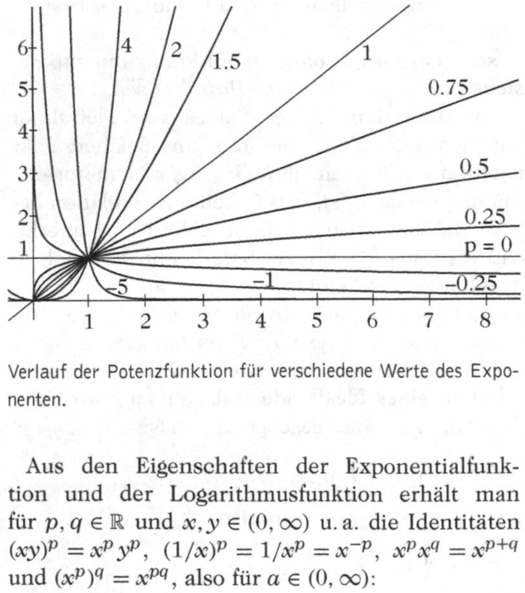

Verlauf der Potenzfunktion für verschiedene Werte des Exponenten.

Aus den Eigenschaften der Exponentialfunktion und der Logarithmusfunktion erhält man für $p, q \in \mathbb{R}$ und $x, y \in (0, \infty)$ u. a. die Identitäten $(xy)^p = x^p y^p$, $(1/x)^p = 1/x^p = x^{-p}$, $x^p x^q = x^{p+q}$ und $(x^p)^q = x^{pq}$, also für $a \in (0, \infty)$:

$$x^p = a \iff x = a^{\frac{1}{p}}$$

Insbesondere gilt $x^{\frac{1}{k}} = \sqrt[k]{x}$ für $k \in \mathbb{N}$, d. h. die Potenzfunktion zum Exponenten $\frac{1}{k}$ ist gerade die k-te ↗Wurzelfunktion.

Die Potenzfunktion läßt sich auch für komplexe Argumente definieren. Dies entweder als mengentheoretische Funktion oder, nach Wahl etwa des Hauptzweigs der Logarithmusfunktion, wie oben.

Potenzgruppe, spezielle Permutationsgruppe.

Seien N und R endliche Mengen und $G \subseteq S(N)$ und $H \subseteq S(R)$ Permutationsgruppen. G und H induzieren auf der Menge $A(N, R)$ aller Abblidungen von N nach R eine Permutationsgruppe

$$H^G = \{h^g : g \in G, h \in H\}$$

mit

$$h^g(f) := h \circ f \circ g \text{ für alle } f \in A(N, R).$$

Die Permutationsgruppe H^G heißt die Potenzgruppe von $A(N, R)$, induziert von G und H.

Potenzierung von Kardinalzahlen, Verallgemeinerung der üblichen Potenzierung.

Für Kardinalzahlen κ, λ definiert man $\kappa^\lambda := \#\mathcal{F}(\lambda, \kappa)$, d. h., κ^λ ist die Kardinalität der Menge der Abbildungen von λ nach κ (↗Kardinalzahlen und Ordinalzahlen).

Potenzierung von Ordinalzahlen, definiert durch transfinite Rekursion über die Ordinalzahl β: Man fixiert die Ordinalzahl α und definiert $\mathrm{Ord}(\alpha^0) := 1$, $\mathrm{Ord}(\alpha^{\beta+1}) := \mathrm{Ord}(\alpha^\beta) \cdot \alpha$ für Nachfolgeordinalzahlen $\beta + 1$ sowie

$$\mathrm{Ord}(\alpha^\beta) := \sup\{\mathrm{Ord}(\alpha^\gamma) : \gamma < \beta\}$$

für Limesordinalzahlen β (↗Kardinalzahlen und Ordinalzahlen).

Potenzmenge, Menge aller Teilmengen einer gegebenen Menge M, meist bezeichnet mit $\mathcal{P}(M)$ oder 2^M (↗axiomatische Mengenlehre).

Potenzmengenaxiom, Axiom der ↗axiomatischen Mengenlehre, welches für jede Menge die Existenz ihrer Potenzmenge fordert.

Potenzmethode, iteratives Verfahren zur Bestimmung eines Eigenvektors z zum betragsgrößten Eigenwert λ einer $(n \times n)$-Matrix A.

Man berechnet dabei, ausgehend von einem beliebigen Startvektor $x_0 \neq 0$, die Folge von Vektoren $y_{m+1} = Ax_m$ und $x_{m+1} = y_{m+1}/||y_{m+1}||$. Hat A einen Eigenwert λ, welcher betragsmäßig größer als alle weiteren Eigenwerte von A ist, und hat man x_0 geeignet gewählt, dann konvergiert die Folge $\{x_m\}_{m\in\mathbb{N}}$ gegen einen normierten Eigenvektor z zu λ. Die Folge $\{||y_m||\}_{m\in\mathbb{N}}$ konvergiert gegen $|\lambda|$.

Sind A und x_0 reell (und damit auch alle x_j), beendet man die Iteration typischerweise, wenn $||d_{m+1}||$ klein genug ist, wobei $d_{m+1} = x_{m+1} - \tau_{m+1}x_m$ und $\tau_{m+1} = \mathrm{sgn}(x_{m+1})_i / \mathrm{sgn}(x_m)_i$ für die maximale Komponente $(x_m)_i$ des Vektors x_m. Man setzt dann $\lambda = \tau_{m+1}||y_{m+1}||$ und $z = x_{m+1}$.

Im Prinzip kann man hier jede Vektornorm $||\cdot||$ verwenden. Vielfach wählt man als Vektornorm die

Maximumnorm $||\cdot||_\infty$, die Potenzmethode nennt man dann auch von Mises-Verfahren.

Mit der Potenzmethode läßt sich für eine gegebene Matrix A nur ein einzelner Eigenwert mit zugehörigem Eigenvektor berechnen. Um weitere Eigenwerte und Eigenvektoren zu erhalten, kann man die Matrix A mittels ↗Deflation in eine Matrix B überführen, deren Spektrum alle Eigenwerte von A außer dem bereits berechneten enthält. Anschließend wendet man dann die Potenzmethode auf B an.

Man kann auch den Ansatz der Potenzmethode verallgemeinern, indem man die Iteration statt mit einem einzelnen Startvektor x_0 mit einer $(n \times p)$-Startmatrix X_0 startet, um p Eigenwerte und den zugehörigen Eigenraum gleichzeitig zu bestimmen. Dies führt auf ↗Unterraum-Iterationsmethoden.

Neben dem Nachteil, nur Eigenwerte und Eigenvektoren zu betragsgrößten Eigenwerten bestimmen zu können, hat die Potenzmethode den weiteren Nachteil der oft langsamen Konvergenz. Dies kann durch Anwendung der ↗inversen Iteration von Wielandt vermieden werden.

Potenzplanimeter, spezielles ↗Planimeter.

Es dient zur Berechnung von statischen Momenten und Trägheitsmomenten, z. B. für Integrale $\int y^n dF$, und arbeitet nach dem Prinzip der Winkelvervielfachung mittels Zahnradgetriebe (Amsler, Hele-Shaw) bzw. Schleifkurbeltrieb (Ott, Werkmeister), oder benutzt Gleitkurven (Ott).

Potenzregel, Regel zum Ableiten der ↗Potenzfunktion $\mathrm{pot}_p : (0,\infty) \to (0,\infty)$ für $p \in \mathbb{R}$: Es gilt $\mathrm{pot}_p' = p\,\mathrm{pot}_{p-1}$, d. h. $(x^p)' = p\,x^{p-1}$ für $x > 0$. Gleiches gilt für die für $p \in \mathbb{N}$ auf ganz $\mathbb{R}$ definierte Potenzfunktion. Mit Hilfe von ↗Summenregel und ↗Konstantenregel erhält man hieraus auch die Ableitung von Polynomfunktionen.

Potenzreihe, ein Ausdruck der Form

$$\sum_{n=0}^{\infty} a_n (x - x_0)^n$$

für eine gegebene Folge (a_n) reeller oder komplexer Zahlen und $x_0 \in \mathbb{R}$ oder $x_0 \in \mathbb{C}$. Die (a_n) heißen Koeffizienten und $x_0 \in \mathbb{R}$ x_0 Entwicklungspunkt der Potenzreihe.

Gesucht ist zunächst der zugehörige ↗Konvergenzbereich, d. i. die Menge derjenigen Zahlen x, für die $\sum_{n=0}^{\infty} a_n (x - x_0)^n$ konvergiert. Dazu gilt: Es existiert ein $0 \leq R \leq \infty$ (↗Konvergenzradius) mit

$$\sum_{n=0}^{\infty} a_n (x - x_0)^n \begin{cases} \text{absolut konvergent}, & |x - x_0| < R\,, \\ \text{divergent}, & |x - x_0| > R\,. \end{cases}$$

Man überschaut also den Konvergenzbereich einer Potenzreihe weitgehend, wenn man den Konvergenzradius kennt.

Die einzigen Punkte, in denen keine allgemeinen Aussagen über das Konvergenzverhalten gemacht werden können, sind – falls $0 < R < \infty$ – die Randpunkte, im reellen Fall also $x_0 - R$ und $x_0 + R$. Tatsächlich treten dort alle möglichen Fälle ein, wie etwa die folgenden vier Beispiele (von Potenzreihen um 0) belegen:

$$\sum_{n=1}^{\infty} x^n, \quad \sum_{n=1}^{\infty} \frac{1}{n} x^n, \quad \sum_{n=1}^{\infty} (-1)^n \frac{1}{n} x^n, \quad \sum_{n=1}^{\infty} \frac{1}{n^2} x^n$$

Sie haben alle 1 als Konvergenzradius und sind – in dieser Reihenfolge – konvergent genau in $(-1, 1)$, $[-1, 1)$, $(-1, 1]$ und $[-1, 1]$.

Für $0 < r < R$ ist die Potenzreihe in

$\{x \in \mathbb{C} : |x - x_0| \leq r\}$

gleichmäßig absolut konvergent.

Für die Multiplikation von Potenzreihen ist der Reihenproduktsatz von Cauchy (↗Cauchy, Reihenproduktsatz von) wichtig.

Potenzreihen können im Inneren ihres Konvergenzbereiches gliedweise differenziert (↗gliedweise Differentiation einer Potenzreihe) werden, d. h. es gilt dort

$$f'(x) = \sum_{n=1}^{\infty} n\,a_n (x - x_0)^{n-1}$$

für die o. a. Potenzreihe und die durch sie (im Konvergenzbereich) erklärte Funktion f. Summation und Differentiation sind also dort vertauschbar. Damit ist f im Inneren des Konvergenzbereiches beliebig oft differenzierbar. Jede Potenzreihe ist daher dort die Taylor-Reihe der durch sie dargestellten Funktion. Um einen festen Entwicklungspunkt gibt es somit höchstens eine Potenzreihendarstellung einer gegebenen Funktion. Dies wird im ↗Identitätssatz für Potenzreihen präzisiert und ist Grundlage für die Methode des ↗Koeffizientenvergleichs bei Potenzreihen.

Entsprechend hat man zu der durch o. a. Potenzreihe dargestellten Funktion f eine ↗Stammfunktion durch

$$C + \sum_{n=0}^{\infty} a_n \frac{(x - x_0)^{n+1}}{n+1}$$

für ein beliebiges $C \in \mathbb{R}$.

Eine Aussage über Stetigkeit einer durch eine Potenzreihe dargestellten Funktion an Randstellen macht der ↗Abelsche Grenzwertsatz.

Manche Überlegungen zu (reellen) Potenzreihen versteht man besser, wenn man die komplexe Situation betrachtet. Potenzreihen können aber in noch wesentlich allgemeinerem Rahmen, etwa mit Matrizen oder Operatoren a_n, betrachtet werden.

Potenzreihe einer Matrix, Reihe der Form

$$\sum_{k=0}^{\infty} \alpha_k A^k$$

mit einer quadratischen Matrix A über dem Körper $\mathbb{K}$ und Koeffizienten $\alpha_k \in \mathbb{K}$. Die Konvergenz einer solchen Reihe hängt entscheidend von den Eigenwerten von A ab. Es gilt:

Konvergiert die Reihe $\sum_{k=0}^{\infty} \alpha_k \lambda^k$ für jeden Eigenwert von A, so konvergiert auch die Reihe

$$\sum_{k=0}^{\infty} \alpha_k A^k .$$

Beispielsweise konvergiert die von Neumann-Reihe $I_n + A + A^2 + A^3 + \cdots$ genau im Falle $|\lambda| < 1$ für alle Eigenwerte von A. Der Grenzwert ist dann gegeben durch $(I_n - A)^{-1}$.

Potenzreihe in *n* Variablen, ↗ formale Potenzreihe.

Potenzreihenalgebra, ↗ formale Potenzreihe.

Potenzreihenansatz, Methode zur Lösung einer Differentialgleichung in Form einer Potenzreihe.

Die Koeffizienten a_k der Potenzreihe

$$\sum_{k=0}^{\infty} a_k x^k$$

erhält man – nach Einsetzen in die Differentialgleichung – durch ↗Koeffizientenvergleich.

Potenzreihenring, ↗formaler Potenzreihenring.

Potenzrest, ↗n-ter Potenzrest.

Potenzsummen, die Polynome

$$s_k(X_1, X_2, \ldots, X_n) = X_1^k + X_2^k + \cdots X_n^k$$

in n Variablen. Sie sind ↗symmetrische Polynome, da sie invariant unter Vertauschung der Variablen sind.

Siehe auch ↗Waringsches Problem.

Potenzturm, ein durch mehrfaches rechtsassoziatives Bilden von ↗Potenzen gebildeter Ausdruck, also etwa für $k \in \mathbb{N}$ und $n_1, \ldots, n_k \in \mathbb{N}$ der Ausdruck

$$n_1^{n_2^{\cdot^{\cdot^{n_{k-1}^{n_k}}}}} = n_1^{(n_2^{\cdot^{\cdot^{(n_{k-1}^{n_k})}}})} .$$

Die Zahl k wird als die Höhe des Potenzturms bezeichnet.

Poynting, John Henry, englischer Physiker, geb. 9.9.1852 Monton (bei Manchester), gest. 30.3.1914 Birmingham.

Poynting übernahm 1880 eine Professur in Birmingham. Er führte um 1884 den nach ihm benannten Poynting-Vektor ein und bestimmte die Gravitationskonstante.

Poyntingscher Satz, Ausssage in der Elektrodynamik.

In der Elektrodynamik betrachtet man den ↗Poynting-Vektor S, der die Energiestromdichte des elektromagnetischen Feldes beschreibt. Der Poyntingsche Satz besagt, daß die Änderung der elektromagnetischen Energie in einem beschränkten Gebiet gleich dem Integral von S über die Oberfläche dieses Gebiets ist.

Die Joulesche Wärme ist derjenige Verlust an elektromagnetischer Energie, der durch elektrischen Widerstand bei Stromfluß durch einen Leiter entsteht. Der Energiesatz bei Berücksichtigung dieses Vorgangs besagt, daß die Summe der elektrischen und der thermischen Energie eines abgeschlossenen Systems zeitlich konstant ist.

Poynting-Vektor, bezeichnet mit S, die drei gemischten Glieder $T_{0\alpha}$ aus dem Energie-Impuls-Tensor T_{ij} des elektromagnetischen Feldes (↗Maxwell-Gleichungen).

In Einheiten, bei denen die Lichtgeschwindigkeit $c = 1$ ist, gilt

$$\mathrm{S} = \frac{1}{4\pi}(\mathrm{E} \times \mathrm{H}) .$$

Dieser Vektor kann als Energiestromdichte das elektromagnetischen Feldes interpretiert werden.

PP, die Komplexitätsklasse aller Probleme, für die es einen randomisierten Algorithmus (↗randomisierter Algorithmus) gibt, der das Problem so in polynomieller Zeit löst, daß die richtige Lösung mit einer größeren Wahrscheinlichkeit als 1/2 berechnet wird.

Die Abkürzung PP steht für probabilistic polynomial (time). Die Klasse PP umfaßt die Klasse ↗NP, und es ist leicht, einen nichtdeterministischen polynomiellen Algorithmus in einen PP-Algorithmus zu transformieren. Die Wahrscheinlichkeit, die richtige Antwort zu berechnen, beträgt dann jedoch nur $1/2 + \varepsilon(n)$ für ein in der Eingabelänge n exponentiell kleines $\varepsilon(n) > 0$. PP-Algorithmen eignen sich somit nicht zur praktischen Lösung von Problemen.

P/poly (Sprachklasse), Klasse aller Folgen Boolescher Funktionen

$$f_n : \{0,1\}^n \to \{0,1\} ,$$

die sich in Schaltkreisen mit durch 2 beschränktem ↗fan-in über dem Bausteinsatz AND, OR und NOT (Konjunktion, Disjunktion, NOT-Funktion) mit polynomiell vielen Bausteinen berechnen lassen.

Diese Klasse ist das hardwaremäßige Analogon zur Komplexitätsklasse ↗P und enthält nicht nur P, sondern auch ↗BPP und nicht Turing-berechenbare Funktionen.

Allerdings ist mit der Zugehörigkeit zur Klasse P/poly nur die Existenz von Schaltkreisen polynomieller Größe gesichert und nichts über deren effiziente Konstruierbarkeit ausgesagt. Diese ist erst gesichert, wenn die zugehörige ↗direkte Verbindungssprache effizient entscheidbar ist.

P-P-Plot, *Probability-Probability-Plot*, Methode der ↗deskriptiven Statistik zur graphischen Überprüfung einer Hypothese über die unbekannte Wahrscheinlichkeitsverteilung einer ein- oder mehrdimensionalen Zufallsgröße X.

Dabei werden die in einer Stichprobe beobachteten tatsächlichen kumulierten Häufigkeiten den bei Vorliegen der Verteilung erwarteten kumulierten Häufigkeiten in Form eines Streudiagramms gegenübergestellt.

Andere, ähnliche, graphische Methoden zur Überprüfung einer Hypothese über eine Verteilung sind z. B. die ↗Q-Q-Plots oder das ↗Wahrscheinlichkeitspapier.

P-Problemklasse, ↗P.

präadditive Kategorie, ↗additive Kategorie.

Prädikatenkalkül, formales System zur Beschreibung der Prädikatenlogik (siehe auch ↗elementare Sprache, ↗logischer Kalkül), gelegentlich auch als Synonym für „Prädikatenlogik" gebraucht.

Zum Aufbau von ↗logischen Ausdrücken im Prädikatenkalkül (PK) können folgende Grundzeichen (Alphabet) benutzt werden:

(1) *Individuenvariablen*: $x_1, x_2, x_3, \ldots$,

(2) *Prädikatenvariablen*: P_n^m, wobei n als Unterscheidungsindex dient und m die Stellenzahl der Prädikatenvariablen angibt ($m, n = 1, 2, 3, \ldots$),

(3) *Funktionenvariablen*: F_n^m, wobei n wieder Unterscheidungsindex ist, und m die Stellenzahl der Funktionsvariablen bezeichnet (Funktionsvariablen müssen im PK nicht notwendig auftreten),

(4) *Aussagenlogische Funktoren*: $\neg, \wedge, \vee, \rightarrow, \leftrightarrow$ (siehe auch ↗Aussagenkalkül),

(5) *Quantoren*: $\exists, \forall$ (↗Existenzquantor, ↗Allquantor),

(6) *das Gleichheitsszeichen*: $=$ (das Gleichheitszeichen muß im PK nicht vorkommen; man spricht dann vom Prädikatenkalkül ohne Gleichheit),

(7) *technische Zeichen*: (,) – die geeignet sind, das Zusammenfassen gewisser Teilausdrücke anzuzeigen.

Durch das Aneinanderreihen von jeweils endlich vielen Grundzeichen entstehen Zeichenreihen, aus denen induktiv die „sinnvollen", nämlich *Terme* und *Ausdrücke* ausgesondert werden.

Terme:

- Alle Individuenvariablen sind Terme.
- Sind $t_1, \ldots, t_m$ Terme, dann ist (für jedes n) die Zeichenreihe $F_n^m(t_1, \ldots, t_m)$ ein Term.
- Keine weiteren Zeichenreihen sind Terme.

Ausdrücke:

- Sind $t_1, \ldots, t_m$ Terme, dann sind die Zeichenreihen $P_n^m(t_1, \ldots, t_m)$ und $t_1 = t_2$ (falls „=" im PK auftritt) die einfachsten Ausdrücke, die prädikative oder ↗atomare Ausdrücke genannt werden.
- Sind φ und ψ Ausdrücke, dann sind auch $\neg\varphi$, $(\varphi \wedge \psi)$, $(\varphi \vee \psi)$, $(\varphi \rightarrow \psi)$, $(\varphi \leftrightarrow \psi)$ Ausdrücke.
- Ist x eine Individuenvariable und φ ein Ausdruck, in dem die Zeichenreihen $\exists x$ oder $\forall x$ nicht vorkommen, dann sind auch $\exists x\, \varphi$ und $\forall x\, \varphi$ Ausdrücke.
- Keine weiteren Zeichenreihen sind Ausdrücke.

Zur inhaltlichen Interpretation eines solchen Kalküls wird der Begriff der *Gültigkeit* eines Ausdrucks in einem ↗Individuenbereich benötigt. Dazu sei M eine nichtleere Menge (Individuenbereich) und B eine Abbildung, die jeder Variablen des PK ein entsprechendes Objekt über M wie folgt zuordnet:

$B(x_i) := a_i$ ist ein Element aus M.
$B(P_n^m) := R_n^m$ ist eine m-stellige Relation, und
$B(F_n^m) := f_n^m$ eine m-stellige Funktion über M.

B heißt *Interpretation* oder *Belegung* der Variablen in M. B wird zu einer Abbildung B^* erweitert, die jedem Term und jedem Ausdruck einen *Wert* zuordnet. Werte von Termen sind Elemente aus M, und Werte von Ausdrücken sind 1 (:= *wahr*) bzw. 0 (:= *falsch*). Das sind die *Wahrheitswerte* der klassischen zweiwertigen Logik; für mehrwertige Logiken kommen noch weitere Wahrheitswerte hinzu. Die Wertdefinition erfolgt wiederum induktiv über dem Aufbau der Terme bzw. der Ausdrücke.

Hat der Term t die Form $F_n^m(x_1, \ldots, x_m)$, so ist $B^*(t) := f_n^m(B(x_1), \ldots, B(x_m))$.

Sind $t_1, \ldots, t_m$ Terme, und ist t ebenfalls ein Term der Gestalt $F_n^m(t_1, \ldots, t_m)$, dann ist $B^*(t) := f_n^m(B(t_1), \ldots, B(t_m))$.

Ist nun φ ein prädikativer Ausdruck der Gestalt $P_n^m(t_1, \ldots, t_m)$, dann ist

$$B^*(\varphi) := \begin{cases} 1, \text{ falls } R_n^m(B^*(t_1), \ldots, B^*(t_m)) \text{ gilt,} \\ 0, \text{ sonst.} \end{cases}$$

Diese Definition gilt sinngemäß auch für prädikative Ausdrücke der Gestalt $t_1 = t_2$, wenn in PK das Gleichheitszeichen vorkommt.

Sind φ und ψ Ausdrücke, dann gilt:

$B^*(\neg\varphi) := 1 - B^*(\varphi)$,
$B^*(\varphi \wedge \psi) := \min\{B^*(\varphi), B^*(\psi)\}$,
$B^*(\varphi \vee \psi) := \max\{B^*(\varphi), B^*(\psi)\}$,
$B^*(\varphi \rightarrow \psi) := \max\{1 - B^*(\varphi), B^*(\psi)\}$,

$$B^*(\varphi \leftrightarrow \psi) := \begin{cases} 1, & \text{falls } B^*(\varphi) = B^*(\psi), \\ 0, & \text{sonst,} \end{cases}$$

$B^*(\exists x\, \varphi) := \max\{B'^*(\varphi) : B' \underset{x}{=} B\}$, wobei $B' \underset{x}{=} B$

bedeutet, daß B' eine beliebige Belegung in M ist, die sich von B höchstens in dem x zugeordneten Element unterscheidet.

$B^*(\forall x\,\varphi) := \min\{B'^*(\varphi) : B' \underset{x}{=} B\}$.

Die Belegung B *erfüllt* den Ausdruck φ in M, wenn $B^*(\varphi) = 1$ ist. Ein Ausdruck heißt *gültig* in M, wenn φ durch jede Belegung in M erfüllt wird. Die in jedem nichtleeren Individuenbereich gültigen Ausdrücke heißen *allgemeingültig* oder *logisch gültig*. Die Menge ag der allgemeingültigen Ausdrücke ist nicht entscheidbar, d. h., es gibt keinen Algorithmus, der die Allgemeingültigkeit eines beliebigen Ausdrucks überprüft.

Andererseits läßt sich die Menge ag aus einer „überschaubaren" (rekursiven) Menge Ax von ↗logischen Axiomen mittels formaler Ableitungsregeln erzeugen. Ein Anliegen der Prädikatenlogik war es, ein möglichst einsichtiges System Ax mit wenigen „einfachen" Ableitungsregeln zu schaffen, welches in dem Sinne vollständig ist, daß jeder allgemeingültige Ausdruck (und nur solche) aus Ax herleitbar ist (↗Gödelscher Vollständigkeitssatz, ↗Beweismethoden).

Ein vollständiges prädikatenlogisches Axiomensystem Ax, das mit den beiden Beweisregeln modus ponens und Generalisierung auskommt, ist durch die folgenden Axiome Ax_1 -- Ax_{12} gegeben:

Ax_1 $\varphi \to (\psi \to \varphi)$.

Ax_2 $[\varphi \to (\psi \to \chi)] \to [(\varphi \to \psi) \to (\varphi \to \chi)]$.

Ax_3 $(\neg\psi \to \neg\varphi) \to (\varphi \to \psi)$.

Ax_4 a) $\varphi \wedge \psi \to \varphi$, b) $\varphi \wedge \psi \to \psi$.

Ax_5 $(\chi \to \varphi) \to [(\chi \to \psi) \to (\chi \to (\varphi \wedge \psi))]$.

Ax_6 a) $\varphi \to (\varphi \vee \psi)$, b) $\psi \to (\varphi \vee \psi)$.

Ax_7 $(\varphi \to \chi) \to [(\psi \to \chi) \to [(\varphi \vee \psi) \to \chi]]$.

Offensichtlich sind Ax_1 -- Ax_7 schon aufgrund ihrer logischen Struktur allgemeingültig; dieses System erweist sich zusammen mit dem modus ponens als vollständiges System für die ↗Aussagenlogik. Für die Prädikatenlogik kommen weitere Axiome über Quantoren hinzu:

Ax_8 $\forall x\,\varphi(x) \to \varphi(t)$, wobei t ein beliebiger Term ist, der aber nur solche Individuenvariablen enthält, die durch in φ vorkommende Quantoren nicht gebunden werden (↗gebundene Variable).

Ax_9 $\forall x\,(\varphi \to \psi) \to (\varphi \to \forall x\,\psi)$, wobei x in φ nicht frei vorkommt (↗freie Variable).

Ax_{10} a) $\neg\forall x\,\neg\varphi \to \exists x\,\varphi$, b) $\exists x\,\varphi \to \neg\forall x\,\neg\varphi$.

Falls das Gleichheitszeichen im PK nicht auftritt, ist das durch Ax_1 -- Ax_{10} gegebene System vollständig, anderenfalls kommen noch die folgenden *Axiome der Gleichheit* hinzu, um ein vollständiges System Ax zu erhalten.

Ax_{11} $\forall x(x = x)$.

Ax_{12} $\forall x\,\forall y(x = y \to (\varphi \to \varphi'))$, wobei der Ausdruck φ' aus φ dadurch entsteht, daß für x die Variable y an allen Stellen, an denen x frei vorkommt, eingesetzt werden kann (jedoch nur so, daß y nicht zusätzlich quantifiziert wird).

Als wichtiges Hilfsmittel bei prädikatenlogischen Untersuchungen erweist sich der *Endlichkeitssatz* in seinen verschiedenen Formen (↗Endlichkeitssatz, ↗Kompaktheitssatz der Modelltheorie).

Läßt man nicht nur die Quantifizierung von Individuenvariablen, sondern auch die der Prädikaten- und Funktionenvariablen zu (prinzipiell kommt man in der Prädikatenlogik mit Gleichheit immer ohne Funktionenvariablen aus, da Funktionen mit Hilfe von Relationen definierbar sind), so gelangt man zum *Prädikatenkalkül der zweiten Stufe*, für den eine „überschaubare" vollständige Axiomatisierung nicht mehr existiert. Synonym hierfür wird auch der Begriff *„Prädikatenlogik der zweiten Stufe"* benutzt.

Werden zu den Grundzeichen des PK noch Variablen für Mengen von Relationen bzw. Relationen von Relationen usw. hinzugenommen, und läßt man die Quantifizierung dieser neuen Variablen ebenfalls zu, dann entstehen *Prädikatenkalküle höherer Stufe* oder synonym *Prädikatenlogiken höherer Stufe*. Für sie gelten jedoch alle „schönen" Eigenschaften der Prädikatenlogik erster Stufe (wo nur Individuenvariablen quantifiziert werden dürfen) nicht mehr, insbesondere gelten der Gödelsche Vollständigkeitssatz und der Endlichkeitssatz nicht.

Prädikatenlogik, Teilgebiet der ↗mathematischen Logik, in dem auch die innere Struktur der Aussagen, wie z. B. die Subjekt-Prädikat-Beziehung der Urteile der traditionellen Logik, in die Untersuchungen einbezogen wird, im Gegensatz zur Aussagenlogik, wo die innere Struktur der Aussagen keine Rolle spielt.

Der Begriff wird oft auch als Synonym für ↗Prädikatenkalkül benutzt.

Prädikatenlogik höherer Stufe, ↗Prädikatenlogik, deren Grundlage der ↗Prädikatenkalkül höherer Stufe ist.

Prädikatenlogik mit Gleichheit, ↗Prädikatenlogik, für die zu den Grundzeichen des entsprechenden ↗Prädikatenkalküls das Gleichheitszeichen gehört.

Hierdurch lassen sich insbesondere Anzahlaussagen, wie „es gibt genau ein x mit der Eigenschaft $\varphi(x)$" bzw. „es gibt genau n solche x" formulieren.

Prädiktor-Korrektor-Verfahren, Kombination eines expliziten und eines impliziten ↗Mehrschrittverfahrens zur näherungsweisen Lösung eines Anfangswertproblems gewöhnlicher Differentialgleichungen.

Dabei berechnet das explizite Mehrschrittverfahren als Prädiktor einen geeigneten Näherungswert für das implizite Verfahren, den Korrektor, wo jeweils ein Iterationsschritt einer Fixpunktiteration durchgeführt wird.

Beispiel eines Prädiktor-Korrektor-Verfahrens ist das ↗ABM43-Verfahren.

Präferenzordnung von Fuzzy-Mengen auf $\mathbb{R}$, eine „Ordnung" für ↗Fuzzy-Mengen auf $\mathbb{R}$.

Im Gegensatz zur natürlichen Wohlordnung reeller Zahlen lassen sich Fuzzy-Mengen auf $\mathbb{R}$ nur in Anhängigkeit des gewählten Präferenzkriteriums anordnen. Die wichtigsten sind die ϱ-Präferenz und die ε-Präferenz:

ϱ-Präferenz: Eine Menge $\widetilde{B}$ wird einer Menge $\widetilde{C}$ auf dem Niveau $\varrho \in [0, 1]$ vogezogen, und man schreibt $\widetilde{B} \succ_\varrho \widetilde{C}$, wenn ϱ die kleinste reelle Zahl so ist, daß

$$\inf \widetilde{B}_\alpha \geq \sup \widetilde{C}_\alpha \qquad \text{für alle } \alpha \in [\varrho, 1]\,,$$

und für wenigstens ein $\alpha \in [\varrho, 1]$ diese Ungleichung im strengen Sinne erfüllt ist.

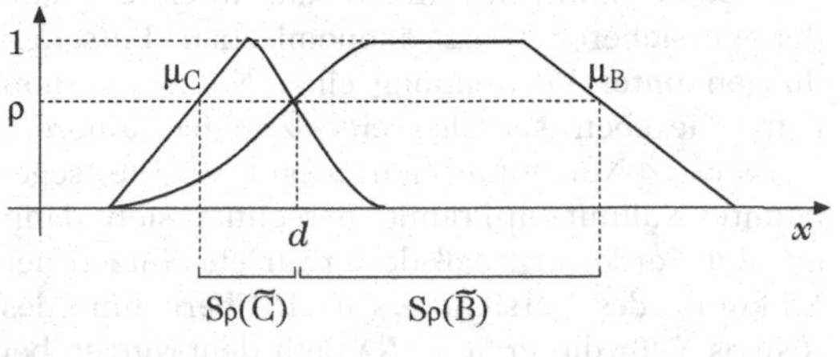

ϱ-Präferenz

ε-Präferenz: Eine Fuzzy-Munge $\widetilde{B}$ wird einer Fuzzy-Menge $\widetilde{C}$ auf dem Niveau $\varepsilon \in [0, 1]$ vorgezogen, und man schreibt $\widetilde{B} \succ_\varepsilon \widetilde{C}$, wenn ε die kleinste reelle Zahl so ist, daß

$$\sup \widetilde{B}_\alpha \geq \sup \widetilde{C}_\alpha \quad \text{und} \quad \inf \widetilde{B}_\alpha \geq \inf \widetilde{C}_\alpha$$

für alle $\alpha \in [\varepsilon, 1]$, wobei für wenigstens ein $\alpha \in [\varepsilon, 1]$ eine dieser Ungleichungen im strengen Sinne erfüllt ist.

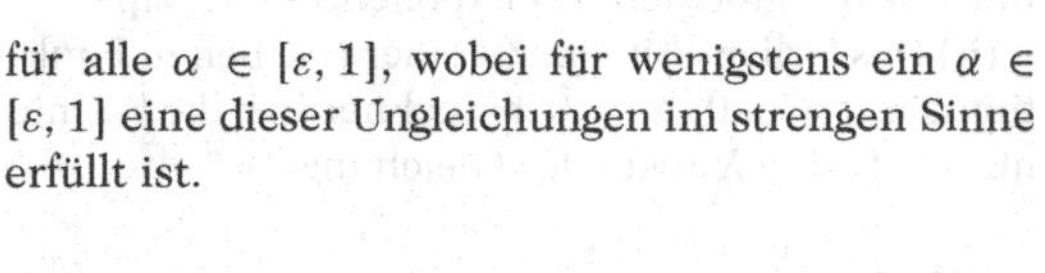

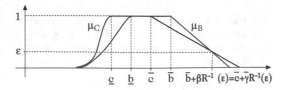

ε-Präferenz

Für Fuzzy-Intervalle

$$\widetilde{X}_i = (\underline{x}_i^\varepsilon; \underline{x}_i^\lambda; \underline{x}_i^1; \overline{x}_i^1; \overline{x}_i^\lambda; \overline{x}_i^\varepsilon)^{\varepsilon,\lambda}$$

des ε-λ-Typs lassen sich die Bedigungen der Definition der ε-Präferenz vereinfachen zu

$$\widetilde{X}_i \succ_\varepsilon \widetilde{X}_j \quad \Leftrightarrow \quad \underline{x}_i^\alpha > \underline{x}_j^\alpha \text{ und } \overline{x}_i^\alpha > \overline{x}_j^\alpha$$

für $\alpha = \varepsilon, \lambda, 1$.

Präfixcode, *präfixfreier Code*, eine Codierung, bei der kein Codewort Anfangsstück (Präfix) eines anderen Codewortes ist. So darf zum Beispiel bei der Zuordnung von Personen zu Telefonnummern keine dieser Nummern den Anfang einer anderen bilden.

Für einen Präfixcode gilt, daß die zugehörige Codierung $f : A \to \Sigma^*$ jedem Element a aus der Menge A der Nachrichten eineindeutig ein endliches Codewort

$$f(a) = (f(a)_1, \ldots, f(a)_{k_a})$$

mit $f(a)_i \in \Sigma$ so zuordnet, daß für je zwei Elemente $a, a' \in A$ mit $k_a \leq k_{a'}$ das Codewort $f(a)$ kein Präfix von $f(a')$ ist.

Es existiert also ein $1 \leq i \leq k_a$ mit $f(a)_i \neq f(a')_i$. Σ ist hierbei ein endliches Alphabet.

präfixfreier Code, ↗Präfixcode.

Prä-F-Raum, ↗ Prä-Fréchet-Raum.

Prä-Fréchet-Raum, *Prä-F-Raum*, lokalkonvexer topologischer Vektorraum, dessen Topologie von einer bestimmten Metrik erzeugt wird.

Ein lokalkonvexer topologischer Vektorraum V heißt ein Prä-Fréchet-Raum, falls seine Topologie von einer translationsinvarianten Metrik erzeugt wird, das heißt von einer Metrik d, für die stets

$$d(x + z, y + z) = d(x, y)$$

gilt. Ist zusätzlich (V, d) vollständig, so heißt V ein ↗Fréchet-Raum.

Prägarbe, ↗ Garbentheorie.

Prägeometrie, ↗kombinatorische Prägeometrie.

Prä-Hilbertraum, *Skalarproduktraum*, reeller oder komplexer Vektorraum V, auf dem ein ↗Skalarprodukt s definiert ist.

Ein Prä-Hilbertraum ist stets ein normierter Raum, denn durch

$$\|v\| = \sqrt{s(v, v)} \text{ für alle } v \in V$$

wird eine Norm induziert.

Das Skalarprodukt s ist stetig, d.h. aus $v_n \to v$ und $u_n \to u$ folgt stets $s(v_n, u_n) \to s(v, u)$. Ein vollständiger Prä-Hilbertraum ist ein Hilbertraum.

präkompakte Menge, Teilmenge T eines ↗metrischen Raumes (M, d) mit folgender Eigenschaft:

Zu jedem $\varepsilon > 0$ gibt es eine endliche Überdeckung von T durch Teilmengen von M, deren Durchmesser kleiner als ε ist.

Präkonditionierung, allgemeine Vorgehensweise zur Verbesserung der Konvergenz iterativer Verfahren zur Lösung linearer Gleichungssysteme der Form $Ax = b$ mit quadratischer Matrix A und rechter Seite b.

Ein iteratives Verfahren läßt sich allgemein beschreiben durch

$$x^{(k+1)} = x^{(k)} - M\left(Ax^{(k)} - b\right)$$

mit einer quadratischen Matrix M, die so konstruiert oder gewählt wird, daß der Spektralradius $\varrho(E - MA)$ kleiner als 1 ist (E bezeichne die Einheitsmatrix). Die Folge der $(x^{(k)})$ konvergiert um so schneller gegen x, je weiter $\varrho(E-MA)$ von 1 entfernt ist. Im Falle, daß der Wert nahe bei 1 liegt, versucht man durch Übergang zu einem äquivalenten Gleichungssystem $NAx = Nb$ bessere Konvergenz zu erzielen. Die (reguläre) Präkonditionierungsmatrix N wird dabei so gewählt, daß die Iteration für das neue Gleichungssystem $A'x = b', A' = NA, b' = Nb$, wesentlich kleineren Spektralradius $\varrho(E-MA')$ hat. Siehe auch ↗Vorkonditionierung.

Präkonditionierungsmatrix, ↗Präkonditionierung.

Prämaß, synonyme Bezeichnung für ein ↗Maß auf einem ↗Mengenring. Siehe hierzu auch ↗Carathéodory, Satz von, über Fortsetzung von Maßen.

Prämien, ↗ Prämienkalkulationsprinzipien.

Prämienkalkulationsprinzipien, Kalkulationsregeln, nach denen Prämien für ein gegebenes ↗ Risiko berechnet werden.

Beschreibt man, wie in der ↗ Risikotheorie üblich, Risiken durch nichtnegative Zufallsvariable auf einem Wahrscheinlichkeitsraum, so ist ein Prämienberechnungsprinzip ein nichtnegatives Funktional H auf der Menge der nichtnegativen Zufallsvariablen X.

Alle gängigen Prämienprinzipien erfüllen folgende Eigenschaften:

(E1) $H(X) \geq E(X)$, d. h., die Prämie besitzt einen nichtnegativen Sicherheitszuschlag zu der sogenannten Nettorisikoprämie oder einfach Nettoprämie, die durch den Erwartungswert $E(X)$ des Risikos X definiert ist.

(E2) $H(X) \leq \inf\{x|P(X{\leq}x) = 1\}$, d. h., die Prämie übersteigt nicht den Maximalschaden.

Im Fall der Gleichheit in (E2) spricht man vom Maximalschadenprinzip oder auch von dem Prinzip des maximalen Schadens. Gilt für die Verteilungsfunktion $F(x) := P(X \leq x)$ von X

$$H(X) = F^{-1}(1 - \varepsilon)$$

mit einem festen $\varepsilon > 0$, so erhält man $H(X)$ als das Infimum der $(1 - \varepsilon)$-Quantile, und damit das sogenannte Perzentil-Prinzip: Dieses ist gerade so bemessen, daß die Wahrscheinlichkeit dafür, daß der tatsächliche Schaden die Prämie übersteigt, nicht größer als ε ist.

Berechnet sich der nach (E1) berechnete Sicherheitszuschlag zur Nettorisikoprämie für das einzelne Risiko X als konstantes Vielfaches des Erwartungswertes, heißt $H(X)$ Erwartungswertprinzip, berechnet er sich als Vielfaches der Standardabweichung (bzw. der Varianz) von X, spricht man von einem Standardabweichungs- bzw. Varianz-Prinzip.

Das Esscher-Prinzip berechnet die Prämie für die ein Risiko repräsentierende Zufallsvariable X zu

$$\frac{E(X \cdot e^{cX})}{E(e^{cX})}$$

mit $c > 0$, d. h. man berechnet den Erwartungswert der Zufallsvariablen X_c, die sich aus X durch Anwendung der Esscher-Transformation zum Parameter c ergibt.

Neben den oben beispielhaft erwähnten explizit angegebenen Kalkulationsprinzipien existieren auch eine Reihe von implizit definierten Prämienprinzipien, wie beispielsweise die folgenden:

(i) Das Nullnutzen-Prinzip: Man unterstellt, daß der Versicherer seine ökonomischen Entscheidungen unter Verwendung einer Nutzenfunktion trifft. Gegeben sei also eine zweimal differenzierbare ↗ Nutzenfunktion u auf $\mathbb{R}$. Die sogenannte Nullnutzen-Prämie berechnet sich dann aus der Forderung, daß der erwartete Nutzen der Einkünfte des Versicherers nach Übernahme des Risikos X für die Prämie $H(X)$ mit dem Nutzen bei Nichtübernahme identisch sein sollte:

$$E(u(H(X) - X)) = u(0)\,.$$

Für die spezielle Nutzenfunktionen

$$u(x) = \frac{(1 - \exp(-ax))}{a}$$

mit $a > 0$ ergibt sich das Exponential-Prinzip.

(ii) Das Orlicz-Prinzip: Zu einer gegebenen Funktion ϕ mit $\phi' > 0, \phi'' \geq 0$, berechnet sich die Prämie für das Risiko X nach der Gleichung

$$E(\phi(X/H(X))) = \phi(1)\,.$$

(iii) Das Schweizer Prinzip: Zu einer gegebenen Funktion v mit $v' > 0$, $v'' \geq 0$ und $0 \leq z \leq 1$ berechnet sich die Prämie für das Risiko X nach der Gleichung

$$E(v(X - zH(X))) = v((1 - z)H(X))\,.$$

Im Spezialfall $z = 0$ ergibt sich das sogenannte Mittelwertprinzip (auch Sicherheitsäquivalentprinzip):

$$H(X) = v^{-1}(E(v(X)))\,.$$

In der Risikotheorie werden wünschenswerte Eigenschaften wie z. B. die Additivität oder die Robustheit der Kalkulationsprinzipien studiert. Bei der Frage nach der Robustheit geht es etwa darum, daß Prämienprinzipien unempfindlich gegen statistische Ausreißer, aber auch gegen Schätz- und Prognosefehler anderer Art sind. Interessant ist, daß das Esscher-Prinzip aus einem ökonomischen Gleichgewichtsmodell gewonnen werden kann.

In der Literatur besteht allerdings keine Einigkeit darüber, nach welchen Kriterien man die Güte eines Kalkulationsprinzips beurteilen soll. Angewendet werden einige der oben beschriebenen Prämienkalkulationsprinzipien in der Schadenversicherung. Andere in der klassischen Personenversicherung benutzte Verfahren zur Erhebung von Sicherheitszuschlägen, wie zum Beispiel die Alterserhöhung bei der Prämienberechnung von Todes- oder Erlebensfallversicherungen, haben allerdings meist keine stringente risikotheoretische Begründung.

[1] Goovaerts, M.J.; de Vylder, F.; Haesendonck, H.: Insurance Premiums. North Holland Amsterdam, 1984.

[2] Heilmann, W.-R.: Grundbegriffe der Risikotheorie. , Karlsruhe 1987.

Prämisse, in der traditionellen ↗Logik ein Urteil, das als Begründung für einen Schlußsatz dient.

In einer ↗Implikation „wenn A, so B", ist A die Prämisse und B die Konklusion (siehe auch ↗Abtrennungsregel).

Prandtl, Ludwig, deutscher Mechaniker und Strömungsphysiker, geb. 4.2.1875 Freising, gest. 15.8.1953 Göttingen.

Prandtl studierte von 1894 bis 1898 an der Technischen Hochschule in München. Er promovierte 1900 an der Universität München, arbeitete danach zwei Jahre als Ingenieur in der Maschinenfabrik Augsburg/Nürnberg und erhielt 1901 eine Professur für Mechanik in Hannover. 1904 ging er nach Göttingen, wo er Angewandte Mechanik lehrte. Von 1925 bis 1947 war er Direktor des Kaiser-Wilhelm-Institutes für Strömungsforschung.

Prandtl führte grundlegende Forschungen auf den Gebieten der Strömungstheorie und der Hydrodynamik durch. Er untersuchte Konvektionsströmungen in Flüssigkeiten und Gasen, gab Charakteristiken für den thermodynamischen Zustand von Medien an, und fand die fundamentale Integro-Differentialgleichung zur Beschreibung von Flugzeugflügeln (Prandtl-Gleichung).

Neben seiner Forschungstätigkeit gründete er die erste Modellversuchsanstalt für Luftfahrtzwecke in Göttingen und die Wissenschaftliche Gesellschaft für Luftfahrt.

Pratt, Satz von, lautet:

Es sei $(\Omega, \mathcal{A}, \mu)$ ein ↗Maßraum und $(f_n|n \in \mathbb{N})$ eine Folge von ↗μ-integrierbaren Funktionen auf Ω, die μ-stochastich gegen eine ↗meßbare Funktion f auf Ω konvergiert. Falls es integrierbare Funktionen $g, h, (g_n|n \in \mathbb{N}), (h_n|n \in \mathbb{N})$ auf Ω so gibt, daß $g_n \to g$ μ-stochastisch, $h_n \to h$ μ-stochastisch, $\int g_n d\mu \to \int g d\mu, \int h_n d\mu \to \int h d\mu$, und

$$g_n \le f_n \le h_n$$

μ-fast überall gilt, so ist f μ-integrierbar und

$$\int f_n d\mu \to \int f d\mu .$$

Prä-Wavelet, Abschwächung des Begriffs ↗Wavelet.

Ein Prä-Wavelet genügt nicht mehr den strengen Orthogonalitätsbedingungen, die an Wavelets gestellt werden. Prä-Wavelets sind nicht bzgl. Translation auf einer festen Skala orthogonal, sondern nur bzgl. verschiedener Skalen.

Beispiele für Prä-Wavelets sind ↗Spline-Wavelets oder speziell an Differentialoperatoren angepaßte Wavelets.

Prä-Wavelet-Transformation, ↗ Wavelet-Transformation.

Preisach-Modell, ursprünglich (1935) von F. Preisach zur phänomenologischen Beschreibung der im konstitutiven Zusammenhang zwischen Magnetisierung und magnetischer Feldstärke auftretenden ↗Hysterese angegebenes Modell.

Es verknüpft zwei zeitabhängige skalare Größen $H = H(t)$ und $M = M(t)$ vermittels

$$M(t) = \iint\limits_{a<b} R_{a,b}[H](t)\, \omega(a, b)\, da\, db .$$

Hierbei ist ω eine gegebene nichtnegative Dichte (die sogenannte Preisach-Funktion), und $R_{a,b}$ bezeichnet einen Schalter, welcher auf den Wert $+1$ bzw. -1 springt, sobald die Inputfunktion H den

Schwellwert b bzw. a erreicht, und bis zum nächsten Umschaltvorgang diesen Wert beibehält.

Das Preisach-Modell ist in der Lage, ineinandergeschachtelte Hystereseschleifen beliebiger Schachtelungstiefe darzustellen. U.a. aus diesem Grund wird es zur Modellierung skalarer ratenunabhängiger Hysteresephänomene in ganz unterschiedlichen Zusammenhängen eingesetzt. Seine mathematischen Eigenschaften werden im Kontext der Theorie nichtlinearer Operatoren und von Evolutionsvariationsungleichungen untersucht.

Prim, Algorithmus von, liefert in einem zusammenhängenden bewerteten Graphen G mit der Komplexität $O(|E(G)|^2)$ einen minimal ↗ spannenden Baum von G.

Bei diesem Algorithmus aus dem Jahre 1957 läßt man im Graphen G einen ↗ Baum wie folgt wachsen. Ausgehend von einer beliebigen Ecke des Graphen wähle man eine Kante $k_1 \in K(G)$ minimaler Länge, die mit dieser Ecke inzidiert. Hat man die Kanten $k_1, k_2, \dots, k_i$ bereits gewählt, so wähle man eine Kante k_{i+1} minimaler Länge, so daß k_{i+1} mit einer Ecke des induzierten Baumes

$$T_k = G[\{k_1, k_2, \dots, k_i\}]$$

und mit einer Ecke aus $E(G) - E(T_k)$ inzidiert. Nach $|E(G)| - 1$ solcher Schritte gelangt man dann zu einem minimal spannenden Baum von G.

primales lineares Optimierungsproblem, ↗ duales lineares Optimierungsproblem.

primärer Ausgang, ↗ logischer Schaltkreis.

primärer Eingang, ↗ logischer Schaltkreis.

Primärideal, Ideal Q mit der folgenden Eigenschaft: Wenn $x \cdot y \in Q$ und $x \notin Q$, dann gibt es ein n so, daß $y^n \in Q$.

Ein ↗ Primideal ist ein Primärideal, Potenzen eines Maximalideals (↗ Potenz eines Ideals) sind Primärideale. Im Ring der ganzen Zahlen sind die Primärideale diejenigen Ideale, die durch Potenzen von Primzahlen erzeugt werden. Das Radikal eines Primärideals Q (↗ Radikal eines Ideals) ist ein Primideal, das zu Q gehörige Primideal.

Primärzerlegung, Darstellung eines Ideals als Durchschnitt von ↗ Primäridealen.

Sei R ein (kommutativer) ↗ Noetherscher Ring und $I \subset R$ ein Ideal. Dann existieren Primärideale $Q_1, \dots, Q_n$ so, daß $I = Q_1 \cap \dots \cap Q_n$ ist. Eine solche Darstellung von I heißt irredundant, wenn die zu den Q_i gehörigen ↗ Primideale paarweise verschieden sind und kein Q_i aus der Darstellung weggelassen werden kann. Eine irredundante Primärzerlegung existiert stets.

Die Menge der zu den Q_i gehörigen Primideale ist eindeutig bestimmt. Die Primärideale sind im allgemeinen nicht eindeutig bestimmt. So ist zum Beispiel

$$(x^2, xy) = (x) \cap (x, y)^2 = (x) \cap (x^2, y),$$

(x), $(x, y)^2$ und (x^2, y) sind Primärideale. Die beiden zugehörigen Primideale sind (x) und (x, y).

Ist $\mathbb{Z}$ der Ring der ganzen Zahlen und $a \in \mathbb{Z}, a > 1$, und ist $a = p_1^{\varrho_1} \cdot \ldots \cdot p_n^{\varrho_n}$ die Zerlegung von a als Produkt von Primzahlen, so ist

$$(a) = (p_1^{\varrho_1}) \cap \dots \cap (p_n^{\varrho_n})$$

eine Primärzerlegung des Ideals (a) mit den zugehörigen Primidealen $(p_1), \dots, (p_n)$.

Primdiskriminante, eine Diskriminante eines quadratischen Zahlkörpers der Gestalt p^n, wobei p eine Primzahl und $n \geq 1$ eine natürliche Zahl ist.

prime Restklassengruppe modulo *m*, ↗ Restklasse modulo m.

Primelement, Element eines Rings, das ein ↗ Primideal erzeugt.

Die Primelemente im Ring der ganzen Zahlen sind die Primzahlen. Im Polynomring $K[x_1, \dots, x_n]$ über dem Körper K sind die irreduziblen Polynome die Primelemente.

Primelement einer Kompositionsstruktur, Element p einer Kompositionsstruktur mit der Komposition $\circ$ und Einselement ε, falls $p \neq \varepsilon$, und wenn aus $p = a \circ b$ stets folgt: $a = \varepsilon$ oder $b = \varepsilon$.

Primelement eines Verbandes, Element a eines Verbandes L, falls $a \leq x \vee y \Longrightarrow a \leq x$ oder $a \leq y$ für alle $x, y \in L$.

Primelementzerlegung, Zerlegung eines Elements f in einem ↗ ZPE-Ring in ein Produkt $\prod_{i=1}^{m} f_i^{n_i}$ von paarweise verschiedenen Primelementen $f_1, \dots, f_m$, die man auch Primfaktoren nennt.

Diese Zerlegung ist ein Spezialfall der ↗ Primärzerlegung. Im Ring der ganzen Zahlen ist die Primelementzerlegung gerade die Zerlegung einer Zahl in ein Potenzprodukt von Primzahlen.

Primende, spielt eine wichtige Rolle bei der Untersuchung des ↗ Randverhaltens konformer Abbildungen.

Zur Definition sind einige Vorbereitungen nötig. Sei $G \subset \mathbb{C}$ ein beschränktes, einfach zusammenhängendes ↗ Gebiet. Weiter sei $\gamma\colon [0, 1] \to \overline{G}$ ein Weg in $\overline{G}$ derart, daß

$$\gamma(t_1) \neq \gamma(t_2) \ \text{ für } \ 0 < t_1 < t_2 < 1$$

und

$$\gamma([0, 1]) \cap \partial G = \{\gamma(0), \gamma(1)\}.$$

Dabei ist $\gamma(0) = \gamma(1)$ erlaubt.

Dann heißt $C := \gamma((0, 1))$ ein Querschnitt in G. Die Menge $G \setminus C$ besitzt genau zwei Zusammenhangskomponenten G_1, G_2, und es gilt

$$G \cap \partial G_1 = G \cap \partial G_2 = C.$$

Eine Nullkette (C_n) von G ist eine Folge von Querschnitten $C_0, C_1, C_2, \ldots$ in G mit folgenden Eigenschaften:

(i) Für $n \in \mathbb{N}_0$ gilt $\overline{C}_n \cap \overline{C}_{n+1} = \emptyset$.

(ii) Für $n \in \mathbb{N}$ trennt C_n die Querschnitte C_0 und C_{n+1}, d. h. C_0 und C_{n+1} liegen in verschiedenen Zusammenhangskomponenten von $G \setminus C_n$.

(iii) Es gilt $\operatorname{diam} C_n = \sup_{a,b \in C_n} |a - b| \to 0$ $(n \to \infty)$.

Zu jedem $n \in \mathbb{N}$ gibt es dann genau eine Komponente V_n von $G \setminus C_n$ mit $V_n \cap C_0 = \emptyset$. Daher kann man (ii) auch in der Form $V_{n+1} \subset V_n$ für $n \in \mathbb{N}$ schreiben.

Zwei Nullketten (C_n) und (C'_n) von G heißen äquivalent, falls es zu jedem hinreichend großen $m \in \mathbb{N}$ ein $n \in \mathbb{N}$ mit folgender Eigenschaft gibt: C'_m trennt C_n von C_0 und C_m trennt C'_n von C'_0. Äquivalent hierzu ist $V_n \subset V'_m$ und $V'_n \subset V_m$. Hierdurch wird eine Äquivalenzrelation $\sim$ auf der Menge aller Nullketten von G definiert.

Ein Primende von G ist nun eine Äquivalenzklasse bezüglich $\sim$. Die Menge aller Primenden von G wird mit $P(G)$ bezeichnet und heißt der Carathéodory-Rand von G.

Ist p ein Primende von G und (C_n) eine p repräsentierende Nullkette, so heißt die Menge

$$I(p) := \bigcap_{n=1}^{\infty} \overline{V}_n$$

der Abdruck von p. Es ist $I(p) \subset \partial G$ eine nicht-leere kompakte zusammenhängende Menge. Sie hängt nicht von der speziellen Wahl der Nullkette (C_n) ab. Falls $I(p)$ nur aus einem Punkt besteht, so nennt man das Primende p degeneriert oder punktförmig.

Ein Punkt $\omega \in \mathbb{C}$ heißt Hauptpunkt des Primendes p von G, falls es eine p repräsentierende Nullkette (C_n) mit folgender Eigenschaft gibt: Zu jedem $\varepsilon > 0$ existiert ein $n_0 = n_0(\varepsilon) \in \mathbb{N}$ mit

$$C_n \subset B_\varepsilon(\omega) = \{ z \in \mathbb{C} : |z - \omega| < \varepsilon \}$$

für alle $n > n_0$. Die Menge aller Hauptpunkte von p wird mit $\Pi(p)$ bezeichnet. Es gilt $\Pi(p) \subset I(p)$.

Mit Hilfe dieser beiden Mengen werden die Primenden in vier Arten eingeteilt. Man nennt p ein Primende

- 1. Art, falls $\Pi(p)$ einpunktig ist und $\Pi(p) = I(p)$,
- 2. Art, falls $\Pi(p)$ einpunktig ist und $\Pi(p) \neq I(p)$,
- 3. Art, falls $\Pi(p)$ nicht einpunktig ist und $\Pi(p) = I(p)$,
- 4. Art, falls $\Pi(p)$ nicht einpunktig ist und $\Pi(p) \neq I(p)$.

Die Abbildungen zeigen einige Beispiele für Primenden.

Zur Anwendung der Primendentheorie siehe ↗ Randverhalten konformer Abbildungen.

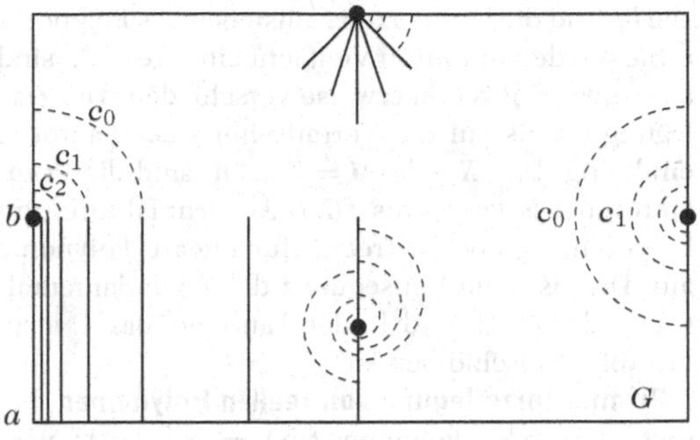

Primenden 1. und 2. Art. Rechts: Ein punktförmiges Primende. Mitte unten: Zwei verschiedene punktförmige Primenden mit dem gleichen Hauptpunkt. Mitte oben: Sechs verschiedene punktförmige Primenden mit dem gleichen Hauptpunkt. Links: Ein Primende 2. Art mit dem Hauptpunkt i; der Abdruck ist die Strecke $[a,b]$.

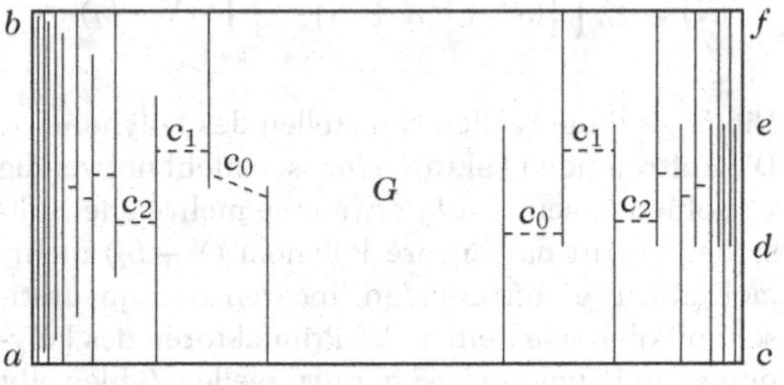

Primenden 3. und 4. Art. Links: Ein Primende 3. Art mit $\Pi(p) = I(p) = [a,b]$. Rechts: Ein Primende 4. Art mit $\Pi(p) = [d,e]$ und $I(p) = [c,f]$.

primes Boolesches Polynom, ↗ Boolesches Polynom einer ↗ Booleschen Funktion f, das nur aus ↗ Primimplikanten von f besteht, also eine ↗ Disjunktion von Primimplikanten von f ist.

primes Restsystem modulo m, ↗ Restsystem modulo m.

Primfaktor, zu einer natürlichen Zahl n jede Primzahl p, die ein Teiler von n ist; siehe hierzu auch ↗ eindeutige Primfaktorzerlegung.

Primfaktoren eines Elements, Elemente in der ↗ Primelementzerlegung.

Die Primfaktoren erzeugen die zu den Primäridealen in der ↗ Primärzerlegung des Elements gehörigen Primideale. Die Primfaktoren einer ganzen Zahl sind gerade die ↗ Primzahlen, die diese Zahl teilen.

Primfaktorzerlegung von komplexen Polynomen, besagt, daß jedes Polynom $f(X) = \sum_{i=0}^{n} a_i X^i$ vom Grad $n > 0$ mit komplexen Koeffizienten $a_i \in \mathbb{C}$, als Produkt von n linearen Polynomen $(X - b_i)$, $b_i \in \mathbb{C}$, $i = 1, \ldots, n$, multipliziert mit dem skalaren Faktor a_n, geschrieben werden kann. Somit gilt:

$$f(X) = a_n \prod_{i=1}^{n} (X - b_i) .$$

Die b_i sind die komplexen Nullstellen des Polynoms f. Sie werden mit ihren Vielfachheiten gezählt, sind also nicht notwendigerweise verschieden. Die Zerlegung ist bis auf die Vertauschung der Faktoren eindeutig. Die $(X - b_i)$, $i = 1, ..., n$, sind die Primfaktoren des Polynoms $f(X)$. Als Primfaktoren im Polynomring über $\mathbb{C}$ treten nur lineare Polynome auf. Dies ist eine Konsequenz des ↗Fundamentalsatzes der Algebra, d. h. der Tatsache, daß $\mathbb{C}$ algebraisch abgeschlossen ist.

Primfaktorzerlegung von reellen Polynomen, besagt, daß jedes Polynom $f(X) = \sum_{i=0}^{n} a_i X^i$ vom Grad $n > 0$ mit reellen Koeffizienten $a_i \in \mathbb{R}$ als Produkt von linearen Polynomen $(X - b_i)$, $b_i \in \mathbb{R}$, von quadratischen Polynomen $(X^2 + c_i X + d_i)$ mit $c_i^2 - 4d_i < 0$ und einem skalaren Faktor a_n geschrieben werden kann:

$$f(X) = a_n \prod_{i=1}^{k} (X^2 + c_i X + d_i) \cdot \prod_{i=2k+1}^{n} (X - b_i) \, .$$

Die b_i sind die reellen Nullstellen des Polynoms f. Die auftretenden Faktoren müssen nicht notwendig verschieden sein. Ist b_i etwa eine mehrfache Nullstelle, so tritt das lineare Polynom $(X - b_i)$ mehrfach auf. Die auftretenden linearen und quadratischen Polynome heißen die Primfaktoren des Polynoms. Im Polynomring über den reellen Zahlen gibt es keine Primfaktoren höheren als quadratischen Grads.

Zerlegt man das Polynom f über $\mathbb{C}$ weiter, so zerfällt jeder quadratische Faktor in ein Produkt von linearen Polynomen $(X - \lambda)(X - \overline{\lambda})$ mit einem Paar konjugiert komplexer Nullstellen λ und $\overline{\lambda}$. Die Existenz der Primfaktorzerlegung folgt aus der ↗Primfaktorzerlegung komplexer Polynome und anschließendem Zusammenfassen der Paare konjugiert komplexer Nullstellen.

Primideal, Ideal P mit der Eigenschaft, daß aus $x \cdot y \in P$ und $x \notin P$ folgt: $y \in P$.

Ein Ideal P im Ring R ist genau dann ein Primideal, wenn der ↗Faktorring R/P ein ↗Integritätsbereich ist.

Ein ↗Maximalideal ist ein Primideal.

Im Ring $\mathbb{Z}$ der ganzen Zahlen sind die Primideale diejenigen Ideale, die von ↗Primzahlen erzeugt sind.

In jedem Ring R gibt es Primideale, und der Durchschnitt aller Primideale ist die Menge der nilpotenten Elemente des Ringes.

Wenn R als Ring endlich erzeugt über einem Körper k ist, und K ein Erweiterungskörper von k, der algebraisch abgeschlossen ist und eine unendliche, über k algebraisch unabhängige Menge enthält, ist jedes Primideal Kern eines Algebren-Homomorphismus $\lambda : R \to K$. Aus diesem Grund hat sich auch die Bezeichnung Spektrum Spec(R) für die Menge aller Primideale von R eingebürgert.

Primidealkette, aufsteigende Kette

$$\wp_0 \subsetneqq \wp_1 \subsetneqq \dots \subsetneqq \wp_n$$

von ↗Primidealen.

Primidealketten sind die Grundlage für die Definition der Dimension eines Rings.

Primidealsatz, eine zuerst von Landau bewiesene Aussage über die Verteilung von ↗Primidealen in algebraischen Zahlkörpern, die den ↗Primzahlsatz verallgemeinert:

Sei K ein algebraischer Zahlkörper, und bezeichne $\pi_K(x)$ die Anzahl der Primideale von K, deren Norm kleiner oder gleich x ist.

Dann ist π_K asymptotisch äquivalent zu $x/\log x$, d. h.

$$\lim_{x\to\infty} \pi_K(x) \cdot \frac{\log x}{x} = 1.$$

Primimplikant, spezieller ↗Implikant.

Ein Primimplikant einer ↗Booleschen Funktion $f : D \to \{0, 1\}$ mit $D \subseteq \{0, 1\}^n$ ist ein Implikant q von f, zu dem es keinen von q verschiedenen Implikanten r von f gibt mit $\phi(q)(\alpha) \leq \phi(r)(\alpha)$ für alle $\alpha \in \{0, 1\}^n$.

$\phi(q)$ und $\phi(r)$ bezeichnen hierbei die durch q bzw. r dargestellten Booleschen Funktionen.

Primimplikantentafel, einer ↗Booleschen Funktion $f : D \to \{0, 1\}$ mit $D \subseteq \{0, 1\}^n$ zugeordnete Matrix $A(f)$, deren Zeilen den ↗Primimplikanten von f, und deren Spalten den Elementen der ↗ON-Menge von f entsprechen.

Die Einträge der Matrix sind die Booleschen Werte 0 und 1 und geben an, welcher ↗Minterm von f durch welchen Primimplikanten überdeckt wird, d. h., für jeden Primimplikanten q von f und für jedes Element α aus der ON-Menge von f gilt

$$A(f)[q, \alpha] = \phi(q)(\alpha).$$

Hierbei beschreibt $\phi(q)$ die durch das ↗Boolesche Monom q dargestellte Boolesche Funktion.

Die Primimplikantentafel einer Booleschen Funktion f wird im Rahmen der zweistufigen ↗Logiksynthese eingesetzt, um aus der Menge der Primimplikanten von f eine Teilmenge auszuwählen, deren ↗Disjunktion ein Minimalpolynom von f ergibt.

primitive Einheitswurzel, ↗Einheitswurzel, ↗ primitive n-te Einheitswurzel.

primitive n-te Einheitswurzel, nennt man die komplexe Zahl

$$z_n = e^{2\pi i/n} = \cos\frac{2\pi}{n} + i \sin\frac{2\pi}{n} \, ,$$

wobei $n \in \mathbb{N}$.

Es ist z_n eine spezielle ↗n-te Einheitswurzel. Sie erzeugt die zyklische Gruppe aller n-ten Einheitswurzeln. Siehe auch ↗Einheitswurzel.

primitive Wurzel, andere Bezeichnung für eine ↗Primitivwurzel modulo m.

primitiver Charakter, zahlentheoretischer Begriff.

Es sei $m \neq 0$ eine ganze Zahl und χ ein ↗Charakter modulo m, also ein (multiplikativer) Gruppenhomomorphismus

$$\chi : (\mathbb{Z}/m\mathbb{Z})^\times \to \mathbb{C}^\times .$$

Ist m' ein Teiler von m und χ' ein Charakter modulo m', so ergibt die Komposition $\chi' \circ \pi$ mit der natürlichen Projektion

$$(\mathbb{Z}/m\mathbb{Z})^\times \stackrel{\pi}{\to} (\mathbb{Z}/\tilde{m}\mathbb{Z})^\times ,$$

die Restklassen modulo m auf Restklassen modulo m' abbildet, einen Charakter modulo m. Man nennt χ einen primitiven Charakter modulo m, wenn es zu keinem echten Teiler m' von m eine solche Zerlegung von χ gibt.

primitiver Multigraph, ↗ Faktortheorie.

primitiver Ring, Ring, der einen irreduziblen und treuen (Rechts- bzw. Links-)Modul M besitzt.

Das bedeutet, daß M von Null verschieden und zyklisch ist mit jedem von Null verschiedenen Element als Erzeugendem, und daß $Ma = (0)$ stets $a = 0$ impliziert.

Ein primitiver Ring läßt sich stets als Ring von Endomorphismen von M auffassen.

primitives Element, erzeugendes Element eines Körpers bzw. einer Gruppe.

Es sei L ein Körper und $K \subseteq L$ ein Teilkörper von L. Dann heißt $a \in L\backslash K$ ein primitives oder auch erzeugendes Element von L, falls L durch Adjunktion von a an den Körper K entsteht, das heißt, falls

$$L = K(a)$$

ist. In diesem Fall nennt man L einen einfachen Erweiterungskörper (↗einfache Körpererweiterung) von K. Man kann dann jedes Element $x \in L$ als rationale Funktion in a mit Koeffizienten aus K darstellen.

Der *Satz vom primitiven Element* besagt, daß für endliche separable Körpererweiterungen $K \subset L$ stets ein primitives Element existiert.

Ist dagegen G eine zyklische Gruppe, deren Erzeugendensystem aus einem einzigen Element a besteht, so nennt man a ein primitives oder auch erzeugendes Element von G.

primitives Element, Satz vom, ↗primitives Element.

primitives Polynom, ein Polynom

$$f(X) = a_nX^n + a_{n-1}X^{n-1} + \cdots + a_1X + a_0$$

über einem nullteilerfreien Ring mit 1, für das der größte gemeinsame Teiler aller Koeffizienten a_i, $i = 0, 1, \dots, n$, gleich 1 (bzw. eine Einheit) ist.

primitiv-rekursive Funktion, eine Funktion $f : \mathbb{N}_0{}^k \to \mathbb{N}_0, k \geq 0$, die entweder eine der Basisfunktionen ist, oder sich durch endlich viele Anwendungen des Einsetzungsschemas und des Schemas der primitiven Rekursion, ausgehend von den Basisfunktionen, definieren läßt.

Die Basisfunktionen bestehen aus allen Konstanten (also null-stelligen Funktionen), allen Projektionsfunktionen

$$\pi_i^k : \mathbb{N}_0{}^k \to \mathbb{N}_0 \, , \quad \pi_i^k(x_1, \dots, x_k) = x_i \, ,$$

und der einstelligen Nachfolgerfunktion $N(x) = x + 1$.

Das Einsetzungsschema erzeugt aus einer n-stelligen Funktion f und den k-stelligen Funktionen $g_1, \dots, g_n$ eine k-stellige Funktion h:

$$h(\vec{x}) = f(g_1(\vec{x}), \dots, g_n(\vec{x}))$$

Das Schema der primitiven Rekursion erzeugt aus einer k-stelligen Funktion g und einer $(k + 2)$-stelligen Funktion h eine $(k + 1)$-stellige Funktion f, die durch folgendes Gleichungssystem eindeutig definiert wird:

$$\begin{aligned} f(0, \vec{x}) &= g(\vec{x}) \, , \\ f(n+1, \vec{x}) &= h(n, f(n, \vec{x}), \vec{x}) \, . \end{aligned}$$

Ein Beispiel: Die Additionsfunktion

$$s : \mathbb{N}_0{}^2 \to \mathbb{N}_0 \, , \quad s(x, y) = x + y \, ,$$

ist primitiv-rekursiv, denn s kann über das Schema der primitiven Rekursion definiert werden:

$$\begin{aligned} s(0, y) &= \pi_1^1(y) \, , \\ s(n+1, y) &= h(n, s(n, y), y) \, . \end{aligned}$$

Hierbei wird die 3-stellige Funktion h durch Anwendung des Einsetzungsschemas aus den Basisfunktionen π_2^3 und N gewonnen:

$$h(a, b, c) = N(\pi_2^3(a, b, c)) \, .$$

Die primitiv-rekursiven Funktionen stimmen mit den ↗LOOP-berechenbaren Funktionen überein und bilden eine echte Teilmenge der ↗total berechenbaren Funktionen (↗Ackermann-Funktion).

primitiv-rekursives Prädikat, ein Prädikat, dessen charakteristische Funktion primitiv-rekursiv ist (↗primitiv-rekursive Funktion).

Primitivwurzel modulo *m*, zu m teilerfremde ganze Zahl a, deren ↗Ordnung modulo m gleich $\phi(m)$ ist, wobei mit letzterem die ↗Eulersche ϕ-Funktion bezeichnet ist.

$\phi(m)$ ist die Anzahl der zu m teilerfremden natürlichen Zahlen $< m$, also gleich der Anzahl der primen ↗Restklassen modulo m. Ist die Ordnung modulo m einer Zahl a gleich $\phi(m)$, so treffen die

Potenzen $a, a^2, a^3, \ldots$ also jede prime Restklasse modulo m. Eine ganze Zahl a ist damit genau dann eine Primitivwurzel modulo m, wenn die Restklasse $a \pmod m$ die prime Restklassengruppe modulo m (diese Gruppe wird mit $(\mathbb{Z}/m\mathbb{Z})^\times$ bezeichnet) erzeugt.

Zwei Beispiele:

1. Die Gruppe $(\mathbb{Z}/18\mathbb{Z})^\times$ besteht aus den Restklassen

$$1, 5, 7, 11, 13, 17 \pmod{18}.$$

Um alle Primitivwurzeln modulo 18 zu finden, berechnen wir die Potenzen $x, x^2, \ldots, x^6$ in der Arithmetik der Restklassen modulo m:

x	x^2	x^3	x^4	x^5	x^6
5	7	17	13	11	1
7	13	1	7	13	1
11	13	17	7	5	1
13	7	1	13	7	1
17	1	17	1	17	1

Die zu $x = 5$ und $x = 11$ gehörigen Zeilen durchlaufen die gesamte Gruppe, während jede der restlichen Zeilen nur einen Teil der Gruppenelemente enthält. Damit sind die Primitivwurzln modulo 18 gerade diejenigen ganzen Zahlen, die entweder $\equiv 5 \bmod 18$ oder $\equiv 11 \bmod 18$ sind.

2. Die Gruppe $(\mathbb{Z}/12\mathbb{Z})^\times$ besteht aus den $\phi(12) = 4$ Restklassen

$$1, 5, 7, 11 \pmod{12}.$$

Hier hat jedes Element die Ordnung 2, also gibt es keine Primitivwurzel modulo 12.

Die Frage, zu welchen Moduln m es Primitivwurzeln gibt, wird durch einen Satz von Gauß vollständig beantwortet (↗Gauß, Satz von, über die Existenz von Primitivwurzeln modulo m). Wenn es überhaupt eine Primitivwurzel modulo m gibt, so besteht die Menge der Primitivwurzeln modulo m aus genau $\phi(\phi(m))$ Restklassen modulo m.

Ist $m = p$ eine Primzahl, so gibt es stets Primitivwurzeln modulo p. Die folgende Tabelle enthält zu einigen kleinen Primzahlen jeweils eine vollständige Liste der Restklassen modulo p, die aus Primitivwurzeln modulo p bestehen:

p	Primitivwurzeln modulo p
2	1
3	2
5	2,3
7	3,5
11	2,6,7,8
13	2,6,7,11
17	3,5,6,7,10,11,12,14
19	2,3,10,13,14,15
23	5,7,10,11,14,15,17,19,20,21

Obwohl die Bestimmung der Primitivwurzeln modulo einer gegebenen Primzahl p leicht durchführbar ist, kann es sehr schwierig sein, allgemeine Eigenschaften dieser Tabelle (wenn man sie sich unendlich fortgesetzt denkt) zu beweisen. Beispielsweise ist die ↗Artinsche Vermutung noch nicht bewiesen.

Primkörper, der kleinste Unterkörper eines gegebenen Körpers $\mathbb{K}$.

Ist die Charakteristik des Körpers Null, so ist der Primkörper $\mathbb{Q}$, ist die Charakteristik $p > 0$, (p eine Primzahl), so ist der Primkörper $\mathbb{F}_p$.

Primpolynom, andere Bezeichnung für ein ↗irreduzibles Polynom.

Primteiler, ↗Euklid, Satz von, über Primteiler.

Primzahl, eine natürliche Zahl $p > 1$, die nur durch 1 und sich selbst teilbar ist.

Das Interesse an Primzahlen ist schon sehr alt; bereits in den ↗„Elementen" des Euklid findet sich ein Beweis dafür, daß es unendlich viele Primzahlen gibt (↗Euklid, Satz von, über Primzahlen).

Die Primzahlen bilden die „Basiselemente" zum multiplikativen Aufbau der natürlichen Zahlen. Siehe ↗Eindeutigkeit der Primfaktorzerlegung, ↗kanonische Primfaktorzerlegung, ↗Primzahlerkennung, ↗Primzahlfunktion, ↗Primzahlsatz, ↗Primzahltafel, ↗Primzahlverteilung, ↗Primzahlzwillinge.

Primzahlerkennung, das Problem, für in Binärdarstellung gegebene Zahlen zu entscheiden, ob sie Primzahlen sind.

Für die Eingabe n wird die Rechenzeit in der Eingabelänge, also $\lceil \mathrm{ld}(n) \rceil$ gemessen. Die Erkennung von Primzahlen mit mehr als 1000 Binärstellen spielt in der Kryptoanalyse eine wichtige Rolle. Das Problem ist in ↗NP und ↗co-NP enthalten. Aus algorithmischer Sicht gibt es einen auch praktisch effizienten Algorithmus, der zeigt, daß das Komplement des Problems in ↗RP enthalten ist. Unter der Annahme, daß die erweiterte Riemannsche Vermutung korrekt ist, gibt es sogar einen polynomialen Algorithmus (↗polynomialer Algorithmus) zur Primzahlerkennung.

Primzahlfunktion, die Anzahlfunktion der Menge der Primzahlen.

Sie wird meist mit π bezeichnet, für ein $x \in \mathbb{R}$ ist also

$$\pi(x) = |\{p \in \mathbb{N} : p \text{ Primzahl}, p \leq x\}|$$

die Anzahl der Primzahlen $\leq x$.

Primzahlsatz, ein Satz über die Asymptotik der ↗Primzahlfunktion, der wie folgt lautet:

Für $x \geq 1$ bezeichne $\pi(x)$ die Anzahl aller Primzahlen p mit $p \leq x$. Dann gilt

$$\lim_{x\to\infty} \frac{\pi(x) \log x}{x} = 1 .$$

Anders formuliert bedeutet dies, daß

$$\pi(x) = \frac{x}{\log x}(1 + R(x)),$$

wobei für das Restglied $R(x)$ gilt:

$$\lim_{x\to\infty} R(x) = 0.$$

Diese Asymptotik der Primzahlfunktion wurde von Gauß und Legendre anhand der ihnen zur Verfügung stehenden Primzahltafeln vermutet.

Aufbauend auf Ergebnisse von Tschebyschew zeigten Hadamard und de la Vallee-Poussin genauer, daß es positive Konstanten C_1 und C_2 gibt mit

$$\frac{C_1}{\log x} \le R(x) \le \frac{C_2}{\log x}.$$

Bessere asymptotische Formeln für $\pi(x)$ erhält man, wenn man im Primzahlsatz den Ausdruck $\frac{x}{\log x}$ durch den Integrallogarithmus

$$\operatorname{Li} x := \int_2^x \frac{dt}{\log t}$$

ersetzt. Man zeigt nämlich leicht, daß

$$\operatorname{Li} x = \frac{x}{\log x}(1 + s(x)), \quad \lim_{x\to\infty} s(x) = 0.$$

Genauer noch gibt es eine Konstante $C > 0$ mit

$$s(x) \le \frac{C}{\log x}$$

für $x \ge 2$. Damit schreibt sich der Primzahlsatz in der Form $\pi(x) = \operatorname{Li} x + r(x)$,

und für das Restglied $r(x)$ gilt

$$|r(x)| \le K_1 x \exp\left(-K_2\sqrt{\log x}\right), \quad x \ge 2$$

mit positiven Konstanten K_1 und K_2.

Basierend auf Ideen von Riemann konnten Hadamard und de la Vallée Poussin 1896 unabhängig voneinander den Primzahlsatz beweisen. Er spielt eine wichtige Rolle bei Untersuchungen zur ↗ Primzahlverteilung.

Der klassische Beweis des Primzahlsatzes macht wesentlichen Gebrauch von komplex-analytischen (holomorphen und meromorphen) Funktionen. Man glaubte lange Zeit nicht, daß man ihn auch „elementar", d. h. ohne komplexe Analysis, beweisen könne, bis 1948 Atle Selberg und Paul Erdős unabhängig voneinander einen solchen „elementaren" (aber ziemlich komplizierten) Beweis erbringen konnten.

Es wird heute vermutet, daß folgende wesentlich bessere Restgliedabschätzung gilt. Zu jedem $\varepsilon > 0$ existiert eine Konstante $C(\varepsilon) > 0$ mit

$$|s(x)| \le C(\varepsilon)x^{-\frac{1}{2}+\varepsilon}, \quad x \ge 2.$$

Äquivalent hierzu ist die ↗ Riemannsche Vermutung, siehe auch ↗ Riemannsche ζ-Funktion.

Primzahltafel, Auflistung aller ↗ Primzahlen in einem bestimmten Intervall.

Mit dem Sieb des Eratosthenes (↗ Eratosthenes, Sieb des) lassen sich (mit Computerhilfe) recht umfangreiche Primzahltafeln in kurzer Zeit erzeugen (sofern die gesuchten Primzahlen nicht zu groß sind). Bevor es elektronische Rechner gab, publizierte Derrick Norman Lehmer 1914 eine recht zuverlässige Primzahltafel, die alle Primzahlen zwischen 2 und 10 006 721 enthält. Zuvor hatte Jacob Philip Kulik bereits eine 4212 Seiten umfassende Faktor- und Primzahltafel erstellt, die bis etwa 10^8 reichte, aber recht unzuverlässig war.

Heutzutage ist man weniger an solchen Primzahltafeln interessiert, als an sehr großen Primzahlen, mit einigen hundert Dezimalstellen, und an der Faktorisierung solch großer Zahlen. In diesen Größenordnungen ist das Sieb des Eratosthenes wegen des zu schnellen Anwachsens der erforderlichen Rechenzeit nicht mehr tauglich. Aus dem mühevollen Aufstellen von Primzahltafeln entwickelte sich so ein interessanter Zweig der Zahlentheorie, der sich mit auf tiefliegenden zahlentheoretischen Methoden basierenden Algorithmen zum Auffinden großer Primzahlen und zum Faktorisieren großer Zahlen befaßt.

Primzahlverteilung, die Verteilung der Primzahlen innerhalb der geordneten Menge der natürlichen Zahlen.

Edmund Landau beginnt das Vorwort zu seinem einflußreichen „Handbuch der Lehre von der Verteilung der Primzahlen" (1909) wie folgt:

„Die Lehre von der Verteilung der Primzahlen ist als eines der allerwichtigsten Kapitel der mathematischen Wissenschaften anzusehen; sind doch die Primzahlen die Bausteine, aus denen die ganzen Zahlen zusammengesetzt sind, und die ganzen Zahlen das Fundament, auf dem sich nach Hinzufügen der nicht ganzen Zahlen und der Funktionen das Gebäude der Analysis erhoben hat. ... Manches wichtige Problem harrt noch heute seiner Erledigung. " Insbesondere der letzte Satz ist heute noch unverändert gültig, wenn auch zu fast allen Ergebnissen, die Landau in seinem Buch beschreibt, mittlerweile Verschärfungen bewiesen wurden.

Die Verteilung der Primzahlen ist schon sehr merkwürdig und damit interessant. So zeigt die Verteilung von Primzahlen in (relativ) kurzen Intervallen eine gewisse „Zufälligkeit", während andererseits beliebig lange Intervalle existieren, die keine Primzahl enthalten. Bernhard Riemann setzte sich in seiner Arbeit „Ueber die Anzahl der Primzahlen unter einer gegebenen Grösse" (1859) zum Ziel, die Verteilung der Primzahlen mit analytischen Methoden zu bestimmen, stieß dabei auf ↗Riemannsche ζ-Funktion und formulierte die ↗Riemannsche Vermutung. Basierend auf den Riemannschen Ideen gelang 1896 der Beweis des ↗Primzahlsatzes, mit dem man für große Zahlen x mit immer größerer relativer Genauigkeit sagen kann, wieviele Primzahlen $\leq x$ es gibt. Will man diese Anzahlen noch genauer wissen, so kommt man schnell in einen Bereich mathematischer Fragestellungen mit zahlreichen offenen Problemen, z. B. den ↗Goldbach-Problemen oder Fragen über ↗Primzahlzwillinge.

Primzahlzwillinge, Paare natürlicher Zahlen der Form $(p, p+2)$, wobei sowohl p als auch $p+2$ eine Primzahl ist (da alle Primzahlen $\neq 2$ ungerade sind, haben zwei aufeinanderfolgende Primzahlen $\neq 2$ mindestens den Abstand 2).

Beispiele für Primzahlzwillinge:

$$(3,5), (5,7), (11,13), (17,19), (37,39), \ldots$$

Von drei aufeinanderfolgenden ungeraden Zahlen $p, p+2, p+4$ ist stets eine durch 3 teilbar; nimmt man noch $p+6$ hinzu, so ist es möglich, daß in der Menge $\{p, p+2, p+4, p+6\}$ drei Primzahlen sind. Ein Tripel aus drei Primzahlen $p < q < r$ nennt man einen Primzahldrilling, wenn $r = p+6$ gilt, z. B.:

$$(5,7,11), \ldots, (101,103,107), \ldots$$

Weiter nennt man ein Quadrupel der Form

$$(p, p+2, p+6, p+8)$$

einen Primzahlvierling, wenn $(p, p+2)$ und $(p+6, p+8)$ Primzahlzwillinge sind.

$$(5,7,11,13), (11,13,17,19),$$
$$(101,103,107,109), (191,193,197,199)$$

sind die ersten vier Primzahlvierlinge.

Clement bewies 1949 folgende Charakterisierung:

Für eine natürliche Zahl $n \geq 2$ sind äquivalent:
(a) Das Paar $(n, n+2)$ ist ein Primzahlzwilling.
(b) $4((n-1)!+1)+n \equiv 0 \mod n(n+2)$.

Das mathematische Interesse an Primzahlzwillingen kommt vor allem aus Fragen über die ↗Primzahlverteilung: Wie viele Primzahlzwillinge gibt es, und wie dicht liegen diese? Die noch unbewiesene Primzahlzwillingsvermutung besagt, es gebe unendlich viele Primzahlzwillinge. Ein großer Fortschritt in dieser Richtung ist ein Satz von Chen (1966), der mit Chens Resultat zu den ↗Goldbach-Problemen zusammenhängt:

Es gibt unendlich viele Primzahlen p mit der Eigenschaft, daß $p+2$ entweder selbst eine Primzahl oder ein Produkt von zwei Primzahlen ist.

In einem gewissen Sinn liegen die Primzahlzwillinge recht dünn: Brun bewies 1919, daß die Reihe

$$\sum_{(p,p+2)\ \text{Primzahlzwilling}} \left(\frac{1}{p} + \frac{1}{p+2}\right)$$

konvergiert, im Gegensatz zur Reihe aus den Kehrwerten aller Primzahlen (↗Euler-Produkt).

Man bezeichnet mit $\pi_2(x)$ die Anzahl der Primzahlzwillinge $(p, p+2)$ mit $p \leq x$ (bei manchen Autoren: $p+2 \leq x$). Brun gelang es 1920, zu zeigen, daß

$$\pi_2(x) \;<\; C \cdot \frac{x}{(\log x)^2}$$

für genügend große s und die Konstante $C = 100$ gilt. Mit Hilfe von ausgefeilten Siebmethoden ist es in der Zwischenzeit gelungen, die Ungleichung für wesentlich kleinere Konstanten zu beweisen.

Die Primzahlzwillingskonstante ist der Grenzwert des unendlichen Produkts

$$C_2 = \prod_{p>2\ \text{Primzahl}} \left(1 - \frac{1}{(p-1)^2}\right).$$

Mehrere Autoren bewiesen Abschätzungen der Form

$$\pi_2(x) \leq C_1 C_2 \frac{x}{(\log x)^2} \left(1 + O\left(\frac{\log\log x}{\log x}\right)\right),$$

wobei die Konstante C_1 immer weiter verkleinert wurde; Bombieri, Friedlander und Iwaniec zeigten 1986 die Ungleichung mit $C_1 = 7 + \varepsilon$; Hardy und Littlewood vermuteten $C_1 = 2$. Sollte jedoch die Primzahlzwillingsvermutung falsch sein, so bliebe $\pi_2(x)$ für alle $x > 0$ beschränkt.

Pringsheim, Alfred, Mathematiker, geb. 2.9.1850 Ohlau (Polen), gest. 25.6.1941 Zürich.

Pringsheim studierte ab 1868 in Berlin, wechselte aber bereits 1869 nach Heidelberg, wo er auch 1872 promovierte. Fünf Jahre später habilitierte er sich in München, wurde dort 1886 außerordentlicher und 1901 ordentlicher Professor. Auf Druck der Nationalsozialisten wanderte er 1939 nach Zürich aus.

Pringsheims Hauptarbeitsgebiet war die Analysis. Er untersuchte vor allem Potenzreihen mit positiven Koeffizienten, transzendente Funktionen und Kettenbrüche.

Prinzip der allgemeinen Kovarianz, Prinzip, vor allem in der ↗Allgemeinen Relativitätstheorie, welches besagt, daß die Form von Feldgleichungen unabhängig vom benutzten Koordinatensystem sein muß. In der Speziellen Relativitätstheorie ist dagegen nur Kovarianz bezüglich des Übergangs von einem Intertialsystem zu einem anderen gefordert, sodaß dort nur lineare Transformationen eine Rolle spielen. Die Bezeichnung „allgemein" bezieht sich also darauf, daß auch Nicht-Inertialsysteme zugelassen werden.

Mathematisch folgt aus diesem Begriff, daß Feldgleichungen Tensorgleichungen sein müssen, und partielle Ableitungen aus der speziell-relativistischen Feldtheorie allgemein-relativistisch durch kovariante Ableitungen ersetzt werden müssen. Dies ist jedoch nicht immer in eindeutiger Weise möglich.

Das Standardbeispiel für diese Ambivalenz ist die Frage, ob der d'Alembert-Operator

$$\Box = \frac{\partial^2}{\partial t^2} - \frac{\partial^2}{\partial x^2} - \frac{\partial^2}{\partial y^2} - \frac{\partial^2}{\partial z^2}$$

aus der speziellen Relativitätstheorie durch den mit kovarianten Ableitungen anstelle von ∂ gebildeten $\Box$-Operator oder durch den konforminvarianten Operator

$$\Box - \frac{R}{6}$$

ersetzt werden soll, wobei R den Riemannschen Krümmungsskalar darstellt.

Prinzip der gleichmäßigen Beschränktheit, Beschränktheitseigenschaft linearer Operatoren auf einem ↗Banachraum.

Es seien V ein Banachraum und W ein normierter Raum. Weiterhin sei (T_n) eine punktweise beschränkte Folge linearer stetiger Operatoren $T_n : V \to W$, das heißt, für jedes $x \in V$ gelte $\sup_n ||T_n(x)|| < \infty$.

Dann sind die Normen dieser Operatoren gleichmäßig beschränkt, das heißt, es gibt ein $M > 0$ mit $||T_n|| \leq M$ für alle $n \in \mathbb{N}$.

Prinzip der lokalen Reflexivität, fundamentales Prinzip in der lokalen Banachraumtheorie; es besagt, daß der ↗Bidualraum eines Banachraums X dieselbe endlichdimensionale Struktur besitzt wie der Raum selbst:

Seien E ein endlichdimensionaler Unterraum von X'', F ein endlichdimensionaler Unterraum von X', und $\varepsilon > 0$.

Dann existiert ein linearer Operator $T : E \to X$ mit folgenden Eigenschaften:
(1) $(1-\varepsilon)\|x''\| \leq \|Tx''\| \leq (1+\varepsilon)\|x''\| \quad \forall x'' \in E$,
(2) $x'(Tx'') = x''(x') \ \forall x'' \in E, x' \in F$,
(3) $Tx = x \ \forall x \in E \cap X$.

Prinzip des Cavalieri, ↗Cavalieri, Prinzip des.

Prinzip des maximalen Schadens, ↗ Prämienkalkulationsprinzipien.

Prinzip vom Argument, fundamentale Aussage der Funktionentheorie:

Es sei $G \subset \mathbb{C}$ ein ↗Gebiet, f eine in G ↗meromorphe Funktion mit endlicher Polstellenmenge $P(f)$ und γ ein ↗nullhomologer Weg in G, auf dem keine Polstellen von f liegen. Weiter sei $a \in \mathbb{C}$ derart, daß $f^{-1}(a) = \{\zeta \in G : f(\zeta) = a\}$ eine endliche Menge ist und kein Punkt von $f^{-1}(a)$ auf γ liegt. Dann gilt

$$\frac{1}{2\pi i}\int_\gamma \frac{f'(z)}{f(z)-a}\,dz = \sum_{\zeta \in f^{-1}(a)} \mathrm{ind}_\gamma(\zeta)\nu(f,\zeta) - \sum_{\omega \in P(f)} \mathrm{ind}_\gamma(\omega)m(f,\omega),$$

wobei $\mathrm{ind}_\gamma(z)$ die ↗Umlaufzahl von γ bezüglich z, $\nu(f,\zeta)$ die Vielfachheit der ↗a-Stelle ζ, und $m(f,\omega)$ die ↗Polstellenordnung von ω bezeichnet.

Die Bezeichnung Prinzip vom Argument hat folgenden Grund. Unter den obigen Voraussetzungen gilt

$$\frac{1}{2\pi i}\int_\gamma \frac{f'(z)}{f(z)-a}\,dz = \frac{1}{2\pi i}\int_{f\circ\gamma} \frac{d\zeta}{\zeta - a} = \mathrm{ind}_{f\circ\gamma}(a).$$

Die Umlaufzahl $\mathrm{ind}_{f\circ\gamma}(a)$, multipliziert mit 2π, gibt die Gesamtänderung des Arguments (↗Argument einer komplexen Zahl) von $(f(\gamma(t))-a)$ an, die entsteht, wenn t das Definitionsintervall von γ durchläuft.

Als Spezialfall des Prinzips vom Argument ergibt sich folgende Anzahlformel für Null- und Polstellen einer meromorphen Funktion.

Es sei $G \subset \mathbb{C}$ ein Gebiet und f eine in G meromorphe Funktion mit nur endlich vielen Null- und Polstellen. Weiter sei γ eine rektifizierbare ↗Jordan-Kurve, die nullhomolog in G ist, und auf der weder Null- noch Polstellen von f liegen. Dann gilt

$$\frac{1}{2\pi i}\int_\gamma \frac{f'(z)}{f(z)}\,dz = N - P,$$

wobei N die Anzahl der Nullstellen und P die Anzahl der Polstellen von f im Inneren von γ (↗Inneres eines geschlossenen Weges) ist. Dabei ist jede Null- bzw. Polstelle entsprechend ihrer Ordnung (Vielfachheit) zu zählen.

Prioritätsmethode, eine insbesondere in der Theorie der Unlösbarkeitsgrade (↗Berechnungstheorie) sehr nützliche und wirksame beweistechnische Methode zur Konstruktion einer i. allg. ↗rekursiv aufzählbaren Menge, die bestimmte zusätzliche Bedingungen erfüllen soll.

Solche Bedingungen stellen sich üblicherweise dar in Form von unendlich vielen einfachen Einzelbedingungen $b_1, b_2, \ldots$, die sich an einer Aufzählung $W_1, W_2, \ldots$ aller rekursiv aufzählbaren Mengen orientieren. Die Bedingungen werden dabei nach absteigender Priorität behandelt. Die Prioritätsmethode ist eingebettet in einen Aufzählungsalgorithmus für die Elemente der zu konstruierenden Menge A. Wird ein Element x in die Menge A gesetzt, so können dadurch gewisse Bedingungen erfüllt, andere jedoch gerade verhindert werden. Für jede Bedingung gibt es im Laufe des Verfahrens aber unendlich oft die Möglichkeit, diese zu erfüllen. Wenn zu einem bestimmten Zeitpunkt im Ablauf des Verfahrens eine Bedingung b_i erfüllt werden kann (i sei der kleinste Index einer bisher noch nicht erfüllten Bedingung), so wird diese Aktion nur dann ausgeführt, wenn nicht eine Bedingung höherer Priorität verletzt wird; Bedingungen niedrigerer Priorität, die bereits etabliert sind, dürfen aber wieder verletzt werden. Man kann zeigen, daß jede Bedingung schließlich erfüllt wird.

Mit Hilfe der Prioritätsmethode haben Friedberg und Muchnik 1952 erstmals gezeigt, daß es unentscheidbare, rekursiv aufzählbare Mengen gibt, die nicht im selben ↗Turing-Grad wie das ↗Halteproblem liegen. Damit wurde das ↗Postsche Problem von 1944 gelöst.

Prisma, ebenflächig begrenzter Körper mit zwei kongruenten, in parallelen Ebenen liegenden n-Ecken $A_1A_2\ldots A_n$ und $B_1B_2\ldots B_n$ als Grund- und Deckfläche, sowie n Parallelogrammen als Seitenflächen.

Die beiden n-Ecke müssen „parallelkongruent" zueinander sein, d. h., sie müssen durch eine Verschiebung auseinander hervorgehen; die Eckpunkte der Parallelogramme sind jeweils zwei Paare zueinandergehörender Ecken der Grund- und Deckfläche. Die Seiten der Grund- und Deckfläche heißen Grundkanten, diejenigen der Seitenflächen Mantellinien des Prismas. Ein Prisma, dessen Grund- und Deckfläche jeweils n Ecken haben, besitzt somit $3n$ Kanten, davon n Mantellinien, und wird n-seitiges Prisma genannt.

Verlaufen die Mantellinien eines Prismas senkrecht zur Grundfläche, so heißt es gerades Prisma, anderenfalls schiefes Prisma. Als Höhe eines Prismas wird der Abstand der beiden Ebenen, denen die Grund- und die Deckfläche angehören, bezeichnet. Das Volumen eines Prismas hängt aufgrund des Prinzips des Cavalieri (↗Cavalieri, Prinzip des)

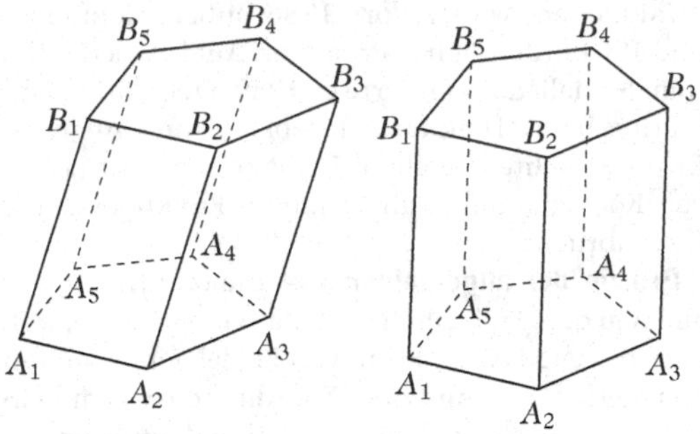

Schiefes und gerades Prisma

nur von der Höhe h und vom Flächeninhalt A_G der Grundfläche ab, nicht jedoch davon, ob es sich um ein gerades oder schiefes Prisma handelt; es gilt in beiden Fällen $V = A_G \cdot h$. Ein Prisma, dessen Grund- und Deckfläche ↗regelmäßige Vielecke sind, heißt regelmäßiges Prisma; sind Grund- und Deckfläche eines Prismas Parallelogramme, so handelt es sich um ein Parallelepiped.

Prismatoid, ↗Prismoid.

Prismenderivator, ein ↗ Differenziergerät zur Bestimmung der Steigung einer Kurve in einem Punkt P.

Ein kleines Prisma, das fest mit einem Teilkreis verbunden ist, wird mit seiner Hypotenusenfläche auf den Punkt P aufgesetzt und so eingedreht, daß keine Unstetigkeit mehr wahrzunehmen ist. Die Steigung wird am Teilkreis abgelesen.

Prismoid, *Prismatoid*, Körper mit zwei parallelen Begrenzungsflächen (Grund- und Deckfläche).

Im Gegensatz zum ↗Prisma müssen Grund- und Deckfläche jedoch nicht kongruent sein und auch nicht dieselbe Anzahl von Ecken besitzen. Die Seitenflächen eines Prismoids sind Dreiecke und ↗Trapeze. Ein spezielles Prismoid ist der ↗Obelisk.

Priwalow, Eindeutigkeitssatz von, lautet:

Es sei f eine ↗meromorphe Funktion in $\mathbb{E} = \{z \in \mathbb{C} : |z| < 1\}$, und es existiere eine Menge $E \subset \partial\mathbb{E}$ von positivem Lebesgue-Maß derart, daß f für jedes $\zeta \in E$ den ↗Winkelgrenzwert 0 an ζ besitzt.

Dann ist $f(z) = 0$ für alle $z \in \mathbb{E}$.

Priwalow, Iwan Iwanowitsch, russischer Mathematiker, geb. 11.2.1891 Nishni Lomow, gest. 13.7. 1941 Moskau.

Nach Beendigung seines Studiums an der Universität Moskau (1913) war Priwalow zunächst an der Universität Saratow als Professor beschäftigt, wechselte dann 1922 auf eine Professur in Moskau, und war ab 1923 gleichzeitig an der Akademie der Luftstreitkräfte tätig.

Priwalows Arbeitsgebiete waren hauptsächlich die Theorie der Differential- und Integralgleichungen sowie die Funktionentheorie. Hier gelang es ihm, z. T. in Zusammenarbeit mit N.N. Lusin, Methoden der reellen Analysis auf Fragen der Funktionentheorie zu übertragen.

probabilistischer Algorithmus, ↗ randomisierter Algorithmus.

probabilistisches neuronales Netz, *PNN*, (engl. probabilistic neural network), Sammelbegriff für ↗Neuronale Netze, deren Lern- und/oder Ausführ-Modus wahrscheinlichkeitstheoretische oder stochastische Elemente berücksichtigt.

Die Beschreibung der dynamischen Eigenschaften dieser Netze erfolgt dann im Rahmen eines wahrscheinlichkeitstheoretischen Kalküls. Bisweilen wird der Begriff auch synonym für die von Donald Specht gegen Ende der achtziger Jahre eingeführten Mustererkennungsnetze verwandt, die auf einer Bayes-Strategie zur Klassifikation von Mustern beruhen.

Probability-Probability-Plot, ↗P-P-Plot.

Probit-Analyse, auch Probit-Regressionsanalyse, ein Teilgebiet der Regressionsanalyse, welches angewendet wird, wenn die abhängige Variable y (Regressand) eine nominalskalierte (kategoriale, qualitative) Variable ist.

Die Regressoren x sind metrisch skalierte Variablen. Ein wichtiger Spezialfall ist derjenige, daß für Y nur zwei Binärentscheidungen $Y = 1$, $Y = 0$, möglich sind. Ziel ist es dann, die Wahrscheinlichkeit $p_x = P(Y = 1/x)$ vorherzusagen, d. h., vorherzusagen, mit welcher Häufigkeit Y den Wert 1 an einer Stelle $X = x$ annehmen wird. Dazu kann man, wie in der Regressionsanalyse üblich, ein parametrisches Regressionsmodell von p_x auf x ansetzen,

$$p_x = f(\vec{\alpha}, x) + \varepsilon_x ,$$

und die Parameter $\vec{\alpha} \in \mathbb{R}^s$ mittels der ↗Methode der kleinsten Quadrate schätzen. Die Analyse beginnt, indem an k verschiedenen Beobachtungsstellen x_i, $i = 1, \ldots, k$, von X jeweils n_i Beobachtungen von Y durchgeführt und die jeweiligen relativen Häufigkeiten $\hat{p_i} = \hat{P}(Y = 1/x_i)$ von $Y = 1$ ermittelt werden. Setzt man ein lineares Regressionsmodell für den Zusammenhang zwischen x und p_x an,

$$\hat{p_i} = ax_i + b + \varepsilon_i,\ E\varepsilon_i = 0,\ V(\varepsilon_i) = \sigma_i^2 , \qquad (1)$$

$i = 1, \ldots, k$, so ergibt sich als Regressionsfunktion

$$\hat{p_x} = \hat{a}x + \hat{b}$$

wobei $\hat{a}$ und $\hat{b}$ die kleinste-Quadrate-Schätzungen von a und b auf der Basis der Beobachtungen $(\hat{p_i}, x_i)$, d. h. die Lösung des Minimum-Problems

$$\min_{a,b} \sum_{i=1}^{k} (\hat{p_i} - ax_i + b)^2$$

sind. Man spricht bei diesem Modellansatz (1) auch vom linearen Wahrscheinlichkeitsmodell.

Ein Problem bei diesem Vorgehen besteht darin, daß die Schätzwerte für p_i an einer beliebigen Stelle x_i gemäß diesem Modell auch negativ oder größer als 1 werden können. Deshalb wird vor Durchführung der Regresssion in der Regel eine Transformation durchgeführt, die stets zulässige Werte liefert.

Im sogenannten Probit- oder Normit-Modell wird eine Regression von $\Phi^{-1}(p_x)$ auf x durchgeführt, d. h., in (1) wird p_x durch $q_x = \Phi^{-1}(p_x)$ ersetzt. Die Transformation hat die wesentliche Eigenschaft, daß sie die Verteilungsfunktion in eine Gerade transformiert, sodaß man erwarten kann, daß der Zusammenhang zwischen den Probitwerten $\Phi^{-1}(p_x)$ und x tatsächlich linear ist. Bei der Probit-Analyse berechnet man zunächst also für die geschätzten Wahrscheinlichkeiten $\hat{p_i}$ die sogenannten Probits oder Normits: $\hat{q_i} = \Phi^{-1}(\hat{p_i})$. Die Regressionsgleichung lautet:

$$\hat{q_i} = \Phi^{-1}(\hat{p}) = \hat{a}x_i + \hat{b},\ i = 1, \ldots, k, \qquad (2)$$

wobei $\hat{a}$ und $\hat{b}$ Lösungen von

$$\min_{a,b} \sum_{i=1}^{k} (\hat{q_i} - ax_i - b)^2 \qquad (3)$$

sind.

Häufig wird bei der Probit-Analyse beachtet, daß die Fehler ε_i nicht identische Varianzen σ_i^2 besitzen, sodaß anstelle der kleinsten-Quadrate-Schätzungen (3) die bewichteten kleinsten-Quadrate-Schätzungen verwendet werden, die sich als Lösungen des folgenden Minimum-Problems ergeben:

$$\min_{a,b} \sum_{i=1}^{k} w_i(\hat{q_i} - ax_i - b)^2$$

mit

$$w_i = \frac{z_i^2}{p_i(1-p_i)},$$

$$p_i = \Phi(q_i),\quad z_i = \frac{1}{\sqrt{2\pi}} e^{-\frac{1}{2}q_i^2} .$$

Die klassische Anwendung des Probit-Modells liegt im Bereich der Dosis-Wirkungs-Analyse (Bioassay) vor. Hier wird z. B. für Gifte oder Medikamente diejenige Dosis x bestimmt, bei der ein vorgegebener Prozentsatz der Objekte (z. B. Schädlinge), die das Gift erhalten, nicht überlebt.

$$p_x = P(Y = 1/x)$$

ist dann die Wahrscheinlichkeit dafür, daß ein Objekt bei Dosis x nicht überlebt ($Y = 1$). In Dosis-

Wirkungs-Modellen wird statt der Dosis x häufig die logarithmierte Dosis $x^* = \log(x)$ verwendet. Auch wird, um negative $\hat{q}_i$-Werte zu vermeiden, die Berechnung der Probits in der Regel nicht auf die Standardnormalverteilung $\Phi(x)$, sondern auf eine $N(5, 1)$-Verteilung bezogen.

Die Verallgemeinerung des Probit-Modells auf mehrere Einflußgrößen $x^1, \dots, x^l$ ist z. B. in [1] beschrieben.

Parallel zu den Probit-Modellen werden auch sogenannte Logit-Modelle verwendet. Hier wird anstelle der Verteilungsfunktion Φ der Standardnormalverteilung die logistische Verteilungsfunktion verwandt, d. h., die Wahrscheinlichkeit wird nicht wie im Probit-Modell als $p_x = \Phi(ax + b)$, sondern als

$$p_x = \frac{1}{1 + e^{-ax+b}}$$

angesetzt, was bedeutet, daß eine Regression

$$\ln(p_x/(1 - p_x)) = ax + b$$

von $\ln(p_x/(1 - p_x))$ auf x durchgeführt wird.

[1] Hartung, J., Elpelt, B.: Multivariate Statistik. R.Oldenbourg Verlag München Wien, 1989.

Problem des Handelsreisenden, ↗ Travelling Salesman Problem.

Problem des kürzesten Weges, ↗ kürzeste-Wege-Problem.

problema bovinum, *Rinderproblem des Archimedes*, die in der griechischen Mythologie wurzelnde Aufgabe, die (außerordentlich große) Anzahl der Rinder des Sonnengottes anhand von sieben Gleichungen und zweier zusätzlicher Bedingungen zu bestimmen.

Bei seiner Arbeit als Bibliothekar in der Herzöglichen Bibliothek zu Wolfenbüttel fand G.E. Lessing ein griechisches Epigramm, bestehend aus 22 Distichen, welches ein mathematisches Rätsel enthält; er publizierte das Epigramm 1773. Nach einer Übersetzung von Krumbiegel (1880) beginnt der Text so:

„Berechne, o Freund, die Menge der Sonnenrinder,/ Sorgfalt dabei anwendend, wenn du an Weisheit Theil hast:/ (berechne) in welcher Zahl sie einst weidet auf den Fluren/ der sicilischen Insel Thrinakien, vierfach in Heerden getheilt/ wechselnd an Farbe, die eine von milchweissem Ausseh'n,/ ...".

Die gesamte Rinderherde besteht aus weißen, schwarzen, braunen und gefleckten Stieren und Kühen. Bezeichnet man jeweils die Anzahl der Stiere mit großen Buchstaben W, S, B, G und die der Kühe mit kleinen Buchstaben w, s, b, g, so drücken die ersten acht Distichen folgende Gleichungen aus:

$$B = W - \left(\frac{1}{2} + \frac{1}{3}\right)S = S - \left(\frac{1}{4} + \frac{1}{5}\right)G$$
$$= G - \left(\frac{1}{6} + \frac{1}{7}\right)W .$$

Die nächsten fünf Distichen ergeben die vier Gleichungen:

$$w = \left(\frac{1}{3} + \frac{1}{4}\right)(S + s), \quad s = \left(\frac{1}{4} + \frac{1}{5}\right)(G + g),$$
$$g = \left(\frac{1}{5} + \frac{1}{6}\right)(B + b), \quad b = \left(\frac{1}{6} + \frac{1}{7}\right)(W + w).$$

Es ist leicht möglich, sämtliche (ganzzahligen) Lösungen dieser sieben Gleichungen zu ermitteln. Aber das Epigramm geht weiter: „Hast du aber genau angegeben, o Freund, wieviel der Sonnenrinder es waren,/ für sich gesondert die Zahl der wohlgenährten Stiere/ und gesondert auch, wieviel jedesmal nach Farbe Kühe es waren,/ nicht unwissend nennt man dich dann, noch unkundig der Zahlen:/ doch noch zählt man dich nicht zu den Weisen: ...". Im letzten Drittel des Gedichts finden sich noch die Bedingungen

(a) $W + S$ ist eine ↗ Quadratzahl,

(b) $B + G$ ist eine ↗ Dreieckszahl.

Die gesamte Aufgabe läßt sich so umformen, daß man aufgrund der Lösungen (x, y) der ↗ Pellschen Gleichung

$$x^2 - 4\,729\,494\, y^2 = 1$$

alle Lösungen des Rinderproblems ermitteln kann. Amthor publizierte 1880 den Lösungsweg über diese Pellsche Gleichung und gab als Gesamtzahl der Rinder des Sonnengottes die Zahl

$$7766 \cdot 10^{206541}$$

an. Alle Stellen dieser Zahl wurden 1981 von H.L. Nelson auf 47 Druckseiten veröffentlicht.

Die Urheberschaft des problema bovinum geht nicht zwingend aus dem vorliegenden Material hervor, aber es gilt als nahezu sicher, daß diese Aufgabe von Archimedes von Syrakus stammt. Bekannt ist jedenfalls folgendes:

1. Der Sprichwörtliche Ausdruck „problema bovinum" bezeichnete in der Antike eine schwierige Aufgabe.
2. Bei antiken Mathematikern war es durchaus üblich, Aufgaben in Gedichtform auszudrücken.
3. Archimedes hat in seiner Arbeit „Der Sandrechner" gezeigt, daß er mit sehr großen Zahlen rechnen konnte. Er war prinzipiell in der Lage, mit solch großen Zahlen, wie sie bei der Lösung des Rinderproblems auftreten, umzugehen.

4. Es ist nicht völlig auszuschließen, daß Archimedes eine Methode zum Lösen der obigen Pellschen Gleichung kannte.

processing element, ↗formales Neuron.

processing unit, ↗formales Neuron.

Prochorow, Juri Wasiljewitsch, Mathematiker, geb. 15.12.1929 Moskau, gest. 16.7.2013 Moskau.

Nach Beendigung seines Studiums an der Universität Moskau (1949) nahm Prochorow eine Tätigkeit am Mathematischen Institut der Akademie der Wissenschaften der UdSSR an. Er habilitierte sich 1956 und wurde 1958 Professor an der Universität Moskau.

Als Schüler von A.N. Kolmogorow befaßte sich Prochorow fast ausschließlich mit Fragen der Wahrscheinlichkeitstheorie und der Mathematischen Statistik. Er arbeitete über die Gesetze der Großen Zahlen und über zufällige Prozesse.

Prochorow, Satz von, der folgende für das Studium der schwachen Konvergenz von Wahrscheinlichkeitsmaßen fundamentale Satz.

Es sei $(P_i)_{i\in I}$ eine Familie von Wahrscheinlichkeitsmaßen auf einem vollständigen separablen metrischen Raum (S, d). Die Familie $(P_i)_{i\in I}$ ist genau dann relativ kompakt, wenn sie straff ist.

Der metrische Raum (S, d) ist dabei mit der von der Metrik d induzierten Topologie versehen, und die Wahrscheinlichkeitsmaße aus der Familie $(P_i)_{i\in I}$ sind auf der σ-Algebra $\mathfrak{B}(S)$ der Borelschen Mengen von S definiert.

Prochorow-Metrik, Metrik auf der Menge der Wahrscheinlichkeitsmaße eines metrischen Raumes.

Es sei (S, d) ein mit der von der Metrik d induzierten Topologie versehener metrischer Raum und $\mathfrak{W}(S)$ die Menge der auf der Borel-σ-Algebra $\mathfrak{B}(S)$ definierten Wahrscheinlichkeitsmaße. Die für alle $P, Q \in \mathfrak{W}(S)$ durch

$$\begin{aligned}\varrho(P, Q) \;=\; \inf\{\varepsilon > 0 : Q(A) &\leq P(A^\varepsilon) + \varepsilon, \\ P(A) &\leq Q(A^\varepsilon) + \varepsilon \ \text{ für alle } A \in \mathfrak{B}(S)\}\end{aligned}$$

mit $A^\varepsilon = \{x \in S : d(x, A) < \varepsilon\}$ und $d(x, A) = \inf\{d(x, y) : y \in A\}$ definierte Abbildung ϱ ist eine Metrik und heißt Prochorow-Metrik.

Ist S separabel, so ist der topologische Raum $(\mathfrak{W}(S), \mathcal{W})$, wobei $\mathcal{W}$ die Topologie der schwachen Konvergenz bezeichnet, mittels ϱ metrisierbar und separabel.

Produkt, Ergebnis einer ↗Multiplikation.

Produkt metrischer Räume, Konstruktion eines neuen metrischen Raumes als (kartesisches) Produkt abzählbar vieler metrischer Räume.

Sind abzählbar viele metrische Räume M_n mit den dazugehörigen Metriken d_n gegeben, so ist das kartesische Produkt $\Pi_{n=1}^{\infty} M_n$, versehen mit der üblichen Produkttopologie, ebenfalls metrisierbar durch die Metrik

$$d((x_n), (y_n)) = \sum_{n=1}^{\infty} \frac{1}{2^n} \cdot \min(1, d_n(x_n, y_n)).$$

Produkt von Fuzzy-Mengen, ↗Fuzzy-Arithmetik.

Produkt von Maßen, Maß auf einer Produkt-σ-Algebra.

Es seien $((\Omega_i, \mathcal{A}_i, \mu_i)|i = 1, ..., n)$ σ-endliche Maßräume. Dann wird durch

$$\mu(A_1 \times \cdots \times A_n) := \mu_1(A_1) \cdots \mu_n(A_n)$$

für alle $A_i \in \mathcal{A}_i, i = 1, ..., n$ eindeutig ein Maß μ auf der Produkt-σ-Algebra $\mathcal{A}_1 \otimes \cdots \otimes \mathcal{A}_n$ definiert, genannt das Produkt der Maße $(\mu_i|i = 1, ..., n)$ oder das Produktmaß von $(\mu_i|i = 1, ..., n)$, und geschrieben als $\otimes_1^n \mu_i$.

Die Definition kann erweitert werden für unendliche Produkte von Maßen, falls $\mu_i(\Omega_i) = 1$ ist für alle i.

Produkt von Permutationsgruppen, Operation zwischen Permutationsgruppen.

Seien N und R endliche disjunkte Mengen und $G \subseteq S(N)$ sowie $H \subseteq S(R)$ Permutationsgruppen. Das Produkt $G \cdot H$ von G und H ist die Permutationsgruppe auf $N \cup R$, definiert durch

$$G \cdot H := \{g \cdot h : g \in G, h \in H\},$$

wobei

$$(g \cdot h)(a) := \begin{cases} ga, & \text{falls } a \in N, \\ ha, & \text{falls } a \in R. \end{cases}$$

Das kartesische oder direkte Produkt $G \times H$ von G und H ist die Permutationsgruppe auf dem kartesischen Produkt $N \times R$, definiert durch

$$G \times H := \{(g, h) : g \in G, h \in H\},$$

wobei

$$(g, h)(a, b) := (ga, hb)$$

für alle $a \in N, b \in R$.

Produkt von Relationen, Operation zwischen Relationen.

Sind R und S Relationen auf M, so ist das Produkt der Relationen R und S die Relation $R \cdot S$ auf M^2, definiert durch

$$R \cdot S := \{(a, b) \in M^2 : \exists\, c \in M \text{ mit } aRc, cSb\}.$$

Produkt von σ-Algebren, kleinste σ-Algebra im Produktraum.

Es sei $((\Omega_i, \mathcal{A}_i)|i \in \mathcal{I}))$ eine Familie von σ-Algebren und $\pi_i : \times_{j\in\mathcal{I}} \Omega_j \to \Omega_i$, definiert durch

$$\pi_i((\omega_j|j \in \mathcal{I})) = \omega_i\,,$$

die Projektion des kartesischen Produktes $\times_{j\in\mathcal{I}}\Omega_j$ auf Ω_i.

Dann ist $\pi_i^{-1}(\mathcal{A}_i)$ die von π_i in $\times_{i\in\mathcal{I}}\Omega_i$ erzeugte σ-Algebra, und

$$\otimes_{i\in\mathcal{I}}\mathcal{A}_i := \sigma\left(\bigcup_{i\in\mathcal{I}}\pi_i^{-1}(\mathcal{A}_i)\right)$$

ist die kleinste σ-Algebra in $\times_{i\in\mathcal{I}}\Omega_i$, für die sämtlichen Projektionen π_i ↗meßbare Abbildungen sind, und heißt das Produkt der σ-Algebren $(\mathcal{A}_i|i \in \mathcal{I})$ oder auch Produkt-σ-Algebra.

Produktautomat, deterministischer ↗endlicher Automat $A = (Z, X, \{0,1\}, s, \delta, \lambda)$, der über zwei anderen deterministischen endlichen Automaten $A_1 = (Z_1, X, Y, s_1, \delta_1, \lambda_1)$ und $A_2 = (Z_2, X, Y, s_2, \delta_2, \lambda_2)$ definiert ist durch

(1) $Z = Z_1 \times Z_2$,

(2) $s = (s_1, s_2)$,

(3) $\delta : Z \times X \to Z$ definiert durch

$$\delta((z_1, z_2), x) = (\delta_1(z_1, x), \delta_2(z_2, x))$$

für alle $(z_1, z_2) \in Z$ und $x \in X$, und

(4) $\lambda : Z \times X \to \{0,1\}$ definiert durch

$$\lambda((z_1, z_2), x) = 1 \iff \lambda_1(z_1, x) = \lambda_2(z_2, x)$$

für alle $(z_1, z_2) \in Z$ und $x \in X$.

Die übliche Schreibweise ist $A = A_1 \times A_2$.

Produktautomaten werden im Rahmen der sequentiellen ↗Schaltkreisverifikation eingesetzt, um die Äquivalenz von zwei endlichen Automaten nachzuweisen. Die endlichen Automaten A_1 und A_2 zeigen genau dann das gleiche Ein-/Ausgabeverhalten, wenn vom Anfangszustand (s_1, s_2) des Produktautomaten $A_1 \times A_2$ aus kein Zustand erreicht werden kann, an dem der Wert 0 durch die Ausgabefunktion λ ausgegeben wird.

Produkt-Banachraum, für zwei Banachräume X und Y das mit einer der Normen

$$\|(x,y)\|_p = \left(\|x\|_X^p + \|y\|_Y^p\right)^{1/p}$$

für $1 \le p < \infty$ bzw.

$$\|(x,y)\|_\infty = \max\{\|x\|_X, \|y\|_Y\}$$

ausgestattete Produkt $X \oplus Y$, das dann auch mit $X \oplus_p Y$ bezeichnet wird. Alle diese Normen sind äquivalent und machen $X \oplus Y$ zu einem Banachraum. Sind X und Y Hilberträume und ist $p = 2$, so erhält man erneut einen Hilbertraum (↗orthogonale Summe von Hilberträumen).

Produktfolge, ↗Multiplikation von Folgen.

produktive Menge, eine Menge A, für die es eine ↗total berechenbare Funktion f gibt, so daß für alle x gilt:

$$W_x \subseteq A \Rightarrow f(f) \in A - W_x\,.$$

Hierbei ist $W_1, W_2, \ldots$ eine Aufzählung der ↗rekursiv aufzählbaren Mengen. Eine solche Aufzählung erhält man durch ↗Arithmetisierung aller ↗Turing-Maschinen.

Eine produktive Menge ist auf „konstruktive" Weise nicht rekursiv aufzählbar: Zu jeder rekursiv aufzählbaren Teilmenge von A gibt es effektiv ein Gegenbeispiel dazu, daß A identisch mit dieser rekursiv aufzählbaren Menge ist.

produktives Nichtterminal, ein Nichtterminalzeichen A einer kontextfreien ↗Grammatik, aus dem sich mindestens ein Wort ableiten läßt, d. h., es gibt ein Wort w über dem Alphabet der Grammatik mit $A \Rightarrow^* w$.

Unproduktive Nichtterminalzeichen können effektiv erkannt und im Zuge der Reduzierung der Grammatik gestrichen werden, ohne die Sprache zu ändern. Sie enstehen manchmal bei der automatischen Konstruktion von Grammatiken.

Produktmaß, ↗Produkt von Maßen.

Produktmaßraum, Begriff aus der Maßtheorie.

Es seien $((\Omega_i, \mathcal{A}_i, \mu_i)|i = 1, ..., n)$ σ-endliche Maßräume. $\times_{i=1}^n\Omega_i$ das kartesische Produkt der Ω_i, $\otimes_1^n\mathcal{A}_i$ die Produkt-σ-Algebra und $\otimes_1^n\mu_i$ das Produktmaß.

Dann heißt $(\times_1^n\Omega_i, \otimes_1^n\mathcal{A}_i, \otimes_1^n\mu_i)$ Produktmaßraum. Analoges gilt für unendliche Produkte.

Produktmengensystem, in natürlicher Weise gebildetes Produkt von Mengensystemen.

Es seien für $i = 1, ..., n$ $\mathcal{M}_i$ Mengensysteme in den Mengen Ω_i. Dann heißt

$$\times_{i=1}^n\mathcal{M}_i := \{\times_{i=1}^n A_i | A_i \in \mathcal{M}_i \text{ für alle } i\}$$

das Produkt der Mengensysteme $\mathcal{M}_i$ oder Produktmengensystem.

Produktordnung, ↗direktes Produkt von Ordnungen.

Produktplanimeter, spezielles ↗Planimeter.

Es dient zur Berechnung von Integralen der Form $\int g(x)h(x)dx$ und arbeitet mit zwei Fahrstiften, einer befährt $g(x)$, der andere $h(x)$. Die Bedienung erfolgt durch zwei Personen.

Produktraum, ein topologischer Raum, der als kartesisches Produkt beliebig vieler gegebener topologischer Räume entsteht.

Es seien I eine beliebige Indexmenge und T_i, $i \in I$, topologische Räume. Dann kann man eine Topologie auf dem kartesischen Produkt $\Pi_{i\in I}T_i$ definieren, in der die Mengen $\Pi_{i\in I}U_i$, für die $U_i = T_i$ ist für alle bis auf endlich viele $i \in I$, eine Basis bilden. Diese Produkttopologie entspricht der Initialtopologie auf $\Pi_{i\in I}T_i$ bezüglich der Projektionen π_i auf die Räume T_i.

Sind abzählbar viele metrische Räume M_n mit den zugehörigen Metriken d_n gegeben, so ist das kartesische Produkt $\Pi_{n=1}^\infty M_n$, versehen mit der

Produkttopologie, wieder ein metrischer Raum mit der Metrik

$$d((x_n),(y_n)) = \sum_{n=1}^{\infty} \frac{1}{2^n} \cdot \min(1, d_n(x_n, y_n)) .$$

Produktregel, eine der ↗ Differentiationsregeln.

Sie zeigt, wie ein Produkt reell- oder komplexwertiger Funktionen abzuleiten ist: Ist $D \subset \mathbb{R}$, und sind die Funktionen $f, g : D \to \mathbb{R}$ differenzierbar an der inneren Stelle $x \in D$, so ist auch fg differenzierbar an der Stelle x, und es gilt

$$(fg)'(x) = f'(x)\,g(x) + f(x)\,g'(x) .$$

Die Produktregel gilt auch für allgemeinere Bereiche, etwa im Fall $D \subset \mathbb{R}^n$. Dabei sind $f'(x)\,g(x)$ und $f(x)\,g'(x)$ Produkte von Zahlen und einzeiligen Matrizen.

Produktreihe, eine Reihe der Form

$$\sum_{n=0}^{\infty} p_n$$

zu zwei gegebenen Reihen

$$\sum_{\nu=0}^{\infty} a_\nu \text{ und } \sum_{\kappa=0}^{\infty} b_\kappa ,$$

wobei die Produkte $a_\nu b_\kappa$ in beliebiger Weise in eine Folge angeordnet seien und p_n hieraus durch Zusammenfassung von Gruppen endlich vieler Produkte entsteht.

Genauer: Es existieren nicht-leere paarweise disjunkte endliche Teilmengen $A(n)$ von $\mathbb{N}_0 \times \mathbb{N}_0$ $(n \in \mathbb{N}_0)$ mit

$$\mathbb{N}_0 \times \mathbb{N}_0 = \biguplus_{n=0}^{\infty} A(n)$$

und

$$p_n := \sum_{(\nu,\kappa)\in A(n)} a_\nu b_\kappa .$$

Hierbei ist natürlich in erster Linie an reell- oder komplexwertige Folgen (a_ν) und (b_κ) gedacht. Aber durchaus möglich ist zum Beispiel, daß die a_ν in einem Banachraum E, die b_κ in einem Banachraum F liegen und das Produkt über eine bilineare Abbildung von $E \times F$ in einen weiteren Banachraum G gebildet ist.

Sind die beiden Reihen $\sum_{\nu=0}^{\infty} a_\nu$ und $\sum_{\kappa=0}^{\infty} b_\kappa$ absolut konvergent, so ist auch die Reihe $\sum_{n=0}^{\infty} p_n$ absolut konvergent, und man hat

$$\sum_{n=0}^{\infty} p_n = \left(\sum_{\nu=0}^{\infty} a_\nu\right)\left(\sum_{\kappa=0}^{\infty} b_\kappa\right) .$$

Eine für viele Anwendungen – etwa die Multiplikation von Potenzreihen – interessante Produktbildung von Reihen ist die als ↗ Cauchy-Produkt: Sind $\sum_{\nu=0}^{\infty} a_\nu$ und $\sum_{\nu=0}^{\infty} b_\nu$ Reihen, so bildet man dazu eine Produktreihe

$$\sum_{n=0}^{\infty} p_n$$

durch *Anordnung nach Schrägzeilen*

$$p_n := \sum_{\nu=0}^{n} a_{n-\nu}\, b_\nu \; (= a_n b_0 + a_{n-1} b_1 + \cdots + a_0 b_n) .$$

Die Konvergenzaussage hierzu liefert der Reihenproduktsatz von Cauchy (↗ Cauchy, Reihenproduktsatz von). Man vergleiche dazu auch den Satz von Mertens (↗ Mertens, Satz von, über das Cauchy-Produkt).

Die Multiplikation von ↗ Dirichlet-Reihen

$$\sum_{\nu=1}^{\infty} \frac{a_\nu}{\nu^z}$$

etwa führt zur Produktbildung

$$p_n := \sum_{\nu\cdot\kappa=n} a_\nu\, b_\kappa .$$

Produkt-σ-Algebra, ↗ Produkt von σ-Algebren.

Produktsymbol, *Produktzeichen*, das Symbol

$$\prod ,$$

abgeleitet vom griechischen Buchstaben Π (Pi), das zur abkürzenden Bezeichnung eines Produkts in der Form

$$\prod_{i=1}^{n} f_i := f_1 \cdot f_2 \cdots f_n$$

dient.

Produkttopologie, Standardtopologie auf dem kartesischen Produkt von topologischen Räumen.

Ist I eine Indexmenge und $(X_i, \mathcal{O}_i)$ für jedes $i \in I$ ein topologischer Raum, so ist die Produkttopologie $\mathcal{O}$ auf $X = \prod_{i\in I} X_i$ wie folgt definiert: Eine Teilmenge $O \subseteq X$ heiße offen, wenn sie Vereinigung von Mengen des Typs $\prod_{i\in I} O_i$ ist, wobei jedes O_i offen in X_i und bis auf endlich viele Indizes sogar $O_i = X_i$ gilt. Die Produkttopologie ist die gröbste Topologie, welche die Projektionen

$$p_i : \prod_{i\in I} X_i \to X_i$$

stetig macht.

Nach dem Satz von Tychonow ist $(X, \mathcal{O})$ kompakt, wenn alle $(X_i, \mathcal{O}_i)$ kompakt sind.

Produktzeichen, ↗ Produktsymbol.

Programm, ein in einer bestimmten Programmiersprache formulierter ↗Algorithmus, welcher schließlich von einem ↗Computer ausgeführt werden kann (evtl. nach einem Übersetzungsvorgang).

programmierbares logisches Feld, ↗logischer Schaltkreis.

progressiv meßbarer Prozeß, auf einem Wahrscheinlichkeitsraum $(\Omega, \mathfrak{A}, P)$ definierter, der Filtration $(\mathfrak{A}_t)_{t\geq 0}$ in $\mathfrak{A}$ adaptierter stochastischer Prozeß $(X_t)_{t\geq 0}$ mit Werten in $(\mathbb{R}^d, \mathfrak{B}(\mathbb{R}^d))$, welcher die Eigenschaft besitzt, daß die Menge

$$\{(s,\omega) \in [0,t] \times \Omega : X_s(\omega) \in A\}$$

für jedes $t \geq 0$ und jedes $A \in \mathfrak{B}(\mathbb{R}^d)$ zur Produkt-σ-Algebra $\mathfrak{B}([0,t]) \otimes \mathfrak{A}_t$ gehört.

$\mathfrak{B}([0,t])$ bezeichnet dabei die σ-Algebra der Borelschen Mengen von $[0,t]$. Man nennt $(X_t)_{t\geq 0}$ dann progressiv meßbar bezüglich $(\mathfrak{A}_t)_{t\geq 0}$. Der Prozeß $(X_t)_{t\geq 0}$ ist also genau dann progressiv meßbar bezüglich $(\mathfrak{A}_t)_{t\geq 0}$, wenn die Abbildung $(s,\omega) \to X_s(\omega)$ vom meßbaren Raum

$$([0,t] \times \Omega, \mathfrak{B}([0,t]) \otimes \mathfrak{A}_t)$$

in den meßbaren Raum $(\mathbb{R}^d, \mathfrak{B}(\mathbb{R}^d))$ für jedes $t \geq 0$ meßbar ist. Ein rechts- oder linksstetiger der Filtration $(\mathfrak{A}_t)_{t\geq 0}$ in $\mathfrak{A}$ adaptierter Prozeß ist stets auch progressiv meßbar bezüglich $(\mathfrak{A}_t)_{t\geq 0}$.

Projektion, in einzelnen Teilgebieten der Mathematik Bezeichnung für verschiedenartige Abbildungen – einerseits solche, deren zweimalige Hintereinanderausführung wieder dieselbe Abbildung ergibt, und andererseits für Abbildungen von ‚zusammengesetzen Objekten' auf ihre ‚Bestandteile'.

Beispiele sind die folgenden: In der Linearen Algebra betrachtet man Projektionen eines ↗Vektorraumes V: Dies ist die durch (1) definierte Abbildung $P : V \to U$ von V in den Unterraum $U \subseteq V$ bzgl. der direkten Summenzerlegung $V = U \oplus W$:

$$P(v) = P(u+w) := u. \qquad (1)$$

Dabei bezeichnet w das zu $u \in U$ eindeutig bestimmte Element aus W mit $v = u + w$ (Projektor von V längs (parallel zu) W auf U).

Für eine derartige Projektion P gilt stets $P(u) = u$ für alle $u \in U$, und diese Eigenschaft kann auch als Definition einer Projektion dienen.

In der projektiven algebraischen Geometrie meint man mit dem Begriff Projektion meist die ↗Zentralprojektion mit einem linearen Unterraum $D \subset \mathbb{P}(E)$ (↗projektiver Raum) als Zentrum.

Wenn $D = \mathbb{P}(E/F)$, so ist dies die Abbildung

$$\pi_D : \mathbb{P}(E) \setminus D \to \mathbb{P}(F),$$

die jedem $H \subset \mathbb{P}(E) \setminus D$ (d. h. jedem Unterraum H von E der Kodimension 1, der F nicht enthält) den Unterraum $H \cap F \subset F$ zuordnet. Dies ist ein Morphismus ↗algebraischer Varietäten. Ist $T_0, \dots, T_n$ Basis von E und $L_0(T), \dots, L_q(T)$ Basis von F, so drückt sich die Abbildung in homogenen Koordinaten durch

$$\pi_D(a_0 : \cdots, a_n) = (L_0(a) : \cdots : L_q(a))$$

aus.

Ebenso bezeichnet man die Einschränkung von π_D auf quasiprojektive Schemata $X \subset \mathbb{P}(E) \setminus D$ als Zentralprojektion $\pi_D : X \to \mathbb{P}(F) = \mathbb{P}^q$.

Wenn X projektiv ist, so ist dies ein ↗endlicher Morphismus (als Folge des ↗Hilbertschen Nullstellensatzes). Auf diese Weise erhält man, wenn der Grundkörper unendlich ist, den Noetherschen Normalisierungssatz.

Ist schließlich $A = A_1 \times \cdots \times A_r$ ein Produkt von Mengen, so heißt die Abbildung $(a_1, \dots, a_r) \mapsto a_j$ die Projektion auf den j-ten Faktor.

Siehe auch ↗Parallelprojektion, ↗Zentralprojektion.

Projektionsebene, die Bildebene einer ↗Parallelprojektion oder ↗Zentralprojektion.

Projektionsfunktion, ↗primitiv-rekursive Funktion.

Projektionsquantenzahl, ↗ Quantenzahlen.

Projektionssatz für Hilberträume, zentraler Satz der Hilbertraum-Theorie über die Existenz bester approximierender Elemente in einer konvexen Menge eines Hilbertraums.

Sei H ein Hilbertraum und $K \subset H$ abgeschlossen, konvex und nicht leer. Zu jedem $x \in H$ existiert dann ein eindeutig bestimmtes Element $P(x) \in K$ mit der Eigenschaft

$$\|x - P(x)\| = \inf\{\|x-y\| : y \in K\}.$$

Auf diese Weise wird eine Abbildung $P : H \to H$ mit dem Bild $P(H) = K$ definiert, die Lipschitz-stetig mit der Lipschitz-Konstanten 1 ist.

Im Fall eines abgeschlossenen Unterraums K von H ist P linear und eine orthogonale Projektion, der Kern von P ist das orthogonale Komplement $K^\perp$.

Der Projektionssatz wird zum Beispiel benutzt, um (schwache) Lösungen des Dirichlet-Problems zu finden.

projektionswertiges Maß, *Spektralmaß*, ein Maß, dessen Werte Orthogonalprojektionen auf einem Hilbertraum bzw. allgemeiner Projektionen auf einem Banachraum X sind.

Für ein projektionswertiges Maß auf einer σ-Algebra über einer Menge Ω verlangt man die σ-Additivitätsbedingung

$$\left[E\left(\bigcup_{n=1}^{\infty} A_n\right)\right]x = \sum_{n=1}^{\infty} E(A_n)x \qquad \forall x \in X, \qquad (1)$$

oder die dazu äquivalente Bedingung, daß die Reihe in (1) schwach konvergiert (↗schwache Topologie).

Das operatorwertige Integral $T = \int_\Omega f\, dE$ wird durch die skalaren Integrale

$$x'(Tx) = \int_\Omega f\, d\mu_{x',x}$$

erklärt, wobei $\mu_{x',x}$ das Maß

$$\mu_{x',x}(A) = x'(E(A)x)$$

bezeichnet.

Siehe auch ↗Spektralsatz für selbstadjungierte Operatoren und ↗spektraler Operator.

Projektionszentrum, zu einer ↗Zentralprojektion der Punkt, durch den alle Projektionsstrahlen gehen, die einen Punkt X des Raumes mit seinem Bild X^c verbinden.

projektive algebraische Varietät, grundlegender Raum in der algebraischen Geometrie.

Auf dem $\mathbb{P}^n$ ist die Zariski-Topologie dadurch definiert, daß die offenen Mengen die Komplemente von algebraischen Mengen sind. Eine projektive algebraische Varietät (oder projektive Varietät) ist eine irreduzible algebraische Menge im $\mathbb{P}^n$ mit der induzierten Topologie. Eine offene Teilmenge einer projektiven Varietät heißt quasi-projektive Varietät.

Die Dimension einer projektiven oder quasiprojektiven Varietät ist erklärt als ihre Dimension als topologischer Raum.

projektive Auflösung, für ein Objekt A einer ↗abelschen Kategorie eine exakte Sequenz von Morphismen

$$\cdots \to P_2 \to P_1 \to P_0 \to A \to 0\,,$$

in der alle P_i, $i \in \mathbb{N}_0$, ↗projektive Objekte in der Kategorie sind.

projektive Dimension, minimale Länge einer freien Auflösung eines Moduls M über einem lokalen Ring R.

M hat endliche projektive Dimension, wenn es eine exakte Folge, freie Auflösung genannt,

$$0 \to F_n \xrightarrow{\alpha_n} F_{n-1} \xrightarrow{\alpha_{n-1}} \ldots \xrightarrow{\alpha_1} F_0 \xrightarrow{\alpha_0} M \to 0$$

gibt, d. h., es ist $\text{Kern}(\alpha_i) = \text{Bild}(\alpha_{i+1})$ für alle i, und die F_i sind endlich erzeugte freie R–Moduln. Die Länge der freien Auflösung ist dann n.

projektive Ebene, eine ↗Inzidenzstruktur aus Punkten und Geraden, die die folgenden Axiome erfüllt:

- Durch je zwei Punkte geht genau eine Gerade.
- Je zwei Geraden schneiden sich in genau einem Punkt.
- Es gibt vier Punkte, von denen keine drei kollinear sind.

Projektive Ebenen lassen sich aus ↗affinen Ebenen gewinnen, indem man unendliche Punkte hinzufügt. Entfernt man umgekehrt eine Gerade samt ihrer Punkte aus einer projektiven Ebene, so erhält man eine affine Ebene.

Ist V ein dreidimensionaler Vektorraum über einem Schiefkörper K, ist $\mathcal{P}$ die Menge der eindimensionalen Unterräume von V und $\mathcal{L}$ die Menge der zweidimensionalen Unterräume von V, so ist (mit dem „Enthaltensein" als Inzidenz) $(\mathcal{P}, \mathcal{L}, I)$ eine projektive Ebene. Die auf diese Art erhaltenen projektiven Ebenen sind genau diejenigen Ebenen, in denen der Satz von Desargues gilt. Ist K sogar ein Körper, so erhält man eine projektive Ebene, in der der Satz von Pappos gilt.

Ist die Menge der Punkte einer projektiven Ebene endlich, so spricht man von einer endlichen projektiven Ebene. In einer solchen enthält jede Gerade die gleiche Anzahl $q+1$ von Punkten. Die Zahl q heißt Ordnung der projektiven Ebene. Eine wichtige Klasse endlicher projektiver Ebenen erhält man aus ↗Translationsebenen.

Siehe auch ↗projektive Geometrie.

projektive Familie von Maßen, Begriff aus der Maßtheorie.

Es sei $\mathcal{I}$ eine Menge, $\mathcal{P}_0(\mathcal{I})$ das Mengensystem der endlichen Untermengen von $\mathcal{I}$, $((\Omega_i, \mathcal{A}_i)|i \in \mathcal{I})$ eine Familie von Meßräumen, und $(\mu_{\mathcal{J}}|\mathcal{J} \in \mathcal{P}_0(\mathcal{I}))$ eine Familie von Maßen auf den Produkt-σ-Algebren

$$(\otimes_{i\in\mathcal{J}}\mathcal{A}_i|\mathcal{J} \in \mathcal{P}_0(\mathcal{J}))\,.$$

Dann heißt die Familie von Maßen projektiv, falls für jedes $\emptyset \neq \mathcal{J} \subseteq H \subseteq \mathcal{I}$ mit $\mathcal{I}, H \in \mathcal{P}_0(\mathcal{I})$, und mit der Projektion $\pi^H_{\mathcal{J}} : \times_{i\in H}\Omega_i \to \times_{i\in\mathcal{J}}\Omega_i$, definiert durch

$$\pi^H_{\mathcal{J}}((\omega_i|i \in H)) = (\omega_i|i \in \mathcal{J})\,,$$

gilt:

$$\pi^H_{\mathcal{J}}(\mu_H) = \mu_{\mathcal{J}}$$

(↗Bildmaß).

projektive Familie von Wahrscheinlichkeitsmaßen, ↗Kolmogorow, Existenzsatz von.

projektive Geometrie, Teilgebiet der Geometrie, das geometrische Objekte und Relationen untersucht, die sich bei Zentralprojektionen nicht ändern (invariant bleiben).

Die Entwicklung der projektiven Geometrie schloß sich an die Lehre von der Perspektive an, aus der heraus H. Lambert und G. Monge im 18. Jahrhundert die ↗darstellende Geometrie systematisch entwickelt hatten. Grundelemente der projektiven Geometrie waren jedoch bereits wesentlich früher bekannt. So formulierte und bewies G. Desargues bereits 1639 den heute nach ihm benannten Satz (↗Konfigurationstheorem, ↗Desarguessche Geometrie), und 1640 verallgemeinerte B. Pascal den bereits auf Pappos von Alexandria zurückgehenden Satz:

Sind A, B, C Punkte einer Geraden, sowie A′, B′, C′ Punkte einer anderen Geraden in derselben Ebene, so liegen die Schnittpunkte $BC' \cap B'C$, $CA' \cap C'A$ *und* $AB' \cap A'B$ *auf einer Geraden.*

Die Sätze von Desargues und von Pappos/Pascal waren jedoch zunächst lediglich Aussagen der ↗euklidischen Geometrie, ebenso wie die darstellende Geometrie spezielle Aspekte der euklidischen Geometrie untersuchte. Die Entwicklung der projektiven Geometrie als eigenständige Theorie begann mit den Arbeiten von Jean-Victor Poncelet (1788–1867), der die projektiven Invarianten (Eigenschaften, die bei Zentralprojektionen erhalten bleiben) als Untersuchungsgegenstände der projektiven Geometrie betrachtete.

Zu den Objekten der projektiven Geometrie zählen die Geraden und Ebenen, da die Eigenschaft von Punkten, zu einer Geraden bzw. zu einer Ebene zu gehören, bei Projektionen erhalten bleibt. Hingegen sind die Kongruenz geometrischer Figuren sowie die metrischen Eigenschaften wie Abstände und Winkelgrößen keine projektiven Eigenschaften. Zu den interessanten Objekten der projektiven Geometrie zählen die ↗Kegelschnitte, deren unterschiedliche Arten aus der Sicht der projektiven Geometrie jedoch nicht unterscheidbar sind.

Um die Inzidenzeigenschaften (Schnittverhalten) von Punkten, Geraden und Ebenen als projektive Eigenschaften auffassen zu können, muß die Menge der Punkte der euklidischen Ebene bzw. des euklidischen Raumes um die uneigentlichen (unendlich fernen) Punkte, Geraden und Ebenen erweitert werden. Dies folgt daraus, daß zwei parallele Geraden bei einer Zentralprojektion auf zwei sich schneidende Geraden abgebildet werden können (was der Sprechweise „Parallele Geraden schneiden sich im Unendlichen“ entspricht). Als uneigentliche Punkte werden daher Äquivalenzklassen zueinander paralleler Geraden aufgefaßt, als uneigentliche Geraden Mengen uneigentlicher Punkte, und als uneigentliche Ebene die Gesamtheit aller uneigentlichen Punkte des Raumes.

Die projektive Geometrie läßt sich also aus der euklidischen Geometrie durch die Hinzunahme der uneigentlichen Elemente aufbauen. Als projektive Punkte werden dabei alle eigentlichen und uneigentlichen Punkte, als projektive Geraden die um den zugehörigen uneigentlichen Punkt erweiterten euklidischen Geraden, und als ↗projektive Ebenen die um die entsprechenden uneigentlichen Geraden erweiterten euklidischen Ebenen aufgefaßt. Der um die unendlich ferne Ebene erweiterte Raum heißt schließlich projektiver Raum.

Es ist nicht notwendig, die projektive Geometrie als Erweiterung der euklidischen Geometrie zu betrachten; sie kann durch ein eigenständiges Axiomensystem fundiert werden. Durch Karl Georg Christian von Staudt wurde 1847 ein solches Axiomensystem angegeben, das allerdings noch Lücken und Fehler aufwies, die 1873 von Felix Klein aufgedeckt wurden. Ein Axiomensystem der projektiven Geometrie besteht aus den ↗Inzidenzaxiomen (die weitgehend mit denen der euklidischen Geometrie übereinstimmen), den Anordnungsaxiomen (↗Axiome der Geometrie), und einem Stetigkeitsaxiom.

Parallele Geraden bzw. Ebenen existieren in der projektiven Geometrie nicht; zwei Geraden schneiden sich stets in einem Punkt und zwei Ebenen in einer Geraden.

Zu den wichtigsten Eigenschaften der projektiven Geometrie gehört das Dualitätsprinzip. In der ebenen projektiven Geometrie sind Punkte und Geraden zueinander duale Objekte, d. h., bei Vertauschen der Begriffe „Punkt“ und „Gerade“ in den Aussagen über Punkte und Geraden entstehen wiederum wahre Aussagen. So sind die Aussagen

Zu zwei voneinander verschiedenen Punkten A und B existiert stets genau eine Gerade, der A und B angehören.

und

Zu zwei voneinander verschiedenen Geraden a und b existiert stets genau ein Punkt, der sowohl zu a als auch zu b gehört.

zueinander dual.

Die entsprechenden dualen Aussagen gelten für alle Axiome und Sätze der projektiven Geometrie. Insbesondere entsteht die duale Aussage des Satzes von Desargues gerade durch Umkehrung dieses Satzes.

Während in der ebenen projektiven Geometrie Punkte und Geraden duale Objekte sind, besteht im projektiven Raum eine Dualität von Punkten und Ebenen.

projektive Intervalle, zwei Intervalle I, J eines beliebigen Verbandes, falls es eine Kette von Intervallen $I = I_0, I_1, \ldots, I_t = J$ so gibt, daß I_{i-1}, I_i für alle $i = 1, \ldots, t$ perspektiv zueinander sind (↗perspektive Intervalle).

projektive lineare Gruppe, Gruppe, die man aus der allgemeinen linearen Gruppe durch Übergang zum projektiven Raum erhält.

Die allgemeine lineare Gruppe $GL(n)$ im n-dimensionalen Vektorraum V ist interpretierbar als die Gruppe der reellen $(n \times n)$-Matrizen. Daraus erhält man nun die projektiven lineare Gruppe durch Berücksichtigung der unten angegebenen Äquivalenzrelation.

Der Übergang vom Vektorraum V zum projektiven Raum $\mathbb{P}$ geschieht z. B. dadurch, daß man in $V_{(+)} := V\setminus\{0\}$ eine Äquivalenzrelation $\sim$ wie folgt einführt: $a \sim b$ genau dann, wenn es eine reelle Zahl $r \neq 0$ so gibt, daß $r \cdot a = b$ ist. Dann ist $\mathbb{P} = V_{(+)}/\sim$ als Faktorraum definiert.

projektive spezielle lineare Gruppe, Untergruppe der ↗projektiven linearen Gruppe.

Wie bei der Gruppe GL(n) wird durch Hinzufügen des Adjektivs „speziell" ausgedrückt, daß nur Matrizen mit dem Determinantenwert +1 berücksichtigt werden.

projektive unitäre Gruppe, Gruppe der unitären Matrizen bei Berücksichtigung der projektiven Struktur.

Der projektive Raum ist definiert als Menge der eindimensionalen linearen Unterräume eines Vektorraums. Hier handelt es sich um komplexe Vektorräume, ansonsten ist die Konstruktion ganz analog zur ↗projektiven linearen Gruppe.

projektiver Abschluß, Begriff aus der algebraischen Geometrie.

Ist X ein Schema und $Y \subset U$ ein abgeschlossenes Unterschema von U, so gibt es ein kleinstes abgeschlossenes Unterschema $\overline{Y} \subset X$ mit $Y \subseteq \overline{Y}$, die sog. schematheoretische Abschließung von Y in X. Y ist offen und dicht in $\overline{Y}$.

Ein Spezialfall ist gegeben durch $X = \mathbb{P}^n \times S$, in diesem Fall nennt man $\overline{Y}$ den projektiven Abschluß von Y. Ist speziell $S = \mathrm{Spec}(A)$ und $U = \mathbb{A}^n \times S = \mathrm{Spec}A[t_1, \dots, t_n] \subset \mathbb{P}^n \times S = \mathrm{Proj}(A[T_0, \dots, T_n])$, und ist Y Nullstellenschema des Ideals $I \subset A\left[t_1, \dots, t_n\right]$, so ist $\overline{Y}$ Nullstellenschema des homogenen Ideals $\tilde{I} \subset A\left[T_0, \dots, T_n\right]$, welches von allen homogenen Polynomen $F\left(T_0, \dots, T_n\right)$ mit $F\left(1, t_1, \dots, t_n\right) \in I$ erzeugt wird.

Wenn speziell I durch ein Polynom $f\left(t_1, \dots, t_n\right)$ definiert ist, und $F\left(T_0, \dots, T_n\right)$ das homogene Polynom kleinsten Grades mit

$$F\left(1, t_1, \dots, t_n\right) = f\left(t_1, \dots, t_n\right)$$

bezeichnet, so wird $\tilde{I}$ von F erzeugt. Die analoge Eigenschaft im Falle mehrerer Erzeugenden von I gilt im allgemeinen nicht.

projektiver Limes, *inverser Limes*, eine algebraische Konstruktion.

Gegeben seien Gruppen $\{G_i\}_{i\in J}$, indiziert über eine gerichte Menge J (z. B. $J = \mathbb{N}$), und für alle Paare (i,j) mit $i \geq j$ Gruppenhomomorphismen $\varphi_{ji} : G_i \to G_j$, welche die Kompatibilitätsbedingungen

1. $\varphi_{ii} = id_{G_i}$,
2. falls $i \geq j$ und $j \geq k$, so gilt $\varphi_{ik} = \varphi_{ij} \circ \varphi_{jk}$

erfüllen. Eine Gruppe G mit Gruppenhomomorphismen $\{\psi_i : G \to G_i\}_{i\in J}$ heißt projektiver Limes oder inverser Limes des Systems (G_i, φ_{ij}), falls $\psi_j = \varphi_{ji} \circ \psi_i$ für alle $i \geq j$ gilt, und falls es für jede weitere Gruppe H mit Gruppenhomomorphismen $\vartheta_i : H \to G_i$, welche ebenfalls $\vartheta_j = \varphi_{ji} \circ \vartheta_i$ für alle $i \geq j$ erfüllen, genau einen Gruppenhomomorphismus $\vartheta : H \to G$ gibt derart, daß $\vartheta_i = \psi_i \circ \vartheta$ gilt (vgl. Abbildung).

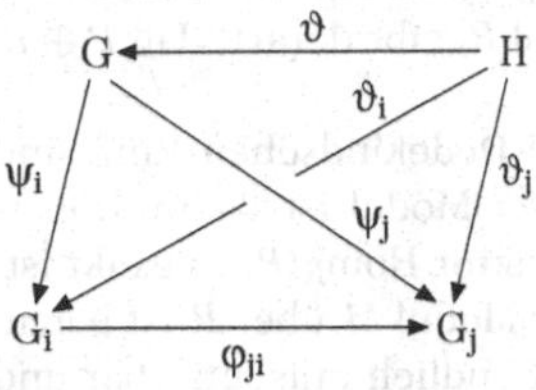

Man schreibt auch

$$G = \lim_{\longleftarrow\, i\in J} G_i = \mathrm{proj}\lim_{i\in J} G_i\ ,$$

wenn klar ist, welche Abbildungen benutzt werden.

Der projektive Limes von Gruppen existiert und ist eindeutig bestimmt. Er ist die Untergruppe des direkten Produkts $\prod_{i\in J} G_i$ der Gruppen G_i, bestehend aus den Elementen $(a_i)_{i\in J}$, die die Relation $\varphi_{ji}(a_i) = a_j$ für $i \geq j$ erfüllen. Die Abbildungen φ_i sind gegeben durch die Projektion auf den i-ten Faktor. Die p-adisch ganzen Zahlen $\mathbb{Z}_p$ ergeben sich als projektiver Limes

$$\mathbb{Z}_p = \lim_{\longleftarrow\, n} \mathbb{Z}/p^n\mathbb{Z}\ .$$

Die Abbildungen φ_{nm} für $m \geq n$ sind gegeben durch die kanonische Abbildung

$$a \bmod p^m \to a \bmod p^n\ .$$

In der Definition des projektiven Limes kann man die Gruppen auch durch Objekte aus einer beliebigen ↗Kategorie und die Gruppenhomomorphismen durch Morphismen der Kategorie ersetzen. In dieser Weise erhält man die Definition von projektiven Limites in beliebigen Kategorien. Nicht in allen Kategorien existieren allerdings projektive Limites.

Dreht man in der Definition die Richtung der Abbildungen (d. h. die Pfeile, bzw. die Morphismen in einer Kategorie) um, so erhält man die Definition des direkten oder auch induktiven Limes.

projektiver Modul, ein R-Modul P über dem kommutativen Ring R, für den zu jeder R-linearen Abbildung $h : P \to A$ und jeder surjektiven linearen Abbildung $g : B \twoheadrightarrow A$ eine lineare Abbildung $h' : P \to B$ existiert mit $h = g \circ h'$.

Hierbei sind A und B ebenfalls R-Moduln. Projektive Moduln sind die projektiven Objekte in der Kategorie der R-Moduln.

Spezielle projektive Moduln sind die freien Moduln $P = R^I$ mit einer Indexmenge I. Sei $\{e_i, i \in I\}$

eine Basis von P, und seien Abbildungen h und g wie oben gegeben. Man ordnet nun e_i unter h' ein beliebig gewähltes Element aus dem Urbild $g^{-1}(h(e_i))$ zu. Die Abbildung ist im allgemeinen nicht eindeutig festgelegt.

Eine äquivalente Definition von projektiven Moduln ist, daß sie direkte Summanden von freien Moduln sind, d. h., P ist projektiv genau dann, wenn es einen weiteren Modul P' gibt derart, daß $P \oplus P'$ ein freier Modul ist.

Die Ideale in einem ↗Dedekindschen Ring sind projektiv. Ein projektiver Modul ist dadurch charakterisiert, daß der Funktor $\mathrm{Hom}_R(P, \_)$ exakt ist.

Ein endlich erzeugter Modul M über R ist genau dann projektiv, wenn M endlich präsentierbar und lokal frei ist. Hierbei heißt M lokal frei, falls alle Lokalisierungen $M_{\mathfrak{m}}$ nach maximalen Idealen $\mathfrak{m}$ von R freie $R_{\mathfrak{m}}$-Moduln sind. In der algebraischen Geometrie entsprechen die endlich erzeugten projektiven Moduln den Vektorbündeln und die freien Moduln den trivialen Vektorbündeln. Die Frage, welche projektive Moduln frei sind, ist deshalb von besonderem Interesse. Es gilt der Satz:

Ist R ein nullteilerfreier Hauptidealring (z. B. ein Körper), so sind alle endlich erzeugten projektiven Moduln über dem Polynomring $R[X_1, X_2, \dots, X_n]$ freie Moduln.

In der geometrischen Interpretation bedeutet dies, daß über dem affinen Raum R^n alle Vektorbündel trivial sind. Dieser Satz wurde von Serre vermutet und von Quillen und Suslin bewiesen.

projektiver Raum, eines der grundlegenden Objekte der algebraischen Geometrie, siehe auch ↗projektive Geometrie.

Es sei E ein endlichdimensionaler Vektorraum über einem Körper k, und es sei $\mathbb{P}(E) = \mathbb{P}(E)(k)$ die Menge aller Unterräume der Kodimension 1 von E, die kanonisch isomorph zur Menge $\mathbb{P}(\check{E})$ aller eindimensionalen Unterräume von $\check{E} = \mathrm{Hom}(E, k)$ ist.

Wenn beispielsweise A ein affiner Raum der Dimension n ist, und E der Raum aller affinen Funktionen $A \to k$, so erhält man eine natürliche Einbettung $A \subset \mathbb{P}(E)$, indem man jedem $p \in A$ die Menge der affinen Funktionen $X : A \to k$ mit $X(p) = 0$ zuordnet. Das Komplement $\mathbb{P}(E) \setminus A$ ist kanonisch isomorph zur Menge aller eindimensionalen Unterräume des zu A gehörigen Vektorraumes $T(A)$, weil einem n-dimensionalen Unterraum von E, der keine Nullstelle in A hat, ein $(n-1)$-dimensionaler Unterraum von Linearformen auf $T(A)$ entspricht.

Ist $L \subset E$ ein eindimensionaler Unteraum, so ist

$$D_+(L) = \{P \subseteq \mathbb{P}(E) \mid L \not\subseteq H\}$$

auf natürliche Weise ein affiner Raum mit dem zugehörigen Vektorraum

$$\mathrm{Hom}(E/L, L) = \{\lambda : E \to L, \lambda \mid L = 0\},$$

der durch

$$P \in D_+(L) \mapsto P + \lambda = \{Y + \lambda(Y) \mid Y \in P\}$$

auf $D_+(L)$ operiert. Wenn $P_1 \in D_+(L)$ ist, so ist $E = P_1 \oplus L = P \oplus L$, und die Differenz der zugehörigen Projektionen auf L liefert ein $\lambda \in \mathrm{Hom}(E/L, L)$ mit $P_1 = P + \lambda$.

Ist E der Vektorraum der affinen Funktionen auf einem affinen Raum A, und $L \subset E$ der Unterraum der konstanten affinen Funktionen, so ist $D_+(L)$ das Bild von A bei der Einbettung $A \to \mathbb{P}(E)$.

Wenn $X \in L \setminus 0$ ist, schreibt man auch $D_+(X)$ statt $D_+(L)$, und ist $(X_0, \dots, X_n)$ Basis von E, so ist

$$D_+(X_0) \cup \dots \cup D_+(X_n) = \mathbb{P}(E).$$

Ist $P \in \mathbb{P}(E)$ und λ eine Linearform, die P definiert, so ist λ und damit P durch

$$(\lambda(X_0), \dots, \lambda(X_n)) \in k^{n+1}$$

bestimmt, und ebenso die $\lambda(X_j)$ bis auf einen gemeinsamen Faktor aus k^* durch H. Für die Klasse dieses $(n+1)$-Tupels $\mod k^*$ schreibt man daher $(X_0(P) : \dots : X_n(P))$, und nennt diese Klasse bzw. auch jeden Vertreter aus dieser Klasse die homogenen Koordinaten von P (bzgl. $X_0, \dots, X_n$).

Auf jedem $D_+(X_j)$ erhält man daraus affine Koordinaten, z. B. auf $D_+(X_0)$ durch

$$P \mapsto \left(\frac{X_1(P)}{X_0(P)}, \dots, \frac{X_n(P)}{X_0(P)}\right).$$

$\mathbb{P}(E)$ ist die Menge der k-rationalen Punkte eines k-Schemas, das wir ebenfalls mit $\mathbb{P}(E)$ bezeichnen, und dessen funktorielle Beschreibung auf der Kategorie der kommutativen k-Algebren durch

$$\begin{aligned}\mathbb{P}(E)(A) &= \mathrm{Hom}_k(\mathrm{Spec}(A), \mathbb{P}(E)) \\ &= \{P \subset A \otimes_k E \mid A \otimes_k E/P \\ &\qquad \text{lokal frei vom Rang } 1\}\end{aligned}$$

gegeben ist. Dabei entsprechen die $D_+(X)$ offenen affinen Unterschemata.

Wenn $k = \mathbb{R}$ bzw. $k = \mathbb{C}$ ist, sind $\mathbb{P}(E)$ kompakte reelle bzw. komplexe analytische Mannigfaltigkeiten. Einen Atlas erhält man durch die Überdeckung $D_+(X_0), \dots, D_+(X_n)$ und die darauf gegebenen affinen Koordinaten. Eine euklidische bzw. hermitesche Metrik auf E induziert eine Riemannsche bzw. Kählersche Metrik auf $\mathbb{P}(E)$ (↗Fubini-Study-Metrik), so wird z. B. die Einbettung von $\mathbb{P}(E)$ in den Raum $S(E)$ der selbstadjungierten Operatoren auf E induziert von der natürlichen Metrik aus $S(E)$, die für $A \in S(E)$ gegeben ist durch die Spur des Quadrats:

$$A \mapsto \|A\|^2 = Tr(A^2).$$

Die Einbettung von $\mathbb{P}(E)$ in $S(E)$ erhält man, indem man jedem $P \in \mathbb{P}(E)$ den orthogonalen Projektionsoperator von E mit dem Kern P zuordnet. Ist $S \subset E$ die Einheitssphäre, erhält man stetige Abbildungen

$$S \to \mathbb{P}(E) \subset S(E)$$

durch $e \mapsto P_e \mapsto A_e$, wobei P_e = das orthogonale Komplement von e ist, und

$$A_e(x) = \langle e, x\rangle e\ .$$

Hier ist $\langle\ ,\ \rangle$ das euklidische bzw. hermitesche Skalarprodukt.

Die Abbildung $S \to \mathbb{P}(E)$ ist ein ↗Hauptfaserbündel mit der Gruppe $\{\pm 1\}$ bzw. $U(1)$. Das Bild von $\mathbb{P}(E) \subset S(E)$ liegt in dem affinen Unterraum

$$\{A \in S(E) \mid Tr(A) = 1\},$$

und wenn $\dim(E) = 2$, also für die projektive Gerade über $\mathbb{R}$ bzw. über $\mathbb{C}$, wird $\mathbb{P}(E)$ isomorph auf die Sphäre S^1 bzw. S^2 in diesem Unterraum mit der Gleichung

$$\|A - \frac{1}{2}I\|^2 = \frac{1}{2}$$

abgebildet.

Im Kontext ↗endliche Geomatrie ist ein projektiver Raum eine ↗Inzidenzstruktur aus Punkten und Geraden, die die folgenden Axiome erfüllt:

- Durch je zwei Punkte geht genau eine Gerade.
- Sind A, B, C, D vier Punkte, so daß die Geraden AB und CD einen Punkt gemeinsam haben, so haben auch AC und BD einen Punkt gemeinsam. (Veblen-Youmg-Axiom).
- Es gibt vier Punkte, von denen keine drei kollinear sind.

Ein Unterraum eines projektiven Raumes ist eine Menge von Punkten, von denen je zwei durch eine Gerade verbunden sind. Oft wird unter einem projektiven Raum die ganze Struktur aus Punkten und Unterräumen verstanden.

Jede ↗projektive Ebene ist auch ein projektiver Raum. In allen anderen projektiven Räumen gilt der Satz von Desargues.

Ist V ein Vektorraum über einem Schiefkörper K, ist $\mathcal{P}$ die Menge der eindimensionalen Unterräume von V und $\mathcal{L}$ die Menge der zweidimensionalen Unterräume von V, so ist (mit dem „Enthaltensein" als Inzidenz) $(\mathcal{P}, \mathcal{L}, I)$ ein projektiver Raum. Die Unterräume dieses projektiven Raumes sind gerade die Unterräume von V. Die auf diese Art erhaltenen projektiven Räume sind genau diejenigen Räume, in denen der Satz von Desargues gilt. Ist K sogar ein Körper, so erhält man einen projektiven Raum, in dem der Satz von Pappos gilt. Wählt man $V = K^n$, und ist $P = \langle v\rangle \in \mathcal{P}$ $(v \in V)$, so liefern die Einträge von v homogene Koordinaten des Punktes P.

Projektive Räume lassen sich aus ↗affinen Räumen gewinnen, indem man unendliche Punkte hinzufügt. Entfernt man umgekehrt eine Hyperebene mit all ihren Unterräumen aus einem projektiven Raum, so erhält man einen affinen Raum.

Ist die Menge der Punkte eines projektiven Raumes endlich, so spricht man von einem endlichen projektiven Raum. In einem solchen enthält jede Gerade die gleiche Anzahl $q + 1$ von Punkten. Die Zahl q heißt Ordnung des projektiven Raumes.

Projektive Räume sind ↗Gebäude vom Typ A_n. Sie bilden einen Grundpfeiler der ↗endlichen Geometrie.

projektives Objekt, ein Objekt $P \in Ob(\mathcal{C})$ in einer ↗Kategorie $\mathcal{C}$, für das es zu jedem Morphismus $h \in Mor(P, A)$ mit $A \in Ob(\mathcal{C})$ und zu jedem Epimorphismus $g \in Mor(B, A)$ einen Morphismus $h' \in Mor(P, B)$ gibt mit $g \circ h' = h$. Anschaulich sagt man auch: Jeder Morphismus von einem projektivem Objekt kann über jeden Epimorphismus geliftet werden. Siehe auch ↗projektiver Modul.

projektives Schema, Begriff aus der algebraischen Geometrie.

Es seien X und S Schemata und $X \to S$ ein Morphismus. X heißt projektives Schema über S (oder $X \to S$ projektiver Morphismus), wenn sich $X \to S$ in eine abgeschlossene Einbettung $X \subset S \times \mathbb{P}^n$ (↗projektives Spektrum) und die Projektion $S \times \mathbb{P}^n \to S$ zerlegen läßt.

projektives Spektrum, Begriff aus der algebraischen Geometrie.

Es sei $S = S_0 \oplus S_1 \oplus S_2 \oplus \cdots$ ein graduierter kommutativer Ring. Diesem ist auf folgende Weise ein ↗Schema Proj(S) und ein Morphismus Proj$(S) \to$ Spec(S_0) zugeordnet: Sei $S_+ = S_1 + S_2 + \cdots$. Die zugrundeliegende Punktmenge ist die Menge aller homogenen Primideale $\mathfrak{p}$ mit $S_+ \not\subseteq \mathfrak{p}$. Für jedes homogene Ideal I sei

$$V_+(I) = \left\{\mathfrak{p} \in \text{Proj}(S) \mid \mathfrak{p} \supseteq I\right\}.$$

Ist $\{I_\alpha\}$ eine Familie homogener Ideale, so ist

$$V_+\left(\sum_\alpha I_\alpha\right) = \bigcap_\alpha (V_+(I_\alpha))$$

und

$$V_+(I_1 \cap I_2) = V_+(I_1) \cup V_+(I_2)\,.$$

Die Topologie auf Proj(S) ist diejenige, in der die Mengen der Form $V_+(I)$ die abgeschlossenen Mengen bilden. Eine Basis dieser Topologie sind die offenen Mengen der Form

$$D_+(f) = \text{Proj}(S) \setminus V_+(fS)$$

für homogene Elemente $f \in S$. Wenn $M \subset S \setminus 0$ eine multiplikativ abgeschlossene Teilmenge aus homogenen Elementen ist, so ist S_M (↗Lokalisierung) ein $\mathbb{Z}$-graduierter Ring, die homogenen Elemente sind diejenigen von der Form $\frac{g}{f}$, $g \in S$ homogen und $f \in M$, und

$$\deg\left(\frac{g}{f}\right) = \deg(g) - \deg(f).$$

Weiter sei $S_{(M)}$ die Komponente von S_M vom Grad 0.

Auf $\mathrm{Proj}(S)$ erhält man eine Garbe von lokalen Ringen $\mathcal{O}$ durch $\mathcal{O}(D_+(f)) = S_{(f)}$ (Komponente vom Grad 0 von S_f) und $\mathcal{O}$-Modulgarben $\mathcal{O}(n)$ ($n \in \mathbb{Z}$) durch $\mathcal{O}(n)(D_+(f)) = (S_f)_n$ (Komponente vom Grad n von S_f). Dann ist $(D_+(f), \mathcal{O}|D_+(f))$ isomorph zu dem affinen Schema $\mathrm{Spec}(S_{(f)})$, und daher ist $\mathrm{Proj}(S)$ ein Schema.

Ferner sind die Garben $\mathcal{O}(n)|D_+(f)$ die quasikohärenten Modulgarben, die den $S_{(f)}$-Moduln $(S_f)_n$ zugeordnet sind. Wenn S über S_0 durch homogene Elemente $f_0, f_1, \dots, f_n$ endlich erzeugt ist, so ist

$$D_+(f_0), D_+(f_1), \dots, D_+(f_n)$$

eine affine Überdeckung von $\mathrm{Proj}(S)$. Man erhält einen natürlichen Morphismus $\mathrm{Proj}(S) \to \mathrm{Spec}(S_0)$ (mit der zugrundeliegenden Abbildung $\mathfrak{p} \mapsto \mathfrak{p} \cap S_0$).

Ist $S_0 \to A$ ein Homomorphismus, so ist $A \otimes_{S_0} S$ graduierter Ring über A, und

$$\mathrm{Proj}(A \otimes_{S_0} S) = \mathrm{Spec}(A) \times_{\mathrm{Spec}(S_0)} \mathrm{Proj}(S).$$

Eine homogene Surjektion graduierter Ringe $S \to S'$ induziert eine abgeschlossene Einbettung $P' = \mathrm{Proj}(S') \to \mathrm{Proj}(S) = P$, so daß $\mathcal{O}_P(n)|P' = \mathcal{O}_{P'}(n)$. Ebenso induziert ein homogener Homomorphismus $S \to S'$ graduierter Ringe mit der Eigenschaft, daß alle Elemente von $S'_+/S'S_+$ nilpotent sind, einen affinen Morphismus $\varphi : \mathrm{Proj}(S') = P' \to \mathrm{Proj}(S) = P$ mit $\varphi^*\mathcal{O}_{P'}(n)$ für alle n. So ist z. B. bei gegebenem $P = \mathrm{Proj}(S)$ der Ring

$$S' = \bigoplus_{n \geq 0} \mathcal{O}_P(n)(P)$$

ein graduierter Ring, und es gibt einen natürlichen Homorphismus $S \to S'$. Der induzierte Morphismus $\mathrm{Proj}(S') \to P = \mathrm{Proj}(S)$ ist in diesem Fall ein Isomorphismus.

Wenn S von S_0 und S_1 erzeugt wird, so sind die Garben $\mathcal{O}(n)$ lokal freie Garben vom Rang 1, und es gilt $\mathcal{O}(n) \otimes \mathcal{O}(m) = \mathcal{O}(n+m)$ sowie $\mathcal{O}(-n) = \mathrm{Hom}_{\mathcal{O}}(\mathcal{O}(n), \mathcal{O})$.

Ein Spezialfall als Beispiel: Wenn $A = k$ ein Körper ist, und S durch algebraisch unabhängige Elemente $X_0, X_1, \dots, X_n$ vom Grad $\omega_0, \omega_1, \dots, \omega_n$ (mit ggT $(\omega_0, \dots, \omega_n) = 1$) erzeugt wird, so heißt $\mathrm{Proj}(S)$ gewichteter projektiver Raum über k mit Gewichten $\omega_0, \dots, \omega_n$. Die übliche Bezeichnung ist $\mathbb{P}(\omega_0, \omega_1, \dots, \omega_n)$.

Das Schema $\mathbb{P}(E)$ ist genau dann glatt über A, wenn E ein endlich erzeugter projektiver A-Modul ist. Die Multiplikation liefert einen Epimorphismus von Garben von $\mathcal{O}_X$-Moduln

$$\mathcal{O}_{\mathbb{P}(E)}(-1) \otimes E \to \mathcal{O}_{\mathbb{P}(E)},$$

und man erhält eine exakte Folge

$$0 \to \Omega^1_{\mathbb{P}(E)|A} \to \mathcal{O}_{\mathbb{P}(E)}(-1) \otimes_A E \to \mathcal{O}_{\mathbb{P}(E)} \to 0,$$

die, ebenso wie ihre duale Folge

$$0 \to \mathcal{O}_{\mathbb{P}(E)} \to \mathcal{O}_{\mathbb{P}(E)}(1) \otimes_A \check{E} \to \Theta_{\mathbb{P}(E)|A} \to 0,$$

Euler-Folge heißt. Die Einbettung $\mathcal{O}_{\mathbb{P}(E)} \to \mathcal{O}_{\mathbb{P}(E)}(1) \otimes \check{E}$ liefert einen globalen Schnitt

$$I \in H^0(\mathbb{P}(E), \mathcal{O}_{\mathbb{P}(E)}(1) \otimes_A \check{E}) = E \otimes_A \check{E} \cong \mathrm{Hom}(E, E),$$

der der identischen Abbildung entspricht.

Proklos Diadochus, persischer Philosoph, geb. 18.2.411 Byzanz (Istanbul), gest. 17.4.485 Athen.

Proklos besuchte Schulen in Xanthus (Libyen), Alexandria und Byzanz und wurde wie sein Vater Richter. Er entschloß sich aber bald, zur Philosophie zu wechseln. Dafür studierte er die Werke des Aristoteles und befaßte sich dabei auch mit Mathematik. Später ging er nach Athen, um bei Plutarch und dessen Schüler Syrianus zu studieren.

Als Oberhaupt der Akademie Platons folgte er der neoplatonischen Philosophie und verhalf ihr zu einer letzten Blüte. Er veröffentlichte hierzu viele Schriften. Er beschäftigte sich mit dem Problem der Erdbewegung und vertrat die Ansicht, daß die Sonne im Zentrum der Planeten stehe.

Proklos befaßte sich auch mit den Werken Euklids und verfaßte dazu mehrere Kommentare. Unter anderem bestimmte er die Position der Mathematik und besonders die der Geometrie im Gebäude der Wissenschaften und leistete so wichtige Beiträge zur Philosophie der Mathematik.

Propagator, in der Feldtheorie verwendetes Objekt zur Beschreibung der Ausbreitung von Lösungen, insbesondere von Wellenlösungen.

Mathematisch handelt es sich um die Lösung einer linearen Feldgleichung mittels Fouriertransformation. Bei nichtlinearen Feldgleichungen wird der Propagator zunächst für die linearisierte Feldgleichung bestimmt, danach werden die Nichtlinearitäten durch Korrekturen berücksichtigt. In der vom Physiknobelpreisträger R.Feynman dargestellten Fassung heißt er auch Feynman-Propagator.

Bezeichnet $X(t)$ den Zustand des Systems zum Zeitpunkt t, so ist der Propagator $U(s,t)$ derjenige Operator, für den bei $s > t$ gilt:

$$X(s) = U(s,t)[X(t)]$$

Der Propagator besitzt die Halbgruppeneigenschaft $U(r,s) \cdot U(s,t) = U(r,t)$ für $r > s > t$.

proportionale Fehlerreduktion, ein Konzept zur Berechnung von ↗Assoziationsmaßen in Kontingenztafeln zur Beurteilung der Unabhängigkeit zweier zufälliger Merkmale X und Y.

Zunächst wird eine der beiden Variablen, etwa X, als die von der anderen Variablen (Y) abhängige Variable deklariert. Dann wird die Wahrscheinlichkeit des Eintretens von $X = x$ einmal ohne Einbeziehung von Y, und einmal mit Einbeziehung der möglichen Werte von Y vorhergesagt, und es werden in beiden Fällen die Fehlerwahrscheinlichkeiten berechnet (geschätzt). Ist die Differenz der beiden Fehlerwahrscheinlichkeiten gleich 0, so liefert Y keinerlei Unterstützung bei der Vorhersage von X, und X und Y werden als unabhängig betrachtet. Andernfalls können beide nicht als unabhängig voneinander angesehen werden.

Ist es nicht möglich, eine der beiden Variablen als die abhängige zu deklarieren, wird in der Regel zunächst die eine und dann die andere Variable als abhängig angesehen, und das bewichtete Mittel beider Fehlerdifferenzen zur Beurteilung der Unabhängigkeit herangezogen. Typische Assoziationsmaße, die auf dieser Prognosefehlerdifferenz basieren, sind der sogenannte Lambda-Koeffizient und das Goodman- und Kruskal-Tau.

Ein Beispiel. Es soll geprüft werden, ob das Ausüben einer Parteifunktion (X) vom ausgeübten Beruf (Y) abhängt. Dazu wurde eine Stichprobe von 64 Personen erfaßt. Die Umfrageergebnisse sind in folgender Tabelle dargestellt:

$X\backslash Y$		Beruf			
	Partei-funktion	Angest.	Beamter	Selbst.	Gesamt
ja	Anzahl	13	16	7	36
	% von Beruf	59,1	88,9	29,2	56,3
nein	Anzahl	9	2	17	28
	% von Beruf	40,9	11,1	70,8	43,8
Ges.	Anzahl	22	18	24	64
	% von B.	100	100	100	100

Wir berechnen den Lambda-Koeffizienten. Ohne Einbeziehung des Berufes werden wir vorhersagen, daß eine zufällig ausgewählte Person ein Parteiamt ausüben wird, da hier die Häufigkeit mit 56,3% aller Befragten am höchsten ist. Als Vorhersagefehlerwahrscheinlichkeit erhalten wir 43,7%.

Die Vorhersage kann man verbessern, wenn man die andere Variable, also den Beruf Y, mit einbezieht. Bei den Angestellten und den Beamten würde man ein Parteiamt vorhersagen, bei den Selbständigen würde man vorhersagen, daß diese kein Parteiamt ausüben. Bei den insgesamt 64 Personen würde man sich hier in 9 (Angest.) + 2 (Beamte) + 7 (Selbst.) = 18 Fälle irren. Das ergibt eine Fehlerwahrscheinlichkeit von $18/64 * 100\% = 28{,}1\%$. Die ursprüngliche Fehlerwahrscheinlichkeit ist also deutlich verbessert worden.

Aus den beiden Fehlerwahrscheinlichkeiten ergibt sich die relative Fehlerreduktion, auch Lambda genannt:

$$\begin{aligned} \text{Lambda} &= \frac{43{,}7\% - 28{,}1\%}{43{,}7\%} \\ &= 0{,}357 \end{aligned}$$

Diese läßt darauf schließen, daß X und Y nicht voneinander unabhängig sind.

Proportionalhebel, Schaltwerk bzw. Schaltorgan nach dem Prinzip der Längenwandlung.

Bei der vom Proportionalhebel gesteuerten abgestuften Längsbewegung von zehn Zahnstangen um 0 bis 9 Längeneinheiten wird ein Zahnrad, das in die Zahnstange eingreift, deren Längsbewegung der eingestellten Ziffer entspricht, weitergedreht (↗ mathematische Geräte).

Proportionalitätsskala, ↗Skalentypen.

proportionalitätsskalierte Variable, ↗Skalentypen.

Proportionaltafel, Tabelle für die Proportionalanteile bei linearer Interpolation von Tafelwerten.

Diese Tabellenwerte werden mit der Tafeldifferenz der Funktionswerte multipliziert. Zum unteren Funktionswert addiert ergibt das den gesuchten Funktionswert.

Proportionalzirkel, Gerät zur Lösung konstruktiver und zeichnerischer sowie einfacher rechnerischer Aufgaben.

Der Proportionalzirkel besteht aus zwei flachen linealförmigen Schenkeln, die an einem Ende drehbar miteinander verbunden sind und am anderen Ende Spitzen haben können. Auf den Schenkeln befinden sich strahlenförmig vom Drehpunkt ausgehende, symmetrisch angeordnete Rechenlinienpaare. Nach dem zweiten Strahlensatz (↗Strahlensätze) ist damit die Teilung von Strecken in einem bestimmten einstellbaren Verhältnis möglich.

Proportionenlehre, die Lehre von den Verhältnissen.

Bereits in der vorgriechischen Mathematik wurden, teilweise durch praktische Probleme veranlaßt, Verhältnisse betrachtet, eine Proportionentheorie entwickelten aber erst die Griechen. Ein Element der pythagoräischen Philosophie bildete die Unteilbarkeit der Eins, sodaß in der darauf basierenden pythagoräischen Mathematik keine Brüche auftreten konnten und man ein Äquivalent dafür schaffen mußte. Dieses Äquivalent lieferte die Proportionenlehre. Sie basierte auf der Definition: „Zahlen stehen in Proportion, wenn die erste von der zweiten Gleichvielfaches oder derselbe Teil oder dieselbe Menge von Teilen ist wie die dritte von der vierten" (Euklid, Elemente Buch VII, Def. 20). Diese Proportionenlehre war eng mit der pythagoräischen Musiktheorie verbunden und enthielt neben den in Sätzen über Proportionen formulierten Regeln der Bruchrechnung auch verschiedene Mittelbildungen.

Mit der Entdeckung inkommensurabler Größen wurde auch die Schaffung einer neuen Proportionenlehre notwendig. Dies wurde von ↗Eudoxos von Knidos geleistet. Seine Theorie bildete die Grundlage von Buch V der „Elemente" Euklids und ist uns in dieser Form überliefert worden. Demgemäß definierte Eudoxos, daß zwei Größen ein Verhältnis zueinander haben, wenn jede durch Vervielfachung jeweils die andere übertreffen kann. Diese Definition stimmt inhaltlich mit dem Archimedischen Axiom überein und schließt unendlich kleine bzw. unendlich große Größen aus den Betrachtungen aus.

In einer weiteren wichtigen Definition erklärte Eudoxos die Gleichheit zweier Verhältnisse: „Man sagt, daß Größen in demselben Verhältnis stehen, die erste zur zweiten wie die dritte zur vierten, wenn bei beliebiger Vervielfältigung die Gleichvielfachen der ersten und dritten den Gleichvielfachen der zweiten und vierten gegenüber, paarweise entsprechend genommen, entweder zugleich größer oder zugleich gleich oder zugleich kleiner sind. (...) Die dasselbe Verhältnis habenden Größen sollen in Proportionen stehend heißen." (Euklid, Elemente, Buch V, Def. 5, 6).

Mit anderen Worten: Zwischen den Größen A, B, C, D gilt $A : B = C : D$, wenn für je zwei Zahlen m und n stets zugleich gilt: $nA > mB$ und $nC > mD$ oder $nA = mB$ und $nC = mD$ oder $nA < mB$ und $nC < mD$. Auf dieser Basis baute Eudoxos dann seine Theorie auf, wobei formal in der Proportion $A : B = C : D$ zwar A, B bzw. C, D von gleicher Art sein mußten, nicht aber alle vier Größen.

Nach Aristoteles gab es noch eine weitere Definition der Gleichheit von Verhältnissen, die ein Verfahren benutzte, das dem Euklidischen Algorithmus äquivalent war.

Anwendung fand die Proportionenlehre vor allem bei der Beschreibung funktionaler Zusammenhänge, wie sie in der Kegelschnittslehre oder bei physikalischen Sachverhalten auftraten.

prorepresentierbares Unterstratum, maximaler Unterraum im Basisraum der ↗versellen Deformation, der keine trivialen Unterfamilien enthält. Hier ist die Kodaira-Spencer-Abbildung injektiv.

Proteom, die Gesamtheit der in einem Organismus durch ihn selbst produzierten und biochemisch aktiven Proteine.

Das Proteom wird zum großen Teil durch das Genom bestimmt, aber der Zusammenhang hat nicht den Charakter einer Abbildung des Genoms auf das Proteom.

Proton, eines der ↗ Nukleonen.

Prozent, in Hunderstel des Ganzen angegebener Bruchteil.

Prozeß der gleitenden Mittel, *Moving-Average-Prozeß*, *MA(q)-Prozeß*, ein stochastischer Prozeß $(X(t))_{t\in T}$ mit diskretem Zeitbereich

$$T = \{\ldots, -1, 0, 1, \ldots\},$$

der der Gleichung

$$X(t) = \sum_{k=0}^{q} \beta_k \varepsilon(t-k)$$

genügt. Die Zahl q heißt Ordnung des Prozesses. Dabei sind die Koeffizienten β_k, $k = 0, \ldots, q$, reelle Zahlen mit $\beta_q \neq 0$, und $(\varepsilon(t))_{t\in T}$ ist eine Folge unkorrelierter Zufallsgrößen mit dem Erwartungswert $E(\varepsilon(t)) = 0$ und der Varianz $V(\varepsilon(t)) = \sigma_\varepsilon^2$ für alle $t \in T$.

Jeder im weiteren Sinne stationäre ↗autoregressive Prozeß $(X(t))_{t\in T}$ läßt sich als MA(∞)-Prozeß

$$X(t) = \sum_{k=0}^{\infty} \beta_k \varepsilon(t-k)$$

darstellen, wobei für die Parameter $\beta_0, \beta_1, \beta_2, \ldots$ gilt:

$$\sum_{k=0}^{\infty} |\beta_k| < \infty .$$

Umgekehrt läßt sich jeder invertierbare MA-Prozeß $(X(t))_{t\in T}$ auch als autoregressiver Prozeß unendlicher Ordnung darstellen:

$$X(t) = \sum_{k=1}^{\infty} a_k X(t-k) + \varepsilon(t) .$$

MA(q)-Prozesse werden in der Zeitreihenanalyse zur Modellierung stochastischer zeitabhängiger Vorgänge angewendet.

Prozeß mit orthogonalen Zuwächsen, auf einem Wahrscheinlichkeitsraum $(\Omega, \mathfrak{A}, P)$ definierter in der Regel komplexwertiger stochastischer Pozeß zweiter Ordnung $(X_t)_{t\in T}$ mit

$$E((X_{t_2} - X_{s_2})\overline{(X_{t_1} - X_{s_1})}) = 0$$

für alle $s_1 < t_1 \leq s_2 < t_2$ aus dem reellen Intervall T.

Prozeß mit stationären Zuwächsen, auf einem Wahrscheinlichkeitsraum $(\Omega, \mathfrak{A}, P)$ definierter stochastischer Prozeß $(X_t)_{t\in I}$, $I = \mathbb{N}_0$ oder $I = \mathbb{R}_0^+$, mit Werten in $\mathbb{R}^d$ und der Eigenschaft, daß für alle $s, t \in I$ mit $s \leq t$ die Verteilung des Zuwachses $X_t - X_s$ nur von der Differenz $t - s$ abhängt.

$(X_t)_{t\in I}$ ist also ein Prozeß mit stationären Zuwächsen, wenn eine Familie $(\mu_t)_{t\in I}$ von auf der Borel-σ-Algebra $\mathfrak{B}(\mathbb{R}^d)$ definierten Wahrscheinlichkeitsmaßen derart existiert, daß

$$P(X_t - X_s \in B) = \mu_{t-s}(B)$$

für alle $s \leq t$ und $B \in \mathfrak{B}(\mathbb{R}^d)$ gilt.

Prozeß mit unabhängigen Zuwächsen, auch additiver Prozeß genannt, auf einem Wahrscheinlichkeitsraum $(\Omega, \mathfrak{A}, P)$ definierter stochastischer Prozeß $(X_t)_{t\in I}$, $I = \mathbb{N}_0$ oder $I = \mathbb{R}_0^+$, mit Werten in $\mathbb{R}^d$ und der Eigenschaft, daß für alle $n \in \mathbb{N}$ und je endlich viele $0 \leq t_0 < t_1 < \ldots < t_n$ in I die Zufallsvariablen

$$X_{t_0}, X_{t_1} - X_{t_0}, \ldots, X_{t_n} - X_{t_{n-1}}$$

unabhängig sind. Die Differenzen $X_{t_i} - X_{t_{i-1}}$ werden dabei als Zuwächse bezeichnet. Häufig findet man auch die formal schwächere äquivalente Definition, bei der $t_0 = 0$ gefordert wird.

Beispiele für Prozesse mit unabhängigen Zuwächsen sind die ↗Brownsche Bewegung und der ↗Poisson-Prozeß.

Als Verallgemeinerung werden sogenannte Prozesse mit $(\mathfrak{A}_t)$-unabhängigen Zuwächsen betrachtet. Damit meint man einer Filtration $(\mathfrak{A}_t)_{t\in I}$ in $\mathfrak{A}$ adaptierte Prozesse, welche die Eigenschaft besitzen, daß für alle $s, t \in I$ mit $s \leq t$ die Zufallsvariable $X_t - X_s$ von der σ-Algebra $\mathfrak{A}_s$ unabhängig ist. Prozesse mit unabhängigen Zuwächsen im obigen Sinne sind Prozesse mit $(\mathfrak{A}_t)$-unabhängigen Zuwächsen, wenn man als Filtration $(\mathfrak{A}_t)_{t\in I}$ die kanonische Filtration wählt.

Prozeß zweiter Ordnung, auf einem Wahrscheinlichkeitsraum $(\Omega, \mathfrak{A}, P)$ definierter stochastischer Prozeß $(X_t)_{t\in T}$ mit Werten in $\mathbb{R}$ oder $\mathbb{C}$ und der Eigenschaft $E(|X_t|^2) < \infty$ für alle $t \in T$.

Prüfer, Ernst Paul Heinz, deutscher Mathematiker, geb. 10.11.1896 Wilhelmshaven, gest. 4.4.1934 Münster.

Prüfer studierte von 1915 bis 1921 in Berlin, wo er auch promovierte. Er habilitierte sich 1923 in Jena und war ab 1927 an der Universität Münster tätig.

Prüfer arbeitete auf dem Gebiet der abelschen Gruppen und konnte auch für unendliche abelsche Gruppen die Zerlegung in zyklische Faktoren zeigen. Er untersuchte algebraische Zahlen und befaßte sich mit der Knotentheorie.

Prüferscher Ring, ein ↗Integritätsbereich, in dem jedes endlich erzeugte Linksideal und jedes endlich erzeugte Rechtsideal ein ↗projektiver Modul ist.

Prüfer-Transformation, Transformation, die für ein homogenes ↗Sturm-Liouvillesches Eigenwertproblem die Darstellung der Kurve

$$(p(x)u'(x), u(x))$$

in die (ξ, η)-Phasenebene in Polarkoordinaten vermittelt:

$$\begin{aligned} \xi(x) &= p(x)u'(x) = \varrho(x)\cos\phi(x)\,, \\ \eta(x) &= u(x) = \varrho(x)\sin\phi(x)\,. \end{aligned}$$

Sieht man vom trivialen Fall ab, so gehen die Phasenbahnen nicht durch den Nullpunkt. Es ist $\xi, \eta \in C^1(J)$, und es existieren Funktionen $\varrho, \phi \in C^1(J)$ mit $\varrho(x) > 0$ für alle $x \in J$, die die obige Gleichung erfüllen. Durch die Prüfer-Transformation erhält man schließlich mit

$$\phi' = \frac{1}{p}\cos^2\phi + (q + \lambda r)\sin^2\phi$$

eine Differentialgleichung erster Ordnung für ϕ, sowie mit

$$\varrho' = \left(\frac{1}{p} - q - \lambda r\right)\varrho\cos\phi\sin\phi$$

eine Differentialgleichung erster Ordnung für ϱ.

Prym, Friedrich Emil, deutscher Mathematiker, geb. 28.9.1841 Düren, gest. 15.12.1915 Bonn.

Prym war ein Schüler Riemanns. Er studierte von 1859 bis 1862 in Berlin, Heidelberg und Göttingen. 1863 promovierte er in Berlin, 1865 wurde er Professor am damaligen Polytechnikum in Zürich, und 1869 erhielt er eine Professur an der Universität Würzburg, die er bis zu seiner Emeritierung 1909 innehatte.

Pryms Hauptarbeitsgebiet war die Funktionentheorie, stets sah er sich dabei in der Tradition Riemanns. Er publizierte wichtige Resultate über elliptische und abelsche Funktionen.

Pseudodifferentialoperator, ein Integraloperator A von der Form

$$Af(x) = (2\pi)^{-(n+N)/2} \int_{\mathbb{R}^N}\int_{\mathbb{R}^n} e^{i\langle\vartheta, x-y\rangle} a(x,\vartheta)f(y)\,d^ny\,d^N\vartheta\,,$$

typischerweise definiert als Abbildung von $C_0^\infty(\mathbb{R}^N)$ in die Distributionen $\mathcal{D}'(\mathbb{R}^N)$, wobei man a als das Symbol von A bezeichnet.

Damit ist ein Pseudodifferentialoperator ein Spezialfall eines ↗Fourier-Integraloperators mit Phasenfunktion

$$\phi(x, \vartheta, y) = \langle\vartheta, x - y\rangle$$

und Amplitudenfunktion a.

Man fordert weiterhin, daß das Symbol a Element der Symbolklasse $S^m_{\varrho,\delta}$ ist, also

$$|D^\alpha_x D^\beta_\vartheta a(x,\vartheta)| \leq C_{\alpha,\beta}(1+|\vartheta|)^{m-\varrho|\beta|+\delta|\alpha|}$$

für ein geeignetes $m \in \mathbb{Z}$, $0 < \varrho \leq 1$, $0 \leq \delta < 1$, und für Multiindizes $\alpha, \gamma \in \mathbb{N}^n$, $\beta \in \mathbb{N}^N$.

Einen Pseudodifferentialoperator mit Symbol aus $S^m_{\varrho,\delta}$ bezeichnet man als einen Pseudodifferentialoperator der Ordnung m, und man schreibt $A \in \mathrm{OP}^m_{\varrho,\delta}$. Es folgt aus dieser Definition sofort, daß $D^\alpha_x D^\beta_\xi$ die Symbolklasse $S^m_{\varrho,\delta}$ in

$$S^{m-\varrho|\beta|-\delta|\alpha|}_{\varrho,\delta}$$

abbildet, sowie, daß die punktweise Multiplikation $S^m_{\varrho,\delta} \times S^{m'}_{\varrho',\delta'}$ in

$$S^{m+m'}_{\min(\varrho,\varrho'),\max(\delta,\delta')}$$

abbildet.

Ein gut studierter Spezialfall hiervon ist die Symbolklasse S^m, definiert durch diejenigen Symbole $a(x,\xi)$ aus $S^m_{1,0}$, für die es für alle $j \geq 0$ in ξ glatte und für $|\xi| \geq 1$ vom Grade $m-j$ homogene Symbole $a_{m-j}(x,\xi)$ gibt, d. h.

$$p_{m-j}(x,\lambda\xi) = \lambda^{m-j} a_{m-j}(x,\xi)\ |\xi| \geq 1, \lambda \geq 1\,,$$

so daß $a(x,\xi)$ asymptotisch durch die Summe der a_{m-j} gegeben ist, also

$$a(x,\xi) - \sum_{j=0}^{N} a_{m-j}(x,\xi) \in S^{m-N-1}_{1,0}$$

für alle $N \in \mathbb{N}$. Das Symbol p_{m-j} bezeichnet man dann auch als das Hauptsymbol des Pseudodifferentialoperators. Pseudodifferentialoperatoren mit Symbolen aus der Symbolklasse $S^m_{\varrho,\delta}$ bezeichnet man z.T. auch als „kanonische Pseudodifferentialoperatoren", diejenigen mit Symbolen aus der (gutartigeren) Klasse S^m auch einfach als „Pseudodifferentialoperatoren". Im folgenden soll diese Notation verwendet und somit die Symbolklasse S^m zugrunde gelegt werden, obwohl durchaus allgemeinere Resultate existieren.

Ist insbesondere das Symbol ein Polynom in ξ mit glatten Koeffizienten in x, d. h. gilt

$$a(x,\xi) = \sum |\alpha| \leq m c_\alpha(x)\xi^\alpha$$
$$a_m(x,\xi) = \sum |\alpha| = m c_\alpha(x)\xi^\alpha$$

mit nicht identisch verschwindendem a_m, so ist der durch a definierte Pseudodifferentialoperator ein Differentialoperator, a gehört zur Symbolklasse S^m, und a_m ist das Hauptsymbol von A. Ein weiterer Spezialfall von Pseudodifferentialoperatoren sind Integraloperatoren mit glattem Integralkern.

Mit diesen Definitionen zeigt man nun, daß sich ein (kanonischer) Pseudodifferentialoperator T der Ordnung m sehr ähnlich einem Differentialoperator der Ordnung m verhält. T läßt sich nämlich für alle s zu einem beschränkten Operator T_s vom ↗Sobolew-Raum H^{s+m} in den H^s fortsetzen. Anders als Differentialoperatoren vergrößern Pseudodifferentialoperatoren aber den Träger, es läßt sich sogar zeigen, daß ein Pseudodifferentialoperator T dann und nur dann ein Differentialoperator ist, wenn $\mathrm{supp}\, Tu \subset \mathrm{supp}\, u$.

Betrachtet man Pseudodifferentialoperatoren in Vektorbündeln über ↗Mannigfaltigkeiten, will man die Adjunkte eines Pseudodifferentialoperators oder die Verkettung zweier Pseudodifferentialoperatoren berechnen, so entsteht das Problem, daß beim Wechsel der lokalen Koordinaten oder beim Adjungieren zunächst formal nur ein ↗Fourier-Integraloperator entsteht. Der Satz von Kuranishi erlaubt jedoch das Umschreiben gewisser Fourier-Integraloperators in einen Pseudodifferentialoperator unter gewissen Voraussetzungen an die Phasenfunktion und die Amplitudenfunktion, vergleiche hierzu ↗Fourier-Integraloperatoren.

Das Hauptsymbol $a'_m(y,\eta)$ des transformierten Pseudodifferentialoperators läßt sich durch das Hauptsymbol a_m des ursprünglichen Operators ausdrücken: Ist $F : x \mapsto F(x) = y$ die Koordinatenwechsel-Abbildung zwischen den Koordinaten x und y, so gilt

$$a'_m(y,\eta) = a_m(F^{-1}(y), DF(x)\xi)\,,$$

wobei DF die Jacobi-Matrix von F ist. Damit transformiert sich ξ wie ein Kovektor und das Hauptsymbol wie ein Bündelmorphismus, sodaß das Hauptsymbol und der Pseudodifferentialoperator wohldefiniertete globale Objekte darstellen. Damit existiert eine wohldefinierte Abbildung σ_m, die einem Pseudodifferentialoperator der Ordnung m sein Hauptsymbol zuordnet. Diese Abbildung ist durch folgende Eigenschaften charakterisiert: Ist A ein Pseudodifferentialoperator der Ordnung m und B ein Pseudodifferentialoperator der Ordnung n, dann ist

$$\begin{aligned}\sigma_{m+n}(AB) &= \sigma_m(A)\sigma_n(B)\\ \sigma_m(A^*) &= \sigma_m(A)^*\\ \sigma_m(A+B) &= \sigma_m(A)+\sigma_m(B) \text{ für } m = n\,.\end{aligned}$$

Abstrakt formuliert ist die Symbolabbildung ein Algebrenmorphismus von der nichtkommutativen Algebra der Differentialoperatoren der Ordnung m in die kommutative Algebra der kanonischen Symbole der Ordnung m, dessen Kern für kompakte Basismengen die Algebra der kanonischen Pseudodifferentialoperatoren der Ordnung $m-1$ ist.

Pseudodifferentialoperatoren haben ein weites Anwendungsgebiet. Es reicht vom Studium oszillierender Integrale zur Berechnung asymptotischer Reihen von Lösungen von Differentialgleichungen bis zur Semiklassik und zur Theorie elliptischer Operatoren.

In der Semiklassik sucht man zu einer klassischen Observablen einen Pseudodifferentialoperator, dessen Hauptsymbol durch diese Observable gegeben ist. Zusätzlich bringt man im Pseudodifferentialoperator einen Parameter $\hbar$ an, der die physikalische Interpretation des Wirkungsquantums erhält. Man spricht dann von einer „Quantisierung" der klassischen Observablen. Entgegen den klassischen Observablen vertauschen jedoch die quantisierten Größen nicht mehr, was der physikalischen Unschärferelation Rechnung trägt. Man untersucht nun in der Semiklassik den Zusammenhang zwischen den Lösungen der klassischen Bewegungsgleichung und ihrer quantisierten Form in Pseudodifferentialoperatoren, etwa indem man Objekte wie die Wellen-Front-Menge der Lösungen studiert.

In der Theorie der elliptischen Operatoren konstruiert man mit Hilfe von Pseudodifferentialoperatoren zu einem gegeben elliptischen Operator eine ↗Parametrix oder Pseudoinverse, indem man aus dem Inversen des Hauptsymboles des zu untersuchenden Operators einen Pseudodifferentialoperator konstruiert. Aufgrund der Existenz einer Parametrix folgert man, daß der untersuchte Operator sogar ein ↗Fredholm-Operator ist, d. h., die Dimension des Kerns und des Kokerns endlich ist. Weiterhin kann man auf diesem Wege den Regularitätssatz elliptischer Operatoren sowie die ↗Gårding-Ungleichung beweisen.

[1] Hörmander, L.: The analysis of linear partial differential operators I-IV. Springer-Verlag Heidelberg/Berlin, 1985.

[2] Peterson, B.E.: Introduction to the Fourier transform and pseudo-differential operators. Pitman London, 1983.

[3] Taylor, M.E.: Pseudodifferential operators. Princeton Univ. Press, 1981.

Pseudodivision, modifizierte Division zweier Polynome f, g aus dem Polynomenring in einer Veränderlichen über einem Integritätsbereich $R[x]$ mit Rest.

Seien

$$f = \sum_{\nu=0}^{m} f_\nu x^\nu$$

mit $f_i \in R$ für $i = 1, \dots, m$, und $f_m \neq 0$, sowie

$$\alpha = \max\{0,\ \text{Grad}(g) - \text{Grad}(f) + 1\}.$$

Dann existieren $q, r \in R[x]$ so, daß

1. $f_m^\alpha g = qf + r$,

2. $r = 0$ oder $\text{Grad}(r) < m$.

Man nennt $r = \text{prem}(g|f, x)$ den Pseudorest von g bezüglich f und der Variablen x.

Dieses Prinzip kann man jetzt induktiv auf den Fall eines Polynomenringes in mehreren Variablen ausdehnen. Seien $f_1, \dots, f_r \in K[x_1, \dots, x_n]$ so, daß $f_k \in K[x_1, \dots, x_{i_k}] \setminus K[x_1, \dots, x_{i_k - 1}]$ ist, und $g \in K[x_1, \dots, x_n]$, dann ist der Pseudorest von g bezüglich $f_1, \dots, f_r$, $\text{prem}(g|\{f_1, \dots, f_r\})$, induktiv definiert durch

$$\begin{aligned} R_r &= g, \\ R_k &= \text{prem}(R_{k+1} \mid f_{k+1}, x_{i_{k+1}}), \\ R_0 &= \text{prem}(g|\{f_1, \dots, f_r\}). \end{aligned}$$

pseudoeuklidische Geometrie, die Geometrie eines ↗pseudoeuklidischen Raumes.

Darunter versteht man die Gesamtheit von geometrischen Begriffen, Eigenschaften und Beziehungen, die aus den nicht ausgearteten symmetrischen Bilinearformen $B : \mathbb{R}^n \times \mathbb{R}^n \to \mathbb{R}$ hergeleitet werden.

Als Standardbeispiele nicht ausgearteter symmetrischer Bilinearformen dienen die für $\mathfrak{x} = (x_1 \dots, x_n)^\top$, $\mathfrak{y} = (y_1 \dots, y_n)^\top$ durch

$$B^{(k)}(\mathfrak{x}, \mathfrak{y}) = \sum_{i=1}^{n-k} x_i y_i - \sum_{j=n-k+1}^{n} x_j y_j,$$

gegebenen symmetrischen Bilinearformen.

Ist eine umkehrbar eindeutige lineare Abbildung $f : \mathbb{R}^n \to \mathbb{R}^n$ gegeben, so definiert man mit

$$\big(f^*(B)\big)(\mathfrak{x}, \mathfrak{y}) = B(f(\mathfrak{x}), f(\mathfrak{y}))$$

eine neue symmetrische Bilinearform, die man mit $f^*(B)$ bezeichnet. Dann unterscheiden sich die geometrischen Eigenschaften von B und $f^*(B)$ nur in ihrer analytischen Darstellung, und man kann B und $f^*(B)$ als äquivalent ansehen. Nach dem Trägheitssatz von Sylvester gibt es immer eine eindeutig bestimmte natürliche Zahl k mit $0 \leq k \leq n$ und eine lineare Transformation $f \in GL(\mathbb{R}, n)$ derart, daß $f^*(B) = B^{(k)}$ ist. Man nennt k den Index von B.

Präziser wird der Begriff 'Geometrie' im ↗Erlanger Programm von Felix Klein definiert, demzufolge die verschiedenen Geometrien, z. B. euklidische, affine oder konforme Geometrie, durch die jeweilige Gruppe, d. h., die euklidische, affine oder konforme bestimmt werden.

Ist G eine Lie-Gruppe und M eine Mannigfaltigkeit, so nennt man eine differenzierbare Abbildung

$$w : (g, x) \in G \times M \to w(g, x) = g \cdot x \in M$$

eine Gruppenwirkung von G auf M, wenn $e \cdot x = x$ für das Einselement $e \in G$ und $g \cdot (h \cdot x) = (g\,h) \cdot x$ für alle $g, h \in G$ und alle $x \in M$ gilt. So operiert z. B. $O(n, k)$ auf $\mathbb{R}^n$ durch die Matrizenmultiplikation. Aus dieser Wirkung leiten sich Wirkungen von

G auf vielen anderen Räumen ab, z. B. auf kartesischen Produkten $\mathbb{R}^n \times \cdots \times \mathbb{R}^n$, auf der Menge aller Funktionen auf $\mathbb{R}^n$ oder auf der Menge aller linearen Unterräume von $\mathbb{R}^n$.

Jede Lie-Gruppe G bestimmt eine Kategorie, in der die Objekte die aus einer Mannigfaltgkeit M und einer Gruppenwirkung „·" von G bestehenden Paare $(M, \cdot)$, und deren Morphismen alle G-äquvarianten Abbildungen zwischen derartigen Paaren $(M_1, \cdot)$ und $(M_2, \cdot)$ sind.

Die Geometrie einer Gruppe G ist nach Felix Klein die Theorie der Invarianten dieser Wirkungen. Speziell ist die pseudoeuklidische Geometrie die Theorie der Invarianten der ↗pseudoorthogonalen Gruppe

$$O(n, k) = O(B^{(k)}) \subset GL(n, \mathbb{R})$$

der linearen isometrischen Transformationen von $B^{(k)}$.

$(\mathbb{R}^2)^3$ kann man beispielsweise als die Menge aller Dreiecke, ausgeartete Dreiecke eingeschlossen, der pseudoeuklidischen Ebene ansehen. Die pseudoeuklidische Geometrie von $(\mathbb{R}^2)^3$ sucht, ähnlich wie die klassische Euklidische Dreiecksgeometrie, nach Invarianten von Dreiecken, d. h., nach Funktionen auf $(\mathbb{R}^2)^3$, die bei den durch $O(2, 1)$ definierten Bewegungen invariant sind

$O(n, k)$ läßt man auf der Graßmannschen Mannigfaltigkeit $Gr_k(\mathbb{R}^n)$ operieren, indem man einer Transformation $g \in O(n, k)$ und einem Unterraum $U \in Gr_k(\mathbb{R}^n)$ den neuen Unterraum $g(U) \in Gr_k(\mathbb{R}^n)$ zuordnet.

Eine Abbildung $I : Gr_k(\mathbb{R}^n) \to M$ in eine andere Menge M derart, daß die Gleichung $I(U) = I(g(U))$ für alle $g \in O(n, k)$ und alle $U \in Gr_k(\mathbb{R}^n)$ gilt, heißt Invariante.

Eine Menge $I_1, \dots, I_k$ von Invarianten heißt vollständiges Invariantensystem, wenn für alle $U, V \in Gr_k(\mathbb{R}^n)$ die Gleichung $I_j(U) = I_j(V)$ notwendige und hinreichende Bedingung für die Existenz einer pseudoeuklidischen Transformation $g \in O(n, k)$ mit $g(U) = V$ ist.

Das orthogonale Komplement $U^\perp$ eines Unterraumes $U \in Gr_k(\mathbb{R}^n)$ ist ein Element aus $Gr_{n-k}(\mathbb{R}^n)$. Er besteht aus allen Vektoren von $\mathbb{R}^n$, die zu allen Vektoren von U orthogonal sind, d. h., aus allen Vektoren $\mathfrak{x} \in \mathbb{R}^n$ mit $B^{(k)}(\mathfrak{x}, \mathfrak{y}) = 0$ für alle $\mathfrak{y} \in U$.

Im Gegensatz zur Euklidischen Geometrie ist $\mathbb{R}^n$ nicht immer gleich der direkten Summe $U \oplus U^\perp$, es kann vielmehr der Fall eintreten, daß $U \cap U^\perp \neq \{0\}$ ist.

Ein Unterraum $U_0 \subset \mathbb{R}^n$ heißt isotrop oder lichtartig, wenn die Einschränkung der Bilinearform $B^{(k)}$ auf U_0 Null ergibt. Es gilt:

Die maximale Dimension eines in bezug auf die Bilinearform $B^{(k)}$ isotropen Unterraumes von $\mathbb{R}^n$ ist gleich dem Minimum der beiden Zahlen k und $n - k$.

Der Durchschnitt $\mathrm{rad}(U) = U \cap U^\perp$ ist ein isotroper Unterraum, der zu ganz U orthogonal ist. $B^{(k)}$ induziert auf dem Faktorraum $U/\mathrm{rad}(U)$ eine nicht ausgeartete symmetrische Bilinearform, deren Index eine von U abhängende ganze Zahl ist, genannt der Index des Unterraumes U.

Als Defekt von U definiert man die Dimension von $\mathrm{rad}(U)$. Defekt und Index sind Beispiele für ein vollständiges Invariantensystem.

[1] Klein, Felix: Vergleichende Betrachtungen über neuere geometrische Forschungen. Mathematische Annalen, 1893.

pseudoeuklidischer Raum, Tripel $(A, V, \langle\,,\rangle)$ aus einem affinen Punktraum A, dem zugehörigen Vektorraum V und einer indefiniten symmetrischen Bilinearform $\langle\,,\rangle$, d. h. einer symmetrischen Bilinearform mit folgender Eigenschaft: Es existieren Vektoren $\vec{x} \in V$ mit $\langle \vec{x}, \vec{x} \rangle > 0$ und Vektoren $\vec{y} \in V$ mit $\langle \vec{y}, \vec{y} \rangle < 0$.

Hat V endliche Dimension n, so kann man V durch die Wahl einer beliebigen Basis mit dem n-dimensionalen Zahlenraum $\mathbb{R}^n$, und die symmetrische Bilinearform mit einer symmetrischen, nicht ausgearteten Bilinearform $\widetilde{B}$ auf $\mathbb{R}^n$ identifizieren. Die Werte von $\widetilde{B}$ auf den Vektoren der kanonischen Basis $\mathfrak{e}_1, \dots, \mathfrak{e}_n$ von $\mathbb{R}^n$ bilden eine symmetrische Matrix

$$\mathcal{B} = \left(\widetilde{B}(\mathfrak{e}_i, \mathfrak{e}_j)\right)_{i,j=1,\dots,n}$$

mit $\det(\mathcal{B}) \neq 0$. Die Bilinearform $\widetilde{B}$ wird aus $\mathcal{B}$ über die Gleichung $\widetilde{B}(\mathfrak{x}, \mathfrak{y}) = \mathfrak{x}^\top \mathcal{B} \mathfrak{y}$ als Matrizenprodukt zurückgewonnen, wobei $\mathfrak{x}, \mathfrak{y} \in \mathbb{R}^n$ als Spaltenvektoren der Länge n angesehen werden.

$\mathcal{B}$ besitzt als symmetrische Matrix nur reelle Eigenwerte. Es existieren Basen $\mathfrak{f}_1, \dots, \mathfrak{f}_n$ derart, daß die Matrix $\widetilde{B}(\mathfrak{f}_i, \mathfrak{f}_j)$ Diagonalgestalt hat und in der Hauptdiagonalen nur mit Elementen der Form ± 1 besetzt ist. Solche Basen heißen auch pseudoorthonormiert.

Eine indefinite symmetrische Bilinearform innerhalb des $\mathbb{R}^3$ wird beispielsweise durch

$$\begin{aligned}
\langle(1,0,0),(1,0,0)\rangle &= 1, & \langle(0,1,0),(0,1,0)\rangle &= 1,\\
\langle(0,0,1),(0,0,1)\rangle &= -1, & \langle(1,0,0),(0,1,0)\rangle &= 0,\\
\langle(1,0,0),(0,0,1)\rangle &= 0, & \langle(0,1,0),(0,0,1)\rangle &= 0
\end{aligned}$$

gegeben. Bezüglich dieser Bilinearform ergibt sich für das Produkt zweier Vektoren $\vec{x}_1 = (x_1, y_1, z_1)$ und $\vec{x}_2 = (x_2, y_2, z_2)$:

$$\langle \vec{x}_1, \vec{x}_2 \rangle = x_1 x_2 + y_1 y_2 - z_1 z_2 \,. \quad (1)$$

Die Länge eines Vektors $\vec{x} = (x, y, z)$ sowie der Abstand zweier Punkte A, B mit $A = (x_A, y_A, z_A)$ und

$B = (x_B, y_B, z_B)$ werden dann durch folgende Gleichungen bestimmt:

$$|\vec{x}| = \sqrt{x^2 + y^2 - z^2}\,, \qquad (2)$$

$$|AB| = \sqrt{(x_B - x_A)^2 + (y_B - y_A)^2 - (z_B - z_A)^2}\,. \qquad (3)$$

Die Definition des Winkels ϕ zweier Vektoren $\vec{x}_1$ und $\vec{x}_2$ im pseudoeuklidischen Raum unterscheidet sich formal nicht von der im euklidischen Raum:

$$\cos\phi = \cos\angle(\vec{x}_1, \vec{x}_2) = \frac{\langle \vec{x}_1, \vec{x}_2 \rangle}{|\vec{x}_1| \cdot |\vec{x}_2|}\,. \qquad (4)$$

Jedoch kann (im Gegensatz zum euklidischen Raum) sich nun aus (4) durchaus für $\cos\phi$ ein Wert ergeben, der größer ist als Eins. Da dies für den Cosinus eines reellen Winkels nicht zutreffen kann, ist ϕ in diesem Falle imaginär, es gilt also $\phi = \psi \cdot i$, wobei $\psi \in \mathbb{R}$ und i die imaginäre Einheit ist. Da für reelle ψ stets $\cos(\psi \cdot i) = \cosh \psi$ gilt, kann für diesen Fall der Winkel ϕ zwischen den Vektoren $\vec{x}_1$ und $\vec{x}_2$ durch

$$\angle(\vec{x}_1, \vec{x}_2) = \psi \cdot i \quad \text{mit} \quad \cosh\psi = \frac{\langle \vec{x}_1, \vec{x}_2 \rangle}{|\vec{x}_1| \cdot |\vec{x}_2|} \qquad (5)$$

berechnet werden.

Aus (3) geht hervor, daß der Abstand zweier Punkte eine positive reelle Zahl, Null oder eine imaginäre Zahl sein kann. Damit ein Punkt A vom Koordinatenursprung $O = (0, 0, 0)$ den Abstand Null hat, muß wegen (3)

$$x_A^2 + y_A^2 - z_A^2 = 0 \quad \text{bzw.} \quad z_A = \pm\sqrt{x_A^2 + y_A^2}$$

gelten. Dies bedeutet, daß die Punkte, die von O den Abstand Null haben, auf der Mantelfläche eines Kegels liegen, dessen Spitze der Koordinatenursprung O und dessen Achse die z-Achse ist. Dieser Kegel heißt *isotroper Kegel*. (Natürlich handelt es sich nur aus äußerer, euklidischer Sicht um einen Kegel. Aus innerer, pseudoeuklidischer Sicht ist der isotrope Kegel eine Sphäre mit dem Radius Null.)

Alle Punkte mit imaginärem Abstand zu O liegen innerhalb, und alle Punkte mit positivem reellen Abstand zu O außerhalb des isotropen Kegels.

Pseudograph, besteht aus einer endlichen nicht leeren Menge $E(G)$ (G der zu beschreibende Pseudograph) von *Ecken*, einer endlichen (zu $E(G)$ disjunkten) Menge $K(G)$ von *Kanten*, und einer Abbildung, die jeder Kante $k \in K(G)$ zwei (verschiedene oder gleiche) Ecken x und y zuordnet.

Werden einer Kante $k \in K(G)$ zwei gleiche Ecken $x = y$ zugeordnet, so spricht man von einer Schlinge oder Schleife, die mit x inzidiert. Sind zwei verschiedenen Kanten k und l jeweils die gleichen Ecken x und y zugeordnet ($x = y$ ist zulässig), so sind k und l parallele Kanten.

Pseudographen ohne Schlingen heißen Multigraphen. Ein Multigraph ohne parallele Kanten ist ein ↗Graph. Die für Graphen definierten Begriffe lassen sich im allgemeinen völlig analog auf Pseudographen übertragen. Schlingen haben in der Graphentheorie nur eine ganz geringe Bedeutung, aber parallele Kanten sind doch bei verschiedenen theoretischen und praktischen Problemen von Nutzen.

Pseudo-Inverse, Verallgemeinerung des Konzepts einer inversen Matrix für singuläre und nichtquadratische Matrizen.

Es sei A eine $(m \times n)$-Matrix über dem Körper $\mathbb{K}$. Die $(n \times m)$-Matrix B heißt Pseudo-Inverse von A, wenn

$$ABA = A \quad \text{und} \quad BAB = B$$

gilt. Offenbar ist jede ↗Moore-Penrose-Inverse eine Pseudo-Inverse, jedoch nicht umgekehrt. Allerdings ist die Notation in der Literatur leider nicht ganz einheitlich, manche Autoren bezeichnen auch die gerade definierte Matrix B als Moore-Penrose-Inverse, benutzen beide Bezeichnungen also synonym.

Die Pseudo-Inverse ist ein nützliches Hilfsmittel, wenn bei Algorithmen Singularitäten auftreten. Beispielsweise läßt sie sich beim Newtonverfahren einsetzen, wenn die Ableitung $Df(x_k)$ der untersuchten Funktion in einem Iterationspunkt singulär wird. Dann kann man versuchen, den nächsten Iterationspunkt durch Übergang zur Pseudo-Inversen von $Df(x_k)$ zu ermitteln.

[1] Rao, C. R.; Mitra, S. K.: Generalized Inverse of Matrices and Its Applications. Wiley New York, 1971.

Pseudokomplement, zu einem Element v eines Verbandes $(V, \leq)$ mit Nullelement ein Element u aus V mit $\inf(v, u) = 0$ und $x \leq u$ für alle $x \in V$ mit $\inf(v, x) = 0$.

Hierbei bezeichnet $\inf(a, b)$ das Infimum der Elemente a und b und 0 das Nullelement des Verbandes. Das Pseudokomplement eines Elementes $v \in V$ ist somit das größte ↗Halbkomplement von v. Jedes Element kann höchstens ein Pseudokomplement besitzen.

pseudokomplementärer Verband, ein ↗Verband mit Nullelement, in dem jedes Element ein ↗Pseudokomplement besitzt.

pseudokonvexe Hülle, Begriff in der Funktionentheorie mehrerer Variabler.

Sei $X \subset \mathbb{C}^n$ ein Bereich und $B \subset X$. Dann ist die pseudokonvexe Hülle von B in X (in Analogie zu der holomorph konvexen Hülle $\widehat{B}_{\mathcal{O}(X)}$) definiert durch $\widetilde{B} := \{x \in X \mid h(x) \leq \sup_{z \in B} h(z)$ für jede ↗plurisubharmonische Funktion $h : X \to \mathbb{R} \cup \{-\infty\}\}$.

pseudokonvexer Bereich, *pseudokonvexes Gebiet*, fundamentaler Begriff in der Funktionentheorie mehrerer Variabler.

Für einen Bereich (ein Gebiet) $X \subset \mathbb{C}^n$ und eine Norm β auf $\mathbb{C}^n$ bezeichne $B_\beta(a; r)$ den (offenen) β-Ball vom Radius $r > 0$ um a im $\mathbb{C}^n$, und $\delta_{X,\beta}$: $X \to \mathbb{R} \cup \{\infty\}$,

$$x \mapsto dist_\beta(x, \partial X) = sup\,\{r; B_\beta(x; r) \subset X\}$$

die β-Rand-Abstandsfunktion. X heißt pseudokonvex, wenn eine der folgenden äquivalenten Bedingungen erfüllt ist:

i) Für jede Norm β auf $\mathbb{C}^n$ ist die Funktion

$$-\log \delta_{X,\beta} : X \to \mathbb{R}$$

plurisubharmonisch (↗plurisubharmonische Funktion).

ii) Es existiert eine Norm β, so daß $-\log \delta_{X,\beta}$: $X \to \mathbb{R}$ plurisubharmonisch ist.

iii) Es existiert eine plurisubharmonische Funktion $u : X \to \mathbb{R}$, die eigentlich und beschränkt von unten ist, d. h., für jedes $r \in \mathbb{R}$ liegt $X_r := \{x \in X \mid u(x) < r\}$ relativkompakt in X.

iv) Für jede kompakte Menge $K \subset X$ ist die pseudokonvexe Hülle $\widetilde{K}$ kompakt.

v) Für jede komplexe Scheibe $B \subset \mathbb{C}$ und jede stetige Abbildung $\phi : I \times \mathbb{C} \to \mathbb{C}^n$, so daß ϕ_t : $\mathbb{C} \to \mathbb{C}^n$, $z \mapsto \phi(t, z)$ holomorph ist und $\phi_t(\partial B) \subset X$ für alle $t \in I$, gilt die folgende Aussage: Die Inklusion $\phi_t(B) \subset X$ gilt entweder für alle $t \in I$ oder für kein $t \in I$. Dabei sei $I := [0, 1]$.

Ein beschränkter Bereich $X \subset \mathbb{C}^n$, der relativ kompakt in $\mathbb{C}^n$ liegt, heißt streng pseudokonvex, wenn es auf einer Umgebung U von ∂X eine streng plurisubharmonische Funktion φ gibt, so daß

$$X \cap U = \{z \in U \mid \varphi(z) < 0\}$$

gilt.

pseudokonvexes Gebiet, ↗ pseudokonvexer Bereich.

Pseudometrik, Abstandsfunktion auf einer Menge, die keinen echt positiven Abstand garantiert.

Es sei M eine Menge. Dann heißt eine Abbildung $d : M \times M \to \mathbb{R}$ eine Pseudometrik, falls gelten:
(1) $d(x, x) = 0$ für alle $x \in M$;
(2) $d(x, y) = d(y, x)$ für alle $x, y \in M$;
(3) $d(x, z) \le d(x, y) + d(y, z)$ für alle $x, y, z \in M$.

Verlangt man noch zusätzlich, daß für $x, y \in M$ mit $x \neq y$ stets $d(x, y) > 0$ gilt, so spricht man von einer Metrik (↗metrischer Raum). Bei einer Pseudometrik folgt zwar aus

$$0 = d(x, x) \le d(x, y) + d(y, x) = 2d(x, y)$$

sofort, daß $d(x, y) \ge 0$ gilt, aber die echte Positivität ist nicht gewährleistet.

Pseudonorm, normähnliche Abbildung, die jedoch nicht alle Eigenschaften einer echten ↗Norm besitzt.

Zum einen wird der Begriff Pseudonorm verwendet für eine „Norm", die den Wert ∞ annehmen kann.

Manchmal wird auch eine Abbildung $p : X \to [0, \infty)$, X ein Vektorraum über einem Körper $\mathbb{F}$, als Pseudonorm (oder auch Halbnorm) bezeichnet, die die Eigenschaft einer Norm $p(x) = 0 \Rightarrow x = 0$ nicht erfüllt (↗Pseudometrik).

Ein wichtiges Beispiel hierfür findet man unter dem Stichwort ↗Pseudonorm auf dem Ring C_X.

Pseudonorm auf dem Ring C_X, grundlegender Begriff für die Beschreibung der Topologie der uniformen Konvergenz auf kompakten Teilmengen.

Für jeden Bereich $X \subset \mathbb{C}^n$ besitzt der Ring C_X der stetigen komplexwertigen Funktionen auf X die natürliche Topologie eines Funktionenraumes. Versehen mit dieser Topologie ist C_X ein topologischer Ring. Diese Topologie ist folgendermaßen definiert: Für jede kompakte Teilmenge $K \subset X$ und jede reelle Zahl $\varepsilon > 0$ sei

$$U(K, \varepsilon) = \{f \in C_X \mid f(z) < \varepsilon \text{ für alle } z \in K\}.$$

Die Mengen $U(K, \varepsilon)$ für alle solchen K und ε werden als eine Basis für die offenen Umgebungen des Nullelementes von C_X, der Funktion $f \equiv 0$, gewählt. Eine Folge von Funktionen $f_\nu \in C_X$ konvergiert genau dann gegen eine Funktion $f \in C_X$, wenn die Funktionen f_ν auf jeder kompakten Teilmenge von X gleichmäßig gegen f konvergieren. Daher nennt man diese Topologie auch „die Topologie der uniformen Konvergenz auf kompakten Teilmengen". Offensichtlich ist der Ring C_X vollständig bezüglich dieser Topologie.

Diese Topologie kann auch in der folgenden, äquivalenten Form definiert werden: Für jede kompakte Teilmenge $K \subset X$ und jedes $f \in C_X$ sei

$$\|f\|_K = \sup_{z \in K} |f(z)|.$$

Da f stetig und K kompakt ist, ist der Wert $\|f\|_K$ eine wohldefinierte, endliche reelle Zahl, und die Abbildung $f \mapsto \|f\|_K$ ist eine Pseudonorm auf dem Ring C_X, da gilt

$$\|f + g\|_K \le \|f\|_K + \|g\|_K$$

und

$$\|fg\|_K \le \|f\|_K \cdot \|g\|_K$$

für beliebige $f, g \in C_X$. Für eine Konstante $c \in \mathbb{C}$ gilt $\|cf\|_K = |c| \cdot \|f\|_K$. Die Abbildung ist keine Norm, da aus $\|f\|_K = 0$ nicht folgt $f \equiv 0$. Es gilt vielmehr $f \equiv 0$ genau dann, wenn $\|f\|_K = 0$ für jedes K. Die offenen Basisumgebungen des Nullelementes in der Topologie auf C_X können geschrieben werden als

$$U(K, \varepsilon) = \{f \in C_X \mid \|f\|_K < \varepsilon\}.$$

pseudoorthogonale Gruppe, die Untergruppe $O(B) \subset GL(n, \mathbb{R})$ aller linearen Transformationen $f : \mathbb{R}^n \to \mathbb{R}^n$, die eine gegebene nicht ausgeartete symmetrische Bilinearform $B : \mathbb{R}^n \times \mathbb{R}^n \to \mathbb{R}$ invariant lassen.

Eine lineare Transformation $\alpha \in GL(n, \mathbb{R})$ gehört genau dann zu $O(B)$, wenn $B(\alpha(\mathfrak{x}), \alpha(\mathfrak{y})) = B(\mathfrak{x}, \mathfrak{y})$ für alle $\mathfrak{x}, \mathfrak{y} \in \mathbb{R}^n$ gilt.

Man kann zu einer ↗pseudoorthonormierten Basis von $\mathbb{R}^n$ übergehen und voraussetzen, daß B die Gestalt

$$B(\mathfrak{x}, \mathfrak{y}) = \sum_{i=1}^{n-k} x_i y_i - \sum_{j=n-k+1}^{k} x_j y_j$$

hat, wobei k der Index von B ist. Ist $\mathcal{D}_k$ die Diagonalmatrix

$$\mathcal{D}_k = \mathrm{diag}(\underbrace{1, \dots, 1}_{n-k \text{ mal}}, \underbrace{-1, \dots, -1}_{k \text{ mal}}),$$

und setzt man voraus, daß die kanonische Basis $\mathfrak{e}_1, \dots, \mathfrak{e}_n$ von $\mathbb{R}^n$ pseudoorthonormiert bezüglich B ist, was sich durch einen Basiswechsel stets erreichen läßt, so ist B durch $B(\mathfrak{x}, \mathfrak{y}) = \mathfrak{x}^\top \mathcal{D}_k \mathfrak{y}$ als Matrizenprodukt gegeben, wenn $\mathfrak{x}, \mathfrak{y} \in \mathbb{R}^n$ als Spaltenmatrizen angesehen werden. Ist ferner $\mathcal{A}$ die Matrix der linearen Transformation $\alpha \in GL(n, \mathbb{R})$, so gilt $\alpha(\mathfrak{x}) = \mathcal{A}\mathfrak{x}$, und $B(\alpha(\mathfrak{x}), \alpha(\mathfrak{y})) = B(\mathfrak{x}, \mathfrak{y})$ ist gleichwertig zu der Beziehung

$$\mathcal{A}^\top \mathcal{D}_k \mathcal{A} = \mathcal{D}_k. \quad (1)$$

Die Gruppe der Matrizen, die die Gleichung (1) erfüllen, wird pseudoorthogonale Gruppe genannt und mit $O(n, k)$ bezeichnet. Die Elemente von $O(n, k)$ heißen pseudoorthogonale Matrizen. Die Untergruppe $SO(n, k) \subset O(n, k)$ der Matrizen $\mathcal{A}$ mit $\det(\mathcal{A}) = 1$ heißt spezielle pseudoorthogonale Gruppe. $SO(2, 1)$ besteht z. B. aus allen Matrizen

$$\mathcal{A}_t = \pm \begin{pmatrix} \cosh t & -\sinh t \\ -\sinh t & \cosh t \end{pmatrix} \text{ mit } t \in \mathbb{R}.$$

Die pseudoorthogonale Gruppe einer jeden nicht ausgearteten symmetrischen Bilinearform B vom Index k auf einem beliebigen n-dimensionalen reellen Vektorraum V ist zu $O(n, k)$ isomorph.

$O(n, k)$ und $SO(n, k)$ sind reelle Lie-Gruppen der gleichen Dimension $\frac{n(n-1)}{2}$, und $SO(n, k)$ ist eine bezüglich der Toplogie von $O(n, k)$ sowohl offene als auch abgeschlossene Untergruppe.

pseudoorthonormierte Basis, eine Basis eines ↗pseudoeuklidischen oder ↗pseudounitären Raumes V, deren Vektoren paarweise zueinander senkrecht sind und die Länge 1 oder −1 haben.

Wir beschränken uns auf den pseudoeuklidischen Fall. Es sei $\mathfrak{x}, \mathfrak{y} \in V \to \langle \mathfrak{x}, \mathfrak{y} \rangle \in \mathbb{R}$ das Skalarprodukt von V und k der Index von $\langle .,. \rangle$. In dem durch eine pseudoorthonormierte Basis $\mathfrak{e}_1, \dots, \mathfrak{e}_n$ definierten Koordinatensystem $\mathfrak{x} = \sum_{i=1}^n x_i \mathfrak{e}_i \in V \to (x_1, \dots, x_n) \in \mathbb{R}^n$ gilt dann bei passender Wahl der Reihenfolge der Vektoren $\mathfrak{e}_i$

$$\langle \mathfrak{x}, \mathfrak{y} \rangle = \sum_{i=1}^{n-k} x_i y_i - \sum_{j=n-k+1}^{n} x_j y_j.$$

Aus dem Skalarprodukt $\langle .,. \rangle$ abgeleitete geometrische Größen und Beziehungen werden in diesem Koordinatensystem durch besonders einfache Ausdrücke und Gleichungen beschrieben. Zunächst sind die Koordinaten von $\mathfrak{x} \in V$ durch $x_i = \pm \langle \mathfrak{x}, \mathfrak{e}_i \rangle$ gegeben, wobei das positive Vorzeichen für $i = 1, \dots, n-k$ gilt.

Für das Quadrat der pseudoeuklidischen Länge $|\mathfrak{x}|$ eines Vektors $\mathfrak{x} = (x_1, \dots, x_n)^\top$ gilt die Gleichung

$$|\mathfrak{x}|^2 = \sum_{i=1}^{n-k} x_i^2 - \sum_{j=n-k+1}^{n} x_j^2.$$

Ist schließlich $U^m \subset V$ ein m-dimensionaler linearer Unterraum derart, daß die Einschränkung von $\langle .,. \rangle$ auf U nicht ausgeartet ist, so gibt es immer eine angepaßte pseudoorthonormierte Basis $\mathfrak{f}_1, \dots, \mathfrak{f}_m, \mathfrak{f}_{m+1}, \dots, \mathfrak{f}_n$ von V, d. h., eine Basis derart, daß die ersten m Vektoren $\mathfrak{f}_1, \dots, \mathfrak{f}_m$ eine pseudoorthonormierte Basis von U^m bilden. Die orthogonale Projektion $p_U(\mathfrak{x})$ eines Vektors $\mathfrak{x} \in V$ auf U erhält man aus

$$p_U(\mathfrak{x}) = \sum_{i=1}^{m} \pm \langle \mathfrak{x}, \mathfrak{f}_i \rangle \, \mathfrak{f}_i,$$

wobei in dieser Summe die Vorzeichen durch die Vorzeichen von $\langle \mathfrak{f}_i, \mathfrak{f}_i \rangle$ gegeben sind.

pseudo-polynomielle Rechenzeiten, Rechenzeiten, die polynomiell bezogen auf die Eingabelänge und die Größe der in der Eingabe vorkommenden Zahlen sind.

Ein Algorithmus mit pseudo-polynomieller Rechenzeit hat für Eingaben, die nur polynomiell große Zahlen beinhalten, polynomielle Rechenzeit. Derartige Algorithmen gibt es für das ↗Rucksackproblem und die ↗Primzahlerkennung. Für ein ↗streng NP-vollständiges Problem kann es einen Algorithmus mit pseudo-polynomieller Rechenzeit nur geben, wenn NP=P (↗NP-Vollständigkeit) ist.

Pseudoprimzahl, eine zusammengesetzte Zahl n mit der Eigenschaft

$$2^n \equiv 2 \mod n. \quad (1)$$

Ist allgemeiner a eine natürliche Zahl ≥ 2, und erfüllt n die Kongruenz

$$a^n \equiv a \mod n, \quad (2)$$

so nennt man n eine *Pseudoprimzahl zur Basis a* oder einfach *a-Pseudoprimzahl*.

Erfüllt die zusammengesetzte Zahl n die Kongruenz (1) für alle $a \in \mathbb{N}$ mit $a \geq 2$, so heißt n auch *absolute Pseudoprimzahl* oder ↗Carmichael-Zahl.

Die Motivation, solche Zahlen zu betrachten, kommt vom kleinen Satz von Fermat: Danach erfüllt eine Primzahl $n = p$ die Kongruenz (2) für jede natürliche Zahl $a \geq 2$.

Nach Dickson [1] glaubte Leibniz folgende Behauptung bewiesen zu haben:

(Z) Eine natürliche Zahl n ist genau dann eine Primzahl, wenn sie die Kongruenz (1) erfüllt.

Manchmal wird diese Behauptung der chinesischen Mathematik aus der Zeit von Konfuzius zugeschrieben; daher heißt die Kongruenz (1) auch *Chinesische Kongruenz*. Wie Ribenboim in seinem Buch [2] nachweist, beruht dies jedoch auf einem Übersetzungsfehler.

Die Behauptung (Z) ist falsch: Sarrus bewies 1819 die Kongruenz

$$2^{341} \equiv 2 \mod 341,$$

und fand damit die erste Pseudoprimzahl $341 = 11 \cdot 31$.

Anfang des 20. Jahrhunderts wurden verschiedene Methoden entwickelt, u. a. von Cipolla und Lehmer, unendliche Folgen von Pseudoprimzahlen zu erzeugen. Erdős bewies 1949, daß es zu jedem $k \geq 2$ unendlich viele Pseudoprimzahlen gibt, von denen jede das Produkt von k verschiedenen Primzahlen ist.

Interessant ist noch das folgende offene Problem:

(a) Gibt es unendlich viele ganze Zahlen $n > 1$ mit $2^n \equiv 2 \bmod n^2$?

Rotkiewicz zeigte 1965, daß dieses Problem zu jedem der folgenden äquivalent ist:

(b) Gibt es unendlich viele Pseudoprimzahlen, die zugleich Quadratzahlen sind?

(c) Gibt es unendlich viele Primzahlen p mit $2^p \equiv 2 \bmod p^2$?

[1] Dickson, L. E.: History of the Theory of Numbers, Volume I. New York, 1971.

[2] Ribenboim, P.: The New Book on Prime Number Records. New York, 1996.

pseudo-Riemannsche Geometrie, die Untersuchung der geometrischen Eigenschaften von ↗pseudo-Riemannschen Mannigfaltigkeiten, speziell von Kurven und Flächen.

Der Zusatz 'pseudo' soll diese Klasse von den eigentlichen Riemannschen Mannigfaltigkeiten unterscheiden, deren Metrik positiv definit ist.

Es sei (M, g) eine mit einem metrischen Fundamentaltensor g vom Index $k > 0$ versehene pseudo-Riemannsche Mannigfaltigkeit. Die Bogenlänge einer Kurve $\gamma : [a, b] \subset \mathbb{R} \to M$ ist ebenso wie in der ↗eigentlichen Riemannschen Geometrie durch das Integral

$$L(\gamma) = \int_a^b \sqrt{g\left(\frac{d\gamma(\tau)}{d\tau}, \frac{d\gamma(\tau)}{d\tau}\right)}\, d\tau$$

definiert. $L(\gamma)$ kann hier beliebige komplexe Werte annehmen, da der Integrand imaginär werden kann. Der ↗Levi-Civita-Zusammenhang ∇ von (M, g) ist der eindeutig bestimmte torsionsfreie lineare Zusammenhang auf M, für den $\nabla g = 0$ ist. Mit seiner Hilfe werden analog zur eigentlichen Riemannschen Geometrie geodätische Kurven $\gamma(t)$ durch die Gleichung $\nabla_{\dot\gamma(t)}\dot\gamma(t) = 0$ definiert. Sie sind hier aber nicht mehr im Kleinen Kürzeste, d. h. keine Extremwerte des Funktionals $L(\gamma)$. Sie bleiben aber stationäre Punkte des Längenfunktionals.

Hat (M, g) den Index $n - 1$, so ist jedes hinreichend kleine geodätische Segment $\gamma : [a, b] \subset \mathbb{R} \to M$ mit reeller Länge $L(\gamma)$ die längste Verbindungskurve zwischen Anfangspunkt $A = \gamma(a)$ und Endpunkt $B = \gamma(b)$.

pseudo-Riemannsche Mannigfaltigkeit, eine mit einem ↗metrischen Fundamentaltensor g vom Index $k > 0$ versehene differenzierbare Mannigfaltigkeit M.

Die pseudo-Riemannsche Metrik g definiert in jedem Tangentialraum $T_x(M)$ eine nicht ausgeartete symmetrische Bilinearform $\langle X, Y\rangle = g_x(X, Y)$. Hat M die Dimension n, und sind $Z_1, \dots, Z_n$ linear unabhängige, auf einer offenen Menge $\mathcal{U} \subset M^n$ definierte differenzierbare Vektorfelder, so ist die Einschränkung von g auf $\mathcal{U}$ durch die Funktionen $g_{ij}(x) = g(Z_i(x), Z_j(x))$ bestimmt. Die aus diesen Funktionen gebildete Matrix

$$G(x) = \left(g_{ij}(x)\right)_{i,j=1,\dots,n}$$

ist die lokale analytische Beschreibung von g.

Die Eigenschaft, nicht ausgeartet zu sein, ist äquivalent dazu, daß die Determinante von G ungleich Null ist. Die Eigenwerte von G können als stetige reelle Funktionen auf $\mathcal{U}$ angesehen werden, die überall ungleich Null sind. Daraus folgt, daß, sofern M topologisch zusammenhängend ist, immer gleich viele Eigenwerte mit positiven bzw. negativen Vorzeichen auftreten. Der Index von g ist gleich der Anzahl der negativen unter diesen Eigenwerten. Er hängt nicht von der Wahl der Basis $Z_1, \dots, Z_n$ ab. Sind X und Y zwei auf $\mathcal{U}$ definierte Felder von Tangentialvektoren, die in der Basis $Z_1, \dots, Z_n$ die Darstellungen $X = \sum_{i=1}^n \xi^i Z_i$ bzw. $Y = \sum_{i=1}^n \eta^j Z_j$ als Linearkombinationen haben, so ist

$$\langle X, Y\rangle = \sum_{i,j=1}^n g_{ij}\xi^i\eta^j .$$

Im Gegensatz zur ↗eigentlichen Riemannschen Geometrie existieren pseudo-Riemannsche Metriken nicht auf allen Mannigfaltigkeiten. Die Eulersche Charakteristik $\chi(M)$ einer kompakten differenzierbaren Mannigfaltigkeit M ist die alternierende Summe

$$\chi(M) = \sum_{i=0}^{n} (-1)^i B_i$$

der Betti-Zahlen B_i. B_i ist der Rang der i-ten singulären Homologiegruppe $H_i(M)$ von M. Die Zahl $\chi(M)$ ist genau dann gleich Null, wenn auf M ein Vektorfeld X existiert, das nirgenwo verschwindet. Der ↗Satz vom Igel besagt z. B., daß die zweidimensionale Sphäre $S^2 \subset \mathbb{R}^3$ diese Eigenschaft nicht hat. Das Verschwinden von $\chi(M)$ ist dann auch notwendig und hinreichend für die Existenz eines 1-dimensionalen Richtungsfeldes, d. h., eines stetigen Feldes 1-dimensionaler linearer Unteräume $E_x^1 \subset T_x(M)$ der Tangentialräume $T_x(M)$, $(x \in M)$. Existiert auf M eine pseudo-Riemannsche Metrik vom Index 1, dann existiert auch ein 1-dimensionales Richtungsfeld von ↗lichtartigen Unteräumen. Das zeigt eine Beziehung zwischen der Existenz einer pseudo-Riemannschen Metrik vom Index 1 und der Eulerschen Charakteristik $\chi(M)$.

Auf einer kompakten Mannigfaltigkeit M existieren pseudo-Riemannsche Metriken vom Index 1 genau dann, wenn $\chi(M) = 0$ ist.

Aus einer Riemannschen Metrik g auf einer kompakten Mannigfaltigkeit M und einem Einheitsvektorfeld E auf M $(g(E, E) = 1)$ gewinnt man eine ↗quadratische Form Q vom Index 1 durch

$$Q(X) = g(X - Eg(X,E), X - Eg(X,E))^2 - g(X,E)^2 .$$

Pseudosphäre, Rotationsfläche konstanter negativer Krümmung im $\mathbb{R}^3$.

Der Name 'Pseudosphäre' wurde dieser Fläche verliehen, weil sie wegen ihrer konstanten negativen Krümmung ein Pendant zur Sphäre, einer Fläche konstanter positiver Krümmung ist.

Bei der Suche nach parametrischen Flächen $\Phi(u, v)$ konstanter negativer ↗Gaußscher Krümmung k steht man vor der Aufgabe, Lösungen der nichtlinearen partiellen Differentialgleichung zu finden, die sich ergibt, wenn man den Ausdruck

$$\frac{\langle \Phi_{uu}, \Phi_u \times \Phi_v \rangle \langle \Phi_{vv}, \Phi_u \times \Phi_v \rangle - \langle \Phi_{uv}, \Phi_u \times \Phi_v \rangle^2}{|\Phi_u \times \Phi_v|^4}$$

für die Gaußsche Krümmung der Fläche $\Phi(u, v)$ gleich dem konstanten Wert k setzt.

Rotationsflächen entstehen z. B. durch Drehung einer ebenen parametrisierten Kurve $\alpha(t) = (\xi(t), 0, \eta(t))^\top$ um die z-Achse und haben eine Parameterdarstellung der Form

$$\Phi(u, v) = (\cos(u)\xi(v), \sin(u)\xi(v), \eta(v))^\top .$$

Sie besitzen eine einparametrige Familie von Isometrien, die sich aus diesen Drehungen zusammensetzt. Daher hängt die Gaußsche Krümmung von $\Phi(u, v)$ nur vom Parameter v ab. Setzt man außerdem noch $\xi'^2(t) + \eta'^2(t) = 1$ voraus, so ist die Gaußsche Krümmung von $\Phi(u, v)$ die Funktion $-\xi''(v)/\xi(v)$, und die partielle Differentialgleichung reduziert sich auf die gewöhnliche lineare Differentialgleichung

$$-\xi''(v)/\xi(v) = k .$$

Man erhält eine zweiparametrige Schar von Lösungen, aus denen sich für geeignete Integrationskonstanten die durch

$$\left.\begin{array}{l} \xi(t) = a\,e^{-t/a} \\ \eta(t) = \int_0^t \sqrt{1 - e^{-2\tau/a}}\,d\tau \end{array}\right\} \text{ für } 0 \le t < \infty$$

$$\left.\begin{array}{l} \xi(t) = a\,e^{t/a} \\ \eta(t) = \int_0^t \sqrt{1 - e^{2\tau/a}}\,d\tau \end{array}\right\} \text{ für } \infty < t \le 0$$

definierte Kurve $\alpha(t) = (\xi(t), 0, \eta(t))^\top$ ergibt. Diese Funktionen ergeben eine Reparametrisierung der ↗Traktrix.

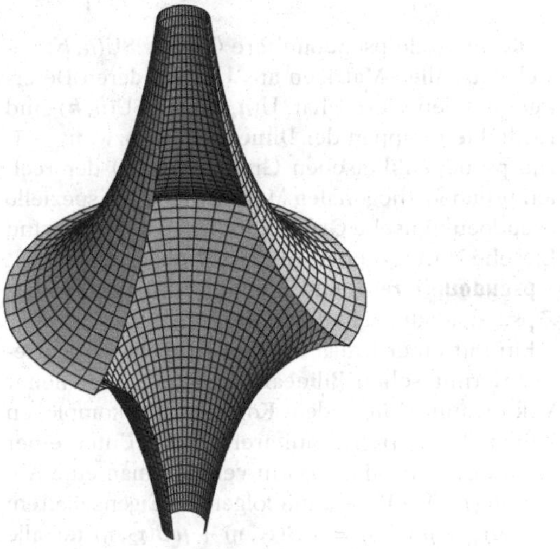

pseudounitäre Geometrie, komplexes Analogon der ↗pseudoeuklidischen Geometrie.

Sie ist die Geometrie eines ↗pseudounitären Raumes V, wobei die Allgemeinheit des Begriffes nicht eingeschränkt wird, wenn man statt V den mit der Hermiteschen Bilinearform

$$B(\mathfrak{z}, \mathfrak{w}) = \sum_{i=1}^{n-k} z_i \overline{w_i} - \sum_{j=n-k+1}^{n} z_j \overline{w_j} \text{ für}$$

$$\mathfrak{z} = (z_1, \ldots, z_n)^\top, \ \mathfrak{w} = (w_1, \ldots, w_n)^\top \in \mathbb{C}^n$$

versehenen Raum $\mathbb{C}^n$ betrachtet.

Vom allgemeinen Standpunkt gesehen ist pseudounitäre Geometrie die Theorie der Invarianten der ↗pseudounitären Gruppe $U(n, k)$. Die wichtigste und grundlegendste derartige Invariante ist die Bilinarform B selbst. Aus B abgeleitete Größen wie Längen und Volumina sind dann ebenfalls Invarianten von $U(n, k)$.

pseudounitäre Gruppe, komplexes Analogon der ↗pseudoorthogonalen Gruppe.

Auf dem Raum $\mathbb{C}^n$ kann man das Standardmodell eines pseudounitären indefiniten Skalarpoduktes mit Hilfe der Matrizenmultiplikation durch

$$B_k(\mathfrak{z}, \mathfrak{w}) = \mathfrak{z}^{\mathsf{T}} \mathcal{D}_k \overline{\mathfrak{w}}, \; \mathfrak{z} = \begin{pmatrix} z_1 \\ \vdots \\ z_n \end{pmatrix}, \mathfrak{w} = \begin{pmatrix} w_1 \\ \vdots \\ w_n \end{pmatrix}$$

angeben, wobei $\mathcal{D}_k = \operatorname{diag}(1, \dots, 1, -1, \dots, -1)$ die Diagonalmatrix ist, auf deren Hauptdiagonale $(n-k)$-mal 1 und danach k-mal -1 steht. Die pseudounitäre Gruppe von B_k wird mit $U(n, k)$ bezeichnet. Sie besteht aus allen regulären komplexen Matrizen $\mathcal{A} \in GL(n, \mathbb{C})$ mit $B_k(\mathcal{A}\mathfrak{z}, \mathcal{A}\mathfrak{w}) = B_k(\mathfrak{z}, \mathfrak{w})$ für alle $\mathfrak{z}, \mathfrak{w} \in \mathbb{C}^n$, d. h.,

$$U(n, k) = \left\{\mathcal{A} \in GL(n, \mathbb{C}); \mathcal{A}^{\mathsf{T}} \mathcal{D}_k \overline{\mathcal{A}} = \mathcal{D}_k\right\}.$$

Die spezielle pseudounitäre Gruppe $SU(n, k)$ besteht aus allen Matrizen aus $U(n, k)$, deren Determinante den Wert 1 hat. $U(n, k)$ und $SU(n, k)$ sind reelle Lie-Gruppen der Dimension n^2 bzw. $n^2 - 1$. Die pseudoeuklidischen Gruppe $O(n, k)$ der reellen pseudoorthogonalen Matrizen und die spezielle pseudoeuklidische Gruppe $SO(n, k) \subset O(n, k)$ sind Liesche Untergruppen von $U(n, k)$ bzw. $SU(n, k)$.

pseudounitärer Raum, komplexes Analogon eines ↗pseudoeuklidischen Raumes.

Ein mit einer i. allg. indefiniten nicht ausgearteten Hermiteschen Bilinearform $B(\mathfrak{x}, \mathfrak{y})$ versehener Vektorraum V über dem Körper $\mathbb{C}$ der komplexen Zahlen heißt pseudounitärer Raum. Unter einer Hermiteschen Bilinearform versteht man eine Abbildung $B : V \times V \to \mathbb{C}$ mit folgenden Eigenschaften:

- $B(\lambda \mathfrak{x}_1 + \mu \mathfrak{x}_1, \mathfrak{y}) = \lambda B(\mathfrak{x}_1, \mathfrak{y}) + \mu B(\mathfrak{x}_2, \mathfrak{y})$ für alle $\mathfrak{x}_1, \mathfrak{x}_2, \mathfrak{y} \in V$ und $\lambda, \mu \in \mathbb{C}$ (Linearität im 1. Argument).
- $B(\mathfrak{x}, \mathfrak{y}) = \overline{B(\mathfrak{y}, \mathfrak{x})}$ für alle $\mathfrak{x}, \mathfrak{y} \in V$, d. h., an die Stelle der bei symmetrischen Bilinarformen geforderten Symmetrie tritt beim Vertauschen der Argumente Übergang zum konjugiert komplexen Wert.
- Ist $\mathfrak{x} \in V$ fest gewählt, so gilt $B(\mathfrak{x}, \mathfrak{y}) = 0$ für alle anderen $\mathfrak{y} \in V$ dann und nur dann, wenn $\mathfrak{x} = 0$ (Nichtausgeartetsein).

Diese Bedingungen definieren Hermitesche Bilinearformen als eine Variante des Begriffs der symmetrischen Bilinearform. Da sie nur im ersten Argument linear sind und statt dessen im zweiten Argument die Identität

$$B(\mathfrak{x}, \mu\, \mathfrak{y}_1 + \lambda\, \mathfrak{y}_2) = \overline{\lambda} B(\mathfrak{x}, \mathfrak{y}_1) + \overline{\mu} B(\mathfrak{x}, \mathfrak{y}_2)$$

erfüllen, nennt man sie auch $1\frac{1}{2}$-fach linear.

Ist V von endlicher Dimension n, so kann man durch Wahl einer geeigneten Basis $\mathfrak{e}_1, \dots, \mathfrak{e}_n$ von V erreichen, daß B durch

$$B(\mathfrak{x}, \mathfrak{y}) = \sum_{i=1}^{n} \varepsilon_i x_i \bar{y}_i$$

gegeben ist, wobei $\mathfrak{x} = \sum_{i=1}^{n} x_i\, \mathfrak{e}_i$, $\mathfrak{y} = \sum_{i=1}^{n} y_i\, \mathfrak{e}_i$ gilt und ε_i die Werte ± 1 annimmt. Bezeichnet man mit s_+ und s_- die Anzahl der positiven bzw. negativen Koeffizienten ε_i, so nennt man das Paar (s_+, s_-) die Signatur von B. Eine Basis $\mathfrak{e}_1, \dots, \mathfrak{e}_n$ mit dieser Eigenschaft heißt pseudounitär. Meistens wird sie so angeordnet, daß die s_+ Vektoren der Länge $+1$ vorn stehen. Bezeichnet δ_{ij} die Elemente der n-dimensionalen Einheitsmatrix, so ist eine pseudounitäre Basis durch $B(\mathfrak{e}_i, \mathfrak{e}_j) = \delta_{ij}\, \varepsilon_i$. $(i, j = 1, \dots, n)$ charakterisiert.

Pseudozufallszahlen, Folge von computergenerierten Zahlen, die einer zufälligen Zahlenfolge möglichst ähnlich ist.

Genauer: Die Folge soll sich so verhalten, als wären ihre Glieder unabhängige Realisierungen von Zufallsgrößen mit einer bestimmten Verteilung.

Zu einer Funktion f und einem Startwert x_0 werden Pseudozufallszahlenfolgen meist als

$$x_0, f(x_0), f(f(x_0)), f(f(f(x_0))), \dots, f^k(x_0), \dots$$

gebildet. Dabei soll f eine möglichst große Periode haben. In Gebrauch sind Kongruenzverfahren ($f(x) = a \cdot x + b \mod c$), Shiftregisterverfahren ($f(x) = x \cdot T$ für Bitvektoren x und Matrizen T) sowie Fibonacci-artige Verfahren, bei denen die Generatorfunktion mehrere vorangegangene Werte als Argument verwendet.

Die Bezeichnung „Pseudo"zufallszahlen kommt daher, daß diese Zahlen durch deterministische Formeln erzeugt werden, also nicht wirklich zufällig sind. Die Formeln, nach denen Pseudozufallszahlen erzeugt werden, heißen Zufallszahlengeneratoren. Man kann zeigen, daß wegen der Anwendung von Rekursionsformeln immer eine Periode entsteht, d. h., daß ab einer bestimmten Stelle sich die Folge der durch einen bestimmten Generator erzeugten Zahlen wiederholt. Ziel ist es, solche Zufallszahlengeneratoren zu entwickeln, die eine möglichst große Periode besitzen, und die Zahlen mit den gewünschten Verteilungs- und Unabhängigkeitseigenschaften liefern. Diese Eigenschaften prüft man mittels statistischer Hypothesentests.

Pseudozufallszahlen werden für verschiedene Anwendungsgebiete, z. B. Computersimulationen, randomisierte Algorithmen oder Monte-Carlo-Verfahren verwendet. Für kleine oder mittlere Zahlenfolgen verhalten sie sich hinreichend ähnlich den wirklich zufälligen Folgen, während bei massivem Gebrauch ihre Nichtzufälligkeit bemerkbar wird. Für jeden Pseudozufallszahlengenerator gibt es Tests, die die Nichtzufälligkeit der generierten Folgen belegen.

PSPACE, die Komplexitätsklasse aller Probleme, die sich von Turing-Maschinen mit polynomiell vielen Zellen auf dem Arbeitsband berechnen lassen.

Bei Verwendung von nichtdeterministischen Turing-Maschinen mit polynomiellem Speicherplatz ergibt sich ebenfalls die Komplexitätsklasse PSPACE. Diese Komplexitätsklasse enthält alle Klassen der ↗polynomiellen Hierarchie.

***p*-summierender Operator**, auch absolut p-summierender Operator genannt, ein linearer Operator zwischen Banachräumen, der schwach p-summierbare Folgen in p-summierbare Folgen überführt.

Dabei ist $1 \leq p < \infty$, und eine Folge (x_n) heißt schwach p-summierbar, falls

$$\sup \left\{ \sum_n |x'(x_n)|^p : x' \in X', \ \|x'\| \leq 1 \right\} < \infty,$$

und p-summierbar, falls

$$\sum_n \|x_n\|^p < \infty.$$

Äquivalent zur Definition ist folgende endlichdimensionale Fassung: Ein Operator $T : X \to Y$ ist genau dann p-summierend, wenn eine Konstante $K < \infty$ mit

$$\left(\sum_{n=1}^N \|Tx_n\|^p \right)^{1/p} \leq K \sup_{\|x'\| \leq 1} \left(\sum_{n=1}^N |x'(x_n)|^p \right)^{1/p}$$

für alle endlichen Familien $\{x_1, \dots, x_N\} \subset X$ existiert. Die kleinstmögliche Konstante K wird p-summierende Norm $\pi_p(T)$ genannt. π_p ist in der Tat eine Norm, die den Vektorraum $\Pi^p(X, Y)$ aller p-summierenden Operatoren zu einem Banachraum macht.

Die p-summierenden Operatoren bilden im folgenden Sinn ein Operatorideal: Ist $T : X \to Y$ p-summierend, und sind $R : W \to X$ sowie $S : Y \to Z$ stetig, so ist auch $STR : W \to Z$ p-summierend, und für die p-summierende Norm gilt

$$\pi_p(STR) \leq \|S\| \pi_p(T) \|R\|.$$

Ein Beispiel eines p-summierenden Operators ist der Inklusionsoperator von $C(M)$ nach $L^p(\mu)$, wobei M ein mit einem Wahrscheinlichkeitsmaß μ versehener kompakter Raum ist. Aus der ↗Grothendieck-Ungleichung folgt, daß jeder stetige lineare Operator von $L^1(\mu)$ in einen Hilbertraum 1-summierend ist; ein Operator zwischen Hilberträumen ist genau dann p-summierend für ein $p \geq 1$, wenn er ein ↗Hilbert-Schmidt-Operator ist.

Jeder p-summierende Operator ist schwach kompakt und vollstetig, und das Produkt eines p- und eines r-summierenden Operators ist kompakt, im Fall $p = r = 2$ sogar nuklear. Diese Resultate führen zu einem Beweis des Satzes von Dvoretzky-Rogers.

Es sei $T : X \to X$ ein p-summierender Operator. Da T^2 kompakt ist, besteht das Spektrum von T (außer der 0) aus einer Nullfolge von Eigenwerten $(\lambda_n(T))$ (↗Eigenwert eines Operators). Es gilt jedoch mehr, nämlich $\sum_n |\lambda_n(T)|^r < \infty$ für $r = \max\{p, 2\}$. Dieses Ergebnis hat Anwendungen auf die Eigenwertverteilung von Integraloperatoren.

p-summierende Operatoren wurden für $p = 1$ und $p = 2$ von Grothendieck und im allgemeinen Fall von Pietsch eingeführt. Es gilt der Faktorisierungssatz von Grothendieck-Pietsch:

Ein Operator $T : X \to Y$ ist genau dann p-summierend, wenn ein Wahrscheinlichkeitsmaß μ auf der schwach-$*$-kompakten dualen Einheitskugel $B_{X'}$ und eine Konstante $K' < \infty$ mit

$$\|Tx\| \leq K' \left(\int_{B_{X'}} |x'(x)|^p \, d\mu(x') \right)^{1/p} \quad \forall x \in X$$

existieren; die kleinstmögliche Konstante K' stimmt mit $\pi_p(T)$ überein.

[1] Diestel, J.; Jarchow, H.; Tonge, A.: Absolutely Summing Operators. Cambridge University Press, 1995.

[2] Pietsch, A.: Eigenvalues and s-Numbers. Cambridge University Press, 1987.

Psychometrie, Wissenschaft, deren Gegenstand mathematische und statistische Modelle zur Beschreibung und Analyse von Merkmalen und Prozessen im Rahmen der Psychologie, aber auch bestimmter Bereiche der Sozial- und Naturwissenschaften sind. Zu den zentralen Gebieten der Psychometrie zählen abgesehen von der Statistik die Meß- und Testtheorie.

Aufgabe der Meßtheorie ist die Erstellung von Axiomensystemen für die Meßbarkeit von Merkmalen. Messung wird als eine homomorphe Abbildung, sogenannte Skala, eines empirischen Relativs in ein numerisches Relativ definiert.

Nach dem Grad der Eindeutigkeit der Homomorphismen werden unterschiedliche Skalenarten unterschieden. Die allgemeinste Klasse zulässiger Transformationen enthält alle injektiven Abbildungen und definiert die Skala mit dem niedrigsten Skalenniveau, die sogenannte Nominalskala (Bsp.:

Feststellung des Geschlechts mit männlich $\mapsto 1$ und weiblich $\mapsto 2$). Streng monotone Transformationen definieren die Ordinalskala (Bsp.: Schulnoten, Mohssche Härteskala). Positiv affine Transformationen kennzeichnen die Intervallskala (Bsp.: Celsiusskala, Intelligenzquotient), während Ratioskalen (z. B. zur Messung des elektrischen Hautwiderstands oder von Reaktionszeiten) lediglich Ähnlichkeitstransformationen der Art $f(x) = \alpha x$ mit $\alpha > 0$ zulassen. (Siehe auch ↗Skalentypen).

Neben solchen Meßstrukturen für eindimensionale Merkmale wurden innerhalb der Meßtheorie zahlreiche Axiomensysteme für mehrdimensionale Merkmale entwickelt, z. B. additiv oder polynomisch verbundene Strukturen.

Die (psychologische) Testtheorie thematisiert Modelle zur Konstruktion von Testverfahren, z. B. Persönlichkeits- oder Leistungstests. Hier werden insbesondere zwei unterschiedliche Ansätze unterschieden, die klassische Testtheorie und die Item-Response-Theory (IRT).

Die klassische Testtheorie geht von beobachteten Meßwerten X aus, z. B. Zahl der richtigen Antworten in einem Intelligenztest, die als Summe aus einem wahren Wert τ und einem davon unabhängigen Meßfehler ε aufgefaßt werden. Die Genauigkeit der Messung, die Reliabilität, wird durch das Verhältnis der Varianz von τ zur Varianz von X definiert, während die Gültigkeit eines Meßwertes als Korrelation von X mit einem Außenkriterium (Kriteriumsvalidität) bestimmt wird.

Restriktive Voraussetzungen, die in der klassischen Testtheorie z. B. zur Schätzung der Varianzen der wahren Werte benötigt werden, haben u. a. dazu geführt, daß zunehmend IRT-Modelle eingesetzt werden, die darüber hinaus den Anforderungen computergestützter adaptiver Testverfahren gerechter werden.

Ausgangspunkt der IRT-Modelle ist die Wahrscheinlichkeit $P(Y_i = 1 \mid \vartheta_j)$ dafür, daß ein Proband mit Fähigkeit ϑ_j das Item Y_i korrekt beantwortet. Sehr häufig wird das so genannte dreiparametrige logistische Modell oder eine Spezifikation davon angewendet:

$$P(Y_i = 1 \mid \vartheta_j) = \gamma_i + (1 - \gamma_i)F(\alpha_i(\vartheta_j - \beta_i)),$$

wobei γ_i die Ratewahrscheinlichkeit für die richtige Antwort, α_i die Trennschärfe, β_i die Schwierigkeit des Items Y_i und F die logistische Verteilungsfunktion repräsentieren. Ohne den Rateparameter γ resultiert das zweiparametrige logistische Modell, das auch Birnbaum-Modell genannt wird. Werden weiterhin die Trennschärfen für alle Items gleich 1 gesetzt, liegt das Rasch-Modell vor. Dieses Modell zeichnet sich durch die sogenannte spezifische Objektivität aus, d. h. die Summe der korrekten Antworten bildet unabhängig von den Itemschwierigkeiten eine suffiziente Statistik für den Fähigkeitsparameter ϑ. Ist eine Menge von Items Rasch-skalierbar, werden somit die Fähigkeitsausprägungen von Personen unabhängig von den konkret ausgewählten Items geschätzt.

***p*-Sylow-Gruppe**, eine der Primzahl p zugeordnete ↗Sylow-Gruppe.

Ptolemaios, Klaudios, *Ptolemäus, Claudius*, ägyptischer Naturforscher, geb. um 85 Ptolemais (Ägypten), gest. um 165 Alexandria.

Ptolemaios' bekanntestes Werk ist der „Almagest", in dem er sich mit dem Problem der Bewegung der Planeten und des Mondes auseinandersetzte. Dabei faßte er in genialer Weise die Ergebnisse seiner Vorgänger, insbesondere des Aristoteles, des Apollonius von Perge und des Hipparchos, zusammen. Er gab genaue Daten für die Epizyklen und die Neigungen der Planetenbahnen an. Seine Planetentheorie kam trotz ihres geozentrischen Ausgangspunktes in ihrer phänomenologischen Beschreibung nahe an die Keplerschen Gesetze heran.

Auf mathematischem Gebiet baute er die Trigonometrie aus, verfaßte Sinustafeln und bewies zahlreiche Sätze der ebenen und sphärischen Trigonometrie.

In der Geographie führte Ptolemaios die astronomisch basierte Positionsbestimmung ein und beschäftigte sich mit Kartenabbildungen.

Ptolemäus, Claudius, ↗Ptolemaios, Klaudios.

Ptolemäus, Satz von, elementargeometrische Aussage, die besagt, daß das Produkt der Diagonalenlängen eines (konvexen) Sehnenvierecks in einem Kreis gleich der Summe der Produkte der jeweils gegenüberliegenden Seitenlängen ist. Mit den in der Abbildung festgelegten Bezeichnungen gilt also:

$$d_1 d_2 = ac + bd.$$

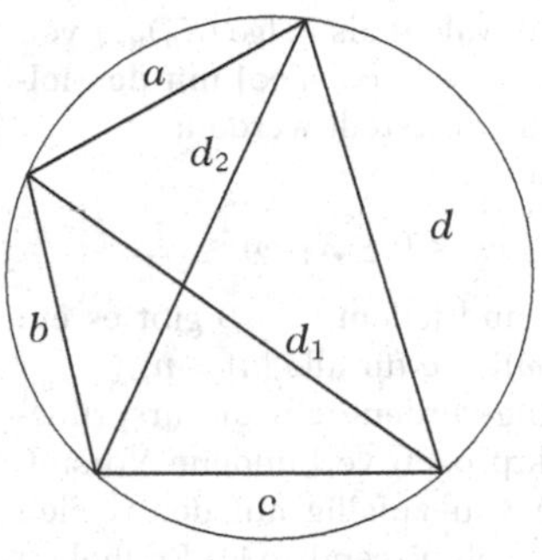

Zum Satz von Ptolemäus

Puiseux, Victor Alexandre, französischer Mathematiker und Astronom, geb. 16.4.1820 Argenteuil (Frankreich), gest. 9.9.1883 Frontenay (Frankreich).

Puiseux studierte am Collège Pont-à-Mousson und in Paris, unter anderem bei Sturm. 1841 promovierte er an der Ecole Normale Supérieure. Danach arbeitete er als Professor am Collège in Rennes, an der Universität in Besançon und an der Ecole Normale Supérieure in Paris. Von 1857 bis 1882 hatte er als Nachfolger von Cauchy die Professur für Mathematik und Astronomie an der Sorbonne inne.

Puiseux arbeitete zu Fragen der Mechanik, der Integration von Bewegungsgleichungen von Massenpunkten, der Differentialgeometrie und besonders zur komplexen Analysis. Hier ergänzte er Cauchys Theorie. Sein wichtigster Beitrag ist die Untersuchung algebraischer Funktionen und deren Potenzreihenentwicklung mit gebrochenen Exponenten (Puiseux-Entwicklung).

Ende der 50er Jahre wandte sich Puiseux der Himmelsmechanik zu und untersuchte Reihenentwicklungen für die Störfunktion der Mondbewegung.

Pull-back, ↗ Schnitt-Theorie.

Pumping-Lemma für kontextfreie Sprachen, Satz, mit dem die Nichtzugehörigkeit von Sprachen zur Klasse der kontextfreien Sprachen (↗ Grammatik) gezeigt werden kann.

Zu jeder kontextfreien Sprache L existiert eine natürliche Zahl n so, daß jedes Wort $w \in L$*, das länger als n ist, sich zerlegen läßt in* $w = u_1v_1u_2v_2u_3$*, derart, daß die Länge von* v_1v_2 *größer als 0 ist, und alle Wörter* $u_1v_1^iu_2v_2^iu_3$ $(i \geq 1)$ *auch in L enthalten sind.*

Analog zur Anwendung des ↗ Pumping-Lemmas für reguläre Sprachen kann z. B. gezeigt werden, daß die Sprache $L = \{a^nb^nc^n \mid n \geq 1\}$ nicht kontextfrei ist.

Pumping-Lemma für reguläre Sprachen, Aussage über ↗ reguläre Sprachen, die insbesondere zur Widerlegung der Regularität benutzt wird.

Zu jeder regulären Sprache $L \subseteq \Sigma^*$ *gibt es ein* $n \in \mathbb{N}$ *so, daß sich jedes Wort w, das in L und länger als n ist, in drei Wörter u, v und u′ zerlegen läßt* ($w = uvu'$)*, wobei die Länge von u höchstens n und die Länge von v mindestens 1 ist, und alle Wörter der Form* uv^iu' *ebenfalls in L sind.*

Die Nichtregularität der Sprache $\{a^nb^n \mid n \geq 1\}$ kann damit gezeigt werden, weil bei der Zerlegung von a^nb^n der mittlere Teil v entweder die Form a^k, b^k, oder a^kb^j haben muß. In allen Fällen ist $uvvu'$ nicht Element der Sprache (nämlich $a^{n+k}b^n$, a^nb^{n+k} bzw. $a^nb^ja^kb^n$).

Punkt, Grundbegriff der Geometrie, dessen Inhalt durch die ↗ Axiome der Geometrie festgelegt wird.

Da es sich um einen Grundbegriff handelt, ist die Definition des Begriffes „Punkt" nicht möglich, obwohl lange versucht wurde, schlüssige Definitionen dafür anzugeben. So gab Euklid in seinen „Elementen" die folgende Definition an:

Ein Punkt ist, was keine Teile hat.

Diese Definition trifft jedoch keine Aussage, da die beschreibende Eigenschaft, „keine Teile zu haben" selbst nicht definiert ist. (Euklid verwendete diese und ähnliche Definitionen dann im weiteren auch nicht, sondern lediglich die Axiome und Postulate, vgl. ↗ Axiome der Geometrie.)

Punkte in allgemeiner Lage, ↗ allgemeine Lage.

punktetrennende Menge, Menge von Abbildungen, die die Punkte einer gegebenen Menge trennt.

Es seien M und N Mengen und F eine Menge von Abbildungen $f : M \to N$. Dann heißt F punktetrennend, falls es für alle $x, y \in M$ ein $f \in F$ gibt mit $f(x) \neq f(y)$.

Ist beispielsweise V ein normierter Raum und V' der Dualraum von V, so folgt aus dem Satz von Hahn-Banach, daß V' die Punkte von V trennt.

punktierte Ebene, die Menge $\mathbb{C} \setminus \{0\}$, meist mit $\mathbb{C}^*$ bezeichnet.

Bezüglich der Multiplikation ↗ komplexer Zahlen ist $\mathbb{C}^*$ eine kommutative Gruppe, die multiplikative Gruppe des Körpers $\mathbb{C}$.

Punktintervall, auch entartetes Intervall genannt, reelles Intervall $\mathbf{a} = [\underline{a}, \overline{a}]$, für das $\underline{a} = \overline{a}$ gilt, das also genau ein Element enthält.

Ein Punktintervall kann man mit der reellen Zahl identifizieren, die es enthält: $\mathbf{a} = [\underline{a}, \overline{a}] \equiv a$. Auf diese Weise ist $\mathbb{R}$ mit seinen vier Standardverknüpfungen homomorph in die Menge $\mathbb{IR}$ der Menge aller reellen kompakten Intervalle (↗ Intervallrechnung) mit den entsprechenden Verknüpfungen (↗ Intervallarithmetik) eingebettet. Analoges gilt für Punktintervalle im Komplexen (↗ komplexe Intervallarithmetik), die man entsprechend definiert.

Punktladung, Ladung, die in einem Punkt konzentriert ist, bzw. eine Ladung, deren räumliche Ausdehnung vernachlässigt werden kann.

Punktprozeß, auch zufälliger Punktprozeß genannt, meßbare Abbildung von einem Wahrscheinlichkeitsraum $(\Omega, \mathfrak{A}, P)$ in den meßbaren Raum $(M, \mathfrak{M})$.

Dabei bezeichnet M die Menge aller lokalendlichen Zählmaße auf der Borel-σ-Algebra $\mathfrak{B}(S)$ eines lokalkompakten Hausdorffraumes S mit abzählbarer Basis, d. h. aller Radon-Maße μ mit $\mu(K) \in \mathbb{N}_0$ für alle relativ kompakten $K \subseteq S$, und $\mathfrak{M}$ die kleinste σ-Algebra, bezüglich der jede der auf M durch $\mu \to \int f d\mu$ definierten reellwertigen Abbildungen meßbar ist. Die Abbildungen $f : S \to \mathbb{R}$ sind beliebige stetige Funktionen mit kompakten Träger. Die Realisierungen des Prozesses sind also bestimmte Maße, weshalb Punktprozesse auch als zufällige Zählmaße bezeichnet werden. Im Falle $S = \mathbb{R}$ kann jeder Punktprozeß äquivalent als Folge $(X_n)_{n\in\mathbb{Z}}$ von Zufallsvariablen $X_n : M \to [-\infty, +\infty]$ mit den folgenden Eigenschaften dargestellt werden:

(i) Für alle $\omega \in M$ gilt

$$\ldots \leq X_{-1}(\omega) \leq X_0(\omega) < 0 \leq X_1(\omega) \leq \ldots$$

(ii) Zu jedem $\omega \in M$ und jedem $c > 0$ gibt es ein $n_{\omega,c} \in \mathbb{N}$ mit $|X_n(\omega)| > c$ für alle $|n| > n_{\omega,c}$.

Dieser Zusammenhang verdeutlicht die ursprünglich mit einem Punktprozeß verbundene Vorstellung als einer Folge von zufällig auf der reellen Achse angeordneten, sich nirgendwo im Endlichen häufenden Punkten. Für Punktprozesse existieren zahlreiche Anwendungsmöglichkeiten, so z. B. bei der Modellierung von Bedienungssystemen oder in der stochastischen Geometrie.

Punktschätzung

B. Grabowski

Sei X eine zufällige Variable, deren Verteilungsfunktion $F_\gamma(x)$ von einem unbekannten Parameter $\gamma \in \Gamma \subseteq \mathbb{R}^p$ abhängt, und sei $\vec{X} = (X_1, \ldots, X_n)$ eine mathematische ↗Stichprobe von X. Unter einer Punktschätzfunktion für γ verstehen wir eine Vorschrift (Stichprobenfunktion) $\hat{\gamma}(\vec{X}) = S(X_1, \ldots, X_n)$, die jeder konkreten Realisierung $(x_1, \ldots, x_n)$ der Stichprobe mit $\hat{\gamma}(\vec{x}) = S(x_1, \ldots, x_n)$ einen Schätzwert für γ zuordnet, bzw. γ mit diesem identifiziert. $\hat{\gamma}(\vec{X})$ wird auch kurz als Punktschätzung oder Schätzung und $\hat{\gamma}(\vec{x})$ als Punktschätzwert bzw. Schätzwert für γ bezeichnet.

Beispielsweise sind

$$\hat{\sigma}_*^2 = \frac{1}{n}\sum_{i=1}^{n}(X_i - \overline{X})^2$$

und

$$\hat{\sigma}^2 = \frac{1}{n-1}\sum_{i=1}^{n}(X_i - \overline{X})^2 \quad \text{mit } \overline{X} = \frac{1}{n}\sum_{i=1}^{n}X_i$$

zwei Schätzfunktionen für die unbekannte Varianz $V(X) = \sigma^2$ einer Zufallsgröße X, die bei Vorliegen einer konkreten Stichprobe zwei unterschiedliche Schätzwerte für σ^2 liefern. Es erhebt sich die Frage, welche der beiden Schätzfunktionen bessere Werte für den unbekannten Parameter liefert. Zur Beantwortung dieser Frage stellte R.A. Fisher 1930 Kriterien für die Auswahl einer Schätzfunktion auf. Er fordert, daß eine 'gute Schätzfunktion' erwartungstreu, konsistent und effizient sein soll.

1. Eine Punktschätzfunktion $\hat{\gamma}(\vec{X})$ eines Parameters γ heißt erwartungstreu (unverzerrt), wenn sie im Mittel über alle möglichen Stichprobenwerte den unbekannten Parameter trifft, d. h., wenn gilt:

$$E\hat{\gamma}(\vec{X}) = \gamma \quad \text{für alle } \gamma \in \Gamma.$$

$\hat{\gamma}(\vec{X})$ heißt asymptotisch erwartungstreu, wenn gilt:

$$\lim_{n\to\infty} E\hat{\gamma}(\vec{X}) = \gamma \quad \text{für alle } \gamma \in \Gamma\,.$$

So ist beispielsweise $\hat{\sigma}^2$ eine erwartungstreue Schätzung für die Varianz $\sigma^2 = V(X)$ einer Zufallsgröße X, aber $\hat{\sigma}_*^2$ wegen $\hat{\sigma}_*^2 = \frac{n-1}{n}\hat{\sigma}^2$ nur eine asymptotisch erwartungstreue Schätzung für $V(X)$.

Bei nicht erwartungstreuen Schätzungen $S = S(X_1, ..., X_n)$ spielt die Differenz

$$b_n(S) = E[\hat{\gamma}(\vec{X}) - \gamma]$$

eine Rolle bei der Beurteilung der Güte für einen festen gegebenen Stichprobenumfang n. Diese Differenz wird auch als Bias oder Verzerrung bezeichnet.

2. Eine Punktschätzfunktion $\hat{\gamma}(\vec{X})$ eines Parameters γ heißt (schwach) konsistent, wenn sie mit wachsendem Stichprobenumfang n in Wahrscheinlichkeit gegen γ konvergiert, d. h., wenn für jedes beliebige $\varepsilon > 0$ gilt:

$$\lim_{n\to\infty} P(|\hat{\gamma}(\vec{X}) - \gamma| < \varepsilon) = 1$$

Es gilt folgender Satz:

Sei $\hat{\gamma}(\vec{X}) = S(X_1, \ldots, X_n)$ eine asymptotisch erwartungstreue Schätzung, deren Varianz mit *wachsendem Stichprobenumfang n gegen 0 konvergiert, d. h., es gelte* $\lim_{n\to\infty} E\hat{\gamma}(\vec{X}) = \gamma$ *und* $\lim_{n\to\infty} V(\hat{\gamma}(\vec{X})) = 0$. *Dann ist* $\hat{\gamma}(\vec{X})$ *(schwach) konsistent.*

Wenn eine Folge $\hat{\gamma}(\vec{X}) = S(X_1, \ldots, X_n)$ von Schätzfunktionen für γ nicht nur in Wahrscheinlichkeit, sondern sogar fast sicher gegen γ konvergiert (↗Konvergenzarten für Folgen zufälliger Größen), so spricht man von starker Konsistenz der Schätzung $\hat{\gamma}(\vec{X})$ für γ.

3. Seien $\hat{\gamma}_1(\vec{X})$ und $\hat{\gamma}_2(\vec{X})$ zwei erwartungstreue Schätzfunktionen für γ. Dann nennt man $\hat{\gamma}_1(\vec{X})$ effizienter (wirksamer) als $\hat{\gamma}_2(\vec{X})$, falls für die Varianzen der Schätzfunktionen gilt:

$$V(\hat{\gamma}_1(\vec{X})) \leq V(\hat{\gamma}_2(\vec{X}))\,.$$

Das Verhältnis

$$\eta := \frac{V(\hat{\gamma}_1(\vec{X}))}{V(\hat{\gamma}_2(\vec{X}))}$$

wird als Wirkungsgrad (Effizienz) von $\hat{\gamma}_2(\vec{X})$ in bezug auf $\hat{\gamma}_1(\vec{X})$ bezeichnet. Die für einen Parameter γ der Grundgesamtheit vorliegende Schätzfunktion mit der kleinsten Varianz wird als effektive (wirksamste) Schätzung bezeichnet. Eine Aussage über eine untere Schranke der Varianz von Punktschätzfunktionen liefert die Ungleichung von Rao-Cramer (↗Rao-Cramer, Ungleichung von). Diese besagt, daß eine erwartungstreue Punktschätzfunktion für einen eindimensionalen Parameter, deren Varianz gleich dem reziproken der Fisherschen Information ist, die effektive Schätzfunktion ist.

4. Im Rahmen der Schätztheorie und ihrer Anwendungen spielen lineare Schätzfunktionen eine wichtige Rolle. Eine Schätzfunktion $S = S(X_1, \ldots, X_n)$ für $\gamma \in \Gamma = \mathbb{R}^p$ heißt linear, falls sie in der Form $S = \vec{X}A$ mit einer reellen Matrix A vom Typ (n, p) darstellbar ist.

Es sei B_S die Kovarianzmatrix von S. Existiert in der Klasse $\mathbb{K}$ aller linearen erwartungstreuen Punktschätzungen für γ eine Schätzfunktion S_o derart, daß die Differenzmatrix $B_S - B_{S_o}$ positiv semidefinit ist, so heißt S_o die Gauß-Markow-Schätzung bzw. die beste lineare erwartungsstreue Punktschätzung (BLUE) für γ.

Läßt sich eine Schätzfunktion in der Form

$$S = \vec{X}A + \vec{a}$$

mit $\vec{a} \in \mathbb{R}^p$ darstellen, so heißt S eine inhomogene lineare Schätzung. Die in der Klasse aller inhomogenen linearen erwartungstreuen Punktschätzungen beste Schätzung (in dem Sinne, daß $B_S - B_{S_o}$ für alle S dieser Klasse positiv semidefinit ist) wird als beste inhomogene lineare Schätzung (BILUE) für γ bezeichnet.

Die am häufigsten angewendeten Methoden zur Konstruktion von Punktschätzungen mit den entsprechenden Eigenschaften sind die ↗Maximum-Likelihood-Methode, die ↗Momentenmethode, die ↗Minimum-χ^2-Methode, das ↗Minimax-Verfahren und die ↗Methode der kleinsten Quadrate.

Ein Beispiel. Der unbekannte Erwartungswert $\mu = EX$ ($\gamma = \mu$, $p = 1$) einer Zufallsgröße X soll geschätzt werden. Die Momentenmethode liefert als Schätzfunktion das arithmetische Mittel einer Stichprobe von X:

$$\overline{X} = \frac{1}{n}\sum_{i=1}^{n} X_i\,.$$

Wegen

$$\begin{aligned} E\overline{X} &= E\left[\frac{1}{n}\sum_{i=1}^{n} X_i\right] = \frac{1}{n}E\left[\sum_{i=1}^{n} X_i\right] \\ &= \frac{1}{n}\left[\sum_{i=1}^{n} E[X_i]\right] = \frac{1}{n}nE[X] = EX \end{aligned} \tag{1}$$

ist $\overline{X}$ erwartungstreu für EX, und wegen

$$\begin{aligned} V\overline{X} &= V\left[\frac{1}{n}\sum_{i=1}^{n} X_i\right] = \frac{1}{n^2}V\left[\sum_{i=1}^{n} X_i\right] \\ &= \frac{1}{n^2}\left[\sum_{i=1}^{n} V[X_i]\right] \\ &= \frac{1}{n^2}nV[X] = \frac{V(X)}{n} \to_{n\to\infty} 0 \end{aligned} \tag{2}$$

ist $\overline{X}$ schwach konsistent. Mehr noch, $\overline{X}$ ist sogar eine stark konsistente Schätzung für EX (↗Gesetze der großen Zahlen).

Falls X einer Normalverteilung $N(\mu, \sigma_o^2)$ mit bekannter Varianz σ_o^2 genügt, so gilt für die Fishersche Information

$$\begin{aligned} I_n(\mu) &= nV\left[\frac{dlnf(\vec{X};\mu)}{d\mu}\right] \\ &= nV\left[\frac{d}{d\mu}\left(-ln\sqrt{2\pi}\sigma_0 - \frac{(X-\mu)^2}{2\sigma_0^2}\right)\right] \\ &= nV\left[\frac{X-\mu}{\sigma_0^2}\right] \\ &= n\frac{1}{\sigma_0^4}V[X] = n\frac{1}{\sigma_0^4}\sigma_0^2 = \frac{n}{\sigma_0^2} = \frac{1}{V(\overline{X})}\,. \end{aligned} \tag{3}$$

Das bedeutet, daß das arithmetische Mittel die effektive Schätzung für den Erwartungswert einer normalverteilten Grundgesamtheit bei bekannter Varianz ist. Außerdem ist $\overline{X} = \vec{X} \cdot A$ mit $A = (\frac{1}{n}, \ldots, \frac{1}{n})^T \in \mathbb{R}^n$ die BLUE für μ.

Punktschwankung, ↗Oszillation.

Punktspektrum, ↗Spektrum.

Punktverband, Verband, in dem jedes Element Supremum von Punkten (↗Atomen) ist.

Pushdownautomat, ↗ Kellerautomat.

Push-forward, ↗Schnitt-Theorie.

Pyramide, geometrischer Körper, der von einem ebenen ↗n-Eck $A_1A_2 \ldots A_n$ und allen Dreiecken $\Delta A_iA_{i+1}Z$, deren Eckpunkte jeweils zwei benachbarte Punkte dieses n-Ecks und ein fester Punkt Z sind, begrenzt wird.

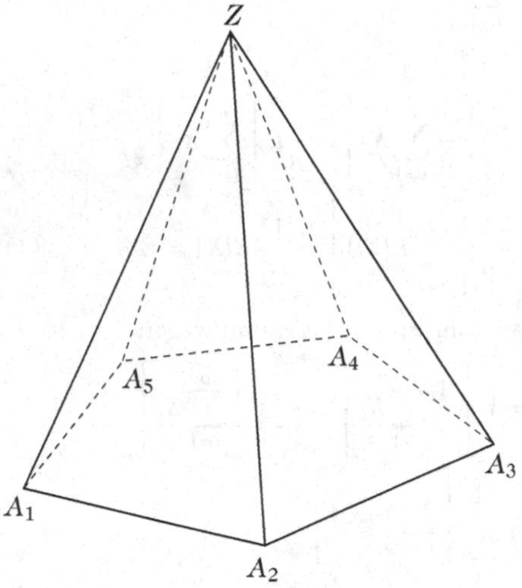

Das n-Eck $A_1A_2 \ldots A_n$ heißt Grundfläche, die Dreiecke Seitenflächen, die Gesamtheit aller Seitenflächen Mantelfläche, und der Punkt Z Spitze der Pyramide. Die Seiten des n-Ecks werden als Grundkanten, die Verbindungsstrecken zwischen den Eckpunkten der Grundfläche und der Pyramidenspitze als Mantellinien bezeichnet. Der Abstand der Spitze einer Pyramide zur Ebene der Grundfläche heißt Höhe der Pyramide. Aufgrund des Prinzips des Cavalieri (↗Cavalieri, Prinzip des) hängt das Volumen einer Pyramide nur von ihrer Höhe h und vom Flächeninhalt A_G der Grundfläche ab; es gilt

$$V = \frac{1}{3} A_G h \,.$$

Eine Pyramide mit einer n-eckigen Grundfläche wird als n-seitige Pyramide bezeichnet, eine Pyramide mit viereckiger Grundfläche z. B. als vierseitige Pyramide. Hat die Grundfläche einen Mittelpunkt M, und ist die Verbindungsstrecke zwischen M und Z senkrecht zur Grundfläche der Pyramide, so heißt diese gerade, anderenfalls schief. Eine gerade Pyramide, deren Grundfläche ein ↗regelmäßiges Vieleck ist, wird regelmäßige Pyramide genannt.

Pyramidenstumpf, geometrischer Körper, der entsteht, indem eine ↗Pyramide von einer Ebene ε geschnitten wird, die parallel zur Grundfläche der Pyramide verläuft.

Eine solche Ebene schneidet eine n-seitige Pyramide in einem n-Eck $B_1B_2 \ldots B_n$, das zur Grundfläche $A_1A_2 \ldots A_n$ der Pyramide ähnlich ist, und als Deckfläche des Pyramidenstumpfes bezeichnet wird. Die Seitenflächen eines Pyramidenstumpfes sind ↗Trapeze; geht der Pyramidenstumpf aus einer regelmäßigen Pyramide hervor, so handelt es sich um gleichseitige Trapeze. Jeder Pyramidenstumpf ist ein spezieller ↗Obelisk.

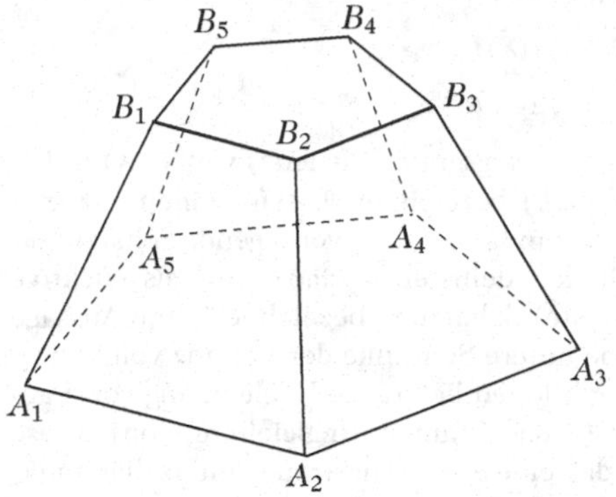

Der Abstand zwischen der Schnittebene ε und der Grundebene ist die Höhe des Pyramidenstumpfes. Ist h die Höhe, A_G der Flächeninhalt der Grundfläche und A_D der Flächeninhalt der Deckfläche eines Pyramidenstumpfes, so gilt für sein Volumen

$$V = \frac{h}{3}\left(A_G + \sqrt{A_G A_D} + A_G\right) .$$

pythagoräischer Körper, ein ↗Körper, in dem jede Summe von Quadraten selbst ein Quadrat ist.

Das heißt also, daß es zu je n Elementen $x_1, \ldots, x_n \in \mathbb{K}$ ein $y \in \mathbb{K}$ gibt mit

$$y^2 = \sum_{i=1}^{n} x_i^2 \,.$$

Der Körper $\mathbb{R}$ der reellen Zahlen ist ein pythagoräischer Körper. Allgemeiner ist ein maximaler angeordneter Körper, d. h. ein Körper, der keine nichttrivialen algebraischen Erweiterungen, auf denen die Anordnung fortgesetzt werden kann, zuläßt, ein pythagoräischer Körper.

pythagoräischer Lehrsatz, andere Bezeichnung für den Satz des ↗Pythagoras, eines der ältesten Theoreme der Mathematik:

In jedem rechtwinkligen Dreieck ist der Flächeninhalt des Quadrates über der Hypotenuse gleich der Summe der Flächeninhalte der Quadrate über den Katheten.

pythagoräisches Dreieck, ein rechtwinkliges Dreieck, dessen Seitenlängen ganzzahlige Vielfache einer Einheitslänge sind.

Ein rechtwinkliges Dreieck mit Seiten a, b, c ist genau dann ein pythagoräisches Dreieck, wenn es eine Einheitsstrecke e derart gibt, daß die Proportionen $a : e$, $b : e$ und $c : e$ ein ↗pythagoräisches Zahlentripel bilden.

pythagoräisches Quintupel, ein 5-Tupel (k, l, m, n, p) natürlicher Zahlen $\neq 0$, derart daß

$$k^2 + l^2 + m^2 + n^2 = p^2$$

gilt.

Dies verallgemeinert die pythagoräischen Zahlentripel (a, b, c), die $a^2+b^2 = c^2$ erfüllen. Die Quintupel können mit Hilfe der rationalen Quaternionen, d. h. den Hamiltonschen Quaternionen mit rationalen Koeffizienten, parametrisiert werden.

pythagoräisches Tripel, ↗pythagoräisches Zahlentripel.

pythagoräisches Zahlentripel, *pythagoräisches Tripel*, eine Zusammenfassung von drei natürlichen Zahlen (x, y, z) mit der Eigenschaft $x^2+y^2=z^2$.

Pythagoräische Zahlentripel tauchen bereits in sehr alten mathematischen Texten auf, und zwar in aller Regel im Zusammenhang mit der Bestimmung von rechtwinkligen Dreiecken (↗pythagoräisches Dreieck, ↗Satz des Pythagoras). Darüber hinaus ist die Kenntnis von Methoden zur Konstruktion pythagoräischer Zahlentripel in babylonischen, altindischen und altchinesischen mathematischen Werken zu finden.

Ist (x, y, z) ein pythagoräisches Zahlentripel, und ist d eine beliebige natürliche Zahl, dann ist offenbar auch (dx, dy, dz) ein pythagoräisches Zahlentripel. Um eine Übersicht über alle pythagoräischen Zahlentripel zu erhalten, nennt man zunächst (x, y, z) ein primitives pythagoräisches Tripel, wenn der größte gemeinsame Teiler von x, y, z gleich 1 ist. Die drei kleinsten primitiven pythagoräischen Tripel sind

$$(3, 4, 5), \quad (5, 12, 13), \quad (7, 24, 25).$$

Man stellt leicht fest, daß bei einem primitiven pythagoräischen Tripel genau eine der Zahlen x, y gerade ist; man kann also die Bezeichnungen stets so wählen, daß x ungerade und y gerade ist. Darauf basierend gibt Euklid in geometrischer Form eine vollständige Bestimmung dieser Zahlentripel, die in heutiger Schreibweise so lautet:

Alle primitiven pythagoräischen Tripel (x, y, z) mit geradem y besitzen eine Parameterdarstellung

$$x = a^2 - b^2, \quad y = 2ab, \quad z = a^2 + b^2,$$

wobei a, b teilerfremde natürliche Zahlen sind, deren Differenz $a - b$ positiv und ungerade ist.

Der Satz des Pythagoras

A. Filler

I. Der Satz des Pythagoras beinhaltet einen grundlegenden Zusammenhang zwischen den Seiten rechtwinkliger Dreiecke:

In jedem rechtwinkligen Dreieck ist der Flächeninhalt des Quadrates über der Hypotenuse gleich der Summe der Flächeninhalte der Quadrate über den Katheten.

Dabei sind die ↗Katheten die dem rechten Winkel benachbarten Seiten und die ↗Hypotenuse die dem rechten Winkel gegenüberliegende Seite des gegebenen rechtwinkligen Dreiecks. Werden die Katheten mit a und b sowie die Hypotenuse mit c bezeichnet, so läßt sich der Satz des Pythagoras durch die Gleichung

$$a^2 + b^2 = c^2$$

angeben.

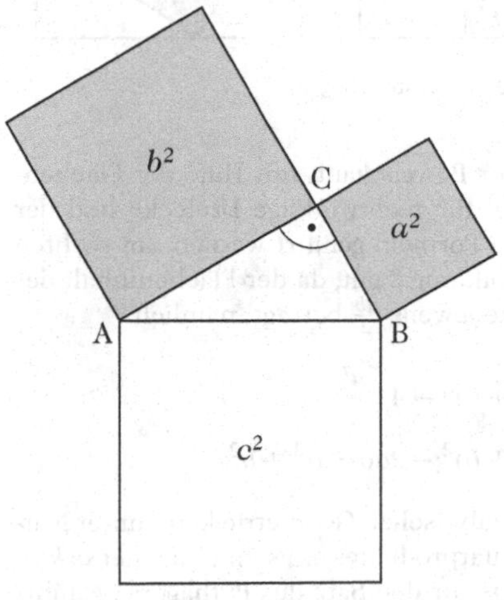

Satz des Pythagoras: Abbildung 1

Obwohl der Name des Lehrsatzes auf Pythagoras von Samos zurückgeht, waren diesem Satz vergleichbare Aussagen schon lange vor der Antike, nämlich nachgewiesenermaßen bereits im Babylonischen Reich, bekannt. Nach einer Hypothese B.L. van der Waerdens gab es sogar schon um 3000 v.Chr. wesentliche Bestandteile einer mathematischen Theorie, in denen die Aussage des Satzes des Pythagoras enthalten war (siehe [4]).

II. Beweise für den Satz des Pythagoras

Wegen der großen Bedeutung des Satzes des Pythagoras sind etwa 400 verschiedene Beweise für ihn bekannt (in [1] findet sich eine umfangreiche Zusammenstellung unterschiedlicher Beweismöglichkeiten). Die Idee eines elementaren Beweises ist in Abbildung 2 dargestellt. Die beiden großen Quadrate haben jeweils die Seitenlänge $a + b$ und deshalb gleiche Flächeninhalte $(a + b)^2$. Außer den grau eingefärbten Quadraten enthalten diese beiden Quadrate jeweils viermal das Dreieck $\triangle ABC$. Die weißen Flächen haben also in beiden Quadraten jeweils den gleichen Flächeninhalt. Deshalb muß der Flächeninhalt der grauen Flächen in den beiden großen Quadraten ebenfalls gleich sein. Im linken Bild beträgt der Inhalt der beiden grau eingefärbten Quadrate $a^2 + b^2$; der Flächeninhalt des eingefärbten Quadrates im rechten Bild ist c^2, es gilt also $a^2 + b^2 = c^2$.

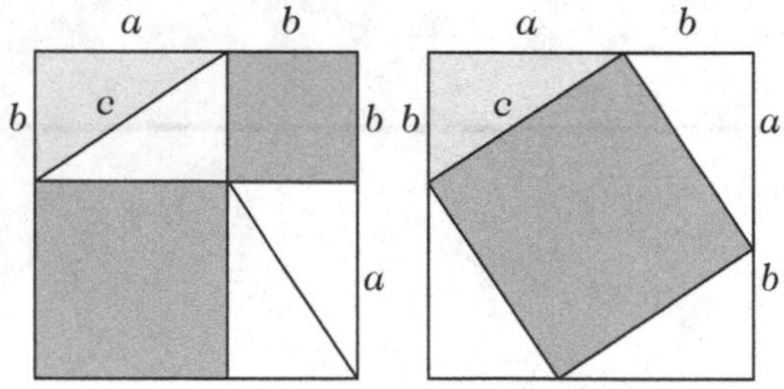

Satz des Pythagoras: Abbildung 2

Ein anderer Beweis kann mit Hilfe der Flächeninhaltsformel für rechtwinklige Dreiecke und der binomischen Formeln geführt werden. Im rechten Bild von Abbildung 2 gilt, da der Flächeninhalt der vier Dreiecke jeweils $\frac{ab}{2}$ beträgt, nämlich

$$\begin{aligned} c^2 &= (a+b)^2 - 4 \cdot \frac{ab}{2} \\ &= (a+b)^2 - 2ab = a^2 + b^2. \end{aligned}$$

In der ↗analytischen Geometrie kann unter Nutzung des Skalarproduktes ein sehr einfacher *vektorieller Beweis* für den Satz des Pythagoras geführt werden. Da in einem bei C rechtwinkligen Dreieck ABC die Vektoren $\vec{a} = \overrightarrow{CB}$ und $\vec{b} = \overrightarrow{CA}$ orthogonal zueinander sind, ist ihr Skalarprodukt Null und es gilt:

$$\begin{aligned} c^2 &= \vec{c} \cdot \vec{c} = \overrightarrow{AB} \cdot \overrightarrow{AB} = \left(\overrightarrow{AC} + \overrightarrow{CB}\right)^2 = (\vec{a} - \vec{b})^2 \\ &= \vec{a} \cdot \vec{a} + \vec{b} \cdot \vec{b} - 2\vec{a} \cdot \vec{b} = \vec{a} \cdot \vec{a} + \vec{b} \cdot \vec{b} = a^2 + b^2. \end{aligned}$$

III. Die Satzgruppe des Pythagoras

Eng verwandt mit dem Satz des Pythagoras sind der Höhensatz des Euklid (↗Euklid, Höhensatz des) und der *Kathetensatz*:

In jedem rechtwinkligen Dreieck hat das Quadrat über einer Kathete den gleichen Flächeninhalt wie das Rechteck, das aus der Hypotenuse und dem der Kathete zugehörigen Hypotenusenabschnitt gebildet wird.

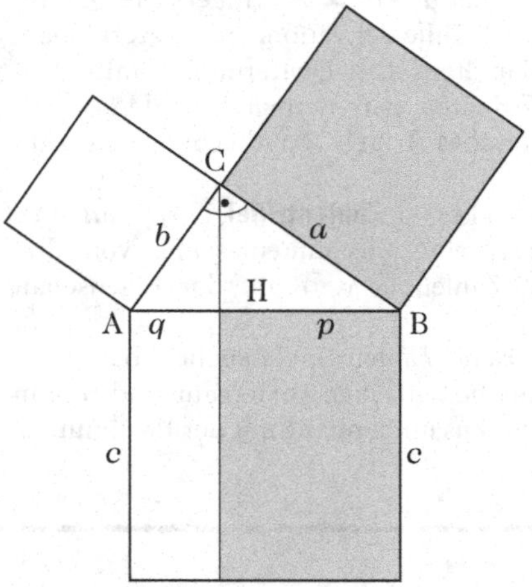

Satz des Pythagoras: Abbildung 3

Mit den Bezeichnungen aus Abbildung 3 gilt also $a^2 = p \cdot c$ und $b^2 = q \cdot c$. Der Satz des Pythagoras sowie der Höhen- und der Kathetensatz werden oft zusammenfassend als *Satzgruppe des Pythagoras* bezeichnet. Der Satz des Pythagoras kann dabei mit Hilfe des (zuvor z. B. unter Ausnutzung von Ähnlichkeitsverhältnissen in zwei rechtwinkligen Teildreiecken zu beweisenden) Kathetensatzes nachgewiesen werden. Aus $a^2 = p \cdot c$ und $b^2 = q \cdot c$ folgt nämlich

$$a^2 + b^2 = p \cdot c + q \cdot c = (p + q) \cdot c = c^2 \ .$$

IV. Anwendungen des Satzes des Pythagoras

Viele Anwendungen des Satzes des Pythagoras in der Elementargeometrie basieren auf der Zerlegung geometrischer Figuren in rechtwinklige Dreiecke. So läßt sich z. B. die Länge der Diagonalen eines

Rechtecks berechnen. Durch Anwendung des Satzes des Pythagoras auf eines der rechtwinkligen Teildreiecke des gegebenen Rechtecks (mit einer Diagonalen als Hypotenuse, siehe Abb. 4) ergibt sich für die Länge d der Diagonale unmittelbar $d^2 = a^2 + b^2$ bzw.

$$d = \sqrt{a^2 + b^2}\,.$$

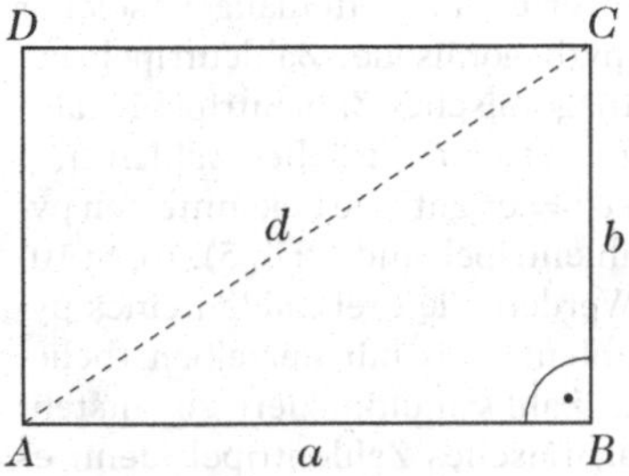

Satz des Pythagoras: Abbildung 4

Berechnungen von Rechtecksdiagonalen mit Hilfe einer dem Satz des Pythagoras vergleichbaren Vorschrift wurden bereits im alten Babylon durchgeführt (ca. 1700 v.Chr.). Vielfach wurde der Satz selbst auch nicht als Zusammenhang zwischen Seitenlängen rechtwinkliger Dreiecke, sondern als Zusammenhang zwischen Rechtecksseiten und -diagonalen formuliert.

Auch die Länge der Raumdiagonalen eines ↗Quaders kann mit Hilfe des Satzes des Pythagoras bestimmt werden. Für die Länge der Diagonale d eines der begrenzenden Rechtecke des Quaders (Rechteck $ABCD$ in Abb. 5) gilt $d^2 = a^2 + b^2$. Wird nun der Quader entlang dieser Diagonalen „zerschnitten", so entsteht das Rechteck $ACGE$, dessen Seiten die Höhe c des Quaders und die Diagonale d sind. Die Diagonale dieses Rechtecks ist gerade die Raumdiagonale r des Quaders, für die deshalb nach dem Satz des Pythagoras gilt:

$$r^2 = d^2 + c^2 = a^2 + b^2 + c^2 \quad \text{bzw.}$$
$$r = \sqrt{a^2 + b^2 + c^2}\,.$$

Nach demselben Verfahren wie bei der Berechnung der Diagonalen in Rechtecken und Quadern kann mit Hilfe des Satzes des Pythagoras der *Abstand zweier Punkte* der Ebene oder des Raumes berechnet werden, deren Koordinaten bezüglich eines kartesischen Koordinatensystems gegeben sind. Die Verbindungsstrecke zweier Punkte P_1 und P_2 kann nämlich als Diagonale eines Rechtecks (in der Ebene) bzw. als Raumdiagonale eines Quaders (im Raum) aufgefaßt werden, dessen Kantenlängen die Differenzen $x_2 - x_1$, $y_2 - y_1$ und (nur im Raum)

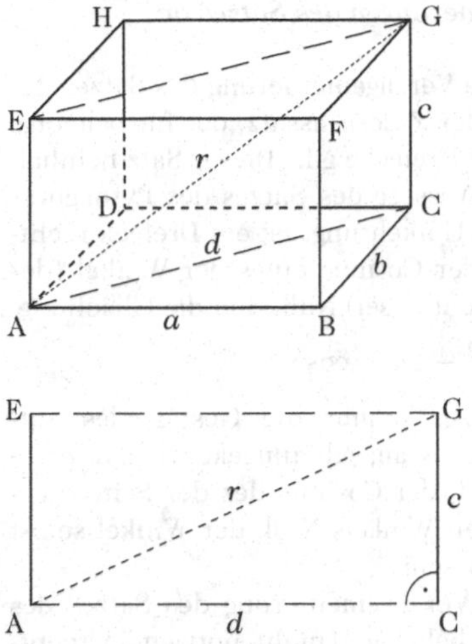

Satz des Pythagoras: Abbildung 5

$z_2 - z_1$ der Koordinaten der Punkte sind. Für den Abstand zweier Punkte $P_1(x_1; y_1)$ und $P_2(x_2; y_2)$ der Ebene gilt daher

$$|P_1P_2| = \sqrt{(x_2 - x_1)^2 + (y_2 - y_1)^2}\,,$$

und für den Abstand zweier Punkte $P_1(x_1; y_1; z_1)$ und $P_2(x_2; y_2; z_2)$ des Raumes

$$|P_1P_2| = \sqrt{(x_2 - x_1)^2 + (y_2 - y_1)^2 + (z_2 - z_1)^2}\,.$$

V. Die Umkehrung des Satzes des Pythagoras

Die Umkehrung des Satzes des Pythagoras besagt, daß der durch diesen Satz gegebene Zusammenhang zwischen den Seitenlängen *nur* in rechtwinkligen Dreiecken besteht:

Wenn für die Seitenlängen a, b und c eines Dreiecks $\triangle ABC$ die Gleichung $a^2 + b^2 = c^2$ erfüllt ist, so ist dieses Dreieck rechtwinklig, und c ist seine Hypotenuse.

Mit Hilfe der Umkehrung des Pythagoräischen Lehrsatzes läßt sich also anhand der Seitenlängen eines gegebenen Dreiecks ermitteln, ob dieses rechtwinklig ist. Dies ist oft sinnvoll, da sich, beispielsweise bei großen Flächen im Gelände, Abstände leichter und genauer messen lassen als Winkel. Bereits um 2300 v. Chr. wendeten im alten Ägypten die sogenannten Harpedonapten (Seilspanner) pythagoräische Dreiecke an, um nach den zweimal jährlich stattfindenden Überschwemmungen des Nil die Ländereien wieder rechtwinklig abzustecken. Dazu benutzten sie Seile mit zwölf gleich langen Abschnitten, die durch Knoten markiert waren, und spannten daraus Dreiecke mit Seitenlängen von 3, 4 und 5 Seilabschnitten. Da $3^2 + 4^2 = 5^2$ gilt, sind derartige Dreiecke rechtwinklig.

VI. Verallgemeinerungen des Satzes des Pythagoras

Die bekannteste Verallgemeinerung des Satzes des Pythagoras ist der ↗Cosinussatz, der für beliebige (schiefwinklige) Dreiecke gilt. Dieser Satz beinhaltet sowohl die Aussage des Satzes des Pythagoras als auch dessen Umkehrung: Ist ein Dreieck rechtwinklig, so ist der Cosinus eines der Winkel (der hier als γ bezeichnet sei) Null, und die Gleichung

$$c^2 = a^2 + b^2 - 2ab \cdot \cos\gamma$$

des Cosinussatzes nimmt die Gestalt des Satzes des Pythagoras an; gilt umgekehrt z.B. $a^2 + b^2 = c^2$, so muß der Cosinus des der Seite c gegenüberliegenden Winkels Null, der Winkel selbst also ein Rechter sein.

Eine weitere Verallgemeinerung des Satzes des Pythagoras auf beliebige (nicht notwendig rechtwinklige) Dreiecke ist der *Satz von Pappos*:

Es sei $\triangle ABC$ ein beliebiges Dreieck und $ABPQ$ ein beliebiges Parallelogramm über der Dreieckseite $\overline{AB}$, das von der Geraden AB aus auf derselben Seite liegt wie der Punkt C.

Dann ist der Flächinhalt des Parallelogramms $ABPQ$ gleich der Summe der Flächeninhalte zweier Parallelogramme $BCUV$ und $ACXY$, die über den anderen beiden Dreieckseiten liegen, und deren BC bzw. AC gegenüberliegende Seiten durch die Eckpunkte P bzw. Q des Parallelogramms $ABPQ$ verlaufen.

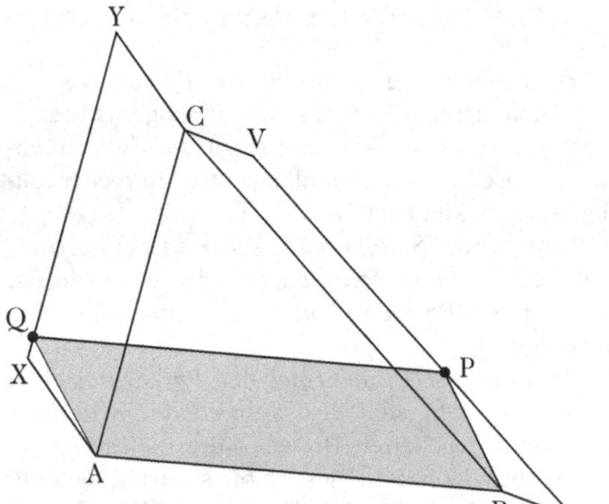

Satz des Pythagoras: Abbildung 6

Ist das Dreieck $\triangle ABC$ bei C rechtwinklig und werden, als spezielle Parallelogramme, Quadrate betrachtet, so geht der Satz von Pappos in den Satz des Pythagoras über.

VII. Pythagoräische Zahlentripel

Rechtwinklige Dreiecke mit ganzzahligen Längen aller drei Seiten werden als *pythagoräische Dreiecke*, die Zahlenwerte der Seitenlängen solcher Dreiecke als ↗pythagoräische Zahlentripel bezeichnet. Ein pythagoräisches Zahlentripel ist also ein Tripel $(a; b; c)$ dreier natürlicher Zahlen a, b und c, für die $a^2+b^2 = c^2$ gilt. Die bekanntesten pythagoräischen Zahlentripel sind (3; 4; 5), (6; 8; 10) und (5; 12; 13). Werden alle drei Zahlen eines pythagoräischen Zahlentripels mit derselben (beliebigen) natürlichen Zahl k multipliziert, so entsteht wieder ein pythagoräisches Zahlentripel, denn es gilt

$$(ka)^2 + (kb)^2 = k^2(a^2 + b^2) = (kc)^2 \,.$$

Allein daraus ergibt sich bereits, daß es unendlich viele pythagoräische Zahlentripel gibt.

Bei der Existenz unendlich vieler pythagoräischer Zahlentripel liegt natürlich die Frage nahe, ob auch Tripel natürlicher Zahlen $(a; b; c)$ existieren, für die $a^n + b^n = c^n$ mit $n > 2$ gilt. Erstaunlicherweise gibt es für keine natürliche Zahl n, die größer als 2 ist, ein solches Zahlentripel. Der Beweis dieser bereits um 1637 von Fermat behaupteten Tatsache war sehr lange eines der größten Probleme der Mathematik und gelang vollständig erst 1995 dem britischen Mathematiker Andrew Wiles. Siehe hierzu den Artikel zur ↗Fermatschen Vermutung.

Literatur

[1] Fraedrich, A. M.: Die Satzgruppe des Pythagoras. B.I. Wissenschaftsverlag Mannheim, 1994.

[2] Lietzmann, W.: Der pythagoreische Lehrsatz. 9. Auflage, B. G. Teubner Verlagsgesellschaft Leipzig, 1968.

[3] Lietzmann, W.: Von der pythagoreischen Gleichung zum Fermatschen Problem. B.G. Teubner Verlagsgesellschaft Leipzig und Berlin, 1937.

[4] Waerden, B. L. van der: Geometry and Algebra in Ancient Civilizations. Springer Berlin, 1983.

Pythagoras, verallgemeinerter Satz des, Aussage über orthogonale Elemente eines Hilbertraums H:

Sind $x, y \in H$ mit $\langle x, y\rangle = 0$, so gilt

$$\|x\|^2 + \|y\|^2 = \|x+y\|^2 .$$

Der Spezialfall des $\mathbb{R}^2$ mit der euklidischen Norm entspricht dem klassischen Satz des Pythagoras.

Pythagoras von Samos, Philosoph, geb. um 580 v.Chr. Samos, gest. um 500 v.Chr. Metapontum (Unteritalien).

Die überlieferten Berichte über das Leben des Pythagoras stammen aus dem dem 3./4. Jahrhundert n.Chr., sie verbreiten im wesentlichen die Legenden, die die Neupythagoräer (100 v.Chr.–200 n.Chr.) und ihre Nachfolger über das Wirken ihres geistigen Stammvaters aufgebracht haben. Danach war Pythagoras der Sohn eines Gemmenschneiders auf Samos. Er verließ Samos wegen der unsicheren und gefährlichen politischen Verhältnisse, lebte in Kleinasien, Phönizien, Ägypten und Mesopotamien. Dort soll er die mathematischen und astronomischen Kenntnisse der Gelehrten studiert und weitergebildet haben. Schließlich gründete er in Kroton (Süditalien) eine esoterische Gemeinschaft, einen Geheimbund, der großen politischen Einfluß gewann. Aus Kroton wurden die Pythagoräer vertrieben und siedelten nach Metapontum über. Dort erlosch der Geheimbund in der zweiten Hälfte des 4. Jahrhunderts v.Chr.

Die Grundidee der „Mathematik" des Pythagoras war, daß nur über die Kenntnis der Zahlen das Transzendente erkennbar wird. „Zahlen" waren dabei nur die positiven ganzen Zahlen. Die Einheit galt nicht als Zahl, aber als Quelle und Ursprung aller Zahlen. Neben Zahlenspekulationen finden wir bei den Pythagoräern die Einteilung der ganzen Zahlen in gerade und ungerade, Primzahlen, „zusammengesetzte Zahlen", und figurierte Zahlen. Über die figurierten Zahlen wurden die Summen einfacher Reihen berechnet.

Viele Resultate, die dem Pythagoras und seinen Schülern zugeschrieben worden sind, so auch der „Satz des Pythagoras", lassen sich bereits in der Mathematik Mesopotamiens nachweisen.

Die pythagoräische Astronomie lehrte den göttlichen Ursprung der Himmelskörper und die „Harmonie" der Bewegung der Planeten auf Kreisbahnen um die Erde in Analogie zur Musiktheorie. Diese behandelte genauer die Teilungsverhältnisse am Monochord und stellte Verbindungen zur Lehre von den natürlichen Zahlen her. In der letzten Phase der pythagoräischen Astronomie soll es zu heliozentrischen Ansätzen gekommen sein. Teile der Mathematik der Pythagoräer finden sich in den Büchern I–IV und VII–IX der „Elemente" des Euklid.

Q

$\mathbb{Q}$, Bezeichnung für die Menge der ↗rationalen Zahlen.

QCD, Abkürzung für ↗ Quantenchromodynamik.

q-Dimension, ↗Rényi-Dimension.

QED, Abkürzung für ↗ Quantenelektrodynamik.

q.e.d., Abkürzung für „quod erat demonstrandum" („was zu beweisen war"), früher übliche Schlußformel in mathematischen Beweisen.

Qin Jiushao, chin. Mathematiker und Astronom, geb. 1202 Anyue (Provinz Sichuan, China), gest. 1261 Meizhou (Guangdong, China).

Qin Jiushao war der Sohn eines hohen akademischen Titelträgers der kaiserlichen Staatsprüfung und studierte selbst am Astronomischen Amt in Hangzhou, der Hauptstadt der Südlichen Song-Dynastie. Er erlernte auch literarische Künste und war versiert in pian-li Prosa, einer höchst verkünstelten und in antithetisch gebauten Satzgliedern strukturierten Schreibweise, die sich von den Prosagedichten der Han-Zeit herleitete.

1219 trat Qin der Armee als Führer einer territorialen Freiwilligeneinheit bei und half, eine lokale Rebellion zu unterdrücken. Der Sieg der Mongolen über die Jin-Dynastie 1234 vertrieb ihn in südwestlichere Provinzen, wo er diverse Beamtenpositionen innehatte, bis hin zum Provinzgouverneur von Qiongzhou.

1247 veröffentlichte er seine heute noch erhaltene „Mathematik in Neun Kapiteln" (chin. Shushu jiu zhang). 1258 wurde er aufgrund von Anschuldigungen der Bestechung aus dem Staatsdienst entlassen und schließlich nach Meizhou verbannt, wo er 1261 verstarb.

Die „Mathematik in Neun Kapiteln" enthält mathematische, astronomische und meteorologische Probleme, die methodologisch vorwiegend aufgrund ihrer Lösungsmethoden für numerische Polynomialgleichungen beliebigen Grades und Probleme der unbestimmten Analysis Beachtung fanden. Zu Qins Zeit wurden Gleichungen durch eine positionelle Schreibweise repräsentiert, d. h., die Koeffizienten eines Polynoms wurden in vertikaler Anordnung notiert. Unbestimmte Probleme der Kalenderrechnung, wie zum Beispiel Planetenkonjunktionen, wurden von Qin Jiushao durch den ↗chinesischen Restsatz gelöst. Die Entwicklung dieser Methode ist aber verschollen, man kennt lediglich frühere Kongruenzaufgaben aus dem „Mathematischen Klassiker von Meister Sun" (chin. Sunzi suanjing, ca. 400), die auf heute unverständliche Weise gelöst wurden.

[1] Libbrecht, U.: Chinese Mathematics in the Thirteenth Century – The Shu-shu chiu-chang of Ch'in Chiu-shao. MIT Press Cambridge MA, 1973.

QMR-Verfahren, iteratives ↗Krylow-Raum-Verfahren zur Lösung eines linearen Gleichungssystems $Ax = b$, wobei $A \in \mathbb{R}^{n\times n}$ eine beliebige (insbesondere auch unsymmetrische) Matrix ist.

Da im Laufe der Berechnungen lediglich Matrix-Vektor-Multiplikationen benötigt werden, ist das Verfahren besonders für große ↗sparse Matrizen A geeignet.

Das QMR-Verfahren ist eine Verallgemeinerung des ↗konjugierten Gradientenverfahrens für Gleichungssysteme mit symmetrisch positiv definiten Koeffizientenmatrizen. Es wird, ausgehend von einem (beliebigen) Startvektor $x^{(0)}$, eine Folge von Näherungsvektoren $x^{(k)}$ an die gesuchte Lösung x gebildet.

Im k-ten Schritt des QMR-Verfahrens minimiert man nun

$$(b - Ax^{(k)})^T(b - Ax^{(k)})$$

unter der Nebenbedingung, daß $x^{(k)}$ die Form

$$x^{(k)} = x^{(0)} + Q_k y^{(k)}$$

für ein $y^{(k)} \in \mathbb{R}^k$ hat. Dabei wird $Q_k \in \mathbb{R}^{n\times k}$ gerade als die Matrix gewählt, welche man nach k Schritten des ↗Lanczos-Verfahrens erhält, d. h.

$$AQ_k = Q_{k+1}T_{k+1,k}$$

mit

$$T_{k+1,k} = \begin{bmatrix} \alpha_1 & \beta_1 & & & \\ \beta_1 & \alpha_2 & \beta_2 & & \\ & \ddots & \ddots & \ddots & \\ & & \ddots & \ddots & \beta_{k-1} \\ & & & \beta_{k-1} & \alpha_k \\ & & & & \beta_k \end{bmatrix} \in \mathbb{R}^{k+1,k}.$$

Es folgt, daß $y^{(k)}$ als die Lösung des linearen Ausgleichsproblems

$$\min_{y\in\mathbb{R}^k} \left|\left| \frac{e_1}{||r^{(0)}||_2} - T_{k+1,k}y \right|\right|_2$$

zu wählen ist, wobei $e_1 = [1, 0, \ldots, 0]^T \in \mathbb{R}^k$. Das Ausgleichsproblem kann effizient mittels der ↗Methode der kleinsten Quadrate gelöst werden.

Aufgrund des zugrundeliegenden Lanczos-Verfahrens kann das QMR-Verfahren vorzeitig zusammenbrechen, ohne eine Lösung des Problems zu berechnen. Mithilfe von sogenannten look-ahead Techniken ist es jedoch möglich, diese Probleme zu umgehen.

Die dem QMR-Verfahren zugrundeliegende Idee ist ähnlich der des ↗GMRES-Verfahrens. Dort wird statt des Lanczos-Verfahrens das Arnoldi-Verfahren verwendet.

Q-Q-Plot, *Quantile-Quantile-Plot*, Methode der ↗deskriptiven Statistik zur graphischen Überprüfung einer Hypothese über die unbekannte Wahrscheinlichkeitsverteilung einer ein- oder mehrdimensionalen Zufallsgröße X.

Dabei werden die in einer Stichprobe beobachteten tatsächlichen Häufigkeiten (bzw. Quantile) den bei Vorliegen der Verteilung erwarteten Häufigkeiten (Quantilen) in Form eines Streudiagramms gegenübergestellt. Andere, ähnliche, graphische Methoden zur Überprüfung einer Hypothese über eine Verteilung sind z. B. die ↗P-P-Plots oder das ↗Wahrscheinlichkeitspapier.

Es soll beispielsweise die Hypothese überprüft werden, ob die Verteilung eines p-dimensionalen Merkmalsvektors $\vec{X} = (X_1, \dots, X_p)$, der an bestimmten Objekten einer Grundgesamtheit beobachtet wird, wesentlich von einer p-dimensionalen Normalverteilung abweicht oder nicht. Zur Überprüfung dieser Hypothese mittels Q-Q-Plots führt man zunächst eine Stichprobe $\vec{X}_i, i = 1, \dots, n$, vom Umfang n durch, berechnet das Stichprobenmittel $\bar{\vec{X}}$ und die Stichproben-Kovarianzmatrix $\hat{S}$, und daraus die (quadratischen) ↗Mahalanobis-Abstände d_i der n Beobachtungsvektoren $\vec{X}_i$, $i = 1, \dots, n$, vom Sichprobenmittel $\bar{\vec{X}}$:

$$d_i = (\vec{X}_i - \bar{\vec{X}})^T S^{-1} (\vec{X}_j - \bar{\vec{X}}) \text{ für } i = 1, \dots, n.$$

Sind die Daten multivariat normalverteilt, so genügen die Abstände $d_1, \dots, d_n$ approximativ einer ↗χ^2-Verteilung mit p Freiheitsgraden.

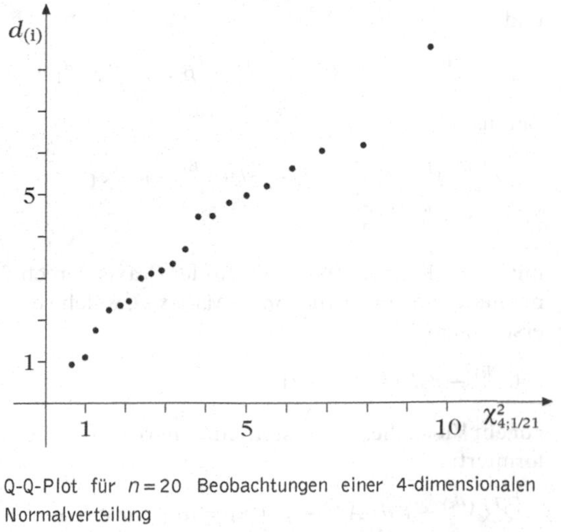

Q-Q-Plot für $n = 20$ Beobachtungen einer 4-dimensionalen Normalverteilung

Ordnet man nun die Abstände der Größe nach,

$$d_{(1)} \le d_{(2)} \le \cdots \le d_{(n)},$$

und bestimmt die $(i/(n+1))$-Quantile $\chi^2_{p;i/(n+1)}$ für $i = 1, \dots, n$, so liegen die n Punkte $(\chi^2_{p;i/(n+1)}, d_{(i)})$, $i = 1, \dots, n$, die gerade den Q-Q-Plot bilden, in etwa auf einer Geraden mit der Steigung 1 durch den Ursprung. Die Abbildung zeigt ein Beispiel hierzu, nämlich die Q-Q-Plots für $n = 20$ Beobachtungen, die zufällig aus einer 4-dimensionalen Normalverteilung ($p = 4$) durch Simulation erzeugt wurden. Man sieht deutlich, daß die beobachteten und erwarteten Quantile tatsächlich nahezu auf einer Geraden liegen.

[1] Hartung, J.; Elpelt, B.: Multivariate Statistik. Lehr- und Handbuch der angewandten Statistik, Oldenbourg Verlag, München, 1989.

QR-Algorithmus, stabiles Verfahren zur Lösung des Eigenwertproblems $Ax = \lambda x$ für $A \in \mathbb{R}^{n \times n}$.

Die Matrix A wird dabei iterativ mittels Ähnlichkeitstransformationen auf obere Dreiecksform S gebracht. Von der Diagonalen von S lassen sich dann die Eigenwerte von A ablesen, das Produkt aller verwendeten Ähnlichkeitstransformationen enthält die Informationen über die zugehörigen Eigenvektoren bzw. invarianten Unterräume.

Der auf Francis (1961) und Kublanovskaja (1961) zurückgehende QR-Algorithmus basiert auf der ↗QR-Zerlegung, d. h. auf der Zerlegung einer Matrix A in das Produkt einer orthogonalen Matrix Q und einer oberen Dreiecksmatrix R. Er berechnet in einem ersten Schritt die Reduktion von A auf eine obere ↗Hessenberg-Form

$$A^{(1)} = Q^{(0)} A (Q^{(0)})^T .$$

Anschließend wird eine Folge von Matrizen $A^{(k)}$ mittels

$$\begin{array}{lrcl} \text{berechne} & A^{(k)} & = & Q^{(k)} R^{(k)} \\ \text{und setze} & A^{(k+1)} & := & R^{(k)} Q^{(k)} \end{array}$$

berechnet. Jede Iterierte $A^{(k+1)}$ hat obere Hessenberg-Form und ist ähnlich zu ihrem Vorgänger $A^{(k)}$, d. h.

$$A^{(k+1)} = (Q^{(k)})^T A^{(k)} Q^{(k)} ,$$

und damit ähnlich zu A.

Ist die Matrix A, deren Eigenwerte gesucht sind, symmetrisch, so resultiert die anfängliche Reduktion auf obere Hessenberg-Form in einer symmetrischen Tridiagonalmatrix. Jede weitere Iterierte ist dann ebenfalls symmetrisch und tridiagonal.

Im allgemeinen konvergiert die Folge der $A^{(k+1)}$ gegen eine obere Quasi-Dreiecksmatrix R

$$R = \begin{pmatrix} R_{11} & R_{12} & R_{13} & \cdots & R_{1n} \\ & R_{22} & R_{23} & \cdots & R_{2n} \\ & & \ddots & & \vdots \\ & & & R_{n-1,n-1} & R_{n-1,n} \\ & & & & R_{nn} \end{pmatrix},$$

wobei die R_{ii} entweder (1×1)- oder (2×2)-Matrizen sind. Im letzteren Fall hat die (2×2)-Matrix ein Paar konjugiert komplexer Eigenwerte.

Das Produkt

$$Q = Q^{(0)}Q^{(1)}Q^{(2)}\ldots$$

liefert die zugehörigen Eigenvektoren bzw. invarianten Unterräume.

Die Konvergenz gegen Quasi-Dreiecksgestalt kann sehr langsam sein, sodaß der einfache QR-Algorithmus in der angegebenen Form wegen der zu großen Anzahl von Iterationsschritten zu aufwendig wird. Konvergenzbeschleunigung erhält man in der Regel durch eine geeignete Spektralverschiebung:

Hat A nur reelle Eigenwerte, so betrachtet man statt der Matrix $A^{(k)}$ im k-ten Iterationsschritt die Matrix $A^{(k)} - \mu_k I$, $\mu_k \in \mathbb{R}$. Hat A (und damit $A^{(k)}$) die Eigenwerte $\lambda_1 \geq \lambda_2 \geq \ldots \geq \lambda_n$, dann hat $A^{(k)} - \mu_k I$ die Eigenwerte $\lambda_j - \mu_k$. Man iteriert nun

$$\begin{array}{lrcl} \text{berechne} & A^{(k)} - \mu_k I & = & Q^{(k)}R^{(k)} \\ \text{und setze} & A^{(k+1)} & := & R^{(k)}Q^{(k)} + \mu_k I \end{array}$$

Wieder gilt, daß jede Iterierte $A^{(k+1)}$ obere Hessenberg-Form hat und ähnlich zu ihrem Vorgänger $A^{(k)}$ ist. Ist μ_k eine gute Näherung an λ_n, dann konvergiert meist der letzte Nebendiagonaleintrag $a_{n,n-1}^{(k+1)}$ rasch gegen Null und der letzte Diagonaleintrag $a_{n,n}^{(k+1)}$ gegen λ_n. Eine Analyse des QR-Algorithmus zeigt, daß es sinnvoll ist, $\mu_k = a_{n,n}^{(k)}$ zu wählen. Man erhält also eine Iterierte $A^{(k+1)}$ mit kleinem $a_{n,n-1}^{(k+1)}$, d. h.

$$A^{(k+1)} \approx \left(\begin{array}{cccccc|c} x & x & \cdots & \cdots & x & & x \\ x & x & \cdots & \cdots & x & & x \\ & x & \cdots & \cdots & x & & x \\ & & \ddots & & & & \\ & & & \ddots & x & & x \\ & & & & x & & x \\ \hline & & & & & & \lambda_n \end{array}\right) = \left(\begin{array}{c|c} \widehat{A} & \widehat{a} \\ \hline & \lambda_n \end{array}\right),$$

wobei $\widehat{A} \in \mathbb{R}^{(n-1)\times(n-1)}$ eine obere Hessenberg-Matrix ist. Der QR-Algorithmus kann nun mit der Matrix $\widehat{A}$ fortgesetzt werden, welche die übrigen Eigenwerte von A besitzt.

Diesen Prozeß des Abspaltens von Teilproblemen kleinerer Dimension nennt man Deflation. Mit jedem berechneten Eigenwert reduziert sich die Dimension der noch zu bearbeitenden Matrix und damit der Aufwand, die weiteren Eigenwerte zu berechnen. Dies ist ein wesentlicher Vorteil des QR-Algorithmus.

Typischerweise hat eine reelle nichtsymmetrische Matrix A nicht nur reelle, sondern auch konjugiert komplexe Eigenwerte $\lambda, \overline{\lambda}$. Es ist dann notwendig, neben reellen auch komplexe Shifts $\mu \in \mathbb{C}$ zur Beschleunigung des QR-Algorihmus zu wählen. Ist z. B. $\lambda_n = \overline{\lambda_{n-1}}$ ein Paar konjugiert komplexer Eigenwerte, dann ist die Shiftwahl $\mu_k = a_{n,n}^{(k)} \in \mathbb{R}$ i. a. keine gute Approximation an λ_n. Stattdessen sind die Eigenwerte $\beta_1, \beta_2 = \overline{\beta_1}$ von

$$\begin{pmatrix} a_{n-1,n-1}^{(k)} & a_{n-1,n}^{(k)} \\ a_{n,n-1}^{(k)} & a_{n,n}^{(k)} \end{pmatrix} \tag{1}$$

(für genügend großes k) gute Näherungen an $\lambda_n = \overline{\lambda_{n-1}}$. Man verwendet β_1 und β_2 als Shifts in zwei aufeinanderfolgenden Iterationsschritten. Für reelle A berechnet man einen solchen Doppelschritt

$$A^{(k)} \xrightarrow{\beta_1} A^{(k+1)} \xrightarrow{\beta_2} A^{(k+2)}$$

nicht explizit, sondern faßt die Berechnungen zusammen und berechnet den Übergang

$$A^{(k)} \xrightarrow{\beta_1,\beta_2} A^{(k+2)}$$

implizit ohne komplexe Zwischenrechnung, denn mit $A^{(k)}$ ist auch $A^{(k+2)}$ wieder reell. Dazu nutzt man die folgenden beiden Beobachtungen aus. Es gilt

$$A^{(k+2)} = (Q^{(k+1)})^T(Q^{(k)})^T A^{(k)} Q^{(k)} Q^{(k+1)}$$

und

$$Q^{(k)}Q^{(k+1)}R^{(k+1)}R^{(k)} = (A^{(k)} - \beta_2 I)(A^{(k)} - \beta_1 I).$$

Daraus folgt

$$\begin{aligned} &(Q^{(k+1)})^T(Q^{(k)})^T(A^{(k)} - \beta_2 I)(A^{(k)} - \beta_1 I)e_1 \\ &\quad = r_{11}^{(k+1)} r_{11}^{(k)} e_1 \end{aligned}$$

mit $e_1 = (1, 0, \ldots, 0)^T \in \mathbb{R}^n$. In der Praxis berechnet man nun eine orthogonale Matrix $\widetilde{Q}$, welche die erste Spalte von

$$(A^{(k)} - \beta_2 I)(A^{(k)} - \beta_1 I)$$

auf ein Vielfaches des ersten Einheitsvektors transformiert:

$$\widetilde{Q}^T(A^{(k)} - \beta_2 I)(A^{(k)} - \beta_1 I)e_1 = \alpha e_1, \quad \alpha \in \mathbb{R}.$$

Die gegebene obere Hessenberg-Matrix $A^{(k)}$ wird dann in einem ersten Teilschritt mit der Matrix $\widetilde{Q}$ durch

$$B = \widetilde{Q}^T A^{(k)} \widetilde{Q}$$

einer Ähnlichkeitstransformation unterworfen. Anschließend wird B mittels einer orthogonalen Matrix $\widehat{Q}$ wieder auf Hessenberg-Form

$$C = \widehat{Q}^T B \widehat{Q}$$

gebracht. C stimmt im wesentlichen mit $A^{(k+2)}$ überein, beide unterscheiden sich nur durch eine Ähnlichkeitstransformation mit einer Diagonalmatrix D. Für den QR-Algorithmus ist dies ohne Bedeutung, man setzt daher $A^{(k+2)} = \widehat{Q}^T B \widehat{Q}$. In der Praxis verwendet man einen solchen impliziten Doppelschritt auch dann, wenn die (2×2)-Matrix in (1) nur reelle Eigenwerte β_1, β_2 hat.

Die Reduktion auf Hessenberg-Form wird wie unter ↗Hessenberg-Form beschrieben durchgeführt. Dabei ist zu beachten, daß aufgrund der Reduktion auf obere Hessenberg-Form im ersten Schritt des QR-Algorithmus jede Iterierte wieder Hessenberg-Form hat. Daher ist die Matrix B keine vollbesetzte Matrix, sie unterscheidet sich nur in zwei Positionen von einer oberen Hessenberg-Matrix:

$$B = \begin{pmatrix} x & x & x & x & \cdots & x & x \\ x & x & x & x & \cdots & x & x \\ \oplus & x & x & x & \cdots & x & x \\ \oplus & & x & x & \cdots & x & x \\ & & & x & \cdots & x & x \\ & & & & \ddots & \vdots & \vdots \\ & & & & & x & x \end{pmatrix}$$

Die Berechnungen vereinfachen sich daher. Die anfängliche Reduktion auf obere Hessenberg-Form dient der Reduktion des Rechenaufwands pro Iterationsschritt. Abhängig davon, ob man sich bei den Berechnungen zur Reduktion auf Hessenberg-Form auf Householder-Matrizen oder auf Givens-Matrizen stützt, spricht man vom Householderschen QR-Algorithmus oder vom Givensschen QR-Algorithmus.

Der QR-Algorithmus ist auch für komplexe Matrizen A durchführbar. In diesem Falle werden unitäre anstelle der orthogonalen Ähnlichkeitstransformationen verwendet. Die Folge der Iterierten konvergiert dann i. allg. gegen eine obere Dreiecksmatrix.

QR-Zerlegung, Zerlegung einer Matrix $A \in \mathbb{R}^{m \times n}$ in ein Produkt $A = QR$, wobei $Q \in \mathbb{R}^{m \times m}$ orthogonal und $R \in \mathbb{R}^{m \times n}$ eine obere Dreiecksmatrix ist.

Hat A vollen Spaltenrang, also $\mathrm{Rang}(A) = n$, so existiert eine QR-Zerlegung $A = QR$ mit $r_{ii} > 0$. Diese Zerlegung ist eindeutig.

Das Ergebnis einer Orthonormalisierung von n gegebenen Vektoren $x_j \in \mathbb{R}^m$ kann als QR-Zerlegung der Matrix $X = (x_1, x_2, \dots, x_n) \in \mathbb{R}^{m \times n}$ interpretiert werden.

Eine häufig verwendete Möglichkeit der Berechnung einer QR-Zerlegung besteht in der Verwendung von ↗Householder-Matrizen

$$Q = I - 2vv^T$$

mit $v^T v = 1$.

Mit Hilfe der Householder-Matrizen kann man eine Matrix $A = (a_1, \dots, a_n) \in \mathbb{R}^{m \times n}$ in eine obere Dreiecksmatrix transformieren, indem sukzessive die Elemente unterhalb der Diagonalen eliminiert werden. Im ersten Schritt werden die Elemente der ersten Spalte von A unterhalb des Diagonalelementes a_{11} eliminiert gemäß

$$A^{(1)} := Q^{(1)} A = \begin{pmatrix} \alpha_1 & & & \\ 0 & & & \\ \vdots & a_2^{(k)} & \dots & a_n^{(k)} \\ 0 & & & \end{pmatrix},$$

wobei $Q^{(1)} = I - 2v_1 v_1^T$ mit

$$v_1 = \frac{1}{\|a_1 - \lambda_1 e_1\|_2} \cdot (a_1 - \lambda_1 e_1)$$

und $\lambda_1 = -\operatorname{sgn}(a_{11})\|a_1\|_2$, falls $a_{11} \neq 0$, sonst $\lambda_1 = -\|a_1\|_2$. Im zweiten Schritt werden nun ganz analog die Elemente der zweiten Spalte von $A^{(1)}$ unterhalb des Diagonalelementes a_{22} eliminiert:

$$\begin{aligned} A^{(2)} &:= Q^{(2)} A^{(1)} \\ &= \begin{pmatrix} \alpha_1 & \alpha_2 & & & \\ 0 & \alpha_3 & & & \\ 0 & 0 & & & \\ \vdots & \vdots & a_3^{(k+1)} & \dots & a_n^{(k+1)} \\ 0 & 0 & & & \end{pmatrix}. \end{aligned}$$

Nach dem k-ten Schritt hat man somit die Ausgangsmatrix A bis auf eine Restmatrix $T^{(k+1)} \in \mathbb{R}^{(m-k) \times (n-k)}$ auf obere Dreiecksgestalt gebracht,

$$A^{(k)} = \begin{pmatrix} \star & \dots & \dots & \dots & \star \\ & \ddots & & & \vdots \\ & & \star & \dots & \star \\ & & 0 & & \\ & & \vdots & T^{(k+1)} & \\ & & 0 & & \end{pmatrix}.$$

Bildet man nun die orthogonale Matrix

$$Q^{(k+1)} = \left(\begin{array}{c|c} I_k & 0 \\ \hline 0 & \overline{Q}^{(k+1)} \end{array} \right),$$

wobei $\overline{Q}^{(k+1)} \in \mathbb{R}^{(m-k)\times(m-k)}$ wie im ersten Schritt mit $T^{(k+1)}$ anstelle von A konstruiert wird, so kann man die nächste Subspalte unterhalb der Diagonalen eliminieren. Insgesamt erhält man so nach $p = \min(m-1, n)$ Schritten die obere Dreiecksmatrix

$$R = Q^{(p)} \cdots Q^{(1)} A ,$$

und daher wegen $(Q^{(j)})^2 = I$ die Zerlegung

$$A = QR \quad \text{für} \quad Q = Q^{(1)} \cdots Q^{(p)} .$$

Für den Aufwand gilt bei dieser Methode
a) $\sim 2n^2m$ Multiplikationen, falls $m \gg n$,
b) $\sim \frac{2}{3}n^3$ Multiplikationen, falls $m \approx n$.

Eine andere Möglichkeit zur Berechnung einer QR-Zerlegung von A besteht in der Anwendung von Givens-Matrizen (↗Jacobi-Rotationsmatrix) $G_{k\ell}$ zur sukzessiven spaltenweisen Elimination der Einträge unterhalb der Diagonalen von A. Dabei wird $G_{k\ell}$ so gewählt, daß in $G_{k\ell}A$ ein gewisses Element in der k-ten Zeile zu Null wird. Am Beispiel einer vollbesetzten (5×4)-Matrix läßt sich der Algorithmus wie folgt veranschaulichen (die Indexpaare (k, ℓ) über den Pfeilen geben die Indizes der ausgeführten Givens-Rotation $G_{k\ell}$ an):

$$A = \begin{pmatrix} \star & \star & \star & \star \\ \star & \star & \star & \star \\ \star & \star & \star & \star \\ \star & \star & \star & \star \\ \star & \star & \star & \star \end{pmatrix} \xrightarrow{(5,4)} \begin{pmatrix} \star & \star & \star & \star \\ \star & \star & \star & \star \\ \star & \star & \star & \star \\ \star & \star & \star & \star \\ 0 & \star & \star & \star \end{pmatrix}$$

$$\xrightarrow{(4,3)} \begin{pmatrix} \star & \star & \star & \star \\ \star & \star & \star & \star \\ \star & \star & \star & \star \\ 0 & \star & \star & \star \\ 0 & \star & \star & \star \end{pmatrix} \xrightarrow{(3,2)} \cdots \xrightarrow{(2,1)} \begin{pmatrix} \star & \star & \star & \star \\ 0 & \star & \star & \star \\ 0 & \star & \star & \star \\ 0 & \star & \star & \star \\ 0 & \star & \star & \star \end{pmatrix}$$

$$\xrightarrow{(5,4)} \begin{pmatrix} \star & \star & \star & \star \\ 0 & \star & \star & \star \\ 0 & \star & \star & \star \\ 0 & \star & \star & \star \\ 0 & 0 & \star & \star \end{pmatrix} \xrightarrow{(4,3)} \cdots \xrightarrow{(5,4)} \begin{pmatrix} \star & \star & \star & \star \\ 0 & \star & \star & \star \\ 0 & 0 & \star & \star \\ 0 & 0 & 0 & \star \\ 0 & 0 & 0 & 0 \end{pmatrix} .$$

Allgemein erhält man

Für $k = 1, ..., n$
  Für $\ell = m, m-1, ..., k+1$
    Berechne $G_{\ell,\ell-1}$ so daß $(G_{\ell,\ell-1}A)_{\ell,k} = 0$.
    Berechne $A := G_{\ell,\ell-1}A$.
  Ende Für
Ende Für
Setze $Q^T = G_{m,m-1} \cdots G_{m-1,m-2} G_{m,m-1}$.

Dies berechnet

$$Q^T A = \begin{pmatrix} R \\ 0 \end{pmatrix} \quad \text{und} \quad Q^T Q = I.$$

In der Praxis werden nicht die $(m \times m)$-Matrizen $G_{\ell,\ell-1}$ aufgestellt, sondern nur die entsprechenden Umformungen der Elemente von A in der ℓ-ten und $(\ell-1)$-ten Zeile vorgenommen.

Als Aufwand für die QR-Zerlegung einer vollbesetzten Ausgangsmatrix $A \in \mathbb{R}^{m\times n}$ erhält man hier
a) $\sim mn$ Quadratwurzeln und $\sim 2mn^2$ Multiplikationen, falls $m \gg n$,
b) $\sim n^2/2$ Quadratwurzeln und $\sim 4n^3/3$ Multiplikationen, falls $m \approx n$.

Für Matrizen $A \in \mathbb{C}^{m\times n}$ existiert ebenfalls eine QR-Zerlegung $A = QR$, wobei $Q \in \mathbb{C}^{m\times m}$ unitär und $R \in \mathbb{C}^{m\times n}$ eine obere Dreiecksmatrix ist. Sie wird analog zum obigen Vorgehen berechnet. Man verwendet die komplexen Varianten der Householder- oder Givens-Matrizen.

Die QR-Zerlegung kann zur ↗direkten Lösung linearer Gleichungssysteme $Ax = b$ verwendet werden. Sie hat große Bedeutung bei der Lösung des linearen Ausgleichsproblems $||Ax - b||_2$ mittels der ↗Methode der kleinsten Quadrate und des Eigenwertproblems $Ax = \lambda x$ mittels des ↗QR-Algorithmus'.

Quader, geometrischer Körper, der von sechs Rechtecken begrenzt wird.

Davon sind jeweils zwei gegenüberliegende Rechtecke kongruent. Jeder Quader besitzt acht Eckpunkte und zwölf Kanten, von denen jeweils vier gleich lang sind.

Ein Quader mit den Kantenlängen a, b und c hat das Volumen $V = a \cdot b \cdot c$ und den Oberflächeninhalt $A = 2 \cdot (a \cdot b + b \cdot c + a \cdot c)$.

Die Längen der Flächendiagonalen eines Quaders betragen nach dem Satz des Pythagoras $d_1 = \sqrt{a^2 + b^2}$, $d_2 = \sqrt{b^2 + c^2}$ und $d_3 = \sqrt{a^2 + c^2}$, die der Raumdiagonalen (welche alle dieselbe Länge besitzen) $d = \sqrt{a^2 + b^2 + c^2}$.

Die vier Raumdiagonalen eines beliebigen Quaders schneiden sich in einem Punkt und halbieren jeweils einander. Alle acht Eckpunkte eines Quaders liegen auf einer Kugel, der sog. Umkugel des Quaders, deren Mittelpunkt der Schnittpunkt der Raumdiagonalen ist.

Ein Quader, dessen sämtliche Kanten gleich lang sind, ist ein ↗Würfel.

Quadrat, Viereck mit vier gleich langen Seiten und vier kongruenten Innenwinkeln (die alle rechte Winkel sind).

Ein Quadrat ist somit sowohl Spezialfall eines ↗Rechtecks (nämlich ein Rechteck mit gleich langen benachbarten Seiten) als auch eines ↗Rhombus (ein Rhombus mit einem rechten Winkel).

Die beiden Diagonalen eines Quadrates sind gleich lang, halbieren einander und sind ↗Winkelhalbierende der Innenwinkel.

Ist a die Seitenlänge des Quadrates, so beträgt die Länge der Diagonalen $d = a \cdot \sqrt{2}$, der Umfang des Quadrates $U = 4a$, und sein Flächeninhalt $A = a^2$.

Quadrat eines Graphen, die ↗ Potenz eines Graphen im Fall $p = 2$.

Quadrate-Satz, macht Aussagen darüber, für welche natürliche Zahlen n das Produkt zweier Summen von n Quadraten reeller Zahlen selbst wieder Summe von n Quadraten bilinearer Ausdrücke in diesen Zahlen ist.

Genauer: Der Satz besagt, für welche n es n reelle Bilinearformen

$$c_i = \sum_{j,k=1}^{n} \gamma_i^{jk} a_j b_k, \quad \gamma_i^{jk} \in \mathbb{R},$$

gibt, derart, daß für alle $a_1, \dots, a_n, b_1, \dots, b_n$

$$\sum_{i=1}^{n} c_i^2 = \sum_{j=1}^{n} a_j^2 \cdot \sum_{k=1}^{n} b_k^2$$

gilt. Nach dem Hurwitzschen Kompositionssatz (↗ Komposition von quadratischen Formen) ist dies nur für $n = 1, 2, 4$ oder 8 möglich. In diesem Fall ist sogar $\gamma_i^{jk} \in \mathbb{Z}$.

Für $n = 2$ ergibt sich aus der Relation $|z|^2|w|^2 = |zw|^2$ zwischen der Multiplikation und der Betragsbildung komplexer Zahlen der Zwei-Quadrate-Satz

$$(u^2+v^2)(x^2+y^2) = (ux-vy)^2 + (uy+vx)^2 .$$

Die restlichen Fälle (Vier-Quadrate-Satz und Acht-Quadrate-Satz) ergeben sich durch analoge Beziehungen in der ↗ Hamiltonschen Quaternionenalgebra bzw. in der ↗ Oktonienalgebra.

quadratfreie Zahl, eine natürliche (oder ganzrationale) Zahl, die durch keine Quadratzahl > 1 teilbar ist.

Ob eine gegebene natürliche Zahl n quadratfrei ist, läßt sich an ihrer ↗ kanonischen Primfaktorzerlegung

$$n = \prod_{p \text{ Primzahl}} p^{\nu_p(n)}$$

ablesen:

n ist genau dann quadratfrei, wenn $\nu_p(n) \le 1$ für alle Primzahlen p gilt.

Anders ausgedrückt:

n ist genau dann quadratfrei, wenn n ein Produkt aus paarweise verschiedenen Primzahlen ist.

quadratfreier Kern, zu einer natürlichen Zahl n die größte ↗ quadratfreie Zahl, die n teilt.

Aus der ↗ kanonischen Primfaktorzerlegung

$$n = \prod_{p \text{ Primzahl}} p^{\nu_p(n)}$$

errechnet man den quadratfreien Kern $q(n)$ von n durch

$$q(n) = \prod_p p^{\min\{\nu_p(n),1\}} = \prod_{\substack{p \text{ Primzahl} \\ \nu_p(n) > 0}} p .$$

$q(n)$ ist also das Produkt aller Primzahlen, die n teilen.

Bei manchen Autoren wird der quadratfreie Kern als das Produkt

$$\prod_{\substack{p \text{ Primzahl} \\ \nu_p(n) \text{ ungerade}}} p$$

definiert; in diesem Fall ist der quadratfreie Kern einer natürlichen Zahl nicht notwendig eine quadratfreie Zahl.

Quadratintegral, im Spezialfall eines Maßraums (Ω, Σ, μ) die durch

$$\langle f, g \rangle_\mu := \int_\Omega f \bar{g} \, d\mu$$

für $f, g \in \mathfrak{L}^2(\mu)$ definierte sesquilineare Abbildung

$$\langle\, , \rangle_\mu : \mathfrak{L}^2(\mu) \times \mathfrak{L}^2(\mu) \longrightarrow \mathbb{C},$$

wobei $\mathfrak{L}^2(\mu)$ der Raum der bzgl. μ ↗ quadratintegrierbaren Funktionen ist. Diese Begriffe kann man auch unter wesentlich allgemeineren Voraussetzungen betrachten (↗ Quadratintegrierbarkeit).

quadratintegrierbare Funktion, im Spezialfall eines Maßraums (Ω, Σ, μ) ein Element des Funktionenraums $\mathfrak{L}^2(\mu)$, also eine meßbare Funktion $f : \Omega \to \mathbb{C}$ mit

$$\int_\Omega |f|^2 \, d\mu < \infty .$$

Durch

$$\|f\|_2 := \int_\Omega |f|^2 \, d\mu \qquad \left(f \in \mathfrak{L}^2(\mu)\right)$$

wird eine Halbnorm $\|\ \|_2 : \mathfrak{L}^2(\mu) \to [0, \infty)$ definiert. Diese wird durch ein Semiskalarprodukt erzeugt, nämlich gerade durch das ↗ Quadratintegral $\langle\, , \rangle_\mu : \mathfrak{L}^2(\mu) \times \mathfrak{L}^2(\mu) \to \mathbb{C}$. Es gilt also

$$\|f\|_2 = \sqrt{\langle f, f \rangle_\mu}$$

für $f \in \mathfrak{L}^2(\mu)$. Durch Quotientenbildung nach dem Unterraum

$$\left\{ f \in \mathfrak{L}^2(\mu) \mid \|f\|_2 = 0 \right\}$$

erhält man aus $\mathfrak{L}^2(\mu)$ einen Hilbertraum $L^2(\mu)$. Das Skalarprodukt zweier Elemente ist dabei durch das Quadratintegral beliebiger Repräsentanten gegeben.

Hier wurde gleich ein Maßraum zugrundegelegt. Ist zunächst nur ein Maß auf einem Mengen(halb)ring gegeben, so muß dieses beim klassischen Zugang erst auf eine σ-Algebra fortgesetzt werden, ehe man meßbare Funktionen betrachten und damit schließlich den Raum $\mathfrak{L}^2(\mu)$ definieren kann. Eleganter ist es, im Rahmen einer ↗Integrationstheorie mit ↗Integralnormen diese auch zur Definition von $\mathfrak{L}^2$-Räumen zu benutzen. Dieser Zugang ist auch geeignet zur Behandlung wesentlich allgemeinerer Begriffe von ↗Quadratintegrierbarkeit.

Quadratintegrierbarkeit

M. Sigg

Der Versuch, die Begriffe „Quadratintegral" und „quadratintegrierbare Funktion" auf operatorwertige Maße und Funktionen zu verallgemeinern, führt ganz natürlich auf folgende Voraussetzungen: Es seien H ein komplexer ↗Hilbertraum, Ω eine nicht-leere Menge, R ein Mengenhalbring über Ω und $\mu, \nu : R \to L(H)_+$ ↗PO-Inhalte, wobei μ *q-verträglich* mit ν sei, d. h. es gelte

$$\sqrt{\mu(A)}\sqrt{\nu(A)} = \sum_{i=1}^{n} \sqrt{\mu(A_i)}\sqrt{\nu(A_i)}$$

für alle $A, A_1, \dots, A_n \in R$ mit $A = \biguplus_{i=1}^{n} A_i$. Dann sind auch die Fortsetzungen von μ und ν zu Inhalten auf dem von R erzeugten Ring PO-Inhalte, und die Fortsetzung von μ ist q-verträglich mit der Fortsetzung von ν.

Jeder PO-Inhalt ist z. B. q-verträglich mit seinen positiven skalaren Vielfachen, insbesondere mit sich selbst. Zwei Spektralmaße μ, ν sind genau dann miteinander q-verträglich, wenn sie zueinander orthogonal sind, d. h. wenn

$$\mu(A)\,\nu(B) = 0$$

gilt für alle disjunkten A, B. Die q-Verträglichkeit ist in diesen Fällen eine symmetrische Relation, wie schon die Sprechweise ‚miteinander q-verträglich' andeutet.

K_1, K_2 seien komplexe Hilberträume und $HS_1 := HS(H, K_1)$ sowie $HS_2 := HS(H, K_2)$ die zugehörigen Hilberträume der ↗Hilbert-Schmidt-Operatoren. Das Produkt eines Hilbert-Schmidt-Operators mit einem stetigen Operator ist ein Hilbert-Schmidt-Operator, und das Produkt zweier Hilbert-Schmidt-Operatoren ist ein ↗Spurklassenoperator. Daher wird durch

$$\langle F, A, G\rangle_{\mu,\nu} := \left(F\sqrt{\mu(A)}\right)\left(G\sqrt{\nu(A)}\right)^*$$

für $F \in HS_1$, $G \in HS_2$ und $A \in R$ eine Abbildung

$$\langle\ ,\ ,\ \rangle_{\mu,\nu} : HS_1 \times R \times HS_2 \longrightarrow N(K_2, K_1)$$

definiert, wobei $N(K_2, K_1)$ der ↗Banachraum der Spurklassenoperatoren sei. Für $k = 1, 2$ sei $\mathfrak{E}_k$ der Vektorraum der HS_k-wertigen R-einfachen Funktionen, d. h. der bzgl. R gebildeten HS_k-wertigen ‚Treppenfunktionen' auf Ω, also der linearen Hülle von

$$\{\chi_A F \mid A \in R,\ F \in HS_k\}.$$

Dann ist leicht zu zeigen, daß es genau eine sesquilineare Abbildung

$$\langle\ ,\ \rangle_{\mu,\nu} : \mathfrak{E}_1 \times \mathfrak{E}_2 \longrightarrow N(K_2, K_1),$$

genannt *(elementares) Quadratintegral zu* (μ, ν), gibt mit

$$\langle \chi_A F, \chi_B G\rangle_{\mu,\nu} = \langle F, A \cap B, G\rangle_{\mu,\nu}$$

für alle $F \in HS_1$, $G \in HS_2$ und $A, B \in R$. Dabei gilt für alle $f \in \mathfrak{E}_1$ und $g \in \mathfrak{E}_2$ mit Darstellungen

$$f = \sum_{i=1}^{m} \chi_{A_i} F_i, \quad g = \sum_{j=1}^{n} \chi_{B_j} G_j$$

($F_i \in HS_1$, $G_j \in HS_2$ und $A_i, B_j \in R$)

mit $V_{ij} := \sqrt{\mu(A_i \cap B_j)}$, $W_{ij} := \sqrt{\nu(A_i \cap B_j)}$:

$$\langle f, g\rangle_{\mu,\nu} = \sum_{i,j} \langle F_i, A_i \cap B_j, G_j\rangle_{\mu,\nu}$$

$$\operatorname{tr}\langle f, g\rangle_{\mu,\nu} = \sum_{i,j} \langle F_i V_{ij}, G_j W_{ij}\rangle_{HS}$$

Ziel ist nun, das Quadratintegral $\langle\ ,\ \rangle_{\mu,\nu}$ sowie speziell die Quadratintegrale

$$\langle\ ,\ \rangle_{\mu} := \langle\ ,\ \rangle_{\mu,\mu} \quad \text{und} \quad \langle\ ,\ \rangle_{\nu} := \langle\ ,\ \rangle_{\nu,\nu}$$

als sesquilineare Abbildungen von den einfachen Funktionen auf einen möglichst großen Funktionenbereich zu erweitern. Dies wurde für $\mu = \nu$ in Spezialfällen von verschiedenen Autoren versucht: Wiener/Masani (1958): $\Omega = (0, 2\pi]$ und durch isotone matrixwertige Funktionen erzeugte PO-Maße; Rosenberg (1964): σ-Algebra R über beliebigem Ω und matrixwertige PO-Maße und Funktionen (mittels Radon-Nikodym-Ableitungen der Komponenten des Maßes bzgl. seines Spurmaßes); Kuroda (1967): Funktionen mit Werten in einem separablen Hilbertraum H und $L(H)_+$-wertige PO-Maße, die unbestimmtes Integral bzgl. eines klassischen (d. h. $[0, \infty)$-wertigen) Maßes sind (Vollständigkeit im unendlichdimensionalen Fall erst nach abstrakter Vervollständigung); Mandrekar/Salehi (1970): Ebenfalls PO-Maße aus unbestimmten Integralen bzgl. klassischer Maße, aber Funktionen mit Werten in den unbeschränkten Operatoren zwischen zwei separablen Hilberträumen, dadurch Vollständigkeit im Fall spurklassenoperatorwertiger Maße; Welch (1972): Verzicht auf Spurklassenoperatorwertigkeit des Maßes, aber keine Approximation quadratintegrierbarer Funktionen durch einfache Funktionen; Abreu (1978): Raum der quadratintegrierbaren Funktionen als abstrakte Vervollständigung des Raums der einfachen Funktionen.

Eine Behandlung mit Mitteln der klassischen Integrationstheorie gelingt offenbar nur für PO-Maße, die sich als unbestimmtes Integral bzgl. eines klassischen Maßes schreiben lassen, und erscheint selbst dann unbefriedigend und unangemessen aufwendig. Jedoch wird – wie beim ‚gewöhnlichen' linearen Integral (vgl. [1], [3] und bzgl. vektor- und operatorwertiger Maße speziell [2]) – auch hier die allgemeine Situation auf einfache und natürliche Weise zugänglich, wenn man die Integralerweiterung von vornherein als stetige Fortsetzung betrachtet. Wesentlich hierfür ist folgender Satz:

Die Abbildungen

$$\operatorname{tr}\langle\,,\rangle_\mu : \mathfrak{E}_1 \times \mathfrak{E}_1 \longrightarrow \mathbb{C} \quad \textit{und}$$

$$\operatorname{tr}\langle\,,\rangle_\nu : \mathfrak{E}_2 \times \mathfrak{E}_2 \longrightarrow \mathbb{C}$$

sind Semiskalarprodukte. Mit den zugehörigen Halbnormen $|\ |_\mu : \mathfrak{E}_1 \to [0,\infty)$, $|\ |_\nu : \mathfrak{E}_2 \to [0,\infty)$ *gilt*

$$|\langle f,g\rangle_{\mu,\nu}|_{\text{nuk}} \le |f|_\mu\, |g|_\nu$$

für alle $f \in \mathfrak{E}_1$, $g \in \mathfrak{E}_2$.

Dank dieser Ungleichung vom Cauchy-Schwarz-Typ ist das Problem der Erweiterung des Quadratintegrals zurückgeführt auf die Aufgabe, die Halbnormen $|\ |_\mu$ und $|\ |_\nu$ zu erweitern, denn es gilt der leicht zu beweisende Fortsetzungssatz für sesquilineare Abbildungen:

Hat man für $k = 1, 2$ *Vektorräume* $\mathfrak{E}_k \subset \mathfrak{L}_k \subset \mathfrak{F}_k$ *und eine Halbnorm* $|\ |_k : \mathfrak{L}_k \to [0,\infty)$, *bzgl. welcher* $\mathfrak{E}_k$ *dicht in* $\mathfrak{L}_k$ *liegt, ist ferner* N *ein Banachraum und* $\langle\,,\rangle_0 : \mathfrak{E}_1 \times \mathfrak{E}_2 \to N$ *sesquilinear mit*

$$|\langle f,g\rangle_0| \le |f|_1\, |g|_2 \quad \textit{für alle } f \in \mathfrak{E}_1, g \in \mathfrak{E}_2\,,$$

so gibt es genau eine Fortsetzung von $\langle\,,\rangle_0$ *zu einer sesquilinearen Abbildung* $\langle\,,\rangle : \mathfrak{L}_1 \times \mathfrak{L}_2 \to N$ *mit*

$$|\langle f,g\rangle| \le |f|_1\, |g|_2 \quad \textit{für alle } f \in \mathfrak{L}_1, g \in \mathfrak{L}_2\,.$$

$\langle\,,\rangle$ *ist die bzgl.* $|\ |_1$ *und* $|\ |_2$ *stetige Fortsetzung von* $\langle\,,\rangle_0$, *d. h. für alle* $f \in \mathfrak{L}_1$, $g \in \mathfrak{L}_2$ *und Folgen* (f_n) *in* $\mathfrak{E}_1$ *sowie* (g_n) *in* $\mathfrak{E}_2$ *mit* $|f_n - f|_1 \to 0$ *und* $|g_n - g|_2 \to 0$ *gilt*

$$\langle f_n, g_n\rangle_0 \to \langle f,g\rangle\,.$$

Die Erweiterung der Halbnormen $|\ |_\mu$ und $|\ |_\nu$ wiederum läßt sich durchführen gemäß dem allgemeinen Fortsetzungsatz für Halbnormen:

Hat man Vektorräume $\mathfrak{E} \subset \mathfrak{F}$ *und eine Halbnorm* $|\ |_0 : \mathfrak{E} \to [0,\infty)$, *ist ferner* $\|\ \| : \mathfrak{F} \to [0,\infty]$ *eine Pseudonorm (d. h.* $\|\ \|$ *hat die Eigenschaften einer Halbnorm mit dem Unterschied, daß auch der Wert* ∞ *zugelassen ist) mit*

$$|f|_0 \le \|f\| \quad \textit{für alle } f \in \mathfrak{E}\,, \tag{1}$$

so gibt es genau eine Fortsetzung von $|\ |_0$ *zu einer Halbnorm* $|\ | : \mathfrak{L} \to [0,\infty)$ *mit*

$$|f| \le \|f\| \quad \textit{für alle } f \in \mathfrak{L}\,,$$

wobei $\mathfrak{L}$ *der Abschluß von* $\mathfrak{E}$ *in* $\mathfrak{F}$ *bzgl.* $\|\ \|$ *sei. Die Abbildung* $|\ |$ *ist die bzgl.* $\|\ \|$ *stetige Fortsetzung von* $|\ |_0$, *d. h. für alle* $f \in \mathfrak{L}$ *und Folgen* (f_n) *in* $\mathfrak{E}$ *mit* $\|f_n - f\| \to 0$ *gilt* $|f_n|_0 \to |f|$.

Eine Pseudonorm $\|\ \|$, die (1) erfüllt, heißt *geeignet* zur Fortsetzung von $|\ |_0$. Damit ergibt sich für die Erweiterung des Quadratintegrals folgendes Rezept:

- Mit $\mathfrak{L}_k := \mathfrak{L}(H, K_k)$ (Raum der linearen Operatoren) für $k \in \{1, 2\}$ betrachtet man die Einbettung $\mathfrak{E}_k \subset \mathfrak{F}_k := \mathfrak{F}(\Omega, \mathfrak{L}_k)$ von $\mathfrak{E}_k$ in die $\mathfrak{L}_k$-wertigen Funktionen auf Ω. Das Zulassen unbeschränkter Operatoren als Funktionswerte ist dabei wesentlich für die Vollständigkeit der Räume quadratintegrierbarer Funktionen (in Spezialfällen).
- Man verschafft sich zur Fortsetzung der Halbnormen
  $$|\ |_\mu : \mathfrak{E}_1 \to [0,\infty)\ , \quad |\ |_\nu : \mathfrak{E}_2 \to [0,\infty)$$
  geeignete Pseudonormen
  $$\|\ \|_1 : \mathfrak{F}_1 \to [0,\infty]\ , \quad \|\ \|_2 : \mathfrak{F}_2 \to [0,\infty]$$
  und bildet damit die Räume
  $$\mathfrak{L}^2(\mu) := \overline{\mathfrak{E}_1}^{\|\ \|_1}\ , \quad \mathfrak{L}^2(\nu) := \overline{\mathfrak{E}_2}^{\|\ \|_2}$$
  mit den fortgesetzten (wieder mit den gleichen Symbolen bezeichneten) Halbnormen
  $$|\ |_\mu : \mathfrak{L}^2(\mu) \to [0,\infty)\ , \quad |\ |_\nu : \mathfrak{L}^2(\nu) \to [0,\infty)\,.$$
- Damit setzt man das elementare Quadratintegral $\langle\,,\rangle_{\mu,\nu} : \mathfrak{E}_1 \times \mathfrak{E}_2 \to N(K_2, K_1)$ fort zu einer (wieder mit dem gleichen Symbol bezeichneten) sesquilinearen Abbildung
  $$\langle\,,\rangle_{\mu,\nu} : \mathfrak{L}^2(\mu) \times \mathfrak{L}^2(\nu) \longrightarrow N(K_2, K_1)\,.$$
  Speziell erhält man die fortgesetzten Quadratintegrale
  $$\langle\,,\rangle_\mu : \mathfrak{L}^2(\mu) \times \mathfrak{L}^2(\mu) \longrightarrow N(K_1)\,,$$
  $$\langle\,,\rangle_\nu : \mathfrak{L}^2(\nu) \times \mathfrak{L}^2(\nu) \longrightarrow N(K_2)\,.$$

Für diese Fortsetzungen gilt dann der Satz:

Die Abbildungen

$$\operatorname{tr}\langle\,,\rangle_\mu : \mathfrak{L}^2(\mu) \times \mathfrak{L}^2(\mu) \longrightarrow \mathbb{C}\,,$$

$$\operatorname{tr}\langle\,,\rangle_\nu : \mathfrak{L}^2(\nu) \times \mathfrak{L}^2(\nu) \longrightarrow \mathbb{C}$$

sind Semiskalarprodukte, die gerade die Halbnormen $|\ |_\mu$ *bzw.* $|\ |_\nu$ *erzeugen.*

Die Vorteile dieses Verfahrens:

- Der topologische Charakter der Integralerweiterung als stetige Fortsetzung des elementaren Quadratintegrals wird deutlich.
- Der Zugang ist konstruktiv in dem Sinne, daß die zugrundeliegenden Funktionenräume nicht verlassen werden – es werden keine abstrakten Vervollständigungen gebraucht.
- Schon Spezialfälle wie der eines PO-Maßes, das unbestimmtes Integral bzgl. eines klassischen Maßes ist, lassen sich unter schwächeren Voraussetzungen und deutlich einfacher als sonst in der Literatur dargestellt behandeln.
- Es werden nicht nur PO-Maße, sondern auch PO-Inhalte erfaßt.
- Es wird auch der Fall ‚gemischter', d. h. wie oben bzgl. *zweier* PO-Inhalte μ, ν gebildeter Quadratintegrale behandelt.
- Die einfachen Funktionen liegen schon nach Konstruktion dicht im Raum der quadratintegrierbaren Funktionen. Bei anderen Verfahren muß dies (soweit überhaupt der Fall) aufwendig bewiesen werden.

Ist ein PO-Inhalt μ gegeben, so bleibt also die Aufgabe, eine zur Fortsetzung der Halbnorm $|\ |_\mu$ geeignete Pseudonorm zu finden. Dies kann im allgemeinen Fall geschehen, indem man, ähnlich wie bei der ‚gewöhnlichen' ↗ Integralfortsetzung zunächst eine die Halbnorm abschätzende ↗ Integralnorm auf den $[0,\infty)$-wertigen einfachen Funktionen konstruiert und mit dieser eine *Riemann-Norm* oder im Fall eines schwachen PO-Maßes μ auch eine *Lebesgue-Norm* definiert. Diese Pseudonormen sind geeignet zur Fortsetzung von $|\ |_\mu$.

In dem in der Literatur betrachteten Spezialfall eines PO-Maßes μ, das unbestimmes Integral bzgl. eines klassischen Maßes λ ist, kann man eine geeignete Pseudonorm aus der klassischen Lebesgue-Norm zu λ gewinnen. Aus den damit gebildeten Räumen $(\mathfrak{L}^2(\mu), |\ |_\mu)$ und $(\mathfrak{L}^2(\lambda), |\ |_\lambda)$ erhält man durch Quotientenbildung Hilberträume $L^2(\mu)$ und $L^2(\lambda)$, wobei sich der Raum $L^2(\mu)$ isometrisch in den Raum $L^2(\lambda)$ einbetten läßt.

Literatur

[1] Bichteler, K.: Integration – A Functional Approach. Birkäuser Basel, 1998.

[2] Hoffmann, D.; Schäfke, F.-W.: Integrale. B.I.-Wissenschaftsverlag Mannheim, 1992.

[3] Leinert, M.: Integration und Maß. Vieweg Braunschweig, 1995.

quadratische Algebra, eine Algebra über einem Ring R mit spezieller Multiplikation.

Es seien R ein kommutativer Ring, $\alpha, \beta \in R$, und es sei (e_1, e_2) die Standardbasis von $R \oplus R$. Die quadratische Algebra A vom Typ (α, β) über R ist definiert als der R-Modul $R \oplus R$, dessen Algebrenstruktur festgelegt wird durch

$$e_1^2 = e_1, \quad e_1e_2 = e_2e_1 = e_2, \quad e_2^2 = \alpha e_1 + \beta e_2 .$$

Jede R-Algebra A, die isomorph zu einer quadratischen Algebra im obigen Sinne ist, heißt ebenfalls quadratische Algebra.

Jede quadratische Algebra besitzt ein Einselement, ist kommutativ und assoziativ.

Manchmal versteht man unter einer quadratischen Algebra eine Algebra A von beliebigem Rang mit Einselement e, für welche jedes Element x in A, das kein Vielfaches von e ist, einer Gleichung

$$x^2 = \alpha e + \beta x$$

mit von x abhängigen $\alpha, \beta \in R$ genügt. Insbesondere ist dann jede Unteralgebra $Re \oplus Rx$ eine quadratische Algebra im ersten Sinne.

quadratische Form, Abbildung $q : V \to \mathbb{K}$ eines $\mathbb{K}$-Vektorraumes V in seinen zugrundeliegenden Körper $\mathbb{K}$, für die gilt:

- $q(av) = a^2 q(v)$ für alle $a \in \mathbb{K}, v \in V$;
- durch $(v_1, v_2) \mapsto q(v_1 + v_2) - q(v_1) - q(v_2)$ ist eine ↗ Bilinearform auf V gegeben.

Diese Bilinearform heißt die zu q assoziierte Bilinearform oder die Polarisierte zu q; sie ist stets symmetrisch. Die quadratische Form q heißt nicht ausgeartet, falls ihre assoziierte Bilinearform nicht ausgeartet ist.

Beispiele: (1) Durch $q : \mathbb{K}^n \to \mathbb{K}$,

$$(x_1, \dots, x_n)^t \mapsto \sum_{i,j=1}^{n} c_{ij} x_i x_j$$

ist für beliebige $c_{ij} \in \mathbb{K}$ eine quadratische Form auf dem $\mathbb{K}$-Vektorraum $\mathbb{K}^n$ gegeben. Zu einer solchen quadratischen Form existiert stets eine symmetrische Matrix A über $\mathbb{K}$ mit

$$q(x) = x^t A x. \tag{1}$$

Die symmetrische Matrix A heißt die Matrixdarstellung oder die Formenmatrix der quadratischen Form q, sie ist durch q eindeutig bestimmt.

Andererseits definiert auch jede symmetrische $(n \times n)$-Matrix über $\mathbb{K}$ mittels (1) eine quadratische Form q auf $\mathbb{K}^n$, d. h. die quadratischen Formen auf

$\mathbb{K}^n$ entsprechen umkehrbar eindeutig den symmetrischen $(n \times n)$-Matrizen über $\mathbb{K}$.

(2) Ist q eine quadratische Form auf dem n-dimensionalen Vektorraum V mit der Basis $B = (b_1, \dots, b_n)$, so gilt:

$$q((x_1, \dots, x_n)) = \sum_{i=1}^{n} x_i^2 q(b_i) + \sum_{i<j} x_i x_j \beta(b_i, b_j),$$

wobei $(x_1, \dots, x_n)$ einen Koordinatenvektor bzgl. B bezeichnet, und β die zu q assoziierte Bilinearform ist.

Im Falle $\operatorname{char}\mathbb{K} \neq 2$ läßt sich eine quadratische Form q aus ihrer assoziierten Bilinearform β zurückgewinnen:

$$q(v) = \frac{1}{2}\beta(v, v) \quad \text{für alle } v \in V. \qquad (2)$$

Umgekehrt wird durch (2) eine quadratische Form q definiert, falls β eine symmetrische Bilinearform ist. Im Falle $\operatorname{char}\mathbb{K} \neq 2$ entsprechen die quadratischen Formen auf einem $\mathbb{K}$-Vektorraum V also umkehrbar eindeutig den symmetrischen Bilinearformen auf V.

Die quadratische Form q auf dem n-dimensionalen $\mathbb{K}$-Vektorraum V ($\operatorname{char}\mathbb{K} \neq 2$) ist genau dann nicht ausgeartet, wenn die zu q assoziierte Bilinearform bzgl. einer Basis von V durch eine reguläre Matrix beschrieben wird.

quadratische Funktion, eine ↗ganzrationale Funktion vom Grad ≤ 2, d. h. eine Funktion $f : \mathbb{R} \to \mathbb{R}$, die sich in der Gestalt

$$f(x) = ax^2 + bx + c$$

mit $a, b, c \in \mathbb{R}$ schreiben läßt. f ist dann beliebig oft differenzierbar mit $f'(x) = 2ax + b$, $f''(x) = 2a$ und $f^{(k)}(x) = 0$ für $k > 2$.

Im Fall $a = 0$ ist f eine ↗lineare Funktion. Im Fall $a \neq 0$ hat f keine (z. B. $x^2 + 1$) oder eine doppelte Nullstelle (z. B. x^2) oder zwei einfache Nullstellen (z. B. $x^2 - 1$), die sich z. B. mit der Lösungsformel für ↗quadratische Gleichungen ermitteln lassen.

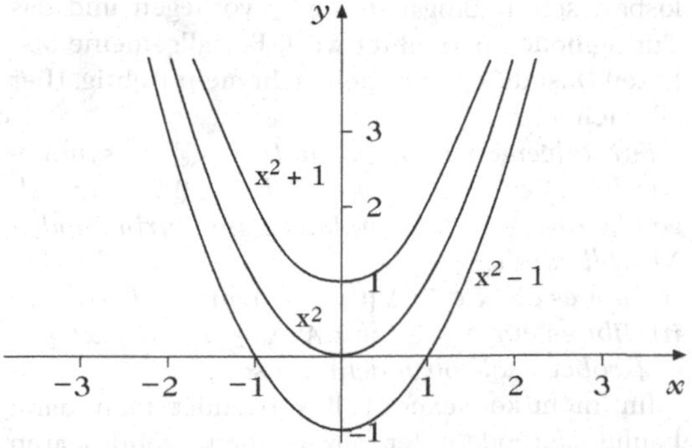

Gilt $a \neq 0$, so hat f genau eine Extremstelle, nämlich die Nullstelle von f',

$$x = -\frac{b}{2a}.$$

Im Fall $a > 0$ ist dies ein Minimum, im Fall $a < 0$ ein Maximum. Der Graph von f stellt eine ↗Parabel dar.

quadratische Gleichung, eine Gleichung der Form

$$x^2 + ax + b = 0.$$

Hierbei sind a und b Elemente eines Körpers, z. B. rationale, reelle oder komplexe Zahlen.

Die Lösungen der Gleichung können formal gegeben werden durch

$$x_\pm = \frac{1}{2}\left(-a \pm \sqrt{a^2 - 4b}\right).$$

Ist $a^2 - 4b = 0$, so besitzt die Gleichung eine einzige Lösung, die doppelt zu zählen ist. Ist $a^2 - 4b \neq 0$ und ist dieser Ausdruck das Quadrat eines Elementes aus dem betrachteten Körper, so hat die Gleichung zwei Lösungen. Bei den reellen Zahlen ist dies genau für $a^2 - 4b > 0$ der Fall. Ansonsten existiert im vorgelegten Körper keine Lösung. Bei den reellen Zahlen ist dies genau für $a^2 - 4b < 0$ der Fall. Betrachtet man jedoch Lösungen im algebraischen Abschluß des Körpers (z. B. in $\mathbb{C}$ für den Körper $\mathbb{R}$), liegen auch in diesem Fall zwei Lösungen vor.

quadratische Hamilton-Funktion, eine auf einem ↗symplektischen Vektorraum (V, ω) definierte ↗Hamilton-Funktion, die durch ein homogenes quadratisches Polynom (↗quadratische Funktion) dargestellt wird.

Quadratische Hamilton-Funktionen haben lineare ↗Hamilton-Felder. Falls V endlichdimensional ist, bildet der Raum aller quadratischen Hamilton-Funktionen eine endlichdimensionale Lie-Algebra bzgl. der Poisson-Klammer, die isomorph zur Lie-Algebra der Gruppe aller linearen ↗Symplektomorphismen von V, $\mathrm{Sp}(V, \omega)$, ist. Ihre Normalformen bezgl. $\mathrm{Sp}(V, \omega)$ werden im Satz von Williamson klassifiziert.

quadratische Interpolation, ↗Interpolation einer Funktion (oder dreier diskreter Werte) durch ein Polynom zweiten Grades („quadratisches Polynom").

quadratische Konvergenz, spezielle Konvergenzordnung von Iterationsverfahren.

Es seien $M \subseteq \mathbb{R}^m$ und $T : M \to M$ eine Abbildung. Um einen Fixpunkt x^* von T zu finden, wählt man einen Startpunkt $x_0 \in M$ und verwendet dann die Iteration $x_{n+1} = T(x_n)$. Man sagt dann, daß dieses Iterationsverfahren quadratisch konvergiert, wenn es eine von n unabhängige Zahl $c \geq 0$ gibt, so daß

$$||x_{n+1} - x^*|| \leq c \cdot ||x_n - x^*||^2$$

ist, sofern man mit einem x_0 aus einer passenden Umgebung des Fixpunktes x^* startet.

Standardbeispiel für ein quadratisch konvergentes Verfahren ist das ↗Newtonverfahren zur Berechnung von Nullstellen. Ist f eine stetig differenzierbare reelle Funktion, so setzt man

$$T(x) = x - \frac{f(x)}{f'(x)}$$

und hat damit das Iterationsverfahren

$$x_{n+1} = x_n - \frac{f(x_n)}{f'(x_n)}.$$

Dieses Verfahren konvergiert quadratisch, falls f' im Grenzwert nicht verschwindet.

Ein weiteres Beispiel für ein quadratisch konvergentes Verfahren ist der erweiterte ↗Remez-Algorithmus mit Simultanaustausch zur Berechnung bester polynomialer Approximationen.

quadratische Körpererweiterung, endliche algebraische ↗Körpererweiterung vom Grad zwei.

quadratische Kovariation, *Klammerprozeß*, auch als gemeinsame Charakteristik bezeichnet, für zwei stetige lokale Martingale $M = (M_t)_{t\geq 0}$ und $N = (N_t)_{t\geq 0}$ der stochastische Prozeß

$$[M,N] \;=\; ([M,N]_t)_{t\geq 0}$$

mit

$$[M,N]_t \;:=\; \tfrac{1}{4}([M+N]_t - [M-N]_t)$$

für alle t, wobei $[M+N]_t$ bzw. $[M-N]_t$ die ↗quadratische Variation von $M+N$ bzw. $M-N$ zum Zeitpunkt t bezeichnet.

Dabei wird vorausgesetzt, daß M und N an eine Filtration $(\mathfrak{A}_t)_{t\geq 0}$, welche die üblichen Voraussetzungen erfüllt, in der σ-Algebra $\mathfrak{A}$ des zugrunde liegenden Wahrscheinlichkeitsraumes $(\Omega, \mathfrak{A}, P)$ adaptiert sind.

Die quadratische Kovariation $[M,M]$ von M mit sich selbst stimmt mit der quadratischen Variation $[M]$ von M überein. Die Abbildung $(M,N) \to [M,N]$ ist bilinear, symmetrisch und es gilt $[M,M] \geq 0$. Darüber hinaus gilt $[M,M] = 0$ genau dann, wenn für jedes t die Gleichheit $M_t = M_0$ P-fast sicher besteht.

quadratische Matrix, Matrix mit identischer Anzahl von Zeilen und Spalten; diese gemeinsame Anzahl nennt man auch Ordnung oder den Grad der quadratischen Matrix.

Jede reelle quadratische Matrix A läßt sich eindeutig als Summe der ↗symmetrischen Matrix $(\frac{1}{2}(A+A^t))$ und der ↗schiefsymmetrischen Matrix $(\frac{1}{2}(A-A^t))$ schreiben (A^t bezeichnet die transponierte Matrix zu A).

quadratische Menge, eine Menge $\mathcal{Q}$ von Punkten eines ↗projektiven Raumes, die die folgenden Eigenschaften hat:

- Jede Gerade, die nicht in $\mathcal{Q}$ enthalten ist, enthält höchstens zwei Punkte von $\mathcal{Q}$.
- Sei Q ein Punkt von $\mathcal{Q}$. Die Menge der Punkte P des projektiven Raumes mit der Eigenschaft, daß die Gerade PQ entweder ganz in $\mathcal{Q}$ liegt oder nur den Punkt Q mit $\mathcal{Q}$ gemeinsam hat, ist dann entweder der ganze Raum oder eine Hyperebene.

Jede quadratische Menge ist ein Unterraum oder eine Quadrik.

quadratische Optimierung, *quadratische Programmierung*, Theorie der Optimierungsprobleme der Form $\min f(x)$ unter den Nebenbedingungen

$$x \geq 0\,, \quad A \cdot x \geq b\,,$$

wobei

$$f(x) = \frac{1}{2} \cdot x^T \cdot D \cdot x + c^T \cdot x$$

ein Polynom vom Grad zwei ist, und $D \in \mathbb{R}^{n\times n}$ symmetrisch, $c \in \mathbb{R}^n, A \in \mathbb{R}^{m\times n}$ und $b \in \mathbb{R}^m$ sind.

Das wesentliche Unterscheidungsmerkmal für die Behandlung solcher Probleme ist die Frage nach der Definitheit der Matrix D. Die Zielfunktion f ist genau dann konvex, wenn D positiv semidefinit ist. In diesem Fall lassen sich Methoden der linearen Optimierung verallgemeinern bzw. Strategien der konvexen Optimierung anwenden (etwa ↗Innere-Punkte Methoden). Es gilt dann ebenfalls der folgende Dualitätssatz:

Seien (P) das primale Problem

$$\min\{\frac{1}{2} \cdot x^T \cdot D \cdot x + c^T \cdot x, x \geq 0, A \cdot x \geq 0\}\,,$$

und (D) das duale Problem

$$\max\{-y^T \cdot D \cdot y + b^T \cdot u, u \geq 0,$$
$$A^T \cdot u - 2 \cdot D \cdot y \leq c\}\,.$$

Ist D symmetrisch und positiv semidefinit, so ist (P) genau dann lösbar, wenn (D) lösbar ist. In diesem Fall sind die Optimalwerte identisch.

Komplexitätstheoretisch sind konvexe quadratische Optimierungsprobleme in polynomialer Zeit lösbar, sofern Eingaben aus $\mathbb{Q}$ vorliegen und das Turingmodell betrachtet wird. Für allgemeine Matrizen D ist dies vermutlich nicht mehr richtig. Hier gilt vielmehr:

Für allgemeine Eingaben $D \in \mathbb{Q}^{n\times n}$ symmetrisch, $A \in \mathbb{Q}^{m\times n}, c \in \mathbb{Q}^n, b \in \mathbb{Q}^m$ sind folgende Entscheidungsprobleme im Turingmodell NP-vollständig:

i) Gibt es ein $x \in \mathbb{Q}^n \setminus \{0\}, x \geq 0$ mit $x^T \cdot D \cdot x < 0$?
ii) Gibt es ein $x \in \mathbb{Q}^n$ mit $A \cdot x \geq b$ und $f(x) \leq 0$ (wobei f wie oben definiert sei)?

Im nicht-konvexen Fall verwendet man dann häufig Methoden der allgemeinen nichtlinearen

Optimierung. Die Fragestellungen können verallgemeinert werden, indem man auch quadratische Nebenbedingungen zuläßt.

[1] Meer, K.: On the complexity of quadratic programming in real number models of computations. Theoretical Computer Science 133, 1994.

quadratische Programmierung, ↗ quadratische Optimierung.

quadratische Variation, der im folgenden beschriebene stochastische Prozeß.

Es sei $(\Omega, \mathfrak{A}, P)$ ein Wahrscheinlichkeitsraum, $(\mathfrak{A}_t)_{t\geq 0}$ eine Filtration in $\mathfrak{A}$, welche die üblichen Voraussetzungen erfüllt, und $M = (M_t)_{t\geq 0}$ ein an $(\mathfrak{A}_t)_{t\geq 0}$ adaptiertes stetiges lokales Martingal. Für $t \geq 0$ heißt dann die durch

$$[M]_t = M_t^2 - M_0^2 - 2\int_0^t M\,dM$$

definierte Zufallsvariable $[M]_t$ die quadratische Variation von M zum Zeitpunkt t, und der Prozeß $[M] = ([M]_t)_{t\geq 0}$ die quadratische Variation von M. Dabei ist zu beachten, daß es sich bei dem Integral

$$\int_0^t M\,dM$$

um ein stochastisches Integral im Sinne von Itô, d. h. eine auf $(\Omega, \mathfrak{A}, P)$ definierte Zufallsvariable, handelt.

Die folgende Zusammenhang verdeutlicht, warum man von der quadratischen Variation spricht. Dazu sei $t > 0$, und

$$\pi_n^t = \{t_0^n, t_1^n, \ldots, t_{k_n}^n\}$$

mit

$$0 = t_0^n < t_1^n < \ldots < t_{k_n}^n = t$$

für jedes n eine Zerlegung von $[0, t]$, derart daß die Folge $(\delta\pi_t^n)_{n\in\mathbb{N}}$ der Maschenweiten

$$\delta\pi_t^n = \max\{|t_i^n - t_{i-1}^n| : i \in \{1, \ldots, k_n\}\}$$

gegen Null konvergiert. Ferner sei für jede Zerlegung π_t^n die quadratische Variation von M über π_t^n durch

$$V^{(2)}(\pi_t^n) = \sum_{i=1}^{k_n} |M_{t_i^n} - M_{t_{i-1}^n}|^2$$

definiert. Die Folge $(V^{(2)}(\pi_t^n))_{n\in\mathbb{N}}$ der quadratischen Variationen über den Zerlegungen konvergiert dann stochastisch gegen $[M]_t$.

Die quadratische Variation des stetigen lokalen Martingals M ist darüber hinaus dadurch charakterisiert, daß sie der bis auf Nicht-Unterscheidbarkeit eindeutig bestimmte Prozeß $(A_t)_{t\geq 0}$ in der Zerlegung von $(M_t^2)_{t\geq 0}$ in die Summe $M_t^2 = X_t + A_t$ für alle $t \geq 0$ aus einem stetigen lokalen Martingal $(X_t)_{t\geq 0}$ und einem wachsenden stetigen Prozeß $(A_t)_{t\geq 0}$ mit Anfangswert Null ist. Dabei wird $(A_t)_{t\geq 0}$ im Falle eines Martingals M gelegentlich auch als die quadratische Charakteristik von M bezeichnet. Diese Zerlegung ist durch

$$M_t^2 = \left(M_0^2 + 2\int_0^t M\,dM\right) + [M]_t$$

für alle $t \geq 0$ gegeben.

Ist $B = (B_t)_{t\geq 0}$ eine eindimensionale ↗ Brownsche Bewegung, genauer eine an eine Filtration $(\mathfrak{A}_t)_{t\geq 0}$, welche die üblichen Voraussetzungen erfüllt, adaptierte stetige Version, so ist die quadratische Variation von B bis auf Nicht-Unterscheidbarkeit durch

$$[B] = ([B]_t)_{t\geq 0} \text{ mit } [B]_t = t$$

gegeben.

[1] Chung K. L.; Williams, R. J.: Introduction to Stochastic Integration (2nd ed.). Birkhäuser Boston, 1990.

quadratischer Nichtrest, ↗ Legendre-Symbol, ↗ quadratisches Reziprozitätsgesetz.

quadratischer Rest, ↗ Legendre-Symbol, ↗ quadratisches Reziprozitätsgesetz.

quadratischer Zahlkörper, ein ↗ algebraischer Zahlkörper K, der als Vektorraum über dem Körper $\mathbb{Q}$ der rationalen Zahlen die Dimension 2 hat.

Dies bedeutet, daß K erhalten werden kann durch Adjunktion eines Elements, das einer irreduziblen quadratischen Gleichung mit rationalen Koeffizienten genügt.

Genauer: Zu jedem quadratischen Zahlkörper K gibt es eine eindeutig bestimmte ↗ quadratfreie Zahl $d \in \mathbb{Z} \setminus \{0, 1\}$ derart, daß K aus $\mathbb{Q}$ durch Adjunktion einer Quadratwurzel aus d entsteht; man schreibt

$$K = \mathbb{Q}(\sqrt{d}).$$

Aus d läßt sich die Diskriminante des quadratischen Zahlkörpers K berechnen.

Ist $d > 1$ (also $K \subset \mathbb{R}$), dann nennt man K reellquadratisch. Ist $d < 0$, so enthält K auch imaginäre Zahlen und heißt deshalb imaginär-quadratisch.

quadratisches Gleichungssystem, ein lineares Gleichungssystem, das durch eine ↗ quadratische Matrix beschrieben wird.

quadratisches Mittel, die zu n positiven reellen Zahlen $x_1, \ldots, x_n$ durch

$$Q(x_1, \ldots, x_n) := \sqrt{\frac{1}{n}\left(x_1^2 + \cdots + x_n^2\right)}$$

definierte positive reelle Zahl mit der Eigenschaft

$$Q(x,y)^2 - x^2 = y^2 - Q(x,y)^2$$

für $x, y > 0$. Für $0 < x < y$ ist $x < Q(x,y) < y$. Es gilt

$$Q(x_1, \ldots, x_n) = M_2(x_1, \ldots, x_n),$$

wobei M_t das ↗Mittel t-ter Ordnung ist.

Die ↗Ungleichungen für Mittelwerte stellen u. a. das quadratische Mittel in Beziehung zu den anderen Mittelwerten.

quadratisches Polynom, andere Bezeichnung für eine ↗quadratische Funktion.

quadratisches Reziprozitätsgesetz, ein Satz über das Rechnen mit dem ↗Legendre-Symbol:

Seien $p \neq q$ ungerade Primzahlen. Dann gilt

$$\left(\frac{p}{q}\right)\left(\frac{q}{p}\right) = (-1)^{\frac{p-1}{2}\cdot\frac{q-1}{2}}.$$

Hinter dem quadratischen Reziprozitätsgesetz steht die Frage, unter welchen Bedingungen an zwei gegebene Zahlen $a \in \mathbb{Z}$ und $m \in \mathbb{N}$ die quadratische Kongruenz

$$X^2 \equiv a \mod m \qquad (1)$$

lösbar ist. Man nennt a einen quadratischen Rest modulo m, wenn es eine ganze Zahl X gibt, die (1) erfüllt, andernfalls einen quadratischen Nichtrest modulo m. Ist p eine ungerade Primzahl (d. h. $p \neq 2$), und ist a nicht durch p teilbar, so ist das Legendre-Symbol gegeben durch

$$\left(\frac{a}{p}\right) = \begin{cases} +1 & \text{falls } a \text{ quadratischer Rest mod } m, \\ -1 & \text{sonst.} \end{cases}$$

Um zu entscheiden, ob die Kongruenz (1) lösbar ist oder nicht, benutzt man zunächst den folgenden Satz:

Seien $m \in \mathbb{N}$ und $a \in \mathbb{Z}$ teilerfremd, und sei

$$m = 2^{\nu_0} p_1^{\nu_1} \cdots p_k^{\nu_k}$$

die kanonische Primfaktorzerlegung von m.

a ist genau dann ein quadratischer Rest modulo m, wenn

$$\left(\frac{a}{p_j}\right) = 1$$

für alle $j = 1, \ldots, k$ ist, und außerdem gilt:

$$a \equiv 1 \mod 2^{\min\{\nu_0, 3\}}.$$

Ist weiterhin

$$|a| = 2^{\beta_0} q_1^{\beta_1} \cdots q_\ell^{\beta_\ell}$$

die kanonische Primfaktorzerlegung von $|a|$, und ist p eine ungerade Primzahl, die kein Teiler von a ist, so gilt

$$\left(\frac{a}{p}\right) = \begin{cases} \left(\frac{q_1}{p}\right)^{\beta_1} \cdots \left(\frac{q_\ell}{p}\right)^{\beta_\ell} & \text{für } a > 0, \\ \left(\frac{-1}{p}\right)\left(\frac{q_1}{p}\right)^{\beta_1} \cdots \left(\frac{q_\ell}{p}\right)^{\beta_\ell} & \text{für } a < 0. \end{cases}$$

Damit ist die Frage nach notwendigen und hinreichenden Bedingungen zur Lösbarkeit von (1) auf die Bestimmung der Legendre-Symbole

$$\left(\frac{-1}{p}\right), \quad \left(\frac{2}{p}\right), \quad \left(\frac{q}{p}\right)$$

zurückgeführt, wobei p, q voneinander verschiedene ungerade Primzahlen sind. Das quadratische Reziprozitätsgesetz, zusammen mit seinen beiden Ergänzungssätzen, liefert einen einfachen Algorithmus zur Berechnung der Legendre-Symbole. Der erste Ergänzungssatz lautet:

Für jede Primzahl $p \neq 2$ gilt

$$\left(\frac{-1}{p}\right) = (-1)^{(p-1)/2}.$$

Der zweite Ergänzungssatz:

Für jede Primzahl $p \neq 2$ gilt

$$\left(\frac{2}{p}\right) = (-1)^{(p^2-1)/8}.$$

In seinen „Disquisitiones Arithmeticae" beschreibt Gauß anhand eines Beispiels diesen Algorithmus zur Beantwortung der Frage, ob eine Kongruenz (1) lösbar ist. Er behandelt die Kongruenz

$$X^2 \equiv 453 \mod 1236$$

und stellt nicht nur fest, daß diese lösbar ist, sondern gibt auch gleich die Lösung: … *est autem revera* $453 \equiv 297^2 \pmod{1236}$.

Die beiden Ergänzungssätze zum quadratischen Reziprozitätsgesetz waren bereits Fermat bekannt; Euler gab einen Beweis des ersten, und Lagrange bewies den zweiten Ergänzungssatz. Das quadratische Reziprozitätsgesetz selbst wurde von Euler (ohne Beweis) benutzt. Legendre nannte es „loi de réciprocité" und gab einen lückenhaften Beweis. Gauß fand 1796 das Reziprozitätsgesetz zunächst mit Hilfe umfangreichen Beispielmaterials und lieferte schließlich insgesamt acht methodisch verschiedene Beweise. Bis heute sind mehr als 150 weitere Beweise publiziert worden.

Gauß begann auch damit, analoge Reziprozitätsgesetze für Kongruenzen höheren als zweiten Grades aufzustellen. Die Frage nach dem „allgemeinsten Reziprozitätsgesetz im beliebigen Zahlkörper" wurde 1900 von Hilbert als neuntes in seine Liste von 23 mathematischen Problemen aufgenommen (↗Hilbertsche Probleme). Es wurde 1950 schließlich gelöst, vor allem durch Arbeiten von Tagaki, Hasse, Artin und Safarevic.

Quadratnorm, durch

$$\|A\| := \sqrt{\sum_{\substack{1\le i\le n;\\ 1\le j\le m}} a_{ij}^2}$$

definierte ↗Norm auf dem Vektorraum aller reellen (komplexen) $(n \times m)$-Matrizen $A = (a_{ij})$, oder, in analoger Weise definiert, auf einem anderen endlich-dimensionalen Vektorraum.

Quadratsumme, ↗natürliche Zahlen als Summe zweier Quadrate, ↗Summen von Quadraten, Darstellbarkeit als.

Quadratur des Kreises, die auf die Griechen zurückgehende Aufgabe, *mit Hilfe von Zirkel und Lineal* einen Kreis in ein flächengleiches Quadrat zu verwandeln. Die Quadratur des Kreises ist nicht möglich.

Durch ↗Konstruktion mit Zirkel und Lineal können nur Größen erhalten werden, die in einer algebraischen ↗Körpererweiterung von $\mathbb{Q}$ eines gewissen Typs liegen. Aus der Existenz der Quadratur des Kreises würde insbesondere folgen, daß die Zahl ↗π mit Zirkel und Lineal konstruierbar wäre. Die Zahl π ist jedoch keine algebraische, sondern eine transzendente Zahl.

Quadratur einer Differentialgleichung, veraltete Bezeichnung für die Lösung einer Differentialgleichung durch die explizite Berechnung eines Integrals. Beispielsweise sind ↗Differentialgleichungen mit getrennten Variablen durch Quadratur lösbar.

Quadratwurzel, die zweite Wurzel aus einer reellen oder komplexen Zahl.

Ist $a \in \mathbb{R}, a \geq 0$, so gibt es genau eine reelle Zahl $x \geq 0$ mit $x^2 = a$. Man nennt x die Quadratwurzel von a und schreibt $x = \sqrt{a}$.

Läßt man dagegen auch komplexe Zahlen zu, so kann man auf jede Einschränkung verzichten und aus jeder beliebigen komplexen Zahl z zwei Quadratwurzeln berechnen. Dazu schreibt man z in der ↗Polarkoordinaten-Darstellung

$$z = |z| \cdot (\cos\varphi + i \cdot \sin\varphi)$$

mit einem Winkel φ zwischen 0° und 360°, und erhält dann die beiden Quadratwurzeln:

$$z_0 = \sqrt{|z|} \cdot \left(\cos\frac{\varphi}{2} + i \cdot \sin\frac{\varphi}{2}\right)$$

und

$$z_0 = \sqrt{|z|} \cdot \left(\cos\frac{\varphi + 360°}{2} + i \cdot \sin\frac{\varphi + 360°}{2}\right),$$

wobei unter $\sqrt{|z|}$ die reelle Quadratwurzel aus der reellen Zahl $|z|$ zu verstehen ist.

Quadratzahl, natürliche Zahl der Gestalt k^2 mit einem $k \in \mathbb{N}$.

Für die Summe der ersten n und die Summe der ersten n ungeraden Quadratzahlen gibt es eine einfache Formeln (↗natürliche Zahlen als Summe zweier Quadrate, ↗Summen von Quadraten, Darstellbarkeit als), und für die Reihe ihrer Kehrwerte gilt

$$\sum_{k=1}^{\infty} \frac{1}{k^2} = \frac{\pi^2}{6},$$

wie Leonhard Euler 1734 entdeckte.

Quadrik, Punktmenge eines n-dimensionalen Raumes, die durch eine Gleichung zweiten Grades (quadratische Gleichung) beschrieben wird.

Im dreidimensionalen affinen Raum sind Quadriken die ↗Flächen zweiter Ordnung und in der Ebene die ↗Kurven zweiten Grades (bzw. ↗Kegelschnitte). Die Bildmenge einer Quadrik bei einer ↗affinen Abbildung des Vektorraumes ist wieder eine Quadrik.

Allgemein handelt es sich bei Quadriken um Hyperflächen (also $(n-1)$-dimensionale Punktmengen n-dimensionaler Räume), für deren Punkte die Koordinaten $(x_1, x_2, \dots, x_n)$ bezüglich eines affinen Koordinatensystems eine Gleichung der Form

$$\sum_{i=1}^{n}\sum_{j=1}^{n} a_{ij}x_ix_j + \sum_{i=1}^{n} b_ix_i + c = 0 \qquad (1)$$

(mit $a_{ij} = a_{ji}$ für alle $i, j = 1, \dots, n$) beziehungsweise in Matrizenschreibweise

$$x^T \mathbf{A}\, x + b^T x + c = 0 \qquad (2)$$

mit der symmetrischen Matrix $\mathbf{A} = (a_{ij})_{i=1\dots n}^{j=1\dots n}$ und $b^T = (b_1, b_2, \dots, b_n)$ erfüllen (wobei mindestens einer der Koeffizienten a_{ij} von Null verschieden sein muß, $\mathbf{A}$ also keine Nullmatrix sein darf).

Affine Klassifikation der Quadriken. Zur Untersuchung von Quadriken wird das gegebene Koordinatensystem mit Hilfe einer ↗Hauptachsentransformation in ein Koordinatensystem überführt, bezüglich dessen die gegebene Quadrik eine übersichtlichere Gleichung erhält. Zu jeder Quadrik läßt sich ein affines Koordinatensystem angeben, in dem die Quadrik durch eine der folgenden drei *Gleichungen in der affinen Normalform* dargestellt wird:

$$\sum_{i=1}^{p} x_i^2 - \sum_{i=p+1}^{r} x_i^2 + 1 = 0 \quad (0 \le p \le r,\ 1 \le r \le n), \qquad (3)$$

$$\sum_{i=1}^{p} x_i^2 - \sum_{i=p+1}^{r} x_i^2 = 0 \quad \left(0 \le p \le \frac{r}{2},\ 1 \le r \le n\right), \qquad (4)$$

$$\sum_{i=1}^{p} x_i^2 - \sum_{i=p+1}^{r} x_i^2 + x_{r+1} = 0 \quad \left(0 \le p \le \frac{r}{2},\ 1 \le r \le n-1\right). \qquad (5)$$

In den Fällen (3) und (4) wird eine sog. zentrale Quadrik (mit dem Koordinatenursprung als Symmetriezentrum), im Falle von (5) eine nicht zentralsymmetrische Quadrik dargestellt. Für $n = 2$ beschreibt (3) ↗Ellipsen, ↗Hyperbeln, Paare paralleler Geraden oder die leere Punktmenge. Durch (5) werden ↗Parabeln und durch (4) ↗Doppelgeraden, einzelne Geraden (nämlich die Koordinatenachsen) oder Punkte dargestellt. Da durch (3)–(5) eine rein affine Klassifikation der Quadriken gegeben ist, bleiben dabei metrische Eigenschaften unberücksichtigt, Kreise sind z. B. nicht von anderen Ellipsen zu unterscheiden.

Euklidische Klassifikation der Quadriken. In einem euklidischen Raum (mit einer gegebenen Metrik) kann eine Hauptachsentransformation durch Ermittlung der Eigenvektoren der Matrix **A** aus (1) durchgeführt werden. Jede Quadrik in einem n-dimensionalen euklidischen Raum läßt sich damit durch eine der drei folgenden Gleichungen in *metrischer Normalform* darstellen, wobei $\lambda_1 \dots \lambda_n$ die Eigenwerte der Ausgangsmatrix **A** sind:

$$\sum_{i=1}^{r} \lambda_i x_i^2 - 1 \quad = 0 \qquad (1 \le r \le n)\,, \tag{6}$$

$$\sum_{i=1}^{r} \lambda_i x_i^2 \quad = 0 \qquad (1 \le r \le n) \quad \text{und} \tag{7}$$

$$\sum_{i=1}^{r} \lambda_i x_i^2 + x_{r+1} = 0 \qquad (1 \le r \le n-1)\,. \tag{8}$$

Die Gleichungen (6)–(8) kennzeichnen dieselben Fälle wie die Gleichungen (3)–(5) (in gleicher Reihenfolge) bei der affinen Klassifikation. Durch die Betrachtung der Koeffizienten $\lambda_1 \dots \lambda_n$ lassen sich jedoch zusätzliche Aussagen hinsichtlich der metrischen Eigenschaften der betreffenden Quadriken treffen. So beschreibt z. B. (6) für $r = n$ und $\lambda_1 = \lambda_2 = \dots = \lambda_n$ eine ↗n-dimensionale Kugel.

In der Ebene $\mathbb{R}^2$ und im Raum $\mathbb{R}^3$ sind Quadriken nach den Geraden und Ebenen die einfachsten Kurven bzw Flächen. Sie lassen sich vollständig nach ihren Kongruenzeigenschaften klassifizieren. Da dies die in der Praxis am häufigsten auftretenden Fälle von Quadriken sind, geben wir hier noch eine explizite Beschreibung aller Quadriken im $\mathbb{R}^2$ und $\mathbb{R}^3$.

In der Ebene $\mathbb{R}^2$ ist jede Quadrik zu einer der Kurven (die zu Punkten entartet sein können) der folgenden Tabelle kongruent:

Name	Gleichung
Ellipse	$\frac{x^2}{a^2} + \frac{y^2}{b^2} = 1$
Hyperbel	$\frac{x^2}{a^2} - \frac{y^2}{b^2} = 1$
Parabel	$\frac{x^2}{a^2} + 2by = 0$
Kreuz (Paar sich schneidender Geraden)	$\frac{x^2}{a^2} - \frac{y^2}{b^2} = 0$
Parallelgeradenpaar	$\frac{x^2}{a^2} = 1$
Doppelgerade	$\frac{x^2}{a^2} = 0$
Punkt	$\frac{x^2}{a^2} + \frac{y^2}{b^2} = 0$
leere Menge	$\frac{x^2}{a^2} = -1$ oder $\frac{x^2}{a^2} + \frac{y^2}{b^2} = -1$

Dabei sind a und b beliebige reelle Zahlen, die die Form der jeweiligen Kurve bestimmen.

Im dreidimensionalen Raum $\mathbb{R}^3$ ist jede Quadrik zu einer der Flächen (die zu Punkten oder Geraden entartet sein können) der folgenden Tabelle kongruent:

Name	Gleichung
Ellipsoid	$\frac{x^2}{a^2} + \frac{y^2}{b^2} + \frac{z^2}{c^2} = 1$
einschaliges Hyperboloid	$\frac{x^2}{a^2} + \frac{y^2}{b^2} - \frac{z^2}{c^2} = 1$
zweischaliges Hyperboloid	$\frac{-x^2}{a^2} - \frac{y^2}{b^2} + \frac{z^2}{c^2} = 1$
Kegel	$\frac{x^2}{a^2} + \frac{y^2}{b^2} - \frac{z^2}{c^2} = 0$
elliptisches Paraboloid	$\frac{x^2}{a^2} + \frac{y^2}{b^2} + 2cz = 0$
hyperbolisches Paraboloid	$\frac{x^2}{a^2} - \frac{y^2}{b^2} + 2cz = 0$
elliptischer Zylinder	$\frac{x^2}{a^2} + \frac{y^2}{b^2} = 1$
hyperbolischer Zylinder	$\frac{x^2}{a^2} - \frac{y^2}{b^2} = 1$
Paar sich schneidender Ebenen	$\frac{x^2}{a^2} - \frac{y^2}{b^2} = 0$
Gerade (z-Achse)	$\frac{x^2}{a^2} + \frac{y^2}{b^2} = 0$
Parallelebenenpaar	$\frac{x^2}{a^2} = 1$
doppelt zählende Ebene	$\frac{x^2}{a^2} = 0$

Name	Gleichung
parabolischer Zylinder	$\frac{x^2}{a^2}+2by=0$
Punkt	$\frac{x^2}{a^2}+\frac{y^2}{b^2}+\frac{z^2}{c^2}=0$
leere Menge	$-\frac{x^2}{a^2}=1$ oder $-\frac{x^2}{a^2}-\frac{y^2}{b^2}=1$ oder $-\frac{x^2}{a^2}-\frac{y^2}{b^2}-\frac{z^2}{c^2}=0$

In endlichen projektiven Räumen gibt es genau drei Typen nicht ausgearteter Quadriken, die sich anhand ihres Indexes (als der maximalen Dimension eines in ihr enthaltenen projektiven Unterraumes plus Eins) unterscheiden, nämlich ↗elliptische Quadriken, ↗hyperbolische Quadriken und ↗parabolische Quadriken.

Quadrupel, ein ↗geordnetes n-Tupel mit vier Elementen.

Qualitätskontrolle, ↗statistische Qualitätskontrolle.

Qualitätssicherung, Maßnahmen zum Zweck der Absicherung einer genormten Qualität von Ergebnissen betrieblicher Leistungsprozesse.

Quantenchaos, Bezeichnung für Erscheinungen in Quantensystemen, die als „Fingerabdrücke" der unterliegenden, sich chaotisch verhaltenden klassischen Systeme gelten können.

Das Gebiet ist theoretisch wie experimentell in starker Entwicklung begriffen. Seine Bedeutung zieht es aus der Erkenntnis, daß chaotisches Verhalten von klassischen Systemen weitaus stärker verbreitet ist, als lange Zeit angenommen wurde. Damit gewinnt auch die Quantisierung solcher Systeme an Gewicht. Auf die damit verbundenen Schwierigkeiten hat schon Einstein 1917 hingewiesen, allerdings ist seine Arbeit etwa vierzig Jahre lang nahezu unbeachtet geblieben.

Besagte „Fingerabdrücke" kann man z. B. in der Struktur der Wellenfunktion, der Verteilung von Energieniveaus, und bei Streuungen von Elektronen an Molekülen erwarten.

Von besonderem Interesse ist hier u. a. das hochangeregte Wasserstoffatom (Rydbergatom) in einem starken homogenen Magnetfeld. Das Elektron befindet sich dabei nahe der Ionisierungsschwelle, und seine Energieniveaus liegen sehr eng beieinander. Nach dem ↗Korrespondenzprinzip liefert die klassische Physik eine angenäherte Beschreibung des Rydbergatoms, es ist in diesem Rahmen ein chaotisches System. In der quantenmechanischen Beschreibung macht sich das in der Korrelationen zwischen den Energieniveaus bemerkbar. Sie fehlen, wenn das unterliegende klassische System nicht chaotisch ist.

Bei der Quantenstreuung von Elektronen an Molekülen tritt das Chaos in der Verteilung und in der Zeit in Erscheinung, die ein Elektron in einem Molekül verweilt, bevor es wieder herauskommt. Diese Größen ändern sich stetig mit dem Impuls der stoßenden Elektronen. Bei großen Änderungen ergibt sich ein chaotisches Muster.

[1] Gutzwiller, M.C.: Chaos in Classical and Quantum Mechanics. Springer-Verlag New York, 1990.

Quantenchromodynamik, *QCD*, umgangssprachlich auch Quark-Theorie genannt, eine ↗Eichfeldtheorie mit der Eichgruppe SU(3) der Colourfreiheitsgrade der ↗Quarks.

Die Coulor-Wechselwirkung wird durch Gluonen übertragen. Es gibt acht coulorgeladene Gluonenfelder. Diese vermitteln die starke Wechselwirkung zwischen den Hadronen. Die Hadronen unterteilen sich in Baryonen und Mesonen. Ein Baryon besteht aus drei Quarks, ein Meson besteht aus einem Quark und einem Anti-Quark. Die Quarks haben eine Ladung, die ein oder zwei Dritteln der Elementarladung entspricht.

Die Quantenchromodynamik ist eine Variante der Yang-Mills-Theorie, bei ihrer Quantisierung müssen noch Faddeev-Popov-Geisterfelder eingeführt werden. Die Quantenchromodynamik ist renormierbar, d. h., die auftretenden Ultraviolettdivergenzen bei der Quantisierung lassen sich durch passende Gegenterme zu endlichen Größen zusammenfassen.

Quantenelektrodynamik, *QED*, quantisierte Form der Maxwellschen Elektrodynamik. Es handelt sich um die einfachste mögliche Form einer quantisierten abelschen Eichfeldtheorie, nämlich die mit der Eichgruppe U(1).

Die QED beschreibt die Übertragung der elektromagnetischen Wechselwirkung zwischen Elektronen und Positronen mittels Photonen.

Der Wert der ↗Sommerfeldschen Feinstruktur-Konstante α beträgt etwa 1/137. Diese tritt als Parameter in der Störungstheorie auf. Deshalb ist die Tatsache, daß $\alpha \ll 1$ ist, der mathematische Grund dafür, daß die Störungstheorie schon in niedriger Störungsordnung sehr genau mit den Experimenten übereinstimmende Ergebnisse gibt.

Die einzelnen Ordnungen der Störungstheorie lassen sich anschaulich durch ↗Feynman-Diagramme erklären. Dabei bezeichnet eine Wellenlinie ein Photon, eine in die Zukunft gerichtete gerade Linie ein Elektron, und eine in die Vergangenheit gerichtete gerade Linie ein Positron. Frei endende äußere Linien sind Anfangs- bzw. Endzustände des Systems, und Knoten stellen die Wechselwirkungen dar.

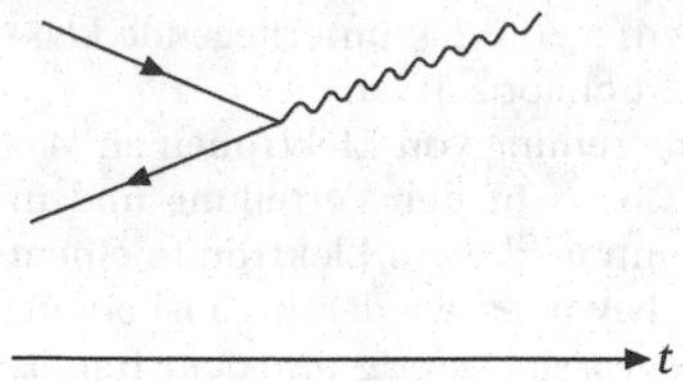

Feynmandiagramm für Paarzerstrahlung

In der Quantenelektrodynamik geht man davon aus, daß für das elektromagnetische Feld A_μ und das Elektronenwellenfeld ψ die Gleichungen

$$\sum_\nu \frac{\partial^2}{\partial x_\nu^2} A_\mu = -\frac{1}{c} s_\mu$$

und

$$\left| \gamma_\mu \left(P_\mu - \frac{e}{c} A_\mu \right) + m \right| \psi = 0$$

gelten. Dabei ist

$$s_\mu = \frac{iec}{2} (\overline{\psi} \gamma_\mu \psi - \overline{\psi}' \gamma_\mu \psi)$$

die Viererstromdichte, und

$$P_\mu = \frac{h}{i} \frac{\partial}{\partial x_\mu}$$

für $\mu = 1, \ldots, 4$.

Quantenfeldtheorie, Theorie der Quantenfelder bzw. quantisierte Form der Feldtheorie.

Je nach Zugang unterscheidet man die axiomatische Quantenfeldtheorie, die kanonische Feldquantisierung, und die konstruktive Quantenfeldtheorie.

Nach dem Vorbild der Quantenmechanik werden die Feldgrößen quantisiert. Zu diesem Zweck muß die zu quantisierende Feldtheorie in einer der Mechanik entsprechenden Form vorliegen. Das geschieht meistens dadurch, daß man eine Kompaktifizierung des Raumes vornimmt (z. B. nur räumlich periodische Felder in Betracht zieht), und dann eine Fourierreihe aller Feldkomponenten betrachtet. Dann kann jeder Fourierkoeffizient als ein mechanischer Freiheitsgrad interpretiert werden, und der Hamilton-Formalismus der klassischen Mechanik läßt sich völlig analog anwenden. Dies ist der Zugang der ↗kanonischen Feldquantisierung, er führt zur ↗Heisenbergschen Unschärferelationen zwischen den den Orts- und Impulskoordinaten entsprechenden Feldkomponenten, wie sie analog in der Quantenmechanik bekannt sind.

Sowohl die axiomatische als auch die konstruktive Quantenfeldtheorie starten von einem Hilbertraum, meist als unendlichdimensionaler separabler Raum vorausgesetzt, und betrachten Observablen genannte lineare Operatoren auf diesem Hilbertraum. Eigenwerte dieser Operatoren sind die meßbaren physikalischen Größen, und die Heisenbergsche Unschärferelation ergibt sich daraus, in welcher Relation die den Eigenwerten zugehörenden Eigenvektoren zueinander stehen.

[1] Feynman, R.; Hibbs, A.: Quantum mechanics and path integrals. McGraw-Hill New York, 1965.

Quantengruppe, in der Physik manchmal ein Synonym für eine beliebige Hopf-Algebra, im engeren Sinne aber über die Deformation gewisser Funktionenalgebren definierte Struktur. Sie gehört als reich strukturiertes Objekt zum Themenkreis „Definition einer Quantisierung mit Hilfe von algebraischen Methoden", der die für die Quantisierung charakteristische Nicht-Kommutativität auf natürliche Weise liefert. Entgegen der Bezeichnung ist eine Quantengruppe keine ↗Gruppe.

Einige Details: Wir bezeichnen mit $P[h]$ die Menge der formalen Potenzreihen in h. P gibt an, wem die Koeffizienten dieser Reihen angehören. Obwohl h ein Parameter ist, wird natürlich an das ↗Plancksche Wirkungsquantum gedacht. $\mathcal{A}$ bezeichne eine beliebige assoziative Algebra. Dann ist eine Algebra-Deformation von $\mathcal{A}$ der $\mathbb{C}[h]$-Modul $\mathcal{A}[h]$ der formalen Potenzreihen in h mit Koeffizienten in $\mathcal{A}$, wenn die Multiplikation

$$m_h(a \otimes b) := a \star b := ab + \sum_{k=1}^{\infty} h^k F_k(a, b)$$

mit gewissen $F_k(a, b)$ aus $\mathcal{A}$ für alle a, b aus $\mathcal{A}$ auf $\mathcal{A}[h]$ ausgedehnt wird, und $i_h : \mathbb{C}[h] \to \mathcal{A}[h]$ die natürliche Ausdehnung der Einheit i von $\mathcal{A}$ auf $\mathcal{A}[h]$ ist.

Unter einer Poisson-Hopf-Algebra verstehen wir eine kommutative Hopf-Algebra $\mathcal{A}$, die zusätzlich eine Poisson-Struktur trägt: Es ist eine Lie-Klammer $\{,\} : \mathcal{A} \times \mathcal{A} \to \mathcal{A}$ gegeben, so daß für jedes c aus $\mathcal{A}$

$$L_c : \mathcal{A} \to \mathcal{A} \text{ mit } a \to \{a, c\} \text{ und } a \in \mathcal{A}$$

eine Derivation ist. Hieran anschließend wird die Deformation einer Poisson-Hopf-Algebra definiert.

Nun sei G eine Lie-Gruppe und $\mathrm{Fun}(G)$ die Menge der C^∞-Funktionen über G. Unter einer Drinfeld-Quantisierung verstehen wir dann den Übergang von der Poisson-Hopf-Algebra

$$(\mathrm{Fun}(G), m, i, \Delta, \varepsilon, S, \{,\})$$

zu einer $\mathbb{C}[h]$-Hopf-Algebra

$$(\mathcal{G}_h, m_h, i_h, \Delta_h, \varepsilon_h, S_h)$$

mit folgenden Eigenschaften:

1. Ihre Faktorisierung nach $(h\mathcal{G}_h, m_h, i_h, \Delta_h, \varepsilon_h, S_h)$ ist isomorph zu $(\mathrm{Fun}(G), m, i, \Delta, \varepsilon, S)$.

2. Es gilt:

$$\{a \bmod h, b \bmod h\} := \frac{1}{h}(m_h(a \otimes b) - m_h(b \otimes a)) \bmod h$$

für alle $a, b \in \mathcal{G}_h$ fällt mit $\{,\}$ auf $Fun(G)$ zusammen. Diese Hopf-Algebra wird Quantengruppe genannt.

[1] Doebner, H.-D.; Hennig, J.D. (Eds.): Quantum Groups. Springer-Verlag Berlin, 1990.

Quantenhypothese, ↗ Plancksches Strahlungsgesetz.

Quantenkohomologie, eine Disziplin, die ihren Ursprung in der Physik hat (topologisches Sigma-Modell gekoppelt mit Gravitation). Hier wird nur der mathematische Inhalt skizziert.

Das Grundproblem ist das folgende: Gegeben sei eine glatte projektive ↗algebraische Varietät über $\mathbb{C}$ (oder allgemeiner eine kompakte symplektische Varietät), sowie eine Klasse A in $H_2(V, \mathbb{Z})$ oder in $A_*(V, \mathbb{Z})$ (↗algebraische Zyklen) und Zyklen $Z_1, \dots, Z_n$ auf V. Man betrachtet die Menge aller ↗algebraischen Kurven C vom Geschlecht g mit $[C] = A$ und $C \cap Z_i \neq \emptyset$, $i = 1, \dots, n$.

Die *Gromov-Witten-Invarianten* kann man sich zunächst anschaulich als die Anzahl solcher Kurven (zu gegebenen $A, Z_1, \dots, Z_n$) denken. Sie sind in einigen speziellen Fällen in der Tat gerade solche Anzahlen (z. B. rationale Kurven von kleinem Grad, der hier der Klasse A entspricht, auf einer Hyperfläche fünften Grades in $\mathbb{P}^4$).

Um zu einer genaueren Definition zu kommen, wird der folgende ↗Modulraum $\mathfrak{M}_{g,n}(V, A)$ konstruiert: $\mathfrak{M}_{g,n}(V, A)$ klassifiziert Tupel $(C, p_1, \dots, p_n, f)$ aus einer algebraischen Kurve C vom Geschlecht g mit n ausgezeichneten, paarweise verschiedenen Punkten $p_1, \dots, p_n \in C$, und einem Morphismus $f : C \to V$ mit $f_*([C]) = A$.

($\overline{\mathfrak{M}}_{g,n}(V, A)$ klassifiziert auch noch gewisse Ausartungen solcher Tupel, um einen kompakten Raum zu erhalten: C darf gewöhnliche Doppelpunkte als Singularitäten haben, die p_i sollen alle nichtsingulär sein, und so verteilt, daß $(C, p_1, \dots, p_n, f)$ nur endlich viele Automorphismen hat).

Dann hat man eine natürliche Abbildung

$$\overline{\mathfrak{M}}_{g,n}(V, A) \xrightarrow{\pi} \overline{\mathfrak{M}}_{g,n}$$

in den Modulraum aller Kurven vom Geschlecht g mit n ausgezeichneten Punkten (einschließlich entarteter, sog. stabiler Kurven vom Geschlecht g), die die Abbildung f „vergißt". Ebenso ergeben die n ausgezeichneten Punkte zusammen mit f eine Abbildung $\overline{\mathfrak{M}}_{g,n}(V, A) \xrightarrow{e} V^n$:

$$(C, p_1, \dots, p_n, f) \mapsto (f(p_1), \dots, f(p_n)) \ .$$

Derartige Modulräume existieren, wenn $n + 2g \geq 3$ ist.

Den eingangs erwähnten Zyklen $Z_1, \dots, Z_n$ entsprechen gewisse Kohomologie-Klassen $\alpha_1, \dots, \alpha_n$, und die Gromov-Witten-Klassen werden definiert als

$$I_{g,n,A}(\alpha_1, \dots, \alpha_n) = \pi_* \circ e^* (\alpha_1 \otimes \dots \otimes \alpha_n) \in H^*(\overline{\mathfrak{M}}_{g,n}, \mathbb{Q}) \ .$$

Ein genauerer Blick zeigt allerdings, daß diese Definition problematisch ist, da $\overline{\mathfrak{M}}_{g,n}(V, A)$ oder $\overline{\mathfrak{M}}_{g,n}$ singulär sein können, oder $\overline{\mathfrak{M}}_{g,n}(V, A)$ nicht notwendig die „erwartete" Dimension haben muß. Ebenso ist die Definition

$$\int_{\overline{\mathfrak{M}}_{g,n}} I_{g,n,A}(\alpha_1, \dots, \alpha_n) \ ,$$

die intuitiv den eingangs erwähnten Gromov-Witten-Invarianten entsprechen, aus gleichen Gründen problematisch. Die erwartete Dimension von $\overline{\mathfrak{M}}_{g,n}(X, A)$ ist

$$3g - 3 + n + \int_A c_1(V) + \dim(V)(1 - g) \ ,$$

was sich wie folgt ergibt: $3g - 3 + n$ ist die Zahl der Moduln von $(C, p_1, \dots, p_n)$ (↗Modulprobleme). Die Abbildung f ist durch ihren Graphen $\Gamma_f \subset C \times V$ bestimmt und definiert einen Punkt im Hilbert-Schema (↗Quot-Schema) von $C \times V$. In einer Umgebung dieses Punktes sind die entsprechenden Unterschemata immer noch Graphen von Morphismen $C \to V$. Da $H^0(\Gamma_f, N)$ (N ist das Normalenbündel von Γ in $C \times V$) der Tangentialraum an das Hilbert-Schema ist, und für das Normalenbündel eines Graphen $N \simeq f^*\Theta_V$ gilt, ist nach der klassischen Riemann-Roch-Formel

$$\begin{aligned} \dim H^0(C, N) &= \deg f^*\Theta_V + rk(f^*\Theta_V)(1 - g) \\ &\quad + \dim H^1(\Theta_V) \\ &= \int_A c_1(V) + \dim(V)(1 - g) \ , \end{aligned}$$

falls $H^1(C, f^*\Theta_V) = 0$.

Varietäten V mit $H^1(C, f^*\Theta_V) = 0$ für alle stabilen Kurven C vom Geschlecht 0 und $f : C \to V$ heißen auch konvex. Dazu gehören z. B. die projektiven Räume, oder allgemeiner homogene algebraische Varietäten (unter einer linearen algebraischen Gruppe von Automorphismen).

Für derartige Varietäten X hat $\overline{\mathfrak{M}}_{0,n}(V, A)$ die erwartete Dimension und ist außerdem als ↗algebraisches Stack glatt, und die obige Definition ist in der Tat korrekt.

Kontsevich und Manin haben folgende Axiome für Gromov-Witten-Klassen formuliert (die aus obiger

„Definition" folgen, falls die Modulräume glatt und von der erwarteten Dimension sind).

($GW0$) $I_{g,n,A} = 0$, wenn A nicht effektiv ist (d. h., wenn $\int_A \alpha = 0$ für ein amples $\alpha \in H^2(V)$).

($GW1$)

$$I_{g,n,A} : H^\ell(V^n, \mathbb{Q}) \to H^{q(\ell)}(\overline{\mathfrak{M}}_{g,n}, \mathbb{Q})$$

mit

$$g(\ell) = \ell - 2\int_A c_1(V) + 2(g-1)\dim V$$

($c_1(V) =$ ist die erste ↗Chern-Klasse von V).

($GW2$) $I_{g,n,A}$ ist S_n-äquivariant bzgl. der Wirkung der Permutationsgruppe S_n auf V^n resp. $\overline{\mathfrak{M}}_{g,n}$.

($GW3$) Bei der natürlichen Abbildung

$$\pi_{n+1} : \overline{\mathfrak{M}}_{g,n+1} \to \overline{\mathfrak{M}}_{g,n}$$

(„vergessen" des letzten Punktes) ist

$$\begin{aligned} &I_{g,n+1,k}(\alpha_1 \otimes \cdots \otimes \alpha_n \otimes 1_V) \\ &= \pi_{n+1}^* I_{g,n,A}(\alpha_1 \otimes \cdots \otimes \alpha_n), \\ &I_{0,3,A}(\alpha_1 \otimes \alpha_2 \otimes 1_V) = 0 \text{ für } A \neq 0 . \end{aligned}$$

($GW4$) Wenn $\beta \in H^2(V, \mathbb{Q})$ Klasse eines Divisors ist, so ist für $A \neq 0$

$$\begin{aligned} &(\pi_{n+1})_* (I_{g,n+1,A}(\alpha_1 \otimes \cdots \otimes \alpha_n \otimes \beta)) \\ &= (\beta \cdot A) I_{g,n,A}(\alpha_1 \otimes \cdots \otimes \alpha_n) . \end{aligned}$$

($GW5$) Für $A = 0$, $g = 0$ (also konstante Abbildungen $f : \mathbb{P}^1 \to V$) ist

$$\begin{aligned} &I_{0,n,0}(\alpha_1 \otimes \cdots \otimes \alpha_n) \\ &= \begin{cases} (\int_V \alpha_1 \wedge \cdots \wedge \alpha_n)\, 1_{\overline{\mathfrak{M}}_{0,n}} \\ \quad \text{wenn } \sum_{i=1}^n \deg \alpha_i = 2\dim V \\ 0 \quad \text{sonst.} \end{cases} \end{aligned}$$

($GW6$) Für $g = g_1 + g_2$, $n = n_1 + n_2$, und die natürliche Abbildung

$$\phi : \overline{\mathfrak{M}}_{g_1,n_1+1} \times \overline{\mathfrak{M}}_{g_2,n_2+1} \longrightarrow \overline{\mathfrak{M}}_{g,n}$$

(die zwei Kurven in den jeweils letzten ausgezeichneten Punkten verheftet) gilt

$$\begin{aligned} &\phi^*(I_{g,n,A}(\alpha_1 \otimes \cdots \otimes \alpha_n)) \\ &= \sum_{A_1+A_2=A} \sum_\nu I_{g_1,n+1,A_1}\left(\alpha_1 \otimes \cdots \otimes \alpha_{n_1} \otimes \Delta_\nu\right) \\ &= I_{g_2,n_2+1,A_2}\left(\alpha_{n_1+1} \otimes \cdots \otimes \alpha_n \otimes \Delta^\nu\right), \end{aligned}$$

wobei (Δ_ν), (Δ^ν) zueinander reziproke Basen bzgl. des Schnittproduktes auf $H^*(V, \mathbb{Q})$ sind.

($GW7$) Bei der natürlichen Abbildung

$$\psi : \overline{\mathfrak{M}}_{g,n+2} \longrightarrow \overline{\mathfrak{M}}_{g+1,n}$$

(die die letzten beiden Punkte miteinander identifiziert) ist

$$\begin{aligned} &\psi^* I_{g+1,n,A}(\alpha_1 \otimes \cdots \otimes \alpha_n) = \\ &= I_{g,n+2,A}(\alpha_1 \otimes \cdots \otimes \alpha_n \otimes [\Delta]), \end{aligned}$$

wobei $[\Delta]$ die zur Diagonale gehörige Kohomologieklasse in $H^*(V, \mathbb{Q}) \otimes H^*(V, \mathbb{Q})$ ist.

($GW8$) Es gibt Klassen $C^V_{g,n,A}$ im Chow-Ring von $\overline{\mathfrak{M}}_{g,n} \times V^n$ mit

$$I_{g,n,A} = p_*\left(q^*(\cdots) \cap C^V_{g,n,A}\right)$$

(p, q die Projektionen von $\overline{\mathfrak{M}}_{g,n} \times V^n$ auf den ersten bzw. zweiten Faktor).

Zur Illustration dieser Axiome dient folgende Vorstellung: Wenn $\alpha_1, \ldots, \alpha_n$ durch Untervarietäten $Z_1, \ldots, Z_n \subseteq V$ repräsentiert werden, so wird

$$I_{g,n,A}(\alpha_1 \otimes \cdots \otimes \alpha_n)$$

durch das Bild $\pi_* Z_{g,n}(A)$ der Untervarietät

$$\begin{aligned} Z_{g,n}(A) = \{&(C, p_1, \ldots, p_n, f) \in \overline{\mathfrak{M}}_{g,n}(V, A) \mid \\ &f_*([C]) = A, f(p_j) \in Z_j, \\ &j = 1, \ldots, n\} \end{aligned}$$

repräsentiert.

In Axiom ($GW6$) wird $\phi^*(I_{g,n,A}(\alpha_1, \ldots, \alpha_n))$ repräsentiert durch die Summe der Bilder von

$$\begin{aligned} &Z_{g_1,n_1+1}(A_1) \times Z_{g_2,n_2+1}(A_2) \cap (e_0, e_0)^*(\Delta) \\ &= \{(C_1, p_0, \ldots, p_{n_1}, f_1); (C_2, q_0, \ldots, q_{n_2}, f_2); \\ &\quad f_1(p_0) = f_2(q_0)\} \end{aligned}$$

mit $A_1 + A_2 = A$.

Hierbei ist $\Delta \subset V \times V$ die Diagonale, e_0 die Evaluierung der Abbildung f_1 (resp. f_2) in Punkte p_0 (resp. q_0). Da $\sum \Delta_\nu \otimes \Delta^\nu$ die Kohomologieklasse von Δ in

$$H^*(V) \otimes H^*(V) = H^*(V \times V)$$

repräsentiert, wird Axiom ($GW6$) anschaulicher.

Auf jeden Fall lassen sich solche Invarianten korrekt definieren, entweder im Rahmen der algebraischen Geometrie durch Definition sog. virtueller Fundamentalklassen (Li-Tian, Behrend-Fantecchi), oder im Rahmen der symplektischen Geometrie durch Übergang zu generischen fast komplexen Strukturen, die verträglich mit der gegebenen symplektischen Struktur sind (Li-Tian, Siebert).

Die Gromov-Witten-Invarianten (für $g = 0$) ergeben Funktionen

$$\langle I_{0,n,A}(\alpha^n)\rangle = \int_{\overline{\mathfrak{M}}_{0,n}} I_{0,n,A}(\alpha \otimes \cdots \otimes \alpha)$$

auf $H^{*ev}(V, \mathbb{C}) = H$, und, zumindest formal, durch Zusammenfassung eine Funktion, das *Gromov-Witten-Potential*

$$\phi(\alpha) = \sum_{n\geq 3} \sum_{A\in H_2(V,\mathbb{Z})} \frac{1}{n!} \langle I_{0,n,A}(\alpha^n)\rangle q^A .$$

Hierbei ist

$$q^A = \exp\left(2\pi i \int_A \varphi\right),$$

φ eine geschlossene 2-Form auf V, deren Imaginärteil eine Kählerform ist.

Um Supermannigfaltigkeiten zu vermeiden, beschränken wir uns hier auf die Kohomologie in geraden Graden

$$H^{*ev}(V, \mathbb{C}) = H^0 \oplus H^2 \oplus H^4 \oplus \cdots .$$

Die Frage der Konvergenz kann nur in bestimmten Klassen von Beispielen, z. B. konvexen Mannigfaltigkeiten oder Calabi-Yau-Mannigfaltigkeiten ($c_1(X) = 0$) geklärt werden. Ist

$$\langle I_{0,n,A}(\alpha_1 \otimes \cdots \otimes \alpha_n)\rangle \neq 0$$

und $\deg \alpha_i = 2m_i$, so muß nach Axiom ($GW1$) gelten

$$m_1 + \cdots + m_n = n + \dim(V) - 3 + \int_A c_1(V)$$

bzw.

$$\int_A c_1(V) = \sum_{\nu=1}^{n}(m_\nu - 1) - (\dim(V) - 3) .$$

Beispielsweise ist für konvexe Varietäten V das Bündel $f^*\Theta_V$ direkte Summe von Geradenbündeln nicht-negativen Grades auf $C = \mathbb{P}^1$ ($f : \mathbb{P}^1 \to V$) und $\Theta_C \subseteq f^*\Theta_V$ (falls f nicht konstant ist, also

$$\int_A c_1(V) = \deg\left(f^*\Theta_V\right) \geq 2),$$

daher gibt es zu gegebenen $\alpha_1 \otimes \cdots \otimes \alpha_n$ nur endlich viele A mit

$$\langle I_{0,n,A}\left(\alpha_1 \otimes \cdots \otimes \alpha_n\right)\rangle \neq 0 .$$

In diesem Fall ist ϕ zumindest als formale Potenzreihe ($\in \hat{\mathcal{O}}_{H,0} = \mathbb{C}\|t_0, \ldots, t_N\|$, wenn $(t_0, \ldots, t_N)$ ein lineares Koordinatensystem auf H ist) definiert. Sei also M das ↗formale Schema $\hat{H}_0$, oder eine Umgebung von 0 in H, auf der ϕ konvergent ist. Dann ist M eine ↗Frobenius-Mannigfaltigkeit mit ϕ als Potential. Die Tangentialgarbe ist $\mathcal{O}_M \otimes H$ mit der kanonischen flachen Struktur, die quadratische Struktur ist durch das Schnittprodukt auf H, d. h. durch

$$g(\alpha, \beta) = \int_V (\alpha \cup \beta),$$

gegeben, das neutrale Element durch

$$e = 1 \in H^0(V, \mathbb{C}) = \mathbb{C} .$$

Das Vektorfeld, das bei der Identifizierung $\Theta_M = \mathcal{O}_M \otimes H$ durch

$$E = \sum_\nu \left(1 - \frac{\deg(\Delta_\nu)}{2}\right) x_\nu \Delta_\nu + c_1(V)$$

(mit einer Basis (Δ_ν) von $H = H^0 \oplus H^2 \oplus \cdots$ aus homogenen Elementen und dem zugehörigen Koordinatensystem $\alpha = \sum_\nu x_\nu \Delta_\nu \mapsto (x_\nu)$) definiert wird, ist ein Eulerfeld (↗Frobenius-Mannigfaltigkeit). Die Garbe von kommutativen assoziativen $\mathcal{O}_M$-Algebren, die globalen Schnitte, also

$$\mathcal{O}_M(M) \otimes H = H^{*ev}(V, \mathcal{O}_M(M))$$

mit diesem Produkt, ist die Quantenkohomologie von V.

Für flache Vektorfelder, d. h. für $\alpha, \beta \in H$, ist das Produkt durch

$$g(\alpha \circ \beta, \gamma) = \gamma\alpha\beta(\phi)$$

für alle $\gamma \in H$ gegeben (auf der rechten Seite sind also α, β, γ als Richtungsableitungen zu verstehen), oder, durch eine Basis (Δ_ν) ausgedrückt,

$$g\left(\Delta_\mu \circ \Delta_\nu, \Delta_\lambda\right) = \frac{\partial^3\phi}{\partial x_\lambda \partial x_\mu \partial x_\nu}$$

bzw.

$$\Delta_\mu \circ \Delta_\nu = \sum_\lambda \frac{\partial^3\phi}{\partial x_\lambda \partial x_\mu \partial x_\nu} \Delta^\lambda ,$$

wobei (Δ^λ) die zu (Δ_ν) reziproke Basis (bzgl. g) bezeichnet. Wichtig an dieser Betrachtungsweise ist, daß ϕ die sog. WDVV-Gleichung erfüllt (als Ausdruck des Assoziativgesetzes). Hieraus ergeben sich rekursive Relationen zwischen den GW-Invarianten, die u. a. neue Ergebnisse der abzählenden Geometrie liefern.

Beispiele:

1) Für $V = \mathbb{P}^r$ besitzt H eine Basis $\Delta_0 = 1_V$, $\Delta_1, \ldots, \Delta_r$, und jeder lineare Unterraum der Kodimension j repräsentiert die Kohomologie-Klasse Δ_j.

Sei $H_2(V, \mathbb{Z}) = \mathbb{Z}[\ell]$, $[\ell]$-Klasse einer Geraden. Für $a > 0$ und $m_1 \leq \cdots \leq m_n$ ist nach den Axiomen

$$\langle I_{0,n,a[\ell]}(\Delta_{m_1} \otimes \cdots \otimes \Delta_{m_n})\rangle = \begin{cases} 0 & \text{falls } m_1 = 0 \\ & \text{oder } m_1 = \cdots = m_{n-2} = 1 \\ a^p \langle I_{0,n-p,a}\left(\Delta_{m_{p+1}} \otimes \cdots \otimes \Delta_{m_n}\right) & \\ & \text{falls } p \leq n-3,\ m_1 = \cdots = m_p = 1 \\ & \text{und } m_{p+1} > 1 . \end{cases}$$

Sei

$$N(a_1, \mu_2, \cdots, \mu_r) = \langle I_{0,m,a\{\ell\}}(\triangle_2^{\otimes \mu_2} \otimes \cdots \otimes \triangle_r^{\otimes \mu_r}) \rangle$$

für $m = \mu_2 + \cdots + \mu_r \geq 3$ und

$$2\mu_2 + 3\mu_3 + \cdots + r\mu_r = (r+1)(a+1) + m - 4.$$

Dies ist die Anzahl der rationalen Kurven vom Grad a, die μ_j gegebene lineare Unterräume in allgemeiner Lage schneiden, $j = 2, 3, \ldots r$.

Mit diesen Bezeichnungen ist also für

$$\triangle = x_0 \triangle_0 + x_1 \triangle_1 + \cdots + x_r \triangle_r$$

und $p = \int_{[\ell]} \varphi$,

$$\sum_{n \geq 3} \frac{1}{n!} \langle I_{0,n,a\{\ell\}}(\triangle^n) \rangle q^{a\{\ell\}} = e^{a(x_1 + p)} \phi_a(x_2, \ldots, x_r)$$

mit

$$\phi_a = \sum_{\mu_2, \ldots, \mu_r} N(a_1, \mu_2, \ldots, \mu_r) \frac{x_2^{\mu_2}}{\mu_2!} \cdots \frac{x_r^{\mu_r}}{\mu_r!},$$

wobei über alle $(\mu_2, \ldots, \mu_r)$ mit $\mu_2 + \cdots + \mu_3 \geq 3$ und $\mu_2 + 2\mu_3 + \cdots + (r-1)\mu_r = (a+1)(r+1) - 4$ summiert wird.

Für $A = 0$ liefert nur $\langle I_{0,3,0}(\triangle^3) \rangle$ einen Beitrag, nämlich

$$\langle I_{0,3,0}(\triangle^3) \rangle = 6 \sum_{\substack{i<j<k \\ i+j+k=r}} x_i x_j x_k + 3 \sum_{\substack{ij \\ 2i+j=r}} x_i^2 x_j.$$

Somit ist das Gromov-Witten-Potential für $\mathbb{P}^r$ die Funktion

$$\phi(x_0, \ldots, x) = \phi_0(x_0, \ldots, x_r) + \sum_{a \geq 1} \exp(a(x_1 + p)) \phi_1(x_2, \ldots, x_r)$$

mit

$$\phi_0 = \begin{cases} \displaystyle\sum_{\substack{i<j<k \\ i+j+k=r}} x_i x_j x_k + \frac{1}{2} \sum_{2i+j=r} x_i^2 x_j + \frac{1}{6} x_k^3 \\ \text{falls } r = 3k, \\[2mm] \displaystyle\sum_{\substack{i<j<k \\ i+j+k=r}} x_i x_j x_k + \frac{1}{2} \sum_{2i+j=r} x_i^2 x_j \\ \text{sonst.} \end{cases}$$

2) Es sei $V \subset \mathbb{P}^4$ eine Hyperfläche vom Grad 5. Hier ist $c_1(V) = 0$, also ist die erwartete Dimension von $\overline{\mathfrak{M}}_{0,n}(V, A)$ gleich $n - 3 + 3 = n$, und dementsprechend ist 3 die erwartete Dimension der Fasern von $\overline{\mathfrak{M}}_{0,n}(V, A) \longrightarrow \overline{\mathfrak{M}}_{0,n}$, d.h., bis auf Reparametrisierung der Abbildung $C \xrightarrow{f} V$ ist die rationale Kurve virtuell starr. Daher ist

$$\langle I_{0,n,A}(\alpha_1 \otimes \cdots \otimes \alpha_n) \rangle = 0,$$

außer wenn $\alpha_1, \ldots, \alpha_n$ Divisorenklassen sind. Nach dem Lefschetz-Theorem über Hyperebenenschnitte wird H von $\triangle_0 = 1, \triangle_1, \triangle_2, \triangle_3$ (den Einschränkungen der entsprechenden Klassen von $\mathbb{P}^4$) erzeugt, und für $\triangle = x_0 \triangle_0 + x_1 \triangle_1 + x_2 \triangle_2 + x_3 \triangle_3$ ist

$$\langle I_{0,n,A}(\triangle^n) \rangle = x_1^n \left(\int_A \triangle_1 \right)^{n-3} \langle I_{0,3,A}(\triangle_1^{\otimes 3}) \rangle$$

(nach $GW4$).

Mit $a = \deg(A) = \int_A \triangle_1$ ist dann

$$\langle I_{0,n,A}(\triangle^n) \rangle = (ax_1)^n N(a),$$

wobei $N(a)$ die virtuelle Anzahl von rationalen Kurven vom Grad a auf V ist. Eine Definition dieser Zahlen ergibt sich aus folgendem Schema:

$$\begin{array}{ccc} \overline{\mathfrak{M}}_{0,1}(\mathbb{P}^4, A) & \xrightarrow{e} & \mathbb{P}^4 \\ \downarrow \pi & & \\ \overline{\mathfrak{M}}_{0,0}(\mathbb{P}^4, A) & & \end{array}$$

Die Gleichung F einer Quintik V liefert einen Schnitt des Bündels

$$\pi_* \left(e^* \mathcal{O}(5) \right) = \mathcal{E}$$

vom Rang $5a + 1$ ($a = \deg(A)$), dessen „Nullstellenschema" $\overline{\mathfrak{M}}_{0,0}(V, A)$ ist. Daher ist die ↗Chern-Klasse $c_{5a+1}(\mathcal{E}) = N(a)$ (↗Porteous-Formel), und wenn $\overline{\mathfrak{M}}_{0,0}(V, A)$ endlich ist, ist dies tatsächlich die Anzahl der Punkte in $\overline{\mathfrak{M}}_{0,0}(V, A)$.

Die „Modulräume" $\overline{\mathfrak{M}}_{0,0}(\mathbb{P}^4, A)$ und $\overline{\mathfrak{M}}_{0,1}(\mathbb{P}^4, A)$ existieren als ↗algebraische Stacks, damit ist die Begründung gerechtfertigt. Allerdings liefert z.B. jeder Morphismus vom Grad k, $\varphi : \mathbb{P}^1 \to \mathbb{P}^1$ und jeder Morphismus vom Grad d, $f : \mathbb{P}^1 \to V$ einen neuen Morphismus $f \circ \varphi : \mathbb{P}^1 \to V$ vom Grad $a = dk$, sodaß

$$\overline{\mathfrak{M}}_{0,0}(\mathbb{P}^1, k) \subseteq \overline{\mathfrak{M}}_{0,0}(V, A),$$

wenn $k \mid a$. Die ↗Schnitt-Theorie liefert dann die Formel

$$N(a) = \sum_{a = kd} k^{-3} n_d',$$

wobei n_d' tatsächlich die Anzahl rationaler Kurven vom Grad d auf V ist, wenn diese Anzahl endlich ist.

Zunächst wurde vermutet (Clemens 1983), daß für generische Quintiken V die Anzahl rationaler Kurven gegebenen Grades d auf V endlich ist, und daß jede dieser Kurven glatt ist. Letzteres hat sich als falsch erwiesen (Vainsencher 1995).

Für $d \leq 9$ ist bewiesen, daß die Anzahl n_d glatter Kurven auf V endlich ist (z.B. ist $n_d = 2875$, $609250, 317206375$, 242467530000 für

$d = 1, 2, 3, 4$. Diese Werte stimmen mit denen aus physikalischen Berechnungen (Mirror-Symmetrie) überein.

Für das Gromov-Witten-Potential einer Quintik V ergibt sich also (bis auf Terme vom Grad ≤ 2)

$$\phi\,(x_0, x_1, x_2, x_3) = \frac{1}{2}x_0^2x_3 + 5x_0x_1x_3 + \frac{5}{6}x_1^3 + \sum_{a\geq 1} N(a)\exp.(a(x_1+p))\,.$$

Quantenlogik, Ansätze, um der Besonderheit der Quantenmechanik, daß es Observable gibt, die nicht gleichzeitig genau gemessen werden können, durch eine logische Struktur Rechnung zu tragen.

1944 hat Reichenbach eine dreiwertige Logik vorgeschlagen, die die zweiwertige Logik als Spezialfall enthält. In ihr gibt es die drei Wahrheitswerte *wahr, falsch, indeterminiert*. Charakteristisch ist für diese Logik, daß das Distributivgesetz für Aussagen nicht mehr gilt: Seien **P**, **Q** und **R** drei Aussagen. Dann gilt nach der zweiwertigen Logik *wenn* (**P** *und* (**Q** *oder* **R**)) *so* ((**P** *und* **Q**) *oder* (**P** *und* **R**)). Gerade diese Verknüpfung von Aussagen kann man aber in den Aussagen über quantenphysikalisches Geschehen nicht wiederfinden.

In einem anderen Versuch wird die Struktur eines Verbandes, der in dem quantenmechanischen Zustandsraum mit seinen Unterräumen enthalten ist, herangezogen, um eine Logik aufzubauen, die der Quantenmechanik angepaßt sein soll. Dabei werden den Elementen des Verbandes und ihren Beziehungen Aussagen und Verküpfungen von Aussagen zugeordnet. Dieser Verband ist nicht distributiv.

[1] Neuser, W.; Neuser-von Oettingen, K. (Hrsg.): Quantenphilosophie. Spektrum Akademischer Verlag Heidelberg, 1996.

Quantenmaß, Maß μ in der konstruktiven (euklidischen) Quantenfeldtheorie, das bestimmten Bedingungen genügen muß.

Es sei $\mathcal{S}(\mathbb{R}^n)$ der Vektorraum der C^∞-Funktionen auf dem $\mathbb{R}^n$, die für jedes ganze $p \geq 0$ und den Multiindex j die Bedingungen

$$\sup_{x\in\mathbb{R}^n} (1 + |x|^2)^p |D^j f| \leq M_{pj}$$

erfüllen, wobei die Konstanten M_{jp} von f, p und j abhängen. $\mathcal{S}'(\mathbb{R}^n)$ ist der zu $\mathcal{S}(\mathbb{R}^n)$ duale Raum der „im Unendlichen nicht zu schnell wachsenden Distributionen". $(\mathcal{S}'(\mathbb{R}^n), \mathcal{B})$ sei ein Maßraum, wobei die σ-Algebra $\mathcal{B}$ durch zylindrische Mengen erzeugt wird. μ soll nun folgenden Bedingungen genügen:

1. μ ist invariant gegen die mit der Einheit verbundene Komponente der Bewegungen im als euklischen Raum aufgefaßten $\mathbb{R}^n$.

2. $\Phi(f)$ ist ein durch $\Phi(f)(\omega) = \omega(f)$ auf $(\mathcal{S}', \mathcal{B}, \mu)$ gegebenes verallgemeinertes Zufallsfeld ($\omega \in \mathcal{S}'$, $f \in \mathcal{S}$). Für eine beliebige Funktion F auf $\mathcal{S}'$ wird $F_\Theta(\omega) = F(\omega_\Theta)$ definiert, wobei $\omega_\Theta(f) = \omega(f_\Theta)$ und

$$f_\Theta(x^1, \ldots, x^n) = f(x^1, \ldots, -x^n)\,.$$

Die σ-Algebra $\mathcal{B}_+$ wird durch die Funktionen $\Phi(f)$ mit $\operatorname{supp} f \subset \{x \in \mathbb{R}^n, x^n > 0\}$ erzeugt. Dann wird gefordert:

$$\int \bar{F}_\Theta(\omega)F(\omega)d\mu(\omega) \geq 0\,.$$

3. Auf $\mathcal{S}$ wird die Existenz einer Norm mit der Eigenschaft gefordert, daß $\int e^{\Phi(f)}d\mu$ bezüglich dieser Norm auf

$$\{f : f \in \mathcal{S}, ||f|| \leq 1\}$$

gleichmäßig beschränkt und stetig ist.

4. Die Untergruppe der Translationen muß ergodisch wirken.

Quantenmechanik

U. Kasper

Quantenmechanik ist die Theorie für Phänomene mit abzählbar vielen Freiheitsgraden, die durch Größen von der Dimension einer Wirkung (Masse $\times$ Länge^2 $\times$ Zeit^{-1}) charakterisiert sind, deren Betrag in der Größenordnung des ↗Planckschen Wirkungsquantums h liegt.

Die Geschichte der Quantenmechanik beginnt mit der Formulierung des ↗Planckschen Strahlungsgesetzes im Jahre 1900. Die erste Phase ihrer Entwicklung dauert bis etwa 1925. In dieser Zeit hat man versucht, Regeln zu finden, die die Beobachtungen verständlich machten (↗Bohr-Sommerfeldsche Quantisierungsbedingung). Hierbei spielte das ↗Korrespondenzprinzip eine herausragende Rolle, also die Forderung, daß sich, wenn h als Parameter aufgefaßt wird, für $\lim_{h\to 0}$ oder einen äquivalenten Grenzübergang die Beziehungen der klassischen Physik ergeben.

Eine durchgängige theoretische Grundlage fehlte aber vorerst. Sie wurde 1925 durch die Heisenbergsche Matrizenmechanik und 1926 durch die Schrödingersche Wellenmechanik geliefert. Schrödinger zeigte auch, daß diese beiden Zugänge äquivalent sind.

Die quantenhafte (diskontinuierliche) Natur der mikrophysikalischen Phänomene tritt am augenfälligsten bei der Beobachtung von Spektren auf. Die klassische Mechanik und Elektrodynamik können dafür keine Erklärung liefern: Wenn man sich Atome (im einfachsten Fall) als die Quellen der Spektren vorstellt, in denen sich Elektronen um einen Kern bewegen, dann gibt es dort nach den genannten klassischen Theorien nichts Diskontinuierliches. Das beschleunigt bewegte Elektron (es ändert sich auf alle Fälle die Richtung der Geschwindigkeit beständig) strahlt nach der klassischen Elektrodynamik kontinuierlich Energie ab, und es nähert sich danach kontinuierlich dem Kern. Die Bohrschen Quantenbedingungen „schoben dem einen Riegel vor".

Bei der Behandlung der Strahlung war der Eindruck entstanden, daß es sich in der Quantentheorie um eine Quantelung der Energie handele. Es stellte sich aber heraus, daß es Größen von der Dimension einer Wirkung sind, die gequantelt werden. Die Quantelung der Energie ist ein sekundärer Effekt.

Der eigentliche Ausgangspunkt war aber eine Diskrepanz zwischen auf der klassischen Physik beruhenden ↗Strahlungsgesetzen und den Beobachtungen. Hier ist es vor allem der Gleichverteilungssatz der klassischen statistischen Mechanik, der die Schwierigkeiten bedingt.

Beim Übergang von der klassischen Mechanik zur Quantenmechanik versucht man, die beobachtbaren Größen (Observablen) durch ↗Hermitesche Operatoren zu ersetzen, deren reelle Eigenwerte die Meßwerte sein sollen. Der Zustand eines quantenphysikalischen Systems wird durch ein Element (Zustandsvektor) (genauer durch einen Strahl der Länge 1, vgl. ↗Strahldarstellung) eines bestimmten Hilbertraumes repräsentiert. Entwickelt man einen Zustandsvektor ψ nach einer Basis, die durch die Eigenfunktionen eines Hermiteschen Operators gegeben ist, dann liefern nach der Bornschen Wahrscheinlichkeitsinterpretation der Quantenmechanik die Quadrate der Beträge der Entwicklungskoeffizienten die Wahrscheinlichkeiten dafür, die zugehörigen Eigenwerte des Operators zu messen, wenn sich das System im Zustand ψ befindet.

Nach Wahl des Operators, dessen Eigenfunktionen die Basis des Hilbertraums der Zustände aufspannen, unterscheidet man verschiedene Darstellungen der Quantenmechanik (↗Ortsdarstellung, ↗Impulsdarstellung).

Eine vollständige Beschreibung eines quantenphysikalischen Systems wird durch einen maximalen Satz von unabhängigen vertauschbaren Hermiteschen Operatoren geliefert. Dazu gehören aber nicht gleichzeitig Orts- und Impulsoperatoren. Damit muß sich der quantenmechanische Zustandsbegriff wesentlich von dem der klassischen Mechanik unterscheiden, denn in der klassischen Mechanik wird der Zustand durch einen vollständigen Satz von Lage- und Impulskoordinaten des Phasenraums bestimmt.

Da Orts- und Impulsoperatoren nicht miteinander kommutieren, haben sie keine gemeinsamen Eigenwerte. Durch die ↗Heisenbergsche Unschärferelation wird ausgedrückt, mit welcher Genauigkeit die eine Größe höchstens gemessen werden kann, wenn die Genauigkeit für die Messung der anderen vorgegeben ist.

Die Wahrscheinlichkeitsaussagen sind ein wesentliches Element der Quantenmechanik. Sie unterscheidet sich hierin von der ↗statistischen Physik grundsätzlich, weil statistische Aussagen nicht durch eine vollständige Kenntnis des Systems vermieden werden können. Die Quantenmechanik hat in dieser Beziehung unser Bild von der Realität radikal verändert. Die verschiedenen *Möglichkeiten* für den Ausgang eine Experiments müssen nun zur Realität hinzugerechnet werden.

Während wir uns in der klassischen Physik die Realität als einen Prozeß (zeitlichen Ablauf) im Raum vorstellen, der durch die Beobachtung in berechenbarer Weise gestört werden kann, ist diese Vorstellung nicht mehr für mikrophysikalische Erscheinungen haltbar. Insbesondere kann man nicht mehr von Teilchenbahnen sprechen, etwa der Bahn der Elektronen im Atom, wenn das ein Begriff sein soll, der mit der Beobachtung verknüpft werden kann: Eine Beobachtung des Ortes eines Elektrons im Atom schlägt dieses Elektron aus dem Atom heraus, und damit kann kein zweiter Ort dieses Elektrons im Atom bestimmt werden.

Die Quantenmechnik hat auch zu einer Korrektur der statistischen Mechanik geführt (↗Quantenstatistik). Durch h ist eine untere Grenze der Zellen im Phasenraum gegeben. Die Ununterscheidbarkeit von gleichartigen Teilchen hat Einfluß auf die Beziehung von mikro- und makrophysikalischen Zuständen (↗statistische Physik).

Es hat immer wieder Versuche gegeben, dieser ↗Kopenhagener Interpretation der Quantenmechanik zu entkommen. Es wird die Auffassung vertreten, daß die Wahrscheinlichkeit doch auf eine unvollständige Kenntnis des Systems zurückzuführen ist: Es soll sog. verborgene Variable geben, auf die man im Experiment noch nicht gestoßen ist (↗Einstein-Podolsky-Rosen-Paradoxon, ↗Bellsche Ungleichung).

Die theoretische Durchdringung des Meßprozesses (in der Quantenmechanik) kann wohl auch heute noch nicht als abgeschlossen gelten. Nach der Kopenhagener Interpretation muß man bei einer Beobachtung immer einen Teil haben, der den Gesetzen der klassischen Physik folgt (die makroskopischen Geräte). Dies ist notwendig, weil wir nur so über die Messung sprechen können. Denn unsere Sprache, die in der klassischen Physik nur eine Präzisierung erfahren hat, hat sich mit den Menschen an den makroskopischen Objekten ihrer Umgebung gebildet. Sie ist ungeeignet für die Beschreibung der Mikrowelt.

Erkennt man die Grenzen des Teilchen- und Wellenbildes, d. h., berücksichtigt man die Heisenbergschen Unschärferelationen, kommt man mit beiden Bildern zu widerspruchsfreien Relationen (Welle-Teilchen-Dualismus).

Bei einer Beobachtung wird nach der Kopenhagener Interpretation der Quantenmechanik der Zustand des Systems in einer Weise geändert, die nicht im Rahmen der Quantenmechanik, etwa mit der Schrödinger-Gleichung, beschrieben werden kann. Das Schlagwort ist hier: Reduktion der Wellenfunktion. In der Many-World-Interpretation der Quantenmechanik wird dagegen versucht, die Reduktion der Wellenfunktion im Rahmen des Formalismus' der Quantenmechnik selbst zu liefern.

Wegen der rechentechnischen Schwierigkeiten bei der Lösung der quantenmechnischen Gleichungen sind ↗Näherungsmethothoden in der Quantenmechanik entwickelt worden. Für Probleme, die sich „in der Nähe der klassischen Mechanik" befinden, sind das asymptotische Ausdrücke oder Reihenentwicklungen, bei denen h als kleine Größe vorausgesetzt wird (↗Wentzel-Kramers-Brillouin-Jeffreys-Methode).

Die ↗quantenmechanische Streutheorie stellt ein wichtiges Bindeglied zwischen der Theorie und dem Experiment dar. Mit einem Ansatz für die Wechselwirkung zwischen mikrophysikalischen Teilchen kann eine Wahrscheinlichkeitsverteilung für Teilchen nach der Streuung berechnet werden. Der Vergleich mit dem experimentellen Ausgang gibt dann wiederum Hinweise, wie der Ansatz für die Wechselwirkung korrigiert werden muß.

Es gibt bis heute keine Abbildungsvorschrift, die von der klassischen zur Quantenmechanik führt (↗Quantisierung). Die Beziehung zwischen klassischer und Quantenmechanik ist bis heute Gegenstand der Forschung. Auf verschiedenen Wegen versucht man hier Klarheit zu bekommen: Zu nennen sind einmal algebraische Methoden. Dabei geht man von der kommutativen Algebra der Observablen der klasischen Mechanik (den Funktionen über dem Phasenraum) aus und versucht, durch eine nichtkommutative Deformation dieser Algebra zu einer Quantisierung zu kommen (↗Quantengruppe). Ein anderer Weg nutzt geometrische Methoden (↗geometrische Quantisierung). In der ↗Quantenstochastik versucht man, die Relationen der Quantenmechanik dadurch zu erhalten, daß man in die klassische Physik einen stochastischen Prozeß einführt, dessen „Zeit" aber nichts mit der Zeit zu tun hat, die wir erfahren.

Die Quantenmechanik kann man in einen nichtrelativistischen und einen relativistischen Teil (↗relativistische Quantenmechanik) spalten.

Dem neuen Bild von der Wirklichkeit, das uns die Quantenmechanik aufzeigt, hat man durch Einführung einer von der zweiwertigen abweichenden Logik versucht, gerecht zu werden (↗Quantenlogik).

Weiterführende Literatur: [1] führt zurück zu den Wurzeln, [2] gibt eine Darstellung der Kopenhagener Interpretation der Quantenmechanik, ihrer Kritik und Gegenvorschläge. Einige Gebiete der Quantenmechanik werden in [3] dargestellt.

Literatur

[1] Heisenberg, W.: Die physikalischen Prinzipien der Quantentheorie. Verlag von S. Hirzel Leipzig, 1930.

[2] Heisenberg, W.: Physik und Philosophie. Verlag Ullstein Frankfurt/M., 1959.

[3] Landau, L. D.; Lifschitz, E. M.: Lehrbuch der Theoretischen Physik Bd. III. Akademie-Verlag Berlin, 1985.

---

quantenmechanische Gesamtheiten, „große" Mengen von identischen Systemen, die den Gesetzen der Quantentheorie folgen und voneinander unabhängig sind.

Im einfachsten Fall sind die Systeme Teilchen wie die „Elementarteilchen" (z. B. Elektronen, Protonen) oder Atome. Die Gesamtheiten werden durch makrophysikalische Systeme erzeugt. Mit jedem Element der Gesamtheit wird ein Experiment ausgeführt. z. B. wird ein Elektron auf ein Atom gelenkt und die Ablenkung festgestellt. Da das Experiment das System im allgemeinen verändert, kann es nicht noch einmal für die Ausführung des gleichen Versuchs verwendet werden. Deshalb ist es wichtig, eine große Zahl identischer Systeme zu haben, die nicht in Wechselwirkung miteinander stehen, um das gleiche Experiment hinreichend oft wiederholen zu können.

Man spricht von einer reinen Gesamtheit, wenn die Wahrscheinlichkeit für die Messung eines Wertes durch das Quadrat der Zustandsfunktion gegeben wird. Dabei ist die Wahrscheinlichkeit durch

$$\lim_{N\to\infty} \frac{N_k}{N}$$

definiert, wobei N die Zahl der Systeme in der Gesamtheit und N_k die Zahl der Experimente ist, die einen bestimmten Wert geliefert haben. N gilt dann als groß genug, wenn sich die Wahrscheinlichkeit mit wachsendem N nicht mehr wesentlich ändert. Eine reine Gesamtheit ist z. B. ein hinreichend verdünnter Elektronenstrahl, dessen Teilchen alle den gleichen Impuls haben.

Eine Gesamtheit kann aber auch eine Mischung von reinen Geamtheiten sein, wobei man nur weiß, mit welchen Wahrscheinlichkeiten die einzelnen reinen Gesamtheiten in der Mischung auftreten. Eine solche Gesamtheit wird *gemischte* Gesamtheit genannt. In diesen Fall ergibt sich die Wahrscheinlichkeit für ein jetzt zusammengesetztes Ereignis aus der Summe von Produkten, wobei der eine Faktor die Wahrscheinlichkeit angibt, mit der die reine Gesamtheit auftritt, und der andere die Wahrscheinlichkeit dafür ist, den Wert an einem System zu messen, das einer reinen Gesamtheit angehört. Letzterer ist wieder durch das Quadrat der Wellenfunktion, die zur reinen Gesamtheit gehört, bestimmt.

Ein Beispiel für eine gemischte Gesamtheit ist eine dünne Elektronenwolke, die aus einem auf eine bestimmte Temperatur aufgeheizten Glühdraht austritt. In dieser Wolke sind Elektronen mit einem bestimmten Impuls mit einer gewissen Wahrscheinlichkeit enthalten. Gemischte Gesamtheiten werden nicht mit einer Wellenfunktion, sondern mit dem ↗Dichteoperator beschrieben.

[1] Ludwig, G.: Wellenmechanik, Einführung und Originaltexte. Akademie-Verlag Berlin, 1968.

quantenmechanische Streutheorie, im Rahmen der Quantenmechanik die Beschreibung des folgenden Experiments: Die von einer Quelle erzeugten Teilchen werden in einer Apparatur in gewünschter Weise präpariert (z. B. werden nur Teilchen um einen bestimmten Impuls erzeugt). Ein Teilchen davon wird auf eine sich in großer Entfernung befindenden „Zielscheibe“ (Target) geschossen (dabei ist die Wechselwirkung zwischen Teilchen und Zielscheibe anfangs vernachlässigbar (freie Teilchen), dann tritt Wechselwirkung (Streuung) auf). Schließlich fängt ein Detektor (wieder in großer Entfernung vom Ziel befindlich) Teilchen auf (wieder als frei zu betrachten).

Die Besonderheiten des Targets haben großen Einfluß auf das Streuresultat: Bei einem dicken Target werden Mehrfachstreuungen auftreten, bei einem Kristall Interferenzen.

Es werden verschiedene Typen von Streuungen unterschieden: Bleibt die gesamte kinetische Energie der stoßenden Teilchen erhalten, spricht man von elastischer Streuung, im gegenteiligen Fall wird der Vorgang unelastische Streuung genannt (beispielsweise können innere Zustände angeregt werden). Ändern sich Zahl und Art der Teilchen, spricht man von Rearrangement-Streuung (ein Spezialfall ist der Zerfall eines Teilchens). Gibt es bei einem solchen Prozeß mehrere Möglichkeiten, dann spricht man von Mehrkanal-Streuung.

In der instationären Streutheorie wird die zeitliche Entwicklung von Zuständen betrachtet und ihr Verhalten in der unendlich fernen Vergangenheit und Zukunft mit dem Streuvorgang in Verbindung gebracht. Der stationären Streutheorie liegt die Vorstellung zugrunde, daß das Target mit einem stationären Strom von Teilchen beschossen wird. Wechselwirkung von Teilchen und Streudaten werden in Beziehung zum asymptotischen Verhalten von Lösungen der zeitunabhängigen Schrödinger-Gleichung gesetzt. Letzterer Zugang ist älter als der andere, er ergibt sich aber aus diesem als Grenzübergang.

Zeitabhängige Streutheorie: Die asymptotische Bedingung ist die Forderung, daß die Zustände, die die Streuung beschreiben, durch Größen ausgedrückt werden können, die in der unendlich fernen Vergangenheit und Zukunft freie Teilchen charakterisieren. Diese Bedingung wird hier für ein System mit nur einem Kanal (siehe oben) formuliert.

Die zeitliche Entwicklung des Zustandes des Systems ohne Wechselwirkung (Streuung) werde durch eine einparametrige stetige unitäre Gruppe mit den Elementen U_t beschrieben. Entsprechend seien V_t die Elemente einer einparametrigen stetigen unitären Gruppe, die die zeitliche Entwicklung des Systems mit Wechselwirkung (Streuung) liefert. Ist $\hat{H}_0$ der Hamilton-Operator ohne und $\hat{H} = \hat{H}_0 + \hat{V}$ der Hamilton-Operator mit Wechselwirkung, dann gilt

$$U_t = \exp(-it\hat{H}_0) \text{ und } V_t = \exp(-it\hat{H}).$$

Ein Beispiel ist die Potentialstreuung: Ein nichtrelativistisches Teilchen ohne Spin wird an einem Potential gestreut, das nach der klassischen Physik durch die Funktion $V : \mathbb{R}^3 \to \mathbb{R}$ gegeben ist.

$\mathcal{H}$ sei der Hilbert-Raum der (reinen) Zustände des betrachteten Systems. Es wird nun angenommen, daß es zu $\hat{H}$ eine Menge $\mathcal{M}_\infty(\hat{H})$ mit folgenden Eigenschaften gibt: $\mathcal{M}_\infty(\hat{H})$ ist Unterraum von $\mathcal{H}$, und $\mathcal{M}_\infty(\hat{H})$ ist invariant gegen die Gruppe $\{V_t\}$. Elemente $g \in \mathcal{M}_\infty(\hat{H})$ werden Streuzustände genannt. Die asymptotische Bedingung lautet dann: Zu $g \in \mathcal{M}_\infty(\hat{H})$ gibt es zwei Zustände $f_\pm$ mit der Eigenschaft, daß $V_t g$ stark gegen $U_t f_\pm$ konvergiert für $t \to \pm\infty$.

$E_\infty(\hat{H})$ sei der selbstadjungierte Operator der Orthogonalprojektion auf $\mathcal{M}_\infty(\hat{H})$, und $f_- \in \mathcal{M}_\infty(\hat{H}_0)$ sei der Anfangszustand bei $t = 0$. Dann fordert die asymptotische Bedingung einmal die Existenz eines $g \in \mathcal{M}_\infty(\hat{H})$ mit

$$\lim_{t\to\infty} \| V_t g - U_t f_- \| = 0 ,$$

und dann die Existenz von $f_+ \in \mathcal{M}_\infty(\hat{H}_0)$ mit

$$\lim_{t\to\infty} \| V_t g - U_t f_+ \| = 0 .$$

Dies ist äquivalent zur Forderung der Existenz von $\Omega_\mp := \text{s-lim}_{t\to\mp\infty} V_t^\star U_t E_\infty(\hat{H}_0)$ (etwas abweichend von der gängigen Definition in der physikalischen Literatur). Die $\Omega_\mp$ werden Wellenoperatoren genannt, und der Streuoperator S wird durch $\Omega_+^\star \Omega_-$ definiert. Ferner ist $R := S - E_\infty(\hat{H}_0)$. Dieser Operator hängt unter einigen Voraussetzungen mit dem Wirkungsquerschnitt zusammen. Die Wellenoperatoren $\Omega_\pm$ sind partielle Isometrien, d. h., $D(\Omega_\pm) = \mathcal{H}$ und $\Omega^\star\Omega = E$ mit der Anfangsmenge $E\mathcal{H} = \mathcal{M}_\infty(\hat{H}_0)$.

$\mathcal{A}_0$ sei die Menge aller Observablen mit den Eigenschaften

$$A \in \mathcal{A}_0 \Longleftrightarrow A = AE_\infty(\hat{H}_0) = E_\infty(\hat{H}_0)A ,$$

und A kommutiere mit U_t. Wir definieren

$$A_\pm := \underset{t\to\pm\infty}{\text{s-lim}}\, U_t^\star A U_t .$$

Es gilt dann $A = A_\pm$.

Mit zusätzlichen Bedingungen folgt aus der Existenz von $\text{s-lim}_{t\to\pm\infty} V_t^\star A V_t E_\infty(\hat{H})$ für alle $A \in \mathcal{A}_0$ die Existenz von zwei partiellen Isometrien $\Omega'_\pm$ mit der Anfangsmenge $\mathcal{M}_\infty(\hat{H}_0)$, daß

$$\underset{t\to\pm\infty}{\text{s-lim}}\, V_t^\star A V_t E_\infty(\hat{H}) = \Omega'_\pm A \Omega'^\star_\pm$$

für alle $A \in \mathcal{A}_0$. Diese partiellen Isometrien werden verallgemeinerte Wellenoperatoren genannt.

In der mathematischen Behandlung der Streuung geht es vor allem um Existenzbeweise für die Wellenoperatoren und ihre Verallgemeinerungen. Mit Hilfe der unitären Transformation U_t kann man die zeitabhängige Schrödinger-Gleichung in eine Form bringen, die nur noch einen umdefinierten Wechselwirkungsterm und nicht mehr den ungestörten Hamilton-Operator $\hat{H}_0$ enthält (Wechselwirkungsbild).

Stationäre Streutheorie: Der einfachste Fall liegt mit der Potentialstreuung vor. Als Randbedingung für die zeitunabhängige Schrödinger-Gleichung wird ein Zustand gewählt, der einer ebenen Welle und einer auslaufenden Kugelwelle entspricht. Mit dieser Randbedingung wird der Übergang von der Schrödinger-Gleichung zu einer Integralgleichung vollzogen, deren Lösung durch Greensche Funktionen und das Potential ausgedrückt wird.

Diesem Zugang liegt die Vorstellung zugrunde, daß sich ein kontinuierlicher Strom von Teilchen mit einem Impuls in einem engen Intervall auf das Target bewegt. Da der Impuls recht genau bekannt ist, ergibt sich für den Ort der einlaufenden Teilchen aufgrund der Heisenbergschen Unschärferelation eine große Unbestimmtheit. Dies findet seinen Ausdruck in der angesetzten ebenen Welle.

Die ebene Welle laufe in z-Richtung. Dann geht die Wellenfunktion $\psi(\mathfrak{r})$ für $|\mathfrak{r}| \to \infty$ gegen den Ausdruck

$$e^{ikz} + f(k, \vartheta, \phi) e^{ik|\mathfrak{r}|}/|\mathfrak{r}|$$

(ϑ und ϕ sind Kugelkoordinaten). Der Ursprung des Koordinatensystems soll im Zentrum des Potentials liegen. ϑ ist der Winkel zwischen der z-Achse und der Streurichtung, und $k := \sqrt{2mE}/\hbar$ (m und E sind Masse und Energie der einlaufenden Teilchen, $\hbar$ das normierte ↗Plancksche Wirkungsquantum). $f(k, \vartheta, \phi)$ wird Streuamplitude genannt. Wenn das Potential nur von $|\mathfrak{r}|$ abhängt, kann man die Variablen trennen. Zusätzliche Vereinfachung bringt die Symmetrie um die z-Achse.

[1] Landau, L. D.; Lifschitz, E. M.: Lehrbuch der Theoretischen Physik, III: Quantenmechanik. Akademie-Verlag Berlin, 1985.

[2] Reed, M.; Simon, B.: Methods Of Modern Mathematical Physics, III: Scattering Theory. Academic Press San Diego, 1979.

quantenmechanischer Drehimpuls, in der nichtrelativistischen Quantenmechanik der Operator $\hat{\mathfrak{J}}$ mit den Komponenten $\hat{J}_1$, $\hat{J}_2$, $\hat{J}_3$, die den Vertauschungsrelationen $[\hat{J}_a, \hat{J}_b] = i\varepsilon^c_{ab}\hat{J}_c$ genügen (↗Kommutator), wobei $a, b, c = 1, 2, 3$.

Die Eigenwerte von $\hat{\mathfrak{J}}^2$ sind $J(J+1)$, wobei J alle ganzen und halbganzen nicht-negativen Zahlen $0, 1/2, 1, \ldots$ durchläuft (Quantisierung des Drehimpulses). $\hat{\mathfrak{J}}$ ist mit nur einer seiner Komponenten vertauschbar, diese Komponente hat die $(2J+1)$ Eigenwerte $-J, -J+1, \ldots, J-1, J$.

Die Gruppe der Drehungen des dreidimensionalen euklidischen Raums, $\mathbf{E}^3$, hat eine unendlichdimensionale Darstellung $\mathfrak{D}_\infty$ über den Funktionen in $L_2(\mathbf{E}^3)$. Sind ψ und ψ' aus $L_2(\mathbf{E}^3)$, und ist $\mathfrak{x} \to \mathfrak{x}'$ eine Drehung, dann ist die Wirkung der unendlichdimensionalen Darstellung durch $\psi'(\mathfrak{x}') = \psi(\mathfrak{x})$ gegeben. Die irreduziblen endlichdimensionalen Bestandteile $\mathfrak{D}_{(L)}$, wobei L nicht negativ und ganz ist, wirken auf Unterräumen der Dimension $(2L+1)$. Jede dieser irreduziblen Darstellungen erscheint unendlich oft: Führt man in $\mathbf{E}^3$ statt der kartesischen Koordinaten Kugelkoordinaten r, ϑ, ϕ ein, dann sind die Basiselemente der Darstellungsräume der irreduziblen Anteile durch Ausdrücke der Form $\Phi_n(r)Y_L(\vartheta, \phi)$ gegeben, wobei $\Phi_n(r)$ ein unendliches System von Funktionen sein soll, nach denen die Funktionen $\Phi(r)$ entwickelt werden können. Der Index n parametrisiert dann die Darstellungen $\mathfrak{D}_{(L)}$. Für ein Elektron im Zentralfeld einer

Punktladung durchläuft n die Menge der nicht negativen ganzen Zahlen und charakterisiert seine Energieniveaus.

Wir bezeichnen die Elemente des Darstellungsraums, der das Produkt aus dem Darstellungsraum von $\mathfrak{D}_\infty$ und dem Darstellungsraum einer irreduziblen endlichdimensionalen Darstellung $\mathfrak{D}_{(S)}$ ist, mit $\psi_\sigma(\mathfrak{r})$ (S nicht-negativ und ganz, σ durchläuft die $(2S+1)$ Werte $-S, \ldots, +S$).

Ferner soll $\psi_{nM\sigma}(\mathfrak{r})$ ein Element aus dem Darstellungsraum sein, der ein Produkt aus dem Darstellungsraum eines irreduziblen Teils der unendlichdimensionalen Darstellung mit der Dimension $(2L+1)$ und dem Darstellungsraum einer endlichdimensionalen Darstellung der Dimension $(2S+1)$ sei. Diese Struktur hat die Wellenfunktion eines Elektrons im Zentralfeld, wenn sein Energieniveau durch n charakterisiert wird, das Betragsquadrat seines Bahndrehimpulses durch $L(L+1)$, eine seiner Komponenten durch M, $S = 1/2$ gegeben ist, und σ einen der Werte $+1/2$ oder $-1/2$ annimmt.

Der quantenmechanische Drehimpulsoperator ist im wesentlichen eine Realisierung einer infinitesimalen Drehung in einem Darstellungsraum der Drehgruppe. Man bezeichnet ihn auch als Bahndrehimpulsoperator. Der Spindrehimpuls ist im wesentlichen die Wirkung einer infinitesinalen Drehung in einem endlich-dimensionalen Darstellungsraum der Drehgruppe.

In der klassischen Mechanik wird der Drehimpuls eines Teilchens durch durch das Kreuzprodukt $\mathfrak{r} \times \mathfrak{p}$ von Orts- und Impulsvektor definiert. Formal kann man den Drehimpulsoperator auch dadurch einführen, daß man in dem Ausdruck der klassischen Mechanik die beiden Vektoren durch ihre Operatoren ersetzt. Man muß aber bedenken, daß der so gebildete Operator vom Standpunkt der Messung keine rechte Bedeutung hat, weil beide Operatoren nicht gleichzeitig gemessen werden können. In der Quantenmechanik erklärt sich der Drehimpulsoperator aus den Eigenschaften physikalischer Systeme bei Drehungen im dreidimensionalen euklischen Raum.

Bisher ist nur der Fall betrachtet worden, daß in dem Eigenwert $J(J+1)$ die Zahl J ganzzahlig ist. Der Fall, daß J halbganz ist, tritt bei den in der Physik oft so genannten zweiwertigen Darstellungen der Drehgruppe auf. In Wirklichkeit handelt es sich hierbei aber um Darstellungen der Gruppe $SU(2)$, die die universelle Überlagerungsgruppe der dreidimensionalen Drehgruppe ist. Allgemein werden die Elemente der Darstellungsräume Spinoren genannt.

Wenn das betrachtete physikalische System invariant gegenüber Drehungen ist wie im Fall eines Elektrons im zentralsymmetrischen Feld einer Punktladung, dann ist der zugehörige Hamiltonoperator mit dem Drehimpulsoperator vertauschbar, was wiederum die zeitliche Konstanz des Drehimpulses bedeutet.

Der Drehimpulsoperator ergibt sich in der relativistischen Quantenmechanik auf natürliche Weise, weil die Erfüllung der Forderungen aus Quantenmechanik und spezieller Relativitätstheorie bedingt, daß die Wellenfunktion eine vierkomponentige Größe (Spinor) ist, die einem Darstellungsraum der Lorentz-Gruppe beziehungsweise ihrer universellen Überlagerungsgruppe angehört, und diese wiederum die Drehgruppe des dreidimensionalen Unterraums beziehungsweise ihre universelle Überlagerungsgruppe enthält.

[1] Landau, L. D.; Lifschitz, E. M.: Lehrbuch der Theoretischen Physik, Bd. III. Akademie-Verlag Berlin, 1985.

[2] Weyl, H.: The Theory of Groups and Quantum Mechanics. Dover New York, 1950, Original in deutscher Sprache 1928 und 1931 erschienen.

quantenmechanischer Zustandsbegriff, „Ideologie“, die sich um die Tatsache rankt, daß der Zustand eines quantenphysikalischen Systems durch einen auf 1 normierten Vektor eines Hilbertraums bestimmt ist.

In der klassischen Physik wird der Zustand durch einen Satz von $2f$ Lage- und Impulskoordinaten bestimmt (f ist die Zahl der Freiheitsgrade des Systems). Im Rahmen der statistischen Beschreibung entspricht dem eine δ-artige Dichteverteilung über dem Phasenraum. In der Quantenmechanik kommutieren aber die Orts- und Impulskoordinaten-Operatoren nicht miteineinder, sodaß der Zustand nicht mehr durch einen Satz von Eigenwerten dieser Operatoren beschrieben werden kann. In der ↗Ortsdarstellung wird der Zustand durch eine auf 1 normierte komplexwertige Funktion als Element eines gewissen Hilbertraums bestimmt, deren Entwicklungskoeffizienten (genauer deren Betragsquadrate) bezüglich einer Basis dieses Hilbertraums die Wahrscheinlichkeit angeben, das System bei einer Messung in dem Zustand zu finden, der durch den betreffenden Basisvektor charakterisiert wird.

Von Heisenberg ist in diesem Zusammenhang davon gesprochen worden, daß in die Beschreibung des Zustandes auch die Möglichkeit verschiedener Realisierungen eingeht. Dabei wird die Frage als sinnlos betrachtet, ob die verschiedenen Möglichkeiten realisiert sind und der Meßprozeß nur eine Möglichkeit auswählt.

Dagegen wird in der Many-World-Interpretation (↗Meßprozeß in der Quantenmechanik) der Quantenmechanik, die den in der ↗Kopenhagener Interpretation wichtigen Schnitt zwischen klassischer und Quantenphysik umgehen will, davon ausgegangen, daß die verschiedenen Möglichkeiten (Welten) realisiert sind, und man bei der Messung im allgemeinen von einer „Welt“ in eine andere wechselt.

[1] DeWitt, B. S.; Graham, N.: The Many-World Interpretation of Quantum Mechanics. Princeton University Press, 1973.
[2] Heisenberg, W.: Physik und Philosophie. Verlag Ullstein Frankfurt/M. Berlin, 1959.

Quantenpendel, Pendel, dessen Dynamik den Gesetzen der Quantenmechanik unterworfen ist.

Als Beispiel wird ein in einer Ebene schwingendes mathematisches Pendel betrachtet, ϕ sei die Auslenkung aus der Gleichgewichtslage. Die zugehörige Lagrange-Funktion L ist

$$\frac{1}{2}\dot{\phi}^2 + \frac{g}{l}\cos\phi \,.$$

Für kleine ϕ kann die Taylor-Entwicklung von $\cos\phi$ nach dem zweiten Glied abgebrochen werden, und man erhält die Lagrange-Funktion für einen ↗Harmonischen Oszillator, dessen kanonische Quantisierung kein Problem ist.

Die weiteren Glieder der cos-Reihe können dann im Rahmen der quantentheoretischen Störungstheorie einbezogen werden.

Quantenstatistik, Statistik, die auf den Prinzipien der Quantenmechanik beruht.

Das bedeutet einmal, daß die ungenaue Kenntnis von beobachtbaren Größen, die auch schon der klassischen Statistik zugrunde liegt, Berücksichtigung findet, und zweitens, daß die für die Quantenmechnik charakteristische gleichzeitige Unbestimmtheit von Observablen, die nicht miteinander kommutieren (↗Heisenbergsche Unschärferelation), beachtet wird.

Eine Besonderheit der Quantenstatistik ist es, daß die Anzahl der Mikrozustände von quantenmechanischen Gesamtheiten kleiner ist als in der klassischen Statistik, weil Teilchen, die sich im gleichen Zustand befinden, nicht unterschieden werden können.

In der klassischen Statistik gibt die Verteilungsfunktion $f(q,p)$ der Koordinaten und Impulse die Wahrscheinlichkeit dafür an, ein Teilchen in einem Phasenraumvolumen $dqdp$ um den Punkt mit den Phasenraumkoordinaten q, p zu finden. Wegen der Heisenbergschen Unschärferelation kann eine solche Aussage nur noch entweder für den Ort oder für den Impuls gemacht werden.

An die Stelle der Verteilungsfunktion der klassischen Statistik tritt in der Quantenstatistik eine Größe, die eng mit dem Dichteoperator $\hat{\varrho}$ zusammenhängt: Die Funktionen $\psi_p(q)$ sollen Teilchen in der Ortsdarstellung beschreiben, deren Impulse genau bekannt sind. Damit wird die Größe $I(q,p) := \psi_p^\star(q)\hat{\varrho}\psi_p(q)$ gebildet. Dann ist die Wahrscheinlichkeit dw_q, ein Teilchen in dq um q zu finden, gleich

$$dq \int I(q,p)dp \,.$$

Die Wahrscheinlichkeit dw_p, ein Teilchen in dp um p zu lokalisieren, ist entsprechend

$$dp \int I(q,p)dq \,.$$

$I(q,p)$ kann aber nicht als Wahrscheinlichkeitsverteilung für Ort *und* Impulse gleichzeitig betrachtet werden. Diese Beziehungen haben in der klassischen Statistik die gleiche Form.

Neben $I(q,p)$ gibt es andere Größen, die das gleiche leisten. Beispielsweise wurde von E. Wigner die nach ihm benannte Funktion

$$I_W(q,p) := \int_{-\infty}^{+\infty} \varrho(q+\xi/2, q-\xi/2)\cdot \cdot\psi^\star(q+\xi/2)\psi(q-\xi/2)d\xi$$

eingeführt. Dabei ist $\varrho(q_1,q_2)$ die Koordinatendarstellung des Dichteoperators. Diese Funktion ist zwar reell, nimmt aber auch negative Werte an und kann schon deshalb nicht als Wahrscheinlichkeitsdichte dienen.

Quantenstochastik, Ansätze, um die Resultate der Quantenmechanik und Quantenfeldtheorie aus der klassischen Mechanik und Feldtheorie, ergänzt durch einen bestimmten klassischen stochastischen Prozeß, abzuleiten.

Schon lange ist die Ähnlichkeit zwischen der Schrödinger-Gleichung und der Diffusionsgleichung für die Brownsche Bewegung eines Teilchens bekannt: Durch die Ersetzungen von t durch $-it$ und $\frac{\hbar}{2m}$ durch α ($\hbar$ ist das normierte ↗Plancksche Wirkungsquantum, m die Masse des Brownschen Teilchens und α die Diffusionskonstante) wird die Schrödinger-Gleichung in die Diffusionsgleichung transformiert. Diese Beziehung deutet auf einen Zusammenhang von Quantentheorie und Stochastik hin.

Mit dem Ansatz

$$\psi = |\psi| \exp\left[\frac{i}{\hbar}S\right], \quad \mathbf{p} = \mathrm{grad}S$$

wurde 1952 von Bohm die Schrödinger-Gleichung in die Newtonsche Gleichung

$$\frac{d\mathbf{p}}{dt} = -\mathrm{grad}(V + V_Q)$$

mit

$$V_Q = -\frac{\hbar^2}{2m|\psi|}\Delta|\psi|$$

umgeschrieben und $-\mathrm{grad}V_Q$ als klassische Zufallsgröße interpretiert, die ihren Ursprung in einer Wechselwirkung mit einem unbeobachtbaren „Äther“ habe. Quantenstochastik ist im wesentlichen die Umkehrung dieses Weges.

Es gibt dafür verschiedene Versuche. Am umfassendsten ist die auf Arbeiten von Parisi und

Wu fußende stochastische Quantisierung ausgearbeitet. Dabei werden die Gleichungen der klassischen Physik durch einen Wiener-Markow-Prozeß mit Gaußschem weißem Rauschen ergänzt. Jedoch ist die „Zeit" dieses Prozesses nicht mit der physikalischen Zeit identisch, vielmehr ergeben sich die Gleichungen der Quantenphysik durch den Übergang zum Gleichgewicht in dieser fiktiven Zeit.

Es wird auch die Frage diskutiert, ob die Quantenstochastik nur eine der verschiedenen Quantisierungsmethoden ist, oder ob sie eine Erweiterung darstellt, die die Quantentheorie enthält.

[1] Namiki, M.: Stochastic Quantisation. Springer-Verlag Berlin, Heidelberg, New York, 1992.

Quantenzahlen, in der „älteren" Quantenmechanik ganz- oder halbganze Vielfache des ↗Planckschen Wirkungsquantums h, die in der Energie eines Systems auftretenden Größen mit der Dimension Wirkung zugeordnet werden (↗Bohr-Sommerfeld-Quantisierungsbedingung); in der Elementarteilchenphysik sind es Sätze von Zahlen („innere" Quantenzahlen), die die Darstellungen von Symmetriegruppen charakterisieren.

Für den harmonischen Oszillator kann die Quantenbedingung in der Form

$$E/\nu \;=\; (n+\frac{1}{2})h$$

mit n als Quantenzahl geschrieben werden.

Bei der Quantisierung der elliptischen relativistischen Bewegung in einem Zentralpotential (↗Feinstruktur der Energieniveaus) lauten die Quantenbedingungen für die radiale Komponente p_r des Impulses und die Drehimpulskomponente p_ϕ

$$\oint p_r \;=\; n_r h\,, \quad 2\pi_\phi = kh\,.$$

Die zunächst nicht negativen ganzen Zahlen n_r und k heißen radiale und azimutale Quantenzahlen. $n := n_r + k$ wird Hauptquantenzahl und k oder $l := k-1$ auch Nebenquantenzahl oder Bahndrehimpulsquantenzahl genannt. Aus der Forderung, daß die Werte für die Energieniveaus reell sind, ergibt sich $k \geq 1$, und für gegebenes n gilt $n \geq k \geq 1$.

Nach der „neueren" Quantenmechanik hat das Quadrat des Bahndrehimpulsoperators die Eigenwerte $l(l+1)$ mit $l \in \mathbb{N}_0$. Bezüglich einer ausgewählten Richtung (gegeben etwa durch ein Magnetfeld) kann die entsprechende Komponente $\hat{m}$ des Bahndrehimpulsoperators $\hat{l}$ die $2l+1$ Eigenwerte m in $-l, -l+1, \ldots, l-1, l$ haben. m wird magnetische oder auch Projektionsquantenzahl genannt.

Die nur im Rahmen der Quantentheorie behandelbaren Teilchen (↗Bosonen) haben einen quantisierten Eigendrehimpuls (↗Spin) mit der Einheit $h/2\pi$. Sein ganzes oder halbganzes Vielfaches wird Spinquantenzahl genannt. Auch für den Spin gibt es wie beim Bahndrehimpuls eine quantisierte Projektion auf eine vorgegebene Richtung.

Die Quantenzahlen der Quantenmechanik spielen eine herausragende Rolle beim Aufbau des Periodensystems der Elemente.

Quantil, Begriff aus der Statistik.

Unter dem α-Quantil x_α einer Verteilungsfunktion $F(x)$ einer stetigen Zufallsgröße X versteht man den Wert, der folgende Gleichung erfüllt:

$$F(x_\alpha) = \alpha\,.$$

Das bedeutet, x_α teilt den Wertebereich von X in zwei Teile, so, daß gerade $\alpha * 100\%$ aller Beobachtungen von X links von x_α liegen, also kleiner oder gleich x_α sind, und $(1-\alpha) * 100\%$ rechts von x_α liegen, also größer oder gleich x_α sind. Abbildung 1 zeigt links ein Quantil mit Verteilungsdichte, rechts Quantil und Verteilungsfunktion.

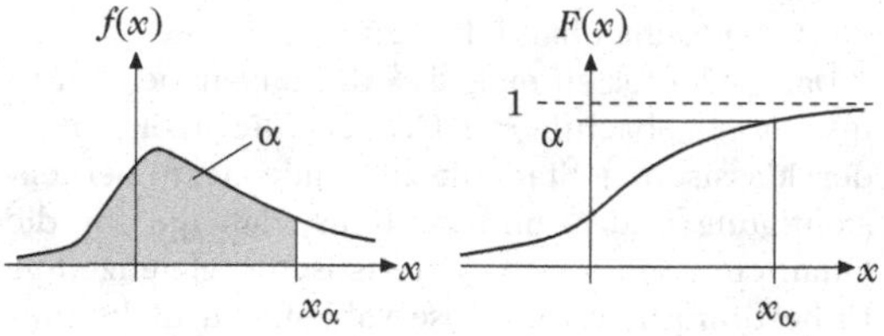

Abbildung 1: Quantile von stetigen Verteilungen

Ist X eine diskrete Zufallsgröße mit dem Wertebereich $\mathfrak{X} = \{a_1, \ldots, a_k\}$ und der Wahrscheinlichkeitsverteilung $p_i = P(X = a_i), i = 1, \ldots, k$, so ist die zugehörige Verteilungsfunktion $F(x)$ eine Treppenfunktion, und das Quantil x_α wie folgt definiert:

$$F(x_\alpha - \varepsilon) < \alpha \leq F(x_\alpha) \quad \text{für alle } \varepsilon > 0\,.$$

Abbildung 2 zeigt auch hierzu ein Beispiel.

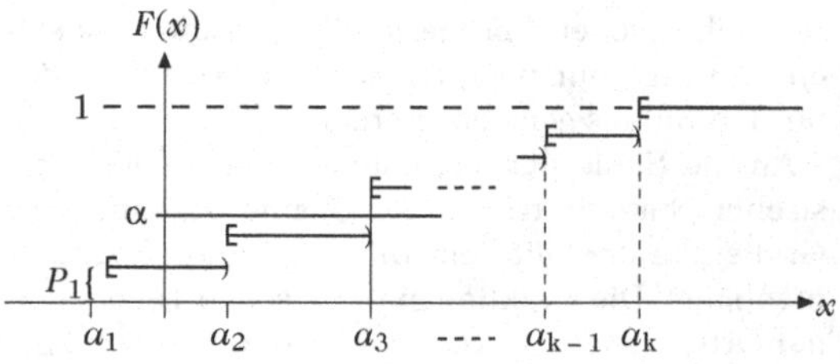

Abbildung 2: Quantile von diskreten Verteilungen

Das 50%-Quantil $x_{0,5}$ nennt man Median, die Quantile $x_{0,25}$ und $x_{0,75}$ werden als Quartile, und die Quantile x_α für $\alpha = 0,1; 0,2; \ldots ; 0,9$ als Dezentile bezeichnet.

Liegt eine Stichprobe von X vor, so liefert das ↗empirische Quantil eine Schätzung für das α-Quantil einer Verteilung. Liegen die Beobachtungen in Form einer ↗Klasseneinteilung vor, so wird das Quantil mit Hilfe der Klassenhäufigkeiten geschätzt.

Quantile spielen eine besondere Rolle bei der statistischen Analyse und beim Vergleich von Verteilungen, siehe auch ↗Box-Plot, ↗Q-Q-Plot. Quantile von wichtigen häufig verwendeten Verteilungen liegen in statistischen Tafelwerken tabelliert vor.

Quantile-Quantile-Plot, ↗Q-Q-Plot.

Quantisierung, der Übergang von klassischen Theorien (das Minimum des Betrages von Größen mit der Dimension Wirkung ist gleich Null) zu den entsprechenden Quantentheorien (das Minimum des Betrages von Größen mit der Dimension Wirkung ist positiv (↗Plancksches Wirkungsquantum)).

Für diesen Übergang gibt es kein allgemeines Verfahren, das in einer gewissen Abbildung von klassischen Observablen auf selbstadjungierte Operatoren in einem Hilbertraum bestehen sollte. Vielmehr besteht folgender Sachverhalt:

Es wäre naheliegend, eine Abbildung von klassischen Observablen f (Funktionen auf dem dualen Tantentialbündel $T^*\mathbb{R}^n$ des $\mathbb{R}^n$, dessen Koordinaten die kanonisch konjugierten Variablen q^i und p_i sind) auf selbstadjungierte Operatoren $\hat{f}$ des Hilbertraums $L^2(\mathbb{R}^n)$ der quadratintegrablen Funktionen über dem $\mathbb{R}^n$ eine Quantisierung zu nennen, wenn sie folgende Bedingungen erfüllte:

1. $\widehat{f+g} = \hat{f} + \hat{g}$,
2. $\widehat{\lambda f} = \lambda \hat{f}$ mit $\lambda \in \mathbb{R}$,
3. $\widehat{\{f,g\}} = \frac{1}{i}[\hat{f}, \hat{g}]$
   mit der Poisson-Klammer $\{.,.\}$ und dem Kommutator $[.,.]$, die Plancksche Konstante ist auf 1 normiert),
4. $\hat{1} = I$ (Einheitsoperator),
5. $\hat{q}^i, \hat{p}_j = \frac{1}{i}\frac{\partial}{\partial q^j}$ wirken irreduzibel auf $L^2(\mathbb{R}^n)$.

Schon 1951 hat van Hove gezeigt, daß eine so definierte Quantisierung nicht existiert.

Vor diesem Hintergrund versucht man, als Quantisierung eine algebraische Struktur zu finden, deren Elemente i. allg. nicht kommutativ verknüpft werden. Außerdem muß eine Operation zwischen Elementen existieren, die auf reelle Zahlen führt. Die Eigenschaften dieser Struktur werden durch Forderungen aus der Physik vorgeschrieben. Es ist dann die Frage, ob zu einer solchen Struktur eine klassische Theorie im Sinne eines Limes für „Plancksches Wirkungsquantum gegen Null" existiert.

Es besteht eine Hoffnung, daß nicht kommutative Geometrien eine Verbindung zwischen Quantentheorien und allgemeiner Relativitätstheorie herstellen können.

Quantisierungsbedingung, bei der ↗Wentzel-Kramers-Brioullin-Jeffreys-Methode eine Näherung des Spektrums eines Schrödinger-Operators $\hat{H}$ auf einer differenzierbaren Mannigfaltigkeit M, die hier der Einfachheit halber nur für $M = \mathbb{R}$ angegeben wird:

Man nehme an, daß das führende Symbol

$$H : T^*\mathbb{R} = \mathbb{R}^2 \to \mathbb{R}$$

von $\hat{H}$ für alle E in einem passenden reellen Intervall geschlossene reguläre Energiehyperflächen $H^{-1}(E) \subset \mathbb{R}^2$ habe, die durch den Einheitskreis parametrisiert werden:

$$(q_E, p_E) : S^1 \to H^{-1}(E)\,.$$

Dann lautet die Maslov-korrigierte Quantisierungsbedingung nach Bohr-Sommerfeld:

$$S(E) := \int_{S^1} p_E(\phi)\frac{dq_E}{d\phi}(\phi)d\phi = 2\pi\hbar\left(n + \frac{1}{2}\right)$$

Diese Bedingung liefert reelle Zahlen E_n, die eine asymptotische Näherung für $\hbar \to 0$ des diskreten Spektrums des Operators $\hat{H}$ beschreiben können.

Es gibt analoge, aber kompliziertere Formeln für höherdimensionales M. Die Näherung ist exakt für den ↗Harmonischen Oszillator und ergibt

$$E_n = \hbar\left(n + \frac{1}{2}\right).$$

Quantor, Grundzeichen des ↗Prädikatenkalküls oder ↗elementarer Sprachen zur Bezeichnung der Quantifizierungsfunktion, die jedem ↗logischen Ausdruck (in der Regel mit freien Variablen) der zugrundegelegten Sprache einen weiteren Ausdruck der Sprache zuordnet.

Im klassischen zweiwertigen Prädikatenkalkül werden der ↗Existenzquantor „es gibt ein ..." und der ↗Allquantor „für jedes ..." benutzt. Im praktischen Umgang verwendet man diese Quantoren oft als eingeschränkte Quantoren: Ist z. B. M eine durch den Ausdruck $\varphi(x)$ definierte Teilmenge (definierbare Mengen sind definierbare einstellige Relationen) des betrachteten ↗Individuenbereiches, dann schreibt man für den Ausdruck $\forall x(\varphi(x) \to \psi)$ auch $\forall x{\in}M\,\psi$ und für $\exists x(\varphi(x) \wedge \psi)$ auch $\exists x{\in}M\,\psi$ (die Quantoren sind auf die Teilmenge M eingeschränkt).

Praktische Anwendung findet diese Schreibweise z. B. bei der Formulierung der Stetigkeit einer Funktion f an einer Stelle a:

$$\forall\varepsilon{>}0\,\exists\delta{>}0\,\forall x{\in}D(f)\,\left(|x-a|<\delta \to |f(x)-f(a)|<\varepsilon\right).$$

Neben den klassischen Quantoren (Existenz- und Allquantor) werden auch sog. verallgemeinerte Quantoren verwendet, die die Existenz höchstens endlich vieler bzw. unendlich vieler oder sogar überabzählbar vieler Elemente mit bestimmten Eigenschaften fordern. Ist κ eine unendliche Kardinalzahl und $\varphi(x)$ ein Ausdruck, dann wird $Q_\kappa x\,\varphi(x)$ interpretiert als „es gibt κ (viele) Elemente, die den Ausdruck $\varphi(x)$ erfüllen".

Elementare Sprachen mit verallgemeinerten Quantoren, zu denen man auch noch solche Quantoren zählen kann, die sich auf mehrere Ausdrücke beziehen, wie z. B. $Qx\big(\varphi(x), \psi(x)\big)$, interpretiert als „es gibt genauso viele Elemente, die den Ausdruck $\varphi(x)$ erfüllen, wie es Elemente gibt, die den Ausdruck $\psi(x)$ erfüllen", besitzen eine stärkere Ausdrucksfähigkeit als elementare Sprachen, aber für diese erweiterten Sprachen gelten grundlegende Sätze der Prädikatenlogik nicht mehr, was ihren praktischen Nutzen einschränkt.

Quark-confinement, Eigenschaft der Quarks, nicht als einzelne Teilchen in der Natur auftreten zu können, siehe auch ↗confinement.

Quarkmodell, Modell zur Analyse der Struktur von Elementarteilchen.

Die Physiker M. Gell-Mann und G. Zweig stellten 1964 das Quarkmodell vor, in dem sie die Existenz von kleinsten und unteilbaren Elementarteilchen, den ↗Quarks, postulierten, aus denen alle der starken Wechselwirkung unterliegenden Elementarteilchen aufgebaut sind.

Aus Gründen der mathematischen Symmetrie besagte das Modell, daß es drei Quarks dieser Art mit den entsprechenden Antiquarks geben sollte, die im Gegensatz zu allen anderen Elementarteilchen mit den elektrischen Elementarladungen $\frac{1}{3}$ und $\frac{2}{3}$ versehen sein sollten, wobei die Quarks selbst eine positive Ladung tragen, die Antiquarks eine negative. Mit Hilfe des Quarkmodells war es in den nachfolgenden Jahren erstmals möglich, die Vielzahl der beobachteten schweren Elementarteilchen zu strukturieren.

Inzwischen geht man davon aus, daß es sechs Quarks und sechs zugehörige Antiquarks gibt, die auch alle in verschiedenen Forschungszentren nachgewiesen werden konnten. Die Existenz des sechsten Quarks wurde erst 1994 am Fermilab in den USA experimentell bestätigt.

Siehe auch ↗Quarks.

Quarks, Elementarteilchen, die nicht einzeln frei beobachtet werden können. Die sechs Quarks sind: bottom-Quark, charm-Quark, down-Quark, strange-Quark, top-Quark und up-Quark.

Die zugehörigen Anti-Teilchen sind die Anti-Quarks, also Anti-bottom-Quark, Anti-charm-Quark, Anti-down-Quark, Anti-strange-Quark, Anti-top-Quark und Anti-up-Quark, siehe auch ↗Quarkmodell.

Nach der ↗Quantenchromodynamik sind die Hadronen aus Quarks aufgebaut, beispielsweise besteht ein Proton aus zwei up-Quarks und einem down-Quark.

Das englische Wort „quark" stammt der Überlieferung nach von Lewis Carroll (↗Dodgson, Charles Lutwidge), der im 19. Jahrhundert den der Nonsense-Literatur zuzuordnenden Satz prägte: „Six Quarks for Mister Sparks". Nach Collin's Dictionary, Harper Collins Publ. Glasgow 1991, ist das Wort allerdings erst im 20. Jahrhundert von James Joyce in der Novelle „Finnegans Wake" geprägt worden. Eine Beziehung zum deutschen Substantiv „Quark" ist nicht wahrscheinlich.

quasiaffin, Begriff aus der algebraischen Geometrie.

Eine ↗algebraische Varietät X heißt quasiaffin, wenn es eine offene Einbettung $X \hookrightarrow Y$ in eine affine algebraische Varietät gibt.

Eine analoge Begriffsbildung existiert für Schemata.

Quasi-Banachraum, vollständiger quasi-normierter Raum.

Sei X ein reeller oder komplexer Vektorraum und $x \mapsto \|x\| \in [0, \infty)$ eine Abbildung mit:

(1) $\|x\| = 0$ genau dann, wenn $x = 0$.

(2) Für alle $x \in X$ und alle Skalare λ gilt

$$\|\lambda x\| = |\lambda|\,\|x\|.$$

(3) Es existiert eine Konstante $c \geq 1$ mit

$$\|x+y\| \leq c(\|x\| + \|y\|) \qquad \forall x, y \in X.$$

Dann heißt $\|\,.\,\|$ eine Quasinorm. Gilt anstelle von (3):

(3′) Es existiert eine Zahl $p \in (0, 1]$ mit

$$\|x+y\|^p \leq \|x\|^p + \|y\|^p \qquad \forall x, y \in X,$$

so heißt $\|\,.\,\|$ eine p-Norm. (In den Fällen $c = 1$ bzw. $p = 1$ erhält man eine Norm.) Jede p-Norm ist eine Quasinorm, und zu jeder Quasinorm existiert eine äquivalente p-Norm.

Es gibt eine metrisierbare Vektorraumtopologie auf einem quasinormierten Raum $(X, \|\,.\,\|)$, die das System der Mengen $\{x \in X : \|x\| \leq \varepsilon\}$ als Nullumgebungsbasis besitzt; für eine p-Norm $\|\,.\,\|$ definiert $d(x,y) = \|x - y\|^p$ eine Metrik, die diese Topologie erzeugt. Ist dieser metrische Raum vollständig, heißt X ein Quasi-Banachraum.

Ein Beispiel für einen Quasi-Banachraum ist der Raum $L^p(\mu)$ für $0 < p < 1$ (↗Funktionenräume); auf diesem Raum ist

$$\|f\|_p = \left(\int |f|^p \, d\mu\right)^{1/p}$$

eine p-Norm, aber keine Norm. Quasi-Banachräume treten auf natürliche Weise in der Theorie der Operatorideale auf.

[1] Kalton, N.J.; Peck, N.T.; Roberts, J.W.: An F-Space Sampler. Cambridge University Press, 1984.

[2] Pietsch, A.: Eigenvalues and s-Numbers. Cambridge University Press, 1987.

Quasicharakter, stetiger Gruppenhomomorphismus von einer lokalkompakten abelschen Gruppe G in die multiplikative Gruppe $\mathbb{C} \setminus \{0\}$.

quasiendlich, Begriff aus der algebraischen Geometrie.

Ein Morphismus $X \xrightarrow{\varphi} Y$ von ↗ Schemata heißt quasiendlich in einem Punkt $x \in X$, wenn x isolierter Punkt in seiner Faser $\varphi^{-1}(\varphi(x))$ ist, und wenn φ von endlichem Typ in einer Umgebung U von x ist (d. h., wenn $U \xrightarrow{\varphi} Y$ über eine abgeschlossene Einbettung $U \subset \mathbb{A}^n \times Y \to Y$ faktorisiert).

Die Menge X' der Punkte von X, in denen φ quasiendlich ist, ist offen in X. Wenn Y Noethersch ist, existiert eine Zerlegung

$$\varphi = \varphi' \circ \psi : X \xrightarrow{\psi} Z \xrightarrow{\varphi'} Y ,$$

so daß φ' endlich und $\psi \mid X'$ eine offene Einbettung ist.

Diese Aussage heißt auch Zariskis Hauptsatz.

Quasi-Ergodenhypothese, Hypothese von P. und T. Ehrenfest, nach der die Phasenbahn eines eine mikrokanonische Gesamtheit repräsentierenden Punktes in endlicher Zeit jedem Punkt der Energiefläche beliebig nahe kommt.

Die Quasi-Ergodenhypothese wurde eingeführt, um die Gleichheit von Schar- und Zeitmittelwerten von gegebenen Observablen (Funktionen auf dem Phasenraum) zu beweisen und die Unzulänglichkeiten der ↗ Ergodenhypothese zu überwinden. Nach Untersuchungen von Birkhoff und von Neumann hängt die Richtigkeit der Hypothese von der Nicht-Existenz weiterer Integrale der Bewegung (außer Energie-, Impuls-, Drehimpulsintegral) ab.

Quasigruppe, wie Halbgruppe, Gruppoid und Prägruppe eine nicht ganz einheitlich verwendete Begriffsbildung, die aber stets Objekte bezeichnet, bei denen nicht alle Gruppenaxiome erfüllt sein müssen.

Meist wird der Begriff dann verwendet, wenn man bei Theoremen aus der ↗ Gruppentheorie untersuchen will, ob wirklich alle Gruppenaxiome notwendig sind, um die Aussage beweisen zu können. Zu jeweils vorgegebenem Thema wird also der Begriff der Quasigruppe so gewählt, daß das zu untersuchende Theorem „gerade noch" gültig ist.

Eine häufig verwendete Definition ist die folgende: Eine Quasigruppe ist eine Menge Q mit einer Verknüpfung $\cdot$, für die gilt:

- Für alle $a, b \in Q$ hat die Gleichung $a \cdot x = b$ eine eindeutige Lösung x.
- Für alle $a, b \in Q$ hat die Gleichung $x \cdot a = b$ eine eindeutige Lösung x.

Existiert außerdem ein Element $e \in Q$ mit $e \cdot a = a \cdot e = a$ für alle $a \in Q$, so nennt man Q ein ↗ Loop.

Ein Loop, in dem zusätzlich das Assoziativgesetz gilt, ist also eine Gruppe.

quasihomogene Funktion, eine reellwertige C^∞-Funktion f, die auf einer offenen Teilmenge des $\mathbb{R}^n$ definiert ist und dort für vorgegebene reelle Zahlen $p, w_1, \dots, w_n$ der Differentialgleichung

$$\sum_{i=1}^{n} w_i x_i \frac{\partial f}{\partial x_i}(x) = pf(x)$$

genügt, wobei (x) für $(x_1, \dots, x_n)$ steht.

quasiintegrierbare Funktion, Begriff aus der Maßtheorie.

Es sei $(\Omega, \mathcal{A}, \mu)$ ein ↗ Maßraum. Dann heißt eine Funktion $f : \Omega \to \overline{\mathbb{R}}$ quasiintegrierbar, falls höchstens eines der beiden ↗ μ-Integrale

$$\int \sup(f, 0) d\mu \quad \text{und} \quad \int \sup(-f, 0) d\mu$$

unendlich ist (↗ μ-integrierbare Funktion).

Quasi-Interpolation, verallgemeinerte Interpolationsmethoden, welche auf der Verwendung von linearen Funktionalen beruhen.

Es sei $l \in \mathbb{N}$, K eine kompakte Teilmenge von $\mathbb{R}^l$, $m \in \mathbb{N}_0$, $C^m(K)$ der Raum der m-fach differenzierbaren Funktionen auf K, und $\mathcal{S} \subseteq C^m(K)$ ein n-dimensionaler Teilraum, welcher eine Basis $\{B_i : i = 1, \dots, n\}$ mit lokalem Träger besitzt.

Für geeignete lineare Funktionale $\lambda_i : C^m(K) \mapsto \mathbb{R}$, $i = 1, \dots, n$, also Funktionale mit

$$\lambda_i(\alpha f + \beta g) = \alpha \lambda_i(f) + \beta \lambda_i(g),$$

für alle $\alpha, \beta \in \mathbb{R}$ und $f, g \in C^m(K)$, definiert man einen Quasi-Interpolationsoperator $Q : C^m(K) \mapsto \mathcal{S}$ durch eine Vorschrift der Form

$$Q(f) = \sum_{i=1}^{n} \lambda_i(f) B_i, \quad f \in C^m[a, b] .$$

Die linearen Funktionale λ_i können hierbei beispielsweise aus (endlichen) Linearkombinationen von Funktionswerten und Ableitungen von f an verschiedenen, geeignet gewählten Stellen $t_i \in K$ gebildet werden.

Quasi-Interpolanten spielen insbesondere in der Theorie der ↗ Splinefunktionen eine bedeutende Rolle, und werden zum Nachweis von Eigenschaften von Splineräumen in der ↗ Spline-Approximation verwendet.

Die klassischen Operatoren dieser Art sind Quasi-Interpolanten für univariate Splines vom Schoenberg-Typ, das heißt, es gelten $\lambda_i(f) = f(x_i)$, $i = 1, \dots, n$, und

$$\mathcal{S} = \text{span}\{B_i : i = 1, \dots, n\},$$

wobei für vorgegebene, aufsteigend sortierte Knoten x_i, B_i den i-ten B-Spline vom Grad m bezeichnet, welcher $(m-1)$-fach differenzierbar ist. Ist $Q(f)$ der Schoenberg-Operator und f eine beliebige stetige Funktion auf $[a,b]$, so gilt die folgende Fehlerabschätzung in der Maximumnorm:

$$\|(f - Q(f))\|_\infty \leq \frac{1}{2}(m+1)\omega(f,h) ,$$

wobei $\omega(f,h)$ der Stetigkeitsmodul von f ist, und

$$h = \max\{x_{i+1} - x_i : i = 1, \dots, n-1\} .$$

Um approximierende Quasi-Interpolanten von großer Genauigkeit zu konstruieren, ist die Eigenschaft der Reproduktion von Polynomen von Bedeutung, das heißt, es soll $Q(p) = p$ für alle Polynome p vom Grad r mit $r \leq m$ gelten.

Durch Verwendung eines von C. deBoor und G. J. Fix im Jahr 1973 erstmalig definierten Quasi-Interpolanten kann man nachweisen, daß univariate Splineräume stets optimale Approximationsordnung besitzen. Hierbei geht man von normalisierten B-Splines N_i aus, und setzt für geeignete t_i und $f \in C^m[a,b]$

$$\lambda_i(f) = \sum_{j=0}^{m} \frac{1}{m!}(-1)^j \omega_i^{(m-j)}(t_i) f^{(j)}(t_i) ,$$

wobei $\omega_i^{(m-j)}$ die $(m-j)$-te Ableitung des Polynoms

$$\omega_i(t) = \frac{1}{m!}(t - x_{i+1}) \dots (t - x_{i+m})$$

ist. Der zugehörige Quasi-Interpolationsoperator reproduziert den ganzen Splineraum, d. h., $Q(N_i) = N_i$, $i = 1, \dots, n$, und es gilt

$$\|(f - Q(f))\|_\infty \leq K h^m \omega(f^{(m)}, h),$$

wobei $K > 0$ eine nur von m abhängige Konstante ist.

Für bivariate Splines, welche hinsichtlich einer vorgegebenen Triangulierung eines Grundbereichs K in der Ebene definiert sind, gilt im allgemeinen keine optimale Approximationsordnung. Jedoch hat man in den letzten Jahren mit Hilfe von Quasi-Interpolanten und (echten) Interpolanten Klassen von solchen Splineräumen bestimmen können, für welche (optimale) Approximationsordnung gilt. Bei der Konstruktion von Quasi-Interpolanten für bivariate Splines verwendet man gewisse lineare Funktionale, welche sich direkt aus sogenannten minimal bestimmenden Mengen ergeben. Minimal bestimmende Mengen bestehen aus gewissen Koeffizienten in der Bernstein-Bézier-Darstellung der polynomialen Stücke, die den Spline eindeutig festlegen.

quasiklassische Asymptotik, Verfahren der asymptotischen Lösung meist linearer Differentialgleichungen $Df = 0$ für reell- oder komplexwertige Funktionen (oder allgemeiner Distributionen) f und Differentialoperatoren D (der Ordnung k), die auf einer differenzierbaren Mannigfaltigkeit M definiert und von einem Parameter ν abhängig sind.

Sei $H : T^*M \to \mathbb{R}$ das führende Symbol von D, also die C^∞-Funktion, die entsteht, wenn in dem koordinatenunabhängig definierten Teil von D, der die höchsten Ableitungen enthält, die partiellen Ableitungen

$$\frac{\nu}{i} \frac{\partial}{\partial x_k}$$

(i die ↗imaginäre Einheit) durch die Faserkoordinaten p_k auf dem ↗Kotangentialbündel T^*M ersetzt werden. Man macht den Lösungsansatz in der asymptotischen Form ($\nu \to 0$)

$$f = e^{\frac{iS}{\nu}} \sum_{r=0}^{\infty} \nu^r a_r ,$$

wobei S eine reellwertige und alle a_r komplexwertige auf offenen Gebieten von M definierte C^∞-Funktionen (oder Distributionen) bezeichnen. S muß hierbei der Hamilton-Jacobi-Gleichung $H(dS) = 0$ genügen, während die a_r ein rekursiv definiertes System von partiellen Differentialgleichungen, den sog. Transportgleichungen, erfüllen.

Schon in einfachen physikalischen Problemen wie dem quantenmechanischen ↗Harmonischen Oszillator ist es oft nicht möglich, S global zu definieren, und man sucht nach einer ↗Lagrangeschen Untermannigfaltigkeit $L \subset T^*M$, die in der Energiehyperfläche $H^{-1}(0)$ enthalten ist, was die Hamilton-Jacobi-Gleichung verallgemeinert. Die globale asymptotische Lösung wird dann als Halbdichte auf L konstruiert, die dann auf Gebiete von M, die frei von Kaustiken der durch L und die Bündelprojektion definierten ↗Lagrange-Abbildung $L \to T^*M \to M$ sind, durch lokale Schnitte der auf L eingeschränkten Projektion auf M übertragen werden kann. An den Kaustiken selbst werden diese übertragenen Dichten singulär und erleiden Phasensprünge; dem wird durch die Einführung eines lokalflachen komplexen Geradenbündels mit Strukturgruppe $\mathbb{Z}/4\mathbb{Z}$ über L, dem sogenannten Maslov-Bündel, global Rechnung getragen.

quasikohärente Garbe, Garbe mit zusätzlicher Eigenschaft.

Es sei X ein ↗Schema und $\mathcal{F}$ eine Garbe von $\mathcal{O}_X$-Moduln. Diese heißt quasikohärent, wenn es eine offene affine Überdeckung $\{U_\alpha\}$ von X gibt, so daß

$$\mathcal{O}_{U_\alpha} \otimes_{A_\alpha} M_\alpha \longrightarrow \mathcal{F} \mid U_\alpha$$

(mit $A_\alpha = \mathcal{O}_X(U_\alpha)$, $M_\alpha = \mathcal{F}(U_\alpha)$) ein Isomorphismus ist.

Wenn $X = \mathrm{Spec}(A)$ ein affines Schema ist, so ist der Funktor, der jedem A-Modul M die Garbe $\tilde{M} = \mathcal{O}_X \otimes_A M$ zuordnet, eine Äquivalenz der ↗Kategorie der A-Moduln mit der Kategorie der quasikohärenten Garben auf X, der dazu inverse Funktor ist durch $\mathcal{F} \mapsto \mathcal{F}(X)$ gegeben. Für offene Mengen der Form $D(f) = U$ ist $\tilde{M}(U) = M_f$.

Für projektive Schemata $X = \mathrm{Proj}(S)$ (↗projektives Spektrum) erhält man auf ähnliche Weise jede quasikohärente Garbe aus einem graduierten S-Modul $M_\bullet$ in der Form $\mathcal{F} = \tilde{M}$. Hierbei ist $\tilde{M}_\bullet$ die Garbe, deren Schnitte auf offenen Mengen der Form $U = D_+(f)$ durch $\tilde{M}_\bullet(U) = M_{\bullet(f)} \subset M_{\bullet f}$ gegeben sind, wobei $M_{\bullet(f)}$ die Menge

$$\left\{\frac{m}{f^n};\, m \in M_\bullet \text{ homogen, } \deg(m) = n\deg(f)\right\}$$

bezeichnet.

Da die Mengen $D_+(f)$ ($f \in S$ homogen) eine Basis der Topologie bilden, ist $\tilde{M}_\bullet$ dadurch bestimmt. Beispielsweise ist $\mathcal{O}_X(n) = \tilde{S(n)}_\bullet$, wobei $S(n)_\bullet$ der Modul S mit der neuen Graduierung $S(n)_k = S_{n+k}$ ist. Definiert man

$$\Gamma_\bullet(\mathcal{F}) = \bigoplus_{n\in\mathbb{Z}} \left(\mathcal{F} \otimes_{\mathcal{O}_X} \mathcal{O}_X(n)\right)(X),$$

so erhält man einen graduierten S-Modul, und $\Gamma_\bullet(F)^\sim \cong \mathcal{F}$.

Für Morphismen $f : X' \longrightarrow X$ und quasikohärente Garben $\mathcal{F}$ auf X ist die Garbe $f^*\mathcal{F}$ quasikohärent auf X'. Ebenso ist unter gewissen Voraussetzungen über f das direkte Bild $f_*\mathcal{F}'$ einer quasikohärenten Garbe auf X' wieder quasikohärent.

quasikonforme Abbildung, eine Verallgemeinerung des Begriffes der ↗konformen Abbildung. Zur genauen Definition sind einige Vorbereitungen notwendig.

Es sei $\gamma : [0,1] \to \mathbb{C}$ eine ↗Jordan-Kurve und

$$\Gamma := \{\gamma(t) : t \in [0,1]\}.$$

Dann besitzt $\mathbb{C}\setminus\Gamma$ genau zwei Zusammenhangskomponenten, und zwar eine beschränkte und eine unbeschränkte. Die beschränkte sei mit G bezeichnet. Man nennt G auch das Innere von Γ. Für $z_0 \in G$ wird durch

$$\varphi(t) := \arg(\gamma(t) - z_0)$$

eine stetige Funktion $\varphi : [0,1) \to \mathbb{R}$ definiert, wobei $\arg z$ das ↗Argument einer komplexen Zahl z bezeichnet. Es existiert der linksseitige Grenzwert $\varphi(1-) := \lim_{t\to 1-} \varphi(t)$, und es gilt entweder

$$\varphi(1-) - \varphi(0) = 2\pi \quad\text{oder}\quad \varphi(1-) - \varphi(0) = -2\pi.$$

Im ersten Fall nennt man γ eine positiv und im zweiten eine negativ orientierte Jordan-Kurve.

Es seien $G, G' \subset \mathbb{C}$ ↗Gebiete und f ein Homöomorphismus von G auf G'. Ist $\gamma : [0,1] \to G$ eine Jordan-Kurve in G, so ist $f \circ \gamma : [0,1] \to G'$ eine Jordan-Kurve in G'. Man nennt f orientierungserhaltend, falls für jede positiv orientierte Jordan-Kurve γ in G auch die Bildkurve $f \circ \gamma$ positiv orientiert ist.

Eine quasikonforme Abbildung wird nun mit Hilfe des ↗Moduls eines Vierecks definiert. Dazu sei $\mathbf{Q} = (Q; a, b, c, d)$ ein Viereck mit $\overline{Q} \subset G$ und $m(\mathbf{Q})$ der zugehörige Modul. Dann ist $\mathbf{Q'} = (f(Q); f(a), f(b), f(c), f(d))$ ein Viereck mit $\overline{f(Q)} \subset G'$, und man nennt den Quotienten $m(\mathbf{Q'})/m(\mathbf{Q})$ die Dilatation von $m(\mathbf{Q})$ unter f. Die Zahl

$$K(G) := \sup_{\overline{Q}\subset G} \frac{m(\mathbf{Q'})}{m(\mathbf{Q})},$$

wobei das Supremum über alle Vierecke $\mathbf{Q}$ mit $\overline{Q} \subset G$ gebildet wird, heißt die maximale Dilatation von f in G. Es gilt stets $K(G) \geq 1$. Man nennt f eine quasikonforme Abbildung, falls $K(G) < \infty$. Ist K eine Zahl mit $K(G) \leq K < \infty$, so heißt f eine K-quasikonforme Abbildung.

Da der Modul eines Vierecks unter konformen Abbildungen invariant ist, ist jede konforme Abbildung eine 1-quasikonforme Abbildung. Weitere 1-quasikonforme Abbildungen gibt es nicht.

Aus der Definition erhält man folgende Eigenschaften quasikonformer Abbildungen.

(a) Ist $f : G \to G'$ eine K-quasikonforme Abbildung, so gilt dies auch für die Umkehrabbildung $f^{-1} : G' \to G$.

(b) Ist $f_1 : G \to G'$ eine K_1-quasikonforme und $f_2 : G' \to G''$ eine K_2-quasikonforme Abbildung, so ist die Komposition $f_2 \circ f_1 : G \to G''$ eine K_1K_2-quasikonforme Abbildung.

(c) Es sei (f_n) eine Folge K-quasikonformer Abbildungen $f_n : G \to G_n$, die in G kompakt konvergent gegen einen Homöomorphismus $f : G \to G'$ ist (↗kompakt konvergente Folge). Dann ist auch f eine K-quasikonforme Abbildung.

Man erhält eine äquivalente Definition des Begriffs quasikonforme Abbildung, wenn man in der obigen Definition den Modul eines Vierecks durch den ↗Modul eines Ringgebietes oder den ↗Modul einer Kurvenfamilie ersetzt.

Neben der obigen geometrischen Definition gibt es noch eine äquivalente analytische Definition quasikonformer Abbildungen. Dazu sind einige Vorbereitungen notwendig.

Zunächst sei $f : G \to G'$ ein orientierungserhaltender Diffeomorphismus, d. h., f ist ein Homöomorphismus, f ist (reell) differenzierbar in G und die Umkehrabbildung f^{-1} ist differenzierbar in G'.

Für $z \in G$ definiert man die komplexen Ableitungen (Wirtinger-Ableitungen)

$$\partial f(z) := \frac{1}{2}[f_x(z) - if_y(z)],$$
$$\overline{\partial} f(z) := \frac{1}{2}[f_x(z) + if_y(z)],$$

und die Richtungsableitung $\partial_\alpha f(z)$ in Richtung α durch

$$\partial_\alpha f(z) := \lim_{r\to 0} \frac{f(z + re^{i\alpha}) - f(z)}{re^{i\alpha}}.$$

Dann gilt $\partial_\alpha f(z) = \partial f(z) + \overline{\partial} f(z) e^{-2i\alpha}$ und daher

$$\max_\alpha |\partial_\alpha f(z)| = |\partial f(z)| + |\overline{\partial} f(z)|,$$
$$\min_\alpha |\partial_\alpha f(z)| = |\partial f(z)| - |\overline{\partial} f(z)|.$$

Da f orientierungserhaltend ist, gilt für die ↗Jacobi-Determinante

$$J_f(z) = |\partial f(z)|^2 - |\overline{\partial} f(z)|^2 > 0$$

und daher

$$|\partial f(z)| - |\overline{\partial} f(z)| > 0.$$

Nun definiert man den Dilatationsquotienten durch

$$D_f(z) := \frac{\max_\alpha |\partial_\alpha f(z)|}{\min_\alpha |\partial_\alpha f(z)|} = \frac{|\partial f(z)| + |\overline{\partial} f(z)|}{|\partial f(z)| - |\overline{\partial} f(z)|}$$

und erhält $D_f(z) < \infty$ für alle $z \in G$.

Es ist f eine konforme Abbildung genau dann, wenn $\overline{\partial} f(z) = 0$ für alle $z \in G$. Dann ist $\partial_\alpha f(z)$ unabhängig von α und

$$\partial_\alpha f(z) = \partial f(z) = f'(z)$$

für alle $z \in G$. Dies ist äquivalent zu $D_f(z) = 1$ für alle $z \in G$.

Der Dilatationsquotient ist stets konform invariant, d. h., sind $g\colon G_1 \to G$ und $h\colon G' \to G_2$ konforme Abbildungen und $w := h \circ f \circ g\colon G_1 \to G_2$, so gilt $D_f(z) = D_w(g^{-1}(z))$ für alle $z \in G$.

Ist $f\colon G \to G'$ ein orientierungserhaltender Homöomorphismus und $z_0 \in G$ ein Punkt, an dem f differenzierbar ist, so sind die Ableitungen $\partial f(z_0)$, $\overline{\partial} f(z_0)$ und $\partial_\alpha f(z_0)$ wie oben definiert. Es kann jedoch vorkommen, daß $J_f(z_0) = 0$. Der Dilationsquotient $D_f(z_0)$ ist dann nicht definiert bzw. $D_f(z_0) = \infty$.

Mit diesen Bezeichnungen gilt folgender Satz.

Es sei $f\colon G \to G'$ ein orientierungserhaltender Diffeomorphismus und $D_f(z) \le K < \infty$ für alle $z \in G$. Dann ist f eine K-quasikonforme Abbildung.

Weiter gilt folgende Umkehrung dieses Satzes.

Es sei $f\colon G \to G'$ eine K-quasikonforme Abbildung und $z_0 \in G$ ein Punkt, an dem f differenzierbar ist. Dann gilt

$$\max_\alpha |\partial_\alpha f(z_0)| \le K \min_\alpha |\partial_\alpha f(z_0)|. \tag{1}$$

Im allgemeinen ist eine K-quasikonforme Abbildung $f\colon G \to G'$ nicht an allen $z \in G$ differenzierbar. Um auch solche Abbildungen analytisch beschreiben zu können, wird ein weiterer Begriff benötigt. Eine in G stetige reellwertige Funktion u heißt absolut stetig auf Linien in G, falls für jedes abgeschlossene Rechteck

$$\{x + iy : a \le x \le b,\ c \le y \le d\} \subset G$$

die Funktion $x \mapsto u(x + iy)$ für fast alle $y \in [c, d]$ (bezüglich des eindimensionalen Lebesgue-Maßes) absolut stetig auf $[a, b]$, und die Funktion $y \mapsto u(x + iy)$ für fast alle $x \in [a, b]$ absolut stetig auf $[c, d]$ ist. Eine in G stetige komplexwertige Funktion f heißt absolut stetig auf Linien in G, falls $\mathrm{Re} f$ und $\mathrm{Im} f$ absolut stetig auf Linien in G sind. Man schreibt dafür kurz $f \in \mathrm{ACL}(G)$, wobei die Abkürzung ACL für „absolutely continuous on lines" steht. Falls $f \in \mathrm{ACL}(G)$, so besitzt f endliche partielle Ableitungen f_x und f_y fast überall in G (bezüglich des zweidimensionalen Lebesgue-Maßes). Ist zusätzlich f eine offene Abbildung (d. h., das Bild jeder offenen Teilmenge von G ist eine offene Menge), so ist f fast überall in G differenzierbar.

Ist $f\colon G \to G'$ eine quasikonforme Abbildung, so ist $f \in \mathrm{ACL}(G)$, und daher ist f fast überall in G differenzierbar. Es ergibt sich folgender Satz, den man auch die analytische Definition quasikonformer Abbildungen nennt.

Ein orientierungserhaltender Homöomorphismus $f\colon G \to G'$ ist eine K-quasikonforme Abbildung genau dann, wenn $f \in \mathrm{ACL}(G)$ und

$$\max_\alpha |\partial_\alpha f(z)| \le K \min_\alpha |\partial_\alpha f(z)|$$

für fast alle $z \in G$.

Im folgenden wird noch eine weitere wichtige Charakterisierung quasikonformer Abbildungen behandelt. Es sei $f\colon G \to G'$ eine K-quasikonforme Abbildung. Dann ist f fast überall in G differenzierbar und $J_f(z) > 0$ für fast alle $z \in G$. Für einen solchen Punkt $z \in G$ ist die Dilatationsbedingung (1) äquivalent zu der Ungleichung

$$|\overline{\partial} f(z)| \le \frac{K-1}{K+1} |\partial f(z)|.$$

Weiter ist $\partial f(z) \ne 0$, und daher kann man den Quotienten

$$\mu_f(z) := \frac{\overline{\partial} f(z)}{\partial f(z)}$$

bilden. Die auf diese Weise für fast alle $z \in G$ definierte Funktion μ_f heißt komplexe Dilatation von f. Es ist μ_f eine Borel-meßbare Funktion, und es gilt

$$|\mu_f(z)| \leq \frac{K-1}{K+1} < 1$$

für fast alle $z \in G$.

Es ist f eine konforme Abbildung genau dann, wenn $\mu_f(z) = 0$ für alle $z \in G$. Sind $f: G \to G'$ und $g: G' \to G''$ quasikonforme Abbildungen, so gilt für die Komposition $g \circ f: G \to G''$

$$\mu_{g \circ f}(z) = \frac{\mu_f(z) + \mu_g(f(z))e^{-2i \arg \partial f(z)}}{1 + \overline{\mu_f(z)}\mu_g(f(z))e^{-2i \arg \overline{\partial} f(z)}}$$

für fast alle $z \in G$.

Die komplexe Dilatation hat eine einfache geometrische Interpretation. Dazu sei $z \in G$ ein Punkt, an dem $\mu_f(z)$ definiert ist, und $T: \mathbb{C} \to \mathbb{C}$ definiert durch

$$T(\zeta) := f(z) + \partial f(z)(\zeta - z) + \overline{\partial} f(z)(\overline{\zeta} - \overline{z}).$$

Es ist T eine affine Abbildung, die jeden Kreis mit Mittelpunkt z auf eine Ellipse mit Mittelpunkt $f(z)$ abbildet. Das Verhältnis zwischen großer und kleiner Halbachse dieser Ellipse ist gegeben durch

$$\frac{1 + |\mu_f(z)|}{1 - |\mu_f(z)|} \leq K.$$

Ist $\mu_f(z) \neq 0$, so ist $|\partial_\alpha f(z)|$ maximal für

$$\alpha = \frac{1}{2} \arg \mu_f(z).$$

Während also eine konforme Abbildung infinitesimale Kreise auf infinitesimale Kreise abbildet, bildet eine K-quasikonforme Abbildung infinitesimale Kreise auf infinitesimale Ellipsen ab, und deren Verhältnis zwischen großer und kleiner Halbachse ist durch K beschränkt.

Die Definition der komplexen Dilatation legt es nahe, die partielle Differentialgleichung

$$\overline{\partial} f = \mu \partial f \qquad (2)$$

zu betrachten. Ist μ eine in G meßbare Funktion und $\|\mu\|_\infty = \text{ess sup}_{z \in G} |\mu(z)| < 1$, so nennt man (2) eine Beltrami-Gleichung mit Beltrami-Koeffizient μ. Jede quasikonforme Abbildung f erfüllt also eine Beltrami-Gleichung mit $\mu = \mu_f$. Ist f eine konforme Abbildung, so ist $\mu_f = 0$ in G, und die zugehörige Beltrami-Gleichung ist die Cauchy-Riemannsche Differentialgleichung $\overline{\partial} f = 0$.

Es entsteht die Frage, ob jede Lösung einer Beltrami-Gleichung eine quasikonforme Abbildung ist. Hierzu ist noch folgender Begriff notwendig. Man sagt, eine Funktion $f \in \text{ACL}(G)$ besitzt L^2-Ableitungen in G, falls die partiellen Ableitungen f_x und f_y lokal quadratintegrierbar in G sind, d.h für jede kompakte Menge $K \subset G$ gilt

$$\iint_K |f_x(x + iy)|^2 \, dxdy < \infty,$$
$$\iint_K |f_y(x + iy)|^2 \, dxdy < \infty.$$

Ist eine solche Funktion f Lösung einer Beltrami-Gleichung (2), so nennt man f eine L^2-Lösung von (2).

Damit können quasikonforme Abbildungen wie folgt charakterisiert werden.

Ein orientierungserhaltender Homöomorphismus $f: G \to G'$ ist eine K-quasikonforme Abbildung genau dann, wenn f eine L^2-Lösung einer Beltrami-Gleichung (2) ist, und μ für fast alle $z \in G$ die Bedingung

$$|\mu(z)| \leq \frac{K-1}{K+1} < 1$$

erfüllt.

Weiter gilt folgender Eindeutigkeitssatz für quasikonforme Abbildungen.

Es seien $f: G \to G'$ und $g: G \to G''$ quasikonforme Abbildungen mit $\mu_f(z) = \mu_g(z)$ für fast alle $z \in G$. Dann existiert eine konforme Abbildung w von G' auf G'' mit $g = w \circ f$.

Schließlich gilt noch folgender Existenzsatz für Lösungen von Beltrami-Gleichungen.

Es sei $\mu: G \to \mathbb{C}$ eine meßbare Funktion mit $\|\mu\|_\infty < 1$. Dann existiert eine quasikonforme Abbildung $f: G \to f(G)$ mit $\mu_f(z) = \mu(z)$ für fast alle $z \in G$.

Aus diesem Ergebnis kann man folgende Verallgemeinerung des ↗Riemannschen Abbildungssatzes herleiten.

Es seien $G, G' \subset \mathbb{C}$ einfach zusammenhängende Gebiete mit $G \neq \mathbb{C}$ und $G' \neq \mathbb{C}$. Weiter sei $\mu: G \to \mathbb{C}$ eine meßbare Funktion mit $\|\mu\|_\infty < 1$. Dann existiert eine quasikonforme Abbildung $f: G \to G'$ mit $\mu_f(z) = \mu(z)$ für fast alle $z \in G$.

Aus den Differenzierbarkeitseigenschaften einer quasikonformen Abbildung $f: G \to G'$ erhält man, daß f absolut stetig bezüglich des zweidimensionalen Lebesgue-Maßes m_2 ist. Für jede meßbare Menge $E \subset G$ gilt die Formel

$$m_2(f(E)) = \iint_E J_f(x + iy) \, dxdy.$$

Insbesondere ist das Bild einer Nullmenge $E \subset G$ wieder eine Nullmenge. Andererseits kann es vorkommen, daß für einen rektifizierbaren Weg $\gamma: [0, 1] \to G$ der Bildweg $f \circ \gamma: [0, 1] \to G'$ nicht rektifizierbar ist, selbst dann, wenn γ z.B. eine Strecke oder ein Kreisbogen ist.

quasikonforme Kurve, eine ↗Jordan-Kurve Γ in ℂ derart, daß eine ↗quasikonforme Abbildung f von ℂ auf ℂ existiert mit $\Gamma = f(\mathbb{T})$, wobei $\mathbb{T} = \{z \in \mathbb{C} : |z| = 1\}$. Ist f eine K-quasikonforme Abbildung für ein $K \geq 1$, so nennt man Γ eine K-quasikonforme Kurve.

Neben dieser analytischen gibt es noch eine äquivalente geometrische Definition quasikonformer Kurven. Dazu bezeichne

$$\operatorname{diam} E = \sup_{z,w \in E} |z - w|$$

den ↗Durchmesser einer Menge $E \subset \mathbb{C}$. Sind z_1, z_2 zwei verschiedene Punkte auf einer Jordan-Kurve Γ, so wird Γ in zwei Teilbögen zerlegt, wobei derjenige mit dem kleineren Durchmesser mit $\Gamma(z_1, z_2)$ bezeichnet wird. Es ist Γ eine quasikonforme Kurve genau dann, wenn eine Konstante $M > 0$ existiert derart, daß für je zwei verschiedene Punkte z_1, $z_2 \in \Gamma$ gilt

$$\frac{\operatorname{diam} \Gamma(z_1, z_2)}{|z_1 - z_2|} \leq M .$$

Einige Beispiele quasikonformer Kurven. Es sei Γ zunächst eine glatte Jordan-Kurve, d. h. es gibt eine Parameterdarstellung $g : [0, 2\pi] \to \Gamma$ mit folgender Eigenschaft: Es ist g differenzierbar auf $[0, 2\pi]$, g' stetig auf $[0, 2\pi]$, und $g'(t) \neq 0$ für alle $t \in [0, 2\pi]$. Hierbei ist zu beachten, daß $g(0) = g(2\pi)$ und $g'(0) = g'(2\pi)$. Dann ist Γ eine quasikonforme Kurve.

Eine glatte Jordan-Kurve kann auch durch folgende Eigenschaft beschrieben werden. Dazu denkt man sich g zu einer 2π-periodischen Funktion auf ℝ fortgesetzt. Es ist Γ glatt genau dann, wenn es eine stetige Funktion $\beta : \mathbb{R} \to \mathbb{R}$ gibt derart, daß für alle $t \in \mathbb{R}$ gilt:

$$\lim_{\tau \to t+} \arg[g(\tau) - g(t)] = \beta(t)$$

und

$$\lim_{\tau \to t-} \arg[g(\tau) - g(t)] = \beta(t) + \pi ,$$

wobei $\arg z$ das ↗Argument einer komplexen Zahl z bezeichnet. Anschaulich bedeutet dies, daß Γ in jedem Punkt $g(t) \in \Gamma$ eine Tangente besitzt und diese stetig von t abhängt. Man nennt $\beta(t)$ auch den Tangentenrichtungswinkel von C im Punkt $g(t)$.

Eine Jordan-Kurve Γ heißt stückweise glatt, falls die 2π-periodische Funktion g' im Intervall $[0, 2\pi)$ nur endlich viele Unstetigkeitsstellen $t_1, \ldots, t_n$ besitzt und für diese gilt

$$\lim_{\tau \to t_k+} \arg[g(\tau) - g(t_k)] = \beta(t_k)$$

und

$$\lim_{\tau \to t_k-} \arg[g(\tau) - g(t_k)] = \beta(t_k) + \alpha_k$$

mit $\alpha_k \in [0, 2\pi]$. Man nennt $z_k = g(t_k)$ eine Ecke von Γ, falls $\alpha_k \notin \{0, \pi, 2\pi\}$. Ist $\alpha_k = 0$ oder $\alpha_k = 2\pi$, so heißt z_k eine Spitze von Γ. Mit diesen Bezeichnungen gilt nun:

Eine stückweise glatte Jordan-Kurve Γ ist quasikonform genau dann, wenn Γ keine Spitzen besitzt.

Ecken sind bei einer quasikonformen Kurve jedoch erlaubt. Zum Beispiel ist jeder geschlossene Polygonzug ohne Überschneidungen eine quasikonforme Kurve.

Während es Jordan-Kurven in ℂ gibt, deren zweidimensionales Lebesgue-Maß positiv ist, ist dies für quasikonforme Kurven nicht möglich. Jedoch existieren quasikonforme Kurven, die nicht rektifizierbar sind, ja sogar solche, für die kein Teilbogen rektifizierbar ist.

Die ↗Hausdorff-Dimension quasikonformer Kurven ist stets kleiner als 2. Man beachte, daß es Jordan-Kurven mit Hausdorff-Dimension gleich 2 gibt. Andererseits existiert es zu jeder Zahl $d \in [1, 2)$ eine quasikonforme Kurve, deren Hausdorff-Dimension gleich d ist.

Quasikörper, eine Menge Q mit Verknüpfungen $+$ und $\cdot$, für die gilt:

- $(Q, +)$ ist eine Gruppe mit neutralem Element 0.
- $(Q \setminus \{0\}, \cdot)$ ist eine ↗Quasigruppe mit neutralem Element 1.
- Für alle $a \in Q$ gilt $a \cdot 0 = 0 \cdot a = 0$.
- Für alle $a, b, c \in Q$ gilt $(a+b) \cdot c = (a \cdot c) + (b \cdot c)$.
- Für $a, b, c \in Q$ mit $a \neq b$ gibt es ein eindeutiges $x \in Q$ mit $-(x \cdot a) + (x \cdot b) = c$.

Es sei Q ein Quasikörper. Wählt man die Menge

$$\{(a, b) \mid a, b \in Q\}$$

als Punktmenge einer Inzidenzstruktur, und die Mengen

$$[m, b] := \{(a, am + b) \mid a \in Q\}$$

und

$$[c] := \{(c, a) \mid a \in Q\} \quad (m, b, c \in Q)$$

als Geraden, so erhält man eine ↗Translationsebene.

Umgekehrt läßt sich jede Translationsebene mit einem Quasikörper koordinatisieren. Diese Translationsebene ist desarguessch genau dann, wenn Q ein Schiefkörper ist.

quasilineare Differentialgleichung, eine ↗gewöhnliche Differentialgleichung n-ter Ordnung für die Funktion y, die in der höchsten Ableitung $y^{(n)}$ linear ist.

quasilineare partielle Differentialgleichung, ↗partielle Differentialgleichung.

quasilinearer Operator, ↗Marcinkiewicz, Interpolationssatz von.

Quasimode, ↗ Fast-Eigenschwingung.

quasi-nilpotenter Operator, ↗ nilpotenter Operator.

Quasinorm, ↗ Quasi-Banachraum.

Quasipolynom, das Produkt aus der Funktion $e^{\lambda x}$ und einem Polynom $p(x)$, wobei $\lambda \in \mathbb{R}$ gegeben ist. Der Grad des Quasipolynoms ist definiert als der Grad von p.

Die Lösungen von ↗ linearen Differentialgleichungen mit konstanten Koeffizienten sind Quasipolynome.

quasiprojektive Varietät, eine algebraische Varietät X mit der Eigenschaft, daß es eine offene Einbettung von X in eine projektive Varietät gibt.

Es gibt Varietäten, die nicht quasiprojektiv sind.

quasireflexiver Raum, ein Banachraum, für den die kanonische Einbettung in den Bidualraum endlich-kodimensional ist; mit anderen Worten ist

$$\dim X''/i_X(X) \;<\; \infty$$

für solch ein X.

Das erste Beispiel eines quasireflexiven, aber nicht ↗ reflexiven Raums, wurde 1951 von James konstruiert; sein Beispiel ist der Raum J aller $(s_n) \in c_0$, für die der Ausdruck

$$\sup_{\substack{n_1<\ldots<n_r\\ r\in\mathbb{N}}} \left(\sum_{k=1}^{r-1} |s_{n_{k+1}} - s_{n_k}|^2 + |s_{n_r} - s_{n_1}|^2 \right)^{1/2} \qquad (1)$$

endlich bleibt; (1) definiert dann die Norm $\|\,.\,\|_J$ in J. Der Bidualraum von J ist kanonisch isomorph zum Raum

$$\{(s_n) \in c : \|(s_n)\|_J < \infty\},$$

welcher J als 1-kodimensionalen Unterraum enthält. Andererseits konnte James zeigen, daß es eine nicht kanonische isometrische Isomorphie zwischen J und J'' so gibt, daß J ein Beispiel eines nicht-reflexiven Raums ist, der zu seinem Bidualraum isometrisch isomorph ist.

[1] Lindenstrauss, J.; Tzafriri, L.: Classical Banach Spaces I. Springer-Verlag Berlin/Heidelberg, 1977.

Quasischiefkörper, ein nicht assoziativer ↗ Ring R, in dem für alle $a, b \in R$, $a \neq 0$, die Gleichungen

$$ax = b \quad \text{und} \quad ya = b$$

eindeutige Lösungen x und y besitzen.

quasi-selbstähnlich, eine der häufigsten Eigenschaften von ↗ Fraktalen.

Es sei X ein ↗ Banachraum. Eine nichtleere beschränkte Teilmenge $F \subset X$ heißt quasiselbstähnlich, falls Konstanten $a, b, \delta > 0$ existieren, so daß es für jede Teilmenge $U \subset F$ mit

$$|U| := \sup\{\|x-y\| \mid x, y \in U\} \;\leq\; \delta$$

eine Abbildung $\phi : U \to F$ gibt mit

$$a\,\|x-y\| \;\leq\; |U|\,\|\phi(x)-\phi(y)\| \;\leq\; b\,\|x-y\|$$

für alle $x, y \in F$.

quasistetige Funktion, Verallgemeinerung des Begriffs einer Treppenfunktion auf beliebige topologische Räume.

Es sei X ein topologischer Raum. Eine Funktion $f : X \to \mathbb{R}$ heißt quasistetig, wenn für alle $x_0 \in X$, für alle $\varepsilon > 0$ und für jede Umgebung U von x_0 eine offene Teilmenge $G \subset U$ so existiert, daß

$$|f(x) - f(x_0)| \;<\; \varepsilon$$

für alle $x \in G$.

quasisymmetrische Funktion, eine streng monoton wachsende Funktion $h : \mathbb{R} \to \mathbb{R}$ mit $h(x) \to -\infty$ $(x \to -\infty)$ und $h(x) \to \infty$ $(x \to \infty)$ derart, daß eine Konstante $k \geq 1$ existiert mit

$$\frac{1}{k} \;\leq\; \frac{h(x+t)-h(x)}{h(x)-h(x-t)} \;\leq\; k$$

für alle $x \in \mathbb{R}$ und alle $t > 0$. Ist k die kleinste Zahl mit dieser Eigenschaft, so nennt man f eine k-quasisymmetrische Funktion und k die Quasisymmetrie-Konstante. Eine quasisymmetrische Funktion h nennt man normalisiert, falls $h(0) = 0$ und $h(1) = 1$.

Für $a > 0$ und $b \in \mathbb{R}$ ist $f(x) = ax + b$ eine 1-quasisymmetrische Funktion, und man überlegt sich leicht, daß jede 1-quasisymmetrische Funktion von dieser Form ist.

Es sei f eine ↗ quasikonforme Abbildung der oberen Halbebene $H = \{z \in \mathbb{C} : \operatorname{Im} z > 0\}$ auf sich mit $f(\infty) = \infty$. Dabei bedeutet die Notation $f(\infty) = \infty$, daß zu jedem $M > 0$ ein $r > 0$ existiert derart, daß $|f(z)| > M$ für alle $z \in H$ mit $|z| > r$.

Dann kann f zu einem Homömorphismus $\hat{f}$ von $\overline{H}$ auf sich fortgesetzt werden, und die Einschränkung $h = \hat{f}|\mathbb{R}$ von $\hat{f}$ auf $\mathbb{R}$ ist eine quasisymmetrische Funktion. Ist umgekehrt eine quasisymmetrische Funktion h gegeben, so existiert eine quasikonforme Abbildung f von H auf sich derart, daß $\hat{f}|\mathbb{R} = h$.

Die Menge aller normalisierten k-quasisymmetrischen Funktionen ist an jedem Punkt $x \in \mathbb{R}$ gleichgradig stetig.

Quasisymmetrische Funktionen spielen z. B. beim Heftungssatz eine wichtige Rolle.

quasi-tonnelierter Raum, lokalkonvexer topologischer Vektorraum mit speziellen Nullumgebungen.

Ein lokalkonvexer topologischer Vektorraum V, für den jede abgeschlossene und konvexe Menge, die jede beschränkte Teilmenge M von V absorbiert, eine Nullumgebung ist, heißt quasi-tonneliert.

Unter stärkeren Bedingungen spricht man dann von einem ↗ tonnelierten Raum.

quasitriangulierbarer Operator, ↗triangulierbarer Operator.

quasiuniforme Triangulierung, ↗Finite-Elemente-Methode.

quasi-vollständiger Raum, partiell vollständiger topologischer Vektorraum.

Es sei V ein lokalkonvexer topologischer Vektorraum. Dann heißt V quasi-vollständig, falls jede abgeschlossene und beschränkte Teilmenge von V vollständig ist. Dabei heißt eine Menge $A \subseteq V$ beschränkt, falls sie von jeder Nullumgebung in V absorbiert wird.

quasizusammenhängend, Eigenschaft von Punkten oder Teilmengen eines topologischen Raumes $(X, \mathcal{O})$, in derselben Quasikomponente zu liegen. Die Quasikomponente von $x \in X$ ist der Durchschnitt aller gleichzeitig offenen und abgeschlossenen Teilmengen von X, die x enthalten.

Die Zusammenhangskomponente von $x \in X$ ist in der Quasikomponente von x enthalten. In kompakten Räumen stimmen die Begriffe Quasikomponente und Zusammenhangskomponente überein.

Quaternion, ein Element einer ↗Quaternionenalgebra, meist speziell ein Element der ↗Hamiltonschen Quaternionenalgebra.

Quaternionenalgebra, eine vierdimensionale Algebra über einem Körper $\mathbb{K}$, die spezielle Eigenschaften besitzt.

Zum einen versteht man darunter die vierdimensionale reelle ↗Hamiltonsche Quaternionenalgebra, zum anderen aber auch die folgenden Verallgemeinerungen. Die Quaternionenalgebra A ist eine vierdimensionale Algebra über einem Körper $\mathbb{K}$, falls A eine Basis (e, i, j, k) besitzt, derart, daß e das Einselement der Multiplikation ist, und die Multiplikation der restlichen Basiselemente durch das Multiplikationsschema

$$\begin{array}{lll} \mathrm{i}^2 = \alpha \mathrm{e} + \beta \mathrm{i}, & \mathrm{ij} = \mathrm{k}, & \mathrm{ik} = \alpha \mathrm{j} + \beta \mathrm{k}, \\ \mathrm{ji} = \beta \mathrm{j} - \mathrm{k}, & \mathrm{j}^2 = \gamma \mathrm{e}, & \mathrm{jk} = \beta\gamma \mathrm{e} - \gamma \mathrm{i}, \\ \mathrm{ki} = -\alpha \mathrm{j}, & \mathrm{kj} = \gamma \mathrm{i}, & \mathrm{k}^2 = -\alpha\gamma \mathrm{e} \end{array}$$

(mit $\alpha, \beta, \gamma \in \mathbb{K}$) gegeben ist. Diese Quaternionenalgebra heißt vom Typ (α, β, γ).

Ist der Grundkörper $\mathbb{K} = \mathbb{R}$ und gilt $\alpha = \gamma = -1$, $\beta = 0$, so erhält man die Algebra der Hamiltonschen Quaternionen.

Jede Quaternionenalgebra vom Typ $(1, 0, \gamma)$ ist isomorph zur Matrizenalgebra der (2×2)-Matrizen $M_2(\mathbb{K})$. Die Quaternionenalgebren vom Typ $(\alpha, 0, \gamma)$ und $(\alpha s^2, 0, \gamma t^2)$ mit $s, t \in \mathbb{K}$ und $s \neq 0, t \neq 0$ sind isomorph. Insbesondere ist über $\mathbb{C}$ die Quaternionenalgebra vom Typ $(-1, 0, 1)$ ebenfalls isomorph zu $M_2(\mathbb{C})$.

Quaternionengruppe, multiplikative Gruppe des Quaternionenschiefkörpers. Teilweise wird mit demselben Begriff auch eine Untergruppe der Quaternionen vom Betrag 1 bezeichnet.

Siehe hierzu auch ↗Hamiltonsche Quaternionenalgebra.

Quelle, ↗Fixpunkt $x_0 \in W$ eines auf einer offenen Teilmenge $W \subset \mathbb{R}^n$ definierten C^1–Vektorfeldes $f : W \to \mathbb{R}^n$, für den alle Eigenwerte der Linearisierung (↗Linearisierung eines Vektorfeldes) $Df(x_0)$ positive Realteile haben.

Eine Quelle verhält sich lokal wie der Fixpunkt 0 eines linearen Vektorfeldes f, dessen Eigenwerte alle positive Realteile haben, insbesondere ist sie instabil (↗Ljapunow-Stabilität).

Instabile ↗Knotenpunkte und instabile ↗Wirbelpunkte sind Beispiel für Quellen.

Quersumme, Summe der Ziffern einer natürlichen Zahl.

Genauer ist die Quersumme der ↗g-adischen Darstellung einer natürlichen Zahl

$$n = (z_k \ldots z_1 z_0)_g = \sum_{j=0}^{k} z_j g^j$$

mit g-adischen Ziffern $z_0, \ldots, z_k \in \{0, \ldots, g-1\}$ gegeben durch die Ziffernsumme

$$Q_g(n) := \sum_{j=0}^{k} z_j = z_0 + z_1 + z_2 + \ldots .$$

Man nennt $Q_g(n)$ auch die Quersumme von n zur Basis g.

Analog hierzu definiert man die alternierende Quersumme

$$A_g(n) := \sum_{j=0}^{k} (-1)^j z_j = z_0 - z_1 + z_2 - \ldots .$$

Die Quersumme der g-adischen Darstellung einer Zahl eignet sich zum Testen der Teilbarkeit durch $g - 1$, denn es gilt

$$Q_g(n) \equiv n \mod (g-1),$$

wie man aus $g \equiv 1 \mod (g-1)$ mit Hilfe der Restklassenarithmetik herleiten kann.

In der üblichen Dezimaldarstellung ist $g = 10$ (oft setzt man bei der Verwendung des Begriffs „Quersumme" implizit diese Situation voraus); daher kann man Teilbarkeit durch 9 mittels der Quersumme testen (↗Neunerprobe). Eine andere Anwendung ist die ↗Dreierprobe.

Analog hierzu ergibt die alternierende Quersumme wegen

$$A_g(n) \equiv n \mod (g+1)$$

einen Test auf Teilbarkeit durch $g+1$; ein Beispiel dafür ist die ↗Elferprobe. Indem man auch (alternierende) Quersummen höherer Stufen betrachtet, erhält man weitere ↗Teilbarkeitsproben.

Quetelet, Lambert Adolphe Jacques, belgischer Mathematiker, geb. 22.2.1796 Gent, gest. 17.2.1874 Brüssel.

Quetelet promovierte 1819 in Gent. Er lehrte danach Mathematik in Brüssel und ging 1823 nach Paris, um Astronomie am dortigen Observatorium zu studieren. Daneben studierte er Wahrscheinlichkeitsrechnung bei Fourier und Laplace. Beeinflußt von diesen beiden wandte er als einer der ersten die Normalverteilung nicht nur auf die Verteilung von Fehlern an, sondern beispielsweise auch auf die Kriminalitätsrate. Das löste in der damaligen Zeit heftige Diskussionen über den freien Willen und die soziale Determinierung aus. In der Folgezeit erfaßte er für die Regierung statistische Daten über die Kriminalität und die Sterblichkeit.

Ab 1833 arbeitete er wieder an einem Observatorium in Brüssel, untersuchte geophysikalische und meteorologische Daten und entwickelte Methoden zum Vergleich und zur Evaluierung statistischer Daten.

Queueing, Organisation der sequentiellen Verarbeitung parallel eingehender Anforderungen durch Zwischenspeicherung der Anforderungen in einer Warteschlange.

Die Bedieneinheit entfernt sukzessive nach einer vorgegebenen Strategie wartende Anforderungen aus der Schlange und verarbeitet sie. Verbreitete Verarbeitungsstrategien sind FIFO (engl. first in – first out, auch FCFS wie first comes – first serves) oder Stapelverarbeitung (engl. LIFO wie last in – first out oder LCFS wie last comes – first serves).

Quickprop-Lernregel, eine spezielle ↗Lernregel für ↗Neuronale Netze, die auf der numerischen Bestimmung von Minima hinreichend glatter Funktionen unter Ausnutzung von lokalen Approximationen zweiter Ordnung beruht und als Verallgemeinerung der ↗Backpropagation-Lernregel angesehen werden kann.

Im folgenden wird die prinzipielle Idee der Quickprop-Lernregel kurz im Kontext diskreter dreischichtiger neuronaler Feed-Forward-Netze mit Ridge-Typ-Aktivierung in den verborgenen Neuronen erläutert: Wenn man diesem dreischichtigen Feed-Forward-Netz eine Menge von t Trainingswerten $(x^{(s)}, y^{(s)}) \in \mathbb{R}^n \times \mathbb{R}^m$, $1 \le s \le t$, präsentiert, dann sollten die Gewichte $g_{pj} \in \mathbb{R}$, $1 \le p \le q$, $1 \le j \le m$, und $w_{ip} \in \mathbb{R}$, $1 \le i \le n$, $1 \le p \le q$, sowie die Schwellwerte $\Theta_p \in \mathbb{R}$, $1 \le p \le q$, so gewählt werden, daß für alle $j \in \{1, \dots, m\}$ und für alle $s \in \{1, \dots, t\}$ die quadrierten Fehler

$$F^{(s)}(h) := \left(y_j^{(s)} - \sum_{p=1}^{q} g_{pj} T\left(\sum_{i=1}^{n} w_{ip} x_i^{(s)} - \Theta_p \right) \right)^2$$

möglichst klein werden, wobei hier zur Abkürzung

$$h := (.., g_{pj}, .., w_{ip}, .., \Theta_p, ..) \in \mathbb{R}^{qm+nq+q}$$

gesetzt wurde. Nimmt man nun an, daß die Transferfunktion T mindestens zweimal stetig differenzierbar ist und setzt $N := qm + nq + q$, so läßt sich zunächst die Backpropagation-Lernregel deuten als der Versuch, das Minimum der Funktion $F^{(s)}$ zu finden, indem die lineare Näherung von $F^{(s)}$ in der Nähe von h verkleinert wird. Wegen

$$F^{(s)}(h^{(neu)}) \approx F^{(s)}(h) + (\text{grad} F^{(s)}(h))(h^{(neu)} - h)$$

erhält man für $h^{(neu)} := h - \lambda \ \text{grad} F^{(s)}(h)$ im Fall $\lambda > 0$ und $\text{grad} F^{(s)}(h) \neq 0$ wegen

$$\lambda \sum_{i=1}^{N} \left(\frac{\partial F^{(s)}(h)}{\partial h_i} \right)^2 > 0$$

die Heuristik $F^{(s)}(h^{(neu)}) < F^{(s)}(h)$.

Ersetzt man nun die lineare Näherung von $F^{(s)}$ in der Nähe von h durch eine lokal quadratische Näherung, indem man den Korrekturterm

$$\frac{1}{2} \sum_{i=1}^{N} \sum_{j=1}^{N} \frac{\partial^2 F^{(s)}(h)}{\partial h_i \partial h_j} (h_i^{(neu)} - h_i)(h_j^{(neu)} - h_j)$$

auf die lineare Näherung addiert, und versucht diese Näherung zu minimieren, so kommt man zu den sogenannten Quickprop-Lernregeln im allgemeinsten Sinne. Diese Lernregeln konvergieren i. allg. schneller als die Backpropagation-Varianten, wodurch das Attribut *quick* motiviert ist, erfordern jedoch andererseits auch einen höheren Rechenaufwand pro Lernschritt, so daß der Vorteil einer schnelleren Konvergenz z.T. wieder relativiert wird.

Eine sehr populäre Variante der Quickprop-Lernregel wurde gegen Ende der achtziger Jahre von Scott Fahlman vorgeschlagen. Berücksichtigt man zur quadratischen Näherung von $F^{(s)}(h^{(neu)})$ nur die Diagonalelemente der Hesse-Matrix $(\partial^2 F^{(s)}(h)/\partial h_i \partial h_j)_{i=1..N}^{j=1..N}$ und setzt alle gemischten partiellen Ableitungen zweiter Ordnung gleich Null, so lautet die Lernregel

$$h_i^{(neu)} := h_i - \left(\frac{\partial^2 F^{(s)}(h)}{\partial h_i^2} \right)^{-1} \frac{\partial F^{(s)}(h)}{\partial h_i}$$

für $1 \le i \le N$. Bei diesem Prototyp der Quickprop-Lernregel, in der ggfs. auch noch gewisse partielle Ableitungen durch entsprechende Differenzenquotienten ersetzt werden können, handelt es sich also in gewisser Hinsicht um eine Backpropagation-Lernregel mit einem für jede Koordinatenrichtung individuellen Lernparameter

$$\left(\frac{\partial^2 F^{(s)}(h)}{\partial h_i^2} \right)^{-1}, \quad 1 \le i \le N.$$

Dies hat zur Folge, daß in Koordinatenrichtungen mit betragsmäßig kleinen Lernparametern wenig, in Koordinatenrichtungen mit betragsmäßig großen Lernparametern entsprechend deutlicher korrigiert wird. Geht man schließlich davon aus, daß man sich mit dem Verfahren bereits in der Nähe eines Minimums befindet, ist es in vielen Fällen legitim anzunehmen, daß dort die Hesse-Matrix $(\partial^2 F^{(s)}(h)/\partial h_i \partial h_j)_{i=1..N}^{j=1..N}$ lokal positiv definit ist, also insbesondere ihre Diagonalelemente positiv sind. Gilt ferner $\text{grad} F^{(s)}(h) \neq 0$, so folgt auch hier wieder wegen

$$\frac{1}{2}\sum_{i=1}^{N}\left(\frac{\partial^2 F^{(s)}(h)}{\partial h_i^2}\right)^{-1}\left(\frac{\partial F^{(s)}(h)}{\partial h_i}\right)^2 > 0$$

die Heuristik $F^{(s)}(h^{(neu)}) < F^{(s)}(h)$.

Quicksort, allgemeines ↗Sortierverfahren zum Sortieren von n Elementen.

Die Idee des Verfahrens besteht darin, die zu sortierende Eingabemenge, die als Feld $A[p..r]$ abgespeichert ist, in zwei nichtleere Teilfelder $A[p..q]$ und $A[q+1...r]$ so umzuordnen, daß jedes in $A[p..q]$ abgespeicherte Element kleiner oder gleich jedem in $A[q+1..r]$ abgespeicherten Element ist. Der Index q wird hierbei im Rahmen des Partitionsschritts berechnet, die beiden Teilfelder $A[p..q]$ und $A[q+1..r]$ werden rekursiv nach dem gleichen Schema sortiert. Das so entstehende Feld $A[p..q]$ ist nach diesem Schritt fertig sortiert.

Zentraler Bestandteil des Verfahrens ist der Partitionierungsschritt. Hier wird das an der ersten Stelle abgespeicherte Element $A[p]$ als Dreh- und Angelpunkt δ benutzt. Der Partitionierungsschritt teilt das Feld $A[p..r]$ so auf, daß alle Elemente aus $A[p..q]$ kleiner gleich δ und alle Elemente aus $A[q+1..r]$ größer oder gleich δ sind.

Quicksort benötigt im schlechtesten Fall $c_1 \cdot n^2$ Schritte für eine von n unabhängige Konstante c_1. Dieser Fall liegt gerade dann vor, wenn alle Elemente der Eingabefolge paarweise verschieden und schon sortiert sind. Sind alle Eingabefolgen gleich wahrscheinlich, so benötigt Quicksort im Mittel weniger als $c_2 \cdot n \cdot \lceil \log_2 n \rceil$ Schritte für eine sehr kleine, von n unabhängige Konstante c_2. Um dieses Mittel auch bei nicht vorliegender Gleichverteilung zu erreichen, wird der Dreh- und Angelpunkt δ zumeist zufällig aus den in $A[p..r]$ abgespeicherten Elementen gewählt. Man spricht in diesem Fall von randomisiertem Quicksort.

Quillen, Daniel Gray, Mathematiker, geb. 27.6.1940 Orange, N.J., gest. 30.4.2011 Gainsville, Fl.

Quillen, Sohn eines Physiklehrers, besuchte zunächst die Schule in Newark und studierte dann an der Havard Universität in Cambridge (Mass.). Nach Abschluß des Studiums (1961) promovierte er dort 1964 bei R. Bott mit einer Arbeit über partielle Differentialgleichungen. Quillen war dann am MIT in Cambridge tätig, ab 1973 als Professor, weilte aber 1968/69 und 1973/74 zu Studienaufenthalten in Paris bzw. 1969/70 am Institute for Advanced Study in Princeton, und wurde dabei in seinen Forschungen wesentlich von A. Grothendieck in Paris bzw. M. Atiyah in Princeton beeinflußt. Seit 1988 ist er Professor an der Universität Oxford.

Quillen arbeitete sehr erfolgreich auf den Gebieten der algebraischen Geometrie und Topologie. In den 60er Jahren widmete er sich erfolgreich dem weiteren Ausbau der Homologie- und Kohomologietheorie, definierte diese für simpliziale Objekte über sehr verschiedenen Kategorien, und bewies u. a. die Vermutung von J.-P. Serre, daß die endlich erzeugten projektiven Moduln über Polynomringen mit Körpern als Koeffizientenbereich frei sind. Auch deckte er die Beziehungen der komplexen Bordismustheorie zur Theorie der formalen Gruppen auf. Nach der erfolgreichen Anwendung der Modulardarstellung von Gruppen zum Beweis der Adamsschen Vermutung in der Homotopietheorie integrierte er diese Techniken mit großem Effekt in die Kohomologietheorie von Gruppen und die algebraische K-Theorie, und bewies ein weitreichendes Strukturtheorem für Kohomologieringe endlicher Gruppen.

Ein Höhepunkt seiner Forschungen war 1972 die Schaffung einer höheren algebraischen K-Theorie, die neue Möglichkeiten zur Lösung verschiedener algebraischer Probleme eröffnete. Für diese Leistung, mit der er nach Meinung einiger Mathematiker eine neue Herangehensweise an Fragen der algebraischen Geometrie etablierte und wichtige vereinheitlichende Aspekte zum Tragen brachte, wurde Quillen 1978 mit der ↗Fields-Medaille geehrt.

Quincunx-Gitter, ganzzahliges Gitter der Form

$$\{(z_1, z_2) | z_1, z_2 \in \mathbb{Z} \text{ und } z_1 + z_2 \text{ gerade}\} .$$

Es spielt eine Rolle bei der Konstruktion nichtseparabler zweidimensionaler Waveletbasen.

Quine, Satz von, ↗Quine-McCluskey, Methode von.

Quine, Willard van Orman, Mathematiker, Logiker und Philosoph, geb. 25.6.1908 Akron (Ohio, USA), gest. 25.12.2000 Boston (Massachusetts, USA).

Quine studierte bis 1930 am Oberlin College in Oberlin, Ohio, und interessierte sich in dieser Zeit bereits sehr für die Arbeiten von Russell und Whitehead. Mit Hilfe eines Stipendiums setzte er seine Studien in Harvard fort, wo er 1932 auch promovierte.

Nach kürzeren Studienaufenthalten in Prag, Wien, und Warschau in den Jahren 1932 und 1933 nahm Quine eine Lehrtätigkeit in Harvard auf;

1941 wurde er Associate Professor, und von 1948 bis 1978 war er ordentlicher Professor.

Quine arbeitete vor allem über die Grundlagen der Mengentheorie und der Logik. Neben anderen Resultaten verdankt man ihm einen vereinfachten Beweis des Gödelschen Unvollständigkeitssatzes.

Quine wurde durch zahlreiche Preise geehrt und erhielt insgesamt 18 Ehrendoktorate.

Quine-McCluskey, Methode von, Verfahren zur Berechnung der Menge der ↗Primimplikanten einer vollständig definierten ↗Booleschen Funktion $f : \{0,1\}^n \to \{0,1\}$.

Die Methode beruht auf dem Satz von Quine, der die ↗Implikanten einer Booleschen Funktion f charakterisiert:

Ein ↗Boolesches Monom $q \in \mathfrak{A}_n$ (↗Boolescher Ausdruck) ist genau dann ein Implikant von f, wenn entweder q ein ↗Minterm von f ist, oder

$$q \cdot x_i \text{ und } q \cdot \overline{x_i}$$

Implikanten von f sind für eine Variable x_i ($1 \le i \le n$), die in q weder als positives noch als negatives ↗Boolesches Literal vorkommt.

Die Methode von Quine-McCluskey startet mit der Menge aller Minterme der Booleschen Funktion f, für die die Primimplikanten bestimmt werden sollen, und kürzt gemäß dem zweiten Punkt der angegebenen Charakterisierung diese Implikanten zu kleineren Implikanten. Die Implikanten, die nicht verkürzt werden können, sind die Primimplikanten von f.

Die Methode von Quine-McCluskey ist eine Spezialisierung der ↗Methode des iterierten Konsensus.

Quotient, Ergebnis einer ↗Division.

Quotient bei reduktiver Gruppenwirkung, ein ↗Quotient einer Gruppe, der auf der Menge der ↗stabilen Punkte existiert.

Es sei K ein Körper der Charakteristik 0 und A eine K-Algebra. Wenn die reduktive Gruppe G auf dem affinen ↗Schema Spec(A) operiert, dann ergibt die kanonische Abbildung Spec(A) → Spec(A^G) einen ↗guten Quotienten. Wenn A eine endlich erzeugte K-Algebra ist, ist A^G eine endlich erzeugte K-Algebra. Wenn alle Orbits abgeschlossen sind und dieselbe Dimension haben, ist Spec(A) → Spec(A^G) ein ↗geometrischer Quotient.

Beispiel: Die lineare Gruppe G der invertierbaren (2×2)-Matrizen mit Einträgen in $\mathbb{C}$ operiert auf der Varietät

$$X = \mathrm{Spec}(\mathbb{C}[X_{11}, X_{12}, X_{21}, X_{22}])$$

durch Konjugation:

$$H, (X_{ij}) \mapsto H(X_{ij})H^{-1} .$$

Dabei bleiben die Determinante $X_{11}X_{22} - X_{12}X_{21}$ und die Spur $X_{11} + X_{22}$ invariant. Der Ring der invarianten Funktionen $\mathbb{C}[X_{11}, X_{12}, X_{21}, X_{22}]^G = \mathbb{C}[X_{11}X_{22} - X_{12}X_{21}, X_{11} + X_{22}]$ wird von diesen Funktionen erzeugt. Die Abbildung $\pi : X \to \mathbb{C}^2$,

$$\pi\begin{pmatrix} X_{11} & X_{12} \\ X_{21} & X_{22} \end{pmatrix} = \left(\det\begin{pmatrix} X_{11} & X_{22} \\ X_{21} & X_{22} \end{pmatrix}, \mathrm{spur}\begin{pmatrix} X_{11} & X_{12} \\ X_{21} & X_{22} \end{pmatrix}\right)$$

liefert einen guten Quotienten. Ist $U \subseteq X$ die offene Teilmenge aller Matrizen mit verschiedenen Eigenwerten (die Menge der ↗stabilen Punkte), dann ist die Einschränkung von π auf U,

$$U \to V = \{(a,b) \in \mathbb{C}^2, a^2 - 4b \neq 0\}$$

ein geometrischer Quotient.

Quotient bei unipotenter Gruppenwirkung, spezieller ↗Quotient einer Gruppe.

Solche Quotienten existieren selbst bei konstanter Orbitdimension nicht immer. Es sei A eine K-Algebra (K ein Körper der Charakteristik 0) und G eine unipotente algebraische Gruppe, die über eine Darstellung $G \longrightarrow \mathrm{Aut}_K(A)$ auf A operiert. Dann sind die folgenden Bedingungen äquivalent:

1. $H^1(G, A) = 0$.
2. A ist eine treuflache A^G-Algebra, und die kanonische Abbildung

   $$A \otimes_{A^G} A \longrightarrow A \otimes_K K[G]$$

   ist ein Isomorphismus.
3. Es existieren $x_1, \dots, x_r \in A$, so daß

   $$A = A^G[x_1, \dots, x_r] .$$

   Insbesondere ist Spec(A) ⟶ Spec(A^G) ein (trivialer) ↗geometrischer Quotient.
4. Es sei L die Lie-Algebra von G (aufgefaßt als Unteralgebra von $\mathrm{Der}_K(A)$). Es existieren $x_1, \dots, x_r \in A$, $\delta_1, \dots, \delta_r \in L$, so daß
   - $\delta_i(x_i) = 1$,
   - $\delta_i(x_j) = 0$ if $j > i$,
   - $\delta_k \delta_i(x_j) = 0$ if $k \ge j$.

Die zweite Bedingung impliziert, daß die Operation von G frei ist. Die vierte Bedingung ist am leichtesten zu prüfen und ist die Basis für Verallgemeinerungen auf Operationen von G, die nicht notwendig frei sind.

Quotient bzgl. einer Gruppenwirkung, algebraische Begriffsbildung.

Sei G eine algebraische Gruppe (d. h., ein ↗Gruppenschema über einem Körper), X eine ↗algebraische Varietät über dem gleichen Grundkörper, und $X \times G \to X$ eine algebraische Operation (↗G-Schema). Ein Morphismus $X \xrightarrow{\phi} Y$ auf eine algebraische Varietät Y heißt *geometrischer Quotient* von X bzgl. G, wenn gilt:

(i) ϕ ist surjektiv, und die Fasern von ϕ sind die Orbits von G.

(ii) Die Topologie von Y ist die Quotiententopologie, d. h., $U \subset Y$ ist genau dann offen, wenn $\phi^{-1}(U) \subset X$ offen ist.

(iii) Jede G-invariante Funktion $f \in \mathcal{O}_X(\phi^{-1}U)$ ($U \subset Y$ offen) hat die Form $f = \phi^*(g)$, $g \in \mathcal{O}_X(U)$.

Im allgemeinen ist die Existenz eines Quotienten nicht gewährleistet, deshalb werden verschiedene Abschwächungen dieses Begriffes betrachtet: $X \xrightarrow{\phi} Y$ heißt *kategorialer Quotient*, wenn folgende Bedingungen erfüllt sind:

(i) ϕ ist konstant auf den Orbits.

(ii) ϕ ist universell mit Eigenschaft (i), d. h., ist $\phi' : X \longrightarrow Y'$ ein Morphismus, der konstant ist auf den Orbits, so gibt es eine eindeutig bestimmte Zerlegung

$$\phi' : X \xrightarrow{\phi} Y \xrightarrow{h} Y' .$$

Im Falle linearer Gruppen G wird definiert: $X \xrightarrow{\phi} Y$ heißt *guter Quotient*, wenn folgende Bedingungen erfüllt sind:

(i) ϕ ist ein ↗affiner Morphismus, der surjektiv und konstant auf den Orbits ist.

(ii) Für abgeschlossene G-stabile Teilmengen Z ist $\phi(Z)$ abgeschlossen in Y, und sind Z_1, Z_2 derartige Mengen, so ist

$$\phi(Z_1) \cap \phi(Z_2) = \phi(Z_1 \cap Z_2) .$$

(iii) Jede G-invariante Funktion $f \in \mathcal{O}_X(\phi^{-1}U)$ ($U \subset Y$ offen) hat die Form $f = \phi^*(g)$.

Bezüglich der Existenz gibt es u. a. folgende Resultate:

1. Es gibt eine G-stabile offene Untervervarität $U \subset X$ so, daß ein geometrischer Quotient $U \longrightarrow U/G$ existiert (Satz von Rosenlicht).
2. Wenn G eine ↗reduktive lineare Gruppe ist, und jeder Punkt von X eine G-stabile offene affine Umgebung besitzt, so existiert ein guter Quotient $\phi : X \longrightarrow X/\!\!/G = Y$. Im affinen Fall $X = \mathrm{Spec}(A)$ ist $X/\!\!/G = \mathrm{Spec}(A^G)$, wobei A^G der Ring der G-invarianten Funktionen ist, der wieder endlich erzeugt ist über dem Grundkörper.
   Jede Faser $\phi^{-1}(y)$ enthält genau einen abgeschlossenen Orbit, und dies sind die Orbits minimaler Dimension.
3. Wenn G eine reduktive lineare Gruppe und V eine rationale Darstellung von G ist, so operiert G auf $\mathbb{P}(V)$, und sind $X \subset \mathbb{P}(V)$ eine G-stabile Untervarietät und $X^s \subset X^{ss} \subset X$ die Menge der stabilen bzw. semistabilen Punkte, so existiert ein guter Quotient $X^{ss} \longrightarrow X^{ss}/\!\!/G$ (mit einer projektiven Einbettung
   $$X^{ss}/\!\!/G = \mathrm{Proj}\big(\Gamma_\bullet(X, \mathcal{O}_X)^G\big))$$
   sowie eine offene Untervarietät $Y^s \subset Y$ so, daß $\phi^{-1}(Y^s) = X^s$ und $X^s \longrightarrow Y^s$ ein geometrischer Quotient ist.

Über die lokale Struktur von $X/\!\!/G$ gibt der *Scheibensatz* Auskunft, der folgendes besagt: Wenn der Orbit von $x \in X$ (X eine affine Varietät mit Wirkung einer reduktiven linearen Gruppe G) abgeschlossen ist, und $H \subset G$ die Isotropiegruppe von x bezeichnet, so gibt es eine lokal abgeschlossene Untervarietät $S \subset X$ durch x, die H-stabil ist, so daß

$$\begin{array}{ccc} S \times^H G & \longrightarrow & S \times^H G/\!\!/G = S/\!\!/H \\ \Psi \Big\downarrow & & \Big\downarrow \psi = \Psi/\!\!/G \\ X & \xrightarrow{\ \phi\ } & X/\!\!/G \end{array}$$

gilt, Ψ resp. ψ Etalumgebungen von x resp. $\phi(x)$ sind, und das Diagramm kartesisch ist.

Hierbei ist

$$S \times^H G = S \times G/H$$

mit der Wirkung $(s, g)h = (sh, h^{-1}g)$ von H, und Ψ ist die durch die Wirkung von G auf X induzierte Abbildung.

Quotient einer Gruppe, algebraischer Begriff.

Es sei G eine algebraische Gruppe, die auf der algebraischen Varietät X durch den Morphismus $\phi : G \times X \to X$ operiert (man schreibt gewöhnlich bei fixierter Operation $gx = g(x) = \phi(g, x)$). Y heißt Quotient von G bezüglich X, wenn es einen G–invarianten Morphismus $\pi : X \to Y$ gibt, d. h. $\pi(x) = \pi\big(g(x)\big)$ für alle $g \in G$.

Meist haben die Quotienten noch weitere Eigenschaften. Das führt zu den ↗geometrischen Quotienten, den ↗guten Quotienten, oder den ↗kategorialen Quotienten. Dabei sind geometrische Quotienten auch gute Quotienten, und gute Quotienten auch kategoriale Quotienten.

Siehe auch ↗Quotient bzgl. einer Gruppenwirkung.

Quotient von Fuzzy-Mengen, ↗Fuzzy-Arithmetik.

Quotienten-Banachraum, Quotientenvektorraum eines Banachraums mit seiner kanonischen Norm.

Ist X ein Banachraum und U ein abgeschlossener Unterraum, wird auf dem Quotientenvektorraum X/U mittels

$$\|x + U\| = \inf\{\|x + u\| : u \in U\}$$

eine Norm definiert, die X/U zu einem Banachraum macht. Die kanonische Surjektion (Quotientenabbildung) $q : x \mapsto x + U$ von X auf X/U hat die Operatornorm $\|q\| = 1$ (Rieszsches Lemma), wenn $U \neq X$ ist. Jeder Banachraum ist isometrisch isomorph zu einem Quotientenraum eines $L^1(\mu)$-Raums, und separable Räume sind isometrisch zu Quotienten von ℓ^1.

Quotientenfolge, ↗Multiplikation von Folgen.

Quotientengarbe, wichtiger Begriff in der ↗Garbentheorie.

Sei D ein offenes Gebiet im $\mathbb{C}^n$ und $\mathcal{T}$ eine Garbe abelscher Gruppen über D mit der Projektionsabbildung $\pi : \mathcal{T} \to D$. Eine Teilmenge $\mathcal{S} \subset \mathcal{T}$ heißt Untergarbe von abelschen Gruppen, wenn gilt

(i) $\mathcal{S}$ ist offen in $\mathcal{T}$;

(ii) $\pi(\mathcal{S}) = D$;

(iii) für jeden Punkt $z \in D$ ist der Halm $\mathcal{S}_z$ eine Untergruppe von $\mathcal{T}_z$.

(Ähnlich gibt es das Konzept einer Untergarbe von Ringen $\mathcal{S}$ einer Garbe von Ringen $\mathcal{T}$; eine solche Untergarbe heißt Untergarbe von Idealen, wenn jeder Unterring $\mathcal{S}_z \subset \mathcal{T}_z$ ein Ideal ist.)

Ist $\varphi : \mathcal{S} \to \mathcal{T}$ ein Garbenhomomorphismus zwischen zwei Garben von abelschen Gruppen über D, dann ist die Abbildung φ eine offene Abbildung, und daher ist das Bild $\varphi(\mathcal{S}) \subset \mathcal{T}$ eine Untergarbe von abelschen Gruppen in $\mathcal{T}$. Der Kern $\mathcal{K} \subset \mathcal{S}$ dieses Homomorphismus' besteht aus allen Punkten von $\mathcal{S}$, die durch φ in den Nullschnitt von $\mathcal{T}$ abgebildet werden. Da jeder Schnitt offen ist, ist auch der Kern eine Untergarbe von abelschen Gruppen in $\mathcal{S}$. (Im Fall von Garben von Ringen ist der Kern außerdem eine Untergarbe von Idealen in $\mathcal{S}$). Ist $\mathcal{S} \subset \mathcal{T}$ eine Untergarbe von abelschen Gruppen (oder von Ringen oder Idealen), dann ist die Inklusionsabbildung $i : \mathcal{S} \to \mathcal{T}$ ein Garbenhomomorphismus.

Die Untergarbe $\mathcal{S}$ kann immer als Kern eines Garbenhomomorphismus geschrieben werden: Für jeden Punkt $z \in D$ bildet man den Quotienten $\mathcal{Q}_z = \mathcal{T}_z / \mathcal{S}_z$ und die kanonische Abbildung $\varphi_z : \mathcal{T}_z \to \mathcal{Q}_z$. Offensichtlich ist $\mathcal{Q}_z$ eine abelsche Gruppe (oder ein Ring).

Seien $\mathcal{Q} = \bigcup_{z \in D} \mathcal{Q}_z$ und $\varphi : \mathcal{T} \to \mathcal{Q}$ die Fortsetzung der Abbildungen φ_z auf die Vereinigungen $\mathcal{T}$, $\mathcal{Q}$. Definiert man auf $\mathcal{Q}$ außerdem die Quotiententopologie, dann ist $\mathcal{Q}$ eine Garbe und φ ein Garbenhomomorphismus. Offensichtlich ist $\mathcal{S}$ gerade der Kern von φ, und $\mathcal{Q}$ ist das Bild von φ. Die Garbe $\mathcal{Q}$ heißt die *Quotientengarbe* von $\mathcal{T}$ durch $\mathcal{S}$, geschrieben als $\mathcal{Q} = \mathcal{T}/\mathcal{S}$.

Überträgt man die Notation der exakten Sequenz von Gruppen auf Garben von Gruppen, dann sind die Bedingungen $\mathcal{S} \subset \mathcal{T}$, $\mathcal{Q} = \mathcal{T}/\mathcal{S}$ äquivalent zu der Aussage, daß

$$0 \to \mathcal{S} \overset{i}{\hookrightarrow} \mathcal{T} \overset{\varphi}{\to} \mathcal{Q} \to 0$$

eine exakte Sequenz von Garben von abelschen Gruppen ist, wobei φ der oben konstruierte Garbenhomomorphismus ist. 0 bezeichne die triviale Garbe über D.

Quotientengruppe, ↗ Quotient einer Gruppe nach einem ↗ Normalteiler.

Synonym wird auch der Begriff der ↗ Faktorgruppe verwendet. Man vergleiche dort für weitere Information.

Quotientenkörper, meist mit Quot(R) bezeichneter Körper, der durch die folgende Konstruktion aus einem nullteilerfreien Ring R erhalten wird; Quot(R) heißt dann der Quotientenkörper des Rings R.

Sei $S := R \setminus \{0\}$. Auf der Menge von Paaren aus $R \times S$ wird die Äquivalenzrelation

$$(r, s) \sim (r', s') \quad \text{falls} \quad rs' = r's$$

eingeführt. Die Äquivalenzklasse von (r, s) wird mit $\frac{r}{s}$ bezeichnet. Die Menge der Äquivalenzklassen ist Quot(R). Durch

$$\frac{r_1}{s_1} + \frac{r_1}{s_1} = \frac{r_1 s_2 + r_2 s_1}{s_1 s_2}, \quad \frac{r_1}{s_1} \cdot \frac{r_1}{s_1} = \frac{r_1 r_2}{s_1 s_2}$$

wird eine Addition und eine Multiplikation eingeführt, die Quot(R) zu einem ↗ Körper macht.

Das Nullelement ist $\frac{0}{1}$, d. h., die Klasse gegeben durch $\{(0, s) \mid s \in S\}$, das Einselement ist $\frac{1}{1}$, d. h., die Klasse gegeben durch $\{(s, s) \mid s \in S\}$. Für das inverse Element gilt

$$\left(\frac{r}{s}\right)^{-1} = \frac{s}{r}.$$

Das Inverse existiert genau für $\frac{r}{s} \neq \frac{0}{1}$. Durch

$$\iota : R \hookrightarrow \text{Quot}(R), \quad r \mapsto \frac{r}{1}$$

wird der nullteilerfreie Ring R in seinen Quotientenkörper eingebettet. Quot(R) ist bis auf Isomorphie der kleinste Körper, der R als Unterring enthält.

Die Quotientenkörperbildung ist weit verbreitet. In dieser Weise entsteht aus dem Ring der ganzen Zahlen $\mathbb{Z}$ der Körper der rationalen Zahlen $\mathbb{Q}$. Er ist der (bis auf Isomorphie) eindeutig bestimmte kleinste Körper, in dem die ganzen Zahlen eingebettet werden können, und auf den die Addition und Multiplikation fortgesetzt werden kann. Die obigen Definitionsregeln für $+$ und $\cdot$ sind genau die Regeln der ↗ Bruchrechnung.

Der Körper der rationalen Funktionen $\mathbb{K}(X)$ über einem Körper $\mathbb{K}$ ergibt sich in dieser Weise aus dem Polynomring, d. h. $\mathbb{K}(X) = \text{Quot}(\mathbb{K}[X])$.

Dieselbe Quotientenbildung kann für beliebige kommutative Ringe R mit 1 und für eine beliebige nullteilerfreie multiplikative Teilmenge (↗ multiplikative Menge) S, die 1 enthält, ausgeführt werden. In dieser Weise erhält man (in Abhängigkeit von S) den Quotientenring $R_S = S^{-1}R$. Der Quotientenring heißt auch Ring der Brüche. Ist S die Menge aller Nichtnullteiler von R, so erhält man den vollen Quotientenring. Im allgemeinen sind Quotientenringe keine Körper.

Ist $\mathfrak{p}$ ein Primideal in R, so ist $S := R \setminus \mathfrak{p}$ eine multiplikative Menge. Der Quotientenring R_S heißt dann auch die Lokalisierung nach dem Primideal $\mathfrak{p}$ und wird auch mit $R_{\mathfrak{p}}$ bezeichnet.

Auch allgemeinere, nicht notwendig nullteilerfreie, multiplikative Mengen S sind möglich. In diesem Fall lautet die Äquivalenzrelation: $(r, s) \sim (r', s')$, falls es ein $s'' \in S$ gibt mit

$$s''(rs' - r's) = 0.$$

Quotientenkriterium, Kriterium für die (absolute) Konvergenz von gewissen Reihen $\sum_{\nu=1}^{\infty} a_\nu$ reeller oder komplexer Zahlen a_ν:

Hat man

$$|a_{n+1}| \le q \cdot |a_n| \quad (n \ge N)$$

für ein q mit $0 \le q < 1$ und ein $N \in \mathbb{N}$, so ist die Reihe $\sum_{n=1}^{\infty} a_\nu$ absolut konvergent (und damit konvergent).

Denn für $n > N$ folgt

$$|a_n| \le q^{n-N}|a_N|,$$

und so erhält man mit dem ↗Majorantenkriterium und der bekannten Konvergenz der entsprechenden geometrischen Reihe unmittelbar die Behauptung.

Ist $a_n \neq 0$ für alle $n \in \mathbb{N}$, so kann die Voraussetzung $|a_{n+1}| \le q \cdot |a_n|$ auch in der Form

$$\frac{|a_{n+1}|}{|a_n|} \le q$$

geschrieben werden, was die Bezeichnung des Kriteriums erklärt. Ergänzt wird das Kriterium gelegentlich noch durch die triviale Aussage:

Gilt für ein $N \in \mathbb{N}$

$$|a_{n+1}| \ge |a_n| \quad (n \ge N)$$

und $a_N \neq 0$, so ist die Reihe $\sum_{\nu=1}^{\infty} a_\nu$ divergent.

Denn hier ist (a_ν) nicht einmal Nullfolge.

Es genügt für die Konvergenz *nicht*, daß $\frac{|a_{n+1}|}{|a_n|} < 1$ für alle $n \in \mathbb{N}$ ist, wie etwa die ↗harmonische Reihe zeigt.

Gelegentlich wird das Kriterium (mit Ergänzung) unter Verwendung von Limes superior und Limes inferior wie folgt notiert:

Die Reihe $\sum_{n=1}^{\infty} a_\nu$ ist absolut konvergent, wenn

$$\limsup_{n\to\infty} \frac{|a_{n+1}|}{|a_n|} < 1$$

gilt. Aus

$$\liminf_{n\to\infty} \frac{|a_{n+1}|}{|a_n|} > 1$$

folgt die Divergenz.

(Dabei ist die Divergenzaussage offenbar schwächer als die in der o. a. Ergänzung.)

Die aufgeführten Überlegungen gelten entsprechend für Reihen mit Gliedern aus einem Banachraum.

Quotienten-Lie-Algebra, Quotient einer ↗Lie-Algebra nach einer ↗Lie-Unteralgebra.

Dieser Begriff wird für die Klassifikation der Lie-Algebren benötigt.

Quotienten-Lie-Gruppe, Quotient einer ↗Lie-Gruppe nach einer ↗Lie-Untergruppe.

Neben der Eigenschaft, eine ↗Quotientengruppe zu sein, muß bei der Quotienten-Lie-Gruppe auch noch die unterliegende topologische und Mannigfaltigkeitsstruktur berücksichtigt werden.

Quotientenmenge, Menge der Äquivalenzklassen einer ↗Äquivalenzrelation.

Quotientennorm, ↗Quotientenvektorraum.

Quotientenoptimierung, behandelt Optimierungsprobleme der Form $\max f(x)$ auf einer konvexen Menge M.

Dabei habe f die spezielle Gestalt

$$f(x) := \min_{1 \le i \le k} \frac{p_i(x)}{q_i(x)}$$

mit konkaven Funktionen $p_i : M \to \mathbb{R}$ sowie konvexen Funktionen $q_i : M \to \mathbb{R}$. Zusätzlich vorausgesetzt sind die Bedingungen

$$\min_{x \in M} q_i(x) \ge \lambda > 0$$

sowie

$$\sup_{x \in M} f(x) \ge 0.$$

In gewissen Fällen können solche Probleme mit einem ↗Simplexverfahren gelöst werden. Man nennt Aufgaben der Quotientenoptimierung auch hyperbolische Optimierungsprobleme.

Quotientenraum, Menge der Äquivalenzklassen $X/\sim$ einer Menge X bezüglich einer Äquivalenzrelation $\sim$.

Trägt X eine Zusatzstruktur, so kann diese oft auf den Quotientenraum übertragen werden:

- Ist G eine Gruppe und $N \lhd G$ ein Normalteiler, so definiert $g \sim g' \iff g^{-1}g' \in N$ für $g, g' \in G$ eine Äquivalenzrelation, deren Klassen man mit gN (oder $g + N$ bei additiver Schreibweise) bezeichnet; der entsprechende Quotientenraum $G/N := G/\sim$ heißt Faktorgruppe.
- Ist V ein Vektorraum mit Teilraum W, und setzt man $v \sim v' \iff v - v' \in W$ für $v, v' \in V$, dann erhält der Quotientenraum $V/W := V/\sim$ eine Vektorraumstruktur, indem man als Addition diejenige der Faktorgruppe V/W nimmt und Skalarmultiplikation durch $\lambda(v + W) = \lambda v + W$ definiert.
- Ist X topologischer Raum, so kann auf dem Quotientenraum die ↗Quotiententopologie definiert werden.

Quotientenregel, eine der ↗Differentiationsregeln.

Sie zeigt, wie ein Quotient reell- oder komplexwertiger Funktionen abzuleiten ist: Ist $D \subset \mathbb{R}$, sind die Funktionen $f, g : D \to \mathbb{R}$ differenzierbar an der inneren Stelle $x \in D$ und $g(x) \neq 0$, so ist auch f/g differenzierbar an der Stelle x, und es gilt

$$\left(\frac{f}{g}\right)'(x) = \frac{f'(x)g(x) - f(x)g'(x)}{(g(x))^2}.$$

Die Quotientenregel gilt auch für allgemeinere Bereiche, etwa im Fall $D \subset \mathbb{R}^n$. Dabei sind $f'(x)g(x)$ und $f(x)g'(x)$ Produkte von Zahlen und einzeiligen Matrizen.

Quotientenring, ↗Lokalisierung eines Rings nach dem multiplikativ abgeschlossenen System S der ↗Nichtnullteiler.

Der Quotientenring eines ↗Integritätsbereichs ist der ↗Quotientenkörper.

Quotiententopologie, Standardtopologie auf einem ↗Quotientenraum:

Ist $(X, \mathcal{O})$ ein topologischer Raum und $f : X \to Y$ eine surjektive Abbildung, so ist die Quotiententopologie die feinste Topologie $\mathcal{U}$ auf Y, welche f stetig macht; man findet

$$\mathcal{U} = \{U \subseteq Y | f^{-1}(U) \in \mathcal{O}\}.$$

Insbesondere ist eine Teilmenge U von Y genau dann offen in der Quotiententopologie, wenn $f^{-1}(U)$ offen in X ist.

Ein Spezialfall dieser Konstruktion ist die Quotiententopologie auf Quotientenräumen: Dort wird $X/\sim$ topologisiert, indem man für $f : X \to X/\sim$ die kanonische Projektion wählt, also diejenige Abbildung, die x auf die Äquivalenzklasse $[x]$ abbildet.

Ist $(X, \mathcal{O})$ ein topologischer Raum, $f : X \to Y$ surjektiv, und Y mit der dadurch definierten Quotiententopologie versehen, dann gilt: Ist X kompakt (zusammenhängend, wegzusammenhängend), dann auch Y. Dagegen übertragen sich ↗Trennungsaxiome ohne zusätzliche Voraussetzungen i. allg. nicht.

Quotientenvektorraum, der durch Quotientenbildung nach einem Unterraum $U \subseteq V$ aus einem ↗Vektorraum V über $\mathbb{K}$ gewonnene $\mathbb{K}$-Vektorraum V/U der Menge aller Nebenklassen

$$[v] := v + U := \{v + u \mid u \in U\}$$

von U mit den wie folgt wohldefinierten Verknüpfungen ($v_1, v_2, v \in V$; $\lambda \in \mathbb{K}$):

$$\begin{aligned}(v_1 + U) + (v_2 + U) &:= (v_1 + v_2) + U;\\ \lambda(v + U) &:= \lambda v + U.\end{aligned}$$

Zwei Nebenklassen $v_1 + U$ und $v_2 + U$ sind dabei genau dann gleich, falls die Differenz $v_1 - v_2$ in U liegt.

Die kanonische Abbildung $\varphi : V \to V/U$; $v \mapsto [v]$ eines Vektorraumes in einen zugehörigen Quotientenvektorraum ist surjektiv und linear mit $\operatorname{Ker}\varphi = U$ (↗Kern einer linearen Abbildung). Ist U invariant unter φ (d. h., gilt $\varphi(U) \subseteq U$), so induziert φ eine lineare Abbildung

$$\varphi' : V/U \to V/U\,; \quad [v] \mapsto [\varphi(v)]\,.$$

Das Minimalpolynom dieser Abbildung φ' ist stets ein Teiler des Minimalpolynoms von φ.

Ist U ein abgeschlossener Unterraum des normierten Vektorraumes $(V, \|\cdot\|)$, so ist durch

$$\|[v]\|_q := \inf_{u \in [v]} \|u\|$$

eine Norm auf V/U gegeben, die sogenannte Quotientennorm. Ist V vollständig, so auch V/U bzgl. der Quotientennorm.

Ist $\varphi : V \to W$ linear, so sind die Elemente aus $V/\operatorname{Ker}\varphi$ gerade die Fasern $f^{-1}(w)$ mit $w \in W$.

Quot-Schema, Begriff aus der algebraischen Geometrie.

Sei $X \xrightarrow{\pi} S$ ein eigentlicher Morphismus eines Schemas X in ein ↗Noethersches Schema S, und $\mathcal{E}$ eine kohärente Garbe auf X. Für jedes S-Schema $q : T \to S$ sei $X_T = X \times_S T$, wobei $q_T : X_T \to X$ die Projektion auf X', $p_T : X_T \to T$ die Projektion auf T, und $\mathcal{E}_T = q_T^*(\mathcal{E})$ ist.

Anschaulich ist $(X, \mathcal{E})$ zu verstehen als Familie von Paaren $(X_t, \mathcal{E}_t)$ eines algebraischen Schemas X_t mit einer kohärenten Garbe $\mathcal{E}_t$, wobei t die geometrischen Punkte von S durchläuft

$$(X_t = X \times_S t,\ \mathcal{E}_t = q_t^*(\mathcal{E}))\,.$$

Das zugehörige Quot-Schema soll die Familie aller Quotienten $\mathcal{E}_t/\mathcal{G}$ ($\mathcal{G} \subset \mathcal{E}(t)$) parametrisieren.

Eine Familie von Quotienten von $\mathcal{E}$ über einem S-Schema $T \to S$ ist eine kohärente Garbe auf X_T der Form $\mathcal{F} = \mathcal{E}_T/\mathcal{G}$, $\mathcal{G} \subset \mathcal{E}_T$, die flach über T ist. Die Bedingung „flach" gewährleistet, daß gewisse „pathologische" Familien ausgeschlossen werden; wenn $T = t$ ein geometrischer Punkt ist, ist sie automatisch für jeden Quotienten erfüllt. Außerdem garantiert sie die Stetigkeit wichtiger numerischer Invarianten, z. B. Funktionen der Art

$$t \in T \mapsto \chi\,(X_t,\ \mathcal{F}_t \otimes \mathcal{L}_t)$$

für alle Geradenbündel $\mathcal{L}$ auf X.

Ist $\tilde{Q}(T)$ die Menge aller Familien solcher flacher Quotienten von $\mathcal{E}_T$ über T, so ist $T \mapsto \tilde{Q}(T)$ ein Kofunktor auf der Kategorie der S-Schemata, da ein Morphismus $h : T' \to T$ über S aus einem Quotienten $\mathcal{E}_T \xrightarrow{\pi} \mathcal{F}$ einen Quotienten

$$\begin{aligned}h^\#(\pi) : \mathcal{E}_{T'} &= \left(id_X \times_S h\right)^*(\mathcal{E}_T) \to \mathcal{F}'\\ &= \left(id_X \times h\right)^*(\mathcal{F})\end{aligned}$$

induziert. Gefragt wird also nach der Existenz eines universellen Quotienten $\mathcal{E}_Q \xrightarrow{\pi} \mathcal{E}_Q/\mathcal{H}$ über einem S-Schema Q so, daß für jedes S-Schema T die Zuordnung

$$\mathrm{Hom}_S(T, Q) \longrightarrow \tilde{Q}(T)\,, \quad h \mapsto h^{\#}(\pi)$$

bijektiv ist. Anschaulich ausgedrückt: Jede Familie von Quotienten über einem beliebigen S-Schema T entsteht aus π durch eine eindeutig bestimmte „Parametersubstitution" $h : T \to Q$.

Die Existenz solcher universeller Quotienten wurde durch Grothendieck bewiesen, unter der Voraussetzung, daß X ein ↗projektives Schema über S ist. Durch eine projektive Einbettung erhält man ausgezeichnete Geradenbündel

$$\mathcal{O}_{X_T}(n) = \mathcal{O}_{X_T}(1)^{\otimes n}\,, \quad \mathcal{O}_{X_T}(1) = q_T^*\left(\mathcal{O}_X(1)\right)\,.$$

Sei $\mathcal{F}(n) = \mathcal{F} \otimes_{\mathcal{O}_{X_T}} \mathcal{O}_{X_T}(n)$. Für jeden Quotienten $\mathcal{E}_T \to \mathcal{F}$ erhalten wir dann eine disjunkte Zerlegung von T in offene Unterschemata $T = \cup T_P$ so, daß auf T_P die Funktionen $t \mapsto \chi\,(X_t, \mathcal{F}_t(n))$ konstante Werte $P(n)$ haben. Die Funktion $n \mapsto P(n)$ ist dann das ↗Hilbert-Polynom von $\mathcal{F}_t$.

Eine genauere Existenzaussage ist, daß für jede vorgegebene polynomiale Funktion $P : \mathbb{Z} \to \mathbb{Z}$ ein universeller Quotient $\mathcal{F} = \mathcal{E}_{Q_P}/\mathcal{H}$ mit einem projektiven S-Schema Q_P als Parameterschema existiert, der alle Quotienten mit P als Hilbert-Polynom parametrisiert.

Die Existenz von Quot-Schemata ist von Nutzen beim Nachweis der Existenz von gewissen Modulräumen mit der Eigenschaft, projektiv oder quasiprojektiv zu sein.

Beispiel: Sei $S = \mathrm{Spec}(A)$ und

$$X = \mathbb{P}^n_A = \mathrm{Proj} A\left[T_0, \dots, T_n\right].$$

Das Polynom

$$P : n \mapsto \binom{n+N}{N} - \binom{n-d+N}{N}$$

ist das Hilbert-Polynom einer Hyperfläche vom Grad d des N-dimensionalen projektiven Raumes. Ein homogenes Polynom vom Grad d hat die Form

$$\sum_{|\alpha|=d} u_\alpha T^\alpha$$

mit $\alpha = (\alpha_0, \dots, \alpha_N)$, $|\alpha| = \alpha_0 + \dots + \alpha_N$, und

$$T^\alpha = T_0^{\alpha_0} T_1^{\alpha_1} \cdots T_N^{\alpha_N}\,.$$

Es seien $\{U_\alpha, |\alpha| = d\}$ Variable,

$$H = \mathrm{Proj}\left(A\left[U_\alpha \mid |\alpha| = d\right]\right) \cong \mathbb{P}^M_A$$

mit $M = \binom{N+d}{N} - 1)$, $F = \sum_{|\alpha|=d} U_\alpha T^\alpha$ das „universelle Polynom vom Grad d",

$$\mathcal{G} = \mathcal{O}_{X\times_S H}(-d, -1)F \subset \mathcal{O}_{X\times_S H}$$

(mit

$$\mathcal{O}_{X\times_S H}(-d, -1) = p^*\mathcal{O}_X(-d) \otimes_{\mathcal{O}_{X\times_S H}} q^*\mathcal{O}_H(-1)),$$

sowie p, q die Projektionen von $X \times_S H$ auf X, H.

Dann ist $H = \mathrm{Hilb}_P(X/S)$, und $\mathcal{O}_{X\times_S H}/\mathcal{G}$ der universelle Quotient.

Im allgemeinen ist die Konstruktion von Hilb_P bzw. Q_P nicht so konstruktiv. Sie benutzt die Existenz von Regularitätsschranken kohärenter Garben, d. h. von Schranken m_0, die nur von $\mathcal{E}$ und dem Polynom P abhängig sind, so daß für $m \geq m_0$ die Garben $\mathcal{E}_t(m)$, $\mathcal{G}(m)$, $\mathcal{F}(m)$ (für $\mathcal{F} = \mathcal{E}_t/\mathcal{G}$ mit Hilbert-Polynom P) global erzeugt sind und triviale Kohomologie haben.

Im Falle $X = \mathbb{P}^n \times S$, $E = \mathcal{O}_X^r$ (der allgemeine Fall läßt sich darauf zurückführen) ist dann $p_*\mathcal{E}(m)$ lokal freie Garbe, $(p_T)_*(\mathcal{E}(m)_T) = (p_*\mathcal{E}(m))_T$, und für jeden Quotienten $\mathcal{F} = \mathcal{E}_T/\mathcal{G} \in \tilde{Q}(T)$ erhält man eine exakte Folge

$$\begin{aligned} 0 &\to p_{T*}\mathcal{G}(m) \to (p_*\mathcal{E}(m))_T \\ &\to p_*\mathcal{F}(m) \to 0 \end{aligned} \qquad (1)$$

mit lokal freiem $p_*\mathcal{F}(m)$.

Die Untergarbe $\mathcal{G}$ ist durch diese Folge eindeutig bestimmt (als Bild der natürlichen Abbildung

$$p_T^*\left(p_{T*}\mathcal{G}(m)\right) \otimes \mathcal{O}_{X_T}(-m) \to \mathcal{E}_T\ ).$$

Mit der Bezeichnung $\mathcal{S}_m = p_*\mathcal{E}(m)$ läßt sich (1) als S-Morphismus $T \to \mathrm{Grass}_{P(m)}(\mathcal{S}_m)$ interpretieren. Für die universelle Familie erhält man so eine Einbettung $Q_P \subset \mathrm{Grass}_{P(m)}(\mathcal{S}_m)$.

Umgekehrt kann man auf diese Weise die Existenz einer universellen Familie nachweisen, ausgehend von $G = \mathrm{Grass}_{P(m)}(\mathcal{S}_m)$ und dem universellen Unterbündel $I_m \subset (\mathcal{S}_m)_G$. Dies liefert eine Untergarbe

$$\mathcal{G} \;=\; \text{Bild von } p_G^* I_m \otimes \mathcal{O}_{X_G}(-m) \to \mathcal{E}_G\,,$$

und es ist zu zeigen, daß die Bedingungen „$\mathcal{E}_G/\mathcal{G}$ ist flach und hat das Hilbert-Polynom P" auf einem eindeutig bestimmten abgeschlossenen Unterschema $Q_P \subset G$ erfüllt ist.

Trotz dieses wenig konstruktiven Zugangs kann man die funktorielle Beschreibung benutzen, um lokale Eigenschaften von Q_P herzuleiten, z. B. ist für einen Punkt $q \in Q$, der dem Quotienten $\mathcal{E}_t/\mathcal{G} = \mathcal{F}$ $\;(t = \mathrm{Spec}(k) \to S)$ entspricht, der Zariskische Tangentialraum durch $T_q(Q/S) \cong \mathrm{Hom}(\mathcal{G}, \mathcal{F})$ gegeben, und es sind gewisse Klassen in $\mathrm{Ext}^1(\mathcal{G}, \mathcal{F})$ definiert, deren Verschwinden äquivalent zur Glattheit von $Q \to S$ in q ist. Insbesondere folgt aus $\mathrm{Ext}^1(\mathcal{G}, \mathcal{F}) = 0$ die Glattheit.

Es gibt komplex-analytische Analoga, allerdings versagen dort die projektiven Methoden. Das Analogon des Hilbert-Schemas ist unter dem Namen Douady-Raum bekannt.

QZ-Algorithmus, ein stabiles Verfahren zur Lösung des verallgemeinerten Eigenwertproblems

$$Ax = \lambda Bx$$

für $A, B \in \mathbb{R}^{n\times n}$.

Das Matrixpaar (A, B) wird dabei iterativ mittels Äquivalenztransformationen in ein Paar $(\widehat{A}, \widehat{B})$ überführt, wobei $\widehat{A}$ und $\widehat{B}$ obere Dreiecksmatrizen sind. Von den Diagonalen lassen sich dann die Eigenwerte λ_j ablesen:

$$\lambda_j = \frac{\widehat{a}_{jj}}{\widehat{b}_{jj}}, \quad \text{falls } \widehat{b}_{jj} \neq 0\,.$$

Falls B nichtsingulär ist, kann der QZ-Algorithmus wie folgt interpretiert werden: Ausgehend von $(A_0, B_0) = (A, B)$ wird eine Folge von äquivalenten Matrixpaaren (A_i, B_i) berechnet, welche alle dieselben Eigenwerte und zugehörigen invarianten Unterräume haben.

Die Transformationsmatrizen für die Äquivalenztransformationen

$$A_i = Q_i^T A_{i-1} Z_i \quad \text{und} \quad B_i = Q_i^T B_{i-1} Z_i$$

erhält man aus den ↗ QR-Zerlegungen

$$p_i(A_{i-1}B_{i-1}^{-1}) = Q_i R_i \quad \text{und} \quad p_i(B_{i-1}^{-1}A_{i-1}) = Z_i S_i\,,$$

wobei p_i ein Polynom, R_i, S_i obere Dreiecksmatrizen und Q_i, Z_i orthogonale Matrizen sind. Das Polynom p_i ist hierbei typischerweise von der Form $p_i(x) = x - \mu$ mit $\mu \in \mathbb{R}$ oder $p_i(x) = (x - \nu)(x - \overline{\nu})$ mit $\nu \in \mathbb{C}$. Im Falle $B = I$ hat man $B_i = I, Z_i = Q_i$ und $S_i = R_i$. Der QZ-Algorithmus reduziert sich zum ↗ QR-Algorithmus.

Im allgemeinen konvergiert die Folge der (A_i, B_i) gegen ein Matrixpaar $(\widetilde{A}, \widetilde{B})$, wobei $\widetilde{B}$ eine obere Dreiecksmatrix und $\widetilde{A}$ eine obere Quasi-Dreiecksmatrix ist, d. h. von der Form

$$\begin{pmatrix} \widetilde{A}_{11} & \widetilde{A}_{12} & \widetilde{A}_{13} & \cdots & & \widetilde{A}_{1m} \\ & \widetilde{A}_{22} & \widetilde{A}_{23} & \cdots & & \widetilde{A}_{2m} \\ & & \ddots & & & \vdots \\ & & & & \widetilde{A}_{m-1,m-1} & \widetilde{A}_{m-1,m} \\ & & & & & \widetilde{A}_{mm} \end{pmatrix},$$

wobei die Matrizen $\widetilde{A}_{ii}$ entweder (1×1)-Matrizen oder (2×2)-Matrizen sind. Jedes $\widetilde{A}_{jj} \in \mathbb{R}^{2\times 2}$ signalisiert ein Paar konjugiert komplexer Eigenwerte, jedes $\widetilde{A}_{jj} \in \mathbb{R}^{1\times 1}$ einen reellen Eigenwert.

Numerisch ist das beschriebene Vorgehen problematisch, da in jedem Schritt die Inverse B_i^{-1} und anschließend die Produkte $A_i B_i^{-1}, B_i^{-1} A_i$ explizit gebildet werden müssen. Der QZ-Algorithmus umgeht diese numerische Schwierigkeit, indem direkt mit dem Matrixpaar (A, B) gearbeitet wird. Ist B nichtsingulär, so entspricht der QZ-Algorithmus dem impliziten Ausführen des obigen Vorgehens. Der QZ-Algorithmus ist aber auch für singuläres B durchführbar.

Wie beim QR-Algorithmus wird zunächst das gegebene Matrixpaar (A, B) auf eine einfachere Gestalt transformiert, welche im Laufe der nachfolgenden Iteration erhalten bleibt und den Aufwand eines Iterationsschritts um eine Größenordnung von n^3 arithmetischen Operationen auf n^2 reduziert. A wird in eine obere Hessenbergmatrix H und B in eine obere Dreiecksmatrix R transformiert. Anschließend wird durch eine Folge von Äquivalenztransformationen die Matrix H in eine obere Quasi-Dreiecksmatrix so transformiert, daß R seine obere Dreiecksgestalt behält.

Der QZ-Algorithmus ist auch für komplexe Matrixpaare durchführbar. In diesem Falle werden unitäre anstelle der orthogonalen Äquivalenztransformationen verwendet. Die Iterierten konvergieren dann im allgemeinen gegen obere Dreiecksmatrizen.

R

ℝ, Bezeichnung für den Körper der ↗reellen Zahlen.

Raabe, Josef Ludwig, Mathematiker, geb. 15.5. 1801 Brody (Ukraine), gest. 22.1.1859 Zürich.

Raabe, der aus ärmlichen Verhältnissen stammte, mußte schon frühzeitig seinen Lebensunterhalt selbst verdienen und arbeitete daher als Privatlehrer. Ab 1820 studierte er daneben Mathematik am Polytechnikum in Wien, habilitierte sich 1833 in Zürich, und wurde anschließend Gymnasial-Lehrer und Privatdozent an der Universität. 1855 erhielt er einen Lehrstuhl am damaligen Polytechnikum in Zürich.

Raabe schrieb zahlreiche Abhandlungen über Integration von Funktionen und Differentialgleichungen, über Bernoulli-Zahlen, sowie über Reihen. Letzterem Gebiet entstammt auch das später nach ihm benannte Konvergenzkriterium.

Raabe-Kriterium, auf Josef Ludwig Raabe (1832) zurückgehende Verfeinerung des ↗Quotientenkriteriums zum Nachweis der absoluten Konvergenz gewisser Reihen reeller oder komplexer Zahlen:

Hat man mit einem reellen $\beta > 1$ und $N \in \mathbb{N}$

$$|a_{n+1}| \le |a_n|\left(1 - \frac{\beta}{n}\right) \quad (n \ge N),$$

so ist die Reihe $\sum_{n=1}^{\infty} a_\nu$ absolut konvergent (und damit konvergent).

Die Reihe der Beträge divergiert, wenn

$$|a_{n+1}| \ge |a_n|\left(1 - \frac{1}{n}\right) \quad (n \ge N)$$

mit $a_N \neq 0$ gilt.

Ist a_n stets von 0 verschieden, dann können die beiden Bedingungen auch als

$$\beta \le n\left(1 - \frac{|a_{n+1}|}{|a_n|}\right) \quad (n \ge N)$$

bzw.

$$1 \ge n\left(1 - \frac{|a_{n+1}|}{|a_n|}\right) \quad (n \ge N)$$

notiert werden.

Ein Beispiel: Für

$$a_n := \frac{1}{n-1} \text{ und } b_n := \frac{1}{(n-1)^2}$$

($\mathbb{N} \ni n \ge 2$) hat man

$$\lim_{n\to\infty} \frac{a_{n+1}}{a_n} = 1 = \lim_{n\to\infty} \frac{b_{n+1}}{b_n},$$

wobei

$$\sum_{n=2}^{\infty} a_n = \sum_{n=1}^{\infty} \frac{1}{n}$$

divergiert, während

$$\sum_{n=2}^{\infty} b_n = \sum_{n=1}^{\infty} \frac{1}{n^2}$$

konvergiert. Der Unterschied liegt darin, wie schnell sich der Quotient dem Wert 1 nähert. Im ersten Fall hat man

$$\frac{a_{n+1}}{a_n} = 1 - \frac{1}{n},$$

im zweiten

$$\frac{b_{n+1}}{b_n} = (1 - \frac{1}{n})^2 \le 1 - \frac{3}{2n}.$$

Diesem Umstand trägt das Raabe-Kriterium Rechnung.

Das Kriterium gilt entsprechend für komplexe Reihen und solche mit Gliedern aus einem Banachraum, da eine Aussage über die Reihe der Beträge gemacht wird.

Raatz-Test, auch C-Test genannt, im Jahr 1981 von Ulrich Raatz und Christine Klein-Braley entwickeltes Verfahren der mathematischen Psychologie zum Messen der Sprachkompetenz einer Person mit Hilfe redundanzreduzierter Texte.

Dabei wird der Person ein Text vorgelegt, aus dem zuvor rein mechanisch Wortteile entfernt wurden, und zwar ab dem zweiten Satz von jedem zweiten Wort die zweite Hälfte, abgesehen von Zahlen und Eigennamen. Das Vermögen der Testperson, die fehlenden Wortteile zu ergänzen, ist ein Maß für ihre Sprachkompetenz. Auf sehr einfache Weise kann damit sowohl die Kompetenz für die Muttersprache als auch für Fremdsprachen ermittelt werden, und auch das Verständnis von Fachtexten und damit das Fachverständnis ist so meßbar, weswegen der C-Test den Ruf einer eierlegenden Wollmilchsau hat. Auch die Auswertung des Tests ist rein maschinell möglich. Der C-Test ist einfacher zu handhaben, erlaubt die Benutzung kürzerer Texte und ist zuverlässiger als ähnliche Sprachtests, wie etwa der ältere Cloze-Test, bei dem nicht Wortteile, sondern ganze Wörter entfernt werden.

Racah-Transformation, Formel zur Vektoraddition von Drehimpulsen, besonders für die Verwendung in der Quantenmechanik.

Bei der Addition von Drehimpulsen ist die Richtung des Gesamtdrehimpulses in nichttrivialer Weise aus den Richtungen der beiden Bestandteile zusammengesetzt. Die zugehörige Racah-Transformation wendet man z. B. bei der Berechnung der Spin-Bahn-Wechselwirkung im Atom an.

Racah-Wigner-Algebra, die Unteralgebra der Banach-⋆-Algebra der beschränkten Operatoren über einem Hilbertraum $\mathcal{H}$, die durch die Bedingung

$$\left[J_\mu, T^J_M\right] = \sqrt{2J+1}\sum_{M'} C^{J1J}_{M\mu M'} T^J_{M'}$$

graduiert und algebraisch durch die auf $\mathcal{H}$ wirkenden fundamentalen Wigner-Operatoren erzeugt wird.

Die J_μ ($\mu = +1, 0, -1$) sind über

$$J_{+1} = -\frac{1}{\sqrt{2}}(J_1 + iJ_2)\,,\; J_0 = J_3\,,$$
$$J_{-1} = \frac{1}{\sqrt{2}}(J_1 - iJ_2)$$

durch die Erzeuger J_1, J_2, J_3 der $SU(2)$-Gruppe definiert, und $C^{J1J}_{M\mu M}$ sind Wigner-Koeffizienten (↗Clebsch-Gordan-Koeffizienten). T^J_M sind die Komponenten von Tensoroperatoren $\mathbf{T}^J$ (J halbganzzahlig und $M = J, J-1, \dots, -J$). Die Definition der fundamentalen Wigner-Operatoren ist in der Fachliteratur, beispielsweise [1], angegeben.

Die Racah-Wigner-Algebra ist der mathematische Ausdruck der Struktur, die hinter der Addition von Drehimpulsen nach der Quantenmechanik steht.

[1] Biedenharn, L.C.; Louck, J.D.: The Racah-Wigner-Algebra in Quantum Theory. Addison-Wesley London, 1981.

Rad, ein Graph $G(E, K)$, in dem

$$E = v_0 \cup \{v_1, \dots v_n\}$$

und

$$K = \{(v_0, v_i) : i = 1, \dots, n\} \bigcup \{(v_1, v_2), (v_2, v_3), \dots, (v_n, v_1)\}$$

gelten.

Rademacher, Hans Adolph, deutscher Mathematiker, geb. 3.4.1892 Wandsbeck, gest. 7.2.1969 Haverford (Pa.).

Rademacher studierte von 1911 bis 1915 in Göttingen Mathematik, u. a. bei E. Landau und C. Caratheodory, bei dem er 1916 promovierte. Nach der Tätigkeit an einer Thüringer Schule habilitierte er sich an der Universität Berlin. 1922 erhielt er eine a. o. Professur an der Universität Hamburg und 1925 ein Ordinariat an der Universität Breslau. Als Pazifist und Gegner des Antisemitismus von den Nationalsozialisten entlassen, emigrierte er in die USA und lehrte ab 1934 als Gastprofessor, ab 1936 als Assistenz-Professor und ab 1939 als Professor an der Universität von Pennsylvania in Philadelphia. Nach seiner Emeritierung 1962 lehrte er noch als Gastprofessor an der Rockefeller-Universität in New York.

Rademacher widmete sich zunächst der Funktionentheorie, promovierte über „Eindeutige Abbildungen und Meßbarkeit", wandte sich aber dann unter dem Einfluß von E. Hecke der Zahlentheorie zu. Er forschte zur Brunschen Siebmethode und zur analytischen Zahlentheorie.

1924 bewies er die Darstellbarkeit einer genügend großen natürlichen Zahl als Summe zweier Fastprimzahlen, wobei die Anzahl der Primfaktoren noch genauer abgeschätzt werden kann. Eines seiner bedeutendsten Ergebnisse war 1937 die Angabe einer konvergenten Reihendarstellung für die Anzahl der Zerlegungen einer natürlichen Zahl in eine Summe natürlicher Zahlen. Außerdem formulierte er neue Beweise für zahlreiche Aussagen über die Dedekindsche η-Funktion und fand 1922 einen der ersten Sätze über die fast sichere Konvergenz von Orthogonalreihen. Der Satz wird nach Rademacher und D.J. Menschow (1892–1988) benannt, da letzterem auch der Beweis einer Umkehrung gelang. Als Beispiel führte Rademacher die später nach ihm benannte Funktionenfolge ein, die in der Wahrscheinlichkeitstheorie interessante Anwendung fand.

Rademacher bemühte sich aktiv für die Verbreitung mathematischer Kenntnisse. 1934 gab er die „Vorlesungen über die Theorie der Polyeder" von E.Steinitz heraus, 1933 schrieb er zusammen mit O.Toeplitz das Buch „Von Zahlen und Figuren".

Rademacher-Funktionen, das System $(R_n)_{n\in\mathbb{N}}$ der Funktionen $R_n : [0, 1) \to \{-1, 1\}$ mit

$$R_n(x) = 2 \cdot \mathbf{1}_{A_n}(x) - 1\,,$$

wobei $\mathbf{1}_{A_n}$ für jedes $n \in \mathbb{N}$ die Indikatorfunktion der Menge

$$A_n = \bigcup_{k=1}^{2^{n-1}} \left[\frac{2k-1}{2^n}, \frac{2k}{2^n}\right)$$

bezeichnet.

Eine andere Definition ist durch

$$R_n(t) = \text{sign}(\sin 2^n \pi t)$$

gegeben.

Rademacher-Funktionen haben Anwendungen in der Theorie orthogonaler Reihen sowie der Wahrscheinlichkeitstheorie.

Zerlegt man die Zahl $x \in [0, 1)$ in einen Dualbruch

$$x = \sum_{k=1}^{\infty} \frac{x_k}{2^k}, \quad x_k \in \{0, 1\},$$

wobei aus Gründen der Eindeutigkeit nur Zerlegungen mit $x_k = 0$ für unendlich viele $k \in \mathbb{N}$ betrachtet werden, so gilt $R_n(x) = 1$ genau dann, wenn $x_n = 1$ ist.

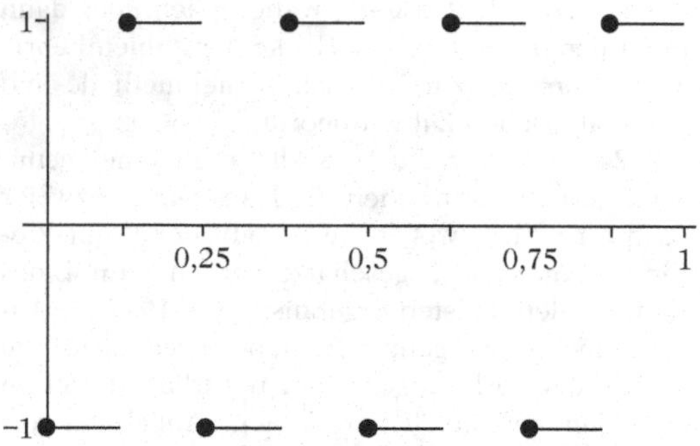

Graph der Rademacher-Funktion R_3

Das System $(R_n)_{n\in\mathbb{N}}$ der Rademacher-Funktionen ist orthonormiert, d. h., für alle $m, n \in \mathbb{N}$ gilt

$$\int_0^1 R_m(x)R_n(x)dx = \delta_{mn}.$$

Man bezeichnet es auch als Rademacher-System.

Rademacher-System, ↗Rademacher-Funktionen.

Radial-Basis-Function-Netz, *RBF-Netz*, (engl. radial basis function network), ein ↗Neuronales Netz, dessen wesentliche ↗formale Neuronen glockenförmige Transferfunktionen mit Radial-Typ-Aktivierung besitzen.

Im folgenden wird kurz ein vorwärtsgerichtetes diskretes dreischichtiges RBF-Netz vorgestellt, welches in den verborgenen Neuronen eine glockenförmige Transferfunktion T mit jeweils Radial-Typ-Aktivierungen besitzen möge und mit der ↗Backpropagation-Lernregel trainiert werde: Wenn man diesem dreischichtigen Feed-Forward-Netz eine Menge von t Trainingswerten $(x^{(s)}, y^{(s)}) \in \mathbb{R}^n \times \mathbb{R}^m$, $1 \le s \le t$, präsentiert, dann sollten die Gewichte $g_{pj} \in \mathbb{R}$, $1 \le p \le q$, $1 \le j \le m$, und die Differenzgewichte $d_{ip} \in \mathbb{R}$, $1 \le i \le n$, $1 \le p \le q$, sowie die Dilatationsparameter $\varrho_p \in \mathbb{R}$, $1 \le p \le q$, so gewählt werden, daß für alle $j \in \{1, \ldots, m\}$ und für alle $s \in \{1, \ldots, t\}$ die quadrierten Fehler

$$\left(y_j^{(s)} - \sum_{p=1}^{q} g_{pj} T(\varrho_p \sum_{i=1}^{n} (x_i^{(s)} - d_{ip})^2) \right)^2$$

möglichst klein werden. Nimmt man nun an, daß die glockenförmige Transferfunktion T stetig differenzierbar ist und setzt t partiell differenzierbare Fehlerfunktionen

$$F^{(s)} : \mathbb{R}^{qm} \times \mathbb{R}^{nq} \times \mathbb{R}^q \longrightarrow \mathbb{R}, \quad 1 \le s \le t,$$

an als

$$F^{(s)}(.., g_{pj}, .., d_{ip}, .., \varrho_p, ..) := \sum_{j=1}^{m} \left(y_j^{(s)} - \sum_{p=1}^{q} g_{pj} T(\varrho_p \sum_{i=1}^{n} (x_i^{(s)} - d_{ip})^2) \right)^2,$$

dann erhält man für die Suche nach dem Minimum einer Funktion $F^{(s)}$ mit dem Gradienten-Verfahren folgende Vorschriften für einen Gradienten-Schritt, wobei $\lambda > 0$ ein noch frei zu wählender sogenannter Lernparameter ist:

1. Gewichte g_{pj}, $1 \le p \le q$, $1 \le j \le m$:

$$g_{pj}^{(neu)} := g_{pj} - \lambda F_{g_{pj}}^{(s)}(.., g_{pj}, .., d_{ip}, .., \varrho_p, ..).$$

2. Differenzgewichte d_{ip}, $1 \le i \le n$, $1 \le p \le q$:

$$d_{ip}^{(neu)} := d_{ip} - \lambda F_{d_{ip}}^{(s)}(.., g_{pj}, .., d_{ip}, .., \varrho_p, ..).$$

3. Dilatationsparameter ϱ_p, $1 \le p \le q$:

$$\varrho_p^{(neu)} := \varrho_p - \lambda F_{\varrho_p}^{(s)}(.., g_{pj}, .., d_{ip}, .., \varrho_p, ..).$$

In den obigen Aktualisierungsvorschriften bezeichnen $F_{g_{pj}}^{(s)}$, $F_{d_{ip}}^{(s)}$ und $F_{\varrho_p}^{(s)}$ jeweils die partiellen Ableitungen von $F^{(s)}$ nach g_{pj}, d_{ip} und ϱ_p, und die in Zusammenhang mit der Backpropagation-Lernregel für Standard-Netze gemachten Bemerkungen lassen sich sinngemäß auf den vorliegenden Fall eines RBF-Netzes übertragen, wobei in diesem Fall allerdings die Batch-Mode-Variante häufig deutlich bessere Resultate liefert als die On-Line-Variante.

Radialbeschleunigung, ↗ Beschleunigung.

radiale Basisfunktion, Typus von Funktionen, der zur ↗scattered data-Interpolation verwendet wird, um für nicht allzu große Datenmengen glatte Interpolanten zu erzeugen.

Es seien Punkte $x_1, \ldots, x_N \in \mathbb{R}^n$ und Werte $y_1, \ldots, y_N \in \mathbb{R}$ gegeben; gesucht ist eine Funktion $f : \mathbb{R}^n \to \mathbb{R}$ mit $f(x_i) = y_i$.

Man wählt einen Ansatz der Form

$$f(x) = \sum_{i=1}^{N} \alpha_i R(\|x - x_i\|) + \sum_{j=1}^{m} \beta_j P_j(x). \qquad (1)$$

Dabei ist $R : \mathbb{R}_0^+ \to \mathbb{R}_0^+$ die radiale Basisfunktion und $P_1, \dots, P_m$ sind Funktionen von $\mathbb{R}^n$ nach $\mathbb{R}$ (etwa Polynomfunktionen).

Die Bezeichnung „radiale Basisfunktion" erklärt sich dadurch, daß R nicht von x selbst, sondern nur vom Abstand („Radius") von x und den x_i abhängt.

Die unbekannten Koeffizienten α_i und β_j berechnen sich aus

$$f(x_i) = y_i \qquad (2)$$

$$\sum_{i=1}^{N} \alpha_i P_j(x_i) = 0 \quad (j = 1, \dots, m). \qquad (3)$$

Damit erzwingt man Reproduktion des von $P_1, \dots, P_m$ aufgespannten linearen Raumes U von Funktionen: Gibt es eine Funktion $p \in U$ mit $p(x_i) = y_i$, so ist diese eine Lösung des Interpolationsproblems.

Ist R eine ↗positiv definite Funktion, so kann man Aussagen über die Existenz und Eindeutigkeit der Lösung machen.

Ein Beispiel ist die ↗Hardysche Multiquadrik. Sie ist bedingt positiv definit, wenn $P_1, \dots, P_m$ eine Basis des Vektorraums der Polynome vom Grad $\le k$ ist: Ist (3) erfüllt, so gilt

$$\sum_{i,j=1}^{N} \alpha_i \alpha_j R(\|x_i - x_j\|) > 0 \qquad (4)$$

(außer wenn $\alpha_1 = \dots = \alpha_N = 0$), was die Regularität des linearen Gleichungssystems (2,3) impliziert.

Radialplanimeter, spezielles ↗Planimeter.

Es besteht aus einem Fahrarm, der sich um einen festen Punkt P drehen und außerdem in Fahrarmrichtung über ihn gleiten kann. Die Meßrolle M befindet sich am gleichen Ende wie der Fahrstift F, die Meßrollenebene schneidet den Fahrarm in Höhe des Fahrstiftes.

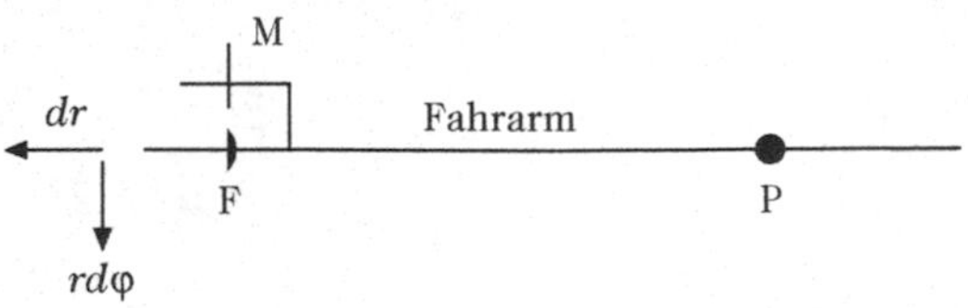

Nur die Komponente $r\,d\varphi$ der Fahrstiftbewegung bewirkt eine Drehung der Meßrolle, die Komponente dr dagegen nicht.

Radial-Typ-Aktivierung, bezeichnet im Kontext ↗Neuronale Netze eine spezielle Aktivierungsfunktion $A_{d,\varrho} : \mathbb{R}^n \to \mathbb{R}$ eines ↗formalen Neurons, die von einem Translationsvektor $d \in \mathbb{R}^n$ und einem Dilatationsparameter $\varrho \in \mathbb{R}$ abhängt und definiert ist als

$$A_{d,\varrho} : \; x \mapsto \varrho \sum_{i=1}^{n} (x_i - d_i)^2 .$$

Radikal, Lösung einer algebraischen Gleichung der Form

$$X^n - a = 0 .$$

Hierbei ist a ein Körperelement. Das Radikal wird auch durch das Symbol $\sqrt[n]{a}$ dargestellt. Zu beachten ist jedoch, daß die "Wurzel" im allgemeinen nicht eindeutig ist.

Zum Begriff „Radikale" siehe auch ↗Abel, Satz von und ↗Galois-Theorie.

Radikal einer Lie-Algebra, das maximale auflösbare Ideal einer ↗Lie-Algebra g. Es ist eindeutig bestimmt.

Die Lie-Algebra g ist also genau dann auflösbar, wenn sie mit ihrem Radikal übereinstimmt.

Radikal eines Ideals, zu einem Ideal I in einem kommutativen Ring R das Ideal

$$\mathrm{rad}(I) := \{f \in R \mid \exists n \in \mathbb{N} : f^n \in I\},$$

meist bezeichnet mit $\mathrm{rad}(I)$ oder $\sqrt{I}$.

Beispielsweise ist für $I = (x^2, xy, y^3)$ das Radikal gegeben durch $\sqrt{I} = (x, y)$.

Ideale I, für die $\mathrm{rad}(I) = I$ gilt, heißen Radikalideale. Primideale sind immer Radikalideale.

Radikalideal, ↗Radikal eines Ideals, ↗Rückertscher Nullstellensatz.

radioaktiver Zerfall, Standardbeispiel für einen exponentiell abklingenden Prozeß.

Es bezeichne $u = u(t)$ die Menge eines zum Zeitpunkt $t \ge 0$ vorhandenen radioaktiven Materials. Dann genügt u der Differentialgleichung

$$u'(t) = -\lambda u(t)$$

mit der sog. Zerfallskonstanten $\lambda > 0$. Ihre Lösung ist gegeben durch

$$u(t) = u(0)\, e^{-\lambda t}.$$

Die Größe

$$\tau = \frac{\ln 2}{\lambda}$$

nennt man auch die Halbwertszeit des durch u beschriebenen Materials.

[1] Heuser, H.: Gewöhnliche Differentialgleichungen. Teubner-Verlag Stuttgart, 1989.

Radiokarbonmethode, Standardmethode zur Datierung frühgeschichtlicher Objekte, die von dem amerikanischen Chemiker und Nobelpreisträger

W.F.Libby entwickelt wurde, und die auf einem bemerkenswert einfachen mathematischen Hintergrund beruht (s.u.).

Die naturwissenschaftlichen Grundlagen der Methode sind die folgenden:

- Das Verhältnis zwischen nichtradioktivem Kohlenstoff C^{12} und radioaktivem Kohlenstoff C^{14} in der Atmosphäre ist im wesentlichen konstant.
- C^{14} zerfällt laufend, mit der Zerfallskonstanten $\lambda = 0,00012/\text{Jahr}$.
- Lebende Organismen unterscheiden nicht zwischen C^{12} und C^{14}, in ihnen ist also das Verhältnis dieser beiden Kohlenstoffe dasselbe wie in der Atmosphäre.
- Sobald der Organismus (Tier, Pflanze) gestorben ist, beginnt sich dieses Verhältnis aber zu ändern, da C^{14} zerfällt, aber nicht mehr aufgenommen wird.

Mißt man nun in einem fossilen Objekt das in ihm herrschende Verhältnis von C^{14} zu C^{12}, und stellt fest, daß es das p-fache $(0 < p < 1)$ des in einem lebenden Organismus vorkommenden Verhältnisses ist, so bedeutet dies, daß in dem Objekt nur noch das p-fache der C^{14}-Menge enthalten ist, die es bei seinem Tod enthielt.

Bezeichnet man den Todeszeitpunkt mit $t_0 = 0$, so liefert das die einfache Gleichung

$$u(t) = p\,u(0)\,, \tag{1}$$

wobei u die C^{14}-Menge und t die Zeit bedeutet. Aus (1) bestimmt man dann die explizite Formel

$$t = -\frac{\ln p}{\lambda} = -\frac{\ln p}{0{,}00012}\ \text{Jahre}$$

zur Bestimmung der seit dem Tod des Organismus verstrichenen Zeit.

[1] Heuser, H.: Gewöhnliche Differentialgleichungen. Teubner-Verlag Stuttgart, 1989.

Radius einer Intervallmatrix, für eine reelle $(m \times n)$-Intervallmatrix $\mathbf{A} = (\mathbf{a}_{ij})$ die Matrix

$$r(\mathbf{A}) = (r(\mathbf{a}_{ij})) \in \mathbb{R}^{m\times n}\ .$$

Radius eines Graphen, ↗ Durchmesser eines Graphen.

Radius eines Intervalls, für ein reelles Intervall $\mathbf{a} = [\underline{a}, \overline{a}]$ die Zahl

$$r(\mathbf{a}) = (\overline{a} - \underline{a})/2\,,$$

also der halbierte ↗ Durchmesser eines Intervalls.

Radius eines Intervallvektors, für einen reellen Intervallvektor $\mathbf{x} = (\mathbf{x}_i)$ der Vektor

$$r(\mathbf{x}) = (r(\mathbf{x}_i)) \in \mathbb{R}^n\ .$$

Radius eines Kreises, der halbierte ↗ Durchmesser eines Kreises, also der Abstand des Mittelpunkts zu einem beliebigen Punkt auf der Kreisperipherie.

Für den Radius einer Kugel gilt die analoge Definition.

Radixsort, ↗ Sortieren durch Fächerverteilung.

Radkurve, ↗ Zykloide.

Radó, Satz von, lautet:

Es seien G, $G' \subset \mathbb{C}$ ↗ Gebiete und f eine in G ↗ holomorphe Funktion mit $f(G) \subset G'$. Dann sind folgende Aussagen äquivalent:

(1) *Es ist f eine ↗ eigentliche meromorphe Abbildung von G auf G'.*

(2) *Ist (z_n) eine Randfolge in G, d. h. $z_n \in G$ für alle $n \in \mathbb{N}$, und (z_n) besitzt keinen Häufungspunkt in G, so ist die Bildfolge $(f(z_n))$ eine Randfolge in G'.*

Radó, Tibor, Ingenieur und Mathematiker, geb. 2.6.1895 Budapest, gest. 12.12.1965 New Smyrna Beach (Florida).

Radós 1913 begonnenes Ingenieurstudium wurde 1915 durch Kriegsdienst und anschließende Gefangenschaft beendet. Nach dem Ende der Kriegsgefangenschaft (1920) nahm er dann ein Mathematikstudium in Szeged auf, wo er 1922 bei F. Riesz promovierte.

Anschließend hatte er ebenfalls in Szeged eine Lehrposition inne, war in den Jahren 1928/29 als Stipendiat in München und in Harvard, und wurde 1930 Professor an der Ohio State University.

Radó war auf mehreren mathematischen Gebieten aktiv, er arbeitete u. a. über Variationsrechnung, konforme Abbildungen, partielle Differentialgleichungen, Maß- und Integrationstheorie. Seine bedeutendsten Ergebnisse erzielte er jedoch in der Differentialgeometrie, speziell Existenz- und Eindeutigkeitssätze zum Plateauschen Problem.

Radon, Johann Karl August, österreichischer Mathematiker, geb. 16.12.1887 Tetschen (Děčin), gest. 25.5.1956 Wien.

Radon studierte von 1905 bis 1910 an der Universität Wien und promovierte anschließend ebendort. Nach Aufenthalten in Göttingen, Brünn und an der

TH Wien habilitierte er sich 1913 und war ab 1914 als Privatdozent an der Universität Wien tätig. 1919 ging er als Professor nach Hamburg, 1922 nach Greifswald, 1925 nach Erlangen und 1928 nach Breslau. Von 1945 bis 1947 arbeitete er in Innsbruck, und ab 1947 an der Universität Wien.

Radons wichtigste Arbeiten betreffen die Variationsrechnung, die Differentialgeometrie und besonders die Theorie der absolut additiven Mengenfunktionen. Er wandte die Variationsrechnung auf die Differentialgeometrie an und fand Anwendungen in der Zahlentheorie. In der Maßtheorie führte er den Begriff des Radon-Maßes ein und verallgemeinerte den Integralbegriff. Mit dem Satz von Radon-Nikodym schuf er ein wichtiges Hilfsmittel in der Untersuchung absolut additiver Maße.

Radon-Maß, spezielles Maß.

Es seien Ω ein Hausdorffraum und $\mathcal{B}(\Omega)$ die ↗Borel-σ-Algebra in Ω. Ein Maß μ auf $\mathcal{B}(\Omega)$ heißt Radon-Maß, falls es lokal-endlich und regulär (↗reguläres Maß) von innen ist. Jedes endliche Radon-Maß ist auch regulär von außen. Hat Ω eine abzählbare Umgebungsbasis, so ist jedes von innen reguläre Borel-Maß auch lokal endlich, also ein Radon-Maß. Ist Ω ein ↗Polnischer Raum, so ist jedes lokal-endliche Maß regulär und ein ↗moderates Maß (Ulam), jedes lokal-endliche Borel-Maß ein σ-endliches Radon-Maß, und jedes Radon-Maß auch von außen regulär. Im Satz von Lusin sind somit die Voraussetzungen erfüllt, falls Ω Polnischer Raum und μ lokal-endlich ist.

Für das Radon-Maß gilt folgender Fortsetzungssatz von Choquet.

Es sei $\mathcal{K}(\Omega)$ die Menge der kompakten Teilmengen von Ω und $\mu_0 : \mathcal{K}(\Omega) \to \overline{\mathbb{R}}_+$ gegeben, wobei für $K_1, K_2 \in \mathcal{K}(\Omega)$ gilt:

(a) $K_1 \subseteq K_2 \Rightarrow \mu_0(K_1) \le \mu_0(K_2) < \infty$.

(b) $\mu_0(K_1 \cup K_2) \le \mu_0(K_1) + \mu_0(K_2)$.

(c) $K_1 \cap K_2 = \emptyset \Rightarrow \mu_0(K_1 \cup K_2) = \mu_0(K_1) + \mu_0(K_2)$.

(d) Für K_1 und $\varepsilon > 0$ existiert eine offene Umgebung O von K_1 so, daß, falls $K_2 \subseteq O$ ist, $\mu_0(K_2) \le \mu_0(K_1) + \varepsilon$ gilt.

Dann gibt es genau ein Radon-Maß μ auf $\mathcal{B}(\Omega)$, das auf $\mathcal{K}(\Omega)$ mit μ_0 übereinstimmt.

Dies heißt, daß ein Radon-Maß durch seine Werte auf $\mathcal{K}(\Omega)$ eindeutig bestimmt ist.

Radon-Nikodym, Satz von, maßtheoretische Aussage.

Es seien $(\Omega, \mathcal{A})$ ein Meßraum, μ, ν zwei Maße auf $\mathcal{A}$, und μ σ-endlich.

Dann ist ν ↗μ-stetiges Maß genau dann, wenn ν eine Dichte f bzgl. μ besitzt, d. h., falls

$$\nu(A) = \int 1_A f d\mu$$

gilt für alle $A \in \mathcal{A}$.

Man nennt f Radon-Nikodym-Ableitung oder -Dichte von ν bzgl. μ.

f ist μ-fast überall eindeutig, und ν ist genau dann σ-endlich, falls $|f| < \infty$ μ-fast überall gilt.

Siehe auch ↗Radon-Nikodym-Eigenschaft.

Radon-Nikodym-Ableitung, ↗Radon-Nikodym, Satz von.

Radon-Nikodym-Eigenschaft, die Eigenschaft eines Banachraums X, daß jedes X-wertige auf einer σ-Algebra definierte Vektormaß m beschränkter Variation, das bzgl. eines skalarwertigen Maßes μ absolutstetig ist, eine Bochner-integrierbare (↗Bochner-Integral) Dichte besitzt:

$$m(A) = \int_A f d\mu .$$

Beispiele solcher Räume sind alle reflexiven Räume, alle Unterräume separabler Dualräume (wie z. B. ℓ^1 oder der Raum der nuklearen Operatoren $N(\ell^2)$), sowie Dualräume von Banachräumen mit einer äquivalenten Fréchet-differenzierbaren Norm. Hingegen haben weder c_0 noch $C[0,1]$ noch $L^1[0,1]$ die Radon-Nikodym-Eigenschaft.

Die Radon-Nikodym-Eigenschaft kann auf vielfältige Weise äquivalent charakterisiert werden, beispielsweise hat X genau dann die Radon-Nikodym-Eigenschaft, wenn jeder stetige lineare Operator $T : L^1(\Omega, \Sigma, \mu) \to X$ eine Darstellung

$$T\varphi = \int_\Omega f\varphi d\mu$$

mit einer beschränkten Bochner-integrierbaren Funktion $f : \Omega \to X$ besitzt.

Ferner sind zur Radon-Nikodym-Eigenschaft äquivalent, daß jedes gleichgradig integrierbare X-wertige ↗Martingal im Mittel und fast sicher konvergiert, oder daß jede abgeschlossene beschränkte konvexe Teilmenge C von X beulbar (engl. *dentable*) ist. Dabei heißt C beulbar, wenn es zu jedem $\varepsilon > 0$ ein $x_0 \in C$ mit

$$x_0 \notin \overline{\operatorname{conv}}\{x \in C : \|x - x_0\| \ge \varepsilon\}$$

gibt; $\overline{\operatorname{conv}}$ steht für die abgeschlossene konvexe Hülle.

Der Dualraum X' von X hat genau dann die Radon-Nikodym-Eigenschaft, wenn jeder separable Unterraum von X einen separablen Dualraum besitzt (Satz von Stegall), wenn also X ein ↗Asplund-Raum ist.

[1] Bourgin, R.: Geometric Aspects of Convex Sets with the Radon-Nikodym property. Springer Berlin/Heidelberg, 1983.

[2] Diestel, J.; Uhl, J.: Vector Measures. American Mathematical Society, 1977.

Radon-Riesz, Satz von, lautet:

Es seien $(\Omega, \mathcal{A}, \mu)$ *ein* ↗*Maßraum und* f, $(f_n | n \in \mathbb{N})$ *p-fach* ↗ *μ-integrierbare Funktionen auf* Ω *für* $1 < p < \infty$.

Genau dann konvergiert $(f_n | n \in \mathbb{N})$ *in p-ten Mittel gegen* f, *wenn* $(f_n | n \in \mathbb{N})$ *schwach gegen* f *konvergiert und* $\int |f_n|^p d\mu$ *gegen* $\int |f|^p d\mu$ *konvergiert.*

Radon-Transformation, eine ↗Integral-Transformation für Funktionen in $\mathbb{R}^n$.

Für $C \in \mathbb{R}$ und $(\xi_1, \ldots, \xi_n) \in \mathbb{R}^n \setminus \{0\}$ sei eine Hyperebene

$$\Gamma := \{x = (x_1, \ldots, x_n) \in \mathbb{R}^n \,|\, x_1\xi_1 + \ldots x_n\xi_n = C\}$$

gegeben. Für eine stetige Funktion f im $\mathbb{R}^n$ wird dann

$$(R_C f)(x) := \frac{1}{\left(\sum_{k=1}^{n} \xi_k\right)^{1/2}} \int_{\Gamma} f(x)\, dV_{\Gamma}$$

die Radon-Transformierte von f genannt. Dabei bezeichnet V_Γ das euklidische $(n-1)$-dimensionale Volumenelement in Γ. Die Radon-Transformierte $R_C f$ ist homogen vom Grade -1.

***R*-Algebra**, ↗Algebra über R.

RAM, ↗ Registermaschine.

Ramanujan, Srinivasa, indischer Mathematiker, geb. 22.12.1887 Egode (Südindien), gest. 26.4.1920 Madras.

Ramanujan wuchs in ärmlichen Verhältnissen in Kumbakonam auf, wo er auch die Schule besuchte. Schon frühzeitig zeigte sich sein mathematisches Talent, und er beschäftigte sich autodidaktisch mit Mathematik. 17jährig erhielt er als Sieger eines mathematischen Wettbewerbs ein Stipendium, das Studium scheiterte jedoch, da er sich nur auf Mathematik konzentrierte und die übrigen Prüfungen (Englisch) nicht bestand.

Mit Gelegenheitsarbeiten und Zuwendungen von Verwandten und Gönnern seinen Lebensunterhalt bestreitend, widmete er sich weiter der Mathematik, vor allem der Zahlentheorie. 1913 wandte er sich an führende Mathematiker in England, unter ihnen G.F. Hardy, mit der Bitte um Unterstützung. Hardy erkannte Ramanujans Begabung. Es gelang ihm, Ramanujans letztlich religiös motivierte Bedenken gegen eine Auslandsreise zu zerstreuen und ihn zu veranlassen, nach England zu kommen. Ab April 1914 weilte Ramanujan am Trinity College in Cambridge und arbeitete intensiv mit Hardy zusammen, der ihm auch mathematischen Unterricht erteilte. 1917 erkrankte Ramanujan vermutlich an Tuberkulose und kehrte 1919 nach Indien zurück, wo er wenig später verstarb. Bis zu seinem Lebensende beschäftigte er sich intensiv mit mathematischen Fragen.

Ramanujan besaß ein ungewöhnliches Zahlengedächtnis und hat zahlreiche Resultate induktiv mit sicherer Intuition erfaßt, ohne jedoch immer einen exakten Beweis zu liefern. Mehrere klassische Resultate, wie der Gaußsche Primzahlsatz und Aussagen über die hypergeometrische Reihe, wurden von ihm wiederentdeckt. In seinen Arbeiten gab er bemerkenswert gute Approximationen für π an, formulierte wichtige Vermutungen über elliptische Modulfunktionen und entwickelte interessante Ergebnisse zu Kettenbrüchen und elliptischen Funktionen.

Intensiv beschäftigte er sich zusammen mit Hardy und Littlewood mit der Partition von natürlichen Zahlen und der Abschätzung der Anzahl möglicher Partitionen für eine Zahl. Zusammen mit Hardy gelang es ihm 1918, eine asymptotische Formel hierfür anzugeben. Die dabei entwickelte Methode wurde von Hardy und Littlewood in den 20er Jahren weiter durchgebildet und wurde als Hardy-Littlewoodsche Kreismethode ein wichtiges Werkzeug der Zahlentheoretiker, das bei vielen Problem erfolgreich angewandt wird.

Weitere Arbeiten Ramanujans betrafen die Darstellung von Zahlen durch eine Summe von Quadraten oder die Anzahl der Gitterpunkte in einem Kreis.

Viele interessante Ergebnisse und Probleme sind auch in den Briefen Ramanujans an Hardy sowie in seinen Notizbüchern enthalten.

Ramanujan-Reihe für π, die Reihe

$$\frac{1}{\pi} = \frac{\sqrt{8}}{9801} \sum_{n=0}^{\infty} \frac{(4n)!}{(n!)^4} \cdot \frac{1103 + 26390n}{396^{4n}},$$

um 1914 von Srinivasa Ramanujan gefunden, neben zahlreichen weiteren, in seinen ‚Notizbüchern' festgehaltenen Reihen und Approximationen für ↗π.

Sie war die Grundlage mehrerer Rekordberechnungen von Dezimalstellen von π mit Computern,

z. B. der Berechnung von etwa 17 Millionen Dezimalstellen im Jahr 1985 durch William Gosper.

Rampenfunktion, bezeichnet im Kontext ↗Neuronale Netze eine stetige sigmoidale Transferfunktion $T : \mathbb{R} \to \mathbb{R}$ mit folgendem qualitativen Verhalten ($\alpha, \beta, a, b \in \mathbb{R}$ mit $\alpha < \beta$ und $a < b$):

$$T(\xi) := \begin{cases} a & \text{für } \xi < \alpha \\ a\dfrac{\xi - \beta}{\alpha - \beta} + b\dfrac{\xi - \alpha}{\beta - \alpha} & \text{für } \alpha \le \xi \le \beta \\ b & \text{für } \xi > \beta \end{cases}$$

Rand einer konvexen Menge, der topologische Rand einer konvexen Menge im $\mathbb{R}^n$.

Ist $K \subseteq \mathbb{R}^n$ konvex, so heißt die Menge

$$\overline{K} \cap \overline{\mathbb{R}^n \backslash K}$$

der Rand von K. Ein Punkt $x_0 \in \mathbb{R}^n$ liegt genau dann im Rand von K, wenn jede Umgebung U von x_0 sowohl die Menge K selbst als auch das Komplement $\mathbb{R}^n \backslash K$ von K anschneidet.

Von besonderer Bedeutung ist der Rand ↗konvexer Körper. Bezeichnet man eine Hyperebene $E \subseteq \mathbb{R}^n$ als Stützebene des konvexen Körpers K, falls die sogenannte Stützmenge $E \cap K$ von der leeren Menge verschieden ist und K vollständig in einem der beiden durch E bestimmten abgeschlossenen Halbräume – dem Stützhalbraum von K – enthalten ist, so kann man zeigen, daß durch jeden Randpunkt x_0 eines konvexen Körpers K wenigstens eine Stützebene geht. Falls es für einen Randpunkt x_0 genau eine solche Stützebene gibt, nennt man den Randpunkt regulär, ansonsten singulär. Ist beispielsweise $n = 2$ und K eine Kreisscheibe in $\mathbb{R}^2$, so spielen die Geraden die Rolle der Hyperebenen, und jeder Randpunkt von K, das heißt, jeder Punkt auf der Kreislinie, ist regulär, da die einzige Stützebene die Tangente in diesem Punkt ist.

Für jeden Randpunkt x_0 eines konvexen Körpers kann man die Strahlen, also die Halbgeraden betrachten, die von x_0 ausgehen und von x_0 verschiedene Punkte von K enthalten. Sie bilden einen konvexen Kegel, den man als den Projektionskegel von K bezeichnet. Ist x_0 zusätzlich ein regulärer Randpunkt von K, so entspricht sein Projektionskegel dem x_0 zugehörigen Stützhalbraum von K.

Rand einer Menge, ↗Rand einer konvexen Menge, ↗Randpunkt.

Randbedingungen, Bedingungen, die an die Lösung eines ↗Randwertproblems $y(\cdot)$ an den Randpunkten eines Intervalls $[a, b]$ gestellt werden.

Man unterscheidet Randbedingungen erster, zweiter und dritter Art:

1. $y(a) = \eta_1$; $y(b) = \eta_2$
2. $y'(a) = \eta_1$; $y'(b) = \eta_2$
3. $\alpha_1 y(a) + \alpha_2 y'(a) = \eta_1$; $\beta_1 y(b) + \beta_2 y'(b) = \eta_2$

Die ersten beiden Bedingungen sind Spezialfälle der dritten, die man Sturmsche Randbedingung nennt.

Daneben gibt es noch periodische Randbedingungen der Form $y(a) = y(b)$; $y'(a) = y'(b)$.

Ein lineares Randwertproblem der Form

$$L[y] = y^{(n)} + a_{n-1}(x)y^{(n-1)} + \ldots + a_0 y = s(x)$$

mit stetigen Funktionen $a_j(x)$ und $s(x)$, sowie den Randbedingungen

$$a_{j,1}y(a) + \ldots + a_{j,n}y^{(n-1)}$$
$$+ b_{j,1}y(b) + \ldots + b_{j,n}y^{(n-1)}(b) = \eta_j$$

heißt (voll-)homogen, wenn $s(x) \equiv \eta_j \equiv 0$. Es heißt halbhomogen, wenn nur $s(x) \equiv 0$ oder $\eta_j \equiv 0$, andernfalls inhomogen.

Randelementmethode, *BEM*, (engl. boundary element method), numerische Behandlung der ↗Randintegralmethode zur Lösung ↗partieller Differentialgleichungen.

Sie entsteht unter Verwendung eines Finite-Elemente-Ansatzes über dem Integrationsbereich. Dabei wird die gesuchte Funktion ersetzt durch eine Approximation in einem endlich-dimensionalen Unterraum der Basisfunktionen $\{(\phi_i)\}$. Man versucht dann entweder, die entstehenden Gleichungen in allen Knotenpunkten der finiten Elemente zur erfüllen (Kollokation), oder durch zusätzliche Integration mit den Basisfunktionen über dem Rand durch die ↗Galerkin-Methode zu lösen.

Bei einer Elementgröße h entstehen bei Problemen im $\mathbb{R}^d$ mit der Randelementmethode lineare Gleichungssysteme der Ordnung $O(h^{1-d})$, während sie bei einem Finite-Elemente-Ansatz der ursprünglichen Differentialgleichung $O(h^{-d})$ ist. Allerdings sind die Matrizen bei der BEM i. allg. voll besetzt.

Randhäufigkeit, ↗Kontingenztafel.

Randintegralmethode, Transformation einer ↗partiellen Differentialgleichung mit gewissen Randbedingungen in eine äquivalente Integralgleichung. Dabei wird die Ausgangsproblemstellung in m Raumkoordinaten auf eine Integralgleichung über einer $(m - 1)$-dimensionalen Oberfäche überführt.

Sei z. B. die ↗Potentialgleichung $\Delta u = 0$ in einem Gebiet Ω des $\mathbb{R}^2$ mit der Randbedingung $u = h$ auf dem Rand Γ von Ω gegeben. Zur Lösung setzt man das sogenannte Einschichtpotential

$$\Phi = \int_\Gamma s(x, y) f(y) d\Gamma_y$$

mit der Singularitätenfunktion

$$s : \mathbb{R}^2 \times \mathbb{R}^2 \to \mathbb{R},$$
$$s(x, y) := -\frac{1}{2} \log ||x - y||$$

und der unbekannten Belegung f an (mit $||\cdot||$ sei die Euklidische Norm bezeichnet). Für die unbekannte

Funktion f ergibt sich daraus die Integralgleichung erster Art

$$\int_\Gamma s(x,y)f(y)d\Gamma_y = h(x) \quad \text{für } x \in \Gamma.$$

Zur numerischen Behandlung der Randintegralmethode verwendet man die ↗Randelementmethode.

Random-Access-Maschine, ↗Registermaschine.

randomisierter Algorithmus, ein Algorithmus, der mit zufälligen Bits arbeitet, die in den Anwendungen ↗Pseudozufallszahlen sind.

Somit besteht ein randomisierter Algorithmus aus einer Klasse von Algorithmen und einer Wahrscheinlichkeitsverteilung auf dieser Klasse. Randomisierte Algorithmen können wesentlich effizienter sein als die besten bekannten deterministischen Algorithmen.

Wenn ein Algorithmus seine Aufgabe lösen kann, indem er eines von m guten Objekten aus einer Menge von $2m$ Objekten benutzt, sind deterministisch im worst case $m+1$ Versuche nötig, während bei zufälliger Wahl durchschnittlich zwei Versuche genügen.

randomisiertes Quicksort, ↗Quicksort.

randomisiertes Runden, ein ↗randomisierter Algorithmus zum Runden von Zahlen. Dabei wird eine Zahl $n + \varepsilon$ mit $0 \le \varepsilon \le 1$ mit Wahrscheinlichkeit $1-\varepsilon$ zu n und mit Wahrscheinlichkeit ε zu $n+1$ gerundet.

Der Vorteil gegenüber dem üblichen Rundungsverfahren ist, daß der erwartete Rundungswert gleich dem ungerundeten Wert ist.

Randpunkt, Punkt einer Teilmenge M eines topologischen Raums $(X, \mathcal{O})$, welcher im Abschluß $\overline{M}$, aber nicht im Inneren $\text{int}M$ von M liegt.

Die Menge $\partial M = \overline{M} \setminus \text{int}M$ (manchmal auch mit $\text{Rd}M$ bezeichnet) heißt der Rand von M.

Der Rand der n-dimensionalen offenen Kugel

$$U_n = \{x \in \mathbb{R}^n : ||x|| < 1\}$$

ist beispielsweise die Sphäre

$$S^{n-1} = \{x \in \mathbb{R}^n : ||x|| = 1\}.$$

Randpunkt eines Intervalls, der linke Randpunkt ℓ und der rechte Randpunkt r eines ↗Intervalls $[\ell, r]$, $(\ell, r]$, $[\ell, r)$ oder (ℓ, r).

Der Rand eines solchen Intervalls besteht also aus der Menge $\{\ell, r\}$.

Randverhalten konformer Abbildungen, Untersuchung des Verhaltens einer ↗konformen Abbildung f der offenen Einheitskreisscheibe $\mathbb{E}$ auf ein beschränktes, einfach zusammenhängendes ↗Gebiet $G \subset \mathbb{C}$.

Eine erste einfache Aussage liefert folgender Satz.

Es sei (z_n) eine Folge in $\mathbb{E}$, die keinen Häufungspunkt in $\mathbb{E}$ besitzt. Dann hat die Bildfolge $(f(z_n))$ keinen Häufungspunkt in G.

Eine wesentlich genauere Aussage für beliebige Gebiete G ist im Primendensatz enthalten.

Es sei $P(G)$ die Menge aller ↗Primenden von G und $\widehat{G}$ der topologische Raum $G \cup P(G)$. Dann kann f zu einem Homöomorphismus $\hat{f}$ von $\overline{\mathbb{E}}$ auf $\widehat{G}$ fortgesetzt werden.

Mit Hilfe der Primendentheorie lassen sich weitere Aussagen herleiten. Dazu ist der Begriff der cluster set notwendig. (Da es keine treffende Übersetzung dieses englischen Ausdrucks gibt, benutzt man ihn auch im deutschsprachigen Raum. In der älteren Literatur findet man noch die Bezeichnung Häufungsmenge). Für eine beliebige Funktion $f: \mathbb{E} \to \widehat{\mathbb{C}}$ und $\zeta \in \mathbb{T} = \partial\mathbb{E}$ besteht die vollständige cluster set $C(f, \zeta)$ von f an ζ aus allen Punkten $w \in \widehat{\mathbb{C}}$, zu denen eine Folge (z_n) in $\mathbb{E}$ existiert mit $z_n \to \zeta$ und $f(z_n) \to w$ für $n \to \infty$.

Die radiale cluster set $C_{\text{rad}}(f, \zeta)$ von f an ζ besteht aus allen Punkten $w \in \widehat{\mathbb{C}}$, zu denen eine Folge (r_n) in $[0, 1)$ existiert mit $r_n \to 1$ und $f(r_n\zeta) \to w$ für $n \to \infty$. Ist f stetig in $\mathbb{E}$, so sind $C(f, \zeta)$ und $C_{\text{rad}}(f, \zeta)$ abgeschlossene, zusammenhängende Mengen. Mit diesen Bezeichnungen gilt folgender Satz.

Es sei f eine konforme Abbildung von $\mathbb{E}$ auf G, $\zeta \in \mathbb{T}$ und $\hat{f}(\zeta)$ das eindeutig bestimmte zu ζ gehörige Primende gemäß des obigen Homöomorphismus $\hat{f}$. Dann gilt für den Abdruck (↗Primende) von $\hat{f}(\zeta)$

$$I(\hat{f}(\zeta)) = C(f, \zeta)$$

und für die Menge der Hauptpunkte von $\hat{f}(\zeta)$

$$\Pi(\hat{f}(\zeta)) = C_{\text{rad}}(f, \zeta).$$

Unter den Voraussetzungen dieses Satzes gelten insbesondere die folgenden beiden Aussagen:

(i) f besitzt den Grenzwert a an ζ, d. h. $\lim_{z\to\zeta} f(z) = a$ genau dann, wenn $I(\hat{f}(\zeta)) = \{a\}$.

(ii) f besitzt den radialen Grenzwert a an ζ, d. h. $\lim_{r\to 1-} f(r\zeta) = a$ genau dann, wenn $\Pi(\hat{f}(\zeta)) = \{a\}$.

Die konforme Abbildung f besitzt also genau dann eine stetige Fortsetzung nach $\mathbb{E} \cup \{\zeta\}$, wenn das Primende $\hat{f}(\zeta)$ punktförmig ist.

Man kann genauere Aussagen erzielen, falls über den Rand von G zusätzliche Eigenschaften vorausgesetzt werden. Dazu ist der Begriff des lokalen Zusammenhangs notwendig. Eine abgeschlossene Menge $A \subset \mathbb{C}$ heißt lokal zusammenhängend, falls zu jedem $\varepsilon > 0$ ein $\delta > 0$ existiert derart, daß es zu je zwei Punkten $a, b \in A$ mit $|a - b| < \delta$ eine zusammenhängende, kompakte Menge B gibt mit $a, b \in B \subset A$ und $\text{diam}B < \varepsilon$. Dabei bezeichnet

$$\text{diam}B = \sup_{z,w\in B} |z - w|$$

den Durchmesser von B. Zum Beispiel ist jede Kurve in $\mathbb{C}$ eine lokal zusammenhängende Menge. Damit gilt folgender Stetigkeitssatz.

Es sei f eine konforme Abbildung von $\mathbb{E}$ auf ein beschränktes Gebiet G. Dann sind folgende Aussagen äquivalent:

(i) *f besitzt eine stetige Fortsetzung auf $\overline{\mathbb{E}}$.*

(ii) *∂G ist eine Kurve, d. h. es existiert eine stetige, surjektive Abbildung $\varphi: \mathbb{T} \to \partial G$.*

(iii) *∂G ist lokal zusammenhängend.*

(iv) *$\mathbb{C} \setminus G$ ist lokal zusammenhängend.*

Falls f eine stetige Fortsetzung auf $\overline{\mathbb{E}}$ besitzt, so ist diese im allgemeinen nicht injektiv. Um dies jedoch zu sichern, muß ∂G neben dem lokalen Zusammenhang eine weitere Bedingung erfüllen. Ist $A \subset \mathbb{C}$ eine zusammenhängende, kompakte Menge, so heißt $a \in A$ ein Trennungspunkt (im Englischen: cut point) von A, falls $A \setminus \{a\}$ nicht mehr zusammenhängend ist. Bei einem ↗Jordan-Bogen ist, mit Ausnahme der Endpunkte, jeder Punkt ein Trennungspunkt. Hingegen besitzt eine ↗Jordan-Kurve keine Trennungspunkte. Damit gilt folgender Satz von Carathéodory.

Es sei f eine konforme Abbildung von $\mathbb{E}$ auf ein beschränktes Gebiet G. Dann sind folgende Aussagen äquivalent:

(i) *f ist zu einem Homöomorphismus von $\overline{\mathbb{E}}$ auf $\overline{G}$ fortsetzbar.*

(ii) *∂G ist eine Jordan-Kurve.*

(iii) *∂G ist lokal zusammenhängend und besitzt keine Trennungspunkte.*

Falls ∂G eine Jordan-Kurve ist, so ist f sogar zu einem Homöomorphismus von $\widehat{\mathbb{C}}$ auf $\widehat{\mathbb{C}}$ fortsetzbar.

Setzt man für ∂G gewisse Glattheitseigenschaften voraus, so sind weitere Aussagen über die Fortsetzbarkeit von f möglich, so etwa der Satz:

Es sei f eine konforme Abbildung von $\mathbb{E}$ auf ein beschränktes Gebiet G. Dann sind folgende Aussagen äquivalent:

(i) *f ist zu einer ↗quasikonformen Abbildung von $\mathbb{C}$ auf $\mathbb{C}$ fortsetzbar.*

(ii) *∂G ist eine ↗quasikonforme Kurve.*

Schließlich gilt folgender Satz von Schwarz.

Es sei f eine konforme Abbildung von $\mathbb{E}$ auf ein beschränktes Gebiet G. Dann sind folgende Aussagen äquivalent:

(i) *Es existiert ein $R > 1$ derart, daß f zu einer in $\{z \in \mathbb{C} : |z| < R\}$ ↗schlichten Funktion fortsetzbar ist.*

(ii) *∂G ist eine analytische Jordan-Kurve.*

Randverteilung, auch Marginalverteilung, Bildmaß der Verteilung eines zufälligen Vektors unter einer Projektion.

Es sei $X = (X_1, \dots, X_n)$ ein auf einem Wahrscheinlichkeitsraum $(\Omega, \mathfrak{A}, P)$ definierter zufälliger Vektor mit Werten in $\mathbb{R}^n$. Dann heißt für jede Teilmenge $I = \{i_1, \dots, i_k\} \subseteq \{1, \dots, n\}$ das Bildmaß der Verteilung P_X von X unter der durch

$$(x_1, \dots, x_n) \to (x_{i_1}, \dots, x_{i_k})$$

definierten Projektion eine k-dimensionale Rand- oder Marginalverteilung von X.

Die k-dimensionale Randverteilung von X bezüglich I ist somit die Verteilung des zufälligen Vektors $(X_{i_1}, \dots, X_{i_k})$. Insbesondere sind die eindimensionalen Randverteilungen von P_X die Verteilungen $P_{X_1}, \dots, P_{X_n}$ der Zufallsvariablen $X_1, \dots, X_n$. Die eindimensionalen Randverteilungen bestimmen die Verteilung von X dann und nur dann, wenn die $X_1, \dots, X_n$ stochastisch unabhängig sind.

Besitzt P_X eine Dichte $f : \mathbb{R}^n \to \mathbb{R}_0^+$, so ist für alle $i = 1, \dots, n$ die durch

$$f_i(x) = \int\limits_{\mathbb{R}^{n-1}} f(x_1, \dots x_{i-1}, x, x_{i+1}, \dots, x_n) \, dx_1 \dots dx_{i-1} dx_{i+1} \dots dx_n$$

definierte Funktion $f_i : \mathbb{R} \to \mathbb{R}_0^+$ nach dem Satz von Fubini eine Dichte der eindimensionalen Randverteilung P_{X_i}.

Randwert, vorgegebener Wert der Lösung einer gewöhnlichen oder partiellen Differentialgleichung auf dem Rand des jeweiligen Definitionsgebiets.

Man spricht dann von einem ↗Randwertproblem.

Durch geeignete Vorgabe dieser Werte wird die Lösung i. allg. eindeutig bestimmt.

Randwertbedingungen in der Hydrodynamik, im wesentlichen die Randwertaufgaben für die ↗Navier-Stokes-Gleichungen.

Es gibt Resultate bezüglich Existenz und Eindeutigkeit von Lösungen für Spezialfälle. Zum einen sind sie durch besondere Eigenschaften der betrachteten Flüssigkeiten gegeben. Beipiele sind die inkompressiblen Flüssigkeiten oder Strömungen, deren Geschwindigkeitsfeld ein Potential hat. Durch entsprechende Ansätze werden z. B. auch die Ergebnisse aus der Potentialtheorie nutzbar. Die Spezialfälle ergeben sich aber auch aus der Wahl der Berandung.

Randwertproblem, Problemstellung für eine Differentialgleichung $y^{(n)} = f(x, y, \dots, y^{(n-1)})$, bei der Bedingungen, die an die Lösungen gestellt werden, an den beiden Randpunkten eines Intervalls $[a, b]$ definiert sind (im Gegensatz zu einem ↗Anfangswertproblem, bei dem die Bedingungen an einem Punkt gestellt werden). Man unterscheidet ↗Randbedingungen erster, zweiter und dritter Art, sowie periodische Randbedingungen.

Es sei $J = 1, \dots, n$. Bei linearen Randwertproblemen der Form

$$L[y] := y^{(n)} + a_{n-1}(x) y^{(n-1)} + \dots + a_0 y = s(x)$$

mit stetigen Funktionen $a_j(\cdot)$ und $s(\cdot)$, sowie den Randbedingungen $a_{j,1} y(a) + \dots + a_{j,n} y^{(n-1)} +$

$b_{j,1}y(b)+\ldots+b_{j,n}y^{(n-1)}(b) = \eta_j$ unterscheidet man homogene ($s(\cdot) \equiv 0 \equiv \eta_j$), halbhomogene ($s(\cdot) \equiv 0$ oder $\eta_j = 0\,(j \in J)$ und inhomogene Randbedingungen.

Entsprechend nennt man das Randwertproblem homogen, halbhomogen oder inhomogen. Lösungen eines Randwertproblems sind diejenigen Lösungen der zugehörigen Differentialgleichung, die den Randbedingungen genügen.

Für den Fall partieller Differentialgleichungen siehe ↗Randwertprobleme elliptischer Differentialgleichungen.

Randwertprobleme elliptischer Differentialgleichungen, spezielle Problemstellungen im Zusammenhang mit ↗partiellen Differentialgleichungen von elliptischem Typ. Dabei werden Lösungen der Differentialgleichung gesucht, die auf dem Rand des Definitionsgebiets bestimmte Werte annehmen.

Es bezeichne $u(x)$ die gesuchte Funktion der Raumkoordinate x im Gebiet Ω mit Rand $\partial\Omega$, f und h seien vorgebenen Funktionen auf $\partial\Omega$. Ferner sei n der äußere ↗Normalenvektor auf $\partial\Omega$ und

$$\frac{\partial u}{\partial n} = \nabla u \cdot n$$

die Normalenableitung von u. Dann unterscheidet man grundsätzlich folgende Klassen von Randbedingungen:

$$u\Big|_{\partial\Omega} = h \qquad \text{(RB erster Art)},$$

$$\frac{\partial u}{\partial n}\Big|_{\partial\Omega} = h \qquad \text{(RB zweiter Art)},$$

$$\left(\frac{\partial u}{\partial n} + fu\right)\Big|_{\partial\Omega} = h \quad \text{(RB dritter Art)}.$$

Rang, Bezeichnung für die (stets endliche) Dimension des Bildraumes $f(V)$ eines endlichdimensionalen Vektorraumes V über $\mathbb{K}$ unter einer ↗linearen Abbildung $f : V \to W$ von V in einen Vektorraum W über $\mathbb{K}$ (Rang von f), bezeichnet mit $\mathrm{Rg}\,f$ oder $\mathrm{Rg}(f)$.

($f(V)$ ist stets ein Unterraum von W. Wird f durch die ↗Matrix A repräsentiert, so gilt

$$\mathrm{Rg}\,f = \mathrm{Rg}A$$

(↗Rang einer Matrix). Ist auch W endlich-dimensional, so stimmt der Rang von f mit dem Rang der zu f dualen Abbildung f^* überein.

Der Rang einer nicht-leeren Teilmenge U eines Vektorraumes V ist definiert als Dimension des von U aufgespannten Unterraumes von V.

Rang einer endlich erzeugten abelschen Gruppe, Minimalzahl der Erzeugenden dieser Gruppe.

Ist der Rang gleich 1, so handelt es sich um eine ↗zyklische Gruppe.

Rang einer Matrix, die stets übereinstimmende maximale Anzahl linear unabhängiger Zeilen- oder Spaltenvektoren der ↗Matrix, falls die Einträge Elemente aus einem Körper sind, üblicherweise bezeichnet mit $\mathrm{Rg}A$ oder $\mathrm{Rg}(A)$.

Wird eine $(m \times n)$-Matrix A als Operator einer ↗linearen Abbildung $A : \mathbb{R}^n \to \mathbb{R}^m$ aufgefaßt, so gilt:

$$\mathrm{Rg}A = \dim A(\mathbb{R}^n)\,.$$

Eine Matrix A hat genau dann Rang r, wenn sie eine von 0 verschiedene $(r \times r)$-Unterdeterminante besitzt, und jede $(r+1 \times r+1)$-Unterdeterminante gleich 0 ist.

Multiplikation von links mit einer regulären $(m \times m)$-Matrix und von rechts mit einer regulären $(n \times n)$-Matrix ändert den Rang einer $(m \times n)$-Matrix A nicht, und Multiplikation mit einer beliebigen Matrix vergrößert den Rang von A nicht. Zwei $(m \times n)$-Matrizen sind genau dann äquivalent, wenn sie gleichen Rang haben.

Das bekannteste Verfahren zur Bestimmung des Ranges einer Matrix A ist der Gaußsche Algorithmus, mit dem die Matrix A in eine Matrix der Form E_r (die ersten r Einträge auf der Hauptdiagonalen gleich 1, alle anderen Einträge gleich Null) überführt werden kann. Die Zahl r ist dann gleich dem Rang von A.

Rang einer Poisson-Struktur, an einem Punkt m einer ↗Poissonschen Mannigfaltigkeit (M, P) die Dimension des Unterraumes

$$\{P(\alpha_m, \ ) \in T_mM | \alpha_m \in T_mM^*\}$$

des Tangentialraumes.

Der Rang einer Poisson-Struktur am Punkt m ist identisch mit der Dimension des durch m gehenden symplektischen Blattes von (M, P) und daher immer gerade.

Rangfunktion, Funktion r auf einer Ordnung $P_<$ bzw. einem Verband L mit Nullelement 0, die jedem Element a die gemeinsame Länge $r(a)$ aller maximalen $(0, a)$-Ketten zuordnet.

Man sagt, die Rangfunktion r erfülle die Regularitätsbedingung (R_k), $k \geq 2$, falls für alle $x_1, \ldots, x_n \in L$ gilt

$$r(x_1 \vee \cdots \vee x_k) = \sum_{i<j}^{k} r(x_i) - \sum_{i<j} r(x_i \wedge x_j) + \ldots + (-1)^{k-1} r(x_1 \wedge \cdots \wedge x_k)\,.$$

Die Bedingung (R_k) impliziert die Bedingung (R_{k-1}) und damit auch (R_i) für alle $i \leq k$. Umgekehrt kann man zeigen, daß (R_3) auch (R_k) für alle $k \geq 3$ zur Folge hat.

Somit sind lediglich die Bedingungen (R_2) und (R_3) von Bedeutung. Sie klassifizieren die modularen bzw. distributiven Verbände.

Rangkorrelation, ↗Rangkorrelationskoeffizienten.

Rangkorrelationsanalyse, ein spezieller Teil der ↗Korrelationsanalyse, umfaßt Verfahren der mathematischen Statistik zur Untersuchung und Beurteilung der Korrelation, d. h., der stochastischen Abhängigkeiten von zufälligen Merkmalen mit Hilfe von ↗Rangkorrelationskoeffizienten, wie z. B. des ↗Spearmanschen Korrelationskoeffizienten oder ↗Kendalls τ-Koeffizienten.

Diese Koeffizienten basieren auf den Rangzahlen einer Stichprobe (↗geordnete Stichprobe) und werden angewendet, wenn mindestens eines der zu untersuchenden Merkmale ordinal skaliert und beide nicht nominal skaliert sind (↗Skalentypen). In diesem Fall ist die Berechnung des für proportionalitätsskalierte Merkmale definierten ↗Pearsonschen Korrelationskoeffizienten nicht möglich.

Die Rangkorrelationsanalyse gehört damit zur ↗nichtparametrischen Statistik.

Rangkorrelationskoeffizienten, auf Rangplätzen (↗geordnete Stichprobe) basierende Schätzungen für die ↗Korrelationskoeffizienten zweier oder mehrerer Merkmale, wenn diese mindestens ordinal skaliert sind.

In diesem Falle ist der für proportionalitätsskalierte Merkmale definierte ↗Pearsonsche Korrelationskoeffizient bzw. der ↗empirische Korrelationskoeffizient nicht anwendbar.

Typische Vertreter von Rangkorrelationskoeffizienten für die Beurteilung des Zusammenhangs zweier Merkmale sind zum Beispiel der ↗Spearmansche Korrelationskoeffizient und ↗Kendalls τ-Koeffizient.

Siehe auch ↗Rangkorrelationsanalyse.

Rangplatz, *Rangzahl*, ↗geordnete Stichprobe.

Rangstatistik, ↗geordnete Stichprobe.

Rangtest, ein verteilungsfreier Test (↗nichtparametrische Statistik), bei dem die Testgröße mit Hilfe der ↗geordneten Stichprobe gebildet wird. Dabei werden vielfach nur die Rangzahlen benutzt.

Die Güte eines Rangtests beurteilt man häufig mit Hilfe seiner asymptotischen Wirksamkeit (↗Testtheorie) in bezug auf einen entsprechenden ↗Parametertest, der auf der Normalverteilung beruht. Beispiele für Rangtests sind der ↗U-Test, der ↗Wilcoxon-Test und der ↗χ^2-Test.

Rangzahl, *Rangplatz*, ↗geordnete Stichprobe.

Rankfunktion, durch transfinite Rekursion bezüglich der Ordinalzahl α definierte Funktion.

Man setzt

(1) $\mathbf{R}(0) := 0$.

(2) $\mathbf{R}(\alpha + 1) := \mathcal{P}(\mathbf{R}(\alpha))$.

(3) $\mathbf{R}(\alpha) := \bigcup_{\gamma<\alpha} \mathbf{R}(\gamma)$ für Limesordinalzahlen α.

Siehe auch ↗Kardinalzahlen und Ordinalzahlen.

Rankine, William John Macquorn, schottischer Ingenieur und Mathematiker, geb. 2.7.1820 Edinburgh, gest. 24.12.1872 Glasgow.

Ausgebildet als Ingenieur trat Rankine 1855 eine Stelle als Professor für Ingenieurwesen und Mechanik in Glasgow an. In dieser Zeit entwickelte er Methoden zur Berechnung der Kräfteverteilung in Gerüstkonstruktionen, fand unabhängig von Carnot das Carnotsche Gesetz und untersuchte die Materialermüdungen in den Achsen der Eisenbahn. Im Zusammenhang mit der Untersuchung der Wellenausbreitung in Gasen und kompressiblen Flüssigkeiten gilt er als einer der Begründer der Theorie der Schockwellen (Stoßwellen).

Rankine-Hugoniot-Gleichung, allgemein für ein thermodynamisches System die Bedingung, daß eine unstetige, den Zustand des Systems charakterisierende Größe $\mathfrak{u}$, die einer Bilanzgleichung auf beiden Seiten der Unstetigkeitsfläche genügt, eine schwache Lösung der Bilanzgleichung ist.

$\mathfrak{u}$ sei eine i. allg. vektorielle Funktion des Raum-Zeit-Punktes mit den Koordinaten x^B (x^0 Zeitkoordinate, x^r Raumkoordinaten ($r = 1, 2, 3$)), die den Zustand des Systems charakterisiert. Die Komponenten F^A, die durch $\mathfrak{u}$ bestimmt werden, mit F^0 als einer Dichte und mit den F^i ($i = 1, 2, 3$) als den Stromkomponenten mögen einer Bilanzgleichung

$$\frac{\partial F^A}{\partial x^A} = \Pi \qquad (1)$$

(↗Einsteinsche Summenkonvention!) genügen, wobei Π die Quelle charakterisiert.

Φ sei eine Testfunktion mit dem Träger in dem Raum-Zeit-Gebiet $\mathcal{C}$. $\mathfrak{u}$ wird *schwache* Lösung von (1) genannt, wenn gilt

$$\int_{\mathcal{C}} \left(F^A \frac{\partial \Phi}{\partial x^A} + \Pi \Phi \right) d\mathcal{C} = 0\,.$$

Den rechtsseitigen (linksseitigen) Limes von $\mathfrak{u}$ an einer Unstetigkeitsfläche mit den Komponenten n_A ihrer Normalen bezeichnen wir mit $\mathfrak{u}_+$ ($\mathfrak{u}_-$). Die Rankine-Hugoniot-Gleichung lautet dann

$$(F^A(\mathfrak{u}_+) - F^A(\mathfrak{u}_-))n_A = 0\,.$$

Rao-Cramer, Ungleichung von, Ungleichung (1) im folgenden Satz.

Es sei X eine Zufallsgröße, deren Verteilungsdichtefunktion $f(x;\gamma)$ bis auf einen unbekannten Parameter $\gamma \in \mathbb{R}^1$ bekannt ist, und es sei $\hat{\gamma} = S(X_1, \ldots, X_n)$ eine ↗Punktschätzung für γ auf der Basis einer Stichprobe $X_1, X_2, \ldots, X_n$ von X. Eine Aussage über eine untere Schranke der Varianz $V(\hat{\gamma})$ der Schätzfunktion $\hat{\gamma}$ liefert der Satz von Rao-Cramer:

Ist die Dichtefunktion $f(x, \gamma)$ für jedes x zweimal nach γ differenzierbar, und gelten weitere Regularitätsvoraussetzungen, dann ist für jede Punktschätzfunktion $\hat{\gamma}$ des Parameters γ die Ungleichung

$$V(\hat{\gamma}) \geq \frac{1}{I_n(\gamma)} \qquad (1)$$

erfüllt, wobei

$$I_n(\gamma) = nV\left(\frac{d \ln f(X_1, \dots, X_n; \gamma)}{d\gamma}\right)$$

ist.

$I_n(\gamma)$ wird als Fishersche Information bezeichnet. Als Maßzahl macht sie eine Aussage über die in der Stichprobe enthaltene Information hinsichtlich des zu schätzenden Parameters γ.

Die Ungleichung (1) wird als Ungleichung von Rao-Cramer bezeichnet. Eine Schätzfunktion $\hat{\gamma}$, deren Varianz die untere Schranke $I_n(\gamma)$ annimmt, heißt effektive (wirksamste) Schätzung (↗Punktschätzung).

Rasborow (Razborov), Alexander Alexandrowitsch, russischer Mathematiker, geb. 16.2.1963 Belovo.

Rasborow studierte 1980 bis 1985 in der Abteilung für Mechanik und Mathematik der Moskauer Universität und arbeitete danach unter der Leitung von S.I. Adian am Moskauer Steklow-Institut für Mathematik an seiner Promotion zu Fragen der kombinatorischen Gruppentheorie, die er 1987 abschloß. Danach erhielt er eine Anstellung am diesem Institut, verteidigte dort 1991 seine Doktordissertation (Habilitation) und ist seitdem als leitender Forschungsmitarbeiter tätig.

Ausgehend von der Beschäftigung mit der kombinatorischen Gruppentheorie widmete sich Rasborow vor allem der Komplexitätstheorie. Auf diesem Gebiet löste er schwierige zentrale Probleme der Berechenbarkeit von Funktionen und gilt als eine der führenden Forscherpersönlichkeiten. Er entwickelte eine neue Technik, um die Berechenbarkeit in Booleschen Zyklenmodellen zu analysieren. Damit leitete er untere Schranken für die Komplexität derartiger Modelle sowie interessante graphentheoretische Aussagen ab und konnte eine Reihe von Funktionen als nicht in polynomieller Zeit berechenbar nachweisen.

Für seine Leistungen wurden Rasborow zahlreiche Ehrungen zu teil, 1990 erhielt er den ↗Nevanlinna-Preis.

Raster, Teilmenge S einer geordneten Menge $\{M, \leq\}$, die unteres und oberes Raster ist.

Dabei heißt S unteres Raster, falls für alle $a \in M$ die Menge der unteren Schranken von a in S nicht leer ist und ein größtes Element besitzt, und oberes Raster, falls für alle $a \in M$ die Menge der oberen Schranken von a in S nicht leer ist und ein kleinstes Element besitzt.

rational unabhängig, Bezeichnung für ein n-Tupel $\omega_1, \dots, \omega_n \in \mathbb{R}^n$, das erfüllt:

Für alle $(c_1, \dots, c_n) \in \mathbb{Z}^n \setminus \{0\}$ gilt

$$\sum_{i=1}^{n} c_i \gamma_i \in \mathbb{R} \setminus \mathbb{Z}.$$

rationale Abbildung, im Sinne der algebraischen Geometrie ein ↗Morphismus φ einer nicht leeren Zariski-offenen Menge $U \subset V$ nach W (V und W irreduzible algebraische Varietäten), dessen Bild Zariski-dicht in W ist.

Ist $\Gamma \subset V \times W$ die Abschließung des Graphen dieses Morphismus', so ist Γ eine irreduzible Varietät, und die Projektionen V und W induzieren einen birationalen Morphismus $p : \Gamma \to V$ und eine rationale Abbildung $\Gamma \to W$ so, daß $\varphi \circ p = q$ auf $p^{-1}(U)$.

Die Existenz einer rationalen Abbildung von V nach W ist äquivalent zur Existenz einer Einbettung der entsprechenden Funktionenkörper $k(W) \subset k(V)$ über k (↗algebraischer Funktionenkörper).

rationale Approximation, Beispiel ↗nichtlinearer Approximation, bei der die Approximationsmenge aus Quotienten von Polynomen (↗rationalen Funktion) besteht.

rationale Bezièr-Kurve, bezüglich einer Basis aus ↗Bernstein-Polynomen dargestellte rationale Kurve.

Sind $\bar{b}_0, \dots, \bar{b}_N \in \mathbb{R}^{n+1}$ die Kontrollpunkte einer ↗Bézier-Kurve $\bar{B}(t) = (\bar{B}_0(t), \dots, \bar{B}_n(t))$, dann ist

$$B(t) = \frac{1}{\bar{B}_0(t)}(\bar{B}_1(t), \dots, \bar{B}_n(t))$$

eine rationale Bézier-Kurve. Ist $\bar{b}_j = (\bar{b}_{j0}, \dots, \bar{b}_{jn})$ ein Kontrollpunkt von $\bar{B}(t)$, so bezeichnet man

$$\frac{1}{\bar{b}_{j0}}(\bar{b}_{j1}, \dots, \bar{b}_{jn})$$

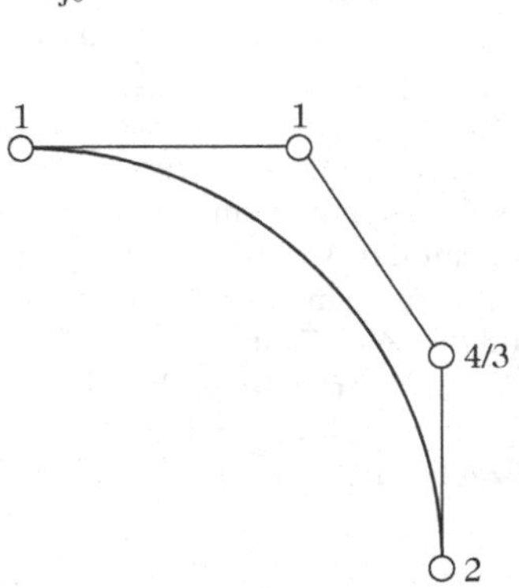

Kreisbogen als rationale Bézierkurve mit Kontrollpolygon und Gewichten.

als Kontrollpunkt von $B(t)$, und $\bar{b}_{j0}$ als sein Gewicht. Der Zusammenhang zwischen Kontrollpolygon und Gewichten einerseits und der Kurve andererseits ähnelt dem Zusammenhang zwischen Bézier-Polygon und Bézier-Kurve. Insbesondere besitzen rationale Bézier-Kurven einer verallgemeinerte ↗convex hull property und ↗variation diminishing property.

rationale Darstellung, Begriff aus der Gruppentheorie.

Eine rationale Darstellung einer algebraischen Gruppe G ist ein endlich-dimensionaler Vektorraum V zusammen mit einem Homomorphismus algebraischer Gruppen $G \xrightarrow{\sigma} GL(V)$, d. h., σ ist ein Gruppenhomomorphismus und gleichzeitig ein Morphismus algebraischer Varietäten.

Ist G selbst eine lineare algebraische Gruppe, (d. h., eine algebraische Untergruppe einer Gruppe $GL(E)$, wobei E ein endlichdimensionaler Vektorraum ist), und $g = g_s g_u$ die Jordan-Zerlegung von $g \in GL(E)$ in halbeinfachen und unipotenten Teil, so folgt aus $g \in G$ auch $g_s, g_u \in G$, und bei jeder rationalen Darstellung ist $\sigma(g_s)\sigma(g_u)$ die Jordan- Zerlegung von $\sigma(g)$.

rationale Funktion, reelle oder komplexe Funktion, die als Quotient zweier Polynome darstellbar ist, also eine Funktion $f : D \to \mathbb{R}$, die sich in der Gestalt

$$f(x) = \frac{P(x)}{Q(x)}$$

schreiben läßt, mit Polynomen $P, Q \in \mathbb{R}[x]$, $Q \neq 0$, wobei $D = \{x \in \mathbb{R} : Q(x) \neq 0\}$ ist.

Gibt es eine solche Darstellung mit einem konstanten Polynom Q, d. h. läßt sich f selbst als Polynom schreiben, so nennt man f auch eine ↗ganzrationale Funktion, andernfalls eine gebrochen rationale Funktion. Im Fall $\operatorname{grad} P < \operatorname{grad} Q$ spricht man auch von einem „echten Polynombruch“. Eine rationale Funktion läßt sich auf genau eine Weise als Summe eines Polynoms und eines echten Polynombruchs darstellen. Man erhält diese Darstellung durch Division mit Rest des Zählerpolynoms P durch das Nennerpolynom Q.

Rationale Funktionen sind stetig und differenzierbar. Eine Stammfunktion einer rationalen Funktion gewinnt man im nicht-trivialen Fall durch ↗Partialbruchzerlegung. Das Verhalten für $x \to \pm\infty$ der nicht-konstanten rationalen Funktion f mit

$$f(x) = \frac{a_n x^n + a_{n-1}x^{n-1} + \cdots + a_1 x + a_0}{b_m x^m + b_{m-1}x^{m-1} + \cdots + b_1 x + b_0}$$

mit $a_0, \dots, a_n, b_0, \dots, b_m \in \mathbb{R}$ wird durch die beiden Leitkoeffizienten $a_n, b_m \neq 0$ bestimmt: Es gilt

$$\lim_{x\to\pm\infty} f(x) = \lim_{x\to\pm\infty} c\,x^k,$$

mit

$$c := \frac{a_n}{b_m} \quad \text{und} \quad k := n - m\,.$$

Rationale Funktionen auf einer Varietät sind konstante oder ↗rationale Abbildungen von V nach $\mathbb{A}^1 \subset \mathbb{P}^1$. Sie bilden einen ↗algebraischen Funktionenkörper $k(V)$.

rationale Kurve, eine ↗algebraische Kurve vom Geschlecht 0.

rationale Normkurve, eine Menge von Punkten eines ↗projektiven Raumes über dem Körper K, die sich bei geeigneter Wahl der homogenen Koordinaten schreiben läßt in der Form

$$\left\{ \left(\begin{array}{c} 1 \\ a \\ a^2 \\ \vdots \\ a^{n-1} \\ a^n \end{array} \right) \middle| \, a \in K \right\} \cup \left\{ \left(\begin{array}{c} 0 \\ 0 \\ 0 \\ \vdots \\ 0 \\ 1 \end{array} \right) \right\}.$$

Eine rationale Normkurve $\mathcal{R}$ ist ein ↗Bogen. Hat der projektive Raum die Ordnung q, so hat $\mathcal{R}$ genau $q + 1$ Elemente.

rationale Varietät, ↗Lüroth-Problem.

rationale Zahlen, Ergebnis der Erweiterung des Integritätsrings $\mathbb{Z}$ der ganzen Zahlen zu einem Körper $\mathbb{Q}$.

Zurückgehend auf Heinrich Weber (1895) definiert man $\mathbb{Q}$ meist als den Quotientenkörper zu $\mathbb{Z}$, d. h. als Menge von Äquivalenzklassen bzgl. der durch

$$(a, b) \sim (c, d) \;:\Longleftrightarrow\; ad = bc$$

auf den Paaren $\mathbb{Z} \times (\mathbb{Z} \setminus \{0\})$ erklärten Äquivalenzrelation. Für $a, b \in \mathbb{Z}$ mit $b \neq 0$ sei der *Bruch* $\frac{a}{b}$ die Äquivalenzklasse von (a, b) bzgl. $\sim$. Für $(a_1, b_1) \sim (a_2, b_2)$ und $(c_1, d_1) \sim (c_2, d_2)$ gilt

$$(a_1 d_1 + b_1 c_1, b_1 d_1) \sim (a_2 d_2 + b_2 c_2, b_2 d_2)\,,$$

d. h. die Definition

$$\frac{a}{b} + \frac{c}{d} := \frac{ad + bc}{bd}$$

ist sinnvoll. Ebenso ist die Definition

$$\frac{a}{b} \cdot \frac{c}{d} := \frac{ac}{bd}$$

sinnvoll. Mit der Null $0 := \frac{0}{1}$, der Eins $1 := \frac{1}{1}$, der durch

$$-\frac{a}{b} := \frac{-a}{b} \qquad \left(\text{Negatives zu } \frac{a}{b}\right)$$

gegebenen additiven Inversenoperation und der durch

$$\left(\frac{a}{b}\right)^{-1} := \frac{b}{a} \qquad \left(\text{Reziprokes zu } \frac{a}{b} \neq 0\right)$$

gegebenen multiplikativen Inversenoperation ist $(\mathbb{Q}, +, 0, \cdot, 1)$ ein Körper, nämlich der kleinste $\mathbb{Z}$ umfassende Körper, d. h., jeder $\mathbb{Z}$ umfassende Körper besitzt einen zu $\mathbb{Q}$ isomorphen Unterkörper. Mit den obigen Definitionen der Addition und der Multiplikation weist man leicht die restlichen Regeln der ↗Bruchrechnung nach.

Beispielsweise mit dem ersten Cantorschen Diagonalverfahren sieht man, daß die Menge $\mathbb{Q}$ abzählbar ist: Man schreibt die Brüche nach dem Nenner geordnet in Zeilen

$$\begin{array}{cccccc} \frac{1}{1} & \frac{2}{1} & \frac{3}{1} & \frac{4}{1} & \frac{5}{1} & \cdots \\ \frac{1}{2} & \frac{2}{2} & \frac{3}{2} & \frac{4}{2} & \frac{5}{2} & \cdots \\ \frac{1}{3} & \frac{2}{3} & \frac{3}{3} & \frac{4}{3} & \frac{5}{3} & \cdots \\ \vdots & \vdots & \vdots & \vdots & \vdots & \end{array}$$

und schreitet sie von oben links her entlang derjenigen Diagonalen, auf denen Brüche mit konstanter Summe aus Zähler und Nenner stehen, ab, also

$$\frac{1}{1}, \frac{1}{2}, \frac{2}{1}, \frac{1}{3}, \frac{2}{2}, \frac{3}{1}, \ldots .$$

Ergänzt man noch die Null und die negativen Brüche, so kommt man zu einer Abzählung

$$0, -\frac{1}{1}, \frac{1}{1}, -\frac{1}{2}, \frac{1}{2}, -\frac{2}{1}, \frac{2}{1}, \ldots$$

von ganz $\mathbb{Q}$, also einer surjektiven Abbildung $\varphi : \mathbb{N} \to \mathbb{Q}$. Durch Weglassen kürzbarer Brüche läßt sich auch eine bijektive Abbildung von $\mathbb{N}$ auf $\mathbb{Q}$ erreichen.

Die Abbildung

$$\Phi : \mathbb{Z} \ni a \longmapsto \frac{a}{1} \in \mathbb{Q}$$

bettet den Integritätsring $\mathbb{Z}$ in den Körper $\mathbb{Q}$ ein. Mit den positiven rationalen Zahlen

$$\mathbb{Q}_+ := \left\{ \frac{a}{b} \,\middle|\, a, b \in \mathbb{Z},\ ab > 0 \right\}$$

gilt $\mathbb{Q} = -\mathbb{Q}_+ \uplus \{0\} \uplus \mathbb{Q}_+$ (Trichotomie). Die Ordnung von $\mathbb{Z}$ wird durch

$$a < b \ :\Longleftrightarrow\ b - a \in \mathbb{Q}_+$$

für $a, b \in \mathbb{Q}$ zu einer Ordnung auf $\mathbb{Q}$ fortgesetzt. Damit ist $\mathbb{Q}$ ein ↗archimedischer Körper.

Alternativ kann man $\mathbb{Q}$ einführen, indem man zuerst die reellen Zahlen axiomatisch als vollständigen archimedischen Körper definiert, dann darin die natürlichen und die ganzen Zahlen erklärt und die rationalen Zahlen als diejenigen reellen Zahlen definiert, die sich als Quotient $a/b := ab^{-1}$ zweier Zahlen $a, b \in \mathbb{Z}$, wobei $b \neq 0$, schreiben lassen. Dabei ist zu zeigen, daß $\mathbb{Q}$ gegenüber der von $\mathbb{R}$ geerbten Addition und Multiplikation abgeschlossen ist.

$(\mathbb{Q}, \leq)$ ist keine vollständige Ordnung, beispielsweise hat die Menge $M := \{x \in \mathbb{Q} \,|\, x^2 < 2\}$ in $\mathbb{Q}$ kein Supremum. Ferner ist $\mathbb{Q}$ kein vollständiger Körper, denn z. B. wird durch $a_1 := 1$ und $a_{n+1} := a_n/2 + 1/a_n$ für $n \in \mathbb{N}$ eine ↗Cauchy-Folge (a_n) definiert, die in $\mathbb{Q}$ nicht konvergiert. Es gibt kein $x \in \mathbb{Q}$ mit $x^2 = 2$. Die minimale Erweiterung von $\mathbb{Q}$ zu einem vollständigen Körper führt zu den reellen Zahlen. Dort hat M ein Supremum, und die Cauchy-Folge (a_n) konvergiert, nämlich gegen $x = \sqrt{2} = \sup M$ mit $x^2 = 2$.

rationaler Ausdruck, ↗ regulärer Ausdruck.

Räuber-Beute-Modell, auch Lotka-Volterra-Räuber-Beute-Modell, ein ↗dynamisches System, das durch folgendes Differentialgleichungssystem beschrieben wird:

$$\begin{pmatrix} \dot{x} \\ \dot{y} \end{pmatrix} = \begin{pmatrix} -a_1 x + b_1 xy \\ a_2 y - b_2 xy \end{pmatrix}$$

mit Konstanten $a_1, a_2, b_1, b_2 > 0$.

$x(\cdot)$ bzw. $y(\cdot)$ werden als Funktionen interpretiert, die die zeitliche Entwicklung einer Population von Raubtieren (z. B. Luchs) bzw. Beutetieren (z. B. Schneehasen) beschreiben. Dabei wird angenommen, daß der Beutepopulation ein unbegrenzter Nahrungsvorrat zur Verfügung steht, von dem sie sich ausschließlich ernährt; die Räuberpopulation ernähre sich nur von der Beutepopulation. a_1 ist die Sterberate der Räuberpopulation, a_2 die Geburtsrate der Beutepopulation. Die Vermehrung der Räuberpopulation ist proportional zu ihrer Größe, aber auch zur Größe der Beutepopulation, und damit der Möglichkeit, daß Räuber Beutetiere treffen. Umgekehrt nimmt die Beutepopulation proportional zum Produkt aus Räuber- und Beutepopulation ab. Es handelt sich um ein einfaches nichtlineares Differentialgleichungssystem.

Diese klassische Modell für eine ökologische Interaktion wird allerdings von der modernen ↗Mathematischen Biologie als zu einfach angesehen: Das ursprüngliche Modell von Lotka (ein abgewandeltes Hamiltonsches System) ist strukturell instabil, andere Modelle (Volterra, Kolmogorow) berücksichtigen die Kapazität der Beute-Spezies und liefern stabile Koexistenz von Beute und Räuber bzw. (Paradox der Anreicherung) stabile periodische Orbits. Die Zahl der Orbits ist aber selbst in einfachen Fällen oft ungeklärt.

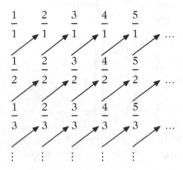

Das Verhalten hängt wesentlich davon ab, wie die Antwort des Räubers auf ein Beuteangebot modelliert wird.

[1] Heuser, H.: Gewöhnliche Differentialgleichungen. B.G. Teubner-Verlag Stuttgart, 1989.

[2] Lotka, A.J.: Elements of Mathematical Biology. Dover Publications, Inc. New York, 1956.

Raum, in den einzelnen Teilgebieten der Mathematik unterschiedlich interpretierter Begriff. Man vergleiche hierzu auch die nachfolgenden Stichworteinträge.

Meist verwendet man den Begriff „Raum" als Synonym zu ↗Vektorraum (linearer Raum), oft aber auch als Bezeichnung für den „Anschauungsraum", also i.w. den dreidimensionalen ↗euklidischen Raum.

Siehe auch ↗Funktionenräume.

Raum der binären Formen, Vektorraum V_k aller homogenen reellen Polynome ungeraden Grades $2k+1$ in zwei Variablen x, y für gegebenes $k \in \mathbb{N}$.

V_k wird ein ↗symplektischer Vektorraum, wobei die ↗symplektische 2-Form ω auf den Basispolynomen

$$X_a(x,y) := x^a y^{2k+1-a}\,, \quad 0 \le a \le 2k+1$$

durch

$$\omega(X_a, X_b) := \begin{cases} (-1)^a a!b! & \text{falls } b = 2k+1-a \\ 0 & \text{sonst} \end{cases}$$

erklärt wird. ω ist die bis auf ein nichtverschwindendes reelles Vielfaches eindeutige symplektische 2-Form auf V_k, die unter der Wirkung der Lie-Gruppe $SL(2,\mathbb{R})$ aller reellen (2×2)-Matrizen mit Determinante 1 invariant ist. Identifiziert man V_k mit dem Raum aller Polynome in einer Variablen x vom Grade $2k+1$, so läßt sich ω auch in der Form

$$\omega(f,g) = \sum_{a=0}^{2k+1} (-1)^a f^{(a)} g^{(2k+1-a)}$$

ausdrücken. Der Fluß der Hamilton-Funktion $H(f) := (1/2)\omega(f, f')$ bewirkt gerade Translationen der Polynome entlang der x-Achse.

Durch die zusätzliche Struktur eines Raums von Polynomen ermöglicht V_k viele interessante Untermannigfaltigkeiten, die an die Nullstellen der Polynome geknüpft sind.

Raum der wesentlich beschränkten Funktionen, der Raum $L^\infty(\mu)$ (↗Funktionenräume).

Raum konstanter Krümmung, eine n-dimensionale Riemannsche Mannigfaltigkeit (M, g), deren ↗Schnittkrümmung K_σ für jedes $x \in M$ als Funktion der zweidimensionalen linearen Unterräume σ der Tangentialräume $T_x(M)$ konstant ist.

Sofern M zusamenhängend ist, hängt K_σ nach dem Satz von Schur dann auch nicht mehr vom Punkt x ab.

Der ↗Riemannsche Krümmungstensor von (M, g) ist eine Familie

$$R_x : T_x(M) \times T_x(M) \to T_x(M) \quad (x \in M)$$

bilinearer Abbildungen der Tangentialräume in sich. (M, g) hat genau dann konstante Schnittkrümmung, wenn diese bilinearen Abbildungen R_x die einfache Gestalt

$$R_x(X,Y)(Z) = k\left(g(Z,Y)X - g(Z,X)Y\right) \qquad (1)$$

haben, wobei X, Y, Z Vektoren des Tangentialraumes $T_x(M)$ sind, und $k \in \mathbb{R}$ eine Konstante, die konstante Schnittkrümmung von M.

Vollständige Riemannsche Mannigfaltigkeiten M konstanter Schnittkrümmung k werden auch Raumformen genannt. Man nennt Raumformen *elliptisch*, *hyperbolisch* oder *flach*, je nach dem, ob $k > 0$, $k < 0$ oder $k = 0$ ist.

Die Eigenschaft (1) ist eine so starke Bedingung, daß sich die Raumformen klassifizieren lassen. Zunächst sind alle Räume gleicher konstanter Krümmung k lokal isometrisch:

Sind (M_1, g_1) und (M_2, g_2) zwei Räume derselben konstanten Schnittkrümmung k, und sind $x_1 \in M_1$, $x_2 \in M_2$ zwei Punkte, so existieren Umgebungen $\mathcal{U}_1 \subset M_1$, $\mathcal{U}_2 \subset M_2$ von x_1 bzw. x_2 und eine ↗isometrische Abbildung $\varphi : \mathcal{U}_1 \to \mathcal{U}_2$ mit $\varphi(x_1) = x_2$.

Sind M_1 und M_2 überdies vollständig und einfach zusammenhängend, so kann man $\mathcal{U}_1 = M_1$ und $\mathcal{U}_2 = M_2$ setzen, d. h., dann sind M_1 und M_2 isometrisch.

Somit sind alle vollständigen, einfach zusammenhängenden Riemannschen Mannigfaltigkeiten gleicher Dimension und gleicher konstanter Schnittkrümmung k vom Standpunkt der Riemannschen Geometrie untereinander identisch. Es gibt verschiedene Standardmodelle H_k^n der n-dimensionalen einfach zusammenhängenden Raumformen, wir erwähnen hier die folgende Konstruktion, die von einer Einbettung von H_k^n als Quadrik in einem Euklidischen Raum ausgeht und sowohl eine einfache Beschreibung der Isometriegruppe als auch der Geodätischen erlaubt. Es sei $\mathbb{R}_r^{n+1}$ der $(n+1)$-dimensionale Vektorraum mit dem kartesischen Koordinatensystem $(x_1, x_2, \ldots, x_n, t)$ und der Riemannschen Metrik

$$g_r = dx_1^2 + dx_2^2 + \cdots + dx_n^2 + r\,dt^2, \quad (r \in \mathbb{R}). \quad (2)$$

Diese Metrik ist eine symmetrische Bilinearform B_r auf $\mathbb{R}_r^{n+1}$, die positiv definit für $r > 0$, indefinit vom Index 1 für $r < 0$ und ausgeartet für $r = 0$ ist. Die Isometriegruppe von $\left(\mathbb{R}_r^{n+1}, g_r\right)$ ist die orthogonale bzw. ↗pseudoorthogonale Gruppe $O(B_r) \subset GL(n+1,\mathbb{R})$ dieser Bilinearform.

Die n-dimensionale Raumform ist als Hyperfläche $H_k^n \subset \mathbb{R}_{1/k}^{n+1}$ durch die Gleichung

$$k\,(x_1^2 + \cdots + x_n^2) + t^2 = 1 \tag{3}$$

definiert, wobei man im Fall $k \leq 0$ noch die Bedingung $t > 0$ hinzunimmt, um eine der beiden zusammenhängenden Komponenten der Lösungsmenge der Gleichung (3) auszuschließen. Als Metrik von H_k^n definiert man im Fall $k \neq 0$ die von der flachen Metrik $g_{1/k}$ des umgebenden Raumes $\mathbb{R}_{1/k}^{n+1}$ induzierte Riemannsche Metrik. Im Fall $k = 0$ ist H_0^n als Riemannscher Raum mit dem Euklidischen Raum $\mathbb{R}^n$ identisch. Die Gruppe der isometrischen Transformationen von H_k^n ist für $k = 0$ die Euklidische und für $k \neq 0$ die Gruppe $O(B_{1/k})$, wobei man sich im Fall $k < 0$ auf die linearen Abbildungen aus $O(B_{1/k})$ beschränken muß, die den positiven Halbraum

$$\mathbb{R}_+^{n+1} = \left\{(x_1, \ldots, x_n, t) \in \mathbb{R}^{n+1}; t > 0\right\}$$

in sich überführen.

Für $k > 0$ definiert die Abbildung

$$\begin{aligned}&(x_1, \ldots, x_n, t) \in H_k^n \\ &\to \left(x_1, \ldots, x_n, \frac{t}{\sqrt{k}}\right) \in \mathbb{R}^{n+1}\end{aligned} \tag{4}$$

eine Isometrie von H_k^n auf die n-dimensionale Sphäre $S_\varrho^n \subset \mathbb{R}^{n+1}$ vom Radius $\varrho = \frac{1}{\sqrt{k}}$.

Schließlich ist H_k^n für $k > 0$ der Graph der Abbildung

$$f(x_1, \ldots, x_n) = \sqrt{1 - k\,(x_1^2 + \cdots + x_n^2)}$$

homöomorph zu $\mathbb{R}^n$. Obwohl der umgebende Raum in diesem Fall der ↗pseudoeuklidische Raum ist, ist die Einschränkung von $g_{1/k}$ auf H_k^n positiv definit und von konstanter Krümmung k.

Raum konstanter negativer Krümmung, eine hyperbolische Raumform.

Es sei H^n die einfach zusammenhängende Raumform konstanter negativer Krümmung $k = -1$. Wir stellen $\mathbb{R}^{n+1}$ als kartesisches Produkt $\mathbb{R}^{n+1} = \mathbb{R}^n \times \mathbb{R}$ dar und schreiben die Punkte von $\mathbb{R}^{n+1}$ als Paare $(\mathfrak{x}, t)$ mit $\mathfrak{x} = (x_1, \ldots, x_n)^\top \in \mathbb{R}^n$ und $t \in \mathbb{R}$. Als Hyperfläche von $\mathbb{R}^{n+1}$ ist H^n durch $t > 0$ und die Gleichung $t^2 = 1 + ||\mathfrak{x}||^2$ gegeben.

Es sei D^n die offene Kugel

$$\begin{aligned}D^n = \{&\mathfrak{y} = (y_1, \ldots, y_n)^\top \in \mathbb{R}^n; \\ &||\mathfrak{y}||^2 = y_1^2 + \cdots + y_n^2 < 1\}.\end{aligned}$$

Wir definieren einen Diffeomorphismus $v : D^n \to H^n$, indem wir einem Vektor $\mathfrak{y} \in D^n$ den durch

$$\mathfrak{x} = \frac{2\,\mathfrak{y}}{1 - ||\mathfrak{y}||^2}, \quad t = \frac{1 + ||\mathfrak{y}||^2}{1 - ||\mathfrak{y}||^2}$$

definierten Vektor $v(\mathfrak{y}) = (\mathfrak{x}, t) \in H^n$ zuordnen. Die Umkehrabbildung von v ist durch

$$v^{-1}(\mathfrak{x}, t) = \frac{\mathfrak{x}}{t + \sqrt{t^2 - ||\mathfrak{x}||^2}}$$

gegeben. Dann gilt die Gleichung

$$||d\mathfrak{x}||^2 - dt^2 = \frac{4}{(1 - ||\mathfrak{y}||^2)^2} \sum_{i=1}^n (dy_i)^2\,,$$

aus der man ersieht, daß H^n zu der mit der Poincaré-Metrik

$$g_{-1} = 4 \left(\sum_{i=1}^n (dy_i)^2\right) \Big/ \left(1 - ||\mathfrak{y}||^2\right)^2$$

versehenen n-dimensionalen Kugel D^n isometrisch ist. Das zeigt insbesondere, daß sich g_{-1} von der flachen Euklidischen Metrik $g_0 = (dy_1)^2 + \cdots + (dy_n)^2$ nur um den positiven Faktor $\lambda(\mathfrak{y}) = \left(1 - ||\mathfrak{y}||^2\right)^{-2}$ unterscheidet. Somit sind H^n und der Euklidische Raum H_0^n konform äquivalent.

H^n dient als Modell der n-dimensionalen nichteuklidischen Geometrie. Die Geodätischen von H^n werden in diesem Modell als Geraden angesehen. Jede derartige Gerade ergibt sich als Durchschnitt $H^n \cap E^2$ von H^n mit einem zweidimensionalen affinen Unterraum $E^2 \subset \mathbb{R}^{n+1}$.

Dann kann man mit Methoden der affinen Geometrie zeigen, daß durch je zwei verschiedene Punkte von H^n genau eine Gerade geht, und daß es durch einen Punkt außerhalb einer gegebenen Geraden g unendlich viele Geraden gibt, die g nicht schneiden.

Im Gegensatz zu den n-dimensionalen einfach zusammenhängenden elliptischen Raumformen, die, da sie Sphären sind, ohne Schwierigkeiten in den Euklidischen Raum $\mathbb{R}^{n+1}$ isometrisch eingebettet werden können, ist das Einbettungsproblem für die hyperbolische Raumformen H^n sehr viel schwieriger.

Die durch die Definition von H^n als Hyperfläche von $\mathbb{R}^{n+1}$ gegebene Abbildung $H^n \to \mathbb{R}^{n+1}$ ist isometrisch im Hinblick auf die indefinite Metrik

$$ds^2 = \sum_{i=1}^n (dx_i)^2 - dt^2\,,$$

nicht aber hinsichtlich der Euklidischen Metrik von $\mathbb{R}^{n+1}$. Zwar existieren nach dem Einbettungssatz von Nash isometrische Einbettungen von H^n in den Euklidischen Raum $\mathbb{R}^N$ für

$$N \geq (3n^2 + 11\,n)(n+1)/2\,,$$

jedoch ist diese obere Grenze sehr großzügig bemessen, und explizite Beispiele werden nicht angegeben.

Nach unten existiert für die lokale Einbettbarkeit allerdings eine scharfe Grenze:

Ist $f : U \to \mathbb{R}^N$ eine isometrische Einbettung einer offenen Teilmenge $U \subset H^n$, so ist $N \geq 2n - 1$. Es existieren offenen Teilmengen $U \subset H^n$ und isometrische Einbettungen $f : U \to \mathbb{R}^{2n-1}$.

Ein Beispiel einer derartigen Einbettung ist die ↗Pseudosphäre. Man kann einen kleinen Bereich $U \subset H^2$ angeben, der zu einer aufgeschnittenen Pseudosphäre isometrisch ist. Die Unmöglichkeit, die ganze hyperbolische Ebene H^2 isometrisch in den $\mathbb{R}^3$ einzubetten, ist ein klassisches Resultat von David Hilbert.

Raum konvergenter Folgen, ↗ Folgenräume.

Raum lokal integrierbarer Funktionen, der Raum $L^1_{\text{lok}}(\Omega)$, ↗Funktionenräume.

Raum meßbarer Funktionen, ↗L^0-Raum.

Raum ultradifferenzierbarer Funktionen, spezieller Raum von C^∞-Funktionen.

Sei $\Omega \subset \mathbb{R}^d$ offen, und sei (m_n) eine Folge positiver Zahlen mit

$$m_n^2 \leq m_{n-1}m_{n+1} \quad \text{und} \quad \sum_n m_n/m_{n+1} < \infty .$$

Der Raum ultradifferenzierbarer Funktionen $\mathcal{E}_{\{m_n\}}(\Omega)$ besteht aus allen $f \in C^\infty(\Omega)$ so, daß für jede kompakte Teilmenge $K \subset \Omega$ Konstanten C_K und A_K mit

$$\sup_{x\in K} |D^\alpha f(x)| \leq A_K C_K^{|\alpha|} m_{|\alpha|}$$

für alle Multiindizes α existieren; für die Definition des Raums $\mathcal{E}_{(m_n)}(\Omega)$ sind die Quantoren „$\exists C_K \; \exists A_K$" durch die Quantoren „$\forall C \; \exists A_{K,C}$" zu ersetzen.

Die Wahl $m_n = (n!)^s$, $s \geq 1$, führt auf die ↗Gevrey-Klassen. Elemente des Dualraums des – geeignet topologisierten – Raums $\mathcal{E}_{\{m_n\}}(\Omega)$ werden Ultradistributionen genannt.

Raum von Funktionen mit beschränkter mittlerer Oszillation, der ↗BMO-Raum.

raumartig, ein Vektor $v \in V$ eines ↗pseudoeuklidischen oder ↗pseudounitären Raumes V, der positives Längenquadrat hat.

Allgemeiner nennt man einen linearen Unterraum $U \subset V$ raumartig, wenn seine Elemente, abgesehen vom Nullvektor, raumartige Vektoren sind.

Ist (M, g) eine ↗pseudo-Riemannsche Mannigfaltigkeit mit der ↗Riemannschen Metrik g, so heißt ein Tangentialvektor $\mathfrak{t} \in T_x(M)$ in einem Punkt $x \in M$ raumartig, wenn $g(\mathfrak{t}, \mathfrak{t}) > 0$ ist. Eine Kurve $\alpha(t)$ in M heißt raumartig, wenn ihr Tangentialvektor $\alpha'(t)$ für alle t raumartig ist.

raumartige Koordinaten, Bezeichnung für die Koordinaten x_i eines Koordinatensystems $(x_1, \ldots, x_n)$ einer ↗pseudo-Riemannschen Mannigfaltigkeit (M, g), wenn das Vektorfeld $\partial/\partial x_i$ an die zugehörigen ↗Parameterlinien positives Längenquadrat $g(\partial/\partial x_i, \partial/\partial x_i) > 0$ hat.

In einem ↗Minkowski-Raum M^4 mit dem ↗metrischen Fundamentaltensor

$$g(\mathfrak{x}, \mathfrak{x}) = -c^2 t^2 + x^2 + y^2 + z^2$$

($\mathfrak{x} = (t, x, y, z)$) sind die x-, y- und die z-Koordinate raumartig.

Raumdichte, ↗ Dichte (im Sinne der mathematischen Physik).

Raumkomplexität, Speicherplatzbedarf eines Algorithmus oder notwendiger Speicherplatzbedarf für die Lösung eines Problems.

Die Raumkomplexität wird erfaßt in den Komplexitätsklassen ↗DSPACE und ↗NSPACE.

Raumkurve, eine eindimensionale Teilmenge des $\mathbb{R}^3$ (oder allgemeiner des $\mathbb{P}^3$), die sich lokal als Bildmenge einer regulären stetig differenzierbaren Abbildung $\alpha : I \subset \mathbb{R} \to \mathbb{R}^3$ beschreiben läßt, wobei I ein offenes Intervall ist.

Raumkurvenproblem, Frage nach der Existenz glatter Kurven X im 3-dimensionalen projektiven Raum $\mathbb{P}^3$ mit vorgegebenem Grad d (Leitkoeffizient des Hilbert-Polynoms) und Geschlecht g (Dimension der ersten Kohomologiegruppe der Strukturgarbe $g = \dim H^1(X, \mathcal{O}_X)$).

Für ebene Kurven gilt die Beziehung

$$g = \frac{1}{2}(d-1)(d-2) .$$

Für Kurven in $\mathbb{P}^3$, die keine ebenen Kurven sind, gilt $d \geq 3$ und

$$g \leq \begin{cases} \frac{1}{4}d^2 - d + 1 & \text{für } d \text{ gerade,} \\ \frac{1}{4}(d^2-1) - d + 1 & \text{für } d \text{ ungerade.} \end{cases}$$

Es gibt jedoch auch für gewisse d und g, die diese Ungleichung erfüllen, keine Kurve in $\mathbb{P}^3$ mit Grad d und Geschlecht g, zum Beispiel für $d = 9$, $g = 11$. Weiterhin ist nicht für alle d und g geklärt, ob es Kurven mit Grad d und Geschlecht g gibt oder nicht.

Raum-Zeit-Kontinuum, kurz Raum-Zeit genannt, die vierdimensionale Pseudo-Riemannsche Mannigfaltigkeit der Relativitätstheorie. Ihre Elemente heißen Ereignisse.

Die Beziehung zur klassischen Physik besteht in folgendem: Nach Einführung eines Bezugssystems läßt sich, zumindest lokal, eine (3 + 1)-Zerlegung der Raum-Zeit vornehmen, wobei dort Koordinaten x^i, $i = 0, \ldots 3$, verwendet werden. Dann ist x^0 der Zeitpunkt, und der x^α, $\alpha = 1, 2, 3$ der Ort des Ereignisses.

Eine Pseudo-Riemannsche Mannigfaltigkeit ist hierbei dasselbe wie eine Riemannsche Mannigfaltigkeit, mit dem einzigen Unterschied, daß der

Fig. 1

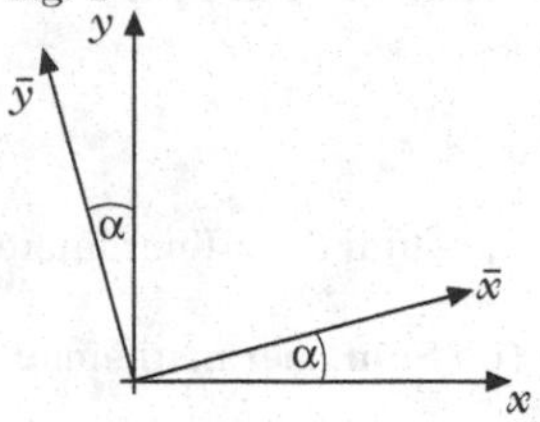

Fig. 2

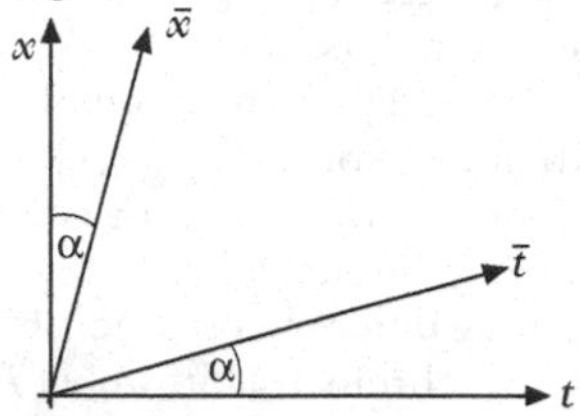

Vergleich von Drehung (Fig. 1) und Lorentz-Drehung (Fig. 2)

↗metrische Tensor nicht positiv definit, sondern von Lorentz-Signatur $(+, -, \dots, -)$ ist.

Der Unterschied der Signaturen wird schon in der zweidimensionalen Veranschaulichung deutlich: Figur 1 stellt die Euklidische Ebene in kartesischen Koordinatenachsen x, y dar. Werden diese um den Winkel α gedreht, entstehen die Koordinatenachsen $\bar{x}$, $\bar{y}$. Hier sind beliebige Drehwinkel α möglich, die Drehgruppe ist kompakt. Figur 2 stellt dieselbe Situation in der Raum-Zeit mit Zeitachse t und Raumachse x dar, hier ist der gezeichnete Winkel α ein Maß für die Geschwindigkeit, mit der sich das Bezugssystem (t, x) gegen das Bezugssystem $(\bar{t}, \bar{x})$ bewegt. Es ist zu bemerken, daß schon qualitativ ein Unterschied zur normalen Drehung besteht, was die gegenseitige Lage der Achsen betrifft. Wenn α gegen der Wert 45° konvergiert, ergibt sich im Grenzfall keine zulässige Transformation mehr, da dann beide Achse parallel werden.

Physikalisch entspricht dieser Grenzfall einer Bewegung mit Lichtgeschwindigkeit, die im Rahmen der Relativitätstheorie nur beliebig angenähert, nicht aber erreicht werden kann. Mathematisch besteht der Unterschied zwischen beiden Figuren darin, daß die Lorentz-Gruppe nicht kompakt ist.

[1] Beem, J.; Ehrlich, P.: Global Lorentzian Geometry. Marcel Dekker New York, 1981.

Raum-Zeit-Singularität, Begriff aus der ↗Allgemeinen Relativitätstheorie, der ausdrückt, daß die Raum-Zeit irreguläres Verhalten im Sinne der Differentialgeometrie aufweist. In den meisten Fällen handelt es sich dabei um eine Krümmungssingularität, und oft ist dies durch das Divergieren einer Krümmungsinvariante beschreibbar. Eine andere, in vielen Fällen jedoch dazu äquivalente Definition einer Raum-Zeit-Singularität besteht in der Bedingung, daß es eine Geodäte gibt, die sich nicht beliebig fortsetzen läßt, und daß sich dieses auch dann nicht verwirklichen läßt, wenn die gegebene Raum-Zeit als Teilraum in eine größere Raum-Zeit eingebettet wird.

Beispiel: Wenn der Riemannsche Krümmungsskalar R gegen ∞ konvergiert, so ist dies gemäß Einsteinscher Feldgleichung auch für die Spur des Energie-Impuls-Tensors der Fall; dies würde aber die Existenz einer beliebig hohen Energiedichte oder beliebig hoher Drücke zur Folge haben. Da dies physikalisch unakzeptabel ist, wird die Existenz von Raum-Zeit-Singularitäten so interpretiert, daß dort die Allgemeine Relativitätstheorie nicht mehr gültig ist, sondern durch eine Theorie der Quantengravitation ersetzt werden muß.

Bekanntlich gibt es Schwarze Löcher als Lösungen der Einsteinschen Feldgleichung, und diese haben im Zentrum $r = 0$ eine Krümmungssingularität: Hier ist zwar R selbst endlich, aber der Krümmungsskalar $R_{ijkl}R^{ijkl}$ divergiert bei $r \to 0$. Ein Schwarzes Loch hat aber bei $r = 2m$ einen ↗Horizont, d. h., diese Fläche kann nur von außen nach innen überquert werden. Ein außen stehender Beobachter kann die Singularität also gar nicht sehen.

Ist eine Singularität nicht von einem solchen Horizont umgeben, spricht man von einer nackten Singularität. Die Hypothese der kosmischen Zensur (↗kosmischer Zensor) besagt, daß es keine nackten Singularitäten gibt. Ein Weißes Loch unterscheidet sich von einem Schwarzen Loch lediglich durch die Umkehr der Zeitrichtung.

Raute, ↗Rhombus.

Rawsonsche Form, ↗ allgemeine Riccati-Differentialgleichung.

Rayleigh, ↗Strutt, John William, Lord Rayleigh.

Rayleigh-Quotient, *Rayleighscher Quotient*, die reelle Zahl

$$r(v) = \frac{\langle Av, v\rangle}{\langle v, v\rangle} = \frac{v^T Av}{v^T v}$$

für $v \neq 0 \in X$, wobei A einen linearen Operator im Hilbertraum X bezeichnet.

Rayleigh-Quotienten-Verfahren, iteratives Verfahren zur Approximation eines Eigenwertes und des zugehörigen Eigenvektors einer symmetrischen Matrix $A \in \mathbb{R}^{n\times n}$.

Für einen gegebenen Vektor $x \in \mathbb{R}^n$ minimiert der ↗Rayleigh-Quotient

$$r(x) = \frac{x^T Ax}{x^T x}$$

gerade $\min_\lambda ||(A - \lambda I)x||_2$. Ist x eine gute Näherung an einen Eigenvektor von A, dann ist $r(x)$ eine gute

Näherung an einen Eigenwert von A. Ist andererseits μ eine gute Näherung an einen Eigenwert von A, dann besagt die Theorie der ↗inversen Iteration, daß die Lösung von $(A - \mu I)x = b$ fast immer eine gute Approximation an den zugehörigen Eigenvektor liefert.

Kombiniert man beide Ideen, so erhält man das Rayleigh-Quotienten-Verfahren: Berechne, ausgehend von einem beliebigen Startvektor x_0 mit $||x_0||_2 = 1$, die Folge von Rayleigh-Quotienten $\mu_m = r(x_m)$, sowie die Folge von Vektoren

$$y_{m+1} = (A - \mu_m I)^{-1} x_m$$

(mittels Lösen des Gleichungssystems, ↗inverse Iteration) und $x_{m+1} = y_{m+1}/||y_{m+1}||$.

Die Eigenwertnäherungen $r(x_k)$ konvergieren global mit ultimativ kubischer Konvergenzrate.

Rayleigh-Ritz-Verfahren, iteratives Verfahren zur Approximation der p betragsgrößten Eigenwerte und zugehörigen Eigenvektoren (bzw. des zugehörigen Eigenraums) einer symmetrischen Matrix $A \in \mathbb{R}^{n \times n}$.

Zunächst berechnet man, wie bei der ↗Unterraum-Iterationsmethode, ausgehend von einer Startmatrix $X_0 \in \mathbb{R}^{n \times p}$ mit orthonormalen Spalten die Folge von Matrizen

$$Y_{m+1} = AX_m \quad \text{und} \quad X_{m+1} = Q_{m+1} \, ,$$

wobei

$$Y_{m+1} \;=\; Q_{m+1} R_{m+1} \, .$$

Aus den Spalten der orthonormalen Matrix $Q_{m+1} \in \mathbb{R}^{n \times p}$ können in gewissem Sinne beste Eigenwert-Eigenvektor-Approximationen berechnet werden. Dazu wird die $(p \times p)$-Matrix

$$P \;=\; Q_{m+1}^T A Q_{m+1}$$

gebildet, und das Eigenwertproblem für P z. B. mittels des ↗QR-Algorithmus gelöst: $P = U^T T U$, wobei U eine orthogonale Matrix und T eine obere Quasi-Dreiecksmatrix sei. Da p klein ist, ist dieser Aufwand nicht sehr hoch.

Indiziert man die Eigenwerte μ_i von T gemäß

$$|\mu_1| \geq |\mu_2| \geq \ldots \geq |\mu_p| \, ,$$

so sind sie Näherungen an die p betragsgrößten Eigenwerte von A. Näherungen für die zugehörigen Eigenvektoren (bzw. Eigenräume) lassen sich aus der Matrix $V = Q_{m+1} U$ bestimmen.

Für $p = 1$ entspricht dieses Verfahren dem ↗Rayleigh-Quotienten-Verfahren.

Rayleighsche Abschätzung, Ungleichung, die durch den ↗Rayleigh-Quotienten r den kleinsten Eigenwert λ_1 eines selbstadjungierten volldefiniten Eigenwertproblems nach oben abschätzt:

$$\lambda_1 \leq r(v) \quad \text{für jedes} \quad v \neq 0, v \in V(J) \, .$$

$V(J)$ bezeichnet den Raum der Vergleichsfunktionen.

Die Rayleighsche Abschätzung ergibt sich unmittelbar aus dem ↗Courantschen Minimum-Maximum-Prinzip. Sie enthält allerdings keine Fehlerangabe.

Rayleighscher Quotient, ↗Rayleigh-Quotient.

Rayleigh-Verteilung, bei gegebenem Parameter $\sigma > 0$ das durch die Wahrscheinlichkeitsdichte

$$f : \mathbb{R}_0^+ \ni x \to \frac{x}{\sigma^2} \, e^{-\frac{x^2}{2\sigma^2}} \in \mathbb{R}_0^+$$

definierte Wahrscheinlichkeitsmaß. Die zugehörige Verteilungsfunktion ist durch

$$F : \mathbb{R}_0^+ \ni x \to 1 - e^{-\frac{x^2}{2\sigma^2}} \in [0, 1]$$

gegeben. Im Falle $\sigma = 1$ spricht man von der Standardform der Verteilung.

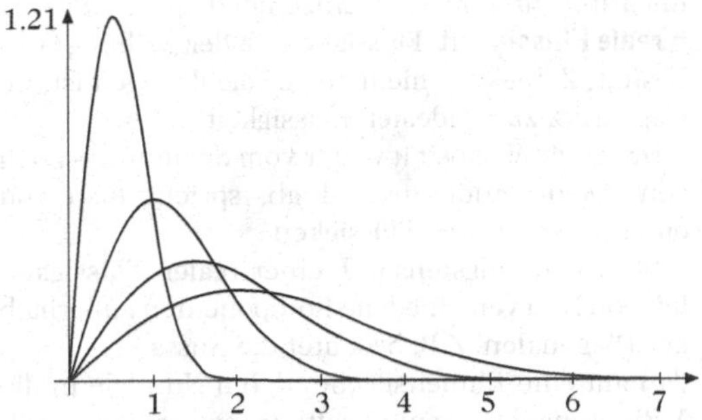

Dichten der Rayleigh-Verteilungen mit Parametern $\sigma = 0.5(0.5)2.0$

Besitzt die Zufallsvariable X eine Rayleigh-Verteilung mit dem Parameter $\sigma > 0$, so gilt für den Erwartungswert $E(X) = \sigma\sqrt{\pi/2}$ und für die Varianz $Var(X) = \frac{1}{2}\sigma^2(4 - \pi)$. Der Modalwert liegt an der Stelle $x = \sigma$, und der Median ist $m = \sigma\sqrt{\ln 4}$. Die Rayleigh-Verteilung ist eine spezielle Weibull-Verteilung.

Anwendungen der Rayleigh-Verteilung finden sich z. B. in den Ingenieurwissenschaften, wo sie etwa zur Modellierung der Lebensdauer von schnell alternden Bauteilen verwendet wird.

ray-tracing, Verfahren zum Erzeugen realistischer Bilder in der Computergraphik.

Um festzustellen, welche Farbe das Auge in einer bestimmten Richtung sieht, verfolgt man den vom Auge ausgehenden Sehstrahl, inklusive aller Reflexionen und Verzweigungen an transparenten Oberflächen. Jedes Medium teilt dem Sehstrahl sein Spektrum mit bzw. verändert es, und eine Superposition dieser Einflüsse erreicht schließlich das Auge.

RBF-Netz, ↗Radial-Basis-Function-Netz.

Reaktions-Diffusionsgleichungen, Verallgemeinerung von ↗Diffusionsgleichungen in der Form

$$u_t - a^2 \Delta u = f(u)$$

mit der unbekannten Funktion $u(t, x)$, welche von der Zeit t und dem Ort x abhängt.

a ist konstant, Δ der Laplace-Operator bzgl. x. Die Gleichung beschreibt physikalisch die Reaktion und Diffusion von Teilchen, wobei u die Teilchenzahldichte darstellt. Der nichtlineare Reaktionsterm $f(u)$ beschreibt die Erzeugung oder Vernichtung von Teilchen, während $a^2 \Delta u$ der Diffusion der Teilchen entspricht.

Reaktions-Diffusionsgleichungen treten auch in verschiedenen Bereichen der ↗Mathematischen Biologie auf, etwa bei der Behandlung von Epidemien, Populationsdynamik, Morphogenese, oder der Neurobiologie. Dort beschreibt der Laplace-Operator die räumliche Ausbreitung, und die Nichtlinearität Interaktionen einzelner Typen.

reale Flüssigkeit, Flüssigkeit, in der Reibung (Viskosität, Zähigkeit) nicht zu vernachlässigen ist, im Gegensatz zur ↗idealen Flüssigkeit.

Hängt die Viskosität weder vom Spannungs- noch vom Deformationszustand ab, spricht man von einer Newtonschen Flüssigkeit.

Der Spannungstensor $\mathbf{T}$ einer realen Flüssigkeit hat von Null verschiedene Komponenten außerhalb der Diagonalen. Z.B. bedeutet die Aussage $T_{12} \neq 0$, daß auf eine Einheitsfläche, deren Normale in die 1-Richtung zeigt, eine Kraft (tangential) in der 2-Richtung wirkt, was Reibung bedeutet.

Realisierung, Verfahren, um zu einem ursprünglich im Reellen gegebenen Problem, das durch ↗Komplexifizierung auf ein leichter handhabbares Problem im Komplexen geführt wurde, die Lösung des ursprünglichen reellen Problemes zu bestimmen.

Beispielsweise bietet sich bei der Bestimmung der Jordanschen Normalform im Reellen die Komplexifizierung an. In der dabei erhaltenen komplexen Jordanform werden zur Realisierung die gleichgroßen, echt komplexen elementaren Jordanblöcke zu konjugiert komplexen Eigenwerten durch die entsprechenden reellen Jordanblöcke ersetzt.

Realisierung eines stochastischen Prozesses, ↗stochastischer Prozeß.

Realisierung von zufälligen Variablen, Bezeichnung für Beobachtungen einer zufälligen Variablen.

Realteil einer komplexen Zahl, die reelle Zahl $\text{Re}\, z := x$ in der Darstellung $z = x + iy \in \mathbb{C}$, x, $y \in \mathbb{R}$, der komplexen Zahl z.

Für $w, z \in \mathbb{C}$ und $\alpha \in \mathbb{R}$ gelten die Rechenregeln $\text{Re}\,(w+z) = \text{Re}\, w + \text{Re}\, z$ und $\text{Re}\,(\alpha z) = \alpha\, \text{Re}\, z$. Die Abbildung $\text{Re} : \mathbb{C} \to \mathbb{R}$, $z \mapsto \text{Re}\, z$ ist also $\mathbb{R}$-linear.

Realteil einer Quaternion, ↗Hamiltonsche Quaternionenalgebra.

recall mode, ↗Ausführ-Modus.

Rechenbrett, vereinfachte Form des ↗Abakus, teilweise auch als Synonym hierzu benutzt.

Beim Schulrechenbrett sind in einem Rahmen 10 Drähte parallel angeordnet, auf denen sich je 10 Kugeln befinden, die auf den Drähten verschiebbar sind. Die jeweils ersten fünf Kugeln sind gleich eingefärbt, die jeweils zweiten fünf in einer anderen Farbe (siehe Abb.).

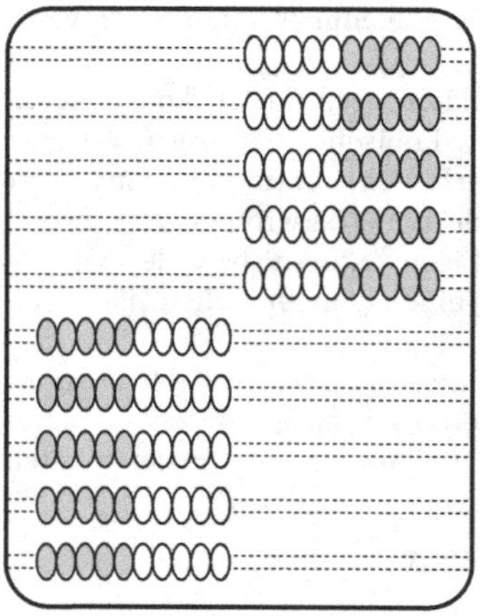

Schulrechenbrett

Ordnet man den einzeln Drähten steigende Zehnerpotenzen zu, läßt sich das Addieren mittels Rechenmaschinen nachbilden.

Bereits im Mittelalter und bis ins 16. Jahrhundert wurden auf Linien, eingekerbt in Tische (Rechentisch) oder Bretter, oder transportabel auf Rechentüchern, Rechenpfennige aufgelegt. Den Linien waren Zehnerpotenzen zugeordnet, die mit dem römischen Zahlensystem kompatibel waren, denn der Zwischenraum unter den Linien stand für die fünf. Die Tausenderlinie wurde markiert.

Rechenrad, mathematisches Gerät.

Die gegeneinander verdrehbaren logarithmischen Skalen sind auf den Stirnflächen nebeneinander angeordneter Scheiben angebracht. Die Ablesung erfolgt parallel zur Achse an einer Strichmarkierung, die an einem festen Träger angebracht ist.

Rechenscheibe, mathematisches Gerät.

Die gegeneinander beweglichen logarithmischen Skalen sind in Kreisform angeordnet, zwei Zeiger dienen zur Einstellung und zur Ablesung.

Rechenschieber, *Rechenstab*, auch logarithmischer Rechenstab oder logarithmischer Rechenschieber genannt, mechanisches Gerät zur Durchführung von Multiplikation und Division.

Auf dem Körper und der beweglichen Zunge des Rechenstabes sind dekadische logarithmische Funktionsleitern angebracht. Eine Addition bzw. Subtraktion von Strecken bedeutet eine Addition bzw. Subtraktion von Logarithmen, also eine Multiplikation bzw. Division der zugehörigen Numeri. Die Kommastellung der Operanden beeinflußt die Mantisse nicht, da die Kennziffern nicht auf den Skalen erscheinen.

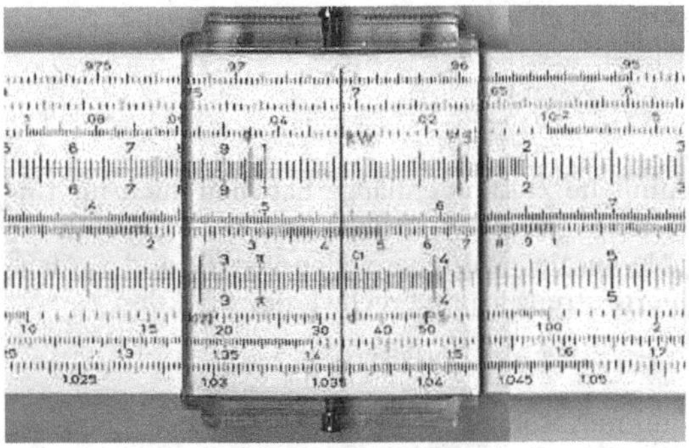

Bei einer Stablänge von 25cm beträgt der Fehler etwa 0,2%. Für ingenieurtechnische Belange wurde von A. Walther 1934 der Rechenstab „System Darmstadt" entwickelt, der noch andere Funktionsskalen besitzt.

Der Rechensschieber ist inzwischen vollständig durch den Taschenrechner bzw. Computer verdrängt worden. Die bis zuletzt übliche Form geht auf Patridge aus dem Jahre 1657 zurück. Streng genommen ist der „Schieber" nur die von Partridge dem Doppelstab eingefügte Zunge, weshalb man teilweise auch die Bezeichnung Rechenstab beutzt.

Rechenstab, ↗Rechenschieber.

Rechenwalze, mathematisches Gerät.

Die logarithmischen Skalen sind in überlappenden Teilstücken auf dem Mantel eines Zylinders parallel zur Zylinderachse angeordnet, auf dem sich als Zunge ein zweiter beweglicher Zylinder etwa halber Länge aus Streifen mit ebensolchen Skalen befindet. Die Streckung der Skalen bewirkt eine höhere Genauigkeit. Eine Rechenwalze von 53 cm Länge und 16 cm Durchmesser entspricht einem Rechenstab (Rechenschieber) von 12,5 m Länge.

Rechnen mit Gleichungen, das Umformen von ↗Gleichungen in andere Gleichungen, meist mit dem Ziel des Vereinfachens und ↗Lösens von Gleichungen.

Man unterscheidet dabei zwischen äquivalenten Umformungen, bei denen sich die Lösungsmenge der Gleichung nicht ändert, und nicht-äquivalenten Umformungen, die die Lösungsmenge möglicherweise ändern. Bezeichnet $\mathbb{L}_D(G)$ die Lösungsmenge einer Gleichung G mit Definitionsbereich D, so gilt für Gleichungen G_1, G_2 mit gleichem Definitionsbereich D:

$$G_1 \sim_D G_2 \iff \mathbb{L}_D(G_1) = \mathbb{L}_D(G_2)$$

Ist der Definitionsbereich aus dem Zusammenhang ersichtlich, so kann man $\sim$ anstelle von $\sim_D$ schreiben. Meist wird der Definitionsbereich einer Gleichung maximal, also gleich dem Schnitt der Definitionsbereiche der beteiligten ↗Terme, gewählt.

Sind T_1 und T_2 Terme, so gilt:

$$(T_1 = T_2) \sim (T_2 = T_1)$$

Ist T ein weiterer Term, dessen Definitionsbereich den der Gleichung $T_1 = T_2$ enthält, so hat man:

$$(T_1 = T_2) \sim (T_1 + T = T_2 + T)$$
$$(T_1 = T_2) \sim (T_1 - T = T_2 - T)$$

Ist außerdem T auf dem Definitionsbereich der Gleichung $T_1 = T_2$ stets (d. h. beim Einsetzen jedes Elements des Definitionsbereichs der Gleichung) verschieden von 0, so gilt:

$$(T_1 = T_2) \sim (T_1 \cdot T = T_2 \cdot T)$$
$$(T_1 = T_2) \sim \big(T_1/T = T_2/T\big)$$

Hieraus erhält man, wenn T_1 und T_2 auf dem Definitionsbereich der Gleichung $T_1 = T_2$ stets verschieden von 0 sind:

$$(T_1 = T_2) \sim \big(1/T_1 = 1/T_2\big)$$

Allgemein gilt für jede auf den Wertebereichen von T_1 und T_2 definierte injektive Funktion f:

$$(T_1 = T_2) \sim (f(T_1) = f(T_2))$$

Für nicht-injektive Funktionen f ist der Übergang von $T_1 = T_2$ zu $f(T_1) = f(T_2)$ i. allg. eine nicht-äquivalente Umformung, bei der die Lösungsmenge möglicherweise vergrößert wird. Dann muß man für die hinzugekommenen Lösungselemente ‚eine Probe machen', d. h. prüfen, ob sie die Ausgangsgleichung wirklich lösen.

Sind noch Terme S_1, S_2 gegeben, so hat man:

$$\left.\begin{array}{l} T_1 \sim S_1 \\ T_2 \sim S_2 \end{array}\right\} \implies (T_1 = T_2) \sim (S_1 = S_2)$$

Oft muß man den Definitionsbereich verkleinern, um eine Gleichung G weiter vereinfachen zu können (etwa, um durch einen Term teilen zu können). Hierfür gilt

$$\mathbb{L}_D(G) = \mathbb{L}_{D \setminus L}(G) \cup L \quad \text{für} \quad L \subset \mathbb{L}_D(G)\,.$$

Hat man eine Darstellung $D = \bigcup_{\delta \in \mathbb{D}} \delta$, so gilt

$$\mathbb{L}_D(G) = \bigcup_{\delta \in \mathbb{D}} \mathbb{L}_\delta(G)\,.$$

Entsprechende Regeln gelten für das Rechnen mit ganzen Systemen von gleichzeitig zu lösenden Gleichungen, worauf z. B. der ↗Gaußsche Algorithmus zum Lösen linearer Gleichungssysteme beruht.

Rechnen mit Ungleichungen, das Umformen von ↗Ungleichungen in andere Ungleichungen, meist mit dem Ziel des Vereinfachens und ↗Lösens von Ungleichungen.

Man unterscheidet dabei zwischen äquivalenten Umformungen, bei denen sich die Lösungsmenge der Ungleichung nicht ändert, und nicht-äquivalenten Umformungen, die die Lösungsmenge möglicherweise ändern. Bezeichnet $\mathbb{L}_D(U)$ die Lösungsmenge einer Ungleichung U mit Definitionsbereich D, so gilt für Ungleichungen U_1, U_2 mit gleichem Definitionsbereich D:

$$U_1 \sim_D U_2 \iff \mathbb{L}_D(U_1) = \mathbb{L}_D(U_2)$$

Ist der Definitionsbereich aus dem Zusammenhang ersichtlich, so kann man $\sim$ anstelle von $\sim_D$ schreiben. Meist wird der Definitionsbereich einer Ungleichung maximal, also gleich dem Schnitt der Definitionsbereiche der beteiligten ↗Terme, gewählt.

Sind T_1 und T_2 ↗Terme, und bezeichnet $\sim$ die Äquivalenz von Ungleichungen, so gilt:

$$(T_1 < T_2) \sim (T_2 > T_1)$$

Ist T ein weiterer Term, dessen Definitionsbereich den der Ungleichung $T_1 < T_2$ enthält, so hat man:

$$\begin{aligned}(T_1 < T_2) &\sim (T_1 + T < T_2 + T)\\ (T_1 < T_2) &\sim (T_1 - T < T_2 - T)\end{aligned}$$

Ist außerdem T auf dem Definitionsbereich der Ungleichung $T_1 < T_2$ stets (d. h. beim Einsetzen jedes Elements des Definitionsbereichs der Ungleichung) positiv, so gilt:

$$\begin{aligned}(T_1 < T_2) &\sim (T_1 \cdot T < T_2 \cdot T)\\ (T_1 < T_2) &\sim (T_1 / T < T_2 / T)\end{aligned}$$

Ist hingegen T auf dem Definitionsbereich der Ungleichung $T_1 < T_2$ stets negativ, so gilt:

$$\begin{aligned}(T_1 < T_2) &\sim (T_1 \cdot T > T_2 \cdot T)\\ (T_1 < T_2) &\sim (T_1 / T > T_2 / T)\end{aligned}$$

Hieraus erhält man, wenn T_1 und T_2 auf dem Definitionsbereich der Ungleichung $T_1 < T_2$ stets positiv sind:

$$(T_1 < T_2) \sim \left(1/T_2 < 1/T_1\right)$$

Allgemein gilt für jede auf den Wertebereichen von T_1 und T_2 definierte streng isotone reellwertige Funktion f:

$$(T_1 < T_2) \sim (f(T_1) < f(T_2))$$

Sind noch Terme S_1, S_2 gegeben, so hat man:

$$\left.\begin{aligned}T_1 &\sim S_1\\ T_2 &\sim S_2\end{aligned}\right\} \implies (T_1 < T_2) \sim (S_1 < S_2)$$

Oft muß man den Definitionsbereich verkleinern, um eine Ungleichung U weiter vereinfachen zu können (etwa, um durch einen Term teilen zu können). Hierfür gilt

$$\mathbb{L}_D(U) = \mathbb{L}_{D\setminus L}(U) \cup L \quad \text{für} \quad L \subset \mathbb{L}_D(U).$$

Hat man eine Darstellung $D = \bigcup_{\delta \in \mathbb{D}} \delta$, so gilt

$$\mathbb{L}_D(U) = \bigcup_{\delta \in \mathbb{D}} \mathbb{L}_\delta(U).$$

Ähnliche Zusammenhänge hat man auch für Ungleichungen mit $\leq$ anstelle von $<$. So gilt etwa für jede auf den Wertebereichen von T_1 und T_2 definierte streng isotone reellwertige Funktion f:

$$(T_1 \leq T_2) \sim (f(T_1) \leq f(T_2))$$

Für nur isotone Funktionen f ist der Übergang von $T_1 \leq T_2$ zu $f(T_1) \leq f(T_2)$ i. allg. eine nicht-äquivalente Umformung, bei der die Lösungsmenge möglicherweise vergrößert wird. Dann muß man für die hinzugekommenen Lösungselemente ‚eine Probe machen', d. h. prüfen, ob sie die Ausgangsungleichung wirklich lösen.

Ungleichungen mit $<$ und mit $\leq$ hängen wie folgt zusammen:

$$\begin{aligned}\mathbb{L}_D(T_1 \leq T_2) &= \mathbb{L}_D(T_1 < T_2) \cup \mathbb{L}_D(T_1 = T_2)\\ \mathbb{L}_D(T_1 < T_2) &= \mathbb{L}_D(T_1 \leq T_2) \setminus \mathbb{L}_D(T_1 = T_2)\end{aligned}$$

Für den Übergang von der einen zur anderen Ungleichunsart wird man daher auch die Regeln für das ↗Rechnen mit Gleichungen heranziehen.

Rechner, in früherer Zeit Bezeichnung für eine Berufsgruppe, deren Aufgabe es war, meist als Helfer von Mathematikern routinemäßige Berechnungen durchzuführen, beispielsweise zur Erstellung von Logarithmentafeln.

Heute wird der Begriff Rechner meist als Synonym zu ↗Computer benutzt.

Rechnerarchitektur, funktioneller und physischer Aufbau einer Rechenanlage.

Verschiedene Architekturen unterscheiden sich nach der Anzahl der beteiligten Prozessoren (Einprozessor- oder Mehrprozessorsysteme), der Anzahl der parallel ausführbaren Befehle (single instruction – SI, multiple instruction – MI), der Zahl gleichzeitig verarbeitbarer Daten (single data – SD, multiple data – MD), der Zugriffsorganisation auf Speichereinheiten (gemeinsamer Speicher gestattet den Zugriff mehrerer Prozessoren auf eine Speichereinheit, verteilter Speicher stellt jedem Prozessor eine eigene Speichereinheit zur Verfügung), der

Struktur des verwendeten Befehlssatzes (wenige, in wenigen Maschinenzyklen ausführbare Befehle, reduced instruction set computer – RISC, oder viele, in mehreren Maschinenzyklen abzuarbeitende Befehle, complex instruction set computer – CISC).

Zur Rechnerarchitektur gehören neben solchen prinzipiellen Entwurfskriterien auch Anzahl und Verwendungszweck von prozessorinternen Datenregistern, die Organisation des Zugriffs auf externe Speichereinheiten, sowie Ein- und Ausgabegeräte, die Verbindungsstruktur zu anderen Prozessoren, die Konstruktion und Anordnung der arithmetischen und logischen Einheiten, der Schaltkreisentwurf, Fragen der Wärmeableitung, die Gehäusetechnologie und viele weitere Probleme. Damit ist der Entwurf einer Rechnerarchitektur eine interdisziplinäre Aufgabe.

SISD-Architekturen finden sich in den meisten Personalcomputern, einige Supercomputer sind SIMD-Rechner. MIMD-Architekturen finden sich in Computerclustern, die durch leistungsfähigere Verbindungsstrukturen immer populärer werden.

Rechnerarithmetik, ↗Maschinenarithmetik.

Rechnernetz, Gruppe mehrerer über Kommunikationskanäle verbundener Rechner.

Die Vernetzung von Rechnern dient einerseits der effizienteren, gemeinsamen Lösung von Aufgaben, andererseits eröffnet sie neue Anwendungsgebiete, die eher Kommunikations- als Berechnungscharakter aufweisen.

Die Vernetzung reicht von kleinen, mit Hochleistungsverbindungen ausgestatteten Computerclustern, die vor allem für umfangreiche parallele Berechnungen eingesetzt werden, über Netze mit beschränkter Ausdehnung (local area network – LAN), die mit meist einfachen Verbindungstechnologien über kurze Distanzen dennoch gute Übertragungsgeschwindigkeiten zulassen, bis hin zu globalen Netzen (wide area network – WAN), bei denen die Verbindung oft über mehrere Zwischenstationen und über in ihrer Kapazität begrenzte Verbindungen vermittelt werden muß.

LANs werden oft für firmeninterne Kommunikationsstrukturen verwendet. Das wohl bekannteste WAN überhaupt ist das Internet.

rechte Menge, die Menge R in einem ↗Conway-Schnitt oder ↗Dedekind-Schnitt (L, R).

rechte Option, Element der rechten Menge einer durch einen ↗Conway-Schnitt dargestellten ↗surrealen Zahl oder eines ↗Spiels.

Rechteck, Viereck mit vier kongruenten Innenwinkeln, die alle ↗rechte Winkel sind.

Das Rechteck ist Spezialfall eines ↗Parallelogramms, nämlich ein Parallelogramm mit senkrecht aufeinanderstehenden Seiten. Die beiden Diagonalen eines Rechteck sind gleich lang und halbieren einander; sind a und b die Seitenlängen eines Rechtecks, so ist die Länge der Diagonalen jeweils $d = \sqrt{a^2 + b^2}$. Der Umfang eines Rechtecks beträgt $U = 2a + 2b$, sein Flächeninhalt $A = a \cdot b$.

Jedes Rechteck besitzt einen ↗Umkreis, dessen Durchmesser durch die Diagonalen des Rechtecks gegeben ist. Ein Rechteck, bei dem zwei benachbarte Seiten gleich lang sind, ist ein ↗Quadrat.

Rechtecks-Regel, Methode in der ↗numerischen Integration, welche auf Näherung des Integranden durch Konstanten beruht.

Rechteckverteilung, ↗Gleichverteilung.

rechter Randpunkt eines Intervalls, der Punkt r eines ↗Intervalls $[\ell, r]$, $(\ell, r]$, $[\ell, r)$ oder (ℓ, r).

rechter Spieler, ↗Spiel.

rechter Winkel, Winkel, der zu jedem seiner ↗Nebenwinkel kongruent ist. Die Größe zweier rechter Winkel entspricht der eines gestreckten Winkels; durch Addition vier rechter Winkel entsteht ein Vollwinkel.

Das Maß eines rechten Winkels im ↗Gradmaß beträgt somit 90°, im ↗Bogenmaß $\frac{\pi}{2}$.

rechts halboffenes Intervall, ↗Intervall der Gestalt $[\ell, r)$, das also nur den linken seiner beiden Randpunkte enthält.

Rechtsableitung, Folge von Ableitungsschritten einer kontextfreien ↗Grammatik, die beim Startsymbol beginnt, bei einer Terminalzeichenreihe endet, und in der in jeder entstehenden Satzform immer das am weitesten rechts stehende Nichtterminalsymbol ersetzt wird.

Die Eindeutigkeit der Rechtsableitung impliziert die Eindeutigkeit der Grammatik. Deterministische Verfahren zur Bottom-up-Syntaxanalyse liefern eine Rechtsableitung des erkannten Wortes in gespiegelter Reihenfolge.

Rechtsdreiecksmatrix, seltener gebrauchte Bezeichnung für eine obere ↗ Dreiecksmatrix.

rechtseindeutige Relation, ↗Relation $(A, B, \sim)$, so daß

$$\bigwedge_{b_1,b_2 \in B} \bigwedge_{a \in A} (a \sim b_1 \ \wedge \ a \sim b_2) \ \Rightarrow \ b_1 = b_2,$$

d. h., so daß die Elemente $b_1, b_2 \in B$ gleich sind, sofern sie zum selben Element $a \in A$ in Relation stehen.

rechtsexakter Funktor, ↗exakter Funktor.

rechtsinvariantes Vektorfeld, differentialgeometrischer Begriff.

Es seien v ein Vektorfeld in einer differenzierbaren Mannigfaltigkeit M und G eine auf M wirkende Lie-Gruppe. Wenn für jedes $g \in G$ identisch $vg = v$ gilt, heißt v bzgl. G rechtsinvariant.

Repräsentiert G eine Symmetrie eines physikalischen Systems, so kann man mit dieser Begriffsbildung klären, welche Vektorfelder dieser Symmetrie genügen.

Rechtsinverse eines Operators, zu einem surjektiven linearen Operator $T : X \to Y$ zwischen Vektorräumen ein linearer Operator $S : Y \to X$ mit $TS = \mathrm{Id}_Y$; solch ein Operator ist i. allg. nicht eindeutig bestimmt. Ein rechtsinverser Operator ist ein Lösungsoperator für die Operatorgleichung $Tx = y$, denn $x = Sy$ ist eine Lösung dieser Gleichung.

Sind X und Y Banachräume, und ist T stetig, braucht eine stetige Rechtsinverse nicht zu existieren; es gibt jedoch stets eine stetige nichtlineare Abbildung $f : Y \to X$ mit $T \circ f = \mathrm{Id}_Y$ (Satz von Bartle und Graves).

Rechtsinverses, ↗ Inverses.

rechtslineare Grammatik, ↗ Grammatik.

rechtsneutrales Element, Element $e_r \in M$ zu einer Verknüpfung $\circ : M \times M \to M$, $(a, b) \mapsto a \circ b$, für das gilt

$$\forall x \in M : \quad x \circ e_r = x .$$

rechtsrekursives Nichtterminalzeichen, Nichtterminalsymbol H einer kontextfreien ↗ Grammatik, aus dem eine Satzform ableitbar ist, die H als am weitesten rechts stehendes Zeichen enthält.

Im Gegensatz zu linksrekursiven Nichtterminalzeichen können rechtsrekursive Nichtterminalzeichen sowohl in ↗ LL(k)-Grammatiken als auch in ↗ LR(k)-Grammatiken vorkommen.

Rechtsschraube, ↗ Linksschraube.

rechtsseitig stetig, ↗ einseitig stetig.

rechtsseitige Ableitung einer Funktion, unter Betrachtung nur des rechtsseitigen Grenzwerts ihres Differenzenquotienten zu einer auf einer Menge $D \subset \mathbb{R}$ definierten Funkion $f : D \to \mathbb{R}$ gebildete ‚Ableitung'.

Es sei

$$D_+ = \{a \in D \mid [a, a + \varepsilon] \subset D \text{ für ein } \varepsilon > 0\} .$$

Dann ist die rechtsseitige Ableitung von f die auf der Menge

$$D_{f'_+} = \left\{ a \in D_+ \mid \lim_{x \downarrow a} \frac{f(x) - f(a)}{x - a} \text{ existiert in } \mathbb{R} \right\}$$

durch

$$f'_+(a) = \lim_{x \downarrow a} \frac{f(x) - f(a)}{x - a}$$

definierte Funktion $f'_+ : D_{f'_+} \to \mathbb{R}$. Genau an den Stellen $a \in D_{f'_+}$ heißt f rechtsseitig differenzierbar. Wo f rechtsseitig differenzierbar ist, ist f auch rechtsseitig stetig. Die Umkehrung dieser Folgerung ist falsch, wie Beispiele zur ↗ Nicht-Differenzierbarkeit zeigen.

rechtsseitige Differenzierbarkeit, ↗ rechtsseitige Ableitung einer Funktion.

rechtsseitiger Grenzwert, ↗ Grenzwerte einer Funktion, ↗ einseitiger Grenzwert.

rechtsseitiger Limes inferior, zu einer auf einer Menge $D \subset \mathbb{R}$ definierten Funktion $\phi : D \to \mathbb{R}$ an einer Stelle $a \in D$, die Häufungspunkt von $D \cap [a, \infty)$ sei, durch

$$\liminf_{x \downarrow a} \phi(x) = \lim_{x \downarrow a} \inf_{t \in (a,x)} \phi(t) \in [-\infty, \infty]$$

definierte Größe. Ebenso ist der rechtsseitige Limes superior definiert durch

$$\limsup_{x \downarrow x} \phi(x) = \lim_{x \downarrow a} \sup_{t \in (a,x)} \phi(t) \in [-\infty, \infty] .$$

Es gilt

$$\liminf_{x \downarrow a} \phi(x) \leq \limsup_{x \downarrow a} \phi(x)$$

mit Gleichheit genau dann, wenn der rechtsseitige Grenzwert $\phi(a+)$ in $[-\infty, \infty]$ existiert, der dann gleich dem rechtsseitigen Limes inferior und superior ist. Mit Hilfe des rechtsseitigen Limes inferior wird die ↗ Dini-Ableitung $D_+ f$ einer Funktion f definiert, und mit dem rechtseitigen Limes superior ihre Dini-Ableitung $D^+ f$.

rechtsseitiger Limes superior, ↗ rechtsseitiger Limes inferior.

rechtsstetige Filtration, Filtration $(\mathfrak{A}_t)_{t \geq 0}$ in der σ-Algebra $\mathfrak{A}$ eines meßbaren Raumes $(\Omega, \mathfrak{A})$ mit der Eigenschaft $\mathfrak{A}_t = \mathfrak{A}_{t+}$ für alle $t \geq 0$, wobei die σ-Algebra $\mathfrak{A}_{t+}$ für jedes $t \geq 0$ durch

$$\mathfrak{A}_{t+} := \bigcap_{s > t} \mathfrak{A}_s$$

definiert ist.

Die Familie $(\mathfrak{A}_{t+})_{t \geq 0}$ ist insbesondere selbst eine rechtsstetige Filtration in $\mathfrak{A}$. Ist $(\mathfrak{A}_t)_{t \geq 0}$ eine rechtsstetige Filtration, so ist jede Optionszeit bezüglich $(\mathfrak{A}_t)_{t \geq 0}$ auch Stoppzeit. Weiterhin ist eine Abbildung $T : \Omega \to [0, +\infty]$ genau dann eine Optionszeit bezüglich einer beliebigen Filtration $(\mathfrak{A}_t)_{t \geq 0}$ in $\mathfrak{A}$, wenn T eine Stoppzeit bezüglich der rechtsstetigen Filtration $(\mathfrak{A}_{t+})_{t \geq 0}$ ist.

rechtsstetiger Prozeß, auf einem Wahrscheinlichkeitsraum $(\Omega, \mathfrak{A}, P)$ definierter stochastischer Prozeß $(X_t)_{t \in I}$ mit einem Intervall $I \subseteq \mathbb{R}_0^+$ als Parametermenge und Werten in $\mathbb{R}^d$, dessen Pfade $t \to X_t(\omega)$ für alle $\omega \in \Omega$ rechtsstetig sind.

Rechtssystem, geordnetes Tripel $B = \{\mathfrak{a}_1, \mathfrak{a}_2, \mathfrak{a}_3\}$ oder geordnetes Paar $B = \{\mathfrak{a}_1, \mathfrak{a}_2\}$ von zueinander orthogonalen Vektoren des $\mathbb{R}^3$ bzw. der Ebene $\mathbb{R}^2$, dessen Orientierung mit der von $\mathbb{R}^3$ bzw. von $\mathbb{R}^2$ übereinstimmt.

Man stelle sich eine Rechtsschraube vor, mit der das System B fest verbunden ist und deren Drehachse in die Richtung des Vektors $\mathfrak{e}_3$ zeigt. Dann ist das Tripel $(\mathfrak{e}_1, \mathfrak{e}_2, \mathfrak{e}_3)$ genau dann ein Rechtssystem, wenn sich die Schraube bei einer Drehung, deren Richtung so gewählt ist, daß $\mathfrak{e}_1$ auf kürzestem Weg in $\mathfrak{e}_2$ übergeht, in die Richtung von $\mathfrak{e}_3$ bewegt.

In der Ebene bildet ein Paar $B = (\mathfrak{e}_1, \mathfrak{e}_2)$ ein Rechtssystem, wenn die Drehung entgegengesetzt dem Uhrzeigersinn diejenige ist, die $\mathfrak{e}_1$ auf kürzestem Weg in $\mathfrak{e}_2$ überführt.

rechtstotale Relation, ↗Relation $(A, B, \sim)$, so daß

$$\bigwedge_{b \in B} \bigvee_{a \in A} a \sim b,$$

d. h., so daß es zu jedem Element $b \in B$ ein Element $a \in A$ gibt, welches zu b in Relation steht.

Rechtstranslation einer Lie-Gruppe, andere Interpretation des Lie-Produkts (↗Lie-Klammer).

Der Begriff der Rechtstranslation ist allgemein in der ↗Gruppentheorie sinnvoll, wird jedoch vorrangig bei Lie-Gruppen angewandt.

Rechtwinkellineal, Gerät zum Konstruieren von senkrecht aufeinanderstehenden Geraden.

Es besteht aus zwei zueinander senkrechten, starr miteinander verbundenen Linealen. Das eine wird an zwei Punkte angelegt, das dazu senkrechte an einen dritten Punkt.

rechtwinkliges Dreieck, Dreieck, in dem ein Winkel ein ↗rechter Winkel ist.

Die anderen beiden Winkel müssen aufgrund des Satzes über die ↗Winkelsumme im Dreieck spitze Winkel sein, ihre Summe beträgt 90°. Die dem rechten Winkel anliegenden Seiten des Dreiecks werden ↗Katheten, die ihm gegenüberliegende Seite ↗Hypotenuse genannt. Rechtwinklige Dreiecke besitzen eine Reihe besonderer Eigenschaften, deren herausragende der durch den Satz des ↗Pythagoras beschriebene Zusammenhang zwischen den Längen der Seiten ist. Weiterhin bestehen in rechtwinkligen Dreiecken besondere trigonometrische Beziehungen zwischen den Seitenlängen und Winkelmaßen, vgl. ↗Trigonometrie.

Die hier gemachten Aussagen gelten für die „gewöhnliche" ↗euklidische Geometrie. Auch in den ↗nichteuklidischen Geometrien haben rechtwinklige Dreiecke besondere Eigenschaften und spezielle trigonometrische Formeln (siehe ↗Nepersche Formeln, ↗hyperbolische Trigonometrie).

Recorde, Robert, englisch Arzt und Mathematiker, geb. um 1510 Tenby (England), gest. 1558 London.

Recorde studierte in Oxford und Cambridge und promovierte dort 1545 in Medizin. Er hielt danach aber auch Vorlesungen in Mathematik. Ab 1547 war er als Arzt in London tätig, arbeitete aber auch in verschiedenen Münzstätten.

Von Recorde stammen mehrere mathematische Lehrbücher. Sein populärstes Buch war „The Ground of Artes" zur Arithmetik. Er bemühte sich um eine Symbolik für die Algebra und führte das ↗Gleichheitszeichen ein.

Rédei, Satz von, ↗ Turnier.

Reduce, ein Allzwecksystem für Probleme der Computeralgebra. Es wurde Ende der 60er Jahre von A.C. Hearn entwickelt. Mit Reduce kann man numerisch und symbolisch rechnen. Reduce besitzt eine Programmiersprache, in der eigene Bibliotheken entwickelt werden können.

reduced ordered binary decision diagram, ↗reduzierter geordneter binärer Entscheidungsgraph.

Reduktion, algorithmische Technik beim Topdown Entwurf von Algorithmen.

Eine Reduktion des Problems P_1 auf das Problem P_2 ist ein Algorithmus A_1/P_2, der das Problem P_1 unter der Voraussetzung effizient löst, daß eine Black Box mit konstanten Kosten zur Lösung von P_2 benutzt werden darf. Aus A_1/P_2 ergibt sich ein ↗effizienter Algorithmus A_1 für P_1, wenn die Black Box durch einen effizienten Algorithmus für P_2 ersetzt werden kann. In der ↗Komplexitätstheorie werden Reduktionen benutzt, um aus der Schwierigkeit, P_1 zu lösen, auf die Schwierigkeit, P_2 zu lösen, zu schließen. Bezogen auf die betrachtete Komplexitätsklasse muß ein passender Reduktionstyp gewählt werden, z. B. ↗polynomielle Zeitreduktion, ↗Turing-Reduktion, ↗Logspace-Reduktion oder ↗NC^1-Reduktion.

Reduktion eines Raumes, fundamentaler Begriff in der Funktionentheorie auf analytischen Mengen.

Die Strukturgarbe $\mathcal{A}$ eines geringten Raumes T ist vergleichbar mit der Garbe von Funktionen $\mathrm{Red}\,\mathcal{A} \subset {}_T\mathcal{C}$, erzeugt durch die Untergarbe $U \mapsto \mathrm{Red}\,\mathcal{A}(U)$.

Mit anderen Worten, Red: $\mathcal{A} \to {}_T\mathcal{C}$ ist im allgemeinen nicht injektiv, weshalb es nicht möglich ist, die Schnitte von $\mathcal{A}$ mit Hilfe ihrer Funktionalwerte zu charakterisieren. Da $\mathrm{Red}\,\mathcal{A}$ eine Unteralgebra von ${}_T\mathcal{C}$ ist, ist es leicht zu zeigen, daß $\mathrm{Red}\,T := (|T|, \mathrm{Red}\,\mathcal{A})$ ein geringter Raum ist, er wird als Reduktion von T bezeichnet. $|T|$ ist dabei der T zugrundeliegende topologische Raum.

Wenn Red: $\mathcal{A} \to {}_T\mathcal{C}$ injektiv ist, dann heißt der Raum $(T, \mathcal{A})$ reduzierter geringter Raum, in diesem Fall identifiziert man häufig $\mathrm{Red}\,\mathcal{A}$ mit $\mathcal{A}$.

Unter einem reduzierten lokalen Modell versteht man einen geringten Raum, der isomorph zu einem Raum $(A, ({}_U\mathcal{O}\,/\,{}_A\mathcal{I})\,|_A)$ ist, wobei $A \subset U \subset \mathbb{C}^n$, U offen, eine analytische Menge sei, und ${}_A\mathcal{I} \subset {}_U\mathcal{O}$ ihr Nullstellenideal, d. h. die Garbe aller holomorphen Funktionen, die auf $\mathcal{A}$ verschwinden, ist.

Ein geringter Raum $(X, {}_X\mathcal{O})$ heißt reduzierter komplexer Raum, wenn die folgenden beiden Bedingungen erfüllt sind:

(i) X ist ein Hausdorff-Raum,

(ii) $(X, {}_X\mathcal{O})$ besitzt eine offene Überdeckung, die aus reduzierten lokalen Modellen besteht.

Die Schnitte der Strukturgarbe ${}_X\mathcal{O}$ heißen holomorphe Funktionen. Eine stetige Abbildung $\varphi : X \to Y$ von reduzierten komplexen Räumen heißt holomorph, wenn für jede offene Teilmenge $W \subset Y$ gilt:

$$f \in {}_Y\mathcal{O}(W) \Rightarrow f \circ \varphi \in {}_X\mathcal{O}\left(\varphi^{-1}(W)\right).$$

Beispielsweise sind komplexe Mannigfaltigkeiten reduzierte komplexe Räume.

Reduktion mod *p*, algebraischer Begriff.

Eine komplette ↗algebraische Varietät V über einem Körper k der Charakteristik 0 ist immer von der Form

$$V = X_0 \times_{\mathrm{Spec}(R)} \mathrm{Spec}(k)$$

mit einem eigentlichen algebraischen R-Schema X_0, wobei R ein endlich erzeugter Unterring von k ist. Ein solches X_0 heißt ein Modell von V über R.

Wenn $\mathfrak{m}$ ein Maximalideal von R ist, so ist $k(\mathfrak{m}) = R/\mathfrak{m}$ ein endlicher Körper, und das algebraische $k(\mathfrak{m})$-Schema

$$X_0 \times_{\mathrm{Spec}(R)} \mathrm{Spec}(k(\mathfrak{m})) = X_0(\mathfrak{m})$$

heißt eine Reduktion von V mod p, wobei p die Charakteristik von $k(\mathfrak{m})$ ist.

Wenn insbesondere ein Modell X_0 so existiert, daß $X_0(\mathfrak{m})$ glatt ist, sagt man auch, V habe gute Reduktion mod p.

Reduktionsansatz, ↗semi-infinite Optimierung.

Reduktionsprinzip, andere Bezeichnung für das ↗ d'Alembertsche Reduktionsverfahren.

Reduktionsschritt, elementarer Arbeitsschritt einer ↗Bottom-Up-Analyse, bei dem im Analysekeller die rechte Seite einer Regel der zugrundeliegenden ↗Grammatik durch die zugehörige linke Seite ersetzt wird.

Die Möglichkeit der Anwendung eines Reduktionsschrittes wird durch den aktuellen Analysezustand signalisiert, der ein ↗Item bezüglich $LR(k)$ ist. Signalisiert ein solches Item die Anwendbarkeit anderer Reduktions- oder ↗Shift-Schritte, wird die Auswahl der nächsten Aktion anhand von Vorausschaumengen getroffen. Zur Bestimmung der Vorausschaumengen gibt es mehrere Verfahren, die sich in Berechnungsaufwand und Leistungsfähigkeit unterscheiden, siehe ↗$LR(k)$-Grammatik.

reduktive lineare Gruppe, eine lineare algebraische Gruppe G, die keinen Zariski-abgeschlossenen Normalteiler aus unipotenten Elementen besitzt.

G heißt linear reduktiv, wenn jede ↗rationale Darstellung von G in eine direkte Summe irreduzibler rationaler Darstellungen zerfällt.

G heißt geometrisch reduktiv, wenn für jede rationale Darstellung V von G und jeden G-invarianten Vektor $v \neq 0$ eine natürliche Zahl $m \geq 1$ und eine G-invariante symmetrische m-Form f existieren, so daß

$$f(v^m) \neq 0\,.$$

Für zusammenhängende G sind die Eigenschaften „reduktiv" und „geometrisch reduktiv" zueinander äquivalent. Der schwierige Teil „reduktiv $\Longrightarrow$ geometrisch reduktiv" ist ein Satz von Haboush.

Im Falle der Charakteristik 0 sind diese Eigenschaften äquivalent zur Eigenschaft „linear reduktiv".

Beispiele reduktiver Gruppen sind $GL(n)$, $SL(n)$, $SO(n)$ und Produkte solcher Gruppen. Für eine abgeschlossene Untergruppe $H \subset G$ einer reduktiven Gruppe sind folgende Eigenschaften äquivalent:

(i) H ist reduktiv.

(ii) G/H ist eine affine Varietät.

redundante Zahlendarstellung, ↗Zahlendarstellung.

redundanter Code, Codierung von Nachrichten mit Hilfe zusätzlicher Informationen so, daß eine eindeutige Decodierung trotz aufgetretener Übertragungsfehler möglich bleibt (↗Codierungstheorie).

redundantes Boolesches Polynom, ↗irredundantes Boolesches Polynom.

reduzible Gruppendarstellung, Darstellung U einer Gruppe G bzgl. des Hilbertraums H mit der Eigenschaft, daß ein echter Teilraum $V \subset H$, $V \neq 0$ existiert mit

$$\{U(g)v | g \in G, v \in V\} \subseteq V\,.$$

reduzible Menge, eine Menge ganzer Zahlen, die nicht nur eine triviale Darstellung als Summenmenge besitzt.

Sind $A_0, \dots, A_n$ Mengen von nicht-negativen ganzen Zahlen, so heißt

$$A = A_0 + \cdots + A_n = \sum_{i=0}^{n} A_i = \left\{ \sum_{i=0}^{n} a_i \;\middle|\; a_i \in A_i \right\}$$

die Summenmenge der Mengen $A_0, \dots, A_n$. Eine Menge M nicht-negativer ganzer Zahlen heißt dann irreduzibel oder primitiv, wenn sie nur die trivialen Darstellungen als Summenmenge besitzt, das heißt, wenn gilt

$$M = \{a\} + M_1\,, \quad 0 \leq a \leq m,$$

wobei m die kleinste in M vorkommende Zahl ist.

Eine reduzible Menge ist dann eine nicht primitive Menge.

reduzibler Vektorraum, ein ↗Vektorraum V, zu dem bezüglich eines gegebenen ↗Endomorphismus' $F : V \to V$ zwei F-invariante Unterräume U und W von V existieren, so daß

$$V = U \oplus W\,.$$

Ist V die direkte Summe der F-invarianten Unterräume $U_1, \ldots, U_n$ ($V = U_1 \oplus \cdots \oplus U_n$), und ist mit

$$F_i : U_i \to U_i \; ; \quad F_i(u_i) = F(u_i)$$

für jedes i die Einschränkung von F auf U_i bezeichnet, so sagt man, daß die Abbildung F in die Abbildungen F_i ($1 \le i \le n$) zerlegbar ist, und nennt F die direkte Summe der F_i's, in Zeichen:

$$F = F_1 \oplus \cdots \oplus F_n .$$

Man sagt auch, daß die Unterräume $U_1, \ldots, U_n$ die Abbildung F reduzieren oder eine invariante direkte Summenzerlegung von V bilden.

reduzibles Polynom, ein Polynom, das man als Produkt zweier Polynome vom Grad ≥ 1 schreiben kann.

reduzierte Algebra, eine Algebra, die als Summe von Teilalgebren dargestellt werden kann.

Ist R ein kommutativer Ring mit Einselement, so heißt ein unitärer R-Linksmodul A, der eine Multiplikation $\cdot$ mit der Eigenschaft

$$\alpha(x \cdot y) = (\alpha x) \cdot y = x \cdot (\alpha y)$$

mit $x, y \in A$, $\alpha \in R$ aufweist, eine R-Algebra.

Eine reduzierte Algebra ist dann eine R-Algebra, die sich als direkte Ringsumme echter Teilalgebren darstellen läßt.

reduzierte Bruchdarstellung, Darstellung eines Bruchs (Quotienten) mit teilerfremdem Zähler und Nenner.

Es seien p und q ganze Zahlen (oder allgemeiner Elemente eines ZPE-Rings R) und

$$r = \frac{p}{q}\,, \tag{1}$$

also $r \in \mathbb{Q}$ (bzw. dem Quotientenkörper von R).

Dann heißt die Darstellung (1) reduzierte Darstellung, wenn $\mathrm{ggT}(p, q) = 1$.

Jede rationale Zahl besitzt eine eindeutig bestimmte reduzierte Bruchdarstellung mit $q > 0$.

reduzierte Form einer Differentialgleichung, Vereinfachung von homogenen ↗ linearen Differentialgleichungen zweiter Ordnung, die für das Auffinden einer Lösung nützlich sein kann.

Sei $J \subset \mathbb{R}$ ein Intervall, und seien $f, g, h \in C(J)$ mit $f(x) \ne 0$ für alle $x \in J$. Für

$$u(x) = y \exp\left(\frac{1}{2}\int_0^x \frac{g(t)}{f(t)}dt\right)$$

entsteht dann aus

$$f(x)y'' + g(x)y' + h(x)y = 0 \tag{1}$$

unter der Voraussetzung, daß $\frac{g}{f}$ differenzierbar ist, die vereinfachte reduzierte Form

$$u'' + I(x)u = 0 \;\text{ mit }\; I = \frac{h}{f} - \frac{1}{4}\left(\frac{g}{f}\right)^2 - \frac{1}{2}\left(\frac{g}{f}\right)'.$$

Die Funktion $I(x)$ heißt Invariante der Differentialgleichung.

Falls zwei Differentialgleichungen (1) und

$$\tilde{f}(x)u'' + \tilde{g}(x)u' + \tilde{h}(x)u = 0 \tag{2}$$

dieselbe Invariante haben, so sind ihre Lösungen $y(x)$ und $u(x)$ mit einer geeigneten Funktion $p \in C^2(J)$ über die Gleichung $y = p(x)u$ verknüpft. Für zwei ↗ Fundamentalsysteme y_1, y_2 und u_1, u_2 der Gleichungen (1) und (2) erfüllt die Funktion

$$s(x) := \frac{y_1(x)}{y_2(x)} = \frac{u_1(x)}{u_2(x)}$$

die Differentialgleichung

$$\{s, x\} := \frac{s'''}{s'} - \frac{3}{2}\left(\frac{s''}{s'}\right)^2 = 2I(x). \tag{3}$$

Dabei ist $\{s, x\}$ die sog. Schwarzsche Differentialinvariante von (1). Ist s mit $s'(x) > 0$ für alle $x \in J$ eine Lösung von (3), so sind mit jeweils geeigneten Konstanten c_1, c_2 die Funktionen

$$(s')^{-\frac{1}{2}}(c_1 + c_2 s)$$

Lösungen von $y'' + I(x)y = 0$.

[1] Kamke, E.: Differentialgleichungen, Lösungsmethoden und Lösungen I. B.G. Teubner-Verlag Stuttgart, 1977.

reduzierte Grammatik, ↗ Grammatik.

reduzierte Primimplikantentafel, eine ↗ Primimplikantentafel $A(f)$ einer ↗ Booleschen Funktion f, auf die keine der drei folgenden Reduktionsregeln angewendet werden kann.

(1) Für jeden ↗ wesentlichen Primimplikanten q von f streiche alle Spalten α mit $A(f)(q, \alpha) = 1$. Streiche die Zeile q ebenfalls.

(2) Streiche jede Spalte α, für die es eine Spalte β ($\beta \ne \alpha$) gibt, die wenigstens eine 1 enthält und komponentenweise kleiner als α ist.

(3) Streiche jede Zeile q, zu der es eine Zeile r gibt, die komponentenweise größer als q ist, und deren Kosten nicht größer als die Kosten von q sind.

Die erste Reduktionsregel trägt der Tatsache Rechnung, daß jeder wesentliche ↗ Primimplikant in einem Minimalpolynom (↗ Minimalpolynom einer Booleschen Funktion) von f enthalten sein muß. Ein wesentlicher Primimplikant q kann dementsprechend aus der Primimplikantentafel gestrichen werden, ebenso alle die Elemente der ↗ ON-Menge von f, die von q überdeckt werden.

Die zweite Reduktionsregel nutzt aus, daß jede Zeile, die eine 1 in Spalte β hat, auch eine 1 in Spalte α hat. Spalte α braucht also im Rahmen der Konstruktion eines Minimalpolynoms von f nicht weiter betrachtet zu werden.

Die dritte Reduktionsregel sagt aus, daß eine Zeile q bei der Konstruktion eines Minimalpolynoms nicht weiter betrachtet zu werden braucht, wenn es eine Zeile r gibt, die alle Spalten überdeckt, die auch Zeile q überdeckt, und die Kosten von q nicht echt kleiner als die Kosten von r sind.

reduzierter geordneter binärer Entscheidungsgraph, *reduced ordered binary decision diagram*, *ROBDD*, ein ↗geordneter binärer Entscheidungsgraph $G = (V, E, index)$, bei dem es keinen Knoten $v \in V$ gibt, dessen *low*- und *high*-Nachfolgerknoten (↗binärer Entscheidungsgraph) identisch sind, und es keine zwei Knoten $v, w \in V$ so gibt, daß der binäre Entscheidungsgraph, der aus allen Knoten und Kanten besteht, die von v aus erreichbar sind, isomorph (↗isomorphe binäre Entscheidungsgraphen) zu dem binären Entscheidungsgraph ist, der aus allen Knoten und Kanten besteht, die von w aus erreichbar sind.

Die Definition reduzierter geordneter binärer Entscheidungsgraphen impliziert zwei Reduktionsregeln. Sind für einen Knoten v die *low*- und *high*-Nachfolgerknoten identisch, so kann der Knoten v gelöscht werden. Alle in v einlaufenden Kanten laufen nun in den Nachfolgerknoten von v ein. Sind die *low*-Nachfolgerknoten ebenso wie die *high*-Nachfolgerknoten von zwei Knoten v und w identisch, so können wir einen der beiden Knoten v oder w löschen und die in ihm eingehenden Kanten auf den anderen umlenken. Man spricht in diesem Zusammenhang von der Reduktion geordneter binärer Entscheidungsgraphen.

Für eine feste Variablenordnung (↗geordneter binärer Entscheidungsgraph) sind reduzierte geordnete binäre Entscheidungsgraphen eine ↗kanonische Darstellung Boolescher Funktionen. Die Kosten eines reduzierten geordneten binären Entscheidungsgraphen einer Booleschen Funktion hängen aber in der Regel sehr von der gewählten Variablenordnung ab. Um eine effiziente Darstellung einer Booleschen Funktion f zu erhalten, muß eine Variablenordnung gefunden werden, für die der reduzierte geordnete binäre Entscheidungsgraph von f minimale Kosten hat. Man spricht in diesem Zusammenhang von BDD-Minimierung.

[1] Drechsler, R.; Becker, B.: Binary Decision Diagrams: Theory and Implementation. Kluwer Academic Publishers Boston/Dordrecht/London, 1998.

[2] Molitor,P.; Scholl, Chr.: Datenstrukturen und Effiziente Algorithmen für die Logiksynthese kombinatorischer Schaltungen. B.G. Teubner Stuttgart-Leipzig, 1999.

reduzierter geringter Raum, ↗ Reduktion eines Raumes.

reduzierter Phasenraum, ↗Phasenraumreduktion.

reduzierter Ring, Ring, der keine nilpotenten Elemente hat, also keine Elemente $a \neq 0$ mit $a^n = 0$ für ein n.

↗Integritätsbereiche sind reduzierte Ringe. Der ↗Faktorring des Rings der ganzen Zahlen $\mathbb{Z}$ nach dem durch 35 erzeugten Ideal $\mathbb{Z}/(35)$ ist kein Integritätsbereich, aber ein reduzierter Ring. $\mathbb{Z}/(4)$ ist kein reduzierter Ring, denn $2^2 = 0 \mod (4)$.

reduziertes lokales Modell, ↗ Reduktion eines Raumes.

Reeb-Feld, für eine ↗Pfaffsche Kontaktmannigfaltigkeit (M, ϑ) dasjenige Vektorfeld ξ auf M, das durch die Bedingungen $\vartheta(\xi) = 1$ und $d\vartheta(\xi, \cdot) = 0$ definiert wird.

reelle Algebra, eine ↗Algebra über $\mathbb{R}$, wobei $\mathbb{R}$ den Körper der reellen Zahlen bezeichnet.

reelle algebraische Mengen, ↗reelle algebraische Varietäten.

reelle algebraische Varietäten ↗algebraische Schemata X_0 über $\mathbb{R}$, so daß

$$X = X_0 \otimes_{\mathbb{R}} \mathbb{C}$$

eine ↗algebraische Varietät ist.

Äquivalent dazu ist ein Paar (X, F), bestehend aus einer algebraischen Varietät X und einem Schemamorphismus $F : X \longrightarrow X$ so, daß das Diagramm

$$\begin{array}{ccc} X & \xrightarrow{\quad F \quad} & X \\ \downarrow & & \downarrow \\ \mathrm{Spec}\,(\mathbb{C}) & \xrightarrow{\quad F_\infty \quad} & \mathrm{Spec}\,(\mathbb{C}) \end{array}$$

(F_∞ der durch die komplexe Konjugation induzierte Morphismus) kommutativ ist mit $F^2 = Id$, und so, daß für jeden Punkt $z \in X(\mathbb{C})$ eine affine Umgebung U mit z, $F(z) \in U$ existiert.

Ist

$$X = X_0 \otimes_{\mathbb{R}} \mathbb{C} \quad \text{und} \quad z \in X(\mathbb{C}) = X_0(\mathbb{C})_{\mathbb{R}}\,,$$

so ist

$$F(z) = \overline{z} \quad \text{und} \quad F^*(f)(z) = \overline{f(\overline{z})}$$

($^-$ bedeutet hier komplexe Konjugation). Die Menge $X_0(\mathbb{R})$ der reellen Punkte ist die Fixpunktmenge von F (diese Menge kann leer sein). Solche Mengen heißen reelle algebraische Mengen.

Wenn X irreduzibel ist und $X_0(\mathbb{R})$ einen Punkt enthält, in dem X glatt ist, so ist $X_0(\mathbb{R})$ Zariski-dicht in $X(\mathbb{C})$. $X_0(\mathbb{R})$ ist aber keineswegs dicht in dem zugrunde liegenden analytischen Raum X^{an}, sondern eine reell-analytische Untermannigfaltigkeit (wenn X glatt ist) der Dimension $n = \dim X$, während die reelle Dimension von X^{an} gleich $2n$ ist.

Außerdem muß $X_0(\mathbb{R}) \subset X^{an}$ nicht zusammenhängend sein, obwohl X^{an} zusammenhängend ist. Im Falle glatter projektiver ↗ algebraischer Kurven, die über $\mathbb{R}$ definiert sind, ist die Anzahl der Zusammenhangskomponenten von $X_0(\mathbb{R})$ durch $g+1$ (g das Geschlecht der Kurve) beschränkt, und jede Komponente ist diffeomorph zu S^1 (Theorem von Harnack).

reelle Interpolationsmethode, auch Methode von Lions-Peetre oder K-Methode genannt, eine Methode zur Interpolation linearer Operatoren.

Es sei (X_0, X_1) ein verträgliches Paar von Banachräumen (↗ Interpolationstheorie auf Banachräumen). Auf $X_0 + X_1$ betrachte man zu $t > 0$ die äquivalente Norm

$$K(t,x) = \inf\{\|x_0\|_0 + t\|x_1\|_1 : x = x_0 + x_1,\ x_j \in X_j\};$$

dieser Ausdruck wird das K-Funktional genannt. Ist $0 < \vartheta < 1$ und $1 \le q < \infty$, setzt man

$$\|x\|_{\vartheta,q} = \left(\int_0^\infty \left(t^{-\vartheta}K(t,x)\right)^q \frac{dt}{t}\right)^{1/q}$$

sowie $\|x\|_{\vartheta,\infty} = \sup_{t>0} t^{-\vartheta}K(t,x)$.

Dieses sind Normen auf

$$X_{\vartheta,q} := (X_0, X_1)_{\vartheta,q} := \{x \in X_0 + X_1 : \|x\|_{\vartheta,q} < \infty\},$$

und diese Räume sind dann vollständig.

Es sei nun (Y_0, Y_1) ein weiteres verträgliches Paar von Banachräumen, und $T : X_0 + X_1 \to Y_0 + Y_1$ eine lineare Abbildung, die X_0 stetig in Y_0 und X_1 stetig in Y_1 überführt; es gilt also

$$\|T : X_0 \to Y_0\| =: M_0 < \infty,$$
$$\|T : X_1 \to Y_1\| =: M_1 < \infty.$$

Dann gilt auch $T(X_{\vartheta,q}) \subset Y_{\vartheta,q}$ für alle $0 < \vartheta < 1$, $1 \le q \le \infty$ sowie

$$\|T : X_{\vartheta,q} \to Y_{\vartheta,q}\| \le M_0^{1-\vartheta} M_1^{\vartheta}.$$

Es ist also $(X_{\vartheta,q}, Y_{\vartheta,q})$ ein exaktes Interpolationspaar im Sinn der Interpolationstheorie.

Ist $X_0 = L^{p_0}$ und $X_1 = L^{p_1}$, so erhält man bis auf Äquivalenz der Normen $(L^{p_0}, L^{p_1})_{\vartheta,q} = L^{p,q}$ (↗ Lorentz-Räume), wobei

$$1/p = (1-\vartheta)/p_0 + \vartheta/p_1$$

ist. Insbesondere ist $(L^{p_0}, L^{p_1})_{\vartheta,p} = L^p$. Reelle Interpolation der ↗ Sobolew-Räume liefert ↗ Besow-Räume: $(W^{m_0,p}, W^{m_1,p})_{\vartheta,q} = B^s_{p,q}$ für $m_0 \ne m_1$ und $s = (1-\vartheta)m_0 + \vartheta m_1$.

Eine wichtige Eigenschaft der reellen Interpolationsmethode ist die Reiterationseigenschaft

$$(X_{\vartheta_0,q_0}, X_{\vartheta_1,q_1})_{\vartheta,q} = X_{\vartheta',q}$$

für $\vartheta' = (1-\vartheta)\vartheta_0 + \vartheta\vartheta_1$. Die reelle Interpolationsmethode kann auf ↗ Quasi-Banachräume ausgedehnt werden.

[1] Bennett, C.; Sharpley, R.: Interpolation of Operators. Academic Press London/Orlando, 1988.

[2] Bergh, J.; Löfström, J.: Interpolation Spaces. Springer Berlin/Heidelberg/New York, 1976.

reelle Matrix, eine ↗ Matrix über dem Körper $\mathbb{R}$, also eine Matrix, deren Elemente ↗ reelle Zahlen sind.

reelle Zahlen, Ergebnis der Erweiterung des archimedischen Körpers $\mathbb{Q}$ der rationalen Zahlen zu einem vollständigen archimedischen Körper $\mathbb{R}$. Dieser Erweiterung kann etwa mit Hilfe von Cauchy-Folgen, von Dedekind-Schnitten oder von Intervallschachtelungen durchgeführt werden. Jeweils muß man die Körperoperationen und die Ordnung geeignet definieren.

Weiter können die reellen Zahlen als Dezimalbruchentwicklungen definiert oder geometrisch als Punkte der Zahlengeraden gedeutet werden. Schließlich kann man $\mathbb{R}$ axiomatisch als vollständigen archimedischen Körper einführen. Dann sind die Körperoperationen und die Ordnung schon als Teil der Definition gegeben.

Cauchy-Folgen

Nach Georg Cantor (1883) und Charles Méray (1869) definiert man den Körper $\mathbb{R}$ der reellen Zahlen als Restklassenkörper C/N des (kommutativen) Rings C der Cauchy-Folgen rationaler Zahlen bzgl. des (maximalen) Ideals N der Nullfolgen, d. h. als Menge von Äquivalenzklassen bzgl. der durch

$$(p_n) \sim (q_n) \;:\Longleftrightarrow\; p_n - q_n \to 0 \quad (n \to \infty)$$

auf C erklärten Äquivalenzrelation. Für $(p_n) \in C$ sei $\langle p_n \rangle$ die Äquivalenzklasse von (p_n) bzgl. $\sim$. Für $(p_n) \sim (p_n')$ und $(q_n) \sim (q_n')$ gilt

$$(p_n + q_n) \sim (p_n' + q_n')$$

d. h. die Definition

$$\langle p_n \rangle + \langle q_n \rangle := \langle p_n + q_n \rangle$$

ist sinnvoll. Ebenso ist die Definition

$$\langle p_n \rangle \langle q_n \rangle := \langle p_n q_n \rangle$$

sinnvoll. Mit der Null $0 := \langle 0 \rangle$, der Eins $1 := \langle 1 \rangle$, der durch

$$-\langle p_n \rangle := \langle -p_n \rangle \qquad \text{(Negatives zu } \langle p_n \rangle\text{)}$$

gegebenen additiven Inversenoperation und der durch

$$\langle p_n \rangle^{-1} := \left\langle \frac{1}{p'_n} \right\rangle \qquad \text{(Reziprokes zu } \langle p_n \rangle \neq 0\text{)}$$

mit $p'_n := p_n$ für $p_n \neq 0$ und $p'_n := 1$ für $p_n = 0$ gegebenen multiplikativen Inversenoperation ist $(\mathbb{R}, +, 0, \cdot, 1)$ ein Körper. Die Abbildung

$$\Phi : \mathbb{Q} \ni p \longmapsto \langle p \rangle \in \mathbb{R}$$

bettet den Körper $\mathbb{Q}$ in den Körper $\mathbb{R}$ ein. Mit den positiven reellen Zahlen

$$\mathbb{R}_+ := \left\{ \langle p_n \rangle \,\middle|\, \exists \varepsilon \in \mathbb{Q}_+, N \in \mathbb{N} \;\forall n \geq N \; p_n > \varepsilon \right\}$$

gilt $\mathbb{R} = -\mathbb{R}_+ \uplus \{0\} \uplus \mathbb{R}_+$ (Trichotomie). Die Ordnung von $\mathbb{Q}$ wird durch

$$r < s \;:\Longleftrightarrow\; s - r \in \mathbb{R}_+$$

für $r, s \in \mathbb{R}$ zu einer Ordnung auf $\mathbb{R}$ fortgesetzt. Damit ist $\mathbb{R}$ ein vollständiger archimedischer Körper.

Vorteile dieses Zugang zu den reellen Zahlen (z. B. verglichen mit dem über Dedekind-Schnitte) sind etwa, daß man Addition und Multiplikation aus der Addition und Multiplikation von Folgen bekommt, und daß er sich auch nutzen läßt zur Vervollständigung metrischer Räume (wobei wiederum die Vollständigkeit von $\mathbb{R}$ benutzt wird).

Dedekind-Schnitte

Gemäß Julius Wilhelm Richard Dedekind (1872) definiert man die reellen Zahlen als ↗Dedekind-Schnitte in den rationalen Zahlen, also $\mathbb{R} := \mathbb{D}(\mathbb{Q})$. Man identifiziert Dedekind-Schnitte mit ihren rechten Mengen und setzt

$$D + E := \{d + e \mid d \in D, e \in E\}$$

für $D, E \in \mathbb{R}$ und

$$DE := \{de \mid d \in D, e \in E\}$$

für $D, E \geq 0$. Jeder Schnitt D läßt sich als Differenz $D = P - Q$ zweier Schnitte $P, Q \geq 0$ schreiben. Für zwei beliebige Schnitte D, E mit Darstellungen $D = P - Q$ und $E = R - S$ mit Schnitten $P, Q, R, S \geq 0$ setzt man

$$DE := PR + QS - PS - QR\,.$$

Diese Multiplikation ist wohldefiniert und macht $\mathbb{R}$ zu einem vollständigen archimedischer Körper. Die Abbildung

$$\Phi : \mathbb{Q} \ni x \longmapsto \{r \in \mathbb{Q} \mid r > x\} \in \mathbb{R}$$

bettet den geordneten Körper $\mathbb{Q}$ in den geordneten Körper $\mathbb{R}$ ein.

Intervallschachtelungen

Von Paul Gustav Heinrich Bachmann (1892) stammt die Definition der reellen Zahlen als Restklassen bzgl. der durch

$$I \sim J \;:\Longleftrightarrow\; I \text{ und } J \text{ haben eine gemeinsame Verfeinerung}$$

auf der Menge der rationalen Intervallschachtelungen erklärten Äquivalenzrelation. Eine rationale Intervallschachtelung ist eine absteigende Folge von nicht-leeren abgeschlossenen Intervallen in $\mathbb{Q}$, deren Längen gegen 0 konvergieren, also eine Folge (I_n) von Intervallen $I_n = [a_n, b_n] \subset \mathbb{Q}$ mit $a_n, b_n \in \mathbb{Q}$, $a_1 \leq a_2 \leq \cdots < \cdots \leq b_2 \leq b_1$ und $b_n - a_n \to 0$ für $n \to \infty$. Für zwei Intervallschachtelungen $I = (I_n)$ und $J = (J_n)$ heißt J eine Verfeinerung von I, falls $J_n \subset I_n$ für alle $n \in \mathbb{N}$.

Durch Definition von Addition, Multiplikation und Ordnung für Intervallschachtelungen I und damit (nach Nachweis der Repräsentantenunabhängigkeit) für deren Restklassen $\langle I \rangle$ entsteht ein vollständiger archimedischer Körper $\mathbb{R}$. Die Abbildung

$$\Phi : \mathbb{Q} \ni p \longmapsto \big\langle [q, q] \big\rangle \in \mathbb{R}$$

bettet den geordneten Körper $\mathbb{Q}$ in den geordneten Körper $\mathbb{R}$ ein.

Vorteile dieses Verfahrens sind etwa seine Anschaulichkeit und die Tatsache, daß die Elemente einer Intervallschachtelung Näherungen bekannter Genauigkeit für die zugehörige reelle Zahl darstellen.

Dezimalbruchentwicklungen

Karl Theodor Wilhelm Weierstraß (1872) definierte die reellen Zahlen als Dezimalbruchentwicklungen, d. h. als unendlich lange Zeichenketten

$$\pm a_n a_{n-1} \ldots a_1 a_0, a_{-1} a_{-2} a_{-3} \ldots$$

mit $n \in \mathbb{N}_0$, $a_k \in \{0, \ldots, 9\}$ für $k \leq n$ und $a_n \neq 0$ im Fall $n > 0$, wobei man die Entwicklung $-0{,}000\ldots$ sowie Entwicklungen, die auf eine Folge von lauter Neunen enden, ausschließt oder mit geeigneten anderen Entwicklungen identifiziert. Man definiert für Dezimalbruchentwicklungen Addition, Multiplikation und Ordnung als Operationen bzw. Relation von Zeichenketten und zeigt, daß dann $\mathbb{R}$ mit der Null $0 := +0{,}000\ldots$ und der Eins $1 := +1{,}000\ldots$ ein vollständiger archimedischer Körper ist.

Vorteile dieses Verfahrens sind etwa seine Anschaulichkeit und sein Bezug zum praktischen Rechnen. Auch andere Basen als 10 können als Grundlage der Entwicklung benutzt werden.

Zahlengerade

Die reellen Zahlen lassen sich geometrisch darstellen als Punkte einer beliebig gewählten Geraden g der euklidischen Ebene. Man legt auf g zwei verschiedene Punkte 0 und 1 fest. Dadurch wird eine Durchlaufungsrichtung von g und damit eine Ordnung bestimmt. Man nennt g ↗Zahlengerade und die in 0 beginnende, durch 1 laufende Halbgerade, die gerade die nicht-negativen reellen Zahlen enthält, ↗Zahlenstrahl. Die Addition entspricht dem Aneinandersetzen der zugehörigen Strecken (unter Beachtung der Richtung) und die Multiplikation einer Streckung.

Eigenschaften von $\mathbb{R}$

$\mathbb{R}$ ist der kleinste den Körper $\mathbb{Q}$ umfassende vollständige Körper, d. h., jeder $\mathbb{Q}$ umfassende vollständige Körper enthält einen zu $\mathbb{R}$ isomorphen Unterkörper.

Beispielsweise mit dem zweiten Cantorschen Diagonalverfahren sieht man, daß das Intervall $[0, 1)$ und damit erst recht $\mathbb{R}$ überabzählbar ist: Hat man abzählbar viele beliebige Zahlen $a_1, a_2, a_3, \dots \in [0, 1)$, nimmt dazu Darstellungen

$$\begin{aligned} a_1 &= 0.\alpha_1^1\alpha_1^2\alpha_1^3\dots \\ a_2 &= 0.\alpha_2^1\alpha_2^2\alpha_2^3\dots \\ a_3 &= 0.\alpha_3^1\alpha_3^2\alpha_3^3\dots \\ \vdots &\quad \vdots \quad\quad \vdots \end{aligned}$$

im Dezimalsystem und wählt für alle $n \in \mathbb{N}$ mittels $\alpha^n := 0$ für $\alpha_n^n \neq 0$ und $\alpha^n := 5$ für $\alpha_n^n = 0$ Ziffern $\alpha^n \in \{0, 5\}$, die verschieden von den in der Diagonalen stehenden sind, dann ist die durch die Dezimaldarstellung

$$a := 0.\alpha^1\alpha^2\alpha^3\dots \in [0, 1)$$

definierte Zahl a verschieden von allen a_n und damit

$$\{a_1, a_2, a_3, \dots\} \neq [0, 1)\,.$$

Die Elemente von $\mathbb{R} \setminus \mathbb{Q}$, also die nicht-rationalen reellen Zahlen, nennt man irrationale Zahlen. Da $\mathbb{Q}$ abzählbar ist, ist mit $\mathbb{R}$ auch $\mathbb{R} \setminus \mathbb{Q}$ überabzählbar. Auch die Menge $\mathbb{A} \subset \mathbb{R}$ der algebraischen reellen Zahlen, also der reellen Zahlen, die Nullstelle eines vom Nullpolynom verschiedenen Polynoms mit rationalen Koeffizienten sind, ist abzählbar und damit die Menge $\mathbb{R} \setminus \mathbb{A}$ der transzendenten reellen Zahlen überabzählbar. Es gilt

$$\mathbb{N} \subset \mathbb{Z} \subset \mathbb{Q} \subset \mathbb{A} \subset \mathbb{R}\,.$$

$\mathbb{R}$ ist nicht algebraisch abgeschlossen, denn z. B. gibt es kein $x \in \mathbb{R}$ mit $x^2 + 1 = 0$. Die minimale Erweiterung von $\mathbb{R}$ zu einem algebraisch abgeschlossenen Körper führt zu den komplexen Zahlen. Dort gibt es ein solches x, nämlich $x = i$.

[1] Ebbinghaus, H.-D.; et al: Zahlen. Springer Berlin, 1992.

[2] Oberschelp, A.: Aufbau des Zahlensystems. Vandenhoeck Ruprecht Göttingen, 1976.

[3] Padberg, F.; Danckwerts, R.; Stein, M.: Zahlbereiche. Spektrum Heidelberg, 1995.

reelle Zahlengerade, ↗reelle Zahlen.

reeller projektiver Raum, ein projektiver Raum $\mathbb{P}(E)$, wobei E ein $(n+1)$-dimensionaler reeller Vektorraum ist.

Als algebraisches Schema ist dies die Menge der reellen Punkte von $\mathbb{P}(E \otimes \mathbb{C})$ bzgl. der reellen Struktur auf $\mathbb{P}(E \otimes \mathbb{C})$, die durch die komplexe Konjugation induziert wird.

Für gerade n ist $\mathbb{P}(E) \subset \mathbb{P}(E \otimes \mathbb{C})^{an}$ eine reellanalytische zusammenhängende Untermannigfaltigkeit der Dimension n, die nicht orientierbar ist. Für ungerade n besitzt $\mathbb{P}(E \otimes \mathbb{C})$ eine weitere reelle Struktur: Man wähle eine $\mathbb{R}$-lineare Abbildung $J : E \longrightarrow E$ mit $J^2 = -Id$. Die durch $E \otimes \mathbb{C} \longrightarrow E \otimes \mathbb{C}$, $z \mapsto J(\overline{z})$ induzierte Involution F auf $\mathbb{P}(E \otimes \mathbb{C})$ definiert dann eine reelle Struktur, für die keine reellen Punkte (↗reelle algebraische Varietäten) existieren.

Bis auf Konjugation mit Automorphismen von $\mathbb{P}(E \otimes \mathbb{C})$ sind dies die einzigen reellen Strukturen auf $\mathbb{P}(E \otimes \mathbb{C})$.

reelles Funktional, Abbildung eines reellen Vektorraums in die Menge der reellen Zahlen.

Es sei V ein reeller Vektorraum. Dann heißt jede Abbildung $f : V \to \mathbb{R}$ ein reelles Funktional.

Von besonderer Bedeutung sind die linearen reellen Funktionale eines reellen Vektorraums. Ist V sogar ein topologischer Vektorraum, so sind die linearen stetigen reellen Funktionale von besonderem Interesse, die man in der Funktionalanalysis behandelt.

reelles Polynom, ein Polynom (↗Polynome) mit Koeffizienten aus $\mathbb{R}$.

Insbesondere hat ein reelles Polynom für reelle Eingabewerte (Variablen) nur reelle Werte.

reellwertige Funktion, Funktion, deren Bildbereich in $\mathbb{R}$ liegt.

Rees-Algebra, genauer Rees-Algebra eines Rings R bezüglich eines Ideals $I \subset R$, die Algebra

$$\mathfrak{R}(R, I) = \sum_{n=-\infty}^{\infty} I^n t^{-n} = R[t, t^{-1}I]$$

mit der Konvention $I^n = R$ für $n \leq 0$. Ist R eine K–Algebra, K ein Körper, dann verbindet die Rees–Algebra den Ring mit dem zu I ↗assoziierten graduierten Ring $\mathrm{gr}_I(R)$:

$$\begin{aligned} \mathfrak{R}(R, I)/t\mathfrak{R}(R, I) &= \mathrm{gr}_I(R), \\ \mathfrak{R}(R, I)/(t-a)\mathfrak{R}(R, I) &= R \text{ für } a \neq 0, a \in K. \end{aligned}$$

Rees-Ring, der zu einem kommutativen Ring A und einem Ideal $I \subset A$ durch

$$\begin{aligned}\mathrm{Rees}(I,A) &= A + tI + t^2I^2 + \cdots \subseteq A[t] \\ &\simeq A \oplus I \oplus I^2\end{aligned}$$

(t eine Variable) definierte Ring.

Rees(I,A) ist ein graduierter kommutativer Ring. Wenn I endlich erzeugt ist, so ist Rees(I,A) endlich erzeugt als Ring über A. Wenn A Noethersch ist (resp. endlich erzeugt über einem Noetherschen Ring R), so gilt dasselbe für Rees (I,A).

Die geometrische Bedeutung dieser Konstruktion ist, daß Proj(Rees(I,A)) (↗projektives Spektrum) die ↗Aufblasung von $X = \mathrm{Spec}(A)$ in dem durch I definierten Unterschema Y ist.

Spec(Rees(I,A)/Rees(I,A)) ist der ↗Normalenkegel $C_{Y|X}$ von Y in X, und Proj(*Rees*(I,A)/ Rees(I,A)) ist der exzeptionelle Ort der Aufblasung von X in Y.

Referenzfunktion, eine Funktion $L : [0, +\infty) \to [0, 1]$ zur Beschreibung von ↗Fuzzy-Intervallen, die den folgenden Bedingungen genügt:

(*i*) $L(0) = 1$,

(*ii*) L ist nicht steigend in $[0, +\infty)$.

Referenzfunktional, spezielles Funktional, welches in der Approximationstheorie auftritt.

Es seien $C(B)$ der Raum der stetigen Funktionen auf einem Kompaktum B, $G \subseteq C(B)$ ein n-dimensionaler ↗Haarscher Raum, der von den Funktionen $g_1, \dots, g_n$, aufgespannt wird, und $x_\mu \in B$, $\mu = 1, \dots, n+1$, paarweise verschiedene Punkte. Weiter seinen komplexe Zahlen λ_μ, $\mu = 1, \dots, n+1$, durch die folgenden Eigenschaften eindeutig festgelegt:

(*i*) $\sum_{\mu=1}^{n+1} \lambda_\mu g_\nu(x_\mu) = 0, \ \nu = 1, \dots, n,$

(*ii*) $\sum_{\mu=1}^{n+1} |\lambda_\mu| = 1,$

(*iii*) λ_1 ist reell und positiv.

Dann heißt das lineare Funktional $L : C(B) \mapsto \mathbb{C}$, definiert durch

$$L(f) = \sum_{\mu=1}^{n+1} \lambda_\mu f(x_\mu),\ f \in C(B)\ ,$$

Referenzfunktional von x_μ, $\mu = 1, \dots, n+1$, hinsichtlich G. Die Menge $\{x_\mu\}$ heißt Referenzpunktmenge von L.

reflektierende Barriere, ↗reflektierender Zustand.

reflektierender Zustand, *reflektierende Barriere*, in der Regel die Bezeichnung für einen Zustand $i \in S$ am „Rand" des Zustandsraumes S einer auf einem Wahrscheinlichkeitsraum $(\Omega, \mathfrak{A}, P)$ definierten zeitlich homogenen endlichen ↗Markow-Kette $(X_t)_{t \in \mathbb{N}_0}$ mit der Eigenschaft, daß die Kette bei Erreichen des Zustands im nächsten Schritt mit einer Wahrscheinlichkeit von Eins in einen Zustand im „Inneren" des Zustandsraumes übergeht.

Die Übergangsmatrix P einer zeitlich homogenen Markow-Kette mit Zustandsraum $S = \{0, \dots, N\}$ und den reflektierenden Zuständen 0 und N besitzt häufig die Form

$$\mathrm{P} = \begin{pmatrix} 0 & 1 & 0 & \cdots & 0 & 0 & 0 \\ a_2 & b_2 & c_2 & \dots & 0 & 0 & 0 \\ 0 & a_3 & b_3 & \cdots & 0 & 0 & 0 \\ \vdots & \vdots & \vdots & & \vdots & \vdots & \vdots \\ 0 & 0 & 0 & \cdots & a_{N-1} & b_{N-1} & c_{N-1} \\ 0 & 0 & 0 & \cdots & 0 & 1 & 0 \end{pmatrix}.$$

Beispiele von Markow-Ketten mit reflektierenden Zuständen sind etwa ↗Irrfahrten mit reflektierenden Rändern.

Reflexion, Begriff aus der Optik, siehe ↗Brechung, ↗ Fermatsches Prinzip.

reflexionsfreies Potential, ↗ supersymmetrische Quantenmechanik.

Reflexionsprinzip, Bezeichnung für die im folgenden Satz formulierte Symmetrieeigenschaft der ↗Brownschen Bewegung.

Es sei $(\Omega, \mathfrak{A}, P)$ ein Wahrscheinlichkeitsraum und $(B_t)_{t \ge 0}$ eine an eine Filtration $(\mathfrak{A}_t)_{t \ge 0}$ in $\mathfrak{A}$ adaptierte normale d-dimensionale Brownsche Bewegung, sowie T eine Stoppzeit bezüglich $(\mathfrak{A}_t)_{t \ge 0}$.

Dann ist auch der Prozeß $(X_t)_{t \ge 0}$ mit

$$X_t = \begin{cases} B_t, & t < T \\ 2B_T - B_t, & t \ge T \end{cases}$$

für alle $t \ge 0$ eine Brownsche Bewegung.

Im Falle einer normalen eindimensionalen Brownschen Bewegung $B = (B_t)_{t \ge 0}$ kann man den Prozeß $X = (X_t)_{t \ge 0}$ folgendermaßen veranschaulichen: Für jedes $\omega \in \Omega$ stimmt der Pfad $t \to X_t(\omega)$ bis zum Zeitpunkt $T(\omega)$ mit dem Pfad $t \to B_t(\omega)$ überein und wird dann an der Achse $y = B_{T(\omega)}(\omega)$ gespiegelt.

reflexiv, Eigenschaft einer zweistelligen Relation $R \subseteq M \times M$ über einer Menge M.

R heißt reflexiv, wenn für alle $x \in M$ das Paar (x, x) aus R ist, also x mit sich selbst in Relation steht.

reflexive Relation, ↗reflexiv.

reflexiver Raum, ein Banachraum, für den die kanonische Einbettung in den Bidualraum (↗kanonische Einbettung eines Banachraumes in seinen Bidualraum) surjektiv ist.

Beispiele reflexiver Räume sind die Räume ℓ^p und $L^p(\mu)$ für $1 < p < \infty$, aber auch der Raum der

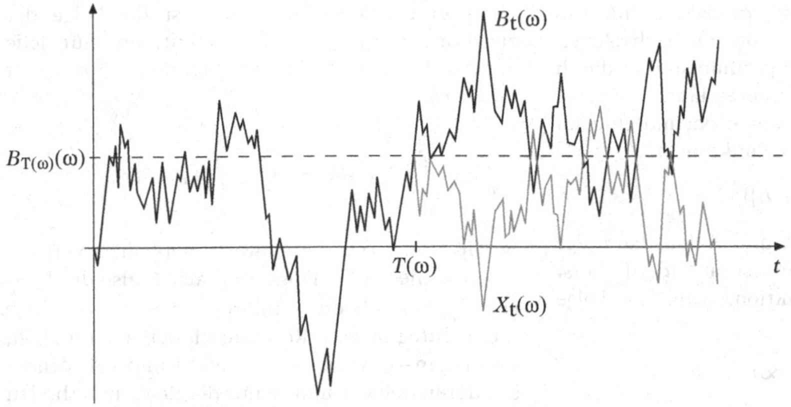

Reflexionsprinzip: Pfade von B und X

kompakten Operatoren $K(\ell^p, \ell^q)$ für $1 < q < p < \infty$.

Abgeschlossene Unterräume und Quotientenräume reflexiver Räume sind reflexiv. Ein ↗Banach-Verband ist genau dann reflexiv, wenn er keine zu c_0 oder ℓ^1 isomorphen Teilräume besitzt. Für allgemeine Banachräume braucht diese Äquivalenz nicht zuzutreffen, ein Gegenbeispiel ist der ↗quasireflexive Raum von James.

Die Bedeutung reflexiver Räume resultiert im wesentlichen aus den hier zur Verfügung stehenden Kompaktheitssätzen. Der Raum X ist genau dann reflexiv, wenn seine Einheitskugel in der ↗schwachen Topologie kompakt ist. Das ist nach dem Satz von Eberlein-Smulian genau dann der Fall, wenn jede beschränkte Folge in X eine schwach konvergente Teilfolge besitzt.

Ist X ein lokalkonvexer Raum mit starkem Bidualraum X_b'' (↗stark-dualer Raum), so heißt X halbreflexiv, wenn $i_X : X \to X_b''$, $\big(i_X(x)\big)(x') = x'(x)$, surjektiv ist, und X heißt reflexiv, wenn i_X ein Isomorphismus lokalkonvexer Räume zwischen X und X_b'' ist.

[1] Dunford, N.; Schwartz, J. T.: Linear Operators. Part I: General Theory. Wiley New York, 1958.

[2] Köthe, G.: Topologische lineare Räume I. Springer Berlin/Heidelberg, 1960.

[3] Werner, D.: Funktionalanalysis. Springer Berlin/Heidelberg, 1995.

Reflexivität, ↗reflexiv.

REG, Klasse aller ↗regulären Sprachen.

Diese Klasse umfaßt unter anderem alle endlichen Sprachen und ist in der Klasse der kontextfreien Sprachen (↗Grammatik) enthalten.

Regelfläche, auch geradlinige Fläche genannt, reguläre Fläche, die von einer sich im Raum bewegenden Geraden überstrichen wird.

Für differentielle Untersuchungen von Regelflächen wird meist ein geradliniges Koordinatennetz, d. h., eine Parametergleichung der Form

$$\Phi(u, v) = \alpha(u) + v\,\gamma(u)$$

herangezogen. Dabei heißt $\alpha(t)$ Basiskurve und $\gamma(t)$ Richtungskurve der Regelfläche. Man verlangt $\alpha'(t) \neq 0$ und $\gamma(t) \neq 0$. Die v-Parameterlinien

$$v \to \alpha(u_0) + v\,\gamma(u_0)$$

heißen Erzeugende oder Strahlen der Regelfläche. Sie sind Geraden und als solche gleichzeitig Asymptotenlinien und geodätische Linien der Fläche.

Auf jeder Erzeugenden gibt es einen eindeutig bestimmten Punkt, den Kehlpunkt, der zu den infinitesimal benachbarten Strahlen kleinsten Abstand hat Die einparametrige Schar aller Kehlpunkte bildet eine Kurve auf der Fläche, die ↗Striktionslinie oder Kehllinie.

Ähnlich wie sich Kurven durch die Bogenlänge parametrisieren lassen, läßt sich auf Regelflächen eine natürliche Parametrisierung durch Übergang von einem beliebigen geradlinigen Koordinatennetz $\Phi(u, v)$ zu

$$\Phi^*(u, v) = \alpha^*(u) + v\,\gamma^*(u)$$

einführen. Darin ist $\alpha^*(u)$ die Kehllinie, parametrisiert durch ihre Bogenlänge u, und

$$\gamma^*(u) = \frac{\gamma(u)}{||\gamma(u)||}\,.$$

Eine Regelfläche heißt doppelt bestimmt, wenn es auf ihr zwei geradlinige Koordinatennetze gibt. Die einzigen doppelt bestimmten Regelflächen sind das ↗einschalige Hyperboloid und das ↗hyperbolische Paraboloid.

Die Striktionslinie einer ↗Tangentenfläche heißt Gratlinie oder Rückkehrkante.

Siehe auch ↗Klassifikation von Flächen.

Regelfunktion, auf einem kompakten Intervall definierte reellwertige Funktion, die sich gleichmäßig (d. h. bezüglich der Supremumsnorm) durch Treppenfunktionen approximieren läßt.

Bezeichnet für $-\infty < a < b < \infty$ und eine auf $[a, b]$ definierte reellwertige Funktion h

$$\|h\| := \sup\{|h(x)| : x \in [a, b]\}$$

die Supremumsnorm von h und $\mathfrak{E}$ den Raum der reellwertigen Treppenfunktionen auf $[a, b]$, so ist f also genau dann Regelfunktion, wenn eine Folge (h_n) aus $\mathfrak{E}$ mit

$$\|h_n - f\| \longrightarrow 0 \quad (n \longrightarrow \infty)$$

existiert. Da Treppenfunktionen beschränkt sind, ist auch jede Regelfunktion beschränkt. Der Bereich der Regelfunktionen (zu festem Intervall $[a, b]$) bildet einen Vektorraum, der trivialerweise alle Treppenfunktionen enthält. Auch das Produkt zweier Regelfunktionen ist eine Regelfunktion. Jede reellwertige stetige Funktion auf $[a, b]$ ist eine Regelfunktion.

Die Regelfunktionen auf $[a, b]$ lassen sich wie folgt extern charakterisieren:

Eine auf $[a, b]$ definierte reellwertige Funktion f ist genau dann Regelfunktion, wenn sie beschränkt ist und die einseitigen Grenzwerte $f(x-)$ und $f(x+)$ für jedes $x \in [a, b]$ – soweit sinnvoll – existieren.

Damit sind u. a. auch alle monotonen reellwertigen Funktionen auf $[a, b]$ Regelfunktionen.

In gleicher Weise kann man komplex- oder gar Banachraum-wertige Regelfunktionen betrachten.

Auch eine Ausdehnung auf Funktionen, die auf ganz $\mathbb{R}$ definiert sind, ist möglich. Dabei gilt dann: *Eine Funktion ist genau dann ‚Regelfunktion auf $\mathbb{R}$', wenn an jeder Stelle der rechts- und der linksseitige Grenzwert existieren und überdies die Funktion im Unendlichen verschwindet, d. h. für $x \longrightarrow \infty$ und $x \longrightarrow -\infty$ gegen 0 strebt.*

(Siehe auch ↗Regelfunktionen, Integral von)

Regelfunktionen, Integral von, für eine ↗Regelfunktion f und eine Folge (h_n) von Treppenfunktionen mit $\|h_n - f\| \longrightarrow 0$ durch

$$\int_a^b f(x)\,dx := \lim_{n\to\infty} \int_a^b h_n(x)\,dx$$

definiertes Integral.

Hierbei seien die reellwertige Funktion f auf $[a, b]$ (mit $-\infty < a < b < \infty$) definiert, und die Supremumsnorm für eine auf $[a, b]$ definierte reellwertige Funktion h durch

$$\|h\| := \sup\{|h(x)| : x \in [a, b]\}$$

erklärt.

Für eine solche Folge (h_n) ist die Folge der zugehörigen Integrale konvergent, und für jede andere Folge von Treppenfunktionen (k_n) mit $\|k_n - f\| \longrightarrow 0$ hat man

$$\lim_{n\to\infty} \int_a^b h_n(x)\,dx = \lim_{n\to\infty} \int_a^b k_n(x)\,dx\,.$$

Somit ist der o. a. Grenzwert unabhängig von der ‚approximierenden Folge' (h_n) aus $\mathfrak{E}$, also das Integral $\int_a^b f(x)\,dx$ wohldefiniert.

Das Integral von Regelfunktionen ist nützlich, wenn man – etwa bei einer Einführung in die Analysis, deren Schwerpunkte nur die Rechenmethoden der Differential- und Integralrechnung darstellen – rasch ein Integral für eine Klasse von Funktionen, die wenigstens die wichtigsten umfaßt, einführen will. Es hat aber den gravierenden Nachteil, daß eine angemessene Verallgemeinerung aufs Mehrdimensionale nicht möglich ist.

Das Integral von Regelfunktionen wird durch das (eigentliche) ↗Riemann-Integral erweitert, also erst recht durch das uneigentliche Riemann-Integral, und deutlich durch das ↗Lebesgue-Integral (↗Integrationstheorie).

In gleicher Weise kann das Integral von komplex- oder gar Banachraum-wertigen Regelfunktionen eingeführt werden. Auch eine Ausdehnung auf andere Integralbegriffe, wie etwa entsprechende Stieltjes-Integrale, ist möglich.

[1] Hoffmann, D.; Schäfke, F.-W.: Integrale. B.I.-Wissenschaftsverlag Mannheim Berlin, 1992.

[2] Kaballo, W.: Einführung in die Analysis I. Spektrum Akademischer Verlag, 1996.

regelmäßiger Kettenbruch, ↗Kettenbruch.

regelmäßiges Polyeder, ↗reguläres Polyeder.

regelmäßiges Vieleck, auch gleichseitiges n-Eck genannt, konvexes ↗n-Eck, dessen sämtliche Seiten $a_1 \dots a_n$ die gleiche Länge a haben.

In einem regelmäßigen n-Eck sind alle Innenwinkel zueinander kongruent und haben jeweils das Maß $\alpha = \frac{n-2}{n} \cdot 180°$. Zu jedem regelmäßigen Vieleck existiert ein ↗Umkreis, auf dem alle n Eckpunkte des Vielecks liegen, und zu dem die n Seiten Sehnen sind.

Durch Verbinden der Eckpunkte eines n-Ecks mit dem Mittelpunkt M seines Umkreises wird das n-Eck in n kongruente gleichschenklige Dreiecke, seine Bestimmungsdreiecke, unterteilt. Indem diese Dreiecke in zwei kongruente Teildreiecke zerlegt werden (eine Konstruktion, die mit Zirkel und Lineal problemlos möglich ist), können aus jedem konstruierbaren n-Eck das zugehörige $2n$-Eck und weitergehend alle $n \cdot 2^k$-Ecke (mit $k \in \mathbb{N}$) konstruiert werden (siehe Abbildung). Da sowohl gleichseitige Dreiecke als auch Quadrate mit Zirkel

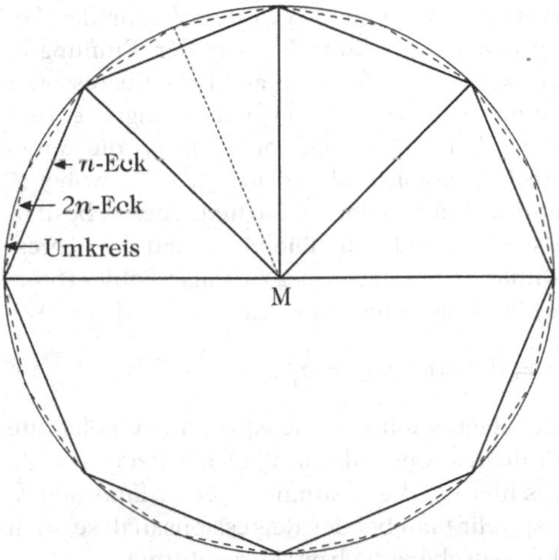

und Lineal konstruierbar sind, ist somit die Konstruktion beliebiger $(4 \cdot 2^k)$- und $(3 \cdot 2^k)$-Ecke möglich. Weiterhin gibt es Konstruktionen u. a. für 5-, 10-, 15- und 24-Ecke.

Ein allgemeine Aussage darüber, für welche Eckenzahl n Vielecke mit Zirkel und Lineal konstruiert werden können, trifft der Satz von Gauß (↗Gauß, Satz von, über n-Ecke).

Regeln für mehrdimensionale Integrale, für den Raum der integrierbaren Funktionen $\mathfrak{I}_n$ und das zugehörige Integral $\overline{I_n}$ (↗mehrdimensionales Integral) zunächst die Regeln:

a) $\mathfrak{I}_n$ *ist Vektorraum, und* $\overline{I_n}$ *ist linear.*
b) $\mathfrak{I}_n \ni f \geq 0 \implies \overline{I_n}(f) \geq 0$
b') $\overline{I_n}$ *ist isoton.*
c) $\mathfrak{I}_n \ni f \implies |f| \in \mathfrak{I}_n \wedge \left|\overline{I_n}(f)\right| \leq \overline{I_n}(|f|)$
d) $\mathfrak{I}_n \ni f, g \implies f \vee g, f \wedge g \in \mathfrak{I}_n$

Für das (eigentliche) Riemann-Integral hat man noch

e) $\mathfrak{I}_n \ni f, g \implies f \cdot g \in \mathfrak{I}_n$

Zu den genannten Regeln zählen auch weiterhin die ↗Dreiecksungleichung für Integrale, die ↗partielle Integration für mehrfache Integrale, allgemeiner die Sätze von Gauß und Stokes, der ↗Transformationssatz und speziell für das Lebesgue-Integral etwa die Konvergenzsätze (Fatou, Levi und Lebesgue) und der Satz von Fubini.

Regiomontanus, Johannes, eigentlich *Müller, Johannes*, Mathematiker und Astronom, geb. 6.6. 1436 Königsberg (Franken), gest. 6.7.1476 Rom.

Regiomontanus studierte in Leipzig und Wien. In Wien wurde er 1452 Baccalaureus und 1457 Magister. Die „Wiener Mathematische Schule" beeinflußte ihn zutiefst und lenkte ihn auf das Studium antiker mathematischer und astronomischer Werke ebenso wie auf die zeitgenössische Wissenschaft. Er schuf zusammen mit Georg Peurbach (1423–1461) eine Neubearbeitung der ↗Alfonsinischen Tafeln, entdeckte, wieder zusammen mit Peurbach, die Mißweisung der Magnetnadel (1450/51), baute Astrolabien und erfand astronomische Instrumente.

Kardinal Bessarion (1403?–1472) bewegte Regiomontanus, sein Wirken nach Italien (1461–65) zu verlegen. Dort entdeckte Regiomontanus 1463 in Venedig eine Handschrift der „Arithmetik" des Diophant. Diophant wurde damit für die europäische Wissenschaft wiederentdeckt. 1464 hielt Regiomontanus in Padua Vorlesungen zur Geschichte der Mathematik und der Astronomie. 1462–64 entstand in Italien sein mathematisches Hauptwerk „De triangulis omnimodis libre quinque". Diese Schrift hat die Entwicklung der ebenen und sphärischen Trigonometrie entscheidend geprägt. Die Trigonometrie wurde als eigenständige mathematische Disziplin behandelt, die Sinusfunktion bildete die Grundlage der Betrachtungen. In dem Werk finden sich neben dem Sinussatz auch der Sinus- und Seitencosinussatz der sphärischen Trigonometrie und Untersuchungen über die Tangensfunktion. 1464/67 ergänzte Regiomontanus das Werk durch eine dezimale Tangententafel. Die Tafeln des Regiomontanus begleiteten Columbus (1451–1506) bei seiner Amerikareise.

1467–71 lebte Regiomontanus in Ungarn und danach in Nürnberg. In einer eigenen Druckerei beabsichtigte er, die wichtigsten antiken und zeitgenössischen mathematischen Schriften in kritischen Ausgaben herauszubringen. Gedruckt wurden aber nur Schriften von Peurbach und Manilius, denn ab 1475 lebte Regiomontanus auf Einladung des Papstes in Rom, wo er die Kalenderreform vorantreiben sollte. In Rom starb Regiomontanus bei einer Epidemie. Aus Briefwechseln und Manuskripten ist bekannt, daß er tiefe Einsichten über die Kreisquadratur und über die Lösung der kubischen Gleichung besaß.

Registermaschine, *RAM*, *Random-Access-Maschine*, von Sheperdson und Sturgis 1963 vorgeschlagenes Modell einer abstrakten Rechenmaschine, mit der Zielsetzung, den Berechenbarkeitsbegriff formal zu fassen (↗Algorithmus, ↗Berechnungstheorie, ↗Churchsche These).

Eine Registermaschine besteht aus einer Menge von Registern $R_1, R_2, \ldots$, die jeweils eine beliebige natürliche Zahl speichern können. Eine Registermaschine wird spezifiziert durch Angabe eines Registermaschinen-Programms, eine durchnumerierte Folge von elementaren Anweisungen. Registermaschinen-Programme stellen dasselbe Konzept dar wie ↗GOTO-Programme (↗GOTO-berechenbar), sofern man Registerbezeichnungen wie Programmvariablen auffaßt.

[1] Börger,E.: Computability, Complexity, Logic. North-Holland Amsterdam, 1989.

[2] Cutland,N.J.: Computability. Cambridge University Press, 1983.

Regression, die funktionale Beschreibung des stochastischen Zusammenhanges zwischen Zufallsgrößen mit Hilfe einer mittleren quadratischen Approximation. Die Einbeziehung von Methoden der mathematischen Statistik ist dann Gegenstand der ↗Regressionsanalyse.

Der Begriff geht auf F.Galton zurück, der ihn für die Charakterisierung gewisser Erblichkeitseigenschaften benutzte.

Man unterscheidet je nach Anzahl der unabhängigen Variablen des Zusammenhangs zwischen einfacher und multipler Regression, je nach Art des funktionalen Zusammenhangs zwischen linearer, quasilinearer und nichtlinearer Regression, und spricht von orthogonaler Regression, wenn es darum geht, eine (einzige) Gerade zu bestimmen, die gleichermaßen die Regression von Y bzgl. X und von X bzgl. Y ist.

Regressionsanalyse, ein Teilgebiet der mathematischen Statistik, welches statistische Methoden der Modellwahl, der Parameterschätzung und -prüfung umfaßt, die zur Untersuchung einseitiger stochastischer Abhängigkeiten einer Ergebnisvariablen Y von einer oder mehreren Einflußgrößen $X_1, \ldots, X_m$, d. h., von Ursache-Wirkungsbeziehungen und deren funktionaler Beschreibung, dienen.

Man spricht bei einer solch einseitigen Beziehung auch vom Modell I der Regressionsanalyse. Betrachtet man die Beziehungen zwischen $Y, X_1, \ldots, X_m$ wechselseitig in alle Richtungen, so spricht man auch von dem Modell II der Regressionsanalyse bzw. der ↗Korrelationsanalyse.

Bei der Regressionsanalyse wird von folgendem Modell ausgegangen:

$$Y(\vec{x}) = f_o(\vec{x}) + \varepsilon_{\vec{x}}. \qquad (1)$$

Dabei sind $\vec{x} = (x_1, \ldots, x_m)$ der Vektor der Beobachtungen bzw. Einstellungen der Einflußgrößen $\vec{X} = (X_1, \ldots, X_m)$, die auch als Regressoren bezeichnet werden, und $Y(\vec{x})$ die Zielgröße (Regressand) bei Einstellung von $\vec{x}$. f_o ist die unbekannte Regressionsfunktion mit $f_o \in \mathcal{F}$, wobei $\mathcal{F}$ die a priori-Informationen, die man über f_o besitzt, widerspiegelt, und schließlich ist $\varepsilon_{\vec{x}}$ ein die Regressionsfunktion überlagernder zufälliger Fehler (Störgröße) bei Einstellung von $\vec{x}$ mit

$$E\varepsilon_{\vec{x}} = 0 \text{ und } V(\varepsilon_{\vec{x}}) = \sigma^2_{\vec{x}}.$$

Ziel der Regressionsanalyse ist es, die unbekannte wahre Regressionsfunktion f_o zu schätzen.

Da es hier um die Bestimmung einer Funktion f_o geht, spricht man bei der Regressionsanalyse auch von Kurvenschätzung bzw. Kurvenfitting.

In der Regel versucht man, die Regressionsfunktion f_o durch parametrische Funktionen der Gestalt

$$g_{\vec{a}}(\vec{x}) \qquad (2)$$

zu approximieren, die bis auf einen unbekannten zu schätzenden Parametervektor $\vec{a} = (a_0 \ldots, a_k) \in \mathbb{R}^{k+1}$ bekannt sind. Die Schätzung der Parameter $\vec{a}$ erfolgt dabei nach der ↗Methode der kleinsten Quadrate.

Seien

$$(y_i, \vec{x}_i), \; \vec{x}_i = (x_1^i, \ldots, x_m^i), \; i = 1, \ldots, n,$$

n Beobachtungspaare von Ziel- und Einflußgrößen, und

$$\vec{y} = (y_1, \ldots, y_n)^T,$$

$$\vec{g}_{\vec{a}} = (g_{\vec{a}}(\vec{x}_1), \ldots, g_{\vec{a}}(\vec{x}_n))^T,$$

sowie

$$\vec{f}_o = (f_o(\vec{x}_1), \ldots, f_o(\vec{x}_n))^T.$$

Weiterhin sei W eine vorgegebene reelle Gewichtsmatrix mit n Zeilen und n Spalten, und durch

$$\|\vec{x}\|_W^2 := \vec{x}^T W \vec{x}$$

für jeden Vektor $\vec{x} \in \mathbb{R}^n$ eine Norm im $\mathbb{R}^n$ definiert.

Bei der Methode der kleinsten Quadrate werden die Parameter $\vec{a}$ durch $\hat{\vec{a}}$ so geschätzt, daß die sogenannte Residual-Sum of Squares (RSS)

$$\begin{aligned} RSS(\vec{a}) &= (\vec{y} - \vec{g}_{\vec{a}})^T W (\vec{y} - \vec{g}_{\vec{a}}) \\ &= \|\vec{y} - \vec{g}_{\vec{a}}\|_W^2 \qquad (3) \end{aligned}$$

minimal wird, d. h., daß gilt:

$$RSS(\hat{\vec{a}}) = \min_{\vec{a} \in \mathbb{R}^{k+1}} RSS(\vec{a}). \qquad (4)$$

Man spricht von einfacher Regressionanalyse, falls es nur eine Einflußgröße im Modell (1) gibt, d. h., falls $m = 1$ ist; ist dagegen $m > 1$, so spricht man von multipler Regressionsanalyse. Weiterhin spricht man von der linearen bzw. quasilinearen Regressionsanalyse, falls $g_{\vec{a}}(\vec{x})$ eine lineare Funktion in den Parametern $\vec{a}$ ist, d. h., falls gilt:

$$g_{\vec{a}}(\vec{x}) = \sum_{j=0}^{k} a_j g_j(\vec{x}), \tag{5}$$

wobei $g_j(\vec{x})$ für $j = 0, \dots, k$ bekannte vorgegebene Funktionen sind.

Wird für $g_{\vec{a}}(\vec{x})$ ein nichtlinearer Ansatz in $\vec{a}$ gewählt, so spricht man von nichtlinearer Regression. Typische nichtlineare Ansätze für die Regressionsfunktion in der einfachen Regressionsanalyse sind zum Beispiel

$$g_{(a_0,a_1)}(x) = a_0 x^{a_1} \quad \text{und} \quad g_{\vec{a}}(x) = a_0 + a_1 e^{a_2 x}$$

für die Beschreibung von Wachstumsvorgängen.

Die sogenannte orthogonale Regression beschäftigt sich mit der Aufgabe, eine Gerade zu bestimmen, die gleichermaßen die Regression von Y bzgl. einer Einflußgröße X und von X bzgl. Y darstellt. Es bezeichne für eine Gerade $g(x) = y = a_0 + a_1 x$ in der (x, y)-Ebene $d_{(x_i,y_i)}(a_0, a_1)$ den Abstand des Punktes (x_i, y_i) von der Geraden g. Eine Gerade $g(x) = \hat{a_0} + \hat{a_1} x$ heißt dann orthogonale Regressionsgerade, falls anstelle von (4) die Beziehung

$$\sum_{i=1}^{n} d_{(x_i,y_i)}(\hat{a_0}, \hat{a_1}) = \min_{(a_0,a_1)\in\mathbb{R}^2} \sum_{i=1}^{n} d_{(x_i,y_i)}(a_0, a_1)$$

erfüllt ist.

Der Gesamtfehler $RSS(\hat{\vec{a}})$ in (4) wird wesentlich durch zwei Teilfehler beeinflußt: Den sogenannten Modellfehler

$$\|\vec{f_o} - \vec{g}_{\vec{a}*}\|_W^2 = \min_{\vec{a}\in\mathbb{R}^{k+1}} \|\vec{f_o} - \vec{g}_{\vec{a}}\|_W^2 , \tag{6}$$

der den kleinstmöglichen Fehler bei Approximation von f_o durch einen parametrischen Ansatz der Form (2) beschreibt, und den Schätzfehler, der den Fehler beschreibt, der bei Schätzung der Parameter $\vec{a}*$ durch $\hat{\vec{a}}$ entsteht:

$$\|\vec{g}_{\vec{a}*} - \vec{g}_{\hat{\vec{a}}}\|_W^2 \tag{7}$$

Die Modellwahlverfahren der Regressionsanalyse beschäftigen sich damit, einen Ansatz für f_o so zu wählen, daß der Modellfehler (6) bzw. der Gesamtfehler (4) möglichst klein wird. So gibt es zum Beispiel bei der einfachen linearen Regression Verfahren, die die ‚beste' Ordnung k in einem polynomialen Ansatz

$$g_{\vec{a}}(x) = \sum_{j=0}^{k} a_j x^j$$

wählen.

Bei der quasi-linearen Regressionsanalyse (5) werden häufig sogenannte schrittweise Modellwahlverfahren angewendet: Ausgehend von einem ‚vollem' Modell mit $k + 1$ Parametern wird in jedem Schritt j die Null-Hypothese

$$H_j : a_j = a_{j+1} = \cdots = a_k = 0$$

getestet. Die Teststatistiken dieser Tests beruhen auf dem Vergleich der RSS, die unter Voraussetzung der Gültigkeit der Hypothesen H_j und H_{j+1} berechnet wurden. Unterscheiden sich die RSS nicht wesentlich voneinander, so wird die Hypothese H_j angenommen und j um 1 verringert. Andernfalls wird die Hypothese H_j abgelehnt und das Verfahren bricht mit der Anzahl $k = j$ signifikanter Parameter im Modell (5) ab. Da die Differenzen der RSS einer ↗F-Verteilung genügen, spricht man bei diesem Verfahren auch von schrittweisen F-Test-Abwärtsverfahren.

Die Methoden zur Parameterschätzung in Regressionsmodellen umfassen exakte und (i. allg. im Falle der nichtlinearen Regression anzuwendende) numerische Methoden zur Lösung des Minimum-Problems (4), und beschäftigen sich mit der Untersuchung der Eigenschaften der entsprechenden Schätzungen.

Ein Spezialgebiet der Regressionsanalyse ist die Wahl wesentlicher auf die Zielgröße Y wirkender Einflußgrößen. Die Verfahren sind analog denen der Modellwahl; ausgehend von dem ‚vollen' Satz von m Einflußgrößen vergleicht man die RSS, die bei Weglassen einzelner Einflußgrößen entstehen, mit der RSS des vollen Modells. Ist die Differenz hinreichend klein, so spielt die entsprechende weggelassene Größe keine Rolle für die Zielgröße Y und kann aus dem Modell entfernt werden.

Regressionsfunktion, ↗Regressionsanalyse.

Regressionsgerade, ↗Regressionsanalyse.

Regula falsi, iteratives numerisches Verfahren zur Lösung ↗nichtlinearer Gleichungen der Form $f(x) = 0$ mit stetiger reeller Funktion f und unbekanntem reellem x.

Voraussetzung ist die Kenntnis eines Intervalls $[x_1, x_2]$, an dessen Rändern f jeweils unterschiedliches Vorzeichen besitzt, und das somit eine Nullstelle enthalten muß. Mit $y_1 = f(x_1)$, $y_2 = f(x_2)$ wird danach

$$x_3 := \frac{x_1 y_2 - x_2 y_1}{y_2 - y_1}$$

als Nullstelle der linearen Interpolation zwischen den bekannten Punkten (x_1, y_1) und (x_2, y_2) berechnet und das Vorzeichen von $y_3 = f(x_3)$ ermittelt. Besitzt y_3 dasselbe Vorzeichen wie y_1, wird x_1 durch x_3 ersetzt, andernfalls wird x_2 durch x_3 ersetzt. Anschließend wird das Verfahren mit dem

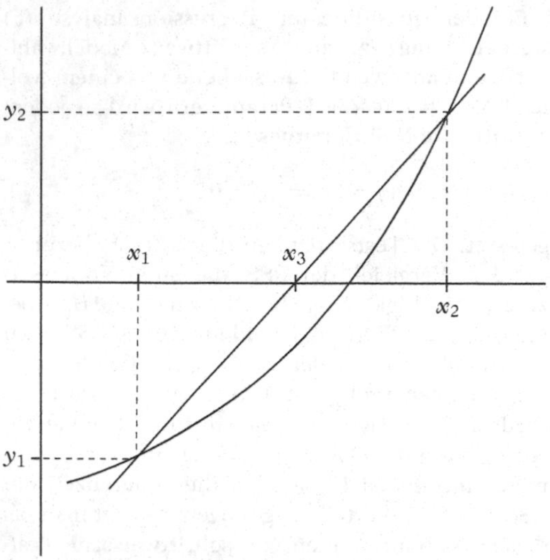

Regula Falsi

neuen, verkleinerten Intervall fortgesetzt und ein neuer Testwert berechnet.

Zu jedem Zeitpunkt enthält nach Konstruktion das jeweilige Intervall mindestens eine Nullstelle, wobei sich der Durchmesser stets verkleinert. Falls f in $[x_1, x_2]$ konkav oder konvex ist, konvergiert die Folge der Testwerte monoton gegen die Nullstelle in diesem Intervall.

Die Regula falsi („Regel des falschen Ansatzes") kann auch interpretiert werden als ein Iterationsschritt im ↗Sekantenverfahren, welches wiederum eine Modifikation des ↗Newtonverfahrens ist.

regulär konvergente Mengenfolge, Begriff aus der Theorie der Mengensysteme.

Es sei Ω eine Menge, $\mathcal{A}$ ein σ-Mengenring auf Ω, wobei eine isotone Folge $(A_n|n \in \mathbb{N}) \subseteq \mathcal{A}$ existiert mit

$$\bigcup_{n\in\mathbb{N}} A_n = \Omega,$$

μ ein ↗Maß auf $\mathcal{A}$, und $\mathcal{V}$ ein ↗Vitali-System auf Ω bzgl. $\mathcal{A}$.

Dann heißt eine Folge $(B_n|n \in \mathbb{N}) \subseteq \mathcal{A}$ regulär konvergent gegen ein $\omega \in \Omega$, falls gilt:

(a) Für alle B_n existiert ein $V_n \in \mathcal{V}$ mit $B_n \subseteq V_n$, $\omega \in V_n$ und $\mu(V_n) \to 0$ für $n \to \infty$.

(b) Es existiert ein $c > 0$ so, daß $\mu(A_n) \geq c\mu(V_n)$ für alle n.

reguläre Aufspaltung, spezielle additive Zerlegung einer Matrix A im Sinne der ↗Aufspaltungsmethode.

Ist die Aufspaltung gegeben als $A = U - V$, so heißt diese regulär, wenn elementweise $U^{-1} \geq 0$ und $U \geq A$ gilt. In diesem Fall folgt stets die Konvergenz des daraus abgeleiteten Iterationsverfahrens.

reguläre bedingte Verteilung, ↗bedingte Verteilung.

reguläre Figur, geometrischer Körper des dreibzw. höherdimensionalen Raumes oder Figur der Ebene mit besonderen Kongruenzeigenschaften der Kanten bzw. Seitenflächen.

So sind z. B. gleichseitige Dreiecke und ↗regelmäßige Vielecke reguläre Figuren in der Ebene. Räumliche Körper heißen regulär, wenn entweder alle Begrenzungsflächen kongruent zueinander (und selbst reguläre Figuren) sind und sich in jeder Ecke gleich viele Kanten treffen (↗reguläres Polyeder), oder wenn dies wie bei ↗Prismen und ↗Pyramiden für bestimmte Begrenzungsflächen („Mantelflächen") zutrifft.

reguläre Folge, algebraischer Begriff.

Sei A ein kommutativer Ring, M ein Noetherscher A-Modul, und sei $(f_1, \dots, f_n)$ eine Folge von Elementen aus A, die in jedem Maximalideal von A enthalten ist. Die Folge heißt M-regulär, wenn für alle $i = 1, \dots, n$ die Abbildung

$$M_{i-1} \longrightarrow M_{i-1}, \quad x \mapsto f_i x$$

(mit $M_0 = M$ und

$$M_{i-1} = M/f_1M + \cdots + f_{i-1}M$$

für $i > 1$) injektiv ist.

Diese Eigenschaft hängt aufgrund der folgenden Charakterisierung nicht von der Reihenfolge der Elemente ab: Eine Folge $(f_1, \dots, f_n) = s$ interpretieren wir als Element des freien A-Moduls $E = A^n$. Ein solches Element definiert einen Kokettenkomplex

$$K^0 \xrightarrow{d} K^1 \xrightarrow{d} K^2 \xrightarrow{d} \cdots \xrightarrow{d} K^n$$

mit $K^p = \wedge^p E$, $d : K^p \longrightarrow K^{p+1}$, $dv = s \wedge v$, und einen Kettenkomplex

$$K_\bullet(S, M) = (K_n(s, M) \xrightarrow{\partial} K_{n-1}(s, M) \longrightarrow \cdots \longrightarrow K_0(s, M))$$

mit $K_p(s, M) = \mathrm{Hom}(K^p, M)$ (der sog. Koszulkomplex), $\partial\alpha = \alpha \circ d$.

Dann sind äquivalent:

1. $H_p(K_\bullet(S, M)) = 0$ für alle $p \geq 1$.
2. $(f_1, \dots, f_n)$ ist eine reguläre Folge in der Lokalisierung $M_{\mathfrak{m}}$ für jedes Maximalideal m mit $f_1, \dots, f_n \in \mathfrak{m}$.

In diesem Sinne läßt sich der Begriff reguläre Folge auch für Schnitte s von Vektorbündeln $\mathcal{E}$ auf einem Schema X verallgemeinern: Wenn $\mathcal{M}$ eine kohärente Garbe auf X ist, so heißt s $\mathcal{M}$-regulärer Schnitt, wenn $\mathcal{H}_p(\mathcal{K}_0(s, \mathcal{M})) = 0$ für alle $p \geq 1$ (mit $\mathcal{K}_\bullet(s, \mathcal{M}) = \mathcal{H}om(\mathcal{K}^\bullet, \mathcal{M})$), wobei

$$\mathcal{K}^\bullet = \left(\mathcal{O}_X \xrightarrow{s} \mathcal{E} \xrightarrow{s\wedge} \wedge^2\mathcal{E} \xrightarrow{s\wedge} \cdots\right).$$

Wenn $M = A$ (oder $\mathcal{M} = \mathcal{O}_X$) ist, nennt man die Folge einfach reguläre Folge (oder regulärer Schnitt).

Etwas verkürzt, aber eingängig, kann man eine reguläre Folge auch definieren als eine Folge von ↗Nichteinheiten $f_1, \dots, f_k$ in einem kommutativen Ring R so, daß die Klasse von f_i in $R/(f_1, \dots, f_{i-1})$ ein ↗Nichtnullteiler ist.

Im Polynomring $K[x_1, \dots, x_n]$ über dem Körper K ist beispielsweise $x_1, \dots, x_n$ eine reguläre Folge.

reguläre Funktion, ältere Bezeichnung für eine ↗holomorphe Funktion.

reguläre Intervallmatrix, *nichtsinguläre Intervallmatrix*, eine $(n \times n)$-↗Intervallmatrix $\mathbf{A}$, für die alle Matrizen $A \in \mathbf{A}$ regulär (nichtsingulär) sind.

reguläre Kardinalzahl, Kardinalzahl, die eine reguläre Ordinalzahl ist, d. h. eine Limesordinalzahl, die mit ihrer Kofinalität übereinstimmt.

Siehe hierzu auch ↗Kardinalzahlen und Ordinalzahlen.

reguläre Kurve, eindimensionale Teilmenge C von $\mathbb{R}^n$, die eine zulässige Parameterdarstellung besitzt.

Es muß also eine stetig differenzierbare Abbildung $\alpha : I \longrightarrow \mathbb{R}^n$ eines Intervalls $I \subset \mathbb{R}$ derart geben, daß α zulässige Parameterdarstellung ist und $\alpha(I) = C$. Die parametrische Darstellung $\alpha(t)$ selbst wird ebenfalls als reguläre Kurve bezeichnet.

reguläre Matrix, *nichtsinguläre Matrix*, $(n \times n)$-↗Matrix A über dem Körper $\mathbb{K}$ mit der Eigenschaft

$$\det A \neq 0$$

(↗Determinante einer Matrix).

Ist A regulär, so gibt es eine eindeutig bestimmte $(n \times n)$-Matrix A^{-1} über $\mathbb{K}$, die Inverse von A, mit

$$AA^{-1} = A^{-1}A = I,$$

wobei I die $(n \times n)$-↗Einheitsmatrix bezeichnet.

Mit A und B ist auch AB regulär. Die (für $n \geq 2$ nicht abelsche) Gruppe der regulären $(n \times n)$-Matrizen über $\mathbb{K}$ bezüglich Matrizenmultiplikation wird mit $GL_n(\mathbb{K})$ (engl.: general linear group) bezeichnet, sie ist isomorph zur Gruppe $GL(\mathbb{K}^n)$ aller Isomorphismen des $\mathbb{K}^n$ bezüglich Hintereinanderausführung.

Die Inverse eines Produktes AB zweier regulärer Matrizen ist gegeben durch $B^{-1}A^{-1}$.

Eine Matrix ist genau dann regulär, wenn sie nur von 0 verschiedene Eigenwerte hat.

Jede reguläre Matrix läßt sich als Produkt von ↗Elementarmatrizen darstellen und durch eine Folge von ↗elementaren Umformungen in eine ↗Einheitsmatrix überführen.

Bezüglich fest gewählter Basen in zwei n-dimensionalen Vektorräumen über $\mathbb{K}$ werden durch die regulären $(n \times n)$-Matrizen gerade die Isomorphismen beschrieben.

Für eine reguläre Matrix A gilt

$$(A^{-1})^t = (A^t)^{-1}.$$

reguläre Menge, ↗reguläre Sprache, ↗reguläres Maß.

reguläre Ordinalzahl, Limesordinalzahl, die mit ihrer Kofinalität übereinstimmt.

Siehe hierzu auch ↗Kardinalzahlen und Ordinalzahlen.

reguläre Primzahl, eine Primzahl $p > 2$ mit der Eigenschaft, daß sie keinen der Zähler der ↗Bernoullischen Zahlen

$$B_1, B_2, \dots, B_{(p-3)/2}$$

teilt. Die anderen ungeraden Primzahlen bezeichnet man auch als irregulär.

Mit Hilfe des Konzepts der regulären Primzahlen gelang Ernst Kummer 1847 ein erster großer Schritt beim Beweis der ↗Fermatschen Vermutung, denn er konnte beweisen, daß die Gleichung

$$x^p + y^p = z^p$$

für reguläre Primzahlen p keine nichttriviale Lösung hat.

reguläre Sprache, manchmal auch reguläre Menge genannt, Sprache, zu der es einen sie definierenden ↗regulären Ausdruck gibt.

Jede der folgenden Bedingungen ist äquivalent zur Regularität einer Sprache L:

- Es gibt einen ↗deterministischen endlichen Automaten, der L akzeptiert;
- es gibt einen ↗nichtdeterministischen endlichen Automat, der L akzeptiert;
- es gibt eine linkslineare ↗Grammatik für L;
- es gibt eine rechtslineare Grammatik für L;
- die ↗Nerode-Äquivalenz zerlegt L in endlich viele Klassen;
- L besitzt in der ↗Chomsky-Hierarchie den Typ 3.

Eine notwendige Bedingung für die Regularität einer Sprache liefert das ↗Pumping-Lemma für reguläre Sprachen.

Wegen den genannten Beziehungen zu endlichen Automaten und einfachen Grammatiken werden reguläre Sprachen oft zur Definition von Bestandteilen von Programmiersprachen verwendet. Für die Definition kompletter Programmiersprachen sind sie selten verwendbar, weil diese häufig geklammerte Strukturen (↗Klammersprache) beinhalten, die grundsätzlich nicht regulär beschreibbar sind. Reguläre Sprachen charakterisieren wegen ihrer Beziehung zu endlichen Automaten auch das Verhalten vieler diskreter dynamischer Systeme.

regulärer Ausdruck, *rationaler Ausdruck*, Ausdruck zur Beschreibung ↗regulärer Sprachen.

Zu einem Alphabet Σ ist die Menge der regulären Ausdrücke wie folgt definiert.

1. Für jedes $a \in \Sigma$ ist a ein regulärer Ausdruck;
2. $\emptyset$ ist ein regulärer Ausdruck;

3. falls R und R' reguläre Ausdrücke sind, so auch
   (a) $(R \cup R')$;
   (b) $(R \frown R')$;
   (c) R^*.

Anstelle der Zeichen $\cup$ bzw. $\frown$ werden oft auch die Zeichen $+$ und $\cdot$ verwendet.

Jeder reguläre Ausdruck R definiert eine Sprache $L(R)$ nach folgenden Regeln:

- $L(\emptyset) = \emptyset$;
- $L(a) = \{a\}$ (für $a \in \Sigma$);
- $L(R \cup R') = L(R) \cup L(R')$;
- $L(R \frown R') = \{ww' \mid w \in R, w' \in R'\}$;
- $L(R^*) = \{\varepsilon\} \cup \{w^i \mid w \in R, i \in \mathbb{N}\}$.

Viele Textverarbeitungssysteme bieten Varianten von regulären Ausdrücken zur Beschreibung komplexer Suchmuster im Text an.

regulärer Digraph, ↗ gerichteter Graph.

regulärer Graph, ↗ Graph.

regulärer lokaler Ring, ein lokaler ↗ Noetherscher Ring A mit dem Maximalideal $\mathfrak{m}$, der eine (und damit alle) der folgenden äquivalenten Eigenschaften hat:

(i) $\mathfrak{m}$ wird durch eine ↗ reguläre Folge erzeugt.

(ii) $gr_{\mathfrak{m}}(A)$ (↗ graduierter Ring) ist ein Polynomring über $A/\mathfrak{m}$.

(iii) Jeder endlich erzeugte A-Modul M besitzt eine endliche freie Auflösung, d. h. es gibt einen Komplex

$$0 \longrightarrow F_n \xrightarrow{\partial} F_{n-1} \longrightarrow \cdots \xrightarrow{\partial} F_0$$

aus freien Moduln F_ν $(\partial\partial = 0)$ mit $H_p(F_\bullet) = 0$ für $p > 0$ und $H_0(F_\bullet) \simeq M$.

(iv) Der A-Modul $A/\mathfrak{m}$ besitzt eine endliche freie Auflösung.

(v) Ist $(x_1, \dots, x_n)$ eine Minimalbasis von $\mathfrak{m}$, so ist der Koszulkomplex (↗ reguläre Folge) $K_\bullet(x_1, \dots, x_n, A)$ eine freie Auflösung von $A/\mathfrak{m}$.

Aus Eigenschaft (iii) folgt z. B., daß für jedes Primideal $\mathfrak{p} \subset A$ eines regulären lokalen Ringes auch die Lokalisierung $A_{\mathfrak{p}}$ regulärer lokaler Ring ist.

Ein beliebiger kommutativer Noetherscher Ring A heißt regulär, wenn für jedes Primideal $\mathfrak{p} \subset A$ die Lokalisierung $A_{\mathfrak{p}}$ ein regulärer lokaler Ring ist.

Die homologische Dimension eines endlich erzeugten A-Moduls M ist definiert als $dh(M) = \inf\{\ell \mid$ es gibt eine Auflösung von M durch projektive A-Moduln$\}$.

Für einen regulären lokalen Ring A gilt dann $dh_A(M) \leq \dim A$ für jeden endlich erzeugten A-Modul M, und $dh_A(A/\mathfrak{m}) = \dim(A)$.

Reguläre lokale Ringe sind faktoriell. Für ↗ algebraische Schemata X über einem vollkommenen Körper oder für komplexe Räume gilt: X ist genau dann glatt in $x \in X$, wenn $\mathcal{O}_{X,x}$ ein regulärer lokaler Ring ist. Über einem beliebigen Körper k ist die Eigenschaft „glatt“ im allgemeinen stärker als „regulär“.

regulärer Ort, Menge der Primideale im (kommutativen) Ring R so, daß die ↗ Lokalisierung nach diesen Primidealen ein ↗ regulärer Ring ist.

Geometrisch ist der reguläre Ort die Menge der regulären Punkte, d. h. die Menge der Punkte, in denen die Dimension des Tangentialraums gleich der Dimension der Varietät ist.

Ist beispielsweise $R = \mathbb{C}[x, y]/(x^2 - y^3)$, dann ist R regulär für alle Primideale von R, die verschieden vom Ideal (x, y) sind. $R_{(x,y)}$ ist nicht regulär. Geometrisch bedeutet das, daß

$$V = \{(x, y) \in \mathbb{C}^2 : x^2 = y^3\}$$

in allen Punkten bis auf den Nullpunkt regulär ist (vgl. Abbildung).

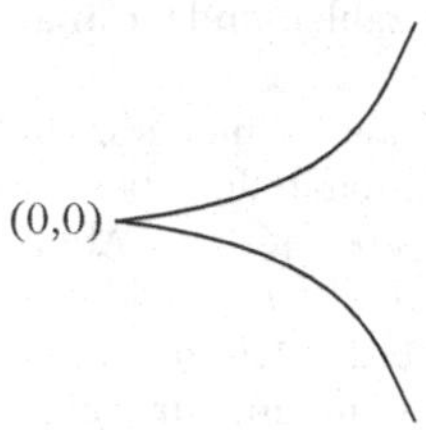

Spitzensingularität

Den regulären Ort kann man mit dem ↗ Jacobischen Kriterium für Glattheit berechnen.

regulärer Punkt einer analytischen Menge, ↗ analytische Menge.

regulärer Punkt eines dynamischen Systemes, ↗ Fixpunkt eines dynamischen Systems.

regulärer Punkt eines Vektorfeldes, ↗ Fixpunkt eines Vektorfeldes.

regulärer Raum, topologischer Raum, welcher den ↗ Trennungsaxiomen T_3 und T_1 genügt.

regulärer Ring, ein Ring R so, daß für jedes Primideal $\wp \subset R$ die ↗ Lokalisierung $R_\wp$ ein ↗ regulärer lokaler Ring ist.

Es sei R ein Noetherscher lokaler Ring mit Maximalideal $\mathfrak{m}$. R ist ein regulärer lokaler Ring, wenn $\dim_{R/\mathfrak{m}}(\mathfrak{m}/\mathfrak{m}^2) = \dim(R)$ ist, d. h., wenn die Dimension des Rings R gleich der $R/\mathfrak{m}$-Vektorraum-Dimension von $\mathfrak{m}/\mathfrak{m}^2$ (dualer Raum zum Tangentialraum) ist .

Der Polynomenring $K[x_1, \dots, x_n]$ über einen Körper K, der Potenzreihenring $K[[x_1, \dots, x_n]]$, und der konvergente Potenzreihenring $\mathbb{C}\{x_1, \dots, x_n\}$ über dem Körper der komplexen Zahlen $\mathbb{C}$ sind Beispiele für reguläre Ringe.

Die Lokalisierung eines regulären Rings in einem Primideal ist regulär. Mit Hilfe des ↗ Jacobischen Kriteriums für Glattheit kann man entscheiden, wann der ↗ Faktorring eines Polynomenrings oder Potenzreihenrings ein regulärer Ring ist.

regulärer Wert einer differenzierbaren Abbildung, zu einer Abbildung $\phi : M \to N$ zwischen zwei (C^∞-)differenzierbaren Mannigfaltigkeiten M und N ein Punkt $y \in N$, für den die Tangentialabbildung, d. h. das Differential

$$T_x\phi : T_xM \to T_yN ,$$

für alle Urbilder $x \in \phi^{-1}(y)$ surjektiv ist. Insbesondere ist jeder Punkt $y \notin \phi(M)$ regulär. Ein Wert $y \in N$, der nicht regulär ist, heißt singulärer Wert.

Nach dem Satz von Sard sind singuläre Werte von C^∞-Abbildungen Lebesguesche Nullmengen. Mit anderen Worten: "Fast alle" Werte sind regulär.

reguläres erstes Integral, C^1-Abbildung $f : M \to \mathbb{R}$ für ein dynamisches System (M, G, Φ), die auf jedem ↗Orbit, aber auf keiner offenen Teilmenge von M konstant ist.

reguläres Linienelement, ein Linienelement (x_1, y_1, p_1) der impliziten Differentialgleichung $f(x, y, y' = p) = 0$ so, daß gilt: $f(x, y, p) = 0$ ist einer Umgebung von (x_1, y_1, p_1) lokal stetig nach p auflösbar.

reguläres Maß, Maß mit zusätzlicher Eigenschaft.

Es sei Ω Hausdorffraum, $\mathcal{B}(\Omega)$ die ↗Borel-σ-Algebra in Ω, und μ ein Maß auf einer σ-Algebra $\mathcal{A} \supseteq \mathcal{B}(\Omega)$. Eine Menge $A \in \mathcal{A}$ heißt von innen regulär, falls

$$\mu(A) = \sup\{\mu(K) | K \subseteq A, K \text{ kompakt}\} ,$$

von außen regulär, falls

$$\mu(A) = \inf\{\mu(O) | O \supseteq A, O \text{ offen }\} ,$$

und regulär, falls A von innen und von außen regulär ist.

μ heißt von innen regulär bzw. von außen regulär bzw. regulär, falls alle $A \in \mathcal{A}$ von innen regulär bzw. von außen regulär bzw. regulär sind.

Ist μ endliches Maß, so ist $\{A \in \mathcal{A} | A \text{ regulär }\}$ ein σ-Mengenring. Ist μ auf $\mathcal{B}(\Omega)$ endlich, und sind alle offenen Mengen von innen regulär, so ist μ regulär.

reguläres Polyeder, *regelmäßiges Polyeder*, *Platonischer Körper*, konvexes ↗Polyeder, dessen sämtliche Begrenzungsflächen zueinander kongruente ↗regelmäßige Vielecke sind, und bei dem in jeder Ecke gleich viele Seitenflächen zusammentreffen.

Da in jeder k-kantigen körperlichen Ecke und somit in jedem Eckpunkt eines Polyeders die Summe der Winkelmaße der betreffenden Winkel der anliegenden ↗n-Ecke kleiner als 360° sein muß, kommen als Seitenflächen regulärer Polyeder nur gleichseitige Drei-, Vier- und Fünfecke in Frage (deren Innenwinkel die Maße 60°, 90° und 108° haben). Somit können sich in einer Ecke eines regulären Polyeders nur drei Fünfecke, drei Vierecke, oder drei, vier, bzw. fünf Dreiecke begegnen. Dementsprechend gibt es genau 5 Typen regulärer Polyeder: ↗Tetraeder (Vierflächner), ↗Hexaeder bzw. ↗Würfel (Sechsflächner), ↗Oktaeder (Achtflächner), ↗Pentagondodekaeder (Zwölfflächner) sowie ↗Ikosaeder (Zwanzigflächner).

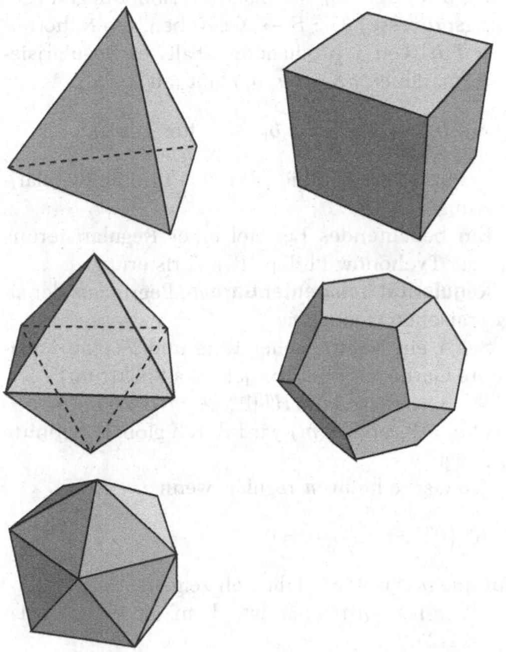

Tetraeder, Hexaeder, Oktaeder, Pentagondodekaeder, Ikosaeder (v.l.n.r., v.o.n.u.)

Die folgende Übersicht beinhaltet für jedes dieser Polyeder die Anzahl der Begrenzungsflächen (F), Kanten (K) und Ecken (E), sowie die Anzahl der Ecken je Seitenfläche (E/F) und die Anzahl der Seitenflächen (F/E), die sich in jeder Ecke des Polyeders treffen.

	F	K	E	E/F	F/E
Tetraeder	4	6	4	3	3
Hexaeder	6	12	8	4	3
Oktaeder	8	12	6	3	4
Pentagondodekaeder	12	30	20	5	3
Ikosaaeder	20	30	12	3	5

Regularisierungsparameter, ↗Regularisierungsverfahren.

Regularisierungsverfahren, Methoden zur Bewältigung ↗ schlecht gestellter Aufgaben.

Die Grundidee der Regularisierung besteht darin, stabile Annäherungen an die eigentliche Lösung zu finden. Für das typische lineare Modellproblem $Ax = b$ mit einem linearen Operator A, rechter Seite $b \in B$ und gesuchter Lösung $x \in X$ geht man wie folgt vor: Es bezeichne $b_\varepsilon \in B$ eine Näherung für b mit $||b_\varepsilon - b|| \le \varepsilon$. Es seien Abbildungen (Lösungsprozesse) $T_\delta : B \to X$ gegeben, die Näherungen $T_\delta b_\varepsilon$ von x produzieren. Falls es Regularisierungsparameter $\delta = \delta(\varepsilon, b_\varepsilon)$ gibt mit

$$\delta(\varepsilon, b_\varepsilon) \to 0,\ T_{\delta(\varepsilon,b_\varepsilon)} b_\varepsilon \to x \ \text{ für } \varepsilon \to 0,$$

dann heißt die Familie $\{T_\delta : \delta > 0\}$ eine Regularisierung.

Ein bedeutendes Beispiel einer Regularisierung ist die Tychonow-Phillips-Regularisierung.

Regularität kohärenter Garben, Begriff aus der algebraischen Geometrie.

Sei A ein Noetherscher Ring und $\mathcal{F}$ eine kohärente Garbe auf $\mathbb{P}^n_A$ (↗ projektives Spektrum).

Nach Serre ist dann $H^q\left(\mathbb{P}^n_A, \mathcal{F}(m)\right) = 0$ für $m \gg 0$ und $q > 0$, und $\mathcal{F}(m)$ wird durch globale Schnitte erzeugt.

Die Garbe heißt m-regulär, wenn

$$H^q\left(\mathbb{P}^n_A, \mathcal{F}(m-q)\right) = 0$$

für alle $q > 0$. Dann läßt sich zeigen:

(a) Wenn $\mathcal{F}$ m-regulär ist, dann ist $\mathcal{F}$ $(m+1)$-regulär.

(b) $\mathcal{F}$ (m) wird durch globale Schnitte erzeugt.

(c) Sei $\mathcal{E}$ eine kohärente Garbe auf $\mathbb{P}^n_k$ (k ein Körper) und $P : \mathbb{Z} \longrightarrow \mathbb{Z}$ eine polynomiale Funktion. Dann gibt es eine nur von $\mathcal{E}$ und P abhängige ganze Zahl m_0 so, daß alle kohärenten Untergarben $\mathcal{H} \subset \mathcal{E}$ mit dem ↗ Hilbert- Polynom P m_0-regulär sind.

Regularitätsaxiom, ↗ Fundierungsaxiom.

Regularitätsbedingungen von Oberflächen, Bedingungen an Ränder, unter denen es möglich ist, die Existenz und Eindeutigkeit von Lösungen für Randwertaufgaben zu beweisen.

Als Beispiel sei das äußere Dirichlet-Problem in der zweidimensionalen Ebene für einen beschränkten Bereich B mit mit dem Rand S betrachtet: Auf S sei eine beschränkte Funktion f vorgegeben. Als Oberfunktion bezeichnet man jede Funktion, die im Abschluß $\bar{B}$ stetig, im Inneren superharmonisch, und auf dem Rand nicht kleiner als f ist.

Im Inneren haben alle Oberfunktionen eine untere Grenze u. Diese Funktion ist im Inneren harmonisch. Strebt u für eine Punktfolge, die aus dem Inneren gegen einen Randpunkt P_r konvergiert, bei beliebigem stetigen f gegen $f(P_r)$, dann heißt P_r regulärer Randpunkt, im anderen Fall spricht man von einem irregulären Randpunkt. Ein Rand, dessen Punkte regulär sind, heißt regulärer Rand.

Diese Begriffe lassen sich auf den mehrdimensionalen Fall ausdehnen.

Für einen Bereich mit regulärem Rand ist das äußere Dirichlet-Problem eindeutig lösbar.

Regularitätsbereich, ein Bereich $B \in \mathbb{R}^{2n}$, so daß gilt:

Für alle $(x_1, y_1, x_2, y_2, \ldots, x_n, y_n) \in B$ gibt es eine Funktion f in den n komplexen Variablen $z_\nu = x_\nu + iy_\nu$, $\nu = 1, \ldots, n$, die in B analytisch ist, aber nicht über B hinaus analytisch fortgesetzt werden kann. Mann nennt B dann Existenzbereich der Funktion f.

Regularitätsellipse, Ellipse in der komplexen Ebene, mit deren Kenntnis Aussagen über die Güte bester ↗ polynomialer Approximationen auf reellen Intervallen gewonnen werden können.

Es sei $\mathcal{A}[-1, 1]$ die Menge der Funktionen f, für die ein das Intervall $[-1, 1]$ enthaltendes Gebiet G in der komplexen Ebene existiert, so daß f auf G holomorph ist. Ist $f \in \mathcal{A}[-1, 1]$, so existieren Ellipsen

$$\varepsilon_r = \{z \in \mathbb{C} : |z-1| + |z+1| = r + \frac{1}{r}\}$$

mit Brennpunkten $-1, 1$, Hauptachsenradius $\frac{1}{2}(r + \frac{1}{r})$ und Nebenachsenradius $\frac{1}{2}(r - \frac{1}{r})$ so, daß $f|_{\varepsilon_r}$ holomorph in deren Innerem $\operatorname{int}\varepsilon_r$ ist. Ist für fest vorgegebenes $f \in \mathcal{A}[-1, 1]$

$$\kappa = \sup\{r : f|_{\varepsilon_r} \text{ holomorph in int}\varepsilon_r\},$$

dann heißt ε_κ Regularitätsellipse von f.

Der folgende Satz von S.N.Bernstein aus dem Jahre 1926 zeigt, daß die ↗ Minimalabweichung der ↗ polynomialen Approximation

$$\begin{aligned} E_n(f) \ = \ & \inf\{\sup\{|(f-p)(t)| : t \in [-1,1]\} : \\ & p \text{ ist Polynom vom Grad } n\} \end{aligned}$$

auf dem Intervall $[-1, 1]$ abgeschätzt werden kann durch Kenntnis von κ und dem Verhalten von f auf dem Rand der Regularitätsellipse.

Es seien $r > 1$ und $f \in \mathcal{A}[-1, 1]$ holomorph in $\operatorname{int}\varepsilon_r$, sowie stetig auf dem Rand von ε_r. Weiter sei $M_r = \max\{|f(z)| : z \in \varepsilon_r\}$. Dann gilt:

$$E_n(f) \ \le \ \frac{2M_r}{r^n(r-1)}\,.$$

Regularitätslemma von Szemeredi, ↗ Szemeredi, Regularitätslemma von.

Regulus, ↗ hyperbolische Quadrik.

Reihe, gelegentlich auch *Summenfolge* und, vor allem in älteren Darstellungen, oft auch *unendliche Reihe* genannt, die Folge der Partialsummen einer gegebenen Folge, also zu einer Folge (a_ν) die Folge (s_n), wobei

$$s_n := \sum_{\nu=1}^{n} a_\nu \quad (n \in \mathbb{N}).$$

Die einzelnen a_ν bezeichnet man als „Summanden" oder „Glieder" der Reihe (s_n).

Hier sind die Überlegungen für Folgen, die beim Index 1 beginnen, dargestellt. Natürlich können beliebige andere ‚Startindizes' auftreten und entsprechend betrachtet werden.

Jede Folge (u_n) läßt sich als Reihe darstellen, vermöge

$$a_1 := u_1 \text{ und } a_{n+1} := u_{n+1} - u_n \quad (n \in \mathbb{N}).$$

Ob man mit Folgen oder Reihen arbeitet, ist daher gelegentlich eher eine Frage der Zweckmäßigkeit.

In vielen Fällen wird man sich auf Folgen (a_ν) reeller oder komplexer Zahlen beschränken, aber für die Definition ist zunächst nur erforderlich, daß im Zielbereich eine ‚Addition' erklärt ist, wie z. B. in einer Halbgruppe $(H, +)$. Für die folgenden Konvergenzbetrachtungen muß dann natürlich noch ein Grenzwertbegriff im Zielbereich gegeben sein.

Ist (s_n) konvergent (mit Grenzwert a), dann notieren wir dies als

$$\sum_{\nu=1}^{\infty} a_\nu \textit{ konvergent} \quad \text{bzw.} \quad \sum_{\nu=1}^{\infty} a_\nu = a.$$

Man benützt dafür auch Sprechweisen wie: „Die ‚Reihe' $\sum_{\nu=1}^{\infty} a_\nu$ ist konvergent (mit Wert a)." Die Zahl a wird dann auch als „Summe der Reihe" oder „Reihenwert" bezeichnet.

Das Symbol $\sum_{\nu=1}^{\infty} a_\nu$ hat also eine doppelte Bedeutung. Es bezeichnet sowohl die Folge der Partialsummen (s_n) als auch ggf. den Grenzwert dieser Folge.

Falls (s_n) divergent ist, sagt man: „Die ‚Reihe' $\sum_{\nu=1}^{\infty} a_\nu$ ist divergent." Ist (s_n) *bestimmt divergent*, dann notiert man auch

$$\sum_{\nu=1}^{\infty} a_\nu = \infty \quad \text{bzw.} \quad \sum_{\nu=1}^{\infty} a_\nu = -\infty.$$

Auf die Benennung des Summationsindexes kommt es natürlich auch hier nicht an, es ist zum Beispiel:

$$\sum_{\nu=1}^{\infty} a_\nu = \sum_{\lambda=1}^{\infty} a_\lambda = \sum_{j=1}^{\infty} a_j = \sum_{\heartsuit=1}^{\infty} a_\heartsuit = \cdots.$$

Es wäre falsch, in einer Reihe eine Summe mit unendlich vielen Summanden zu sehen, denn eine solche Auffassung würde leicht zu Trugschlüssen führen. Eine Reihe ist nichts anderes als die Folge der Partialsummen, und das entsprechende Summensymbol $\sum_{\nu=1}^{\infty} a_\nu$ nur eine abkürzende Bezeichnung für „Folge der Partialsummen" (s_n) bzw. – gegebenenfalls – für den „Grenzwert der Folge der Partialsummen" usw.

Formal sauber und unmißverständlich – dies ist aber unüblich – wäre es, die Reihe (s_n) zu einer Folge $a := (a_\nu)$ etwa mit

$$\sum a$$

zu bezeichnen, also

$$\left(\sum a\right)(n) := s_n = \sum_{\nu=1}^{n} a_\nu \quad (n \in \mathbb{N}).$$

Für die nachfolgenden Überlegungen beschränken wir uns auf die reellen oder komplexen Zahlen als Zielbereich, obwohl das meiste wesentlich allgemeiner (etwa in Banachräumen) gemacht werden könnte:

Der direkte Konvergenznachweis (über die Definition) ist oft relativ mühsam; hilfreich sind deshalb die zahlreichen ↗ Konvergenzkriterien für Reihen. Als eigentlich triviale Hilfsmittel sind zunächst die Regeln für das Rechnen mit Reihen (u. a. die Linearität) zu beachten, sowie die Tatsache, daß Abändern, Weglassen oder Hinzufügen von *endlich* vielen Gliedern einer Reihe das Konvergenzverhalten nicht ändert (wohl aber in der Regel den Reihenwert).

In einer konvergenten Reihe können beliebig oft *endlich* viele aufeinanderfolgende Glieder durch Klammern zusammengefaßt werden, ohne das Konvergenzverhalten und den Reihenwert zu ändern. (Daß Klammern nicht weggelassen werden ‚dürfen', zeigt das Beispiel $a_n := (-1)^n \quad (n \in \mathbb{N})$, wenn man zunächst je zwei aufeinanderfolgende Summanden klammert.)

Um die Konvergenz einer Reihe mit beliebigen Gliedern $a_\nu \in \mathbb{C}$ $(\nu \in \mathbb{N})$ zu erkennen, wird man zunächst überprüfen, ob sie sich mit Hilfe der absoluten Konvergenz (↗ absolut konvergente Reihe, ↗ Konvergenzkriterien für Reihen) erschließen läßt.

Einige der wichtigsten Kriterien für absolute Konvergenz sind ↗ Majorantenkriterium und ↗ Minorantenkriterium (durch *Vergleich* mit schon bekannten Reihen), ↗ Wurzelkriterium, ↗ Quotientenkriterium (beruhen beide auf einem Vergleich mit der geometrischen Reihe) und seine Verfeinerung zum ↗ Raabe-Kriterium, weiter Verdichtungskriterium und das aus dem ↗ Monotoniekriterium für Folgen unmittelbar abzulesende Kriterium:

Eine Reihe ist genau dann absolut konvergent, wenn die Partialsummen der zugehörigen Beträge beschränkt sind.

Daneben hat man das ↗Integralkriterium und die Kriterien von Abel und Dirichlet (↗Abel, Konvergenzkriterium von, ↗Dirichlet-Kriterium). Ist der Nachweis über die aufgeführten Kriterien nicht möglich, oder ist die Reihe nicht absolut konvergent, so stehen zur Feststellung der etwaigen Konvergenz der Reihe der direkte Konvergenznachweis, das ↗Cauchy-Konvergenzkriterium für Reihen, das lediglich die Vollständigkeit von $\mathbb{R}$ bzw. $\mathbb{C}$ übersetzt, und – für alternierende Reihen, d. h. Reihen mit abwechselnd nicht-negativen und nicht-positiven Gliedern – das ↗Leibniz-Kriterium zur Verfügung.

Eine unmittelbare Folgerung aus dem Cauchy-Konvergenzkriterium für Reihen ist, als notwendiges Kriterium, daß die a_ν eine Nullfolge bilden:

$$\sum_{\nu=1}^{\infty} a_\nu \textit{ ist konvergent} \implies a_n \to 0 \quad (n \to \infty).$$

Darüber hinaus bilden die ‚Reihenreste'

$$\sum_{\nu=n+1}^{\infty} a_\nu = \sum_{\nu=1}^{\infty} a_{n+\nu}$$

einer konvergenten Reihe $\sum_{\nu=1}^{\infty} a_\nu$ eine Nullfolge.

Umgekehrt folgt aus $a_n \to 0$ *nicht* die Konvergenz von $\sum_{\nu=1}^{\infty} a_\nu$. Standardbeispiel dazu ist die divergente ↗harmonische Reihe $\sum_{\nu=1}^{\infty} \frac{1}{\nu}$.

Die ↗Konvergenzkriterien für absolut konvergente Reihen beruhen u. a. auf dem zentralen einfachen Satz:

Ist die Reihe $\sum_{\nu=1}^{\infty} a_\nu$ absolut konvergent, dann ist sie konvergent, und es gilt

$$\left|\sum_{\nu=1}^{\infty} a_\nu\right| \le \sum_{\nu=1}^{\infty} |a_\nu|.$$

Eine absolut konvergente Reihe ist also stets konvergent, sogar unbedingt konvergent, doch die Umkehrung gilt nicht: Mit dem Leibniz-Kriterium sieht man z. B. ganz leicht, daß die Reihe

$$\sum_{n=1}^{\infty} (-1)^n \frac{1}{n}$$

konvergent ist. Die Reihe der Beträge ist jedoch – als harmonische Reihe – nicht konvergent, die Reihe selbst also nicht absolut konvergent.

Für komplexe Folgen (a_n) gelingt die Zurückführung auf Konvergenz in $\mathbb{R}$ durch den folgenden Satz:

$\sum_{\nu=1}^{\infty} a_\nu$ ist genau dann konvergent, wenn $\sum_{\nu=1}^{\infty} \mathrm{Re}(a_\nu)$ und $\sum_{\nu=1}^{\infty} \mathrm{Im}(a_\nu)$ konvergent sind. Im Falle der Konvergenz hat man

$$\sum_{\nu=1}^{\infty} a_\nu = \sum_{\nu=1}^{\infty} \mathrm{Re}(a_\nu) + i \sum_{\nu=1}^{\infty} \mathrm{Im}(a_\nu).$$

Ein weiteres – in seinen Grundgedanken auf Niels Henrik Abel zurückgehendes – Kriterium, das bei vielen wichtigen Typen von Reihen herangezogen werden kann, ist:

Ist die Reihe $\sum_{\nu=1}^{\infty} a_\nu$ konvergent und die Folge (b_ν) monoton und beschränkt, so konvergiert auch die Reihe

$$\sum_{\nu=1}^{\infty} a_\nu b_\nu.$$

Man vergleiche auch ↗Umordnung einer Reihe, ↗unbedingte Konvergenz und ↗Riemannscher Umordnungssatz.

[1] Heuser, H.: Lehrbuch der Analysis, Teil 1. Teubner-Verlag Stuttgart, 1993.

[2] Hoffmann, D.: Analysis für Wirtschaftswissenschaftler und Ingenieure. Springer-Verlag Berlin, 1995.

[3] Kaballo, W.: Einführung in die Analysis I. Spektrum Akademischer Verlag Heidelberg, 1996.

[4] Knopp: Theorie und Anwendung der unendlichen Reihen. Springer-Verlag Berlin, 1964.

[5] Walter, W.: Analysis 1. Springer-Verlag Berlin, 1992.

Reihenproduktsatz, ↗Cauchy, Reihenproduktsatz von.

Reihensummation, der Vorgang des Aufaddierens unendlich vieler Terme einer Folge, der, zumindest im Falle der Konvergenz, zu einer ↗Reihe führt.

Es sei (a_n) eine Folge reeller oder komplexer Zahlen und (s_n) die durch

$$s_n = a_1 + \ldots + a_n, \quad n \in \mathbb{N}$$

gegebene Folge. Die Reihensummation bezüglich der Terme a_n ist definiert durch den formalen Ausdruck

$$\lim_{n\to\infty} s_n = \sum_{\nu=1}^{\infty} a_\nu.$$

Auch wenn die Folge (s_n) zunächst nicht konvergiert, kann man ihr in manchen Situationen noch einen sinnvollen Grenzwert zuordnen; dies wird unter dem Stichwort ↗Summation divergenter Reihen beschrieben.

rein inseparable Körpererweiterung, eine ↗Körpererweiterung, in der alle ↗separablen Elemente aus dem Erweiterungskörper bereits im Grundkörper liegen.

rein transzendente Körpererweiterung, eine ↗Körpererweiterung, die ein Erzeugendensystem besitzt, das algebraisch unabhängig ist.

reindimensionale analytische Menge, ↗Dimension einer analytischen Menge.

Reine Mathematik, übergreifende Bezeichnung für alle Teilbereiche der Mathematik, die sich weniger mit deren Anwendungen auf in der Praxis auftretende Probleme befassen, sondern rein mathematische Themen zum Gegenstand haben.

Zur Reinen Mathematik zählt man beispielsweise die Algebra, die Topologie, die Funktionalanalysis, sowie die Zahlentheorie.

Als Gegensatz zur Reinen Mathematik versteht man die ↗ Angewandte Mathematik.

Diese strenge Abgrenzung, die in der Vergangenheit zu oft unschönen und kontraproduktiven Grabenkämpfen innerhalb der Mathematikergemeinschaft geführt hat, ist heutzutage z.T. in Auflösung begriffen.

Scherzhaft bezeichnen manchmal vor allem die Vertreter des jeweils gegensätzlichen „Lagers" die Reine Mathematik als „Abgewandte Mathematik", wobei dann die Angewandte Mathematik als „Unreine Mathematik" zu bezeichnen ist.

reine Strategie, jede optimale Strategie, die nur aus einer Aktion besteht.

Reinhardtscher Körper, ↗ Reinhardtsches Gebiet.

Reinhardtsches Gebiet, wichtig für die Charakterisierung von Konvergenzgebieten von Potenzreihen in mehreren Variablen.

Die Punktmenge

$$\mathbb{R}_+^n = \{(r_1, ..., r_n) \in \mathbb{R}^n \mid r_j \geq 0,\ 1 \leq j \leq n\}$$

wird als absoluter Raum bezeichnet. Die natürliche Projektion

$$\tau : \mathbb{C}^n \to \mathbb{R}_+^n,\ z \mapsto (|z_1|, ..., |z_n|)$$

ist stetig, eigentlich, offen und surjektiv. Für jedes $\varrho \in \mathbb{R}_+^n$ ist das inverse Bild $\tau^{-1}(\varrho) =: T(\varrho)$ ein reeller n-dimensionaler Torus. Ein Bereich (Gebiet) $G \in \mathbb{C}^n$ heißt Reinhardtscher Körper (Reinhardtsches Gebiet), wenn gilt $G = \tau^{-1}\tau(G)$. Ein Reinhardtscher Körper G heißt vollständig (vollkommen), wenn der Polyzylinder

$$P(\tau(z)) = \{\zeta \in \mathbb{C}^n; |\zeta_j| < |z_j|,\ 1 \leq j \leq n\}$$

in G ist für alle $z \in G \cap (\mathbb{C}^*)^n$. Ein Reinhardtscher Körper G heißt eigentlich, wenn gilt:

a) G ist ein Gebiet, und

b) $G = \emptyset$ oder $G = 0$.

Jeder vollständige Reinhardtsche Körper ist eigentlich. Ein Reinhardtscher Körper heißt logarithmisch-konvex, wenn

$$(\log|z_1|, ..., \log|z_n|);\ z \in G \cap (\mathbb{C}^*)^n$$

eine konvexe Teilmenge von $\mathbb{R}^n$ ist. Zu jedem Reinhardtschen Körper G gibt es einen kleinsten logarithmisch-konvexen vollständigen Reinhardtschen Körper, der G enthält, genannt die vollständige Hülle $\breve{G}$ von G. Es gilt

$$\breve{G} = \bigcup_{z \in G \cap (\mathbb{C}^*)^n} P(\tau(z))\ .$$

Jedes logarithmisch-konvexe vollständige Reinhardtsche Gebiet ist ein Konvergenzgebiet einer Potenzreihe. Umgekehrt ist jedes Konvergenzgebiet einer Potenzreihe ein logarithmisch-konvexes vollständiges Reinhardtsches Gebiet.

Da man für $n \geq 2$ die Mengen G und $\breve{G}$ so wählen kann, daß $\breve{G} \neq G$ ist, zeigt der folgende Satz einen wesentlichen Unterschied zur Theorie der Funktionen einer komplexen Variablen, wo es zu jedem Gebiet G eine auf G holomorphe Funktion gibt, die in kein echtes Obergebiet fortsetzbar ist.

Sei G ein eigentlicher Reinhardtscher Körper und f holomorph in G. Dann existiert genau eine holomorphe Funktion F in $\breve{G}$ mit $F \mid G = f$.

Ein wichtiges Beispiel für ein solches Mengenpaar $(\breve{G}, G)$ mit $\breve{G} \neq G$ ist die euklidische Hartogs-Figur (↗ allgemeine Hartogs-Figur) im $\mathbb{C}^n$.

rein-imaginäre Quaternion, ↗ Hamiltonsche Quaternionenalgebra.

reinperiodische Folge, ↗ periodische Folge.

Rekonstruktion, das Wiedergewinnen eines Signals aus einer Anzahl diskreter Werte (Abtastwerte).

rektifizierbar, die Eigenschaft einer stetigen Kurve $\alpha(t)$ $(a \leq t \leq b)$ im $\mathbb{R}^n$, daß die Längen aller der Kurve einbeschriebenen ↗ Näherungspolygone, d.h., die Summe der Längen der Verbindungsstrecken von aufeinanderfolgenden Kurvenpunkten

$$P_0 = \alpha(a),\ P_1, \ldots, P_{n-1},\ P_n = \alpha(b)\,,$$

eine obere Schranke besitzen.

Diese Eigenschaft besitzen u. a. differenzierbare Kurven.

Auch auf metrische Räume kann man unter recht allgemeinen Voraussetzungen die Definition von rektifizierbaren Kurven übertragen.

Ähnlich definiert man die rektifizierbare Kurven $\alpha(t)$ in ↗ Riemannschen Mannigfaltigkeiten. Eine andere Bezeichnung ist „streckbar".

rektifizierende Ebene, die zum ↗ Hauptnormalenvektor $\mathfrak{n}(t)$ einer Raumkurve α senkrechte Ebene durch den Kurvenpunkt $\alpha(t)$.

Die rektifizierende Ebene ist die lineare Hülle des Binormalen- und des Tangentenvektors $\alpha'(t)$.

Es sei $\alpha_{s_0}^*(h)$ die Projektion der Kurve

$$h \to \alpha(s_0 + h)$$

in die rektifizierende Ebene durch den Punkt $\alpha(s_0)$. Aus der ↗ kanonischen Entwicklung folgt, daß $\alpha_{s_0}^*(s)$ in dritter Näherung durch die parametrische Gleichung

$$\alpha_{s_0}^*(h) \ = \ x(h)\,\mathfrak{n}(s_0) + z(h)\,\mathfrak{b}(s_0)$$

mit

$$y(h) = \frac{\kappa(s_0)}{2}h^2 + \frac{\kappa'(s_0)}{6}h^3,\ z(h) = \frac{\kappa(s_0)\tau(s_0)}{6}h^3$$

gegeben ist. Daraus ist ersichtlich, daß $\alpha^*_{s_0}(s)$ als ebene Kurve in der rektifizierenden Ebene durch die ↗Neilsche Parabel

$$z^2 = \frac{2\tau^2(s_0)}{9\kappa(s_0)} y^3$$

approximiert wird.

rekurrenter Punkt, Punkt $x_0 \in M$ für ein topologisches dynamisches System $(M, \mathbb{R}, \Phi)$ mit einem ↗metrischen Raum M, für den gilt: Für alle $\varepsilon > 0$ existiert ein $T > 0$ so, daß für alle $\tau \in \mathbb{R}$ der ↗Orbit $\mathcal{O}(x_0)$ in der ε-Umgebung von

$$\{\Phi(x_0, t) \mid t \in [\tau, \tau + T],\ t \in \mathbb{R} \text{ geeignet}\}$$

enthalten ist.

Ein Punkt $x_0 \in M$ heißt fast-rekurrent, falls für alle $\varepsilon > 0$ die Menge

$$\{t \mid t \in \mathbb{R},\ \Phi(x_0, t) \in U_\varepsilon(x_0)\}$$

(mit der ε-Umgebung $U_\varepsilon(x_0)$ von x_0) relativ dicht in $\mathbb{R}$ liegt.

Jeder rekurrente Punkt ist fast-rekurrent, fastperiodische Punkte sind rekurrent. Rekurrente Punkte sind ↗Poisson-stabil. In einem vollständigen metrischen Raum M ist ein $x \in M$ genau dann rekurrent, falls $\overline{\mathcal{O}(x)}$ kompakte ↗minimale Menge ist.

rekurrenter Zustand, Zustand $i \in S$ einer auf einem Wahrscheinlichkeitsraum $(\Omega, \mathfrak{A}, P)$ definierten zeitlich homogenen ↗Markow-Kette $(X_t)_{t\in\mathbb{N}_0}$ mit dem abzählbaren Zustandsraum S, derart daß $f^*_{ii} = 1$ gilt.

Dabei ist

$$f^*_{ij} := \sum_{n=1}^{\infty} f^{(n)}_{ij}$$

mit

$$f^{(n)}_{ij} := P(X_n = j, X_{n-1} \neq j, \ldots, X_1 \neq j | X_0 = i)$$

allgemein für alle $i, j \in S$ die Wahrscheinlichkeit dafür, daß die Markow-Kette ausgehend vom Zustand i zum Zeitpunkt $t = 0$ den Zustand j jemals erreicht. Der Zustand i ist also rekurrent, wenn die in i startende Markow-Kette mit Wahrscheinlichkeit 1 irgendwann zu i zurückkehrt. Tatsächlich kehrt die Kette dann sogar P-fast sicher unendlich oft zu i zurück. Weiterhin sind mit einem Zustand i auch alle mit ihm verbundenen Zustände rekurrent. Siehe hierzu auch ↗Rekurrenzkriterium.

Ist die Wahrscheinlichkeit für eine Rückkehr kleiner als Eins, d. h. gilt $f^*_{ii} < 1$, so heißt i ein transienter Zustand. Die Wahrscheinlichkeit, nicht zu i zurückzukehren, ist bei einem transienten Zustand positiv, und die Wahrscheinlichkeit, unendlich oft zurückzukehren, ist Null. Sind alle Zustände $i \in S$ rekurrent bzw. transient, so heißt auch die Markow-Kette $(X_t)_{t\in\mathbb{N}_0}$ rekurrent bzw. transient.

Bei rekurrenten Zuständen $i \in S$ werden des weiteren in Abhängigkeit von der sogenannten mittleren Rekurrenzzeit

$$\mu_i := \sum_{n=1}^{\infty} n f^{(n)}_{ii}$$

zwei Klassen unterschieden: Gilt $\mu_i < \infty$, so heißt i ein positiv-rekurrenter Zustand, während man i im Falle $\mu_i = \infty$ als null-rekurrenten Zustand bezeichnet. Ist der Zustand i positiv-rekurrent, so gilt dies auch für alle mit ihm verbundenen Zustände.

Rekurrenz der Brownschen Bewegung, der Sachverhalt, daß jeder Punkt $x \in \mathbb{R}$ von P-fast allen Pfaden $t \to B_t(\omega)$ einer auf einem Wahrscheinlichkeitsraum $(\Omega, \mathfrak{A}, P)$ definierten normalen eindimensionalen ↗Brownschen Bewegung $(B_t)_{t\geq 0}$ unendlich oft erreicht wird, da die Menge

$$\{t \in \mathbb{R}_0^+ : B_t(\omega) = x\}$$

für P-fast alle $\omega \in \Omega$ unbeschränkt ist.

Die entsprechende Aussage für eine d-dimensionale Brownsche Bewegung mit $d \geq 2$ ist falsch. Im Falle $d \geq 2$ gilt sogar:

Ist $x \in \mathbb{R}^d$ beliebig und $(B^{(d)}_t)_{t\geq 0}$ eine d-dimensionale Brownsche Bewegung mit einem von x verschiedenen Startpunkt, so gibt es für P-fast alle $\omega \in \Omega$ kein t mit $B^{(d)}_t(\omega) = x$.

Rekurrenzkriterium, Charakterisierung der ↗rekurrenten Zustände einer auf einem Wahrscheinlichkeitsraum $(\Omega, \mathfrak{A}, P)$ definierten zeitlich homogenen ↗Markow-Kette $(X_t)_{t\in\mathbb{N}_0}$ mit abzählbarem Zustandsraum S im folgenden Satz.

Der Zustand $i \in S$ ist genau dann rekurrent, wenn

$$\sum_{n=1}^{\infty} p^{(n)}_{ii} = \infty$$

gilt.

Dabei bezeichnet $p^{(n)}_{ii}$ für alle $i \in S$ und $n \in \mathbb{N}$ die Wahrscheinlichkeit dafür, daß die Kette ausgehend vom Zustand i nach n Schritten wieder zu i zurückkehrt.

Rekursion, Zurückführung einer zu definierenden Größe auf eine oder mehrere bereits bestimmte, meist mittels einer ↗Rekursionsformel.

Rekursionsformel, ein Grundinstrument der ↗Numerischen Mathematik wie auch anderer Teildisziplinen der Mathematik.

Eine Rekursionsformel ist eine Beziehung („Formel“), die eine von einem o.B.d.A. ganzzahligen Index abhängige Größe (Funktionswert, Folgenelement o.ä.) $a(n)$ in Beziehung setzt zu einem oder mehreren vorangehenden Elementen $a(n-1)$, $a(n-2), \ldots$.

Kennt man ein genügend großes Anfangsstück dieser Folge, so kann man also mittels der Rekursionsformel die ganze Folge berechnen. Man spricht dann auch von einer rekursiven Definition.

Ein sehr einfaches Beispiel ist die Rekursionsformel zur Berechnung der Fakultät einer natürlichen Zahl:

$$n! \;:=\; n \cdot (n-1)!\,. \qquad (1)$$

Kennt man hier das „Anfangsstück" $0! = 1$, so kann man mittels (1) alle Fakultäten von n berechnen.

Ein zweites Beispiel ist gegeben durch die Rekursionsformel zur Berechnung der Tschebyschew-Polynome (erster Art) T_n; es gilt:

$$T_n(x) \;:=\; 2xT_{n-1} - T_{n-2}(x)\,. \qquad (2)$$

Die Kenntnis von $T_0(x) = 1$ und $T_1(x) = x$ macht es auch hier möglich, alle Tschebyschew-Polynome zu berechnen.

Rekursionsformeln sind aus offensichtlichen Gründen auch sehr geeignet zur direkten Implementierung in Algorithmen.

Rekursionssatz, von Julius Wilhelm Richard Dedekind im Jahr 1888 angegebener Satz, der besagt, daß es zu einer Menge A mit einem Element $a \in A$ und einer Abbildung $\varphi : \mathbb{N} \times A \to A$ genau eine Abbildung $f : \mathbb{N} \to A$ mit

$$\begin{aligned} f(1) &= a \\ f(n+1) &= \varphi(n, f(n)) \quad (n \in \mathbb{N}) \end{aligned}$$

gibt.

Dieser recht einleuchtende Satz, zu beweisen mittels ↗vollständiger Induktion, ist Grundlage der Definition durch Rekursion. Als Verallgemeinerung hat man die *Rekursion mit Parametern*: Zu Mengen A, B mit Abbildungen $a : B \to A$ und $\varphi : B \times \mathbb{N} \times A \to A$ gibt es genau eine Abbildung $f : B \times \mathbb{N} \to A$ mit

$$\begin{aligned} f(k,1) &= a(k) \\ f(k,n+1) &= \varphi(k,n,f(k,n)) \quad (n \in \mathbb{N}) \end{aligned}$$

für alle $k \in B$. Damit kann man nicht nur einstellige Abbildungen auf $\mathbb{N}$, also Folgen, sondern auch mehrstellige Abbildungen definieren.

rekursionstheoretische Modelltheorie, Teil der ↗Modelltheorie, bei dem rekursive Eigenschaften der ↗Modelle, insbesondere ihrer Trägermengen sowie ihrer Relationen und Funktionen, eine dominierende Rolle spielen.

Rekursionstheorie, ↗Berechnungstheorie.

rekursiv aufzählbar, Eigenschaft einer Teilmenge der natürlichen Zahlen, weitestgehend synonym zum Begriff „aufzählbar".

Eine Menge $A \subseteq \mathbb{N}_0$ ist rekursiv aufzählbar, falls $A = \emptyset$ oder falls es eine ↗total berechenbare Funktion $f : \mathbb{N}_0 \to \mathbb{N}_0$ gibt, so daß A die Wertemenge von f ist, also

$$A \;=\; \{f(0), f(1), f(2), \ldots\}\,.$$

Man sagt dann, f zählt die Menge A auf.

Der Begriff „rekursiv aufzählbar" unterscheidet sich von „abzählbar" dadurch, daß die Berechenbarkeit der Funktion f verlangt wird. Insbesondere braucht eine Teilmenge einer rekursiv aufzählbaren Menge nicht notwendig selbst rekursiv aufzählbar zu sein.

Es gilt der Satz, daß eine Menge genau dann rekursiv aufzählbar ist, wenn sie ↗semi-entscheidbar ist. Hieraus ergibt sich weiterhin, daß eine Menge genau dann entscheidbar ist (↗Entscheidbarkeit), wenn die Menge und ihre Komplementmenge rekursiv aufzählbar sind.

rekursive Analysis, ein Teilgebiet der Analysis, das sich damit befaßt, inwieweit die Beweise von Sätzen aus der Analysis in einer konstruktiven, berechenbaren Weise durchgeführt werden können (↗Berechnungstheorie).

Ein erster wichtiger Begriff in dieser Theorie ist der der berechenbaren Konvergenz. Eine Folge (α_i), $i \in \mathbb{N}$, heißt berechenbar konvergent, wenn es zu jedem positiven rationalen $\varepsilon = p/q$ ein n_0 so gibt, daß $|\alpha_m - \alpha_n| < \varepsilon$ für alle $m, n \geq n_0$, und wenn zusätzlich gilt, daß die Funktion $(p, q) \mapsto n_0$ berechenbar ist (↗berechenbare Funktion).

Eine reelle Zahl r heißt berechenbar, wenn es eine berechenbare rationale Zahlenfolge gibt, die berechenbar konvergiert, und deren Limes r ist. Beispiele für berechenbare reelle Zahlen sind ↗e und ↗π.

Da es aber überabzählbar viele reelle Zahlen gibt und nur abzählbar viele Berechnungsverfahren, kann nur eine abzählbar unendliche Teilmenge der reellen Zahlen berechenbar sein.

rekursive Definition, ↗Rekursionsformel.

rekursive Funktion, ↗allgemein-rekursive Funktion, ↗μ-rekursive Funktion, ↗partiell-rekursive Funktion, ↗primitiv-rekursive Funktion,

rekursive Menge, andere Bezeichnung für entscheidbare Menge (↗Entscheidbarkeit).

rekursives Netz, ↗Feed-Back-Netz.

rekursives Nichtterminalzeichen, Nichtterminalsymbol H einer kontextfreien ↗Grammatik, aus dem eine Satzform w ableitbar ist, die wieder H enthält.

Rekursivitätsgrad, ↗Turing-Grad.

Relation, geordnetes Tripel (A, B, R), bestehend aus zwei Mengen A und B sowie einer Teilmenge des kartesischen Produktes $R \subseteq A \times B$.

Genauer handelt es sich dabei um zweistellige Relationen. Allgemeiner nennt man ein $(n+1)$-Tupel

$(M_1, \ldots, M_n, R)$, wobei R eine Teilmenge des kartesischen Produktes der n Mengen $M_1, \ldots, M_n$ ist, eine n-stellige Relation auf den Mengen $M_1, \ldots, M_n$.

Die Menge R und insbesondere geometrische Veranschaulichungen dieser Menge werden als Graph der Relation bezeichnet. Relationen, deren Graph die leere Menge ist, heißen leere Relationen.

Oftmals ist es klar, um welche Mengen A und B bzw. $M_1, \ldots, M_n$ es sich handelt, und die Menge R wird dann mit der Relation identifiziert.

Im Falle zweistelliger Relationen $R \subseteq A \times B$ schreibt man häufig $a R b$ statt $(a, b) \in R$. Auch die Bezeichnung $a \sim b := a R b$ ist gebräuchlich, sofern es klar ist, um welche Relation R es sich handelt.

Sind A, B, C Mengen und $R \subseteq A \times B$ und $S \subseteq B \times C$ Relationen, so ist die Komposition oder Hintereinanderausführung von R und S als folgende durch $S \circ R$ (lies: S nach R oder S komponiert mit R) bezeichnete Relation auf $A \times C$ definiert:

$$S \circ R := \left\{ (a, c) \in A \times C : \bigvee_{b \in B} ((a, b) \in R \wedge (b, c) \in S) \right\}.$$

Beispiele:

1. Es sei $A = B = C = \mathbb{R}$. Dann gelten die Beziehungen

$$[0,1] \times [0,1] \circ [0,1] \times [0,1] = [0,1] \times [0,1],$$
$$[0,2] \times [0,2] \circ [2,3] \times [1,3] = [0,2] \times [1,3],$$
$$[0,2] \times [0,2] \circ]2,3] \times [1,3] = \emptyset,$$
$$\{(x,y) : x^2 + y^2 = 1\} \circ \{(x,y) : y = 2x\}$$
$$= \{(x,y) : x \in [-1,1], y = \pm 2\sqrt{1 - x^2}\}.$$

2. Handelt es sich bei den Relationen (A, B, f) und (B, C, g) um ↗Abbildungen, so ist die Relation $(A, C, g \circ f)$ ebenfalls eine Abbildung und mit der Komposition der Abbildungen $f : A \to B$ und $g : B \to C$ identisch.

Die inverse Relation oder Umkehrrelation (B, A, R^{-1}) der Relation (A, B, R) ist definiert durch

$$R^{-1} := \{(b, a) \in B \times A : (a, b) \in R\}.$$

Man beachte, daß für Abbildungen (A, B, f) die Umkehrrelation im Gegensatz zur Umkehrabbildung immer existiert. Es gibt genau dann eine Umkehrabbildung, wenn die Umkehrrelation eine Abbildung ist.

Relationen mit speziellen Eigenschaften

Es sei (A, B, R) eine Relation. R heißt linkstotal genau dann, wenn

$$\bigwedge_{a \in A} \bigvee_{b \in B} a \sim b,$$

d. h., wenn es zu jedem Element $a \in A$ ein Element $b \in B$ gibt, welches zu a in Relation steht.

R heißt rechtstotal genau dann, wenn

$$\bigwedge_{b \in B} \bigvee_{a \in A} a \sim b,$$

d. h., wenn es zu jedem Element $b \in B$ ein Element $a \in A$ gibt, welches zu b in Relation steht.

R heißt bitotal genau dann, wenn R linkstotal und rechtstotal ist. R heißt linkseindeutig genau dann, wenn

$$\bigwedge_{a_1, a_2 \in A} \bigwedge_{b \in B} (a_1 \sim b \wedge a_2 \sim b) \Rightarrow a_1 = a_2,$$

d. h., wenn die Elemente $a_1, a_2 \in A$ gleich sind, sofern sie zum selben Element $b \in B$ in Relation stehen.

R heißt rechtseindeutig genau dann, wenn

$$\bigwedge_{b_1, b_2 \in B} \bigwedge_{a \in A} (a \sim b_1 \wedge a \sim b_2) \Rightarrow b_1 = b_2,$$

d. h., wenn die Elemente $b_1, b_2 \in B$ gleich sind, sofern sie zum selben Element $a \in A$ in Relation stehen.

R heißt eineindeutig genau dann, wenn R linkseindeutig und rechtseindeutig ist.

Beispiele:

3. $(\mathbb{R}, \mathbb{R}, R)$ ist für $R = \mathbb{R} \times \mathbb{R}^+$ linkstotal, jedoch nicht rechtstotal, und weder linkseindeutig noch rechtseindeutig, für $R = \{(x, y) : |y| < 2x\}$ bitotal, jedoch weder links- noch rechtseindeutig, für $R = \{(x, y) : x < 0, y = x^2\}$ eineindeutig, jedoch weder links- noch rechtstotal, für $R = \{(x, y) : y = x^3\}$ eineindeutig und bitotal.

R heißt ↗Abbildung genau dann, wenn R linkstotal und rechtseindeutig ist.

Nun sei $A = B$, d. h. $R \subseteq A \times A$. R heißt reflexiv genau dann, wenn

$$\bigwedge_{a \in A} a \sim a,$$

d. h., wenn jedes Element zu sich selbst in Relation steht.

Die Diagonale des kartesischen Produktes $A \times A$ ist definiert durch $\Delta(A) := \{(a, a) \in A \times A : a \in A\}$. Es ist $\Delta(A) \subseteq R$ genau dann, wenn R reflexiv ist.

Beispiele:

4. Die einzige in den Beispielen 1 und 3 auftretende reflexive Relation ist $(\mathbb{R}, \mathbb{R}, \{(x, y) : |y| < 2\})$.

R heißt symmetrisch genau dann, wenn

$$\bigwedge_{a, b \in A} a \sim b \Rightarrow b \sim a,$$

d. h., wenn a genau dann zu b in Relation steht, wenn auch b zu a in Relation steht.

R heißt antisymmetrisch oder identitiv genau dann, wenn

$$\bigwedge_{a, b \in A} (a \sim b \wedge b \sim a) \Rightarrow a = b,$$

d. h., wenn nur dann sowohl a mit b als auch b mit a in Relation steht, wenn $a = b$ gilt.

R heißt asymmetrisch genau dann, wenn

$$\bigwedge_{a,b\in A} a \sim b \Rightarrow \neg(b \sim a),$$

d. h., wenn a nur dann zu b in Relation steht, wenn b nicht zu a in Relation steht.

Beispiele:

In Beispiel 3 ist $(\mathbb{R}, \mathbb{R}, \{(x,y) : \lfloor y \rfloor < 2\})$ die einzige symmetrische Relation, $(\mathbb{R}, \mathbb{R}, \{(x,y) : x < 0, y = x^2\})$ die einzige asymmetrische Relation, und $(\mathbb{R}, \mathbb{R}, \{(x,y) : x < 0, y = x^2\})$ sowie $(\mathbb{R}, \mathbb{R}, \{(x,y) : y = x^3\})$ sind die einzigen antisymmetrischen Relationen.

R heißt transitiv genau dann, wenn

$$\bigwedge_{a,b,c\in A} (a \sim b \wedge b \sim c) \Rightarrow a \sim c,$$

d. h., wenn a und c in Relation stehen, sofern a und b sowie b und c in Relation stehen.

Beispiele:

In Beispiel 3 sind genau die Relationen $(\mathbb{R}, \mathbb{R}, \mathbb{R} \times \mathbb{R}^+)$ und $(\mathbb{R}, \mathbb{R}, \{(x,y) : x < 0, y = x^2\})$ transitiv.

R heißt ↗Äquivalenzrelation genau dann, wenn R reflexiv, symmetrisch und transitiv ist.

R heißt Partialordnung und A partiell geordnete Menge genau dann, wenn R reflexiv und transitiv ist. Ist R eine identitive Partialordnung, so heißt R ↗Ordnungsrelation.

R heißt linear oder konnex genau dann, wenn

$$\bigwedge_{a,b\in A} a \sim b \vee b \sim a,$$

d. h., es steht immer a mit b oder b mit a in Relation.

relationsendliche Garbe, kohärente Garbe mit einer Zusatzeigenschaft.

Sei $\mathcal{R}$ eine Garbe von Ringen über einem topologischen Raum X und $\mathcal{S}$ eine $\mathcal{R}$-Modulgarbe. Endlich viele Schnitte $s_1, ..., s_p \in \mathcal{S}(U)$ definieren einen $\mathcal{R}_U$-Garbenhomomorphismus $\sigma : \mathcal{R}_U^p \to \mathcal{S}_U$,

$$(a_{1x}, ..., a_{px}) \to \sigma(a_{1x}, ..., a_{px}) := \sum_{i=1}^{p} a_{ix} s_{ix},$$

$x \in U$. Der $\mathcal{R}_U$-Untermodul

$$\mathrm{Rel}(s_1, ..., s_p) := Ker\,\sigma = \bigcup_{x\in U} \left\{ (a_{1x}, ..., a_{px}) \in \mathcal{R}_x^p : \sum_{i=1}^{p} a_{ix} s_{ix} = 0 \right\}$$

von $\mathcal{R}_U^p$ heißt der Relationenmodul von $s_1, ..., s_p$. Man nennt $\mathcal{S}$ relationsendlich in $x \in X$, wenn für jede offene Umgebung U von x und für beliebige Schnitte $s_1, ..., s_p \in \mathcal{S}(U)$ die Relationengarbe $\mathrm{Rel}(s_1, ..., s_p)$ stets endlich in x ist. Dies ist genau dann der Fall, wenn für jeden Garbenhomomorphismus $\sigma : \mathcal{R}_U^p \to \mathcal{S}_U$ die Garbe $Ker\,\sigma$ endlich in x ist. Eine $\mathcal{R}$-Garbe $\mathcal{S}$ heißt relationsendlich, falls $\mathcal{S}$ in jedem Punkt $x \in X$ relationsendlich ist.

Untergarben relationsendlicher Garben sind relationsendlich. Hingegen sind Faktorgarben relationsendlicher Garben i. allg. nicht relationsendlich. Ferner gibt es endliche Garben, die nicht relationsendlich sind, und umgekehrt.

relativ abgeschlossene Menge, ↗ relativ offene Menge.

relativ kompakt, Kompaktheitseigenschaft einer Teilmenge eines topologischen Raumes.

Es seien T ein topologischer Raum und $M \subseteq T$ eine Teilmenge von T. Dann heißt M relativ kompakt, wenn der topologische Abschluß $\overline{M}$ ein kompakter topologischer Raum ist.

relativ kompakte Familie von Wahrscheinlichkeitsmaßen, Familie $(P_i)_{i\in I}$ von auf der Borel-σ-Algebra $\mathfrak{B}(S)$ eines metrischen Raumes S definierten Wahrscheinlichkeitsmaßen mit der Eigenschaft, daß jede Folge von Elementen aus $(P_i)_{i\in I}$ eine Teilfolge enthält, die schwach gegen ein auf $\mathfrak{B}(S)$ definiertes Wahrscheinlichkeitsmaß konvergiert.

Das Grenzmaß der Teilfolge muß dabei nicht zur Familie $(P_i)_{i\in I}$ gehören. Ist der metrische Raum S vollständig und separabel, so ist eine Familie von Wahrscheinlichkeitsmaßen nach dem Satz von Prochorow genau dann relativ kompakt, wenn sie straff ist. Eine Familie $(F_i)_{i\in I}$ von Verteilungsfunktionen auf $\mathbb{R}^n$ heißt relativ kompakt, wenn die zugehörige Familie $(P_i)_{i\in I}$ der aus den F_i konstruierten Wahrscheinlichkeitsmaße P_i relativ kompakt ist.

relativ komplementärer Verband, ein ↗komplementärer Verband, in dem jedes Element ein ↗relatives Komplement in jedem Intervall der zugrundeliegenden Halbordnung hat.

Jedes Intervall eines relativ komplementären Verbandes ist somit ein komplementärer ↗Teilverband.

relativ offene Menge, eine bezüglich der ↗Relativtopologie offene Teilmenge eines topologischen Raums.

Versieht man beispielsweise $\mathbb{R}$ mit der natürlichen und das Intervall $Y := [0, 2] \subset \mathbb{R}$ mit der Relativtopologie, so ist $[0, 1)$ zwar relativ offen wegen $[0, 1) = (-1, 1) \cap Y$, aber natürlich nicht offen in $\mathbb{R}$ selbst.

relativ prim, ↗teilerfremde Zahlen.

relativ pseudokomplementärer Verband, ein ↗pseudokomplementärer Verband V, in dem jedes Element ein ↗relatives Pseudokomplement bezüglich jedes anderen Elementes aus V besitzt.

Relativbeschleunigung, ↗ Beschleunigung.

Relativdifferente, ↗Differente einer Körpererweiterung.

relative Berechenbarkeit, ↗Orakel-Turing-Maschine.

relative Dichte, ↗ Dichte (im Sinne der mathematischen Physik).

relative Häufigkeit, die Zahl

$$h_n(A) = \frac{m}{n},$$

wobei $m \in \{0, \ldots, n\}$ angibt, wie oft ein zufälliges Ereignis A bei $n \in \mathbb{N}$ Wiederholungen eines Versuches bzw. Zufallsexperimentes eingetreten ist.

Die relative Häufigkeit $h_n(A)$ eines Ereignisses A ist also das Verhältnis der absoluten Häufigkeit m von A zur Gesamtzahl n der Versuche bzw. Zufallsexperimente.

Ihre Bedeutung für die Wahrscheinlichkeitstheorie beziehen die relativen Häufigkeiten aus den Gesetzen der großen Zahlen, wonach die Zahlen $h_n(A)$ unter bestimmten Voraussetzungen mit wachsendem n in einem geeigneten Sinne gegen die Wahrscheinlichkeit des Ereignisses A streben. Versuche, die gesamte Wahrscheinlichkeitstheorie vom Begriff der relativen Häufigkeit ausgehend axiomatisch aufzubauen, können allerdings wohl als gescheitert gelten bzw. konnten sich nicht durchsetzen. Siehe hierzu [1].

Siehe auch ↗Häufigkeit (eines Ereignisses).

[1] Hochkirchen T.: Die Axiomatisierung der Wahrscheinlichkeitsrechnung und ihre Kontexte. Vandenhoeck und Ruprecht Göttingen, 1999.

relatives Extremum, ↗lokales Extremum.

relatives Gleichgewicht, Integralkurve c eines G-invarianten ↗Hamiltonschen Systems (M, ω, H) auf der Impulsabbildungsniveaufläche $J^{-1}(\mu)$ eines ↗Hamiltonschen G-Raums (M, ω, G, J), deren Projektion in den reduzierten Phasenraum ein Punkt ist, d. h. eine Gleichgewichtslage des reduzierten Systems.

relatives Komplement, spezielles Element eines Verbandes.

Sei $x \in [a, b] \subseteq L$, wobei L ein Verband ist. Falls ein Element $x' \in [a, b]$ mit $x \wedge x' = a$ und $x \vee x' = b$ existiert, so nennt man x' ein relatives Komplement von x bezüglich $[a, b]$.

relatives Maximum, ↗lokales Extremum.

relatives Minimum, ↗lokales Extremum.

relatives projektives Spektrum, Begriff aus der algebraischen Geometrie.

Es sei X ein ↗Schema und

$$\mathcal{S} = \mathcal{S}_0 \oplus \mathcal{S}_1 \oplus \mathcal{S}_2 \oplus \cdots$$

eine ↗quasikohärente Garbe von graduierten kommutativen $\mathcal{O}_X$-Algebren. Das relative projektive Spektrum $\mathrm{Proj}(\mathcal{S}) \xrightarrow{p} X$ ist das X-Schema mit der Eigenschaft, daß für affine offene Mengen $U \subset X$ gilt $p^{-1}(U) = \mathrm{Proj}(\mathcal{S}(U))$ (↗projektives Spektrum). Seine Konstruktion ergibt sich durch Verklebung der projektiven Spektren $\mathrm{Proj}(\mathcal{S}(U_\alpha))$ für eine offene affine Überdeckung $\{U_\alpha\}$ von X.

Ein wichtiger Spezialfall ist der Fall $\mathcal{S} = \mathrm{Sym}(\mathcal{E})$, die symmetrische Algebra einer quasikohärenten Garbe $\mathcal{E}$ auf X, in diesem Fall wird $\mathrm{Proj}(\mathcal{S})$ auch mit $\mathbb{P}(\mathcal{E})$ bezeichnet.

Analog zum projektiven Spektrum erhält man die quasikohärenten Garben $\mathcal{O}(n)$ und Produkt-Abbildungen $\mathcal{O}(n) \otimes \mathcal{O}(m) \to \mathcal{O}(n+m)$. Im Falle von $\mathbb{P}(\mathcal{E})$ wird $\mathcal{O}(1)$ auch mit $\mathcal{O}_{\mathcal{E}}(1)$ bezeichnet, in diesem Fall ist $\mathcal{O}_{\mathcal{E}}(1)$ lokal frei vom Rang 1 mit einem ausgezeichneten Epimorphismus von Garben $p^*\mathcal{E} \to \mathcal{O}_{\mathcal{E}}(1)$, und

$$\mathcal{O}(m) = \mathcal{O}_{\mathcal{E}}(1)^{\otimes m}, \quad \mathcal{O}(-m) = \mathrm{Hom}\big(\mathcal{O}(m), \mathcal{O}_{\mathbb{P}(\mathcal{E})}\big)$$

$(m > 0)$. Funktoriell ist $\mathbb{P}(\mathcal{E}) \to X$ durch folgende Eigenschaft charakterisiert: Für jedes X-Schema $f : Y \to X$ ist

$$\mathrm{Hom}_X(Y, \mathbb{P}(\mathcal{E})) \cong \{\mathcal{G} \subset f^*\mathcal{E} \mid f^*\mathcal{E}/\mathcal{G} \text{ lokal frei vom Rang } 1\},$$

indem man jedem X-Morphismus φ den durch $p^*\mathcal{E} \to \mathcal{O}_{\mathcal{E}}(1)$ induzierten Morphismus

$$f^*\mathcal{E} = (p \circ \varphi)^*\mathcal{E} = \varphi^*\left(p^*\mathcal{E}\right) \to \varphi^*\mathcal{O}_{\mathcal{E}}(1)$$

(bzw. seinen Kern $\mathcal{G}$) zuordnet. Speziell folgt hieraus für $\mathcal{L} \in \mathrm{Pic}(X)$ (↗Picard-Gruppe) ein kanonischer X-Isomorphismus $\mathbb{P}(\mathcal{E} \otimes \mathcal{L}) \simeq \mathbb{P}(\mathcal{E})$ (mit $\mathcal{O}_{\mathcal{E}\otimes\mathcal{L}}(1) = p^*\mathcal{L} \otimes \mathcal{O}_{\mathcal{E}}(1)$).

relatives Pseudokomplement, Begriff aus der Theorie der ↗Verbände.

Ein relatives Pseudokomplement eines Elementes a eines Verbandes $(V, \leq)$ bezüglich eines zweiten Elementes b aus V ist ein Element $c \in V$ mit der Eigenschaft, daß für alle $x \in V$ die Ungleichung $\inf(a, x) \leq b$ genau dann gilt, wenn $x \leq c$ gilt. Hierbei bezeichnet $\inf(a, x)$ das Infimum der Elemente a und x.

relatives Schema, ein ↗Schema mit einer Zusatzeigenschaft.

Sei S ein ↗Schema (z. B. $\mathrm{Spec}(\mathbb{Z})$ oder $\mathrm{Spec}(K)$, K ein Körper). Ein relatives Schema über S (oder S-Schema) ist ein Schema X zusammen mit einem ausgezeichneten Morphismus $X \xrightarrow{p_X} S$.

Ist $Y \xrightarrow{p_Y} S$ ein weiteres S-Schema, so bezeichnet

$$\mathrm{Hom}_S(Y, X) = X(Y)_S$$

die Menge aller S-Morphismen, d. h., Morphismen $\alpha : Y \longrightarrow X$ mit $p_X \circ \alpha = p_Y$. Wenn $Y = \mathrm{Spec}(A)$ ist, schreibt man dafür auch $X(A)_S$.

Die Zuordnung $Y \mapsto X(Y)_S$ (resp. $A \mapsto X(A)_S$) ist ein Kofunktor (resp. ein Funktor), durch den

X aufgrund der folgenden Tatsache eindeutig bestimmt ist: Für jeden Kofunktor F der Kategorie der S-Schemata in die Kategorie der Mengen ist die kanonische Abbildung

$$\mathrm{Hom}(X(-)_S, F) \longrightarrow F(X)\,,$$

die jeder natürlichen Transformation

$$\nu : X(-)_S \longrightarrow F$$

das Element $\nu_X(id_X) = \xi \in F(X)$ zuordnet, eine Bijektion (die Umkehrabbildung ist $\xi \mapsto \tilde{\xi}$ mit $\tilde{\xi}_Y(\alpha) = F(\alpha)(\xi)$ für

$$\alpha \in X(Y)_S = \mathrm{Hom}_S(Y, X)\,.)$$

Speziell ist also

$$\mathrm{Hom}(X(-)_S, X'(-)_S) \cong \mathrm{Hom}(X, X')\,.$$

Viele Eigenschaften eines S-Schemas X lassen sich auf diese Weise funktoriell charakterisieren.

relatives Spektrum, Begriff aus der Theorie der Schemata.

Es seien X ein Schema und $\mathcal{A}$ eine Garbe von kommutativen $\mathcal{O}_X$-Algebren, die als Modulgarbe über $\mathcal{O}_X$ quasikohärent ist. Das relative Spektrum $\mathrm{Spec}(\mathcal{A})$ ist ein Schema zusammen mit einem Morphismus $p : \mathrm{Spec}(\mathcal{A}) \to X$, welches durch folgende Eigenschaft charakterisiert ist:

Für jedes X-Schema $Y \xrightarrow{q} X$ ist die induzierte Abbildung von

$$\mathrm{Hom}_X(Y, \mathrm{Spec}(\mathcal{A})) = \{\varphi : Y \to \mathrm{Spec}(\mathcal{A}) \mid p \circ \varphi = q\}$$

in

$$\mathrm{Hom}_{\mathcal{O}_X\text{-Alg}}(\mathcal{A}, q_*\mathcal{O}_Y) \simeq \mathrm{Hom}_{\mathcal{O}_Y\text{-Alg}}\left(q^*\mathcal{A}, \mathcal{O}_Y\right),$$

die durch $\varphi \mapsto p_*(\varphi^*)$ und $p_*\mathcal{O}_{\mathrm{Spec}(\mathcal{A})} = \mathcal{A}$ gegeben ist, eine Bijektion.

Wenn $X = \mathrm{Spec}(B)$ ein affines Schema ist, so ist $\mathcal{A}$ von der Form $\tilde{A}$ mit der B-Algebra $\mathcal{A}(X) = A$ (↗quasikohärente Garbe). In diesem Fall ist $\mathrm{Spec}(\mathcal{A}) = \mathrm{Spec}(A)$ und p der durch $B \to A$ induzierte Morphismus.

Ein Spezialfall: Ist $\mathcal{F}$ eine kohärente (oder quasikohärente) Garbe von $\mathcal{O}_X$-Moduln und $\mathcal{A} = \mathrm{Sym}(\mathcal{F})$ die symmetrische Algebra, dann ist $\mathcal{A}$ quasikohärente Garbe von $\mathcal{O}_X$-Algebren. $\mathrm{Spec}(\mathrm{Sym}(\mathcal{F}))$ wird mit $\mathbb{V}(\mathcal{F})$ bezeichnet. Da für $Y \xrightarrow{q} X$ gilt:

$$q^*\mathrm{Sym}(\mathcal{F}) = \mathrm{Sym}(q^*\mathcal{F})$$

und

$$\mathrm{Hom}_{\mathcal{O}_X\text{-Alg}}(\mathrm{Sym}(q^*\mathcal{F}), \mathcal{O}_Y) \simeq \mathrm{Hom}_{\mathcal{O}_Y}(q^*\mathcal{F}, \mathcal{O}_Y)\,,$$

ist $\mathbb{V}(\mathcal{F}) \xrightarrow{p} X$ durch die Eigenschaft

$$\mathrm{Hom}_X(Y, \mathbb{V}(\mathcal{F})) \simeq \mathrm{Hom}_{\mathcal{O}_Y}(q^*\mathcal{F}, \mathcal{O}_Y)$$

charakterisiert. Beschränkt man sich hierbei auf die Inklusionen $U \hookrightarrow X$ offener Mengen (statt $Y \xrightarrow{q} X$), so ergibt sich: $\mathrm{Hom}(\mathcal{F}, \mathcal{O}_X) = \check{\mathcal{F}}$ ist die Garbe der lokalen Schnitte von $\mathbb{V}(\mathcal{F})$.

Ist speziell $\mathcal{F} = \mathcal{O}_X^p = \mathcal{O}_X T_1 + \cdots + \mathcal{O}_X T_n$, so ist $\mathbb{V}(\mathcal{F}) = X \times \mathbb{A}^n$, und ist $\mathcal{F} = \mathcal{O}_X T_1 + \cdots + \mathcal{O}_X T_n / \mathcal{O}_X L_1 + \cdots + \mathcal{O}_X L_q$ mit $L_j = \sum_{i=1}^n a_{ij} T_i$, $a_{ij} \in \mathcal{O}_X(X)$, so ist $\mathbb{V}(\mathcal{F}) \subset X \times \mathbb{A}^n$ das Nullstellenschema von $L_1 = \cdots = L_q = 0$.

Ein Analogon der Konstruktion $\mathbb{V}(\mathcal{F}) \xrightarrow{p} X$ gibt es auch für analytisch kohärente Garben auf komplexen Räumen, sodaß insbesondere für algebraische Schemata X über $\mathbb{C}$ gilt:

$$\left(\mathbb{V}\left(\mathcal{F}^{an}\right) \xrightarrow{p} X^{an}\right) = V(\mathcal{F})^{an} \xrightarrow{p^{an}} X^{an}.$$

Gleiches gilt für die Konstruktion von $\mathrm{Spec}(\mathcal{A})$, wenn $\mathcal{A}$ analytisch kohärent ist. Aus der Eigenschaft „kohärent" folgt, daß $\mathrm{Spec}(\mathcal{A}) \to X$ ein endlicher Morphismus ist. Jeder endliche Morphismus (über einem Noetherschen Schema oder komplexen Räumen) ist von dieser Form.

Relativgeschwindigkeit, in einem Punkt p einer differenzierbaren Mannigfaltigkeit $\mathcal{M}$ die Differenz zweier ↗Geschwindigkeiten $\mathfrak{v}_A(p)$ und $\mathfrak{v}_B(p)$ der Objekte A und B.

Genauer ist $\mathfrak{v}_{AB}(p) := \mathfrak{v}_A(p) - \mathfrak{v}_B(p)$ die Relativgeschwindigkeit von A bezüglich B, und $-\mathfrak{v}_{AB}$ diejenige von B bezüglich A.

Geschwindigkeiten sind Elemente des Tangentialraums in $p \in \mathcal{M}$. Für jedes p ist die Differenz solcher Elemente definiert. I. allg. ist aber diese Differenz nicht bildbar, wenn die Geschwindigkeiten zu verschiedenen Räumen $T_p\mathcal{M}$ und $T_q\mathcal{M}$ an $p, q \in \mathcal{M}$ gehören. Um auch in solchen Fällen eine Relativgeschwindigkeit definieren zu können, muß ein Transport von Vektoren von einem zu einem anderen Punkt von $\mathcal{M}$ erklärt sein. Das ist in der Newtonschen Mechanik mit dem unterliegenden euklidischen Raum der Fall.

Relativierung einer mengentheoretischen Formel, Begriff im Kontext ↗axiomatische Mengenlehre.

Ist ϕ eine mengentheoretische Formel und $\mathbf{K}$ eine Klasse, so ist die Relativierung $\phi^{\mathbf{K}}$ von ϕ auf $\mathbf{K}$ durch die folgende Fallunterscheidung induktiv über den Aufbau von ϕ definiert:

(a) $(x = y)^{\mathbf{K}}$ sei $x = y$.
(b) $(x \in y)^{\mathbf{K}}$ sei $x \in y$.
(c) $(\phi \wedge \psi)^{\mathbf{K}}$ sei $\phi^{\mathbf{K}} \wedge \psi^{\mathbf{K}}$.
(d) $(\neg\phi)^{\mathbf{K}}$ sei $\neg\phi^{\mathbf{K}}$.
(e) $\left(\bigvee x(\phi)\right)^{\mathbf{K}}$ sei $\bigvee x(x \in \mathbf{K} \wedge \phi^{\mathbf{K}})$.

relativistische Masse, die Größe

$$m = \frac{m_0}{\sqrt{1 - |v|^2/c^2}}, \quad (1)$$

(c = Lichtgeschwindigkeit), die die Massezunahme eines sich mit der vektoriellen Geschwindigkeit v bewegenden Teilchens in der Relativitätstheorie beschreibt.

relativistische Mechanik, Mechanik unter Berücksichtigung relativistischer Effekte (↗ spezielle Relativitätstheorie).

relativistische Quantenmechanik, Formulierung einer Gleichung für die Wellenfunktion, die bezüglich der Lorentz-Transformationen (↗ Lorentz-Gruppe) forminvariant ist.

Ausgangspunkt war die Schrödinger-Gleichung für *ein* freies Teilchen. Sie ist nicht forminvariant gegen Lorentz-Transformationen. Nach dem Vorbild der nicht-relativistischen Quantenmechanik geht man von der relativistischen kinetischen Energie E (↗ Feinstruktur der Energieniveaus) aus, um eine solche Gleichung zu erhalten. Es gilt

$$E^2/c^2 = m_0^2c^2 + \delta_{kl}p^kp^l .$$

Diese Gleichung hat zwei Lösungen,

$$E = \pm\sqrt{m_0^2c^4 + \delta_{kl}p^kp^lc^2} .$$

Der Übergang zur Quantenphysik ergäbe sich nun durch die Ersetzungen

$$E \longrightarrow i\hbar\frac{\partial}{\partial t} \text{ und } p_k \longrightarrow \frac{\hbar}{i}\frac{\partial}{\partial x^k} .$$

Dabei stört aber zum einem, daß man Gründe für den Ausschluß der negativen Energie finden muß, und zum anderen, daß der Wurzeloperator „unbequem" ist.

Von der Wurzel kann man sich dadurch befreien, daß man die Operatoren in die Gleichung für E^2 einsetzt. Dadurch entfernt man sich aber beträchtlich von der Schrödinger-Gleichung, weil man nun eine Gleichung für die Wellenfunktion bekommt, die die zweite Ableitung der Wellenfunktion von der Zeit enthält. Dadurch wird die Wahrscheinlichkeitsinterpretation unmöglich, weil die entsprechende Dichte auch negative Werte annehmen kann. Dieses Problem wird mit der Dirac-Gleichung umgangen. Diese Gleichung befreit aber nicht von der Notwendigkeit, ein Verständnis für die Lösungen mit negativer Energie zu finden. Dies gelang Dirac mit der Löchertheorie. Mit der Einführung der Löchertheorie wurde klar, daß man keine relativistische Quantenmechanik für *ein* Teilchen formulieren kann.

Die Diracsche Gleichung ist eine speziell-relativistische Gleichung für Elektronen und ihre Antiteilchen, die Positronen. Entsprechende Gleichungen gibt es für auch andere Teilchen.

Relativitätsprinzip, auch Einsteinsches Relativitätsprinzip genannt, Beschreibung der Tatsache, daß physikalische Vorgänge unabhängig vom gewählten Bezugssystem sind.

Auch schon vor Einstein gab es Vorläufer dieses Prinzips, z. B. in der Mechanik: Ein ruhendes und ein geradlinig gleichmäßig bewegtes Bezugssystem sind gleichwertig, hieraus folgt der Trägheitssatz: Ein kräftefrei bewegter Körper bewegt sich geradlinig und gleichförmig, weil er durch Bezugssystemwechsel als ruhend betrachtet werden kann.

Entscheidend bei Einsteins Herleitung war seine Erkenntnis, daß das Relativitätsprinzip nicht mit der Konstanz der Lichtgeschwindigkeit im Widerspruch steht. Es ergibt sich folgende Einwandmöglichkeit: Die Relativgeschwindigkeit zweier Bezugssysteme sei v, die Lichtgeschwindigkeit im ersten System sei c, dann müßte bei Parallelität der Bewegungen im zweiten System die Lichtgeschwindigkeit $c + v$ betragen und nicht c, wie es das Relativitätsprinzip erfordert. Dieser scheinbare Widerspruch wird dadurch aufgelöst, daß Geschwindigkeiten v und w nicht mehr additiv zusammen gesetzt werden, sondern nach der Formel

$$\frac{v + w}{1 + vw/c^2}$$

(siehe auch ↗ Einsteinscher Additionssatz für Geschwindigkeiten).

Allgemeinrelativistisch wird das Relativitätsprinzip zum Kovarianzprinzip verschärft (↗ Allgemeine Relativitätstheorie). Häufig findet man zu diesem Übergang die (allerdings etwas ungenaue) Formulierung: In der Speziellen Relativitätstheorie wird nur die Gleichwertigkeit von geradlinig gleichförmigen Bezugssystemen gefordert, in der Allgemeinen Relativitätstheorie wird die Gleichwertigkeit beliebiger Bezugssysteme gefordert. Die Ungenauigkeit dieser Formulierung besteht darin, daß auch allgemeinrelativistisch nicht alle möglichen Bezugssysteme verwendet werden dürfen, sondern auch hier gewisse Stetigkeits- und Differenzierbarkeitsannahmen gemacht werden müssen.

Relativitätstheorie, die Theorie der Eigenschaften physikalischer Prozesse, bei denen die Wechselwirkung räumlicher und zeitlicher Abläufe von Bedeutung ist

Diese Eigenschaften haben grundsätzlich alle physikalischen Prozesse, sie werden Raum-Zeit-Eigenschaften genannt und durch Gravitationsfelder beeinflußt. Die ↗ allgemeine Relativitätstheorie, die auch Theorie der Gravitation genannt wird, untersucht Raum-Zeit-Eigenschaften unter dem Einfluß von Gravitationsfeldern, während die ↗ spezielle Relativitätstheorie Raum-Zeit-Eigenschaften untersucht, bei denen Gravitationswirkungen vernachlässigt werden können.

Spezielle Erscheinungen, die durch die Relativitätstheorie beschrieben werden, und die sie von früheren physikalischen Theorien unterscheiden, sogenannte relativistische Effekte, treten bei Geschwindigkeiten auf, die im Bereich der Lichtgeschwindigkeit im Vakuum ($\approx 2{,}998 \cdot 10^8$ m/sec) liegen.

Relativnorm, ↗Absolutnorm, ↗Diskriminante einer Körpererweiterung.

Relativtopologie, *Spurtopologie*, *Teilraumtopologie*, Standardtopologie auf einer Teilmenge Y eines topologischen Raumes $(X, \mathcal{O})$.

Ein $V \subset Y$ heißt dabei offen (in der Relativtopologie), wenn es eine offene Menge $U \in \mathcal{O}$ gibt mit $O = U \cap Y$.

Relaxation, eine Technik, um aus einer Fixpunktiteration

$$x^{(k+1)} = Tx^{(k)} + f$$

zur Lösung eines linearen Gleichungssystems

$$Ax = b$$

durch Einführung eines Relaxationsparameters ω eine ganze Klasse von Iterationsverfahren zu gewinnen, welche (so hofft man) bei geeigneter Wahl von ω besser konvergieren als das ursprüngliche Verfahren.

Anstelle von $x^{(k+1)} = Tx^{(k)} + f$ verwendet man als Iterationsvorschrift

$$x^{(k+1)} = (1-\omega)x^{(k)} + \omega(Tx^{(k)} + f).$$

Eine Fixpunktiteration $x^{(k+1)} = Tx^{(k)} + f$ konvergiert genau dann gegen die Lösung des Gleichungssystems $x = Tx + f$, wenn der Spektralradius ϱ von T kleiner als 1 ist:

$$\varrho(T) = \max\{|\lambda| : \lambda \text{ Eigenwert von } T\} < 1.$$

Man versucht nun, ω so zu bestimmen, daß schnellstmögliche Konvergenz vorliegt, d. h.

$$\min_{\omega}\{\varrho(I + \omega(T - I)) < 1\}.$$

Diese Technik wird insbesondere beim ↗Gauß-Seidel-Verfahren zur Konvergenzbeschleunigung eingesetzt.

Relaxationszeit, ↗reversibler Prozeß.

Rellich, Franz, österreichischer Mathematiker, geb. 14.9.1906 Tramin (Südtirol), gest. 25.9.1955 Göttingen.

Von 1924 bis 1929 studierte Rellich an den Universitäten Graz und Göttingen. 1929 promovierte er bei Courant und arbeitete danach in Göttingen. 1934 mußte er nach Marburg wechseln, wurde 1942 Professor in Dresden und kam 1946 als Direktor des Mathematischen Institutes wieder zurück nach Göttingen.

Ausgehend von Problemen aus der Quantenmechanik untersuchte er die Abhängigkeit des Eigenraums eines selbstadjungierten Operators von kleinen Störungen. Bekannt ist er auch für seine Arbeiten auf dem Gebiet der Einbettung von ↗Sobolew-Räumen.

Rellich-Kondratschow, Einbettungssatz von, ↗Sobolew-Räume.

Rellichsches Kriterium, Aussage über das Spektrum ↗halbbeschränkter Operatoren:

Das Spektrum eines selbstadjungierten halbbeschränkten Operators $T : H \supset D(T) \to H$ in einem Hilbertraum besteht genau dann nur aus Eigenwerten endlicher Vielfachheit, wenn die Einbettung des ↗energetischen Raums H_T in H kompakt ist.

Siehe auch ↗Rellich-Theorem.

Rellich-Theorem, lautet:

$T(\beta)$ sei eine matrixwertige, analytische Funktion über einem Gebiet R der komplexen Ebene, das einen Abschnitt der reellen Achse enthält. Für $\beta \in \mathbb{R}$ sei $T(\beta)$ selbstadjungiert, λ_0 sei ein Eigenwert der Vielfachheit m von $T(\beta_0)$.

Dann gilt: Wenn β_0 reell ist, gibt es $p \le m$ verschiedene Funktionen $\lambda_1(\beta), \ldots, \lambda_p(\beta)$, die in einer Umgebung von β_0 einwertig und analytisch sind und alle Eigenwerte liefern.

Siehe auch ↗Rellichsches Kriterium.

Remez, Austauschverfahren von, andere Bezeichnung für den ↗Remez-Algorithmus.

Remez-Algorithmus, Algorithmus zur Berechnung der ↗besten Approximation.

Der Remez-Algorithmus ist eine iterative Methode zur Berechnung von besten Approximationen hinsichtlich der ↗Maximumnorm $\|\cdot\|_\infty$. Er wurde 1934 für ↗Tschebschew-Systeme $G = \{g^{(1)}, \ldots, g^{(n)}\}$ von E.J.A. Remez entwickelt.

Die Idee des Algorithmus' ist es, für eine vorgegebene stetige Funktion f auf $[a, b]$ eine Folge $g_p \in G$, $p \in \mathbb{N}$, zu berechnen, welche gegen die beste Approximation $g_f \in G$ an f hinsichtlich der

Maximumnorm konvergiert. Die beste Approximation g_f ist gemäß dem ↗Alternantensatz charakterisiert durch die Eigenschaft, daß Punkte

$$a \le t_1 < \ldots < t_{n+1} \le b$$

existieren, so daß

$$(-1)^i \sigma (f - g_f)(t_i) = \|f - g_f\|_\infty$$

für $i = 1, \ldots, n+1$ gilt, wobei $\sigma \in \{-1, 1\}$.

Wir beschreiben die Grundzüge des Remez-Algorithmus'. Man startet mit einer sogenannten Startreferenz

$$a \le t_1^{(1)} < \ldots < t_{n+1}^{(1)} \le b \,.$$

Im p-ten Schritt des Algorithmus wählt man die aktuelle Menge von Punkten

$$a \le t_1^{(p)} < \ldots < t_{n+1}^{(p)} \le b \,,$$

und bestimmt $g_p \in G$ und eine reelle Zahl λ_p so, daß gilt:

$$(-1)^i (f - g_p)(t_i^{(p)}) = \lambda_p, \; i = 1, \ldots, n+1 \,.$$

Da G ein Tschebyschew-System ist, ist das zugehörige lineare Gleichungssystem stets eindeutig lösbar. Man bestimmt nun ein $t^* \in [a, b]$ so, daß

$$|(f - g_p)(t^*)| \approx \|f - g_p\|_\infty \,.$$

Nun tauscht man den zu t^* benachbarten Punkt $t_j^{(p)}$ der Punkte des p-ten Schritts mit der Eigenschaft

$$\operatorname{sgn}((f - g_p)(t_j^{(p)})) = \operatorname{sgn}((f - g_p)(t^*))$$

mit t^* aus. Falls $t^* < t_1^{(p)}$ und

$$\operatorname{sgn}((f - g_p)(t_1^{(p)})) = -\operatorname{sgn}((f - g_p)(t^*))$$

gelten, dann vertauscht man $t_{n+1}^{(p)}$ mit t^*. Analog verfährt man am rechten Rand des Intervalls $[a, b]$.

Durch diesen Austauschschritt gelangt man zu der Punktmenge des $(p+1)$-ten Schritts

$$a \le t_1^{(p+1)} < \ldots < t_{n+1}^{(p+1)} \le b \,.$$

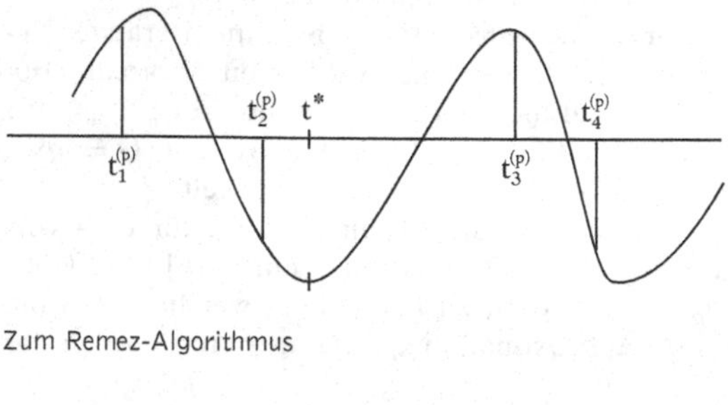

Zum Remez-Algorithmus

Der beschriebene Algorithmus basiert auf dem Austausch eines Punktes in jedem Schritt. Modifikationen der Methode vertauschen mehrere Punkte in einem einzelnen Schritt und erzielen schnellere Konvergenz. Man nennt diese Vorgehensweise Simultanaustausch.

Mitte der 80er Jahre wurde von G. Nürnberger und M. Sommer ein Remez-Algorithmus für die Berechnung bester Approximationen für ↗Splinefunktionen entwickelt.

[1] Meinardus, G.: Approximation von Funktionen und ihre numerische Behandlung. Springer-Verlag, Heidelberg/Berlin, 1964.

[2] Nürnberger G.: Approximation by Spline Functions. Springer-Verlag Heidelberg/Berlin, 1989.

Remmertscher Einbettungssatz, Satz in der Funktionentheorie auf ↗Steinschen Räumen.

Für jeden zusammenhängenden n-dimensionalen Steinschen Raum X gibt es einen holomorphen Homöomorphismus f auf einen abgeschlossenen Unterraum eines komplexen Zahlenraumes $\mathbb{C}^m$.

Ist X eine Mannigfaltigkeit, dann kann man die Funktion f so wählen, daß sie eine Einbettung mit $m = 2n$ ist (außer im Fall $n = 1$, da dann $m = 3$).

Remmert-Stein, Satz von, wichtiges Theorem in der Theorie der analytischen Räume.

Sei V eine Untervarietät eines ↗Polyzylinders D im $\mathbb{C}^m$. W sei eine irreduzible Untervarietät von $D \setminus V$ der Dimension n.

Ist $n > \dim V$, dann ist der Abschluß $\overline{W}$ von W in D eine irreduzible Untervarietät der Dimension n.

Renormierung, allgemein Bezeichnung für den Vorgang der gleichzeitigen Umnormierung aller Größen eines betrachteten Systems, etwa vermittels Division aller Größen durch eine feste positive Zahl.

In der Theoretischen Physik versteht man darunter insbesondere die Berücksichtigung von Quanteneffekten bei der Bestimmung von Naturkonstanten mittels der Renormierungsgruppe.

Nahe verwandt dazu (und teilweise überlappend in seiner Verwendung) ist der Begriff der Regularisierung, der bedeutet, daß hierdurch auch divergierende Größen endlich gemacht werden können, z. B. können Ultraviolettdivergenzen beseitigt werden.

Das einfachste Beispiel stammt aus der Newtonschen Gravitationstheorie: Die potentielle Energie einer kugelförmigen Masse vom Radius r divergiert bei $r \to 0$. Deshalb hat ein Punktteilchen eine unendlich große Selbstenergie, wenn es durch diesen Grenzwert definiert wird. Wenn man allerdings die potentielle Energie eines einzelnen Punktteilchens einfach zu Null definiert, lassen sich normale endliche Werte für die Energie eines Punktteilchensystems finden.

Etwas aufwendiger, aber inhaltlich ähnlich ist die Renormierung in der Quantenfeldtheorie. Hier hängt der Wert bestimmter physikalischer Größen vom Renormierungspunkt ab, und die Details dieser Änderung werden durch die Renormierungsgruppe festgelegt.

Renormierungsgruppe, ↗ Renormierung.

Rentenversicherung, bezeichnet in der Lebensversicherungsmathematik eine Versicherung auf den Erlebensfall.

Beispielsweise berechnet sich der Barwert einer lebenslangen, jährlich vorschüssig gezahlten Rente der Höhe 1 für eine Person des Alters x im ↗ Deterministischen Modell der Lebensversicherungsmathematik zu

$$\ddot{a}_x = \frac{N_x}{D_x},$$

wird mit der Rentenzahlung erst nach m Jahren begonnen, d. h. nach einer Aufschubfrist von m Jahren, so beträgt der entsprechende Barwert

$$_{|m}\ddot{a}_x = \frac{N_{x+m}}{D_x} = \frac{D_{x+m}}{D_x}\ddot{a}_{x+m}.$$

Zu den sogenannten Kommutationswerten vergleiche man auch das Stichwort ↗ Deterministisches Modell der Lebensversicherungsmathematik.

Rényi, Alfred, Mathematiker, geb. 20.3.1921 Budapest, gest. 1.2.1970 Budapest.

Rényi nahm 1939 ein Studium der Mathematik und Physik an der Universität Budapest auf, wurde jedoch 1944 noch vor Beendigung des Studiums von den Nationalsozialisten deportiert. Noch auf dem Weg ins Arbeitlager konnte er jedoch fliehen. Er setzte sein Studium an der Universität Szeged fort und beendete dieses 1945 mit dem Doktorgrad.

Anschließend war er kurze Zeit an den Universitäten Leningrad und Budapest tätig, bevor er 1948 an die Universität Debrezen ging, zunächst als Privatdozent, bald darauf als Professor.

Von 1950 bis 1970 war er in Budapest Direktor des dortigen Mathematischen Instituts der Akademie der Wissenschaften. Daneben hatte er ab 1952 den Lehrstuhl für Wahrscheinlichkeitstheorie der Universität Budapest inne.

Rényi befaßte sich neben der Wahrscheinlichkeitstheorie auch mit anderen mathematischen Disziplinen, beispielsweise Graphentheorie, Zahlentheorie, und Analysis. Er war ein sehr produktiver Wissenschaftler und Autor und verfaßte mehr als 200 Arbeiten und Bücher.

Rényi-Dimension, *q-Dimension*, Beispiel einer ↗ fraktalen Dimension.

Für $n \in \mathbb{N}$ sei μ ein Maß im $\mathbb{R}^n$ mit $\mu(\mathbb{R}^n) = 1$ und beschränktem Träger S. $\{B_i^\delta\}_{i\in\mathbb{N}}$ seien diejenigen Gitterwürfel, die nach Einteilung von $\mathbb{R}^n$ in n-dimensionale Würfel der Seitenlänge $\delta > 0$ den Träger S schneiden. Für $q \in \mathbb{R}^+ \setminus \{1\}$ ist die Rényi-Dimension definiert durch

$$\dim_{R_q} S := \frac{1}{1-q} \lim_{\delta\to 0} \frac{\log \sum_i (\mu(B_i^\delta))^q}{\log \delta^{-1}}.$$

Rényi führte diese Dimension mit dem Ziel der Verallgemeinerung anderer fraktaler Dimensionsbegriffe ein.

Für $F \subset \mathbb{R}^n$ gelten die folgenden Beziehungen mit der ↗ Kapazitätsdimension, der ↗ Informationsdimension, und der ↗ Korrelationsdimension:

$$\dim_{R_0} F = \dim_{Kap} F,$$
$$\lim_{q\to 1} \dim_{R_q} F = \dim_I F, \text{ und}$$
$$\dim_{R_2} F = \dim_{Kor} F$$

Daraus folgt die Ungleichung

$$\dim_{Kor} F \le \dim_I F \le \dim_{Kap}.$$

Repeller, nichtleere, abgeschlossene invariante Teilmenge $A \subset M$ für ein topologisches dynamisches System $(M, \mathbb{R}, \Phi)$ so, daß A für das zeitinvertierte dynamische System $(M, \mathbb{R}, \Phi(-\cdot))$ ↗ Attraktor ist.

Replikatorgleichung, in der ↗ Mathematischen Biologie angewendetes System gewöhnlicher Differentialgleichungen der Form

$$\dot{x}_i = x_i \left(\sum_k a_{jk} x_k - c(t) \right),$$

wobei c durch $\sum x_i \equiv 1$ bestimmt ist.

Derartige Systeme treten beispielsweise beim ↗ Fisher-Wright-Haldane-Modell auf.

Repräsentant, Element einer Äquivalenzklasse.

Ist die Menge M mit einer ↗ Äquivalenzrelation versehen, und ist y ein Element der Äquivalenzklasse $[x]$, so heißt y ein Repräsentant der Äquivalenzklasse $[x]$.

Repräsentantensystem, *vollständiges Repräsentantensystem*, Menge von ↗ Repräsentanen.

Ist die Menge M mit einer ↗ Äquivalenzrelation versehen, und enthält eine Menge R aus jeder Äquivalenzklasse genau ein Element, so wird sie ein Repräsentantensystem der Quotientenmenge M/R genannt.

Repräsentationssatz für Fuzzy-Mengen, andere Bezeichnung für den ↗ Darstellungssatz für unscharfe Mengen.

Reproduktionssatz für Verteilungen, Bezeichnung für Sätze der mathematischen Statistik, die besagen, daß bei Addition stochastisch unabhängiger Zufallsgrößen unter bestimmten Verteilungsvoraussetzungen die Verteilung erhalten bleibt. Zum Beipiel gilt der folgende Reproduktionssatz:

Seien X und Y zwei stochastisch unabhängige Zufallsgrößen. Dann gelten folgende Aussagen:

1) Jede lineare Transformation einer normalverteilten Zufallsgröße besitzt wieder eine Normalverteilung:

$$X \sim N(\mu, \sigma^2) \longrightarrow aX + b \sim N(a\mu + b, a^2\sigma^2).$$

2) Die Summe zweier unabhängiger normalverteilter Größen ist wieder normalverteilt:

$$X \sim N(\mu_1, \sigma_1^2) \text{ und } Y \sim N(\mu_2, \sigma_2^2)$$
$$\longrightarrow X + Y \sim N(\mu_1 + \mu_2, \sigma_1^2 + \sigma_2^2).$$

3) Die Summe zweier unabhängiger poissonverteilter Größen ist wieder poissonverteilt:

$$X \sim P(\lambda_1) \text{ und } Y \sim P(\lambda_2)$$
$$\longrightarrow X + Y \sim P(\lambda_1 + \lambda_2).$$

reproduzierender Kern, ↗ Hilbertscher Funktionenraum.

Reserveprozeß, stochastischer Prozeß aus der Versicherungsmathematik.

Diesem liegt ein stochastischer Gesamtschaden $S(t)$, eine Ausgangsreserve U_0, und eine (kostante) Prämieneinnahme pro Zeitintervall β zugrunde. Die ↗ Ruintheorie untersucht den zugehörigen Reserveprozeß

$$U(t) = U_0 + \beta t - S(t)$$

bezüglich der Wahrscheinlichkeit eines Ruins bei endlichem und unendlichem Zeithorizont.

Residualspektrum, ↗ Spektrum.

Residuenformel, Formel (1) im folgenden Spezialfall des ↗ Residuensatzes:

Es sei $G \subset \mathbb{C}$ ein ↗ Gebiet, A eine endliche Teilmenge von G und γ eine rektifizierbare ↗ Jordan-Kurve in G derart, daß γ ein ↗ nullhomologer Weg in G ist und kein Punkt von A auf γ liegt. Dann gilt für jede in $G \setminus A$ ↗ holomorphe Funktion f

$$\frac{1}{2\pi i} \int_\gamma f(z)\, dz = \sum_{z_0 \in A \cap \operatorname{Int}\gamma} \operatorname{Res}(f, z_0), \qquad (1)$$

wobei $\operatorname{Int}\gamma$ *das ↗ Innere eines geschlossenen Weges und* $\operatorname{Res}(f, z_0)$ *das ↗ Residuum von f an z_0 bezeichnet.*

Residuenkalkül, eine Methode zur Berechnung bestimmter Integrale mit Hilfe des ↗ Residuensatzes. Sie wird im folgenden an zwei einfachen, aber dennoch wichtigen Beispielen demonstriert.

(I) Uneigentliche Integrale

$$\int_{-\infty}^{\infty} f(x)\, dx .$$

Es sei $H = \{z \in \mathbb{C} : \operatorname{Im} z > 0\}$ die obere Halbebene, G ein ↗ Gebiet, das die abgeschlossene obere Halbebene $\overline{H}$ enthält, A eine endliche Teilmenge von H und f eine in $G \setminus A$ holomorphe Funktion mit $\lim_{|z| \to \infty} zf(z) = 0$. Falls das uneigentliche Integral $\int_{-\infty}^{\infty} f(x)\, dx$ konvergiert, so gilt

$$\int_{-\infty}^{\infty} f(x)\, dx = 2\pi i \sum_{a \in A} \operatorname{Res}(f, a), \qquad (1)$$

wobei $\operatorname{Res}(f, a)$ das ↗ Residuum von f an a bezeichnet.

Zur Herleitung dieser Formel wählt man $r > 0$ so groß, daß die offene Kreisscheibe $B_r(0)$ mit Mittelpunkt 0 und Radius r die Menge A enthält. Weiter betrachtet man den Weg $\gamma_r : [0, \pi] \to \overline{H}$ mit $\gamma_r(t) := re^{it}$. Der Residuensatz liefert dann

$$\int_{-r}^{r} f(x)\, dx + \int_{\gamma_r} f(z)\, dz = 2\pi i \sum_{a \in A} \operatorname{Res}(f, a). \qquad (2)$$

Wegen $\lim\limits_{|z| \to \infty} zf(z) = 0$ erhält man

$$\lim_{r \to \infty} \int_{\gamma_r} f(z)\, dz = 0,$$

und Grenzübergang $r \to \infty$ in (2) liefert die Formel (1).

Nun sei speziell $f(z) = \frac{p(z)}{q(z)}$ eine rationale Funktion mit teilerfremden Polynomen p, q derart, daß $\operatorname{Grad} q \geq 2 + \operatorname{Grad} p$ gilt, und q keine Nullstellen auf der reellen Achse besitzt. Dann erfüllt f die obigen Voraussetzungen, wobei A die Menge der verschiedenen Nullstellen von q in H ist. In dem Beispiel

$$f(z) = \frac{z^2}{1 + z^4}$$

ist $A = \{a, ia\}$ mit $a = e^{i\pi/4}$. Für die Residuen rechnet man aus $\operatorname{Res}(f, a) = \frac{1}{4}\bar{a}$, $\operatorname{Res}(f, ia) = -\frac{i}{4}\bar{a}$, und erhält

$$\int_{-\infty}^{\infty} \frac{x^2}{1 + x^4}\, dx = \frac{\pi}{\sqrt{2}}.$$

(II) Trigonometrische Integrale der Form

$$\int_0^{2\pi} R(\cos t, \sin t)\, dt .$$

Dabei sei $R(x, y)$ eine komplexwertige rationale Funktion in $(x, y) \in \mathbb{R}^2$, die auf der Einheitskreislinie $\partial\mathbb{E} = \{z = x + iy \in \mathbb{C} : |z| = 1\}$ nur endliche Werte annimmt. Setzt man für $z \in \mathbb{C}$

$$\widetilde{R}(z) := \tfrac{1}{z} R\left(\tfrac{1}{2}\left(z + \tfrac{1}{z}\right), \tfrac{1}{2i}\left(z - \tfrac{1}{z}\right)\right),$$

so folgt

$$\int_0^{2\pi} R(\cos t, \sin t)\, dt = 2\pi \sum_{\zeta\in\mathbb{E}} \operatorname{Res}(\widetilde{R}, \zeta)\,.$$

Man beachte, daß die Summe auf der rechten Seite nur endlich viele von 0 verschiedene Summanden hat, da die rationale Funktion $\widetilde{R}$ in $\mathbb{E}$ nur endlich viele ↗ Polstellen besitzt.

In dem Beispiel

$$\int_0^{2\pi} \frac{dt}{1 - 4\cos t + 4}$$

ist

$$R(x, y) = \frac{1}{1 - 4x + 4}$$

und daher

$$\widetilde{R}(z) = \frac{1}{(z-2)(1-2z)}\,.$$

Die Funktion $\widetilde{R}$ hat in $\mathbb{E}$ genau eine Polstelle, nämlich $\zeta = \frac{1}{2}$, und diese hat die Ordnung 1. Man erhält

$$\int_0^{2\pi} \frac{dt}{1 - 4\cos t + 4} = \frac{2\pi}{3}\,.$$

Residuensatz, zentraler Satz der Funktionentheorie:

Es sei $G \subset \mathbb{C}$ ein ↗ Gebiet, A eine endliche Teilmenge von G und γ ein ↗ nullhomologer Weg in G derart, daß kein Punkt von A auf γ liegt. Dann gilt für jede in $G \setminus A$ ↗ holomorphe Funktion f

$$\frac{1}{2\pi i}\int_\gamma f(z)\, dz = \sum_{z_0\in A\cap \operatorname{Int}\gamma} \operatorname{ind}_\gamma(z_0) \cdot \operatorname{Res}(f, z_0)\,,$$

wobei $\operatorname{Int}\gamma$ das ↗ Innere eines geschlossenen Weges, $\operatorname{ind}_\gamma(z_0)$ die ↗ Umlaufzahl von γ bezüglich z_0 und $\operatorname{Res}(f, z_0)$ das ↗ Residuum von f an z_0 bezeichnet.

Der Residuensatz findet u. a. Anwendung im ↗ Residuenkalkül.

Residuensatz für kompakte Riemannsche Flächen, fundamentaler Satz in der Funktionentheorie mehrer Variabler.

Es sei X eine zusammenhängende kompakte Riemannsche Fläche mit Strukturgarbe $\mathcal{O}$. $\mathcal{M}$ bezeichne die Garbe der Keime der meromorphen Funktionen auf X und $\Omega = \Omega^1$ die Garbe der Keime der holomorphen 1−Formen auf X (wegen $\dim X = 1$ verschwinden alle Garben Ω^i, $i > 1$). $\mathcal{D} = \mathcal{M}^*/\mathcal{O}^*$ sei die Garbe der Keime der Divisoren. Die Divisorengruppe $Div X := \mathcal{D}(X)$ ist kanonisch isomorph zu der von den Punkten $x \in X$ erzeugten freien abelschen Gruppe, jeder Divisor D ist also von der Form

$$D = \sum_{x\in X} n_x x,\quad n_x \in \mathbb{Z},\ n_x = 0 \text{ für fast alle } x.$$

Weiter sei R die Menge aller Abbildungen $F = (f_x)$, die jedem Punkt $x \in X$ einen Keim $f_x \in \mathcal{M}_x$ zuordnen, so daß fast alle f_x holomorph sind. Offensichtlich ist R ein $\mathbb{C}$-Vektorraum. Für jeden Divisor D ist

$$R(D) := \{F \in R,\ f_x \in \mathcal{O}(D)_x\}$$

ein Untervektorraum von R. Da Ω lokal-frei vom Rang 1 ist, schreibt sich jeder meromorphe Keim $\omega_x \in \Omega_x^\infty$, sobald eine Ortsuniformisierende $t \in \mathcal{O}_x$ fixiert ist, eindeutig in der Form $\omega_x = h_x dt$ mit $h_x \in \mathcal{M}_x$. Das Residuum $\operatorname{Res}_x\omega_x$ von ω_x in x ist invariant definiert als der Koeffizient von t^{-1} in der Laurententwicklung von h_x bzgl. t; es ist

$$\operatorname{Res}_x\omega_x = \frac{1}{2\pi i}\int_{\partial H} h dt,$$

wenn H ein „kleiner Kreis" um x und h ein in einer Umgebung von $\overline{H}$ holomorpher Repräsentant von h_x ist. Dies entspricht der Definition des ↗ Residuums in der Funktionentheorie einer Variablen.

Für alle Keime $\omega_x \in \Omega_x$ gilt $\operatorname{Res}_x\omega_x = 0$.

Ist nun $\omega \in \Omega^\infty(X)$ eine globale meromorphe Differentialform und $F = (f_x) \in R$, so gilt $f_x\omega_x \in \Omega_x$ für fast alle Punkte $x \in X$. Daher ist die Summe

$$\langle \omega, F\rangle := \sum_{x\in X} \operatorname{Res}_x(f_x\omega_x) \in \mathbb{C}$$

endlich. Es gelten die beiden Sätze:

Die Abbildung

$$\langle\ ,\ \rangle : \Omega^\infty(X) \times R \to \mathbb{C},\ (\omega, f) \mapsto \langle \omega, f\rangle$$

ist eine $\mathbb{C}$-Bilinearform, und es gilt:
1) $\langle h\omega, F\rangle = \langle \omega, hF\rangle$ für alle $h \in \mathcal{M}(X)$.
2) $\langle \omega, F\rangle = 0$ für alle $\omega \in \Omega(D)(X)$, $F \in R(-D)$.

Der Residuensatz lautet nun:

Es gilt

$$\langle \omega, h\rangle = 0$$

für alle $\omega \in \Omega^\infty(X)$, $h \in \mathcal{M}(X)$.

Residuum, zentraler funktionentheoretischer Begriff.

Es sei $G \subset \mathbb{C}$ ein ↗ Gebiet, $z_0 \in G$ und f eine in $G \setminus \{z_0\}$ ↗ holomorphe Funktion. Dann besitzt f eine ↗ Laurent-Entwicklung

$$f(z) = \sum_{n=-\infty}^{\infty} a_n (z - z_0)^n\,,$$

die in

$$\dot{B}_r(z_0) = \{z \in \mathbb{C} : 0 < |z - z_0| < r\}$$

konvergiert, wobei $r > 0$ derart, daß $B_r(z_0) \subset G$. Der Koeffizient a_{-1} heißt das Residuum von f an z_0 und wird mit $\operatorname{Res}(f, z_0)$ bezeichnet.

Ist $0 < \varrho < r$ und S_ϱ die einmal positiv durchlaufene Kreislinie mit Mittelpunkt z_0 und Radius ϱ, so gilt

$$a_{-1} = \frac{1}{2\pi i} \int_{S_\varrho} f(\zeta)\, d\zeta .$$

Falls z_0 eine hebbare Singularität von f ist, so ist $\operatorname{Res}(f, z_0) = 0$. Die Umkehrung dieser Aussage gilt im allgemeinen nicht, denn für $f(z) = (z - z_0)^{-n}$ mit $n \in \mathbb{N}, n \geq 2$ ist ebenfalls $\operatorname{Res}(f, z_0) = 0$. Weiter gilt für jede in $G \setminus \{z_0\}$ holomorphe Funktion f, daß $\operatorname{Res}(f', z_0) = 0$.

Für die Berechnung von Residuen sind folgende Regeln nützlich.

(1) Sind f, g holomorphe Funktionen in $G \setminus \{z_0\}$ und a, $b \in \mathbb{C}$, so gilt $\operatorname{Res}(af + bg, z_0) = a \operatorname{Res}(f, z_0) + b \operatorname{Res}(g, z_0)$.

(2) Ist z_0 eine ↗Polstelle der Ordnung 1 von f, so gilt

$$\operatorname{Res}(f, z_0) = \lim_{z \to z_0} (z - z_0) f(z) .$$

Hieraus erhält man speziell: Sind g und h in einer Umgebung von z_0 holomorphe Funktionen mit $g(z_0) \neq 0$, $h(z_0) = 0$ und $h'(z_0) \neq 0$, so hat $f := \frac{g}{h}$ an z_0 eine Polstelle der Ordnung 1, und es gilt

$$\operatorname{Res}(f, z_0) = \frac{g(z_0)}{h'(z_0)} .$$

(3) Hat f an z_0 eine Polstelle der Ordnung $m \in \mathbb{N}$, so hat $g(z) := (z - z_0)^m f(z)$ an z_0 eine hebbare Singularität, und es gilt

$$\operatorname{Res}(f, z_0) = \frac{1}{(m-1)!} g^{(m-1)}(z_0) .$$

(4) Ist g in einer Umgebung von z_0 holomorph und hat g an z_0 eine Nullstelle der Ordnung $k \in \mathbb{N}$, so hat $f := \frac{g'}{g}$ an z_0 eine Polstelle der Ordnung 1, und es gilt

$$\operatorname{Res}(f, z_0) = k .$$

Resolvente, für einen dicht definierten linearen Operator $T : X \supset D(T) \to X$ in einem komplexen Banachraum X die auf der ↗Resolventenmenge $\varrho(T)$ definierte operatorwertige Funktion

$$\lambda \mapsto R(\lambda, T) = (\lambda \operatorname{Id} - T)^{-1}.$$

Die Resolvente ist eine analytische Funktion auf $\varrho(T)$, d. h., sie besitzt in einer Umgebung eines jeden Punkts $\lambda_0 \in \varrho(T)$ eine Potenzreihenentwicklung

$$R(\lambda, T) = \sum_{n=0}^{\infty} A_n (\lambda - \lambda_0)^n$$

mit Koeffizienten $A_n \in L(X)$.

Resolventengleichung, für Operatoren T bzw. S in einem Banachraum die Gleichung

$$R(\lambda, T) - R(\mu, T) = (\mu - \lambda) R(\lambda, T) R(\mu, T)$$

für $\lambda, \mu \in \varrho(T)$ (erste Resolventengleichung), bzw.

$$R(\lambda, S) - R(\lambda, T) = R(\lambda, S)(S - T) R(\lambda, T)$$

für $\lambda \in \varrho(S) \cap \varrho(T)$ (zweite Resolventengleichung), wobei $R(\lambda, T)$ die ↗Resolvente von T bezeichnet.

Resolventenmenge, für einen dicht definierten linearen Operator $T : X \supset D(T) \to X$ in einem komplexen Banachraum X die Menge

$$\varrho(T) = \{\lambda \in \mathbb{C} : (\lambda \operatorname{Id} - T)^{-1} \text{ existiert in } L(X)\}.$$

Mit anderen Worten wird verlangt, daß

$$\lambda - T := \lambda \operatorname{Id} - T : D(T) \to X$$

bijektiv und $(\lambda - T)^{-1}$ ein stetiger Operator ist. Die Stetigkeitsforderung ergibt sich automatisch aus dem Satz vom abgeschlossenen Graphen, wenn T ein abgeschlossener Operator ist. $\varrho(T)$ ist eine offene Teilmenge von $\mathbb{C}$.

Resonanz dritter Ordnung, Begriff aus der symplektischen Geometrie.

Gilt für ein ↗Hamiltonsches System im $\mathbb{R}^{2n}$ eine ↗Resonanzbeziehung der Ordnung s in der Nähe eines kritischen Punktes, so bricht die Näherung der Birkhoffschen Normalform zusammen, und die Analyse des Systems muß verfeinert werden.

Ein anschauliches Beispiel hierfür liefert ein Hamiltonsches System im $\mathbb{R}^4$, das eine geschlossene Trajektorie γ auf einer kompakten regulären Energiehyperfläche besitzt. Es läßt sich zeigen, daß es auch auf benachbarten Energiehyperflächen geschlossene Trajektorien gibt, die sich in einem Zylinder im $\mathbb{R}^4$ organisieren. Betrachtet man nun eine zum Fluß transversale zweidimensionale lokale Untermannigfaltigkeit S, so gibt es eine ↗Poincaré-Abbildung Θ, die S symplektisch auf S abbildet und den Durchstoßpunkt von γ als Fixpunkt hat.

Wir nehmen nun an, daß es auf derselben Energiehyperfläche eine benachbarte geschlossene Trajektorie gibt, deren Periode ein Drittel der Periode von γ ausmacht. Nähert man das System polynomial bis zur dritten Ordnung in den Koordinaten an, und nimmt man nur die Terme in der Fourierreihe mit, für die die Resonanzbeziehung dritter

Ordnung erfüllt ist, die sogenannten Resonanzglieder, so ergibt sich nach weiteren Vereinfachungen die approximative Beschreibung des Systems auf $S \cong \mathbb{R}^2$ durch folgende Hamilton-Funktion auf S:

$$H_0(x,y) = \frac{\varepsilon}{2}(x^2+y^2) + (x^3 - 3xy^2)\,.$$

Hierbei beschreibt der Parameter ε die von den verschiedenen Energiehyperflächen des großen Systems abhängige Frequenzabweichung von der Periode von γ. Schreibt man die Hamilton-Funktion in der Form ($z := x + iy$, $q := \exp(2\pi i/3)$)

$$\begin{aligned} H_0(z) &= \frac{1}{2}\left(z+\bar{z}-\frac{\varepsilon}{3}\right)\left(z+q\bar{z}-q^2\frac{\varepsilon}{3}\right) \\ &\quad \cdot \left(z+q^2\bar{z}-q\frac{\varepsilon}{3}\right)+\frac{\varepsilon^3}{54}\,, \end{aligned}$$

so ist leicht einzusehen, daß die Teilmenge von S, auf der H den Wert $\varepsilon^3/54$ annimmt, aus der Vereinigung dreier Geraden (der sogenannten Separatrizen) besteht, die um den Ursprung ein gleichseitiges Dreieck der Kantenlänge proportional ε bilden, dessen Eckpunkte instabile Fixpunkte des Systems darstellen. Der Ursprung ist für echt positives ε ein stabiler Fixpunkt, sonst instabil.

Vergleicht man die Dynamik dieses genäherten Systems mit der ungenäherten Dynamik, die die Poincaré-Abbildung auf S beschreibt, so können sich im allgemeinen qualitative Unterschiede ergeben: Man kann annehmen, daß auch die dritte Potenz A der Poincaré-Abbildung drei (im allgemeinen instabile) Fixpunkte hat, die um den Ursprung herum angeordnet sind. Definiert man die Separatrizen Γ_+ von A als die Menge derjenigen Punkte p in S, für die der Grenzwert $\lim_{n\to+\infty} A^n(p)$ einer der drei Fixpunkte ist, so stellt man fest, daß diese Kurven im allgemeinen nicht identisch sind mit denjenigen Kurven Γ_-, die man erhielte, wenn man forderte, daß der Grenzwert $\lim_{n\to-\infty} A^n(p)$ einer der drei Fixpunkte ist, ganz im Gegensatz zum genäherten System, wo stets $\Gamma_+ = \Gamma_-$ gerade die Dreieckskanten ausmachen. Insofern spalten sich die Separatrizen des genäherten Systems in zwei Typen von Kurven auf.

Man kann auch Resonanzen höherer Ordnung n in derselben Weise untersuchen. Benutzt man Polarkoordinaten (τ, ϕ), wobei

$$\tau(x,y) = \frac{1}{2}(x^2+y^2)$$

ist und ϕ den Winkel von (x, y) zur x-Achse beschreibt, so läßt sich für die genäherte Hamilton-Funktion die Form

$$H_0(\tau,\phi) := \varepsilon\tau + \tau^2\alpha(\tau) + a\tau^{n/2}\cos(n\phi)$$

ansetzen, wobei $a \in \mathbb{R}\setminus\{0\}$ und $\alpha : \mathbb{R} \to \mathbb{R}$ eine C^∞-Funktion ist, für die $\alpha(0) = \pm 1$ gilt. Falls α verschwände, so erhielte man im Falle $n = 3$ die obige genäherte Hamilton-Funktion zurück. Für $n \geq 5$ gibt es bei passender Wahl des Vorzeichens von ε, a und α außerhalb des Urprungs noch $2n$ regelmäßig angeordnete Fixpunkte, von denen die Hälfte stabil ist, so daß es um sie herum geschlossene Trajektorien gibt, die sogenannten Phasenschwingungen.

[1] Arnold, V.I.: Mathematische Methoden der Klassischen Mechanik. Birkhäuser-Verlag Basel, 1988.

Resonanz höherer Ordnung, ↗ Resonanz dritter Ordnung.

Resonanzbeziehung, genauer Resonanzbeziehung der Ordnung s, rationale Abhängigkeit von n reellen Zahlen $\omega_1, \dots, \omega_n$ in folgender Form:
Es gibt ganze Zahlen $k_1, \dots, k_n, s$ ($s \geq 0$) so, daß

$$k_1\omega_1 + \cdots + k_n\omega_n = 0 \text{ und } |k_1| + \cdots + |k_n| = s$$

gilt

Gelten für die Eigenfrequenzen des quadratischen Teils einer Hamiltonfunktion H im $\mathbb{R}^{2n}$ um einen kritischen Punkt die Resonanzbeziehung bis zur Ordnung s nicht, so läßt sich H bis zur Ordnung s auf eine Normalform bringen.

Resonanzglied, ↗ Resonanz dritter Ordnung.

Restglied, verschiedenartige Terme, die etwa im Zusammenhang mit der ↗ Taylor-Reihe auftreten.

Restklasse modulo m, die Klasse ganzer Zahlen

$$\{a \bmod m\} = \{a, a \pm m, a \pm 2m, \dots\},$$

die modulo m kongruent zu a sind. Das sind genau diejenigen ganzen Zahlen, die bei Division durch m den gleichen Rest lassen wie a, daher der Name Restklasse.

Interessant an Restklassen ist, daß man mit ihnen im Prinzip genauso rechnen kann wie mit ganzen Zahlen. Hat man nämlich zwei Kongruenzen

$$\begin{aligned} a &\equiv b \mod m, \\ c &\equiv d \mod m, \end{aligned}$$

so gilt auch

$$\begin{aligned} a + c &\equiv b + d \mod m, \\ a \cdot c &\equiv b \cdot d \mod m. \end{aligned}$$

Damit besitzt die Menge der Restklassen modulo m die algebraische Struktur eines ↗ Rings; Nullelement ist die Restklasse $\{0 \bmod m\}$ und Einselement die Restklasse $\{1 \bmod m\}$. Der Restklassenring modulo m wird meist mit $\mathbb{Z}/m\mathbb{Z}$ bezeichnet.

Bezüglich der Multiplikation ist eine Restklasse $\{a \bmod m\}$ genau dann invertierbar, wenn a und m teilerfremd (oder relativ prim) sind. Eine solche in $\mathbb{Z}/m\mathbb{Z}$ invertierbare Restklasse heißt daher auch prime Restklasse modulo m. Die Einheitengruppe $(\mathbb{Z}/m\mathbb{Z})^\times$ im Restklassenring modulo m nennt man die prime Restklassengruppe modulo m.

Ist $m = p$ eine Primzahl, dann (und nur dann) sind alle von $\{0 \bmod p\}$ verschiedenen Restklassen modulo p in $\mathbb{Z}/p\mathbb{Z}$ invertierbar. Damit ist $\mathbb{Z}/p\mathbb{Z}$ ein Körper, der Restklassenkörper modulo p.

Restklassencharakter, ↗ Charakter modulo m.

Restklassenkörper, ↗ Restklasse modulo m.

Restklassenring, ↗ Restklasse modulo m.

Restmenge, Begriff aus der Mengenlehre.

Für zwei Mengen A und B heißt die Menge

$$A \setminus B := \{a \in A : a \notin B\},$$

die aus allen Elementen von A besteht, die nicht in B liegen, Restmenge.

Siehe auch ↗ Verknüpfungsoperationen für Mengen.

restoring division, ↗ wiederherstellende Division.

Restriktion einer Abbildung, ↗ Einschränkung einer Abbildung.

Restriktion eines Operators, ↗ Einschränkung eines Operators.

Restsystem modulo m, genauer vollständiges Restsystem modulo m, für eine natürliche Zahl m eine Menge von m ganzen Zahlen, die paarweise inkongruent modulo m sind. Genauer spricht man von einem vollständigen Restsystem modulo m.

Ein Restsystem modulo m enthält aus jeder Restklasse modulo m genau einen Repräsentanten. Die Menge $\{0, \dots, m-1\}$ nennt man auch das kleinste nichtnegative Restsystem modulo m.

Als absolut kleinstes Restsystem modulo m bezeichnet man die Menge

$$\left\{a \in \mathbb{Z} : -\frac{1}{2}m < a \le \frac{1}{2}m\right\}.$$

Ein primes Restsystem modulo m ist eine Menge von $\phi(m)$ (↗ Eulersche ϕ-Funktion) ganzen Zahlen, die aus jeder primen Restklasse modulo m genau einen Repräsentanten enthält.

Resultante, Begriff aus der Algebra. Die Resultante erlaubt die Bestimmung gemeinsamer Nullstellen zweier Polynome.

Seien

$$f(X) = a_m X^m + a_{m-1} X^{m-1} + \cdots + a_0, \quad a_m \ne 0,$$
$$g(X) = b_n X^n + a_{n-1} X^{n-1} + \cdots + b_0, \quad b_n \ne 0$$

zwei Polynome vom Grad m bzw. Grad n über dem Körper $\mathbb{K}$. Die Resultante $\mathrm{R}(f, g)$ der Polynome f und g ist die Determinante der $((n+m) \times (n+m))$-Matrix

$$\begin{pmatrix} a_m & a_{m-1} & \dots & \dots & a_0 & 0 & \dots & \dots \\ 0 & a_m & \dots & \dots & a_1 & a_0 & 0 & \dots \\ \vdots & \vdots & \vdots & \vdots & \vdots & \vdots & \vdots & \vdots \\ 0 & 0 & \dots & \dots & \dots & \dots & a_1 & a_0 \\ b_n & b_{n-1} & \dots & b_0 & 0 & \dots & \dots & \dots \\ 0 & b_n & \dots & b_1 & b_0 & 0 & \dots & \dots \\ \vdots & \vdots & \vdots & \vdots & \vdots & \vdots & \vdots & \vdots \\ 0 & 0 & \dots & \dots & \dots & \dots & b_1 & b_0 \end{pmatrix}. \quad (1)$$

Hierbei treten die Koeffizienten des Polynoms f genau n-mal, und die Koeffizienten des Polynoms g genau m-mal auf.

Die Resultante läßt sich vollständig im vorgelegten Körper $\mathbb{K}$ berechnen. Sind $x_1, x_2, \dots, x_m$ bzw. $y_1, y_2, \dots, y_n$ die Nullstellen des Polynoms f bzw. des Polynoms g in einem hinreichend großen Erweiterungskörper von $\mathbb{K}$, dann gilt

$$\mathrm{R}(f, g) = a_m^n b_n^m \cdot \prod_{i=1}^{m} \prod_{k=1}^{n} (x_i - y_k).$$

Die Resultante ist deshalb genau dann gleich Null, wenn die Polynome f und g eine gemeinsame Nullstelle in einem Erweiterungskörper haben, oder falls, im Gegensatz zur Annahme, einer der Koeffizienten a_m oder b_n verschwindet.

Die Definition der Resultante läßt sich auf Polynome in mehreren Variablen $X_1, X_2, \dots, X_k$ übertragen. In diesem Fall wählt man eine der Variablen (z. B. X_k) und schreibt die Polynome als Polynome in X_k mit Koeffizienten in den restlichen Variablen. Die Resultante erlaubt es, das Suchen gemeinsamer Nullstellen zweier Polynome in k Variablen auf die Suche nach Nullstellen eines Polynoms in $(k-1)$ Variablen (jedoch höheren Grads) zurückzuführen.

retardierte Greensche Funktion, eine Lösung einer ↗ linearen Differentialgleichung erster Ordnung, deren Inhomogenität eine Deltafunktion ist. Zusätzlich soll sie die Anfangsbedingung $y(0) = 0$ erfüllen.

Die retardierte Greensche Funktion ist also eine Lösung der Gleichung

$$y' + a(x)y = \delta(x - \xi), \qquad \xi > 0.$$

Sie wird bezeichnet mit $G_\xi(x)$ und ist gegeben durch

$$G_\xi(x) = \begin{cases} 0 & \text{für } x < \xi \\ \exp\left(\int_\xi^x a(t)dt\right) & \text{für } x > \xi. \end{cases}$$

Sie ist nicht zu verwechseln mit der Greenschen Funktion bei Randwertproblemen.

Die beliebige Inhomogenität b der allgemeinen inhomogenen linearen Differentialgleichung erster Ordnung

$$y' + a(x)y = b(x) \qquad (1)$$

läßt sich als Linearkombination von Deltafunktionen in den verschiedenen Punkten x mit Koeffizienten darstellen, die gleich den Funktionswerten von b in diesen Punkten sind. Nach dem ↗Superpositionsprinzip von Lösungen genügt es dann, für die Bestimmung einer ↗partikulären Lösung der Gleichung (1), die Lösung für eine δ-artige Inhomogenität zu kennen.

Retrakt, Teilmenge A eines topologischen Raumes $(X, \mathcal{O})$, für welche ein stetiges $f : X \to A$ existiert mit $f|_A = \mathrm{id}$, d. h. mit $f(a) = a$ für alle $a \in A$.

Siehe auch ↗Retraktion.

Retraktion, stetige Abbildung r eines topologischen Raums X auf einen Teilraum $A \subset X$ so, daß die Einschränkung von r auf A die identische Abbildung auf A ist.

A heißt dabei Retrakt von X, wenn es eine Retraktion von X auf A gibt. So ist zum Beispiel jeder Punkt von $\mathbb{R}^n$ ein Retrakt. Die Sphäre S^{n-1} ist ein Retrakt von $\mathbb{R}^n \setminus \{0\}$.

Reuleaux, Franz, deutscher Ingenieur, geb. 30.9. 1829 Eschweiler (bei Aachen), gest. 20.8.1905 Berlin.

Reuleaux studierte zunächst von 1850 bis 1852 am damaligen Polytechnikum in Karlsruhe Maschinenbau, danach in Bonn und Berlin Philosophie, Mathematik und Mechanik. 1856 wurde er Professor in Zürich, 1864 wechselte er, ebenfalls als Professor, an die Gewerbeakademie Berlin, wo er auch bis 1896 blieb (1879 wurde aus der Gewerbeakademie die Technische Hochschule).

Reuleaux bemühte sich sehr um den Aufbau einer theoretisch orientierten Maschinenlehre nach dem Vorbild der Mathematik. Dieser Ansatz brachte einerseits bedeutende Fortschritte und Einsichten, führte andererseits aber auch dazu, daß experimentelle Methoden vernachlässigt wurden. Dementsprechend erntete Reuleaux sowohl fanatischen Zuspruch als auch unüberbrückbare Ablehnung.

Innerhalb der Mathematik ist er vor allem durch das nach ihm benannte Dreieck bekannt geworden.

Reuleauxsches Dreieck, Begriff aus der Geometrie.

Gegeben sei ein gleichseitiges Dreieck mit Seitenlänge a. Dann kann man ein Kreisbogendreieck konstruieren, dessen Teilbögen alle den Radius a haben, und deren Mittelpunkte jeweils die gegenüberliegenden Ecken des Ausgangsdreiecks sind (vgl. Abbildung).

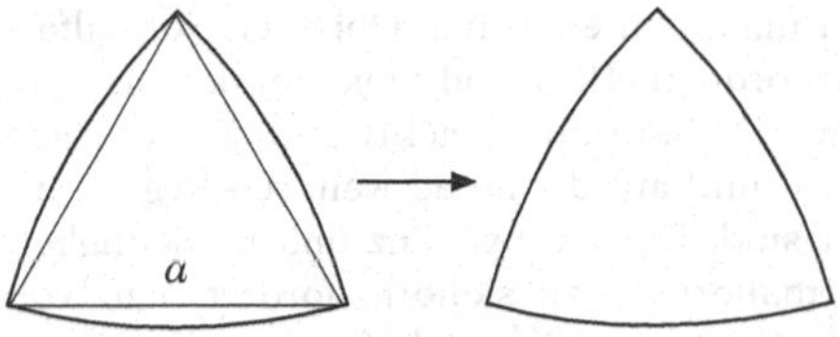

Konstruktion des Reuleauxschen Dreiecks

Dieses Kreisbogendreieck nennt man, nach Franz Reuleaux, Reuleauxsches Dreieck.

Es hat einige sehr erstaunliche Eigenschaften, beispielsweise ist es von konstanter Weite, was anschaulich bedeutet, daß seine am weitesten auseinanderliegenden Punkte beim Abrollen zwei parallele Geraden ergeben. Ebenso erstaunlich ist, daß das Verhältnis von Umfang und Weite eines solchen Dreiecks gerade gleich π ist.

reversibler Prozeß, thermodynamischer Prozeß, der auch in entgegengesetzter Richtung zum Ausgangszustand zurückgeführt werden kann, ohne daß dann an der Umgebung Veränderungen zu beobachten sind.

Reversible Prozesse ergeben sich als Grenzfall, wenn die Geschwindigkeit der Zustandsänderung gegen Null geht. In der Praxis kommen nur irreversible Prozesse vor, also Prozesse, deren Ausgangszustand ausschließlich so erreicht werden kann, daß eine Veränderung an der Umgebung zurückbleibt. Man spricht bei reversiblen Prozessen auch von quasistatischen Prozessen. Reversible Prozesse sind also eine Folge von verschiedenen Gleichgewichtszuständen. Ein Maß für die Annäherung an reversible Prozesse sind Relaxationszeiten. Sie geben an, wie schnell ein System in einen Gleichgewichtszustand zurückkehrt, wenn es durch eine Störung aus dem Gleichgewicht gebracht wird.

Rewriting-System, Menge von (meist strukturierten) Objekten, versehen mit einer Menge von Ersetzungsregeln.

Eine Ersetzungsregel ist ein Paar von Teilobjekten.

Bei Vorfinden der linken Seite einer Ersetzungsregel als Teil eines Objektes kann dieses Teil gegen die rechte Seite der Regel eingetauscht werden. Ersetzungsregeln sind üblicherweise parametrisiert, sodaß vor Regelanwendung eine geeignete Parameterzuordnung gewählt werden muß. Ersetzungsregeln können als Gleichungen über dem gegebenen Objektbereich angesehen werden, die grundsätzlich von links nach rechts anzuwenden sind. Rewriting-Systeme gestatten also symbolisches Rechnen auf dem entsprechenden Objektbereich.

Die Gleichungssicht auf Ersetzungsregeln definiert eine Äquivalenzrelation auf den Objekten. Zur algorithmischen Verifikation dieser Äquivalenz versucht man, den einzelnen Objekten Normalformen zuzuordnen. Dies sind Objekte, die aus dem gegebenen Objekt durch (mehrfache) Ersetzungen entstehen, und auf die keine weiteren Regeln anwendbar sind. Um die Existenz und Eindeutigkeit von Normalformen zu sichern, fordert man von Rewriting-Systemen Eigenschaften wie Terminierung (es gibt keine unendlichen Ketten von Ersetzungen) und Konfluenz (eine gewisse Unabhängigkeit des Ergebnisses mehrerer Regelanwendungen von der Anwendungsreihenfolge).

Rewriting-Systeme gibt es für viele Strukturen, darunter sind Wortersetzungssysteme, Termersetzungssysteme und Graphersetzungssysteme. Sie werden u. a. bei der Sprachverarbeitung, in Computeralgebrasystemen und zum Theorembeweisen eingesetzt. Außerdem werden sie zur semantischen Fundierung verschiedener syntaktischer Kalküle herangezogen.

Reynolds, Osborne, irischer Mathematiker, geb. 23.8.1842 Belfast, gest. 21.2.1912 Watchet (England).

Reynolds promovierte 1867 in Cambridge und wurde 1868 Professor für Ingenieurwesen in Manchester. Er arbeitete zunächst auf dem Gebiet des Magnetismus und der Elektrizität, wandte sich aber bald der Hydrodynamik und der Hydraulik zu. 1886 formulierte er die Theorie der Viskosität und der Turbulenzen. Er führte dabei die Reynolds-Zahl zur Beschreibung von Flüssigkeiten ein. Mit Hilfe der Reynolds-Zahl kann bestimmt werden, ob eine Strömung laminar ist oder ob es zu Turbulenzen kommen.

Reynolds-Operator, Projektion auf den ↗ Ring der invarianten Funktionen.

Es sei G eine Gruppe, die durch eine Darstellung $\varrho : G \to \mathrm{Aut}(R)$ von G in die Automorphismengruppe des (kommutativen) Ringes R operiert, und $R^G \subseteq R$ der Ring der invarianten Funktionen. Ein Homomorphismus (von abelschen Gruppen) $\pi : R \to R^G$ heißt Reynolds–Operator, wenn π die Identität auf R^G induziert, d. h., wenn R^G direkter Summand von R ist. Ein Reynolds–Operator existiert nicht immer.

Beispiele:

1. Ist G eine endliche Gruppe, dann ist
$$\pi = \frac{1}{|G|}\sum_{g\in G} g$$
ein Reynolds–Operator.
2. Ist allgemeiner G eine reduktive Gruppe, dann existiert stets ein Reynolds–Operator.
3. Ist G die additive Gruppe, die über ein lokal nilpotentes Vektorfeld $\delta \in \mathrm{Der}(R)$ operiert, d. h. für $g \in G$, $r \in R$ ist
$$g \cdot r = \sum_{\nu=0}^{\infty} \frac{1}{\nu!}\delta^\nu(r) g^\nu ,$$
und ist $\delta(x) = 1$ für ein $x \in R$, dann existiert ein Reynolds-Operator
$$\pi = \sum_{\nu=0}^{\infty} \frac{(-1)^\nu}{\nu!} x^\nu \delta^\nu .$$

Reynoldssches Transporttheorem, Aussage über die zeitliche Änderung des Integrals einer Funktion F, das über einer Flüssigkeit definiert ist.

$\mathfrak{r}$ seien die kartesischen Koordinaten eines Flüssigkeitsteilchens und t ein Zeitpunkt. Ein Flüssigkeitsvolumen $V(t)$ mit der Oberfläche $S(t)$ ändert seine Gestalt, seine Größe und seinen Ort mit der Zeit. V und S seien die entsprechenden Größen zum Zeitpunkt t. Mit $\mathfrak{q}$ werde das Geschwindigkeitsfeld der Flüssigkeitsteilchen bezeichnet. Wenn $\hat{n}$ der Einheitsvektor normal zu S ist und $\frac{\partial F}{\partial t}$ in V existiert, dann ist die Aussage des Reynoldsschen Transporttheorems:
$$\frac{d}{dt}\int_{V(t)} F(\mathfrak{r},t)dV = \int_V \frac{\partial F}{\partial t} + \oint_S f\mathfrak{q}.\hat{n}dS .$$

reziproke Fehlerfunktion, ↗ Gaußsche Fehlerfunktion.

Reziprokes einer komplexen Zahl, die zu einer komplexen Zahl $(x,y) \neq 0$ durch
$$(x,y)^{-1} := \left(\frac{x}{x^2+y^2}, \frac{-y}{x^2+y^2}\right)$$
erklärte komplexe Zahl mit der Eigenschaft
$$(x,y)\,(x,y)^{-1} = 1 ,$$
wenn die komplexen Zahlen als Paare (x,y) reeller Zahlen x,y eingeführt werden. Mit $i := (0,1)$ und der Einbettung $\Phi : \mathbb{R} \ni x \to (x,0) \in \mathbb{C}$ gilt
$$z^{-1} = \frac{x-iy}{x^2+y^2} = \frac{\overline{z}}{|z|^2}$$
für $z = x + iy$ mit $x,y \in \mathbb{R}$.

Reziprokes einer rationalen Zahl, die zu einer rationalen Zahl $\frac{a}{b} \neq 0$ durch
$$\left(\frac{a}{b}\right)^{-1} := \frac{b}{a}$$
erklärte rationale Zahl, auch Kehrwert von $\frac{a}{b}$ genannt, mit der Eigenschaft
$$\frac{a}{b}\left(\frac{a}{b}\right)^{-1} = 1 ,$$
wenn die rationalen Zahlen $\mathbb{Q}$ als Brüche $\frac{a}{b}$ ganzer Zahlen a, b mit $b \neq 0$ eingeführt werden.

Definiert man $\mathbb{N}$ als die kleinste induktive Teilmenge des axiomatisch eingeführten Körpers $\mathbb{R}$ der reellen Zahlen, die ganzen Zahlen $\mathbb{Z}$ als $-\mathbb{N} \cup \{0\} \cup \mathbb{N}$ und $\mathbb{Q}$ als diejenigen reellen Zahlen, die sich als Quotient ganzer Zahlen schreiben lassen, so ist $\mathbb{Q}$ gegenüber der von $\mathbb{R}$ geerbten Reziprokenbildung abgeschlossen, man erhält also das Reziproke einer rationalen Zahl in $\mathbb{Q}$ als ihr Reziprokes in $\mathbb{R}$.

Reziprokes einer reellen Zahl, die zu einer reellen Zahl $\langle p_n \rangle \neq 0$ durch

$$\langle p_n \rangle^{-1} := \left\langle \frac{1}{p'_n} \right\rangle$$

mit $p'_n := p_n$ für $p_n \neq 0$ und $p'_n := 1$ für $p_n = 0$ erklärte reelle Zahl mit der Eigenschaft

$$\langle p_n \rangle \, \langle p_n \rangle^{-1} = 1,$$

wenn die reellen Zahlen $\mathbb{R}$ als Äquivalenzklassen $\langle p_n \rangle$ von Cauchy-Folgen (p_n) rationaler Zahlen bzgl. der durch

$$(p_n) \sim (q_n) \;:\Longleftrightarrow\; q_n - p_n \to 0 \quad (n \to \infty)$$

gegebenen Äquivalenzrelation eingeführt werden.

Definiert man $\mathbb{R}$ über Dedekind-Schnitte, Dezimalbruchentwicklungen, Äquivalenzklassen von Intervallschachtelungen oder Punkte der Zahlengeraden, so muß man für diese eine Reziprokenbildung erklären. Wird $\mathbb{R}$ axiomatisch als vollständiger archimedischer Körper eingeführt, so ist die Reziprokenbildung schon als Teil der Definition gegeben.

Reziprokes einer surrealen Zahl, die zu einer surrealen Zahl $x \neq 0$ eindeutig existierende surreale Zahl $y =: x^{-1}$ mit der Eigenschaft $xy = 1$. Für $x > 0$ definiert man

$$y := \left\{ 0, \frac{1 + (x^R - x)y^L}{x^R}, \frac{1 + (x^L - x)y^R}{x^L} \;\middle|\; \frac{1 + (x^L - x)y^L}{x^L}, \frac{1 + (x^R - x)y^R}{x^R} \right\},$$

wenn die surrealen Zahlen No axiomatisch rekursiv als ↗Conway-Schnitte eingeführt werden. Dabei wird von einer (immer existierenden) Darstellung $x = \{0, x^L | x^R\}$ von x ausgegangen, die neben 0 nur positive linke Optionen x^L (und damit auch nur positive rechte Optionen x^R) hat. Man beachte, daß die Definition in zweierlei Hinsicht rekursiv ist: Zum einen werden die Reziproken der linken und rechten Optionen von x als schon bekannt vorausgesetzt, zum anderen benutzt die rechte Seite der Definition bereits linke und rechte Optionen der zu definierenden Zahl y, was so zu verstehen ist, daß die Optionen von y ‚von unten her', d. h. mit 0 beginnend konstruiert werden.

Reziprokes einer Zahl, das zu einer rationalen, reellen, surrealen oder komplexen Zahl $y \neq 0$ multiplikative Inverse, also die eindeutig existierende rationale, reelle, surreale bzw. komplexe Zahl y^{-1} mit $yy^{-1} = 1$.

Mittels der ↗Multiplikation von Zahlen und der Reziprokenbildung ist die Division von Zahlen gegeben durch $x/y = x : y = xy^{-1}$ für Zahlen x, y mit $y \neq 0$.

Reziprozitätsgesetz, kurz für ↗quadratisches Reziprozitätsgesetz.

Rhaeticus, Georg Joachim von Lauchen, Mathematiker und Astronom, geb. 16.2.1514 Feldkirch (Vorarlberg), gest. 4.12.1574 Kaschau (Košice, Tschechei).

Rhaeticus studierte von 1528 bis 1531 Theologie an der Frauenmünsterschule in Zürich. 1533 wechselte er an die Universität Wittenberg und promovierte dort 1536. Melanchthon verhalf ihm in Wittenberg zu einer Stelle als Lehrer für Mathematik und Astronomie.

Rhaeticus' Hauptinteresse galt der Astronomie. Er war fasziniert von Kopernikus und reiste 1539 zu diesem nach Frauenberg, um seine Arbeiten zum heliozentrischen Weltbild kennenzulernen. In der Folgezeit förderte er die Verbreitung der Kopernikanischen Lehren durch die Veröffentlichung von Kopernikus' Hauptwerk „De revolutionibus" 1543.

Angeregt durch Kopernikus beschäftigte er sich mit den Winkelfunktionen und veröffentlichte 1551 trigonometrische Tafeln für die sechs Winkelfunktionen (Sinus, Cosinus, Tangens, Cotangens, Secans, Cosecans) („Canon doctrinae triangulorum"). Die Tafeln enthielten siebenstelligen Werte im Bereich zwischen 0° und 45° mit einer Schrittweite von 10″. Später erweiterte er die Genauigkeit auf zehn Stellen. Diese Tafeln konnten erst 20 Jahre nach seinem Tod veröffentlicht werden.

Rhomboid, ↗Drachenviereck.

Rhombus, auch Raute genannt, Viereck mit vier gleich langen Seiten.

Zwei gegenüberliegende Seiten eines Rhombus sind jeweils parallel zueinander. Der Rhombus ist daher sowohl ein Spezialfall eines ↗Parallelogramms als auch eines ↗Drachenvierecks. Seine Diagonalen stehen somit aufeinander senkrecht und halbieren einander, gegenüberliegende Innenwinkel sind gleich groß, und benachbarte Innen-

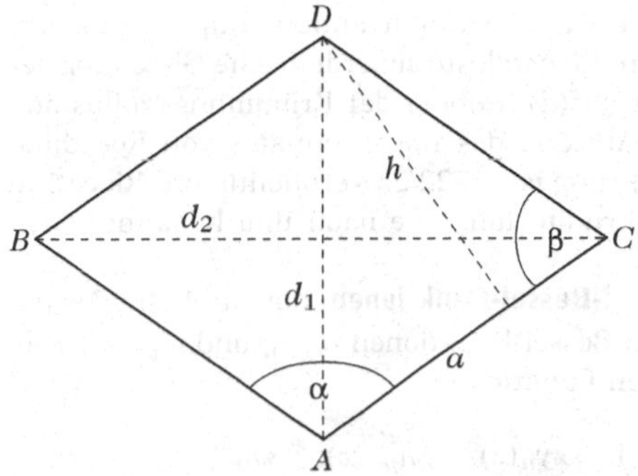

winkel ergänzen sich jeweils zu 180° (mit den in der Abbildung gezeigten Bezeichnungen gilt also $\beta = 180° - \alpha$).

Die Höhe eines Rhombus mit der Seite a und den Innenwinkeln α und β ist

$$h = a \cdot \sin\alpha = a \cdot \sin\beta ,$$

sein Umfang beträgt $U = 4a$, und der Flächeninhalt ist

$$A = a^2 \sin\alpha = a^2 \sin\beta = \frac{d_1 d_2}{2} ,$$

wobei d_1 und d_2 die Längen der Diagonalen mit

$$d_1 = 2a \cos\frac{\alpha}{2} = 2a \sin\frac{\beta}{2}$$

und

$$d_2 = 2a \cos\frac{\beta}{2} = 2a \sin\frac{\alpha}{2}$$

sind.

Ist ein Winkel in einem Rhombus ein rechter Winkel, so sind alle Winkel Rechte, und es handelt sich um ein ↗Quadrat.

Riccati, Jacopo Francesco, venetianischer Mathematiker, geb. 28.5.1676 Venedig, gest. 15.4. 1754 Treviso (Italien).

Anfangs studierte Riccati in Padua Jura, wechselte dann aber zur Mathematik. Um in Italien bleiben zu können, lehnte er das Angebot Peters des Großen ab, Präsident der Petersburger Akademie der Wissenschaften zu werden.

Im Zusammenhang mit Fragen der Hydraulik und des Wasserbaus (er half bei der Konstruktion von Deichen in Venedig) beschäftigte er sich mit der Lösung gewöhnlicher Differentialgleichungen der Form $f(x, y', y'') = 0$. Er behandelte diese Gleichungen mit der Methode der Trennung der Variablen.

1715 löste er eine Gleichung der Form $r = f(s)$, wobei r der Krümmungsradius und s die Bogenlänge bezüglich einer gegebenen Kurve sind. Diese Arbeit regte viele Mathematiker zur Untersuchung von Kurven, die durch andere Kurven definiert sind, an. Riccati löste außerdem eine Gleichung der Form $r = f(d)$, wobei r der Krümmungsradius und d der Abstand des Kurvenpunktes von Koordinatenursprung ist. 1722/23 veröffentlichte Riccati in „Acta Eruditorium" die nach ihm benannte Gleichung.

Riccati-Bessel-Funktionen, die durch die ↗sphärischen Bessel-Funktionen j_n, y_n und $h_n^{(1)}$, $h_n^{(2)}$ definierten Funktionen

$$z j_n(z), \quad z y_n(z), \quad z h_n^{(1)}(z), \quad z h_n^{(2)}(z) .$$

Die Paare zj_n, zy_n sowie $zh_n^{(1)}$, $zh_n^{(2)}$ sind jeweils linear unabhängige Lösungen der Differentialgleichung in z:

$$z^2 \frac{d^2 w}{dz^2} + \left(z^2 - n(n+1)\right) w = 0 .$$

Eigenschaften dieser Funktionen folgen sofort aus denen der sphärischen Bessel-Funktionen, wie z. B. die Werte der ↗Wronski-Determinanten:

$$\mathcal{W}(zj_n(z), zy_n(z)) = 1 ,$$
$$\mathcal{W}(zh_n^{(1)}(z), zh_n^{(2)}(z)) = -2i$$

Für weitere Informationen vgl. [1].

[1] Abramowitz, M.; Stegun, I.A.: Handbook of Mathematical Functions. Dover Publications, 1972.

Riccati-Gleichung, ↗allgemeine Riccati-Differentialgleichung.

Ricci, Lemma von, die Gleichung

$$Z g(X, Y) = g(\nabla_Z X, Y) + g(X, \nabla_Z Y)$$

für einen linearen Zusammenhang ∇ auf einer Riemannschen Mannigfaltigkeit (M, g) und Vektorfelder X, Y, Z auf M.

Sie heißt auch Ricci-Identität und ist genau dann erfüllt, wenn die ↗Riemannsche Metrik g von M parallel übertragen wird. Sie hat formale Ähnlichkeit mit der Produktformel der Differentialrechnung.

Ricci-Curbastro, Georgorio, italienischer Mathematiker, geb. 16.2.1853 Lugo (Italien), gest. 6.8. 1925 Bologna.

Ricci-Curbastro studierte in Rom, Bologna und Pisa. 1875 promovierte er und ging 1877/78 nach München, wo er unter anderem Vorlesungen bei Klein hörte. 1879 kehrte er nach Pisa zurück und wurde Assistent bei Dini. 1880 bekam er eine Professur in Padua.

Von 1884 bis 1894 arbeitete Ricci-Curbastro zum Differentialkalkül. Aufbauend auf Arbeiten von Lipschitz und Christoffel beschäftigte er sich besonders mit quadratischen Differentialformen und konnte im Ergebnis den Differentialkalkül koordinatenunabhängig formulieren. Er führte den Ricci-Tensor ein, der besonders durch Einstein in der Relativitätstheorie Eingang fand. Die Ricci-Krümmung ist ebenfalls nach ihm benannt.

Gemeinsam mit seinem Schüler Levi-Civita faßte er 1901 seine Ergebnisse in einer umfassenden Arbeit zusammen. Levi-Civita setzte Ricci-Curbastros Arbeiten nach dessen Tod fort.

Ricci-Identität, ↗Ricci, Lemma von.

Ricci-Krümmung, Begriff aus der Differentialgeometrie.

Die Ricci-Krümmung einer n-dimensionalen Riemannschen Mannigfaltigkeit (M, g) in einem Punkt

$p \in M$ ist die Funktion, die jedem eindimensionalen linearen Unterraum des Tangentialraumes $T_p(M)$ die Zahl

$$r(\mathfrak{v}) = \frac{S(\mathfrak{v}, \mathfrak{v})}{g(\mathfrak{v}, \mathfrak{v})}$$

zuordnet, worin S der Ricci-Tensor, g der metrische Fundamentaltensor und $\mathfrak{v}$ ein beliebiger, den eindimensionalen linearen Unterraum erzeugender Vektor ist.

Die Ricci-Krümmung kann man durch die ↗Schnittkrümmung ausdrücken: Bezeichnet $k_p(\mathfrak{t}, \mathfrak{s})$ die Schnittkrümmung des von den Vektoren $\mathfrak{t}, \mathfrak{s} \in T_p(M)$ erzeugten zweidimensionalen linearen Unterraums von $T_p(M)$, und ist $\mathfrak{v}, \mathfrak{e}_1, \dots, \mathfrak{e}_{n-1}$ eine Basis von orthonormierten Vektoren von $T_p(M)$, so gilt

$$r(\mathfrak{v}) = \sum_{i=1}^{n-1} k_p(\mathfrak{v}, \mathfrak{e}_i).$$

Gilt $n > 2$, und gibt es einen Punkt $p \in M$ derart, daß die Ricci-Krümmung für jeden eindimensionalen Unterraum denselben Wert hat, so nimmt sie in allen Punkten für alle eindimensionalen Unterräume diesen konstanten Wert an.

Mannigfaltigkeiten mit konstanter Ricci-Krümmung heißen Einstein-Räume. Der Ricci-Tensor eines Einstein-Raumes hat die Form $cS = rg$. In einem Einstein-Raum gilt die Gleichung

$$n S_{ij} S^{ij} - s^2 = 0,$$

worin S_{ij} und S^{ij} die kovarianten und die kontravarianten Komponenten von S sind, und s die ↗skalare Krümmung von M ist. Die Ricci-Krümmung kann man durch die oben angegebene Formel auch auf beliebigen ↗pseudo-Riemannschen Mannigfaltigkeiten definieren, allerdings nur für eindimensionale Unterräume, die nicht isotrop sind.

Aus der Ricci-Krümmung kann man den ↗Ricci-Tensor durch die Formel

$$\begin{aligned} S(u, v) \ = \ & \frac{1}{2}\big(r(\mathfrak{u}+\mathfrak{v})\, g(\mathfrak{u}+\mathfrak{v}, \mathfrak{u}+\mathfrak{v}) \\ & -r(\mathfrak{u})\, g(\mathfrak{u}, \mathfrak{u}) - r(\mathfrak{v})\, g(\mathfrak{v}, \mathfrak{v})\big) \end{aligned}$$

zurückgewinnen.

Riccioli, Giovanni Battista (Giambattista), Astronom und Theologe, geb. 17.4.1598(?) Ferrara, gest. 25.(26.)6.1671 Bologna.

Im Alter von 16 Jahren trat Riccioli in Novellana in den Jesuitenorden ein. Er war später Lehrer der Philosophie und Theologie an den Ordenskollegien der Jesuiten in Parma und Bologna, danach auch Lehrer der Astronomie in Bologna.

In Ricciolis Schaffen verbanden sich auf eigenartige Weise Astronomie, Philosophie und Theologie. Mit einigen theologischen Werken hatte er in der Öffentlichkeit wenig Glück. Seine „Chronologia reformata..." (1669) wurde heftigst angegriffen, der Druck von „Veritas definibilis..." sogar von der Inquisition verhindert.

Riccioli war ein Bewunderer des Kopernikus, meinte aber dessen Weltsystem aus theologischen Gründen trotzdem für falsch halten zu müssen und führte in seinem Hauptwerk „Almagestum novum" (1651) 77 Gründe gegen das „neue" Weltbild an. Es sind öfter Zweifel aufgetaucht, ob sich Riccioli nicht nur auf Druck der Kirche zu diesen Auslassungen hergab. Jedenfalls waren nach den Arbeiten Galileis und Keplers seine Argumentationen anachronistisch. Von den „Gründen" Ricciolis hat einer – bei rotierender Erde müßte ein fallender Körper westlich des Lotpunktes auftreffen – zu Untersuchungen und Fallversuchen von R. Hooke (1635–1702), G.B. Gugliemi (gest. 1817) und J.F. Benzenberg (1777–1849) geführt, die die Newtonsche These bestätigten, der Aufschlagpunkt liege etwas seitlich des Lotpunkts. Trotzdem waren Ricciolis „Almagestum..." und das Supplement dazu, „Astronomia reformata" (1665), sehr wichtige Werke, denn Riccioli stellte in ihnen sehr sorgfältig alle historischen und zeitgenössischen Quellen zusammen, die sich gegen das heliozentrische Weltbild ausgesprochen hatten.

Im „Almagestum..." findet sich auch eine (schlechte) Mondkarte seines Freundes F.M. Grimaldi (1618–1663). Riccioli bezeichnete auf dieser Karte die Mondberge mit den Namen berühmter Gelehrter und reservierte für sich selbst „eines der schönsten Mondgebirge am Ostrande" (R. Wolf, 1877). 1643 bis 48 beobachtete Riccioli gemeinsam mit Grimaldi Jupiter und Saturn, war nahe daran, die wahre Gestalt des Saturnsystems zu erkennen, und führte nach einem von Kepler angeregten Verfahren, wiederum zusammen mit Grimaldi, 1645 eine Gradmessung durch, die aber wegen der Nichtberücksichtigung der terrestrischen Refraktion sehr ungenau war.

Ricci-Tensor, die Größe $R_{ij} = R^k_{ikj}$, wobei auf der rechten Seite über k zu summieren ist (↗Einsteinsche Summenkonvention), und R^k_{imj} der ↗Riemannsche Krümmungstensor ist.

Der Ricci-Tensor ist Bestandteil des ↗Einstein-Tensors, und ist damit in der ↗Allgemeinen Relativitätstheorie ein Maß für die materieabhängige Krümmung der Raum-Zeit.

Rice, Satz von, besagt intuitiv, daß es unmöglich ist, einem Algorithmus irgendeine nicht-triviale Eigenschaft der Funktion, die er berechnet, „anzusehen" (↗Entscheidbarkeit).

Genauer lautet der Satz von Rice:

Sei $\varphi_1, \varphi_2, \dots$ eine Aufzählung der berechenbaren Funktionen (welche man durch ↗Arithmetisierung aller ↗Turing-Maschinen erhalten kann).

Sei C eine beliebige Teilmenge der berechenbaren Funktionen (mit Ausnahme der leeren Menge und der Menge aller berechenbaren Funktionen). Dann ist die Menge $\{n \mid \varphi_n \in C\}$ unentscheidbar.

Ein Beispiel: Es ist unentscheidbar festzustellen, ob eine gegebene Turing-Maschine eine konstante Funktion berechnet.

Viele unentscheidbare Probleme, wie das ↗Halteproblem oder das ↗Verifikationsproblem, ergeben sich als Spezialfälle des Satzes von Rice.

Rice-Schumaker, Satz von, ↗Spline-Approximation.

Richardson-Extrapolation, allgemeine Vorgehensweise zur Konvergenzbeschleunigung von Approximationsmethoden, spezielle ↗Extrapolation.

Es sei I ein lineares Funktional, welches durch einen vom Parameter $h > 0$ abhängigen Wert $T(h)$ approximiert wird. Bei der Richardson-Extrapolation berechnet man simultan die Näherungswerte $T(h)$, $T(2h), \ldots$ und bestimmt bessere Approximationen an I, indem man Linearkombinationen der folgenden Form berechnet:

$$\frac{2^k T(h) - T(2h)}{2^k - 1}. \tag{1}$$

Theoretische Voraussetzung für die Anwendbarkeit der Richardson-Extrapolation ist das Vorliegen einer ↗asymptotischen Entwicklung der Folge $\{T(h)\}$.

Das Verfahren (1) ist gewissermaßen der Urahn aller modernen Verfahren zur ↗Extrapolation und hat im Laufe der Jahre zahlreiche Modifikationen erfahren, vgl. [1].

[1] Walz, G.: Asymptotics and Extrapolation. Akademie-Verlag Berlin, 1996.

Richardson-Iteration, einfachste Form eines iterativen Verfahrens zur näherungsweisen Lösung eines linearen Gleichungssystems $Ax = b$.

Unter der Voraussetzung, daß A nicht singulär ist, läßt sich die Richardson-Iteration formulieren als

$$x^{(k+1)} = x^{(k)} - \left(Ax^{(k)} - b\right)$$

mit einem beliebigem Startvektor $x^{(0)}$. Für die Konvergenz dieser Iteration und daraus abgeleiteter Verfahren siehe auch ↗Konvergenz einer Iteration.

Richelot, Friedrich Julius, deutscher Mathematiker, geb. 6.11.1808 Königsberg (Kaliningrad), gest. 31.3.1875 Königsberg.

Richelot studierte bei Jacobi in Königsberg und wurde 1831 dort Privatdozent. 1832 wurde er als Nachfolger Jacobis Professor für Mathematik.

Richelot führte die Arbeiten Jacobis zu elliptischen und hyperelliptischen Funktionen weiter und wandte diese auf Probleme der Mechanik an. Er beschäftigte sich mit abelschen Integralen und Integralgleichungen.

Richtungsableitung, Ableitung einer $\mathbb{R}^m$-wertigen Funktion von mehreren reellen Variablen, nämlich die Ableitung der durch Variation des Arguments entlang eines gegebenen ↗Richtungsvektors gebildeten $\mathbb{R}^m$-wertigen Funktion einer reellen Variablen, im Fall $m = 1$ also die Steigung der Funktion in eine gegebene Richtung, anschaulich gesehen die Steigung der durch ‚Schneiden' des Graphen von f parallel zum Richtungsvektor gebildeten reellwertigen Funktion einer reellen Variablen.

Es seien $D \subset \mathbb{R}^n$, $f : D \to \mathbb{R}^m$, und $a \in D$. Für einen Richtungsvektor v, d. h. $v \in \mathbb{R}^n$ mit euklidischer Norm $\|v\| = 1$, sei

$$I_v := \{t \in \mathbb{R} \mid a + tv \in D\}$$

und $f_v : I_v \to \mathbb{R}$ definiert durch

$$f_v(t) := f(a + tv)$$

für $t \in I_v$. Damit heißt f differenzierbar in Richtung v an der Stelle a genau dann, wenn 0 innerer Punkt von I_v und f_v an der Stelle 0 differenzierbar ist, also der Grenzwert

$$\frac{\partial f}{\partial v}(a) := f_v'(0) = \lim_{t \to 0} \frac{f(a + tv) - f(a)}{t}$$

existiert, und

$$\frac{\partial f}{\partial v}(a)$$

heißt dann Richtungsableitung von f in Richtung v an der Stelle a.

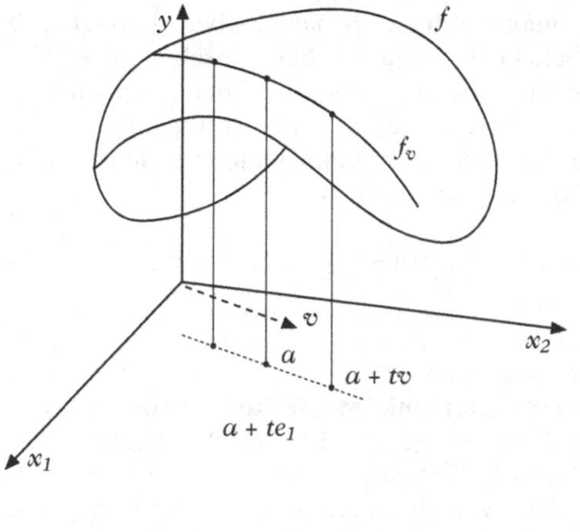

Üblich sind auch die Schreibweisen

$$D_v f(a) = \frac{\partial f(a)}{\partial v} = \frac{\partial f}{\partial v}(a).$$

Die Richtungsableitung von f in Richtung des j-ten Einheitsvektors e_j an der Stelle a ist gerade die

↗partielle Ableitung von f nach der j-ten Variablen an der Stelle a, d. h. f ist genau dann in Richtung e_j differenzierbar an der Stelle a, wenn f ↗partiell differenzierbar nach x_j an der Stelle a ist, und es gilt dann

$$\frac{\partial f}{\partial e_j}(a) = \frac{\partial f}{\partial x_j}(a).$$

Es sei D_v die Menge der Stellen $x \in D$, an denen f differenzierbar in Richtung v ist. Dann heißt die Funktion

$$\mathrm{D}_v f = \frac{\partial f}{\partial v} : D_v \to \mathbb{R}^m, \quad x \longmapsto \frac{\partial f}{\partial v}(x)$$

Richtungsableitung von f in Richtung v.

Wie Beispiele zur ↗Nicht-Differenzierbarkeit zeigen, folgt aus der Existenz aller Richtungsableitungen einer Funktion an einer Stelle nicht ihre (totale) Differenzierbarkeit an dieser Stelle, ja nicht einmal ihre Stetigkeit. Jedoch gilt umgekehrt: Ist a innerer Punkt von D und f differenzierbar an der Stelle a, so existiert die Richtungsableitung $\frac{\partial f}{\partial v}(a)$ für jeden Richtungsvektor $v = (v_1, \dots, v_n)$, und man hat

$$\frac{\partial f}{\partial v}(a) = f'(a)v = \sum_{j=1}^{n} \frac{\partial f(a)}{\partial x_j} v_j.$$

Bei $f'(a) = 0$ verschwinden also alle Richtungsableitungen von f an der Stelle a. Im Spezialfall einer differenzierbaren skalarwertigen Funktion ($m = 1$) gibt es im Fall $f'(a) \neq 0$ unter allen Richtungsableitungen von f an der Stelle a eine größte, nämlich die Ableitung in Richtung des Gradienten, die den Wert $\|\operatorname{grad} f(a)\|$ hat, d. h. der Gradient zeigt in die Richtung des stärksten Anstiegs, und dieser hat den Wert $\|\operatorname{grad} f(a)\|$. Entsprechend ist die Gegenrichtung des Gradienten die Richtung des stärksten Abstiegs mit dem Wert $-\|\operatorname{grad} f(a)\|$.

Richtungsfeld, graphische Darstellung der Lösungen einer Differentialgleichung.

Für die explizite Differentialgleichung $y' = f(x, y)$ heißt $(x, y, f(x, y))$ ein Linienelement der Differentialgleichung, und die Menge

$$\{(x, y, f(x, y)) \mid (x, y) \in G\}$$

der Linienelemente heißt Richtungsfeld.

Es sind $G \subset \mathbb{R}^2$ offen, $f : G \to \mathbb{R}$ eine Funktion und $\langle x, y\rangle$ ein Punkt in G. Linienelemente werden als kurze Striche durch (x, y) mit der Steigung $f(x, y)$ skizziert. Die Kurven der Form $f(x, y) = const$, also die Niveaulinien von f, werden Isoklinen genannt.

Die Linienelemente durch die Punkte einer Isokline haben alle die gleiche Steigung. Lösungskurven $y = \phi(x)$ der Differentialgleichung laufen so durch das Richtungsfeld, daß das Linienelement in jedem Punkt tangential am Graphen der Lösungskurve liegt. Hat man das Richtungsfeld einer Differentialgleichung skizziert, so lassen sich meist daran schon wichtige Eigenschaften der Lösung(en) erkennen. Insbesondere erhält man sofort einen Eindruck vom qualitativen Verhalten der Lösung.

Beispiel: Es sei $G := \{(x, y) \in \mathbb{R}^2, y > 0\}$ und $f(x, y) = x + y$ auf G. Das Richtungsfeld der Differentialgleichung $y' = x + y$ ist in der Abbildung skizziert.

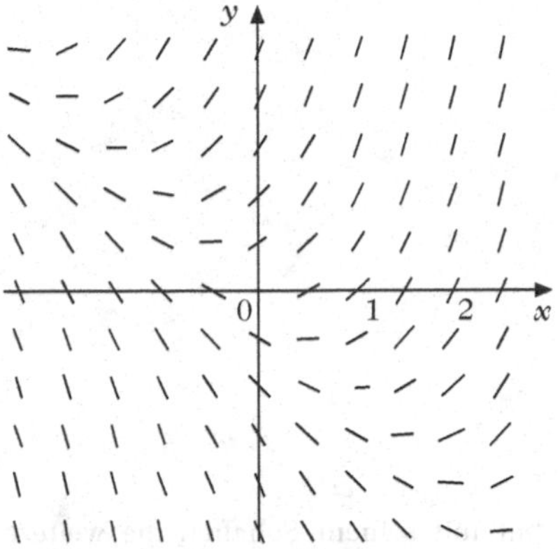

Richtungsfeld der Differentialgleichung $y' = x + y$

Richtungsvektor, ein Vektor $v \in \mathbb{R}^n$, der die Richtung einer Geraden $\mathcal{G} \subset \mathbb{R}^n$ angibt.

Sind $P, Q \in \mathcal{G}$ zwei verschiedene Punkte der Geraden, so ist ihr Verbindungsvektor v ein Richtungsvektor von $\mathcal{G}$, und $\mathcal{G}$ erhält die parametrische Darstellung $\mathfrak{x}(t) = P + tv$.

Ridge-Typ-Aktivierung, bezeichnet im Kontext ↗Neuronale Netze eine spezielle Aktivierungsfunktion $A_{w,\Theta} : \mathbb{R}^n \to \mathbb{R}$ eines ↗formalen Neurons, die von einem Gewichtsvektor $w \in \mathbb{R}^n$ und einem Schwellwert $\Theta \in \mathbb{R}$ abhängt und definiert ist als

$$A_{w,\Theta} : \; x \mapsto \sum_{i=1}^{n} w_i x_i - \Theta.$$

Riemann, Georg Friedrich Bernhard, deutscher Mathematiker, geb. 17.9.1826 Breselenz b. Danneberg (Deutschland), gest. 20.7.1866 Selasca (Italien).

Riemann war das zweite von sechs Kindern des protestantischen Pfarrers F.B.Riemann und dessen Frau Charlotte, der Tochter eines Hannoveranischen Hofrates. Nach dem ersten Unterricht durch den Vater besuchte Riemann die Gymnasien in Hannover (1840/42) und Lüneburg (1842/46), und studierte ab 1846 in Göttingen sowie zwischenzeitlich (1847 bis 1849) in Berlin, u. a. bei J. Steiner, C.G.J. Jacobi und P.G.L. Dirichlet. 1851 promovierte er bei C.F. Gauß, habilitierte sich drei Jahre später ebenfalls in Göttingen, und wurde 1859 Nachfolger von Dirichlet auf dem Gaußschen Lehrstuhl, nachdem er 1857 eine außerordentliche Professur erhalten hatte. Ab 1862 verbrachte er wegen seines schlechten Gesundheitszustandes infolge einer Lungenkrankheit die meiste Zeit in Italien.

Riemann hat mit seinem Schaffen die weitere Entwicklung der Mathematik maßgeblich geprägt und einen grundlegenden Wandel eingeleitet. Beeinflußt von der Philosophie Herbarts schuf er seine Vorstellungen vom begrifflichen Denken und bemühte sich, diese Neuerung in Mathematik und Physik fruchtbar werden zu lassen. Schon in seiner Dissertation „Grundlagen für eine allgemeine Theorie der Funktionen einer veränderlichen complexen Größe" ging er vom Begriff der Funktion als Abbildung aus, schuf mit der „Riemannschen Fläche" ein Mittel, um die Mehrdeutigkeit, insbesondere die Verzweigungspunkte, dieser Funktionen behandeln zu können, und eröffnete damit den Weg für topologische Betrachtungsweisen in der Analysis. Er gründete die Theorie auf den Begriff der Ableitung, leitete die später als Cauchy-Riemannsche Differentialgleichungen bekannten Gleichungen ab, und stellte auf dieser Basis die Verbindung zur Potentialtheorie und zur Theorie partieller Differentialgleichungen her. Dabei hob er auch eine auf Dirichlet zurückgehende Schlußweise, von ihm 1857 als Dirichletsches Prinzip bezeichnet, hervor, die er sehr fruchtbringend angewandt hatte, zuerst im Beweis des Riemannschen Abbildungssatzes.

Ein Glanzstück beim Rückgriff auf topologische Betrachtungen und auf das Dirichletsche Prinzip war 1857 der Satz von Riemann-Roch, den G. Roch 1864, die Riemannschen Darlegungen vervollständigend, publizierte. In dieser Arbeit von 1857 über abelsche Funktionen löste Riemann u. a. das Jacobische Umkehrproblem für algebraische Funktionen. Zuvor hatte er in seiner Habilitationsschrift „Über die Darstellbarkeit einer Funktion durch eine trigonometrische Reihe" weitere neue Begriffe in die reelle Analysis eingeführt und u. a. den Integralbegriff neu definiert. Mit der Angabe von Beispielen bzw. Gegenbeispielen verdeutlichte er bei seiner genauen Analyse der Darstellbarkeit ganz im Sinne der sich herausbildenden neuen Auffassungen von mathematischer Strenge die Reichweite einzelner Begriffe und wies damit dem Studium von Einzelfällen einen neuen Stellenwert zu.

Anläßlich seiner Wahl zum korrespondierenden Mitglied der Berliner Akademie verfaßte Riemann 1859 seine einzige Arbeit zur Zahlentheorie. Im Anschluß an Euler und angeregt durch Gauß und Dirichlet untersuchte er die Häufigkeit von Primzahlen und eröffnete dabei eine überraschende Verbindung von Zahlentheorie und Theorie komplexer Funktionen. Er definierte die ζ-Funktion $\zeta(s)$ für die komplexe Veränderliche $s = \sigma + it$, $\sigma > 1$, durch

$$\zeta(s) = \sum_{n=1}^{\infty} \frac{1}{n^s},$$

leitete die Funktionalgleichung für die ζ-Funktion her, gab die Beziehung zur Anzahl $\pi(x)$ der Primzahlen kleiner als x an, und kam schließlich zu der berühmten, noch heute unbewiesenen Riemannschen Vermutung, daß für alle nichttrivialen Nullstellen der ζ-Funktion $\mathrm{Re}(s) = \frac{1}{2}$ gilt. Hilbert verdeutlichte 1900 die Bedeutung eines Beweises dieser Vermutung und reihte sie in seine Liste der wichtigsten ungelösten Probleme ein (↗Hilbertsche Probleme).

Als außerordentlich einflußreich erwies sich Riemanns erst 1868 posthum publizierter Habilitationsvortrag „Über die Hypothesen, welche der Geometrie zu Grunde liegen". Riemann entwickelte darin eine neue Raumauffassung und definierte den Raum in Sinne eines topologischen Raumes in n Dimensionen, dessen Metrik durch eine positiv definite quadratische Form bestimmt wird. Zugleich wies er darauf hin, daß auch noch allgemeinere Maßbestimmungen möglich sind. Er wandte sich dann dem Studium der Krümmung (Schnittkrümmung) zu, formte grundlegende Ideen der modernen Differentialgeometrie und gab das Bogenelement in Räumen mit konstanter Krümmung an. Damit hatte er ein neues Prinzip zur Unterscheidung der einzelnen Geometrien erhalten, insbesondere von euklidischen und nichteuklidischen. Die nichteuklidischen Geometrien von Bolyai und Lobatschewski erwähnte er, wohl aus Unkenntnis, nicht.

Die neue Raumauffassung einschließlich ihrer philosophischen Aspekte wurde sehr bald von

Helmholtz, Lie, und anderen aufgegriffen, und führte zu einer umfassenden Diskussion des Raumproblems. Gleichzeitig wurden die Riemannschen Ideen algorithmisch durchgebildet und erfuhren dann zu Beginn des 20. Jahrhunderts als mathematische Grundlage der Einsteinschen Relativitätstheorie eine erste umfassende Anwendung. Riemanns Vorstellungen, mit seinem Raumbegriff ein hinreichend flexibles Mittel zu Behandlung der vielfältigen physikalischen Probleme geschaffen zu haben, wurde eindrucksvoll bestätigt.

Teilweise angeregt durch seinen Freund und Kollegen W. Weber hat sich Riemann mehrfach mit physikalischen Problemen beschäftigt und besonders um die Ausarbeitung der mathematischen Methoden bemüht. Seine von K.Hattendorf (1834–1882) herausgegebenen Vorlesungen „Partielle Differentialgleichungen und deren Anwendung auf physikalische Fragen“ sind ein Standardwerk der klassischen mathematischen Physik. Entgegen der vorherrschenden Meinung vertrat er eine Nahwirkungstheorie. Er förderte feldtheoretische Ansätze und versuchte, einen Zusammenhang zwischen Licht, Elektrizität, Magnetismus und Gravitation zu finden. Von den Einzelergebnissen sei die Arbeit über Schallwellen endlicher Schwingungsweite (1860) erwähnt, in der er eine neue Integrationsmethode zur Lösung hyperbolischer Differentialgleichungen vorstellte und eine Theorie der Stoßwellen formulierte, deren Auftreten er erstmals erklären konnte.

Riemann hat sich ebenfalls eingehend mit philosophischen Fragen beschäftigt. Die Ausarbeitung seiner allgemeinen Ideen blieb jedoch auf einige Ansätze beschränkt, sie wurden aber in mehreren seiner Arbeiten spürbar.

Riemann, Umordnungssatz von, ↗Riemannscher Umordnungssatz.

Riemann-Flächenmaß, Spezialfall des Riemann-Integrals (↗mehrdimensionales Integral): Für $n \in \mathbb{N}$ und eine Menge $A \subset \mathbb{R}^n$, deren charakteristische Funktion χ_A Riemann-integrierbar ist, der Wert des zugehörigen Integrals

$$\overline{\mu_n}(A) := \overline{\iota_n}(\chi_A).$$

Eine solche Menge heißt Jordan-meßbar. Die Eigenschaften der Riemann-integrierbaren Funktionen und des Riemann-Integrals liefern sofort: Das System der Jordan-meßbaren Megen ist ein (Mengen-)Ring. $\overline{\mu_n}$ ist darauf Inhalt (endlich-additiv), der Jordan-Inhalt (↗ Jordan-meßbare Menge). Dieser läßt sich – wenn auch weniger elegant – durch Approximation von innen und außen beschreiben.

Riemann-Hilbert-Problem, Problemstellung in der ↗Funktionentheorie, die wie folgt lautet:

Gegeben sei ein beschränktes ↗Gebiet $G \subset \mathbb{C}$ und stetige Funktionen $a, b, c \colon \partial G \to \mathbb{R}$. Gesucht ist eine stetige Funktion $f = u + iv \colon \overline{G} \to \mathbb{C}$, die in G holomorph ist und die Randbedingung

$$a(\zeta)u(\zeta) - b(\zeta)v(\zeta) = c(\zeta) \qquad (1)$$

für alle $\zeta \in \partial G$ erfüllt.

Zur Lösung des Problems sei vorausgesetzt, daß G ein Jordan-Gebiet ist, d. h. ∂G ist eine ↗Jordan-Kurve. In diesem Fall ist G insbesondere einfach zusammenhängend. Weiter seien a, b und c Hölder-stetig auf ∂G, d. h. es existieren Konstanten $\lambda \in (0, 1]$ und $M > 0$ mit

$$|a(\zeta_1) - a(\zeta_2)| \leq M|\zeta_1 - \zeta_2|^\lambda$$

für alle $\zeta_1, \zeta_2 \in \partial G$. Für b und c gelten entsprechende Ungleichungen, wobei λ und M von a, b und c abhängen dürfen. Schließlich gelte

$$|a(\zeta)| + |b(\zeta)| \neq 0$$

für alle $\zeta \in \partial G$.

Es existiert eine ↗konforme Abbildung ϕ von $\mathbb{E} = \{z \in \mathbb{C} : |z| < 1\}$ auf G. Da ∂G eine Jordan-Kurve ist, kann ϕ zu einem Homöomorphismus von $\overline{\mathbb{E}}$ auf $\overline{G}$ fortgesetzt werden. Dann löst man das Riemann-Hilbert-Problem für $\mathbb{E}$ mit den Randfunktionen $\alpha = a \circ \phi$, $\beta = b \circ \phi$ und $\gamma = c \circ \phi$, d. h. man bestimmt eine in $\overline{\mathbb{E}}$ stetige und in $\mathbb{E}$ holomorphe Funktion $F = U + iV$ mit

$$\alpha(\omega)U(\omega) - \beta(\omega)V(\omega) = \gamma(\omega)$$

für alle $\omega \in \mathbb{T} = \partial\mathbb{E}$. Unter geeigneten Glattheitsvoraussetzungen an ∂G überträgt sich die Hölder-Stetigkeit von a, b und c auf α, β und γ. Schließlich ist $f = F \circ \phi^{-1}$ die Lösung des Riemann-Hilbert-Problems für G mit der Randbedingung (1).

Daher genügt es, das Riemann-Hilbert-Problem im Spezialfall $G = \mathbb{E}$ zu lösen. Ist f eine Lösung dieses Problems in $\mathbb{E}$, so setzt man

$$f^*(z) := \overline{f\left(\frac{1}{\bar{z}}\right)}, \quad z \in \Delta,$$

wobei $\Delta := \{z \in \mathbb{C} : |z| > 1\}$ und

$$F(z) := \begin{cases} f(z) & \text{für } z \in \mathbb{E}, \\ f^*(z) & \text{für } z \in \Delta. \end{cases}$$

Für die inneren und äußeren Randwerte von F auf $\mathbb{T}$ gilt

$$F^+(\zeta) = \lim_{\substack{z \to \zeta \\ z \in \mathbb{E}}} F(z) = f(\zeta)$$

und

$$F^-(\zeta) = \lim_{\substack{z \to \zeta \\ z \in \Delta}} F(z) = \overline{f(\zeta)}.$$

Die Randbedingung (1) kann dann in der Form

$$F^-(\zeta) = A(\zeta)F^+(\zeta) + B(\zeta) \qquad (2)$$

geschrieben werden, wobei

$$A(\zeta) = -\frac{a(\zeta) + ib(\zeta)}{a(\zeta) - ib(\zeta)}, \quad B(\zeta) = -\frac{2c(\zeta)}{a(\zeta) - ib(\zeta)}.$$

Damit ist die Lösung des Riemann-Hilbert-Problems auf die Lösung des sog. Hilbert-Priwalow-Problems (2) zurückgeführt. Wegen $|a(\zeta)|+|b(\zeta)| \neq 0$ sind die Funktionen A und B stetig auf $\mathbb{T}$ und $A(\zeta) \neq 0$ für alle $\zeta \in \mathbb{T}$. Da a, b und c Hölder-stetig sind, gilt dies auch für A und B. Ist F eine Lösung von (2), so setzt man

$$F^*(z) := \overline{F\left(\tfrac{1}{\bar z}\right)}, \quad z \in \mathbb{C} \setminus \mathbb{T},$$

und die Funktion

$$f(z) := \tfrac{1}{2}[F(z) + F^*(z)], \quad z \in \mathbb{E},$$

ist eine Lösung von (1).

Für die Lösbarkeit des Hilbert-Priwalow-Problems spielt der sog. Index n_A der Funktion A eine Rolle. Dieser ist definiert durch

$$n_A := \frac{1}{2\pi i} \int_{\mathbb{T}} d\log A(\zeta),$$

und es gilt $n_A \in \mathbb{Z}$. Dabei ist das Integral als Riemann-Stieltjes-Integral zu verstehen. Ist A sogar differenzierbar, so ist

$$n_A := \frac{1}{2\pi i} \int_{\mathbb{T}} \frac{A'(\zeta)}{A(\zeta)}\, d\zeta.$$

Weiter wird der Begriff des Cauchy-Integrals benötigt. Ist $h\colon \mathbb{T} \to \mathbb{C}$ eine stetige Funktion, so wird durch

$$H(z) := \frac{1}{2\pi i} \int_{\mathbb{T}} \frac{h(\zeta)}{\zeta - z}\, d\zeta$$

eine in $\mathbb{C}\setminus\mathbb{T}$ holomorphe Funktion H definiert. Falls h zusätzlich Hölder-stetig ist, so existieren die inneren und äußeren Randwerte H^+ und H^- von H auf $\mathbb{T}$, d. h.

$$H^+(\zeta) = \lim_{\substack{z \to \zeta \\ z \in \mathbb{E}}} H(z)$$

und

$$H^-(\zeta) = \lim_{\substack{z \to \zeta \\ z \in \Delta}} H(z).$$

Es gilt

$$H^+(\zeta) - H^-(\zeta) = h(\zeta)$$

für $\zeta \in \mathbb{T}$. Ist z. B. $h(\zeta) \equiv 1$, so gilt $H(z) = 1$ für $z \in \mathbb{E}$ und $H(z) = 0$ für $z \in \Delta$.

Nun sei zunächst $n_A \leq 0$, d. h. $n := -n_A \in \mathbb{N}_0$. Dann ist $\zeta \mapsto \log[\zeta^n A(\zeta)]$ eine stetige Funktion. Man bildet die Cauchy-Integrale

$$F_1(z) := \frac{1}{2\pi i} \int_{\mathbb{T}} \frac{\log[\zeta^n A(\zeta)]}{\zeta - z}\, d\zeta, \quad z \in \mathbb{C} \setminus \mathbb{T} \qquad (3)$$

und

$$F_2(z) := -\frac{1}{2\pi i} \int_{\mathbb{T}} \frac{B(\zeta) e^{-F_1^-(\zeta)}}{\zeta - z}\, d\zeta, \quad z \in \mathbb{C} \setminus \mathbb{T}.$$

Dann ist die allgemeine Lösung F des Hilbert-Priwalow-Problems gegeben durch

$$F(z) = [p(z) + z^n F_2(z)] e^{-F_1(z)}, \quad z \in \mathbb{E}$$

und

$$F(z) = z^{-n}[p(z) + z^n F_2(z)] e^{-F_1(z)}, \quad z \in \Delta,$$

wobei $p(z) = a_n z^n + a_{n-1} z^{n-1} + a_0$ ein beliebiges Polynom vom Grad höchstens n ist.

Schließlich sei $n_A > 0$, d. h. $n := n_A \in \mathbb{N}$. In diesem Fall ist das Hilbert-Priwalow-Problem genau dann lösbar, wenn die n Bedingungen

$$\int_{\mathbb{T}} \frac{B(\zeta) e^{F_1^-(\zeta)}}{\zeta^{k+1}}\, d\zeta = 0, \quad k = 1, \dots, n$$

erfüllt sind. Setzt man

$$C := \frac{1}{2\pi i} \int_{\mathbb{T}} \frac{B(\zeta) e^{F_1^-(\zeta)}}{\zeta}\, d\zeta,$$

so ist die einzige Lösung gegeben durch

$$F(z) = z^{-n}[C + F_2(z)] e^{-F_1(z)}, \quad z \in \mathbb{E}$$

und

$$F(z) = [C + F_2(z)] e^{-F_1(z)}, \quad z \in \Delta,$$

wobei die Definition von F_1 in (3) durch

$$F_1(z) := \frac{1}{2\pi i} \int_{\mathbb{T}} \frac{\log[\zeta^{-n} A(\zeta)]}{\zeta - z}\, d\zeta, \quad z \in \mathbb{C} \setminus \mathbb{T}$$

zu ersetzen ist.

Riemann-Hurwitzsche Formel, Formel (1) im folgenden Satz:

Es seien m, $n \in \mathbb{N}$, $G_1 \subset \widehat{\mathbb{C}}$ ein m-fach zusammenhängendes ↗Gebiet (d. h. $\widehat{\mathbb{C}} \setminus G_1$ besteht aus genau m Zusammenhangskomponenten), $G_2 \subset \widehat{\mathbb{C}}$ ein n-fach zusammenhängendes Gebiet, und f eine ↗eigentliche meromorphe Abbildung von G_1 auf G_2 vom Abbildungsgrad $k \in \mathbb{N}$.

Dann besitzt f nur endlich viele ↗kritische Punkte in G_1. Bezeichnet $r \in \mathbb{N}_0$ die Anzahl dieser Punkte (dabei ist für die Nullstellen von f' die ↗Nullstellenordnung zu berücksichtigen, und eine Polstelle von f der ↗Polstellenordnung $\mu \geq 2$ ist $(\mu - 1)$-fach zu zählen), so gilt

$$m - 2 = k(n - 2) + r . \qquad (1)$$

Unter den obigen Voraussetzungen erhält man auf elementare Weise

$$n \leq m \leq kn ,$$

daher folgt aus (1) insbesondere die Ungleichung

$$r \leq 2(k - 1) .$$

Spezialfälle: Ist f eine ↗konforme Abbildung von G_1 auf G_2, so ist $k = 1$, $r = 0$ und daher $m = n$. Im Fall $m = n = 2$ folgt $r = 0$, d. h. eigentliche meromorphe Abbildungen zwischen zweifach zusammenhängenden Gebieten besitzen keine kritischen Punkte. Für $m = n = 1$ erhält man, daß jedes endliche ↗Blaschke-Produkt

$$B(z) = \prod_{j=1}^{k} \frac{z - a_j}{1 - \bar{a}_j z} , \quad |a_j| < 1 \text{ für } j = 1, \ldots, k$$

vom Grad k genau $k - 1$ kritische Punkte in der offenen Einheitskreisscheibe $\mathbb{E}$ besitzt.

Die Riemann-Hurwitz-Formel gilt auch für $m = n = 0$, d. h. $G_1 = G_2 = \widehat{\mathbb{C}}$. In diesem Fall ist f eine rationale Funktion vom Grad $d = k$, und die Formel besagt, daß f genau $2(d - 1)$ kritische Punkte in $\widehat{\mathbb{C}}$ besitzt.

Riemann-Integral, ein wesentliches Werkzeug der ein- und mehrdimensionalen Analysis.

Es sei hier ein (relativ) einfacher Zugang zum eindimensionalen Riemann-Integral skizziert: (Für eine allgemeinere entsprechende Darstellung des mehrdimensionalen Falls vergleiche man ↗mehrdimensionales Integral.)

Für ein beliebiges beschränktes Intervall mit den Endpunkten a und b $(-\infty < a \leq b < \infty)$ notieren wir hier $|a, b|$, also

$$|a, b| \in \{[a, b], [a, b), (a, b], (a, b)\} .$$

Damit seien das Intervallsystem

$$\mathbb{I} := \{|a, b| : -\infty < a \leq b < \infty\}$$

und die Intervall-Länge

$$\mu : \mathbb{I} \ni |a, b| \longmapsto b - a \in [0, \infty)$$

gebildet. Man hat dann zunächst: $\mu : \mathbb{I} \to [0, \infty)$ ist ein ↗Inhalt.

Für $A \subset \mathbb{R}$ bezeichne

$$\chi_A(x) := \begin{cases} 1 , & x \in A \\ 0 , & x \in \mathbb{R} \setminus A \end{cases}$$

die charakteristische Funktion (von A). Dann liefert die lineare Hülle von $\{\chi_A \mid A \in \mathbb{I}\}$ gerade

$$\mathfrak{E} := \left\{ \sum_{\kappa=1}^{k} \alpha_\kappa \chi_{A_\kappa} \,\middle|\, \alpha_\kappa \in \mathbb{R}, A_\kappa \in \mathbb{I};\ k \in \mathbb{N} \right\} ,$$

den Unterraum *einfacher Funktionen* (Treppenfunktionen) des $\mathbb{R}$-Vektorraums $\mathfrak{F} := \mathfrak{F}(\mathbb{R}, \mathbb{R})$ aller reellwertigen Funktionen auf $\mathbb{R}$.

Durch

$$i\left(\sum_{\kappa=1}^{k} \alpha_\kappa \chi_{A_\kappa} \right) := \sum_{\kappa=1}^{k} \alpha_\kappa \, \mu(A_\kappa)$$

ist dann das *elementare Integral*

$$i : \mathfrak{E} \longrightarrow \mathbb{R} \quad \textit{linear}$$

gegeben. (Hier ist zunächst nachzuweisen, daß i wohldefiniert ist, also unabhängig von der speziellen Darstellung einer einfachen Funktion.)

Man erhält recht einfach die Eigenschaften:

a) $\mathfrak{E} \ni h \geq 0 \Longrightarrow i(h) \geq 0$,

a′) i ist isoton,

b) $\mathfrak{E} \ni h \Longrightarrow |h| \in \mathfrak{E} \wedge |i(h)| \leq i(|h|)$,

c) $\mathfrak{E} \ni h, k \Longrightarrow h \vee k,\ h \wedge k \in \mathfrak{E},\ h \cdot k \in \mathfrak{E}$.

Für $f \in \mathfrak{F}$ sei – mit $\inf \emptyset := \infty$ –

$$\|f\| := \inf \{ i(h) \mid \mathfrak{E} \ni h \geq |f| \} .$$

$\| \ \| : \mathfrak{F} \to [0, \infty]$ ist dann eine ↗Integralnorm, d. h., es gilt $\|0\| = 0$ und

$$|f| \leq |f_1| + \cdots + |f_k| \Longrightarrow \|f\| \leq \|f_1\| + \cdots + \|f_k\| .$$

Zusätzlich hat man hier

$$\|\alpha f\| = |\alpha| \, \|f\| \quad (\alpha \in \mathbb{R} \setminus \{0\}) \text{ und}$$
$$|i(h)| \leq i(|h|) = \|h\| \text{ für } h \in \mathfrak{E} .$$

Das Prinzip der ↗Integralfortsetzung (stetige Fortsetzung) liefert für

$$\mathfrak{I} := \{ f \in \mathfrak{F} \mid \exists (h_k) \in \mathfrak{E}^{\mathbb{N}} \ \|h_k - f\| \to 0 \ (k \to \infty) \} :$$

$\mathfrak{I}$ ist ein Unterraum von $\mathfrak{F}$ mit $\mathfrak{E} \subset \mathfrak{I}$; es existiert eine eindeutige lineare Abbildung $\bar{\imath} : \mathfrak{I} \to \mathbb{R}$ mit $\bar{\imath}(h) = i(h)$ $(h \in \mathfrak{E})$ und $|\bar{\imath}(f)| \leq \|f\|$ $(f \in \mathfrak{I})$. Die Funktionen aus $\mathfrak{I}$ heißen dann Riemann-integrierbar, und $\bar{\imath}$ ist das Riemann-Integral.

Statt $\bar{\imath}(f)$ notiert man meist wieder $i(f)$ oder auch

$$\int f(x)\, dx \quad \text{und} \quad \int_a^b f(x)\, dx ,$$

wenn $f(x)$ außerhalb des Intervalls $[a, b]$ für $-\infty \leq a < b \leq \infty$ den Wert 0 annimmt.

Die obigen Eigenschaften (a) bis (c) gelten entsprechend für $\mathfrak{I}$ und $\bar{\iota}$.

Zusätzlich hat man die Eigenschaft:

$$f \in \mathfrak{I} \Longrightarrow \|f\| = \bar{\iota}(|f|) \ (< \infty).$$

Ein stärker an der Anschauung orientierter, aber weniger verallgemeinerungsfähiger Zugang (über Einschließung durch Ober- und Untersummen) ist unter dem Stichwort ↗bestimmtes Integral zu finden.

Auf Henry Léon Lebesgue geht die folgende Charakterisierung von Riemann-Integrierbarkeit zurück:

Eine reellwertige Funktion f ist auf einem beschränkten Intervall genau dann Riemann-integrierbar, wenn sie dort beschränkt und fast überall stetig ist.

Eine externe Beschreibung rein innerhalb der Theorie des Riemann-Integrals (mit dem Jordan-Inhalt) findet man unter ↗Oszillation.

Das Riemann-Integral wird hinsichtlich seiner Verwendbarkeit vom ↗Lebesgue-Integral in vielerlei Hinsicht deutlich übertroffen.

Riemann-Integrierbarkeit, ↗Riemann-Integral.

Riemann-Mangoldt, asymptotische Formel von, ↗ Riemannsche ζ-Funktion.

Riemann-Roch, Satz von, *Riemann-Roch-Theorem*, ein zentraler Satz der algebraischen Geometrie und verwandter Gebiete, der eine Aussage über die Dimensionen gewisser Räume meromorpher Funktionen und meromorpher Formen einer kompakten Riemannschen Fläche macht.

Von Riemann stammt die Ungleichung, daß es zu einem Divisor

$$D = \sum_{j=1}^{r} n_j P_j$$

auf einer kompakten Riemannschen Fläche X mindestens

$$\deg D + 1 - g = \sum_{j=1}^{r} n_j + 1 - g$$

(g das Geschlecht von X) linear unabhängige meromorphe Funktionen gibt, die in den P_j mit $n_j > 0$ einen höchstens n_j-fachen Pol haben, sonst holomorph sind, und in den P_j mit $n_j < 0$ mindestens von der Ordnung $|n_j|$ verschwinden. Ein Divisor auf X ist hierbei eine Abbildung $D : X \to \mathbb{Z}$ von X in den Ring $\mathbb{Z}$ der ganzen Zahlen, die nur in endlich vielen Punkten einen von Null verschiedenen Wert annimmt. Die Menge aller Divisoren ist somit eine abelsche Gruppe.

In heutiger Terminologie besagt obiges:

$$h^0(X, \mathcal{O}_X(D)) \geq \deg(D) + 1 - g\,.$$

Der Korrekturterm

$$h^0(X, \mathcal{O}_X(D)) - (\deg D + 1 - g)$$

wurde durch Roch bestimmt als Dimension des Raumes der meromorphen 1-Formen auf X, die nur in den P_j mit $n_j < 0$ Pole haben, deren Polordnung durch $|n_j|$ beschränkt ist, und die in den P_j mit $n_j > 0$ mindestens n_j-fache Nullstellen haben; in heutiger Terminologie

$$h^0(X, \mathcal{O}_X(D)) - h^0(X, \Omega^1_X(-D)) = \deg(D) + 1 - g$$

bzw. unter Berücksichtigung von Serre-Dualität

$$\begin{aligned}\chi(X, \mathcal{O}_X(D)) &= h^0(X, \mathcal{O}_X(D)) - h^1(X, \mathcal{O}_X(D)) \\ &= \deg(D) + 1 - g\,.\end{aligned}$$

Analoga von Riemanns Ungleichung für algebraische Flächen wurden Ende des 19. Jahrhunderts durch M. Noether erzielt, ebenso die Gleichung

$$1 - h^0(X, \Omega^1_X) + h^2(X, \Omega^2_X) = \frac{e(X) + c_1(X)^2}{12}$$

($e(X)$ die topologische Euler-Charakteristik der algebraischen Fläche X, $c_1(X)$ die erste ↗Chern-Klasse).

Für den weiteren Fortschritt war die Einführung der ↗Garbentheorie (Kodaira, Spencer für komplexe Mannigfaltigkeiten, Serre für algebraische Varietäten) und die Entwicklung der Theorie charakteristischer Klassen von Vektorbündeln in der Topologie (Whitney, Stiefel, Pontrjagin, Chern) von Bedeutung. Dies gipfelte dann in der ↗Riemann-Roch-Hirzebruch-Formel.

Ein neuer Gesichtspunkt zum Riemann-Roch-Problem geht auf Grothendieck zurück und hat weitreichende Konsequenzen in der Entwicklung verschiedener Gebiete der Mathematik gehabt (K-Theorie, lokale Indexsätze):

Die Funktion $\mathcal{F} \mapsto \chi(X, \mathcal{F})$ (X eine komplette algebraische Varietät oder ein kompakter komplexer Raum) ist eine additive Funktion, d. h., für exakte Folgen $0 \to \mathcal{F}' \to \mathcal{F} \to \mathcal{F}'' \to 0$ ist

$$\chi(X, \mathcal{F}) = \chi(X, \mathcal{F}') + \chi(X, \mathcal{F}'')\,.$$

Es gibt eine universelle additive Funktion mit Werten in einer abelschen Gruppe $K_0(X)$ (Grothendieck-Gruppe). Dies ist die Restklassengruppe der freien abelschen Gruppe $F(X)$, die von allen kohärenten Garben auf X erzeugt wird, modulo der Untergruppe $R(X)$, die von allen Elementen $\mathcal{F} - \mathcal{F}' - \mathcal{F}'' \in F(X)$ erzeugt wird, für die eine exakte Folge $0 \to \mathcal{F}' \to \mathcal{F} \to \mathcal{F}'' \to 0$ existiert. Ist $[\mathcal{F}]$ die Klasse von $\mathcal{F} \mod R(X)$, so ist $\mathcal{F} \mapsto [\mathcal{F}]$ universelle additive Funktion im folgenden Sinne: Für jede abelsche Gruppe A und jede additive Funktion α der Kategorie der kohärenten Garben auf X

mit Werten in A gibt es genau eine Fortsetzung zu einem Gruppenhomomorphismus $\alpha : K_0(X) \to A$ mit $\alpha([\mathcal{F}]) = \alpha(\mathcal{F})$.

Beschränkt man sich in der Definition der Grothendieck-Gruppe auf lokal freie kohärente Garben $\mathcal{F}$, so erhält man analog eine abelsche Gruppe $K^0(X)$, die durch das Tensorprodukt sogar zu einem kommutativen Ring mit Eins-Element wird. Es gibt einen kanonischen Homomorphismus $K^0(X) \to K_0(X)$, der für glatte algebraische Varietäten ein Isomorphismus ist. (Zu jeder kohärenten Garbe gibt es eine exakte Folge

$$0 \to \mathcal{E}_n \to \mathcal{E}_{n-1} \to \cdots \to \mathcal{E}_0 \to \mathcal{F} \to 0$$

mit lokal freien kohärenten Garben $\mathcal{E}_j$. Dann ist

$$[\mathcal{F}] = [\mathcal{E}_0] - [\mathcal{E}_1] + \cdots + (-1)^n[\mathcal{E}_n].)$$

Für einen ↗eigentlichen Morphismus $X \xrightarrow{\varphi} Y$ erhält man aufgrund des Endlichkeitssatzes und der exakten Kohomologie-Folge einen Gruppenhomomorphismus

$$\varphi_! : K_0(X) \to K_0(Y)$$

durch

$$\varphi_!([\mathcal{F}]) = [\varphi_*(\mathcal{F})] - [R^1\varphi_*(\mathcal{F})] + \cdots$$
$$+(-1)^j(R^j\varphi_*(\mathcal{F})] + \cdots ,$$

so daß K_0 ein kovarianter Funktor wird.

Die Zuordnung $X \mapsto K^0(X)$ ist ein kontravarianter Funktor durch

$$\varphi^*([\mathcal{E}]) = [\varphi^*\mathcal{E}] \in K^0(X)$$

für $[\mathcal{E}] \in K^0(Y)$.

Die Theorie der ↗Chern-Klassen, genauer der Chern-Charakter, liefert einen Ringhomomorphismus $ch : K^0(X) \to A^*(X) \otimes \mathbb{Q}$ (↗Schnitt-Theorie), und für glatte Varietäten ist $X \mapsto A^*(X)$ ebenfalls sowohl kontravariant als auch kovariant (für eigentliche Morphismen). Während für die Kontravarianz gilt: $ch(\varphi^*(\xi)) = \varphi^* ch(\xi)$ für $\xi \in K^0(Y)$ (als eine der Grundeigenschaften Chernscher Klassen), drückt die Grothendieck-Riemann-Roch-Formel die Kovarianzeigenschaft von ch aus: Für Morphismen glatter projektiver algebraischer Varietäten $\varphi : X \to Y$ gilt in $A^*(Y) \otimes \mathbb{Q}$ die Formel

$$ch(\varphi_!(\xi))Td(Y) = \varphi_*(ch(\xi)Td(X)), \qquad (1)$$

wobei Td die Todd-Klasse bezeichnet.

Wenn Y ein Punkt ist, so erhält man als Spezialfall die ↗Riemann-Roch-Hirzebruch-Formel.

Ein Vorteil dieses Gesichtspunktes ergibt sich für die Beweisstrategie, die auch in späteren Verallgemeinerungen und analogen Situationen häufig angewandt wird: Für den Beweis von (1) genügt der Beweis folgender Spezialfälle:

1. $\varphi : X \longrightarrow Y$ ist eine abgeschlossene Einbettung.
2. $X = Y \times Z$, und φ ist die Projektion auf den Faktor Y.

Für abgeschlossene Einbettungen $i : X \subset Y$ läßt sich eine genauere Formel angeben, die die Chern-Klassen von $i_*(\mathcal{F})$ in $A^*(Y)$ (und nicht nur in $A^*(Y) \otimes \mathbb{Q}$) ausdrückt als

$$c(i_*(\mathcal{F})) = 1 + i_*(P(\mathcal{N}, \mathcal{F})) ,$$

wobei $\mathcal{N}$ das Normalenbündel von X in Y und P ein universelles Polynom mit ganzzahligen Koeffizienten in den Chern-Klassen von $\mathcal{N}$ und $\mathcal{F}$ ist.

Wenn $\mathcal{F}$ lokal frei vom Rang r ist, und n die Kodimension von X in Y bezeichnet, so ist P folgendes Polynom in den Unbestimmten $s_1, \dots, s_n$, $t_1, \dots, t_r$ über $\mathbb{Z}$.

Für $0 \le g \le n$ ist

$$Q_q(s,t) = \prod_{\substack{1 \le i \le r \\ 1 \le j_1 < \dots < j_q \le n}} \left(1 + t_i - s_{j_1} - \cdots - s_{j_q}\right)$$

ein Polynom, das bzgl. aller Permutationen von $\{t_1, \dots, t_r\}$ und bzgl. aller Permutationen von $\{s_1, \dots, s_n\}$ invariant ist. Also läßt sich Q_q eindeutig als Polynom $R_q(c'_1, \dots, c'_n;\ c_1, \dots, c_r)$ in den elementarsymmetrischen Funktionen $(c'_1, \dots, c'_n)$ von $(s_1, \dots, s_n)$ und $(c_1, \dots, c_r)$ von $(t_1, \dots, t_r)$ ausdrücken (mit $R(0,0) = 1$). Daher kann man

$$R := \frac{R_0R_2R_4\cdots}{R_1R_3R_5\cdots} = \frac{Q_0Q_2Q_4\cdots}{Q_1Q_3Q_5\cdots}$$

als formale Potenzreihe in $(c'_1, \dots; c'_n, c_1, \dots, c_r)$ schreiben. Außerdem ist $R|_{s_n=0} = 1$, und wegen der Symmetrie daher $R|_{c'_n=0} = 1$. R hat also die Form

$$R = 1 + c'_n P(c'_1, \dots, c'_n;\ c_1, \dots, c_r) .$$

Dann ist

$$P(\mathcal{N}, \mathcal{F}) = P(c_1(\mathcal{N}), \dots, c_n(\mathcal{N});$$
$$c_1(\mathcal{F}), \dots, c_r(\mathcal{F}))$$

Ein Beispiel: Für $n = 2$, $r = 1$ ist

$$P = \frac{-1}{1 - \left(c'_1 - 2c_2 - c_1^2 + c_1c'_1 - c'_2\right)}$$
$$= -1 + \left(2c_1 - c'_1\right) + \cdots .$$

Also ist z. B. für eine glatte Kurve X in einer glatten projektiven 3-dimensionalen ↗algebraischen Varietät Y und für ein Geradenbündel $\mathcal{L}$ auf X:

$$c_1(i_*\mathcal{L}) = 0$$
$$c_2(i_*(\mathcal{L})) = -[X] \text{ (die durch } X \text{ repräsentierte Klasse)}$$
$$\int c_3(i_*(\mathcal{L})) = 2\deg(\mathcal{L}) - \deg(\mathcal{N}) .$$

Riemann-Roch-Hirzebruch, Satz von, ↗Riemann-Roch-Hirzebruch-Formel.

Riemann-Roch-Hirzebruch-Formel, die nachfolgende Formel (1), die auf glatten projektiven ↗algebraischen Varietäten X und für kohärente Garben F auf X die Zahl

$$\chi(X,F) = \sum_{q\geq 0}(-1)^q \dim H^q(X,F)$$

durch numerisch-topologische Invarianten von F und X ausdrückt.

Es gilt

$$\chi(X,F) \;=\; \int_X ch(F)\cdot td(X). \qquad (1)$$

(↗Chern-Klassen, ↗Schnitt-Theorie). Man nennt die Aussage auch den Satz von Riemann-Roch-Hirzebruch.

Für $n = 1$ ist

$$ch(F) \;=\; rg(F) + c_1(F)$$

und

$$td(X) \;=\; 1 - \frac{c_1(K_X)}{2},$$

und man erhält den klassischen Satz von Riemann-Roch.

Für $n = 2$ ist

$$ch(F) \;=\; rg(F) + c_1(F) + \frac{c_1(F)^2 - 2c_2(F)}{2},$$

$$td(X) \;=\; 1 - \frac{c_1(K_X)}{2} + \frac{c_1(K_X)^2 + c_2(X)}{12}.$$

Daraus erhält man

$$\chi(X,\mathcal{O}_X) \;=\; \frac{(K_X^2) + e(X)}{12}$$

(Formel von Max Noether). Hierbei ist $e(X) = \int c_2(X)$ die topologische Euler-Charakteristik im Falle des Grundkörpers $\mathbb{C}$ (für den zugrundeliegenden analytischen Raum), was man im allgemeinen auch als Selbstschnittzahl der Diagonale Δ in $X\times X$ definieren kann. Es gilt auf Flächen

$$\chi(X,F) \;=\; \frac{1}{2}\int c_1(F)\cdot(c_1(F) - c_1(K)) - \int c_2(F) + rg(F)\chi(\mathcal{O}_X).$$

Riemann-Roch-Theorem, ↗Riemann-Roch, Satz von.

Riemannsche Differentialgleichung, ↗Pochhammersche Differentialgleichung.

Riemannsche Fläche, eine ↗komplexe Mannigfaltigkeit $\mathcal{R}$ der komplexen Dimension 1.

$\mathcal{R}$ ist also ein Hausdorffscher topologischer Raum, für den eine Überdeckung durch offene Mengen $\mathcal{U} \subset X$ und eine Familie von Homöomorphismen $\varphi_{\mathcal{U}} : \mathcal{U} \to \mathcal{D} \subset \mathbb{C}$ auf die offene Kreisscheibe $\mathcal{D} = \{z \in \mathbb{C}; |z| < 1\}$ von $\mathbb{C}$ gegeben ist. Die Paare $(\mathcal{U}, \varphi_{\mathcal{U}})$ heißen *Karten* und die Gesamtheit aller Karten heißt *Atlas*. Die Kartenhomöomorphismen $\varphi_{\mathcal{U}}$ werden auch *lokale komplexe Parameter genannt*.

Die wesentliche Forderung besteht darin, daß für je zwei Karten $(\mathcal{U}, \varphi_{\mathcal{U}})$ und $(\mathcal{V}, \psi_{\mathcal{V}})$ mit nichtleerem Durchschnitt $\mathcal{U}\cap\mathcal{V} \subset X$ die Übergangsfunktion

$$\varphi_{\mathcal{U}} \circ \psi_{\mathcal{V}}^{-1} : \psi_{\mathcal{V}}(\mathcal{U}\cap\mathcal{V}) \;\to\; \varphi_{\mathcal{U}}(\mathcal{U}\cap\mathcal{V})$$

holomorph ist.

Als Beispiel Riemannscher Flächen dient neben den offenen Teilmengen $\mathcal{U} \subset \mathbb{C}$ die Riemannsche Sphäre (Riemannsche Zahlenkugel) $\overline{\mathbb{C}} = \mathbb{C} \cup \{\infty\}$, die toplogisch als einpunktige Kompaktifizierung von $\mathbb{C}$, bzw. analytisch als projektive komplexe Gerade

$$\mathbb{P}(\mathbb{C}) \;=\; \left(\mathbb{C}^2 \setminus \{(0,0)\}\right)/\mathbb{C}^*$$

gegeben ist.

Daneben betrachtet man berandete Riemannsche Flächen, die sich dadurch von den oben genannten unterscheiden, daß auch Karten $(\mathcal{U}, \varphi_{\mathcal{U}})$ zugelassen sind, bei denen $\varphi_{\mathcal{U}}$ ein Homöomorphismus zwischen $\mathcal{U}$ und der halben – berandeten – Kreisscheibe

$$\mathcal{D}^+ \;=\; \{z \in \mathbb{C}; |z| < 1, \operatorname{Re}(z) \geq 0\} \;\subset\; \mathcal{D}$$

ist.

Zwei Riemannsche Flächen $\mathcal{R}_1$ und $\mathcal{R}_2$ heißen *konform äquivalent*, wenn ein Diffeomorphismus $\Phi : \mathcal{R}_1 \to \mathcal{R}_2$ existiert, d. h., eine bijektive holomorphe Abbildung, deren Umkehrabbildung $\Phi^{-1} : \mathcal{R}_2 \to \mathcal{R}_1$ ebenfalls holomorph ist.

Von besonderem Interesse sind Riemannsche Flächen $\mathcal{R}$, die sich in $\mathbb{C}^2$ als Graphen von holomorphen Funktionen von z oder, allgemeiner, Lösungsmengen algebraischer Gleichungen der Gestalt

$$\left.\begin{array}{l} \mathcal{R} = \left\{(z,w) \in \mathbb{C}^2; F(z,w) = 0\right\} \text{ mit} \\ F(z,w) = a_n(z)\,w^n + a_{n-1}(z)\,w^{n-1} + \\ \quad \ldots + a_1(z)\,w + a_0(z) \end{array}\right\} \qquad (1)$$

darstellen lassen. Dabei sind die $a_j(z)$ Polynome. Man fordert $a_n(z) \neq 0$, und daß das Polynom $F(z,w)$ irreduzibel ist, d. h., sich nicht in ein Produkt zweier anderer Polynome zerlegen läßt.

Die mehrdeutigen Funktionen $w = f(z)$, die sich als Lösungen der Gleichung $F(z,w) = 0$ ergeben, können durch eine eindeutige holomorphe Funktion $g(z,w)$ auf $\mathcal{R}$ angegeben werden. Dazu betrachtet man die Einschränkungen $\widetilde{p}_1 = p_1|_{\mathcal{R}}$ und $\widetilde{p}_2 = p_2|_{\mathcal{R}}$ der beiden Projektionen $p_1 : (z,w) \in \mathbb{C}^2 \to z \in \mathbb{C}$ und $p_2 : (z,w) \in \mathbb{C}^2 \to w \in \mathbb{C}$ auf die Untermannigfaltigkeit $\mathcal{R} \subset \mathbb{C}$. Diese definieren zwei holomorphe Funktionen auf $\mathcal{R}$, von denen $g = \widetilde{p}_2 : \mathcal{R} \to \mathbb{C}$ die genannte eindeutige Auflösung der Gleichung $F(z, w) = 0$ ist.

Die zweite Abbildung $\widetilde{p}_1 : \mathcal{R} \to \mathbb{C}$ ist eine glatte surjektive Abbildung, deren Differential nirgendwo verschwindet. Für jedes $z_0 \in \mathbb{C}$ enthalten die Urbildmengen $\widetilde{p}_1^{-1}(z_0)$ endlich viele Punkte $(z_0, w_1), \ldots, (z_0, w_k)$, $k \leq n$, und die Zahlen $w_1, \ldots, w_k$ sind die k verschiedenen Nullstellen des Polynoms $F(z_0, w)$. Man nennt

$$\widetilde{p}_1^{-1}(z_0) = \{(z_0, w_1), \ldots, (z_0, w_k)\}$$

auch die Faser von $\widetilde{p}_1$ über z_0. Im Gegensatz zu $\widetilde{p}_1$ gibt es für $\widetilde{p}_2$ Punkte in $(z, w) \in \mathcal{R}$, in denen das Differential der Funktion $\widetilde{p}_2$ verschwindet. Sie sind durch

$$\frac{\partial F(z, w)}{\partial w} = 0$$

charakterisiert und heißen *Verzweigungspunkte* von $\mathcal{R}$.

Nach dem Satz über implizite Funktionen existieren für jeden Punkt $(z_0, w_0) \in \mathcal{R}$ eine Umgebung $\mathcal{U} \subset \mathbb{C}$ von z_0 und ein holomorpher Schnitt $f_{w_0}^{-1} : \mathcal{U} \to \mathcal{R}$ mit $f_{w_0}^{-1}(z_0) = (z_0, p_0)$. Das bedeutet, daß die Verknüpfung $\widetilde{p}_1 \circ f_{w_0}^{-1}$ die identische Abbildung von $\mathcal{U}$ ist.

Die zweite Verknüpfung

$$w = f(z) = \widetilde{p}_2 \circ f_{w_0}^{-1}(z)$$

ist eine eindeutige lokale Auflösung von $F(z, w) = 0$, denn es gilt $F(z, \widetilde{p}_2 \circ f_{w_0}^{-1}(z)) = 0$ für alle $z \in \mathcal{U}$.

Die Funktionen $f_{w_0}^{-1}$ definieren einen komplexen Atlas von $\mathcal{R}$. Sie heißen lokale Uniformisierungen von $\mathcal{R}$.

Ist z. B. $F(z, w) = w^2 - z$, so ist

$$\mathcal{R} = \{(z, w) \in \mathbb{C}^2; z = w^2\}$$

die Riemannsche Fläche der Quadratwurzel.

Ist $z_0 \neq 0$, so enthält die Faser

$$\widetilde{p}_1^{-1}(z_0) = \{(z_0, w_1), (z_0, w_2)\}$$

zwei Elemente, in denen $w_1 = \pm w_2$ die beiden Wurzel aus z_0 sind. Die beiden lokalen Uniformisierungen $f_{w_2}^{-1}$ und $f_{w_2}^{-1}$ sind dann zwei Zweige der Quadratwurzel. Ist $z_0 = 0$, so enthält die Faser $\widetilde{p}_1^{-1}(z_0)$ nur den Punkt $(0, 0)$, und es gibt nur eine lokale Uniformisierung, $f_0^{-1}(z) = (z^2, z)$. Der einzige Verzweigungspunkt von $\mathcal{R}$ ist $(0, 0)$.

Man kann die Funktion $F(z, w) = w^2 - z$ auf die Riemannsche Sphäre $\overline{\mathbb{C}}$ ausdehnen und zeigen, daß der Graph

$$\overline{\mathcal{R}} = \{(z, w) \in \overline{\mathbb{C}} \times \overline{\mathbb{C}}; z = w^2\}$$

der ausgedehnten Funktion zu $\overline{\mathbb{C}}$ konform äquivalent ist. Der sich so ergebende Diffeomorphismus $\Psi : \overline{\mathbb{C}} \to \overline{\mathcal{R}}$ ist ein Beispiel einer globalen Uniformisierung.

Ein anderes Beispiel liefert die Gleichung

$$F(z, w) = w^2 - (z - e_1)(z - e_2)(z - e_3) \qquad (2)$$

mit fest vorgegebenen komplexen Zahlen e_1, e_2, $e_3 \in \mathbb{C}$. Ihre Riemannsche Fläche

$$\mathcal{R}_1 = \{(z, w) \in \mathbb{C}^2; w^2 = (z - e_1)(z - e_2)(z - e_3)\}$$

steht in enger Beziehung zur Theorie der elliptischen Funktionen und elliptischen Integrale. Sie hat die Verzweigungspunkte e_1, e_2, e_3. Ähnlich wie im Fall der Funktion $z = w^2$ kann man $F(z, w)$ auf $\overline{\mathbb{C}} \times \overline{\mathbb{C}}$ ausdehnen und erhält als Nullstellenmenge eine kompakte Riemannsche Fläche $\overline{\mathcal{R}_1} \subset \overline{\mathbb{C}}^2$. Diese ist topologisch zu einem Torus, d. h., einer Fläche vom Geschlecht $g = 1$, äquivalent.

Allgemein lassen sich alle Flächen der Gestalt (1) nach dieser Methode kompaktifizieren, und der Satz von Riemann besagt:

Jede kompakte Riemannsche Fläche ist konform äquivalent zu einer Riemannschen Fläche der Gestalt (1).

Man definiert eine *globale Uniformisierung* einer Riemannsche Fläche $\mathcal{R}$ als eine universelle Überlagerungsabbildung $\Phi : \mathcal{P} \to \mathcal{R}$ einer einfach zusammenhängenden Riemannschen Fläche $\mathcal{P}$ auf $\mathcal{R}$. Für die Riemannsche Fläche $\mathcal{R}_1$ der Gleichung (2) ist eine globale Uniformisierung durch $\mathcal{P} = \mathbb{C}$ und die Abbildung

$$\Phi : t \in \mathbb{C} \to (\wp(t), \wp'(t)) \in \overline{\mathbb{C}}$$

gegeben, wobei $\wp : \mathbb{C} \to \overline{\mathbb{C}}$ die ↗Weierstraßsche $\wp$-Funktion ist. Diese ist als unendliche Summe

$$\wp(t) = \frac{1}{t^2} + \sum_{\omega = 2n\omega_1 + 2m\omega_2} \left(\frac{1}{(t - \omega)^2} - \frac{1}{\omega^2} \right)$$

über alle $n, m \in \mathbb{Z}$ gegeben, wobei der Summand $(n, m) = (0, 0)$ auszulassen ist. Die komplexen Zahlen $\omega_1, \omega_2 \in \mathbb{C}$ definieren ein Gitter in $\mathbb{C}$ und erfüllen die Bedingungen $\mathrm{Im}(\omega_1/\omega_2) > 0$, $\wp(0) = \infty$, $\wp(\omega_1) = e_1$, $\wp(\omega_2) = e_2$ und $\wp(\omega_1 + \omega_2) = e_3$.

Der folgende *Uniformisierungssatz* verallgemeinert den Riemannschen Abbildungssatz:

Jede Riemannsche Fläche $\mathcal{R}$ besitzt eine Uniformisierung $\Phi : \mathcal{P} \to \mathcal{R}$, wobei $\mathcal{P}$ eine der folgenden drei Flächen ist: Die Riemannsche Zahlenkugel $\overline{\mathbb{C}}$, die komplexe Ebene $\mathbb{C}$ oder der offene Einheitskreis $D = \{z \in \mathbb{C}; |z| < 1\}$.

Ist $\mathcal{R}$ selbst einfach zusammenhängend, so ist Φ eine konforme Äquivalenz.

Riemannsche Form, ↗abelsche Varietät.

Riemannsche Geometrie

H. Gollek

Riemannsche Geometrie ist die Theorie der geometrischen Eigenschaften der n-dimensionalen ↗Riemannschen Mannigfaltigkeiten.

Ihre Grundbegriffe sind n-dimensionale Verallgemeinerungen von Begriffen der ↗inneren Geometrie der 2-dimensionalen Flächen des 3-dimensionalen Raumes $\mathbb{R}^3$, und die Flächentheorie ist eine ihrer historischen Wurzeln. Daneben war aus historischer Sicht die Frage nach einer Realisierung der nichteuklidischen Geometrie Antrieb bei der Suche nach Begriffen, die die in der Flächentheorie gegebenen Verhältnisse verallgemeinern.

Den entscheidenden Anstoß gab Riemann 1854 in seinem Habilitationsvortrag „Über die Hypothesen, die der Geometrie zugrunde liegen", in dem er die nach ihm benannten Mannigfaltigkeiten einführte. Sie erschlossen völlig neuartige Geometrien und dienen noch heute als Prinzip zur Klassifizierung neuer Raumformen. Die Allgemeinheit dieses Begriffes und die auf ihm gründende Methodik ermöglichten Albert Einstein durch Übergang zu ↗pseudo-Riemannschen Mannigfaltigkeiten die Grundlegung der Relativitätstheorie.

Es sei M eine n-dimensionale Riemannsche Mannigfaltigkeit mit der ↗Riemannschen Metrik g. Diese ist eine differenzierbare Abbildung, die jedem Punkt $x \in M$ eine symmetrische Bilinearform

$$g_x : T_x(M) \times T_x(M) \rightarrow \mathbb{R}$$

des Tangentialraumes $T_x(M)$ von M im Punkt x zuordnet. Die elementargeometrischen Grundgrößen von M sind die Bogenlänge $l(\gamma)$ von Kurven γ in M, der innere oder natürliche Abstand $d(x, y)$ von Punkten $x, y \in M$, die Winkelmessung zwischen Tangentialvektoren, die Volumenform ω_g sowie andere aus g abgeleitete Metriken auf den Räumen $\Lambda^k(T_x^*(M))$ der Differentialformen k-ter Stufe, die die Definition und das Berechnen von Inhalten sowie die Integration über k-dimensionale Untermannigfaltigkeiten ermöglichen.

Ist g positiv definit, so wird M mit dem ↗Riemannschen Abstand $d(x, y)$ ein metrischer Raum. Die Abstandsfunktion $d(x, y)$ ist als die größte untere Schranke aller Längen von stückweise glatten, x und y verbindenden, Kurven definiert. Dann erfüllt d die Axiome einer Abstandsfunktion, d. h., es ist $d(x, y) = 0$ genau dann wenn $x = y$, es gilt $d(x, y) = d(y, x)$, und ebenso die Dreiecksungleichung

$$d(x, y) + d(y, z) \geq d(x, z)$$

für alle $x, y, z \in M$.

Viele der von Geraden in $\mathbb{R}^3$ oder $\mathbb{R}^2$ bekannten geometrischen Eigenschaften werden von den geodätischen Kurven (↗Geodätische) $\gamma(t)$ verallgemeinert. Geodätische definiert man als stationäre Punkte des Längenfunktionals

$$l(\gamma) = \int_{t_1}^{t_2} \sqrt{g\left(\frac{d\gamma}{dt}, \frac{d\gamma}{dt}\right)}\, dt = \int_{t_1}^{t_2} \left|\frac{d\gamma}{dt}\right| dt,$$

wobei $t_1, t_2 \in \mathbb{R}$ die Endpunkte des Intervalls sind, auf dem γ definiert ist, und die Betragsstriche die Länge $|\mathfrak{t}| = \sqrt{g(\mathfrak{t}, \mathfrak{t})}$ eines Tangentialvektors bezeichnen. Sie sind „im Kleinen Kürzeste", d. h., sind $x_1 = \gamma(t_1)$ und $x_2 = \gamma(t_2)$ zwei Punkte einer Geodätischen, die keinen zu großen Abstand voneinander haben, so ist das zwischen x_1 und x_2 gelegene Stück von γ die kürzeste Verbindungskurve von x_1 und x_2. Insbesondere stimmt der Kurvenparameter t einer Geodätischen $\gamma(t)$ bis auf affine Transformationen $t \rightarrow mt + n$ mit deren Bogenlänge überein.

Es gibt in Analogie zur Geometrie der Geraden im Euklidischen Raum zu jedem Punkt $x \in M$ und jedem Tangentialvektor $\mathfrak{t} \in T_x(M)$ genau eine Geodätische $\gamma(s)$ mit dem Anfangspunkt $\gamma(0) = x$ und der Anfangsrichtung $\dot{\gamma}(0) = \mathfrak{t}$, die aber i. allg. nur auf einem gewissen Intervall $0 \leq t < \varepsilon$ definiert ist.

Wird die Abhängigkeit der Geodätischen von x und $\mathfrak{t}$ durch $\gamma_{x,\mathfrak{t}}$ bezeichnet, so kann die *Exponentialabbildung*

$$\exp_x : K_\varepsilon(0) \subset T_x(M) \rightarrow M$$

der Kugel

$$K_\varepsilon(0) = \{\mathfrak{s} \in T_x(M); |\mathfrak{s}| \leq \varepsilon\}$$

durch

$$\exp_x(\mathfrak{s}) = \gamma_{x,\mathfrak{s}}(1)$$

definiert werden. Dabei ist $\varepsilon \in \mathbb{R}$ eine hinreichend kleine positive Zahl.

Es sei ferner

$$S_\varepsilon(0) = \{\mathfrak{s} \in T_x(M); |\mathfrak{s}| = \varepsilon\}$$

die Sphäre vom Radius ε. Dann ist $\exp_x$ ein Diffeomorphismus von $K_\varepsilon(0)$ auf eine Umgebung $N_{x\varepsilon}$ von x. Sie bildet die den Nullpunkt mit einem Punkt $\mathfrak{s} \in K_\varepsilon(0)$ verbindenden Geradensegmente in geodätische Strahlen von M ab. Diese Strahlen gehen von x aus und treffen den Rand $\exp_x(S_\varepsilon(0))$ von $N_{x\varepsilon}$ senkrecht. $N_{x\varepsilon}$ heißt *Normalumgebung* von x in M. Ist ε hinreichend klein, so ist die Normalumgebung eine konvexe Umgebung, d. h., zu je zwei Punkten $y_1, y_2 \in N_{x\varepsilon}$ gibt es eine eindeutig bestimmte geodätische Verbindungskurve, die gleichzeitig auch die kürzeste Verbindungskurve zwischen y_1 und y_2 ist.

Im allgemeinen müssen Geodätische nicht bis zu beliebigen Parameterwerten ausdehnbar sein. Davon kann man sich überzeugen, indem man aus einer Geodätischen $\gamma \subset M$ einen Punkt x entfernt. Die komplementäre Mannigfaltigkeit $M \setminus \{x\}$ ist weiterhin Riemannsch, und die beiden verbleibenden Segmente von $\gamma \setminus \{x\}$ sind auch in $M \setminus \{x\}$ Geodätische, deren Verlauf aber im Punkt x unterbrochen ist. Eine Riemannsche Mannigfaltigkeit M heißt *vollständig*, wenn jede Geodätische als parametrische Kurve auf ganz $\mathbb{R}$ definiert ist. Der so definierte Vollständigkeitsbegriff stimmt nach dem Satz von Hopf-Rinow mit dem Vollständigkeitsbegriff der Theorie der metrischen Räum überein.

Der *Injektivitätsradius* d_x einer vollständigen Riemannschen Mannigfaltigkeit M im Punkt $x \in M$ ist die untere Grenze der Längen aller von x in alle möglichen Richtungen ausgehenden Geodätischen, die gleichzeitig kürzeste Verbindungskurve zwischen x und ihrem Endpunkt sind. Zum Beispiel sind die von einem Punkt x einer Sphäre $S_r^n \subset \mathbb{R}^{n+1}$ ausgehenden Geodätischen Segmente $\mathcal{K}$ von ↗Großkreisen von S_r^n, die x mit einem anderen Punkt $y \in S_r^n$ verbinden. Ein Segment $\mathcal{K}$ ist genau dann kürzeste Verbindungskurve von x mit y, wenn seine Länge nicht größer als $\pi\, r$ ist. Der Injektivitätsradius d_x von S_r^n ist daher in allen Punkten $x \in S_r^n$ gleich diesem Wert.

Außer durch metrische Eigenschaften ist die Riemannsche Geometrie durch Krümmungsgrößen bestimmt, die sich als differentielle Invarianten zweiter Ordnung aus dem metrischen Fundamentaltensor ergeben. Eine anschauliche Deutung gibt in der Flächenteorie die ↗Gaußsche Krümmung. In höheren Dimensionen ist die Beschreibung der Krümmungsverhältnisse komplexer. Sie erfolgt durch den ↗Riemannschen Krümmungstensor K, aus dem sich andere Krümmungsgrößen wie der ↗Ricci-Tensor, die ↗Schnittkrümmung K_σ oder die ↗skalare Krümmung durch tensorielle Operationen ableiten lassen. Er enthält alle wesentlichen Krümmungsinformationen.

Aus manchen Eigenschaften dieser Krümmungsfunktionen kann man auf topologische Eigenschaften der Mannigfaltigkeit M schließen. Die Krümmungseigenschaften haben lokalen Charakter, d. h, sie sind vom Verhalten von K in den Umgebungen der Punkte von M bestimmt, während topologische Eigenschaften die Mannigfaltigkeit im Großen beschreiben. Die ↗globale Riemannsche Geometrie untersucht den wechselseitigen Einfluß von lokalen und globalen Eigenschaften.

Da die Gesamtheit der Riemannschen Mannigfaltigkeiten unübersehbar groß ist, untersucht man spezielle einfachere Riemannschen Mannigfaltigkeiten, die durch zusätzliche Strukturen, z. B. eine mit g verträgliche komplexe Struktur oder die transitive Wirkung einer Lie-Gruppe G von Isometrien definiert werden. Im ersten Fall gelangt man zu Hermiteschen Mannigfaltigkeiten, im zweiten Fall zu homogenen Riemannschen Räumen. Homogene Riemannsche Räume sind vollständig. Ihr Krümmungstensor steht in enger Beziehung zum Kommutator der Lie-Algebra $\mathfrak{g}$ der Isometriegruppe G. Ist G eine Lie-Gruppe und $K \subset G$ eine kompakte Untergruppe, so besitzt der Faktorraum G/K, d. h., die Menge aller Nebenklassen

$$gK = \left\{g_1 \in G; g_1^{-1}\, g \in K\right\},$$

die Struktur einer homogenen Riemannschen Mannigfaltigkeit.

Eine wichtige Klasse homogener Riemannscher Räume sind die symmetrischen. Um diesen Begriff zu erklären, definiert man zunächst die *geodätische Spiegelung* s_x in einer Umgebung eines Punktes x einer Riemannschen Mannigfaltigkeit M, indem man die Punktspiegelung

$$s_0 : \mathfrak{s} \in T_x(M) \to -\mathfrak{s} \in T_x(M)$$

des Tangentialraumes am Ursprung mit Hilfe der Exponentialabbildung in eine Abbildung $s_x = \exp_x \circ s_0 \circ \exp_x^{-1}$ der Normalumgebung überführt. M wird *symmetrischer Raum* genannt, wenn s_x für jeden Punkt $x \in M$ eine isometrische Abbildung ist. Aus dieser Eigenschaft ergibt sich zunächst, daß M homogen und vollständig ist. Weitere Folgerungen führen bis zur Klassifizierung der symmetrischen Räume.

Literatur

[1] Gromoll, D.; Klingenberg, W.; Meyer, W.: Riemannsche Geometrie im Großen. Springer-Verlag Berlin/Heidelberg/New York, 1968.

[2] Helgason, S.: Differential Geometry and Symmetric Spaces. Academic Press New York, 1962.

[3] Klotzek, B.: Einführung in die Differentialgeometrie II. Deutscher Verlag der Wissenschaften, 1981.

Riemannsche Hypothese, ältere Bezeichnung für die ↗Riemannsche Vermutung.

Riemannsche Krümmung, ↗Schnittkrümmung.

Riemannsche Mannigfaltigkeit, eine differenzierbare Mannigfaltigkeit M mit der Eigenschaft, daß auf jedem Tangentialraum $T_p(M)$ eine nicht ausgeartetete symmetrische Bilinearform

$$g_p : T_p(M) \times T_p(M) \rightarrow \mathbb{R}$$

definiert ist, die differenzierbar vom Punkt $p \in M$ abhängt. Die Bilinearform g nennt man den ↗metrischen Fundamentaltensor oder die ↗Riemannsche Metrik von M.

Man unterscheidet eigentliche und pseudo-Riemannsche Mannigfaltigkeiten. Eigentliche Riemannsche Mannigfaltigkeiten sind durch einen positiv definiten Fundamentaltensor gekennzeichnet, während der Fundamentaltensor von pseudo-Riemannschen Mannigfaltigkeiten indefinit ist. Eine differenzierbare Mannigfaltigkeit ist parakompakt, wenn sie Hausdorffsch ist und ihre Topologie eine abzählbare Basis besitzt. Mit Hilfe der Methode der Zerlegung der Einheit beweist man:

Auf jeder parakompakten differenzierbaren Mannigfaltigkeit existieren positiv definite Riemannsche Metriken.

Anders ist es bei pseudo-Riemannschen Metriken. Diese existieren auf einer Riemannsche Mannigfaltigkeit M nur, wenn M bestimmte topologische Bedingungen erfüllt.

Siehe auch ↗Riemannsche Fläche und ↗Riemannsche Geometrie.

[1] Sulanke, R.; Wintgen, P.: Differentialgeometrie und Faserbündel. Deutscher Verlag der Wissenschaften, Berlin, 1972.

Riemannsche Metrik, das zweifach kovariante symmetrische Tensorfeld g, das auf einer differenzierbaren Mannigfaltigkeit die Struktur eines Riemannschen Raumes definiert. Siehe auch ↗metrischer Fundamentaltensor.

Riemannsche Periodenrelationen, ↗Hodge-Struktur.

Riemannsche Untermannigfaltigkeit, Untermannigfaltigkeit $\widetilde{N}^n \subset M^m$ $(m \geq n)$ einer ↗Riemannschen Mannigfaltigkeit M^m.

Jede Untermannigfaltigkeit $\widetilde{N}^n \subset M^m$ ist a priori mit einer ↗Riemannschen Metrik g_i, der induzierten Metrik, versehen. Ist $\widetilde{N}^n$ orientierbar, so ergibt sich aus g_i eine Differentialform der Stufe n, die Volumenform von $\widetilde{N}^n$, und aus dieser durch n-fache Integration das n-dimensionale Volumen von $\widetilde{N}^n$.

Allgemeiner wird auch eine differenzierbare Abbildung $f : N^n \rightarrow M^m$ einer beliebigen Mannigfaltigkeit N^n, deren lineare tangierende Abbildung

$$f_* : T_x N^n \rightarrow T_{f(x)} M^m$$

injektiv ist, als Riemannsche Untermannigfaltigkeit angesehen. Diese Bedingung ist gleichwertig damit, daß die Funktionalmatrix von f in bezug auf ein beliebiges Koordinatensystem in allen Punkten $x \in N$ den Rang n hat. Eine solche Abbildung f heißt Immersion.

Es sei g die ↗Riemannsche Metrik von M^m. Jede Immersion f definiert eine eindeutig bestimmte Riemannsche Metrik $f^*(g)$ auf N^n, die durch

$$f^*(g)(\mathfrak{t}, \mathfrak{s}) = g(f_*(\mathfrak{t}), f_*(\mathfrak{s})) \text{ für } \mathfrak{t}, \mathfrak{s} \in T_x(n)$$

definiert ist. Die Bildmenge $\widetilde{N}^n = f(N^n)$ heißt immergierte Riemannsche Untermannigfaltigkeit. Wenn f eine Immersion ist, besitzt jeder Punkt $x \in N^n$ eine Umgebung $U \subset N^n$ derart, daß die Einschränkung von f auf U injektiv und die Bildmenge $f(U) \subset M^m$ eine Untermannigfaltigkeit ist. Da f aber im ganzen nicht injektiv ist, ist die Vereinigung $f(U_1) \cup f(U_2)$ zweier solcher Untermannigfaltigkeiten im allgemeinen keine Untermannigfaltigkeit mehr, selbst wenn $U_1, U_2 \subset N^n$ disjunkt sind.

Wenn $\widetilde{N}^n$ selbst eine Untermannigfaltigkeit von M^m und f ein Diffeomorphismus auf $\widetilde{N}^n$ ist, identifiziert man die Punkte von $x \in N^n$ mit ihren Bildpunkten $f(x) \in \widetilde{N}^n$ und nennt $f : N^n \rightarrow M^m$ eine Einbettung, sowie $\widetilde{N}^n$ bzw. N^n eine eingebettete Riemannsche Untermannigfaltigkeit.

Riemannsche Vermutung, eine der berühmtesten noch offenen Fragestellungen der Mathematik.

Sie besagt, daß alle Nullstellen z der ↗ Riemannschen ζ-Funktion im kritischen Streifen

$$S = \{ z \in \mathbb{C} : 0 < \operatorname{Re} z < 1 \}$$

auf der Vertikalgeraden $\operatorname{Re} z = \frac{1}{2}$ liegen.

Für weitere Informationen siehe ↗ Riemannsche ζ-Funktion.

Riemannsche Zahlenkugel, ältere Bezeichnung für die Riemannsche Zahlensphäre (↗abgeschlossener komplexer Raum), siehe hierzu auch ↗Riemannsche Fläche und ↗ Kompaktifizierung von $\mathbb{C}$.

Riemannsche Zahlensphäre, ↗abgeschlossener komplexer Raum.

Riemannsche ζ-Funktion, definiert durch die unendliche Reihe

$$\zeta(z) := \sum_{n=1}^{\infty} \frac{1}{n^z} .$$

Diese Reihe ist die wohl bekannteste Dirichlet-Reihe. Sie ist in der Halbebene $H = \{ z \in \mathbb{C} : \operatorname{Re} z > 1 \}$ normal konvergent und definiert daher eine in H ↗holomorphe Funktion ζ.

An den geraden natürlichen Zahlen können die Werte der ζ-Funktion explizit berechnet werden. Es gilt die Eulersche Formel

$$\zeta(2k) = \frac{(-1)^{k+1}(2\pi)^{2k}}{2(2k)!} B_{2k} , \quad k \in \mathbb{N} ,$$

wobei B_{2k} die ↗Bernoullischen Zahlen sind. Beispielsweise gilt

$$\zeta(2) = \frac{\pi^2}{6}, \ \zeta(4) = \frac{\pi^4}{90}, \ \zeta(6) = \frac{\pi^6}{945},$$

$$\zeta(8) = \frac{\pi^8}{9450}.$$

Für $k \in \mathbb{N}, k \geq 2$ kann die k-te Potenz der ζ-Funktion als Dirichlet-Reihe dargestellt werden, denn es gilt

$$\zeta^k(z) = \sum_{n=1}^{\infty} \frac{d_k(n)}{n^z},$$

wobei

$$d_k(n) := \sum_{n_1 \cdots n_k = n} 1$$

die Anzahl der Möglichkeiten, n als Produkt von genau k Faktoren zu schreiben, bezeichnet. Dabei werden auch Produkte, die sich nur durch die Reihenfolge der Faktoren unterscheiden, als verschieden angesehen. Speziell ist $d_2(n) = d(n)$ die Anzahl der Teiler von n, wobei 1 und n mitgezählt werden. Eine entsprechende Darstellung gilt für den Kehrwert der ζ-Funktion, nämlich

$$\frac{1}{\zeta(z)} = \sum_{n=1}^{\infty} \frac{\mu(n)}{n^z},$$

wobei μ die sog. Möbius-Funktion ist, d. h.

$$\mu(n) = \begin{cases} 1, & \text{falls } n = 1, \\ (-1)^k, & \text{falls } n = p_1 \cdots p_k \text{ mit} \\ & \text{verschiedenen } p_1, \ldots, p_k \in \mathbb{P}, \\ 0, & \text{falls } p^2 \mid n \text{ für ein } p \in \mathbb{P}. \end{cases}$$

Dabei bezeichnet $\mathbb{P}$ die Menge der Primzahlen.

Für die Reste der ζ-Reihe

$$R_N(z) := \zeta(z) - \sum_{n=1}^{N} \frac{1}{n^z}, \quad N \in \mathbb{N}$$

gilt folgende Abschätzung. Ist $x_0 > 0$ und $0 < \delta < 1$, so existiert eine nur von x_0 und δ abhängige Konstante $C = C(x_0, \delta) > 0$ derart, daß für $z = x + iy$ mit $x \geq x_0$ und $|y| \leq 2\pi\delta N$ gilt

$$R_N(z) = \frac{N^{1-z}}{z-1} + r_N(z)$$

und $|r_N(z)| \leq CN^{-x}$.

Die ζ-Funktion besitzt eine ↗holomorphe Fortsetzung in $\mathbb{C} \setminus \{1\}$ und hat an $z = 1$ eine ↗Polstelle der Ordnung 1 mit ↗Residuum Res $(\zeta, 1) = 1$. Die ↗Laurent-Entwicklung von ζ mit Entwicklungspunkt 1 lautet

$$\zeta(z) = \frac{1}{z-1} + \sum_{k=0}^{\infty} \gamma_k (z-1)^k, \quad z \neq 1,$$

wobei

$$\gamma_k := \frac{(-1)^k}{k!} \lim_{N \to \infty} \left(\sum_{m=1}^{N} \frac{\log^k m}{m} - \frac{\log^{k+1} N}{k+1} \right).$$

Speziell ist $\gamma_0 = \gamma$ die ↗Eulersche Konstante.

Weiter gilt die Funktionalgleichung

$$\zeta(z) = 2^z \pi^{z-1} \Gamma(1-z) \zeta(1-z) \sin \tfrac{\pi z}{2}, \quad z \neq 1,$$

wobei Γ die ↗Eulersche Γ-Funktion ist. Setzt man

$$\xi(z) := z(z-1)\pi^{-z/2} \Gamma\left(\tfrac{z}{2}\right) \zeta(z),$$

so ist ξ eine ↗ganze Funktion, und die Funktionalgleichung schreibt sich in der Form

$$\xi(z) = \xi(1-z), \quad z \in \mathbb{C}.$$

Aus der Funktionalgleichung erhält man $\zeta(z) = 0$ für $z = -2, -4, -6, \ldots$. Diese Punkte nennt man die trivialen Nullstellen der ζ-Funktion. Weiter folgt, daß außerhalb des Vertikalstreifens

$$S = \{z \in \mathbb{C} : 0 < \operatorname{Re} z < 1\}$$

keine weiteren Nullstellen liegen. Man nennt S auch den kritischen Streifen von ζ.

Die berühmte Riemannsche Vermutung lautet: *Ist $\zeta(z) = 0$ und $z \in S$, so gilt* $\operatorname{Re} z = \frac{1}{2}$.

Sie ist bis heute weder bewiesen noch widerlegt worden.

Der Satz von Hardy besagt, daß auf der Geraden $\operatorname{Re} z = \frac{1}{2}$ unendlich viele Nullstellen der ζ-Funktion liegen. Für $y > 0$ bezeichne $n(y)$ die Anzahl der Nullstellen $z \in S$ von ζ mit $0 < \operatorname{Im} z < y$. Dann gilt die asymptotische Formel von Riemann-Mangoldt

$$n(y) = \frac{y}{2\pi} \log \frac{y}{2\pi} - \frac{y}{2\pi} + r(y),$$

wobei $r(y) \leq c \log y$ mit einer Konstanten $c > 0$.

Die Riemannsche ζ-Funktion spielt eine zentrale Rolle in der Zahlentheorie, insbesondere beim Beweis des ↗Primzahlsatzes. Ein Zusammenhang zu Primzahlen liefert die Eulersche Produktentwicklung für die ζ-Funktion

$$\zeta(z) = \prod_{p \in \mathbb{P}} \frac{1}{1 - p^{-z}}, \quad z \in H.$$

Für die logarithmische Ableitung der ζ-Funktion erhält man

$$\frac{\zeta'(z)}{\zeta(z)} = -\sum_{n=1}^{\infty} \frac{\Lambda(n)}{n^z}, \quad z \in H,$$

wobei

$$\Lambda(n) = \begin{cases} \log p, & \text{falls } n = p^k, p \in \mathbb{P}, k \in \mathbb{N}, \\ 0, & \text{sonst.} \end{cases}$$

Man nennt Λ auch Mangoldtsche Funktion. In diesem Zusammenhang sei noch die Tschebyschew-Funktion ψ erwähnt, die für $x \geq 1$ durch

$$\psi(x) := \sum_{n \leq x} \Lambda(n)$$

definiert ist.

Riemannscher Abbildungssatz, lautet:

Es sei $G \subset \mathbb{C}$ ein einfach zusammenhängendes ↗Gebiet, $G \neq \mathbb{C}$ und $z_0 \in G$.

Dann existiert genau eine ↗konforme Abbildung f von G auf $\mathbb{E} = \{z \in \mathbb{C} : |z| < 1\}$ mit

$$f(z_0) = 0 \quad und\, f'(z_0) > 0\,.$$

Aus dem Satz von Liouville folgt sofort, daß es keine konforme Abbildung von $\mathbb{C}$ auf $\mathbb{E}$ gibt.

Man erhält leicht folgende allgemeinere Version des Abbildungssatzes.

Es seien $G_1 \neq \mathbb{C}$ und $G_2 \neq \mathbb{C}$ zwei einfach zusammenhängende Gebiete, $z_0 \in G_1$ und $w_0 \in G_2$.

Dann existiert genau eine konforme Abbildung f von G_1 auf G_2 mit $f(z_0) = w_0$ und $f'(z_0) > 0$.

Dieses Ergebnis kann man auch kurz wie folgt ausdrücken: Je zwei einfach zusammenhängende Gebiete $G_1 \neq \mathbb{C}$ und $G_2 \neq \mathbb{C}$ sind konform äquivalent. Die konforme Äquivalenz liefert eine Äquivalenzrelation auf der Menge aller einfach zusammenhängenden Gebiete in $\mathbb{C}$. Es existieren genau zwei Äquivalenzklassen, wobei die erste nur $\mathbb{C}$ und die zweite alle anderen einfach zusammenhängenden Gebiete enthält.

Eine weitere Version des Abbildungssatzes behandelt sog. Außengebiete kompakter Mengen.

Es sei $K \subset \mathbb{C}$ eine zusammenhängende, kompakte Menge derart, daß K mindestens zwei Punkte enthält und $K^c := \mathbb{C} \setminus K$ genau eine Zusammenhangskomponente besitzt. Dann existiert genau eine konforme Abbildung f von

$$\Delta = \{z \in \mathbb{C} : |z| > 1\}$$

auf K^c derart, daß für $w \in \Delta$ gilt

$$f(w) = cw + c_0 + \sum_{n=1}^{\infty} \frac{c_n}{w^n}\,,$$

wobei $c > 0$.

Schließlich wird noch auf einen Abbildungssatz für zweifach zusammenhängende Gebiete $G \subset \mathbb{C}$ eingegangen. Dabei heißt G zweifach zusammenhängend, falls $\widehat{\mathbb{C}} \setminus G$ genau zwei Zusammenhangskomponenten K_1 und K_2 besitzt. Hierbei sind zwei Fälle zu unterscheiden.

(i) Sind beide Mengen K_1 und K_2 nicht punktförmig, so existiert eine konforme Abbildung f von G auf einen Kreisring

$$A_r = \{z \in \mathbb{C} : 1 < |z| < r\}\,.$$

Dabei ist die Zahl $r \in (1, \infty)$ eindeutig bestimmt. Sie heißt der Modul von G.

(ii) Ist genau eine der Mengen K_1 und K_2 punktförmig, so existiert eine konforme Abbildung f von G auf den ausgearteten Kreisring

$$A_\infty = \{z \in \mathbb{C} : 1 < |z| < \infty\}\,.$$

Der Fall, daß K_1 und K_2 nur aus einem Punkt bestehen, ist uninteressant, da dann $G = \mathbb{C} \setminus \{z_0\}$ für ein $z_0 \in \mathbb{C}$.

Riemannscher Abstand, auch natürlicher Abstand, in einer ↗Riemannschen Mannigfaltigkeit M mit positiv definiter Metrik die Abstandsfunktion ϱ, die jedem Paar (x, y) von Punkten in M das Infimum $\varrho(x, y)$ der Bogenlängen aller stückweise glatten Kurven zuordnet, die x mit y verbinden.

Mit der Abstandsfunktion ϱ wird M zu einem ↗metrischen Raum.

Riemannscher Bereich, höherdimensionale Verallgemeinerung der ↗Riemannschen Fläche.

Ein reduzierter komplexer Raum X zusammen mit einer offenen holomorphen Abbildung $\varphi : X \to \mathbb{C}^m$ ist ein Riemannscher Bereich über $\mathbb{C}^m$, wenn jede Faser $\varphi^{-1}(\varphi(x))$, $x \in X$, diskret in X ist. Ist zusätzlich φ lokal-topologisch, so heißt X unverzweigt.

Jeder Riemannsche Bereich über dem $\mathbb{C}^m$ ist holomorph ausbreitbar. Jeder Steinsche Riemannsche Bereich X über dem $\mathbb{C}^m$ ist ein Holomorphiebereich (d. h. es gibt eine Funktion $f \in \mathcal{O}(X)$, die in keinen X "echt umfassenden" Riemannschen Bereich holomorph fortsetzbar ist).

Riemannscher Existenzsatz, lautet:

Seien X' ein normaler komplexer Raum, Y ein ↗algebraisches Schema über $\mathbb{C}$, und $f' : X' \to Y^{an}$ ein endlicher Morphismus komplexer Räume.

Dann gibt es einen eindeutig bestimmten endlichen Morphismus $f : X \to Y$ mit einem normalen Schema X und einen Isomorphismus $\sigma : X^{an} \to X'$ mit

$$f^{an} = f' \circ \sigma\,.$$

In dieser Form stammt das Ergebnis von Grauert und Remmert, der Spezialfall $Y = \mathbb{P}^1_{\mathbb{C}}$ stammt von Riemann und ist Teil des Beweises dafür, daß jede kompakte Riemannsche Fläche X eine algebraische Kurve ist. Der schwierigere Teil ist der Nachweis der Existenz einer meromorphen Funktion auf X, d. h., eines endlichen Morphismus'

$$f : X \to (\mathbb{P}^1)^{an}\,.$$

Riemannscher Hebbarkeitssatz, ein klassischer Satz der univariaten Funktionentheorie, der wie folgt lautet:

Es sei $G \subset \mathbb{C}$ ein ↗Gebiet, $z_0 \in G$ und f eine in $G \setminus \{z_0\}$ ↗holomorphe Funktion. Weiter gelte $\lim_{z \to z_0} (z - z_0) f(z) = 0$.

Dann ist z_0 eine ↗hebbare Singularität von f.

Die Voraussetzung $\lim_{z \to z_0} (z - z_0) f(z) = 0$ ist beispielsweise erfüllt, wenn eine Umgebung $U \subset G$ von z_0 existiert derart, daß f in $U \setminus \{z_0\}$ beschränkt ist.

Für Verallgemeinerungen und Modifikationen dieses Satzes vgl. die nachfolgenden Stichwörter.

Riemannscher Hebbarkeitssatz, erster, Verallgemeinerung des eindimensionalen Hebbarkeitssatzes auf n-dimensionale Gebiete.

Sei $G \subset \mathbb{C}^n$ ein Gebiet, und sei $A \subset G$ abgeschlossen und in einer eigentlichen analytischen Teilmenge von G enthalten. Dann induziert die Inklusion $i : G \backslash A \to G$ einen Isomorphismus i^0 von topologischen Algebren zwischen $\mathcal{O}(G)$ und der Unteralgebra von $\mathcal{O}(G \backslash A)$, die aus allen Funktionen in $\mathcal{O}(G \backslash A)$ besteht, welche lokal beschränkt auf A sind, d. h., jedes $a \in A$ besitzt eine Umgebung $U \subset G$ so, daß $\|f\|_{U \backslash A} < \infty$ gilt.

Daraus folgt, daß jede Funktion in $\mathcal{O}(G \backslash A)$, die lokal beschränkt auf A ist, eine eindeutige holomorphe Fortsetzung auf G besitzt, und eine Folge von Funktionen in $\mathcal{O}(G)$ konvergiert genau dann auf G, wenn sie auf $G \backslash A$ konvergiert.

Riemannscher Hebbarkeitssatz für normale komplexe Räume, Verallgemeinerung des zweiten Riemannschen Hebbarkeitssatzes für Bereiche im $\mathbb{C}^n$.

Ein reduzierter komplexer Raum X heißt normal, wenn seine offenen Teilmengen den ersten (strengen) Riemannschen Hebbarkeitssatz erfüllen, d. h., schwach holomorphe Funktionen sind holomorph. Für solche Räume kann der zweite Riemannsche Hebbarkeitssatz verallgemeinert werden:

Sei X ein normaler komplexer Raum und $A \subset X$ eine analytische Teilmenge, die mindestens Kodimension 2 besitzt.

Dann besitzt jede holomorphe Funktion auf $X \backslash A$ eine eindeutige holomorphe Fortsetzung auf X, und die Inklusion $X \backslash A \subset X$ (X offen) induziert einen Isomorphismus von topologischen Algebren

$$\mathcal{O}(X) \cong \mathcal{O}(X \backslash A) .$$

Riemannscher Hebbarkeitssatz, zweiter, Folgerung aus dem ersten Riemannschen Hebbarkeitssatz, in der ein Phänomen auftaucht, welches der eindimensionalen Theorie fremd ist.

Sei $X \subset \mathbb{C}^n$ ein Bereich und $A \subset X$ eine analytische Teilmenge. Wenn A mindestens die Kodimension 2 besitzt, dann ist die Einschränkungsabbildung

$$\mathcal{O}(X) \to \mathcal{O}(X \backslash A)$$

ein Isomorphismus von topologischen Algebren.

Riemannscher Krümmungstensor, Maß für die Krümmung einer Riemannschen oder Pseudo-Riemannschen differenzierbaren Mannigfaltigkeit.

Berücksichtigt wird dabei der Effekt, daß sich bei Anwesenheit von Krümmung ein infinitesimales Rechteck nicht mehr schließt. Formelmäßig wird dies dadurch beschrieben, daß ↗kovariante Ableitungen nicht mehr vertauschbar sind.

Formal definiert ist der Riemannsche Krümmungstensor ein Tensorfeld vierter Stufe auf einer ↗Riemannschen Mannigfaltigkeit (M, g), das durch die ↗Riemannsche Metrik g von M bestimmt ist und alle Informationen über die Krümmungseigenschaften von (M, g) enthält.

Bezeichnet man mit ∇ den ↗Levi-Civita-Zusammenhang von (M, g) und wählt drei differenzierbare Vektorfelder X, Y, Z, die in einer Umgebung eines Punkte $x \in M$ definiert sind, wird ein neues Vektorfeld $R(X, Y)Z$ durch

$$R(X, Y)Z = \nabla_X \nabla_Y Z - \nabla_Y \nabla_X Z - \nabla_{[X,Y]} Z$$

definiert, wobei $[X, Y]$ der Kommutator der Vektorfelder X und Y ist.

Der Wert $R(X, Y)Z(x)$ hängt dann nur von den Werten $X(x)$, $Y(x)$, $Z(x)$ im Punkt x, nicht von ihren Ableitungen ab. Daher ist die Zuordnung $(X, Y, Z) \to R(X, Y)Z$ eine lineare Abbildung des dreifachen Tensorproduktes

$$R : T_x(M) \otimes T_x(M) \otimes T_x(M) \otimes \to T_x(M)$$

des Tangentialraumes $T_x(M)$ in sich.

Diese Definition des Krümmungstensors wird nicht nur auf den Levi-Civita-Zusammenhang angewendet, sondern auf beliebige Mannigfaltigkeiten, die mit einem affinen Zusammenhang oder linearen Zusammenhang versehen sind.

Den Kommutator zweier Vektorfelder X und Y definiert man wie folgt: Man identifiziert die Menge aller Vektorfelder mit der Lie-Algebra aller Derivationen der Algebra $V^\infty(M)$ aller glatten Funktionen auf M. Dabei sieht man X und Y als Operatoren an, die einer differenzierbaren Funktion f auf M die Richtungsableitungen Xf bzw. Yf zuordnen, und definiert $[X, Y]$ als neue Richtungsableitung

$$[X, Y]f = X(Yf) - Y(Xf) .$$

Sind $X = \partial_i = \partial / \partial x_i$ und $Y = \partial_j = \partial / \partial x_j$ die tangentialen Vektorfelder an die i-te bzw j-te Koordinatenlinie eines lokalen Koordinatensystem $(x_1, \ldots, x_n)$ auf M, so ist $\partial_i f$ die gewöhnliche partielle Ableitung nach der Variablen x_i, und für den Kommutator gilt $[\partial_i \partial_j] = 0$.

Die Tangentialvektorfelder $\partial_i = \partial/\partial x_i$ bilden eine Basis von $T_x(M)$. Daher kann man den Krümmungstensor durch seine lokalen Koeffizienten R^l_{kij} in dieser Basis ausdrücken: Die Gesamtheit der durch $R(\partial_i, \partial_j)\partial_k = R^l_{kij}\partial_l$ definierten Größen nennt man ebenfalls Riemannschen Krümmungstensor oder genauer seine lokalen Koeffizienten. Sie lassen sich aus den partiellen Ableitungen der ↗Christoffelsymbole des ↗Levi-Civita-Zusammenhangs von (M, g) wie folgt errechnen:

$$R^l_{kij} = \partial_i \Gamma^l_{jk} - \partial_j \Gamma^l_{ik} + \sum_{p=1}^{n} \Gamma^p_{jk}\Gamma^l_{ip} - \Gamma^p_{ik}\Gamma^l_{jp} \,.$$

Der Riemannsche Krümmungstensor erfüllt neben den beiden ↗Bianchi-Identitäten die Symmetriebeziehungen

$$R(X, Y) = -R(X, Y)$$

und

$$g(R(X, Y)Z, U) + g(R(X, Y)U, Z) = 0 \,.$$

Im Fall niedriger Dimensionen n gelten folgende Besonderheiten: Für $n = 1$ ist der Riemannsche Krümmungstensor gleich Null, für $n = 2$ reduziert er sich auf eine einzige nichttriviale Komponente, die zur Gaußschen Krümmung proportional ist, und für $n = 3$ sind Riemann-Tensor und Ricci-Tensor zueinander proportional.

Riemannscher Raum, ↗Riemannsche Mannigfaltigkeit.

Riemannscher Umordnungssatz, eine starke Aussage über Reihen reeller Zahlen, die konvergent, aber nicht absolut konvergent sind, also bedingt konvergente Reihen.

Eine einfache Formulierung des Satzes besagt, daß eine Reihe

$$\sum_n x_n$$

reeller Zahlen genau dann unbedingt konvergiert, wenn sie absolut konvergiert. (Die Hinlänglichkeit der absoluten Konvergenz wurde bereits von Dirichlet erkannt (Dirichletscher Umordnungssatz).) Darüberhinaus kann man eine konvergente, aber nicht absolut konvergente Reihe so umordnen, daß die permutierte Reihe $\sum_n x_{\pi(n)}$ einen vorher festgelegten Wert hat, und man kann sie auch zu einer divergenten Reihe umordnen:

Ist $\sum_n x_n$ eine konvergente Reihe reeller Zahlen, die nicht absolut konvergent ist, so gibt es zu jedem $s \in \mathbb{R} \cup \{-\infty, \infty\}$ eine Umordnung, d. h. eine bijektive Abbildung $\pi : \mathbb{N} \to \mathbb{N}$ (Permutation von $\mathbb{N}$), mit

$$\sum_j a_{\pi(j)} = s \,.$$

Die Äquivalenz von unbedingter und absoluter Konvergenz gilt natürlich auch für komplexe Reihen oder für Reihen im $\mathbb{R}^d$, man braucht den Riemannschen Umordnungssatz lediglich komponentenweise anzuwenden. Sie gilt jedoch in keinem unendlichdimensionalen Banachraum (↗Dvoretzky-Rogers, Satz von).

Weitaus schwieriger ist es, die durch Umordnung zu erzielenden Reihenwerte $\sum_n x_{\pi(n)}$ zu ermitteln. Sei $\sum_n x_n$ eine konvergente Reihe im $\mathbb{R}^d$ und Σ die Menge der Punkte $s \in \mathbb{R}^d$ so, daß eine Permutation π mit $s = \sum_n x_{\pi(n)}$ existiert. Im Fall $d = 1$ ist entweder Σ einpunktig, und die Reihe ist absolut konvergent, oder es ist $\Sigma = \mathbb{R}$. Im Fall beliebiger Dimension d besagt der Satz von Lévy-Steinitz, daß Σ stets ein affiner Unterraum des $\mathbb{R}^d$ ist. Der Fall $d = 2$ beschreibt komplexe Reihen und geht auf Lévy (1905) zurück; der allgemeine Fall wurde von Steinitz (1913) bewiesen (↗Steinitz, Satz von).

Die Aussage des Satzes von Lévy-Steinitz gilt in keinem unendlichdimensionalen Banachraum.

[1] Kadets, M. I.; Kadets, V. M.: Series in Banach Spaces. Birkhäuser Basel, 1997.

[2] Walter, W.: Analysis 1. Springer-Verlag Heidelberg/Berlin, 1992.

Riemannscher Zusammenhang, ein Zusammenhang ∇ auf einer ↗Riemannschen Mannigfaltigkeit (M, g), für den der ↗metrische Fundamentaltensor g parallel übertragen wird.

Diese Eigenschaft ist gleichwertig mit dem Bestehen der Ricci-Identität

$$Z g(X, Y) = g(\nabla_Z X, Y) + g(X, \nabla_Z Y) \,,$$

in der X, Y, Z Vektorfelder auf M bezeichnen. Ist der Riemannsche Zusammenhang ∇ außerdem torsionsfrei, d. h., gilt

$$\nabla_X Y - \nabla_Y X = [X, Y] \,,$$

so stimmt er mit dem ↗Levi-Civita-Zusammenhang vom (M, g) überein.

Riemannsches Gebiet mit Aufpunkt, Begriff in der Funktionentheorie mehrerer Variabler.

Sei $\zeta_0 \in \mathbb{C}^n$ fest gewählt. Dann versteht man unter einem (Riemannschen) Gebiet über dem $\mathbb{C}^n$ mit Aufpunkt ein Tripel (G, φ, x_0), für das gilt:

- (G, φ) ist ein Riemannsches Gebiet über dem $\mathbb{C}^n$, und
- $\varphi(x_0) = \zeta_0$.

Den Punkt x_0 nennt man den Aufpunkt.

Ein Riemannsches Gebiet (G, φ, x_0) über dem $\mathbb{C}^n$ mit Aufpunkt heißt schlicht, falls gilt:

- $G \subset \mathbb{C}^n$, und
- $\varphi = id_G$ ist die natürliche Inklusion.

Riemannsches Integral, ↗Riemann-Integral.

Ries, Adam, deutscher Rechenmeister und Algebraiker, geb. 1492 Staffelstein, gest. 30.3.1559 Annaberg.

Ries besuchte die Schule in Zwickau und ging dann nach Annaberg. 1518 kam er nach Erfurt und wurde in Arithmetik und Algebra ausgebildet. Um 1525 kehrte er wieder zurück nach Annaberg, um Bergbaubeamter zu werden. Dort gründete er 1525 eine Rechenschule. Daneben arbeitete er auch als Gerichtsschreiber und Beauftragter der sächsischen Herzöge. 1539 wurde er Hofmathematiker.

Ries' Hauptleistung sind seine Lehrbücher. Sein berühmtestes Buch „Rechenung auff der Linihen unnd Federn in zal, maß und gewicht auff allerley handierung" wurde 1522 zu erstenmal veröffentlicht. Er führt hier die Rechnung (Addition, Subtraktion, Multiplikation und als einer der ersten auch Division) mit den indisch-arabischen Ziffern ein. Es war eines der ersten gedruckten Bücher.

Daneben beschäftigte sich Ries auch mit Algebra und schrieb 1524 „Coss", das aber nie veröffentlicht wurde.

Ries' Ruhm gründete sich vor allen Dingen auf den hervorragenden pädagogischen Stil seiner Lehrbücher, die nicht nur für Wissenschaftler und Ingenieure, sondern auch für das „gemeine Volk", verständlich waren.

Riesz, Beschränktheitssatz von, lautet:

Es sei

$$f(z) = \sum_{k=0}^{\infty} a_k z^k$$

eine Potenzreihe mit beschränkter Koeffizientenfolge (a_k) *und ↗Konvergenzkreis* $B_R(0)$, $R \in (0, \infty)$. *Weiter sei* $L \subset \partial B_R(0)$ *ein Holomorphiebogen von f, d. h., L ist ein abgeschlossener Kreisbogen, und f ist in jeden Punkt von L ↗holomorph fortsetzbar.*

Dann ist die Folge (s_n) *der Partialsummen*

$$s_n(z) = \sum_{k=0}^{n} a_k z^k$$

gleichmäßig beschränkt auf L, d. h., es existiert eine Konstante $M > 0$ *mit* $|s_n(z)| \le M$ *für alle* $z \in L$ *und alle* $n \in \mathbb{N}_0$.

Riesz, Darstellungssatz von, lautet:

Es sei Ω *ein topologischer Raum und* $\mathcal{B}(\Omega)$ *die Borel-σ-Algebra in* Ω. *Dann gilt:*

(a) Ist Ω *lokalkompakt, und*

$$I : \{f : \Omega \to \mathbb{R} \mid f \text{ stetig mit kompaktem Träger}\} \to \mathbb{R}$$

linear und positiv, so gibt es genau ein Radon-Maß μ *auf* $\mathcal{B}(\Omega)$ *mit der Eigenschaft, daß f* μ*-integrierbar ist, und*

$$\int f d\mu = I(f)$$

stetig für alle f mit kompaktem Träger.

(b) Ist Ω *vollständig regulär und*

$$I : \{f : \Omega \to \mathbb{R} \mid f \text{ stetig, beschränkt}\} \to \mathbb{R}$$

linear und positiv, wobei zu jedem $\varepsilon > 0$ *ein kompaktes* $K \subseteq \Omega$ *so existiert, daß* $I(f) < \varepsilon$ *für alle f mit* $0 \le f \le 1$ *und* $f|_K = 0$, *so gibt es genau ein Radon-Maß* μ *auf* $\mathcal{B}(\Omega)$ *mit der Eigenschaft, daß f* μ*-integrierbar ist, und*

$$\int f d\mu = I(f)$$

stetig für alle beschränkten f.

(c) Die Aussage in (b) gilt auch, wenn man anstelle der Menge der stetigen beschränkten Funktionen die der stetigen Funktionen betrachtet.

In mehr funktionalanalytischer Formulierung macht der Darstellungssatz von Riesz eine Aussage über die Darstellung des ↗Dualraums des Banachraums $C(K)$ stetiger Funktionen auf einem Kompaktum K:

Jedes stetige lineare Funktional $\ell \in C(K)'$ *kann durch ein eindeutig bestimmtes reguläres Borel-Maß gemäß*

$$\ell(f) = \int_K f\, d\mu$$

dargestellt werden; weiterhin gilt $\|\ell\| = |\mu|(K)$.

Riesz, Frédéric, ungarischer Mathematiker, geb. 22.1.1880 Győr, gest. 28.2.1956 Budapest.

Riesz, Sohn eines Arztes und Bruder von Marcel Riesz, studierte ab 1897 an der ETH in Zürich sowie ab 1899 an den Universitäten in Budapest und Göttingen. 1902 promovierte er in Budapest, setzte seine Studien in Paris und Göttingen fort und wurde nach einer Tätigkeit als Lehrer 1911 Professor an der Universität Koloszvar, die 1920 nach Szeged verlegt wurde. Zusammen mit Haar baute Riesz dort das Janos-Bolyai-Institut für Mathematik auf und begründete die Zeitschrift „Acta scientiarum mathematicarum". 1948 folgte er einen Ruf an die Universität Budapest.

Riesz verknüpfte in seinen Arbeiten die Ideen der Schule um Hilbert zur Integralgleichungstheorie mit den funktionen- und mengentheoretischen Vorstellungen der französischen Mathematiker, speziell Fréchet, und schuf so wesentliche Grundlagen der modernen abstrakten Funktionalanalysis. 1906 führte er im Raum L^2 der im Lebesgueschen Sinne quadratisch summierbaren Funktionen die bekannte Metrik ein und bewies ein Jahr später die Vollständigkeit dieses Raumes (Satz von Fischer-Riesz). Auf dieser Basis konnte er dann die Hilbertsche Integralgleichungstheorie, die von stetigen Funktionen ausging, auf L^2-Funktionen übertragen, und die Hilbertsche Spektraltheorie auf beschränkte selbstadjungierte Operatoren im Hilbert-Raum verallgemeinern.

Mit der Einführung der L^p-Räume der in der p-ten Potenz summierbaren Funktionen machte er 1910 die Ausnahmerolle des Raumes L^2 deutlich und schuf einen wichtigen Ausgangspunkt für eine allgemeine Dualitätstheorie, da damit weitere interessante Beispiele für Räume vorlagen, die dual zueinander, aber nicht isomorph waren. Bereits zuvor hatte er 1909, eine Aussage von Hadamard vervollständigend, den berühmten Satz bewiesen, daß jedes stetige lineare Funktional auf dem Raum der über einem Intervall stetigen Funktionen als Stieltjes-Integral dargestellt werden kann.

Seine Resultate über L^p-Räume spielten sowohl für den Aufbau der Theorie der Banachräume als auch für Anwendungen der Funktionalanalysis in der Ergodentheorie eine wichtige Rolle. Durch die Übertragung zahlreicher Begriffe und Resultate aus der von Hilbert und Fredholm entwickelten Theorie linearer Integralgleichungen auf allgemeinere Räume und deren Operatoren wurde Frédéric Riesz neben Banach zum Schöpfer der Funktionalanalysis.

Anfang der zwanziger Jahre gab er eine im gewissen Sinne konstruktive Begründung des Lebesgueschen Integrals. Danach widmete sich Riesz den subharmonischen Funktionen, über die er fundamentale Resultate erzielte, und deren Theorie, einschließlich der Beziehungen zur Potentialtheorie, er systematisch aufbaute.

Weitere hervorhebenswerte Beiträge erzielte er, teilweise mit seinem ebenfalls als Mathematiker erfolgreichen Bruder Marcel, zur Topologie, Funktionentheorie und zur Theorie reeller Funktionen. Zusammen mit seinem Studenten B. Szökefalvy-Nagy verfaßte Riesz ein klassisches Standardwerk zur Funktionalanalysis und ihren Anwendungen, das 1952 erschien und mehrfach übersetzt wurde.

Riesz, Kompaktheitssatz von, Satz über die Kompaktheit abgeschlossener beschränkter Mengen in normierten Räumen:

Ein normierter Raum ist genau dann endlichdimensional, wenn jede abgeschlossene beschränkte Menge (oder auch nur die abgeschlossene Einheitskugel $\{x : \|x\| \leq 1\}$*) kompakt ist.*

Eine dazu äquivalente Aussage ist, daß genau in endlichdimensionalen Räumen jede beschränkte Folge eine konvergente Teilfolge besitzt.

Riesz, Marcel, ungarisch-schwedischer Mathematiker, geb. 16.11.1886 Györ, gest. 4.9.1969 Lund.

Marcel Riesz, Bruder von Frédéric Riesz, studierte von 1904 bis 1910 in Budapest, Göttingen und Paris. Er promovierte 1909 in Budapest und ging 1911 auf Einladung von Mittag-Leffler als Dozent nach Stockholm. Schließlich war er von 1926 bis 1952 Professor an der Universität Lund.

Anfangs beschäftigte sich Riesz mit der Summierbarkeit von Reihen, insbesondere von Fourier-Reihen. Gemeinsam mit seinem Bruder Frédéric schrieb er eine Arbeit zum Randverhalten analytischer Funktionen. Später wandte er sich der Funktionalanalysis zu, er bewies ein Konvexitätstheorem, aus dem die Hölder- und die Minkowski-Ungleichung folgen. Desweiteren arbeitete er auch auf dem Gebiet der Potentialtheorie.

Riesz-Basis, Basis eines Hilbertraums H, bestehend aus einer Familie von Funktionen $\phi_n \in H, n \in I$ (mit abzählbarer Indexmenge I) mit

$$\mathrm{Cl}(\mathrm{Span}\{\phi_n | n \in I\}) = H$$

und der Eigenschaft

$$C_1 \sum_{n\in I} |\lambda_n|^2 \le \| \sum_{n\in I} \lambda_n \phi_n \|^2 \le C_2 \sum_{n\in I} |\lambda_n|^2$$

für alle $\lambda = \{\lambda_n\}_{n\in I} \in \ell^2(I)$ und Konstanten $0 < C_1$, $C_2 < \infty$.

Dies ist gleichbedeutend damit, daß die Abbildung

$$\ell^2(I) \to H, \lambda \mapsto \sum_{n\in I} \lambda_n \phi_n$$

ein beschränkter Operator mit beschränktem Inversen $H \to \ell^2(I)$ ist. Eine Riesz-Basis ist genau dann orthogonal, wenn die Riesz-Konstanten $C_1 = C_2 = 1$ erfüllen.

Eine Riesz-Basis kann interpretiert werden als ein spezielles ↗Riesz-System, beide Begriffe werden in der Literatur aber nicht immer streng unterschieden.

Riesz-Fischer, Satz von, ↗ μ-integrierbare Funktion.

Riesz-Produkt, ein unendliches Produkt der Form

$$\prod_{\nu=1}^{\infty} (1 + \alpha_\nu \cos n_\nu x)$$

für $x \in \mathbb{R}$ mit $n_\nu \in \mathbb{N}, \alpha_\nu \in \mathbb{R}$, sowie

$$\frac{n_{\nu+1}}{n_\nu} \ge q > 1$$

und $-1 < \alpha_\nu < 1$.

Riesz-Raum, ↗Vektorverband.

Rieszscher Darstellungssatz, ↗Riesz, Darstellungssatz von.

Rieszscher Faktorisierungssatz, lautet:

Es sei f eine Funktion aus dem ↗Hardy-Raum H^p für ein $p > 0$ und $f(z) \not\equiv 0$.

Dann kann f faktorisiert werden in der Form

$$f(z) = B(z)g(z)\ , \quad z \in \mathbb{E}\,,$$

wobei B ein ↗Blaschke-Produkt und $g \in H^p$ eine in $\mathbb{E}$ nullstellenfreie Funktion ist. Entsprechend hat eine Funktion f aus der ↗Nevanlinna-Klasse N eine Faktorsierung $f = Bg$, wobei $g \in N$ nullstellenfrei in $\mathbb{E}$ ist.

Rieszsches Lemma, Aussage über die Existenz fast orthogonaler Elemente bzgl. abgeschlossener Unterräume von normierten Räumen:

Ist U ein echter abgeschlossener Unterraum eines normierten Raums X, und ist $\delta > 0$, so existiert ein Element $x \in X$ mit $\|x\| = 1$ und

$$\inf_{u\in U} \|x - u\| > 1 - \delta\,.$$

Das Rieszsche Lemma impliziert, daß ein normierter Raum mit kompakter Einheitskugel endlichdimensional ist. In dieser Formulierung ist es auch als Kompaktheitssatz von Riesz (↗Riesz, Kompaktheitssatz von) bekannt.

Riesz-System, eine Folge (x_n) in einem Hilbertraum, für die Konstanten $M \ge m > 0$ so existieren, daß für jede endliche Menge von Skalaren die Ungleichungen

$$m \left(\sum_{k=1}^{n} |a_k|^2 \right)^{1/2} \le \left\| \sum_{k=1}^{n} a_k x_k \right\| \le M \left(\sum_{k=1}^{n} |a_k|^2 \right)^{1/2}$$

erfüllt sind; liegt die lineare Hülle von $x_1, x_2, \ldots$ dicht in H, spricht man von einer ↗Riesz-Basis.

Eine Riesz-Basis ist ein unbedingte ↗Schauder-Basis von H. Riesz-Systeme verallgemeinern Orthonormalsysteme, die dem Fall $m = M = 1$ entsprechen.

Riesz-Thorin, Interpolationssatz von, Aussage über die Stetigkeit linearer Operatoren auf L^p-Räumen.

Sei $1 \le p_j, q_j \le \infty$ und T ein linearer Operator, der zwischen den komplexen Räumen $L^{p_0}(\mu)$ und $L^{q_0}(\nu)$ sowie zwischen $L^{p_1}(\mu)$ und $L^{q_1}(\nu)$ stetig ist, etwa

$$\|T : L^{p_0}(\mu) \to L^{q_0}(\nu)\| =: M_0 < \infty,$$
$$\|T : L^{p_1}(\mu) \to L^{q_1}(\nu)\| =: M_1 < \infty.$$

Ist $0 < \vartheta < 1$ und $1/p = (1-\vartheta)/p_0 + \vartheta/p_1$ sowie $1/q = (1-\vartheta)/q_0 + \vartheta/q_1$, so ist T ebenfalls ein stetiger Operator von $L^p(\mu)$ nach $L^q(\nu)$ mit

$$\|T : L^p(\mu) \to L^q(\nu)\| \le M_0^{1-\vartheta} M_1^{\vartheta}\,. \qquad (1)$$

Im reellen Fall bleibt (1) im Fall $p_j \le q_j$ gültig, ansonsten ist auf der rechten Seite von (1) der Faktor 2 einzufügen.

Ein Beispiel ist der Operator $\mathcal{F}$ der Fourier-Transformation, der auf dem Schwartz-Raum $\mathcal{S}(\mathbb{R}^d)$ durch

$$(\mathcal{F}\varphi)(\xi) = \frac{1}{(2\pi)^{d/2}} \int_{\mathbb{R}^d} \varphi(x) e^{-ix\xi}\, dx$$

erklärt ist. $\mathcal{F}$ besitzt eine stetige Fortsetzung auf $L^1(\mathbb{R}^d)$ bzw. $L^2(\mathbb{R}^d)$ mit

$$\|\mathcal{F} : L^1 \to L^\infty\| = \frac{1}{(2\pi)^{d/2}}, \quad \|\mathcal{F} : L^2 \to L^2\| = 1.$$

Für $1 < p < 2$ und $1/p + 1/q = 1$ besitzt $\mathcal{F}$ dann eine stetige Fortsetzung von $L^p(\mathbb{R}^d)$ nach $L^q(\mathbb{R}^d)$ mit

$$\|\mathcal{F} : L^p \to L^q\| \leq \frac{1}{(2\pi)^{d/p-d/2}};$$

diese Aussage ist zur Hausdorff-Young-Ungleichung äquivalent und folgt hier aus (1) mit $\vartheta = 2 - 2/p$.

[1] Bennett, C.; Sharpley, R.: Interpolation of Operators. Academic Press London/Orlando, 1988.

Rijndael, ursprüngliche Bezeichnung für die von Joan Daemen und Vincent Rijmen entworfene Blockchiffre, die als ↗AES ausgewählt wurde.

Rinderproblem des Archimedes, ↗problema bovinum.

Ring, eine Menge R mit zwei Verknüpfungen $+$, der Addition, und $\cdot$, der Multiplikation, derart, daß gilt

1. $(R, +)$ ist eine abelsche Gruppe mit neutralem Element 0, dem Nullelement.
2. Die Verknüpfung $\cdot$ ist assoziativ, d. h.
   $$(a \cdot b) \cdot c = a \cdot (b \cdot c), \quad \forall a, b, c \in R .$$
3. Es gelten die Distributivgesetze
   $$a \cdot (b + c) = a \cdot b + a \cdot c$$
   und
   $$(a + b) \cdot c = a \cdot c + b \cdot c,$$
   für alle $a, b, c \in R$.

Der Ring wird dann mit $(R, +, \cdot)$ bezeichnet.

Der Begriff des Rings ist also in gewisser Hinsicht eine Verallgemeinerung des Begriffs Körper.

Ist zusätzlich die Multiplikation $\cdot$ kommutativ, d. h. gilt $a \cdot b = b \cdot a$ für alle $a, b \in R$, so heißt der Ring kommutativ. Manchmal läßt man die Bedingung der Assoziativität fallen und spricht dann von nichtassoziativen Ringen im Gegensatz zu den assoziativen Ringen.

Existiert ein neutrales Element der Multiplikation, wird es in der Regel mit 1 bezeichnet, und man spricht von einem Ring mit Eins(element).

Die Menge der ganzen Zahlen ist ein Beispiel für einen Ring.

Teilmengen U von R, die abgeschlossen sind bezüglich der Addition und Multiplikation, d. h. für die gilt

$$a, b \in U \implies a + b, \ a \cdot b \in U,$$

heißen Unterringe. Unterringe I, für welche zusätzlich gilt

$$a \in I, b \in R \implies a \cdot b, \ b \cdot a \in I,$$

heißen (zweiseitige) Ideale. Ist I ein zweiseitiges Ideal von R, so trägt die Faktormenge R/I durch die Definition

$$\begin{aligned} a \bmod I + b \bmod I &:= (a + b) \bmod I, \\ a \bmod I \cdot b \bmod I &:= (a \cdot b) \bmod I \end{aligned}$$

eine natürliche Ringstruktur. R/I heißt Faktorring.

Ring der Brüche, ↗Quotientenkörper.

Ring der invarianten Funktionen, Ring von Funktionen, die unter einer Gruppenoperation invariant sind.

Es sei G eine Gruppe, die durch eine Darstellung $g : G \to \mathrm{Aut}(R)$ von G in die Automorphismengruppe des (kommutativen) Ringes R operiert. Dann ist

$$R^G = \{r \in R \mid g(r) = r \text{ für alle } g \in G\}$$

der Ring der invarianten Funktionen bezüglich G.

Bei der Operation von $G = \mathbb{C}$ auf $R = \mathbb{C}[x_1, x_2, x_3]$, definiert durch

$$\begin{aligned} g(x_1) &= x_1, g(x_2) = x_2 + gx_1, g(x_3) \\ &= x_3 + gx_2 + \tfrac{1}{2}g^2x_1, \end{aligned}$$

ist der Ring der invarianten Funktionen beispielsweise

$$R^G = \mathbb{C}[x_1, 2x_1x_3 - x_2^2].$$

Ring mit eindeutiger Primfaktorzerlegung, ↗ZPE-Ring.

Ringel-Youngs, Satz von, gibt das Geschlecht des vollständigen ↗Graphen K_n für $n \geq 3$ mit

$$\lceil (n-3)(n-4)/12 \rceil$$

an.

Der Beweis des Satzes von Ringel-Youngs wurde 1968 von G. Ringel und J.W.T. Youngs nach längerer Vorarbeit fertiggestellt. Aus ihm folgt leicht das ↗Heawoodsche Map-Color-Theorem.

Ringerweiterung, ein ↗Ring S bezüglich eines Rings R so, daß R Unterring von S ist.

S ist also eine Ringerweiterung von R, wenn $R \subset S$ bezüglich der Operationen von S ein Ring ist.

Typische Beispiele für Ringerweiterungen des Rings R sind der Polynomenring $R[x]$ und endliche Erweiterungen von R, d. h.

$$R[x]/(f), \quad f = x^n + a_{n-1}x^{n-1} + \cdots + a_0,$$

mit $a_0, \ldots, a_{n-1} \in R$.

Ringhomomorphismus, eine Abbildung $\phi : R \to S$ zwischen zwei ↗Ringen R und S, für die gilt:

1. $\phi(a + b) = \phi(a) + \phi(b)$,
2. $\phi(a \cdot b) = \phi(a) \cdot \phi(b)$.

Ein Ringhomomorphismus heißt ein Ringisomorphismus, falls er bijektiv ist. Der Kern des Ringhomomorphismus' ist definiert durch

$$\mathrm{Ker}\,\phi := \{r \in R \mid \phi(r) = 0\},$$

das Bild durch

$$\mathrm{Im}\,\phi := \{s \in S \mid \exists r \in R : \phi(r) = s\}.$$

Der Kern $\mathrm{Ker}\,\phi$ ist ein Ideal in R, das Bild $\mathrm{Im}\,\phi$ ein Unterring von S. Für den Faktorring der Ringisomorphismus' gilt: $R/\mathrm{Ker}\,\phi \cong \mathrm{Im}\,\phi$.

Ringisomorphismus, ein bijektiver ↗Ringhomomorphismus.

Ring-Summen-Expansion, *RSE*, spezieller Boolescher Ausdruck.

Die Ring-Summen-Expansion einer ↗Booleschen Funktion $f : \{0,1\}^n \to \{0,1\}$ ist ein spezieller Boolescher Ω-Ausdruck (↗Boolescher Ausdruck) w mit $\Omega = \{\wedge, \oplus\}$ der Form

$$w = m_1 \oplus \ldots \oplus m_s ,$$

der f beschreibt, wobei m_i ($\forall 1 \leq i \leq s$) ein ↗Boolesches Monom ist, das nur aus positiven ↗Booleschen Literalen besteht, $m_i \neq m_j$ für $i \neq j$ ist, und $\oplus$ die ↗EXOR-Funktion darstellt. Die Ring-Summen-Expansion ist eine ↗kanonische Darstellung Boolescher Funktionen.

Sei beispielsweise $f : \{0,1\}^3 \to \{0,1\}$ definiert durch

$$f(\alpha) = 1 \iff \alpha \in \{(1,1,0), (1,1,1), (0,1,1)\}.$$

Dann kann die Ring-Summen-Darstellung von f wie folgt konstruiert werden:

$$\begin{aligned}
&f(x_1, x_2, x_3)\\
&= (x_1 \wedge x_2 \wedge \overline{x_3}) \vee (x_1 \wedge x_2 \wedge x_3) \vee (\overline{x_1} \wedge x_2 \wedge x_3)\\
&= (x_1 \wedge x_2 \wedge \overline{x_3}) \oplus (x_1 \wedge x_2 \wedge x_3) \oplus (\overline{x_1} \wedge x_2 \wedge x_3)\\
&= (x_1 \wedge x_2 \wedge (1 \oplus x_3)) \oplus (x_1 \wedge x_2 \wedge x_3)\\
&\quad \oplus ((1 \oplus x_1) \wedge x_2 \wedge x_3)\\
&= (x_1 \wedge x_2) \oplus (x_1 \wedge x_2 \wedge x_3) \oplus (x_1 \wedge x_2 \wedge x_3)\\
&\quad \oplus (x_2 \wedge x_3) \oplus (x_1 \wedge x_2 \wedge x_3)\\
&= (x_1 \wedge x_2) \oplus (x_1 \wedge x_2 \wedge x_3) \oplus (x_2 \wedge x_3)
\end{aligned}$$

Rinow, Willi, deutscher Mathematiker, geb. 28.2.1907 Berlin, gest. 29.3.1979 Greifswald.

Nach dem Studium in Berlin von 1926 bis 1931 promovierte Rinow bei H. Hopf. Von 1933 bis 1937 war er Mitarbeiter am „Jahrbuch über die Fortschritte der Mathematik". Er habilitierte sich 1936 in Berlin. Bis 1950 war er dort auch Dozent, und ging dann als Professor nach Greifswald.

Rinow arbeitete hauptsächlich auf dem Gebiet der Topologie. Sein 1961 erschienenes Buch „Die innere Geometrie der metrischen Räume" wurde zu einem wichtigen Lehrbuch auf dem Gebiet der Topologie.

Risiko, umgangssprachlich: Wagnis oder Gefahr, vom italienischen „risco" (Klippe).

In der Versicherungs- und Finanzmathematik werden Risiken über Zufallsgrößen R bzw. stochastische Prozesse $R(t)$ beschrieben. Zur begrifflichen Charakterisierung sind folgende Unterscheidungen wichtig:

(a) Der Erwartungswert $E[R]$ der Zufallsgröße R bildet die Grundlage für die Berechnung von Versicherungsprämien. Diese Größe beschreibt aber kein Risiko im eigentlichen Sinne.

(b) Als Zufallsrisiko bezeichnet man die Unbestimmtheit, daß $R > E[R]$ mit einer bestimmten Wahrscheinlichkeit eintritt. Sofern R stochastisch vollständig beschrieben werden kann, ist dieses Risiko mathematisch beherrschbar.

(c) Das Diagnoserisiko besteht darin, den Erwartungswert $E[R]$ bzw. die Verteilung von R (auf Grund der vorhandenen Informationen) nicht hinreichend genau bestimmen zu können. Dieses Risiko ist durch Konfindenzintervalle für die Verteilungsparameter einzugrenzen.

(d) Das Änderungsrisiko besteht darin, daß $E[R]$ auf Grund der stochastischen Natur des Risikos prinzipiell nicht schätzbar ist. In der Praxis ist dies insbesondere bei Strukturbrüchen zu berücksichtigen.

Zur Beschreibung von Risiken werden neben dem Erwartungswert weitere statistische Meßzahlen verwendet. Dabei unterscheidet man zwischen symmetrischen (i–ii) und asymmetrischen (iii–iv) Risikomaßen:

(i) Das gebräuchlichste Maß ist die „Varianz" von R (respektive die zugehörige „Standardabweichung"). Diese Größe charakterisiert die Abweichung vom Erwarungswert und hat die Eigenschaft positive und negative Abweichungen gleich zu gewichten.

(ii) In der Versicherungsmathematik wichtig ist der „Variationskoeffizient", d. h. der Quotient aus

Standardabweichung und Erwartungswert. Diese Größe gibt ein skalenunabhängiges Maß für das Schwankungsrisikos.

(iii) In die Berechnung der „Semivarianz" geht – im Gegensatz zur Varianz – nur der rechte Ast der Verteilung von R ein, d. h., es werden nur solche Ereignisse berücksichtigt, die „ungünstiger" sind als der Erwartungswert.

(iv) Zur Bestimmung einer „Shortfall-Wahrscheinlichkeit" ist eine Benchmark B vorzugeben. Bestimmt wird die Wahrscheinlichkeit dafür, daß Ereignisse eintreten, bei denen die Risikogröße R die Benchmark übersteigt, also $P[R > B]$. Als „Shortfall-Erwartungswert" bezeichnet man den bedingten Erwartungswert des Schadens für alle Fälle, bei denen das Risiko R die Benchmark übersteigt, d. h. $E[R|R > B]$.

Neben der Quantifizierung des Risikos beschäftigt sich die Versicherungsmathematik mit Verfahren zur Risikoreduktion. Ein grundlegendes Ergebnis (das „Produktionsgesetz der Versicherungstechnik") besagt, daß der Variationskoeffizient bei der Zusammenfassung mehrerer unkorrelierter Risiken zu einem Kollektiv abnimmt. Dabei spricht man von einer „Risikodiversifikation".

Siehe auch ↗ Entscheidungstheorie und ↗ Risikotheorie.

Risikoaversion, Begriff aus der Finanzmathematik.

Seien $(R_i)_{i=1..N}$ Zufallsgrößen, die die Erträge bestimmter Kapitalanlagen beschreiben. Die ↗ Portfolio-Theorie versucht, die unter Risiko-Rendite-Aspekten beste Mischung der Anlagen zu finden.

Dabei ist eine Konvexkombination $(x_i)_{i=1..N}$ zu bestimmen, für die der Erwartungswert des resultierende Ertrags

$$E[R_x] = \sum_{i=1}^{N}(x_i E[R_i])$$

und dessen ↗ Risiko optimiert wird. Dieses wird charakterisiert durch die Varianz

$$Var[R_x] = \sum_{i,j=1}^{N} x_i \Sigma_{ij} x_j$$

mit der Varianz-Kovarianz-Matrix Σ_{ij}.

Unter Vorgabe einer Nutzenfunktion $U(R_x)$ ist die Frage nach dem optimalen Portfolio auf eine Optimierungsproblem zurückzuführen. Dabei verwendet man zur Quantifizierung der Risikoaversion z. B. das Arrow-Pratt-Maß

$$\varrho(R) = -\frac{U''(R)}{U'(R)}.$$

Für eine elementare (quadratische) Nutzenfunktion ergibt sich

$$E[U(R_x)] = \lambda E[R_x] - 1/2 Var[R_x],$$

wobei der Parameter λ die Risikoaversion des Investors charakterisiert.

Risikoprämie, ↗ Deterministisches Modell der Lebensversicherungsmathematik.

Risikosumme, ↗ Deterministisches Modell der Lebensversicherungsmathematik.

Risikoteilung, Konzept aus der Versicherungsmathematik, bei dem es darum geht, das versicherungstechnische Risiko auf verschiedene Vertragspartner aufzuteilen.

Die Risikoteilung spielt sowohl im Verhältnis zwischen Versicherer und Versicherungsnehmer (individueller ↗ Selbstbehalt) als auch in der ↗ Rückversicherung eine Rolle.

Der Risikoteilung liegt ein stochastischer Prozeß $S = S_E + S_Z$ zugrunde, der typischerweise den ↗ Gesamtschaden für ein Kollektiv beschreibt. Dieser wird in ein Erstrisiko S_E und ein Zweitrisiko S_Z zerlegt und entsprechend zwischen Erst- und Rückversicherer aufgeteilt.

Bei der „proportionalen Risikoteilung" erfolgt die Aufteilung in einem festen Verhältnis

$$S = c * S + (1 - c)S$$

mit $0 < c < 1$. Da der Erwartungswert $E[S_E]$ und die Varianz $Var[S_E]$ für das Erstrisiko proportional zu c respektive c^2 sind, ergibt sich eine entsprechende Aufteilung der Versicherungsprämie auf die Vertragspartner.

Mathematisch anspruchsvoller sind die unterschiedlichen Formen der „nichtproportionalen Risikoteilung". Dabei geht man davon aus, daß der Risikoprozeß S in eine Anzahl von elementaren Prozessen zerfällt, d. h.

$$S = \sum_{j=1}^{K} S_j .$$

Die Summe kann sowohl deterministisch als auch stochastisch sein, wobei K beispielsweise die Zahl der versicherten Einzelrisiken (deterministischer Fall) oder die Zahl der in der betreffenden Periode eingetretenen Schäden (stochastischer Fall) beschreiben kann.

Unter Vorgabe einer „Priorität" a für das vom Erstversicherer zu tragende Risiko pro Elementarschaden S_j ergibt sich ein Erstrisiko

$$S_E(a) = \sum_{j=1}^{K} \min(S_j, a).$$

Der Erwartungswert $E[S_E(a)]$ sowie die höheren Momente der Verteilung sind grundsätzlich aus der Verteilung der Elementarrisiken S_j und ggf. dem Prozeß K abzuleiten.

Zentral für die mathematische Bewertung ist die Bestimmung des „Entlastungskoeffizienten" (der Entlastungseffektfunktion)

$$r(\alpha) = E[S_E(\alpha)]/E[S] .$$

Für stochastisch unabhängig identisch verteilte Elementarschäden S_j ist $r(\alpha)$ unabhängig von der Verteilung der Schadenereignisse und kann aus der Verteilungsfunktion von S_j berechnet werden. Die Entlastungseffektfunktion ist grundsätzlich konvex; aus ihrem Verlauf läßt sich ableiten, wie totalschadengefährdet ein Risiko ist, und welchen Nutzen eine Risikoteilung haben kann.

[1] Bühlmann, H.: Mathematical Methods in Risk Theory. Springer-Verlag Heidelberg, 1970.

[2] Mack, T.: Schadenversicherungsmathematik. Verlag Versicherungswirtschaft Karlsruhe, 1997.

Risikotheorie, Teilbereich der angewandten Stochastik, welcher die mathematische Grundlage für die Versicherungstechnik bildet und auch in der Finanzmathematik Anwendung findet.

Dabei wird das ↗ Risiko durch einen Prozeß $S(t)$ charakterisiert, der im Kontext einer Versicherung als Summe der im Zeitintervall $[0, t]$ erzeugten Schadenbeträge zu interpretieren ist. Diesem steht ein i.d.R. deterministisch modellierter Prozeß $P(t)$ gegenüber, der die Prämieneinnahmen darstellt.

Als historischer Ausgangspunkt der Risikotheorie ist eine Arbeit von Filip Lundberg (1903) anzusehen, der stochastische Konzepte erstmals auf Fragestellungen der Versicherung anwandte.

Die ursprünglich behandelten Themen fallen in den Bereich der ↗ Ruintheorie. Dabei ist die Wahrscheinlichkeit dafür zu bestimmen, daß der Saldo aus Schadenbeträgen und Prämieneinnahmen eine bestimmte Obergrenze U_0 überscheitet, was als „Ruin" interpretiert wird. Unter gewissen Annahmen über die Struktur des Schadenprozesses $S(t)$ erlaubt es die ↗ Formel von Cramer-Lundberg, die Ruinwahrscheinlichkeit

$$\psi(U_0) = P[\exists t > 0 : S(t) - P(t) > U_0]$$

bei unendlichem Zeithorizont unmittelbar aus den Verteilungsparametern für $S(t)$ abzuleiten.

Für eine Versicherung ist essentiell, nicht nur die Ruinwahrscheinlichkeit, sondern auch die Verteilung des ↗ Gesamtschadens möglichst exakt zu bestimmen. Gebräuchlich sind zwei Ansätze, das ↗ Individuelle Modell und das ↗ Kollektive Modell der Risikotheorie. Beim Individuellen Modell wird jedes einzelne Risiko, d. h. jeder Vertrag, durch eine Zufallsgröße R_j charakterisiert. Der Gesamtschaden $S(t)$ ergibt sich als eine deterministische Summe, die Verteilung ist formal durch ein Faltungsprodukt zu beschreiben. Für größere Kollektive ist die numerische Auswertung jedoch schwierig.

Der kollektiven Ansatz zerlegt den Risikoprozess in zwei Teile: Einen (diskreten) Schadenanzahlprozeß N und eine Folge $\{Y_k\}_{k=1,..,\infty}$ von Zufallsgrößen, welche die Schadenhöhe pro Schadenfall beschreiben. Der Gesamtschaden ergibt sich als stochastische Summe

$$S = \sum_{k=1}^{N} Y_k .$$

Für die numerischen Auswertung stehen rekursive Methoden, Monte-Carlo-Simulationen und Verfahren auf der Basis der schnellen Fourier-Transformation (FFT) zur Verfügung.

Die Grundlage für eine derartige Charakterisierung des Schadenrisikos einer Versicherung ist die Beschreibung der zugrundeliegenden einzelnen Risiken (im individuellen respektive im kollektiven Sinne) durch eine passende Verteilung und die Bestimmung der Verteilungsparameter über Schätzer.

Darüber hinaus beschäftigt sich die Risikotheorie mit ↗ Prämienkalkulationsprinzipien im Hinblick auf den adäquaten Preis, der für die Übernahme des Schadenrisikos durch den Versicherer zu entrichten ist, sowie mit Fragen der Risikodiversifikation und Risikoteilung.

[1] Beard, R.E.; Pentikäinen, T.; Resonen, T.: Risk Theory. Chapman and Hall London, 1984.

[2] Bühlmann, H.: Mathematical Methods in Risk Theory. Springer-Verlag Heidelberg, 1970.

Risikoversicherung, bezeichnet in der Lebensversicherungsmathematik eine Versicherung auf den Todesfall.

Hat eine solche Todesfallversicherung über die Versicherungsdauer n eine konstante Versicherungssumme, so berechnet sich der Barwert dieser Risikoversicherung im Deterministischen Modell der Lebensversicherung (normiert auf die Summe 1) zu

$$_{|n}A_x = \sum_{k=0}^{n-1} {}_kp_x q_{x+k} v^{k+1} = \frac{M_x - M_{x+n}}{D_x} .$$

Hierbei bezeichnen $_kp_x$ die k-jährige Überlebenswahrscheinlichkeit eines x-jährigen, q_{x+k} die einjährige Sterbewahrscheinlichkeit eines $(x + k)$-jährigen, und $v = \frac{1}{1+i}$ den verwendeten Diskontierungsfaktor.

Ritt, Entwicklungssatz von, lautet:

Es sei $S \subset \mathbb{C}$ ein Kreissektor mit Spitze an 0 der Form

$$S = S(r, \alpha, \beta)$$
$$:= \{z = \varrho e^{i\varphi} \in \mathbb{C} : 0 < \varrho < r,\ \alpha < \varphi < \beta\},$$

wobei $r > 0$ und $\alpha, \beta \in \mathbb{R}$ mit

$$0 < \beta - \alpha < 2\pi .$$

Weiter sei

$$\sum_{k=0}^{\infty} a_k z^k$$

eine beliebige formale Potenzreihe.

Dann existiert eine in S ↗holomorphe Funktion f derart, daß für jedes $n \in \mathbb{N}_0$ gilt

$$\lim_{z\to 0} z^{-n}\left[f(z) - \sum_{k=0}^{n} a_k z^k\right] = 0. \qquad (1)$$

Zur näheren Erläuterung der Aussage des Satzes von Ritt sei $G \subset \mathbb{C}$ ein ↗Gebiet mit $0 \in \partial G$ und f eine in G holomorphe Funktion. Eine formale Potenzreihe $\sum_{k=0}^{\infty} a_k z^k$ heißt asymptotische Potenzreihenentwicklung von f an 0, falls (1) für jedes $n \in \mathbb{N}_0$ gilt. Falls f eine asymptotische Entwicklung an 0 besitzt, so ist diese eindeutig bestimmt, denn für die Koeffizienten a_k gelten die Rekursionsformeln

$$a_0 = \lim_{z\to 0} f(z),$$

$$a_n = \lim_{z\to 0} z^{-n}\left[f(z) - \sum_{k=0}^{n-1} a_k z^k\right], \quad n \in \mathbb{N}.$$

Man schreibt dann

$$f \sim_G \sum_{k=0}^{\infty} a_k z^k.$$

Der Satz von Ritt besagt mit diesen Bezeichnungen, daß jede beliebige Potenzreihe die asymptotische Entwicklung einer in einem Kreissektor S holomorphen Funktion ist. Die Aussage bleibt gültig, falls man S durch ein beschränktes, konvexes Gebiet ersetzt.

Es folgen noch einige Ausführungen zur Existenz asymptotischer Entwicklungen. Die Funktion $f(z) = e^{1/z}$ ist in $\mathbb{C}\setminus\{0\}$ holomorph, besitzt dort aber keine asymptotische Entwicklung. Für jeden Kreissektor

$$W = \left\{z = \varrho e^{i\varphi} \in \mathbb{C} : \varrho > 0,\ \frac{\pi}{2} + \varepsilon < \varphi < \frac{3\pi}{2} - \varepsilon\right\}$$

mit $\varepsilon > 0$ gilt jedoch

$$f \sim_W \sum_{k=0}^{\infty} a_k z^k$$

mit $a_k = 0$ für alle $k \in \mathbb{N}_0$.

Ist $0 \in \partial G$ und hat die in G holomorphe Funktion f eine ↗holomorphe Fortsetzung $\hat{f}$ in ein Gebiet $\widehat{G} \supset G$ mit $0 \in \widehat{G}$, so ist die Taylor-Reihe von $\hat{f}$ um 0 die asymptotische Entwicklung von f an 0. Falls also 0 ein isolierter Randpunkt von G ist, d. h. eine ↗isolierte Singularität von f, so besitzt f eine asymptotische Entwicklung an 0 genau dann, wenn 0 eine ↗hebbare Singularität von f ist.

Schließlich liefert der folgende Satz eine hinreichende Bedingung für die Existenz einer asymptotischen Entwicklung.

Es sei $G \subset \mathbb{C}$ ein Gebiet mit $0 \in \partial G$. Weiter existiere zu jedem $z \in G$ eine Nullfolge (z_j) derart, daß die Strecke $[z_j, z]$ in G liegt.

Ist f eine in G holomorphe Funktion, und existiert für jedes $k \in \mathbb{N}_0$ der Grenzwert

$$b_k := \lim_{z\to 0} f^{(k)}(z) \in \mathbb{C},$$

so gilt

$$f \sim_G \sum_{k=0}^{\infty} \frac{b_k}{k!} z^k.$$

Die Bedingung an G ist insbesondere erfüllt, falls G konvex ist.

Ritz, Walter, schweizer Physiker und Mathematiker, geb. 22.2.1878 Sion (Schweiz), gest. 7.7.1909 Göttingen.

Von 1897 bis 1900 studierte Ritz zuerst in Zürich, dann in Göttingen. Dort promovierte er 1901 und wurde 1908 Privatdozent.

Ritz leistete wichtige Beiträge auf dem Gebiet der Optik und der Spektroskopie. Er verallgemeinerte die Serienformel für das Wasserstoffspektrum und konnte die Spektren der Alkalimetalle vollständig beschreiben. Im Zusammenhang mit Untersuchungen der Transversalschwingungen einer quadratischen Platte mit freien Rändern entwickelte er eine Methode zur approximativen Lösung von ein- und mehrdimensionalen Variationsproblemen.

Ritz-Galerkin-Methode, Kombination der ↗Galerkin-Methode mit dem ↗Ritzschen Verfahren der Variationsrechnung zur Lösung linearer partieller Differentialgleichungen der Form $Lu = f$ mit Differentialoperator L und rechter Seite f in einem Definitionsgebiet D.

In Erweiterung des Ritzschen Ansatzes muß L nicht notwendigerweise symmetrisch sein. Als Bilinearform verwendet man das L^2-Skalarprodukt

$$(u, v) = \int_D uv\,dx$$

über D und betrachtet die sogenannte schwache Formulierung des Problems in der Form $(Lu, v) = (f, v)$ für alle Testfunktionen v aus einem Funktionenraum V. Nach partieller Integration geht dies über in die Form $a(u, v) = F(v)$ mit einer neuen Bilinearform a und einem Funktional F über geeigneten Funktionenräumen U und V (zumeist $U = V$). Die Ritz-Galerkin-Methode approximiert dann die Lösung in endlichdimensionalen Unterräumen U_n bzw. V_n.

Die Problemstellung lautet somit: Bestimme $u \in U_n$ so, daß

$$a(u, v) = F(v)$$

gilt für alle $v \in V_n$.

Die eigentliche Lösung dieser Fragestellung reduziert sich nach Wahl einer Basis (ϕ_i) in U_n (welche bereits die Randbedingungen erfüllen) und (ψ_i) in V_n auf die Lösung eines linearen Gleichungssystems mit der sogenannten Steifigkeitsmatrix $A = (a_{ij})$, $a_{ij} = a(\phi_i, \psi_j)$.

Die Ritz-Galerkin-Methode ist Grundlage der ↗Finiten-Elemente-Methode.

Ritzsches Kombinationsprinzip, die von Ritz lange vor der Formulierung der „neueren" Quantenmechanik 1908 gemachte Beobachtung, daß durch Addition bzw. Subtraktion von Wellenzahlen bestimmter Spektrallinien wieder Wellenzahlen von Spektrallinien erhalten werden.

Das Ritzsches Kombinationsprinzip läßt sich schon auf der Basis des Bohrschen Atommodells verstehen. Führt man für die stationären Zustände eines Atoms mit den Energien E_i, wobei i eine Indexmenge durchläuft, und die Spektralterme

$$T_i = -\frac{E_i}{hc}$$

ein, dann kann man die Bohrsche Frequenzbedingung für die Wellenzahl $\tilde{\lambda}_1^2$ einer Spektrallinie, die beim Übergang aus dem Zustand 2 in den Zustand 1 abgestrahlt wird, in der Form $\tilde{\lambda}_1^2 = T_1 - T_2$ schreiben.

Nun mögen die Spektralterme T_1, T_2, T_3 die Bedingung $T_1 > T_2 > T_3$ erfüllen. Den möglichen Übergängen entsprechen die Wellenzahlen $\tilde{\lambda}_1^2 = T_1 - T_2$, $\tilde{\lambda}_2^3 = T_2 - T_3$, $\tilde{\lambda}_1^3 = T_1 - T_3$. Zwischen diesen Wellenzahlen bestehen die Beziehungen

$$\tilde{\lambda}_1^3 = \tilde{\lambda}_2^3 + \tilde{\lambda}_1^2 \quad \text{und} \quad \tilde{\lambda}_2^3 = \tilde{\lambda}_1^3 - \tilde{\lambda}_1^2 .$$

Diese sind gerade die Aussage des Ritzschen Kombinationsprinzips.

Aufgrund von Auswahlregeln treten aber nicht alle Spektrallinien auf, die nach dem Ritzschen Kombinationsprinzip berechnet werden können.

Ritzsches Verfahren, eine direkte Methode zur Lösung bestimmter Variationsprobleme.

Bei einer gegebenen Funktion f die Extremstellen der Funktion

$$F(y) = \int_a^b f(x, y(x), y'(x))\, dx$$

zu finden, ist ein Problem der Variationsrechnung. Man kann es näherungsweise lösen, indem man bei einem beliebigen Parameterwert n Funktionen $\varphi_1, \dots, \varphi_n$ wählt, die den geforderten Randbedingungen genügen, und eine Näherungslösung

$$\tilde{y} = c_1\varphi_1 + c_2\varphi_2 + \cdots + c_n\varphi_n$$

ansetzt. Daraus erhält man eine neue Funktion

$$\tilde{F}(c_1, .., c_n) = F(\tilde{y}) = \int_a^b f(x, \tilde{y}(x), \tilde{y}'(x))\, dx.$$

Um die Extrema dieser neuen Funktion zu finden, kann man mit den üblichen Methoden der Analysis den Ansatz

$$\frac{\partial \tilde{F}}{\partial c_i} = 0$$

wählen und durch die Berechnung der optimalen Parameter $c_1, \dots, c_n$ eine Näherungslösung für die ursprüngliche Variationsaufgabe gewinnen.

Diese Vorgehensweise nennt man auch Ritzsches Verfahren.

Robbins, Satz von, ↗ k-fach kantenzusammenhängender Graph.

ROBDD, ↗reduzierter geordneter binärer Entscheidungsgraph.

Robertson-Seymour, Graph-Minor-Satz von, bestätigt die Vermutung von Wagner (↗Wagner, Vermutung von) und sagt aus, daß es für jede unendliche Folge $G_1, G_2, \ldots$ von ↗Graphen Indizes $i < j$ so gibt, daß G_i ein Minor (↗Minor eines Graphen) von G_j ist.

Definiert man eine Relation „$\leq$" auf der Menge aller Graphen dadurch, daß $G \leq G'$ genau dann gilt, wenn G ein Minor von G' ist, dann sagt der Satz von Robertson-Seymour aus, daß $\leq$ eine Wohl-Quasi-Ordnung auf der Menge aller Graphen ist.

Der Beweis dieses Satzes ist in einer Reihe von über 20 Artikeln von N. Robertson und P. Seymour unter dem Namen „graph-minor-project" enthalten, die seit 1983 in einem Zeitraum von über 15 Jahren erschienen sind, und zählt zu den schwierigsten und tiefsten Beweisen in der Graphentheorie. Seine Autoren entwickelten für ihn die Theorie der Minoren und ↗Baumweite von Graphen.

Weitere wichtige Ergebnisse dieser Theorie sind z. B. folgende Aussagen:

(i) Für einen festen Graphen H gibt es einen Algorithmus, der in polynomialer Zeit entscheidet, ob H ein Minor eines Graphen G ist.

(ii) Für ein festes k gibt es einen Algorithmus, der in polynomialer Zeit entscheidet, ob es in einem Graphen G für zwei Eckenmengen $\{x_1, x_2, ..., x_k\} \subseteq E(G)$ und $\{y_1, y_2, ..., y_k\} \subseteq E(G)$ k eckendisjunkte Wege $P_1, P_2, ..., P_k$ so gibt, daß P_i für $1 \leq i \leq k$ jeweils die Ecken x_i und y_i verbindet.

(iii) Für jede Klasse von Graphen, die unter der Bildung von Minoren abgeschlossen ist, (d. h., mit jedem Graphen enthält die Klasse auch alle seine Minoren,) existiert eine Charakterisierung mittels endlich vieler verbotener Minoren, und ein polynomialer Erkennungsalgorithmus.

Robin-Konstante, ↗ Greensche Funktion.

Robinson, Abraham, deutsch-amerikanischer Mathematiker, geb. 6.10.1918 Waldenburg (Wałbrzych, Polen), gest. 11.4.1974 New Haven (Connecticut).

Robinsons Familie emigrierte 1933 nach Palästina. Bei Fraenkel in Jerusalem studierte er von 1936 bis 1939 Mathematik. 1939 ging er nach Paris an die Sorbonne, mußte aber 1940 nach England fliehen, wo er an der Londoner Universität weiter studierte. 1941 trat er dem Militär bei. Von 1946 bis 1951 arbeitete er am Granfield College of Aeronautics und promovierte 1949 an der Universität London. 1952 ging er als Professor nach Toronto. Danach war er an der Universität Jerusalem, an der California University in Los Angeles und an der Yale University in New Haven in Connecticut tätig.

Nach Arbeiten auf dem Gebiet der Aerodynamik, insbesondere des Tragflächentheorie, wandte sich Robinson der Modelltheorie zu. Hier entwickelte er verschiedene Konstruktionen zu Modellerweiterungen. Diese Arbeiten führten ihn 1960/61 zur Entwicklung der ↗ Nichtstandard-Analysis. Diese Erweiterung machte es möglich, die Leibnizschen Begriffe wie „unendlich klein" und „unendlich groß" mathematisch exakt zu fassen.

Robustheit statistischer Verfahren, die Eigenschaft statistischer Verfahren, bei Abweichungen von den für die Verfahren notwendigen (Modell-)Voraussetzungen noch hinreichend zuverlässige Ergebnisse zu liefern.

Da man bei der praktischen Anwendung statistischer Verfahren häufig nicht weiß, ob alle notwendigen Modellvoraussetzungen erfüllt sind, ist es sinnvoll, solche Verfahren anzuwenden, die robust gegenüber Abweichungen von den Voraussetzungen sind. Eine Teilaufgabe der Statistik ist es, bekannte Verfahren auf ihre Robustheit hin zu untersuchen und robuste Verfahren zu entwickeln. Dazu sind in der Statistik die Begriffe der qualitativen und der quantitativen Robustheit eingeführt worden.

Typische Vertreter robuster ↗ Punktschätzungen sind zum Beispiel die von Huber 1981 eingeführten M-Schätzungen, die von Hodges und Lehmann 1963 eingeführten R-Schätzungen, und die sogenannten L-Schätzungen.

[1] Hodges, J.L., Lehmann, E.L.: Estimates of location based on rank tests. Ann. Math. Statist. 34, 1963.

[2] Huber, F.J.: Robust Statistics. Wiley New York, 1981.

[3] Humak, K.M.S.: Statistische Methoden der Modellbildung II. Akademie-Verlag Berlin, 1983.

Roch, Gustav, deutscher Mathematiker, geb. 9.12.1839 Dresden, gest. 21.11.1866 Venedig.

Roch wollte zunächst Chemiker werden, entschloß sich jedoch, nachdem O. Schlömilch sein mathematisches Talent entdeckt hatte, zu einem Studium der Mathematik, das er mit Hilfe eines Stipendiums in Leipzig, Göttingen und Berlin absolvieren konnte. Nach der Promotion 1863 in Leipzig habilitierte er sich noch im gleichen Jahr in Halle, wo er auch drei Jahre später außerordentlicher Professor wurde. Unmittelbar darauf erkrankte er jedoch schwer und mußte zur Kur nach Meran und Venedig reisen, wo er verstarb.

Roch arbeitete zunächst über mathematisch-physikalische Fragestellungen (Elektrizität, Magnetismus, Potentialtheorie), sowie über abelsche Funktionen und Integrale. Sein Name ist jedoch hauptsächlich verbunden mit dem heute so genannten Satz von Riemann-Roch, der auf einer 1864 von Roch veröffentlichten Verbesserung eines alten Riemann-Resultates über algebraische Kurven beruht.

Rodrigues-Formel, eine Formel der Form

$$p_n(x) \;=\; \frac{1}{e_n \cdot w(x)} \frac{d^n}{dx^n} \left(w(x) g(x)^n \right)$$

zur Darstellung ↗ orthogonaler Polynome p_n.

Dabei müssen die erzeugende Funktion g und der Normierungsfaktor e_n geeignet gewählt werden.

rohe Sterbewahrscheinlichkeit, ↗ Sterbetafel.

Röhrenfläche, eine Fläche $\mathcal{F}_r \subset \mathbb{R}^3$, die aus allen Punkten besteht, die zu einer gegebenen regulären Kurve $\alpha(t)$ den festen Abstand $r \geq 0$ haben.

Legt man durch jeden Punkt von $\alpha(t)$ die ↗ Normalebene $N(t)$, so ist $\mathcal{F}_r$ die Vereinigung aller Kreise $K_r(t) \subset N(t)$ vom Radius r um den Mittelpunkt $\alpha(t)$. Die Zahl r heißt Radius von $\mathcal{F}_r$. Sind $\mathfrak{n}(t)$ der ↗ Hauptnormalen- und $\mathfrak{b}(t)$ der ↗ Binormalenvektor von $\alpha(t)$, so ist

$$\Phi(t, s) = \alpha(t) + r\;(\cos(s)\mathfrak{n}(t) + \sin(s)\mathfrak{b}(t))$$

für alle Radien $r \leq r_0$, die kleiner als eine gewisse von der Krümmung von $\alpha(t)$ abhängende Schranke $r_0 > 0$ sind, eine reguläre Parameterdarstellung von $\mathcal{F}_r$.

Die Abbildung zeigt die Röhrenfläche der Schraubenlinie $\beta(t) = (t, \cos(5t), \sin(5t))^\top$ und einer geschlossenen verknoteten Kurve $\alpha(t)$ auf einem Torus mit der Parameterdarstellung

$$\alpha(t) = \begin{pmatrix} 7\cos(3t) + 3\cos(3t)\cos(5t) \\ 7\sin(3t) + 3\cos(5t)\sin(3t) \\ 3\sin(5t) \end{pmatrix}.$$

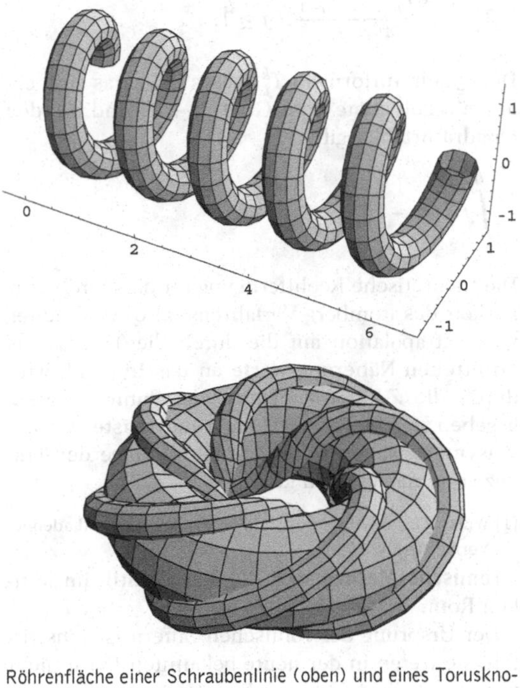

Röhrenfläche einer Schraubenlinie (oben) und eines Torusknotens (unten).

Allgemeiner kann man Kurven in $\mathbb{R}^3$ durch beliebige k-dimensionale Untermannigfaltigkeiten $M^k \subset \mathbb{R}^n$, $k \leq n$, ersetzen, und in Analogie zur Röhrenfläche die *Tube* vom Radius r betrachten. Dies ist die Hyperfläche $\mathcal{T}_r(M^k)$ aller Punkte $x \in \mathbb{R}^n$, die von M^k den Abstand r haben. Die Weylsche Tubenformel beschreibt das n-dimensionale Volumen $V_r^n(M^k)$ des von $\mathcal{T}_r(M^k)$ berandeten Gebietes in Abhängigkeit vom Radius r durch ein Polynom der Gestalt

$$V_r^n(M^k) = r^{n-k} \sum_{i=0}^{\left[\frac{k}{2}\right]} \alpha_{2i}\, r^{2i}.$$

Darin ist $\left[\frac{k}{2}\right]$ die größte ganze Zahl unterhalb $\frac{k}{2}$, und die Koeffizienten α_{2i} sind durch Integrale über gewisse Krümmungsinvarianten von M^k zu berechnen. Speziell ist

- $V_r^2(\beta) = 2\,r\,\mathrm{L}(\beta)$ für eine Kurve $\beta \subset \mathbb{R}^2$ der Länge $\mathrm{L}(\beta)$,
- $V_r^3(\beta) = 2\,\pi\,r^2\mathrm{L}(\beta)$ für eine Kurve $\beta \subset \mathbb{R}^3$ der Länge $\mathrm{L}(\beta)$, und
- $V_r^3(\mathcal{F}) = 2\,r\,\mathrm{A}(\mathcal{F}) + \dfrac{4\,\pi\,r^3}{4}\chi(\mathcal{F})$ für eine Fläche $\mathcal{F} \subset \mathbb{R}^3$ mit dem Flächeninhalt $\mathrm{A}(\mathcal{F})$ und der Eulerschen Charakteristik $\chi(\mathcal{F})$.

[1] Gray, A.: Tubes. Addison Wesley Publishing Company, New York, Amsterdam 1990.

Rolf-Nevanlinna-Preis, ↗Nevanlinna-Preis.

Rolle, Michel, französischer Mathematiker, geb. 21.4.1652 Ambert (Frankreich), gest. 8.11.1719 Paris.

Rolle arbeitete zunächst als Schreiber. 1675 kam er nach Paris und widmete sich hier autodidaktisch seiner Ausbildung. Er wurde Hauslehrer und 1699 Mitglied der Pariser Akademie.

Rolle untersuchte hauptsächlich algebraische Eigenschaften von Gleichungen. 1690 erschien seine Arbeit „Traité d'algèbre", in der er unter anderem bewies, daß die Ableitung eines Polynoms zwischen zwei Nullstellen des Polynoms selbst eine Nullstelle hat.

Rolle, Satz von, besagt, daß für $-\infty < a < b < \infty$ und eine stetige, auf (a, b) differenzierbare Funktion $f : [a, b] \to \mathbb{R}$ mit $f(a) = f(b)$ die Ableitung f' in (a, b) mindestens eine Nullstelle besitzt, also f eine waagrechte Tangente hat. Insbesondere liegt also zwischen zwei Nullstellen von f eine Nullstelle von f'.

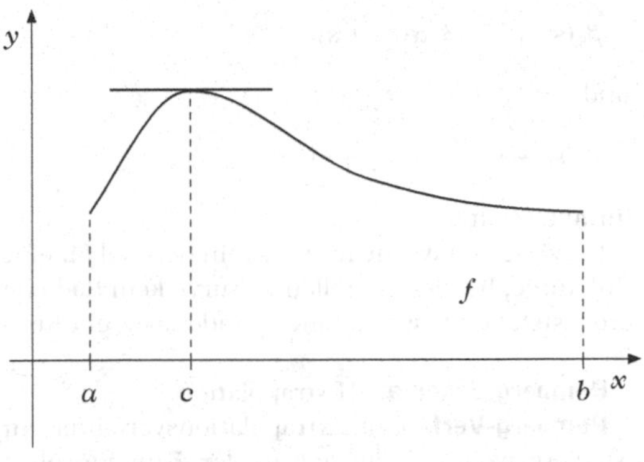

Satz von Rolle: c ist Nullstelle von f'.

Der Satz von Rolle ist äquivalent zum ↗Mittelwertsatz der Differentialrechnung, d. h. jeder der beiden Sätze läßt sich sich mit Hilfe des anderen beweisen.

Durch wiederholtes Anwenden des Satzes von Rolle erhält man folgende Verallgemeinerung auf höhere Ableitungen: Hat eine n-mal differenzierbare Funktion $f : [a, b] \to \mathbb{R}$ zwei oder mehr verschiedene Nullstellen der Gesamtordnung $n + 1$, so hat $f^{(n)}$ mindestens eine Nullstelle.

Rollkurve, Kurve, die ein Punkt P beschreibt, der mit einer ebenen Kurve C_1, der Polkurve, fest verbunden ist, die ohne zu gleiten auf einer anderen Kurve C_2, der Polbahn, rollt. P muß nicht ein Punkt von C_1 sein.

Ist C_1 ein Kreis und C_2 eine Gerade, so heißt die Rollkurve gemeine (auch gewöhnliche oder gespitzte), verlängerte (auch verschlungene), oder verkürzte (auch abgestumpfte oder gestreckte) Zykloide, je nachdem, ob P auf, außerhalb oder innerhalb der Peripherie des rollenden Kreises C_1 liegt. Sind beide Kurven Kreise, so heißt die Rollkurve Epizykloide oder Hypozykloide, je nachdem ob C_1 innen oder außen auf C_2 rollt. Auch hier unterscheidet man in derselben Weise gemeine, verlängerte und verkürzte Epizykloiden und Hypozykloiden.

Ist keine der Kurven ein Kreis, so präzisiert man den Begriff des Rollens auf folgende Weise. Die rollende Kurve wird analytisch durch eine Schar K_s von Kurven beschrieben, in der der Scharparameter s die Bogenlänge der festen Kurve C_2 ist. Es sei $\beta_s(t)$ eine Parametrisierung von K_s durch die Bogenlänge t von K_s und $\alpha(s)$ eine Parametrisierung von C_2 durch die Bogenlänge.

K_s wird durch folgende Eigenschaften eindeutig bestimmt: Jede Kurve K_s ist zu C_1 kongruent, wobei die Bewegung, die K_s in C_1 überführt, die Orientierung erhalten soll. Außerdem sollen sich die Kurven K_s und die Kurve C_2 in dem Punkt mit dem Parameterwert $s_0 + s$ berühren, d. h., es soll

$$\beta_s(s_0 + s) = \alpha(s_0 + s)$$

und

$$\beta_s'(s_0 + s) = \alpha'(s_0 + s)$$

für alle s gelten.

Die ↗Delaunaysche Kurve ist ein Beispiel für eine Rollkurve, bei der die rollende Kurve kein Rad und die feststehende weder eine Gerade noch ein Kreis ist.

Romberg-Schema, ↗Extrapolation.

Romberg-Verfahren, Extrapolationsverfahren zur Konvergenzbeschleunigung in der ↗numerischen Integration.

Das Romberg-Verfahren beruht auf der Grundidee, durch geeignete Linearkombination von Quadraturformeln eine höhere Konvergenzordnung zu erhalten. Diese Vorgehensweise wurde 1955 von W. Romberg vorgeschlagen und kann als eines der ältesten Beispiele für die ↗Extrapolation aufgefaßt werden.

Es sei $h > 0$, und es bezeichne T_0^k, $k = 0, 1, \ldots$ für eine vorgegebene stetige Funktion f auf $[a, b]$ die Werte, welche die Trapezregel angewandt auf f für die Schrittweiten $\frac{h}{2^k}$, $k = 0, 1, \ldots$, liefert. Dann ergeben sich die Näherungswerte T_j^k, $j \geq 1$, für das Integral

$$\int_a^b f(t)dt$$

des Romberg-Verfahrens gemäß der rekursiven Vorschrift

$$T_j^k = \frac{4^j T_{j-1}^{k-1} - T_{j-1}^k}{4^j - 1}, \quad j \geq 1.$$

Die Quadraturformeln T_j^k dieses Schemas sind exakt für Polynome vom Grad $2j + 1$, und für den Quadraturfehler gilt:

$$\int_a^b f(t)dt - T_j^k = \mathcal{O}(h^{2j+2}).$$

Die theoretische Rechtfertigung für die Durchführbarkeit des Romberg-Verfahrens, also Anwendung von Extrapolation auf die durch die Trapezregel ermittelten Näherungswerte an das Integral, wird durch die ↗Euler-Maclaurinsche Summenformel gegeben, mit deren Hilfe man die Existenz einer ↗asymptotischen Entwicklung der Folge der Trapezwerte nachweisen kann.

[1] Walz, G.: Asymptotics and Extrapolation. Akademie-Verlag Berlin, 1996.

römische Mathematik, die Mathematik im antiken Rom.

Der Ursprung der römischen Ziffern ist umstritten, sie treten in der heute bekannten Form nicht vor dem 1. Jh. v.Chr. auf. Eine Hypothese behauptet den Ursprung der römischen Ziffern, zumindest von I, V und X, von Völkern, die vor den Etruskern und „Römern" in Italien lebten. Diese Völker benutzten zum Zählen und Rechnen Kerbhölzer, die römischen Ziffern wären danach direkt aus Kerbzeichen entstanden. Eine zweite Hypothese leitet die Herkunft der römischen Ziffern aus einem westgriechischen Alphabet her.

Das römische Ziffernsystem war additiv ($m = 10$, $k = 5$) und wies jeder der Zahlen 1, k, m, km, m^2, km^2, m^3, ... ein eigenes Zeichen, eine eigene Ziffer zu. Diese Vorschrift machte beim Schreiben großer Zahlen erhebliche Schwierigkeiten, man führte deshalb zusätzlich Sonderzeichen ein, z. B. Querstriche, die als Multiplikatoren wirkten.

Man kann mit einem solchen System nur äußerst schwer rechnen, weil die Grundziffern einen festgelegten Zahlenwert haben. Gerechnet wurde deshalb mit diesen Ziffern im heutigen Sinne kaum, man rechnete entweder mit Fingern und Händen, aber auch mit Kieselsteinen (calculus = kleiner Kieselstein) und Rechenpfennigen, sowie auf Rechentafeln. Letztere traten in zwei Formen auf, als gewöhnlicher Abakus und als Handabakus. Für jede Zehnerpotenz war im Prinzip eine Reihe (bzw. ein Schlitz) vorgesehen. Eine Zahl wurde dargestellt, indem in jeder Reihe die Anzahl der jeweiligen Einheiten mit entsprechend vielen Steinchen, Münzen oder Knöpfen (kleine Metallkugeln beim Handabakus) festgelegt wurde. Das Rechnen selbst erfolgte weitgehend mechanisch. Addition und Subtraktion waren einfach ausführbar, komplexe Rechnungen waren jedoch kaum möglich.

Von einer eigenen, höheren römischen Mathematik kann man kaum sprechen. Die Mathematik beschränkte sich auf elementares Rechnen, auf praktikable Feldmeßmethoden, und auf elementare mathematische Grundlagen des Bauwesens. Seit dem 1. Jh. n.Chr. gab es berufsmäßige Feldmesser (Agrimensoren). Wichtige Vertreter der römischen Mathematik waren Varro (116-27 v.Chr.), Vitruv (geb. um 84 v. Chr.), Columella (nach 64), und Balbus (um 100). Nach dem Beginn der Eroberungen Roms in Griechenland um etwa 200 v.Chr. verstärkte sich der kulturelle Einfluß der Hellenen, der schon vorher merklich war, außerordentlich. „Das unterworfene Griechenland überwältigte den rauhen Sieger und brachte die Segnungen der Kultur in das unkultivierte Land der Latiner" schrieb Horaz.

Zu dieser Zeit hatte allerdings die griechische Mathematik längst ihren Höhepunkt überschritten. Fortan wurden alle großen (administrativen) Aufgaben, die auch erhebliche mathematische Kenntnisse erforderten (Kalenderreform 46 v. Chr., Vermessung des römischen Weltreiches) von griechischen oder ägyptischen Fachleuten durchgeführt.

Rosenhain, Johann Georg, deutscher Mathematiker, geb. 10.6.1816 Königsberg (Kaliningrad), gest. 14.5.1887 Königsberg.

Rosenhain studierte in Königsberg und promovierte auch dort. 1844 erhielt er eine Stelle in Breslau. 1848 erteilte man ihm wegen seiner Beteiligung an den revolutionären Aktionen Lehrverbot. 1851 ging er nach Wien und kehrte 1857 nach Königsberg zurück.

Rosenheim war ein Schüler Jacobis. Er entwickelte die Theorie der elliptischen Funktionen weiter. 1851 gelang es ihm, das Jacobische Umkehrproblem für ein abelsches Integral auf einer Kurve vom Geschlecht 2 zu lösen.

Rosenthalsche Dichotomie, ↗ Rosenthalsches ℓ^1-Theorem.

Rosenthalsches ℓ^1-Theorem, Satz über die Existenz von zu ℓ^1 isomorphen Unterräumen eines Banachraums:

Ein Banachraum enthält genau dann einen zu ℓ^1 isomorphen Unterraum, wenn er eine beschränkte Folge ohne eine schwache Cauchy-Folge (↗ schwache Konvergenz) enthält.

Präziser gilt sogar die Rosenthalsche Dichotomie: *Eine beschränkte Folge in einem Banachraum enthält entweder eine zur ℓ^1-Basis äquivalente Teilfolge, oder jede Teilfolge enthält eine schwache Cauchy-Teilfolge.*

[1] Diestel, J.: Sequences and Series in Banach Spaces. Springer Berlin/Heidelberg, 1984.

[2] Lindenstrauss, J.; Tzafriri, L.: Classical Banach Spaces I. Springer Berlin/Heidelberg, 1977.

Rössler-Attraktor, ein ↗ seltsamer Attraktor, der im durch folgendes ↗ Differentialgleichungssystem beschriebenen ↗ dynamischen System auftritt:

$$\dot{x} = -y - z, \ \dot{y} = x + ay, \ \dot{z} = b + z(x - c)$$

mit $a, b, c \in \mathbb{R}$.

Benannt ist der Rössler-Attraktor nach Otto Rössler, der dieses System zuerst untersuchte.

Rotation, spezielle ↗ Kongruenzabbildung.

Sei X ein normierter linearer Raum und $a \in X$. Dann heißt eine Abbildung $S : X \to X$ mit

$$\|S(x) - a\| = \|x - a\|$$

für $x \in X$ Rotation.

Siehe auch ↗ Drehung im $\mathbb{R}^n$.

Rotation eines Vektorfeldes, ist, für ein differenzierbares

$$f = \begin{pmatrix} u \\ v \\ w \end{pmatrix},$$

in kartesischen Koordinaten definiert durch

$$\left(\frac{\partial w}{\partial y} - \frac{\partial v}{\partial z}, \frac{\partial u}{\partial z} - \frac{\partial w}{\partial x}, \frac{\partial v}{\partial x} - \frac{\partial u}{\partial y} \right).$$

Mit Hilfe des ↗ Nablaoperators ist die Rotation auch in der einfachen Form $\nabla \times f$ darstellbar.

Rotationsellipsoid, spezielle Form einer ↗ Rotationsfläche.

Rotiert man im dreidimensionalen euklidischen Raum eine als Kurve verstandene Ellipse um eine Drehachse, so entsteht als Rotationsfläche ein Rotationsellipsoid.

Rotationsfläche, *Drehfläche*, Fläche, die von einer in einer Ebene $\mathcal{E} \subset \mathbb{R}^3$ liegenden Kurve $\mathcal{K} \subset \mathcal{E}$ überstrichen wird, wenn $\mathcal{E}$ um eine in $\mathcal{E}$ enthaltene Gerade $\mathcal{G}$ rotiert.

Die Kurve $\mathcal{K}$ heißt Erzeugende der Rotationsfläche und die Gerade $\mathcal{G}$ ihre Achse. Meist ist $\mathcal{E}$ die (x, z)-Ebene und $\mathcal{G}$ die z-Achse. Ist die Erzeugende durch eine ↗ Parametergleichung der Gestalt $\alpha(t) = (\xi(t), 0, z(t))$ gegeben, so erhält man als Parametergleichung der zugehörigen Rotationsfläche

$$\Phi(t, \varphi) = (\xi(t) \cos(\varphi), \xi(t) \sin(\varphi), \eta(t)).$$

Darin ist φ der Drehwinkel. In dieser Parametrisierung lauten die Ausdrücke für die Koeffizienten der ersten Gaußschen Fundamentalform $E = \xi^2(t)$, $F = 0$, $G = \xi'^2(t) + \eta'^2(t)$, während sich für die Koeffizienten der zweiten Gaußschen Fundamentalform

$$L = -|\xi|\,\eta'/\sqrt{\xi'^2 + \eta'^2}\,, \; M = 0\,,$$

sowie

$$N = \operatorname{sign}(\xi)\,(\xi''\,\eta' - \xi'\,\eta'')\,/\sqrt{\xi'^2 + \eta'^2}$$

ergibt.

Wir geben auch die Formeln für die Gaußsche Krümmung k und die mittlere Krümmung h an: Es gilt

$$k = \frac{\eta'\,(\xi'\,\eta'') - (\eta'\,\xi'')}{\xi\left(\xi'^2 + \eta'^2\right)^2}\,,$$

$$h = \frac{\xi\,(\eta'\,\xi'' - \xi'\,\eta'') - \eta'\left(\xi'^2 + \eta'^2\right)}{2\,|\xi|\sqrt{\left(\xi'^2 + \eta'^2\right)^3}}\,.$$

Wegen der Rotationssymmetrie hängen diese Größen nicht vom Drehwinkel φ ab.

Gilt

$$\xi'^2 + \eta'^2 = 1\,,$$

d. h., ist t der Parameter der Bogenlänge auf der Kurve $(\xi(t), \eta(t))$, so erfahren diese Ausdrücke eine beträchtliche Vereinfachung. Man erhält $k = -\xi''/\xi$ und

$$h = \left(\operatorname{sign}(\xi)(\xi''\,\eta' - \xi'\,\eta'') - \eta'/|\eta|\right)/2\,.$$

Die zu konstantem Drehwinkel $\varphi = \varphi_0$ gehörenden Parameterlinien heißen Meridiane, und die Parameterlinien $t = \text{const}$ Breitenkreise der Rotationsfläche. Jeder Meridian ist zur Erzeugenden kongruent. Da er im Durchschnitt der Rotationsfläche mit einer die Achse enthaltenden Ebene liegt und der Schnittwinkel ein rechter ist, ist er nach dem Satz von Joachimsthal (↗Joachimsthal, Satz von) eine ↗Krümmungslinie. Aus ähnlichem Grund sind die Breitenkreise Krümmungslinien.

rotationsinvariante Mustererkennung, im Kontext ↗Neuronale Netze die Bezeichnung für die korrekte Identifizierung eines ↗Musters, unabhängig von einer eventuell vorgenommenen Drehung.

Rotationskegel, eine ↗Rotationsfläche $\mathcal{K}$, deren Erzeugende eine Gerade ist, welche mit der Drehachse der Rotationsfläche einen Punkt, die Kegelspitze, gemeinsam hat.

Die Kegelspitze ist ein singulärer Punkt von $\mathcal{K}$.

Rotationsmatrix, ↗Drehmatrix.

Rotationsparaboloid, Fläche, die entsteht, wenn eine ↗Parabel um ihre Achse rotiert.

Falls die Achse der rotierenden Parabel mit der z-Achse identisch ist und ihr Scheitel mit dem Koordinatenursprung übereinstimmt, so wird das entstehende Rotationsparaboloid durch eine Gleichung der Form

$$\frac{x^2}{r^2} + \frac{y^2}{r^2} = 2z$$

beschrieben. Schneidet man ein durch diese Gleichung beschriebenes Rotationsparaboloid mit einer zur (x, y)-Ebene parallelen Ebene, die durch einen positiven Punkt der z-Achse verläuft, so entsteht als Schnittfigur ein Kreis, Schnittfiguren mit Ebenen, welche die z-Achse enthalten, sind Parabeln.

Siehe hierzu auch ↗Paraboloid und ↗Rotationsfläche.

Roth, Approximationssatz von, ↗Thue-Siegel-Roth, Satz von.

Roth, Klaus Friedrich, Mathematiker, geb. 29.10. 1925 Breslau, gest. 10.11.2015 Inverness.

Noch im Kindesalter kam Roth nach London, besuchte dort 1939 bis 1943 die St. Paul's Schule, und studierte dann an der Universität Cambridge. Nach kurzer Lehrtätigkeit an einer Schule in Schottland (1945) begann er 1946 als Assistent am University College London seine Forschungstätigkeit. 1948 erwarb er den Master-Grad, promovierte 1950 und wurde nach verschiedenen Lehrpositionen 1961 als Professor berufen. 1966 bis 1988 hatte er den Lehrstuhl für Reine Mathematik am Imperial College in London inne und kehrte dann bis 1996 als Gastprofessor an das University College zurück. Seitdem lebt er in Nordschottland.

Roth hat die Zahlentheorie um wichtige Ergebnisse bereichert. Noch während seiner Tätigkeit als Lecturer vollbrachte er 1955 seine wohl bedeutendste Leistung, indem er das lange Zeit offene Problem der Approximation algebraischer Zahlen durch rationale Zahlen löste. Er bewies, daß 2 die obere Grenze aller Exponenten $\mu(a)$ ist, für die es zu einer algebraischen Zahl a vom Grad $n > 2$ höchstens endlich viele ganze Zahlen p, q gibt mit der Eigenschaft

$$\left|a - \frac{p}{q}\right| < q^{-\mu}\,.$$

Wichtige Teilergebnisse hatten 1908 A.Thue und 1921 C.L.Siegel bewiesen, nachdem schon Liouville 1844 das Problem behandelt hatte. Bereits zuvor war Roth 1954 mit interessanten Ergebnissen zur Gleichverteilung von Folgen und 1952 mit dem Beweis einer Vermutung von P. Turan und P. Erdös hervorgetreten. Bezüglich letzterer zeigte er, daß eine Folge natürlicher Zahlen, in der nie ein Folgenglied arithmetisches Mittel zweier anderer ist, die Dichte Null hat, d. h., bezeichnet $N(x)$ die Anzahl der Folgenglieder, die kleiner als x sind, so strebt der Bruch $N(x)/x$ gegen Null, wenn x gegen Unendlich geht. Weitere Beiträge Roths betrafen die Anwendung von Siebmethoden.

Roths Werk wurde mehrfach gewürdigt, 1958 erhielt er insbesondere für die Lösung des Approximationsproblems für algebraische Zahlen die ↗Fields-Medaille.

Rotverschiebung, Maß für die Größe des ↗Doppler-Effekts in der Optik,

$$z = \frac{\lambda_2 - \lambda_1}{\lambda_1} \,.$$

Wenn sich die Lichtquelle vom Beobachter wegbewegt, ist die Wellenlänge des Photons (= Lichtquants) bei der Emission (λ_1) kleiner als bei der Absorption (λ_2). Die Farbe Rot hat unter dem optisch sichtbaren Licht die größte Wellenlänge, woher sich die Bezeichnung erklärt.

Energetisch kann man dies wie folgt erklären: Die Energie eines Photons ist indirekt zu seiner Wellenlänge proportional, und je schneller sich die Lichtquelle vom Beobachter entfernt, desto mehr Energie verliert das Photon auf dem Weg zum Beobachter.

Als Folge des ↗Äquivalenzprinzips der mathematischen Physik gibt es auch analog eine gravitative Rotverschiebung: Wird ein Photon in einem starken Gravitationsfeld emittiert, so verliert es auf dem Weg aus diesem Feld einen Teil seiner Energie, und wird gleichfalls in Richtung Rot verschoben.

Der Effekt ist nur bei Objektgeschwindigkeiten, die mit der Lichtgeschwindigkeit vergleichbar sind, meßbar. Beispiel: Die kosmologische Rotverschiebung ist ein Maß für die Expansion des Kosmos, und sie wird anhand der Rotverschiebung der Fraunhoferschen Linien im Spektrum ferner Galaxien gemessen.

Rouché, Satz von, funktionentheoretische Aussage, die wie folgt lautet:

Es sei $G \subset \mathbb{C}$ ein ↗Gebiet und f, g in G ↗holomorphe Funktionen. Weiter sei γ eine rektifizierbare ↗Jordan-Kurve in G derart, daß γ nullhomolog in G ist und

$$|f(\zeta) + g(\zeta)| \;<\; |f(\zeta)| + |g(\zeta)|\,, \quad \zeta \in \gamma \qquad (1)$$

gilt. Dann haben f und g gleich viele Nullstellen in $\operatorname{Int}\gamma$, wobei die ↗Nullstellenordnung zu berücksichtigen ist, und $\operatorname{Int}\gamma$ das ↗Innere eines geschlossenen Weges bezeichnet.

In den Anwendungen benutzt man den Satz von Rouché zur Bestimmung der Nullstellenzahl einer Funktion f. Dazu ist eine geeignete Vergleichsfunktion g mit bekannter Nullstellenzahl zu wählen derart, daß die Ungleichung (1) erfüllt ist.

Als Beispiel sei hier ein kurzer Beweis des ↗Fundamentalsatzes der Algebra gegeben:

Es sei

$$f(z) = z^n + a_{n-1}z^{n-1} + \cdots + a_1 z + a_0$$

mit $n \geq 1$ ein beliebiges Polynom. Man wählt $g(z) = -z^n$ und für γ die Kreislinie mit Mittelpunkt 0 und Radius $r > 0$. Für hinreichend großes r erhält man leicht

$$|f(\zeta) + g(\zeta)| < r^n = |g(\zeta)| \leq |f(\zeta)| + |g(\zeta)|$$

für $|\zeta| = r$. Die einzige Nullstelle von g ist $z_0 = 0$ mit der Nullstellenordnung n. Also hat f innerhalb von γ genau n und damit mindestens eine Nullstelle.

Routh, Edward John, kanadisch-englischer Mathematiker, geb. 20.1.1831 Quebec, gest. 7.6.1907 Cambridge, England.

Im Alter von 11 Jahren kam Routh nach England, wo er zunächst bei de Morgan studierte, bevor er nach Cambridge ging. Er trat beinahe zeitgleich mit Maxwell in Peterhouse (College) ein, und von da an lagen beide praktisch andauernd im Wettstreit miteinander um Auszeichnungen und Preise für hervorragende Studienleistungen. Maxwell wechselte bald darauf ans Trinity College, möglicherweise um Routh aus dem Weg zu gehen.

Routh arbeitete vor allem über Probleme der Mechanik und dynamische Systeme. Er galt als hervorragender Dozent und schrieb mehrere erfolgreiche Lehrbücher über verschiedene Bereiche der Angewandten Mathematik

Routh-Hurwitz-Kriterium, *Hurwitz-Kriterium*, Aussage über die Lage der Nullstellen eines Polynoms.

Sei $n \in \mathbb{N}$ und $a_0, \cdots, a_{n-1} \in \mathbb{R}$. Im folgenden werde $a_n := 1$ und $a_l := 0$ für $l > n$ gesetzt. Dann gilt für das Polynom

$$p(\lambda) \;=\; \lambda^n + a_{n-1}\lambda^{n-1} + \cdots a_1\lambda + a_0 \;:$$

1. *Besitzen alle Nullstellen von p negative Realteile, so sind $a_0, \cdots, a_{n-1} > 0$.*
2. *Gilt $a_0, \cdots, a_{n-1} > 0$, so haben alle Nullstellen von p genau dann negative Realteile, falls folgende Determinante samt ihrer sämtlichen ↗Hauptunterdeterminanten positiv ist:*

$$\begin{vmatrix} a_1 & a_0 & 0 & \dots & & & 0 \\ a_3 & a_2 & a_1 & a_0 & 0 & \dots & 0 \\ \vdots & \vdots & \vdots & \vdots & \vdots & \vdots & \vdots \\ a_{2n-3} & a_{2n-4} & \dots & & & a_n & a_{n-1} \end{vmatrix} .$$

Für $n = 2$ sind alle Nullstellen von p genau dann negativ, wenn $a_1, a_2 > 0$ gilt. Für $n > 2$ ist $a_0, \cdots, a_{n-1} > 0$ nicht dafür hinreichend, daß alle Nullstellen von p negativ sind.

Die Bedeutung des Routh-Hurwitz-Kriteriums liegt darin, daß ohne explizite Berechnung der Nullstellen von p eine Aussage über ihre Vorzeichen gemacht werden kann, die z. B. bei der Untersuchung des Stabilitätsverhaltens (↗ Ljapunow-Stabilität) von Fixpunkten ↗ dynamischer Systeme herangezogen werden kann.

RP, die Komplexitätsklasse aller ↗ Entscheidungsprobleme, für die es einen ↗ randomisierten Algorithmus gibt, der das Problem so in polynomieller Zeit löst, daß für Eingaben, die nicht zu der zu erkennenden Sprache gehören, dies mit Sicherheit erkannt wird, und für Eingaben, die zu der zu erkennenden Sprache gehören, dies mit einer Wahrscheinlichkeit von mindestens 1/2 erkannt wird.

Da die Antwort, daß eine Eingabe akzeptiert wird, irrtumsfrei ist, haben RP-Algorithmen nur einseitigen Irrtum. Durch polynomiell viele unabhängige Wiederholungen des Algorithmus und der endgültigen Akzeptanz einer Eingabe, wenn sie in mindestens einem Durchlauf akzeptiert wird, kann die Irrtumswahrscheinlichkeit exponentiell klein gemacht werden. Damit sind RP-Algorithmen von großer praktischer Bedeutung. Die Abkürzung RP steht für random polynomial (time).

Die Klasse RP ist in der Klasse ↗ NP enthalten.

RSA, wichtiges Verfahren der ↗ asymmetrischen Verschlüsselung, benannt nach den drei Autoren Ronald Rivest, Adi Shamir und Leonard M. Adleman, die diesen Algorithmus 1977 publizierten.

Sowohl Verschlüsselung als auch Entschlüsselung werden durch Potenzieren in einem großen Restklassenring $\mathbb{Z}_m$ ausgeführt. Ist n eine zu verschlüsselnde Nachricht, dann ist

$$c \equiv n^e \bmod m$$

der chiffrierte Text.

Durch die Wahl des Moduls $m = pq$ als Produkt zweier großer Primzahlen kann mit einem Exponenten d, für den $ed \equiv 1 \bmod \varphi(m)$ gilt, das Chiffrat auch wieder entschlüsselt werden. Ist $\text{ggT}(m,n)=1$, dann ist

$$c^d \equiv n^{de} \equiv n^{1+k\varphi(m)} \equiv n \cdot \left(n^{\varphi(m)}\right)^k \bmod m.$$

Nach dem Eulerschen Satz ist

$$n^{\varphi(m)} \equiv 1 \bmod m$$

und deshalb

$$c^d \equiv n \bmod m\,.$$

Dabei ist φ die Eulersche Funktion der zu m teilerfremden ganzen Zahlen zwischen 0 und m, und es gilt

$$\varphi(m) = (p-1)(q-1)\,.$$

Wie man leicht sieht, gilt $n^{de} \equiv n \bmod m$ auch für n mit $\text{ggT}(m,n) \neq 1$.

Es gilt als sicher (ein Beweis fehlt jedoch), daß ein unberufener Entschlüsseler trotz Kenntnis von m und e den Exponenten d nur mit einem Rechenaufwand bestimmen kann, der mit der Faktorisierung der Zahl m vergleichbar ist (die Umkehrung ist dagegen offensichtlich, ausgehend von der Zerlegung $m = pq$ kann man d aus m und e mit Hilfe des Euklidischen Algorithmus leicht berechnen).

Deshalb kann m und e als öffentlicher Schlüssel und d als geheimer Schlüssel für ein asymmetrisches Verschlüsselungsverfahren gewählt werden. Die Berechnung der Potenzen läßt sich durch Quadrieren und Multiplizieren so beschleunigen, daß man für große Exponenten d nur $O(\log_2 d)$ viele Operationen ausführen muß.

Während 1977 die Entwickler von RSA noch glaubten, daß 129-stellige Zahlen (428 Bit) $m = pq$ nicht in realistischer Zeit faktorisierbar sind, werden durch neue algebraische Methoden (Zahlkörpersieb) gegenwärtig (2001) die ersten 512-Bit-Zahlen in ihre beiden Faktoren zerlegt. 1024-Bit-Zahlen sind noch ausreichend sicher, und durch Vergrößerung der Modullänge auf 2048 Bit kann man auch auf längere Sicht den RSA-Algorithmus noch verwenden.

Im Vergleich mit symmetrischen Verfahren ist der RSA als Verschlüsselungsverfahren um einige Größenordnungen langsamer, sodaß man ihn zweckmäßigerweise mit einer sicheren Blockchiffre kombiniert. Dabei wird die Nachricht mit einem zufällig gewählten symmetrischen Schlüssel chiffriert, und nur dieser Schlüssel allein wird zusätzlich mit RSA verschlüsselt und an die Nachricht angehängt.

Eine einzelne RSA-Verschlüsselung von 1024-Bit-Zahlen ist im Millisekundenbereich sogar auf Chipkarten möglich und kann deshalb für die Bildung ↗ digitaler Signaturen verwendet werden.

RSE, ↗ Ring-Summen-Expansion.

Rückertscher Basissatz, Satz in der Theorie der formalen Potenzreihen.

Der Ring ${}_n\mathcal{O}_0$ *der konvergenten Potenzreihen in* n *Unbestimmten über* $\mathbb{C}$ *ist ein Noetherscher Ring.*

Rückertscher Nullstellensatz, Satz in der Theorie der komplexen Räume.

Sei $(X, \mathcal{O}_X)$ ein komplexer Raum. Für jedes $\mathcal{O}_X$-Ideal $\mathcal{I}$ ist das Radikalideal $rad\,\mathcal{I}$, dessen Halme $(rad\mathcal{I})_x$ die Ideale

$$rad\,\mathcal{I}_x := \left\{f_x \in \mathcal{O}_{X,x},\ f_x^n \in \mathcal{I}_x \text{ für geeignetes } n \in \mathbb{N}\right\}$$

sind, ebenfalls ein $\mathcal{O}_X$-Ideal. Der Rückertsche Nullstellensatz besagt:

Für jedes kohärente Ideal $\mathcal{I} \subset \mathcal{O}_X$ *ist* $rad\,\mathcal{I}$ *das Nullstellenideal von* $A := Tr(\mathcal{O}_X/\mathcal{I})$, *d. h. die kohärente Garbe mit dem kanonischen Datum* $\{I(U),\ U \text{ offen in } X\}$, *wobei*

$$I(U) := \left\{f \in \mathcal{O}_X(U),\ f(A \cap U) = 0\right\}.$$

rückgekoppeltes Netz, ↗ Feed-Back-Netz.

Rückkehrkante, *Gratlinie*, ↗ Regelfläche.

Rückkehrschnitt, einfach geschlossene, auf einer Fläche F definierte stetige Kurve, die F *nicht* in zwei Gebiete zerlegt.

Rückkopplung, bezeichnet in der Technik die direkte oder indirekte Einflußnahme des Verhaltens eines Bauteils auf sich selbst.

Im graphentheoretischen Sinne läßt sich dies häufig über einen gerichteten Graphen beschreiben, wobei eine Schlinge eine direkte Rückkopplung und ein geschlossener gerichteter Pfad eine indirekte Rückkopplung anzeigt.

In der (mathematischen) Biologie bezeichnet man mit dem Begriff Rückkopplung einen Mechanismus, mit dem eine biologische Größe auf einem Sollwert gehalten oder an eine andere angepaßt wird. Im allgemeinen verwendet man hier Differentialgleichungen der Form $\dot{x} = y - x$, dabei ist x die Größe, die sich auf y einstellt.

Rucksackproblem, das Problem, für n Objekte mit Gewichten G_i, $1 \leq i \leq n$, Nutzenwerten N_i, $1 \leq i \leq n$, und eine Gewichtsschranke G eine Menge von Objekten zu berechnen, die zusammen die Gewichtsschranke nicht überschreiten, also eine zumutbare Bepackung eines Rucksacks darstellen, und dabei zusammen maximalen Nutzen haben.

Die Entscheidungsvariante (↗ Entscheidungsproblem) ist ↗ NP-vollständig, aber für jedes $\varepsilon > 0$ gibt es einen ↗ approximativen Algorithmus, der das Problem mit einer worst case Güte (↗ Güte eines Algorithmus) von $1 + \varepsilon$ in polynomieller Zeit löst.

Rückstellungen, im Handelsrecht Positionen auf der Passiv-Seite der Bilanz.

Rückstellungen weisen dort zum Bilanzzeitpunkt Verbindlichkeiten aus, die unter Umständen noch nicht feststehen, weder der Höhe noch dem Grunde nach. Zu den von Versicherungsmathematikern anzugebenden Rückstellungen gehören in der Schadensversicherung neben anderen die sogenannten Spätschadenrückstellungen (↗ IBNR), die ↗ Schwankungsrückstellungen, und die Großschadenrückstellungen.

In der Personenversicherung gehören die Deckungsrückstellungen in der Lebensversicherung (↗ Deckungskapital), die Rückstellung für Beitragsrückerstattung (RfB), die Rückstellungen für nicht abgewickelte Versicherungsfälle und Rückkäufe zu den Rückstellungen, die in der Bilanz auszuweisen sind.

Während in der Lebensversicherungsmathematik Rückstellungen meist mit dem ↗ Deterministischen Modell berechnet werden, kommen bei der Berechnung von Rückstellungen in der Schadenversicherung verschiedene Verfahren zur Anwendung. Dazu gehören das ↗ chain-ladder-Verfahren und ↗ IBNR-Methoden.

Rückversicherung, Konzept aus der Versicherungsmathematik, bei dem das Risiko zwischen einem Erst- und einem Rückversicherer aufgeteilt wird.

Basis für die Rückversicherung sind die Möglichkeiten zur ↗ Risikoteilung sowie der Risikodiversifikation durch Zusammenfassung von verschiedenen (wenig stark korrelierten) Risiken zu einem Kollektiv.

Sei S eine Zufallsgröße, die den ↗ Gesamtschaden für ein Erstversicherungskollektiv beschreibt. Bei einer Risikoteilung wird dies in zwei Teile $S = S_E + S_R$ zerlegt, wobei S_E das beim Erstversicherer verbleibende und S_R das auf den Rückversicherer übertragene Risiko beschreibt.

Bei einer proportionalen Risikoteilung übernimmt der Erstversicherer einen Anteil $S_E = c * S$ (mit $0 < c < 1$) der Kosten potentieller Schäden. Da der Erwartungswert $E[S_E]$ und die Varianz $Var[S_E]$ proportional zu c respektive c^2 sind, ist die Berechnung der Rückversicherungsprämie unproblematisch.

Gebräuchliche Formen der nichtproportionalen Risikoteilung gehen davon aus, daß der eigentliche Risikoprozeß in eine Anzahl von elementaren Prozessen zerfällt, d. h.

$$S = \sum_{j=1}^{K} S_j .$$

Dabei kann die Summe sowohl deterministisch als auch stochastisch sein. Das vom Erstversicherer zu tragende Risiko pro Elementarschaden wird nach oben durch eine „Priorität" a in der folgenden Form begrenzt:

$$S_E = \sum_{j=1}^{K} \min(S_j, a) .$$

Den (deterministischen) Fall $K = 1$ bezeichnet man als Stop-Loss-Rückversicherung (Jahresfranchise-Rückversicherung) mit ↗ Stop-Loss-Punkt a.

Ein wichtiger stochastischer Fall ist die Schadenexzendenten-Rückversicherung, bei der K die Anzahl der in einer Periode eingetretenen Schäden beschreibt.

Rückwärtsdifferentiationsmethode, auch backward differentiation method oder BDF-Verfahren, spezielles implizites ↗ Mehrschrittverfahren zur näherungsweisen Lösung von Anfangswertaufgaben gewöhnlicher Differentialgleichungen der Form

$$y' = f(x, y) , \quad y(x_0) = y_0 .$$

Ist eine äquidistante Unterteilung $x_k = x_0 + kh$ mit Schrittweite h gegeben, so wird in der Rückwärtsdifferentiationsmethode die erste Ableitung an der Stelle x_{k+1} durch eine Differentiationsformel approximiert, welche auf den Stützwerten an dieser und zurückliegenden Stützstellen basiert.

Der einfachste Fall stellt das Rückwärts-Euler-Verfahren

$$y_{k+1} - y_k = hf(x_{k+1}, y_{k+1})$$

dar, wobei y_k die Approximation an $y(x_k)$ bezeichnet.

Das 2-Schritt-BDF-Verfahren ergibt sich zu

$$\frac{3}{2}y_{k+1} - 2y_k + \frac{1}{2}y_{k-1} = hf(x_{k+1}, y_{k+1}).$$

Rückwärtsdifferenzen, Zahlen, welche rekursiv durch die Bildung von Differenzen bestimmt werden, siehe ↗Rückwärts-Differenzenoperator.

Rückwärts-Differenzenoperator, der Operator $\nabla := I - E^{-1}$ auf $\mathbb{R}[x]$, wobei I die Identität $I : p(x) \to p(x)$ und E die Verschiebung um 1, $E : p(x) \to p(x+1)$, ist.

Wendet man den Rückwärts-Differenzenoperator auf eine (diskrete) Zahlenfolge an, so ergeben sich die Rückwärtsdifferenzen, die in der ↗Numerischen Mathematik zahlreiche Anwendungen haben. Siehe hierzu etwa ↗Newton-Gregory-II-Interpolationsformel.

Rückwärtseinschneiden, geodäsisches Verfahren zur Bestimmung der Koordinaten eines Punktes $Q(x, y)$ aus denen dreier bekannter Punkte $P_1(x_1, y_1), P_2(x_2, y_2)$ und $P_3(x_3, y_3)$ durch Messung der Winkel $\phi_1 = \angle(P_2QP_3)$, $\phi_2 = \angle(P_1QP_3)$ und $\phi_3 = \angle(P_1QP_2)$ zwischen den von Q ausgehenden Strahlen in Richtung der bekannten Punkte.

Dazu darf allerdings Q nicht auf dem ↗Umkreis des Dreiecks $\Delta P_1P_2P_3$ liegen. Der Punkt Q kann dann als Schnittpunkt dreier Ecktransversalen P_1Q, P_2Q und P_3Q des Dreiecks $\Delta P_1P_2P_3$ (mit den Innenwinkeln α_1, α_2 und α_3) aufgefaßt werden, und es gilt:

$$x = \frac{g_1x_1 + g_2x_2 + g_3x_3}{g_1 + g_2 + g_3} \quad \text{und}$$

$$y = \frac{g_1y_1 + g_2y_2 + g_3y_3}{g_1 + g_2 + g_3} \quad \text{mit}$$

$$g_1 = \frac{1}{\cot\alpha_1 - \cot\phi_1},$$

$$g_2 = \frac{1}{\cot\alpha_2 - \cot\phi_2} \quad \text{und}$$

$$g_3 = \frac{1}{\cot\alpha_3 - \cot\phi_3}.$$

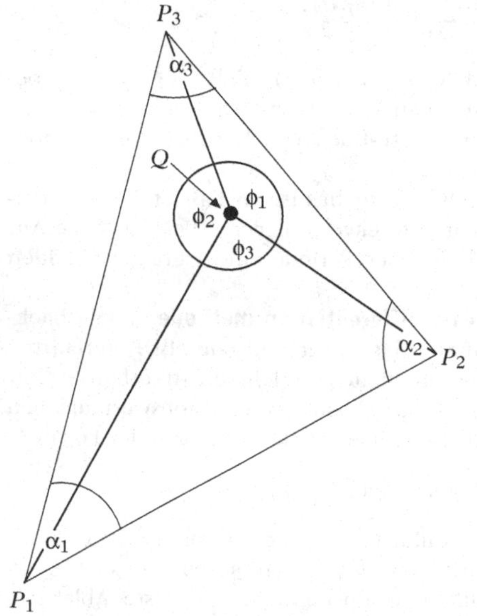

Rückwärtseinsetzen, effiziente Technik zur Lösung eines linearen Gleichungssystems $Rx = c$ mit oberer ↗Dreiecksmatrix $R \in \mathbb{R}^{n\times n}$ und rechter Seite $c \in \mathbb{R}^n$.

Beim Rückwärtseinsetzen löst man das Gleichungssystem

$$\begin{bmatrix} r_{11} & r_{12} & \cdots & r_{1n} \\ & r_{22} & \cdots & r_{2n} \\ & & \ddots & \vdots \\ & & & r_{nn} \end{bmatrix} \begin{bmatrix} x_1 \\ x_2 \\ \vdots \\ x_n \end{bmatrix} = \begin{bmatrix} c_1 \\ c_2 \\ \vdots \\ c_n \end{bmatrix}$$

durch Auflösen der Gleichungen von hinten:

$$x_n = \frac{c_n}{r_{nn}},$$

$$x_i = \frac{1}{r_{ii}}(c_i - \sum_{k=i+1}^{n} r_{ik}x_k)$$

$$\text{für } i = n-1, n-2, \ldots, 1.$$

Rückwärts-Euler-Verfahren, ↗Rückwärtsdifferentiationsmethode.

Rückwärtsfehleranalyse, Vorgehensweise zur Abschätzung der durch ↗Rundungsfehler und andere Fehlerquellen verursachten Verfälschung des Ergebnisses numerischer Verfahren.

Bei der Rückwärtsfehleranalyse geht man aus vom Ergebnis eines Verfahrens und untersucht in jedem Schritt, aus welchen möglichst wenig veränderten Daten das Zwischenergebnis bei exakter Rechnung entstanden sein könnte. Man gelangt so zu qualitativen Aussagen, aus welcher Menge von Eingabedaten das Resultat ohne Rundungsfehler hervorgegangen sein muß. Die Schätzung der Größe dieser Störungen gibt Auskunft über ihr Verhältnis zu den problembedingten Eingabefehlern, wie z. B. Toleranzen in gemessenen Werten.

Rückwärtsgleichung, die Differentialgleichung

$$\frac{\partial}{\partial s}p(s,x;t,y) = -\frac{1}{2}\sigma^2(s,x)\frac{\partial^2}{(\partial x)^2}p(s,x;t,y) - \mu(s,x)\frac{\partial}{\partial x}p(s,x;t,y),$$

wobei $\mu(s,x)$ den Drift- und $\sigma^2(s,x)$ den Diffusionsparameter einer eindimensionalen Diffusion bezeichnet.

Die Rückwärtsgleichung gilt bei fest gewählten $t > 0$ und $y \in \mathbb{R}$ für $0 < s < t$ und $x \in \mathbb{R}$. Besitzt die Übergangsfunktion der Diffusion eine Dichte $p(s,x;t,y)$ bezüglich des Lebesgue-Maßes, so stellt diese eine Fundamentallösung der Gleichung dar.

Rückwärtslösung, Lösungsalgorithmus für ein dynamisches Optimierungsproblem mit der ↗ Bellmannschen Funktionalgleichung, bei dem der Startzustand p_0 als Parameter eingeht.

Man entscheidet dabei stufenweise in Abhängigkeit des nächst niedrigeren Zustandsvektors.

Rückwärtsorbit, ↗ Orbit.

Rudio, Ferdinand, Mathematiker, geb. 2.8.1856 Wiesbaden, gest. 21.6.1929 Zürich.

Rudio nahm 1874 ein Studium der Mathematik und Ingenieurwissenschaften in Zürich auf, und wechselte 1877 nach Berlin, wo er sich ganz dem Studium der Mathematik widmete. 1880 schloß er sein Studium mit der Promotion ab, und ein Jahr später kehrte er zurück nach Zürich, wo er zunächst Dozent und 1889 Professor wurde. Diese Position hatte er bis 1928 inne.

Rudios mathematische Hauptarbeitsgebiete waren die Gruppentheorie, die Algebra und die Geometrie. Daneben war er aber auch sehr an der Geschichte der Mathematik interessiert und verfaßte hierzu zahlreiche Publikationen.

Insbesondere widmete er sich der Herausgabe des Gesamtwerks von L. Euler. Bereits 1883 schlug er dieses Projekt erstmals vor, aber erst 1909 konnte er seinen Traum in die Tat umsetzen. Er überwachte noch die Herausgabe der ersten 30 Bände, von denen er einige auch selbst verfaßte.

Rudolff, Christoph, Mathematiker, geb. um 1500 Jauer (Jawor, Polen), gest. 1545 Wien.

Rudolff studierte zwischen 1517 und 1521 Algebra in Wien und wurde danach Privatlehrer.

1525 schrieb er das Algebrabuch „Coss", in dem er Polynome mit rationalen und irrationalen Koeffizienten untersuchte. Er fand heraus, daß die Gleichung $ax^2 + b = cx$ zwei Lösungen hat, und führte Bezeichnungen für die Wurzeln einer Zahl ein. Er vertrat die Ansicht, daß $x^0 = 1$ sei.

Ruffini, Paolo, italienischer Mathematiker und Arzt, geb. 22.9.1765 Valentano (Italien), gest. 10.5. 1822 Modena.

Ruffini studierte an der Universität in Modena Medizin, Philosophie, Literatur und Mathematik. 1788 promovierte er in Medizin und Philosophie, und wurde danach Professor für Analysis. 1791 erhielt er den Lehrstuhl für Grundlagen der Mathematik in Modena und wurde auch als praktischer Arzt zugelassen. Als Anhänger der italienischen nationalen Bewegung hatte er in der Zeit der napoleonischen Besetzung Lehrverbot. Nach der Befreiung Italiens 1814 wurde er Rektor der Universität Modena und leitete die Lehrstühle für angewandte Mathematik und praktische Medizin.

Ruffini leistete wesentliche Beiträge zur Auflösung algebraischer Gleichungen. 1799 sprach er die Vermutung aus, daß die allgemeine Gleichung 5. Grades nicht algebraisch auflösbar sei. Sein Beweis war allerdings noch lückenhaft, da die körpertheoretischen Grundlagen fehlten. Jedoch verwendete er schon den Begriff der Permutationsgruppen und untersuchte diese.

Ruheenergie, auch Ruhenergie genannt, ↗ Einsteinsche Formel.

Ruhemasse, auch Ruhmasse genannt, ↗ Einsteinsche Formel.

ruhendes Bezugssystem, Gegenstück zu einem ↗ bewegten Bezugssystem, siehe auch ↗ Bezugssystem.

Ruhepunkt, gelegentlich verwendete Bezeichnung für den ↗ Fixpunkt eines dynamischen Systems oder den ↗ Fixpunkt eines Vektorfeldes.

Ruhesystem, ↗ Bezugssystem.

Ruintheorie, Konzept aus der Versicherungsmathematik, welches sich mit der Frage nach der Wahrscheinlichkeit und ggf. dem Umfang eines Ruins in Abhängigkeit von einer Ausgangsreserve beschäftigt. Dabei wird als Ruin der vollständige Verlust der Reserven entweder bei endlichem oder unendlichem Zeithorizont verstanden.

Das grundlegende Modell für die Ruintheorie geht auf Filip Lundberg (1903) zurück. Diesem liegt ein stochastischer Prozeß $S(t)$ zugrunde, der den aggregierten ↗ Gesamtschaden $S(t)$ einer Versicherung beschreibt. Die Ruintheorie untersucht den zugehörigen Risikoprozeß

$$U(t) = U_0 + \beta t - S(t)$$

mit der Anfangsreserve U_0 und einer konstanten Prämie β.

Für endliche Zeiten T bezeichnet

$$\tau = \inf\{t | U(t) < 0\}$$

die Ruinzeit, und die Ruinwahrscheinlichkeit ist definiert durch

$$\psi(U_0, T) = P[\tau < T];$$

bei unendlichem Zeithorizont ist

$$\psi_\infty(U_0) = P[\exists t > 0 \, : \, U(t) < 0].$$

$\psi(0, T)$ kann – unter bestimmten Voraussetzungen – aus der momenterzeugenden Funktion für die Verteilung von $S(t)$ abgeleitet werden, daraus ergibt sich die Ruinwahrscheinlichkeit $\psi(U_0, T)$ implizit über eine Integralgleichung (Seals Formel).

Für $\psi_\infty(U_0)$ erlaubt die Asymptotik weitergehende analytische Aussagen. Das klassische Ergebnis ist die ↗ Formel von Cramer-Lundberg: Man modelliert die Schadenfall-Anzahl durch einen homogenen Poisson-Prozeß mit

$$P[N(t)=k] = e^{-\lambda t}\frac{(\lambda t)^k}{k!},$$

setzt μ für den Erwartungswert und

$$\hat{q}(r) = \int_0^\infty e^{rx} q(x)dx$$

für die momenterzeugende Funktion der Verteilung der Schadenhöhen Y_i.

Für $\beta > \lambda\mu$ existiert dann eine eindeutige positive Lösung r der Gleichung $\hat{q}(r) = \beta/\lambda$, der Anpassungskoeffizient (Lundberg-Exponent), und es gilt: Die Ruinwahrscheinlichkeit

$$\psi_\beta(U_0) = P[\exists t > 0 : U(t) < 0]$$

ist beschränkt durch

$$\psi_\beta(U_0) \leq e^{-rU_0} < 1.$$

Im Fällen, in denen die Schadenhöhe Y_i durch eine ↗ Großschadenverteilungen gegeben ist, versagt der Zugang über den Anpassungskoeffizienten, da das Integral zur Bestimmung von $\hat{q}(r)$ divergiert. Die analytische Behandlung bei Verteilungen mit Großschäden ist eine aktuelles Forschungsgebiet der Ruintheorie, wobei für die Praxis auf Näherungsverfahren zurückgegriffen werden kann.

[1] Asmussen, S.: Ruin Probabilities. World Scientific Singapore, 1997.
[2] Embrechts, P.; Klüppelberg, C.; Mikosch, T.: Modelling Extremal Events. Springer-Verlag Heidelberg/Berlin, 1997.
[3] Gerber, H.U.: An Introduction to Mathematical Risk Theory. Philadelphia, 1979.

Ruinwahrscheinlichkeit, die Wahrscheinlichkeit für den Verlust des gesamten Kapitals in der folgenden unter dem Namen „Ruin des Spielers" bekannten Aufgabe.

Es sei $(X_n)_{n\in\mathbb{N}}$ eine unabhängige Folge identisch verteilter Zufallsvariablen auf einem Wahrscheinlichkeitsraum $(\Omega, \mathfrak{A}, P)$ mit Werten in der Menge $\{-1, 1\}$ und $P(X_n = 1) = p$, $p \in (0, 1)$. Liefert X_n als Realisierung den Wert 1, so wird dies als Gewinn einer Einheit beim n-ten aus einer Reihe von Spielen interpretiert. Entsprechend faßt man die Realisierung des Wertes -1 als den Verlust einer Einheit auf. Ein Spieler, der zu Anfang des Spiels über ein Kapital von $a \in \mathbb{N}$ Einheiten verfügt, setzt das Spiel solange fort, bis er entweder sein gesamtes Kapital verspielt oder aber das Ziel erreicht hat, das Kapital auf $c \in \mathbb{N}$, mit $c > a$, Einheiten zu steigern.

Die Aufgabe besteht in der Bestimmung der Wahrscheinlichkeiten für diese beiden Ereignisse. Bezeichnet A das dem Ruin, d. h. dem Verlust des gesamten Kapitals, und B das dem Erreichen des Ziels entsprechende Ereignis, so gilt

$$P(A) = \begin{cases} \frac{(p/q)^{c-a}-1}{(p/q)^c-1}, & \text{falls } \frac{p}{q} \neq 1 \\ 1 - \frac{a}{c}, & \text{falls } \frac{p}{q} = 1 \end{cases}$$

und

$$P(B) = \begin{cases} \frac{(q/p)^{a}-1}{(q/p)^c-1}, & \text{falls } \frac{p}{q} \neq 1 \\ \frac{a}{c}, & \text{falls } \frac{p}{q} = 1 \end{cases}$$

mit $q = 1 - p$. Wegen $P(A) + P(B) = 1$ ist die Dauer des Spiels P-fast sicher endlich.

Ist beim obigen Spiel etwa $p = 18/38$ gleich der Wahrscheinlichkeit für die Farbe Rot beim Roulette, so ergibt sich für die Ruinwahrscheinlichkeit $P(A)$ bei einem Anfangskapital von $a = 1000$ und einem Ziel von $c = 1050$ Einheiten ein Wert von ungefähr 0.995.

Vor allem in der ↗ Versicherungsmathematik dient der Begriff Ruinwahrscheinlichkeit zur Quantifizierung des Risikos eines vollständigen Verlusts der Reserven eines Unternehmens, siehe auch ↗ Ruintheorie.

Rundung, Projektion $\bigcirc : \mathbb{R} \twoheadrightarrow R$, der reellen Zahlen auf die ↗ Maschinenzahlen mit

$$\bigcirc a = a, \ \forall a \in R.$$

Eine Rundung sollte monoton sein, d. h.

$$a \leq b \Rightarrow \bigcirc a \leq \bigcirc b, \ \forall a, b \in \mathbb{R}.$$

Die Definition kann auf beliebige Zahlenmengen und ihre auf dem Rechner darstellbaren Teilmengen ausgedehnt werden, z. B. komplexe Zahlen oder Matrizen. Für z.T. andere Verwendungen des Begriffs Rundung siehe auch die Einträge zu ↗ Abrundung, ↗ Aufrundung und ↗ Rundungsfehler.

Rundungsfehler, durch die endliche Zahlendarstellung auf Rechenanlagen verursachte Verfälschung numerischer Werte.

Während numerische Algorithmen üblicherweise in $\mathbb{R}$ oder $\mathbb{C}$ definiert werden, stehen davon auf Rechenanlagen nur endliche Teilmengen R bzw. C zur Verfügung, die Gleitkommazahlen. Den Übergang charakterisiert eine ↗ Rundung genannte Abbildung $\bigcirc : \mathbb{R} \to R$. Auch wenn man üblicherweise fordert, daß zu jedem $x \in \mathbb{R}$ der Gleitkommawert

$\bigcirc x$ der nächstgelegene sein soll, so entsteht dennoch der Rundungsfehler $|x - \bigcirc x|$.

Für eine Rechenoperationen $\tilde{\circ}$ zwischen zwei Gleitkommazahlen x und y fordert man auf heutigen Rechenanlagen die Gültigkeit der Formel

$$x \tilde{\circ} y := \bigcirc(x \circ y),$$

welche es erlaubt, den Rundungsfehler beim Rechnen zu quantifizieren. Vorwärtsfehleranalyse und Intervallrechnung bieten dann Möglichkeiten, den Gesamtfehler, der während eines numerischen Verfahrens entsteht, abzuschätzen.

Rundungsregel, ↗Abrundung, ↗Aufrundung, ↗Rundung.

Runge, Approximationssatz von, lautet:

Es sei $K \subset \mathbb{C}$ eine kompakte Menge und $D \subset \mathbb{C}$ eine offene Menge mit $D \supset K$. Dann existiert zu jeder in D ↗holomorphen Funktion f eine Folge (r_n) rationaler Funktionen mit ↗Polstellen in $\mathbb{C}\setminus K$, die gleichmäßig auf K gegen f konvergiert. Ist $P \subset \mathbb{C}\setminus K$ eine Menge derart, daß in jeder beschränkten Zusammenhangskomponente von $\mathbb{C} \setminus K$ ein Punkt von P liegt, so kann die Folge (r_n) so gewählt werden, daß sämtliche Polstellen in P liegen.

Die Menge P kann z. B. so gewählt werden, daß in jeder beschränkten Zusammenhangskomponente von $\mathbb{C}\setminus K$ genau ein Punkt von P liegt. Ist $\mathbb{C}\setminus K$ zusammenhängend, so besitzt $\mathbb{C} \setminus K$ keine beschränkten Zusammenhangskomponenten, und es ist $P = \emptyset$. In diesem Fall kann (r_n) als Folge von Polynomen gewählt werden, und es ergibt sich sofort der kleine Satz von Runge (↗Runge, kleiner Satz von).

Weitere Aussagen zu diesem Thema sind unter dem Stichwort ↗Runge-Theorie für Kompakta zu finden.

Runge, Carl David Tolmé, deutscher Mathematiker und Physiker, geb. 30.8.1856 Bremen, gest. 3.1.1927 Göttingen.

Runge studierte ab 1876 in München. Hier lernte er Planck kennen und ging mit diesem 1877 nach Berlin. Dort studierte er bei Weierstraß. 1880 promovierte er bei diesem und habilitierte sich 1883 bei Kronecker. 1886 erhielt er eine Stelle in Hannover und wurde 1904 auf Initiative von Klein und Hilbert nach Göttingen berufen.

Runges erste Arbeiten befaßten sich mit der numerischen Lösung von algebraischen Gleichungen. Seine Arbeiten auf diesem Gebiet führten zum Runge-Kutta-Verfahren zur Lösung von Differentialgleichungen. 1886 bewies er, daß holomorphe Funktionen auf kompakten Teilmengen gleichmäßig durch Polynome approximiert werden können.

Neben diesen Arbeiten zur Mathematik befaßte er sich an der Technischen Hochschule in Hannover intensiv mit Physik und leistete wichtige Beiträge zur Spektraltheorie und zur Spektroskopie.

Runge, kleiner Satz von, wichtiger Satz in der Funktionentheorie, der wie folgt lautet:

Es sei $K \subset \mathbb{C}$ eine kompakte Menge derart, daß $\mathbb{C} \setminus K$ zusammenhängend ist. Weiter sei $D \subset \mathbb{C}$ eine offene Menge mit $D \supset K$.

Dann existiert zu jeder in D ↗holomorphen Funktion f eine Folge (p_n) von Polynomen, die gleichmäßig auf K gegen f konvergiert.

Falls $\mathbb{C} \setminus K$ nicht zusammenhängend ist, so gilt die Aussage im allgemeinen nicht mehr. Dies sieht man leicht an dem Beispiel $K = \{z \in \mathbb{C} : |z| = 1\}$ und $f(z) = \frac{1}{z}$. Siehe hierzu ↗Runge, Approximationssatz von.

Im folgenden wird noch eine Anwendung des kleinen Satzes von Runge gegeben. Es ist leicht, eine Folge (f_n) von in $\mathbb{C}$ stetigen Funktionen anzugeben, die in $\mathbb{C}$ punktweise konvergiert, aber deren Grenzfunktion an 0 unstetig ist, z. B.

$$f_n(z) = \frac{1}{1 + n|z|}.$$

Verlangt man aber, daß jedes f_n in $\mathbb{C}$ holomorph sein soll, so scheint folgende Konstruktion mit Hilfe des Satzes von Runge die einfachste zu sein.

Für $a \in \mathbb{C}$, $r > 0$ und $E \subset \mathbb{C}$ sei

$$B_r(a) := \{z \in \mathbb{C} : |z - a| < r\}$$

und

$$\operatorname{dist}(a, E) := \inf_{z \in E} |a - z|.$$

Für $n \in \mathbb{N}$ sei

$$I_n := \left\{ z \in B_n(0) : \operatorname{dist}(z, [0, \infty)) > \frac{1}{n} \right\}$$

und $K_n := \{0\} \cup \left[\frac{1}{n}, n\right] \cup \bar{I}_n$. Dann ist K_n kompakt und $\mathbb{C} \setminus K_n$ zusammenhängend. Weiter sei $\varepsilon_n > 0$ so klein gewählt, daß die offenen Mengen

$$B_n := B_{\varepsilon_n}(0), \quad A_n := \bigcup_{x \in \left[\frac{1}{n}, n\right]} B_{\varepsilon_n}(x), \quad I_{n+1}$$

paarweise disjunkt sind. Dann ist $D_n := B_n \cup A_n \cup I_{n+1}$ eine offene Menge mit $D_n \supset K_n$. Zur Verdeutlichung der Konstruktion vergleiche man die Abbildung.

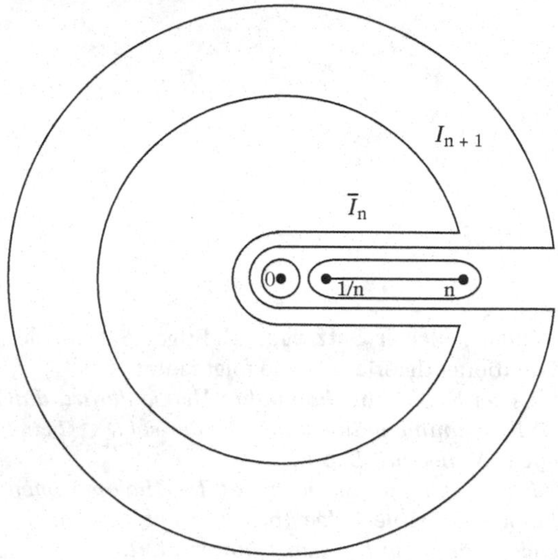

Durch $g_n(z) := 1$ für $z \in B_n$ und $g_n(z) := 0$ für $z \in A_n \cup I_{n+1}$ wird eine in D_n holomorphe Funktion definiert. Nach dem kleinen Satz von Runge gibt es nun ein Polynom p_n mit

$$|p_n(z) - g_n(z)| < \frac{1}{n}$$

für alle $z \in K_n$. Die Folge (p_n) hat folgende Eigenschaften:

(1) $\lim\limits_{n\to\infty} p_n(0) = 1$.
(2) $\lim\limits_{n\to\infty} p_n(z) = 0$ für alle $z \in \mathbb{C} \setminus \{0\}$.
(3) Die Folge (p_n) ist in $\mathbb{C} \setminus [0, \infty)$ kompakt konvergent (↗kompakt konvergente Folge).
(4) Die Folge (p_n) ist in keiner Kreisscheibe $B_\delta(x)$ mit $x \geq 0$ und $\delta > 0$ kompakt konvergent.

Man vergleiche hierzu auch ↗Osgood, Satz von.

Runge-Funktion, Funktion, die die Inflexibilität der ↗Lagrange-Interpolation mit Polynomen hohen Grades zeigt.

Die Funktion $f : [-5, 5] \mapsto \mathbb{R}$, definiert durch

$$f(x) = \frac{1}{1+x^2}\,, \quad x \in [-5, 5]\,,$$

heißt Runge-Funktion. C. Runge betrachte 1901 Lagrange-Interpolation an f mit Polynomen vom Grad m hinsichtlich der äquidistanten Interpolationsstellen

$$t_i = -5 + 10\frac{i}{m}\,, \quad i = 0, \ldots, m\,.$$

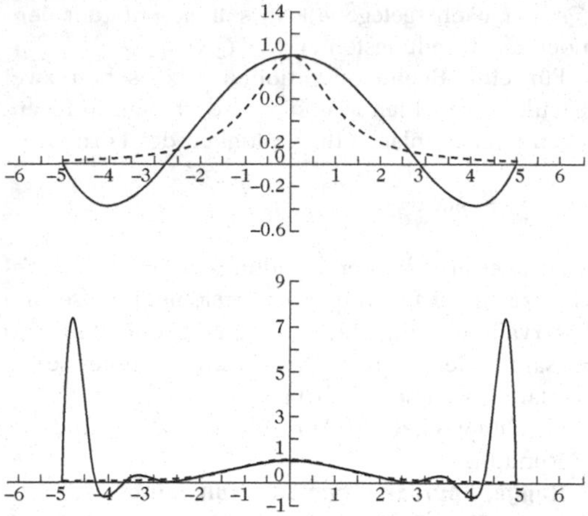

Interpolation der Runge-Funktion (gestrichelt) an 5 (oben) und 15 (unten) Interpolationsstellen.

Dabei tritt das Phänomen auf, daß mit steigendem Grad m aufgrund von Oszillation der Fehler des polynomialen Interpolanten $p_m(f)$ am Rand des Intervalls $[-5, 5]$ ebenfalls ansteigt. Für $|x| > 3.64$ gilt:

$$\lim_{m\to\infty} |f(x) - p_m(f)(x)| = \infty\,.$$

Im Jahr 1914 zeigte G. Faber das folgende, verallgemeinernde Resultat.

Es sei $a \leq t_0^{(m)} < \ldots < t_m^{(m)} \leq b$, $m \in \mathbb{N}$, *eine Folge von Interpolationspunkten. Dann existiert eine Funktion* $f \in C[a, b]$ *so, daß*

$$\lim_{m\to\infty} \sup\{|(f - p_m(f))(x)| : x \in [a, b]\} = \infty\,,$$

wobei $p_m(f)$ *das eindeutige Lagrange-Interpolationspolynom vom Grad* m *von* f *hinsichtlich der Stellen* $t_i^{(m)}$, $i = 0, \ldots, m$, *ist.*

Runge-Kutta-Fehlberg-Methode, Verbesserung der ↗Runge-Kutta-Methode im Hinblick auf automatische Schrittweitensteuerung.

Die dafür notwendige Schätzung des ↗lokalen Diskretisierungsfehlers kann durch gleichzeitige Anwendung einer weiteren Runge-Kutta-Methode höherer Fehlerordnung erreicht werden. Man bettet die beiden Methoden dabei so ineinander ein, daß sie von den gleichen Funktionsauswertungen profitieren.

Speziell in den Runge-Kutta-Fehlberg-Methoden werden zwei eingebettete Verfahren verschiedener Fehlerordnung so kombiniert, daß die Differenz der ermittelten Näherungen für den neuen Funktionswert den gewünschten Schätzwert des lokalen Diskretisierungsfehlers liefert.

Runge-Kutta-Methode, Klasse von ↗Einschrittverfahren zur näherungsweisen Lösung von Anfangswertaufgaben gewöhnlicher Differentialgleichungen der Form $y' = f(x, y)$, $y(x_0) = y_0$.

Explizite Runge-Kutta-Methoden leiten sich mit einer äquidistanten Unterteilung $x_k = x_0 + kh$ mit Schrittweite h aus der zugehörigen Integralgleichung

$$y(x_{k+1}) = y(x_k) + \int_{x_k}^{x_{k+1}} f(x, y(x))dx$$

durch Ersetzen des Integrals durch eine Quadraturformel her. Dazu werden s Stützstellen innerhalb des Intervalls $[x_k, x_{k+1}]$ gewählt gemäß

$$\xi_1 = x_k, \quad \xi_i = x_k + a_i h, \quad i = 2, \ldots, s.$$

Das Integral wird approximiert zu

$$\int_{x_k}^{x_{k+1}} f(x, y(x))dx \approx h \sum_{i=1}^{s} c_i f(\xi_i, \tilde{y}_i)$$

mit den unbekannten Funktionswerten

$$\tilde{y}_i := y_k + h \sum_{j=1}^{i-1} b_{ij} f(\xi_j, \tilde{y}_j).$$

Die Parameter c_i, a_i und b_{ij} werden so bestimmt, daß die s-stufige Runge-Kutta-Methode möglichst hohe ↗ Fehlerordnung p besitzt, wobei die Eindeutigkeit durch weitere Zusatzannahmen erreicht wird.

Die Koeffizienten von Runge-Kutta-Methoden werden üblicherweise in der Form

$$\begin{array}{c|ccccc} a_1 & & & & & \\ a_2 & b_{21} & & & & \\ a_3 & b_{31} & b_{32} & & & \\ \vdots & \vdots & \vdots & & & \\ a_s & b_{s1} & b_{s2} & \ldots & b_{s,s-1} & \\ \hline & c_1 & c_2 & \ldots & c_{s-1} & c_s \end{array}$$

notiert. Für die klassische Runge-Kutta-Methode ergeben sich bei $s = 4$ z. B. die Werte

$$\begin{array}{c|cccc} 0 & & & & \\ \frac{1}{2} & \frac{1}{2} & & & \\ \frac{1}{2} & 0 & \frac{1}{2} & & \\ 1 & 0 & 0 & 1 & \\ \hline & \frac{1}{6} & \frac{1}{3} & \frac{1}{3} & \frac{1}{6} \end{array}$$

Bei *impliziten Runge-Kutta-Methoden* werden die Stützstellen allgemeiner durch

$$\xi_i = x_k + a_i h, \quad i = 1, \ldots, s.$$

definiert (d. h., auch ξ_1 ist variabel). Die Funktionswerte werden bestimmt aus

$$\tilde{y}_i := y_k + h \sum_{j=1}^{s} b_{ij} f(\xi_j, \tilde{y}_j),$$

so daß in jedem Integrationsschritt ein nichtlineares Gleichungssystem zu lösen ist.

Unter den s-stufigen impliziten Runge-Kutta-Methoden befinden sich solche mit bestimmten Stabilitätseigenschaften, die sie für ↗ steife Differentialgleichungssysteme geeignet machen.

[1] Lambert, J.D.: Numerical methods for ordinary differential systems. John Wiley and Sons Chichester, 1991.

[2] Schwetlick, H.; Kretzschmar, H.: Numerische Verfahren für Naturwissenschaftler und Ingenieure. Fachbuchverlag Leipzig, 1991.

Rungesche Hülle, wie folgt definierter Begriff aus der Funktionentheorie.

Es seien $D, D' \subset \mathbb{C}$ offene Mengen mit $D \subset D'$, R_D die Vereinigung aller kompakten Zusammenhangskomponenten von $D' \setminus D$, und $\widetilde{D} := D \cup R_D$. Dann heißt $\widetilde{D}$ die Rungesche Hülle von D bezüglich D'. Es ist $\widetilde{D}$ eine offene Menge, $\widetilde{D} \subset D'$, und $D' \setminus \widetilde{D}$ enthält keine kompakte Zusammenhangskomponente.

Es ist $(\widetilde{D}, D')$ stets ein ↗ Rungesches Paar. Weiter gilt $\widetilde{D} = D$ genau dann, wenn (D, D') ein Rungesches Paar ist. Für jedes Rungesche Paar (E, D') mit $D \subset E$ gilt $\widetilde{D} \subset E$.

Es sei S die Menge aller ↗ Zyklen γ in D, die in D' nullhomolog sind, d. h. $\operatorname{Int}\gamma \subset D'$. Dann gilt

$$\widetilde{D} = \bigcup_{\gamma \in S} \operatorname{Int}\gamma \,.$$

Hieraus erhält man den Satz von Behnke-Stein, der eine homologische Charakterisierung Rungescher Paare liefert:

Es ist (D, D') ein Rungesches Paar genau dann, wenn jeder Zyklus γ in D, der in D' nullhomolog ist, schon in D nullhomolog ist.

Rungescher Bereich, offene Menge $D \subset \mathbb{C}$ derart, daß $(D, \mathbb{C})$ ein ↗ Rungesches Paar ist. Falls D sogar ein ↗ Gebiet ist, so nennt man D ein Rungesches Gebiet.

Rungesche Bereiche lassen sich wie folgt charakterisieren.

Es sei $D \subset \mathbb{C}$ eine offene Menge. Dann sind folgende Aussagen äquivalent:

(i) *Es ist D ein Rungescher Bereich.*

(ii) *Das Komplement $\mathbb{C} \setminus D$ besitzt keine kompakte Zusammenhangskomponente.*

(iii) *Jede Zusammenhangskomponente von D ist ein einfach zusammenhängendes Gebiet.*

(iv) *Zu jeder in D ↗ holomorphen Funktion f existiert eine Folge (p_n) von Polynomen, die in D kompakt konvergent (↗ kompakt konvergente Folge) gegen f ist.*

Rungesches Gebiet, ↗ Rungescher Bereich.

Rungesches Paar, Paar (D, D') von offenen Mengen D, $D' \subset \mathbb{C}$ mit $D \subset D'$ und folgender Eigenschaft: Zu jeder in D ↗ holomorphen Funktion f existiert eine Folge (f_n) von in D' holomorphen

Funktionen, die in D kompakt konvergent (↗kompakt konvergente Folge) gegen f ist.

Rungesche Paare können wie folgt charakterisiert werden.

Es seien $D, D' \subset \mathbb{C}$ offene Mengen mit $D \subset D'$. Dann sind folgende Aussagen äquivalent:

(i) *Es ist (D, D') ein Rungesches Paar.*

(ii) *Die Menge $D' \setminus D$ besitzt keine kompakte Zusammenhangskomponente.*

(iii) *Zu jeder in D holomorphen Funktion f existiert eine Folge (r_n) rationaler Funktionen ohne Polstellen in D', die in D kompakt konvergent gegen f ist.*

Ist $\mathbb{E}^* = \{z \in \mathbb{C} : 0 < |z| < 1\}$ und $\mathbb{C}^* = \mathbb{C} \setminus \{0\}$, so ist $(\mathbb{E}^*, \mathbb{C}^*)$ ein Rungesches Paar, jedoch nicht $(\mathbb{E}^*, \mathbb{C})$.

Für eine weitere Charakterisierung Rungescher Paare siehe ↗Rungesche Hülle.

Runge-Theorie für Kompakta, behandelt folgende Fragestellung: Gegeben sei eine kompakte Menge $K \subset \mathbb{C}$ und eine auf K ↗holomorphe Funktion f, d. h., es existiert eine offene Menge $U \subset \mathbb{C}$ mit $U \supset K$ und eine in U holomorphe Funktion g mit $g(z) = f(z)$ für alle $z \in K$. Weiter sei $D \subset \mathbb{C}$ eine offene Menge mit $D \supset K$. Existiert eine Folge (f_n) von in D holomorphen Funktionen, die auf K gleichmäßig gegen f konvergiert?

Schon das einfache Beispiel $K = \{z \in \mathbb{C} : |z| = 1\}$, $D = \mathbb{C}$ und $f(z) = \frac{1}{z}$ zeigt, daß dies nicht immer der Fall sein muß. Eine positive Antwort liefert der Approximationssatz von Runge (↗ Runge, Approximationssatz von). Im folgenden wird ein konstruktiver Beweis dieses Satzes skizziert.

Zunächst wird die sog. Cauchysche Integralformel für Kompakta benötigt.

Es sei $K \subset \mathbb{C}$ eine kompakte Menge und $D \subset \mathbb{C}$ eine offene Menge mit $D \supset K$.

Dann existieren endlich viele verschiedene, orientierte, horizontale oder vertikale Strecken $\sigma_1, \dots, \sigma_n$ gleicher Länge in $D \setminus K$ derart, daß für jede in D holomorphe Funktion f gilt

$$f(z) = \frac{1}{2\pi i} \sum_{\nu=1}^{n} \int_{\sigma_\nu} \frac{f(\zeta)}{\zeta - z}\, d\zeta, \quad z \in K. \qquad (1)$$

Weiterhin gilt folgender Hilfssatz.

Es sei $K \subset \mathbb{C}$ eine kompakte Menge und σ eine orientierte Strecke in $\mathbb{C}$ mit $\sigma \cap K = \emptyset$. Weiter sei $h\colon \sigma \to \mathbb{C}$ eine auf σ stetige Funktion. Dann existiert zu jedem $\varepsilon > 0$ eine rationale Funktion r der Form

$$r(z) = \sum_{\mu=1}^{m} \frac{c_\mu}{z - w_\mu}$$

mit $m \in \mathbb{N}$, $c_1, \dots, c_m \in \mathbb{C}$, $w_1, \dots, w_m \in \mathbb{C} \setminus \sigma$ derart, daß

$$\left| \int_\sigma \frac{h(\zeta)}{\zeta - z}\, d\zeta - r(z) \right| < \varepsilon, \quad z \in K.$$

Kombiniert man diesen Hilfssatz mit der Integralformel (1), so erhält man das grundlegende Approximationslemma.

Es sei $K \subset \mathbb{C}$ eine kompakte Menge und $D \subset \mathbb{C}$ eine offene Menge mit $D \supset K$.

Dann existieren endlich viele verschiedene, orientierte, horizontale oder vertikale Strecken $\sigma_1, \dots, \sigma_n$ gleicher Länge in $D \setminus K$ mit folgender Eigenschaft: Zu jeder in D holomorphen Funktion f und zu jedem $\varepsilon > 0$ gibt es eine rationale Funktion r der Form

$$r(z) = \sum_{\kappa=1}^{k} \frac{c_\kappa}{z - w_\kappa}$$

mit $k \in \mathbb{N}$, $c_1, \dots, c_k \in \mathbb{C}$, und

$$w_1, \dots, w_k \in \mathbb{C} \setminus \bigcup_{\nu=1}^{n} \sigma_\nu$$

derart, daß

$$|f(z) - r(z)| < \varepsilon, \quad z \in K.$$

Benutzt man schließlich noch den ↗Polstellenverschiebungssatz, so liefert das Approximationslemma den Approximationssatz von Runge.

Eine Verschärfung dieses Ergebnisses liefert der Hauptsatz der Runge-Theorie.

Es sei $K \subset \mathbb{C}$ eine kompakte Menge und $D \subset \mathbb{C}$ eine offene Menge mit $D \supset K$. Dann sind folgende Aussagen äquivalent:

(i) *Zu jeder auf K holomorphen Funktion f existiert eine Folge (f_n) von in D holomorphen Funktionen, die auf K gleichmäßig gegen f konvergiert.*

(ii) *Zu jeder auf K holomorphen Funktion f existiert eine Folge (r_n) rationaler Funktionen ohne Polstellen in D, die auf K gleichmäßig gegen f konvergiert.*

(iii) *Die Menge $D \setminus K$ besitzt keine in D relativkompakte Zusammenhangskomponente.*

(iv) *In jeder beschränkten Komponente von $\mathbb{C} \setminus K$ liegt ein Punkt von $\mathbb{C} \setminus D$.*

(v) *Zu jedem $z_0 \in D \setminus K$ gibt es eine in D holomorphe Funktion h mit $|h(z_0)| > |h(z)|$ für alle $z \in K$.*

Russell, Bertrand Arthur William, Mathematiker, Philosoph, Sozialwissenschaftler und Politiker, geb. 18.5.1872 Ravenscroft b. Trelleck, Monmouthshire (Wales), gest. 2.2.1970 Penrhyndeudraeth, Merionethshire (Wales).

Russell, aus einer Familie des englischen Hochadels stammend, wurde von Hauslehrern und in Old Southgate ausgebildet. Er studierte 1890 bis 1895 in Cambridge Mathematik, u. a. bei A.N. Whitehead, und Philosophie. 1896 hielt er Vorlesungen an der School of Economics in London über die deutsche Sozialdemokratie. Über dieses Thema schrieb er auch sein erstes Buch (1896). Es folgten Vorlesungen in Bryn Mawr und Baltimore über nichteuklidische Geometrie. Seine Dissertation kam 1897 unter dem Titel „An Essay on the Foundations of Geometry" heraus. 1898 las er über Leibniz in Cambridge (1900: A Critical Exposition of the Philosophy of Leibniz). Unter dem Einfluß von G.Peano wandte er sich ab 1900 verstärkt der mathematischen Logik zu („The Principles of Mathematics", 1903). Ab 1901 arbeitete er mit Whitehead an den „Principia Mathematica", entdeckte 1901 die Antinomie der „Menge aller Mengen", las in Cambridge über mathematische Logik, schrieb jedoch auch „rhytmische Prosa". Im Jahre 1905 fand er die „Theorie der Beschreibung", 1906 die „Typentheorie". Die „Principia" wurden 1913 vollendet. In den „Principia" vermieden die Verfasser alle bekannten semantischen und logischen Antinomien. Sie waren aber gezwungen, das Reduzibilitätsaxiom einzuführen, das größte Bedenken hervorrief. Später wurde von Russell und Whitehead dieses Axiom wieder fallengelassen (1925). Da dafür kein Ersatz angeboten werden konnte, geriet der Logizismus in grundsätzliche Schwierigkeiten. Seit 1901 stand Russell dem Pazifismus nahe, engagierte sich politisch (Freihandel, Parlamentswahlen, Frauenstimmrecht), wurde 1910 a. o. Professor für die Grundlagen der Mathematik in Cambridge, lehrte und lebte danach sehr oft in den USA, u. a. in Boston. In den USA ist Russell mehrfach aus „moralischen Gründen" sehr heftig angefeindet worden. Ab etwa 1916 wurde er in England wegen seiner pazifistischen Einstellung zunehmend politisch isoliert, 1916 seiner Dozentur in Cambridge enthoben, und 1918 wegen eines Zeitungsartikels zu einer halbjährigen Gefängnisstrafe verurteilt. Im Gefängnis schrieb er „Introduction to Mathematical Philosophy" und begann mit den Arbeiten für „Analysis of Mind". 1918 weigerte sich Russell, die Professur in Cambridge wieder anzunehmen, und lebte fortan als Schriftsteller und Journalist. Er besuchte Rußland (1920) und hielt Vorlesungen in Peking (1920/21). Er schrieb Bücher über Pädagogik (1926), China (1922), die industrielle Revolution (1923) und die berühmten „The A.B.C. of Atoms" (1923) und „The A.B.C. of Relativity" (1925), sowie über Moralphilosophie („The Analysis of Matter", 1927). Er gründete eine Schule und leitete sie selbst bis 1932. Es entstanden „Education and the Social Order" (1932) und „Freedom and Organization 1814–1914" (1934).

Unter dem Eindruck der Naziherrschaft in Deutschland gab Russell weitgehend seine Theorie der Widerstandslosigkeit und des Pazifismus auf, wandte sich gegen jede Art von totalitärem Staat und begann, über „theoretische Philosophie" zu arbeiten. Er schrieb „History of Western Philosophy" und „An Inquiry into Meaning and Truth" (1940). Im Jahre 1944 wurde ihm in Cambridge wieder eine Professur angeboten, Russell nahm an und kehrte nach England zurück. Die Gefahr eines Atomkrieges regte ihn zu neuem politischen Engagement an. Er söhnte sich um 1950 mit der englischen Gesellschaft aus, hielt weltweit Vorlesungen über Probleme des „Kalten Krieges", über die Bedeutung naturwissenschaftlichen Fortschritts für die politischen Machtverhältnisse, und über Philosophie. Er arbeitete über Ethik und schrieb Erzählungen. 1950 erhielt Russell den Nobelpreis für Literatur.

Russellsche Antinomie, in der ↗naiven Mengenlehre auftretender Widerspruch, der sich ergibt, wenn man annimmt, daß es die Menge aller Mengen gibt, die sich nicht selbst enthalten, d. h., wenn man annimmt, daß $M := \{x : x \notin x\}$ eine Menge ist. Die Menge M müßte sich nämlich genau dann selbst enthalten, wenn sie sich nicht selbst enthält.

Russellsches Paradoxon, Begriff, mit dem manchmal, fälschlicherweise, die ↗Russellsche Antinomie bezeichnet wird, siehe hierzu auch ↗Paradoxon und ↗Antinomie.

Rutherford, Formel von, die Gleichung

$$\frac{\pi}{4} = 4 \arctan \frac{1}{5} - \arctan \frac{1}{70} + \arctan \frac{1}{99},$$

1764 von Leonhard Euler gefunden. Mit der aus dieser Formel abgeleiteten ↗Arcustangensreihe für π hat 1841 William Rutherford 208 Dezimalstellen von π berechnet (wovon die ersten 152 richtig waren). Siehe auch ↗π.

Ryll-Nardzewski, Fixpunktsatz von, Aussage über die Existenz eines gemeinsamen Fixpunktes einer Familie von Abbildungen.

Es sei X ein ↗Banachraum und Q eine nichtleere schwach-kompakte Teilmenge von X. Weiterhin sei S eine Halbgruppe von Abbildungen $f : Q \to Q$, die nicht kontraktiv ist.

Dann gibt es einen Fixpunkt von S, das heißt ein $p \in Q$ mit der Eigenschaft $f(p) = p$ für alle $f \in S$.

Rytz von Brugg, David, schweizer Mathematiker, geb. 1.4.1801 Bucheggberg (Schweiz), gest. 25.3.1868 Aarau.

Rytz von Brugg studierte Mathematik in Göttingen und Leipzig und war an verschiedenen Orten, unter anderem von 1835 bis 1862 in Aarau, als Lehrer tätig.

Er entwickelte ein Verfahren, um aus einem Paar konjugierter Durchmesser einer Ellipse deren Hauptachsen zu konstruieren.

S

Saccheri, Girolamo, italienischer Mathematiker, geb. 5.9.1667 San Remo, gest. 25.10.1733 Mailand.

1685 trat Saccheri dem Jesuitenorden bei. Er wurde zunächst in Genua ausgebildet, ging aber bald nach Mailand, um Philosophie und Theologie zu studieren. In dieser Zeit lernte er T. Ceva, den Bruder von G. Ceva, kennen, unter dessen Einfluß er sich der Mathematik zuwandte. 1694 wurde Saccheri zum Priester geweiht und als Lehrer für Philosophie in Turin angestellt. 1697 ging er nach Pavia, um am dortigen Jesuitenkolleg Philosophie und Theologie zu lehren. Gleichzeitig erhielt er in Pavia einen Lehrstuhl für Mathematik.

Seine erste Arbeit veröffentlichte Saccheri 1693 gemeinsam mit Ceva. In „Quaesita geometrica" unternahm er Berechnungen des Schwerpunktes geometrischer Figuren. In seinem Hauptwerk „Euclides ab omni naevo vindicatus", das 1733 veröffentlicht wurde, unternahm er den Versuch zu beweisen, daß die Euklidische Geometrie die einzig mögliche widerspruchsfreie Geometrie ist. Er untersuchte dazu Innenwinkel von Vierecken, ihm unterlief aber bei seinen Überlegungen ein Rechenfehler. In „Logica Demonstrativa" (1697) wandte er sich der Logik zu und behandelte Definitionen, Postulate und Beweise im Stile Euklids.

Saint-Venant, Satz von, Charakterisierung von ↗Böschungslinien durch ihre Krümmung und Windung, benannt nach Adhemar Jean Claude Barré de Saint-Venant (1797 bis 1886):

Eine Raumkurve mit nicht verschwindender Krümmung $\kappa(t)$ ist genau dann eine Böschungslinie, wenn ihre Krümmung $\kappa(t)$ ein konstantes Vielfaches der Windung $\tau(t)$ ist.

Diese Eigenschaft haben z. B. die ↗Schraubenlinien, da deren Krümmung und Windung konstant sind, weshalb für Böschungslinien auch die Bezeichnung allgemeine Schraubenlinie gebräuchlich ist.

Salam, Abdus, pakistanischer Physiker, geb. 29.1. 1926 Jhang (Provinz Punjab), gest. 21.11.1996 Oxford.

Salam war Professor in Lahore, Cambridge und ab 1957 in London. Ab 1963 leitete er das Internationale Zentrum für theoretische Physik in Triest.

Salam leistete bedeutende Beiträge zur Theorie der Elementarteilchen und Quantenfeldtheorie. 1979 erhielt er zusammmen mit Glashow und Weinberg den Nobelpreis für Physik für seine Beiträge zum Glashow-Weinberg-Salam-Modell, in dem die schwache und elektromagnetische Wechselwirkung in einer einheitlichen Eichfeldtheorie zusammengefaßt werden.

Sampling, ↗Abtastung.

Sampling-Theorem, ↗Shannonsches Abtasttheorem.

Samuel-Funktion, Funktion, die einem ↗lokalen Ring R mit Maximalideal $\mathfrak{m}$ für jede natürliche Zahl n die Länge von $R/\mathfrak{m}^n$ zuordnet:

$$\mathrm{HS}_R(n) = \ell(R/\mathfrak{m}^n)\,.$$

Wenn

$$S := \mathrm{Gr}_{\mathfrak{m}}(R) = \bigoplus_{i=0}^{\infty} \mathfrak{m}^i/\mathfrak{m}^{i+1}$$

der ↗assoziierte graduierte Ring von R ist, und H_S die Hilbert-Funktion von S, $H_S(n) = \dim_{R/\mathfrak{m}} \mathfrak{m}^n/\mathfrak{m}^{n+1}$, dann gilt

$$\mathrm{HS}_R(n+1) - \mathrm{HS}_R(n) = H_S(n)\,.$$

Die Samuel-Funktion wird deshalb auch oft Hilbert-Samuel-Funktion genannt.

Die Samuel-Funktion kann für große Werte von n durch ein Polynom mit rationalen Koeffizienten, das Samuel-Polynom (oder auch Hilbert-Samuel-Polynom) HSP_R gegeben werden: $\mathrm{HSP}_R(n) = \mathrm{HS}_R(n)$ für $n \gg 0$. Der Grad d des Samuel-Polynoms ist gleich der Dimension von R. Der höchste von Null verschiedene Koeffizient a_d von HSP_R ist positiv, und da_d ist eine ganze Zahl, die Multiplizität von R.

Wenn zum Beispiel $R = K[[x,y]]/(y^2 - x^3)$ der Faktorring des formalen Potenzreihenrings nach dem durch $y^2 - x^3$ erzeugten ↗Ideal ist, ist $\mathrm{HSP}_R(n) = 2n - 1$. Ist $R = K[[x_1, \dots, x_d]]$, so gilt $\mathrm{HSP}_R(n) = \binom{n+d-1}{d}$.

Man kann die Samuel-Funktion auch für R-Moduln definieren, $\mathrm{HS}_M(n) = \ell(M/\mathfrak{m}^n M)$, und es gibt auch hier ein Samuel-Polynom.

Sandwich Theorem, ↗Einschnürungssatz.

Sarrussche Regel, ein Schema zur ↗Determinantenberechnung im Falle einer (3×3)-Matrix; man vergleiche dort.

SAS, ↗ Statistikprogrammpakete.

Sasakische Mannigfaltigkeit, eine mit einem Tensorfeld φ vom Typ (1, 1), einem Vektorfeld ξ und einer differentiellen 1-Form ω versehene Mannigfaltigkeit M, die gewissen zusätzlichen Bedingungen genügt.

Zur Erläuterung wird der Begriff der Kontaktstruktur benötigt. Es seien M eine $(2n+1)$-dimensionale Mannigfaltigkeit und φ ein Tensorfeld vom Typ (1, 1), d. h., ein Feld $\varphi : T(M) \to T(M)$ linearer Abbildungen der Tangentialräume. Ferner seien ξ ein Vektorfeld und ω eine differentielle 1-Form auf M derart, daß die Gleichungen

$$\varphi^2 = -\mathrm{id} + \omega \otimes \xi \quad \text{und} \quad \omega(\xi) = 1 \qquad (1)$$

erfüllt sind, wobei id die identische Abbildung des Tangentialbündels $T(M)$ bezeichnet. Dann nennt man das Tripel (φ, ξ, ω) eine fast-Kontaktstruktur auf M, und M wird eine fast-Kontaktmannigfaltigkeit genannt. Auf einer fast-Kontaktmannigfaltigkeit hat φ den konstanten Rang $2n$, und es gilt $\omega \circ \varphi = 0$, $\varphi(\xi) = 0$.

Die Bedingung (1) ist eine Abschwächung der Gleichung $J^2 = -\text{id}$ für ↗fast komplexe Strukturen J auf Mannigfaltigkeiten gerader Dimension.

Bildet man das kartesische Produkt $\widetilde{M} = M^{2n+1} \times \mathbb{R}$ und wählt eine differenzierbare Funktion f auf $\widetilde{M}$, so kann man die fast-Kontaktstruktur (φ, ξ, ω) zu einer fast komplexen Struktur J_f auf $M^{2n+1} \times \mathbb{R}$ ausdehnen, indem man für ein Vektorfeld X auf M^{2n+1} und das Tangentialvektorfeld $\frac{d}{dt}$ an die durch den Faktor $\mathbb{R}$ von $\widetilde{M}$ gegebenen Kordinatenlinien

$$J_f\left(X, f\,\frac{d}{dt}\right) = \left(\varphi(X) - f\,\xi, \omega(X)\,\frac{d}{dt}\right) \qquad (2)$$

setzt. Dann gilt $J_f \circ J_f = \text{id}$. Mit dem Begriff der fast-Kontaktmannigfaltigkeit wird der Begriff der ↗Kontaktmannigfaltigkeit verallgemeinert. Darunter verstehen wir hier eine Mannigfaltigkeit M ungerader Dimension $2n+1$, die mit einer Kontaktstruktur versehen ist, d. h. mit einer differentiellen 1-Form η, für die die $(2n+1)$-Form

$$\eta \wedge (d\,\eta)^n = \eta \wedge \underbrace{d\,\eta \wedge \cdots \wedge d\,\eta}_{n-\text{mal}}$$

in jedem Punkt von $x \in M$ ungleich Null ist.

Aus dieser Bedingung folgt, daß die differentielle 2-Form $d\,\eta$, als antisymmetrische Bilinearform der $(2n+1)$-dimensionalen Tangentialräume

$$d\,\eta : T_x(M) \times T_x(M) \rightarrow T_x(M)$$

betrachtet, in allen Punkten $x \in M$ den Rang $2n$ hat.

Beispiele für Kontaktmannigfaltigkeiten sind z. B. $(2n+1)$-Untermannigfaltigkeiten von $M^{2n+1} \subset \mathbb{R}^{2n+2}$, deren Tangentialräume nicht den Ursprung $0 \in \mathbb{R}^{2n+2}$ enthalten. Dabei ergibt sich die Kontaktstruktur η von M^{2n+1} durch Einschränkung der auf $\mathbb{R}^{2n+2}$ definierten 1-Form

$$\alpha = \sum_{i=1}^{n+1} \left(x^{2i-1}dx^{2i} - x^{2i}dx^{2i-1}\right).$$

Speziell sind somit die $(2n+1)$-dimensionalen Sphären $S^{2n+1} \subset \mathbb{R}^{2n+2}$ ebenso wie die $(2n+1)$-dimensionalen projektiven Räume Kontaktmannigfaltigkeiten.

Auf jeder fast-Kontaktmannigfaltigkeit M mit der fast-Kontaktstruktur (φ, ξ, ω) existiert eine Riemannsche Metrik g derart, daß

$$\omega(Y) = g(Y, \xi) \quad \text{und}$$
$$g(\varphi(X), \varphi(Y)) = g(X, Y) - \omega(X)\,\omega(Y)$$

für alle Vektorfelder X und Y auf M gilt. Das Quadrupel $(\varphi, \xi, \omega, g)$ nennt man eine metrische fast-Kontaktstruktur und M eine metrische fast-Kontaktmannigfaltigkeit. Auf jeder Kontaktmannigfaltigkeit M existiert eine metrische fast-Kontaktstruktur $(\varphi, \xi, \omega, g)$ mit $g(X, \varphi(Y)) = d\,\omega(X, Y)$.

Auf einer metrischen fast-Kontaktmannigfaltigkeit definiert man deren fundamentale 2-Form Φ durch $\Phi(X, Y) = g(X, \varphi(Y))$, und nennt (Φ, ξ, ω, g) eine metrische Kontaktstruktur, falls $\Phi = d\omega$ gilt.

Der Nijenhuis-Tensor N_φ von φ ist das durch

$$N_\varphi(X, Y) = \varphi^2([X, Y]) + [\varphi(X), \varphi(Y)] - \varphi([\varphi(X), Y]) - \varphi([X, \varphi(Y)])$$

definierte Tensorfeld vom Typ (1, 2). In dieser Gleichung bezeichnen $[X, Y]$, $[\varphi(X), Y]$, $[X, \varphi(Y)]$ die Kommutatoren der entsprechenden Vektorfelder. Gilt

$$N_\varphi + 2\,d\omega \otimes \xi = 0,$$

so nennt man die fast-Kontaktstruktur (φ, ξ, ω) normal. Diese Definition ist gleichwertig damit daß die durch (2) gegebene fast komplexe Struktur J_f auf $M^{2n+1} \times \mathbb{R}$ für jede Funktion f auf $M^{2n+1} \times \mathbb{R}$ ein komplexe Struktur definiert, d. h., integrabel ist.

Eine mit einer normalen metrische Kontaktstruktur versehene Mannigfaltigkeit wird Sasakische Mannigfaltigkeit genannt. Diese sind unter den metrischen fast-Kontaktmannigfaltigkeiten durch folgende Eigenschaft charakterisiert:

Es sei ∇ der ↗Levi-Civita-Zusammenhang der Riemannschen Metrik g einer metrischen fast-Kontaktmannigfaltigkeit M. Ist $(\varphi, \xi, \omega, g)$ die metrischen fast-Kontaktstruktur von M, so ist M genau dann eine Sasakische Mannigfaltigkeit, wenn die Gleichung

$$(\nabla_X \varphi)\,Y = g(X, Y)\xi - \omega(Y)X$$

für alle Vektorfelder X und Y auf M gilt.

[1] Yano, K.; Kon, M.: Structures on Manifolds. World Scientific Publishing Co. Singapur, 1984.

satisfy count, Anzahl der ↗Minterme einer Booleschen Funktion f.

satisfyability-Problem, ↗ SAT-Problem.

SAT-Problem, auch satisfyability-Problem, das ↗Erfüllbarkeitsproblem für die Konjunktion von Klauseln, also Disjunktionen von Literalen.

Diese Variante des Erfüllbarkeitsproblems spielt eine herausragende Rolle in der Geschichte der ↗Komplexitätstheorie, da es sich dabei um das erste Problem handelt, für das Cook (↗Cook, Satz von) bewies, daß es ↗NP-vollständig ist.

Sattel-Knoten-Bifurkation, spezielle Bifurkation.

Es sei $(\mu, x) \rightarrow \Phi_\mu(x)$, $J \times W \rightarrow E$, eine C^r-Abbildung mit $r \geq 2$, wobei W eine offene Teilmenge des Banachraumes E sei, $\mu \in J$, und $J \in \mathbb{R}$.

Sei weiterhin $(0,0) \in (J \times W)$ Fixpunkt von $\Phi_\mu(x)$, so daß $\Phi_\mu(0) = 0$ für alle μ ($\alpha_\mu^1 = 0$). Das Spektrum der Jacobi-Matrix $D_0\Phi_0$ sei in $\{z : |z| < 1\}$ enthalten, mit Ausnahme des einfachen Eigenwerts $\alpha_0^2 = 1$. Sei schließlich $\frac{d}{d\mu}\Phi_\mu(0)|_{\mu=0}$ nicht enthalten in dem Unterraum von E, der dem Teil des Spektrums von $D_0\Phi_0$ in $\{z : |z| < 1\}$ entspricht.

Unter diesen Bedingungen ist die Menge $\{(\mu, x); \Phi_\mu(x) = x\}$ in der Nähe von $(0,0) \in (J \times W)$ eine eindimensionale C^r-Manigfaltigkeit tangential zu $(0, u)$ bei $(0,0)$ (d. h. $D_0\Phi_0 \neq 0$ und $D_0^2\Phi_0 \neq 0$), wobei u der Eigenvektor zum Eigenwert $\alpha_0^2 = 1$ von $D_0\Phi_0$ ist. Somit kann $J \times W$ auf eine geeignete Umgebung von $(0,0)$ eingeschränkt werden.

Man unterscheidet zwei Hauptvarianten der Sattel-Knoten-Bifurkation, abhängig vom Vorzeichen der Koeffizienten von $D_x^2\Phi_\mu$:

(1) Bei der direkten Sattel-Knoten-Bifurkation hat Φ_μ keinen Fixpunkt für $\mu < 0$, einen Fixpunkt bei 0 für $\mu = 0$, und zwei hyperbolische Fixpunkte für $\mu > 0$ (einer von beiden ist attraktiv).

(2) Bei der inversen Sattel-Knoten-Bifurkation hat Φ_μ zwei hyperbolische Fixpunkte für $\mu < 0$ (einer von beiden ist attraktiv), einen Fixpunkt bei 0 für $\mu = 0$, und keinen Fixpunkt für $\mu > 0$.

In beiden Fällen gibt es außer den Fixpunkten keine lokal wiederkehrenden Punkte. Die Normalform der Sattel-Knoten-Bifurkation ist durch die Differentialgleichung $\dot{x} = \mu - x^2$ (Fixpunkte bei $x_{1,2} = \pm\sqrt{\mu}$) gegeben. Sattel-Knoten-Bifurkationen existieren auch für Semiflüsse.

Sattelpunkt, ein Punkt $x^* \in \mathbb{R}^n$ für eine Funktion $f : \mathbb{R}^n \to \mathbb{R}$, wenn es eine direkte Zerlegung $\mathbb{R}^n = V \oplus W$ in Teilmengen V, W positiver Dimension so gibt, daß x^* ein lokaler Minimalpunkt von $f|_V$ sowie ein lokaler Maximalpunkt von $f|_W$ ist.

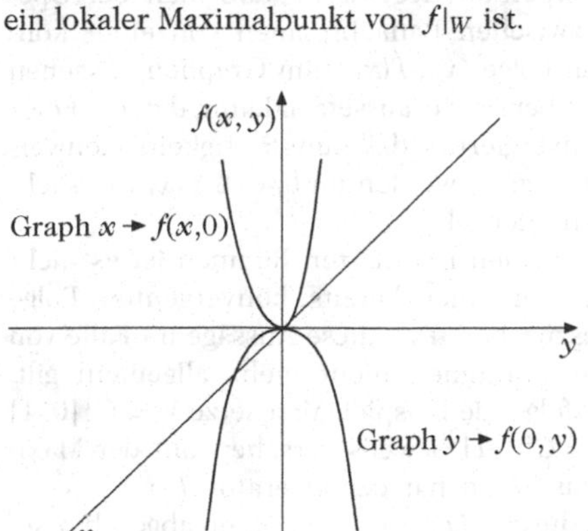

Der Punkt $(0,0)$ ist ein Sattelpunkt der Funktion $f(x,y) := x^2 - y^2$. Hierbei sind $V := \{(x,0) \mid x \in \mathbb{R}\}$ und $W := \{(0,y) \mid y \in \mathbb{R}\}$.

Sattelpunkt eines Vektorfeldes, ↗ Fixpunkt $x_0 \in W$ eines auf einer offenen Teilmenge $W \subset \mathbb{R}^n$ definierten C^1-Vektorfeldes $f : W \to \mathbb{R}^n$, für den es Eigenwerte der Linearisierung (↗ Linearisierung eines Vektorfeldes) $Df(x_0)$ mit positivem und mit negativem Realteil gibt.

Ein Sattelpunkt verhält sich lokal wie der Fixpunkt 0 eines linearen Vektorfeldes f, das Eigenwerte mit positivem und negativem Realteil besitzt, insbesondere ist er instabil (↗ Ljapunow-Stabilität).

Sattelpunktmethode, eine der wichtigsten Methoden zur (näherungsweisen) Berechnung komplexer Integrale der Form

$$J(\lambda) = \int_{z_1}^{z_2} e^{\lambda g(z)} f(z) dz, \qquad (1)$$

wobei λ ein gegen Unendlich gehender reeller Parameter ist, und die Funktionen f und g bis auf isolierte Stellen in ganz $\mathbb{C}$ holomorph sind.

Die Grundidee der Methode geht bereits auf B. Riemann zurück, ausgearbeitet wurde sie von P. Debye um 1909. Sie beruht im wesentlichen auf einer geschickten Deformation des (von z_1 nach z_2 verlaufenden) Integrationsweges. Dies geschieht in der Art, daß der neue Integrationsweg durch möglichst viele Nullstellen von g' (genannt die Sattelpunkte von g) verläuft. Das Integral wird dann wesentlich durch eine kleine Umgebung dieser Nullstellen bestimmt: Ist z_0 ein Punkt auf dem geeignet verschobenen Integrationsweg mit $g'(z_0) = 0$, $g''(z_0) \neq 0$, dann ist der Beitrag zum Gesamtintegral in der Umgebung von z_0 asymptotisch gleich

$$\sqrt{-\frac{2\pi}{\lambda \cdot g''(z_0)}} \cdot e^{\lambda g(z_0)} \cdot \left(f(z_0) + O(\lambda^{-1})\right).$$

Die Hauptschwierigkeit bei Anwendung der Sattelpunktmethode besteht meist im Auffinden der Sattelpunkte. Dennoch ist sie heute die mit Abstand wichtigste zur Berechnung von Integralen der Form (1).

[1] Olver, F.W.: Asymptotics and Special Functions. Academic Press New York, 1974.

[2] Wong, R.: Asymptotic Approximations of Integrals. Academic Press Orlando, 1989.

Saturation, Begriff aus der ↗ Approximationstheorie.

Eine Folge $\{L_n\}$ linearer Operatoren heißt saturiert, wenn es eine in gewissem Sinne optimale Approximationsordnung für Funktionen aus einer vorgegebenen Klasse durch $\{L_n\}$ gibt, so daß Ausnahmen (d. h. eine bessere Approximation) nur für sehr spezielle Funktionen, beispielsweise Konstanten, existieren.

Wir geben die exakte Definition für einen instruktiven Spezialfall: Vorgegeben sei eine Folge $\{L_n\}$

linearer Operatoren, die einen linearen Funktionenraum C (beispielsweise trigonometrische Summen) auf sich selbst abbilden, und eine auf den natürlichen Zahlen definierte positive Funktion $\psi(n)$ mit folgender Eigenschaft: Gilt für eine Funktion f

$$\lim_{n\to\infty} \frac{\|f - L_n(f)\|}{\psi(n)} = 0,$$

so ist f eine Konstante. Weiterhin möge mindestens eine nicht konstante Funktion $g \in C$ existieren, so daß

$$\|f - L_n(f)\| = O(\psi(n)) \text{ für } n \to \infty \qquad (1)$$

(↗Landau-Symbole).

Dann heißt die Folge $\{L_n\}$ saturiert, und die Menge aller Funktionen g, für die (1) erfüllt ist, heißt die Saturationsklasse von $\{L_n\}$ bzgl. ψ.

Saturationsklasse, ↗Saturation.

Saturiertheit, Eigenschaft gewisser ↗algebraischer Strukturen, zu deren Definition einige Vorbemerkungen erforderlich sind.

Es sei $\mathcal{A}$ eine ↗L-Struktur mit der Trägermenge A, $L(A)$ die Erweiterung der ↗elementaren Sprache L, die aus L dadurch entsteht, daß für jedes Element $a \in A$ ein Individuenzeichen $\underline{a}$ zu L hinzugenommen wird, und es sei $L_x(A)$ die Menge aller Ausdrücke aus $L(A)$ mit genau der ↗freien Variablen x.

Eine Teilmenge $\Sigma(x) \subseteq L_x(A)$ heißt *1-Typ* über $\mathcal{A}$, wenn es eine elementare Erweiterung $\mathcal{B} \succeq \mathcal{A}$ und ein Element b aus der Trägermenge von $\mathcal{B}$ gibt, so daß für jedes $\varphi(x) \in \Sigma(x)$ die Aussage $\varphi(b)$ in $\mathcal{B}$ gültig ist. In diesem Fall ist der Typ $\Sigma(x)$ in $\mathcal{B}$ realisierbar (oder durch b realisiert). Ist κ eine Kardinalzahl und $\mathcal{A}$ eine L-Struktur, dann heißt $\mathcal{A}$ κ-saturiert, wenn für jede Teilmenge $M \subseteq A$, deren Mächtigkeit $|M|$ kleiner als κ ist, gilt: Alle 1-Typen über $\mathcal{A}$, die nur Individuenzeichen $\underline{a}$ für Elemente $a \in M$ enthalten, sind in $\mathcal{A}$ realisiert. $\mathcal{A}$ ist *saturiert*, falls $\mathcal{A}$ κ-saturiert ist für $\kappa = |A|$.

Saturierte Strukturen sind von besonderem Interesse, da sich in sie möglichst viele Modelle elementar einbetten lassen. Ist z. B. $\mathcal{A}$ eine abzählbar unendliche saturierte Struktur, dann ist jede abzählbare und zu $\mathcal{A}$ ↗elementar äquivalente Struktur $\mathcal{B}$ in $\mathcal{A}$ elementar einbettbar. Ein treffendes Beispiel hierfür ist der abzählbare algebraisch abgeschlossene Körper K (fixierter Charakteristik), der über dem Primkörper einen unendlichen Transzendenzgrad besitzt. Alle abzählbaren algebraisch abgeschlossenen Körper (gleicher Charakteristik) sind dann in K elementar einbettbar.

Satz der transfiniten Induktion, lautet:

Ist $\mathbf{K}$ *eine nichtleere Klasse von Ordinalzahlen, d. h., gilt* $\emptyset \neq \mathbf{K} \subseteq \mathbf{ON}$, *so hat* $\mathbf{K}$ *ein kleinstes Element.*

Siehe hierzu auch ↗axiomatische Mengenlehre und ↗Kardinalzahlen und Ordinalzahlen.

Satz der transfiniten Rekursion, lautet:

Zu jeder Abbildung $\mathbf{F} : \mathbf{V} \to \mathbf{V}$ *auf der Klasse aller Mengen* $\mathbf{V}$ *gibt es genau eine Abbildung* $\mathbf{G} : \mathbf{ON} \to \mathbf{V}$ *auf der Klasse aller Ordinalzahlen* $\mathbf{ON}$, *so daß für jede Ordinalzahl* α *gilt:* $\mathbf{G}(\alpha) = \mathbf{F}(\mathbf{G}|\alpha)$.

Siehe hierzu auch ↗Kardinalzahlen und Ordinalzahlen.

Satz über die Gebietstreue, lautet:

Es sei $G \subset \mathbb{C}$ *ein* ↗*Gebiet und* f *eine* ↗*holomorphe Funktion in* G, *die nicht konstant ist. Dann ist auch die Bildmenge* $f(G)$ *ein Gebiet.*

Satz über die stetige Inverse, Aussage über die Stetigkeit der Inversen eines linearen Operators.

Es seien V *und* W *Banachräume und* $T : V \to W$ *ein bijektiver stetiger linearer Operator.*

Dann ist auch der Operator $T^{-1} : W \to V$ *stetig.*

Satz vom abgeschlossenen Graphen, Aussage über eine vereinfachte Stetigkeitsbedingung für Operatoren zwischen ↗Banachräumen.

Sind V und W Vektorräume, und ist $T : V \to W$ eine Abbildung, so nennt man die Menge

$$\{(x, T(x)) \mid x \in V\} \subseteq V \times W$$

den Graphen von T. Es gilt dann der folgende Satz.

Es seien V *und* W *Banachräume und* $T : V \to W$ *ein linearer Operator, dessen Graph in* $V \times W$ *abgeschlossen ist. Dann ist* T *stetig.*

Die Aussage bleibt auch dann richtig, wenn man allgemeiner ↗Fréchet-Räume anstelle von Banachräumen betrachtet.

Der Vorteil des Kriteriums des abgeschlossenen Graphen im Vergleich zum üblichen Kriterium der Übertragung von Folgengrenzwerten durch einen stetigen Operator liegt darin, daß man bei Operatoren zwischen Banachräumen von einer konvergenten Folge $(x_n, T(x_n))$ im Graphen ausgehen und somit bereits voraussetzen kann, daß die Folge $T(x_n)$ konvergiert, sodaß zum Stetigkeitsnachweis nur noch gezeigt werden muß, daß $T(x_n)$ tatsächlich gegen $T(x)$ geht.

In allgemeinen normierten Räumen ist es nicht möglich, von einer bereits konvergenten Folge $T(x_n)$ auszugehen. Daß diese Aussage im Falle von Nicht-Banachräumen nicht mehr allgemein gilt, zeigt das folgende Beispiel: Man setze $V = C^1[0,1]$ und $W = C[0,1]$, jeweils versehen mit der Maximumnorm. Dann hat der Operator $T : V \to W$, definiert durch $T(f) = f'$, zwar einen abgeschlossenen Graphen, ist aber nicht stetig.

Satz vom abgeschlossenen Wertebereich, Aussage über den Zusammenhang zwischen der Offenheit eines Operators und der Abgeschlossenheit seines Bildraumes.

Es seien V *und* W *Banachräume und* $T : V \to W$ *ein stetiger linearer Operator.*

Dann ist T genau dann eine ↗ offene Abbildung, wenn der Bildraum T(V) in W abgeschlossen ist.

Satz vom Igel, besagt, daß jedes stetige Vektorfeld der Kugelfläche S^2 eine Nullstelle hat.

Hierbei bedeutet ein stetiges Vektorfeld der S^2 die Zuordnung eines Tangentenvektors an jedem Punkt x der Kugelfläche. Diese Zuordnung soll stetig variieren unter der Bewegung des Grundpunkts x. Der Satz wird so genannt aufgrund der anschaulichen Interpretation, daß man einen Igel ($\cong S^2$) nicht kämmen kann, ohne Wirbel zu erzeugen (vgl. Abbildung).

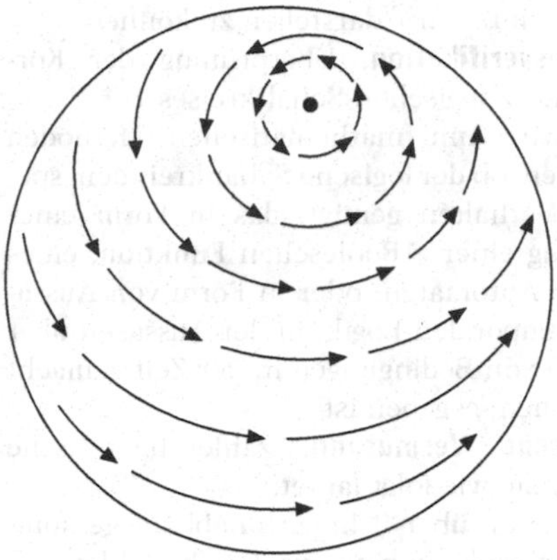

Der Satz vom Igel hat seine Verallgemeinerung auf die höheren Kugelsphären. Es gilt: Auf der Sphäre S^n gibt es genau dann ein stetiges Vektorfeld ohne Nullstellen, wenn n ungerade ist.

Satz von der offenen Abbildung, fundamentales Prinzip der Operatortheorie.

Ist $T : X \to Y$ ein surjektiver stetiger Operator zwischen Banach- oder Fréchet-Räumen, so ist T offen, d. h., T bildet offene Mengen auf offene Mengen ab.

Ist T zusätzlich injektiv, so ist T^{-1} also ebenfalls stetig.

Satzform, Wort über einer Menge $\Sigma \cup V$, wobei Σ ein endliches Alphabet und V eine endliche Menge von ↗ Nichtterminalzeichen ist.

Eine Satzform ist ein Zwischenprodukt beim Ableiten von Wörtern aus dem ↗ Startsymbol einer ↗ Grammatik, wo einzelne, durch Nichtterminalzeichen repräsentierte, syntaktische Einheiten noch nicht aufgelöst sind. Die Menge $S(G)$ der aus einer Grammatik ableitbaren Satzformen ist gegeben durch $S(G) = \{w \in (V \cup \Sigma)^* \mid S \Rightarrow^* w\}$.

Säulendiagramm, ↗ Balkendiagramm.

Savitch, Satz von, die Aussage, daß unter schwachen Annahmen an die Funktion

$$s(n) \geq \lceil \mathrm{ld}(n) \rceil$$

die Klasse NSPACE($s(n)$) (↗ NSPACE) in der Klasse DSPACE($s(n)^2$) (↗ DSPACE) enthalten ist.

Saxo, Jordanus (Jordan), Geistlicher, geb. vor 1200 Borgberge (heute zu Paderborn gehörig), gest. 13.2.1237 bei Akko durch Schiffsbruch.

Jordanus Saxo, auch Jordan von Sachsen genannt, war der 2. Ordensgeneral der Dominikaner, reorganisierte den Orden und verschaffte ihm den Zugang zum höheren Bildungswesen (zwei Lehrstühle an der Universität Paris). Bis in die neueste Zeit wurde Jordanus Saxo oft und fälschlicherweise mit Jordanus ↗ Nemorarius gleichgesetzt.

scattered data-Interpolation, Interpolation von verteilten Daten.

Eine einfache Variante einer solchen Problemstellung ist die folgende: Seien Punkte $x_1, \ldots, x_N \in \mathbb{R}^n$ und Werte $y_1, \ldots, y_N \in \mathbb{R}^m$ gegeben. Gesucht ist eine Funktion $f : \mathbb{R}^n \to \mathbb{R}^m$ mit $f(x_i) = y_i$. In Anwendungen ist typischerweise n, m gleich 1, 2, 3, und N kann sehr groß sein (z. B. 10^6). An f werden Forderungen hinsichtlich Glattheit und Beschränktheit von Ableitungen gestellt.

Eine stetige Interpolante ist direkt durch die sogenannte ↗ Shephard-Funktion gegeben.

Glatte C^∞-Interpolanten lassen sich mit der Methode der ↗ radialen Basisfunktionen erzeugen. Dies umfaßt die Lösung eines linearen Gleichungssystems und erfordert für großes N zusätzliche Überlegungen.

Ein lokales Verfahren besteht in der Unterteilung des $\mathbb{R}^n$ in Finite Elemente, deren Ecken die gegebenen Punkte x_i sind, und dem Bestimmen von Interpolationsfunktionen, die innerhalb eines Elements definiert sind und an den Ecken die vorgeschriebenen Werte annehmen. Es gibt Standard-Methoden, die gewährleisten, daß die Vereinigung der lokalen Interpolanten stetig oder sogar glatt ist.

Schadenanzahlprozeß, stochastischer Prozeß $N(t)$, der in der Versicherungsmathematik eine Grundlage für die Modellierung des ↗ Gesamtschadens eines Kollektivs bildet.

Dabei zählt N die in einem Zeitintervall $[0, t]$ aufgetretenen Schadenereignisse. Für die meisten Anwendungen können die folgenden Voraussetzungen als erfüllt angenommen werden:

(i) Die Schadenzahlen für je zwei disjunkte Zeitintervalle sind unabhängig,

(ii) zu einem Zeitpunkt tritt immer nur höchstens ein Schaden auf (Regularität),

(iii) Schäden treten nicht bevorzugt zu bestimmten Zeitpunkten auf (Stetigkeit).

Bedingung (iii) bedeutet aber nicht, daß die Wahrscheinlichkeit des Schadeneintritts zu allen Zeiten gleich sein muß. Unter den genannten Voraussetzungen läßt sich zeigen, daß der Schadenanzahlprozeß bei festem Zeitintervall durch eine Poisson-Verteilung mit Erwartungswert und Varianz

$E[N] = Var[N] = \vartheta$ dargestellt werden kann:

$$P[N = n] = \frac{\vartheta^n}{n!} e^{-\vartheta} .$$

Dabei arbeitet man in der Praxis oft mit einem zeitlich (über mehrere Intervalle hinweg) variablen Verteilungsparameter ϑ. Modelliert man den Parameter ϑ selbst als Zufallsgröße, so erhält man eine gemischte Poisson-Verteilung.

Schadenhäufigkeit, Begriff aus der Versicherungsmathematik, der die Anzahl von Schadenfällen in einer Zeit-Periode darstellt.

Diese Größe wird i. d. R. auf ein (größeres) Kollektiv von Versicherungsverträgen bezogen. Mathematisch charakterisiert wird die Schadenhäufigkeit durch einen entsprechenden ↗ Schadenanzahlprozeß.

Schallgeschwindigkeit, im allgemeinsten Sinne eine Geschwindigkeit, mit der sich Deformationen in Gasen, Flüssigkeiten und festen Körpern ausbreiten.

Während die Deformationen bei Gasen und Flüssigkeiten in der Ausbreitungsrichtung liegen, können sie in festen Körpern zusätzlich auch transversal dazu liegen. Die Geschwindigkeiten von longitudinalen und transversalen Störungen sind i. a. verschieden.

Durch Umformung der Grundgleichungen der Hydrodynamik erkennt man, daß die Schallgeschwindigkeit durch den Differentialquotienten des Drucks p nach der Massendichte ϱ gegeben ist,

$$c_{sa} = \frac{dp}{d\varrho} .$$

Für ein ideales Gas ergibt sich dann, daß $c_{sa}^2 \propto T$. Da die Variationen der physikalischen Größen gering sind, kann man für die Temperatur T den Mittelwert einsetzen und erhält einen mit dem Experiment gut übereinstimmenden Wert. Der Schall breitet sich also mit nahezu konstanter Geschwindigkeit aus. In der Kontinuumstheorie von Flüssigkeiten und Gasen versteht man unter Strömungsgeschwindikeit die i. allg. von Ort und Zeit abhängige Verschiebung eines Flüssigkeitselements in der Zeiteinheit. Einer strömenden Flüssigkeit kann eine Schallausbreitung aufgeprägt sein. Sind Schall- und Strömungsgeschwindigkeit gleich, spricht man von kritischer Geschwindigkeit.

Schallwellen, im engeren Sinn Ausbreitung von Deformationen in Gasen, Flüssigkeiten und festen Körpern, die an einem Ort durch Frequenzen von etwa 16 bis 20 kHz charakterisiert sind und durch das menschliche Ohr wahrgenommen werden können.

Siehe auch ↗ Schallgeschwindigkeit.

Schaltklinke, Bauteil mancher ↗ mathematischer Geräte.

Die Klinke greift in ein Zahnrad und dreht dieses um die der eingestellten Ziffer entsprechende Zähnezahl weiter. Die Schaltklinke wurde erstmalig von J. Leupold 1727 beschrieben, als Schaltwerk bzw. Schaltorgan 1875 von C. Dietzschold benutzt.

Schaltkreiskomplexität, Komplexitätsmaß für Boolesche Funktionen.

Die Schaltkreiskomplexität einer Booleschen Funktion f ist die minimale Anzahl von Bausteinen, die ein logischer Schaltkreis über dem Bausteinsatz aller Booleschen Funktionen mit ↗ Fan-in 2 enthalten muß, um f darstellen zu können.

Schaltkreisverifikation, Überprüfung der Korrektkeit eines ↗ logischen Schaltkreises.

Hierbei wird mit mathematischen Methoden nachgewiesen, ob der logische Schaltkreis dem spezifizierten Verhalten genügt, das in Form einer Beschreibung einer ↗ Booleschen Funktion, eines ↗ endlichen Automaten, oder in Form von Aussagen einer temporalen Logik, in der Aussagen über Änderungen von Bedingungen in der Zeit gemacht werden können, gegeben ist.

Schanuelsche Vermutung, zahlentheoretische Vermutung, die wie folgt lautet:

Sind $\alpha_1, \dots, \alpha_n$ über $\mathbb{Q}$ linear unabhängige komplexe Zahlen, so kann man aus den $2n$ Zahlen

$$\alpha_1, \dots, \alpha_n, e^{\alpha_1}, \dots, e^{\alpha_n}$$

eine n-elementige Menge algebraisch unabhängiger Zahlen auswählen.

Die Schanuelsche Vermutung ist eine sehr weitgehende Vermutung über die arithmetische Natur von Werten der Exponentialfunktion. Sind $\alpha_1, \dots, \alpha_n$ algebraisch, so folgt die Vermutung aus dem Satz von Lindemann-Weierstraß. Aus der vollen Schanuelschen Vermutung folgt auch die ↗ Gelfandsche Vermutung. Außerdem würde aus der Richtigkeit der Schanuelschen Vermutung auch die algebraische Unabhängigkeit der Zahlen ↗ e und ↗ π folgen, was z. B. die Transzendenz der Summe $e+\pi$ und des Produkts $e\pi$ nach sich ziehen würde.

Scharmittel, in der Gibbs-Statistik der Mittelwert über eine Gesamtheit, die aus dem interessierenden physikalischen System und einer Menge gleichartiger, gedachter Systeme besteht.

Schatten, Robert, polnisch-amerikanischer Mathematiker, geb. 28.1.1911 Lwów, gest. 26.8.1977 New York.

Schatten studierte zunächst in Lwów und wanderte 1933 in die USA aus. Dort immatrikulierte er sich an der Columbia University, wo er weiter studierte und 1942 promovierte. Nach einer kurzen Tätigkeit als Dozent an der Columbia University ging er noch 1942 in die Armee und diente dort bis 1943. Bei einem Unfall während der militärischen Ausbildung brach er sich das Rückgrat, eine Verletzung, die er zwar überlebte, die ihm jedoch zeitlebens Schwierigkeiten bereitete.

Nach einigen kürzeren Aufenthalten an verschiedenen Instituten ging Schatten 1946 an die University of Kansas, wo er bis 1961 eine Professur innehatte, unterbrochen nur von zwei kurzen Aufenthalten in Princeton. 1961 wurde er Professor in New York, wo er auch bis zu seinem Tode blieb.

Schatten war ein ausgezeichneter, wenn auch etwas exzentrischer akademischer Lehrer. Er benutzte bei seinen Vorlesungen niemals ein Manuskript und sehr selten die Tafel, beides sehr ungewöhnlich in der mathematischen Lehre. Dennoch waren seine Vorlesungen sehr ausgefeilt und beliebt.

In der Forschung befaßte er sich hauptsächlich mit funktionalanalytischen Themen, in der Anfangszeit auch gemeinsam mit von Neumann und Dunford. Dieser Zusammenarbeit entsprangen auch die heute so genannten Schatten-von-Neumann-Klassen.

Schattenpreise, bezeichnen bei Optimierungsproblemen mit Nebenbedingungen eine spezielle ökonomische Interpretation der Langrangemultiplikatoren.

Sei f eine auf der Menge

$$M = \{x \in \mathbb{R}^n | h_i(x) = 0, i \in I; g_j(x) \geq 0, j \in J\}$$

zu minimierende Funktion. Unter ökonomischen Gesichtspunkten kann man die Nebenbedingungen als Einschränkungen auffassen, die durch das eingesetzte Kapital festgelegt sind. Eine Investition könnte die Nebenbedingungen verändern, z. B. zu

$$h_i(x) = a_i \in \mathbb{R}\,,\ g_j(x) \geq b_j \in \mathbb{R}\,.$$

Für $a_i = 0, b_j = 0$ erhält man das ursprüngliche Problem zurück. Wesentlich ist dabei natürlich die Frage, inwieweit sich eine derartige Investition lohnt, d. h., ob man unter den neuen Rahmenbedingungen einen neuen Optimalwert für f erhält, der die Investitionen belohnt. Sei dazu $\bar{x}$ eine nicht-degenerierte Minimalstelle für $f|_M$. Nach dem Satz über implizite Funktionen kann $\bar{x}$ lokal um $(\bar{a}, \bar{b}) = (0, 0)$ parametrisiert werden, so daß $x(a, b)$ die jeweils zugehörige Extremalstelle liefert, wenn $a = (a_i, i \in I), b = (b_j, j \in J)$ die neuen Nebenbedingungen festlegen. Die Lagrangemultiplikatoren $\bar{\lambda}_i$ und $\bar{\mu}_j$ für $(\bar{a}, \bar{b}) = (0, 0)$ erfüllen dann gerade die Gleichungen

$$\bar{\lambda}_i = \frac{\partial f}{\partial a_i}(x(0,0))\,,\quad \bar{\mu}_i = \frac{\partial f}{\partial b_j}(x(0,0))\,.$$

Damit geben sie an, wie sensibel sich die Gewinnfunktion f verhält, wenn man die Parameterwerte a und b lokal verändert (d. h., wenn man investiert). Insofern sind sie ein Maß dafür, ob sich Investitionen lohnen und werden deshalb auch als Schattenpreise bezeichnet.

Schatten-von Neumann-Klassen, Verallgemeinerungen der Spurklasse (↗Spurklassenoperator) und der Klasse der ↗Hilbert-Schmidt-Operatoren.

Sei $T : H \to K$ ein kompakter Operator zwischen Hilberträumen mit der Schmidt-Darstellung (↗kompakter Operator)

$$Tx = \sum_{n=1}^{\infty} s_n \langle x, e_n \rangle f_n\,.$$

Dann gehört T zur Schatten-von Neumann-Klasse $c_p(H, K)$, wobei $1 \leq p < \infty$, falls

$$\|T\|_{c_p} := \left(\sum_{n=1}^{\infty} s_n^p \right)^{1/p} < \infty.$$

Dieser Ausdruck definiert eine Norm auf dem Vektorraum $c_p(H, K)$, die $c_p(H, K)$ zu einem (im Fall $p > 1$ reflexiven) Banachraum macht. Im Fall $p = 1$ erhält man den Raum der Spurklassenoperatoren, und im Fall $p = 2$ den Raum der Hilbert-Schmidt-Operatoren.

Die Schatten-von Neumann-Klassen haben viele Eigenschaften mit den Folgenräumen ℓ^p und den Funktionenräumen $L^p(\mu)$ gemein, weswegen sie auch „nichtkommutative L^p-Räume“ genannt werden. Z.B. ist für $1/p + 1/q = 1$ der Dualraum von $c_p(H, K)$ zu $c_q(K, H)$ isometrisch isomorph; der Isomorphismus $\Phi : c_q(K, H) \to (c_p(H, K))'$ wird dabei durch das Spurfunktional vermittelt: $(\Phi S)(T) = \mathrm{tr}(ST)$.

Für $H = K$ bilden die Schatten-von Neumann-Klassen zweiseitige Ideale im Raum aller beschränkten Operatoren $L(H)$.

Zur Eigenwertverteilung von Operatoren aus $c_p(H)$ vgl. ↗Weyl-Ungleichung.

Schätzen der Spektraldichte, ↗Spektraldichteschätzung.

Schätzen der Streuung, ↗empirische Streuung.

Schätzen der Varianz, ↗empirische Streuung.

Schätzen des Erwartungswertes, ↗empirischer Mittelwert.

Schätzen des Mittelwerts, ↗empirischer Mittelwert.

Schätzer, bei einer Vielzahl von Anwendungen der Mathematik, etwa in den Natur- oder Sozialwissenschaften verwendete Größen, um ein mathematisches Modell mit Hilfe empirischer Daten (Messungen) zu kalibrieren. In aller Regel sind die zugrundeliegenden Daten entweder durch Zufallseinflüsse verzerrt (stochastische Meßfehler) oder unmittelbar stochastischer Natur.

Im letztgenannten Fall geht es darum, die Parameter der Verteilung für die zugrundeliegenden Zufallsgröße R aus einem Satz $\{r_j\}_{J+1..N}$ von Daten möglichst gut zu bestimmen. Für die Schätzung von Parametern geht man davon aus, daß die betreffenden Ereignisse durch unabhängig identisch verteilte Zufallsgrößen zu beschrieben sind, insbesondere sind Skaleneffekte bereits eliminiert. In der Praxis werden 2-parametrische Verteilungen genutzt, deren Dichte (respektive Zähldichte) $f_{(\alpha,\beta)}(x)$ durch einen Formparameter α und einen Skalenparameter β eindeutig festgelegt ist.

Zur Bestimmung von Momentenschätzern berechnet man den empirischen Erwartungswert

$$\mu_e = \frac{1}{N}\sum_{j=1}^{N} r_j$$

und das zweite Moment

$$\varrho_e = \frac{1}{N}\sum_{j=1}^{N} (r_j)^2 \,.$$

Durch Vergleich dieser Werte mit den Momenten der theoretischen Verteilung $\mu(\alpha, \beta) = E[X]$ und $\varrho(\alpha, \beta) = E[X^2]$ ergibt sich ein Gleichungssystem, dessen Lösung die Schätzer $(\hat{\alpha}, \hat{\beta})$ für die Verteilungsparameter liefert. Bei diesem Zugang passen Erwartungswert und Varianz der geschätzten Verteilung exakt auf die vorgegebenen Daten; die Methode erlaubt es aber nicht, unmittelbar auch die Güte der Approximation zu kontrollieren.

Letzteres ist bei Verwendung von Likelihood-Schätzern möglich. Dabei liegt die Idee zugrunde, daß für die korrekten Parameter (α, β) die Größe $'f_{(\alpha,\beta)}(r_j)$ die Wahrscheinlichkeit angibt, mit der sich die Zufallsvariable R in einem Ereignis r_j realisiert. Die Likelihood-Funktion

$$\Lambda(\alpha, \beta) = \prod_{j=1}^{N} f_{(\alpha,\beta)}(r_j)$$

ist ein Maß für die Wahrscheinlichkeit, den Datensatz bei einer Folge unabhängiger Zufallsexperimente zu realisieren. Schätzer für die Verteilungsparameter ergeben sich durch Maximierung von $\Lambda(\alpha, \beta)$ respektive der Log-Likelihood

$$\log \Lambda(\alpha, \beta) = \sum_{j=1}^{N} \log(f_{(\alpha,\beta)}(r_j)) \,.$$

Bei diesem Zugang passen empirischer Erwartungswert und empirische Varianz nur asymptotisch auf die Verteilung, dafür ist die Likelihood ein Maß für die Güte der Approximation. Für χ^2-Schätzer wird anstelle der Likelihood-Funktion die Statistik für einen χ^2-Test optimiert.

Sofern nicht die Parameter einer statistischen Verteilung zu schätzen, sondern (stochastisch gestörte) Daten durch M erklärende Faktoren $X = (x_1, \ldots, x_M)$ zu beschreiben sind, ist die ↗Methode der kleinsten Quadrate das gebräuchlichste Schätzverfahren. Diese findet in den experimentellen Naturwissenschaften vielfältige Anwendung.

Ähnliche Methoden werden in der Zeitreihenanalyse verwendet, um Schätzer für Parameter dynamischer stochastischer Prozesse zu bestimmen.

[1] Mack, T.: Schadenversicherungsmathematik. Verlag Versicherungswirtschaft Karlsruhe, 1997.

Schätzfunktion, ↗Parameterschätzung.

Schätztheorie, mathematische Disziplin, die sich mit der Konstruktion und Untersuchung von ↗Schätzern befaßt, siehe auch ↗Parameterschätzung.

Schätzung, ↗Parameterschätzung, ↗Schätzer.

Schätzung der Erfolgswahrscheinlichkeit, Begriff aus der Statistik.

Die Wahrscheinlichkeit $P(A)$ des Eintretens eines Ereignisses A bei Durchführung eines zufälligen Versuches wird als Erfolgswahrscheinlichkeit von A bezeichnet. Diese wird durch die relative Häufigkeit des Eintretens von A bei Durchführung von n Versuchen geschätzt.

Schätzverfahren, ↗Schätzer.

Schauder, Juliusz Pawel, polnischer Mathematiker, geb. 21.9.1899 Lemberg (Lwów), gest. September 1943 Lemberg (Lwów).

Nach Abschluß der Schule wurde Schauder 1917 in die österreich-ungarische Armee eingezogen und kam während der ersten Weltkrieges in italienische Gefangenschaft. 1919 kehrte er zurück und begann an der Jan-Kazimierz-Universität im nun polnischen Lwów Mathematik zu studieren. Er promovierte 1923 bei Steinhaus. Danach arbeitete er als Lehrer und Angestellter einer Versicherung, ab 1928 lehrte er auch an der Universität. 1932 erhielt er ein Rockefeller-Stipendium, das es ihm ermöglichte, für ein Jahr nach Leipzig zu Lichtenstein und 1933 für einige Zeit nach Paris zu Leray und Hadamard zu gehen. Schauder starb 1943 bei der Besetzung von Lwów durch deutsche Truppen.

Gemeinsam mit Leray veröffentlichte Schauder 1934 sein wichtigstes Resultat, die Übertragung des Brouwerschen Abbildungsgrades auf Banachräume (Leray-Schauder-Abbildungsgrad). Zuvor hatte er den Brouwerschen Fixpunktsatz zum Schauderschen Fixpunktsatz verallgemeinert und damit der nichtlinearen Funktionalanalysis ein zentrales Mittel zur Untersuchung von nichtlinearen partiellen Differentialgleichungen in die Hand gegeben. Neben diesen Arbeiten veröffentlichte er auch zu unendlichdimensionalen Vektorräumen (Schauder-Basis). Schauder war stets erfolgreich bemüht, Begriffe und Sätze aus dem Gebiet der topologischen Räume (Fixpunktsätze, Invarianz von Gebieten, Index) auf Banachräume zu übertragen.

Schauder-Basis, eine Folge $b_1, b_2, \ldots$ eines separablen Banachraums X so, daß jedes Element $x \in X$ auf eindeutige Weise als konvergente Reihe

$$x = \sum_{j=1}^{\infty} \beta_j(x) b_j \qquad (1)$$

mit gewissen von x abhängigen Skalaren $\beta_j(x)$ geschrieben werden kann; die Koeffizientenfunktionale sind dann notwendig stetig. Konvergiert (1) unbedingt, spricht man von einer unbedingten Schauder-Basis. Eine Orthonormalbasis eines separablen Hilbertraums ist eine unbedingte Schauder-Basis. In den Folgenräumen ℓ^p, $1 \le p < \infty$, und c_0 bilden die Einheitsvektoren $e_n = (0, \ldots, 0, 1, 0, \ldots)$, in der die 1 an der n-ten Stelle steht, eine unbedingte Schauder-Basis. Die Funktionenräume $L^p[0,1]$, $1 \le p < \infty$, und $C[0,1]$ besitzen Schauder-Basen, im Fall $1 < p < \infty$ sogar unbedingte Schauder-Basen. Ein Beispiel ist das System der Haar-Funktionen (↗Haar-Basis); unbedingte Basen von L^p aus Funktionen höherer Glattheit kann man mit Hilfe glatter Wavelets gewinnen.

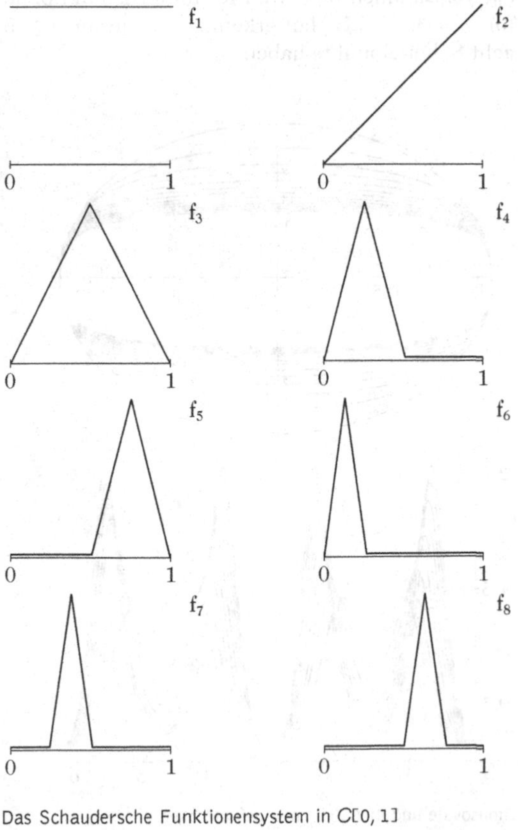

Das Schaudersche Funktionensystem in $C[0,1]$

Schauder konstruierte 1927 folgende Schauder-Basis des Banachraums $C[0,1]$ (Schaudersches Funktionensystem): Es ist $f_1(t) = 1$, $f_2(t) = t$, und die weiteren Basisfunktionen sind „Dreiecksfunktionen"; ihr Bildungsgesetz ist den Graphen von $f_3, \ldots, f_8$ zu entnehmen.

Nicht jeder separable Banachraum hat eine Schauder-Basis, jedoch gibt es stets einen unendlichdimensionalen Unterraum mit einer Schauder-Basis. Ein Beispiel von Gowers und Maurey (1993) zeigt hingegen, daß es nicht notwendig einen unendlichdimensionalen Unterraum mit einer unbedingten Basis gibt.

Schauderscher Fixpunktsatz, Aussage über die Existenz eines Fixpunktes eines Operators auf einem Banachraum.

Es seien V ein Banachraum und $T : V \to V$ ein linearer und stetiger Operator. Weiterhin sei $M \subseteq V$ abgeschlossen und konvex, und es gelte $T(M) \subseteq M$.

Dann gilt: Ist $T(M)$ kompakt, so hat T mindestens einen Fixpunkt in M.

Scheffésches Lemma, folgende Aussage für Wahrscheinlichkeitsdichten $(f_n)_{n\in\mathbb{N}}$ und f bezüglich eines (nicht notwendig endlichen) Maßes μ auf einem meßbaren Raum $(\Omega, \mathfrak{B})$.

Gilt $f_n(\omega) \to f(\omega)$ für μ-fast alle $\omega \in \Omega$, so folgt

$$\sup_{B\in\mathfrak{B}} \left| \int_B f d\mu - \int_B f_n d\mu \right| = \frac{1}{2} \int_\Omega |f - f_n| d\mu \to 0 .$$

Scheinkraft, Kraft, die nur effektiv durch die Wahl des Bezugssystems bzw. der Bahnkurve auftritt.

Beispiel: Die Zentrifugalkraft wirkt auf einen Körper, der auf eine Kreisbahn gezwungen wird und sich ansonsten kräftefrei bewegt. Scheinbar wirkt eine radial nach außen gerichte Kraft.

Scheitel, Begriff aus der elementaren Geometrie.

Schneiden sich zwei Geraden in einem Punkt P, so bilden sie dort einen Winkel. Man nennt dann P den Scheitel des Winkels, während man die Geraden selbst als Schenkel des Winkels bezeichnet.

Scheitel-Bifurkation, eine Kodimension-2-Bifurkation, die aus der ↗Sattel-Knoten-Bifurkation abgeleitet werden kann und durch die Normalform $\dot{x} = \mu_1 + \mu_2 x \pm a x^3$ mit $\mu_1, \mu_2 \in \mathbb{R}$, den Bifurkationsparametern, und $x, a \in \mathbb{R}$ beschrieben wird.

Sie besitzt einen degenerierten Ursprung, der einzige Eigenwert ist λ_1=0. Die Bifurkationsmenge Σ ist gegeben durch $4\mu_2^3 + 27a\mu_1^2 = 0$.

Sie beinhaltet zwei offene Kurven der Kodimension 1, auf welchen Sattel-Knoten-Bifurkationen auftreten, und den Kodimension-2-Punkt $(\mu_1, \mu_2) = (0,0)$, in dem die doppelt degenerierte Kodimension-2-Singularität ax^3 auftritt.

Scheitelkreis, Begriff aus der Geometrie.

Der Scheitelkreis einer ↗Hyperbel ist der Kreis um den Hyperbelmittelpunkt, der durch die beiden Scheitelpunkte der Hyperbel verläuft. Der Radius des Scheitelkreises entspricht demnach dem großen Halbmesser a der Hyperbel.

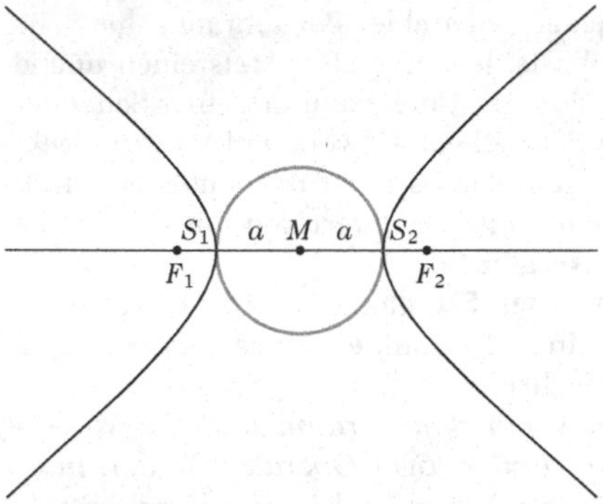

Scheitelkreis einer Hyperbel

Eine ↗Ellipse besitzt einen Haupt- und einen Nebenscheitelkreis, deren Mittelpunkte mit dem Ellipsenmittelpunkt identisch sind. Der Hauptscheitelkreis k_H verläuft durch die beiden Hauptscheitel der Ellipse, der Nebenscheitelkreis k_N durch die beiden Nebenscheitel. Der Radius des Hauptscheitelkreises entspricht dem des großen Halbmessers a, der des Nebenscheitels dem des kleinen Halbmessers b der Ellipse.

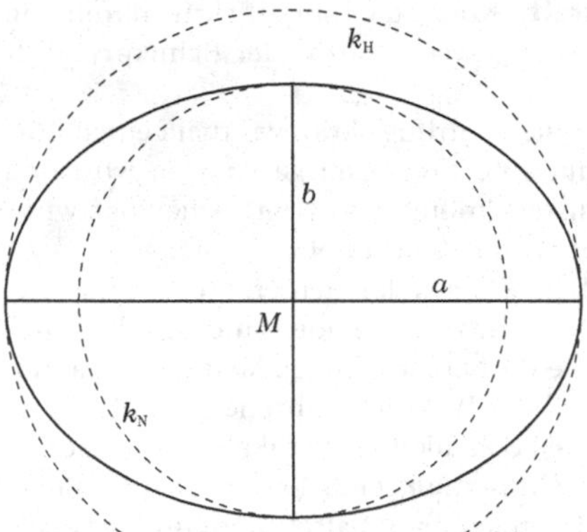

Scheitelkreise einer Ellipse

Scheitelpunkt, ein Punkt einer regulären ebenen Kurve $\alpha(s)$, in dem die Ableitung $d\kappa(s)/ds$ der Krümmungsfunktion $\kappa(s)$ nach dem Kurvenparameter 0 ist.

Eine Kurve heißt geschlossen, wenn die Komponenten von $\kappa(s)$ periodische Funktionen sind. Eines der ersten Resultate der Differentialgeometrie im Großen ist der *Vierscheitelsatz*:

Eine geschlossene Kurve mit positiver Krümmung hat mindestens vier Scheitelpunkte.

Die Ellipse mit den Halbachsen a und b hat die parametrische Gleichung $\beta(t) = (a \sin(t), b \sin(t))$. Ihre Krümmung $\kappa(t)$ und deren Ableitung $\kappa'(t)$ sind die Funktionen

$$\kappa(t) = \frac{a\,b}{\sqrt{\left(b^2 \cos t + a^2 \sin t\right)^3}},$$

$$\kappa'(t) = \frac{3\,a\,b\,(b^2 - a^2)\sin(2\,t)}{2\sqrt{\left(b^2 \cos t + a^2 \sin t\right)^5}}.$$

Somit verschwindet $\kappa'(t)$ im Fall $a \neq b$ für die vier Werte $t = k\pi/2$ $(k = 0, 1, 2, 3)$, die den Kurvenpunkten $(\pm a, 0)$ und $(0, \pm b)$ entsprechen. Für $a = b$ ergibt sich eine Kreislinie, die nur aus Scheitelpunkten besteht.

Ein anderes Beispiel liefern die Sinusovale

$$\sigma_n(t) = \left(a \cos t, b \sin^{\{n\}}(t)\right),$$

worin die Funktion $\sin^{\{n\}}(t)$ die n-te Iteration

$$\sin^{\{n\}}(t) = \underbrace{\sin(\sin(\ldots\sin(\sin}_{n}(t)\underbrace{)\ldots))}_{n}$$

bezeichnet. Die Abbildung zeigt die Sinusovale $\sigma_n(t)$ zusammen mit ihren Krümmungsfunktionen für $n = 3, \ldots, 11$. Man erkennt, daß sie für $n \geq 3$ acht Scheitelpunkte haben.

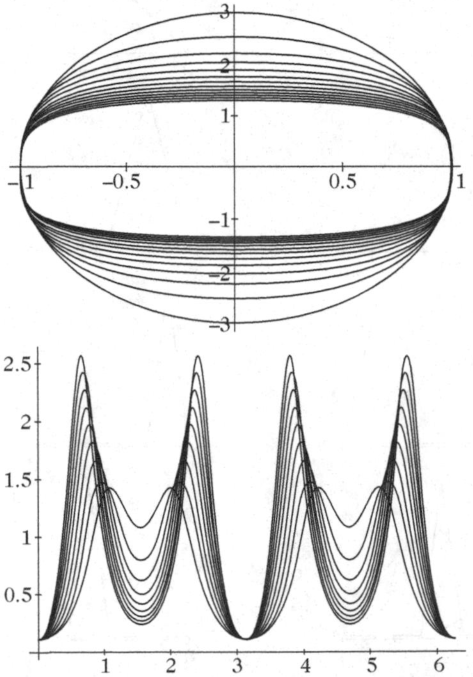

Sinusovale und ihre Krümmungsfunktionen

Der Scheitelpunkt $S = (0, 0)$ der Parabel $\gamma(t) = (t, p\,t^2)$ wird meist im Zusammenhang mit einer elementargeometrischen Konstruktion definiert, S ist aber auch im Sinne der hier gegebenen allgemeinen Definition ein Scheitelpunkt der Parabel.

Scheitelwinkel, gegenüberliegende Winkel an zwei sich schneidenden Geraden.

Es gilt der *Scheitelwinkelsatz*:

Die Winkelmaße zweier Scheitelwinkel sind gleich.

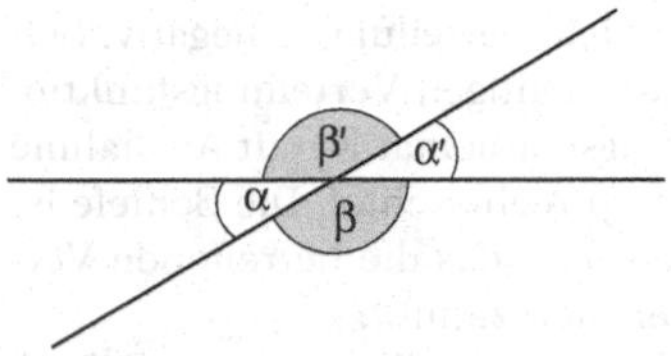

In der Abbildung sind α und α' sowie β und β' Paare von Scheitelwinkeln.

Schema, fundamentaler Begriff in der Algebra bzw. algebraischen Geometrie.

Für einen kommutativen Ring A definiert man zunächst einen topologischen Raum $\underline{\mathrm{Spec}}(A)$, bestehend aus allen ↗Primidealen von A mit der Topologie, deren abgeschlossene Mengen die der Form $V(I) = \{\mathfrak{p} \in \underline{\mathrm{Spec}}(A) \mid \mathfrak{p} \supseteq I\}$ sind ($I \subset A$ eine beliebige Teilmenge, ohne Einschränkung ein Ideal). Mengen der Form $D(f) = \{\mathfrak{p} \in \underline{\mathrm{Spec}}(A),\ f \notin \mathfrak{p}\}$ ($f \in A$ ein beliebiges Element) sind offen und bilden eine Basis der Topologie. Wenn $X = (\underline{X}, \mathcal{O}_X)$ ein Cartanscher Raum ist, d. h., $\underline{X}$ ist ein topologischer Raum, $\mathcal{O}_X$ eine Garbe auf X, und $A = \mathcal{O}_X(X)$, so erhält man eine stetige Abbildung

$$\underline{X} \to \underline{\mathrm{Spec}}(A),\ x \mapsto \mathfrak{p}_x = \mathrm{Ker}(A \to \mathcal{O}_{X,x}/\mathfrak{m}_{X,x})$$

($\mathfrak{m}_{X,x}$ = Maximalideal in $\mathcal{O}_{X,x}$) und einem Homomorphismus lokaler Ringe $A_{\mathfrak{p}_x} \to \mathcal{O}_{X,x}$.

Einen Cartanschen Raum mit der Eigenschaft, daß die Abbildung $\underline{X} \to \underline{\mathrm{Spec}}(A)$ ein Homöomorphismus ist und die Abbildungen $A_{\mathfrak{p}_x} \to \mathcal{O}_{X,x}$ Isomorphismen sind, nennt man ein affines Schema. Die affinen Schemata bilden eine volle Unterkategorie der Kategorie Cartanscher Räume, und der Kofunktor $X \mapsto \Gamma(X) = \mathcal{O}_X(X)$ ist eine Äquivalenz zwischen dieser Kategorie und der zur Kategorie kommutativer Ringe dualen Kategorie: Einem kommutativen Ring A entspricht das affine Schema $\mathrm{Spec}(A) = X$ mit dem zugrundeliegenden Raum $\underline{\mathrm{Spec}}(A)$ und der Garbe $\mathcal{O}_X$, die auf offenen Mengen der Form $U = D(f)$ durch $\mathcal{O}_X(U) = A_f$ gegeben wird. Jeder Ringhomomorphismus $A \to B$ induziert einen Morphismus Cartanscher Räume $\mathrm{Spec}(B) \to \mathrm{Spec}(A)$. Für jeden kommutativen Ring ist die natürliche Abbildung $\varphi \mapsto \varphi^*$,

$$\mathrm{Hom}(X, \mathrm{Spec}(A)) \to \mathrm{Hom}(A, \Gamma(X))$$

bijektiv.

Ein Beispiel: $\mathbb{A}^n = \mathrm{Spec}\left(\mathbb{Z}[T_1, \dots, T_n]\right)$ affiner Raum über $\mathbb{Z}$, $\mathrm{Hom}\,(X, \mathbb{A}^n) = \Gamma(X)^n$.

Ein Cartanscher Raum X, der lokal isomorph zu affinen Schemata ist (d. h., daß jeder Punkt eine offene Umgebung U besitzt, so daß $(U, \mathcal{O}_X|U)$ affines Schema ist), heißt Schema, wobei üblicherweise auch noch die Separiertheit gefordert wird: Sind U, U' affine offene Unterschemata, so auch $U \cap U'$, und die natürliche Abbildung

$$\mathcal{O}_X(U) \otimes \mathcal{O}_X(U') \to \mathcal{O}_X(U \cap U')$$

ist surjektiv. Die Kategorie der Schemata ist die volle Unterkategorie der Kategorie Cartanscher Räume, deren Objekte Schemata sind. In dieser Kategorie existieren Produkte und ↗Faserprodukte, z. B. ist

$$\mathrm{Spec}(A) \times_{\mathrm{Spec}(R)} \mathrm{Spec}(B) = \mathrm{Spec}(A \otimes_R B)\,.$$

Ein abgeschlossener Cartanscher Unterraum Y eines Schemas X heißt abgeschlossenes Unterschema, wenn Y selbst Schema ist. Die abgeschlossenen Unterschemata entsprechen umkehrbar eindeutig den quasikohärenten Idealgarben $I \subset \mathcal{O}_X$, dem Unterschema $Y \subset X$ entspricht die Idealgarbe $I_Y = \ker(\mathcal{O}_X \to i_*\mathcal{O}_Y)$ ($i : Y \hookrightarrow X$ die Einbettung). Das zu einer quasikohärenten Idealgarbe I gehörige Unterschema heißt auch das Nullstellenschema von I und wird oft mit $V(I)$ bezeichnet.

Die Menge der abgeschlossenen Unterschemata ist halbgeordnet bzgl. der Inklusion, und X ist Noethersch, wenn in dieser Halbordnung die Minimalbedingung gilt (d. h., jedes nichtleere System von abgeschlossenen Unterschemata enthält minimale Elemente). Demgegenüber heißt X Artinsch, wenn in dieser Halbordnung die Maximalbedingung gilt. Dies sind genau die Schemata der Form $\mathrm{Spec}(A)$ mit einem ↗Noetherschen Ring A, in dem jedes Primideal maximal ist.

In jedem Schema X gibt es genau ein minimales abgeschlossenes Unterschema mit dem gleichen zugrundeliegenden Raum wie X, bezeichnet als $X_{\mathrm{red}} \subseteq X$, es ist auch durch die Eigenschaft

$$\mathcal{O}_{X,x}/\sqrt{0} \xrightarrow{\sim} \mathcal{O}_{X_{\mathrm{red}},x}$$

für alle $x \in X$ charakterisiert, wobei $\sqrt{0} \subseteq \mathcal{O}_{X,x}$ das Nilradikal, d. h. die Menge aller nilpotenten Elemente, bezeichnet.

schematheoretischer Durchschnitt, Begriff aus der Theorie der Schemata.

Sind Y und Z abgeschlossene Unterschemata eines ↗Schemas X, so ist der schematheoretische Durchschnitt $Y \cap Z$ das größte abgeschlossene

Unterschema, das in Y und Z enthalten ist. Die zugehörige Idealgarbe ist $I_{Y \cap Z} = I_Y + I_Z$. Die Terminologie wird benutzt, um sich von dem mengentheoretischen Durchschnitt der zugrundeliegenden Räume abzugrenzen, der weniger Informationen enthält.

Schenkel, ↗ Scheitel.

Scherung, im elementargeometrischen Sinne eine ↗ affine Transformation (s.d.).

Der Begriff Scherung hat aber auch eine Bedeutung in der Theorie der formalen Potenzreihen: Für $c = (c_1, ..., c_n) \in \mathbb{C}^n$ ist eine Scherung σ_c durch

$$\sigma_c : \mathbb{C}[[X, Y]] \to \mathbb{C}[[X, Y]] , \quad X_j \mapsto X_j + c_j Y_j , \quad Y \mapsto Y$$

definiert. Offensichtlich ist σ_c ein Automorphismus mit Inversem σ_{-c}.

Schickard, Wilhelm, deutscher Theologe, Sprachwissenschaftler, Astronom und Mathematiker, geb. 22.4.1592 Herrenberg, gest. 25.10.1635 Tübingen.

Schickard studierte an der Universität Tübingen Theologie. 1614 bekam er eine Pfarrstelle in Nürtingen. In dieser Zeit lernte er Kepler kennen, unter dessen Einfluß er sich der Mathematik und Astronomie zuwandte. 1619 wurde er Professor für Hebräisch in Tübingen und lehrte biblische Sprachen (Aramäisch und Hebräisch). 1631 wurde er Professor für Astronomie. Neben seiner Lehrtätigkeit entwickelte er Maschinen zur Berechnung astronomischer Daten und für die hebräische Grammatik. 1623 baute er für Kepler die erste Rechenmaschine.

Schickardsche Rechenmaschine, die von Wilhelm Schickard im Jahre 1623 gebaute erste Rechenmaschine, die Addition und Subtraktion getriebemäßig ausführte.

Sechs Zählräder mit je 10 Raststellungen für die Ziffern 0 bis 9 speicherten eine Dezimalzahl. Die Addition eines Summanden erfolgte ziffernweise seriell mit automatischem Zehnerübertrag in die nächsthöhere Dezimalstelle. Der Übertrag erfolgte durch einen einzelnen Zahn über ein Zwischenrad, die Subtraktion erfolgte ebenfalls ziffernweise durch Umkehr der Drehrichtung.

Die Multiplikation war von der Addition mechanisch getrennt. Sechs lotrecht angeordnete Ziffernwalzen, die jede auf 10 Flächen das Einmaleins für die Ziffern 0 bis 9 wie auf Neperschen Rechenstäben enthielten, ermöglichten als „mechanisches Tafelwerk" die Multiplikation der eingestellten Zahl mit einem einstelligen Faktor. Die Übertragung in das Addierwerk erfolgte ziffernweise von Hand.

schiefadjungierte Matrix, ↗ schiefsymmetrische Matrix.

Schiefe, *Schiefekoeffizient*, Maßzahl zur Erfassung der Asymmetrie der Verteilung einer reellen Zufallsvariable X.

Die bekannteste derartige Maßzahl ist der als Schiefemoment oder meistens einfach kurz als Schiefe von X bezeichnete Koeffizient

$$\gamma_1 = \frac{E((X - E(X))^3)}{Var(X)^{3/2}} \qquad (1)$$

von Charlier, wobei $E(|X|^3) < \infty$ und $Var(X) > 0$ vorausgesetzt wird. Manchmal bezeichnet man auch die durch (1) definierte skalenunabhängige Maßzahl als relative Schiefe, wobei man dann unter der Schiefe den Ausdruck im Zähler von (1) versteht. Für rechtsschiefe Verteilungen ist γ_1 positiv und für linksschiefe Verteilungen negativ. Beispielsweise sind alle wichtigen Verteilungsfunktionen der Versicherungsmathematik (mit Ausnahme der Normalverteilung) rechtsschief. Die Schiefe ist ein Maß für das Gewicht, das die betreffende Verteilung den Großschäden zumißt.

Weitere Maßzahlen sind das Pearsonsche Schiefheitsmaß

$$S = \frac{E(X) - x_{mod}}{\sqrt{Var(X)}},$$

wobei x_{mod} den Modalwert bezeichnet und die Existenz von $Var(X) > 0$ vorausgesetzt wird, sowie der Schiefeindex nach Galton

$$G = \frac{(x_{0.75} - x_{med}) - (x_{med} - x_{0.25})}{x_{0.75} - x_{0.25}}$$

mit dem unteren Quartil $x_{0.25}$, dem oberen Quartil $x_{0.75}$ und dem Median x_{med}.

Der Koeffizient G kann als spezieller Wert $\gamma_X(3/4)$ der Schiefefunktion γ_X nach MacGillivray mit

$$\gamma_X(u) = \frac{F^{-1}(u) + F^{-1}(1-u) - 2F^{-1}(\frac{1}{2})}{F^{-1}(u) - F^{-1}(1-u)}$$

erkannt werden kann, wobei F die Verteilungsfunktion von X bezeichnet.

Schiefekoeffizient, ↗ Schiefe.

schief-Hermitesche Matrix, quadratische komplexe ↗ Matrix A mit der Eigenschaft

$$A = -\overline{A^t}.$$

Die Diagonalelemente a_{ii} einer schief-Hermiteschen Matrix sind alle Null; schief-Hermitesche Matrizen sind stets normal und haben nur rein imaginäre Eigenwerte.

Ein ↗ Endomorphismus $f : V \to V$ auf einem n-dimensionalen unitären Vektorraum V ist genau dann anti-selbstadjungiert, wenn er bezüglich einer Orthonormalbasis von V durch eine schief-Hermitesche Matrix repräsentiert wird.

Schiefkörper, ↗ Divisionsring.

Schieforthogonalraum, der zu einem Unterraum W eines n-dimensionalen ↗ symplektischen Vektorraums (V, ω) assoziierte Unterraum

$$W^\omega := \{v \in V | \omega(v, w) = 0 \ \forall w \in W\}.$$

Die Summe der Dimensionen von W und W^ω ist immer n, ihr Schnitt verschwindet jedoch i. allg. im Gegensatz zum euklidischen Fall nicht.

schiefsymmetrische Bilinearform, eine ↗Bilinearform $f : V \times V \to \mathbb{K}$ mit der Eigenschaft, daß für alle $v_1, v_2 \in V$ gilt:

$$f(v_1, v_2) = -f(v_2, v_1).$$

schiefsymmetrische Matrix, *schiefadjungierte Matrix*, quadratische reelle ↗Matrix A mit der Eigenschaft

$$A = -A^t.$$

Für jede quadratische reelle Matrix B ist $B - B^t$ schiefsymmetrisch. Ein ↗Endomorphismus auf einem endlichdimensionalen euklidischen Vektorraum V ist genau dann anti-selbstadjungiert, wenn er bezüglich einer Orthonormalbasis von V durch eine schiefsymmetrische Matrix repräsentiert wird.

Schießverfahren, Methode zur numerischen Lösung von ↗Randwertproblemen, bei der die Problemstellung auf ein ↗Anfangswertproblem mit parameterabhängigen Anfangswerten zurückgeführt wird.

Zur Lösung des Randwertproblems zweiter Ordnung

$$\begin{aligned} y''(x) &= f(x, y(x), y'(x)) \qquad (x \in [a, b]) \\ \alpha_0 y(a) + \alpha_1 y'(a) &= \gamma_1 \\ \beta_0 y(b) + \beta_1 y'(b) &= \gamma_2 \end{aligned}$$

wird das sog. Einfach-Schießverfahren angewandt, wobei das Anfangswertproblem

$$\begin{aligned} y''(x) &= f(x, y(x), y'(x)) \qquad (x \in [a, b]) \\ \tilde{y}(a, t) &= \alpha_1 t + c_1 \gamma_1 \\ \tilde{y}'(a, t) &= -\alpha_0 t - c_0 \gamma_1 \end{aligned}$$

mit t als Parameter und geeigneten Konstanten c_0, c_1, die die Bedingung

$$\alpha_0 c_1 - \alpha_1 c_0 = 1$$

erfüllen, untersucht wird. Die numerisch berechnete Lösung $\tilde{y}(x, t)$ erfüllt dann die erste Bedingung des Randwertproblems. Durch Einsetzen von $\tilde{y}(x, t)$ in die zweite Randbedingung erhält man eine Differentialgleichung erster Ordnung, die die Lösung des Randwertproblems beschreibt.

Diese Methode kann auch bei Differentialgleichungen höherer Ordnung mit entsprechenden Anfangsbedingungen angewendet werden. Beim Mehrfach-Schießverfahren (↗Mehrzielmethode) wird das Intervall $[a, b]$ in mehrere Teilintervalle zerlegt, auf denen jeweils die Differentialgleichung mit entsprechenden Anfangsbedingungen gelöst wird. Anschließend werden diese intervallweisen Lösungen so zusammengesetzt, daß die resultierende Lösungsfunktion stetig ist.

[1] Stoer, J.; Bulirsch, R.: Einführung in die Numerische Mathematik II. Springer-Verlag Heidelberg/Berlin, 1973.

Schiffsverkehr, Bewegungen auf größeren Teilen der Erdoberfläche, für deren Beschreibung oder Berechnung die ebene Geometrie oftmals nicht mehr ausreichend genau ist.

Da die Erdoberfläche recht genau durch eine Kugeloberfläche (Sphäre) beschrieben werden kann, kommt für die Berechnung von Schiffsrouten daher die ↗sphärische Trigonometrie zur Anwendung. Im Idealfall kann die Fortbewegung zwischen zwei Orten A und B der Erdoberfläche auf einer ↗Orthodrome erfolgen.

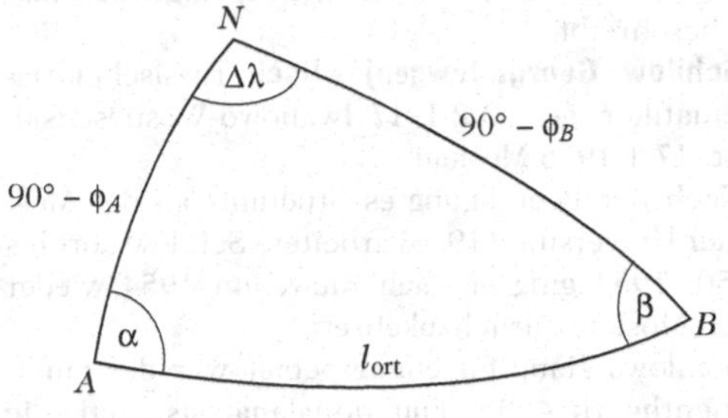

Poldreieck

Innerhalb des Poldreiecks (↗sphärisches Dreieck mit den Eckpunkten A, B und einem der Pole) können mit den Formeln der sphärischen Trigonometrie die Länge der Orthodromen (orthodrome Entfernung l_{ort}) sowie die Größen der Anfangs- und Endkurswinkels (α und β) berechnet werden (λ_A, ϕ_A, λ_B und ϕ_B sind dabei die Längen- bzw. Breitenkoordinaten der Punkte A und B):

$$\begin{aligned} \cos l_{ort} &= \sin\phi_A \sin\phi_B + \cos\phi_A \cos\phi_B \cos(\lambda_B - \lambda_A), \\ \cos\alpha &= \frac{\sin\phi_B - \cos l_{ort} \sin\phi_A}{\sin l_{ort} \cos\phi_A}, \\ \cos\beta &= \frac{\sin\phi_A - \cos l_{ort} \sin\phi_B}{\sin l_{ort} \cos\phi_B}. \end{aligned}$$

In der Praxis ist es allerdings nicht möglich, kontinuierlich auf der Orthodromen zu reisen, da sich hierbei die Kurswinkel ununterbrochen ändern. Daher werden Routen verwendet, die aus sehr vielen Abschnitten von Loxodromen (Kurven konstanten Kurswinkels) entlang der Orthodromen zusammengesetzt sind.

Schilnikow-Phänomen, Beispiel für einen dreidimensionalen Fluß mit einer homoklinen Trajektorie zu einem Sattelpunkt mit komplexem Eigenwert.

Das System besitzt einen Fixpunkt x_0 mit den Eigenwerten $\lambda_1 = \sigma > 0$, $\lambda_{2,3} = \alpha \pm i\beta$ ($\alpha < 0$, $|\alpha| < \sigma$). Für einen derartigen Fixpunkt existiert eine zweidimensionale stabile und eine eindimensionale instabile Manigfaltigkeit, er wird auch als Sattel-Fokus bezeichnet. Die homokline Trajektorie soll für $t \to \pm\infty$ (t die Zeit) den Sattel-Fokus anlaufen. Ist der reelle Eigenwert größer als der Realteil des komplexen Eigenwertes, also $\lambda_1 > \alpha$, dann existiert in der Nähe der homoklinen Trajektorie eine unendliche abzählbare Menge von instabilen periodischen Bahnen. Es treten sogenannte Hufeisen-Mengen auf, und es kommt zur Bildung chaotischer Bewegungen. Hufeisen-Mengen sind invariante hyperbolische Grenzmengen, die die unendliche Familie periodischer und nichtperiodischer Orbits enthalten, welche z. B. das dynamische Verhalten eines springenden Balles beschreibt.

Schilow, Georgi Jewgenjewitsch, russischer Mathematiker, geb. 3.2.1917 Iwanowo-Wosnesenski, gest. 17.1.1975 Moskau.

Nach der Beendigung es Studiums an der Moskauer Universität (1938) arbeitete Schilow dort bis 1950. 1951 ging er nach Kiew, um 1954 wieder nach Moskau zurückzukehren.

Schilows Hauptforschungsgebiet war die Funktionentheorie, die Funktionalanalysis und die Theorie der Differentialgleichungen. Viele Arbeiten entstanden gemeinsam mit Gelfand. Ihr Buch über verallgemeinerte Funktionen wurde zu einem Standardwerk auf diesem Gebiet.

Schläfli, Ludwig, schweizer Mathematiker, geb. 15.1.1814 Grasswil (Schweiz), gest. 20.3.1895 Bern.

Während des Theologiestudiums an der Universität Bern unterrichtete Schläfli Mathematik und Naturlehre an einer Schule in Thun. Die Anregung, Mathematik zu studieren, erhielt er 1843 auf einer gemeinsamen Reise mit Steiner, Jacobi und Dirichlet nach Rom. 1847 habilitierte er sich in Bern und wurde dort 1853 Professor.

Schläfli arbeitete unter anderem auf dem Gebiet der Algebra und untersuchte die Lösbarkeit von algebraischen Gleichungssystemen. Daneben wandte er sich der höherdimensionalen Geometrie zu und studierte Konfigurationen von Punkten im Raum, insbesondere regelmäßige Körper im euklidischen Raum. Mit diesen Arbeiten war er wegweisend in der Theorie der höherdimensionalen Geometrie. Von großer Bedeutung sind auch seine Arbeiten zur Theorie der Funktionen. Er bewies ein Additionstheoriem für Bessel-Funktionen und gab Integraldarstellungen der Kugelfunktion an.

Schläfli-Diagramm, ↗ Coxeter-Diagramm.

schlecht gestellte Aufgabe, *schlecht gestelltes Problem*, Problemstellung, bei der die Lösung sehr empfindlich von den vorgegebenen Problemdaten abhängt. Im Gegensatz dazu stehen die ↗gut gestellten Aufgaben.

Bei schlecht gestellten Aufgaben versucht man, im Rahmen von sogenannten Regularisierungsverfahren eine stabile Annäherung an die Lösung zu finden.

schlecht gestelltes Problem, *inkorrekt gestelltes Problem*, ↗korrekt gestelltes Problem, ↗schlecht gestellte Aufgabe.

Schleife, ↗ Pseudograph.

Schleifenhierarchie, ↗LOOP-Hierarchie.

Schleppkurve, ↗Traktrix.

schlichte Funktion, eine in einem ↗Gebiet $G \subset \mathbb{C}$ ↗holomorphe Funktion f, die injektiv in G ist, d. h. sind $z_1, z_2 \in G$ mit $z_1 \neq z_2$, so ist $f(z_1) \neq f(z_2)$.

Ist f schlicht in G, so ist f eine ↗konforme Abbildung des Gebietes G auf das Gebiet $f(G)$. Eine notwendige aber im allgemeinen nicht hinreichende Bedingung für die Schlichtheit von f in G ist $f'(z) \neq 0$ für alle $z \in G$. Für eine hinreichende Bedingung sei auf den Satz von ↗Noshiro-Warschawski verwiesen. Ist f eine in ganz $\mathbb{C}$ schlichte Funktion, so ist f von der Form $f(z) = az + b$ mit $a, b \in \mathbb{C}$ und $a \neq 0$.

Man nennt eine in G holomorphe Funktion f lokal schlicht in G, falls es zu jedem Punkt $z_0 \in G$ eine offene Kreisscheibe $B_r(z_0) \subset G$ gibt, in der f schlicht ist. Dies ist genau dann der Fall, wenn $f'(z) \neq 0$ für alle $z \in G$.

Eine besondere Rolle spielt die Klasse $\mathcal{S}$ aller in der offenen Einheitskreisscheibe $\mathbb{E}$ schlichten Funktionen f mit $f(0) = 0$ und $f'(0) = 1$. Die in einem gewissen Sinne wichtigste Funktion in $\mathcal{S}$ ist die ↗Koebe-Funktion. Zentrale Ergebnisse über Funktionen $f \in \mathcal{S}$ sind z. B. der Satz von de Branges (↗Bieberbachsche Vermutung), der ↗Koebesche 1/4-Satz und der ↗Koebe-Fabersche Verzerrungssatz. Aus letzterem folgt insbesondere, daß $\mathcal{S}$ eine ↗normale Familie ist.

Von Interesse sind auch Teilklassen von $\mathcal{S}$, von denen hier drei behandelt werden.

(1) Eine Funktion $f \in \mathcal{S}$ heißt konvex, falls das Bildgebiet $f(\mathbb{E})$ eine konvexe Menge ist. Die Klasse aller dieser Funktionen wird mit $\mathcal{C}$ bezeichnet. Eine in $\mathbb{E}$ holomorphe Funktion f mit $f(0) = 0$ und $f'(0) = 1$ gehört zu $\mathcal{C}$ genau dann, wenn

$$\operatorname{Re}\left(1 + \frac{zf''(z)}{f'(z)}\right) > 0\,, \quad z \in \mathbb{E}\,.$$

Die Funktion ℓ, definiert durch $\ell(z) := z/(1-z)$, liegt in $\mathcal{C}$, denn es gilt

$$\ell(\mathbb{E}) = \left\{ z \in \mathbb{C} : \operatorname{Re} z > -\tfrac{1}{2} \right\}.$$

Für die Klasse $\mathcal{C}$ gilt die folgende Verschärfung des Satzes von de Branges.

Es sei $f \in \mathcal{C}$ und $f(z) = z + \sum_{n=2}^{\infty} a_n z^n$ die Taylor-Reihe von f um 0. Dann gilt $|a_n| \le 1$ für alle $n \ge 2$. Ist $|a_n| = 1$ für ein $n \ge 2$, so ist f eine Rotation der Funktion ℓ, d. h. $f(z) = e^{-i\varphi}\ell(e^{i\varphi}z)$ mit einem $\varphi \in \mathbb{R}$.

Ebenso gilt eine Verschärfung des Koebeschen 1/4-Satzes.

Es sei $f \in \mathcal{C}$. Dann enthält das Bildgebiet $f(\mathbb{E})$ die offene Kreisscheibe $B_{1/2}(0)$ mit Mittelpunkt 0 und Radius $\frac{1}{2}$.

Die Aussage dieses Satzes ist bestmöglich, wie man am Beispiel der Funktion ℓ erkennt.

(2) Eine Funktion $f \in \mathcal{S}$ heißt sternförmig, falls das Bildgebiet $f(\mathbb{E})$ ein ↗Sterngebiet mit Zentrum 0 ist. Die Klasse aller dieser Funktionen wird mit $\mathcal{S}^*$ bezeichnet. Offensichtlich gilt $\mathcal{C} \subset \mathcal{S}^*$. Die Koebe-Funktion k liegt in $\mathcal{S}^*$, aber nicht in $\mathcal{C}$. Eine in $\mathbb{E}$ holomorphe Funktion f mit $f(0) = 0$ und $f'(0) = 1$ gehört zu $\mathcal{S}^*$ genau dann, wenn

$$\operatorname{Re} \frac{zf'(z)}{f(z)} > 0\,, \quad z \in \mathbb{E}\,.$$

Weiter ist $f \in \mathcal{C}$ genau dann, wenn $zf'(z) \in \mathcal{S}^*$. Man beachte, daß $z\ell'(z) = k(z)$.

(3) Eine in $\mathbb{E}$ holomorphe Funktion f mit $f(0)=0$ und $f'(0) = 1$ heißt fast-konvex, falls eine in $\mathbb{E}$ holomorphe Funktion g existiert derart, daß das Bildgebiet $g(\mathbb{E})$ konvex ist und

$$\operatorname{Re} \frac{f'(z)}{g'(z)} > 0\,, \quad z \in \mathbb{E}$$

gilt. Dabei ist nicht vorausgesetzt, daß f schlicht in $\mathbb{E}$ oder g an 0 normiert ist. Die Klasse aller dieser Funktionen f wird mit $\mathcal{K}$ bezeichnet. Weiter ist $\mathcal{K}_0$ die Klasse aller $f \in \mathcal{K}$ derart, daß $g \in \mathcal{C}$. Dann gilt

$$\mathcal{C} \subset \mathcal{S}^* \subset \mathcal{K}_0 \subset \mathcal{K} \subset \mathcal{S}\,,$$

und alle diese Inklusionen sind echt.

Manche Autoren fassen den Begriff einer in G schlichten Funktion f etwas allgemeiner und lassen zu, daß f eine in G ↗meromorphe Funktion ist. In diesem Fall besitzt f höchstens eine ↗Polstelle in G. Ist $z_0 \in G$ eine Polstelle von f, so hat z_0 die ↗Polstellenordnung 1.

schlichte Parameterdarstellung, eine Parameterdarstellung $\Phi(u, v)$ einer regulären Fläche $\mathcal{F} \subset \mathbb{R}^3$ mit folgender Eigenschaft:

Für die v-Parameterlinien $\gamma_1(v) = \Phi(c_1, v)$, $c_1 =$ const, bzw. die u-Parameterlinien $\gamma_2(u) = \Phi(u, c_2)$, $c_2 =$ const gilt, daß durch jeden Punkt $P \in \mathcal{W}$ des durch Φ überdeckten Beeiches $\mathcal{W} \subset \mathcal{F}$ genau eine u-Linie und genau eine v-Linie geht.

schlichtes Differentialgleichungssystem, ein ↗Differentialgleichungssystem, bei dem durch jeden Punkt des Gebiets $G \subset \mathbb{R}^n$, über dem das System definiert ist, nur eine ↗Integralkurve geht.

schlichtes Gebiet, Teilgebiet G einer ↗Riemannschen Fläche mit der Eigenschaft, daß zu jedem $z \in \mathbb{C}$ höchstens ein Punkt von G gehört.

Siehe hierzu auch ↗ Riemannsches Gebiet mit Aufpunkt.

schließende Statistik, auch induktive Statistik genannt, Sammelbegriff für alle statistischen Verfahren, die zum Schließen von Stichprobendaten, d. h. von Beobachtungen von Zufallsgrößen an n Objekten einer Grundgesamtheit (↗Stichprobe) auf die Verteilung der Zufallsgrößen in der gesamten Grundgesamtheit dienen. Dazu gehören insbesondere Verfahren der ↗Parameterschätzung und der ↗Testtheorie.

Siehe auch ↗deskriptive Statistik.

Schlinge einer Prägeometrie, ein Element $p \in \overline{\emptyset}$ einer ↗kombinatorischen Prägeometrie $G(S)$.

Schlinge eines Graphen, eine Kante $\{a, a\}$ eines Graphen G, also eine Kante, die den gleichen Anfangs- und Endpunkt hat.

Siehe hierzu ↗ Pseudograph.

Schlömilch, Oscar Xaver, deutscher Mathematiker, geb. 13.4.1823 Weimar, gest. 7.2.1901 Dresden.

Nach Beendigung seines Studiums promovierte Schlömilch 1842 in Jena, wo er sich auch 1844 habilitierte und wiederum ein Jahr später eine außerordentliche Professur erhielt. 1849 wurde er ordentlicher Professor in Dresden und war dann von 1874 bis 1885 gleichzeitig Professor am damaligen Polytechnikum in Dresden und Geheimer Schulrat im Kultusministerium von Sachsen.

Schlömilch engagierte sich vor allem im Rahmen der Mathematik-Ausbildung von Gymnasial-Lehrern und verfaßte hierfür einige zur damaligen Zeit sehr erfolgreiche Lehrbücher. 1856 gründete er die „Zeitschrift für Mathematik und Physik“, die er auch bis 1898 redaktionell betreute. Sein Name ist heute vor allem durch die nach ihm benannte

Restglied-Darstellung bei der Taylor-Entwicklung einer Funktion geläufig.

Schlömilch-Restglied, ↗Taylor, Satz von.

Schlupfvariable, Begriff aus der Optimierung.

Schlupfvariablen werden häufig verwendet, um ein System von Ungleichungen durch Einführen neuer Variablen als System von Gleichungen zu schreiben. Dabei treten allerdings für die neu eingeführten Schlupfvariablen Nichtnegativitätsbedingungen hinzu. Hat man beispielsweise ein System $A \cdot x \geq b$ linearer Ungleichungen, so verändert man dieses durch Hinzunahme von Schlupfvariablen y zu

$$A \cdot x + y = b \,, \quad y \geq 0 \,.$$

Die explizite Betrachtung solcher Schlupfvariablen kann sich als sinnvoll erweisen (z. B. bei ↗Innere-Punkte Methoden).

Schlüssel, Bezeichnung für veränderbare Informationen, die benötigt werden, um einen Klartext in ein Chiffrat zu transformieren (verschlüsseln) oder um ein Chiffrat wieder in Klartext zu verwandeln (entschlüsseln). Die gleichbleibenden Informationen eines Verschlüsselungsalgorithmus gehören dagegen nicht zum Schlüssel, sondern werden dem Verfahren zugeordnet.

In einem ↗symmetrischen Verschlüsselungsverfahren ist die Kenntnis eines einzigen Schlüssels ausreichend für die Ver- und die Entschlüsselung, bei einer ↗asymmetrischen Verschlüsselung gibt es für die Verschlüsselung und die Entschlüsselung verschiedene Schüssel (öffentlicher und privater/geheimer Schlüssel).

Wird die Größe des Schlüsselraumes (Länge des Schlüssels) zu klein gewählt, kann ein Verschlüsselungsverfahren durch Testen aller möglichen Schlüssel (↗brute force) gebrochen werden.

Schlüssel, Christoph, ↗Clavius, Christophorus.

Schlußregel, formale (d. h. syntaktische) Regel, mit deren Hilfe unter Benutzung von meistens endlich vielen ↗logischen Ausdrücken und Axiomen ein Ausdruck hergeleitet werden kann (siehe auch ↗formaler Beweis).

Schlußregeln sollen so gestaltet sein, daß aus wahren Voraussetzungen nur wahre Schlüsse gezogen werden können (d. h., Schlußregeln sollen die Gültigkeit vererben). Die ↗Abtrennungsregel (auch modus ponens genannt), die die wichtigste Beweisregel darstellt, leitet aus den beiden Ausdrücken A und $A \rightarrow B$ den Ausdruck B her. Die ↗Aussagenlogik benötigt nur diese eine Schlußregel zur Herleitung aller (aussagenlogischen) ↗Tautologien aus einem geeigneten System ↗logischer Axiome. Die ↗Prädikatenlogik benutzt daneben noch die Regel der Generalisierung zur Ableitung weiterer Ausdrücke. Ist $\varphi(x)$ ein Ausdruck, dann entsteht $\forall x\, \varphi(x)$ aus $\varphi(x)$ durch ↗Generalisierung. Modus ponens und Generalisierung bilden ein ausreichendes System von Ableitungsregeln, um bei Zugrundelegung eines geeigneten logischen Axiomensystems die Vollständigkeit der Prädikatenlogik nachzuweisen. Auf diese Weise kann prinzipiell jeder mathematische Beweis geführt werden (↗Beweismethoden). Es gibt auch andere Systeme von Beweisregeln, die das gleiche Ziel verfolgen, insbesondere für andersartige Kalküle.

Schmetterlings-Bifurkation, ↗Kodimension-k-Bifurkation.

Schmetterlingseffekt, Bezeichnung für das Phänomen, daß kleine Störungen wie der Flügelschlag eines Schmetterlings signifikante Änderungen wie das Entstehen (aber auch das Verhindern) eines Tornados in einem komplexen System wie dem Wetter hervorrufen können.

Diese Wendung wird üblicherweise als Charakteristikum für ↗deterministisches Chaos verwendet. Der Begriff geht vermutlich auf den Titel "Predictability: Does the Flap of a Butterfly's Wings in Brazil Set off a Tornado in Texas?" eines Vortrages von Edward N. Lorenz, dem Begründer der Chaos-Theorie, im Jahre 1972 zurück. Manchmal wird sie auch auf die Schmetterlingsform eines ↗seltsamen Attraktors zurückgeführt, der in einem der ersten von Lorenz untersuchten chaotischen Systeme auftritt (↗Lorenz-System).

[1] Lorenz, E. N.: The Essence of Chaos. University of Washington Press Seattle, 1993.

Schmidt, Auflösungsformel von, Formel (2) in folgendem Satz.

Vorgegeben sei eine Integralgleichung der Form

$$y(x) - \alpha \int K(x,t)y(t)dt \;=\; b(x) \qquad (1)$$

mit einem Hermiteschen Integralkern K.

Ist α kein Eigenwert dieser Integralgleichung, so ist

$$y(x) \;=\; b(x) + \alpha \sum_{i=1}^{\infty} \phi_i(x) \frac{a_i}{\lambda_i - \alpha} \qquad (2)$$

eine Lösung von (1).

Dabei sind die λ_i Eigenwerte von (1), und die ϕ_i die Bilder der orthonormierten Eigenfunktionen.

Schmidt, Erhard, Mathematiker, geb. 13.1.1876 Dorpat (Tartu), gest. 6.12.1959 Berlin.

Erhard Schmidt war der Sohn des Physiologen Alexander Schmidt (1831–1894). Er studierte in Dorpat, Berlin und Göttingen, wo er 1905 bei David Hilbert promovierte. Ein Jahr später habilitierte er sich bei Eduard Study in Bonn und wurde 1908 a. o. Professor an der Universität Zürich. Nach kurzer Tätigkeit in Erlangen nahm er 1911 eine Professur an der Universität Breslau an und wurde 1917 der Nachfolger von H.A. Schwarz an der Berliner Universität, wo er bis zu seiner Emeritierung 1950 wirkte.

Schmidts Forschungen konzentrierten sich auf die Theorie der Integralgleichungen und die Funktionalanalysis. In seiner Dissertation, die 1907 in zwei Teilen erschien, vereinfachte er die Hilbertsche Theorie zur Lösung von Integralgleichungen 2. Art wesentlich. Die Schwarzsche und die Besselsche Ungleichung als Ausgangspunkt wählend und damit die Struktur des zugrundeliegenden Raumes der stetigen Funktionen (mit der gleichmäßigen Konvergenz) betonend, konnte er bei der Herleitung zentraler Sätze der Theorie die von Hilbert durchgeführten komplizierten Grenzübergänge vermeiden, und schuf damit einen methodisch neuen Zugang. Bei mehreren Theoremen gelang ihm eine Abschwächung der Voraussetzungen oder die Ausdehnung der Untersuchungen auf unsymmetrische Kerne. Eine wichtige Rolle in den Beweisen spielte das nach Schmidt benannte Orthogonalisierungsverfahren. In zwei nachfolgenden Arbeiten 1907/08 wandte er seine neue Betrachtungsweise auf nichtlineare Integralgleichungen an. Angeregt durch M. Fréchet schuf er 1908 in einer grundlegenden Arbeit die Anfänge der Theorie des Hilbertschen Folgenraums und vor allem die Geometrie dieses Raumes. Er führte die Begriffe der starken Konvergenz und des abgeschlossenen Unterraums ein und gab die Zerlegung eines Element des Raumes in orthogonale Summanden bezüglich eines Unterraumes an. Mit all diesen Arbeiten leistete Schmidt einen wesentlichen Beitrag zur Entwicklung der Funktionalanalysis und der Einführung einer geometrischen Ausdrucksweise in der Analysis. Schmidts weitere Forschungen gehörten vorrangig zum Gebiet der Analysis. Interessante Resultate erzielte er zur Potentialtheorie, zur Variationsrechnung und zur Algebra. Er hat wenig publiziert, da er hohe Anforderungen an eine Veröffentlichung stellte. Viele seiner Ideen gab er durch persönliche Kontakte und Vorlesungen weiter. Schmidt genoß große Achtung unter den Mathematikern seiner Zeit und hat auch nach 1933 seine humanistische Grundhaltung nicht aufgegeben.

Schmidt, Otto Juljewitsch, ukrainischer Mathematiker und Physiker, geb. 30.9.1891 Mogilew, gest. 7.9.1956 Moskau.

Nach dem Studium an der Universität Kiew wurde Schmidt 1916 Privatdozent. Ab 1917 arbeitete er teilweise für Lenin und bekleidete verschiedene Ämter. Von 1929 bis 1949 leitete er den Lehrstuhl für Algebra an der Moskauer Universität, von 1932 bis 1938 war er Chef der Hauptverwaltung Nördlicher Seeweg beim Rat der Volkskommissare der UdSSR, von 1937 bis 1949 Leiter des Instituts für Theoretische Geophysik der Akademie der Wissenschaften der UdSSR, und von 1939 bis 1942 Erster Vizepräsident der Akademie. 1942 wurde er Chefredakteur der „Bolschaja Sowjetskaja Enziklopedija".

Schmidt leistete wichtige Beiträge auf dem Gebiet der Gruppentheorie. Seine 1916 erschienene Abhandlung befaßte sich konsequent auch mit unendlichen Gruppen und behandelte die endlichen als Spezialfall. Er ging dabei von einem abstrakten Gruppenbegriff aus und untersuchte Gruppeneigenschaften, die sowohl für endliche als auch für unendliche Gruppen gelten.

Um 1930 begann sein Interesse für die Erforschung des Hohen Nordens. In der Zeit zwischen 1930 und 1938 leitete er sechs Expeditionen in die Arktis, die unter anderem das Ziel hatten, driftende Polarstationen einzurichten.

Schmidt, Satz von, über simultane Approximation, folgende Erweiterungen des Satzes von Thue-Siegel-Roth:

Seien $\alpha_1, \dots, \alpha_n \in \mathbb{R}$ algebraische Zahlen mit der Eigenschaft, daß die Menge $\{1, \alpha_1, \dots, \alpha_n\}$ über $\mathbb{Q}$ linear unabhängig ist, und sei $\varepsilon > 0$ gegeben. Dann gilt:

(A) *Es gibt höchstens endlich viele $q \in \mathbb{N}$ mit*

$$\|\alpha_1 q\| \cdot \ldots \cdot \|\alpha_n q\| \le \frac{1}{q^{1+\varepsilon}}.$$

(B) *Es gibt höchstens endlich viele n-Tupel $(q_1, \dots, q_n) \in \mathbb{Z}^n$ mit*

$$\|\alpha_1 q_1 + \ldots + \alpha_n q_n\| \le \frac{1}{|q_1 \cdot \ldots \cdot q_n|^{1+\varepsilon}}.$$

Mit $\|\cdot\|$ ist hier die Norm einer algebraischen Zahl gemeint (↗Norm auf einem Körper).

Der Ausdruck „simultane Approximation" ist durch folgende Konsequenzen aus den Schmidtschen Sätzen gerechtfertigt:

(A) *Es gibt höchstens endlich viele* $(p_1, \ldots, p_n, q) \in \mathbb{Z}^n \times \mathbb{N}$ *mit*

$$\left|\alpha_j - \frac{p_j}{q}\right| < q^{-1-\frac{1}{n}-\varepsilon} \qquad \textit{für } j = 1, \ldots, n.$$

(B) *Es gibt höchstens endlich viele* $(p, q_1, \ldots, q_n) \in \mathbb{Z} \times \mathbb{Z}^n$ *mit*

$$|\alpha_1 q_1 + \ldots + \alpha_n q_n - p| < (\max_{1 \le j \le n} |q_j|)^{-n-\varepsilon}.$$

Schmidtsches Orthogonalisierungsverfahren, *Gram-Schmidtsche Orthogonalisierung*, Bezeichnung für das folgende, nach Erhard Schmidt benannte Verfahren (1) zur Erzeugung einer Folge $(o_1, \ldots, o_r)$ paarweise orthogonaler Vektoren des euklidischen oder unitären Vektorraumes $(V, \langle \cdot, \cdot \rangle)$, die denselben linearen Raum wie eine gegebene linear unabhängige Folge $(v_1, \ldots, v_r)$ von Vektoren aus V aufspannt:

Man setzt $o_1 := v_1$, und dann für $k = 0, \ldots, r-1$:

$$o_{k+1} := v_{k+1} - \sum_{i=1}^{k} \frac{\langle o_i, v_{k+1} \rangle}{\|o_i\|^2} o_i. \qquad (1)$$

Werden die Vektoren o_i anschließend noch normiert, so spricht man vom Schmidtschen Orthonormalisierungsverfahren.

Schmidtsches Orthonormalisierungsverfahren, ↗ Schmidtsches Orthogonalisierungsverfahren.

Schmidt-Zahl eines kompakten Operators, ↗ kompakter Operator.

Schmiegebene, Ebene durch einen Punkt $\alpha(t)$ einer Raumkurve, die durch Antragen aller Vektoren der linearen Hülle des ersten und zweiten Ableitungsvektors $\alpha'(t)$ und $\alpha''(t)$ an den Kurvenpunkt entsteht.

Die Schmiegebene existiert nur, wenn $\alpha'(t)$ und $\alpha''(t)$ linear unabhängig sind. Sie ergibt sich als Grenzlage für $h_1 \to 0$ und $h_2 \to 0$ der durch drei nicht kollineare Punkte $P_0 = \alpha(t)$, $P_1 = \alpha(t+h_1)$ und $P_2 = \alpha(t+h_2)$ der Kurve bestimmten Ebene, wobei $h_1 \neq 0 \neq h_2$ reelle Zahlen sind. Sie ist unter allen Ebenen, die den Tangentenvektor enthalten, diejenige, der sich die Kurve am innigsten anschmiegt.

Schmiegkreis, *Krümmungskreis*, der Kreis K_P, der sich in einem Punkt $P = \alpha(t)$ einer ebenen Kurve oder Raumkurve am besten anschmiegt.

Er ist die Grenzlage

$$K_P = \lim_{h_1 \to 0, h_2 \to 0} K_{P,h_1,h_2}$$

der durch drei auf der Kurve liegende Punkte P, $P_1 = \alpha(t+h_1)$ und $P_2 = \alpha(t+h_2)$ bestimmten Kreise K_{P,h_1,h_2} für $h_1 \neq 0 \neq h_2$. Der Schmiegkreis ist in der ↗ Schmiegebene enthalten. Er entartet genau dann zu einer Geraden, wenn die Krümmung der Kurve in P Null ist. Sein Radius ϱ, der Krümmungsradius der Kurve, ist das Inverse der Krümmung $\kappa(t)$, und sein Mittelpunkt ist ↗ Krümmungsmittelpunkt der Kurve.

Schmiegkugel, die Kugel S_P, die eine gegebene reguläre Raumkurve $\mathcal{K}$ in einem Punkt $P \in \mathcal{K}$ von dritter Ordnung berührt.

Man geht von einer Parameterdarstellung $\alpha(s)$ von $\mathcal{K}$ aus, in der s die Bogenlänge ist. Die Schmiegkugel ist dann durch ihren Radius R und ihren Mittelpunkt $M \in \mathbb{R}^3$ durch die Gleichung

$$\langle \mathfrak{x} - M, \mathfrak{x} - M \rangle = R^2$$

bestimmt.

Analytisch ist die Berührung dritter Ordnung zwischen S_P und $\alpha(s)$ in einem Punkt $P = \alpha(s_0)$ dadurch erklärt, daß die Funktion $f(s) = \langle \alpha(s) - M, \alpha(s) - M \rangle - R^2$ zusammen mit ihren Ableitungen bis zur Ordnung drei im Punkt s_0 verschwindet. Das führt auf vier Bestimmungsgleichungen für den Radius R und die drei Koordinaten von M. Man erhält das folgende Resultat:

Es seien $\kappa(s)$ und $\tau(s)$ die Funktionen der Krümmung bzw. Windung einer Raumkurve $\alpha(s)$, sowie $\mathfrak{n}(s)$ und $\mathfrak{b}(s)$ ihr Haupt- bzw. Binormalenvektorfeld.

Dann sind der Mittelpunkt M und der Radius R der Schmiegkugel im einem Punkt $P = \alpha(s_0)$ mit $\kappa(s_0) \neq 0$ und $\tau(s_0) \neq 0$ durch

$$M = \alpha(s_0) + \frac{\mathfrak{n}(s_0)}{\kappa(s_0)} - \frac{\kappa'(s_0)\,\mathfrak{b}(s_0)}{\kappa^2(s_0)\,\tau(s_0)},$$

$$R^2 = \frac{1}{\kappa^2(s_0)} + \left(\frac{\kappa'(s_0)}{\kappa^2(s_0)\,\tau(s_0)}\right)^2$$

gegeben.

Die durch den Mittelpunkt M der Schmiegkugel gehende und zur ↗ Schmiegebene von $\alpha(s)$ im Punkt s_0 senkrechte Gerade geht durch den Mittelpunkt des ↗ Schmiegkreises $\alpha(s)$ im Punkt s_0. Sie heißt Krümmungsachse der Kurve.

Die Tangente an die von den Mittelpunkten $M(s)$ der Schmiegkugeln $S_{\alpha(s)}$ gebildete Kurve stimmt mit der Krümmungsachse überein, und $M(s)$ ist die Einhüllende der 1-parametrischen Familie der Krümmungsachsen.

Schmieglinie, ↗ Asymptotenlinie.

Schmiegungsverfahren, Verfahren zur Konstruktion einer ↗ konformen Abbildung eines einfach zusammenhängenden ↗ Gebietes $G \subset \mathbb{C}$ auf die offene Einheitskreisscheibe $\mathbb{E}$. Das Verfahren ist unter dem Stichwort ↗ Carathéodory-Koebe-Theorie ausführlich beschrieben.

Schneckenlinie, ein Synonym für Spirale (↗ archimedische Spirale, ↗ hyperbolische Spirale, ↗ logarithmische Spirale).

Schneidenplanimeter, spezielles ↗ Planimeter.

Es besteht nur aus einem Fahrarm, der an seinem einen Ende den Fahrstift trägt, und am anderen Ende eine Rolle oder eine stark gekrümmte Schneide hat. Die Entfernung zwischen dem Fahrstift und dem Auflagepunkt der Schneide ist die Fahrarmlänge. Anfangs- und Endlage der Schneide werden durch Eindrücken in das Papier vor und nach der Umfahrung markiert.

Schneidenrad, scharfkantiges Rad, das im Gegensatz zur Integrierrolle mit balligem Rand nur auf der Schnittgeraden seiner Ebene mit der Zeichenebene abrollen kann (↗Planimeter).

schnelle Fourier-Transformation, *FFT*, eine Klasse numerischer Algorithmen zur Auswertung der ↗diskreten Fourier-Transformation (vgl. auch ↗diskrete Fourier-Analyse).

Es sei $f : \mathbb{R} \twoheadrightarrow \mathbb{C}$ L-periodisch und an den Stützstellen $x_n = nL/N, n = 0, \ldots, N-1$, bekannt. Die diskrete Fourier-Transformation liefert mit

$$c_k = \frac{1}{N}\sum_{n=0}^{N-1} f_n e^{-2i\pi nk/N}, \qquad (1)$$

$k = 0, \ldots, N-1$, Näherungen für die Fourier-Koeffizienten von f. Für $N = N_1N_2$ gilt

$$c_k = \frac{1}{N_1}\sum_{n=0}^{N_1-1} \gamma_{mn} e^{-2i\pi kn/N}$$

falls

$$\gamma_{mn} = \frac{1}{N_2}\sum_{j=0}^{N_2-1} f_{n+jN_1} e^{-2i\pi jm/N_2} \qquad (2)$$

und $0 \le m < N_2$, $0 \le n < N_1$, $k = m + nN_2$. Diese Zerlegung ist Grundlage verschiedener effizienter Berechnungsverfahren, die als schnelle Fourier-Transformationen bezeichnet werden.

Ist $N_2 = N_{21}N_{22}$, so läßt sich dieses Verfahren erneut zur Bestimmung von (2) anwenden. Dies führt für $N = 2^s = 2 \cdot 2^{s-1} = 2 \cdot (2 \cdot 2^{s-2}) = \ldots$ zu folgendem rekursiven Algorithmus:

$$\begin{aligned}
\gamma^s_{0,n} &= f_n \text{ für } 0 \le n \le N-1, \\
\gamma^{r-1}_{m,n} &= \tfrac{1}{2}\left(\gamma^r_{m,n} + \alpha_{mr}\gamma^r_{m,n+2^{r-1}}\right) \\
&\quad \text{für } 0 \le n \le 2^{r-1}, \\
\gamma^{r-1}_{m+2^{s-r},n} &= \tfrac{1}{2}\left(\gamma^r_{m,n} - \alpha_{mr}\gamma^r_{m,n+2^{r-1}}\right) \\
&\quad \text{für } 0 \le m \le 2^{s-r},
\end{aligned}$$

wobei $\alpha_{mr} = \exp(-im\pi 2^{r-s})$. Dieser Algorithmus erfordert ungefähr $N\log_2(N/2)$ Rechenoperationen, während eine Berechnung mit Formel (1) etwa N^2 Operationen verlangt.

schnelle Wavelet-Transformation, auch Fast Wavelet Transform (FWT), Pyramidenalgorithmus, oder Mallat-Algorithmus genannt, ein Verfahren zur iterativen Berechnung der Waveletkoeffizienten eines Signals a_J.

Stellvertretend wird hier der Fall einer orthogonalen Wavelettransformation dargestellt; für biorthogonale oder Prä-Wavelets können ähnliche Algorithmen formuliert werden.

Sei das diskrete Signal a_J durch die Folge $\{a_{J,k}|k \in \mathbb{Z}\}$ von Abtastwerten gegeben. Die Funktion

$$f(x) = \sum_{k=-\infty}^{\infty} a_{J,k} \cdot \phi_{J,k}(x)$$

ist dann im Raum V_J einer ↗Multiskalenanalyse $\{V_j\}_{j\in\mathbb{Z}}$ des $L^2(\mathbb{R})$ enthalten; dabei seien $\phi_{J,k} = 2^{\frac{J}{2}} \cdot \phi(2^J \cdot - k)$, und ϕ eine Skalierungsfunktion mit orthogonalen Translaten und kompaktem Träger. Für dieses $J > 0$ gilt also

$$\begin{aligned}
V_J &= V_{J-1} \oplus W_{J-1} \\
&= V_0 \oplus W_0 \oplus W_1 \oplus W_2 \oplus \ldots \oplus W_{J-1}.
\end{aligned}$$

Wegen der Orthogonalität von $\{\phi(\cdot - k)|k \in \mathbb{Z}\}$ gilt $a_{j,k} = \langle f, \phi_{j,k}\rangle$; jedes $a_{j,k}$ ist ein gewichtetes Mittel von f in der Umgebung von k. Die Waveletkoeffizienten des diskreten Signals a_J sind die Waveletkoeffizienten $d_{j,k}$ von $f, j = 0, 1, \ldots, J-1$: $d_{j,k} = \langle f, \psi_{j,k}\rangle$. Dabei ist $\psi_{j,k} := 2^{\frac{j}{2}} \cdot \psi(2^j \cdot - k)$, und ψ ist ein Wavelet. Diese Koeffizienten sind nur für $j < J$ von Null verschieden, da $f \in V_J$. Die schnelle Wavelettransformation zerlegt sukzessive jede Approximation $P_{V_j}f$ von f im Raum V_j in größere Approximationen $P_{V_{j-1}}f$ und die Detailinformation in $P_{W_{j-1}}f$. Da $\{\phi_{j,k}|k \in \mathbb{Z}\}$ eine orthogonale Basis von V_j ist, sind die Projektionen P_{V_j} durch $a_{j,k} = \langle f, \phi_{j,k}\rangle$ charakterisiert. Die Waveletzerlegung berechnet sich als diskrete Faltung:

Zerlegung (Dekomposition):

$$a_{j-1,l} = \sum_{k\in\mathbb{Z}} h_{k-2l} \cdot a_{j,k} \text{ und } d_{j-1,l} = \sum_{k\in\mathbb{Z}} g_{k-2l} \cdot a_{j,k}.$$

Dabei sind die endlichen Filter $\{h_k|k \in \mathbb{Z}\}$ bzw. $\{g_k|k \in \mathbb{Z}\}$ durch die Skalierungsgleichungen von Generator bzw. Wavelet induziert. Mit den Zerlegungsoperatoren $(H_a)_k = \sum_{l\in\mathbb{Z}} h_{l-2k} \cdot a_l$ und $(G_a)_k = \sum_{l\in\mathbb{Z}} g_{l-2k} \cdot a_l$ gilt

$$a_{j-1} = Ha_j \text{ und } d_{j-1} = Ga_j.$$

Ein Eingabesignal a_J wird also gemäß folgendem Schema zerlegt:

$$\begin{array}{ccccccc}
a_J & \overset{H}{\rightarrow} & a_{J-1} & \overset{H}{\rightarrow} & a_{J-2} & \overset{H}{\rightarrow} & a_{J-3} \;\ldots \\
 & \overset{G}{\searrow} & d_{J-1} & \overset{G}{\searrow} & d_{J-2} & \overset{G}{\searrow} & d_{J-3} \;\ldots
\end{array}$$

Die Anwendung von H entspricht dem Übergang zu einer gröberen Approximation und somit einem

Tiefpaßfilter. Der Operator G resultiert aus der Koeffizientenfolge $\{g_k | k \in \mathbb{Z}\}$ der Skalierungsgleichung für die Wavelets und entspricht einem Hochpaßfilter. Das zerlegte Signal kann durch sukzessives Anwenden der Rücktransformation wieder vollständig rekonstruiert werden:

Synthese (Rekonstruktion):

$$a_{j,l} = \sum_{k\in\mathbb{Z}} h_{l-2k} \cdot a_{j-1,k} + \sum_{k\in\mathbb{Z}} g_{l-2k} \cdot d_{j-1,k}.$$

Für ein Signal der Länge n benötigt die schnelle Wavelettransformation $O(n)$ Operationen und ist damit schneller als die schnelle Fouriertransformation (die $O(n \cdot \log(n))$ Operationen benötigt). Zusätzlich erlaubt sie häufig eine sehr effiziente Datenkompression. Dazu vernachlässigt man kleine Wavelet-Koeffizienten, die in den Bereichen auftreten, in denen das Ausgangssignal einen hohen Grad an Glattheit aufweist. Entsprechend liefern die Bereiche mit geringerer Glattheit (große Koeffizienten) den Hauptbeitrag an der Kompression. Auf diese Weise können im Idealfall hohe Kompressionsraten erzielt werden.

Schnirelmann, Lew Genrichowitsch, russischer Mathematiker, geb. 15.1.1905 Gomel, gest. 24.9. 1938 Moskau.

Schnirelmann studierte von 1921 bis 1925 an der Universität Moskau u. a. bei Lusin und Urysohn. Er promovierte 1929 und war danach am Donsker Polytechnischen Institut tätig. Ab 1934 arbeitet er an der Universität Moskau.

In Zusammenarbeit mit Ljusternik untersuchte er Geodätische auf Flächen und führte den Begriff der Kategorie der abgeschlossenen Mengen ein. Auf dem Gebiet der Zahlentheorie bewies er eine Abschwächung der Goldbachschen Vermutung.

Schnirelmann, Satz von, auch Satz von Goldbach-Schnirelmann genannt, der folgende 1930 von Schnirelmann publizierte Satz:

Bezeichnet $P = \{2, 3, 5, 7, 11, \dots\}$ die Menge der Primzahlen, dann besitzt die Menge S der Summen von zwei Zahlen aus $\{0, 1\} \cup P$ eine positive ↗Schnirelmannsche Dichte.

Aus dem Satz von Schnirelmann folgt, daß es eine Zahl k derart gibt, daß jede natürliche Zahl > 1 als Summe von höchstens k Primzahlen darstellbar ist. Schnirelmann konnte dies für $k = 800\,000$ beweisen, was einen ersten Fortschritt bei der Behandlung der ↗Goldbach-Probleme darstellte. Später wurde dies mit verbesserten Siebmethoden wesentlich verschärft.

Schnirelmann-Nikischin, Satz von, lautet:

Jeder flächentreue Diffeomorphismus der zweidimensionalen Kugeloberfläche auf sich hat mindestens zwei geometrisch verschiedene Fixpunkte.

Dies ist ein zweidimensionaler Spezialfall von ↗Arnolds Vermutung.

Schnirelmannsche Dichte, auch finite Dichte genannt, zahlentheoretischer Begriff.

Ist $A \subset \mathbb{N}$ gegeben, und bezeichnet

$$N_A(x) := |\{a \in A : a \le x\}|$$

die ↗Anzahlfunktion von A, so definiert man die Schnirelmannsche Dichte von A durch

$$\delta_A := \inf_{n\in\mathbb{N}} \frac{N_A(n)}{n}.$$

Ist $1 \notin A$, so ist stets $\delta_A = 0$. Bezeichnet $\underline{d}(A)$ die untere ↗asymptotische Dichte von A, so gilt $\delta_A \le \underline{d}(A)$.

Ist h eine natürliche Zahl, so nennt man eine Menge $B \subset \mathbb{N}$ eine Basis h-ter Ordnung von $\mathbb{N}$, wenn jede natürliche Zahl als Summe von höchstens h Zahlen aus B darstellbar ist. Schnirelmann bewies folgenden Satz:

Besitzt $B \subset \mathbb{N}$ eine positive Schnirelmannsche Dichte, so ist B eine Basis endlicher Ordnung von $\mathbb{N}$.

Schnitt, ↗Conway-Schnitt, ↗Dedekind-Schnitt.

Schnitt einer Abbildung, ↗Schnitt einer Menge.

Schnitt einer Garbe, ↗ Garbe.

Schnitt einer Menge, Begriff aus der Theorie der ↗Mengenfunktionen.

Es seien $((\Omega_i, \mathcal{A}_i)|i \in I)$ eine Familie von nichtleeren ↗Meßräumen, $(\Omega', \mathcal{A}')$ ein Meßraum, $(\times_{i\in I}\Omega_i, \otimes_{i\in I}\mathcal{A}_i)$ der Produktmeßraum, $(\tilde{\omega}_i|i \in I) \in \times_{i\in I}\Omega_i$ fest gegeben, und für $K \subseteq I$ sei die Einbettungsabbildung $j_K : \times_{i\in K}\Omega_i \to \times_{i\in I}\Omega_i$ definiert durch

$$j_K((\omega_i|i \in K)) = (\omega_i|i \in I)$$

mit $\omega_i = \tilde{\omega}_i$ für $i \in I\backslash K$.

Dann nennt man für $M \subseteq \times_{i\in I}\Omega_i$ das Urbild

$$j_K^{-1}(M) \subseteq \times_{i\in K}\Omega_i$$

den Schnitt von M bzgl. $(\tilde{\omega}_i|i \in J\backslash K)$, und für die Abbildung $f : \times_{i\in I}\Omega_i \to \Omega'$ die Abbildung $f \circ j_K$ den Schnitt der Abbildung f bzgl. $(\tilde{\omega}_i|i \in I\backslash K)$.

Ist M $\otimes_{i\in I}$ $\mathcal{A}_i$-meßbar, so ist der Schnitt $j_K^{-1}(M)$ bzgl. $(\tilde{\omega}_i|i \in I\backslash K)$ $\otimes_{i\in K}$ $\mathcal{A}_i$-meßbar.

Ist $f (\otimes_{i\in I}\mathcal{A}_i - \mathcal{A}')-$ meßbar, so ist der Schnitt $f \circ j_K$ bzgl $(\tilde{\omega}_i|i \in I\backslash K)(\otimes_{i\in K}\mathcal{A}_i - \mathcal{A}')-$meßbar.

Schnitt einer Prägarbe, ↗ Garbentheorie.

Schnitt eines Vektorbündels, eine Abbildung $s : M \to E$ (wobei $\pi : E \to M$ ein Vektorbündel E über einer Mannigfaltigkeit M ist), für die $\pi \circ s = \mathrm{id}_M$ gilt.

Der Schnitt wählt also für jeden Punkt x der Mannigfaltigkeit einen Vektor aus dem Vektorraum E_x, der sich über x befindet, aus.

Schnitt in einem Graphen, ↗ Zyklenraum.

Schnitt von Keimen, fundamentaler Begriff in der ↗ Garbentheorie.

Sei X ein topologischer Raum, $U \subset X$ offen, und sei $\mathcal{F}$ eine Prägarbe über X. Ein *Schnitt von Keimen von $\mathcal{F}$ über U* ist eine Abbildung

$$\gamma : U \to \mathop{\dot{\bigcup}}_{p \in X} \mathcal{F}_p$$

von U in die disjunkte Vereinigung der Halme von $\mathcal{F}$, derart, daß gilt:

a) $\gamma(p) \in \mathcal{F}_p$, für alle $p \in U$.

b) Zu jedem Punkt $p \in U$ gibt es eine offene Umgebung $V \subset U$ von p und einen Schnitt (↗ Garbentheorie) $m \in \mathcal{F}(V)$ mit $\gamma(q) = m_q$ für alle $q \in V$.

Die Menge der Schnitte von Keimen über U bezeichnet man mit $\Gamma(U, \mathcal{F})$. $\Gamma(U, \mathcal{F})$ ist in natürlicher Weise eine Gruppe, wobei die Gruppenoperation von den Halmen übernommen wird:

$$(\gamma + \delta)(p) := \gamma(p) + \delta(p); \;\; \gamma, \delta \in \Gamma(U, \mathcal{F}); \;\; p \in U.$$

Es besteht ein kanonischer Homomorphismus $\varepsilon_U : \mathcal{F}(U) \to \Gamma(U, \mathcal{F})$; $m \mapsto (p \mapsto m_p)$, $U \subset X$ offen. Die Prägarbe $\mathcal{F}$ ist genau dann eine Garbe, wenn alle kanonischen Homomorphismen ε_U, $U \subset X$ offen, Isomorphismen sind.

Durch

a) $U \mapsto \Gamma(U, \mathcal{F})$, $U \subset X$ offen;

b) $\varrho_V^U : \Gamma(U, \mathcal{F}) \to \Gamma(V, \mathcal{F})$, $\gamma \mapsto \gamma \mid V$, $V \subset U \subset X$ offen,

wird eine Garbe $\Gamma\mathcal{F}$ über X definiert, die man als die zur Prägarbe $\mathcal{F}$ assoziierte Garbe bezeichnet.

Schnittebenenverfahren, gewisse Optimierungsverfahren, in deren Verlauf spezielle Bereiche der Zulässigkeitsmenge nach dem Schnitt mit einer Hyperebene (der sogenannten Schnittebene) vernachlässigt werden.

Diese Verfahren benutzen dabei Kenntnisse, die es erlauben, den Zulässigkeitsbereich durch einen solchen Schnitt einzuschränken, und einen Minimalpunkt auf dem eingeschränkten Bereich zu suchen, der ebenfalls das Ausgangsproblem löst.

Schnitthomologie, ↗ Schnitt-Theorie.

Schnittkohomologie, ↗ Schnitt-Theorie.

Schnittkrümmung, *Riemannsche Krümmung*, eine von den Punkten $x \in M$ und den zweidimensionalen Unterräumen $\sigma \subset T_x(M)$ der Tangentialräume $T_x(M)$ abhängende Krümmungsfunktion K_σ einer ↗ Riemannschen Mannigfaltigkeit (M, g).

Der ↗ Riemannsche Krümmungstensor R von M ist durch eine bilineare Abbildung

$$R_x : (X, Y) \in T_x(M) \times T_x(M) \to R_x(X, Y) \in \mathrm{End}_x(T_x(M))$$

in den Raum der bezüglich der Riemannschen Metrik g_x schiefsymmetrischen linearen Endomorphismen $\mathrm{End}(T_x(M))$ von $T_x(M)$ gegeben. Bilden X und Y eine Basis des zweidimensionalen Unterraumes von σ, so ist K_σ durch die Gleichung

$$K_\sigma = -\frac{g\,(R_x(X, Y)X, Y)}{g(X, X)\,g(Y, Y) - (g(X, Y))^2}$$

definiert. Der Wert dieses Bruches hängt nicht davon ab, wie die Basis X, Y von σ gewählt wurde.

K_σ ist somit eine auf der Graßmannschen Mannigfaltigkeit $Gr_2(T(M))$ aller zweidimensionalen Unterräume $\sigma \subset T(M)$ definierte reellwertige Funktion.

Es besteht folgender Zusammenhang mit der ↗ Gaußschen Krümmung k einer zweidimensionalen Untermannigfaltigkeit $N^2 \subset M$:

Für jedes $x \in N^2$ gilt $K_\sigma(x) = k(x)$, wobei

$$\sigma(x) = T_x(N^2) \subset T_x(M)$$

den Tangentialraum von N^2 im Punkt x bezeichnet.

Schnittprodukt, ein Produkt (d. h., eine Multiplikation) in der Homologie einer Mannigfaltigkeit.

Gegeben seien eine Mannigfaltigkeit M und zwei Untermannigfaltigkeiten X und Y, die sich transversal schneiden. Haben die Untermannigfaltigkeiten die Kodimension p bzw. q, so hat die Mannigfaltigkeit, die sich als gemeinsamer Durchschnitt ergibt, die Kodimension $p + q$. Diese Schnittbildung definiert eine Multiplikation auf den Homologiegruppen von M mit Werten in einem Körper $\mathbb{K}$:

$$\mathrm{H}_{n-p}(M) \times \mathrm{H}_{n-q}(M) \to \mathrm{H}_{n-(p+q)}(M)\,.$$

Ausgedehnt auf die gesamte Homologie

$$\mathrm{H}_*(M) = \bigoplus_{p \geq 0} \mathrm{H}_p(M)$$

definiert dies eine Ringstruktur auf $\mathrm{H}_*(M)$. Die Addition ist die übliche Vektorraumaddition. Dieser Ring heißt der Homologiering oder Schnittring der Mannigfaltigkeit.

Siehe auch ↗ Schnitt-Theorie.

Schnittpunkt, ein gemeinsamer Punkt zweier Mengen.

Ist M eine Menge und sind $A, B \subseteq M$ Teilmengen von M, so heißt jeder Punkt $x \in A \cap B$ ein Schnittpunkt von A und B.

Ist beispielsweise $A \subseteq \mathbb{R}^2$ der Funktionsgraph einer reellen Funktion f und $B \subseteq \mathbb{R}^2$ der Funktionsgraph einer reellen Funktion g, so erhält man die Schnittpunkte von A und B durch Gleichsetzen der beiden Funktionen, also durch Berechnen der Nullstellen von $f - g$.

Schnittraum, ↗ Zyklenraum.

Schnittring, der Homologiering einer Mannigfaltigkeit. Hierbei ist das Produkt das ↗ Schnittprodukt.

Schnitt-Theorie

H. Kurke

Die Schnitt-Theorie (engl. *intersection theory*) ist zentraler Bestandteil der algebraischen Geometrie seit ihren Ursprüngen (z. B. Bezouts Theorem über den Durchschnitt ebener Kurven, 1720 durch MacLaurin formuliert, um 1760 durch Bezout und durch Euler bewiesen). Hilberts 15. Problem (1900) ist diesem Thema gewidmet und fordert eine rigorose Begründung von Schuberts abzählendem Kalkül (H. Schubert, Kalkül der abzählenden Geometrie, Leipzig 1879). Nach langen und z. T. kontroversen Diskussionen über eine geeignete lokale Definition für die Vielfachheit einer irreduziblen Komponente des Durchschnittes von zwei Untervarietäten in einer Varietät X war um 1960 für ↗quasiprojektive Varietäten eine befriedigende algebraische Theorie etabliert (A. Weil, P. Samuel, M. Nagata, W.L Chow, J.P. Serre und andere). Es wird für jede solche Varietät ein Schnittring für Äquivalenzklassen ↗algebraischer Zyklen in zwei Schritten konstruiert:

(1) Für algebraische Zyklen

$$z = \sum n_j V_j\,,\quad z' = \sum n'_k V'_k$$

der Kodimension p, q, die sich *eigentlich* schneiden (d. h., jede irreduzible Komponente W von $(\cup_j V_j) \cap (\bigcup_k V'_k)$ hat die erwartete Kodimension $p+q$), wird ein algebraischer Zyklus

$$z \cdot z' = \sum_{j,k} n_j n'_k \left(\sum_W i(W, V_j \cdot V'_k; X) W \right)$$

definiert, wobei W alle irreduziblen Komponenten von $V_j \cap V_k$ durchläuft, und die Schnittmultiplizität

$$i(W, V \cdot V'; X) \in \mathbb{Z}_{>0}$$

rein lokal definiert ist.

(2) (*Moving Lemma*). Es wird gezeigt, daß für je zwei rationale Äquivalenzklassen (↗algebraische Zyklen) α, α' Vertreter $z \in \alpha, z' \in \alpha'$ existieren, die sich eigentlich schneiden, und daß $[z \cdot z']$ nur von den Klassen α, α' abhängt, so daß deren Produkt durch $\alpha \cdot \alpha' = [z \cdot z']$ definiert wird (oft auch als $\alpha \cup \alpha'$ bezeichnet, in Analogie zum Cup-Produkt in der Topologie) . Für komplexe algebraische Varietäten ist die Problematik im Rahmen der algebraischen Topologie bereits um 1925 durch S. Lefschetz studiert worden (L' Analysis Situs et la Géométre Algébrique, 1924, und Topology, AMS Coll. Publ., 1930), und hat nicht unwesentlich die Entwicklung der algebraischen Topologie stimuliert (Zyklen-Abbildung). Um 1980 wurde ein völlig neuer Gesichtspunkt und ebenso neue Techniken entwickelt, konzeptionell einfacher, weitreichender und flexibler als die um 1960 entstandene Theorie (W. Fulton, R. MacPherson). Der neue Gesichtspunkt ist, Schnitt-Theorie nicht als Schnittring von Zyklenklassen, sondern als Theorie von Operatoren zwischen Gruppen von algebraischen Zyklen modulo rationaler Äquivalenz zu betrachten. Fundamental ist der pull-back-Operator längs einer regulären Einbettung sowie die Definition von ↗Chern-Klassen als Operatoren. Als neue Technik dient eine von Verdier entwickelte Methode der „Deformation zum Normalenbündel".

Die Grundzüge dieser Theorie werden im folgenden skizziert. Betrachtet werden ↗algebraische Schemata über einem Körper, jedem solchen Schema X wird die Chow-Gruppe $A_*(X)$ zugeordnet. Bzgl. ↗eigentlicher Morphismen ist $X \mapsto A_*(X)$ ein Funktor, und bez. flacher Morphismen konstanter Faserdimension ein Kofunktor. Für eine abgeschlossene Einbettung $i : X \subset Y$ und die komplementäre offene Einbettung $j : U = X \setminus Y \hookrightarrow X$ ist die Folge

$$A_*(Y) \xrightarrow{i_*} A_*(X) \xrightarrow{j^*} A_*(U) \longrightarrow 0$$

exakt. Weiterhin erhält man ein äußeres Produkt

$$\begin{array}{rcl} A_*(X) \otimes A_*(X') & \longrightarrow & A_*(X \times X') \\ {[V]} \otimes [W] & \mapsto & [V \times W]\,. \end{array}$$

(I) *Chern-Klassen in der Schnitt-Theorie.* Sie als Operatoren auf $A_*(X)$ zu betrachten (unter einschränkenden Voraussetzungen über X durch Schnittprodukte mit bestimmten Klassen gegeben), ermöglicht ihre Einführung mit den wesentlichen Eigenschaften unter sehr allgemeinen Voraussetzungen und bringt Vereinfachungen mit sich.
Die Endomorphismenringe $\mathrm{End}(A_*(X))$ sind $\mathbb{Z}$-graduiert (↗graduierter Ring), mit der Graduierung $\mathrm{End}^i(A_*(X)) = \underset{k-j=i}{\times} \mathrm{Hom}(A_k(X), A_j(X))$.

Chern-Klassen eines Vektorbündels $\mathcal{E}$ sind Operatoren

$$(\alpha \mapsto c_i(\mathcal{E}) \cap \alpha) \in \mathrm{End}^i(A_*(X))\,,\quad i \geq 1,$$

mit folgenden Eigenschaften:

1. (Normierung): Für $rg(\mathcal{E}) = 1$ ist $c_i(\mathcal{E}) = 0$ für $i > 1$, und $c_1(\mathcal{E}) \cap [V] = i_*[D]$ für ↗algebraische Varietäten $i : V \subset X$ und Cartier-Divisoren D auf

V mit $\mathcal{E}|V \cong \mathcal{O}_V(D)$. (Hier ist $[D]$ die zugehörige Klasse von Weil-Divisoren).

2. (Projektionsformel): Ist $\varphi : X' \to X$ eigentlich, so ist
$\varphi_*(c_i(\varphi^*(\mathcal{E})) \cap \alpha) = c_i(\mathcal{E}) \cap \varphi_*(\alpha)$.
3. (Pull-back-Formel): Ist $\varphi : X' \to X$ flach mit konstanter Faserdimension, so ist
$c_i(\varphi^*(\mathcal{E})) \cap \varphi^*\alpha = \varphi^*(c_i(\mathcal{E}) \cap \alpha)$.
4. (Additivität): Mit $c(\mathcal{E}) =: 1 + c_1(\mathcal{E}) + c_2(\mathcal{E}) + \cdots$ gilt für exakte Folgen $0 \to \mathcal{E}' \to \mathcal{E} \to \mathcal{E}'' \to 0$ die Whitney-Formel $c(\mathcal{E}) = c(\mathcal{E}')c(\mathcal{E}'')$.

Für Bündel vom Rang 1 ist $c(\mathcal{E})$ durch 1. festgelegt, und 2., 3. sind direkte Folgen dieser Definition, ebenso die Tatsache, daß die Chern-Klassen von Geradenbündeln miteinander vertauschbare Operatoren sind und c_1 ein Gruppenhomomorphismus

$$\mathrm{Pic}(X) \to \mathrm{End}^1(A_*(X))$$

in die ↗Picard-Gruppe ist. Außerdem kann man die Chern-Klasse $c_1(\mathcal{L})$ wie folgt lokalisieren: Wenn $\lambda : \mathcal{L} \to \mathcal{O}_X$ ein Schnitt von $\check{\mathcal{L}} = \mathcal{L}^{-1}$ mit dem ↗Nullstellenschema $i : Z(\lambda) = Z \hookrightarrow X$ ist, so ist $c_1(\mathcal{L}) \cap \alpha \in i_*A_*(Z)$. Letzteres besitzt folgende Verallgemeinerung (durch Induktion nach r, unter Verwendung der Projektionsformel): Besitzt $\mathcal{E}$ eine Filtration

$$\mathcal{E} = \mathcal{E}_r \supset \mathcal{E}_{r-1} \supset \cdots \supset \mathcal{E}_1 \subset \mathcal{E}_0 = 0$$

so, daß $\mathcal{E}_i/\mathcal{E}_{i-1} = \mathcal{L}_i$ Geradenbündel sind, so gilt für jedes $\lambda : \mathcal{E} \longrightarrow \mathcal{O}_X$ mit dem Nullstellenschema $Z = Z(\lambda) \hookrightarrow X$ die Inklusion

$$c_1(\mathcal{L}_1), \ldots, c_1(\mathcal{L}_r) \cap \alpha \in i_*A(Z)$$

(also $c_1(\mathcal{L}_1), \ldots, c_1(\mathcal{L}_r) = 0$, wenn $Z = \phi$). Für höheren Rang $r > 1$ betrachtet man $P = \mathbb{P}(\mathcal{E}) \xrightarrow{p} X$. p ist eigentlich und flach mit den Fasern $\mathbb{P}^{r-1}$. Dann ist

$$\begin{aligned} p_*\big(c_1\left(\mathcal{O}_{\mathcal{E}}(1)\right)^j \cap p^*\alpha\big) &= 0 \qquad j < r-1 \\ p_*\big(c_1\left(\mathcal{O}_{\mathcal{E}}(1)\right)^{r-1} \cap p^*\alpha\big) &= \alpha\,. \end{aligned}$$

Man definiert Operatoren $s_j(\mathcal{E}) \in \mathrm{End}^j(A_*(X))$ (*Segre-Klassen*) durch

$$s_j(\mathcal{E}) = (-1)^j p_*\big(c_1(\mathcal{O}_{\mathcal{E}}(1))^{r-1+j} \cap p^*\alpha\big)$$

und

$$\begin{aligned} c(\mathcal{E}) &= \big(1 + s_1(\mathcal{E}) + s_2(\mathcal{E}) + \cdots\big)^{-1} \\ &= 1 + c_1(\mathcal{E}) + c_2(\mathcal{E}) + \cdots \end{aligned}$$

Es läßt sich zeigen, daß die so definierten Klassen die Bedingungen 1. bis 4. erfüllen und durch diese Eigenschaften charakterisiert sind, außerdem folgt $c_i(\mathcal{E}) = 0$ für $i > rg(\mathcal{E})$, und Operatoren $c_i(\mathcal{E}), c_j(\mathcal{F})$ sind miteinander vertauschbar.

Diese Eigenschaften werden mit dem sogenannten *Splittingprinzip* bewiesen: Sind $\mathcal{E}_1, \ldots, \mathcal{E}_k$ Vektorbündel auf X, so gibt es einen flachen eigentlichen Morphismus $X' \xrightarrow{f} X$ konstanter Faserdimension, für den gilt:

(a) $f^* : A_*(X) \longrightarrow A_*(X')$ ist injektiv.

(b) Jedes Bündel $f^*\mathcal{E}_\nu$ besitzt eine Filtration mit Geradenbündeln als Subquotienten.

Eine Filtration von $\mathcal{E}$ mit Subquotienten $\mathcal{L}_i$ (lokal frei vom Rang 1) liefert eine solche von $p^*\mathcal{E} \otimes \mathcal{O}_{\mathcal{E}}(-1)$ (für $p : P = \mathbb{P}(\mathcal{E}) \to X$) mit Subquotienten $p^*\mathcal{L}_i \otimes \mathcal{O}_{\mathcal{E}}(-1)$, und da eine Surjektion $p^*\mathcal{E} \otimes \mathcal{O}_{\mathcal{E}}(-1) \to \mathcal{O}_P$ existiert, gibt es in $\mathrm{End}(A_*(P))$ die Relation

$$\prod_{\nu=1}^{r} (\eta - \tilde{\lambda}_\nu) = 0$$

mit $\eta = c_1(\mathcal{O}_{\mathcal{E}}(1))$ und $\tilde{\lambda}_\nu = c_1(p^*\mathcal{L}_\nu)$. Mittels Projektionsformel und Definition von $c(\mathcal{E})$ folgt daraus mit $\lambda_\nu = c_1(\mathcal{L}_\nu)$:

$$\begin{aligned} c(\mathcal{E}) &= \prod_{\nu=1}^{r} (1 + \lambda\nu) \\ c_j(\mathcal{E}) &= \sigma_j(\lambda_1, \ldots, \lambda_r)\,, \end{aligned}$$

wobei σ_j die j-te elementarsymmetrische Funktion ist. Das Splittingprinzip, zusammen mit Projektionsformel und Pull-back-Formel, ergibt dann Additivität, $c_j(\mathcal{E}) = 0$ für $j > rg(\mathcal{E})$, und Vertauschbarkeit, ebenso die Relation

$$\begin{aligned} &\eta^r - c_1(p^*\mathcal{E})\eta^{r-1} + c_2(p^*\mathcal{E})\eta^{r-2} - \cdots + \\ &(-1)^r c_5(p^*\mathcal{E}) = 0\,. \end{aligned}$$

Weiterhin gilt:

$$\begin{aligned} A_*(X)^r &\longrightarrow A_*(P) \\ (\alpha_0, \ldots, \alpha_{r-1}) &\mapsto p^*\alpha_0 + \eta \cap p^*\alpha_1 + \\ &\qquad \cdots + \eta^{r-1} \cap p^*\alpha_{r-1} \end{aligned}$$

ist ein Isomorphismus, und für $\pi : \mathbb{V}(\mathcal{E}) \to X$ (↗relatives Spektrum) ist $\pi^* : A_*(X) \to A_*(V)$ ein Isomorphismus.

Der inverse Isomorphismus läßt sich wie folgt beschreiben: Ist $Q = \mathbb{P}(\mathcal{E} \oplus \mathcal{O}_X) \xrightarrow{q} X$, dann ist $P \subset Q$ und $V = Q \setminus P$. Ist $\mathcal{F} \subset q^*(\mathcal{E} \oplus \mathcal{O}_X)$ das universelle Unterbündel (Kern von $q^*(\mathcal{E} \oplus \mathcal{O}_X) \to \mathcal{O}_{\mathcal{E}\oplus\mathcal{O}_X}(1)$), so ist $\xi \cap A_*(Q) \subseteq i_*A_*(P)$ ($i : P \to Q$ Einbettung, P Nullstellenschema eines Schnittes von $\mathcal{O}_{\mathcal{E}\oplus\mathcal{O}_X}(1)$), und somit

$$A_*(Q) = q^*A_*(X) + i_*A_*(P)\,, \quad \overline{\alpha} = q^*\beta + i_*\gamma.$$

Da $\mathcal{O}_P \subset \mathcal{F}|P$ als Unterbündel, ist $c_r(\mathcal{F}|P) = 0$, also $c_r(\mathcal{F}) \cap i_*A_*(P) = 0$. Nach der Whitney-Formel ist

$$c_r(\mathcal{F}) = \sum_{j+k=r} (-1)^k c_j(q^*\mathcal{E})\xi^k$$

und somit

$$q_*(c_r(\mathcal{F}) \cap \overline{\alpha}) = \sum_{j+k=r} (-1)^k c_j(\mathcal{E}) \cap q_*(\xi^k \cap q^*\beta) = \beta$$

und

$$\pi^*(\beta) = j^*(q^*\beta) = j^*(\overline{\alpha} - i_*(\gamma)) = \alpha\,.$$

(II) *Reguläre Einbettungen und die fundamentale Konstruktion.* Reguläre Einbettungen $i : Y \hookrightarrow X$ der Kodimension d sind abgeschlossene Einbettungen, deren Idealgarbe lokal durch eine ↗reguläre Folge der Länge d definiert wird (für $d = 1$ sind dies also die effektiven Cartier-Divisoren). Die zugehörige Konormalengarbe $\mathcal{N}^*_{X|Y}$ (↗Normalenbündel) ist lokal frei vom Rang d,

$$N_{X|Y} = \mathbb{V}(\mathcal{N}^*_{X|Y}) \xrightarrow{\pi} X$$

(↗relatives Spektrum) ist das zugehörige Normalenbündel.

Für jeden Morphismus $f : Y' \to Y$ und $X' = f^{-1}(X) \subset Y$ erhält man dann Homomorphismen $i^! : A_k(Y') \to A_{k-d}(X')$,

$$i^! \cdot \Big(\sum_i n_i[V_i]\Big) = \sum_i n_i X \cdot V_i\,,$$

wobei $X \cdot V$ wie folgt definiert ist: Wenn $W = V \times_Y X = f^{-1}(X) \subset V$, so ist der Normalenkegel $C_{W|V}$ rein k-dimensional und abgeschlossenes Unterschema des Vektorbündels $N = W \times_X N_{X|Y} \xrightarrow{\pi} W$. Also ist nach (I) die Zyklenklasse $[C_{W|V}] \in A_k(N)$ von der Form

$$[C_{W|V}] = \pi^*\alpha\,, \quad \alpha \in A_{k-d}(W)\,,$$

und $X \cdot V$ wird als Bild von α in $A_{k-d}(X')$ definiert.

Die wichtigsten Eigenschaften dieser Konstruktion sind die folgenden: Bzgl. einer Zerlegung

$$f = g \circ \varphi : Y' \xrightarrow{\varphi} Y'' \xrightarrow{g} Y$$

mit den durch g, φ bzw. i induzierten Abbildungen $h : X'' \to X$, $\psi : X' \to X''$ bzw. $i'' : X'' \to Y''$ gilt:

(a) (Push-forward): Wenn φ ↗eigentlich ist, so ist $i^! \circ \varphi_* = \psi_* \circ i^!$.

(b) (Pull-back): Wenn φ flach und von konstanter Faserdimension ist, so auch ψ und $i^! \circ \varphi^* = \psi^* \circ i^!$.

(c) (Exzeß-Schnittformel): Wenn i'' ebenfalls reguläre Einbettung ist, so ist $\mathcal{N}_{X''|Y''}$ ein Unterbündel von $f^*\mathcal{N}_{X|Y}$, also $\mathcal{E} = f^*\mathcal{N}_{X|Y}/\mathcal{N}_{X''|Y''}$ ein Vektorbündel (*Exzeß-Normalenbündel*), und

$i^!(\alpha) = c_e(\psi^*\mathcal{E}) \cap i''^!(\alpha)$

($e = rg(\mathcal{E})$). Beispielsweise gilt für Morphismen $h : Y' \to X$ und $f = i \circ h : Y' \to X$ die Formel $i^!(\alpha) = c_d(h^*\mathcal{N}_{X|Y}) \cap \alpha$.

(d) (Verträglichkeit mit Pull-back): Für kommutative Diagramme mit regulärer Einbettung i,

$$\begin{array}{ccc} X & \overset{i}{\hookrightarrow} & Y \\ & {\scriptstyle q}\searrow & \downarrow {\scriptstyle p} \\ & & S \end{array}$$

und daraus durch Basiswechsel $T \to S$ induzierte Diagramme

$$\begin{array}{ccc} X_T & \overset{i_T}{\hookrightarrow} & Y_X \\ & {\scriptstyle q_T}\searrow & \downarrow {\scriptstyle p_T} \\ & & T \end{array}$$

gilt: Wenn p, q flach mit konstanter Faserdimension sind, so auch p_T, q_T und $p_T^* = i^! \circ p_T^*$. Wenn p glatt mit konstanter Faserdimension ist, und q ebenfalls reguläre Einbettung, so ist $q^! = i^! \circ p_T^*$.

(e) (Vertauschbarkeit): Sind $i_1 : X_1 \to Y_1$ $i_2 : X_2 \to Y_2$ reguläre Einbettungen der Kodimension d_1 bzw. d_2, und $f_\nu : Z \longrightarrow Y_\nu$ Morphismen, $Z \supseteq W_\nu = f_\nu^{-1}(X_\nu) \supseteq W = W_1 \cap W_2$, ($\nu = 1, 2$), so sind die Diagramme

$$\begin{array}{ccc} A_k(Z) & \xrightarrow{i_1^!} & A_{k-d_2}(W_1) \\ \downarrow {\scriptstyle i_2^!} & & \downarrow {\scriptstyle i_2^!} \\ A_{k-d_2}(W_2) & \xrightarrow{i_1^!} & A_{k-d_1-d_2}(W) \end{array}$$

kommutativ.

(f) (Funktorialität): Für reguläre Einbettungen $i \circ j$, $X \xrightarrow{i} Y \xrightarrow{j} Z$, und Morphismen $f : Z' \xrightarrow{f} Z$ ist $(j \circ i)^! = i^! \circ j^!$.

Wichtige Beispiele für reguläre Einbettungen sind:

(a) Der Graph $X \xrightarrow{i} X \times Y$ eines Morphismus $\varphi : X \to Y$ in ein glattes k-Schema Y.

(b) Die Diagonaleinbettung $X \xrightarrow{i_\Delta} X \times X$ eines glatten k-Schemas X.

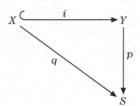

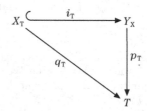

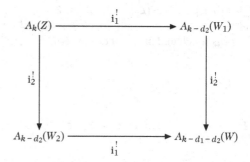

Beispiel (a) liefert eine Pull-back-Abbildung $\varphi^!$ für beliebige Morphismen $\varphi : X \to Y$ in glatte Schemata Y durch $\varphi^!(\alpha) = i_\varphi^!([X] \times \alpha)$, $\alpha \in A_*(Y)$ mit der Eigenschaft: Für

$$\varphi = \varphi_1 \circ \varphi_2 : X \xrightarrow{\varphi_2} X_1 \xrightarrow{\varphi_1} Y$$

gilt: Wenn X_1 glatt, so $(\varphi_1 \circ \varphi_2)^! = \varphi_2^! \circ \varphi_1^!$. Wenn φ_2 flach von konstanter Faserdimension, so $(\varphi_1 \circ \varphi_2)^! = \varphi_2^* \varphi_1^!$. Häufig schreibt man auch φ^* anstelle von $\varphi^!$. Die Kodimension bleibt unter φ^* erhalten.

Beispiel (b) liefert ein Schnittprodukt $\alpha \cdot \beta = i_\Delta^!(\alpha \times \beta)$. Mit der Graduierung $A^*(X)$ durch die Kodimension (↗ algebraische Zyklen) wird $X \mapsto A^*(X)$ ein Kofunktor auf der Kategorie glatter k-Schemata in die Kategorie der kommutativen assoziativen graduierten Ringe, das Einselement ist $1 = [X]$, und die Chern-Klassen sind durch $c_i(\mathcal{E}) \cap [X] \in A^i(X)$ bestimmt. (Der zugehörige Operator ist die Multiplikation mit diesem Element).

Die fundamentale Konstruktion liefert auch die lokale Schnittmultiplizität für Komponenten C von $V \cap W$, in denen sich V, W eigentlich schneiden:

$$i_\Delta^! : A_{a+b}(V \times W) \longrightarrow A_{a+b-n}(V \cap W)$$

(mit $n = \dim X$, $a = \dim V$, $b = \dim W$, $a + b - n = \dim C$). Dann ist

$$i_\Delta^!([V \times W]) = i(C, V \cdot W; X)[C] + \cdots$$

(da $\mathbb{Z}[\Delta]$ direkter Summand von $A_{a+b-n}(V \cap W)$). Der Koeffizient con $[C]$ ist die lokale Schnittmultiplizität $i(C, V \cdot W; X)$.

(III) *Spezialisierung zum Normalenkegel.* Zu einer abgeschlossenen Einbettung $X \subset Y$ erscheint die Einbettung $X \subset C_{X|Y}$ in den ↗ Normalenkegel als Grenzfall in folgendem Sinne: Sei $T = \mathbb{P}^1 \supset T^0 = \mathbb{P}^1 \setminus \{\infty\}$ und $\sigma : \tilde{M} \longrightarrow Y \times T$ die Aufblasung in $X \times \{\infty\}$. Da $X \times \{\infty\}$ Cartier-Divisor in $X \times T$ ist, läßt sich die Einbettung $X \times T \subset Y \times T$ zu einer Einbettung $X \times T \subset \tilde{M}$ liften, so daß über T^0 die konstante Einbettung $X \times T^0 \subset Y \times T^0$ induziert wird. Über ∞ ist $\tilde{f}^{-1}(\infty) = \tilde{Y} \cup E$, $\tilde{Y} \longrightarrow Y$ Aufblasung in X, und E der exzeptionelle Divisor der Aufblasung.

Ist $M = \tilde{M} \setminus \tilde{Y}$, $f = \tilde{f}\,|M$, so ist $f^{-1}(\infty) = C_{X|Y}$ der Normalenkegel. Also erhält man eine flache Familie von Einbettungen

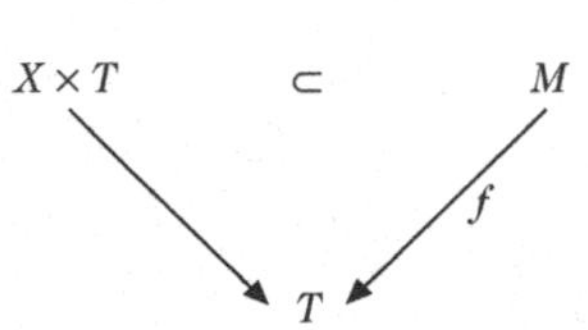

die über $T^0 = T \setminus \{\infty\}$ die gegebene Einbettung, und über ∞ die Einbettung $X \subset C = C_{X|Y}$ ist. $C = f^{-1}(\infty)$ ist ein Cartier-Divisor auf M, und $\mathcal{O}_M(C) \simeq f^*\mathcal{O}_T(1)$. Das ermöglicht die Definition von Spezialisierungshomomorphismen $\sigma : A_*(Y) \longrightarrow A_*(C)$ mit der Eigenschaft

$$\sigma([V]) = [C_{V \cap X|V}] \in A_*(C)$$

für Varietäten $V \subset Y$.

Für die Einbettung $i : C \subset M$ ist nämlich $\mathcal{O}_M(C) \otimes \mathcal{O}_C \simeq \mathcal{O}_C$, also ist $i^!$ auf $i_*A_*(C) \subset A_*(M)$ trivial, und

$$A_{k+1}(M)/i_*A_{k+1}(C) \xrightarrow[j^*]{\sim} A_{k+1}(M \setminus C) \xleftarrow[p^*]{\sim} A_k(Y)$$

(da $M \setminus C \simeq Y \times T^0 = Y \times \mathbb{A}^1$). Zusammen mit diesen Isomorphismen induziert also $i^!$ einen Homomorphismus $\sigma : A_*(Y) \longrightarrow A_*(C)$, der auf Klassen von Varietäten die oben angegebene Abbildung ist. Die Abbildungen $i^!$ in (II) sind damit wie folgt definiert:

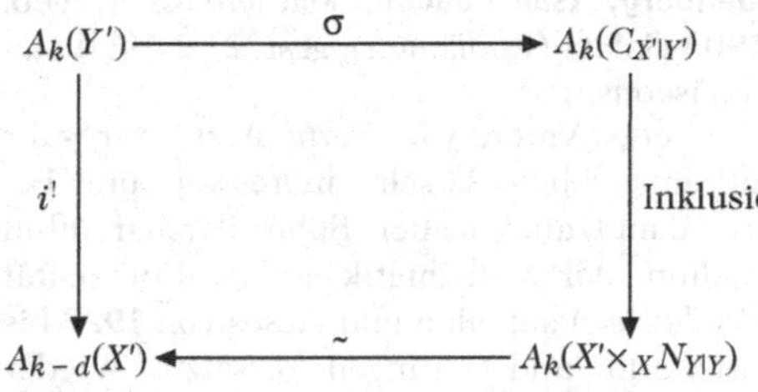

(IV) *Bivariate Schnitt-Theorie.* Chern-Klassen (I) und die fundamentale Konstruktion (II) sind Spezialfälle einer bivariaten Schnitt-Theorie $A^*(X \to S)$ für Morphismen $X \to S$. Für jedes S-Schema $T \to S$ in der betrachteten Kategorie algebraischer k-Schemata sei $X_T = X \times_S T$. Die Elemente von $A^p(X \to S)$ sind Familien von Operatoren

$$c_T \in \mathrm{Hom}^p(A_*(T), A_*(X_T))) = \prod_k \mathrm{Hom}(A_k(T), A_{k-p}(X_T)) ,$$

für jedes solche $T \to S$.

Beispiele: (1) Chern-Klassen $c_p(\mathcal{E})$ sind aus $A^p(X \stackrel{id}{\to} X)$.

(2) Für reguläre Einbettungen $X \stackrel{i}{\hookrightarrow} Y$ ist $i^! \in A^d(X \stackrel{i}{\hookrightarrow} Y)$ (d = Kodimension).

(3) $A^{-k}(X \to pt) = A_k(x)$.

Wenn $X \to S' \to S$ eine Zerlegung von $X \to S$ ist, gibt es ein offensichtliches *Produkt*

$$A^p(X \to S') \otimes A^q(S' \to S) \to A^{p+q}(X \to S) ,$$

und wenn $X \stackrel{\varphi}{\to} Y \to S$ eine Zerlegung mit einem

↗ eigentlichen Morphismus φ ist, erhält man einen *Push-forward Homomorphismus*

$$\varphi_* : A^p(X \to S) \to A^p(Y \to S) .$$

Für Morphismen $g : S_1 \to S$ und $X_1 = X \times_S S_1$ erhält man einen *Pull-back Homomorphismus*

$$g^* : A^p(X \to S) \to A^p(X_1 \to S_1) .$$

Auf diese Weise wird

$$A^*(X) = A^*(X \stackrel{id}{\to} X)$$

zu einem assoziativen Ring mit Einselement und $X \mapsto A^*(x)$ ein Kofunktor, und $A_*(X) = A^*(X \to pt)$ wird zu einem $A^*(X)$-Modul.

Für glatte X liefert $A^*(X) \to A_*(X)c \mapsto c([X])$ einen Isomorphis, so daß das Produkt dem Schnittprodukt entspricht.

Schnittzahl, ↗ Schnittprodukt.

Schockwellen, ↗ Stoßwellen.

Schoenberg, Isaac Jacob, Mathematiker, geb. 21.4.1903 Galatz (Rumänien), gest. 21.2.1990 Madison (Wisconsin).

Schoenbergs Vater, von Beruf Arzt, war sehr an mathematischen Rätseln interessiert und begeisterte damit auch seinen Sohn, der daraufhin ein Studium der Mathematik an der Universität Iasi (Moldawien) aufnahm und dieses von 1922 bis 1925 in Berlin und Göttingen fortsetzte. Wieder zurück in Iasi promovierte er dort (1926) und besuchte anschließend, auf Vermittlung von Edmund Landau, den er in Göttingen kennengelernt hatte, die Universität Jerusalem.

Um 1930 kehrte Schoenberg nach Berlin zurück und heiratete dort Landaus Tochter Charlotte; Schoenbergs Schwester heiratete Hans Rademacher, der ebenfalls ein sehr bekannter Mathematiker war. Mit ihm veröffentlichte Schoenberg auch gemeinsame Arbeiten.

Noch im gleichen Jahr wechselte Schoenberg mit Hilfe eines Stipendiums in die USA, wo er bis zu seinem Lebensende blieb. Innerhalb der USA änderte er allerdings sehr häufig seinen Aufenthalts- und Arbeitsort, u. a. war er in Chikago, Princeton, Aberdeen (Maryland), an der University of Pennsylvania und an der University of Wisconsin tätig. Schoenberg war ein sehr produktiver Mathematiker, er schrieb insgesamt 174 Arbeiten und Bücher, davon mehr als 50 nach seiner Emeritierung im Jahre 1973.

Nach anfänglicher Beschäftigung mit analytischer Zahlentheorie und Nullstellenabschätzungen reeller Polynome wandte er sich Mitte der 40er Jahre dem Thema zu, mit den sein Name heute untrennbar verbunden ist, den ↗ Splinefunktionen. Er selbst nannte sie, zumindest zu Anfang, „Polya frequency functions". Er schrieb zwischen 1944 und 1960 mehr als 40 Veröffentlichungen zu diesem Thema, in denen er praktisch im Alleingang eine Theorie der Splinefunktionen entwickelte. Erst danach, gleichzeitig mit dem Aufkommen moderner Computer, wurden Splines von einer großen Zahl anderer Mathematiker und Anwender in den Mittelpunkt ihrer Untersuchungen gestellt, und begannen ihren Siegeszug durch die Numerische Mathematik.

Schoenberg-Whitney-Bedingung, ↗ Spline-Interpolation.

Schottky, Friedrich Hermann, Mathematiker, geb. 24.7.1851 Breslau, gest. 12.8.1935 Berlin.

Schottky studierte von 1870 bis 1874 in Breslau und Berlin, wo er auch 1875 promovierte. Nach der Habilitation 1878 in Breslau wechselte er wiederum nach Berlin, wo er Privatdozent wurde. Nach Professuren in Zürich (1882 bis 1892) und Marburg (1892 bis 1902) erhielt er 1902 einen Lehrstuhl in Berlin, wo er auch bis zu seiner Emeritierung 1922 blieb.

Schottky befaßte sich zeitlebens mit Funktionentheorie, insbesondere abelschen Funktionen und Theta-Reihen. Sein bekanntestes Ergebnis ist der heute nach ihm benannte Satz, eine Verallgemeinerung des großen Satzes von Picard.

Schottky, Satz von, lautet:

Es sei f eine in $\mathbb{E} = \{z \in \mathbb{C} : |z| < 1\}$ ↗holomorphe Funktion, $f(0) = a_0$, und f lasse in $\mathbb{E}$ die Werte 0 und 1 aus, d. h. $f(z) \neq 0$ und $f(z) \neq 1$ für alle $z \in \mathbb{E}$.

Dann gibt es zu jedem $r \in (0, 1)$ eine nur von r und a_0 abhängige Konstante $M(r, a_0)$ mit

$$|f(z)| \leq M(r, a_0)\,, \quad |z| \leq r\,.$$

Die bestmögliche Schranke $M(r, a_0)$ fand Hempel mit

$$M(r, a_0) = \frac{1}{16}(16|a_0| + 8)^{(1+r)/(1-r)}\,.$$

Schottky-Problem, die Frage, wie sich Perioden-Matrizen von kompakten Riemannschen Flächen unter allen Matrizen, die die Riemannschen Periodenrelationen (↗Hodge-Struktur) erfüllen, charakterisieren lassen.

In normalisierter Form (geeignete Basiswahl in $H_1(X, \mathbb{Z})$ und in $H^0(X_1\Omega^1_X))$ haben Periodenmatrizen die Form $\Omega = (I_g, \tau)$ (hier ist I_g die $(g \times g)$-Einheitsmatrix), und die Periodenrelationen sind

(a) τ ist symmetrische $(g \times g)$-Matrix, und

(b) der Imaginärteil von τ ist positiv definit.

Dadurch wird für $g \geq 4$ ein Gebiet $\mathfrak{H}_g$ der (komplexen) Dimension $\frac{1}{2}g(g+1)$ im Raum aller symmetrischen $(g \times g)$-Matrizen definiert, dessen Dimension größer als $3g - 3$ ist (die Dimension des Modulraumes der Kurven, ↗Modulprobleme). Jede Matrix definiert eine (hauptpolarisierte) abelsche Varietät ($A = \mathbb{C}^g/\Omega\mathbb{Z}^{2g}$), die für Periodenmatrizen algebraischer Kurven die Jacobische liefert. Der Übergang zur Jacobischen ergibt einen Morphismus der entsprechenden Moduläume $\mathfrak{M}_g \xrightarrow{j} \mathfrak{A}_g$, der nach Torellis Satz eine lokal abgeschlossene Einbettung ist. Geometrisch formuliert ist also das Schottky-Problem die Charakterisierung des Bildes von j.

Vom analytischen Standpunkt ist

$$\mathfrak{A}_g = \mathfrak{H}_g/\Gamma, \Gamma = Sp(2g, \mathbb{Z})\,.$$

Die Theta-Nullwerte

$$\left(\cdots : \vartheta\begin{bmatrix} p \\ q \end{bmatrix}(0, \tau) : \cdots\right),$$

wobei $p, q \in \frac{1}{2}\mathbb{Z}^g/\mathbb{Z}^g$ ein System von Repräsentanten durchläuft, liefern eine holomorphe Abbildung $\mathfrak{H}_g \to \mathbb{P}^M$ $(M = 2^g - 1)$, die über einen Quotienten und eine Einbettung $\mathfrak{H}_g \to \mathfrak{H}_g/\Gamma' \subset \mathbb{P}^M$ faktorisiert.

$$\mathfrak{H}_g/\Gamma' \to \mathfrak{A}_G = \mathfrak{H}_g/\Gamma$$

ist also eine endliche Überlagerung.

Die sogenannten Schottky-Jung-Relationen sind ein durch einen induktiven Prozeß beschriebenes homogenes Ideal in den homogenen Koordinaten auf $\mathbb{P}^M$. Die Nullstellenmenge dieses Ideals (auf $\mathfrak{H}_g/\Gamma'$) enthält die Jacobischen, und es ist bekannt, daß der Ort der Jacobischen eine irreduzible Komponente dieser Nullstellenmenge ist (van Geemen).

Vom geometrischen Standpunkt gibt es verschiedene Eigenschaften, die auf dem Ort der Jacobischen erfüllt sind, für allgemeine haupt-polarisierte Varietäten aber nicht.

Schouten, Jan Arnoldus, niederländischer Mathematiker und Ingenieur, geb. 28.8.1883 Nieuwer Amstel (heute zu Amsterdam), gest. 20.1.1971 Epe.

Nachdem er 1908 sein Studium der Elektrotechnik in Delft abgeschlossen hatte, arbeitete Schouten zunächst einige Jahre lang in Rotterdam und Berlin als Ingenieur. Hauptsächlich um die Relativitätstheorie verstehen zu können, eignete er sich im Selbststudium mathematische Kenntnisse an. Bald schon schrieb er eigene Arbeiten und promovierte damit 1914 am Polytechnikum in Delft, wo er auch im gleichen Jahr eine Professur übernahm. Diese hatte er bis 1943 inne, als er wegen der deutschen Besetzung Delft verlassen mußte. Nach dem Krieg baute er das neue Mathematische Zentrum in Amsterdam mit auf, dessen Kuratoriumsmitglied er auch von 1949 bis 1969 war.

Schoutens Hauptarbeitsgebiete waren Tensoranalysis und Differentialgeometrie.

Schouten-Klammer, graduierte ↗Lie-Klammer, die auf allen Multivektorfeldern, d. h. C^∞-Schnitten des Bündels ΛTM einer n-differenzierbaren Mannigfaltigkeit M, für alle $1 \leq k, l \leq n$, alle Vektorfelder $X_1, \ldots, X_k, Y_1, \ldots, Y_l$ und alle reellwertigen C^∞-Funktionen f auf M auf folgende Weise definiert wird:

$$\begin{aligned}[X_1 \wedge \cdots \wedge X_k, Y_1 \wedge \cdots \wedge Y_l] &:= \sum_{i=1}^{k} \sum_{j=1}^{l} (-1)^{i+j} [X_i, Y_j] \\ &\wedge X_1 \wedge \cdots \wedge X_{i-1} \wedge X_{i+1} \wedge \cdots \wedge X_k \\ &\wedge Y_1 \wedge \cdots \wedge Y_{j-1} \wedge Y_{j+1} \wedge \cdots \wedge Y_l\,,\end{aligned}$$

$$\begin{aligned}[X_1 \wedge \cdots \wedge X_k, f] &:= \sum_{i=1}^{k} (-1)^{k-i} X_i(f) \\ &\quad X_1 \wedge \cdots \wedge X_{i-1} \wedge X_{i+1} \wedge \cdots \wedge X_k \\ &=: -(-1)^{k-1}[f, X_1 \wedge \cdots \wedge X_k]\,.\end{aligned}$$

Für die graduierte Lie-Struktur der Schouten-Klammer wird die Graduierung von ΛTM um 1 erniedrigt.

Schranken-Iterationsverfahren, spezielle iterative Verfahren zur Lösung gewöhnlicher Differentialgleichungen, bei denen simultan obere und untere Schranken ermittelt werden, welche die exakte Lösung garantiert enthalten.

Schrankennorm, ↗symmetrische Norm.

Schrankentreue, spezielle Eigenschaft eines Intervallverfahrens zur Lösung einer numerischen Problemstellung mit Mengen als Eingangsdaten.

Man bezeichet ein solches Verfahren im $\mathbb{R}^n$ als schrankentreu, wenn es den kleinstmöglichen n-dimensionalen Quader liefert, welcher die exakte Lösungsmenge umschließt.

Schraubenlinie, *Helix*, eine Raumkurve mit konstanter Krümmung und Windung.

Die Schraubenlinie wird durch die Bewegung eines Punktes beschrieben, der mit konstanter Winkelgeschwindigkeit 1 um eine Gerade, die Achse, rotiert, und sich gleichzeitig mit konstanter Geschwindigkeit h in Richtung der Achse bewegt. Aus dieser Beschreibung leitet man die Parametergleichung

$$\xi(t) = a \cos t\,,\ \eta(t) = a \sin t\,,\ \zeta(t) = h\,t$$

für eine Schraubenlinie ab, deren Achse mit der $\mathfrak{z}$-Achse übereinstimmt.

Ein einfaches Beispiel wird durch die ↗Schraubenlinien auf einem Drehzylinder gegeben.

Schraubenlinien auf einem Drehzylinder, einfachstes anschauliches Demonstrationsbespiel für die Eigenschaften geodätischer Kurven (↗Schraubenlinien) auf regulären Flächen.

Ist $0 \neq \mathfrak{x} \in \mathbb{R}^3$ ein fester Vektor, und sind $\mathfrak{e}_1, \mathfrak{e}_2 \in \mathbb{R}^3$ zwei zueinander und zu $\mathfrak{x}$ orthogonale Einheitsvektoren, so definieren diese durch

$$\alpha(t) = t xxg + r\,\big(\cos(t)\,\mathfrak{e}_1 + \sin(t)\,\mathfrak{e}_2\big)$$

die Parametergleichung einer Schraubenlinie, die auf dem Drehzylinder $\mathcal{Z}$ vom Radius r liegt, dessen Drehachse durch den Ursprung geht und die Richtung von $\mathfrak{x}$ hat. Der Anstieg dieser Schraubenlinie hat den Wert $2\pi\,|\mathfrak{x}|$. Daß sie eine Geodätische ist, wird anschaulich klar, wenn man sie mit einer ↗Bindfadenkonstruktion darstellt.

Für zwei Punkte $P, Q \in \mathcal{Z}$, die auf derselben Mantellinie liegen, gibt es unendlich viele sie verbindende derartige Schraubenlinien mit unterschiedlichem Anstieg. Das Beispiel zeigt, daß es im Gegensatz zur Ebene auf einer gekrümmten Fläche viele verschiedene geodätische Verbindungslinien zweier Punkte geben kann.

Schreier, Otto, Mathematiker, geb. 3.3.1901 Wien, gest. 2.6.1929 Hamburg.

Schreier studierte von 1920 bis 1923 an der Universität Wien und promovierte 1923 bei ↗Furtwängler. Danach ging er nach Hamburg, wo er bis zu seinem frühen Lebensende am Mathematischen Seminar der Universität Hamburg tätig war.

Seit seiner Promotion arbeitete Schreier auf dem Gebiete der Gruppentheorie. Er bestimmte alle Gruppen mit gegebenem Normalteiler und Faktorgruppe. Er zeigte, daß Untergruppen freier Gruppen wieder frei sind, und fand Darstellungen für formale Untergruppen endlich erzeugter Gruppen.

Neben der abstrakten Gruppentheorie studierte er auch stets Anwendungen in anderen Fachgebieten. So bewies er zahlreiche Sätze über Knotengruppen und untersuchte gemeinsam mit Artin Ordungen in Körpern.

Schrittweite, charakteristische Größe, beispielsweise die Abstände der Stützstellen bei Diskretisierungsverfahren, mit der die Güte näherungsweiser (numerischer) Lösungen, beispielsweise von ↗Anfangswertproblemen, gesteuert wird.

Schrittweitensteuerung, Methode zur Festlegung der Abstände der Stützstellen bei Diskretisierungsverfahren (Schrittweiten) während der Durchführung des Verfahrens selbst.

Die jeweiligen Abstände sind um so geringer zu wählen, je größer der sogenannte lokale ↗Diskretisierungsfehler ausfällt. Dieser hängt i. allg. ab von einer gewissen Potenz der Schrittweite, die wiederum von der Verfahrensordnung abhängt. Siehe hierzu auch ↗adaptives Diskretisierungsverfahren.

Schröder, Friedrich Wilhelm Karl Ernst, deutscher Mathematiker, geb. 25.11.1841 Mannheim, gest. 16.6.1902 Karlsruhe.

Nach dem Studium der Mathematik und Physik bei Hesse, Kirchhoff und Bunsen promovierte Schröder 1862 in Heidelberg, ging dann nach Königsberg zu F.E. Neumann und habilitierte sich

1864 in Zürich. Ab 1869 arbeitete er als Lehrer in Pforzheim und Baden-Baden. 1876 wurde er zum Ordinarius für Arithmetik, Trigonometrie und höhere Analysis an die Technische Hochschule Karlsruhe berufen.

Nach anfänglicher Beschäftigung mit der Analysis wandte sich Schröder im Laufe der Zeit mehr und mehr der algebraischen Logik zu. 1877 entstand das Werk „Operationskreis der Logik", in dem er sich mit Konjuktion und Disjunktion und der Beziehung zwischen der Booleschen Algebra und Arithmetik befaßte. Mit dem Buch „Vorlesungen über die Algebra der Logik", das zwischen 1890 und 1905 erschien, gab er eine systematischen Überblick über den Stand der algebraischen Logik.

Schröder-Bernstein, Satz von, lautet:

Für Mengen A *und* B *folgt aus* $A \precsim B$ *und* $B \precsim A$, *daß* $A \approx B$.

Hierbei bedeutet $A \precsim B$, *daß es eine injektive ↗Abbildung* $i : A \to B$ *gibt, und* $A \approx B$ *bedeutet, daß es eine bijektive Abbildung* $b : A \to B$ *gibt.*

↗Kardinalzahlen und Ordinalzahlen

Schröder-Gebiet, ein periodisches, ↗stabiles Gebiet $V \subset \widehat{\mathbb{C}}$ einer rationalen Funktion f mit der Eigenschaft, daß V einen attraktiven Fixpunkt einer Iterierten f^p von f enthält.

Für weitere Informationen siehe ↗Iteration rationaler Funktionen.

Schröderscher Fixpunktsatz, lautet:

Bezeichnet $\mathbb{I}(\mathbf{v})$ *die Menge aller ↗Intervallvektoren, die in einem gegebenen Intervallvektor* $\mathbf{v}$ *enthalten sind, und ist* $\mathbf{f} : \mathbb{I}(\mathbf{v}) \to \mathbb{I}(\mathbf{v})$ *eine ↗P-Kontraktion, so besitzt* $\mathbf{f}$ *in* $\mathbb{I}(\mathbf{v})$ *genau einen Fixpunkt* $\mathbf{x}^*$, *und die Iterierten*

$$\mathbf{x}^{(k+1)} \;=\; \mathbf{f}(\mathbf{x}^{(k)}),\; k = 0, 1, \ldots$$

konvergieren gegen $\mathbf{x}^*$ *unabhängig von* $\mathbf{x}^{(0)} \in \mathbf{v}$. *Mit dem ↗Hausdorff-Abstand* q *gelten die a priori-Fehlerabschätzung*

$$q(\mathbf{x}^{(k)}, \mathbf{x}^*) \le (I - P)^{-1} P^k q(\mathbf{x}^{(1)}, \mathbf{x}^{(0)}) ,$$

und die a posteriori-Fehlerabschätzung

$$q(\mathbf{x}^{(k)}, \mathbf{x}^*) \le (I - P)^{-1} P q(\mathbf{x}^{(k)}, \mathbf{x}^{(k-1)}) .$$

Bis auf die Fehlerabschätzungen folgen die Aussagen des Schröderschen Fixpunktsatzes aus dem Banachschen Fixpunktsatz.

Schrödinger, Erwin, Physiker, geb. 12.8.1887 Wien, gest. 4.1.1961 Wien.

Schrödinger stammte aus einem wohlhabenden und naturwissenschaftlich sehr interessierten Elternhaus. Nach der elementaren schulischen Ausbildung durch den Vater und durch Hauslehrer sowie dem Besuch des Gymnasiums studierte er 1906-10 an der Universität seiner Heimatstadt Physik. Nach der Promotion 1910 wurde Schrödinger 1911 Assistent am Lehrstuhl für Experimentalphysik der Universität Wien. 1914 habilitierte er sich, wurde dann aber zum Militärdienst eingezogen und diente bei der Artillerie. 1920 war Schrödinger kurzzeitig Assistent bei M. Wien in Jena, wurde a.o. Professor an der TH Stuttgart, dann Ordinarius in Breslau. Ab 1921 war er ordentlicher Professor für Theoretische Physik an der Universität Zürich, ab 1927 an der Universität Berlin. Im Jahre 1933 verließ Schrödinger Berlin und lehrte als Professor in Oxford, ab 1936 in Graz. Nach seiner Entlassung 1938 war er kurzzeitig in Gent tätig, dann, nach erneuter Flucht, als Professor in Dublin. An die Universität Wien kehrte er erst 1956 zurück.

Bis etwa 1925 versuchte sich Schrödinger erfolgreich auf sehr unterschiedlichen Gebieten der Physik. Er arbeitete über Radioaktivität, kinetische Theorie des Magnetismus, Dielektika, Dynamik von Punktsystemen, Farbenlehre und Farbensehen (1925), statistische Wärmetheorie, kinetische Gastheorie. Es entstanden zusammenfassende

Darstellungen über die Theorie der spezifischen Wärme (1926) und über statistische Themodynamik (veröffentlicht 1944). Unter dem Einfluß von Arbeiten von de Broglie über Materiewellen (1923/24) und von Einstein über die Quantentheorie einatomiger Gase (1925) entwickelte Schrödinger neue Vorstellungen über Materiewellen und Atomstruktur. Nach nicht völlig geglückten Versuchen über relativistische Atomtheorie entwickelte er „seine" Atomtheorie in vier Arbeiten mit dem Titel „Quantifizierung als Eigenwertproblem" (1926). Er gab darin die (zeitunabhängige) Schrödinger-Gleichung für das Wasserstoffatom an und bewies mathematisch die Existenz von Bohrs stationären Atomzuständen. Er zeigte, daß die (allgemeine) Schrödinger-Gleichung geeignet ist, optische Vorgänge zu beschreiben, bei denen die Lichtwellenlänge nicht mehr unberücksichtigt bleiben kann („Wellenmechanik").

Das wissenschaftliche Werk Schrödingers wurde fortan entscheidend von der physikalischen und mathematischen Interpretation und Anwendung der Wellenmechanik geprägt. Er versuchte sich an der relativistischen Interpretation von Wellenfeldern, bemühte sich um die Schaffung einer einheitlichen Feldtheorie und befaßte sich mit ihrer Bedeutung für kosmologische Fragen. Seit den vierziger Jahren war Schrödinger sehr erfolgreich darin, die grundlegend neuen Erkenntnisse der Physik der ersten Jahrzehnte des 20. Jahrhunderts auf Philosophie und Biologie anzuwenden („What is Life", 1945; „Meine Weltsicht", 1961). 1933 wurde er mit dem Nobelpreis für Physik geehrt.

Schrödinger-Gleichung, Grundgleichung der Quantenmechanik für die Aufenthaltswahrscheinlichkeit eines Teilchens im Raum. In der ↗partiellen Differentialgleichung

$$iq\psi_t = \frac{h^2}{2m}\Delta\psi + U\psi$$

ist $\psi = \psi(x, t)$ die gesuchte komplexwertige Wellenfunktion, m die Masse des Teilchens und $U = U(x)$ das Potential des Kraftfeldes, in dem das Teilchen sich befindet. Die Konstante h bezeichnet das Plancksche Wirkungsquantum, und $q = h/2\pi$. Der Wert

$$\int_\Omega |\psi(x,t)|^2 dx$$

beschreibt dann die Wahrscheinlichkeit eines Teilchens, sich zur Zeit t im Gebiet Ω zu befinden. Es gilt folglich die Normierungsbedingung

$$\int_{\mathbb{R}^3} |\psi(x,t)|^2 dx = 1 .$$

Schrödingers Katze, ↗ Meßprozeß in der Quantenmechanik.

Schubert-Varietäten, bestimmte Untervarietäten von Graßmannschen G, deren rationale Äquivalenzklassen (↗algebraische Zyklen) eine Basis der Gruppe $A^*(G)$ resp. $H^*(G, \mathbb{Z})$ bilden.

Es sei $d < n$, E ein $(n+1)$-dimensionaler Vektorraum und $G = G_{n-d}(E)$ die Graßmannsche der Unterräume der Kodimension $n - d$. Sei weiterhin

$$0 \neq A_0 \underset{\neq}{\subset} A_1 \underset{\neq}{\subset} \dots \underset{\neq}{\subset} A_d \subseteq E$$

eine Fahne von Unterräumen. Die zugehörige Schubert-Varietät ist definiert durch

$$\Omega(A_0, \dots, A_d) = \{L \in G, \dim(L \cap A_j) > j \text{ für } j = 0, 1, \dots, d\} .$$

Dies ist in der Tat eine Untervarietät, deren rationale Äquivalenzklasse nur von den Zahlen $a_0 = \dim A_0 - 1$, $a_1 = \dim A_1 - 1, \dots,$ $a_d = \dim A_d - 1$ abhängt, dies wird deshalb mit $(a_0, \dots, a_d)$ bezeichnet. Die Dimension der Schubert-Varietät ist

$$\sum_{i=0}^{d}(a_i - i) = \sum_{i=0}^{d} a_i - \binom{d+1}{2} .$$

Ist $\mathcal{O}_G \otimes E \to Q$ das universelle Quotientenbündel und $\sigma_j = c_j(Q)$, $j = 1, \dots, n-d$, die j-te ↗Chern-Klasse, so wird $A^*(G)$ resp. $H^*(G, \mathbb{Z})$ als Ring durch $\sigma_1, \dots, \sigma_{n-d}$ erzeugt, und die Schubert-Klassen $(a_0, \dots, a_d)$, ausgedrückt durch $\sigma_1, \dots, \sigma_{n-d}$, werden durch *Giambellis Formel*

$$(a_0, \dots, a_d) = \det\left(\sigma_{\lambda_i+j-i}\right)_{0 \le i, j \le d} = \begin{vmatrix} \sigma_{\lambda_0} & \sigma_{\lambda_0+1} & \dots & \sigma_{\lambda_0+d} \\ \sigma_{\lambda_1-1} & \sigma_{\lambda_1} & \dots & \sigma_{\lambda_1+d-1} \\ \vdots & & \ddots & \vdots \\ \sigma_{\lambda_d-d} & \dots & \dots & \sigma_{\lambda_d} \end{vmatrix}$$

gegeben, mit $\lambda_j = n - d - (a_j - j)$. Speziell ist

$$(n-d-m,\ n-d+1,\ n-d+2, \dots, n) = \sigma_m .$$

Schur, Issai, Mathematiker, geb. 10.1.1875 Mohilev am Dnjepr, gest. 10.1.1941 Tel Aviv.

Nach dem Schulbesuch in Libau (Lettland) studierte Schur an der Berliner Universität ab 1894 Physik, später Mathematik, und promovierte dort 1901 bei Frobenius. Nach der Habilitation 1903 wirkte er als Privatdozent, trat 1911 die Nachfolge von Hausdorff in Bonn als a. o. Professor an und kehrte 1916 in der gleichen Position an die Berliner Universität zurück. 1919 erhielt er dort ein Ordinariat und wurde 1935 unter dem Druck der Nationalsozialisten vorzeitig in den Ruhestand versetzt. 1939 emigierte er nach Palästina.

Schur war ein sehr vielseitig arbeitender Mathematiker. Sein Hauptforschungsgebiet bildete die Darstellungstheorie der Gruppen. In seiner Dissertation bestimmte er die polynomialen Darstellungen der allgemeinen linearen Gruppe $GL(n, \mathbb{C})$ über den komplexen Zahlen. Die dabei entwickelten Ideen und Methoden gelten noch heute als aktuell. Schur selbst griff 1927 die Probleme nochmals auf und gab für viele Ergebnise neue Beweise. 1905 begründete er die Theorie der Gruppencharaktere neu und verallgemeinerte bzw. vereinfachte die grundlegenden Resultate seines Lehrers Frobenius. Ein Jahr zuvor, 1904, hatte er sich den gebrochen linearen Darstellungen zugewandt und den Begriff der projektiven Darstellung einer Gruppe über einem algebraisch abgeschlossenen Körper der Charakteristik Null sowie den Schurschen Multiplikator eingeführt. 1911 behandelte er dann die Darstellungen der symmetrischen und der alternierenden Gruppe durch gebrochen-lineare Substitutionen und klassifizierte sie. Ab 1906 analysierte er auch erstmals systematisch das Verhalten irreduzibler Darstellungen von endlichen Gruppen über einem kommutativen Körper bei Körpererweiterungen.

Schur leistete zu weiteren Teilgebieten der Mathematik wichtige Beiträge. Seine Arbeiten zur Funktionentheorie (1917/18) bildeten später zusammen mit denen von Nevanlinna die Grundlage für die heutige Schur-Analysis. In der Gruppentheorie definierte er den Begriff der Verlagerung und wies nach, daß jede Erweiterung einer Gruppe durch eine zweite Gruppe zerfällt, wenn beide Gruppen teilerfremde Ordnungen haben. Außerdem gab er für mehrere Sätze neue Beweise, ohne wie bisher üblich auf die Theorie der Charaktere zurückzugreifen. Interessante Ergebnisse erzielte er in der Gleichungstheorie, in verschiedenen Gebieten der Zahlentheorie und der Matrizentheorie sowie über Kettenbrüche, Potenzreihen und Integralgleichungen. 1918 bis 1936 war Schur Mitherausgeber der „Mathematischen Zeitschrift".

Schur, Lemma von, Aussage über die Äquivalenz von schwacher Konvergenz und Normkonvergenz im Folgenraum ℓ^1:

Eine Folge $(x_n) \subset \ell^1$ konvergiert genau dann schwach gegen x (↗schwache Konvergenz), wenn sie in der Norm gegen x konvergiert.

Da die schwache und die Normtopologie verschieden sind, gilt diese Aussage nicht mehr für Netze oder Filter statt Folgen. Allgemein sagt man, ein Banachraum habe die Schur-Eigenschaft, wenn jede schwach konvergente Folge in der Norm konvergiert.

Schur, Satz von, in der Riemannschen Geometrie eine Aussage über die ↗Schnittkrümmung K_σ einer ↗Riemannschen Mannigfaltigkeit (M, g) der Dimension n.

Wenn M zusammenhängend ist, $n \geq 3$, und wenn die Schnittkrümmung K_σ der zweidimensionalen Unterräume $\sigma \subset T_x(M)$ nur vom Punkt $x \in M$ abhängt, so ist K_σ eine konstante Funktion.

Es sei

$$\pi : Gr_2(T(M)) \to M$$

die Projektion des Graßmannschen Bündels $Gr_2(T(M))$ aller zweidimensionalen Unterräume $\sigma \subset T_x(M)$ auf die Mannigfaltigkeit M. Die Riemannsche Mannigfaltigkeit (M, g) ist ein ↗Raum konstanter Krümmung, wenn eine Funktion $\widetilde{K} : M \to \mathbb{R}$ existiert mit $K_\sigma = \widetilde{K} \circ \pi(\sigma)$ für alle $\sigma \in Gr_2(T(M))$.

Der Satz von Schur besagt, daß für Räume konstanter Krümmung

$$K_\sigma = k = \text{const}$$

gilt. Daraus folgt, daß der ↗Riemannsche Krümmungstensor R sich für beliebige Vektorfelder X, Y, Z auf M durch

$$R(X, Y)(Z) = k\left(g(Z, Y)X - g(Z, X)Y\right)$$

ausdrücken läßt.

Schursches Produkt, das Produkt

$$(f \cdot g)(x, y) = f(x, y)g(x, y)$$

zweier Elemente f und g einer ↗Inzidenzalgebra $\mathbb{A}_K(P)$ einer lokal-endlichen Ordnung $P_<$ über einem Körper K der Charakteristik 0.

Schur-Ungleichung, Ungleichung (1) über die Eigenwerte einer komplexen Matrix.

Sei (a_{ij}) eine komplexe $(n \times n)$-Matrix mit den in ihrer Vielfachheit gezählten Eigenwerten $\lambda_1, \dots, \lambda_n$; dann gilt

$$\sum_{k=1}^{n} |\lambda_k|^2 \leq \sum_{i,j=1}^{n} |a_{ij}|^2 . \qquad (1)$$

Die Schur-Ungleichung ist ein Spezialfall der ↗Weyl-Ungleichung.

schwach folgenvollständiger Banachraum, ↗schwache Konvergenz.

schwach Haarsche Bedingung, ↗schwach Haarscher Raum.

schwach Haarscher Raum, linearer Raum von Funktionen, dessen Elemente höchstens eine begrenzte Anzahl von Vorzeichenwechseln haben.

Ein Teilraum V von ↗$C[a, b]$ endlicher Dimension n ist ein schwach Haarscher Raum, wenn jede Funktion $v \in V$ höchstens $(n-1)$ Vorzeichenwechsel in $[a, b]$ hat. Man sagt in diesem Fall auch, daß V die schwach Haarsche Bedingung erfüllt.

Man bezeichnet einen solchen Raum auch als ↗schwach Tschebyschewschen Raum.

Es handelt sich offenbar um eine Abschwächung der Haarschen Bedingung (↗Haarscher Raum), da eine Funktion beliebig viele Nullstellen besitzen kann, ohne ihr Vorzeichen zu wechseln.

schwach holomorphe Funktion, Begriff in der Funktionentheorie auf komplexen Räumen.

Sei U eine offene Teilmenge eines reduzierten komplexen Raumes X. Eine schwach holomorphe Funktion auf U ist eine holomorphe Funktion $f : U \backslash A \to \mathbb{C}$, die außerhalb einer dünnen analytischen Menge A in U definiert und auf A lokal beschränkt ist. Der $\mathcal{O}(U)$-Modul der schwach holomorphen Funktionen auf U wird mit $\widetilde{\mathcal{O}}(U)$ bezeichnet.

Dabei heißt eine abgeschlossene Teilmenge B eines komplexen Raumes X analytisch dünn, wenn für jedes offene $U \subset X$ die Einschränkungsabbildung $\mathcal{O}(U) \to \mathcal{O}(U \backslash B)$ injektiv ist.

schwach holomorph-konvexer Raum, Begriff in der Funktionentheorie auf ↗Steinschen Räumen.

Ein komplexer Raum X heißt schwach holomorph konvex, wenn jede kompakte Menge $K \subset X$ eine offene Umgebung U besitzt, so daß $\widehat{K}_{\mathcal{O}(X)} \cap U$ kompakt ist. Dabei bezeichne $\widehat{K}_{\mathcal{O}(X)}$ die holomorph konvexe Hülle von K in X. Es ist leicht zu sehen, daß man U immer so wählen kann, daß U offen und relativ kompakt in X liegt, und $\widehat{K} \cap \partial U = \emptyset$.

schwach koerzitiver Operator, eine Abbildung $T : X \supset M \to Y$, wobei X und Y Banachräume sind, mit $\|Tx_n\| \to \infty$, falls $\|x_n\| \to \infty$; dazu ist äquivalent, daß das Urbild einer beschränkten Menge unter T stets beschränkt ist.

schwach kompakt erzeugter Banachraum, *WCG-Raum*, ein Banachraum, in dem eine schwach kompakte Menge (↗schwache Topologie) existiert, deren lineare Hülle dicht liegt, beispielsweise ein separabler oder ein reflexiver Raum, oder auch ein Raum $L^1(\mu)$ für ein σ-endliches Maß μ.

Ein schwach kompakt erzeugter Raum X enthält viele ↗komplementierte Unterräume, und es existiert ein injektiver stetiger Operator in einen Raum vom Typ $c_0(I)$ (Satz von Amir-Lindenstrauss). Dies impliziert eine reichhaltige Strukturtheorie solcher Räume.

schwach kompakter Operator, ein linearer Operator zwischen Banachräumen, der beschränkte Mengen auf relativ schwach kompakte Mengen (↗schwache Topologie) abbildet.

Ein linearer Operator $T : X \to Y$ ist genau dann schwach kompakt, wenn die Bildfolge jeder beschränkten Folge eine schwach konvergente Teilfolge (↗schwache Konvergenz) enthält; das folgt aus dem Satz von Eberlein-Smulian (↗Eberlein-Smulian, Kompaktheitssatz von). Mit einem Operator T ist auch dessen Adjungierter T' schwach kompakt (Satz von Gantmacher).

Ist $X = Y = C(K)$ oder $X = Y = L^1(\mu)$, so ist das Quadrat jedes schwach kompakten Operators kompakt (Satz von Dunford-Pettis).

schwach negatives Vektorbündel, Vektorbündel mit einer Zusatzeigenschaft, die bei der Untersuchung von Varietäten hinsichtlich Projektivität eine wichtige Rolle spielt.

Es seien X ein analytischer Raum und V eine kompakte Untervarietät von X. Wenn ein analytischer Raum Y und eine holomorphe Abbildung $\varphi : X \to Y$ existieren, so daß $\varphi(V) = \{y_0\}$ und $\varphi : X - V \cong Y - \{y_0\}$ ist, dann nennt man V eine exzeptionelle Untervarietät vom X. Ist $\pi : L \to A$ ein Vektorbündel über einem kompakten Raum A, so daß der Nullschnitt von L exzeptionell in L ist, dann heißt L schwach negatives Vektorbündel über A. Ein Vektorbündel $\pi : L \to A$ über einem kompakten Raum A heißt schwach positives Vektorbündel über A, wenn das duale Bündel L^* schwach negativ ist. Es gilt der folgende bemerkenswerte Satz:

Sei A ein kompakter analytischer Raum und $\pi : L \to A$ ein schwach negatives Geradenbündel über A. Dann ist A eine projektive Varietät.

schwach positives Vektorbündel, ↗ schwach negatives Vektorbündel.

schwach stetiger Operator, eine bzgl. der ↗schwachen Topologien stetige Abbildung

$$T : X \supset \mathrm{D}(T) \to Y$$

zwischen normierten Räumen.

Ist $\mathrm{D}(T)$ ein Untervektorraum und T linear, so ist die schwache Stetigkeit zur Stetigkeit äquivalent.

schwach Tschebyschew, strukturelle Eigenschaft von Funktionenräumen, welche beispielsweise für ↗periodische Splines ungerader Dimension gilt. Eine andere Bezeichnung ist ↗schwach Haarscher Raum.

schwach unerreichbare Kardinalzahl, ↗Kardinalzahlen und Ordinalzahlen.

schwach-dualer Raum, der Dualraum E' eines lokalkonvexen Raums E, versehen mit der ↗Schwach-∗-Topologie $\sigma(E', E)$.

schwache Ableitung, ↗verallgemeinerte Ableitung.

schwache Cauchy-Folge, ↗ schwache Konvergenz.

schwache Konvergenz, abgeschwächter Konvergenzbegriff in normierten oder lokalkonvexen Räumen.

Eine Folge (x_n) in einem lokalkonvexen Raum X, insbesondere einem normierten Raum, konvergiert schwach gegen x, falls

$$\lim_{n\to\infty} x'(x_n) = x'(x) \qquad \forall x' \in X'.$$

Ist die Topologie von X Hausdorffsch (wie im normierten Fall), so ist der schwache Grenzwert eindeutig bestimmt. Konvergiert (x_n) bzgl. der Originaltopologie, so auch schwach. Die schwache Konvergenz ist genau die Konvergenz bzgl. der ↗schwachen Topologie $\sigma(X, X')$.

Hingegen heißt die Folge (x_n) schwache Cauchy-Folge, falls für alle $x' \in X'$ der Grenzwert $\lim_n x'(x_n)$ existiert. Ist etwa $x_n(t) = t^n$, so ist die Folge (x_n) in $C[0, 1]$ eine schwache Cauchy-Folge, jedoch nicht schwach konvergent. Konvergiert jede schwache Cauchy-Folge in einem Banachraum X schwach, so heißt X schwach folgenvollständig; ein Beispiel hierfür ist jeder reflexive Raum oder der Raum $L^1(\mu)$.

Für die Verwendung des Begriffs der schwachen Konvergenz im Kontext Maßtheorie siehe ↗Konvergenz, schwache, von Maßen, und ↗Konvergenz, schwache, von meßbaren Funktionen, sowie ↗schwache Konvergenz von Wahrscheinlichkeitsmaßen.

schwache Konvergenz von Wahrscheinlichkeitsmaßen, insbesondere im Zusammenhang mit Grenzwertsätzen in der Wahrscheinlichkeitstheorie wichtiger Konvergenzbegriff für Folgen von Wahrscheinlichkeitsmaßen.

Es sei (S, d) ein mit der von der Metrik d induzierten Topologie versehener metrischer Raum. Eine Folge $(P_n)_{n\in\mathbb{N}}$ von auf der Borel-σ-Algebra $\mathfrak{B}(S)$ definierten Wahrscheinlichkeitsmaßen konvergiert schwach gegen ein ebenfalls auf $\mathfrak{B}(S)$ definiertes Wahrscheinlichkeitsmaß P, wenn

$$\lim_{n\to\infty} \int_S f dP_n = \int_S f dP$$

für alle stetigen und beschränkten Funktionen $f : S \to \mathbb{R}$ gilt. Man schreibt dann $P_n \Rightarrow P$. Die schwache Konvergenz von $(P_n)_{n\in\mathbb{N}}$ gegen P ist zur wesentlichen Konvergenz von $(P_n)_{n\in\mathbb{N}}$ gegen P äquivalent. Weitere äquivalente Charakterisierungen der schwachen Konvergenz liefert das ↗Portmanteau-Theorem.

Die schwache Konvergenz von Wahrscheinlichkeitsmaßen kann auch als Konvergenz im topologischen Sinne erkannt werden, wenn man den topologischen Raum $(\mathfrak{W}(S), \mathcal{W})$ betrachtet, wobei $\mathfrak{W}(S)$ die Menge der auf $\mathfrak{B}(S)$ definierten Wahrscheinlichkeitsmaße und $\mathcal{W}$ die Topologie der schwachen Konvergenz bezeichnet. Eine Folge $(X_n)_{n\in\mathbb{N}}$ reeller Zufallsvariablen konvergiert genau dann in Verteilung gegen eine reelle Zufallsvariable X, wenn die Folge der Verteilungen der X_n schwach gegen die Verteilung von X konvergiert; siehe hierzu auch ↗schwache Konvergenz.

schwache Ladung, die der ↗schwachen Wechselwirkung zugeordnete Ladung, siehe auch ↗Z-Bosonen.

schwache Lösung einer partiellen Differentialgleichung, verallgemeinerte Lösung einer linearen ↗partiellen Differentialgleichung im Sinne der Distributionentheorie. Im Gegensatz zur Lösung der Orginalgleichung genügt die schwache Lösung nur einer aus der Differentialgleichung gewonnenen notwendigen Bedingung, die allerdings für starke Lösungen auch hinreichend ist.

Sei Ω ein Gebiet im $\mathbb{R}^n$, und sei der Differentialgleichungsoperator der Ordnung m (mit konstanten Koeffizienten) gegeben in der Form

$$P(D) = \sum_{|m|\le p} a_m D^m$$

mit einem multivariaten Polynom P und der Ableitung $D = \left(\frac{\partial}{\partial x_1}, \ldots, \frac{\partial}{\partial x_n}\right)$. Der zu $P(D)$ adjungierte Operator ist definiert als $P^*(D) := P(-D)$. Ist $V(\Omega)$ der Raum der unendlich oft differenzierbaren Funktionen, die außerhalb von Ω gleich Null sind, so ist u eine schwache Lösung der Gleichung

$$P(D)u = f \quad (f \text{ stetig}),$$

wenn u stetig ist und der Bedingung

$$\int_\Omega (\varphi \cdot f - u \cdot P^*(D)\varphi)\, dx = 0 \quad \forall \varphi \in V(\Omega)$$

genügt. Ist $u \in C^m(\Omega)$, so nennt man u starke (oder eigentliche) Lösung.

Schwache Lösungen wurden von E. Hopf im Zusammenhang mit der ↗Navier-Stokes-Gleichung eingeführt.

schwache Lösung einer stochastischen Differentialgleichung, für die stochastische Differentialgleichung

$$dX_t = b(t, X_t)dt + \sigma(t, X_t)dB_t$$

mit dem $(d \times 1)$-Vektor $b(t, x) = (b_i(t, x))$ und der $(d \times r)$-Matrix $\sigma(t, x) = (\sigma_{ij}(t, x))$, wobei $b_i : [0, \infty) \times \mathbb{R}^d \to \mathbb{R}$ und $\sigma_{ij} : [0, \infty) \times \mathbb{R}^d \to \mathbb{R}$ für $1 \le i \le d$ und $1 \le j \le r$ Borel-meßbare Funktionen bezeichnen, jedes Tripel

$$(((X_t)_{t\ge0}, (B_t)_{t\ge0}), (\Omega, \mathfrak{A}, P), (\mathfrak{A}_t)_{t\ge0})$$

mit den folgenden Eigenschaften:

(i) Es ist $(\Omega, \mathfrak{A}, P)$ ein Wahrscheinlichkeitsraum und $(\mathfrak{A}_t)_{t\ge0}$ eine Filtration in $\mathfrak{A}$, welche die üblichen Voraussetzungen erfüllt.

(ii) $(X_t)_{t\ge0}$ ist ein stetiger an $(\mathfrak{A}_t)_{t\ge0}$ adaptierter Prozeß mit Werten in $\mathbb{R}^d$, und $(B_t)_{t\ge0}$ eine stetige an $(\mathfrak{A}_t)_{t\ge0}$ adaptierte r-dimensionale ↗Brownsche Bewegung.

(iii) Es gilt

$$P\left(\int_0^t |b_i(s, X_s)| + \sigma_{ij}^2(s, X_s)ds < \infty\right) = 1$$

für alle $1 \le i \le d$, $1 \le j \le r$ und $0 \le t < \infty$.

(iv) Es gilt

$$X_t = X_0 + \int_0^t b(s, X_s)ds + \int_0^t \sigma(s, X_s)dB_s$$

P-fast sicher für alle $t \geq 0$.

Das auf $\mathfrak{B}(\mathbb{R}^d)$ definierte Wahrscheinlichkeitsmaß $\mu = P_{X_0}$, d. h. die Verteilung von X_0, heißt die Anfangsverteilung der schwachen Lösung.

schwache Markow-Eigenschaft, ↗Markow-Familie.

schwache Operatorkonvergenz, ↗ Operatorkonvergenz.

schwache Operatortopologie, eine lokalkonvexe Topologie auf dem Raum aller stetigen linearen Operatoren.

Sind X und Y Banachräume und $L(X, Y)$ der Raum der stetigen linearen Operatoren von X nach Y, so wird die schwache Operatortopologie auf $L(X, Y)$ von der Halbnormfamilie

$$T \mapsto |y'(Tx)| \qquad (x \in X,\ y' \in Y')$$

erzeugt; sind X und Y Hilberträume, kann man (↗Fréchet-Riesz, Satz von) stattdessen

$$T \mapsto |\langle Tx, y\rangle| \qquad (x \in X,\ y \in Y)$$

schreiben. Sie ist gröber als die ↗starke Operatortopologie und die Normtopologie.

Ein lineares Funktional auf $L(X, Y)$ ist genau dann stetig bzgl. der schwachen Operatortopologie, falls es von der Form

$$T \mapsto \sum_{j=1}^{n} y_j'(Tx_j)$$

für gewisse $x_j \in X, y_j' \in Y'$ ist. Die schwache und die starke Operatortopologie erzeugen also denselben Dualraum.

schwache Singularität, *Singularität vom Fuchsschen Typ*, *Stelle der Bestimmtheit*, Punkt z_0, bei dem die Matrix $A(z) = (a_{ij}(z))$ der Differentialgleichung

$$\mathbf{w}' = A(z)\mathbf{w}$$

einen Pol erster Ordnung besitzt, wobei A für $0 < |z - z_0| < r$ $(r > 0)$ eindeutig und holomorph sei.

Mit anderen Worten, mindestens eine der Komponentenfunktionen a_{ij} von A, deren Konvergenzradien sämtlich größer oder gleich r sind, besitzt bei $z = z_0$ einen Pol erster Ordnung.

Ist der Punkt $z = z_0$ weder ein regulärer Punkt noch eine schwache Singularität, so heißt dieser Punkt starke Singularität bzw. Stelle der Unbestimmtheit. Das tritt genau dann auf, wenn mindestens eine der Funktionen a_{ij} bei $z = z_0$ einen Pol mindestens zweiter Ordnung oder eine wesentliche Singularität besitzt.

Der Punkt $z = \infty$ ist eine schwache (starke) Singularität, falls $\xi = 0$ eine schwache (starke) Singularität der durch die Transformation $z = \xi^{-1}$ hervorgehenden Differentialgleichung ist.

schwache ∗-Konvergenz, Konvergenz bzgl. der ↗Schwach-∗-Topologie.

schwache Topologie, die Topologie auf einem lokalkonvexen Raum X, insbesondere einem normierten Raum, die von der Halbnormfamilie

$$x \mapsto |x'(x)| \qquad (x' \in X')$$

erzeugt wird; sie ist eine lokalkonvexe Topologie auf X, die mit $\sigma(X, X')$ bezeichnet wird.

Ein lineares Funktional auf X ist genau dann $\sigma(X, X')$-stetig, wenn es stetig, also von der Form

$$x \mapsto x'(x) \tag{1}$$

für ein $x' \in X'$ ist. (X' bezeichnet den Raum der bezüglich der Originaltopologie von X stetigen Funktionale.) Die $\sigma(X, X')$-Topologie ist die gröbste Topologie, die diese Funktionale stetig werden läßt; mit anderen Worten ist sie initial bzgl. der Abbildungen der Form (1). Ist die Originaltopologie Hausdorffsch, so auch die schwache Topologie.

Die schwache Kompaktheit der Einheitskugel eines Banachraums ist äquivalent zu dessen Reflexivität. Wichtige Kompaktheitskriterien für die schwache Topologie werden in den Sätzen von James, Krein, und dem Kompaktheitssatz von Eberlein-Smulian ausgesprochen. Ist μ ein endliches positives Maß, so ist eine beschränkte Teilmenge von $L^1(\mu)$ genau dann relativ schwach kompakt, wenn sie gleichgradig integrierbar ist.

In der Theorie lokalkonvexer Räume wird gelegentlich die ↗Schwach-∗-Topologie des Dualraums als dessen schwache Topologie bezeichnet.

schwache Wechselwirkung, eine der vier physikalischen Wechselwirkungen.

Außer dem Photon unterliegen alle Elementarteilchen dieser Wechselwirkung. Sie ist jedoch um etwa 10 Größenordnungen schwächer als die starke Wechselwirkung und hat eine Reichweite von etwa 10^{-13} cm.

Die erste Theorie der schwachen Wechselwirkung geht auf E. Fermi zurück. Im Jahr 1934 behandelte er sie als 4-Teilchenwechselwirkung: Ein Neutron, ein Proton, ein Elektron und ein Anti-Elektronneutrino treffen in einem Raum-Zeit-Punkt aufeinander.

Heute geht man davon aus, daß diese 4-Teilchenwechselwirkung nur eine Näherung dafür darstellt, daß ein intermediäres W-Boson ausgetauscht wird, welches einen neutralen schwachen Strom vermittelt. („Schwach“ wird hierbei nicht im Sinne von „geringe Spannung“, sondern im Sinne von „zur schwachen Wechselwirkung gehörig“ verwendet.)

schwaches Differential, andere Bezeichnung für die ↗Gâteaux-Ableitung.

schwaches Gesetz der großen Zahlen, Bezeichnung für eine Reihe von Resultaten, die unter gewissen Voraussetzungen an eine Folge $(X_n)_{n\in\mathbb{N}}$ von auf einem Wahrscheinlichkeitsraum $(\Omega, \mathfrak{A}, P)$ definierten reellen Zufallsvariablen zeigen, daß die Folge $(Y_n - E(Y_n))_{n\in\mathbb{N}}$ stochastisch gegen (die konstante Zufallsvariable) 0 konvergiert, wobei

$$Y_n = \frac{1}{n}\sum_{i=1}^{n} X_i$$

für jedes $n \in \mathbb{N}$ das arithmetische Mittel bezeichnet. Man sagt dann, daß die Folge $(X_n)_{n\in\mathbb{N}}$ dem schwachen Gesetz der großen Zahlen genügt.

Jede Folge $(X_n)_{n\in\mathbb{N}}$ von unabhängigen identisch verteilten reellen Zufallsvariablen, deren Erwartungswerte $E(X_n) = \mu < \infty$ existieren, genügt dem schwachen Gesetz der großen Zahlen. In diesem Falle konvergiert die Folge $(Y_n)_{n\in\mathbb{N}}$ also stochastisch gegen μ. Eine bekannte Formulierung des schwachen Gesetzes der großen Zahlen beinhaltet der folgende Satz.

Erfüllt eine Folge $(X_n)_{n\in\mathbb{N}}$ von paarweise unkorrelierten reellen Zufallsvariablen mit endlichen Varianzen die Bedingung

$$\lim_{n\to\infty} \frac{1}{n^2}\sum_{i=1}^{n} Var(X_i) = 0,$$

so konvergiert die Folge $(Y_n - E(Y_n))_{n\in\mathbb{N}}$ stochastisch gegen 0.

Schwache Gesetze der großen Zahlen wurden in unterschiedlicher Allgemeinheit etwa von J. Bernoulli, Chinčin, Kolmogorow, Markow, Tschebyschew und Poisson angegeben, auf den auch der Name „Gesetz der großen Zahlen" zurückgeht.

[1] Gnedenko, B. W.: Lehrbuch der Wahrscheinlichkeitstheorie (10. Aufl.). Verlag Harri Deutsch Thun, 1997.

schwaches Spaltensummenkriterium, ↗Spaltensummenkriterien.

schwaches und starkes Äquivalenzprinzip, Begriffe aus der Gravitationstheorie, wo verschiedene Varianten des ↗ Äquivalenzprinzips verwendet werden.

Die Bezeichnungen sind nicht ganz einheitlich, meist aber wie folgt: Das schwache Äquivalenzprinzip gilt in allen Gravitationstheorien, das starke ist zwar in der Allgemeinen Relativitätstheorie erfüllt, in anderen Theorien dagegen nicht. Deshalb würde ein experimenteller Test des starken Äquivalenzprinzips geeignet sein, diese Theorien zu unterscheiden. Praktisch scheitert dies an der gegenwärtig nicht erreichbaren notwendigen Meßgenauigkeit.

schwaches Zeilensummenkriterium, ↗Zeilensummenkriterien.

schwachkomplementärer Verband, ein ↗halbkomplementärer Verband $(V, \leq)$, in dem es für beliebige Elemente $a, b \in V$ mit $a \leq b$ und $a \neq b$ mindestens ein ↗Halbkomplement x von a gibt, das kein Halbkomplement von b ist.

Schwach-$*$-Topologie, die Topologie der punktweisen Konvergenz im Dualraum eines lokalkonvexen Raums, insbesondere eines normierten Raums.

Die Schwach-$*$-Topologie auf dem Dual X' von X wird von der Halbnormfamilie

$$x' \mapsto |x'(x)| \qquad (x \in X)$$

erzeugt; sie ist eine lokalkonvexe Hausdorffsche Topologie auf X', die mit $\sigma(X', X)$ bezeichnet wird. Im Fall eines normierten Raums ist sie gröber als die ↗schwache Topologie des Banachraums X' und von dieser zu unterscheiden, wenn X nicht reflexiv ist. In der Theorie der lokalkonvexen Räume wird die $\sigma(X', X)$-Topologie auch als schwache Topologie bezeichnet (↗schwach-dualer Raum).

Ein lineares Funktional auf X' ist genau dann $\sigma(X', X)$-stetig, wenn es von der Form

$$x' \mapsto x'(x) \qquad (1)$$

für ein $x \in X$ ist. Die $\sigma(X', X)$-Topologie ist die gröbste Topologie, die diese Funktionale stetig werden läßt, sie ist also initial bzgl. der Abbildungen der Form (1). Die Bedeutung der Schwach-$*$-Topologie liegt wesentlich in der Gültigkeit des Kompaktheitssatzes von Alaoglu-Bourbaki (↗Alaoglu-Bourbaki, Kompaktheitssatz von) begründet.

Schwalbenschwanz-Bifurkation, ↗Kodimension-k-Bifurkation.

Schwankung, ↗Oszillation.

Schwankungsrückstellungen, Begriff aus der ↗Risikotheorie.

Schwankungsrückstellungen dienen dem Ausgleich von großen Schwankungen im Schadenverlauf bestimmter Risikoarten. Sie werden in der Schaden- und Unfallversicherung als Bilanzpositionen gebildet, um die dauernde Erfüllbarkeit der eingegangenen Verpflichtungen sicherzustellen.

Zur Berechnung der notwendigen Rückstellungen werden Verfahren der Risikotheorie verwendet (vgl. hierzu auch ↗ Rückstellungen). Mindestanforderungen sind üblicherweise von den nationalen Aufsichtsbehörden festgelegt, seit 1987 gibt es auch Richtlinien des Rates der Europäischen Gemeinschaften, die eine Vereinheitlichung der nationalen Bestimmungen vorsehen.

Schwartz, Laurent, Mathematiker, geb. 5.3.1915 Paris, gest. 4.7.2002 Paris.

Nach dem Studium an der Ecole Normale Supérieur in Paris (1934–1937) setze Schwartz seine Ausbildung an der Universität Strasbourg fort, wo er 1943 promovierte. 1944/45 lehrte er an der Universität Grenoble und erhielt dann eine Professur in Nancy. 1953 kehrte er als Professor nach Paris zurück und lehrte 1953–1959 an der Sorbonne, 1959–1980 an der Ecole Polytechnique und 1980 bis zu seiner Emeritierung 1983 an der Université de Paris VIII in St. Denis.

Schwartz' bedeutendster Beitrag zur Entwicklung der Mathematik war die Theorie der Distributionen (verallgemeinerten Funktionen), die er ab Mitte der 40er Jahre aufbaute. Mit dieser Theorie verallgemeinerte er grundlegende Begriffe der Analysis und gab den in verschiedenen Kalkülen benutzten Bildungen, wie der Diracschen Delta-Funktion, eine einheitliche exakte mathematische Beschreibung auf einer abstrakten funktionalanalytischen Basis. Ausgangspunkt war die Beschreibung der Distributionen, auch verallgemeinerte Funktionen genannt, als stetige lineare Funktionale auf dem Raum der unendlich oft differenzierbaren Funktionen, die außerhalb einer kompakten Menge veschwinden.

Mit der Distributionentheorie eröffnete Schwartz zahlreiche neue Anwendungsmöglichkeiten, zugleich rückte er das Studium topologischer Vektorräume stärker in den Mittelpunkt der mathematischen Forschung. Die anschließenden Forschungen von Schwartz und anderen Mathematikern über topologische Vektorräume lieferten wichtige neue Einsichten in der Theorie partieller Differentialgleichungen, die Theorie von Funktionen mehrerer komplexer Veränderlicher, die Spektraltheorie, und in weitere Teilgebiete der Mathematik. 1950 vollendete Schwartz seine inzwischen klassische zweibändige Darstellung „Théorie des distributions", in der er auch die Faltung und die Fourier-Transformation von Distributionen erklärte und das sog. Kerntheorem angab.

Für seine Arbeiten wurde Schwartz 1950 mit der ↗Fields-Medaille geehrt.

Schwartz, Satz von, Aussage über die Darstellung verallgemeinerter Funktionen.

Es seien T eine verallgemeinerte Funktion in $\Omega \subseteq \mathbb{R}^n$ und $K \subseteq \Omega$ kompakt.

Dann gibt es eine nur von T und K abhängige natürliche Zahl m und eine ebenfalls von T und K abhängige Funktion $f \in L^2(K)$ so, daß für jedes $\varphi \in D_K(\Omega)$ die Gleichung

$$T(\varphi) = \int_K f(x) \frac{\partial^{nm} \varphi(x)}{\partial x_1^m \dots \partial x_n^m} \, dx$$

gilt.

Dabei versteht man unter $D_K(\Omega)$ die Menge aller Funktionen aus $C_0^\infty(\Omega)$, deren Träger ganz in K liegt.

Schwartz-Raum, der Raum der schnell fallenden Funktionen $\mathcal{S}(\mathbb{R}^n)$.

Für eine Funktion $f : \mathbb{R}^n \to \mathbb{C}$ gilt $f \in \mathcal{S}(\mathbb{R}^n)$, falls f unendlich oft differenzierbar ist, d. h. $f \in C^\infty(\mathbb{R}^n)$, und für alle $\alpha = (\alpha_1, \dots, \alpha_n) \in \mathbb{N}^n$ und jedes $N \in \mathbb{N}$ eine Konstante $c_{\alpha,N} > 0$ mit

$$|D^\alpha f(x)| = \left| \frac{\partial^{\alpha_1}}{\partial x_1^{\alpha_1}} \cdots \frac{\partial^{\alpha_1}}{\partial x_n^{\alpha_n}} f(x) \right| \le \frac{c_{\alpha,N}}{(1 + |x|)^N}$$

existiert.

Schwarz, Hermann Amandus, Mathematiker, geb. 25.1.1843 Hermsdorf (Sobiecin, Polen), gest. 30.11.1921 Berlin.

Schwarz, Sohn eines Architekten, besuchte das Gymnasium in Dortmund und studierte anschließend ab 1860 erst Chemie am Berliner Gewerbeinstitut, dann, nach Einflußnahme von Weierstraß, Mathematik an der Berliner Universität. Allerdings scheint schon der Mathematiker K. Pohlke (1810–1876) am Gewerbeinstitut Schwarz auf eine mathematische Laufbahn orientiert zu haben. Nach der Promotion 1864 war Schwarz als Gymnasiallehrer in Berlin tätig, nach der Habilitation 1867 wurde er Privatdozent in Halle. Ab 1869 war er ordentlicher Professor an der TH Zürich, ab 1875 in Göttingen und 1892–1917 an der Berliner Universität.

Die bedeutenden Arbeiten Schwarz' zur Analysis sind alle vor 1890 erschienen, in den Jahren danach konzentrierte er sich fast ausschließlich auf seine Lehrtätigkeit. 1864 bewies er elementar den Hauptsatz der Axonometrie von Pohlke, löste das „Kartenproblem" für verschiedene einfache geometrische Figuren, vervollständigte Steiners Beweis für den Minimalcharakter der Kugeloberfläche (1885) und behandelte allgemeine Minimalflächen (1871) und die Theorie der konformen Abbildungen (Spiegelungsprinzip) sowie das Dirichlet-Prinzip der Potentialtheorie. Er schuf eine Theorie der sukzessiven Approximation zur Lösung von Differentialgleichungen, begründete die Theorie der Eigenfunktionen partieller Differentialgleichungen und die moderne zweidimensionale Variationsrechnung. Er lieferte erste Ansätze zur Uniformisierungstheorie. Er beschäftigte sich mit ebenen algebraischen Kurven und mit der Frage, wann die Gaußsche hypergeometrische Reihe eine algebraische Funktion liefert.

Schwarz, Lemma von, lautet:

Es sei f eine in $\mathbb{E} = \{z \in \mathbb{C} : |z| < 1\}$ ↗*holomorphe Funktion mit* $f(\mathbb{E}) \subset \mathbb{E}$ *und* $f(0) = 0$. *Dann gilt*

$$|f(z)| \leq |z|, \quad z \in \mathbb{E}$$

und $|f'(0)| \leq 1$.

Falls es einen Punkt $z_0 \in \mathbb{E}\setminus\{0\}$ *mit* $|f(z_0)| = |z_0|$ *gibt, oder falls* $|f'(0)| = 1$, *so ist f eine Drehung um 0, d. h. es existiert ein* $t \in \mathbb{R}$ *mit* $f(z) = e^{it}z$, $z \in \mathbb{E}$.

Bezeichnet $n \in \mathbb{N}$ die ↗Nullstellenordnung der Nullstelle 0 von f, so gilt genauer als im Satz

$$|f(z)| \leq |z|^n, \quad z \in \mathbb{E}$$

und $|f^{(n)}(0)| \leq n!$.

Falls es einen Punkt $z_0 \in \mathbb{E}\setminus\{0\}$ mit $|f(z_0)| = |z_0|^n$ gibt oder falls $|f^{(n)}(0)| = n!$, so existiert ein $t \in \mathbb{R}$ mit $f(z) = e^{it}z^n$, $z \in \mathbb{E}$.

Eine Verallgemeinerung des Schwarzschen Lemmas liefert das Lemma von Schwarz-Pick (↗Schwarz-Pick, Lemma von).

Schwarz, Satz von, im Jahr 1873 durch Hermann Amandus Schwarz bewiesener Satz, der besagt, daß für ein offenes $G \subset \mathbb{R}^n$ für die Funktionen aus ↗$C^k(G)$ die ↗partiellen Ableitungen der Ordnung $\leq k$ unabhängig von der Reihenfolge der Differentiationen sind.

Hat also $f : G \to \mathbb{R}$ stetige partielle Ableitungen bis zur Ordnung $\leq k$, so gilt

$$\frac{\partial}{\partial x_{j_1}} \cdots \frac{\partial}{\partial x_{j_k}} f = \frac{\partial}{\partial x_{j_{\pi(1)}}} \cdots \frac{\partial}{\partial x_{j_{\pi(k)}}} f$$

für $j_1, \ldots, j_k \in \{1, \ldots, n\}$ und jede Permutation π von $\{1, \ldots, k\}$.

Schwarz-Ableitung, ↗Schwarzsche Ableitung.

Schwarz-Christoffelsche Abbildungsformel, eine Formel zur Berechnung einer ↗konformen Abbildung f der offenen Einheitskreisscheibe $\mathbb{E}$ auf ein ↗Gebiet $G \subset \mathbb{C}$, das von einem Polygon berandet ist; vgl. hierzu das synonyme Stichwort ↗Christoffel-Schwarz-Formel.

Schwarzes Loch, auch „Black Hole" genannt, allgemein ein Objekt, das so schwer ist, daß nicht einmal das Licht in der Lage ist, das Gravitationsfeld des Objekts zu überwinden. Dies hat zur Folge, daß ein Schwarzes Loch nicht direkt beobachtbar ist.

Spezieller wird die Bezeichnung „Schwarzes Loch" für folgende exakte Lösungen der ↗Allgemeinen Relativitätstheorie verwendet: Die Kerr-Lösung beschreibt ein rotierendes Schwarzes Loch, und geht im statischen Fall in die ↗Schwarzschild-Lösung über. Beide sind ungeladen. Im elektrisch geladenen Fall erhält man die Reißner-Nordström-Lösung.

Im Innern eines Schwarzen Lochs befindet sich eine ↗Raum-Zeit-Singularität. Der ↗Horizont ist eine lichtartige Hyperfläche um das Schwarze Loch herum, die die Singularität im Innern von der Außenwelt trennt, und die nur von außen nach innen überschritten werden kann.

Schwarz-Pick, Lemma von, *Pick, Lemma von*, lautet:

Es sei f eine in $\mathbb{E} = \{z \in \mathbb{C} : |z| < 1\}$ ↗*holomorphe Funktion mit* $f(\mathbb{E}) \subset \mathbb{E}$. *Weiter sei für* w, $z \in \mathbb{E}$

$$\Delta(w, z) := \left|\frac{w - z}{1 - \bar{z}w}\right|.$$

Dann gelten

$$\Delta(f(w), f(z)) \leq \Delta(w, z), \quad w, z \in \mathbb{E} \qquad (1)$$

und

$$\frac{|f'(z)|}{1 - |f(z)|^2} \leq \frac{1}{1 - |z|^2}, \quad z \in \mathbb{E}. \qquad (2)$$

Falls es zwei Punkte w_0, $z_0 \in \mathbb{E}$ *mit* $w_0 \neq z_0$ *und* $\Delta(f(w_0), f(z_0)) = \Delta(w_0, z_0)$ *gibt, so ist f ein Automorphismus von* $\mathbb{E}$ *(↗Automorphismengruppe von* $\mathbb{E}$*), und* (1) *ist für alle* w, $z \in \mathbb{E}$ *eine Gleichung. Ist* (2) *für ein* $z_0 \in \mathbb{E}$ *eine Gleichung, so ist f ebenfalls ein Automorphismus von* $\mathbb{E}$, *und in* (2) *steht für alle* $z \in \mathbb{E}$ *das Gleichheitszeichen.*

Gilt zusätzlich $f(0) = 0$ und setzt man $w = 0$ in (1) bzw. $z = 0$ in (2), so erhält man das Lemma von Schwarz.

Das Lemma von Schwarz-Pick kann auch für in der oberen Halbebene $H = \{z \in \mathbb{C} : \operatorname{Im} z > 0\}$ holomorphe Funktionen f mit $f(H) \subset H$ formuliert werden. Hierzu muß nur $\Delta(w, z)$ durch

$$\delta(w, z) := \left|\frac{w - z}{w - \bar{z}}\right|, \quad w, z \in H$$

ersetzt werden. Die Ungleichung (2) lautet dann

$$\frac{|f'(z)|}{\operatorname{Im} f(z)} \leq \frac{1}{\operatorname{Im} z}, \quad z \in H.$$

Schwarzsche Ableitung, *Schwarz-Ableitung*, *Schwarzsche Derivierte*, der einer in einem ↗ Gebiet $G \subset \mathbb{C}$ nicht-konstanten ↗ meromorphen Funktion f zugeordnete Differentialausdruck

$$\begin{aligned} S_f(z) &:= \frac{d}{dz}\left(\frac{f''(z)}{f'(z)}\right) - \frac{1}{2}\left(\frac{f''(z)}{f'(z)}\right)^2 \\ &= \frac{f'''(z)}{f'(z)} - \frac{3}{2}\left(\frac{f''(z)}{f'(z)}\right)^2 . \end{aligned}$$

Eine weitere Bezeichnung hierfür ist $\{f, z\}$.

Es ist S_f eine in G meromorphe Funktion. Ein Punkt $z_0 \in G$ ist eine ↗ Polstelle von S_f genau dann, wenn entweder z_0 eine Nullstelle von f' oder eine Polstelle von f der Ordnung $m \geq 2$ ist. Alle Polstellen von S_f besitzen die Ordnung 2. Die Polstellen von f der Ordnung 1 sind ↗ hebbare Singularitäten von S_f. Insbesondere ist S_f eine in G holomorphe Funktion, falls f eine in G lokal ↗ schlichte Funktion ist.

Einige Beispiele für Schwarzsche Ableitungen:

(a) Für den Hauptzweig des Logarithmus (↗ Logarithmus einer komplexen Zahl) gilt

$$\{\log z, z\} = \frac{1}{2z^2}.$$

(b) Für den ↗ Hauptzweig der Potenz gilt

$$\{z^\alpha, z\} = \frac{1-\alpha^2}{2z^2}.$$

(c) Für die ↗ Exponentialfunktion gilt

$$\{e^z, z\} = -\frac{1}{2}.$$

Grundlegende Eigenschaften der Schwarzschen Ableitung sind:

(1) Ist f eine in G nicht-konstante meromorphe Funktion, so gilt $S_f(z) = 0$ für alle $z \in G$ genau dann, wenn f eine ↗ Möbius-Transformation ist.

(2) Sind f und g in G nicht-konstante meromorphe Funktionen, so gilt $S_f(z) = S_g(z)$ für alle $z \in G$ genau dann, wenn es eine Möbius-Transformation T gibt mit $T \circ f = g$.

(3) Ist f eine in G und g eine in $f(G)$ nichtkonstante meromorphe Funktion, so gilt

$$S_{g \circ f}(z) = S_g(f(z))(f'(z))^2 + S_f(z), \quad z \in G.$$

Schon Joseph Louis Lagrange entdeckte, daß

$$\frac{F'''}{F'} - \frac{3}{2}\left(\frac{F''}{F'}\right)^2 = \frac{f'''}{f'} - \frac{3}{2}\left(\frac{f''}{f'}\right)^2$$

gilt für

$$F = \frac{af+b}{cf+d}$$

mit $a, b, c, d \in \mathbb{R}$, $ad - bc \neq 0$, was, wie im Jahr 1873 Hermann Amandus Schwarz erkannte, gerade heißt, daß die Schwarzsche Ableitung invariant gegenüber linear gebrochenen Transformationen ist.

Die Schwarzsche Ableitung spielt eine wichtige Rolle beim Beweis der Christoffel-Schwarzschen Abbildungsformel. Von Interesse ist hierbei die Schwarzsche Differentialgleichung $S_f = 2p$, wobei p eine gegebene in G holomorphe Funktion ist. Es ist f eine Lösung dieser Differentialgleichung genau dann, wenn f von der Form $f = \frac{g_1}{g_2}$ ist, wobei g_1 und g_2 linear unabhängige Lösungen der linearen Differentialgleichung $g'' + pg = 0$ sind.

Weitere Anwendungen findet S_f in der Theorie der schlichten Funktionen.

Schwarzsche Derivierte, ↗ Schwarzsche Ableitung.

Schwarzsche Differentialinvariante, ↗ reduzierte Form einer Differentialgleichung.

Schwarzsche Integralformel, Formel (1) im folgenden Satz:

Es sei B_r die offene Kreisscheibe mit Mittelpunkt 0 und Radius $r > 0$. Weiter sei f eine in B_r ↗ holomorphe Funktion, $u := \operatorname{Re} f$ und $0 < \varrho < r$.

Dann gilt für $z \in B_\varrho$:

$$f(z) = \frac{1}{2\pi i} \int_{\partial B_\varrho} \frac{u(\zeta)}{\zeta} \frac{\zeta + z}{\zeta - z} \, d\zeta + i \operatorname{Im} f(0). \qquad (1)$$

Schwarzsche Ungleichung, kurz für ↗ Cauchy-Schwarz-Ungleichung.

Schwarzsches Spiegelungsprinzip, wichtiger Satz der ↗ Funktionentheorie, der wie folgt lautet:

Es sei $G \subset \mathbb{C}$ ein ↗ Gebiet, das bezüglich der reellen Achse symmetrisch ist, d. h., es ist $z \in G$ genau dann, wenn $\bar{z} \in G$. Weiter sei $G^+ := \{z \in G : \operatorname{Im} z > 0\}$, $G^- := \{z \in G : \operatorname{Im} z < 0\}$ und $G_0 := G \cap \mathbb{R}$. Schließlich sei $f : G^+ \cup G_0 \to \mathbb{C}$ eine Funktion derart, daß f in G^+ ↗ holomorph, $\operatorname{Im} f$ in $G^+ \cup G_0$ stetig ist und $\operatorname{Im} f(z) = 0$ für alle $z \in G_0$. Definiert man $F : G \to \mathbb{C}$ durch

$$F(z) := \begin{cases} f(z) & \text{für } z \in G^+ \cup G_0, \\ \overline{f(\bar{z})} & \text{für } z \in G^-, \end{cases}$$

so ist F eine in G holomorphe Funktion.

Man kann also unter den gegebenen Voraussetzungen die in $G^+ \cup G_0$ definierte Funktion f durch Spiegelung an der reellen Achse zu einer in G holomorphen Funktion F fortsetzen. Den Funktionswert $F(z)$ für $z \in G^-$ erhält man, indem man z an der reellen Achse spiegelt, auf den Spiegelpunkt $\bar{z}$ die Funktion f anwendet und schließlich $f(\bar{z})$ wieder an der reellen Achse spiegelt.

Schwarzsches Theorem, lautet:

Es sei $\mathbb{E} = \{z \in \mathbb{C} : |z| < 1\}$ und $u : \partial\mathbb{E} \to \mathbb{R}$ eine stückweise stetige Funktion, d. h. u besitzt höch-

stens endlich viele Unstetigkeitsstellen. Weiter sei $P_u : \mathbb{E} \to \mathbb{R}$ *definiert durch*

$$P_u(z) := \int_{-\pi}^{\pi} \mathcal{P}(r, \vartheta - t) u(e^{i\vartheta})\, d\vartheta\,, \quad z \in \mathbb{E}\,,$$

wobei $z = re^{it}$ *und* $\mathcal{P}$ *der ↗Poisson-Kern ist. Dann ist* P_u *eine in* $\mathbb{E}$ *↗harmonische Funktion. Ist u stetig am Punkt* $e^{i\vartheta_0}$*, so gilt*

$$\lim_{z \to e^{i\vartheta_0}} P_u(z) = u(e^{i\vartheta_0})\,.$$

Schwarzschild, Karl, deutscher Astronom und Astrophysiker, geb. 9.10.1873 Frankfurt am Main, gest. 11.5.1916 Potsdam.

Schwarzschild studierte von 1891 bis 1896 in Straßburg und München, wo er auch promovierte. Er arbeitete danach an der Sternwarte in Wien, habilitierte sich 1899 in München und wurde 1901 Direktor der Sternwarte in Göttingen und Professor für Astronomie an der dortigen Universität. 1909 ging er als Direktor des Astrophysikalischen Observatoriums nach Potsdam.

Schwarzschild befaßte sich neben astronomischen Fragen (Positionsbestimmung von Sternen) auch mit der Elektrodynamik, der Quantentheorie und der Relativitätstheorie. Er diskutierte die mögliche Geometrie des Raumes und, als einer der ersten Astronomen, die Existenz von Schwarzen Löchern (Schwarzschild-Lösung). Er untersuchte die Strahlungsenergie eines Sternes.

Schwarzschild-Lösung, statisch kugelsymmetrische Lösung der Einsteinschen Feldgleichung für das Vakuum ohne kosmologische Konstante.

Die Schwarzschild-Metrik hat in Schwarzschildkoordinaten die Gestalt

$$ds^2 = \left(1 - \frac{2m}{r}\right) dt^2 - dr^2 \Big/ \left(1 - \frac{2m}{r}\right) - r^2 d\Omega^2\,,$$

wobei Einheiten verwendet werden, in denen Lichtgeschwindigkeit c und Gravitationskonstante G den Wert 1 haben. Weiterhin ist

$$d\Omega^2 \;=\; d\psi^2 + \sin^2\psi d\phi^2$$

die Metrik der Einheitskugelfläche. Der Schwarzschild-Radius $r_S = 2m$ hat die Eigenschaft, daß für $r \to r_S$ die Schwarzschildkoordinaten nicht mehr anwendbar sind, da die Metrikkoeffizienten nicht mehr alle regulär sind.

Dies Problem läßt sich wie folgt beheben: Im Bereich $r > 2m$ wird eine geeignete Koordinatentransformation durchgeführt, z. B. zu Kruskal-Koordinaten (↗Kruskal-Diagramm), dann läßt sich durch analytische Fortsetzung eine reguläre Metrik auch bis in den Bereich $r < 2m$ hinein finden. Es bleibt jedoch die eigenartig anmutende Eigenschaft erhalten, daß Teilchen nur von außen nach innen diesen Horizont bei $r = 2m$ überqueren können. Zum Teil ist dies allerdings nur ein sprachliches Mißverständnis: Im Bereich $r < 2m$ ist ja die Koordinate r nicht mehr raumartig, sondern zeitartig, und deshalb kann man mit selbem Recht auch sagen: Ein Teilchen kann den Horizont nur in einer Richtung überqueren: Aus der Vergangenheit in die Zukunft und nicht umgekehrt – eine völlig mit unserer Erfahrung übereinstimmende Tatsache.

Schwarzschild-Metrik, ↗ Schwarzschild-Lösung.

Schwarzschild-Radius, der Radiuswert $r_S = 2Gm/c^2$ der ↗ Schwarzschild-Lösung, bei dem sich der ↗Horizont befindet.

Schwebung, durch additive Überlagerung zweier oder mehrerer Schwingungen mit nahe beieinanderliegenden Frequenzen entstehende Schwankung der Gesamtschwingung.

Schweizer Prämien-Prinzip, ↗ Prämienkalkulationsprinzipien.

Schwellenfunktion, eine ↗Boolesche Funktion $f^{(n,k)}$ mit $0 \le k \le n$, die durch

$$f^{(n,k)} : \{0,1\}^n \to \{0,1\}$$

$$f^{(n,k)}(x_1, \ldots, x_n) = 1 \iff \sum_{i=1}^{n} x_i \ge k$$

definiert ist.

Eine Schwellenfunktion $f^{(n,k)}$ ist eine ↗Intervallfunktion der Form $I_{k,n}^{(n)}$. Sie ist eine ↗monoton steigende Boolesche Funktion, die zudem total symmetrisch (↗total symmetrische Boolesche Funktion) ist.

Schwellensatz, ↗Epidemiologie.

Schwellwert, im Kontext ↗Neuronale Netze die Bezeichnung für einen Parameter eines ↗formalen Neurons, der in Abhängigkeit von seiner Größe die Aktivierung des Neurons durch Subtraktion erhöht oder erniedrigt.

Schwerebeschleunigung, ↗ Beschleunigung.

Schwerepotential, das Potential der Erdgravitation, das wegen der unterschiedlichen Dichte der Erde und der Abweichungen von der Kugelgestalt (↗Geoid) nicht mit dem Potential einer Kugel vom Erdradius übereinstimmt.

Das Schwerepotential ist somit eine Funktion $S(x, y, z)$ dreier Raumkoordinaten (x, y, z), deren negativer Gradient

$$\operatorname{grad} S \;=\; -\left(\frac{\partial S}{\partial x}, \frac{\partial S}{\partial y}, \frac{\partial S}{\partial z}\right)^{\top}$$

bis auf einen konstanten Faktor die Gravitationskraft angibt, die von der Erdmasse auf eine sich im Punkt (x, y, z) befindende Masse ausgeübt wird.

Schwerpunkt, *Baryzentrum*, derjenige Punkt in einem beschränkten Gebiet (oder Körper), in dem man sich modellhaft die gesamte Masse des Gebiets konzentriert vorstellen kann.

Ist beispielsweise G ein ebenes Dreieck mit den Eckpunkten T_1, T_2, T_3, so ist der Schwerpunkt S von G gegeben durch

$$S = \frac{1}{3}(T_1 + T_2 + T_3),$$

er hat also die ↗baryzentrischen Koordinaten $(\frac{1}{3}, \frac{1}{3}, \frac{1}{3})$.

Allgemeiner berechnet sich der Schwerpunkt $S = (x_S, y_S)$ eines beschränkten Gebietes $G \subset \mathbb{R}^2$ mit dem Flächeninhalt F zu

$$x_S = \frac{1}{F}\iint_G x\,dxdy \quad \text{und} \quad y_S = \frac{1}{F}\iint_G y\,dxdy\,.$$

Die Verallgemeinerung auf den Fall eines beschränkten Körpers im $\mathbb{R}^3$ ist offensichtlich.

schwingende Saite, physikalischer Prozeß, der zu bestimmten partiellen Differentialgleichungen führt.

Für $x \in [0, l]$ wird die Auslenkung $u(x, t)$ einer in der (x, u)-Ebene senkrecht zur x-Achse schwingenden Saite durch eine hyperbolische Differentialgleichung der Form

$$u_{tt} = c^2 u_{xx} + F(x, t)$$

beschrieben, wobei $F(x, t)$ die äußere Anregung an der Stelle x zur Zeit t beinhaltet. Als sachgemäße Nebenbedingungen verwendet man oft Anfangsbedingungen für Lage und Geschwindigkeit wie z. B.

$$u(x, 0) = f(x)\,,\quad u_t(x, 0) = g(x)\,,$$

zusammen mit einer der beiden Randbedingungen

$$u(0, t) = \varphi(t)\,,\quad u(l, t) = \psi(t),$$

womit eine feste Führung der Saitenenden beschrieben wird, oder

$$u_x(0, t) = \alpha(t)\,,\quad u_x(l, t) = \beta(t),$$

womit die Saitenspannung an den Enden festgelegt wird.

Wegen der Linearität der Differentialgleichung und der Nebenbedingungen kann man mittels Superposition die Lösung einer komplizierten Randanfangswertaufgabe aus den Lösungen einfacher Grundaufgaben bestimmen.

Printed in the United States
By Bookmasters